中国海洋学会 2017 年学术年会论文集

中国海洋学会
中国太平洋学会 编

海洋出版社
2017 年 10 月 · 北京

图书在版编目（CIP）数据

中国海洋学会2017年学术年会论文集/中国海洋学会，中国太平洋学会编．—北京：海洋出版社，2017.10
ISBN 978-7-5027-9936-6

Ⅰ.①中… Ⅱ.①中… ②中… Ⅲ.①海洋学-文集 Ⅳ.①P7-53

中国版本图书馆CIP数据核字（2017）第239662号

责任编辑：王 倩 高 英
责任印制：赵麟苏
海洋出版社 **出版发行**
http://www.oceanpress.com.cn
北京市海淀区大慧寺路8号 邮编：100081
北京朝阳印刷厂有限责任公司印刷 新华书店北京发行所经销
2017年10月第1版 2017年10月第1次印刷
开本：880 mm×1230 mm 1/16 印张：30
字数：966千字 定价：168.00元
发行部：62132549 邮购部：68038093 总编室：62114335
海洋版图书印、装错误可随时退换

目　次

SAR与光学融合的海洋内波遥感探测及传播特性研究

孙丽娜[1]，张杰[1]，孟俊敏[1]

（1. 国家海洋局第一海洋研究所，山东 青岛 266061）

摘要：海洋内波是发生在海洋内部一种常见的动力现象，它虽然发生在海洋内部，但在传播过程中会引起海表面微尺度波的分布，在遥感图像中呈现明暗相间的条纹。遥感技术已广泛应用于内波的时空分布、生成与演变和参数反演等研究，是大范围内波观测的最佳手段。光学影像MODIS空间覆盖范围大、时间分辨率高，但易受云、雾等天气影响；SAR虽获取的数据量有限，但具有全天时、全天候的优势。本文将SAR与MODIS有效融合，利用MODIS、ENVISAT ASAR和RADARSAT-2遥感图像开展内波遥感探测及传播特性研究，给出了内波在SAR和光学图像中的特征并进行了分析；同时结合SAR和光学图像给出了南海北部内波的传播特征；最后基于SAR与光学融合数据进行了内波传播速度探测。

关键词：海洋内波；遥感，MODIS；ENVISAT ASAR；RADARSAT-2；传播特性

1 引言

海洋内波是发生在海洋内部的波动现象，它不同于海表面波，不能被人们轻易观察到。内波经过时，海表面看似平静，但海洋内部却波澜起伏，内波产生的等密度面起伏可以达到百米量级，流速可达数十厘米每秒。内波严重威胁着水下潜艇航行安全，对海上石油平台及其他工程作业也有较大的影响；同时，内波的传播可以导致湍流和混合，是海洋能量输送的一种途径。

由于内波在水下生成和传播，在水平方向和垂向上有其固有的结构。因此，对于内波的现场观测相对于表面波困难的多，常规的观测手段成本较高，受环境条件的制约且只能定点观测。遥感技术的迅猛发展，使其成为大范围探测内波的主要观测手段。目前对内波的遥感观测主要应用高度计、SAR和光学手段。高度计主要是用于测量海面高度的，大量用于表面潮、中尺度涡等大尺度过程的研究，因此对于内波的研究，高度计数据大多用来研究深海处的内潮[1]。SAR可以全天时、全天候的工作，具有较高的空间分辨率，是海洋内波遥感的常用手段。Elachi和Apel[2]与Richez[3]最早从机载SAR图像中识别出来内波，并分析了穿越内波波峰的后向散射界面的变化。Fu和Holt[4]对Seasat卫星的内波SAR图像进行了分析，获得了与Apel在Landsat卫星可见光图像上观测到的相似的内波特征。此后大量SAR影像被利用与内波特征的观测，Liu[5]用ERS-1卫星的SAR影像研究了中国大陆东部海域和南海的内波演化。Small[6]利用同一地点相隔24 h的两景SAR图像捕获了相同的内波特征。Zheng等[7]利用1995年到2001年的SAR影像不仅分析了南海内波的空间分布特征，同时研究了内波随时间的分布特征。与此同时，许多学者基于内波成像机理从SAR遥感图像中反演了内波波长、波速、振幅和混合层深度等参数和上层海洋动力学参数[8-10]。

光学遥感MODIS图像空间覆盖范围大、时间分辨率高，也是内波遥感探测的主要手段。Shand[11]最早以航空摄影的形式记录了内波引起的海面条带现象，这是最早利用遥感技术光学手段发现的内波。

基金项目：国家自然科学基金（61471136）；“全球变化与海气相互作用”专项（GASI-02-SCS-YGST2-04）。

作者简介：孙丽娜（1985—），女，吉林省桦甸市人，研究方向为海洋内波遥感探测。E-mail：sunln@ fio. org. cn

Melsheimer 和 Keong[12] 较详细的分析了内波、溢油等在 SPOT 图像的耀斑区成像的过程，分析了观测几何和海面风速对图像强度的影响。谢志宏[13] 利用大量的 SAR 和 MODIS 影像分析了安达曼海内波的激发源地和传播特征。Jackson[14-15] 更是利用 ASTER 图像给出了全球各大洋内孤立波的分布图，随后又利用 MODIS 研究了全球内波的分布情况，给出了全球七大地区的内波特征。有大量学者已将光学与 SAR 图像相结合研究内波，Matthews 等[16] 基于大量 MODIS 图像和 SAR 图像研究了龙目海峡附近海域的内波特征，发现该海域主要有两种类型的内波：一种是向北传播的我们熟知的"圆弧型"内波，一种是向南传播的"非规则"内波。da Silva 等[17] 基于 MODIS、MERIS 和 SAR 影像观测到，内波从红海中部的水深较深处产生传向大陆架，传播至大陆架时内波结构已经不明显。

SAR 与光学相融合，可以弥补 SAR 与光学探测内波的不足，在研究内波的时空分布、传播特性及传播速度方面具有很大的优势。本文拟利用 SAR 与光学遥感图像，开展内波遥感探测研究，给出内波在 SAR 和光学图像中的特征，进行内波传播特性研究，最后基于 SAR 与光学融合数据进行内波传播速度分析。

2 内波 SAR 与光学图像特征

2.1 内波 SAR 图像特征分析

SAR 工作在微波波段，不受云雾的干扰，它通过工作微波与海表面微尺度波共振相互作用成像，因此，凡是影响到海表面微尺度波分布的海洋现象都可以在 SAR 成像。内波在传播过程引起海表面流场的变化，调制了海表面微尺度波的分布，进而改变了海面的后项散射截面，在 SAR 图像中呈现明暗相间的条纹。受海水分层的影响，上层厚度和下层厚度的大小关系，内波分为上升型和下降型两种，上升型内波在 SAR 图像上表现为先暗后亮，下降型内波在 SAR 图像上是先亮后暗的，如图 1 所示。图 1 为 2011 年 5 月 12 日 02：19：39（UTC）的 ENVISAT ASAR 内波图像。从图中可以看出，内波表现较为清晰，其中，图 1a 中的内波表现为先亮后暗，为下降型内波；图 1b 中的内波表现为先暗后亮，为上升型内波。在遥感图像中，下降型内波是比较常见的，受海水分层和水深的影响，一般下层海水的深度要大于上层海水的深度，内波在 SAR 图像中多表现为先亮后暗。

基于对大量的内波 SAR 图像分析可知，内波在 SAR 图像上主要有以下特征：

（1）内波呈现明暗交替的条带形式，或直或弯曲，大多数是弯曲的；

（2）沿内波传播方向，先亮后暗为下降型内波，先暗后亮为上升型内波；

（3）内波沿传播方向大多以波包的形式传播，每个波包含有几个或多个孤立子；

（4）沿内波传播方向，最前沿的内波即前导波一般最大，后面的内孤立子依次减小；

（5）内波的波峰线一般与海底等深线平行；

（6）波波相互作用一般不改变原来的传播方向。

2.2 内波光学图像特征分析

内波在光学传感器上成像机理与 SAR 相似，内波的传播改变了海表面的粗糙度，进而调制了光学遥感器接收的太阳光的反射强度，使得内波在光学传感器上呈现亮暗或暗亮相间的条带。光学遥感图像虽然容易受云、雾等环境条件的影响，但它的覆盖范围广、时间分辨率高，可免费获取的优点，可以完全弥补其不足。根据目前的大量观测可知，内波大部分是在太阳耀斑区附近成像，这里传感器接受的基本上是太阳光的镜面元反射。

基于大量的光学遥感图像分析得，内波在光学图像中的特征与在 SAR 图像中的特征类似，不同之处在于：内波在太阳耀斑区和非耀斑区的成像特征不同，在耀斑区内，内波表现为先暗后亮；在耀斑区外，内波表现为先亮后暗，如图 2 和图 3 所示。从图中可以看出，MODIS 图像虽然有部分被云雾遮挡，但部分内波还是清晰可见的。图 2 为 2010 年 6 月 17 日 02：05（UTC）的 MODIS 图像，可以明显看到耀斑区

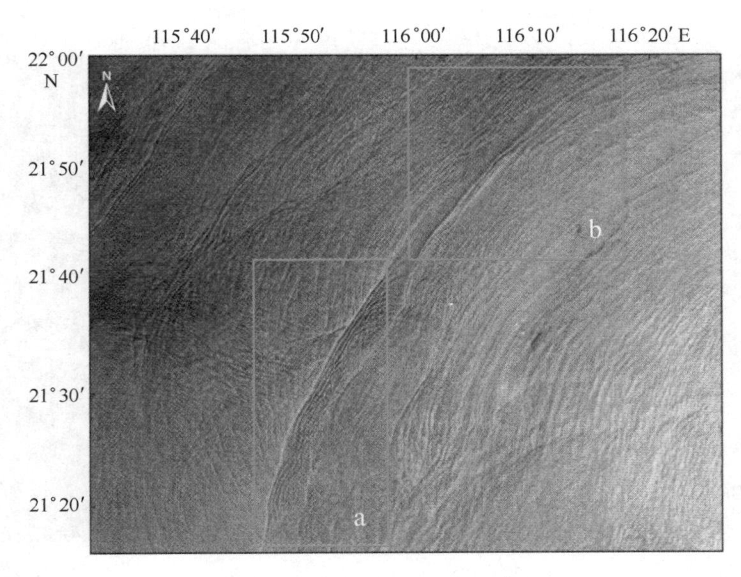

图 1 2011 年 5 月 12 日内波 ENVISAT ASAR 图像（02：19：39，UTC）

a. 内波呈现先亮后暗，下降型内波；b. 内波呈现先暗后亮，上升型内波

内和耀斑区外的内波条纹，两条蓝色线中间区域为太阳耀斑区。其中，图 2a 框为非耀斑区，图中有 2 个内孤立波包，由东向西传播，表现为先亮后暗。

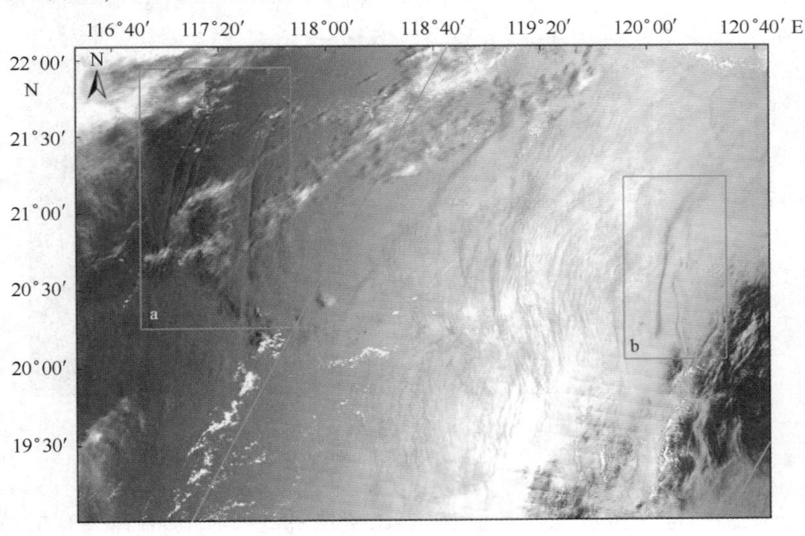

图 2 2010 年 6 月 17 日内波 MODIS 图像（02：05，UTC）

a. 太阳耀斑区的内波；b. 非耀斑区的内波

图 2b 框为耀斑区，图中有一个明显的较大的内孤立波，后面尾随着一些较小的内波，表现为先暗后亮。图 3 为 2010 年 7 月 17 日 03：00（UTC）的内波 MODIS 图像，该图为太阳耀斑区内的内波图像。图中可以明显看见多条内波，自东向西传播，绕过东沙群岛继续向西传播。在一个波包中，头波的波峰线最长，随后依次减弱，内波均表现为先暗后亮。

图 4 为 2011 年 6 月 8 日 05：30（UTC）的内波 MODIS 图像，该图像中的内波位于非耀斑区内，内波条纹表现为先亮后暗，受环境（云）的影响，部分内波被遮挡表现不完全。该图像中的内波位置与图 3 中的内波位置大致相同，都位于东沙群岛附近海域；但图像获取时间在月份上相差 1 个多月，太阳高度角不同，内波的亮暗顺序不同。

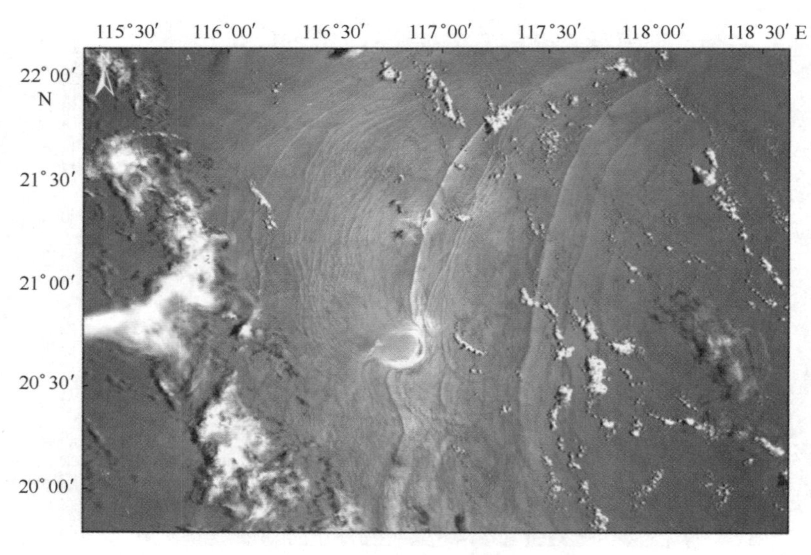

图3 2010年7月17日的太阳耀斑区的内波MODIS图像（03：00，UTC）

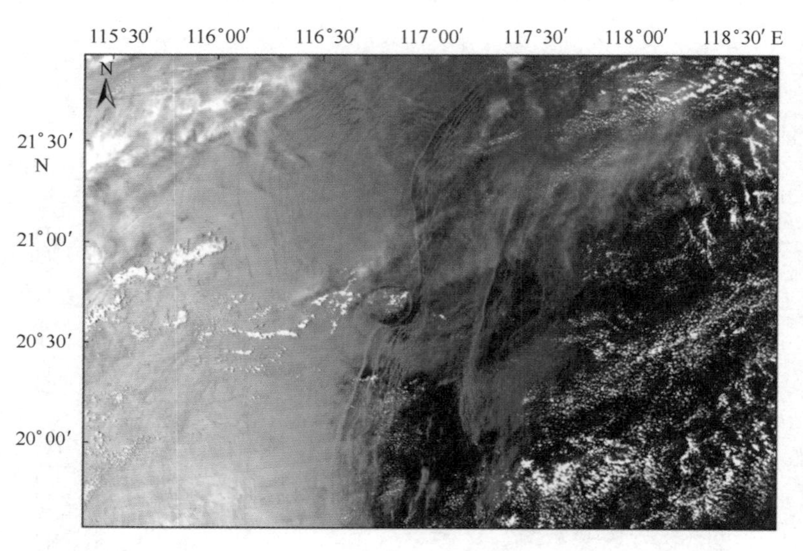

图4 2011年6月8日内波MODIS图像（05：30，UTC）

通过对大量的内波遥感图像分析可知，内波在SAR图像和光学图像中有共有的特征：内波在图像中表现为直线或曲线状的亮暗相间的条纹；内波多以波包的形式传播，波包含有一个或多个孤立子，前导波一般最大，往后依次呈现递减趋势。对于SAR图像，因不受天气环境等的影响，内波表现较为清晰，但其时间分辨率较低，获取的数据量有限；而光学图像虽然受云雾等环境的影响，但其空间覆盖范围大，时间分辨率高。因此，将SAR与光学融合，结合二者的优势，有利于内波的探测及传播特征研究，有效提高内波的探测率。

3 SAR与光学融合的内波遥感探测

由于光学遥感图像受云雾影响较大，内波很容易被云雾遮挡而导致漏检；SAR具有穿透云雾的能力，可以弥补光学传感器探测内波的不足。图5为2011年5月12日东沙群岛附近海域的内波遥感图像，上图为2011年5月12日02：45（UTC）的内波MODIS图像，下图为2011年5月12日02：19：39（UTC）的内波SAR图像，SAR图像与光学图像的获取时间间隔为25分21秒。从下图中可以看出，光学MODIS

图像的云雾覆盖面积较大，且内波所在区域不是太阳耀斑区，仅在图像左端位置可以看到几条内孤立波，条纹并不清晰；图像右部分被云雾遮挡，看不见内波条纹。下图 SAR 相同的覆盖区域，可以清晰看见内波条纹，内波由东偏南向西偏北方向传播，东沙群岛附近海域的内波尺度较大，向西传播过程中，内波尺度逐渐减小且清晰可见。光学图像探测不到的内波可以通过 SAR 查找，利用 SAR 和光学的各自优势，能够有效提高内波的探测。

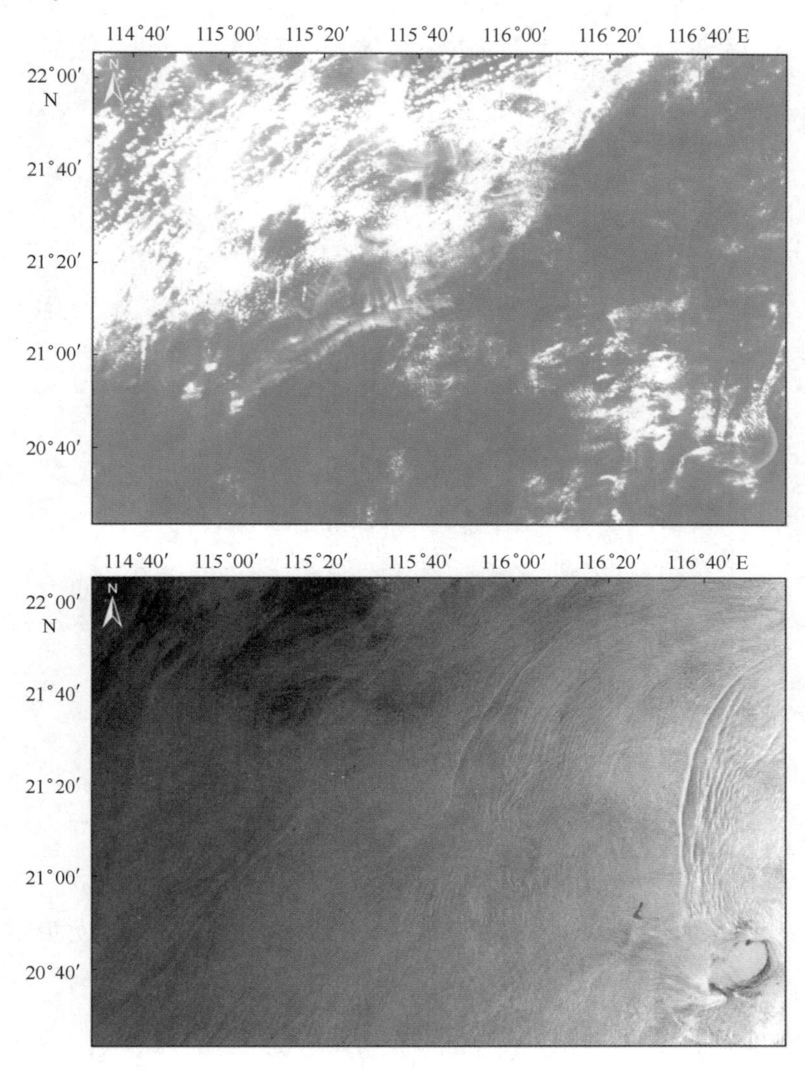

图 5　2011 年 5 月 12 日东沙群岛附近海域的内波图像

上图为 2011 年 5 月 12 日 02：45（UTC）的内波 MODIS 图像，下图为 2011 年 5 月 12 日 02：19：39（UTC）的内波 SAR 图像

图 6 为 2011 年 6 月 8 日的两景覆盖同一区域的内波光学图像和 SAR 图像，MODIS 图像的获取时间为 2011 年 6 月 8 日 05：30（UTC），SAR 图像的获取时间为 2011 年 6 月 8 日 02：29：59（UTC）。从图中同样可以看出，MODIS 图像受云雾的遮挡几乎看不见内波，仅在图像右下角区域有几条内波；而 SAR 图像中可以清晰看见多条内波。

光学图像受云雾等影响较大，其探测不到的内波可以通过 SAR 图像查找，但由于 SAR 获取数据的局限性，并非所有的光学图像都能够找到与其相匹配的 SAR 图像；另 SAR 图像的获取时间与光学图像的获取时间不同，所探测到的内波大多数不同步，而光学图像的获取时间分辨率较高，能够获取更多的遥感图像。因此，利用 SAR 和光学的各自优势，能够有效提高内波的探测。

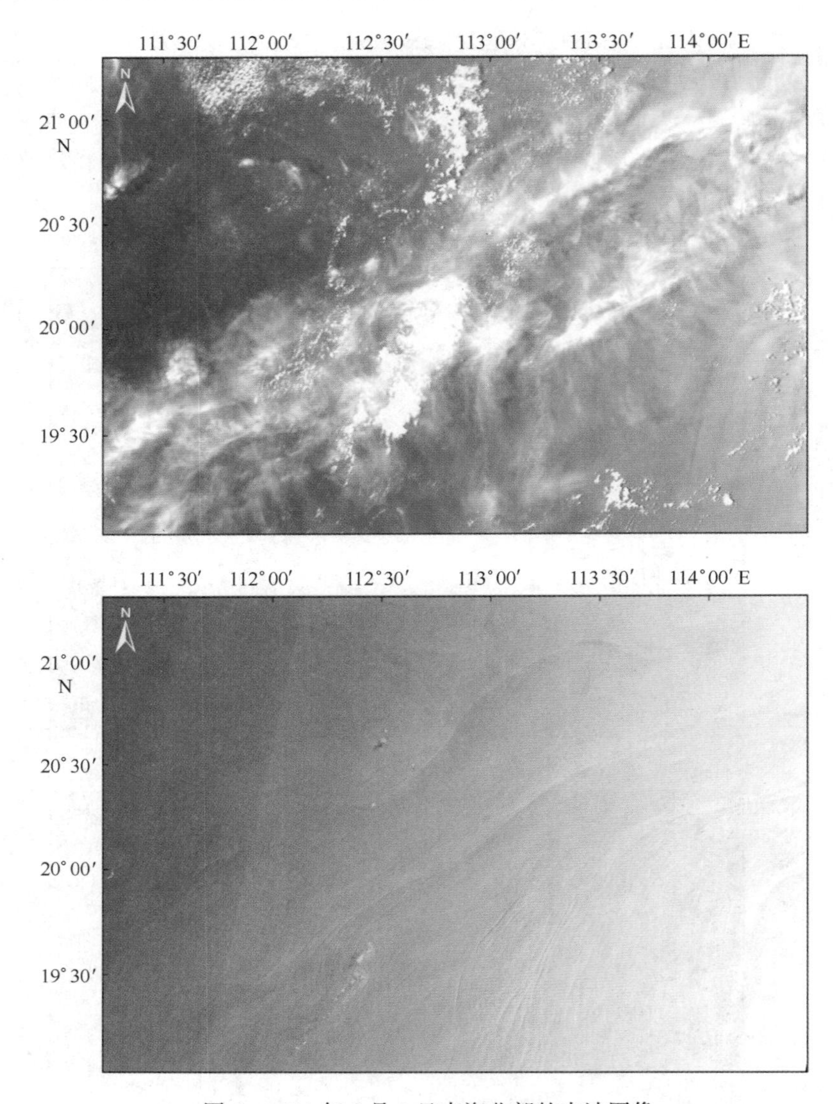

图6 2011年6月8日南海北部的内波图像

上图为2011年6月8日05：30（UTC）的内波MODIS图像，下图为2011年6月8日02：29：59（UTC）的内波SAR图像

4 SAR与光学融合的内波传播特性研究

4.1 内波传播特性

南海北部海域作为内波研究的天然试验场，其内波的激发源、激发机理和传播路径已被学者广泛研究。南海北部的内波可能源于吕宋海峡中的巴士海峡和巴林塘海峡，也可能源于陆架坡折处的内潮波，甚至可能源于中尺度涡与正压潮波相互作用[18]。也有学者认为南海内波大部分源于吕宋海峡，少部分由陆架坡局地产生或由吕宋海峡产生的内波向西传播经东沙岛折射后产生[19-20]。该海域内波在吕宋海峡附近海域由半日潮与海底地形相互作用产生，向西传播进入南海北部，最终耗散于大陆架，传播距离可达上百千米甚至上千千米。遥感器获取的内波图像只是某一时刻的内波位置图像，单景图像不能够描述内波的整个传播过程。光学图像MODIS虽然幅宽可达2 330 km，但易受云雾的遮挡，且内波大部分在太阳耀斑区成像，获取的内波范围受限；SAR图像虽不受云雾的影响，但其幅宽较小。因此，有效结合SAR和光学遥感图像，可以得到南海北部内波的传播特性。

利用 2011 年 5 月 8 日—2011 年 5 月 13 日连续 6 d 的南海北部海域的内波 MODIS 和 ENVISAT ASAR 图像，获取了南海北部内波的传播过程图，如图 7 所示。所用数据表列表如表 1。

图 7a 为 2011 年 5 月 8 日—2011 年 5 月 13 日连续 6 d 的 7 景图像的叠加图，图 7b 为提取的内波波峰线的叠加图，不同颜色的曲线代表不同时间的内波。从图中可以明显看出内波的传播路径，该海域内波在吕宋海峡附近海域产生，向西偏北方向传播进入南海北部。内波在向西传播过程中，经过东沙环礁发生折射绕过东沙环礁继续向西传播。内波被东沙环礁分成两部分，由图 7b 可以明显看出内波传播路径被分成两条，受水深等环境条件的影响，内波传播速度大小及方向都发生了变化。一部分内波沿路径 P_1 向西偏北方向传播，一部分内波沿路径 P_2 也向西偏北方向传播，继续向西传播最终耗散于大陆架。

表 1　Terra/Aqua-MODIS、ENVISAT-ASAR 数据信息

序号	卫星数据	成像时间（UTC）
1	Terra-MODIS	2011/5/8/ 03：05
2	Terra-MODIS	2011/5/8 03：10
3	ENVISAT-ASAR	2011/5/9 02：29：18
4	Terra-MODIS	2011/5/10 02：55
5	Aqua-MODIS	2011/5/11 05：10
6	ENVISAT-ASAR	2011/5/12 02：19：03
7	ENVISAT-ASAR	2011/5/13 14：25：10

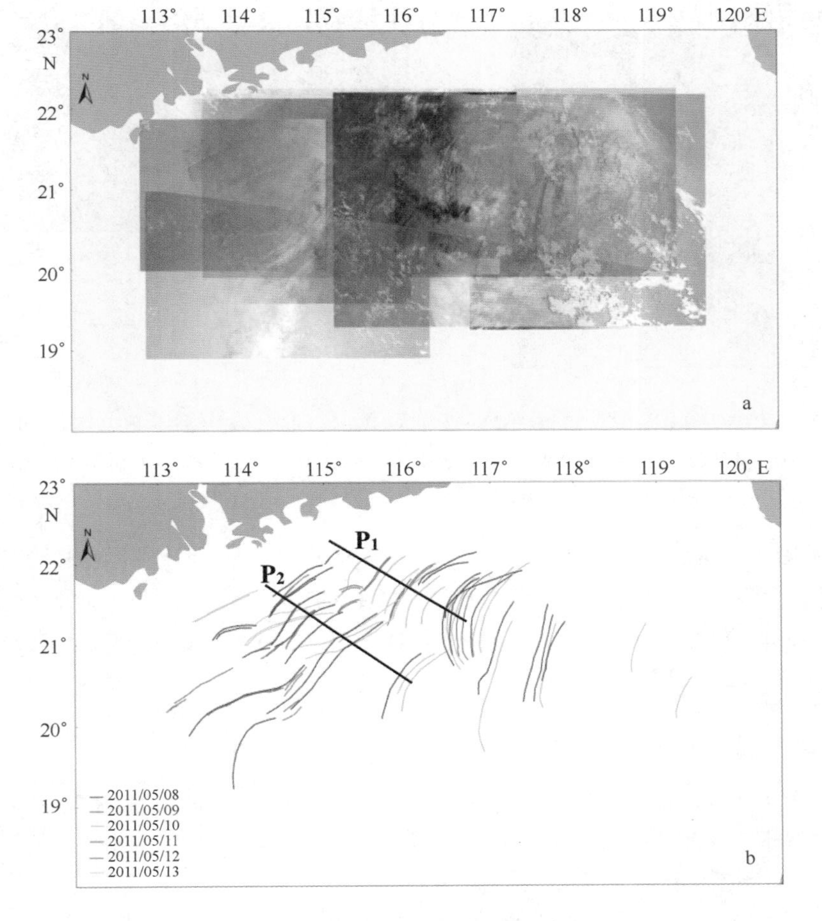

图 7　南海北部内波传播过程图

4.2 内波传播速度

受海洋环境可变性以及海底地形复杂性的影响，内波的传播速度具有可变性。光学和 SAR 有效融合可以获取内波传播速度。采用的光学图像为 MODIS，SAR 图像为 RADARSAT-2，通过同一地点相邻两幅遥感图像捕获同一内波，可由空间位移和时间间隔计算出内孤立波的传播速度。如图 8 所示，MODIS 内波图像的获取时间为 2013 年 5 月 15 日 02：55（UTC），RADARSAT-2 内波图像的获取时间为 2013 年 5 月 15 日 10：11：16（UTC），两景图像的获取时间间隔为 7 小时 16 分 16 秒。根据 SAR 图像和光学图像中所捕获的内波条纹在图像中的位置，测量得内波的平均距离为 45.25 km，从而可以计算得到内波的传播速度大约为 1.73 m/s。

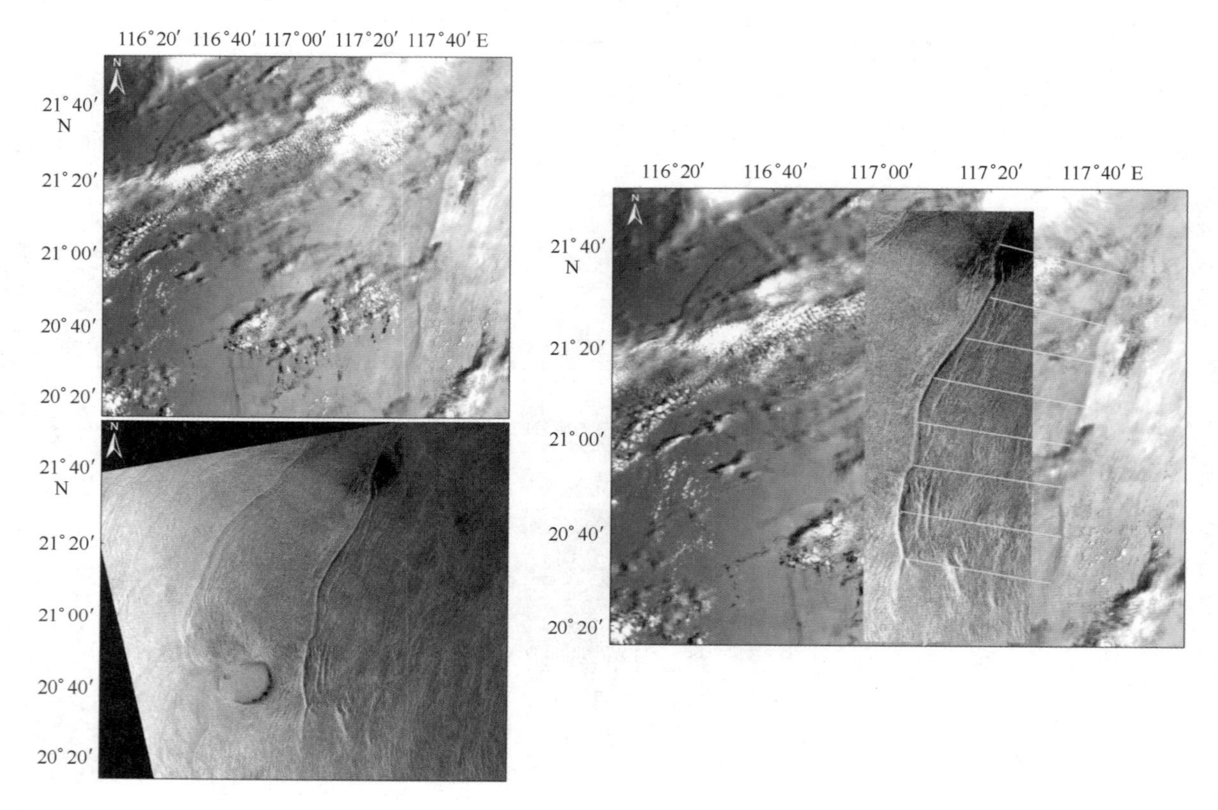

图 8　2013 年 5 月 15 日 02：55（UTC）的内波 MODIS 图像（左上图）和 2013 年 5 月 15 日 10：11：16（UTC）的 RADARSAT-2 内波图像（左下图）；右图为 SAR 和 MODIS 融合图像

内波传播速度的获取，对于潮汐和地形相互作用产生的内波，根据遥感图像中 2 个或多个波包距离和潮周期可得内波传播速度，但该方法由于时间较长，内波在传播过程中受海底地形及潮流等多种环境的影响，反演误差较大。而内波光学与 SAR 相融合探测内波速度，在较短的时间内，根据两幅图像中的同一条内波传播距离反演的内波速度误差较小，是目前较为精确计算内波传播速度的方法。

5　结论

基于内波在光学遥感图像和 SAR 遥感图像中的不同特征，开展了内波 SAR 与 MODIS 的融合探测。内波在 SAR 图像和光学图像中有共有的特征，都表现为直线或曲线状的亮暗相间的条纹；内波多以波包的形式传播，波包含有一个或多个孤立子，前导波一般最大，往后依次呈现递减趋势。SAR 工作在微波波段，不受云雾的干扰，获取的内波图像较为清晰。在 SAR 图像中，内波表现为两种形式，先亮后暗为上升型内波，先暗后亮为下降型内波。在SAR遥感图像中，下降型内波是比较常见的，因为海水分层的原因，一般下层海水的深度要大于上层海水的深度。在光学遥感图像中，内波主要在太阳耀斑区成像，对于MODIS图像，太阳耀斑区内的内波表现为先暗后亮；太阳非耀斑以外的内波表现为先亮后暗。对于SAR图像，虽不受云雾等天气环境的影响，但其幅宽相对较小，时间分辨率较低，获取的数据量有限；而光学图像虽然受云雾等环境的影响，但其空间覆盖范围大，时间分辨率高。因此，将SAR与光学融合，结合二者的优势，探测了内波的传播过程。本文利用连续6 d的MODIS和ENVISAT ASAR图像探测了南海北部海域内波传播过程示意图。内波在吕宋海峡产生后向西传播过程中，经过东沙环礁发生折射，绕过东沙环礁继续向西传播。在此过程中，内波被东沙环礁分成两部分，并沿着两条不同的路径传播，受水深等环境条件的影响，内波传播速度大小及方向都发生了变化。一部分内波沿路径 P_1 向西偏北方向传播，一部分内波沿路径 P_2 也向西偏北方向传播，继续向西传播最终耗散于大陆架。同时利用MODIS和RADARSAT-2内波遥感图像获得了内波的传播速度，大约为1.73 m/s。

SAR和光学图像融合探测内波，空间上，SAR图像可以弥补光学图像的内波不清晰及被遮挡的情况；时间上，光学图像可以弥补SAR图像获取的有限性，二者结合有利于内波的探测与研究。

致谢：感谢NASA网站提供的MODIS数据；感谢中欧“龙计划”合作项目提供的ENVISAT ASAR数据。

参考文献：

[1] Cummins P F, Cherniawsky J Y. Foreman from the Aleutian Ridge: Altimeter observations Michael G G. North Pacific internal tides and modeling[J]. J. Marine Res., 2001, 59: 167-191.

[2] Elachi C, Apel J R. Internal wave observations made with an airborne synthetic aperture imaging radar[J]. J. Geophys. Res., 1976, Lett., 3: 647.

[3] Richez C. Airborne Synthetic Aperture Radar tracking of internal waves in the Strait of Gibraltar[J]. Progress in Oceanography, 1994, 33(2): 93-159.

[4] Fu L L, Holt B. Seasat Views Oceans and Sea Ice with Synthetic-Aperture Radar[J]. JPL publication, 1982: 81-120.

[5] Liu A K, Chang Y S, Hsu M K, et al. Evolution of nonlinear internal waves in the East and South China Seas[J]. J. Geobhvs. Res., 1998, 103: 7995-8008.

[6] Small J, Zack H, Gary P, et al. Observations of large amplitude internal waves at the Malin Shelf edge during SESAME 1995[J]. Contin. Shelf Res., 1999, 19: 1389-1436.

[7] Zheng Q, Susanto R D, Ho C R, et al. Statistical and dynamical analyses of generation mechanisms of solitary internal waves in the northern South China Sea[J]. Journal of Geophysical Research Oceans, 2007, 112(C3): 83-87.

[8] Li X, Clemente-Colon P, Friedman K S. Estimating oceanic mixed layer depth from internal wave evolution observed from Radarsat-1 SAR[J]. Johns Hopkins APL Tech. Dig., 2000, 21: 130-135.

[9] 王晶，郭凯，孙美玲，等.3层模型的内波传播方程与参数反演[J].遥感学报，2015，19(2)：188-194.

[10] Zhang X, Wang J, Sun L, et al. Study on the amplitude inversion of internal waves an Wenchang area of the South China Sea[J]. Acta Oceanologica Sinica, 2016, 35(7): 14-19.

[11] Shand J A. Internal waves in Georgia Strait[J]. Eos Transactions American Geophysical Union, 1953, 34(6): 849-856.

[12] Melsheimer C, Keong K L. Proceeding of the Sun glitter in spot images and the visibility of oceanic[R]. The 22nd Asian conference on remote sensing, Singapore, 2001.

[13] 谢志宏.利用SAR及MODIS卫星影像研究安达曼海非线性内波之发源及演变[D].基隆：台湾海洋大学，2004.

[14] Jackson C R, Apel J R. An Atlas of Internal Solitary-like Waves and their Properties[M]. Alexandria: Global Ocean Associates, 2004.

[15] Jackson C. Internal wave detection using the Moderate Resolution Imaging Spectro-radiometer (MODIS)[J]. Journal of Geophysical Research, 2007, 112(C11): C11012.

[16] Matthews J P, Aiki H, Masuda S, et al. Monsoon regulation of Lombok Strait internal waves[J]. Journal of Geophysical Research: Oceans (1978-2012), 2011, 116(C5), doi: 10.1029/2010JC006403.

[17] da Silva J C B, Majalhaes J M, Gerkema T, et al. Internal Solitary Waves in the Red Sea: An Unfolding Mystery[J]. Oceanography, 2012, 25(2): 96-107.

[18] 杜涛，吴巍，方欣华.海洋内波的产生与分布[J].海洋科学，2001，25(4)：25-28.

[19] Zhao Z X, Klemas V, Zheng Q A, et al. Estimating parameters of a two-layer stratified ocean from polarity conversion of internal solitary waves ob-

served in satellite SAR images[J].Remote Sensing of Environment,2004,92(2):276-287.

[20] Zhao Z X,Klemas V,Zheng Q A,et al.Remote sensing evidence for baroclinic tide origin of internal solitary waves in the northeastern South China Sea[J].Geophysical Research Letters,2004,31:L06302.

[21] Zhao Z X.A study of nonlinear internal waves in the northeastern South China Sea[D].Newark:University of Delaware,2005.

基于星载微波散射计风场和 NCEP FNL 分析资料的多波数海面混合风场

刘宇昕[1,2]，王兆徽[1,2]，宋清涛[1,2]

（1. 国家卫星海洋应用中心，北京 100081；2. 国家海洋局空间海洋遥感与应用研究重点实验室，北京 100081）

摘要：现有的散射计观测不能同时满足应用在时间和空间分辨率上需求，需要利用多种风场资料生产混合风场产品来填补数据空白。本文介绍了 NCEP FNL 风场、微波散射计风场，使用高波数分析法结合散射计资料和模式再分析数据构建混合风场，分辨率达到 6 h、0.25°。

关键词：卫星观测；海面风场；高波数分析

1 引言

目前，海面风速可以通过多颗卫星观测，单个卫星产品可以提供丰富信息的高空间分辨率数据，但是一颗卫星通常需要 2 d 的时间才能观测全球，时间分辨率较低。风场的相关产品和研究需要越来越高时间和空间分辨率的风场数据，一些应用要求时间分辨率和空间分辨率分别达到 6 h 和 50 km。然而以现存的全球卫星以及现场观测，不能在时间和空间分辨率上同时满足需求。因此需要利用多种风场资料生产混合风场产品来提高风场分辨率。

ASCAT/NCEP 混合风场以 ASCAT 卫星反演风场资料为基础，在卫星资料空白区补充 ASCAT 风场的月平均高波数信息到 NCEP 背景场数据，该资料同时具备高空间和时间分辨率（0.25°×0.25°，6 h）。HY-2A/NCEP 混合风场与 ASCAT/NCEP 混合风场类似，空间和时间分辨率同样达到 0.25°×0.25°和 6 h。

风作为波浪的驱动力，波浪预报的精度在很大程度上依赖于海面风场的计算精度，因此风场数据在海浪的数值模拟中起着相当关键的作用。利用星载散射计风场数据和数值模式风场数据合成的混合风场，可以满足要求高分辨数据的海洋中小尺度研究等需求。

2 数据

NCEP FNL 资料是 1°×1°、6 h 间隔的 GDAS（Global Data Assimilation System），与 the Global Forecast System（GFS）使用相同的模式，但是在 GFS 初始化 1 h 以后，所以包括了更多的观测资料。所以本文选取了 NCEP FNL Operational Model Global Tropospheric Analyses，数据为 1°×1°网格、grib2 格式。

选取的散射计数据包括 ASCAT、HY-2A，技术指标见表 1。MetOp-A 卫星搭载的微波散射计 ASCAT

表 1　HY-2 和 MetOp-A 的 ASCAT 散射计技术指标

指标	轨道倾角	轨道高度	轨道周期	散射计工作频率	风速测量范围	风速精度	风向精度	刈幅
MetOp-A	98.67°	820 km	101 min	5.3 GHz	4~24 m/s	2 m/s	20°	550 km×2
HY-2A	99.34°	971 km	104.5 min	13.2 GHz	2~24 m/s	2 m/s	20°	优于 1 700 km

基金项目：近海观测网；遥感业务化。

作者简介：刘宇昕（1987—），男，河南省商丘人，主要从事微波遥感研究。E-mail：liuyuxin@mail.nsoas.org.cn

数据持续时间 2007 年 3 月 28 日至今，分辨率是 25 km。HY-2A 是中国第一颗海洋动力环境监测卫星，数据持续时间是 2011 年发射至今，分辨率是 25 km。6 h 1°×1°的 NCEP 数据 持续时间是 1999 年 7 月 30 日至今。

3 构建混合风场

通过对 NCEP 风场进行低通滤波得到低波数 NCEP 背景场，对 ASCAT/HY-2A 散射计风场进行高通滤波得到高波数变化信息，然后将低波数的 NCEP 背景场与高波数变化信息相加得到高波数混合风场。由于 ASCAT/HY-2A 散射计每个时刻（00UTC、06UTC、12UTC、18UTC）的风矢量分量（u、v）通过相同的方法分别处理得到，所以只给出对 ASCAT 散射计 u 分量的处理流程（图 1，图 2，图 3）。

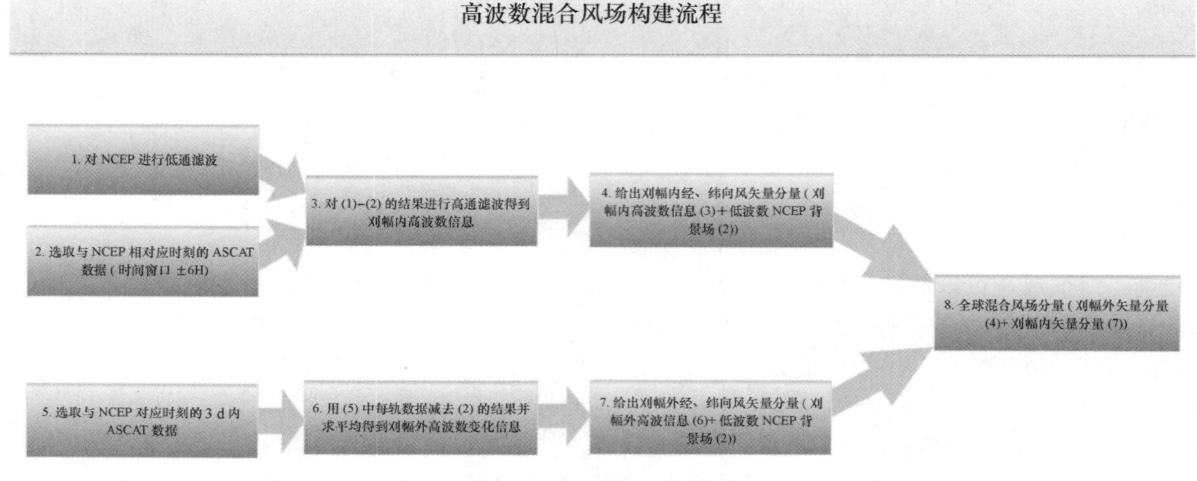

图 1 高波数混合风场流程图

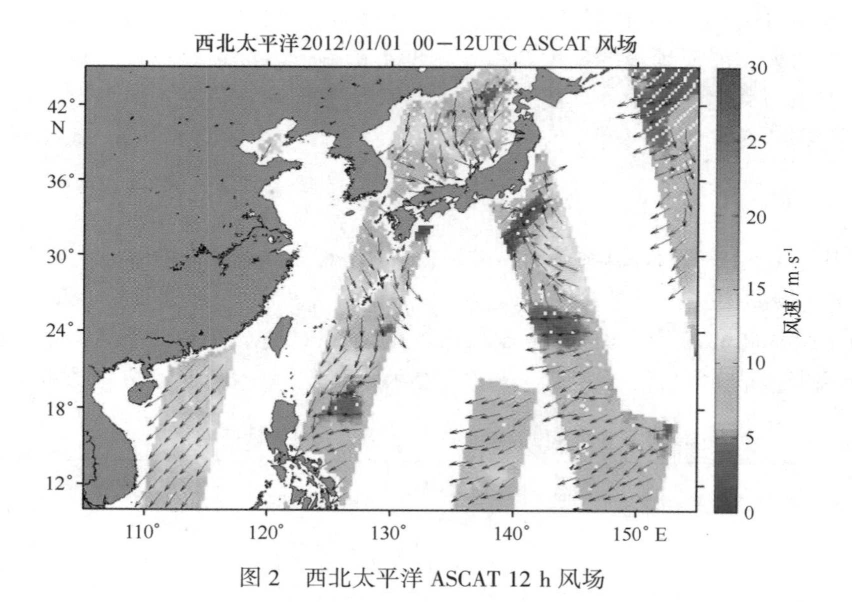

图 2 西北太平洋 ASCAT 12 h 风场

4 结束语

以 ASCAT 风场、HY-2A 风场、ASCAT/NCEP 混合风场为例，从图 2、图 3 与图 4 的对比可以看出，通过构建混合风场提高了风场数据覆盖范围，全球海面风场的时间分辨率达到 6 h，空间分辨率达到

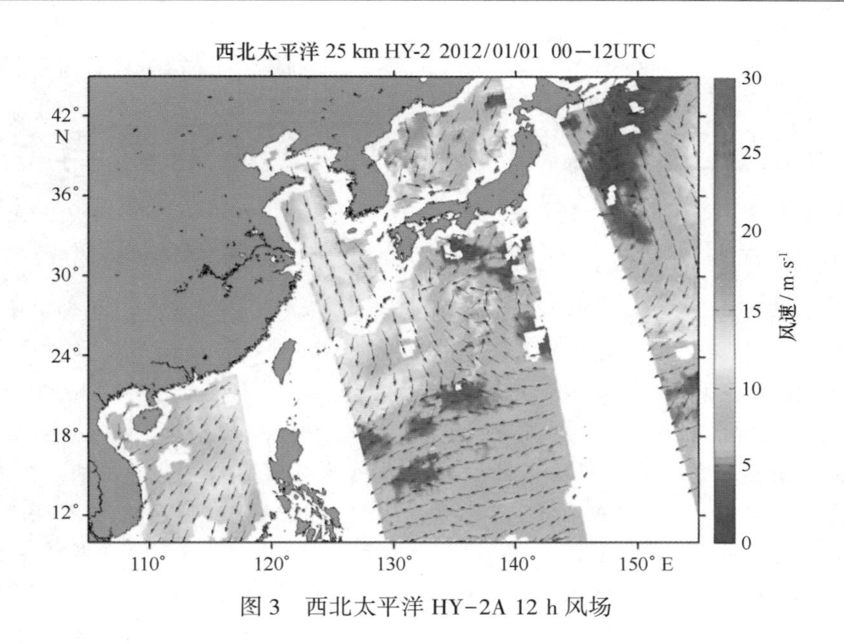

图 3 西北太平洋 HY-2A 12 h 风场

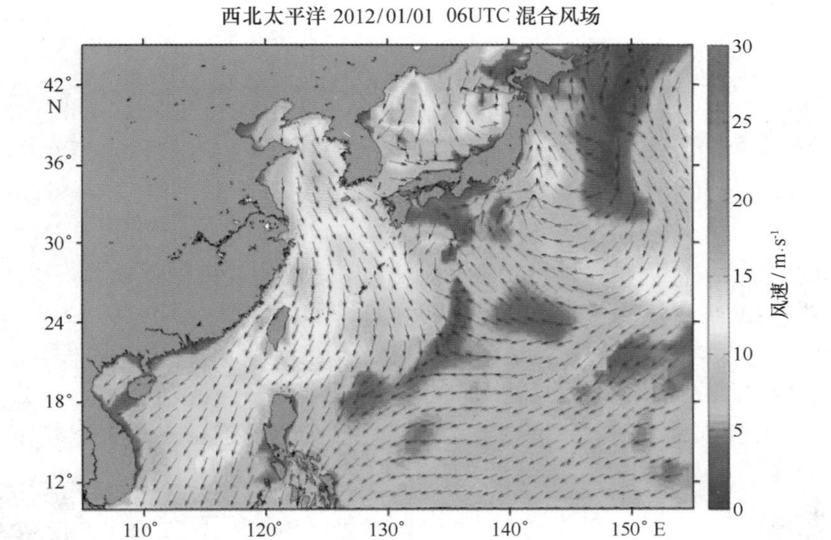

图 4 西北太平洋 ASCAT/NCEP 高波数混合风场

0.25°，且具有中小尺度特征，对于要求高分辨海面风场数据的海气相互作用和数值天气预报等科研和业务领域具有一定应用价值。

参考文献：

[1] 蒋兴伟，宋清涛.基于微波散射计观测的气候态海面风场和风应力场[J].海洋学报，2010，32(6)：83-90.

[2] 蒋兴伟，宋清涛.海洋卫星微波遥感技术发展现状与展望[J].科技导报，2010，28(3)：105-111.

[3] 蒋兴伟，林明森，宋清涛.海洋二号卫星主被动微波遥感探测技术研究[J].中国工程科学，2013，15(7)：4-11.

[4] 刘宇昕，张毅，王兆徽，等.基于 ASCAT 微波散射计风场与 NCEP 再分析风场的全球海洋表面混合风场[J].海洋预报，2014，31(3)：10-18.

[5] Zeng L，Levy G.Space and time aliasing structure in monthly mean polar-orbiting satellite data[J].J.Geophys.Res.，1995，100(3)：5133-5142.

HY-2A 卫星大气校正微波辐射计再定标

赵瑾[1]，张德海[1]，王振占[1]，李芸[1]

（1. 中国科学院国家空间科学中心 中国科学院微波遥感技术重点实验室，北京 100190）

摘要：本文主要比对了海洋二号 A（HY-2A）卫星的大气校正微波辐射计（Atmospheric Correction Microwave Radiometer，ACMR）和 Jason2 卫星的微波辐射计（Advanced Microwave Radiometer，AMR）的测量数据。在晴朗开阔海域以及亚马逊热带雨林、撒哈拉沙漠和格陵兰冰原等辐射相对稳定的区域，进行了 ACMR 和 AMR 亮度温度的比对，发现两者之间存在一定的偏差。以开阔海域匹配点和热带雨林的 AMR 亮度温度数据为参考，对 ACMR 的亮度温度数据进行了修正，修正后获得的 ACMR 亮度温度数据和 AMR 亮度温度数据高度吻合。

关键词：再定标；亮度温度；微波辐射计

1 引言

HY-2A 卫星于 2011 年 8 月 16 日从太原卫星发射中心点火升空。HY-2A 卫星是中国第一颗海洋动力环境监测卫星，主要任务是监测和调查海洋环境，并为海洋科学研究、海洋环境预报和全球气候变化研究提供卫星遥感信息。HY-2A 卫星搭载有雷达高度计、微波散射计、扫描微波辐射计和校正微波辐射计 4 个微波遥感仪器。

海洋二号 A 卫星大气校正微波辐射计（ACMR）是为雷达高度计提供大气湿路径延迟校正的微波辐射计。ACMR 是三频体制微波辐射计，其工作频率分别为 18.7 GHz、23.8 GHz 和 37 GHz。利用这 3 个通道的亮温数据可以反演出大气水汽造成的在雷达高度计观测路径上的信号延迟，简称湿路径延迟。图 1 给出了校正辐射计的安装结构图，其中左侧图给出校正辐射计观测天线（左侧）和 3 个定标天线的结构，右侧图给出校正辐射计接收机单元（右侧）和数控单元（左侧）以及连接波导的分布情况。

图 1　校正辐射计舱外的天线分布以及舱内的接收机（右侧）、数控单元（左侧）及其连接波导

作者简介：赵瑾（1981—），女，河南省滑县人，博士，主要从事星载微波辐射计定标研究。E-mail：zhaojin@ mirslab. ac. cn

由于各个仪器之间的系统差异，不同仪器的测量结果也会存在偏差。微波辐射计再定标指选定一个相对稳定、可靠的定标参考，对仪器的系统偏差进行修正，利用定标参考对微波辐射计进行系统性能评估。AMR是国际公认的经过定标和检验的微波辐射计，其工作频率和工作方式与ACMR基本相同。本文选取AMR对ACMR的亮度温度进行再定标，对ACMR的系统性能进行评估。

2 ACMR和AMR的亮度温度比对

本文将在晴朗开阔海域（匹配点）以及亚马逊热带雨林、撒哈拉沙漠和格陵兰冰原等区域对ACMR和AMR的亮度温度进行比对。

2.1 开阔海域（匹配点）亮度温度比对

选取2011年10月14日至2013年11月6日满两年的ACMR和AMR数据，在开阔海域对ACMR和AMR进行时空匹配，匹配数据的选取标准如下：

（1）匹配时间窗为30 min；

（2）匹配空间窗经纬度均为0.5°；

（3）选取南北纬60°以内的匹配数据；

（4）选取离岸50 km外的开阔海域数据；

（5）Jason2的降雨标识、海陆标识、海冰标识以及液水含量均为0的数据。

两者的匹配结果如图2所示。

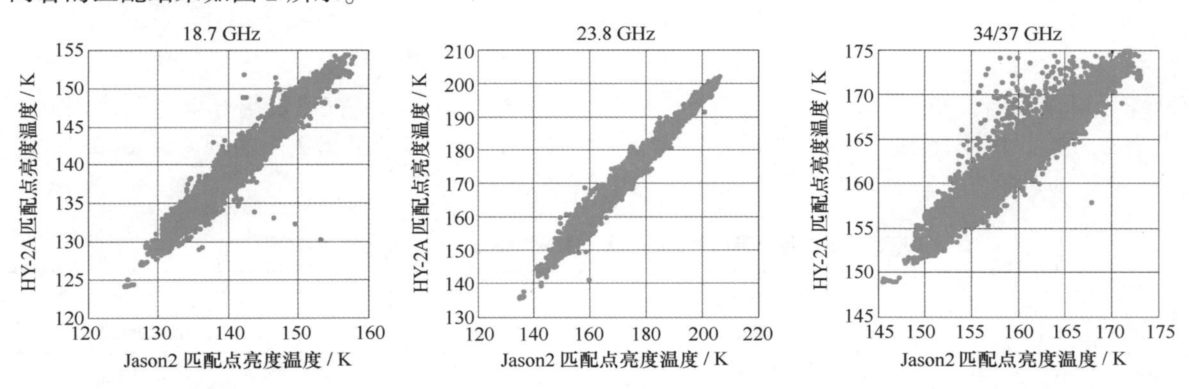

图2 匹配点ACMR亮度温度和AMR亮度温度比对散点图

从图2可以看出，两者的观测结果具有很好的一致性。具体的比对结果见表1。表中MB代表平均偏差（Mean Bias），STD代表偏差的标准差（Standard Deviation）。J代表Jason2，H代表HY-2A。

表1 匹配点ACMR和AMR亮度温度比对结果

	18.7 GHz/K	23.8 GHz/K	34/37 GHz/K
MB（J-H）	1.26	0.63	-2.90
STD（J-H）	1.28	1.92	1.56

从表1可以看出，虽然ACMR和AMR具有很好的一致性，但ACMR在18.7 GHz和23.8 GHz这2个通道的测量值相对于AMR来说偏低，平均偏低值分别为1.26 K和0.63 K。在37 GHz ACMR的测量值又比较高，平均偏高2.9 K。这种偏高的现象是由于两者的频率差别引起的，因为Jason2的频率为34 GHz。从表1中还可以看出，ACMR和AMR比对的标准差均小于2 K，这说明两者比对的离散程度还是可以接受的。

2.2 亚马逊热带雨林地区亮度温度比对

亚马逊热带雨林地区植被丰富，其辐射相对稳定，可以作为星载微波辐射计的一个天然的定标参考。ACMR在热带雨林地区的过境时间只有UTC时间的上午10点和晚上22点两个时刻，因此相应的选取AMR的UTC时间为9点至12点，以及21点至24点时刻的数据，来进行统计分析。在数据的初步统计阶段，发现UTC时间中的上午时间的数据更稳定。因此选取ACMR上午10点的数据和AMR 9点至12点的数据进行统计比对，去除掉存在降雨的数据后，ACMR和AMR在亚马逊热带雨林地区的比对结果如图3所示。

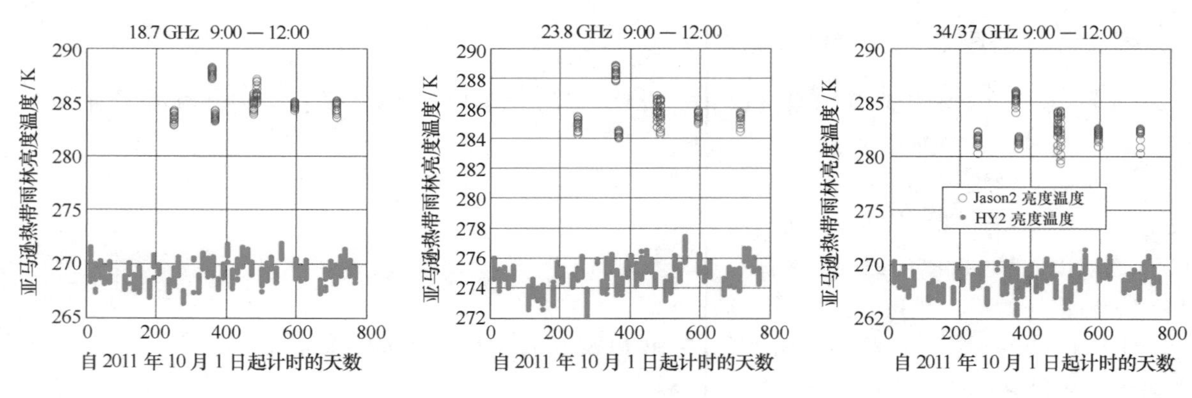

图3 亚马逊热带雨林地区ACMR亮度温度和AMR亮度温度

从图3可以看出，相对于AMR的观测亮度温度，ACMR的亮度温度在热带雨林地区明显偏低。具体结果见表2，表2中M代表平均值（Mean）。表2中的统计数据也印证了图3中的现象，ACMR亮度温度比AMR亮度温度在3个通道分别低了15.59 K、10.84 K和13.87 K。

表2 亚马逊热带雨林地区ACMR和AMR亮度温度比对结果

	18.7 GHz/K	23.8 GHz/K	34/37 GHz/K
M（J）	285.02	285.71	282.52
M（H）	269.43	274.87	268.65
M（J）-M(H)	15.59	10.84	13.87

2.3 撒哈拉沙漠地区亮度温度比对

撒哈拉沙漠地区常年没有降雨，其辐射也比较稳定，而且有很明显的年周期变化规律，比较ACMR和AMR在撒哈拉沙漠地区的测量结果，也可以直接看出两者之间的差异。撒哈拉沙漠地区ACMR和AMR的比对结果见图4，统计结果见表3。

表3 撒哈拉沙漠地区ACMR和AMR亮度温度比对结果

	18.7 GHz/K	23.8 GHz/K	34/37 GHz/K
M（J）	281.09	281.47	280.03
M（H）	265.39	270.16	264.79
M（J）-M(H)	15.71	11.31	15.24

从图4和表3可以看出，和热带雨林地区的比对结果一致，ACMR的亮度温度测量值较低，在3个通道分别低了15.71 K、11.31 K和15.24 K。但是ACMR和AMR在撒哈拉地区的年变化规律还是吻合的。

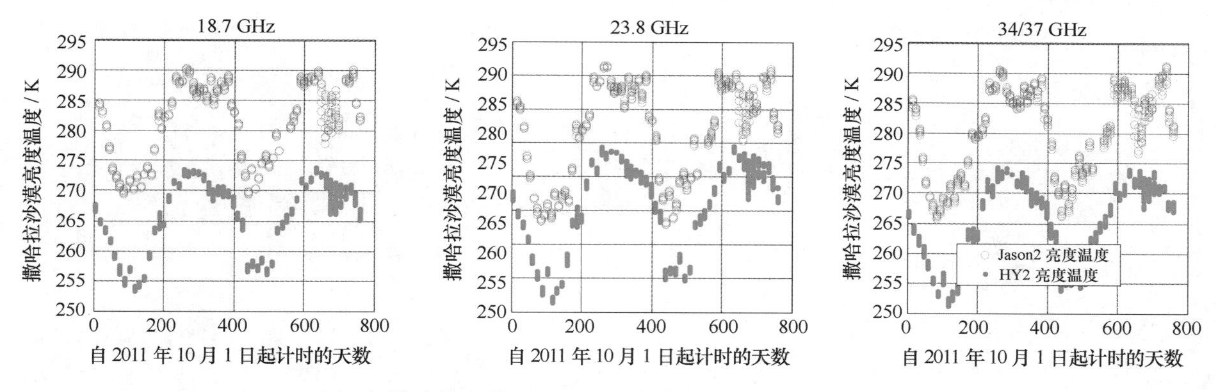

图 4　撒哈拉沙漠地区 ACMR 亮度温度和 AMR 亮度温度

通过匹配点、亚马逊热带雨林、撒哈拉沙漠的数据比对结果可以看出，ACMR 和 AMR 的测量具有很好的一致性，这体现在匹配点数据变化规律一致，在热带雨林地区的测量值都相对稳定，在撒哈拉沙漠地区的年变化规律一致。但是 ACMR 和 AMR 的亮度温度还是存在偏差的，尤其是在热带雨林和撒哈拉沙漠等辐射较大的区域，ACMR 亮度温度最多比 AMR 亮度温度低了 15.71 K。为了消除 ACMR 与 AMR 的这种偏差，需要对 ACMR 进行再定标。

3　再定标后的 ACMR 和 AMR 亮度温度比对

ACMR 和 AMR 在匹配点和热带雨林地区的数据相对来说更为稳定，因此选取 AMR 在匹配点和热带雨林地区的亮度温度作为 ACMR 的定标参考，对 ACMR 进行再定标。由于 AMR 的液水通道频率为 34 GHz，ACMR 的液水通道频率 37 GHz，两者的测量结果的偏差有一部分是频率偏差引起的。由于 2 个通道的响应比较一致，对 ACMR 进行再定标时，没有修正频率偏差，直接将 AMR 34 GHz 通道亮度温度作为 ACMR 37 GHz 通道的定标参考。再定标后 ACMR 和 AMR 的统计结果详见表 4~6，比对结果见图 5~7。

表 4　匹配点 ACMR 亮度温度（再定标后）和 AMR 亮度温度比对结果

	18.7 GHz/K	23.8 GHz/K	34/37 GHz/K
MB（J-H）	-0.02	-0.002	-0.04
STD（J-H）	1.31	1.64	1.76

表 5　亚马逊热带雨林地区 ACMR 亮度温度（再定标后）和 AMR 亮度温度比对结果

	18.7 GHz/K	23.8 GHz/K	34/37 GHz/K
M（J）	285.02	285.71	282.52
M（H）	284.95	285.62	282.38
M（J）-M(H)	0.07	0.09	0.14

表 6　撒哈拉沙漠地区 ACMR 亮度温度（再定标后）和 AMR 亮度温度比对结果

	18.7 GHz/K	23.8 GHz/K	34/37 GHz/K
M（J）	281.09	281.47	280.03
M（H）	280.47	280.47	277.91
M（J）-M(H)	0.63	1.00	2.12

ACMR 经过再定标后，从表 4 可以看出，在匹配点，ACMR 和 AMR 的 3 个对应通道的平均偏差由原

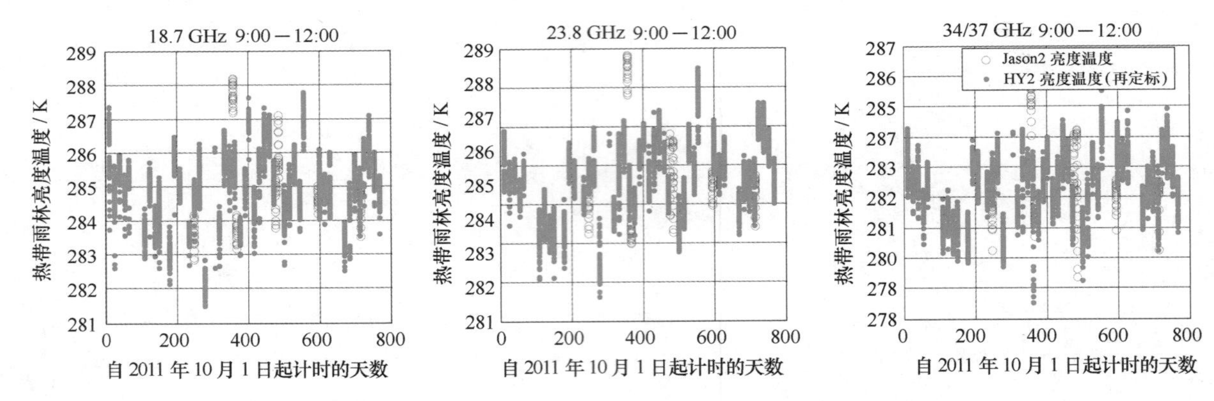

图 5 热带雨林地区 ACMR 亮度温度（再定标后）和 AMR 亮度温度

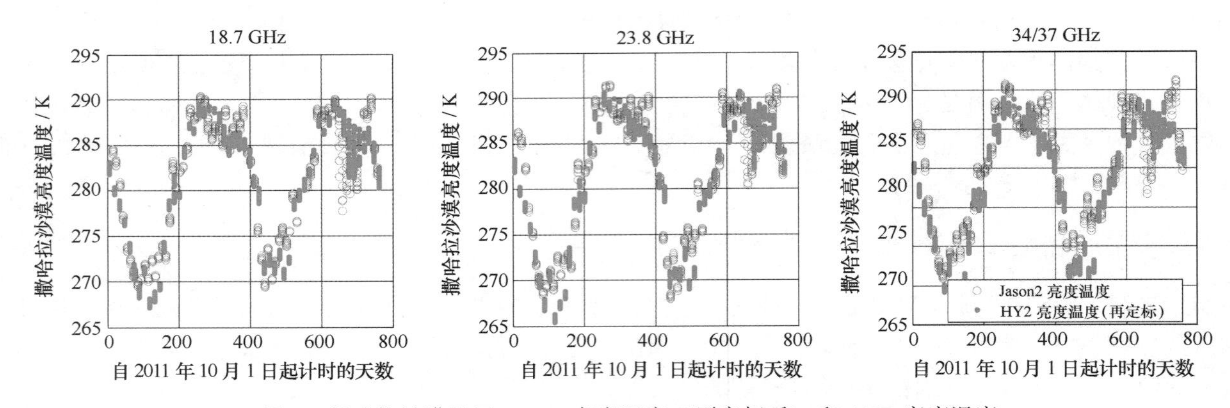

图 6 撒哈拉沙漠地区 ACMR 亮度温度（再定标后）和 AMR 亮度温度

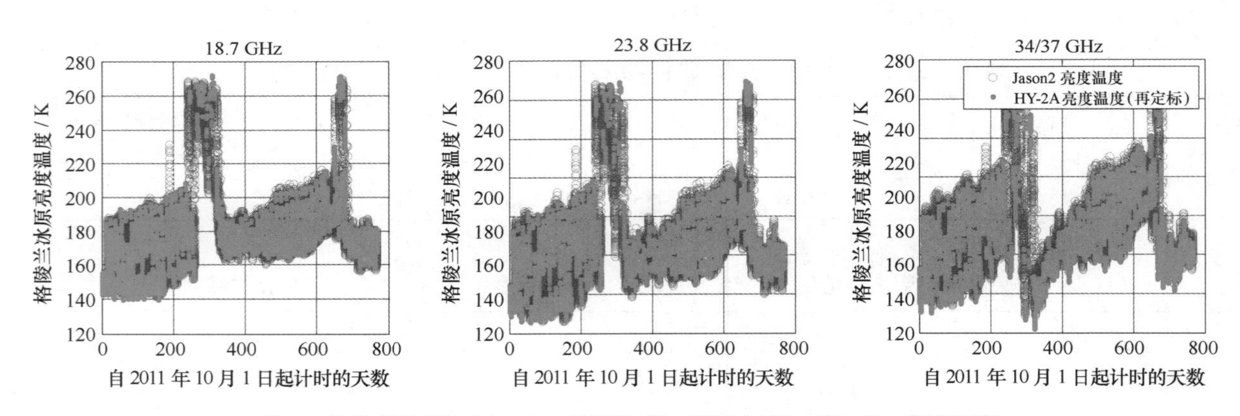

图 7 格陵兰冰原地区 ACMR 亮度温度（再定标后）和 AMR 亮度温度

来的 1. 26 K、0. 63 K 和-2. 90 K 降为-0. 02 K、-0. 02 K 和-0. 04 K，标准差基本不变。从表 5 可以看出，在亚马逊热带雨林地区，ACMR 与 AMR 的偏差由再定标前的 15. 59 K、10. 84 K 和 13. 87 K 降低为 0. 07 K、0. 09 K、和 0. 14 K。ACMR 经过再定标后，在匹配点和热带雨林地区，与 AMR 的测量数据达成了一致。从图 5 也可以看出，ACMR 和 AMR 在热带雨林地区的观测一致且稳定。利用 AMR 在匹配点和热带雨林地区的亮度温度作为定标参考对 ACMR 进行再定标，这个方法是否可行、有效，可以在撒哈拉沙漠地区和格陵兰冰原地区进行验证。

从表 6 可以看出，在撒哈拉沙漠地区，ACMR 与 AMR 的偏差由再定标前的 15. 71 K、11. 31 K 和 15. 24 K 降低为 0. 63 K、1. 00 K、和 2. 12 K。从图 6 和图 7 可以看出，ACMR 和 AMR 的年变化规律一致且数值吻合，从图 7 可以很明显的看出格陵兰冰原地区的冰雪消融的年变化规律。说明 ACMR 的再定标方法行之有效，而且 ACMR 的再定标数据和 AMR 数据高度吻合。

4 结论

本文将 ACMR 亮度温度数据和 AMR 亮度温度数据在不同的区域进行了比对，选取匹配点和热带雨林地区的 AMR 亮度温度数据作为 ACMR 的定标参考，对 ACMR 亮度温度进行再定标。ACMR 再定标亮度温度在匹配点和热带雨林地区与 AMR 相比获得了很好的比对结果，而且 ACMR 的再定标方法在撒哈拉沙漠地区和格陵兰冰原地区得到了很好的验证，再定标后的 ACMR 亮度温度和 AMR 亮度温度在撒哈拉沙漠地区和格陵兰冰原地区年变化规律一致且数值吻合。从上面的描述可以看出，ACMR 的再定标方法有效可行，ACMR 再定标后的数据稳定可靠。

ACMR 的再定标方法没有考虑 ACMR 37 GHz 通道和 AMR 34 GHz 的通道差异，这是需要进一步改进的地方。本文只将 ACMR 和 AMR 进行了比对，未来可以引入更多的数据源（例如 ECMWF、Radiosonde 或者其他卫星数据）对 ACMR 数据进行深入的分析和检验。未来还考虑将再定标的 ACMR 数据应用到其湿路径延迟反演中，检验是否能提高反演产品的数据质量。

参考文献：

[1] Zhang Dehai, Wang Zhenzhan, Wang Hongjian, et al. ACMR System Description and Performance[J]. Geoscience and Remote Sensing Symposium, 2014:5179-5182.

[2] Brown S. Maintaining the Long-Term Calibration of the Jason-2/OSTM Advanced Microwave Radiometer Through Intersatellite Calibration[J]. IEEE Transactions on Geoscience and Remote Sensing, 2013, 3:1531-1543.

[3] Wang Zhenzhan, Zhang Dehai, Li Yun, et al. Prelaunch calibration and primary results from in-orbit calibration of the atmospheric correction microwave radiometer(ACMR) on the HY-2A satellite of China[J]. International Journal of Remote Sensing, 2014, 35(11/12):4496-4514.

[4] Eymard L, Obligis E, Tran N, et al. Long Term Stability of ERS-2 and TOPEX Microwave Radiometer In-Flight Calibration[J]. IEEE Transactions on Geoscience and Remote Sensing, 2005:1144-1158.

基于一种大气数值产品的全球海洋预报试验

王少可[1]，赵军[1]，李琰[1]

（1. 国防科技大学 海洋科学与工程研究院，湖南 长沙 410005）

摘要：不同大气强迫对海洋模式的模拟结果具有显著影响，在进行海洋预报时需要选择合适的大气数值预报产品作为驱动场。本文参考美国海军业务化海洋预报系统，尝试使用全球谱模式YHGSM的大气预报产品，驱动海洋模式HYCOM，进行一次5 d的全球海洋预报试验。本试验以美国海军全球环境模式NAVGEM提供的全球大气分析数据作为对比试验，以美国海军发布的全球海洋分析数据作为预报标准，从海表面温度SST、温度剖面和海表面高度SSH分析了试验预报效果。试验结果表明，使用YHGSM预报产品驱动HYCOM模式得到的预报结果可基本满足业务需求，但存在一定误差，因此对大气强迫数据进行校正是海洋预报中不可或缺的工作。

关键词：YHGSM；HYCOM；预报

1 引言

社会和军事活动对海洋信息的需求日益增加，促进了以海洋数值模式为基础的海洋预报技术的不断发展。欧、美、日等发达国家利用资料同化和数值预报模式技术，已经建立了较为完善的海洋环境预报业务系统。如美国海军的HYCOM/NCODA业务化海洋预报系统、法国的Mercator系统、英国的FOAM系统、意大利的MFS系统、澳大利亚的全球海洋预报系统OFAM等。我国海洋环境预报中心经过多年努力，构建了首个综合性业务化海洋预报系统，预报区域既覆盖了全球大洋，又实现了在中国近海区域的高分辨率嵌套。我国海洋预报系统经过多次升级，在多个方面取得了重大改进，已基本可以满足海洋保障的需求，但在预报分辨率、资料同化技术上仍与发达国家存在一定的差距。

海洋预报模式主要由大气的动量、热量和淡水通量驱动，前人已针对不同大气强迫对海洋模式模拟结果的影响做了一定的试验研究。Hunke等尝试使用3种不同的大气数据强迫海洋、海冰耦合模式，发现尽管外强迫场相近，但模拟结果却产生了较大的差异。俞永强等使用3种不同风应力数据强迫中国科学院大气物理研究所的全球海洋环流模式LICOM（Limate System Ocean Model），模拟结果虽然相似但也体现出了不同的特征。史珍等使用不同空间分辨率的海表热通量和风应力数据强迫MOM4海洋模式，指出了不同分辨率的大气强迫对全球海温模拟的影响。以上工作多偏向于气候态模拟，而海洋的实时预报将更直接的体现不同大气强迫对预报结果的影响。因此，在建立海洋预报系统时，根据不同需求，需对作为强迫的大气数值预报产品进行充分的试验研究，进而做出选择。

本文拟尝试选用国防科技大学研发的全球大气谱模式YHGSM的预报产品作为大气强迫，驱动混合坐标海洋环流模式HYCOM（Hybrid Coordinate Ocean Model），进行全球海洋环境数值预报试验。旨在完成并测试该大气预报产品在海洋预报中的应用，尝试建立以YHGSM产品为大气强迫场的全球海洋预报模式。本文第二部分包括海洋环流模式HYCOM和大气谱模式YHGSM的介绍，以及美国海军的HYCOM/NCODA业务化海洋预报系统的概述；第三部分简述试验设计与模式设置等相关内容；第四部分进行试验结果的分析与讨论；最后做出本文小结，提出展望工作。

作者简介：王少可（1992—），男，山东省济南市人，主要研究方向为海洋数值预报。E-mail：shaokest@163.com

2 模式与预报系统简介

2.1 海洋模式 HYCOM

混合坐标海洋环流模式 HYCOM 是在迈阿密等密度面坐标海洋模式 MICOM（Miami Isopycnic Coordinate Ocean Model）的基础上发展而来。该模式是原始方程全球海洋环流模式，其在垂直方向上采用等密度面坐标、sigma 随地坐标和位势高度 Z 坐标这 3 种坐标的混合形式，从而弥补了单种坐标形式的不足，拓展了模式的应用范围。在水平方向上，模式可使用麦卡托坐标系、f 平面坐标系和北极双极点坐标系多种水平坐标系。北极双极点坐标系将北极点人为地转移到陆地上，解决了北极点奇异性导致的不稳定问题，实现了包含北极海域的数值模拟。HYCOM 提供了包括 K Profile Parameterization（KPP）、Price Weller Pinkel（PWP）、Mellor Yamadalevel-2.5（MY-2.5）等多种复杂的湍流封闭方案，可以较好的解决上层混合问题。模式已经实现了并行计算，大大提高了运行效率。并且，模式可灵活使用冷启动或热启动，使用户更方便地进行数值试验和数据恢复。

2.2 大气模式 YHGSM

全球大气谱模式 YHGSM T799 采用静力平衡近似，使用静力原始方程组作为模式方程组，并在线性化时将科氏力项作为非线性项处理。模式中包含了集成辐射传输、湍流扩散、重力波拖曳、对流输送、大尺度降水、路面过程、甲烷氧化物等完善的物理参数化方案。模式水平方向使用球坐标，垂直方向使用 η 垂直坐标系。在水平方向使用谱方法进行离散，并以球谐谱函数作为基函数进行展开，其中采用的三角截断，最大截断波数为 799。模式使用线性精简高斯网格，水平分辨率约为 25 km。模式垂向使用蹒跚格点，共有 91 层，模式大气层顶高度约为 80 km。

2.3 HYCOM/NCODA 业务化海洋预报系统

美国海军 HYCOM/NCODA 业务化海洋预报系统基于 HYCOM 海洋模式建立，在极地实现了与海冰模式 CICE 的耦合，并与美国海军耦合海洋资料同化系统 NCODA（Navy Coupled Ocean Data Assimilation）相结合，实现全球海洋预报能力。海洋模式水平分辨率为（1/12）°，垂向分层为 32 层混合坐标，模式分辨率达到涡旋识别能力，预报时效为 7 d。海洋模式的大气驱动来自美国海军全球环境模式 NAVGEM（Navy Global Environmental Model）。美国海军下一步将提高水平和垂向分辨率，进一步实现海气耦合，增加潮汐强迫，从而提高预报效果。

3 试验设置

本试验旨在实现 YHGSM 全球大气预报产品在海洋预报中的应用，并以美国海军发布的 HYCOM/NCODA 业务化预报系统的全球海洋分析数据为标准，分析讨论 YHGSM 产品的应用效果。试验海洋模式为 HYCOM 的全球版本，分辨率与现行美国海军的海洋预报系统一致，试验所用 HYCOM 模式版本号为 2.2.18。取 YHGSM 一次全球大气预报产品为强迫，进行为期 5 d 的全球海洋预报试验。

海洋模式 HYCOM 在赤道的水平分辨率为（1/12）°，采用北极双极点坐标系，共 4 500×3 298 个网格点，网格平均间隔约 6.5 km，垂向采用 32 层混合坐标形式。海洋地形与 HYCOM/NCODA 预报系统保持一致（图 1）。模式采用 KPP 湍流混合方案，极地海冰以海洋-海冰热动力模型进行模拟。海表面驱动场包括风应力、风速、热力强迫和降水，海表面盐度 SSS 使用气候态数据进行松弛。其他强迫包括月平均陆表径流，试验模式中无辐射通量补偿校正设置。模式斜压步长为 120 s，正压步长为 7.5 s。本试验的计算平台由国防科技大学“天河”超级计算机提供。

本试验以 2017 年 5 月 1 日 00 时为起报时间，取 YHGSM 当天给出的 5 d 全球大气预报数据为大气强迫进行一次海洋预报试验，预报时间区间为 5 月 1—6 日，共有 5 d 预报结果输出。为保证预报的时间真实性，初始场为 HYCOM/NCODA 预报系统在 5 月 1 日预报中所得当天的海洋数据场。强迫场包括 YHGSM 输出的风应力、2 m 温度、2 m 比湿、短波辐射净通量、长波辐射净通量、降水量和 10 m 风速。为实现对比，同时取 NAVGEM 在相应时间段的全球大气分析数据作为驱动场重复进行试验。最后，取预报所得的海表面温度 SST 和温度剖面与全球海洋分析数据进行比较，并比较两个试验所得的海表面高度 SSH，以均方根误差 RMSD 和距平相关系数 AC 为评价标准，完成海洋预报结果的定量分析。其中，YHGSM 提供的大气强迫数据为 1 440×721 的标准网格数据，分辨率为 0.25°；NAVGEM 的分析数据为 1 280×640 网格数据，分辨率为 0.281°，其分析数据已完成风速和辐射通量的订正。

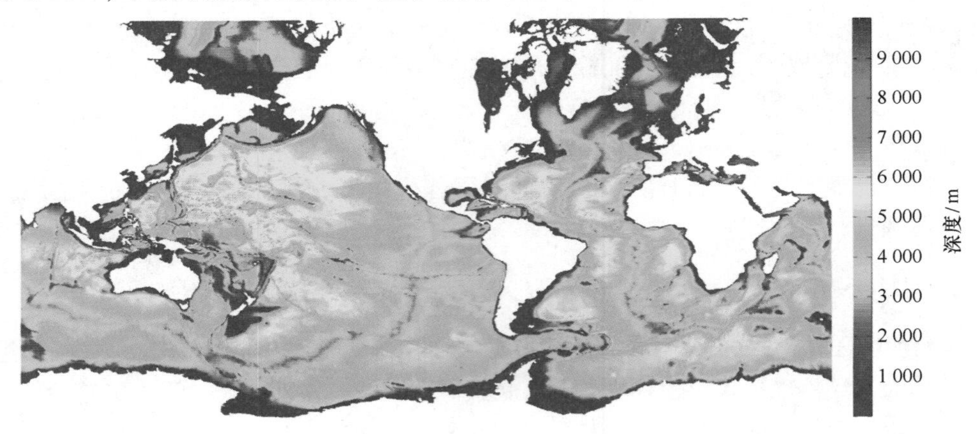

图 1 模式海底地形设置

4 试验结果与分析

这里取海洋较为集中的 45°S～45°N 的纬度范围进行统计分析，得出 SST 与温度剖面的均方根误差 RMSD 与距平相关系数 AC。RMSD 与 AC 分别通过式（1）、（2）计算：

$$RMSD(f, a) = \sqrt{\frac{1}{N}\sum (f-a)^2}, \tag{1}$$

$$AC(f, a) = \frac{\sum (f-c)(a-c)}{\sqrt{\sum (f-c)^2 \sum (a-c)^2}}, \tag{2}$$

式中，f 为预报数据，a 为分析数据，c 为气候态平均数据，N 为统计的格点数量。

4.1 海表面温度 SST

所选区域的统计格点数共 4 170 066 个。试验所得海表面温度 SST 均方根误差的统计结果如图 2 所示。

由图可知，以 NAVGEM 为驱动场的均方根误差 RMSD 随预报时长增加而增加，但增长幅度不大，在第 5 天时仅为 0.66℃。一方面，说明了以 NAVGEM 数据强迫的海洋预报可满足 SST 预报需求；另一方面，这也验证了海洋模式 HYCOM 设置的准确性。相比，以 YHGSM 为驱动场的 RMSD 随着预报时长的变化增长更快，且与对比试验的差距逐步变大，到第 5 天时的 RMSD 为 0.80℃。作为分析，分别绘制了 2 个试验预报 SST 相比分析数据在预报第 1、3、5 天的误差分布情况（图 3、4）。比较图 3、图 4 可知，以 YHGSM 产品为驱动场所得的预报 SST 较分析数据偏小，且误差呈现出随时间增长的趋势。误差较大区域主要为赤道和中纬度海域。对比两种强迫可知，SST 的偏低主要是 YHGSM 提供的净辐射通量偏小所致。而 NAVGEM 作为已经完成通量校正的数据，取得了相对较好的预报效果。

同时，试验所得海表面温度 SST 距平相关系数的统计结果如图 5 所示。

距平相关系数 AC 与均方根误差 RMSD 成相反趋势，刻画了预报结果同分析数据的一致性程度，一般

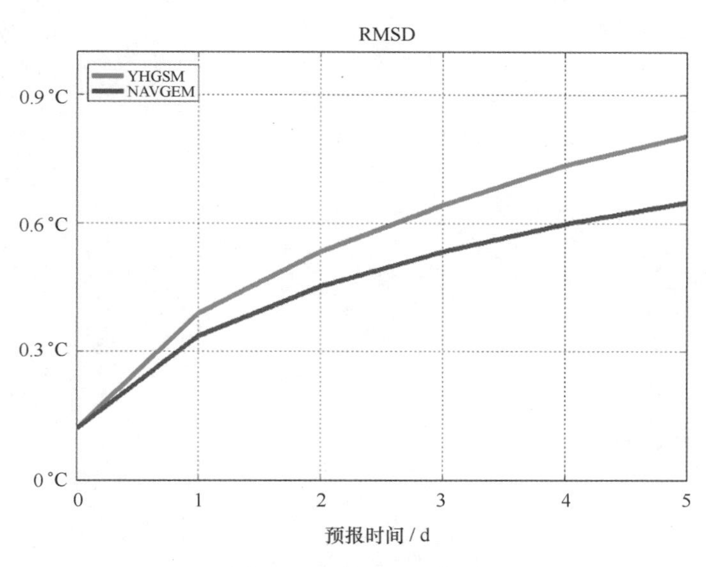

图 2　SST 的 RMSD 统计

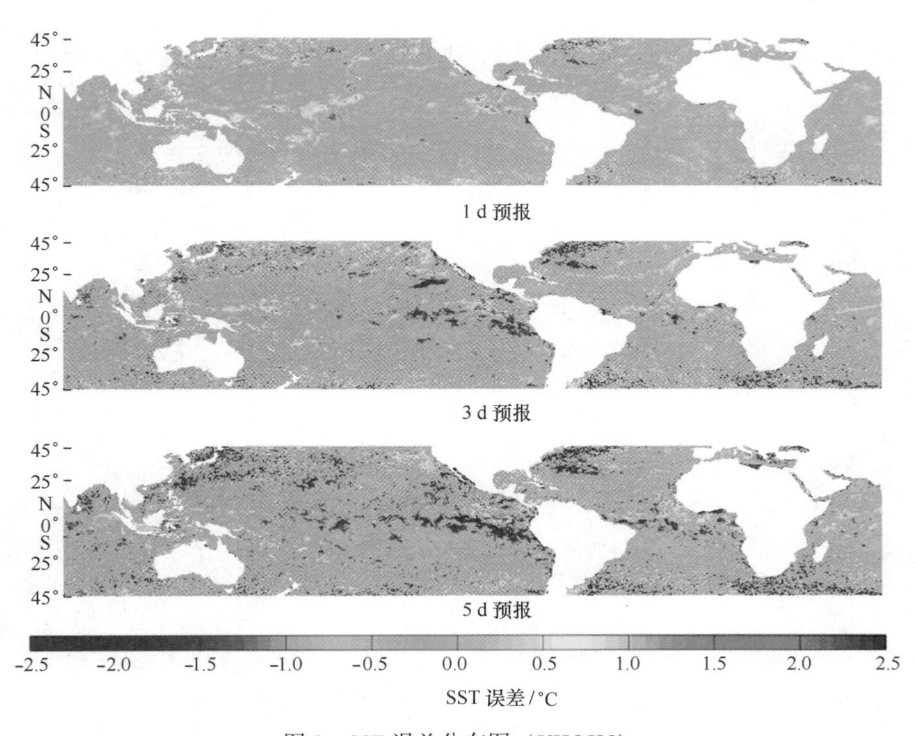

图 3　SST 误差分布图（YHGSM）

认为 AC 大于 0.6 时便存在较强的相关性。由图 4 可知，两次试验所得的 AC 均稳步减小，体现了预报时长对预报结果的负面影响。使用 NAVGEM 数据所得的 AC 减小速度较慢，到第 5 天时，AC 仍然保持在 0.82 的水平。按此趋势可推断，在第 10 天时 AC 仍然能保在大于 0.6 的水平，反映了以 NAVGEM 为驱动场所得海洋预报的可靠性。以 YHGSM 为驱动场的 AC 减小速度较快，到第 5 天时已经减小到 0.73 的水平。作为一个时效 5 d 的海洋预报，这可以作为预报结果较为可靠一个评估，但较 NAVGEM 存在一定的差距。

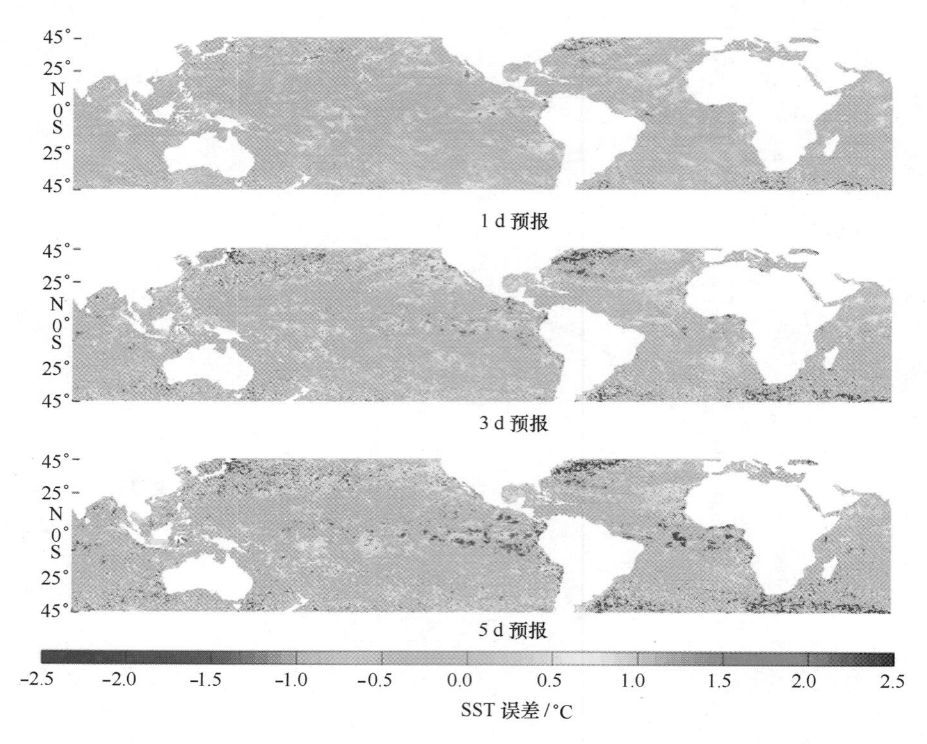

图4　SST误差分布图（NAVGEM）

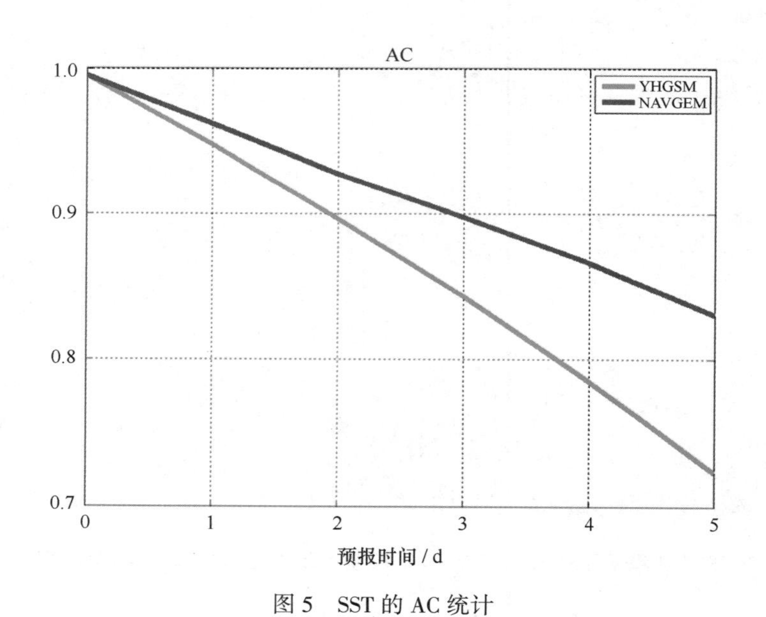

图5　SST的AC统计

4.2　温度剖面

本文对此区域内所有海洋格点进行了统计，剖面数据的深度分布为10 m、20 m、30 m、50 m、75 m、100 m、125 m、150 m、200 m、250 m、300 m、400 m、500 m、600 m、700 m和800 m，深度较浅的区域剔除超出海洋格点的深度再进行统计。这里分别绘制了两种风场强迫下，预报第1、3、5天温度均方根误差以及平均温度误差的剖面分布图。以NAVGEM风场数据所得预报结果的温度剖面的统计如图6所示，以YHGSM风场数据所得预报结果的温度剖面的统计如图7所示。

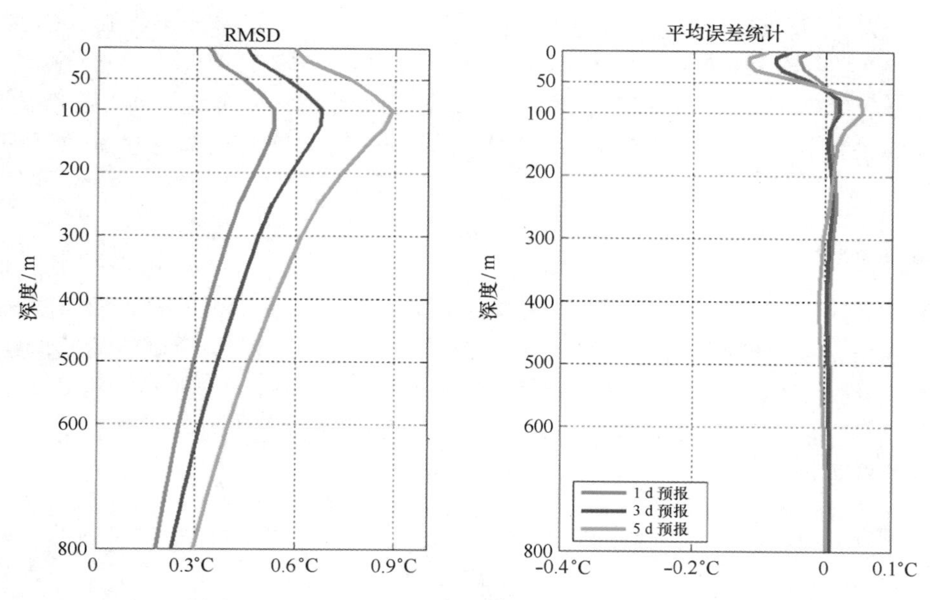

图 6 NAVGEM 试验温度剖面 RMSD 与平均误差统计

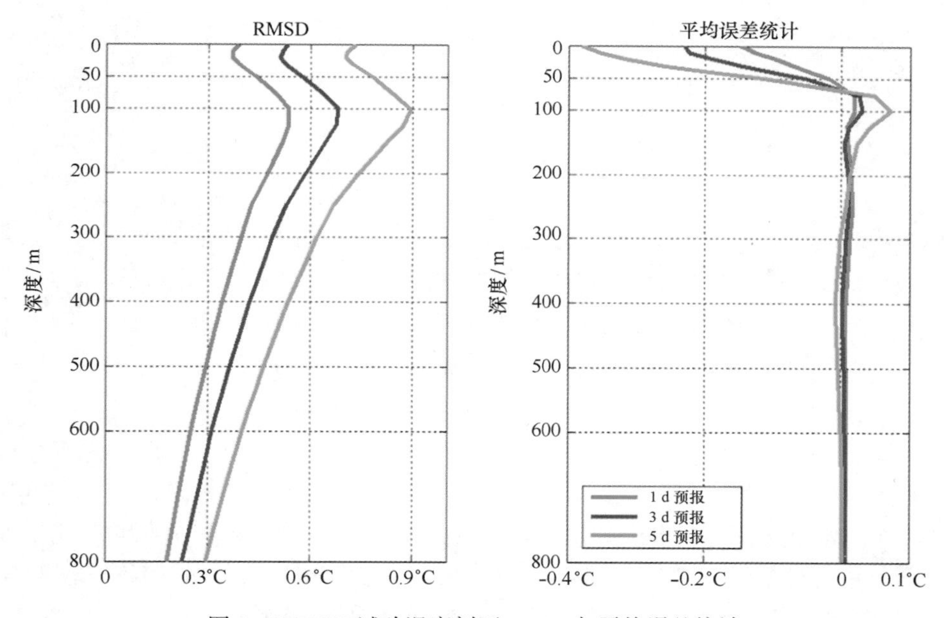

图 7 YHGSM 试验温度剖面 RMSD 与平均误差统计

由图 5、图 6 对比分析可知，两种情况下各预报时长的 RMSD 分布与整体趋势相似。在 100 m 深度附近均出现 RMSD 剖面的拐点，误差在 100 m 处达到最大，这里考虑是海洋模式 HYCOM 混合垂向分层所导致的误差增加。且不同预报时长的 RMSD 随深度增加而逐步一致，表现了深层海洋对风场强迫的迟钝性。但在 YHGSM 情况下，在表层附近 RMSD 增大，以致其 RMSD 的剖面在 20 m 附近出现第 2 个拐点。由上文分析可知，这是由于 YHGSM 提供的净通量偏低，海表面温度 SST 较低所致。

两种情况的海水温度平均误差在上层海洋中的分布差异较大，而在深层海洋中误差均趋向于 0。在 NAVGEM 驱动的情况下，70 m 深度以内的海水温度偏低，在 10~20 m 附近平均误差达到最大，而在 70~200 m 深度的海水温度表现为较高。且第 5 天预报误差的波动性较第 1、3 天显著增强，误差呈现随预报时长增加而变大的趋势，体现了预报效果随预报时长的增加而不稳定。而在 YHGSM 驱动下，海水温度在表层附近的误差最大，随着深度的增加而变小，在 70 m 深度以下，误差分布与 NAVGEM 情况下基本一致。比较可知，较低的辐射通量影响了 10~20 m 厚度海水的温度，从另一方面体现了校正 YHGSM 大气预报产品的辐射通量的重要性。通过分析整个剖面的 RMSD 和平均误差分布情况可知，以 YHGSM 为大气驱动场的海洋预报效果稍差，但仍能满足海洋预报的需求，通过尝试校正辐射通量，可进一步提升预报效果。

4.3 海表面高度 SSH

本文对基于 YHGSM 和 NAVGEM 两种风场数据进行海洋预报试验所得的海表面高度 SSH 进行了统计分析，得到 SSH 均方根误差 RMSD 的统计结果如图 8 所示。由图可知，两个试验预报得到的 SSH 保持很高的一致性，误差缓慢变大，在第 5 天时仍处于 2. 1cm 的误差范围内。试验结果表明，使用 YHGSM 风场驱动得到的预报 SSH 与使用 NAVGEM 风场的效果相近，可以将 YHGSM 的大气产品替代 NAVGEM 产品作为海洋预报的风场驱动。

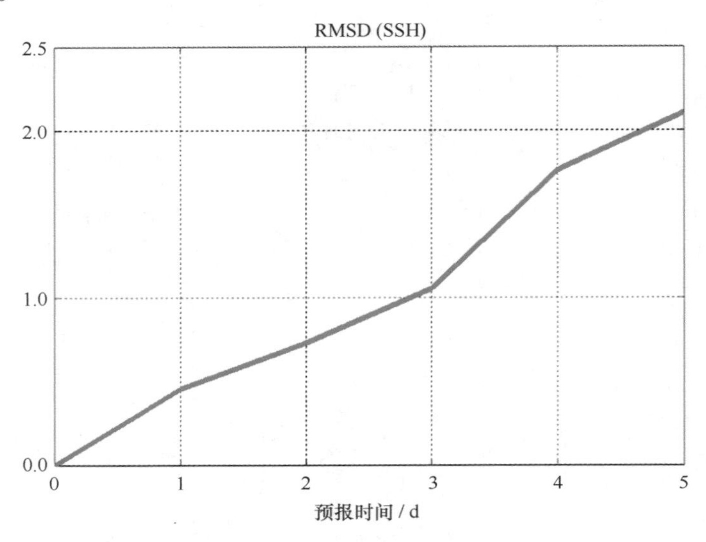

图 8 不同试验之间 SSH 结果的 RMSD（单位：cm）

5 小结

本文尝试以 YHGSM 全球大气预报产品作为海洋模式的驱动场，进行了一次为期 5 d 的海洋预报试验。在对预报结果与全球海洋分析数据 SST、温度剖面和 SSH 的比较分析中，虽然取得了较满意的结果，但较以 NAVGEM 为驱动的预报结果仍存在一定的差距。一方面，根据美国海军业务化海洋预报系统的设计过程，误差来源主要是未对 YHGSM 的大气预报结果进行严格的校正。大气强迫场的校正一般包括风速校正和辐射通量校正，这也是 NAVGEM 数据可以获得较好预报效果的原因。另一方面，本文未对不同来源的大气强迫场进行详细的比较分析，且预报结果未与海洋实测资料进行比较分析。同时，本文试验单一，不具有统计意义。

接下来将尝试比较分析各风场数据的异同，完成对各风场数据的初步评价。并尝试在大量试验的基础上校正 YHGSM 的大气强迫场，从而更好地适应 HYCOM 海洋模式，并从 SST、温度剖面、SSH、流场等多方面评估预报结果，进而达到提升预报效果的目的。

参考文献：

[1] Martin M.Ocean Forecasting Systems:Product Evaluation and Skill[M]// Operational Oceanography in the 21st Century.Springer Netherlands,

2011:611-631.

[2] Burnett W, Harper S, Preller R, et al. Overview of Operational Ocean Forecasting in the US Navy: Past, Present, and Future[J]. Oceanography, 2014, 27(3):24-31.

[3] Rosmond T E J, Teixeira M, Peng T F, et al. PauleyNavy Operational Global Atmospheric Prediction System(NOGAPS): Forcing for ocean models[J]. Oceanography, 2002, 15(1):99-108.

[4] 朱亚平，程周杰，何锡玉.美国海军海洋业务预报纵览[J].海洋预报，2015，32(5):98-105.

星载微波辐射计非线性算法的 HY-2A 数据质量控制

王兆徽[1,2]，陈晨[3]，宋清涛[1,2]*

（1. 国家卫星海洋应用中心，北京 100081；2. 国家海洋局空间海洋遥感与应用研究重点实验室，北京 100081；3. 中国电子科技集团公司第二十七研究所，河南 郑州 450000）

摘要：根据星载微波辐射计反演海洋大气参数最优化反演方法的数据质量控制能力，对 HY-2A 反演结果进行处理。实验结果表明，星载微波辐射计的非线性反演的最优化方法物理意义明确，有良好的数据质量控制能力。

关键词：星载微波辐射计；非线性反演算法；Nelder-Mead 算法；数据质量控制 HY-2A

1 引言

目前，使用基于星载微波辐射计微波遥感技术可以方便的获取全球范围内的海面温度、海面风速、水汽含量，液水含量等信息，这些信息为全球水循环研究、全球气候变化研究等领域提供了重要的帮助。星载微波辐射计的观测数据经历了 50 余年不间断的积累，反演方法也从线性的统计回归方法发展到非线性的辐射传输模型（Radiative Transfer Model，RTM）求解。基于非线性反演算法求解过程中的均方误差最小化反演技术，也可以被简称为最优化反演，可以有效的避免反演模型引入时带来的误差，具有物理意义明确，结果可靠的优点。国家卫星海洋应用中心的国家海洋局空间海洋遥感与应用研究重点实验室基于辐射传输模型和 Nelder-Mead 搜索算法（NM 算法）建立了非线性反演算法，是一种可靠的最优化反演算法。

HY-2A 是中国第一颗海洋动力环境卫星，名字来源于汉语中的海洋（Hai Yang），于 2011 年 8 月 16 日在太原发射，目前仍在轨运行。在中国的国家卫星海洋应用中心（National Satellite Ocean Application Service，NSOAS）可以获取 HY-2A 的相关数据。

表 1　HY-2A 扫描微波辐射计相关参数的比较

	HY-2A 扫描微波辐射计
搭载平台	HY-2A
轨道高度	971 km
轨道周期 回归周期	104.4 min 14 d
扫描刈幅	1 600 km
观测入射角	47°

基金项目：海洋公益性行业科研专项（201305032）；中法海洋卫星预先研究项目；国家自然科学基金面上项目（41276019）；广东省科技计划项目（2013B020200013）。

作者简介：王兆徽（1989—），男，河南省郑州市人，主要从事微波遥感研究。E-mail：wzh@mail.nsoas.org.cn

* **通信作者：**宋清涛（1971—），男，辽宁省丹东市人，主要从事海洋遥感研究。E-mail：qsong@mail.nsoas.org.cn

续表

	HY-2A 扫描微波辐射计
观测通道（极化方式）	6.6 GHz（VH） 10.7 GHz（VH） 18.7 GHz（VH） 23.8 GHz（V） 37.0 GHz（VH） 共 9 个通道
产品分发单位	国家卫星海洋应用中心（NSOAS）/中国

2 方法

辐射计的观测亮温可以表达为海面温度、海面风速、水汽含量和液水含量的函数。因此，可以将观测亮温数据和大气海洋参数构建为非线性超定方程组，并使均方误差最小化，以期获得有效的大气海洋参数。

$$T_{Bi} = f_i(T_s, W, V, L) + e_i, \tag{1}$$

$$MSE = \sqrt{\sum_{i=1}^{i} \frac{(k_i \cdot e_i)^2}{i}}, \tag{2}$$

式中，k_i 是权重系数，表示各个观测通道的贡献程度。绝大多数情况，令 k_i 为 1 或 0 是比较方便且合适的。*MSE* 的物理意义也十分明确，表示反演各个通道观测亮温平均的误差偏离程度。一种有效的质量控制方法是，设定一个阈值，将式（2）的最小化均方误差与阈值相比较，大于该阈值的反演结果认为是不可靠结果。

3 数据准备

国家卫星海洋应用中心前期开展了相关的仿真试验，试验结果表明基于 Nelder-Mead 的最优化算法在低风速、无降水区域具有较好的结果，可以筛选出高质量的大气海洋参数。本次试验基于中国科学院国家空间科学中心开发的适合于 HY-2A 的参数化 RTM，对 HY-2A 观测亮温与 ECMWF 的匹配数据进行处理。HY-2A 与 ECMWF 匹配数据一共 10 482 对，时间窗口为 2013 年 10—12 月（图 1）。反演过程中的辅助数据包括海面盐度和海面风向。海面盐度我们使用 NODC（National Oceanographic Data Center）提供的 World Ocean Atlas 盐度数据，海面风向可以在匹配的 ECMWF 廓线数据方便的获得。

4 试验结果与分析

图 2 和表 2 给出了不同最优化值的阈值情况下反演的 4 个海洋大气参数的 RMSE，以及多元线性回归反演的结果。

表 2 Nelder-Mead 和多元线性回归反演 HY-2A 数据 RMSE

反演方法及阈值	Ts/K	W/m·s^{-1}	V/mm	L/mm	数据点数
Nelder-Mead，无	5.438	3.640	9.746	0.148 8	4 670（蓝）
Nelder-Mead，1 K	3.967	2.729	6.661	0.102 0	3 882（黄）
Nelder-Mead，0.5 K	2.630	1.963	4.920	0.064 44	2 358（红）
Nelder-Mead，0.3 K	1.917	1.768	3.402	0.048 37	909（黑）
多元线性回归	2.509	2.038	5.644	0.078 99	5 241

最终的分析结果显示，当阈值设置为 0.3 K 时，有 17.3%的反演结果我们认为优于多元线性回归方法

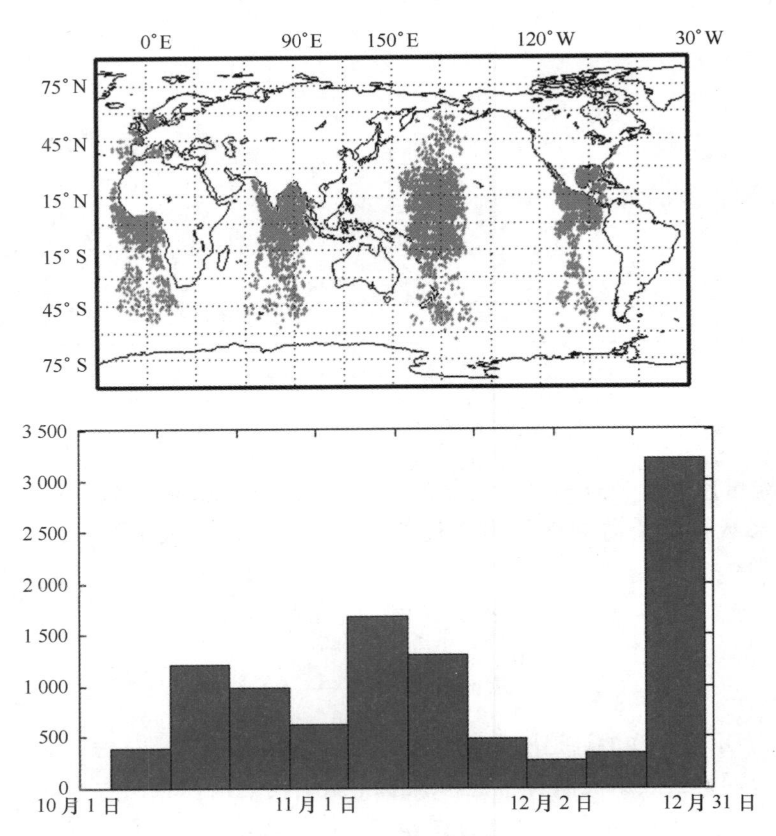

图 1 HY-2A 与 ECMWF 匹配数据分布及日期分布

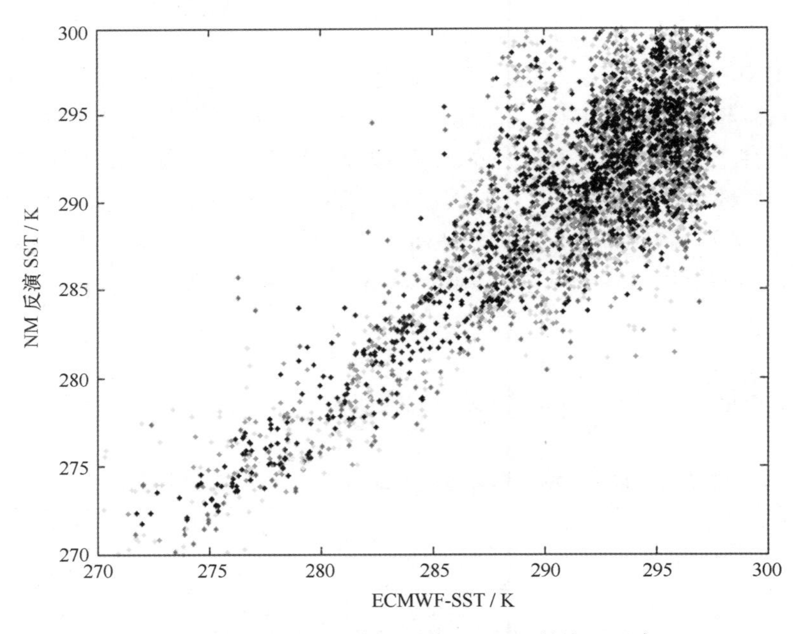

图 2 Nelder-Mead 方法反演 HY-2A 的海面温度

的反演结果。这个结果与 ECMWF 的海面温度相比，其 RMSE 为 1.917 K。当阈值设置为 0.5 K 时，有 45.0%的反演结果我们认为是和多元线性回归方法的反演结果类似。这个结果与 ECMWF 的海面温度相比，其 RMSE 为 2.630 K。可以看到，随着阈值选择越来越小，即阈值控制条件越来越严格，得到的反演结果也越来越好。

由于 NM 算法对噪声十分敏感，其误差主要来源于仪器的观测误差。具体于我们实验而言，这一时段的 HY-2A 亮温数据的定标冷空和热源的均匀性不好，定标冷空包含了大量的地球辐射信息，亮温数据不确定性较高。但是同样可以发现，随着阈值的减小，最优化算法能够剔除反演结果较差的数据，使得反演结果越来越好。

5 结语

我们通过仿真实验和观测数据实验，对 HY-2A 的非线性反演算法进行了数据质量控制的能力分析，得到了满意的结果。这种方法可以筛选出高质量的大气海洋参数，同时其对仪器观测误差反应的高灵敏性可以用来对仪器指标进行评价。目前，HY-2A 卫星后续的 HY-2B、HY-2C 卫星已经列入发射计划，对 HY-2A 数据的处理经验可以有效的对后续卫星的数据处理算法设计提供帮助。

参考文献：

[1] 王兆徽,宋清涛,蒋兴伟,等. 星载微波辐射计的非线性反演算法[J]. 高技术通讯,2015,25(4):376-383.
[2] 王兆徽,刘宇昕,宋清涛,等. 星载微波辐射计的线性与非线性反演算法比较[J]. 航天器工程,2015,24(4):130-135.
[3] 王兆徽,刘伟,张琼雄,等. 微波辐射计海面温度的数据质量控制[J]. 海洋预报,2017,34(1):25-33.
[4] 王振占. 海面风场全极化微波辐射测量[D]. 北京:中国科学院空间科学与应用研究中心,2005.
[5] Wang Z,Li Y,Yin X. In-orbit calibration scanning microwave radiometer on HY-2 satellite of China[C]. In Geoscience and Remote Sensing Symposium(IGARSS),2014 IEEE International,2014:1936-1939.

近6年影响河北沿海的天气统计及分析

张坤兰[1]，闫智超[1]，姚远[1]

（1. 国家海洋局 秦皇岛海洋环境监测中心站，河北省 秦皇岛 066002）

摘要：本文利用海洋站观测资料对2011—2016年6级以上大风过程进行统计分析，详细分析了影响河北沿海的主要天气系统，并列举了每年具有代表性的天气过程。可为进一步研究影响河北沿海的海洋灾害提供参考，提高本地区的海洋预警预报。

关键词：河北；天气统计

1 影响河北沿海的主要天气系统

河北沿海位于渤海的西海岸，由于特殊的地理位置，海洋灾害时常发生，风暴潮灾害是河北沿海主要的海洋灾害，影响河北沿海的主要天气系统有：冷高压、冷高压和温带气旋结合、温带气旋、入海高压后部（南高北低或东高西低形势）、热带气旋，受以上天气系统影响，2011—2016年河北沿海产生六级以上大风过程320次，其中受冷高压影响最多139次，占总的比例为43.43%，其次是受冷高压和北方气旋共同影响72次，占总的比例为22.5%，受单一温带气旋影响67次，占总的比例为20.94%，受入海高压后部（南高北低或东高西低形势）影响38次，占总的比例为11.88%，受热带气旋影响最少4次，占总的比例为1.25%（表1）。从表1中可以看出，河北沿海春季产生的天气过程最多，秋季次之，其中4月份产生的天气过程最多，5月次之，7月、8月份产生的天气过程最少。

表1 2011—2016年各月影响河北沿海的天气系统次数（次）

季	春			夏			秋			冬			合计（占比）
月	3	4	5	6	7	8	9	10	11	12	1	2	
冷高压	16	9	2	2	2	5	11	17	19	18	22	16	139（43.43%）
冷高压和温带气旋	11	14	5	1	1	2	3	10	9	7	2	7	72（22.5%）
温带气旋	1	10	18	15	11	4	3	4	0	0	0	1	67（20.94%）
入海高压	5	8	12	3	0	1	5	1	0	0	0	3	38（11.88%）
热带气旋	0	0	0	1	1	2	0	0	0	0	0	0	4（1.25%）
月合计	33	41	37	22	15	14	22	32	28	25	24	27	320（100%）
季合计（占比）	111（34.69%）			51（15.94%）			82（25.63%）			76（23.75%）			320（100%）

1.1 冷高压（单一冷空气影响）

当西伯利亚-蒙古地区的强冷高压东移南下，而南方无明显的低压活动与之配合时，地面图上冷高压前冷锋掠过渤海，造成河北沿海东北大风，东北大风出现在冷锋后等压线密集区且正变压最大处。图1为2011—2016年期间影响河北沿海6次强度大冷空气地面图，受南下强冷空气影响，河北沿海出现了6~8

作者简介：张坤兰（1982—），女，河北省保定市人，硕士，工程师，主要从事海洋预报及研究。E-mail：zhangkunlan@bhfj.gov.cn

级、7~8级、7~9级等东北大风。比如2016年10月22日，受南下强冷空气影响，河北沿海出现了6~8级东北大风，尤其沧州地区，沿海风浪加上潮水，部分养殖区被淹、黄骅港综合大港和神华大港航道回淤等，给沧州造成了极大的灾害损失。这类冷高压强度大，风力大且为东北方向，极易造成渤海湾地区大浪和风暴增水。

2011年9月1日，北方一股分裂冷空气东移南压影响我区，诱发了一次风暴增水过程。该次风暴潮过程最高增水出现在高潮时刻，最大增水值达到149 cm，发生在天文高潮时刻，说明最大增水发生在高潮时刻，与天文潮配合较好。

1.2 冷高压和温带气旋结合

这里的温带气旋包括北方气旋（东北低压、黄河气旋、渤海低压）和南方气旋（江淮气旋、东海气旋及南方低压倒槽）。冷高压和南方气旋结合导致河北沿海产生东北大风的次数较多，仅次于冷高压的影响，此类天气形势地面气压场的特点是：蒙古冷高压东移南下，并有南方气旋配合，渤海中南部和黄海北部处于北方冷高压的南缘、南方气旋的北缘，造成河北沿海东北大风。图2为2011—2016年对河北沿海影响较大的几次冷高压和温带气旋相结合天气系统，2011年2月27日，蒙古冷空气南下，黄海气旋东移北上，河北沿海位于冷空气南缘黄海气旋顶部，图中可以看出河北沿海地区等压线密集，风力强，河北沿海出现了8~9级东北大风，此类形势河北沿海出现大浪和渤海湾的风暴潮，如果遇上天文大潮，渤海湾的增水会更大（图2）。

1.3 温带气旋

其次对河北沿海影响比较大天气系统为温带气旋，造成河北沿海大风的气旋主要有蒙古气旋、渤海低压、黄河气旋、黄海气旋等。此类天气系统是指暖湿气流活跃的气旋，无明显冷高压与之配合。造成河北沿海气旋大风的风向，根据渤海与气旋相对位置而定，气旋前部为偏东大风，南部为偏南大风，后部为西北大风。图3为2011—2016年对河北沿海影响较大的几次温带气旋系统，比如2016年7月20日，河北沿海位于气旋的前部，受其影响，河北沿海出现了6~8级东北—东南大风，秦皇岛测站监测的最大风力为7级，最大浪高2.5 m，曹妃甸测站最大浪高2.4 m，秦皇岛、唐山风暴潮分别达到了黄色、蓝色级别，这次温带气旋对秦皇岛和唐山的影响比较大，唐山部分海堤码头损毁、港区厂房倒塌、秦皇岛浴场绿化设施和木栈道损毁严重、多条渔船损坏及沉没、养殖用海和船舶公司部分受损等（图3）。

1.4 入海高压

此类天气形势即“南高北低或东高西低”形势，其特点是：我国东部海上为一较强高压，东北地区为一低压。当海上高压加强少动，而东北低压发展加深时，河北沿海处于高低压系统相邻的地区，气压梯度增大，出现西南大风。图4为2011—2016年入海高压影响产生西南大风的地面形势。例如2016年5月18日，受入海高压后部影响，河北沿海出现了6~7级西南大风。

1.5 热带气旋

热带气旋是影响河北沿海的重要天气系统之一，但北上登陆的热带气旋不多，据统计平均每年不到1个，主要出现在7—8月份，受热带气旋北上影响河北沿海经常会出现暴雨、大风天气。2014年河北沿海受到1次热带气旋北上影响。7月25日，受第10号台风“麦德姆”外围影响，河北沿海出现大风天气以及风暴潮增水过程（图5）。2012年河北沿海有2次受到热带气旋北上影响。8月3—4日和8月27—28日，受第10号台风“达维”和第15号台风“布拉万”外围影响，河北沿海出现了降雨、大风天气以及风暴潮过程，台风“达维”中心给黄骅沿海带来的8级以上东北大风使风暴增水值达到最大，并且给沧州沿海造成极大的灾害损失。2011年6月26—27日和8月7—8日，受第5号热带风暴“米雷”和第9号台风“梅花”外围影响，河北沿海出现了降雨、大风天气以及风暴潮过程。

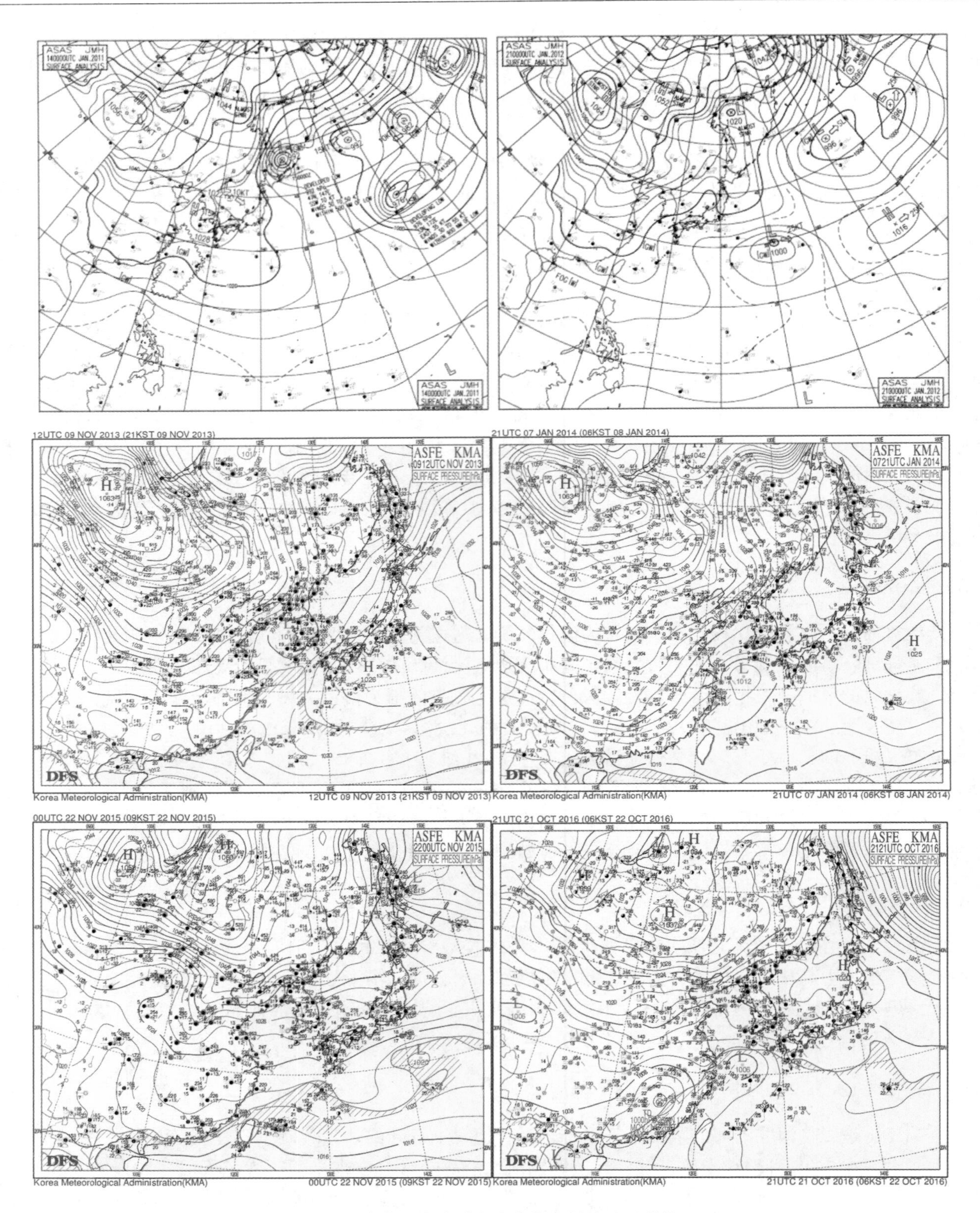

图1 冷高压影响时产生东北大风的地面形势

2 小结

河北沿海位于渤海的西海岸，由于特殊的地理位置，海洋灾害时常发生，风暴潮灾害是河北沿海主要

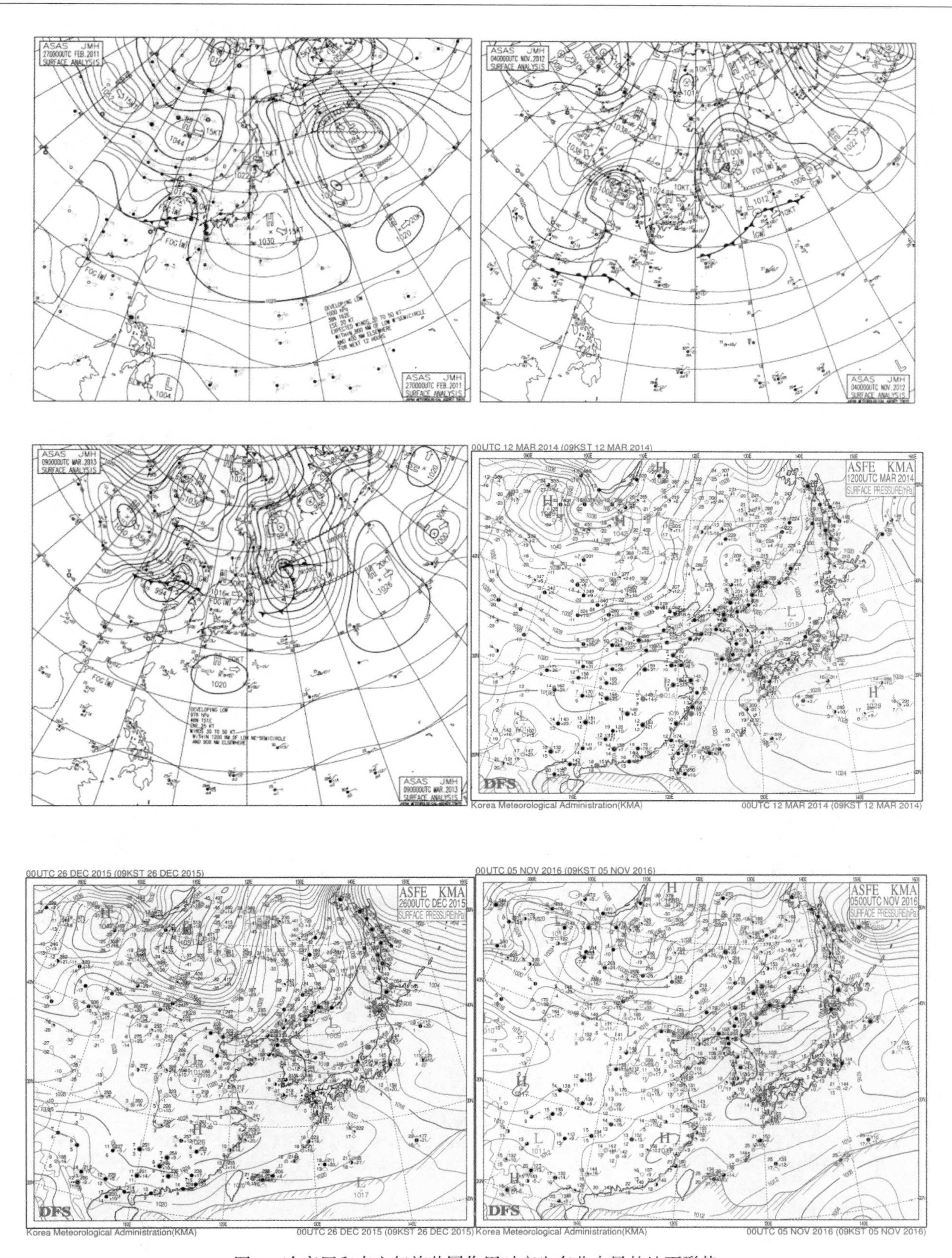

图 2　冷高压和南方气旋共同作用时产生东北大风的地面形势

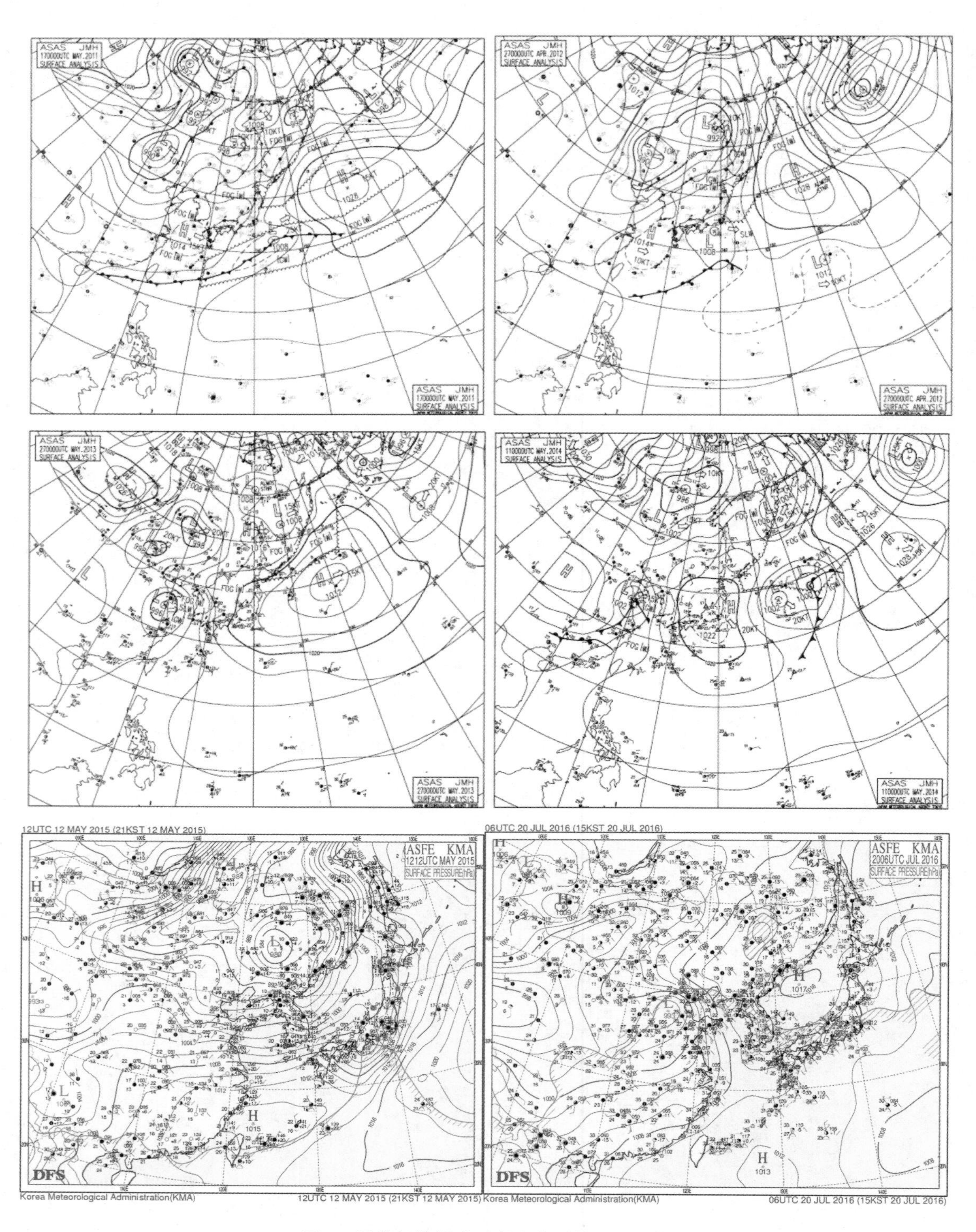

图 3　温带气旋影响时产生大风的地面形势

的海洋灾害，本文详细分析了 2011—2016 年导致该灾害的 5 种天气形势，主要为强冷空气（冷高压）、强温带气旋、冷空气（冷高压）和温带气旋共同影响、热带气旋的温带天气系统。受以上天气系统影响，

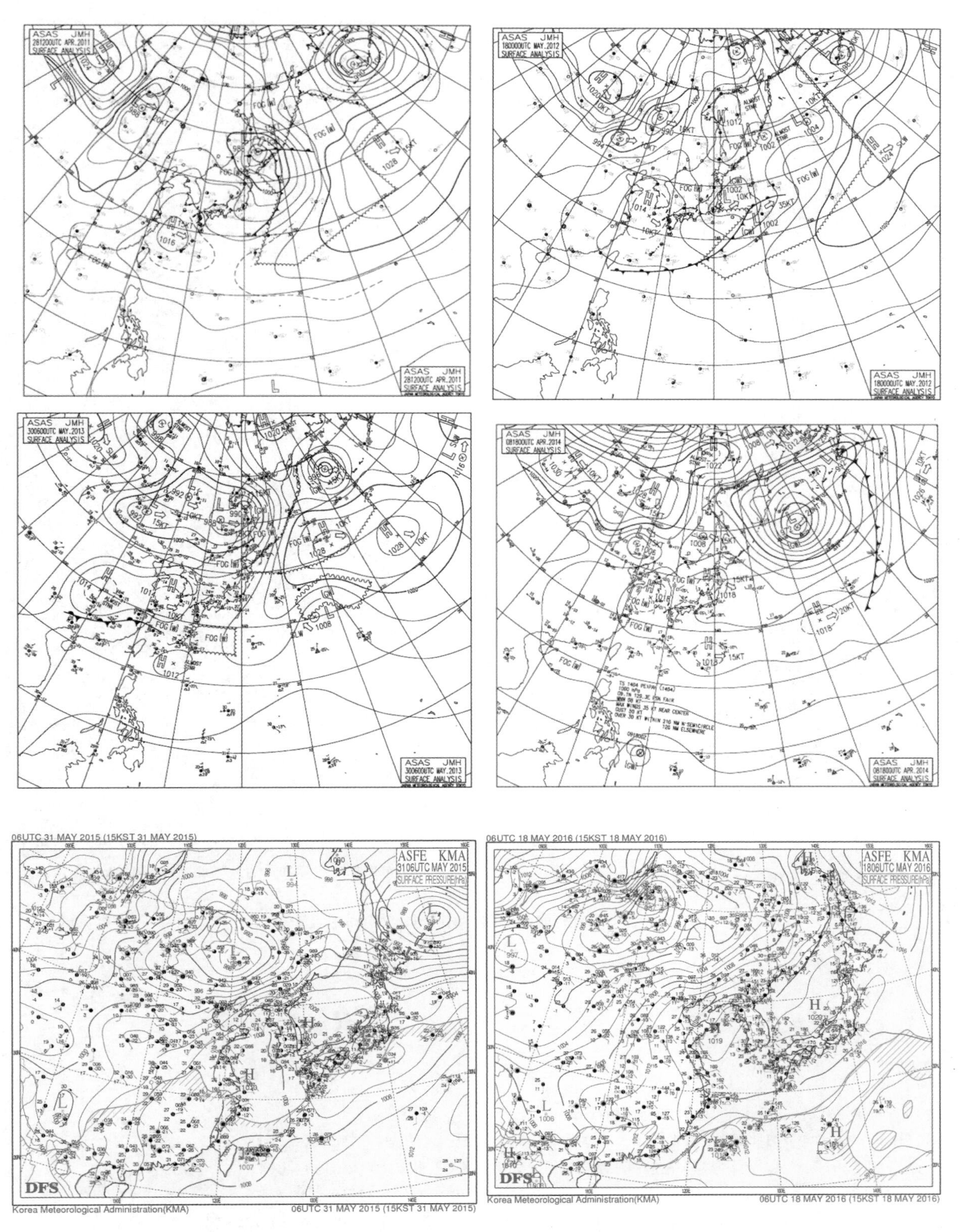

图4 入海高压后部影响时产生西南大风的地面形势

渤海被偏东大风所控制，在这样的风场作用下，大量海水涌向渤海湾和莱州湾，此时遇上天文大潮，便很容易形成河北沿海的风暴潮灾。通过本文具体分析了近几年影响河北沿海的5种天气系统，可以更好的提

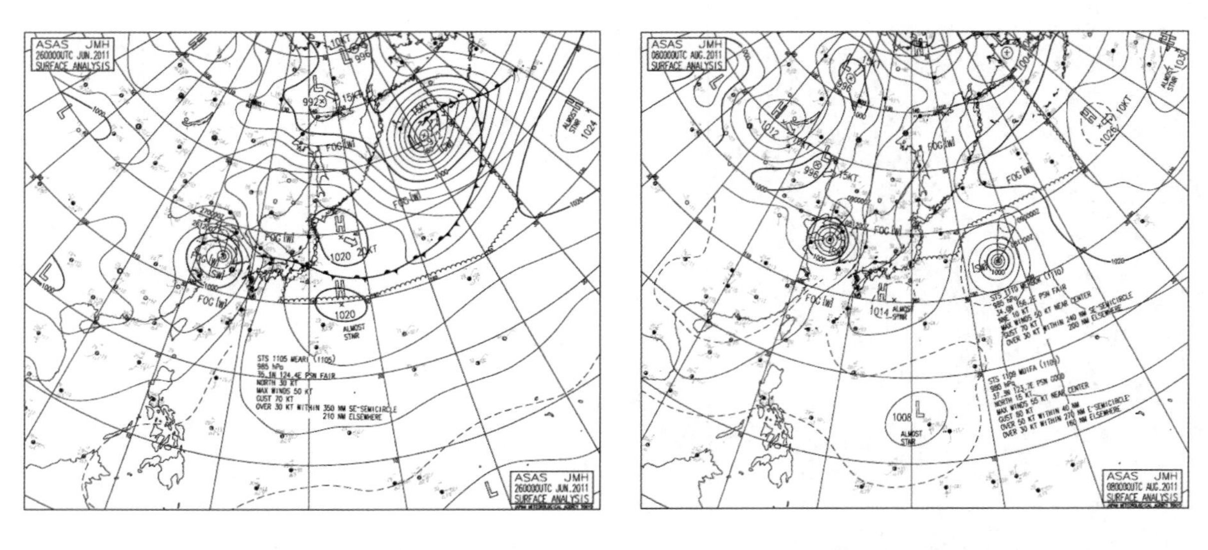

2011 年 6 月 26 日第 5 号热带风暴“米雷”影响的地面形势　　2011 年 8 月 8 日第 9 号台风“梅花”影响的地面形势

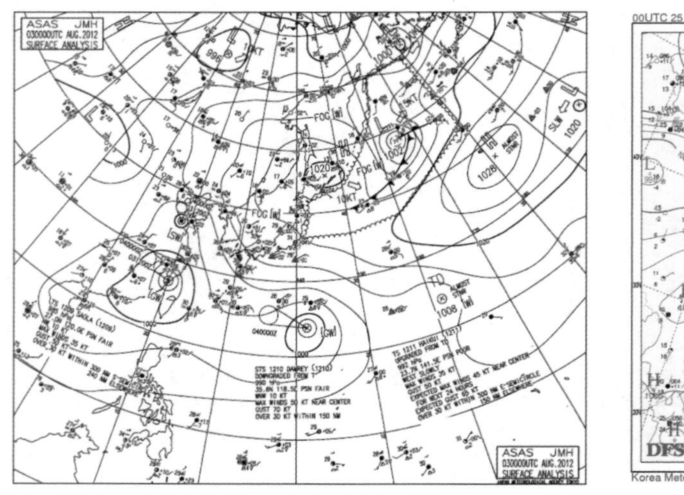

2012 年 8 月 3 日第 10 号台风 “达维” 影响的地面形势

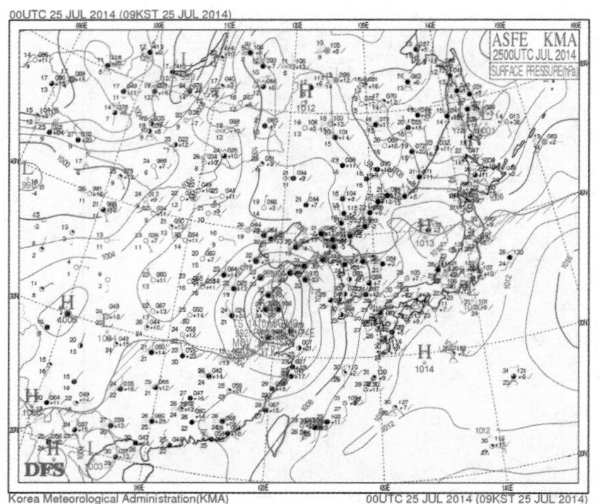

2014 年 7 月 25 日第 10 号台风“麦德姆”影响时的地面形势

图 5　台风影响的地面形势（引自日本、韩国气象厅）

供预报经验，为沿海人民服务。

参考文献：

[1]　孙湘平.中国近海区域海洋[M].北京:海洋出版社,2008.

[2]　许富祥.091415 渤海黄海北部灾害性海浪风暴潮过程灾情成因分析及灾后反思[J].海洋预报,2009,26(2):38-44.

[3]　宗先国,刘志雨,陈翠英,等.渤海湾东南海岸风暴潮成因分析及预报[J].水文,2007,27(1):40-43.

[4]　王世彬.2009 年“04.15”风暴潮过程预报及成因分析[J].海洋预报,2010,27(3):35-39.

[5]　胡欣,景华,王福侠,等.渤海湾风暴潮天气系统及风场结构个例分析[J].气象科技,2005,33(3):235-239.

多种水深光学遥感探测模型比较研究

陈安娜[1]，马毅[1*]，张靖宇[1]

（1. 国家海洋局第一海洋研究所，山东 青岛 266061）

摘要： 本文基于高分一号多光谱卫星影像数据和海图数据，分别采用对数线性模型、对数转换比值模型、改进的对数转换比值模型、光谱波段比值模型和多调节因子的水深多光谱被动遥感探测新模型，进行研究区域的水深反演研究，并分析与比较 5 种模型的反演效果。结果表明：（1）多调节因子的水深多光谱被动遥感探测新模型反演效果最好，其平均相对误差为 16.08%，平均绝对误差为 4.17 m，改进的对数转换比值模型反演效果较好，其平均相对误差为 21.66%，平均绝对误差为 5.31 m；（2）从分水深段反演效果来看，在 0~20 m 水深段海域，改进的对数转换比值模型反演效果最佳，而在 20~50 m 水深段海域，多调节因子的水深多光谱被动遥感探测新模型精度最高，反演效果最为理想。

关键词： 水深反演；光学遥感；半理论半经验模型

1 引言

光学遥感水深测深技术是浅海水深测量的一种重要技术手段，以其数据源分辨率高、时效性强、覆盖范围广等优势，水深反演模型日趋成熟，是当前浅海水深遥感反演的主要方法。

目前国内外光学遥感水深探测技术是根据遥感技术的信息提取和水深模型的计算。水深模型是基于水光场辐射模型建立的，其中包括大气散射、海表反射和水本身的组成等。Lyzenga 等[1]根据双层流近似假设，将水内部反射及大气散射直接包含在辐射模型中，得到一种可以水深反演的理论解析模型，该模型精度较高，但模型计算过程中所需的光学参数较多且复杂，计算较困难。平仲良[2]分析卫星照片的等密度线与海洋等深线之间的数学关系，推导海面反射率和后向散射系数、海水衰减系数之间的理论公式，建立水深反演半分析模型。半理论半经验模型是在理论模型和经验数据统计相结合的基础上实现光学遥感水深反演，该模型参数明显减少且保证了水深反演精度，具有一定的普适性[3]。

本文基于高分一号卫星影像数据和海图数据，利用目前发展的 5 种半理论半经验模型（分别为对数线性模型、对数转换比值模型、改进的对数转换比值模型、光谱波段比值模型和多调节因子的水深多光谱被动遥感探测新模型）进行水深反演，并对比分析 5 种模型的反演效果。

2 数据和方法

2.1 数据与处理

本文所用的遥感数据是覆盖辽东湾东南侧的高分一号卫星宽幅影像，空间分辨率为 16 m，所用的辅助数据为覆盖该区域的大连港至长咀子海图，比例尺为 1∶150 000。分别对遥感卫星影像进行辐射定标，

资助项目： 高分海岸带遥感监测与应用示范。

作者简介： 陈安娜（1994—），女，山东省青岛市人，硕士研究生，主要从事海岸带遥感与应用研究。E-mail：15764255881@163.com

* **通信作者：** 马毅（1973—），男，内蒙古锡林郭勒人，研究员，主要从事海岛海岸带遥感与应用研究。E-mail：mayimail@fio.org.cn

大气校正和正射校正；对海图数据进行几何校正。

根据本文需要，进行水深点信息提取（图 1）。将水深点分为两类：用控制点通过统计回归进行非线性求参，用检查点反演水深值进行精度评价。本次实验共提取水深点 145 个，其中控制点 73 个，检查点 72 个。

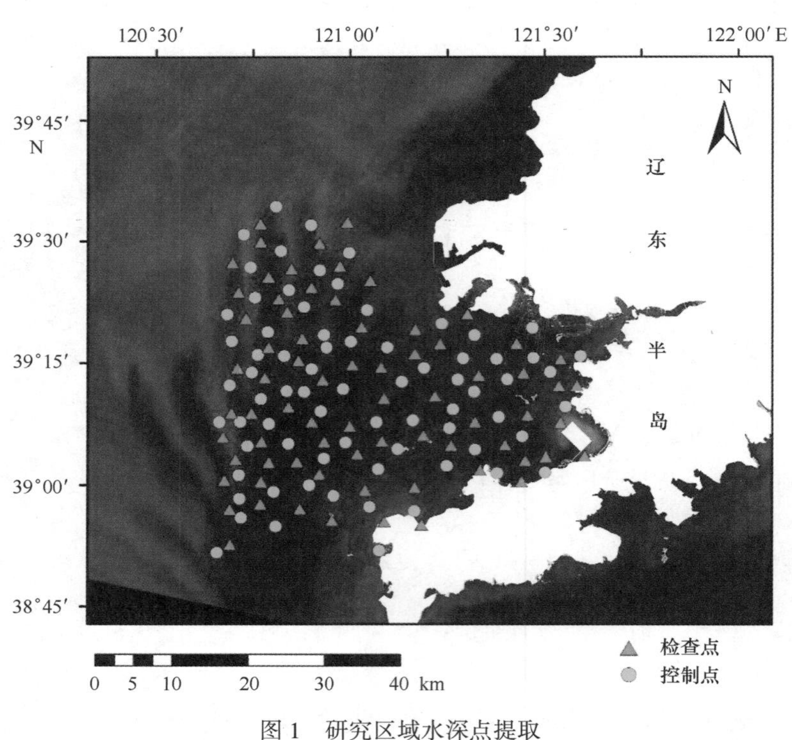

图 1 研究区域水深点提取

2.2 水深反演模型与方法

2.2.1 水深被动光学反演原理

太阳光对水体具有一定的穿透力。理想状态下，光透过大气、水体，经水底反射后被遥感器接收，不同的遥感图像灰度值反映不同的水深。但在传输的过程中，受到大气散射、漫反射、水中颗粒物散射等因素，遥感器接收到的电磁波包含除水深信息外其他因素的干扰，因此需要对遥感图像进行校正，并选择合适的电磁波段（图 2）。

2.2.2 水深反演模型

一般地，被动光学水深反演采用统计数据与理论模型相结合的半理论半经验模型实现。本文采用的模型有：对数线性模型、对数转换比值模型、改进的对数转换比值模型、光谱波段比值模型和多调节因子的水深多光谱被动遥感探测新模型。

对数线性模型[4-5]将辐亮度值表示为深水区辐亮度值和海底反射辐亮度值之和，对理论模型进行简化，是应用最广泛的半理论半经验模型。Paredes 和 Spero[6]在不同海底地质类型下，假设两个波段反射率比值不变，建立了双波段对数线性模型，也可推广到多波段，多波段模型一般要优于单波段和双波段，并能削弱海底底质的干扰；为避免辐亮度值与深水区辐亮度值差为负的情况，Stumpf 等[7]提出了对数转换比值模型（Stumpf 模型）；光谱波段比值模型通过对 2 个波段的光谱值进行比值运算，采用校正后水深值 Z 和 2 个波段光谱值进行非线性回归。

近年田震[8]对对数转换比值模型进行改进，将每个波段的对数调节因子进行调整，应用结果表明精度有明显提升，提出改进的对数转换比值模型，具体见公式（1）。

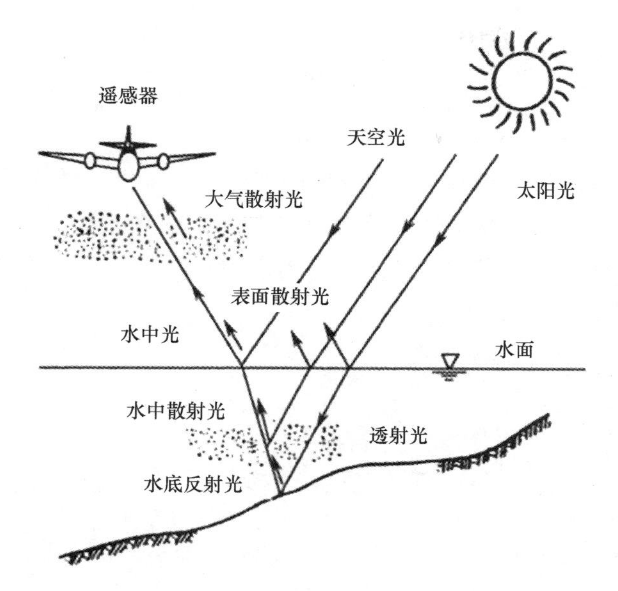

图 2 电磁波与水体的相互作用（摘自《遥感导论》[9]）

$$Z = m_1 \frac{\ln(nR_\omega(\lambda_i))}{\ln(mR_\omega(\lambda_j))} + m_0, \tag{1}$$

式中，m_0、m_1、n、m 为可调因子，R_ω 为波段 λ_i、λ_j 的反射率。

在对水深反演模型研究过程中，我们对改进的对数转换比值模型的参数进行调整，试验结果表明反演效果优于前者，是一种多调节因子的水深多光谱被动遥感探测新模型（为表达方便，文章后述部分均简称多调节因子模型），具体公式如式（2）。

$$Z = m_1 \frac{\ln(nR_\omega(\lambda_i) + a)}{\ln(mR_\omega(\lambda_j) + b)} + m_0, \tag{2}$$

式中，m、m_0、m_1、n、a、b 为可调因子，R_ω 为波段 λ_i、λ_j 的反射率。

2.2.3 实验方法

不同波段的电磁波中，可见光波段具有对水体的最大透射率和最小水体衰减系数，因而是水深遥感的最佳波段[10]。

利用提取的水深控制点信息，通过相应的数学编辑软件进行非线性求参，利用提取的水深检查点，进行水深反演精度评价，评价指标为平均绝对误差和平均相对误差，见公式（3）和（4）。

平均绝对误差（MAE）：

$$MAE = \frac{\sum_{i=1}^{n} |\Delta Z_i|}{n}, \tag{3}$$

式中，ΔZ_i 为第 i 个检查点反演水深值与校正后水深值之差，n 为检查点数量。

平均相对误差（MRE）：

$$MRE = \frac{\sum_{i=1}^{n} |\Delta Z_i|}{n\,\overline{Z}_i}, \tag{4}$$

式中，ΔZ_i 为第 i 个检查点反演水深值与校正后水深值之差，Z_i 为第 i 个检查点的校正后水深值，n 为检查点的数量。

3 结果与分析

3.1 水深反演结果

利用控制点非线性回归求出的参数值，构建反演函数模型，进行波段计算，最终得到每种模型对应的反演结果图。经过低通滤波处理后可以清晰地反映出辽东湾东南部有 6 根呈放射状且分布规则的潮流沙脊，且水深值从研究区域北部向南部逐渐加深，最大水深值可达 60 m。从定性的层面上看，反演结果与该研究区域实际地貌基本相符合。

3.2 精度评价

3.2.1 整体精度评价

从图 3 可以得出结论：5 种模型平均相对误差在 23%以内，平均绝对误差在 5.7 m 以内。其中，多调节因子模型反演效果最好，平均相对误差为 16.08%，平均绝对误差为 4.17 m，改进的 Stumpf 模型，平均相对误差为 21.6%，平均绝对误差为 5.32 m，对数线性模型反演效果与前者相仿，而 Stumpf 模型和光谱波段比值模型反演精度不太理想。

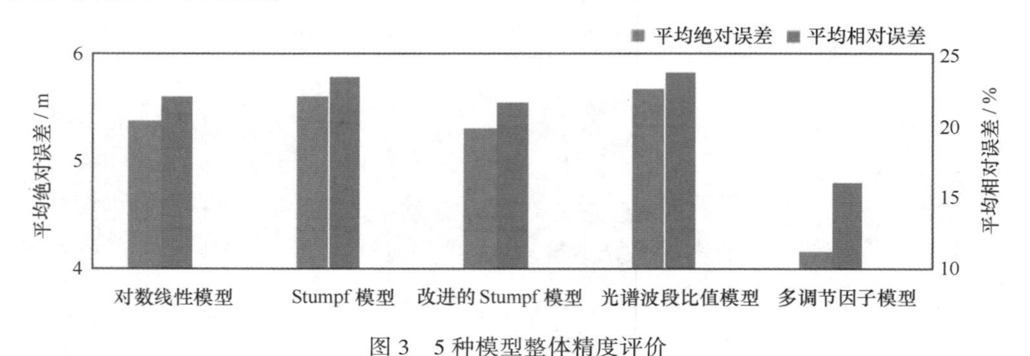

图 3 5 种模型整体精度评价

3.2.2 分水深段精度评价

本次实验选取 0~50 m 的水深点，将水深段分为 0~10 m，10~20 m，20~30 m，30~40 m，40~50 m 5 个水深段，分别在每个水深段内，对 5 个模型进行水深反演精度评价（图 4）。

从图 5 可以发现：在 0~10 m 水深段内，改进的 Stumpf 模型反演效果最好，对数线性模型较好，Stumpf 模型和光谱波段比值模型次之；在 10~20 m 水深段内，对数线性模型、改进的 Stumpf 模型及多调节因子模型反演效果均优于 Stumpf 模型和光谱波段比值模型；在 20~30 m、30~40 m、40~50 m 水深段，多调节因子模型精度最高，反演效果最为显著，改进的 Stumpf 模型次之，而对数线性模型、传统 Stumpf 模型和光谱波段比值模型反演效果不如前两者。

4 结论与讨论

4.1 结论

综合分析 5 种模型，得出初步结论：（1）多调节因子模型反演效果最好，其平均相对误差为 16.08%，平均绝对误差为 4.17 m，改进的对数转换比值模型反演效果较好，其平均相对误差为 21.66%，平均绝对误差为 5.31 m；（2）从分水深段反演效果来看，在 0~20 m 水深段海域，改进的对数转换比值模型反演效果最佳，而在 20~50 m 水深段海域，多调节因子模型精度最高，反演效果最为理想。

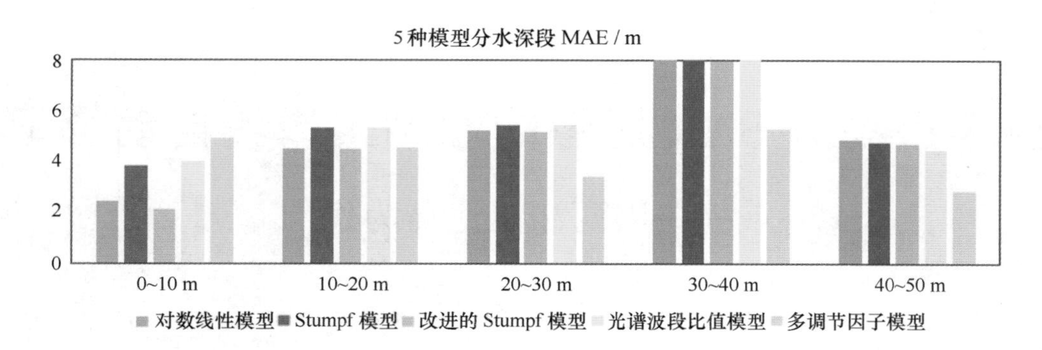

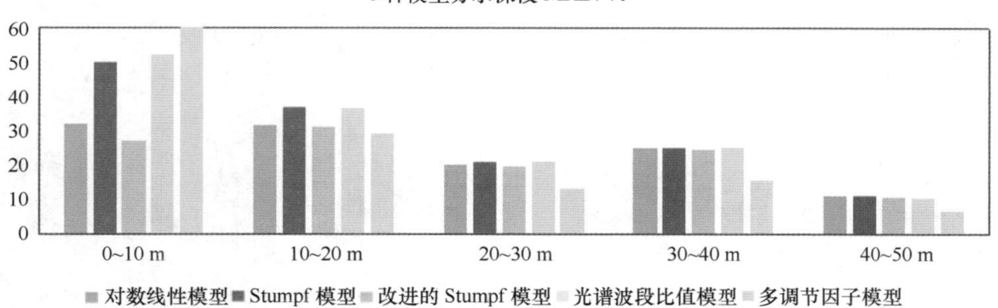

图 4　5 种模型分水深段精度评价

4.2　讨论

5 种模型平均相对误差均低于 23%，但平均绝对误差较大，究其原因：本次实验选取的水深段为 0~50 m，水深跨度较大，而且辽东半岛近岸区域底质与指状沙脊海域底质不同等因素，影响水深反演效果。此外，每个水深段选取的水深点略有不均，在控制点非线性回归求参数的过程中受到一定的影响。

参考文献：

[1] Lyzenga D R, Malinas N P, Tanis F J. Multispectral bathymetry using a simple physically based algorithm[J]. IEEE Transactions on Geoscience & Remote Sensing, 2006, 44(8): 2251-2259.

[2] 平仲良.可见光遥感测深的数学模型[J].海洋与湖沼,1982,13(3):225-230.

[3] 马毅,张杰,张震,等.浅海水深光学遥感研究进展[J].海洋信息科学与技术,2015.

[4] Tanis, F J, Byrne, H J. Optimization of multispectral sensors for bathymetry applications[C]//Proceeding of 19th International Symposium on Remote Sensing of Environment, Ann Arbor, Michigan. 1985: 865-874.

[5] Wei J I, Civco D L, Kennard W C. Satellite remote bathymetry: a new mechanism for modeling[J]. Photogrammetric Engineering & Remote Sensing, 1992, 58(5): 545-549.

[6] Paredes J M, Spero R E. Water depth mapping from passive remote sensing data under a generalized ratio assumption[J]. Applied Optics, 1983, 22: 1134-1135.

[7] Stumpf R P, Holderied K, Sinclair M. Determination of water depth with high-resolution satellite imagery ove variable bottom types[J]. Limnology and Oceanography, 2003, 48(1): 547-556.

[8] 田震.浅海水深多/高光谱遥感模型与水深地形图制作技术研究[D].青岛:山东科技大学,2015.

[9] 梅安新,彭望琭,秦其明,等.海洋遥感导论[M].北京:高等教育出版社,2001.

[10] 邸凯昌,丁谦,陈薇,等．南沙群岛海域浅海水深提取及影像海图制作技术[J]．国土资源遥感,1999,41(3):59-64.

基于亚米级高分 SAR 影像的珊瑚礁岸线自动提取模型

——以西沙赵述岛为例

胡亚斌[1,2]，马毅[2*]，孙伟富[2]，安居白[1]

（1. 大连海事大学 信息与科学技术学院，辽宁 大连 116026；2. 国家海洋局第一海洋研究所，山东 青岛 266061）

摘要：本文应用 TerraSAR-X 波段高分辨率 SAR 影像数据，提出了一种基于亚米级高分 SAR 影像自动提取珊瑚礁岸线的方法。该方法集成了频率域滤波、线性滤波和非线性滤波结合的降噪方法，基于 SAR 影像纹理特征的分割方法，矢量信息后处理技术，并在西沙赵述岛开展了应用。应用实验表明，本文模型提取的岸线与人机交互获取的岸线一致性较好，距离均值和均方根误差分别为 2.93 m 和 3.91 m。

关键词：TerraSAR；珊瑚礁岸线；纹理特征；赵述岛

1 引言

海岸线包括大陆海岸线和岛屿海岸线，中华人民共和国国家标准《海洋学术语：海洋地质学》（GB/T 18190-2000）给出的海岸线定义是：海陆分界线，在我国系指多年大潮平均高潮位时的海陆分界线[1]。海岸线不仅是海陆分界线，而且蕴含着丰富的环境信息，是海洋国土资源中重要的组成部分。由于自然因素和人为因素的共同影响，珊瑚岛礁海岸线处于动态变化中，海岸线变迁都会影响海洋权益、岛礁环境和资源，所以开展海岸线变化监测具有重要意义。

遥感影像是海岸线提取的重要数据源，主要包括光学影像和雷达影像两类。光学影像方面，部分学者基于中低分辨率光学影像，应用人工交互方法和自动方法分别提取了海岸线，并分析了海岸线变迁状况线[2-5]；在高分辨率光学影像上，Muh 等[6]和王小龙等[7]利用 IKONOS 与 QuickBird 影像，采用灰度值分析技术和目视解译分别提取了海岸线和东沙岛潮间带范围；孙伟富等基于 SPOT 5 影像，根据影像特征信息，建立了海岸线类型的遥感解译标志，并给出各类型岸线提取原则[8]。由于光学影像易受到云层、太阳辐射等气象条件以及太阳光照条件影响，这都将严重影响光学影像的质量，从而影响海岸线提取精度；而 SAR 影像具有全天时、全天候观测以及一定穿透云层能力等特点，因此基于 SAR 影像提取海岸线已成为重要的研究方向。雷达影像方面，前人利用图像处理技术、GIS 技术、马尔科夫链算法、半自动提取程序和回波拟合函数等方法实现海陆分离，并提取了海岸线，但并未进行精度验证[9-13]；盛佳等基于 TerraSAR-X 影像提取了北极格陵兰岛海岸水边线，实验表明提取水边线准确率达 60%以上[14]；李洪忠等提出结合 SAR 图像与海图信息实现海洋与陆地自动分离的方法，并利用 Radarsat-1 数据和 ALOS PALSAR 数据验证该方法[15]；欧阳越提出改进水平集算法提取海岸轮廓线，并利用 Radarsat ScanSAR 图像验证该方法，实验表明，该方法在保证检测效率的同时提高了检测速度[16]。光学影像中，海岛礁常受到云层和天气影响处于云雾遮挡状态，不利于海岸线提取，而 SAR 影像具有一定云雾穿透性，能很好地用于海岛礁岸线提取，但基于高分辨率 SAR 影像自动提取海岸线方面的研究工作较少。

基金项目：高分海岸带遥感监测与应用示范。

作者简介：胡亚斌（1991—），男，江西省抚州市人，博士研究生，主要从事遥感与人工智能研究。E-mail：994642285@ qq. com

* **通信作者**：马毅（1973—），男，博士，研究员，主要从事海岛海岸带遥感与应用研究。E-mail：mayimail@ fio. org. cn

本文发展了一种基于亚米级高分 SAR 影像自动提取珊瑚礁岸线的方法。该方法基于 TerraSAR-X 波段影像，首先应用图像处理技术对 SAR 影像斑点噪声进行降噪处理，再基于 SAR 影像纹理特征信息，采用监督分类和分类后处理等技术，实现陆地、礁盘和水体分割，从而提取珊瑚礁岸线。本文旨在提出一种基于 SAR 影像自动、快速、准确提取珊瑚礁岸线的方法，从而为海岸线变化监测提供基础数据。

2　研究区与数据

2.1　研究区概况

赵述岛，曾名树岛，西沙七连屿群岛之一，位于 16°58′～16°59′N，112°16′～112°17′E，处宣德珊瑚环礁的西北边缘，与北岛之间隔赵述门礁湖通道，为有居民海岛。赵述岛是我国的领海基点海岛，设有珊瑚生态系统恢复保护区，面积约 2 km^2，岛似椭圆形。四周由沙堤围绕，中部地平，西南角有沙咀。岛上植被茂盛，多为草海桐。研究区示意图见图 1。

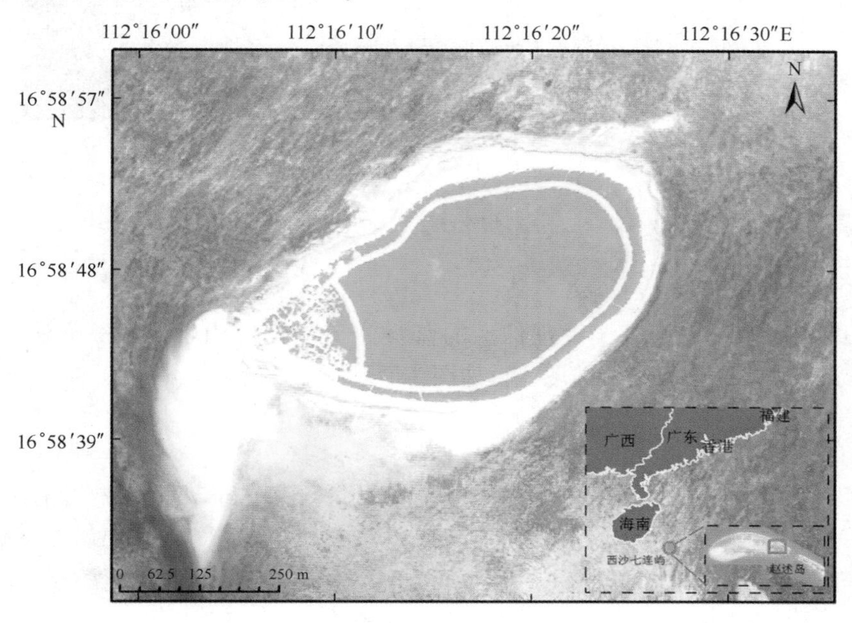

图 1　赵述岛示意图

2.2　数据源

Terra SAR-X 是德国首颗雷达成像、极地轨道运行卫星，重访周期为 11 d，该卫星不受天气状况、云层覆盖和光照限制。实验所用影像为 2014 年 5 月 22 日获取的 X 波段 SAR 影像，空间分辨率为 0.25 m，影像信息详见表 1，示意图见图 2。

表 1　遥感影像信息表

卫星类型	TerraSAR-X 卫星
轨道高度	524.8 km
重访周期	11 d
极化方式	HH
成像模式	Spotlight
分辨率	0.25 m
获取时间	2014 年 5 月 22 日

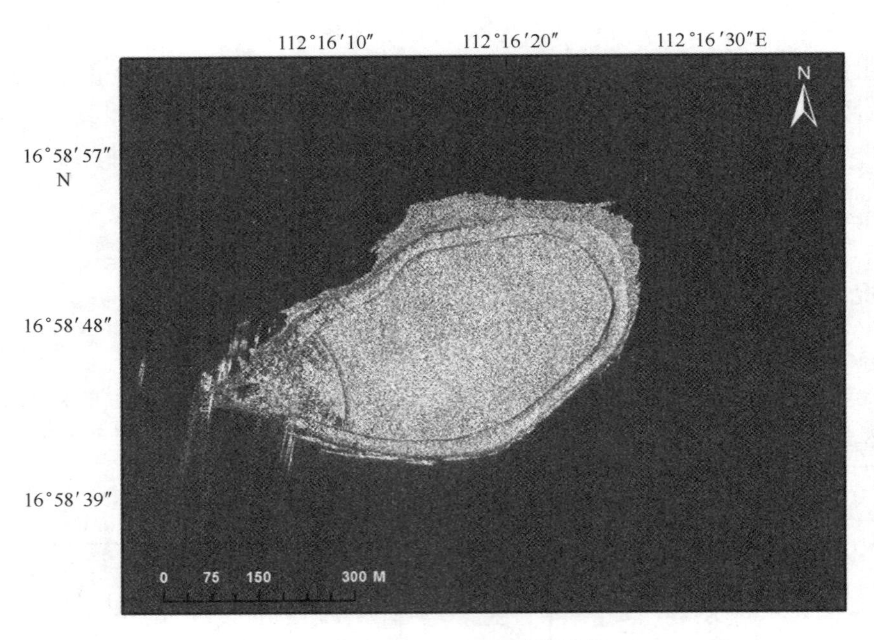

图 2 高分 TerraSAR-X 波段影像

3 珊瑚礁岸线提取方法

本文综合应用图像去噪技术、基于纹理信息的监督分类和矢量化后处理等方法，发展了基于高分 SAR 影像自动提取珊瑚礁岸线的方法，提取流程如图 3 所示。

3.1 基于图像处理技术的 SAR 影像预处理

由于 SAR 的原理是微波相干成像，SAR 发射的信号照射地物后会产生后向散射信息，从而形成影像，但是地物或海面的随机散射面的散射信号的相干作用也会产生斑点噪声。该斑点噪声不会随着雷达系统本身信噪比的提高而消除，它将严重影响 SAR 图像的可判读性。SAR 影像进行监督分类时，斑点噪声的存在直接影响地物或海面信息特征的识别，从而严重影响影像的分类精度。因此，在 SAR 影像分类前需进行斑点噪声处理。

本文采用 SAR 影像成像后能保证不损害影像空间分辨率条件下的图像处理滤波技术来改善和降低斑点噪声。SAR 影像斑点噪声的滤波方法包括 Lee 滤波、中值滤波、Sigma 滤波和数学形态学等。Lee 滤波是基于图像局部统计特性进行图像斑点滤波的典型方法，其原理是基于完全发育的斑点噪声模型，选择一定大小的窗口作为局部区域，计算其均值和方差，从而达到图像滤噪的效果；数学形态学滤波器是一种非线性滤波器，根据不同的目的可以选择不同类型、大小和形状的结构元素进行相应的形态变换，从而进行噪声消除。本文综合采用 Lee 滤波、中值滤波、低通滤波和数学形态学进行影像中斑点噪声的处理，影像滤波处理前后效果见图 4。

由图 4 可知，SAR 影像采用频率域滤波、线性滤波核非线性滤波结合的方法处理后，即进行两次 Lee 滤波（5×5 大小窗口）、一次中值滤波（3×3 大小窗口）及低通滤波（11×11 大小窗口）和一次膨胀运算（5×5 大小窗口），影像斑点噪声明显得到改善，达到了平滑目的的同时也保证了图像中水域、礁盘和陆地等地物特征信息。

3.2 基于纹理特征信息的水陆分割

基于降噪 SAR 影像，生成纹理图像，分析 SAR 影像及各纹理图像直方图（图 5）。

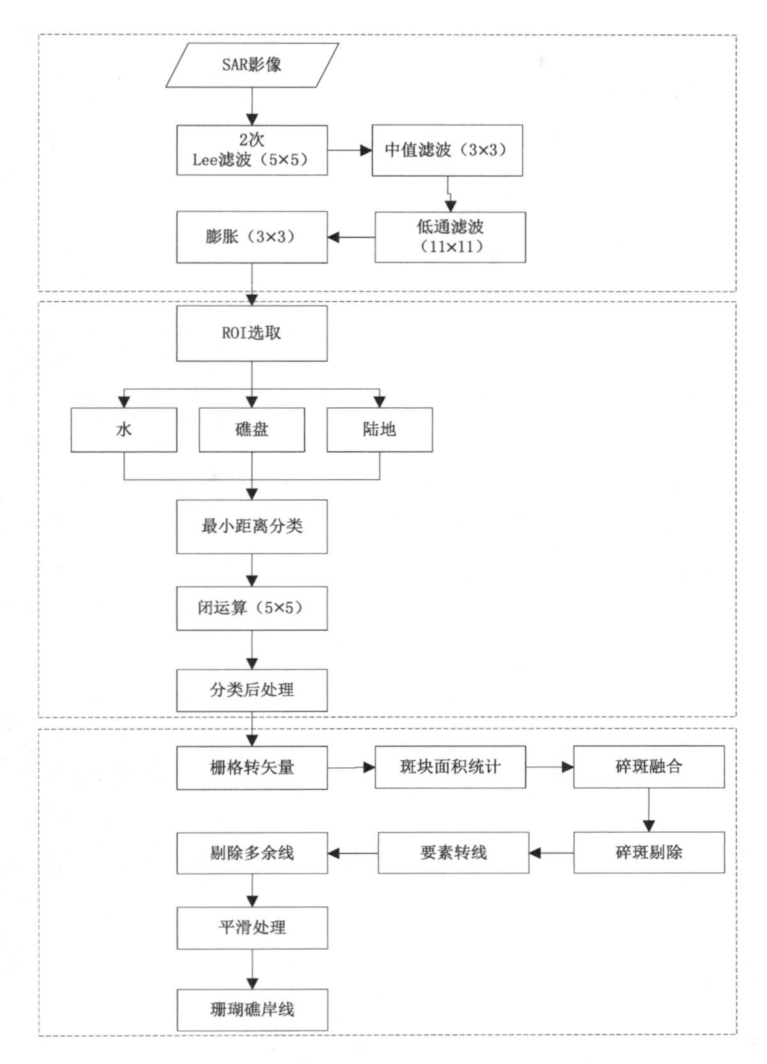

图 3 珊瑚礁岸线提取流程图

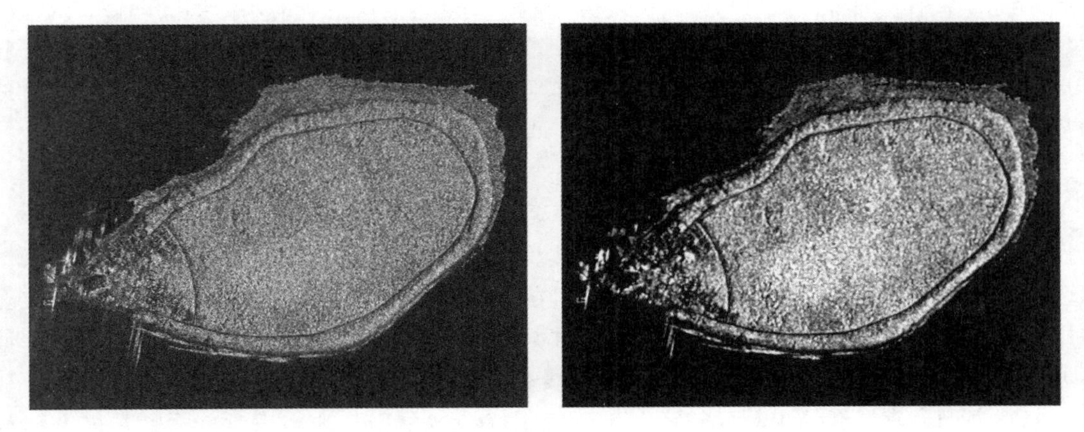

图 4 SAR 影像滤波前后对比图（左为滤波前；右为滤波后）

由图 5、图 6 可知，降噪后的 SAR 影像直方图具有双峰特性，均值和方差纹理图像的直方图中有 2 个拐点，而其他纹理图像则没有。这是由于 SAR 影像中陆地部分植被能多次后向散射能量，而礁盘部分主

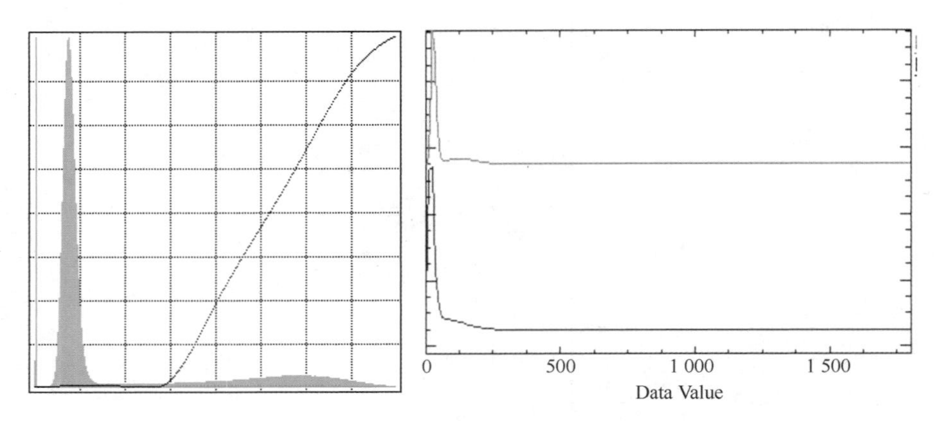

图 5 SAR 影像及其纹理图像直方图

左为 SAR 影像；右为其纹理影像红线为方差纹理，黑线为均值纹理

要为礁岩，表面平滑，只能发生单次后向散射，而水体的散射特征又不同于陆地地物，故在纹理影像中这 3 类要素的纹理特征也不同。因此，基于均值和方差纹理图像，选择陆地植被、礁盘和水体的纹理特征信息进行分类。

本文选择监督分类中的最小距离分类法对 SAR 影像进行分类。最小距离分类法是监督分类中的一种方法，它是通过求出未知类别向量 X 到事先已知的各类别（如 A，B，C 等）中心向量的距离 D，然后将待分类的向量 X 归结为这些距离中最小的那一类的分类方法。最小距离分类法基本思想主要为：（1）确定类别数量，并提取每一类所对应的已知的样本；（2）计算每一个类别的样本所对应的特征，每一类的每一维都有特征集合，通过集合，可以计算出一个均值，即特征中心；（3）利用选取的距离准则，本文选用欧式距离对待分类的样本进行判定。

基于纹理特征信息获取监督分类结果，再利用数学形态学闭运算及分类后处理技术消除细小斑块，并进行礁盘与水域融合，从而分离陆地与水域。

3.3 珊瑚礁岸线提取

由于人工建筑散射性质较为复杂以及 SAR 影像中人工建筑区域出现拖尾现象，因此本研究只提取赵述岛珊瑚礁岸线。基于纹理特征信息与监督分类方法获取到陆地与礁盘、海水分离的图像，通过栅矢化处理得到陆地与海水、礁盘分离的矢量图层；利用斑块面积信息对矢量图层内的碎斑进行融合和剔除处理；碎斑处理后的矢量图层仅包含陆地和水域两部分，基于面线转换技术提取矢量图层内各要素轮廓线，最后进行假边界剔除及平滑处理得到矢量图层水陆边界，即赵述岛珊瑚礁岸线。

4 结果与精度验证

基于发展的自动提取珊瑚礁岸线模型提取了赵述岛珊瑚礁岸线（图 6）。

为了验证提取珊瑚岸线的精准度，以覆盖赵述岛的高分辨率遥感影像为数据源，采用人工交互方法提取珊瑚礁岸线作为比对岸线，并将提取的珊瑚礁岸线与比对岸线作重叠处理，并整体观察提取岸线与比对岸线的差异。由提取的赵述岛珊瑚礁岸线与比对岸线叠合图（图 7）可知，从目视效果上看，基于高分 SAR 提取的赵述岛珊瑚礁岸线结果精度较高，不仅能很好地区分出陆地与礁盘，而且整体上能与比对岸线很好地叠合。

在比对岸线和基于本文发展的模型提取的岸线之间以 10 m 为间距生成 139 个横断面，见提取岸线精度验证示意图（图 8），并统计提取岸线与比对岸线的距离偏差和均方根误差。经计算得出，提取的赵述岛珊瑚礁岸线到比对岸线的距离均值和均方根误差分别为 2.93 m 和 3.91 m。

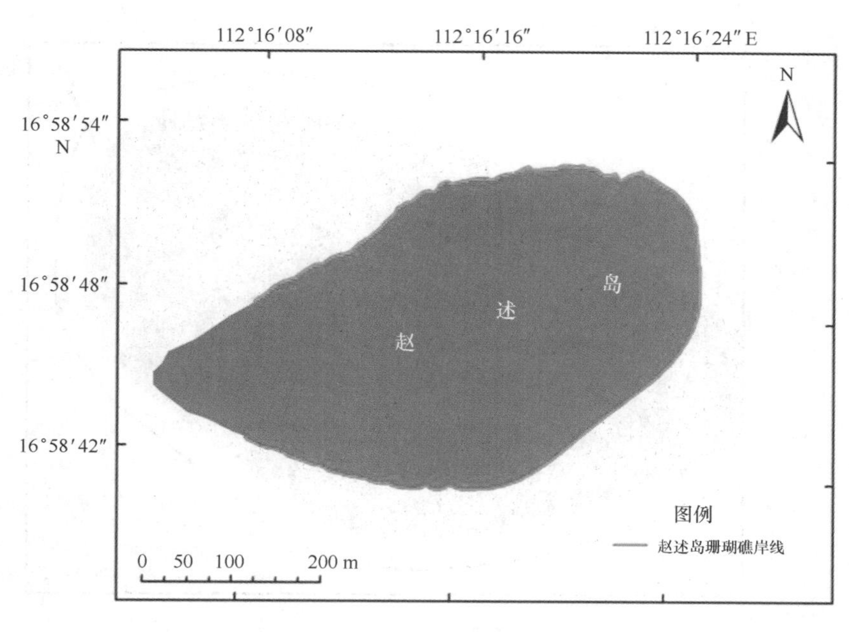

图 6　赵述岛珊瑚礁岸线提取结果图

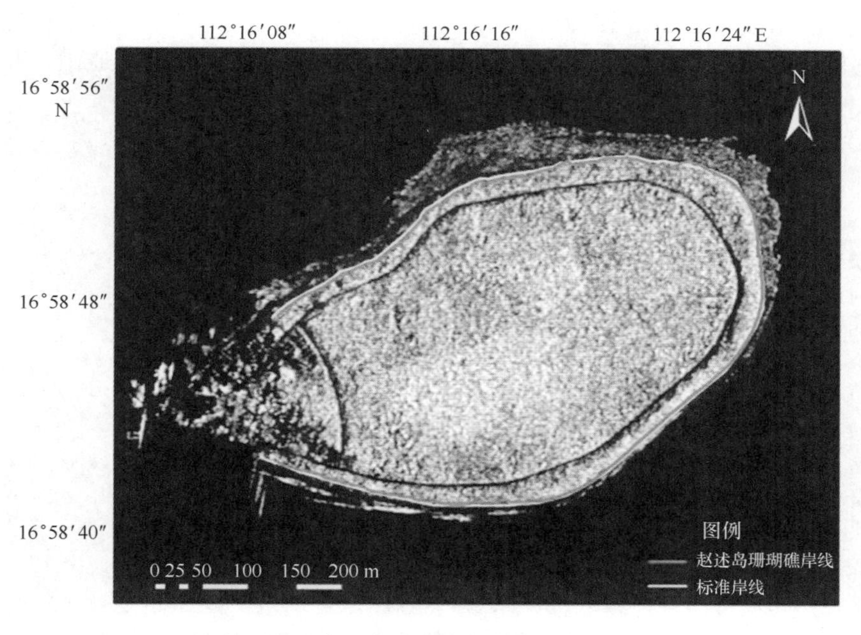

图 7　赵述岛珊瑚礁岸线与比对岸线叠合图

5　结论与讨论

本文是以覆盖西沙赵述岛的 TerraSAR-X 影像数据为基础，发展了一种基于纹理信息的珊瑚礁岸线自动提取方法。该方法综合采用频率域滤波、线性滤波和非线性滤波结合的方法对影像进行降噪处理，并基于 SAR 影像地物纹理特征信息，利用最小距离分类法对水域、礁盘和陆地进行分类，最终结合矢量化后处理技术提取了赵述岛珊瑚礁岸线。同时利用人工提取的岸线进行了精度验证，结果表明，赵述岛珊瑚礁岸线能与比对岸线整体上能很好地叠合，提取岸线到比对岸线的距离均值和均方根误差分别为 2.93 m 和 3.91 m。

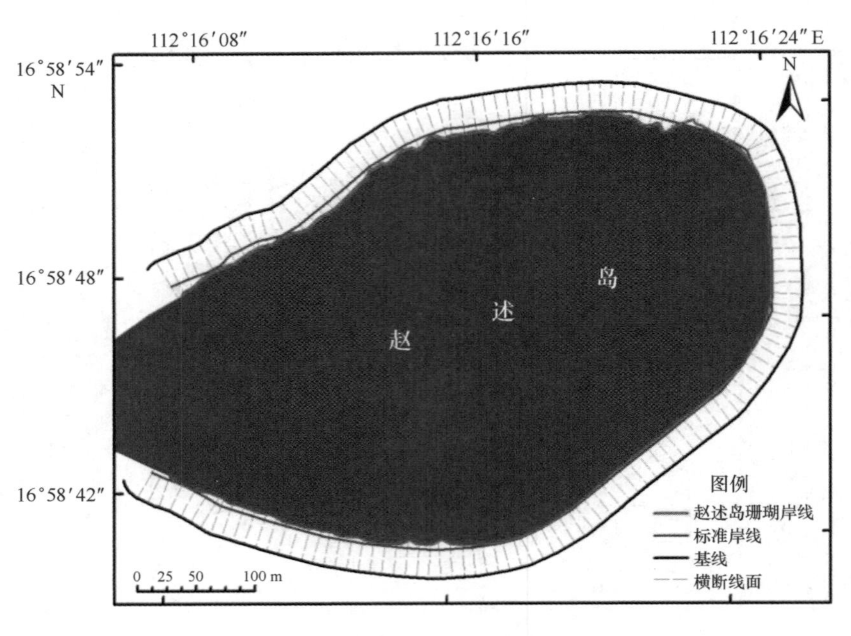

图 8 精度验证示意图

本文发展的基于亚米级高分 SAR 影像自动提取珊瑚礁岸线模型，并基于 TerraSAR 影像在西沙赵述岛进行了应用，对其他地区珊瑚礁岸线提取具有一定的借鉴和参考价值，但是否适用于其他类型的 SAR 影像和岸线还需进一步的探究。

参考文献：

[1] 国家质量技术监督局.GB/T 18190-2000 海洋学术语：海洋地质学[S].北京：中国标准出版社，2000.

[2] Dong Di, Li Ziwei, Liu Zhaoqin, et al. Automated Techniques for Quantification of Coastline Change Rates using Landsat Imagery along Caofeidian, China[G].IOP Conference Series: Earth and Environmental Science, 2014, 17: 012103.

[3] Kaliraj S, N.Chandrasekar, Magesh N S. Impacts of wave energy and littoral currents on shoreline erosion/accretion along the south-west coast of Kanyakumari, Tamil Nadu using DSAS and geospatial technology[J].Environ Earth Science, 2014, 71: 4523-4542.

[4] 陈晓英，张杰，马毅.近 40 年来海州湾海岸线时空变化分析[J].海岸工程，2014，32(3)：324-334.

[5] 包萌，孙伟富，马毅，等.近 40 年来清澜湾海岸线及其邻接地物遥感监测与变迁分析[J].海岸工程，2014，33(2)：66-76.

[6] Muh A M, Hussein A, Sudip D, et al. Coastal dynamic and shoreline mapping multi-sources spatial data analysis in Semarang Indonesia[J].Environ Monit Assess, 2008, 142: 297-308.

[7] 王小龙，张杰，初佳兰.基于光学遥感的海岛潮间带和湿地信息提取[J].海洋科学进展，2005，10(4)：477-481.

[8] 孙伟富，马毅，张杰，等.不同类型海岸线遥感解译标志建立和提取方法研究[J].测绘通报，2011(3)：41-44.

[9] Ferdinando N, Li Xiaofeng. Coastline Extraction Using Dual-Polarimetric COSMO-SkyMed PingPong Mode SAR Data[J].Ieee Geoscience and Remote Sensing Letters, 2014, 1(11): 104-108.

[10] 李洪忠，王超，张红，等.基于海图信息的 SAR 影像海陆自动分割[J].遥感技术与应用，2009，24(6)：731-736.

[11] Xavier D, Miguel M, Hem-iMaitrea, et al. Coastline detection by a Markovian segmentation on SAR images[J].Signal Processing, 1996, 55: 123-132.

[12] A'kif A F, Lawal B, Biswajeet P. Semi-automated procedures for shoreline extraction using single RADARSAT-1 SAR image[J].Estuarine, Coastal and Shelf Science, 2011, 95(2011): 395-400.

[13] 陆立明，王润生，李武皋.基于合成孔径雷达回波数据的海岸线提取方法[J].软件学报，2004，15(4)：531-536.

[14] 盛佳，洪中华，张云，等.基于 TerraSAR-X 影像的格陵兰岛海岸水边线提取[J].极地研究，2014，26(4)：418-424.

[15] 李洪忠，王超，张红，等.基于海图信息的 SAR 影像海陆自动分割[J].遥感技术与应用，2009，24(6)：731-736.

[16] 欧阳越，种劲松.基于改进水平截集算法的 SAR 图像海岸线检测[J].遥感技术与应用，2004，19(6)：456-460.

滨海湿地主被动遥感联合 DCNN 分类模型

孙钦佩[1,2]，马毅[1,2*]，张靖宇[2]，胡亚斌[2]

（1. 山东科技大学，山东 青岛 266590；2. 国家海洋局第一海洋研究所，山东 青岛 266061）

摘要：本文构建了基于高光谱影像和激光雷达数据的卷积神经网络分类模型，并基于此模型开展了联合高光谱影像的原始光谱特征、光谱导数特征、纹理特征和激光雷达数据的强度特征、DSM模型和DTM模型的黄河口滨海湿地分类实验，结果表明：（1）本文构建的CNN模型分类结果均优于SVM算法和传统的CNN模型；（2）联合高光谱影像和激光雷达数据可以有效的提高分类精度。

关键词：高光谱；激光雷达；深度学习；卷积神经网络；分类

1 引言

滨海湿地是陆地生态系统和海洋生态系统的过渡地带，可调节气候、改善环境，生态功能强大，对湿地及湿地中的丰富物种的研究及保护具有重要的意义，近年来对滨海湿地的相关研究成为热点[1-4]，准确掌握滨海湿地地物类型状况意义非凡。但由于滨海湿地潮滩、潮沟错综分布，湿地腹地区域人员难于进入，这将严重影响对滨海湿地地物类型种类、分布及其变化情况的准确监测。遥感技术的发展弥补了这一缺陷，遥感的最终成果之一就是从遥感影像上获取信息，遥感分类是解译遥感数据的重要手段之一，因此对遥感影像进行分类是准确掌握滨海湿地地物类型的重要方法。

不同类型的遥感数据可以优势互补，综合利用多源数据进行遥感影像信息处理成为一个重要趋势。本文将高光谱影像和激光雷达数据相结合，融合主动遥感和被动遥感的特征，获取影像中地物的精细光谱特征和准确的空间信息。卷积神经网络模型可以充分挖掘被探测地物更深层次的特征，更好地提高分类精度。

高光谱遥感图像包含丰富的光谱和空间信息，在滨海湿地分类方面得到了具体应用[5-8]，但对于滨海湿地生长期和抽穗期芦苇的“同物异谱”、芦苇和互花米草之间的“异物同谱”情形易发生错分。LiDAR可以获取地表空间三维信息和激光强度信息，主要用来进行建筑物和植被提取[9-13]。高光谱影像和激光雷达数据的联合应用主要工作集中在植被识别分类、城市土地利用类型和建筑物分类方面[14-21]，其中应用最广泛的主要是植被识别分类。在滨海湿地方面的应用非常少见，国内外已有研究结果充分表明高光谱和LiDAR联合分类精度优于单手段的结果，鲜有2种手段联合应用于滨海湿地分类的研究。众多研究表明卷积神经网络是一种适合于大数据样本情形的前沿遥感图像分类方法，在样本充足的前提下，特征维度增加有助于提高分类精度，目前在高光谱图像分类方面得到了成功应用[21-25]，如若加入LiDAR信息，有望破解传统高光谱遥感分类方法不可逾越的Hughes效应。

本文通过对一景地物类型丰富的滨海湿地PROBA CHRIS高光谱影像和与之相对应的激光雷达数据进行处理，构建了基于高光谱影像和激光雷达数据的卷积神经网络分类模型，基于此模型开展了联合高光谱

资助项目：GF海岸带遥感监测与应用示范。

作者简介：孙钦佩（1991—），女，山东省临沂市人，硕士研究生，主要从事遥感图像处理研究。E-mail：sunqinpei163@163.com

*__通信作者__：马毅（1973—），男，研究员，主要从事海岛海岸带遥感与应用研究。E-mail：mayi@fio.org.cn

影像的原始光谱特征、光谱导数特征、纹理特征和激光雷达数据的强度特征、DSM 模型和 DTM 模型的分类实验。

2　数据与方法

2.1　数据

本文以黄河三角洲国家级自然保护区滨海湿地为研究区，研究区位于山东省东营市黄河入海口处，地物类型丰富，是众多珍稀濒危物种的栖息地，研究区示意图如图 1 所示。

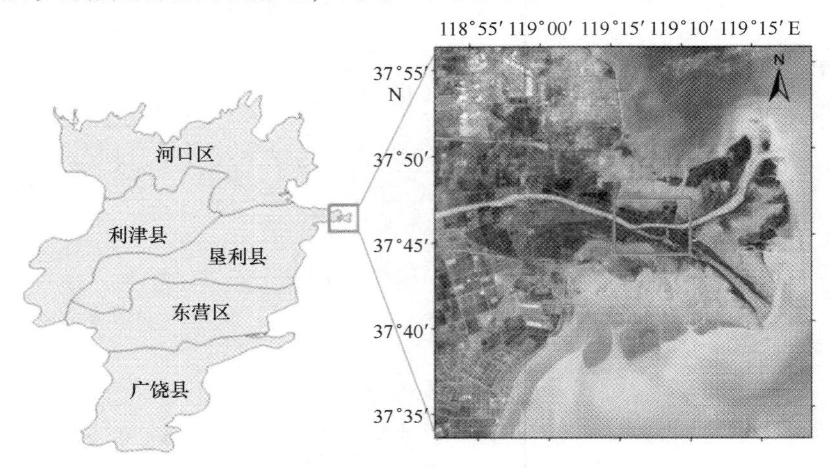

图 1　研究区示意图

（1）CHRIS 高光谱影像黄河口数据。CHRIS 是欧空局于 2001 年 10 月 22 日发射的 PROBA 卫星搭载的紧凑式高分辨率成像光谱仪，该成像光谱仪具有 5 种成像模式并且可获取 0°、+36°、−36°、+55°和 −55°等 5 种角度的高光谱图像，其光谱范围是 406～1 036 nm，覆盖可见光到近红外光谱，波段光谱分辨率从 5. 9 nm 到 44. 1 nm 不等，重访周期 18 d，影像宽幅为 14 km×14 km。本文所用的滨海湿地 CHIRS 高光谱影像是由 2010 年 9 月在工作模式 2 状态成像角度为 0°下获取的 CHRIS 图像，空间分辨率 17 m，设有 18 个波段，该影像覆盖了三角洲黄河口河道，具有包括芦苇、柽柳林、水体（养殖池塘、黄河水、海水等）、碱蓬、潮滩和建筑物等典型地物在内的丰富的地物类型，对整个三角洲滨海湿地的地物分类研究具有重要意义。经过大气校正与几何校正等预处理的影像如图 2 所示。

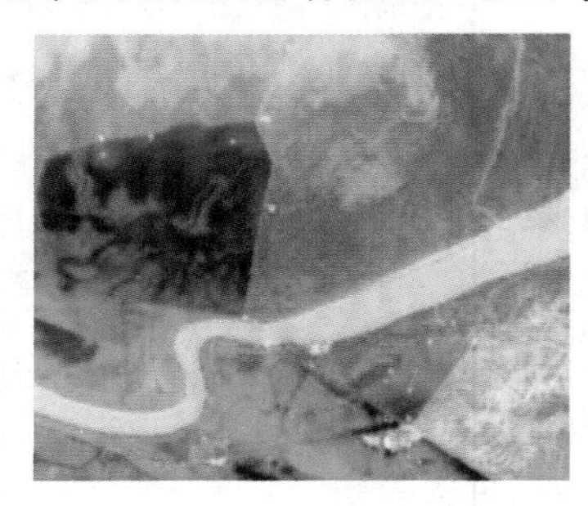

图 2　CHRIS 影像

（2）激光雷达数据。实验采用的 Lidar 数据是通过 ALS50−II 传感器获取的，成像时间为 2009 年 5 月，点云密度是 1. 1 points/m^2。ALS50−II 传感器由激光扫描仪、系统控制箱、操作终端和导航终端等部分组成。

（3）验证数据。实验所采用的验证数据是根据所获取的影像数据和现场踏勘的资料，然后经人工解译而成，总共划分为 6 个类别，验证标准如图 3 所示。

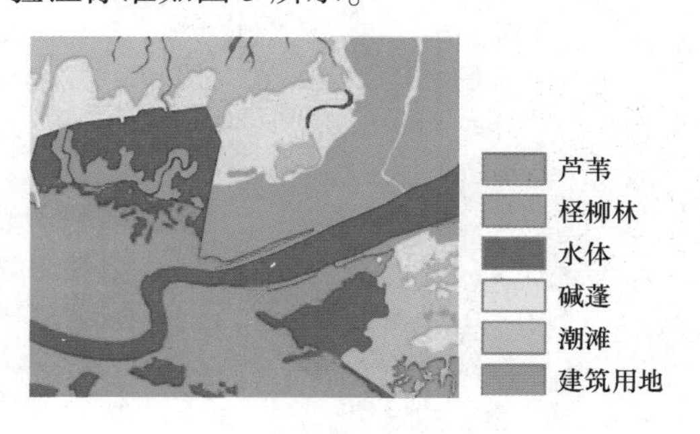

图 3 人工解译标准

2.2 方法

卷积神经网络在人工神经网络的基础上发展起来，一个典型的卷积神经网络模型包括输入层、卷积层、降采样层、全连接层及输出层等，每层由含有多个神经元的多个二维平面组成。

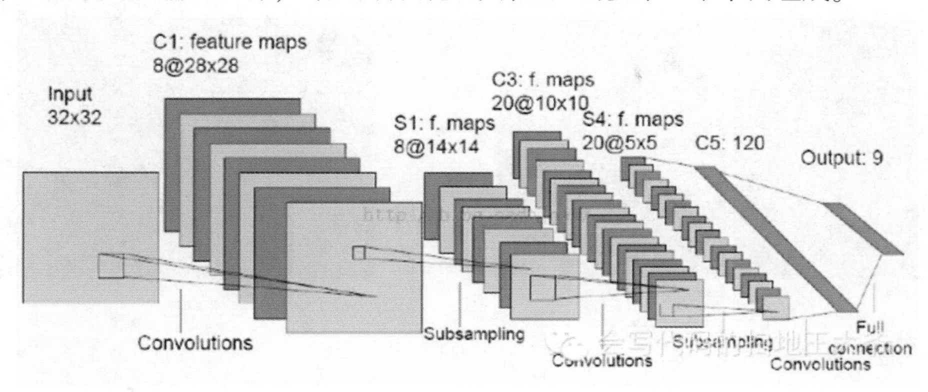

图 4 CNN 结构图

一般地，CNN 的基本结构包括两层，其一为特征提取层，每个神经元的输入与前一层的局部接受域相连，并提取该局部的特征。一旦该局部特征被提取后，它与其他特征间的位置关系也随之确定下来；其二是特征映射层，网络的每个计算层由多个特征映射组成，每个特征映射是一个平面，平面上所有神经元的权值相等。此外，由于一个映射面上的神经元共享权值，因而减少了网络自由参数的个数。卷积神经网络中的每一个卷积层都紧跟着一个用来求局部平均与二次提取的计算层，这种特有的两次特征提取结构减小了特征分辨率，图 4。

3 结果与分析

试验区共包含 448 462 个样本点，本文本着训练样本具有典型代表性并且样本分布尽量均匀的原则，总共选取了 3 543 个训练样本，其中芦苇有 593 个，柽柳 538 个，水体有 672 个，碱蓬有 489 个，潮滩 545 个，建筑用地 168 个，样本分布如图 5 所示。

（1）仅利用高光谱影像的原始光谱特征分类结果

仅利用高光谱影像的原始光谱特征进行分类，结果如图 6 所示，图 6a 是 CNN 模型的分类结果，图 6b 是 SVM 方法分类结果，其中 CNN 模型采用 ReLU 激活函数，卷积核个数设置为 15 个，卷积核大小为 3×3，批训练个数为 3，训练迭代 7 次，学习率为 1。CNN 模型分类总体分类精度为 82.93%，Kappa 系数 是 0.785 3，SVM 的总体精度为 80.62%，Kappa 系数是 0.757 6 ，CNN 模型总体精度比 SVM 高出 2.31%，

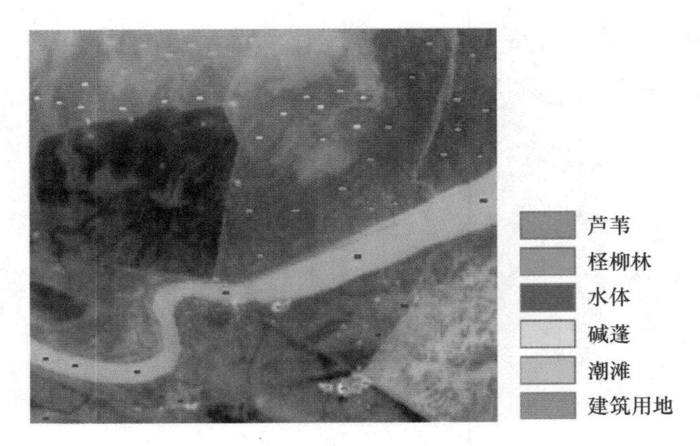

图 5　样本分布（R，G，B 显示波段：15，10，5）

具体每一类地物的生产者精度和用户精度如表 1 所示。

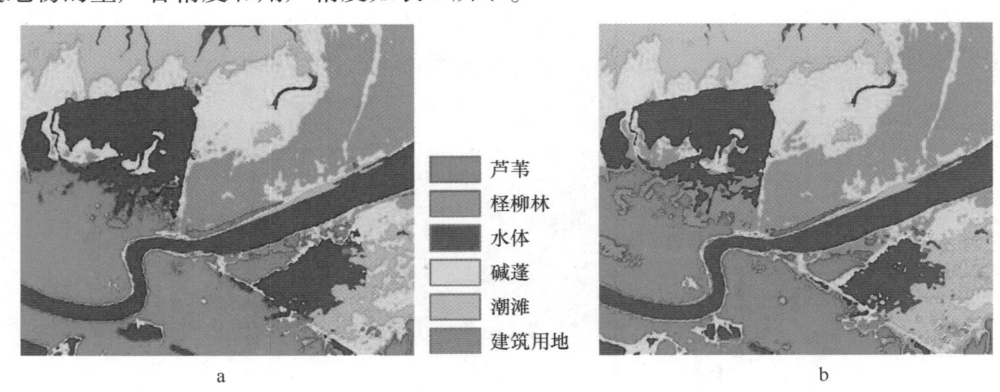

图 6　光谱分类结果

表 1　光谱分类结果精度

		芦苇	柽柳林	水体	碱蓬	潮滩	建筑用地	OA Kappa 系数
CNN	PA	86.97	72.03	91.31	87.98	74.30	59.81	82.93%
	UA	96.93	91.65	85.79	55.73	85.86	50.29	0.7853
SVM	PA	76.02	75.98	87.05	86.39	82.06	54.69	80.62%
	UA	98.53	75.88	90.96	56.04	82.79	38.25	0.7576

从图 7 中可以看出，两种分类结果地物类型分布基本一致，对比人工解译结果，CNN 模型潮滩中的河流均可以呈现出来，碱蓬的分布也更接近真实的地物分布，尤其是坑塘水面处，由于地物混生现象严重，SVM 方法将坑塘处的芦苇错分成柽柳林，CNN 模型则表现出了较好的优越性。这一点在表 1 中也得到了验证，在用户精度相差不大的情况下，CNN 模型对芦苇、水体、碱蓬和建筑用地等地物的分类精度均高于 SVM 方法的分类精度，其中，芦苇的生产者精度比 SVM 高出 10.95%，比水体的分类精度高出 4.26%，比碱蓬高出 1.6%，比建筑用地高出 5.12%。

（2）不同算法联合高光谱影像的原始光谱特征、光谱的一阶导数、二阶导数、纹理特征和激光雷达数据的强度特征、DSM 特征及 DTM 特征分类结果

利用本文提出的 CNN-Relu 模型联合高光谱影像的原始光谱特征、光谱的一阶导数、二阶导数、纹理特征和激光雷达数据的强度特征、DSM 特征及 DTM 特征进行分类结果如图 8 所示，其中纹理特征采用的

是一阶灰度共生矩阵进行主成分分析后的前 3 个分量，3×3 大小的窗口，CNN 模型的卷积核个数为 20 个，卷积核大小为 5×5，批训练个数为 8，训练迭代 9 次，学习率设置为 0.5，将结果与 SVM 算法、最大似然法、神经网络和传统的 CNN 模型进行了对比（表 2），折线图如图 9 所示。

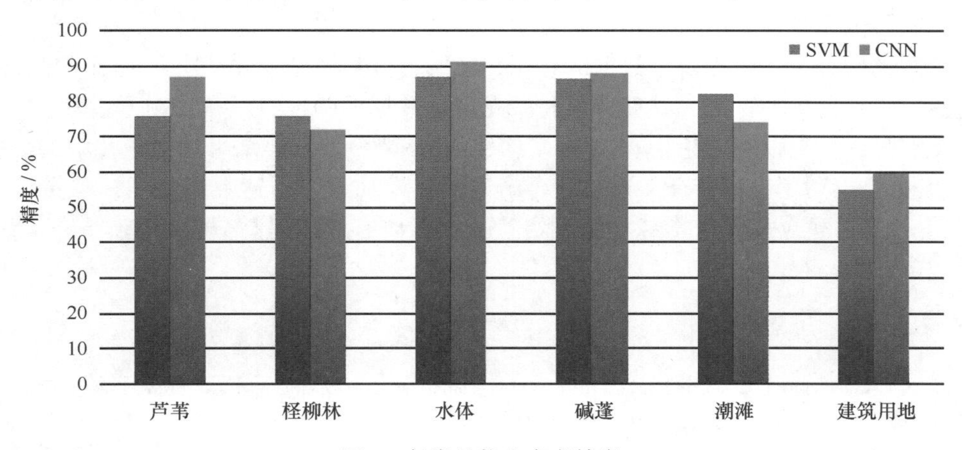

图 7　每类地物生产者精度

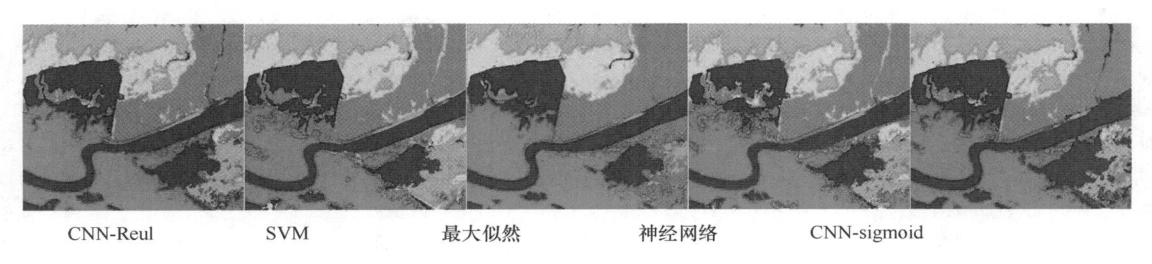

图 8　不同算法分类结果

表 2　不同算法分类总体精度

	最大似然	神经网络	SVM	CNN-sigmoid	CNN-ReLU
总体分类精度	82%	83.69%	83.78%	83.60%	84.97%
Kappa 系数	0.773 8	0.795 3	0.796 2	0.792 2	0.810 4

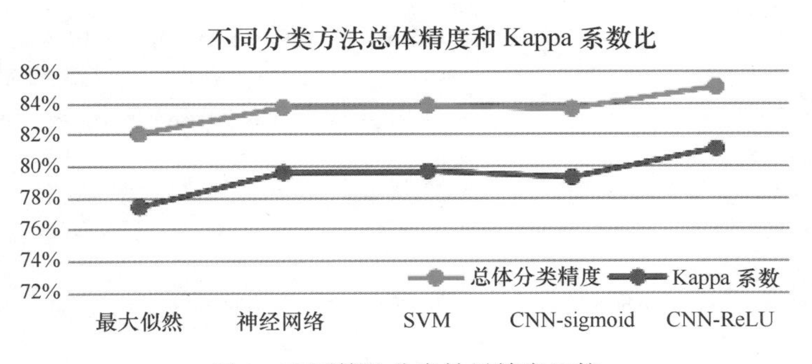

图 9　不同算法分类结果精度比较

从图 8 中可以看出，最大似然法将很多地物错分成建筑用地，sigmoid 激活函数 CNN 模型将很多地物错分成水体。从折线图来看，本文提出的 CNN 模型总体分类精度最高，达到 84.79%，比最大似然法高 2.97%，比神经网络方法高出 1.28%，比 SVM 算法高 1.19%，比 sigmoid 激活函数 CNN 模型分类总体精度高 1.37%。

4 结论

本文将高光谱影像和激光雷达数据相结合，融合主动遥感和被动遥感的特征，针对两种数据的联合特征，构建了基于高光谱影像和激光雷达数据的卷积神经网络分类模型，并基于此模型开展了联合高光谱影像的原始光谱特征、光谱导数特征、纹理特征和激光雷达数据的强度特征、DSM 模型和 DTM 模型的黄河口滨海湿地分类实验，得出以下结论：（1）本文构建的 CNN 模型分类结果均优于传统的分类算法和传统的 CNN 模型，无论是仅利用光谱特征，还是联合高光谱影像和激光雷达数据特征，本文提出的模型分类效果都是最好的。（2）联合高光谱影像和激光雷达数据可以有效的提高分类精度，分类精度比仅利用光谱特征提高了 2%。

参考文献：

[1] Phinn S R,Stow D A,MouwerikD V.Remotely sensed estimates of vegetation structural characterisics in restored wetland,Southern California[J].Photogrammetric Engineering & Remote Sensing,1999,65(4):485-493.

[2] 张柏.遥感技术在中国湿地研究中的应用[J].遥感技术与应用,1996,11(1):67-71.

[3] Jenning D,Jarnagin S,Ebert D.A modeling approach for estimating watershed impervious surface area from national land-cover data 92[J].Photogrammetric Engineering and Remote Sensing,2004,70(11):1295-1307.

[4] 张晓龙,李培英,李萍,等.中国滨海湿地研究现状与展望[J].海洋科学进展,2005,23(1):87-95.

[5] Reitberger J,Krzystek P,Stilla U.Analysis of full waveform LIDAR data for the classification of deciduous and coniferous trees[J].International Journal of Remote Sensing,2008,29(29):1407-1431.

[6] 刘美爽,邢艳秋,李立存,等.基于星载激光雷达数据和支持向量分类机方法的森林类型识别[J].东北林业大学学报,2014,42(2):124-128.

[7] 罗伊萍.LIDAR 数据滤波和影像辅助提取建筑物[D].哈尔滨:解放军信息工程大学,2010.

[8] 李斯琼.机载激光雷达数据滤波与建筑物提取方法研究[D].哈尔滨:哈尔滨工业大学,2012.

[9] 徐文学,杨必胜,魏征,等.多标记点过程的 LiDAR 点云数据建筑物和树冠提取[J].测绘学报,2013,42(1):51-58.

[10] Sugumaran R,Voss M.Object-Oriented Classification of LIDAR-Fused Hyperspectral Imagery for Tree Species Identification in an Urban Environment[C]// Urban Remote Sensing Joint Event,2007:1-6.

[11] Dalponte M,Bruzzone L,Gianelle D.Fusion of Hyperspectral and LIDAR Remote Sensing Data for Classification of Complex Forest Areas[J].IEEE Transactions on Geoscience & Remote Sensing,2008,46(5):1416-1427.

[12] Puttonen E,Jaakkola A,Litkey P,et al.Tree Classification with Fused Mobile Laser Scanning and Hyperspectral Data[J].Sensors,2011,11(5):5158-5182.

[13] Dinuls R,Erins G,Lorencs A,et al.Tree Species Identification in Mixed Baltic Forest Using LiDAR and Multispectral Data[J].IEEE Journal of Selected Topics in Applied Earth Observations & Remote Sensing,2012,5(2):594-603.

[14] 满其霞.激光雷达和高光谱数据融合的城市土地利用分类方法研究[D].武汉:华东师范大学,2015.

[15] Lemp D,Weidner U,Lemp D.Improvements of Roof Surface Classification Using Hyperspectral and Laser Scanning Data[C].2005.

[16] Elshehaby A R,Taha E D.A new expert system module for building detection in urban areas using spectral information and LIDAR data[J].Applied Geomatics,2009,1(4):97-110.

[17] 冯凯.基于多核学习的多/高光谱图像与激光雷达数据联合分类研究[D].哈尔滨:哈尔滨工业大学,2013.

[18] Slavkovikj V,Verstockt S,De Neve W,et al.Hyperspectral Image Classification with Convolutional Neural Networks[C]// ACM International Conference on Multimedia.ACM,2015:1159-1162.

[19] Hu W,Huang Y,Wei L,et al.Deep Convolutional Neural Networks for Hyperspectral Image Classification[J].Journal of Sensors,2015,2015(2):1-12.

[20] Makantasis K.Deep supervised learning for hyperspectral data classification through convolutional neural networks[J].2015 IEEE International Geoscience and Remote Sensing Symposium(IGARSS),Milan,2015:4959-4962.

[21] Yue J,Zhao W,Mao S,et al.Spectral-spatial classification of hyperspectral images using deep convolutional neural networks[J].Remote Sensing Letters,2015,6(6):468-477.

[22] Chen Y,Jiang H,Li C,et al.Deep Feature Extraction and Classification of Hyperspectral Images Based on Convolutional Neural Networks[J].IEEE Transactions on Geoscience & Remote Sensing,2016,54(10):1-20.

基于视频监控的厦门白城海滨浴场海漂垃圾污染调查分析

崔文婧[1,2]，姜静柔[1,2]，张彩云[1,2]*

（1. 厦门大学 福建省海陆界面生态环境重点实验室，福建 厦门 361102；2. 厦门大学 海洋与地球学院，福建 厦门 361102）

摘要：海漂垃圾污染是近年来厦门海域主要的海洋污染现象之一，无论是对海洋景观，还是对海洋环境及生态系统均会产生许多不良的影响。白城海滨浴场作为厦门的热点旅游景点之一，又毗邻九龙江入海口处，因此有必要加强对该海域海漂垃圾污染的调查与分析。本文利用2016年9月15日至2017年3月31日视频监控数据，统计分析并探讨了海漂垃圾出现次数的时间变化特征及其与潮汐、降水及人工清理活动之间的关联，同时初步分析了莫兰蒂强台风对海漂垃圾分布的影响特征。研究结果可望为厦门海滨浴场海漂垃圾的监测与管理提供重要的科学依据。

关键词：海漂垃圾；视频监控；白城海滨浴场；最大类间方差法；厦门

1 引言

随着沿海工农业生产的迅速发展及旅游业的蓬勃兴起，海漂垃圾污染逐渐成为世界各海域普遍多发的海洋污染现象。海漂垃圾的出现对海域会产生重大影响，除了造成水质污染，视觉污染，还可能威胁航行安全。同时大量的海漂垃圾在洋流的作用下会发生漂移并不断聚集，这些大面积的海漂垃圾覆盖在水面上，遮蔽阳光，会使得水体缺氧、水质恶化，导致鱼类及其他水中生物死亡。另外，海漂垃圾中的塑料类物品老化后被分解为更小块，海洋生物容易把这些小块塑料误当作食物吞食，从而对海洋生物造成危害甚至导致其死亡。因此对海漂垃圾开展监测有重要的意义。

海漂垃圾的监测一般是利用船只或飞机等观测平台，通过目测或称重等方式并结合数理统计方法对海漂垃圾的种类和数量进行估算[1]。这些方法有的需要训练有素的观测统计人员，有的观测间隔的时间长，监测结果不连续。由于视频监控可长时间连续获取某一重点区域海漂垃圾的动态变化过程，因此正逐渐被广泛应用于海漂垃圾的污染调查。如Kataoka等[2]基于网络摄像头拍摄的照片建立了彩色大型塑料垃圾的提取算法，并通过收集10个月日本Tobishima岛Sodenohama沙滩的垃圾量，估算了海漂垃圾在沙滩的累积速率。Kako等[3]通过在日本4个具有代表性的沿岸区域的海滩安装网络摄像头来监测海滩垃圾，结果表明这4个海滩散布着数十种鲜艳颜色的大型塑料垃圾，包括蓝色和红色渔业漂浮物、白色聚苯乙烯漂浮物和其他碎片；Kakto等通过模型预测未来10年这些沙滩的塑料垃圾有增加的趋势。

厦门地处台湾海峡西岸中部（图1），闽南金三角中心，其海域面积约300多km^2。厦门岸线曲折，类型多样，拥有丰富的滨海自然和人文旅游资源，每年慕名而来的游客数不胜数。此外，厦门位处九龙江下游，来自九龙江流域的各种垃圾包括生活垃圾、养殖垃圾、船舶倾倒垃圾以及沿海工业企业产生的废弃

基金项目：厦门南方海洋中心项目“厦门及其毗邻海域海洋经济发展及海洋生态文明建设信息服务平台”二期（15PZB009NF05）。

作者简介：崔文婧（1994—），女，山西省大同市人，厦门大学硕士研究生，主要研究方向为海洋水色遥感。E-mail：1198345088@qq.com

***通信作者：**张彩云（1972—），女，福建省厦门市人，厦门大学副教授。E-mail：cyzhang@xmu.edu.cn

物在九龙江径流的带动下及潮汐的影响下四处扩散，可影响到厦门岛周边海域及海岸。据统计，进入厦门海域的海漂垃圾有 80%~90%来自九龙江流域[4]，严重影响厦门市的滨海景观。白城海滨浴场作为厦门市旅游热门景区之一，每年游客络绎不绝，加上该地又是九龙江径流入海的途经之地，因此垃圾污染常有发生，漂浮在海上和海岸的垃圾严重影响了白城海滨浴场的海岸景观。因此，本研究以白城海滨浴场作为重点研究区，利用视频监控技术对该区域海漂垃圾污染开展监测，分析海漂垃圾的变化特征并提出相关建议，研究结果有望为厦门海滨浴场海漂垃圾污染监测与管理提供一定的参考依据。

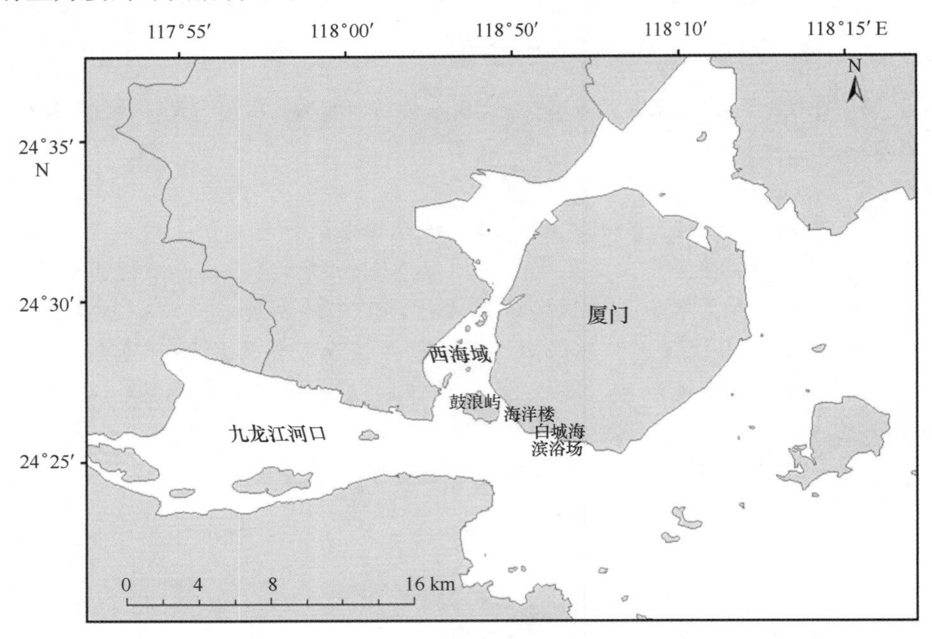

图 1 研究区位置图

2 数据与方法

2.1 数据

监测白城海滨浴场的视频监控设备安装在厦门大学海洋楼楼顶（图 1），为左右平行的 2 个摄像头。该摄像头的型号是 DH-SD-6A1330-HNI，传感器为 1/2.8 英寸 Complementary Metal Oxide Semiconductor，使用标准的长宽比：4.59 mm×3.42 mm。拍摄范围主要为白城—演武大桥一带的沙滩及其周边海域，可 24 h连续工作，视频数据每小时保存 1 个文件。本研究分析的数据为 2016 年 9 月 15 日至 2017 年 3 月 31 日之间拍摄的监控视频。

降水数据来自厦门气象台逐时的监测资料。潮汐数据来自国家海洋信息中心编制的潮汐表中厦门站的潮位预报资料。

2.2 海漂垃圾变化特征的分析

从摄像头获取的监控视频首先通过大华播放器将其批量处理生成图片，图片输出的频率为半个小时，图片大小为 2 048×1 536 像素（图 2）。根据拍摄范围内海漂垃圾出现的情况，通过目测判断为有海漂垃圾和无海漂垃圾两种情况，然后统计小时、天两种不同时间尺度海漂垃圾出现的次数，如图 4 和图 3 所示。

2.3 监控图片上海漂垃圾的提取

从图 2 可以看出厦门白城海滨浴场的海漂垃圾主要是以木屑类为主。图片上除了海漂垃圾外，还有海

图 2 2016 年 9 月 18 日视频监控拍摄的海漂垃圾图片

水、桥、沙滩、排洪沟、树等地物。根据图片上海漂垃圾与其他地物的差异，我们采用最大类间方差法来提取海漂垃圾。最大类间方差法是由日本学者大津提出的，是一种自适应的阈值确定的方法，又叫大津法，简称 OTSU[5]。它是根据图像的灰度特性，将图像分成背景和目标两部分。通过计算背景和目标之间的类间方差来判断并提取目标。类间方差越大说明构成图像两部分的差别就越大，二者错分的概率就越小。

大津法的判断依据主要是根据不同地物灰度值之间的差异。因此，为了更准确地提取出海漂垃圾，我们主要保留海水、沙滩和海漂垃圾 3 种地物类型，其他地物类型如树、桥、排洪沟等的干扰则通过掩膜方式去除。利用 ENVI 软件对干扰地物进行掩膜，利用 Matlab 软件编程处理实现大律法判别海漂垃圾，最后分析海漂垃圾的变化特征。

3 结果与讨论

3.1 白城海滨浴场海漂垃圾的变化特征

统计 2016 年 9 月 15 日—2017 年 3 月 31 日期间白城海滨浴场在不同情况下海漂垃圾的变化特征，其结果如图 3~6 所示。图 3 表示每个月出现海漂垃圾天数的情况，可以看出 2016 年 10 月至 2017 年 3 月期间，每月至少有 1/3 的天数在白城海滨浴场会出现海漂垃圾。2016 年 9 月海漂垃圾出现天数比较少的原因可能是监控探头在该月份刚刚安装调试成功，观测天数要明显小于其他月份。由图 3 的统计也可以看出，在视频监控范围内的厦门白城海滨浴场，海漂垃圾污染是一个多发现象。

图 4 表示 1 天中海漂垃圾出现次数随时间的变化曲线。由于视频监控只能监测白天海漂垃圾的变化，所以这里只给出早上 6 点到晚上 7 点的变化。从图 4 可以看出，海漂垃圾在上午出现次数较多，下午明显变少。由于白城海滨浴场及其周边海域是厦门市海漂垃圾清理的重点海域，但垃圾的打捞清理一般是在白天进行，晚上因条件所限无法进行清理。因此海漂垃圾在早上出现的次数会比较多。环卫处清洁人员一般在早上会通过垃圾船或海滩清扫方式对海上及沙滩上的垃圾进行打捞和清扫，所以海漂垃圾在下午出现的次数明显减少。

分析海漂垃圾出现与涨落潮的关系，如图 5 所示。可以看出，落潮时海漂垃圾出现的次数明显比涨潮时多。厦门海域为半日潮海区，涨潮时外海水从胡里山外海进入厦门西海域，落潮时九龙江径流携带着海漂垃圾向外海流出，白城海滨浴场毗邻九龙江径流出海口，因此在落潮时会观测到更多的海漂垃圾出现。

从图 6 海漂垃圾出现日期与厦门市降雨量时序列变化图可以看出，海漂垃圾出现在白城海滨浴场的时间与降水似乎没有明显的关系。这可能是因为本研究观测的时间（11 月至次年 2 月）刚好是枯水季节，降水量明显较少，由九龙江径流带来的海漂垃圾量明显较少；同时厦门市自 2009 以来加强对海上垃圾的清理，尤其是九龙江口、厦鼓海域、鼓浪屿西北侧等海域都加大清扫力度，投入海洋垃圾打捞船共 10 余

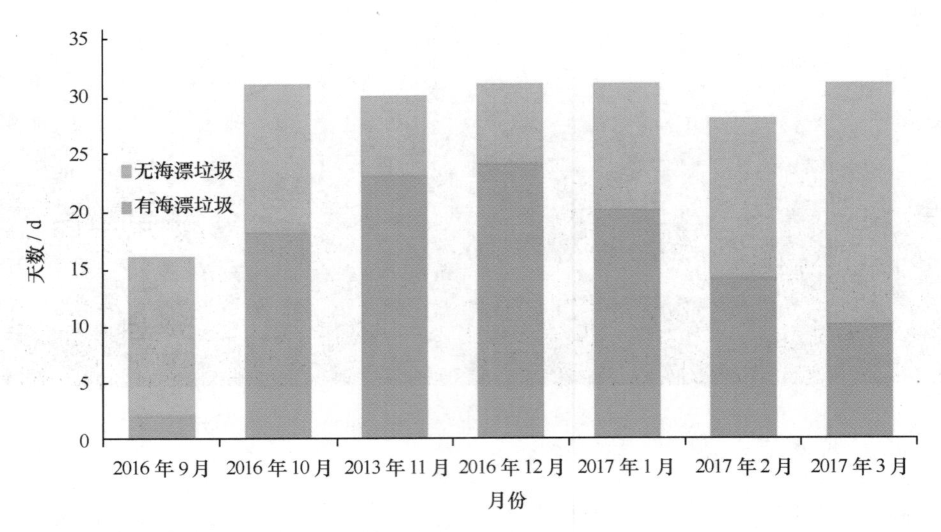

图 3 2016 年 9 月—2017 年 3 月期间每月海漂垃圾出现的天数

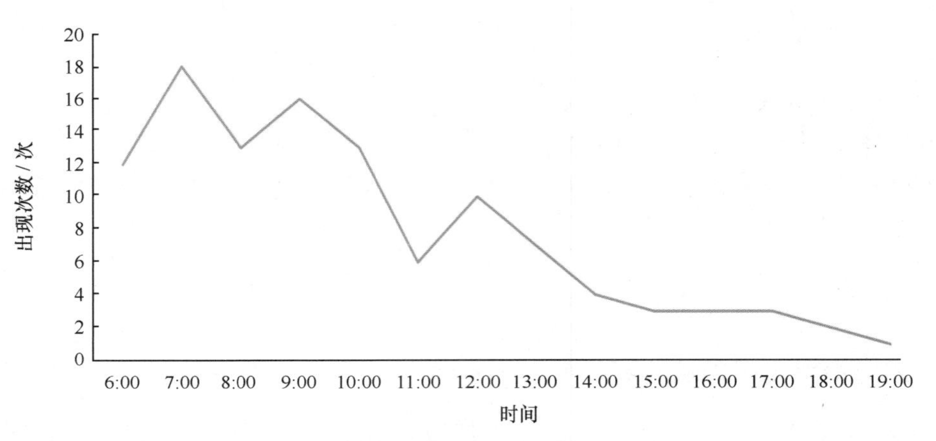

图 4 一天中海漂垃圾出现次数随时间的变化曲线

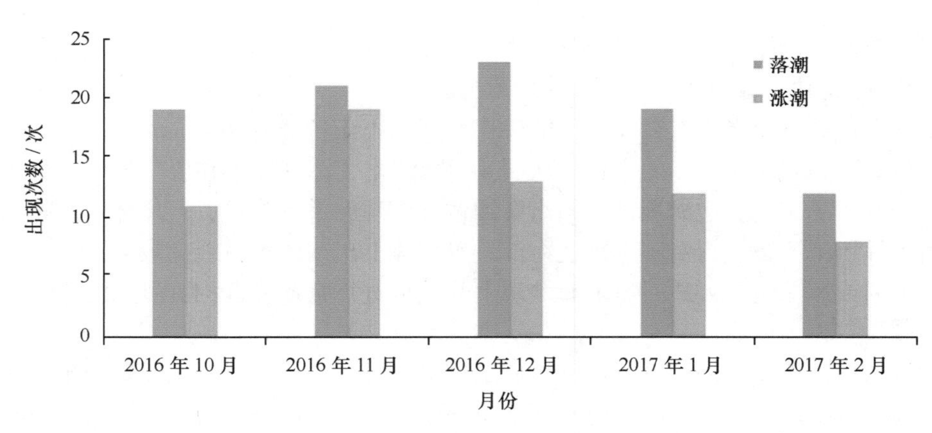

图 5 海漂垃圾出现次数与涨落潮的关系

艘[4]，因此有可能海漂垃圾随涨落潮还未扩散到监控区域时，已被清理干净。另一方面，由于白城海滨浴场是厦门旅游热门景点之一，游客较多，因此它的海漂垃圾来源除了九龙江径流带来的，旅游垃圾也是很重要的组成部分。

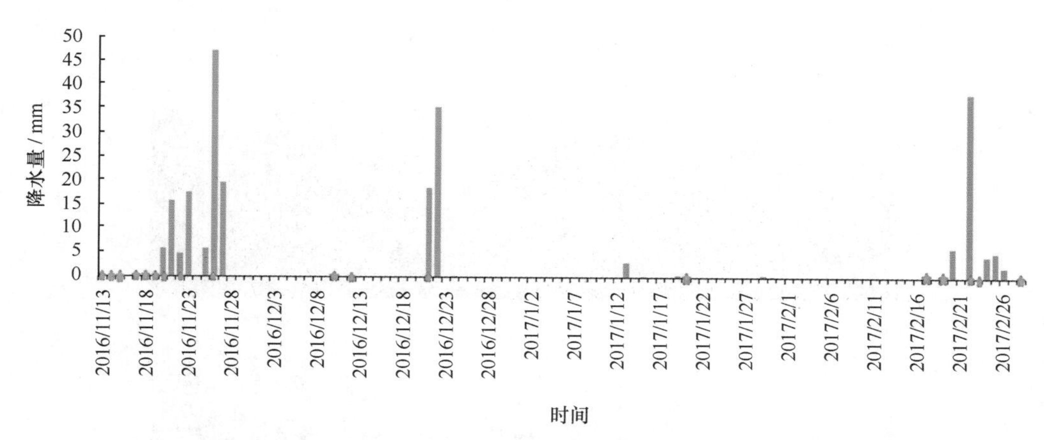

图 6 2016 年 11 月至 2017 年 2 月海漂垃圾出现日期与厦门市降水量的关系

加星标的表示海漂垃圾出现的日期

3. 2 台风事件对海漂垃圾变化的影响

2016 年 9 月 15 日凌晨 3 时 5 分台风“莫兰蒂”正式登陆厦门后，厦门白城海滨浴场的海漂垃圾大面积增多。我们选取 9 月 18 日为例，分析这次台风事件对白城海滨浴场海漂垃圾的影响，如图 7 所示。其中红色为使用最大类间方差法所提取的海漂垃圾。

图 7 表示 2016 年 9 月 18 日 6：00—11：30 间隔为半小时的海漂垃圾分布变化图。可以看出，分析时段正处于涨潮阶段。海漂垃圾刚开始只出现在演武大桥外海，而后随着潮汐和海流逐渐向大桥及近岸聚集。海漂垃圾在大桥外多为分散状或是呈带状，在近岸则形成较为密集的海漂垃圾，一般为块状分布。近岸聚集的海漂垃圾随后随着海浪或近岸流的影响又逐渐消散开来，直至从监控区域消失。

统计表明在 8 点时海漂垃圾在海面的影响面积达到最大，达 1 600 多平方米，而后逐渐减少，其影响面积在 9—11 点之间平均约在 400~900 m^2 范围内变化。11 点以后海漂垃圾明显减少，下午基本上已无海漂垃圾出现。

莫兰蒂台风是 2016 年登陆中国强度最强的台风，强风持续时间长，降雨强度大，对厦门造成了极大的破坏。2016 年 9 月厦门海上环卫部门打捞清理的海漂垃圾量约为以往年份 9 月份的 2 倍多。从我们的视频监控也可以看到，此次台风所产生的海漂垃圾也是观测时段内对白城海滨浴场影响面积最大、影响量最多的一次。一般来说，海漂垃圾在白城海滨浴场的影响面积多在 300 平方米以下。可见，极端天气的影响相当显著。

3. 3 讨论

以上分析表明视频监控可作为海漂垃圾监测的一种重要手段，它具有定点、连续、长期监测的特点，通过在重点区域设立海漂垃圾视频监控点并构建自动化提取系统就可实现对海漂垃圾监测的智能化管理，一旦有大量海漂垃圾出现时，可通过系统自动发出警报并提供给政府决策部门，亦可让海上环卫部门在垃圾相对集中的时候进行收集清理，以最大程度地减少海漂垃圾对厦门海域的影响，同时也可优化海漂垃圾清理的工作流程。

此外，通过海漂垃圾变化特征的分析可发现一天中厦门白城海滨浴场的海漂垃圾污染主要出现在早上。由于该监控点海漂垃圾主要由植物类垃圾如树枝、草和木屑等组成，若游泳者不小心碰到很容易受伤。因此对于白城海滨浴场很多晨泳爱好者来说，需特别注意海漂垃圾污染的分布和影响。

研究表明厦门海漂垃圾污染最严重的时候一般是在台风暴雨过后[4]，白城海滨浴场亦是如此（图 7）。九龙江是厦门海漂垃圾的主要来源地，因此建议在九龙江河口处设定视频监控点，一旦在极端天气时候

图 7　2016 年 9 月 18 日莫兰蒂台风过后白城海滨浴场海漂垃圾分布图

（如台风或洪水时）发现九龙江携带有大量垃圾时，就可及时进行预警；同时增加海上清理打捞海漂垃圾的船只及频率，及时清理海漂垃圾，以免对海岸景观及海洋环境产生不好的影响。

4 小结

本研究基于2016年9月15日—2017年3月31日视频监控数据，对厦门白城海滨浴场的海漂垃圾污染进行调查分析，同时利用最大类间方差法建立了海漂垃圾自动提取方法，初步分析了台风事件对白城海滨浴场海漂垃圾的影响，最后对厦门海漂垃圾的监测与管理提出了相应的建议。研究结果表明：

（1）厦门白城海滨浴场易受海漂垃圾污染的影响，每月至少有1/3的天数会出现海漂垃圾；一天中海漂垃圾多出现在早上；而且海漂垃圾的出现次数与涨落潮有一定关系，落潮时出现的次数较多；分析还表明白城海滨浴场海漂垃圾出现时间与降水没有显著的关系。

（2）在强台风莫兰蒂的影响下，白城海滨浴场海漂垃圾的最大影响面积可达1 600多平方米，是平时的5倍。从分布上看，涨潮时海漂垃圾随着潮流逐渐聚集靠近海岸，由分散状分布逐渐聚拢成块状分布，然后退潮时海漂垃圾再随着潮汐、海浪等影响逐渐消散。

可见，视频监控因具有定点、长期和连续监测的特点，可作为重点海域海漂垃圾监测的重要手段。但由于它的监控范围有限，因此安装布控选点非常重要。本研究中视频监控的安装位置因离海岸较远，且监控影像受到演武大桥的影响，所以海漂垃圾自动提取方法会受到较多地物的干扰，需在以后研究中加以注意。

致谢：视频监控数据由厦门大学海洋监测与信息服务平台提供。监控图片处理得到厦门大学海洋监测与信息服务平台工作人员林锐和罗汉宏、海洋与地球学院赵振华同学等人的帮助和建议，在此一并致谢。

参考文献：

[1] 范志杰.海洋环境中漂浮垃圾的监测方法[J].海洋环境科学,1997(2):42-45.

[2] Kataoka T,Hinata H,Kako S.A new technique for detecting colored macro plastic debris on beaches using webcam images and CIELUV[J].Marine Pollution Bulletin,2012,64(9):1829-1836.

[3] Kako S,Isobe A,Kataoka T,et al.A decadal prediction of the quantity of plastic marine debris littered on beaches of the East Asian marginal seas[J].Marine Pollution Bulletin,2014,81(1):174-84.

[4] 苏荣,吴俊文,董炜峰.厦门海域海漂垃圾对海洋生态系统潜在生态风险研究[J].环境科学与管理,2011,36(3):24-26.

[5] 齐丽娜,张博,王战凯.最大类间方差法在图像处理中的应用[J].无线电工程,2006,36(7):25-26.

典型河口、海湾水体的光学特征及其悬浮物含量的反演算法

卢楚谦[1]，蔡伟叙[1]，段国钦[2]，姜广甲[1*]

（1. 国家海洋局南海环境监测中心，广东 广州 510300；2. 港珠澳大桥管理局，广东 珠海 519015）

摘要： 水体光学特征是构建水体组分含量定量反演模型的基础。基于2014年5月、8月和10月珠江口和大亚湾海域的现场和实验室数据，对水体光学特征进行了分类，分析其时空变化特征，并探讨水体光谱特征的影响因素，为精确构建水体中悬浮物含量的遥感估算模型奠定了理论基础。结果表明，珠江口和大亚湾海域水体遥感反射光谱共分为5类，受水体组分浓度和固有光学特性的影响，表现为不同的光谱特征。珠江口海域以类型Ⅰ、类型Ⅱ和类型Ⅲ为主，而大亚湾海域以类型Ⅲ、类型Ⅳ和类型Ⅴ为主。构建了珠江口和大亚湾海域悬浮物浓度的遥感反演模型，发现整个调查数据估算精度非常高（$r^2=0.79$），RMSE%为25.30%。

关键词： 悬浮泥沙；吸收系数；珠江口；大亚湾

1 引言

水体光学特性是建立水体生物光学模型的基础[1]，包括表观光学特性（Apparent Optical Properties，AOP′s）和固有光学特性（Inherent Optical Properties，IOP′s）。水体辐射传输方程将两者紧密联系在一起[2]。水体中光学活性物质（悬浮物、浮游植物、有色溶解有机物）的IOP′s、种类和含量决定了水体的AOP′s，导致水体的光学特征时空变化显著，例如，对于富营养化水平高的太湖，其水体光学特征主要受浮游藻类的影响[3]，而珠江口海域悬浮泥沙和有色溶解有机物共同决定了水体的光学特征[4]。因此，研究水体的光学特征的时空变化，有助于更为精确的定量评价水体光学活性物质的含量和动力行为特征。

悬浮物是水色遥感最先被监测的光学活性物质[5]，对水体光学特征有重要影响[2]。悬浮物是水体中含有的有机和无机悬浮颗粒物质的总称，包括浮游生物、动植物遗体、浮游植物非色素细胞物质和悬浮泥沙等[6-7]，实验室内一般使用孔径为0.45 μm的滤膜过滤获得。悬浮物在水生生态系统中具有重要的生态作用，直接影响光在水体中的传播，决定光的能量和再分配过程，进而影响水体透明度、真光层深度、水色等光学性质，对水下浮游植物的光合作用产生重要影响，进而决定水体的初级生产力[8-10]。因此，摸清悬浮物含量的动力变化特征对精确评价水体初级生产力有重要生态意义。

水体组分的光谱特性是利用遥感手段进行水色遥感监测的理论依据[11]。通过确定水体水色参数与反射光谱特征之间的响应关系，建立水色遥感经验或分析遥感估算模型，实现水色参量的定量反演[12-13]。国内外学者在悬浮物浓度反演方面做了大量工作，通过建立悬浮物敏感波段反射率或波段组合与总悬浮物浓度经验模型或半分析模型，实现总悬浮物浓度的定量反演[14-21]。事实上，水体光学特性具有明显的时空变化特征，例如，悬浮物浓度、颗粒大小和其组成对悬浮物光谱反射有重要影响[5]，导致同一水域水

基金项目： 国家自然科学基金项目（41501411）；国家海洋局南海分局海洋科学技术局长基金（1432）；海岸带地理环境监测国家测绘地理信息局重点实验室基金（CZ15010）。

作者简介： 卢楚谦（1975—），男，广东省揭阳市人，高级工程师，主要从事海洋环境监测与评价研究。E-mail：312344634@qq.com

* **通信作者：** 姜广甲（1984—），博士，主要从事海洋生态遥感研究。E-mail：gjjiang2011@gmail.com

体光谱特征也有较大差异。因此，需要针对不同水体光学特征构建悬浮物含量的反演算法，以提高悬浮物含量的定量反演精度。

以典型河口（珠江口）、海湾（大亚湾）为研究区，分析研究海域水体的光学特征，探讨悬浮物对水体遥感反射光谱的影响；针对不同的水体光学特征，构建适合珠江口和大亚湾海域悬浮物浓度的反演算法。

2 材料与方法

2.1 样点布设

2.1.1 研究区介绍

珠江口海域（21.5°~23.0°N，113.0°~114.0°E）具有“三江汇流、八口分流”的水系特征。珠江经虎门、蕉门、洪奇沥、横门、磨刀门、鸡啼门、虎跳门和崖门八大口门进入南海近岸水域[22]。珠江口以不规则半日潮为主，受地形、潮流和陆架上升流的作用和影响，其水体具有地表淡水径流、海洋水体和海岸带水体相互混合的特征[23]。

大亚湾海域（22.4°~22.9°N，114.5°~114.9°E）位于珠江口东侧，是我国亚热带海域的重要海湾之一。大亚湾是一个半封闭海湾，面积 600 km^2，水深为 6~16 m。海湾三面环山，有多条小溪注入，但大部分水来源于南海[24]。

2.1.2 采样站点

分别于 2014 年 5 月、8 月和 10 月在珠江口和大亚湾海域布设样点采集表层水样，测量水体的遥感反射光谱、水体透明度、风速风向、水深等现场数据，同时记录水环境状况，共获取 147 个有效样点，其中 131 个样点测量了遥感反射光谱数据（表 1，图 1）。

表 1 采样点信息

采样时间	指代名词	样点个数	采样区域	采样时间	指代名词	样点个数	采样区域
2014.5.11–2014.5.13	PRE201405	23	珠江口	2014.5.15–2014.5.18	DYB201405	25	大亚湾
2014.8.11–2014.8.15	PRE201408	23	珠江口	2014.8.19–2014.8.21	DYB201408	26	大亚湾
2014.10.21–2014.10.23	PRE201410	19	珠江口	2014.10.18–2014.10.20	DYB201410	31	大亚湾

2.2 野外光谱测量

采用水面之上法测量水体的遥感反射光谱[25]，所用仪器是 FieldSpec Pro Dual VNIR 野外双通道光谱仪（美国 ASD），测量 350~1 050 nm 波段范围内的辐亮度，每次准同步测定水体、灰板以及天空光光谱各 10 组数据，计算得到水体的遥感反射率[26]。根据 EOS MODIS 卫星遥感的波段响应，将实测光谱重采样为模拟的 MODIS 数据。

2.3 生态参数浓度测量

悬浮物浓度：使用预处理后的 Whatman GF/F 滤膜过滤水样，烘干后用精度为 0.000 1 g 的天平称重，计算得到各水样总悬浮物浓度（c_{TSS}，mg/L）。将各样点滤膜在 450℃的条件下烧 4~6 h 后称重，称量计算得到无机悬浮物质量，悬浮物与有机悬浮物之差得到有机悬浮物的质量，计算可得各参数的浓度。无机悬浮物浓度表示为 c_{ISS}，单位为 mg/L，有机悬浮物浓度表示为 c_{OSS}，单位为 mg/L。

叶绿素 a 浓度：用孔径为 0.45 μm 的 Whatman 聚碳酸酯滤膜过滤水样，将滤膜放入 90%的热乙醇萃取，离心后用分光光度计法测定并计算叶绿素 a 浓度（$c_{\mathrm{Chl}\,a}$，μg/L）[28]。

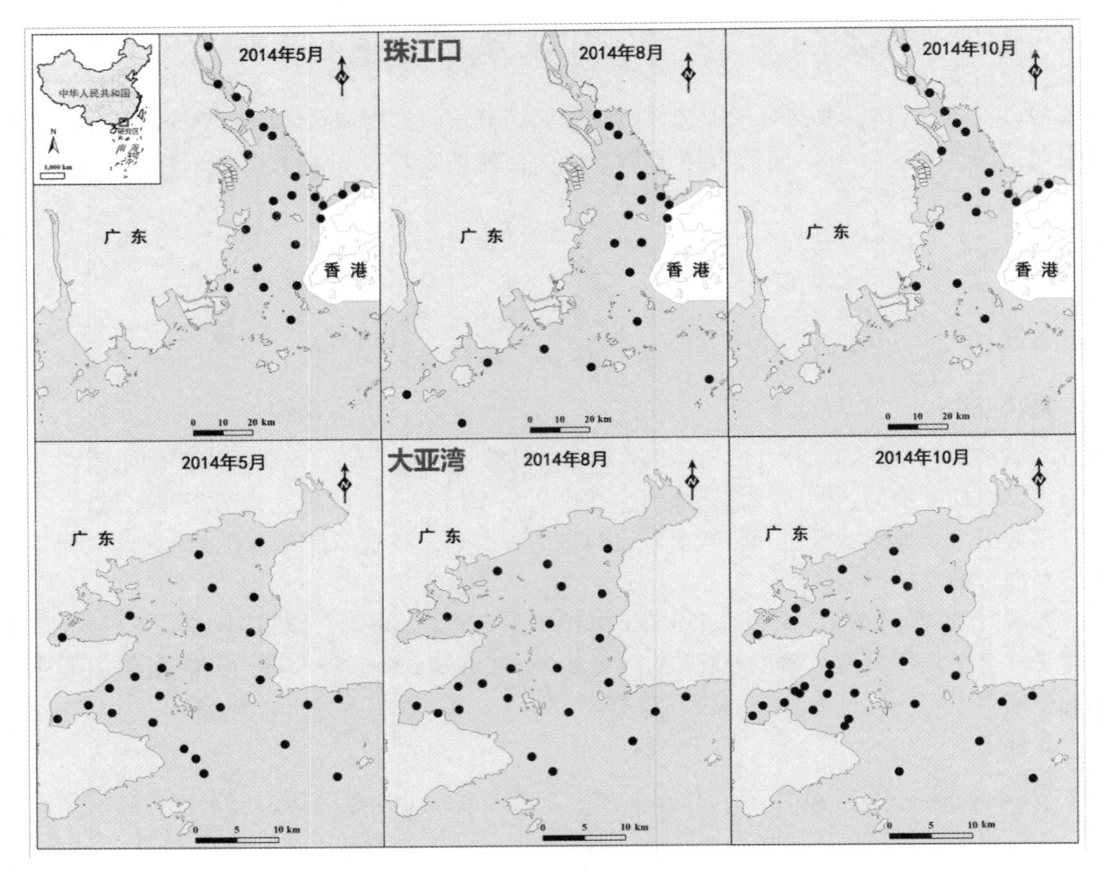

图1　研究区及样点分布

2.4　水体组分吸收系数测量

颗粒物吸收系数：颗粒物的吸收采用定量滤膜技术（QFT）测定[28]。使用Whatman GF/F玻璃纤维滤纸过滤水样，避光冷冻保存。利用分光光度计（日本岛津，UV-2401）测量350~800 nm波段范围内的吸光度，经校正后计算得到总颗粒物的吸收系数（$a_p(\lambda)$，m^{-1}）。经甲醇浸泡30 min去除色素成分，并利用相同方法测定非色素颗粒物的吸收系数（$a_d(\lambda)$，m^{-1}）。两者之差计算得到色素颗粒物的吸收系数（$a_{ph}(\lambda)$，m^{-1}）。

有色溶解有机物（Chromophoric Dissolved Organic Matter，CDOM）吸收系数：利用10%的盐酸浸泡后的Whatman Nuclepore滤膜（孔径为0.22 μm）过滤水样，以Milli-Q水为参比，利用分光光度计在200~800 nm波段范围内扫描，测量滤液的吸光度，通过计算得到CDOM的吸收系数，并对CDOM吸收系数进行散射校正，从而得到校正后的CDOM吸收光谱（$a_g(\lambda)$，m^{-1}）[30]。

2.5　数据分析方法

数据统计、多元线性拟合等数据处理均在Origin8.0统计软件中完成。

采用观测值与模拟值之间的均方根误差（Root Mean Square Error，RMSE）来评价估算模型的优劣，其具体表现形式如下[31]：

$$\mathrm{RMSE}\% = \sqrt{\frac{\sum_{i=1}^{n}(P_i - O_i)^2}{n}} \times \frac{100}{\overline{O}}, \tag{1}$$

式中，P_i和O_i分别为模拟值和观测值；$\overline{O}$为观测值的平均值；n为样本数。

3 结果与分析

3.1 珠江口、大亚湾海域水色参数含量的变化特征

珠江口、大亚湾海域水色参数含量具有明显的时空变化特征（表2）。珠江口海域5月、8月叶绿素a浓度（$c_{\text{Chl }a}$）均值小于大亚湾海域，但10月$c_{\text{Chl }a}$均值大于大亚湾海域，并且是各航次的最大值。对于悬浮物浓度（c_{TSS}）来说，在不同月份珠江口海域均大于大亚湾海域，且最大值出现在珠江口海域的8月[（52.53±43.60）mg/L]。大亚湾海域5月和8月c_{TSS}均值差别不大，并且其有机和无机成分比例相对稳定（有机成分：31%；无机成分：69%），而珠江口海域5月和8月c_{TSS}均值差异显著，8月c_{TSS}均值是5月的2倍，但其有机和无机成分比例相对稳定（有机成分：18%；无机成分：82%），无机成分比例高于大亚湾海域。对于不同水体组分吸收系数来说，珠江口海域5月和8月色素吸收系数（$a_{\text{ph}}(443)$）均值相差不明显，而大亚湾海域5月是8月的2倍，且珠江口海域低于大亚湾海域。珠江口海域的$a_{\text{d}}(443)$均值高于大亚湾海域，并且大亚湾海域5月和8月的变化幅度较大，5月$a_{\text{d}}(443)$均值大于8月的2倍，而珠江口海域变化不明显。$a_{\text{g}}(443)$均值在不同航次变化较大，珠江口海域8月$a_{\text{g}}(443)$均值约为5月的3倍，而大亚湾海域变化幅度超过6倍。

表2 珠江口、大亚湾海域5月、8月和10月叶绿素a浓度、总悬浮物浓度、有机悬浮物浓度、无机悬浮物浓度和443 nm处水体组分吸收系数的描述性统计

水色参数	珠江口			大亚湾		
	5月	8月	10月	5月	8月	10月
$c_{\text{Chl }a}$/μg·L^{-1}	1.90±1.08	1.46±0.76	6.67±4.45	4.92±1.55	3.72±2.00	2.58±2.60
c_{TSS}/mg·L^{-1}	25.68±19.35	52.53±43.60	19.27±10.29	21.97±5.58	24.35±9.44	11.04±3.62
c_{OSS}/mg·L^{-1}	4.96±4.58	8.90±8.49	—	7.03±2.14	7.40±4.29	—
c_{ISS}/mg·L^{-1}	20.72±15.81	43.62±35.49	—	14.95±3.77	16.95±6.96	—
a_{ph}（443）/m^{-1}	0.06±0.07	0.06±0.05	—	0.16±0.09	0.08±0.04	—
a_{d}（443）/m^{-1}	0.90±0.97	0.85±0.86	—	0.27±0.19	0.10±0.06	—
a_{g}（443）/m^{-1}	0.55±0.26	1.79±0.77	—	0.26±0.18	1.63±1.12	—

3.2 珠江口、大亚湾海域水体遥感反射光谱的变化特征

按照水体遥感反射光谱的形状来分，珠江口、大亚湾海域水体遥感反射光谱主要分为5类（图2）。受水体组分含量、性质和固有光学特性的影响，不同类型遥感反射光谱差异较大，其反射光谱特征如下：

类型Ⅰ：在550~600 nm具有极强的反射峰，并且在800 nm左右出现较强的反射峰。在650和700 nm左右出现微弱“双肩”峰，并且在670 nm左右出现较小反射谷。

类型Ⅱ：与类型Ⅰ相似，但550~600 nm波段范围内的反射峰不明显，且遥感反射率较大，最大值为0.080 sr^{-1}。“双肩”峰明显，具有较大的反射值。同时，在800 nm左右出现很强的反射峰。

类型Ⅲ：在蓝光波段（350~450 nm）反射光谱有所抬升，在550~600 nm具有极强的反射峰，且反射峰范围很窄，“双肩”峰和800 nm左右的反射峰消失，但在680 nm左右出现较强的反射峰，并且在670 nm左右出现明显反射谷。

类型Ⅳ：在500~600 nm反射峰范围较宽，在680 nm左右出现较弱的反射峰，并且在670 nm左右的反射谷较弱，在800 nm左右具有很弱的反射峰。

类型Ⅴ：整个光谱的反射率较低，最大值为0.012 sr^{-1}。在500~600 nm反射峰范围较宽，在680 nm

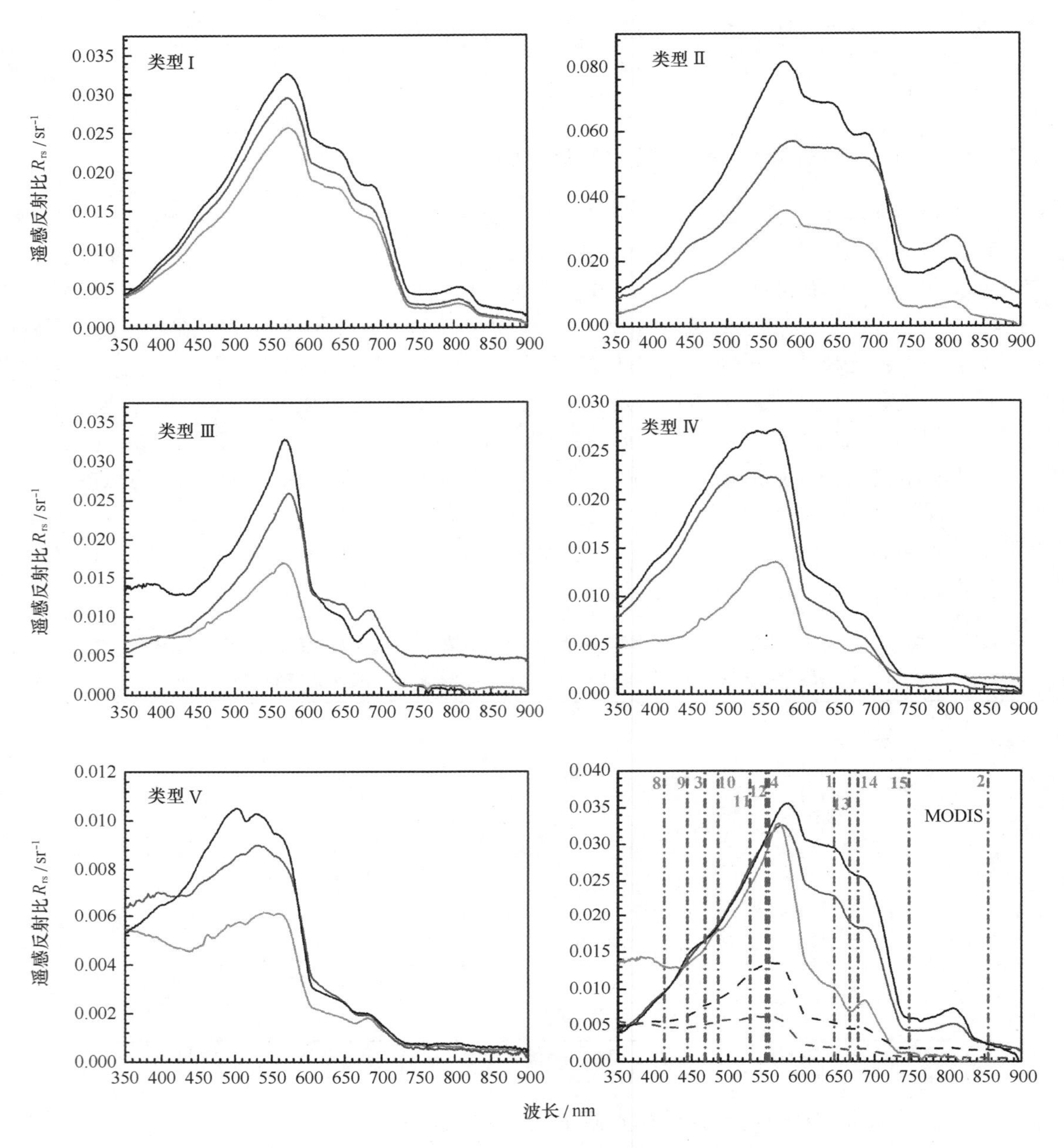

图 2 珠江口和大亚湾海域不同类型的水体遥感反射光谱以及 MODIS 水色波段

左右出现较弱的反射峰，且在 670 nm 左右的反射谷较弱，在 800 nm 左右的反射峰消失。

3.3 珠江口、大亚湾海域悬浮物含量的遥感反演

依据水体不同的遥感反射光谱类型，对珠江口、大亚湾海域的悬浮物含量进行定量遥感反演（图 3）。CDOM 在紫外和可见光波段吸收强烈，其散射效应可忽略不计[32]。悬浮泥沙吸收特性与 CDOM 相似，但在 550 nm 附近散射较强，且在近红外波段（800 nm）有明显的反射峰。浮游植物色素在 490 nm 处吸收强烈，并且在 667 nm 处具有显著的吸收峰。根据水体遥感反射光谱的特点，结合模拟 EOS MODIS 波段，建立悬浮物浓度的遥感估算模型。结果表明，5 种类型的估算精度都比较高，决定系数 r^2 在 0.60 以上，并且显著相关（$P<0.05$）。对于整个调查数据而言，估算精度非常高（$r^2=0.79$），RMSE% 为 25.30%，实测和估算匹配点位紧密分布在 1∶1 线周围。

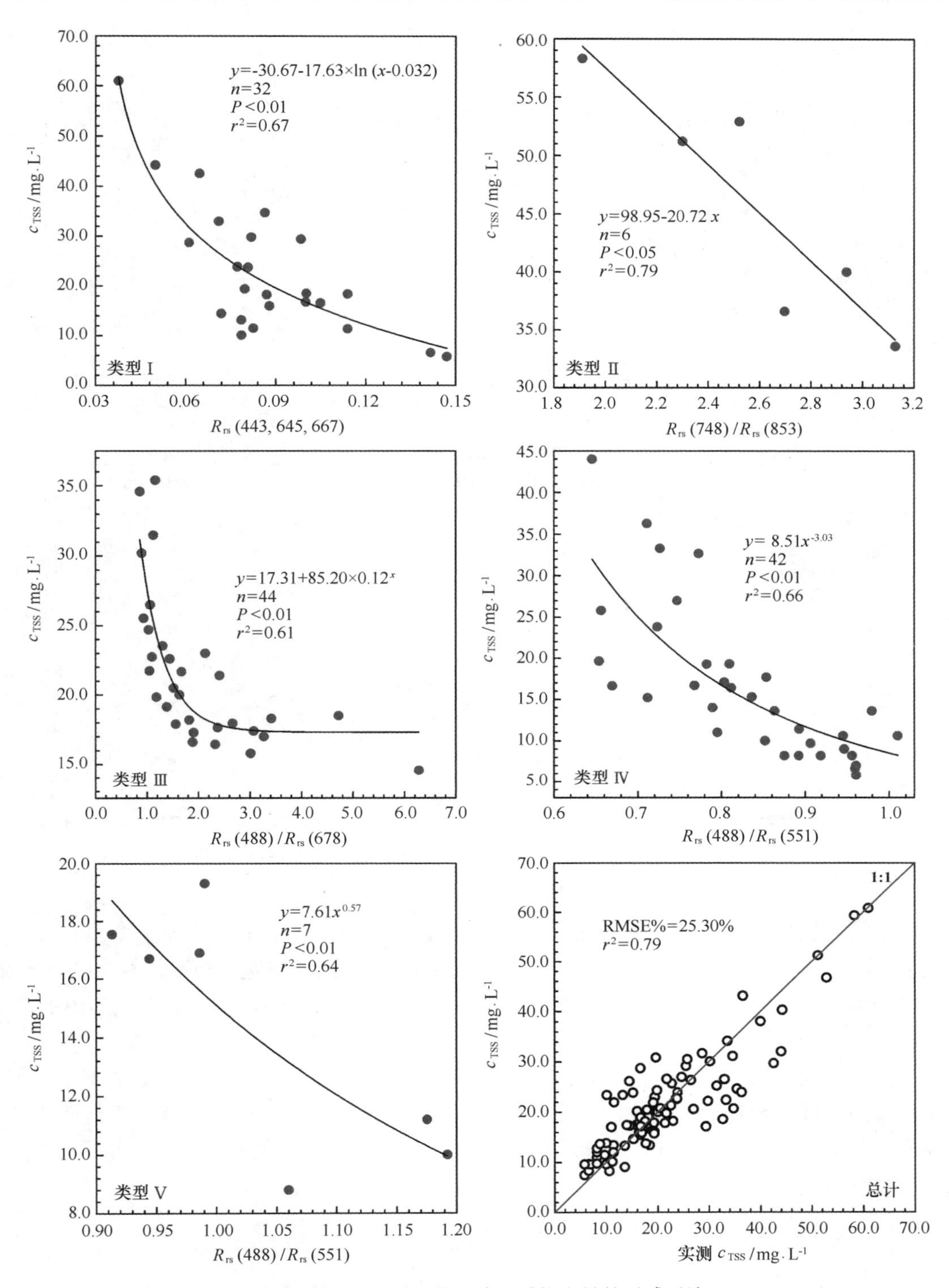

图 3 珠江口和大亚湾海域悬浮物含量的遥感反演

4 讨论

4.1 珠江口、大亚湾海域水体遥感反射光谱类型的时空分布

通过讨论分析珠江口、大亚湾海域水体遥感反射光谱的特点，并对其进行分类（5 类），对研究水体光学特征的变化特征提供重要的数据支撑。根据水体光谱特征的分类结果，分析不同类型的空间分布情况

(图 4)，结果发现，珠江口海域以类型Ⅰ、类型Ⅱ和类型Ⅲ为主，而大亚湾海域以类型Ⅲ、类型Ⅳ和类型Ⅴ为主。

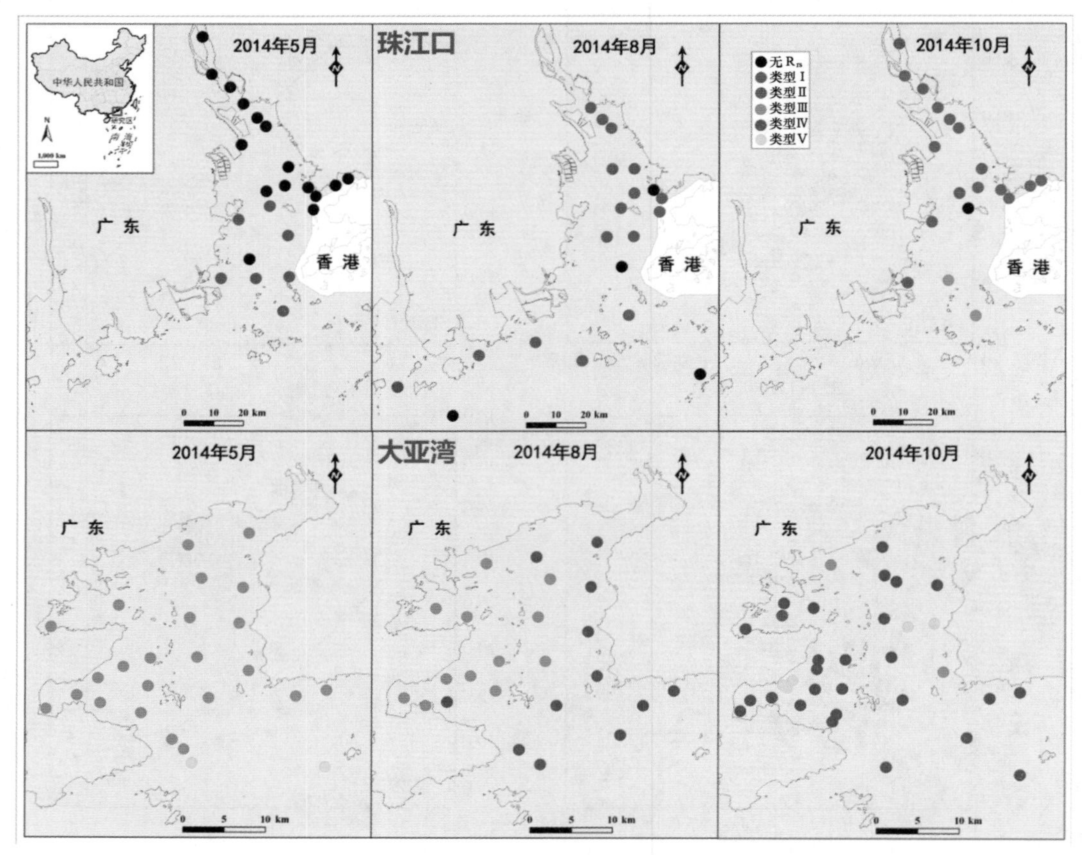

图 4 珠江口和大亚湾海域不同类型的水体遥感反射光谱的空间分布

从时间上分析，珠江口海域水体光谱在 5 月、8 月和 10 月均以类型Ⅰ为主导，类型Ⅱ次之，而类型Ⅲ仅出现在 10 月份。大亚湾海域在不同的月份水体光谱类型具有明显变化，例如，5 月以类型Ⅲ为主导，仅有 2 个点属于类型Ⅴ；8 月份类型Ⅲ和类型Ⅳ是大亚湾海域主导的水体光谱特征；但 10 月份以类型Ⅳ为主。

从空间上分析，珠江口西部和南部海域主要以类型Ⅱ为主，而北部和东部海域以类型Ⅰ为主，类型Ⅲ主要分布在东南部海域。大亚湾海域水体光谱类型季节性差异较大，5 月整个海域主要表现为类型Ⅲ，但在南部出现了类型Ⅴ。8 月大亚湾西部海域以类型Ⅲ为主，而东部以类型Ⅳ为主。10 月大部分海域属于类型Ⅳ，但中间夹杂类型Ⅰ、类型Ⅲ和类型Ⅴ。

4.2 珠江口、大亚湾海域水体光谱特征的影响因素分析

水体遥感反射光谱主要受水体组分含量和水体固有光学特性的影响，如含沙水体反射光谱主要取决于悬浮物后向散射系数大小，与悬浮物浓度与呈正比例关系[33]，且受悬浮泥沙粒径、形状和性质等的影响[34]。浮游植物色素主要影响水体的红波段，如在 670 nm 左右出现较强的吸收峰。

水体组分含量对水体光谱特征有重要影响（表 3）。例如，类型Ⅱ的悬浮物含量最高[(36.42±17.17) mg/L]，其次是类型Ⅰ，而类型Ⅴ最低[(14.35±4.21) mg/L]，导致 550 nm 处遥感反射率的峰值大小不同，并且在 800 nm 处出现较强反射峰。类型Ⅲ的叶绿素 *a* 浓度最高[(5.53±2.28) g/L]，因此，该类型的光谱在 670 nm 处有明显的反射谷以及在 680 nm 处有较高反射峰。

水体组分的固有光学特性也是影响其光谱特征的重要因素之一（图 5）。例如类型Ⅴ的色素吸收占水

体总吸收的比例较高（大于 25%），而类型Ⅰ、类型Ⅱ和类型Ⅳ的 CDOM 吸收比例较高（大于 50%），造成水体光谱在 350~500 nm 处的反射率较低。虽然类型Ⅲ色素比例较低（小于 10%），但该类型水体的叶绿素 *a* 浓度较高，在红波段（670 nm）仍表现为叶绿素 *a* 的特征。

表 3　珠江口、大亚湾海域不同水体光谱类型叶绿素 *a* 浓度、总悬浮物浓度、有机悬浮物浓度、无机悬浮物浓度和 443 nm 处水体组分吸收系数的描述性统计

类型		$c_{Chl\ a}$/μg · L^{-1}	c_{TSS}/mg · L^{-1}	c_{OSS}/mg · L^{-1}	c_{ISS}/mg · L^{-1}	$a_{ph}(443)$/m^{-1}	$a_d(443)$/m^{-1}	$a_g(443)$/m^{-1}
类型Ⅰ	最小值	0. 50	5. 60	0. 20	7. 65	0. 01	0. 15	0. 13
	最大值	14. 60	191. 20	35. 20	156. 00	0. 10	2. 00	3. 19
	均　值	3. 83±4. 30	34. 24±37. 42	8. 06±8. 07	37. 56±37. 05	0. 04±0. 03	0. 67±0. 48	1. 53±0. 91
类型Ⅱ	最小值	1. 01	10. 20	5. 20	27. 08	0. 04	0. 84	0. 29
	最大值	11. 6	58. 30	7. 10	51. 20	0. 20	3. 38	2. 91
	均　值	3. 60±3. 56	36. 42±17. 17	6. 30±0. 69	39. 82±10. 85	0. 06±0. 05	2. 09±1. 11	1. 63±1. 12
类型Ⅲ	最小值	2. 15	6. 60	4. 65	9. 75	0. 11	0. 06	0. 05
	最大值	13. 00	42. 30	11. 70	30. 60	0. 36	0. 62	4. 20
	均　值	5. 53±2. 28	20. 82±7. 36	7. 06±2. 10	15. 19±4. 76	0. 13±0. 08	0. 21±0. 15	0. 93±1. 15
类型Ⅳ	最小值	0. 28	5. 80	0. 20	12. 00	0. 04	0. 04	0. 19
	最大值	7. 30	60. 60	21. 00	55. 40	0. 12	0. 12	2. 60
	均　值	2. 20±1. 30	17. 14±11. 82	7. 50±5. 58	21. 34±11. 55	0. 07±0. 02	0. 07±0. 02	1. 26±0. 78
类型Ⅴ	最小值	1. 37	8. 80	3. 80	11. 95	0. 08	0. 11	0. 04
	最大值	2. 83	19. 30	4. 95	13. 75	0. 31	0. 33	0. 34
	均　值	1. 87±0. 64	14. 35±4. 21	4. 38±0. 81	12. 85±1. 27	0. 06±0. 05	0. 22±0. 15	0. 19±0. 21

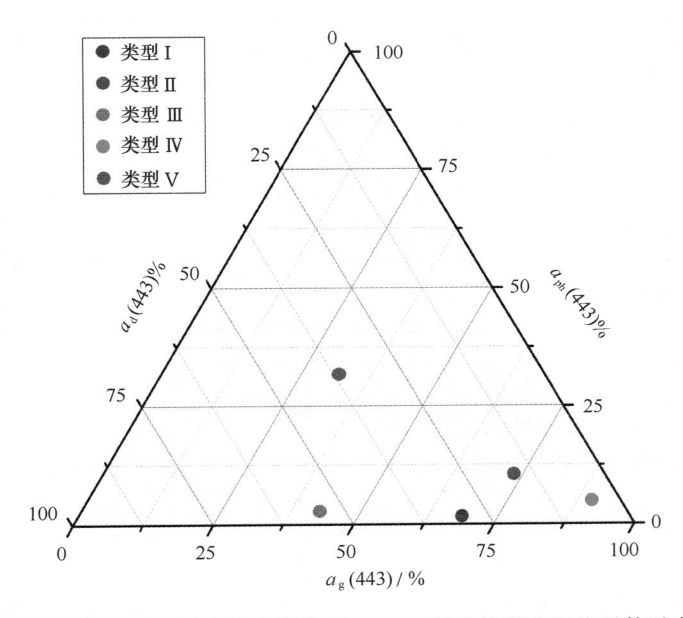

图 5　珠江口、大亚湾海域不同水体光谱类型 443 nm 处水体组分吸收系数对水体贡献比例

5 结论

珠江口、大亚湾海域水体的光学特征时空差异显著。根据水体遥感反射光谱特点，将水体光学特征分为5类，受水体组分含量和固有光学特性的影响，不同类型遥感反射光谱差异较大。整体上，类型Ⅰ、类型Ⅱ和类型Ⅲ在珠江口海域占主导地位，而大亚湾海域以类型Ⅲ、类型Ⅳ和类型Ⅴ为主。珠江口海域水体光谱在5月、8月和10月均以类型Ⅰ为主导，且主要分布在东北部海域，而类型Ⅱ主要分布在西南部海域。大亚湾海域水体光谱类型季节性差异较大，5月主要表现为类型Ⅲ；10月大部分海域属于类型Ⅳ；8月大亚湾西部海域以类型Ⅲ为主，而东部以类型Ⅳ为主。基于珠江口和大亚湾水体遥感反射光谱特征，构建了珠江口和大亚湾海域悬浮物含量的遥感反演模型，发现5种类型的反演精度都比较高，决定系数 r^2 在0.60以上，并且显著相关（$P<0.05$），对于整个调查数据而言，反演精度非常高（$r^2=0.79$，RMSE% =25.30%）。

致谢：感谢刘智君和李冠杰在实验采样方面给予的帮助。

参考文献：

[1] Morel A, Prieur L. Analysis of variations in ocean color[J]. Limnology and Oceanography, 1977, 22(4): 709-722.
[2] Mobley C D. Light and Water: Radiative Transfer in Natural Water[M]. San Diego: Academic Press, 1994.
[3] Ma R H, Tang J W, Dai J F, et al. Absorption and scattering properties of water body in Taihu Lake, China: Absorption[J]. International Journal of Remote Sensing, 2006, 27(19): 4277-4304.
[4] 姜广甲，段国钦，黄志雄，等.珠江口海域主导光学因子的遥感分类及其变化特征[J].海洋学报，2016，38(9)：64-75.
[5] Kritikos H, Yorinks L, Smith H. Suspended solids analysis using ERTS-A data[J]. Remote Sensing of Environment, 1974, 3: 69-80.
[6] Binding C E, Jerome J H, Bukata R P, et al. Spectral absorption properties of dissolved and particulate matter in Lake Erie[J]. Remote Sensing of Environment, 2008, 112: 1702-1711.
[7] Eleveld M A, Pastrkamp R, van der Woerd H J, et al. Remotely sensed seasonality in the spatial distribution of sea-surface suspended particulate matter in the southern North Sea[J]. Estuarine, Coastal and Shelf Science, 2008, 80: 103-113.
[8] Doxaran D, Foridefond J M, Lavender S, et al. Spectral signature of highly turbid waters application with SPOT data to quantify suspended particulate matter concentrations[J]. Remote Sensing of Environment, 2002, 81: 149-161.
[9] 张运林，秦伯强，陈伟民，等.悬浮物浓度对水下光照和初级生产力的影响[J].水科学进展，2004，15(5)：615-620.
[10] Shi K, Zhang Y L, Zhu G W, et al. Long-term remote monitoring of total suspended matter concentration in Lake Taihu using 250 m MODIS-Aqua data[J]. Remote Sensing of Environment, 2015, 164: 43-56.
[11] Koponen S, Pulliainen J. Lake water quality classification with airbone hyperspectral spectrometer and simulated MERIS data[J]. Remote Sensing of Environment, 2002, 79(1): 51-59.
[12] Miller R L, McKee B A. Using MODIS Terra 250 m imagery to map concentration of total suspended matter in coastal waters[J]. Remote Sensing of Environment, 2004, 93: 259-266.
[13] Brivio P A, Giardino C, Zilioli E. Determination of chlorophyll concentration changes in Lake Garda using an image-based radiative transfer code for Landsat TM images[J]. International Journal of Remote Sensing, 2001, 22(2/3): 487-502.
[14] Tassan S. Local algorithms using SeaWiFS data for the retrieval of phytoplankton, pigments, suspended sediment, and yellow substance in coastal waters[J]. Applied Optics, 1994, 33(12): 2369-2378.
[15] Mao Z, Chen J, Pan D, et al. A regional remote sensing algorithm for total suspended matter in the East China Sea[J]. Remote Sensing of Environment, 2012, 124: 819-831.
[16] He X, Bai Y, Pan D, et al. Using geostationary satellite ocean color data to map the diurnal dynamics of suspended particulate matter in coastal waters[J]. Remote Sensing of Environment, 2013, 133: 225-239.
[17] Han B, Loisel H, Vantrepotte V, et al. Development of a semi-analytical algorithm for the retrieval of suspended particulate matter from remote sensing over clear to very turbid waters[J]. Reomte Sensing, 2016, 8: 211.
[18] Chen J, Quan W, Cui T, et al. Estimation of total suspended matter concentration from MODIS data using a neural network model in the China eastern coastal zone[J]. Estuarine, Coastal and Shelf Science, 2015, 155: 104-133.
[19] 马荣华，戴锦芳.结合 Landsat ETM 与实测光谱估测太湖叶绿素及悬浮物含量[J].湖泊科学，2005，17(2)：97-103.
[20] 徐京萍，张柏，宋开山，等.近红外波段二类水体悬浮物生物光学模型反演模型研究[J].光谱学与光谱分析，2008，28(10)：2273-2277.

[21] 姜广甲,刘殿伟,宋开山,等.基于半分析模型的石头口门水库总悬浮物浓度反演研究[J].遥感技术与应用,2010,25(1):107-111.
[22] 付东洋,栾虹,刘大召,等.珠江口冬春季悬浮泥沙浓度遥感反演模式分析[J].海洋环境科学,2016,35(4):600-604.
[23] Mao Q,Shi P,Yin K,et al.Tides and tidal currents in the Pearl River Estuary[J].Continental Shelf Research,2004,24:1797-1808.
[24] Tang D L,Kester D,Wang Z,et al.Satellite Remote Sensing of the Thermal Plume from the Daya Bay Nuclear Power Station,China[J].Remote Sensing of Environment,2003,84:506-515.
[25] 唐军武,田国良,汪小勇,等.水体光谱测量与分析Ⅰ:水面以上测量法[J].遥感学报,2004,8(1):37-44.
[26] Mobley C D.Estimation of the remote-sensing reflectance from above-surface measurements[J].Applied Optics,1999,38:7442-7455.
[27] 周冠华,杨一鹏,陈军,等.基于叶绿素荧光峰特征的浑浊水体悬浮物浓度遥感反演[J].湖泊科学,2009,21(2):272-279.
[28] 陈宇伟,高锡云.浮游植物叶绿素 *a* 含量测定方法的比较测定[J].湖泊科学,2000,12(2):185-188.
[29] Mueller J L,Fargion G S,Mcclain C R.Ocean Optics Protocols for Satellite Ocean Color Sensor Validation(Maryland:Greenbelt)[R].Revision 4.2003.
[30] Bricaud A,Morel A,Prieur L.Absorption by dissolved organic matter of the sea(yellow substance)in the UV and visible domains[J].Limnology and Oceanography,1981,26:43-53.
[31] 曹静,刘小军,汤亮,等.稻麦适宜氮素营养指标动态的模型设计[J].应用生态学报,2010,21(4):359-364.
[32] 张运林,黄群芳,马荣华,等.基于反射率的太湖典型湖区溶解性有机碳的反演[J].地球科学进展,2005,20(7):772-777.
[33] Marieke A E,Reinold P,Hendrik J,et al.Remotely sensed seasonality in the spatial distribution of sea-surface suspended paticulate matter in the southern North Sea[J].Estuarine,Coastal and Shelf Science,2008,80:103-113.
[34] Biinding C E,Bowers D G.Mitchelson-Jacob,E G.Estimating suspended sediment concentrations from ocean colour measurements in moderately turbid waters,the impact of variable scattering properties[J].Remote Sensing of Environment,2005,94:373-383.

珠江口海域溶解有机物的时空分布特征及其动力变化

张纯超[1]，袁蕾[1]，吕彦儒[1]，刘景钦[1]，姜广甲[1*]

（1. 国家海洋局南海环境监测中心，广东 广州 510300）

摘要：目前海岸带水体中控制碳循环的主导因素还不明晰，并且海岸带水体是碳汇还是碳源仍然是目前研究的热点问题之一。弄清河口水域溶解有机物的时空分布特征及其动力变化对海岸带水体中的碳元素动力循环机制的深入研究有重要意义。基于2014年5月和8月珠江口海域的生物-光学数据（41个样点），分析溶解有机物的时空变化特征，并找出其主导影响因子。结果表明，珠江口海域5月 c_{DOC} 均值与8月相差不大，但8月样点间差异较大，在空间上表现为东北部海域高于西南部海域。5月 a_g（350）和 a_g^*（350）均值均小于8月，且CDOM浓度北部高于南部外海海域。5月份 a_g^*（350）从淡水水域到咸淡水水域逐渐减小，主要受海水稀释和光化学过程的影响，且无色溶解有机物在DOC中的比重较大；8月份DOM浓度的变化主要受海水稀释作用的影响，而其DOC的有色部分占主导地位。下一步的工作重点主要是定量区分河口水域DOC的组分及其源汇。

关键词：光学降解；吸收系数；河口；碳循环

1 引言

河口生态系统是位于河流、海洋和陆地生态系统之间的交错地带，受淡水、咸水、咸淡水、潮滩湿地和沙洲湿地生态系统的综合影响，是地球各圈层能量流和物质流的集散地，其水体具有地表淡水径流、海洋水体和海岸带水体相互混合的特点[1-2]，光学特性十分复杂[3]。河流携带大量的颗粒有机物（particulate organic matter，POM）和溶解有机物（dissolved organic matter，DOM）进入海岸带水体，但海岸带水体中控制碳循环的主导因素还不明晰[4]，并且海岸带水体是碳汇还是碳源仍然是目前研究的热点问题之一[5-6]。

在河口水域，水体中的溶解有机物以陆源输入为主[7]，但受地形、潮汐、温度、深度和透明度的影响，河口海域表现出不同的环境区域，主导环境要素各异，例如，珠江口海域北部、中部和西部水体中的溶解有机物主要来源于径流携带输入，而东南部海域主要以浮游植物生产为主[8-9]。弄清河口水域溶解有机物的时空分布特征和来源对海岸带水体中的碳元素动力循环机制的深入研究有重要意义。

对于水体中的溶解有机物来说，不同来源决定了其内部分子组成以及光学动力变化过程[10-11]。有色溶解有机物（chromophoric dissolved organic matter，CDOM）是水体中DOM的有色部分，在紫外-可见光波段具有较强的吸光作用，其主要成分为腐植酸和棕黄酸，包括各类氨基酸、糖类、脂肪酸类和酚类等[12]。浮游植物生产（藻源）的CDOM主要来源于生物降解，分子量较小的棕黄酸比重较大且吸收系数

基金项目：国家自然科学基金项目（41501411）；海岸带地理环境监测国家测绘地理信息局重点实验室基金（CZ15010）；国家海洋局南海分局局长基金（1432）。

作者简介：张纯超（1978—），男，山东省泰安市人，工程硕士，主要从事海洋化学研究。E-mail：841141415@qq.com

* **通信作者**：姜广甲（1984—），博士，主要从事海洋生态遥感研究。E-mail：gjjiang2011@gmail.com

较低；而径流输入（陆源）的 CDOM 主要来源于河流携带的有机成分，分子量较大的腐植酸比例较大且吸收系数较高[13]。表层 CDOM 在光照条件下发生一系列光学动力变化，如光漂白（photobleaching），使得高分子的溶解有机物向低分子的溶解有机物转化，并产生羟基硫化物（COS）、CO 和 CO_2 等物质[14]，从而影响了溶解有机物的时空分布。同时，CDOM 的光漂白作用改变了其内部结构，导致其吸光能力降低，增加了水生生物遭受有害紫外辐射的可能性[15]。

此外，海水的稀释作用也是影响陆源输入的溶解有机物空间分布的主要因素之一[14]。海水稀释作用与光化学过程不同程度的影响了河口水体溶解有机物时空变化特征，但对于两者谁占主导地位的研究报道比较少。以珠江口为研究区，分析溶解有机物的动态变化特征，并结合环境因子（如 pH、盐度、总氮、总磷等），找出影响溶解有机物时空分布的主导因子，有助于研究河口生态系统溶解有机物的动力变化特征，并将为深入研究海岸带水体碳循环过程提供技术和数据支撑。

2 材料与方法

2.1 样点布设

分别于 2014 年 5 月 11—13 日和 8 月 11—15 日在珠江口海域布设样点采集表层水样，装入苯板保温箱避光低温保存，运回实验室温度达室温后立即过滤测量水质参数。两次采样共获取 41 个有效样点（图 1）。

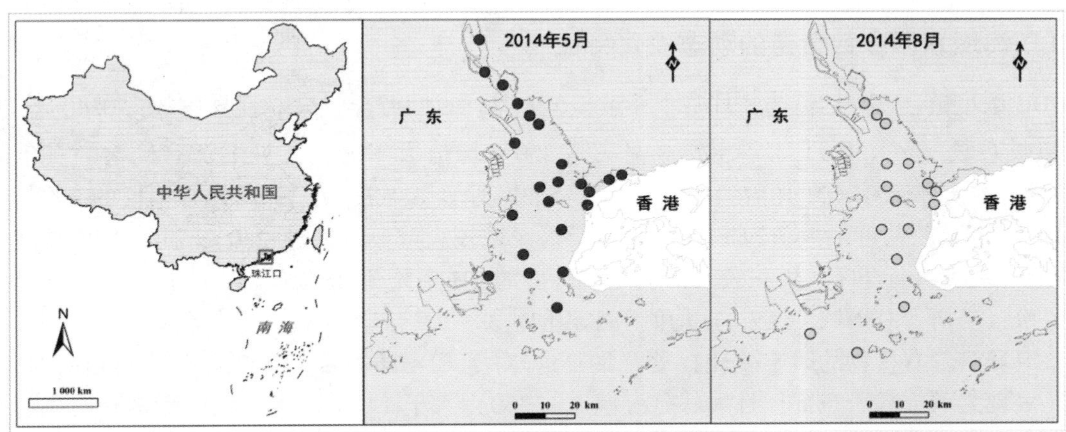

图 1 珠江口海域样点分布

2.2 水质参数浓度测量

用 Whatman 聚碳酸酯滤膜过滤水样，将滤膜放入玻璃离心管，置于冰箱中冷冻 48 h 以上，解冻 4 h 后用 90%的热乙醇萃取，之后置于分光光度计（Shimadzu UV-2401，岛津）中，计算得到叶绿素 a 浓度（$c_{\mathrm{Chl}\,a}$，μg/L）[16]。利用孔径为 0.45 μm 的玻璃纤维滤膜在马弗炉中 450℃灼烧 4 h 后过滤水样，将滤液转入棕色玻璃瓶中，-20℃冷冻密封保存，样品至室温后用总有机碳分析仪（Shimadzu TOC-V CPN，岛津）测定溶解有机碳（dissolved organic carbon，DOC）浓度（c_{DOC}，mg/L）。

其他水质参数，包括盐度、pH、总氮（c_{TN}，mg/L）和总磷（c_{TP}，mg/L），其采样和测量方法均参照《海洋监测规范》（GB 17378-2007）[17]执行。

2.3 CDOM 吸收系数测量

利用分光光度计法测定 CDOM 的吸收系数。使用的仪器型号为 UV-2401 的分光光度计（日本岛津），以 Milli-Q 水为参比，在 200~750 nm 波段范围内扫描测定 CDOM 的吸光度，光程为 1 cm。经散射校正，计算得到 CDOM 的吸收系数（$a_g(\lambda)$，m^{-1}）[18]。

$$a_g(\lambda') = 2.303D(\lambda)/r, \quad (1)$$

$$a_g(\lambda) = a_g(\lambda') - a_g(750') \times \lambda/750, \quad (2)$$

式中，a_g（λ'）为波长 λ 处未经散射校正的吸收系数（m^{-1}），$D(\lambda)$ 为直接测量得到的吸光度，r 为光程（m）。式（2）为 CDOM 吸收系数散射校正公式，$a_g(\lambda)$ 为波长 λ 处的吸收系数（m^{-1}）。CDOM 浓度不易测定，选择 350 nm 处 CDOM 吸收系数表征其含量，即 a_g（350）。该波长位于 UV-A 紫外波段（315~400 nm）的中间部分，且与 CDOM 光降解有一定的相关性[19]。

2.4 相关参数计算方法

光谱斜率 S（nm^{-1}）是 CDOM 光学性质的反映，表征了 CDOM 内部组分的变化[18]。CDOM 吸收系数在紫外和可见光波段基本上满足指数衰减规律，即 $a_g(\lambda) = a_g(\lambda_0) \exp[S_{\lambda1-\lambda2}(\lambda_0-\lambda)]$，其中，$\lambda$ 为波长，λ_0为参考波长，λ_1、λ_2为起始波长和终止波长。利用非线性拟合方法计算光谱斜率 $S_{275-295}$。

CDOM 比吸收系数［a_g^*（λ），$L/(mg \cdot m)$］表示了单位 DOC 浓度中 CDOM 的吸光能力，表达式为：$a_g^*(\lambda) = a_g(\lambda)/c_{DOC}$。

3 结果与分析

3.1 珠江口海域水质参数含量的动态变化特征

5 月 DOC 浓度（c_{DOC}）均值与 8 月基本一致，但 8 月样点间差异较大（变异系数为 0.40）（表 1）。对于 CDOM 吸收系数（a_g（350））来说，8 月 a_g（350）均值大于 5 月，且溶解有机物的有色部分比例（a_g^*（350））较大。而 CDOM 光谱斜率（$S_{275-295}$）和叶绿素 a 浓度（$c_{Chl\ a}$）具有相反的变化趋势，5 月均值大于 8 月。5 月份盐度最大值为 14.0，并且淡水区域较大（盐度小于 2.0），而 8 月份盐度变化范围为 5.0~34.0，咸淡水混合区域面积较大，但 2 个月份的 pH 值均值相差不大。5 月份总氮浓度（c_{TN}）均值高于 8 月份，但两者总磷浓度（c_{TP}）均值基本相同。

珠江口海域溶解有机物的时空变化显著（图 2）。对于 CDOM 而言，珠江口北部高于南部外海海域，而 8 月份还表现为西部高于东部，且大部分海域 a_g（350）大于 1.3 m^{-1}。DOC 浓度具有明显的空间变化特征，表现为东北部海域高于西南部海域，且大部分海域 c_{DOC}在 1.9~2.8 之间变化。

表 1 珠江口海域 5 月和 8 月生物光学参数描述性统计

月份 参数	5 月		8 月		Total	
	变化范围	均　值	变化范围	均　值	变化范围	均　值
$c_{DOC}/mg \cdot L^{-1}$	1.70~4.35	2.73±0.65	1.44~5.31	2.78±1.11	1.44~5.31	2.79±0.92
a_g（350）/m^{-1}	0.79~3.68	2.11±0.79	0.76~6.22	3.20±1.35	0.76~6.22	2.70±1.25
a_g^*（350）/L·（mg·m）$^{-1}$	0.34~1.38	0.76±0.26	0.34~2.68	1.33±0.68	0.34~2.68	1.04±0.58
$S_{275-295}/nm^{-1}$	0.007~0.021	0.016±0.003	0.008~0.020	0.013±0.003	0.007~0.021	0.014±0.003
$c_{Chla}/\mu g \cdot L^{-1}$	0.21~5.07	1.90±1.08	0.50~3.33	1.46±0.76	0.21~5.07	1.66±0.93
盐度	<2~14.27	--	5.61~34.07	19.72±9.32	<2~34.07	--
pH	7.31~8.04	7.68±0.25	7.43~8.24	7.85±0.23	7.31~8.24	7.77±0.25
$c_{TN}/mg \cdot L^{-1}$	1.95~3.83	2.77±0.54	0.72~2.37	1.66±0.41	0.72~3.83	2.31±0.74
c_{TP} mg·L^{-1}	0.03~0.19	0.11±0.04	0.02~0.21	0.09±0.06	0.02~0.21	0.10±0.05

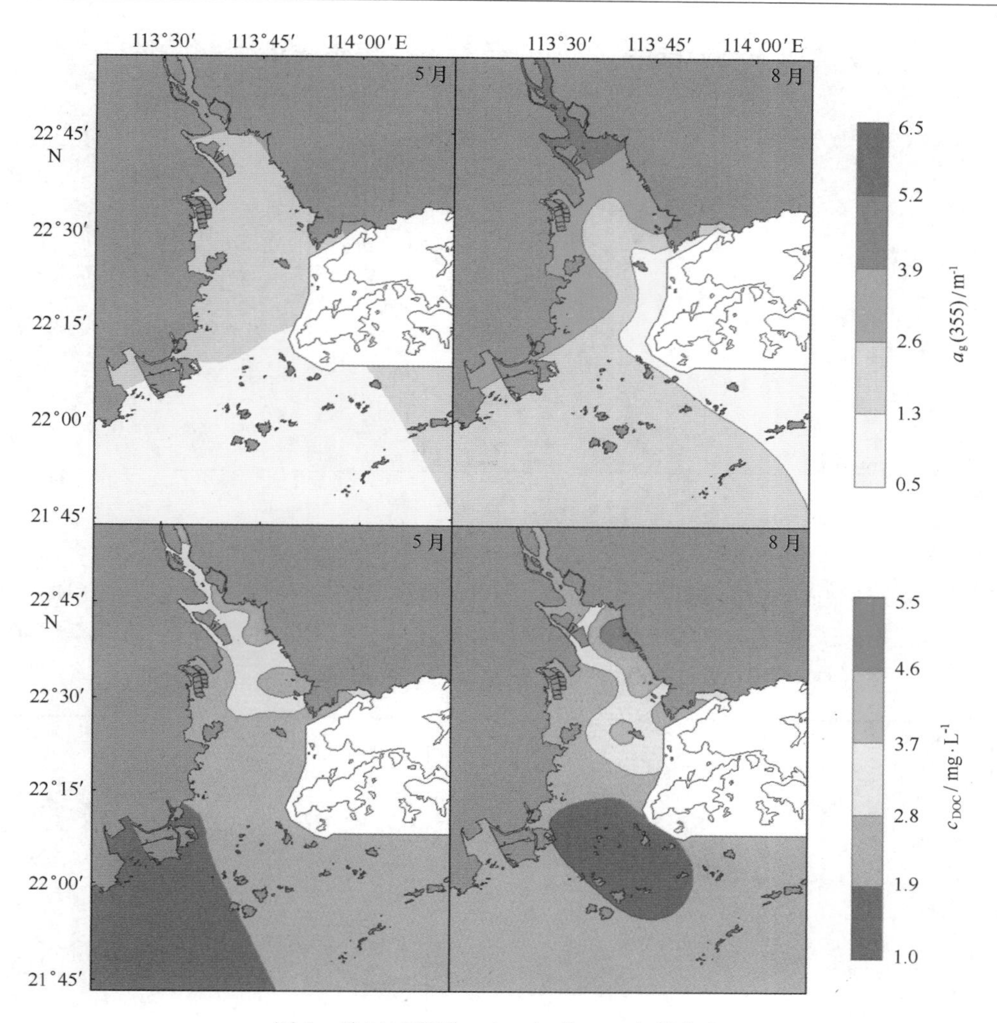

图2　珠江口海域 $a_g(350)$ 和 c_{DOC}空间分布

3.2　珠江口海域溶解有机物的影响因素分析

陆源 DOM 进入河口水体后，其空间变化主要受稀释（dilution）、光化学过程（photochemical processes）以及生物过程（如细菌和浮游植物等）三者共同作用的影响[20-22]。河流携带高浓度的陆源 DOM 进入河口海域，受潮汐、径流和风等动力作用的影响，具有低浓度 DOM 的海洋水体与河流水体发生混合而将 DOM 稀释，导致 DOM 与盐度具有较好的相关关系[4]。DOM 在光照条件下发生光化学过程后，高分子的 DOM 分子量逐渐变小转变为小分子量的中间产物或者直接降解为 CO_2，成为生物活动的物质来源[20]。大量研究表明，细菌等生物活动对 DOM 含量的影响周期长并且程度较小[21]。因此，本文主要考虑稀释和光化学作用对珠江口海域 DOM 空间分布的影响。

3.2.1　稀释作用对珠江口溶解有机碳空间分布的影响

河流携带大量 DOM 进入海洋水体后，在海水稀释作用下，DOM 浓度逐渐降低，对 DOM 的空间分布产生重要影响。沿珠江水域至外海海域提取设计采样断面（图3），并且假设珠江水域的第一个样点（即采样断面河口端点）的 DOM 作为河流输入初值。分别测量断面各样点与第一个样点的距离，称为离陆源距离。构建离陆源距离与 DOM 之间的相关关系，以分析珠江口海域稀释作用对 DOM 空间分布的影响。

分别建立离陆源距离与 c_{DOC}、pH、$a_g(350)$ 和 $a_g^*(350)$ 之间的定量关系（图4），发现 c_{DOC}、pH 和 $a_g(350)$ 与离陆源距离相关性均显著相关（$P<0.01$），相关系数 r 分别为−0.79、0.81 和−0.63，其中 pH

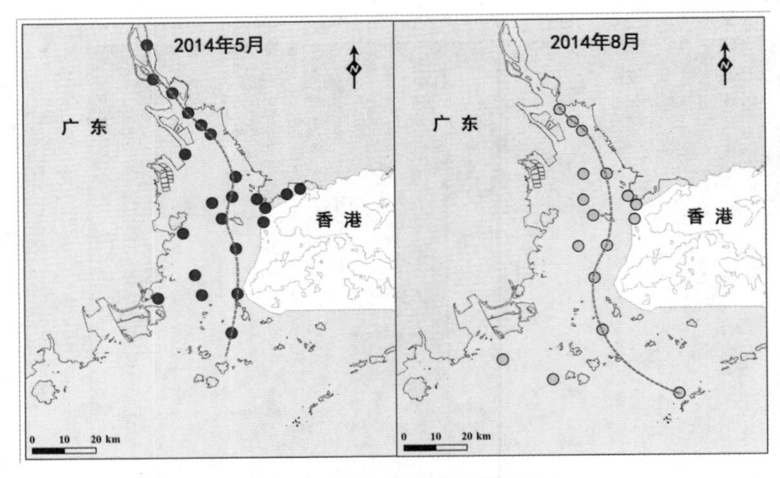

图 3　珠江口海域采样断面

与离陆源距离的相关性最好，并且两者显著正相关。DOC 浓度与 CDOM 吸收系数均随着距离增加而减小，且两者具有较好的正相关关系（r=0.58，P<0.01）。同时发现，CDOM 比吸收系数（a_g^*(350)）与离陆源距离基本没有相关性（r=0.10，P>0.50）。

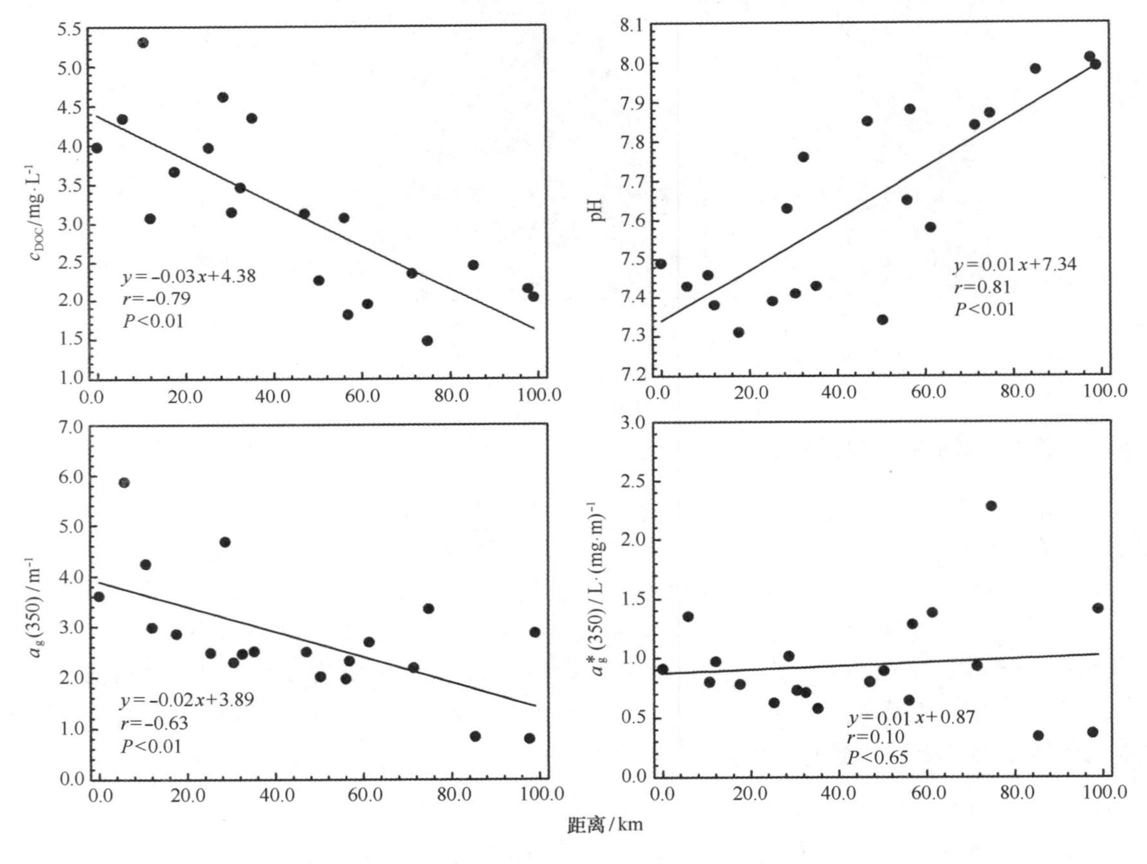

图 4　珠江口海域离陆源距离与水质参数之间的相关关系

3.2.2　光化学作用对珠江口溶解有机碳空间分布的影响

水体中的 DOM 主要分为有色 DOM（即 CDOM）和无色 DOM（Unchromophoric Dissolved Organic

Matter，UDOM）两部分[14]。水体中特别是水体表层的 CDOM 在光照下易发生一系列的光化学反应，而 UDOM 相对比较稳定，因此，水体中 DOM 的光化学反应主要发生在其有色部分。

按照盐度大小将珠江口海域水体分为淡水（小于 2.0）、咸淡水混合（2.0～20.0）和咸水（大于 20.0）为主 3 个类型（图 5），分析 $S_{275-295}$、$a_g(350)$、c_{DOC}和 $a_g^*(350)$ 的变化特征，以判断光化学作用对珠江口溶解有机碳空间分布的影响。整体而言，5 月 $S_{275-295}$均值大于 8 月，咸淡水混合水域的 $S_{275-295}$均值 5 月（0.016 nm^{-1}）大于 8 月（0.012 nm^{-1}）。对于不同类型水域，5 月 $S_{275-295}$均值差别不大，且咸淡水水域低于淡水水域；8 月份咸淡水水域与咸水水域差别不大，且咸淡水水域低于咸水水域。8 月 $a_g(350)$ 均值大于 5 月，但均随着盐度升高而降低；c_{DOC}均值具有相似的变化趋势，但 5 月和 8 月之间相差不大。对于有色有机物的比例（$a_g^*(350)$），5 月和 8 月相差较大（8 月高于 5 月），并且 5 月随着盐度增加 $a_g^*(350)$ 均值逐渐降低（淡水：0.86 L/(mg · m)；咸淡水：0.71 L/(mg · m)），说明 DOM 发生了光化学作用导致其有色部分比例降低，而 8 月 a_g^*（350）均值在咸淡水混合和咸水水域基本相同，DOM 的光化学作用较弱。

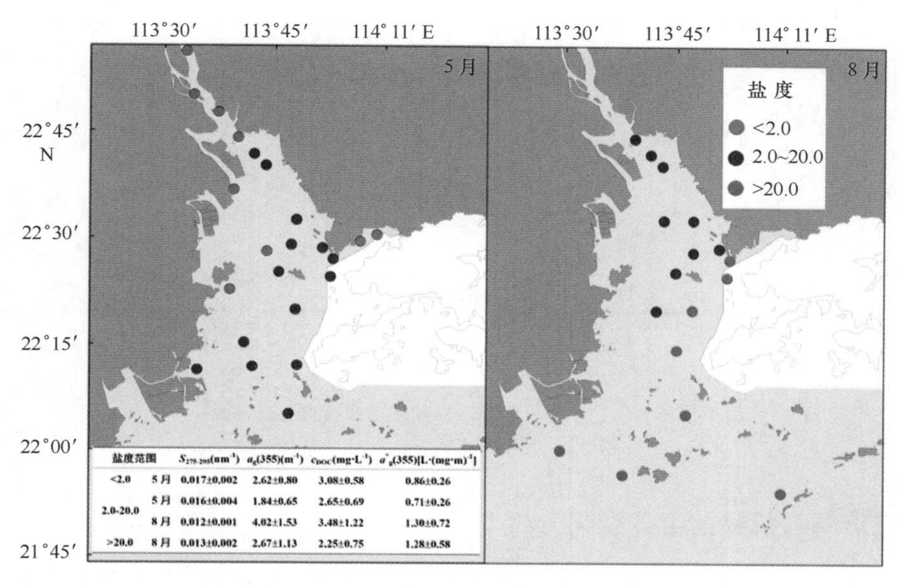

盐度范围		$S_{275-295}(nm^{-1})$	$a_g(355)(m^{-1})$	$c_{DOC}(mg·L^{-1})$	$a^*_g(355)[L·(mg·m)^{-1}]$
<2.0	5 月	0.017±0.002	2.62±0.80	3.08±0.58	0.86±0.26
2.0-20.0	5 月	0.016±0.004	1.84±0.65	2.65±0.69	0.71±0.26
	8 月	0.012±0.001	4.02±1.53	3.48±1.22	1.30±0.72
>20.0	8 月	0.013±0.002	2.67±1.13	2.25±0.75	1.28±0.58

图 5 珠江口海域按照盐度大小水体分类结果及其参数统计

4 讨论

4.1 珠江口海域溶解有机物的动力变化特征

珠江口海域溶解有机物主要受海水稀释和光化学作用两种影响因子的影响。其中，光化学作用主要发生在 DOM 的有色部分（CDOM）。假设具有一定 CDOM 浓度的溶解有机物由河流携带进入海洋水体后，如果只受到海水稀释的作用，溶解有机物的有色部分比例基本保持不变；如果只受到光化学作用的影响，溶解有机物浓度含量变化不大，而 CDOM 浓度的变化幅度远超过 DOM 浓度的变化幅度[14]。

对于 5 月而言，DOM 的有色部分比例（$a_g^*(350)$）从淡水水域到咸淡水水域降低了约 17%，而 DOM 浓度的变化率为 14%，CDOM 的变化率大于 DOM 变化率的 2 倍（30%），说明 5 月珠江口海域溶解有机物浓度除受海水稀释外，光化学过程对 DOM 的组分变化产生重要影响。8 月份 DOM 有色部分比例基本没有变化，且 CDOM 浓度和 DOM 浓度的变化率基本一致（分别为 34% 和 35%），但从咸淡水水域到咸水水域 $a_g(350)$ 和 c_{DOC}的均值有所降低，说明稀释作用是影响 DOM 含量变化主要因素。

水体中的溶解有机物的动力行为决定了其时空变化特征[23-24]，但其行为特征（保守和非保守）主要受光照、水动力条件、径流等因素的影响[25]。例如，涨潮期海水向海岸水域流动，并与径流淡水充分混合，溶解有机物与离岸距离具有较好的相关关系，使得溶解有机物具有保守的行为特征（图 4）。同时，溶解有机物的光降解作用导致 DOM 组分的变化，使得溶解有机物具有非保守的行为特征（图 5）。8 月进入雨季，径流量高于 5 月，淡水携带的陆源溶解有机物浓度较高，温度较高导致海水分层明显，并且海水和淡水充分混合，因此海水稀释作用成为影响溶解有机物空间分布的主导因子。

研究表明，CDOM 光谱斜率（$S_{275-295}$）与其分子量大小有关，并且很好的指示 CDOM 的动力变化过程[11]。对比分析 $S_{275-295}$与 $a_g(350)$、盐度之间的相关关系（图 6），发现 $S_{275-295}$与 $a_g(350)$ 及其与盐度的相关性很差，说明珠江口海域 $S_{275-295}$并不能跟踪 CDOM 的行为。对于 5 月和 8 月来说，$S_{275-295}$差异较大（表 1），说明 2 个航次 CDOM 的分子组成或来源有差异。事实上，利用较窄波段范围计算得到的 S 值与较宽波段计算的 S 值有较大差异[26]，同时，由于 CDOM 分子量和来源差异，CDOM 对光的吸收也有较大差异，例如较大分子量的 CDOM 在较长波长处吸收强烈[11]，因此较窄波段计算得到的 $S_{275-295}$与 CDOM 的相关性较小。

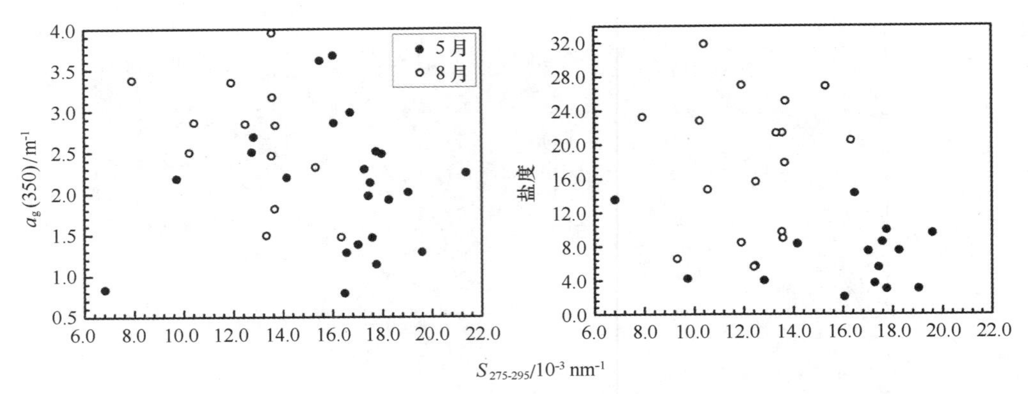

图 6　$S_{275-295}$与 $a_g(350)$、盐度之间的相关关系

4.2　珠江口海域溶解有机物的组分变化分析

从光学角度分类，水体中的溶解有机物分为有色溶解有机物（CDOM）和无色溶解有机物（UDOM），其中有色部分在光照条件下可转化为无色部分和溶解无机碳（Dissolved Inorganic Carbon，DIC）[14]，但其浓度不易测定，常用特征波段吸收系数表示其含量[27]。因此，通常用 CDOM 比吸收系数 $a_g^*(350)$ [$=a_g(350)/c_{DOC}$] 表示有色部分占溶解有机物含量的比例。

珠江口海域 CDOM 与 DOC 的具有一定的相关性（$r=0.33$，$n=41$，$P<0.05$），但溶解有机物的有色组分比例不固定，且 5 月和 8 月差别较大（表 1）。图 7 给出珠江口海域 $a_g(350)$、$a_g^*(350)$ 和 c_{DOC}与盐度之间的相关关系，发现 5 月份 $a_g(350)$、$a_g^*(350)$ 与盐度（大于 2.0）具有极为显著的负相关关系（$P<0.01$），相关系数分别为-0.90 和-0.72，而 DOC 与盐度相关性较差（$r=-0.46$，$P=0.13$）。8 月份 DOC、CDOM 与盐度的相关性较好，且 DOC 的相关性最好（$r=-0.86$，$P<0.01$），但两者的比例与盐度基本没有相关性（$r=0.32$，$P=0.23$）。

5 月，珠江口海域溶解有机物空间分布除受海水稀释作用外，还受光化学作用的影响（图 5），虽然 CDOM 和溶解有机物的有色部分比例（$a_g^*(350)$）与盐度的相关性很好，但 DOC 受海水稀释作用的影响较小，说明 CDOM 的光化学作用占主导地位，并且 UDOM 在 DOC 中的比重较大。8 月 DOC 和 CDOM 均受海水稀释作用显著（$P<0.05$），但有色部分比例与盐度相关性较差，说明 CDOM 在 DOC 中的比重较大。研究表明，珠江口海域溶解有机物主要来源于陆源输入[28]，而木质素（Lignin）广泛存在于陆生植物体的木质部中，是维管束植物所特有的物质[20]，是陆源输入 DOM 的主要成份，是其重要的指示性物质[20,29-30]。但研究发现，在淡水水域（盐度小于 2.0），DOC 与叶绿素 a 浓度具有显著的正相关关系（$r=$

0.76，$n=9$，$P<0.05$)，而 CDOM 与总氮、总磷相关性较好（$r=0.68$，$n=9$，$P<0.05$)。说明两者的来源并不完全一致，淡水中的浮游植物降解也是珠江口海域溶解有机物的重要来源，可能导致溶解有机物的组成有一定差异以及表现为不同的动力变化过程。

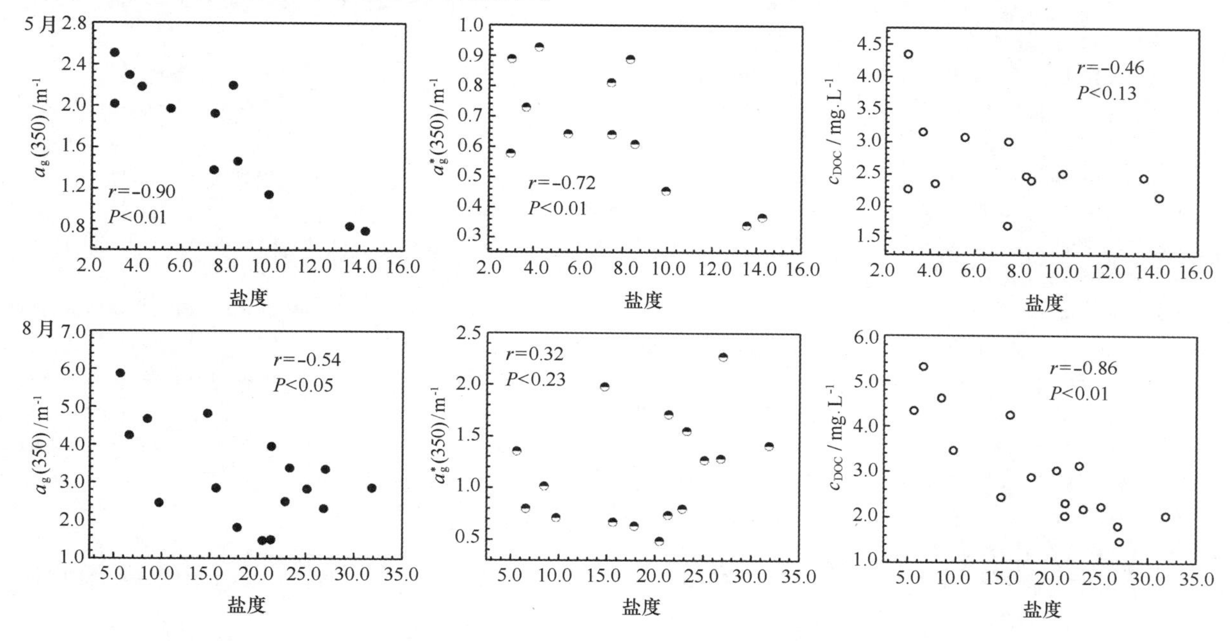

图 7 珠江口海域溶解有机物与盐度之间的相关关系

5 结论

珠江口海域溶解有机物时空变化显著，5 月 DOC 浓度均值与 8 月基本一致，但 8 月样点间差异较大。8 月 $a_g(350)$ 均值大于 5 月，且溶解有机物的有色部分比例较大。珠江口海域北部 CDOM 吸收高于南部外海海域，而 DOC 浓度表现为东北部海域高于西南部海域。DOC 浓度和 $a_g(350)$ 与离陆源距离相关性均显著相关，海水稀释作用是影响珠江口海域溶解有机物变化的重要因素。受海水稀释和光化学过程的影响，5 月份 DOM 的有色部分比例（$a_g^*(350)$）从淡水水域到咸淡水水域逐渐降低，而 8 月份 DOM 有色部分比例基本没有变化，其变化主要受海水稀释作用的影响。珠江口海域 CDOM 与 DOC 具有一定的相关性，但溶解有机物的有色组分比例不固定。5 月份无色溶解有机物在 DOC 中的比重较大，而 8 月份 DOC 的有色部分占主导地位。珠江口海域溶解有机物的组分和来源具有显著的时空变化特征，而定量表达其组分的变化和区分其源汇是下一步的工作重点。

致谢：感谢刘智君、李冠杰在实验采样方面给予的帮助。

参考文献：

[1] Mao Q, Shi P, Yin K, et al. Tides and tidal currents in the Pearl River Estuary[J]. Continental Shelf Research, 2004, 24: 1797-1808.

[2] Zhao H, Tang D L, Wang X D. Phytoplankton blooms near the Pearl River Estuary induced by Typhoon Nuri[J]. Journal of Geophysical Research, 2009, 114: C12027.

[3] Wang G F, Cao W X, Yang Y Z, et al. Variations in light absorption properties during a phytoplankton bloom in the Pearl River estuary[J]. Continental Shelf Research, 2010, 30: 1085-1094.

[4] Fichot C G, Benner R. The spectral slope coefficient of chromophoric dissolved organic matter (S275-295) as a tracer of terrigenous dissolved organic carbon in river-influenced ocean margins[J]. Limnology and Oceanography, 2012, 57(5): 1453-1466.

[5] Borges A V, Delilie B, Frankignoulle M. Budgeting sinks and sources of CO_2 in the coastal ocean: Diversity of ecosystems counts[J]. Geophysical Research Letters, 2005, 32: L14601.

[6] Cai W J, Dai M H, Wang Y C. Air-sea exchange of carbon dioxide in ocean margins: A province-based synthesis[J]. Geophysical Research Letters, 2006, 33: L12603.
[7] 邢前国.珠江口水质高光谱反演[D].广州:中国科学院南海海洋研究所,2006.
[8] Hong H S, Wu J Y, Shang S L, et al. Absorption and fluorescence of chromphoric dissolved organic matter in the Pearl River Estuary, South China[J]. Marine Chemistry, 2005, 97: 78-89.
[9] 刘庆霞,黄小平,张霞,等.2010 年夏季珠江口海域颗粒有机碳的分布特征及其来源[J].生态学报,2012,32(14):4403-4412.
[10] Reche I, Pace M L, Cole J J. Modeled effects of dissolved organic carbon and solar spectra on photobleaching in lake ecosystems[J]. Ecosystems, 2000, 3: 419-432.
[11] Helms J R, Stubbins A, Ritchie J D, et al. Absorption spectral slopes and slope ratios as indicators of molecular weight, source, and photobleaching of chromophoric dissolved organic matter[J]. Limnology and Oceanography, 2008, 53(3): 955-969.
[12] Gagosian R R, Stuermer D H. The cycling of bio-genie compounds and their diagenetically, transformed products in seawater[J]. Marine Chemistry, 1977, 5(4-6): 605-632.
[13] Loiselle S A, Bracchini L, Dattilo A M, et al. Optical characterization of chromophoric dissolved organic matter using wavelength distribution of absorption spectral slopes[J]. Limnology and Oceanography, 2009, 54(2): 590-597.
[14] Vodacek A, Blough N V, De Grandpre M D, et al. Seasonal variation of CDOM and DOC in the Middle Atlantic Bight: terrestrial inputs and photooxidation[J]. Limnology and Oceanography, 1997, 42(4): 674-686.
[15] Buma A G J, de Boer M K, Boelen P. Depth distribution of DNA damage in Antarctic marine phyto-and bacterioplankton exposed to summertime UV radiance[J]. Journal of Phycology, 2001, 37(2): 200-208.
[16] 陈宇伟,高锡云.浮游植物叶绿素 *a* 含量测定方法的比较测定[J].湖泊科学,2000,12(2):185-188.
[17] 海洋监测规范:GB 17378-2007[S].北京:中国标准出版社,2007.
[18] Bricaud A, Morel A, Prieur L. Absorption by dissolved organic matter of the sea(yellow substance) in the UV and visible domains[J]. Limnology and Oceanography, 1981, 26: 43-53.
[19] Kowaalczuk P, Cooper W J, Whitehead R F, et al. Characterization of CDOM in an organic-rich river and surrounding coastal ocean in the South Atlantic Bight[J]. Aquatic Science-Research Across Boundaries, 2003, 65(4): 384-401.
[20] Opsahl S, Benner R. Distribution and cycling of terrigenous dissolved organic matter in the ocean[J]. Nature, 1997, 386: 480-482.
[21] Miller W L, Moran M A. Interaction of photochemical and microbial processes in the degradation of refractory dissolved organic matter from a coastal marine environment[J]. Limnology and Oceanography, 1997, 42(6): 1317-1324.
[22] Søndergaard M, Stedmon C A, Borch N H. Fate of terrigenous dissolved organic matter(DOM) in estuaries: aggregation and bioavailability[J]. Ophelia, 2003, 57(3): 161-176.
[23] 范冠南,毛志华,陈鹏,等.长江口及其邻近海域 CDOM 光谱吸收特性分析[J].海洋学研究,2013,31(1):53-58.
[24] 谢琳萍,王保栋,辛明,等.渤海近岸水体有色溶解有机物的光吸收特征及其分布[J].海洋科学进展,2016,34(1):58-69.
[25] 姜广甲,马荣华,段洪涛.利用 CDOM 吸收系数估算太湖水体表层 DOC 浓度[J].环境科学,2012,33(7):91-99.
[26] Twardowski M S, Boss E, Sullivan J M, et al. Modelling the spectral shape of absorbing chromophoric dissolved organic matter[J]. Marine Chemistry, 2004, 89: 69-88.
[27] Zhang Y L, Qin B Q, Zhu G W, et al. Chromophoric dissolved organic matter(CDOM) absorption characteristics in relation to fluorescence in Lake Taihu, China, a large shallow subtropical lake[J]. Hydrobiologia, 2007, 581: 43-52.
[28] Callahan J, Dai M, Chen R F, et al. Distribution of dissolved organic matter in the Pearl River Estuary, China[J]. Marine Chemistry, 2004, 89: 211-224.
[29] Spencer R G M, Aiken G R, Wickland K P, et al. Seasonal and spatial variability in dissolved organic matter quantity and composition from the Yukon River basin, Alaska[J]. Global Biogeochemical Cycles, 2008, 22(4): 116-122.
[30] Hernes P J, Benner R. Photochemical and microbial degradation of dissolved lignin phenols: Implications for the fate of terrigenous dissolved organic matter in marine environments[J]. Journal of Geophysical Research, 2003, 108(C9): 3291.

海水增温和富营养化驱动下的黄海水体脱氧和酸化

韦钦胜[1,2,3]，王保栋[1,3]，姚庆祯[2,3]，薛亮[1]，于志刚[2,3]

（1. 国家海洋局第一海洋研究所，山东 青岛 266061；2. 中国海洋大学 海洋化学理论与工程技术教育部重点实验室，山东 青岛 266100；3. 青岛海洋科学与技术国家实验室 海洋生态与环境科学功能试验室，山东 青岛 266071）

摘要： 基于南黄海典型断面温度、盐度、溶解氧（DO）、pH 和营养盐等参数的多年连续历史资料（1976—2006），在明晰各参数气候态分布的基础上，深入分析了自然变化和人类活动影响下该海域 DO 含量和 pH 的长期演变特征，并结合温度、盐度、营养盐等的变化，探讨了物理环境背景的演变和富营养化进程对 DO 变化和水体酸化的控制机制。研究表明，冬季各要素呈垂向均匀分布，南黄海中部的低 DO 含量水体是受黄海暖流的影响所致；夏季各要素呈层化分布，黄海冷水团海域的底层 DO 含量较低。冬季表、底层及夏季底层中的 DO 总体上均呈现出一定的下降趋势（尤其以夏季底层中的 DO 下降最为明显）；夏季底层水体中的 pH 亦呈下降趋势，显示了水体酸化现象的存在。长期来看，黄海温、盐度（尤其是温度）的变化是 DO 含量降低的一项重要因素，冬季温度升高对 DO 含量降低的影响尤为明显，气候变化下冬季黄海暖流热输入的改变对 DO 的影响不容忽视；同时，南黄海富营养化程度的加剧亦是该海域夏季底层 DO 含量降低的重要驱动因素。大气 CO_2 浓度升高协同富营养化是南黄海海域底层水体酸化的重要原因。

关键词： 脱氧；酸化；富营养化；人类活动；全球变化；南黄海

1 引言

海洋在全球气候系统中起着重要的调节和反馈作用。然而，受人类活动和自然变化等的影响，全球海洋正发生着显著的变化。工业革命以来，大气中二氧化碳（CO_2）浓度持续增加[1]，这已使得全球变暖和海水增温成为全人类面临的严峻问题[2]，并由此引起了海水中溶解氧（DO）含量的降低[3-4]。同时，大气中 CO_2 温室气体浓度的升高还导致海洋吸收 CO_2 的量不断增加，引起海水 pH 值下降（海洋酸化）[5]。当前，海洋酸化也已成为与 CO_2 相关的又一重大环境问题[6]。亦应注意到，在受到人类活动显著影响的陆架海区，特别是那些沿岸工农业生产密集的近海区域，其还面临着富营养化加剧、营养盐失衡等的威胁，并由此引发赤潮[7]和底层 DO 含量的下降及 pH 值的降低[8-10]。海洋酸化协同海洋升温，不仅能够引起化学过程的变化，又可在很大程度上左右生物的生理过程和钙质生物的钙化作用，并可在生态系统水平上产生深远影响，进而导致海洋生态服务功能的变化[11-12]；而作为参与海洋生物地球化学循环的重要参数，人类活动和自然变化影响下海水中 DO 含量的降低同样会对海洋生态和生物学过程产生显著影响[13-14]。因此，研究自然变化和人类活动影响下的海水 DO 含量变化和水体酸化，对于深入认识海洋环境的演变及

基金项目： 鳌山科技创新计划项目（2016ASKJ02）；国家自然科学基金委-山东省联合基金项目（U1406403）；中央级公益性科研院所基本科研业务费专项资金（2016G08）；国家自然科学基金项目（41620104001）；青岛海洋科学与技术国家实验室海洋生态与环境科学功能实验室开放基金（KLMEES201603）。

作者简介： 韦钦胜（1981—），男，山东省菏泽市人，博士，主要从事海洋生物地球化学和化学海洋学方面的研究工作。E-mail：weiqinsheng@ fio. org. cn

生态学响应等具有重要的科学意义。

研究已表明，在全球变化和人类活动影响下，从大洋到近岸，海水 DO 含量和 pH 已经发生明显的变化[3,8,15-18]。研究还显示，海洋酸化和 DO 降低的程度还会受到局地复杂的物理和生物地球化学过程的调控。例如，上升流、河流输入和富营养化等的增强都可能加剧海水 pH 值和 DO 含量下降的进程[8,19-22]。有研究推测，在富营养化和低氧环境下，近岸海域水体酸化的程度将加剧[8,23]；同时，研究亦发现不同海域水体酸化的区域性响应特征也存在一定差异[8,12]。

在全球变化的大背景下，我国近海的海水温度呈现上升趋势[24-27]。同时，人类活动也导致了我国近海水体中氮营养盐浓度的持续增加和生源要素结构的改变[28-30]。黄海是我国重要的陆架浅海，其地理环境独特，东南受大洋副热带西边界强流—黑潮流系的胁迫[31]，周围有长江、黄河等河流直接或间接携入大量陆源物质[32]，同时又承受着养殖、污染等人类活动带来的诸多压力[33-34]。该海区既具有半封闭系统的特点，又有开放体系的内涵，北上的黄海暖流[35]和季节性的黄海冷水团[36]使其具有复杂的物理、生态环境特征[37-39]。因此，黄海海域作为体现自然变化和人类活动影响的敏感海域之一，是研究我国陆架海区 DO 含量变化和水体酸化的典型区域。先前，研究者对黄海温度和盐度等水文参数的长期演变已开展了一些工作[40-44]。同时，亦有学者着重分析了黄海营养盐的长期变化[40,45-48]。然而，先前对黄海碳酸盐体系[49-54]和 DO[55-56]的研究则多集中在其季节变化的尺度上，对 DO 长期变化及机制的特定研究尚不多见，更鲜有对该海域 pH 长期变化的探讨，因而，当前对气候变化和人类活动影响下黄海 DO 和 pH 演变的地域性特点及其控制机制尚缺乏深入的认识。在这一背景下，本文综合利用南黄海典型断面（36°N、35°N 和 34°N 断面）温度、盐度、DO、pH 和营养盐等参数的多年连续历史资料，在明晰各参数气候态分布的基础上，深入分析 DO 和 pH 的长期演变特征，揭示该海域氧含量变化和水体酸化的地域性特点，并结合该海域温度、盐度和营养盐的变化，剖析物理环境背景的变化和富营养进程对氧含量变化和水体酸化的控制机制，为阐释该海域多重压力影响下的环境演变和长期生态学响应等提供科学依据。

2　资料与分析方法

2.1　资料来源

本研究所使用的数据源于国家海洋局断面调查历史资料库，其在南黄海海域的资料包括 36°N、35°N 和 34°N 3 条断面（站位如图 1 所示）。所搜集的各断面调查资料持续时间不同，其中 36°N 断面资料的时间跨度最长（1976—2006 年）；35°N 和 34°N 断面资料的时间跨度较短，分别为 1976—1987 年和 1986—2006 年。各断面在 1995 年之前一般是进行冬季（2 月/1 月）、春季（4 月/5 月）、夏季（7 月/8 月）和秋季（10 月/11 月）的调查，之后则只在冬、夏两季实施。为阐明各要素长时间尺度的变化特征，本文在分析历史资料时，选取冬（2 月/1 月）、夏（8 月/7 月）两季的数据，所采用的参数主要包括温度、盐度、DO 和 pH。同时，为更好地阐释南黄海 DO 和 pH 长期变化的影响机制，本文亦采用了同步观测的营养盐数据，主要包括硝酸盐（NO_3-N）、亚硝酸盐（NO_2-N）和氨氮（NH_4-N），此数据的起止年份为 1984—2006 年。各站位根据具体水深设置的采样水层为表层、10 m、20 m、30 m、50 m 和底层。另外，夏季还加采了 5 m、15 m 和 25 m 层水样。pH 只利用了夏季底层的数据。

由于上述不同年份各参数的采集和测定由国家海洋局同一监测机构/部门持续实施完成，前后所采用的调查规范和标准也具有一致性，相关仪器和量具在测定前亦均进行了标定。其中温度使用颠倒温度计进行测量，测量精度为 0.01℃[44]；DO 含量是利用 Winkler 滴定法在船上实验室测定[57]；pH 是由 pH 电极法在船上实验室测得，并将实验室测定的 pH 进行温度和压力等校正后换算得到现场 pH[58-60]。同时，各年份资料在录入数据库之前，亦进行了质量评估，并出具有内部质量评估报告。因此，此数据库能够保证前后数据的可比性，以此来探讨各参数的长期变化趋势/变率是可行的。为反映黄海周边的气温变化，还利用了青岛地区年平均气温数据（数据来源于青岛市气象局）。此外，为阐释冬季黄海暖流向南黄海的热输入对 DO 的影响，本研究亦采用了 2007 年冬季（1 月 8 日至 2 月 4 日）在南黄海大面调查所获得的 10

m 层温度、盐度和 DO 资料[61]。

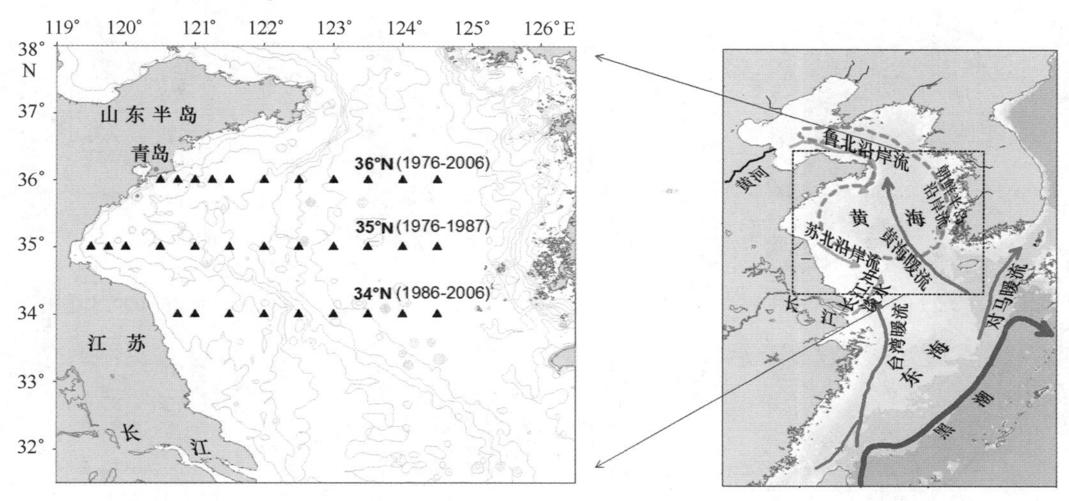

图 1 南黄海典型断面调查站位及黄海流场示意图

2.2 数据处理方法

首先，为明晰南黄海海域各环境要素的分布特征，根据历史资料绘制了 36°N、35°N 和 34°N 3 条典型断面上相关要素的气候态分布，主要包括温度、盐度和 DO 等。然后，针对每条断面，计算了各年份中冬、夏两季所测站位各项要素（温度、盐度和 DO）在表层的平均值和在底层的平均值，分别用以代表该断面表层和底层中的年平均值，由此得到冬、夏季每条断面各要素在表层和底层的时间序列图，并用线性拟合或多元回归的方法分析其变化趋势。再者，还绘制了各断面深水域（122.5°E 以东）50 m 层以上水柱中温度、盐度、DO 和 NO_3-N 的时间变化序列图。需要指出的是，由于国家海洋局断面调查在 1976 年、1984 年、1996 年冬季和 1993 夏季未实施，在上述具体分析过程中均将此 4 年数据舍弃。此外，为衡量海水中氧的饱和程度，应用 Weiss 方程[62]计算了夏季 DO 饱和浓度，并由此得到 DO 饱和度和表观耗氧量（AOU）。

3 结果

3.1 南黄海各环境要素的气候态分布

3.1.1 冬季

根据历史资料得到的冬季南黄海典型断面温度、盐度和 DO 分布如图 2 所示。总体来看，各断面温度和盐度均呈垂向均一分布，且表现出近岸低、远岸高的趋势，在断面东部深水区（122.5°N 以东）存在一高温、高盐水。DO 亦总体呈垂向均一分布，但与温、盐度相反，具有近岸高、远岸低的趋势。进一步分析发现，自 36°N 至 35°N 断面，南黄海中部深水区的温度和盐度总体上逐渐升高，而 DO 含量逐渐降低。对照冬季南黄海环流分布图（图 1），不难得知各断面东部深水区的高温、高盐、低 DO 含量的水体是受黄海暖流[63-64]自南向北扩展的影响。

3.2.2 夏季

图 3 为由历史资料得到的夏季南黄海典型断面温度、盐度和 DO 分布。由图可知，各断面温度和盐度垂向分布的层化结构显著，于 20 m 水深附近存在较强的跃层，跃层之下是垂直分布较为均匀的以高盐、低温为特征的黄海冷水团水[65-66]。DO 在垂向分布上由表至底呈现出先升高后降低的分布趋势，于跃层的下边界处存在一氧最大值层[67-69]，跃层之下黄海冷水团海域中的 DO 含量较低。分析还显示，36°N 和

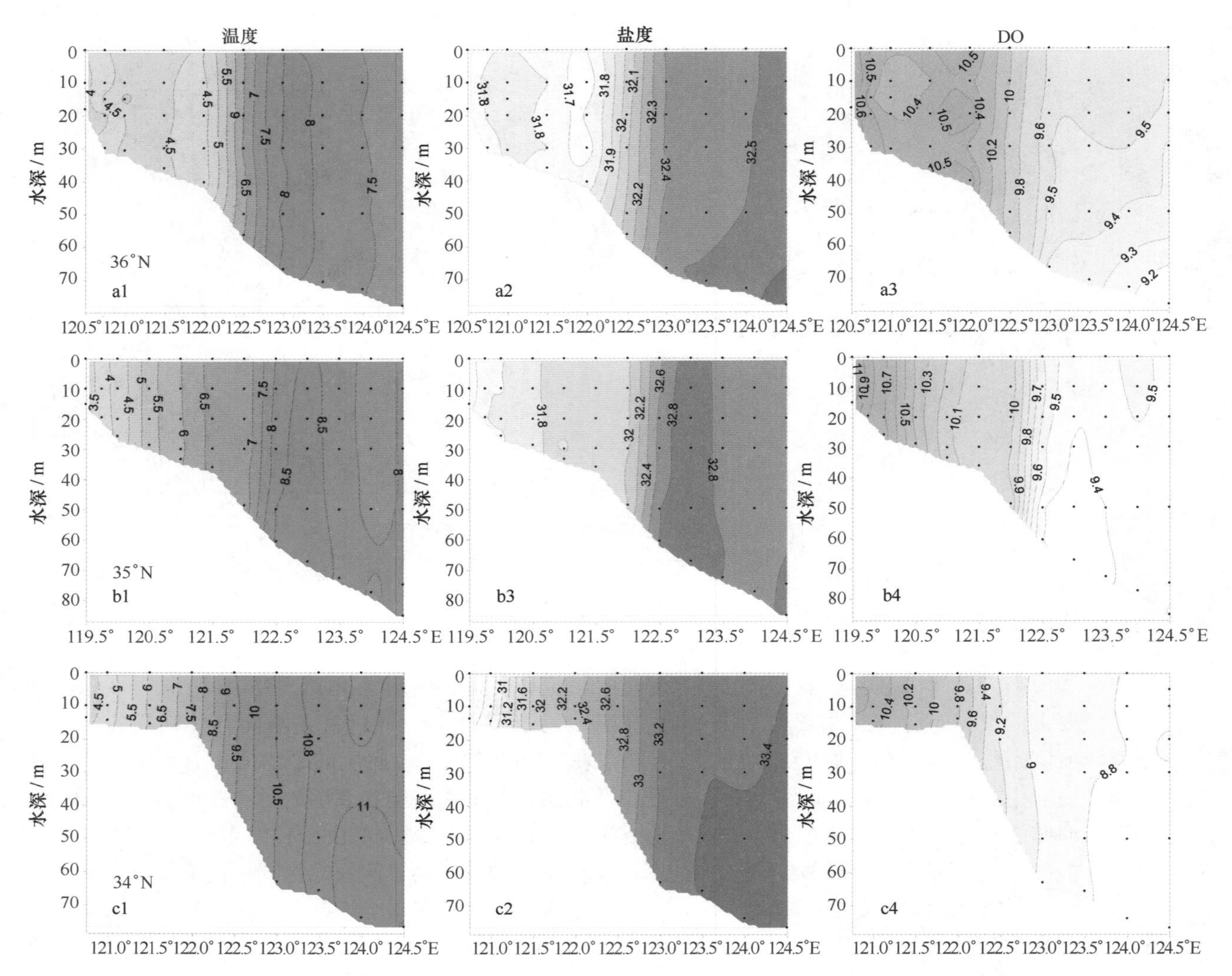

图 2　冬季南黄海典型断面温度（℃）、盐度和 DO（mg/L）多年气候态分布

35°N 断面跃层之下的低温冷水（小于 20℃）所占据的空间较大，几乎盘踞了整个断面的下半部海域。

3.2　南黄海各环境要素的长期变化

考虑到 36°N 断面的观测时间持续较长，遂在下文主要以该断面为例，来探讨相关环境要素的长期变化。

3.2.1　温度和盐度

1976—2006 年 36°N 断面表、底层温度和盐度的长期变化见图 4。由图可知，冬季表、底层温度的上升趋势较为显著，夏季上升趋势不明显；冬季和夏季表、底层盐度随时间均呈现出一定的波动变化，虽总体上具有上升趋势，但上升幅度不大，且冬季盐度上升幅度大于夏季。进一步分析发现，2000 年以后，冬季表、底层水体温度在短时间尺度上还呈现出些微下降趋势，夏季亦是如此。同时，根据 36°N 断面深水域（122.5°E 以东）50 m 层以上水柱中温度和盐度的时间变化序列图（图 5），也可以看出冬季水体温度存在一定的上升趋势，但进入 21 世纪以后，温度似乎又有所回落；夏季 30 m 层以深的水体温度总体上也略有升高（10℃ 等温线随时间趋于向底层蔓延），但 2000 年以后趋于平缓。

3.2.2　DO 和 pH

1976—2006 年 36°N 断面表、底层 DO 的长期变化如图 6 所示。总体来看，冬季表、底层及夏季底层

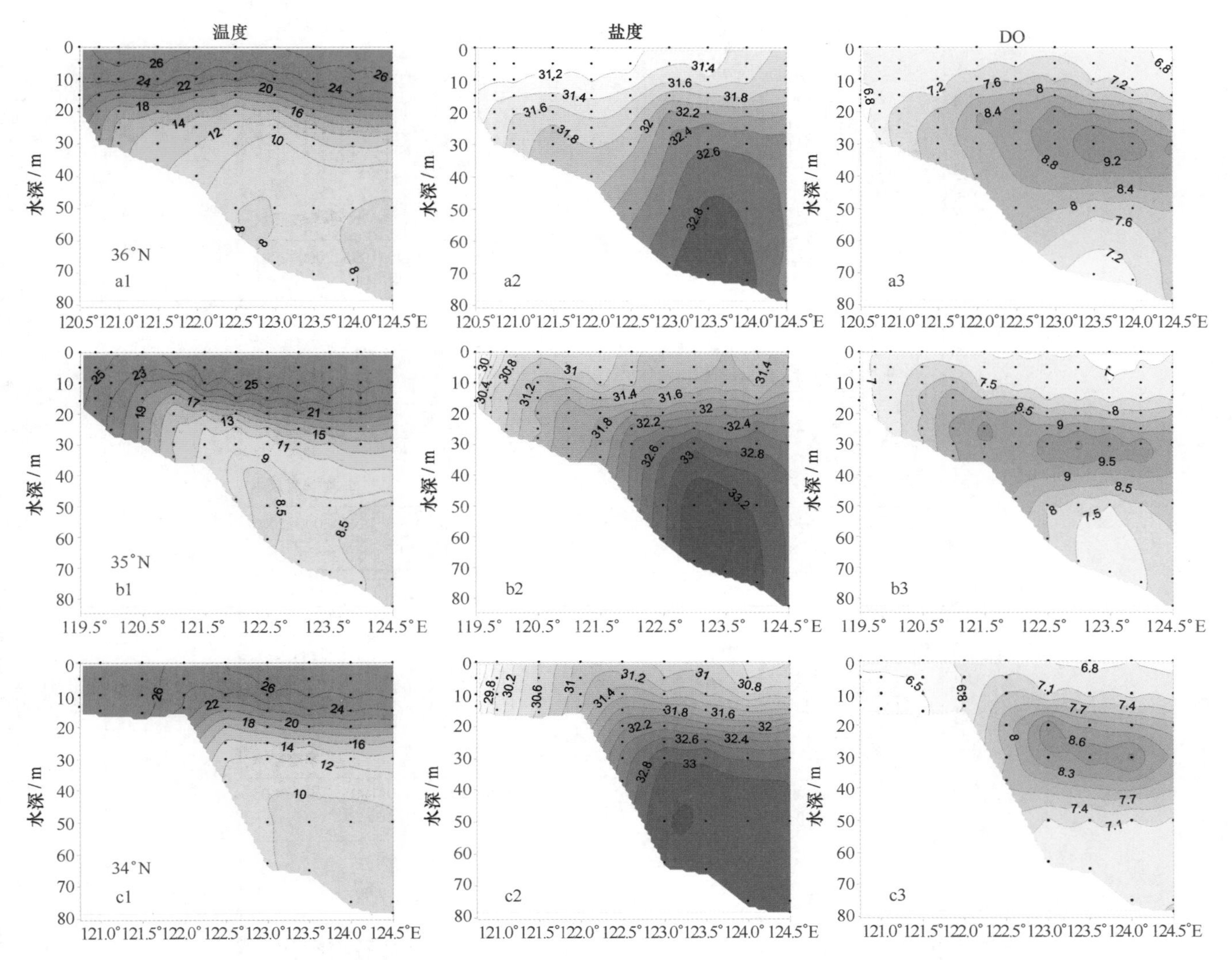

图 3 夏季南黄海典型断面温度（℃）、盐度和 DO（mg/L）多年气候态分布

中的 DO 均呈现出一定的下降趋势。分析还显示，自 20 世纪 90 年代后期以后，冬、夏季表、底层 DO 在短时间尺度上还呈现出一定的上升趋势。36°N 断面深水域（122. 5°E 以东）50 m 层以上水柱中 DO 的时间变化序列图（图 5c1，c2）也很好地显示了上述现象。1976—2006 年 36°N 断面夏季底层 pH 的长期变化如图 7a 所示。总体来看，夏季底层中的 pH 呈现出一定的下降趋势。同时，相关性分析还显示，夏季南黄海 36°N 断面底层年平均 pH 与年平均 DO 含量之间呈正相关关系（图 7b）。由此表明夏季底层 pH 的下降与 DO 的降低具有一定的同步性。

4 讨论

4.1 气候变化下的海水变暖和盐度升高

2. 2. 1 部分的分析显示，南黄海水体存在增温现象，且冬季水体温度的上升较为明显，表明全球变暖背景下黄海亦存在一定的升温现象。这与大气 CO_2 排放量的递增以及局地的海洋学过程密切相关。受化石燃料使用等人类活动的影响，大气中 CO_2 的浓度不断升高，由此导致了全球变暖和气候异常[1]，这已使得全球变暖和海水增温成为全人类面临的严峻问题[2]。对南黄海周边青岛地区大气温度的观测也显示，其年平均气温呈上升趋势（图 8）。这与南黄海水温的变化趋势总体上亦相一致。同时，还应注意到，南黄

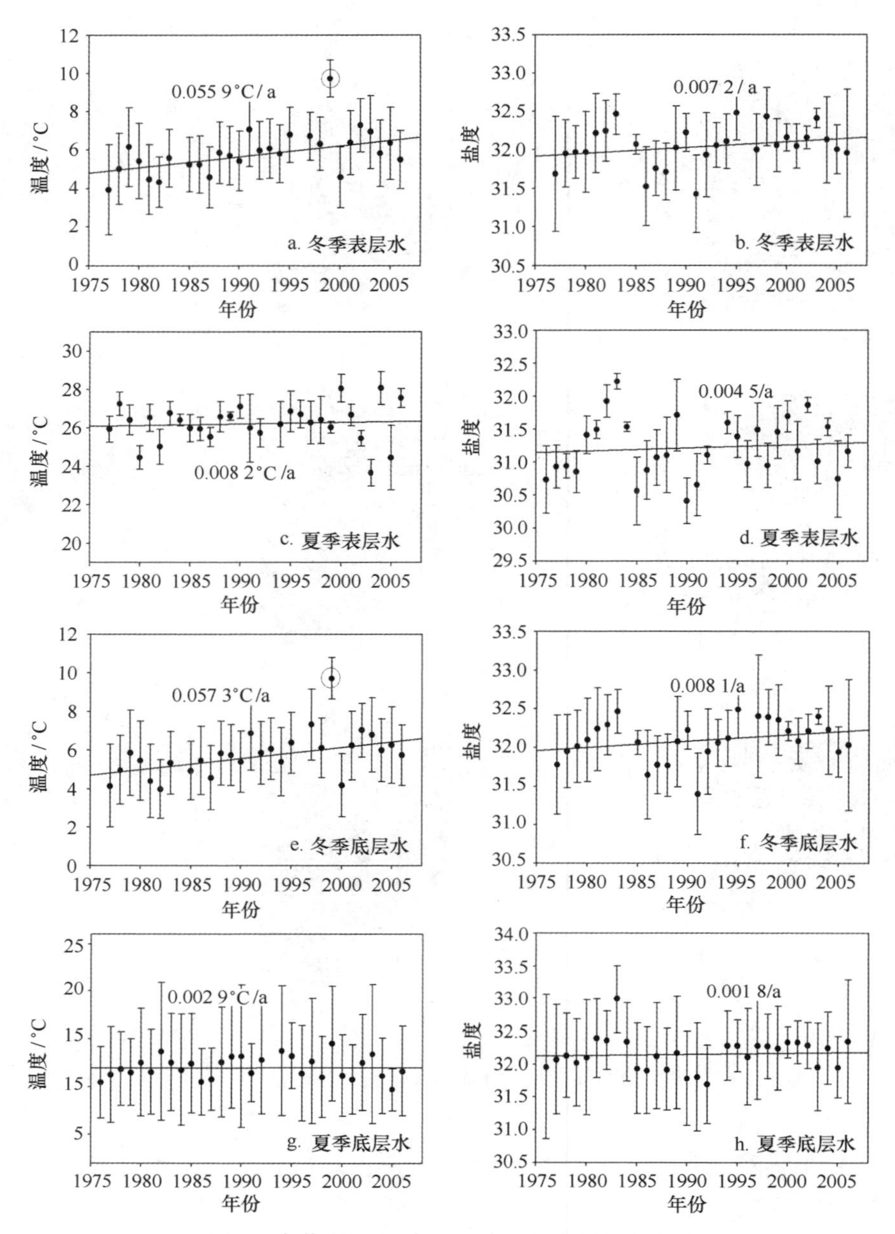

图 4　南黄海 36°N 断面温度和盐度的长期变化

海还显著受到外海流系—黑潮（图 1）的强迫。作为北太平洋的西边界强流，以高温、高盐为特征的黑潮自南向北扩展，并存在向中国陆架海区入侵的现象，其引起的海洋经向热输送对全球能量平衡及气候变化具有重要的作用[70-72]。而且，由黑潮衍生出的黄海暖流在冷季自济州岛西南向南黄海延伸[63]，由此不难推知黄海暖流水的冷暖也将直接影响到黄海局地的气候和水温。研究发现，全球变化影响下黑潮区的增温显著，而且其北向输运在增强[70]。这是否也意味着黑潮及其向中国陆架海的分支对陆架海区的热输送也会增强。因此，外来平流热输送的变化对黄海局地水温的影响是重要的[73]。研究还显示，东亚季风变异所引起的热通量的变化对黄海的水温也具有一定的影响[44,73]。需要指出的是，2000 年以后南黄海水温呈现出些微下降趋势（图 4a，e，g），且黄海周边青岛地区的气温亦是如此（图 8），这可能与 1998 年之后全球气候发生重大调整并引发阶段性全球变暖减缓[74]有关，此现象似乎表明全球增暖减缓在黄海海域也有其特定的区域响应，先前基于卫星遥感资料对黄海水温的分析结果[25]亦显示了这一点。

关于黄海盐度的变化，一方面可能与黑潮强迫下高盐黄海暖流向黄海的入侵（外来信号）有关，另

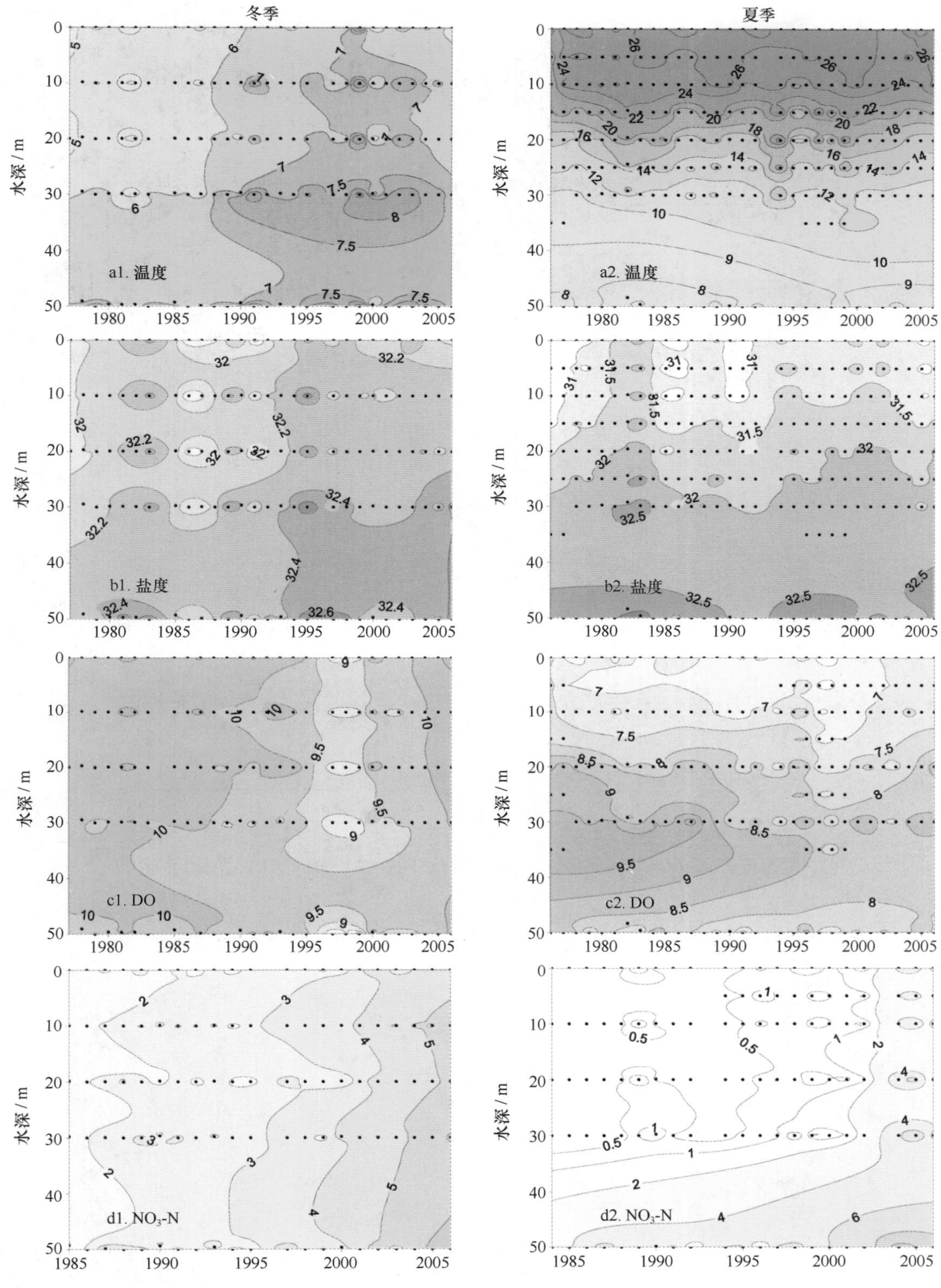

图 5　南黄海 36°N 断面深水域（122.5°E 以东）50 m 层以上水柱中温度（℃）、盐度、DO（mg/L）和 NO_3-N（μmol/L）的时间变化序列图

一方面还与海水蒸发和降水等有关[41,43]，其变化趋势呈现出较大的波动。但整体来看，黄海盐度呈现出升高趋势。这与先前报道的黄海千里岩站海水盐度的总体升高趋势[43]是一致的。

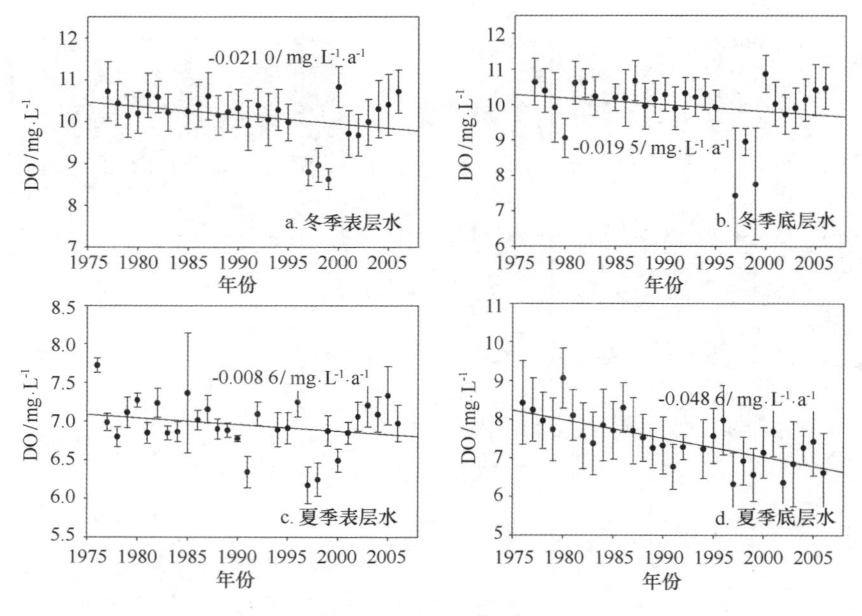

图6 南黄海36°N断面DO的长期变化

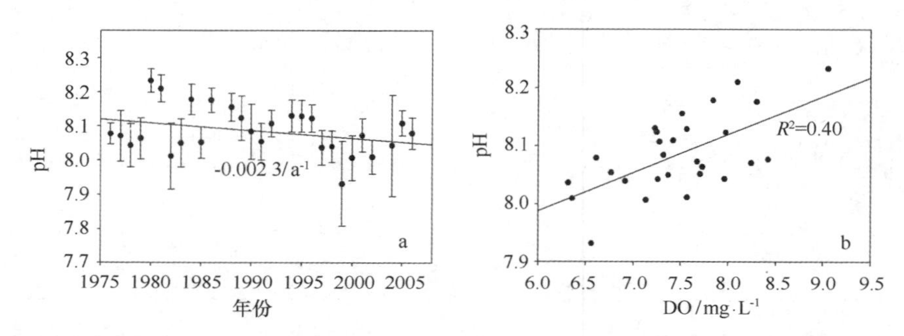

图7 夏季南黄海36°N断面底层pH的长期变化（a）以及pH与DO之间的关系（b）

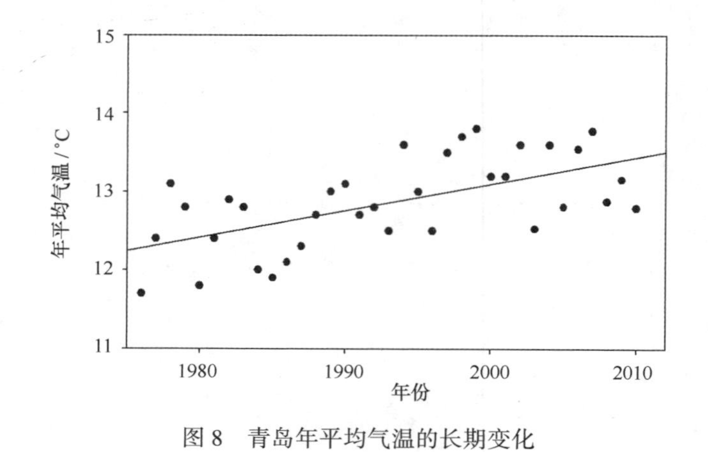

图8 青岛年平均气温的长期变化

4.2 南黄海水体脱氧和酸化的驱动机制

2.2.2部分的结果显示，冬季表、底层及夏季底层中的DO总体上均呈现出一定的下降趋势，夏季底层水体中的 pH 亦在下降。下文依据黄海温、盐度场的变化，并结合局地的富营养盐过程，探讨气候变化和人类活动对黄海 DO 和 pH 长期变化的影响。

4.2.1 温、盐度变化及相关物理过程对 DO 降低的影响

海水中 DO 含量与其在水体中的溶解度有关，而这又依赖于水温和盐度。随着水温的升高，氧气在海水中的溶解度将降低，相应地，DO 含量也下降。盐度对 DO 的影响与温度对其的影响相似，DO 含量亦随盐度的升高而下降。为探讨黄海温、盐度变化对 DO 的影响，图 9 给出了不同季节南黄海 36°N 断面年平均 DO 含量与年平均温度、盐度的关系。由图可知，冬、夏季表层和底层的 DO 含量与水温之间均存在线性负相关关系，而且冬季的相关性高于夏季；总体来看，冬、夏季表层和底层的 DO 含量亦随着盐度的升高呈现出一定的降低趋势。由此表明，黄海温、盐度（尤其是温度）的变化是 DO 含量降低的一项重要因素，冬季温度升高对 DO 含量降低的影响尤为明显。

为阐释冬季黄海暖流向南黄海的热输入对 DO 的影响，本研究给出了 2007 年冬季南黄海 10 m 层温度、盐度和 DO 分布（图 10）以及 DO 与温、盐度的关系（图 11）。由图可知，冬季，南黄海主要受高温、高盐黄海暖流[38,64]的影响，该暖流呈舌状由东南海域向西北伸展，覆盖南黄海大部分海域；在黄海暖流影响区内，DO 含量较低，低 DO 水舌的扩展范围与黄海暖流一致；DO 含量与温、盐度呈显著负相关关系，高温高盐端水体中的 DO 含量较低。前述冬季南黄海典型断面温度、盐度和 DO 的气候态分布亦显示，南黄海中部的低 DO 含量水体是受黄海暖流的影响所致。这一结果很好的显示出冬季南黄海 DO 主要受环流结构影响下的温、盐度场所控制。由此进一步表明全球变化影响下冬季黄海暖流热输入的改变可能是 DO 含量降低的重要因素。这也是冬季温度升高对 DO 含量影响显著（图 9a、c）的重要原因。

4.2.2 局地富营养化对夏季水体脱氧和酸化的影响

随着沿海地区人口的不断增长和经济的快速发展，人类活动对近海环境的影响日趋强烈，导致水体富营养化的发生。当前，一些发达乃至发展中国家与地区普遍存在近海营养盐浓度大幅增加和比例失调的环境问题[75-76]。水体中营养盐浓度的增加会在一定程度上促进浮游植物的生长和繁殖，而由此引起的有机碎屑的矿化分解又势必会消耗氧气，引起 DO 含量的下降。同时，有机物矿化分解还伴有酸性 CO_2 气体的释放。根据有机物有氧呼吸方程式[77]，这一过程可表述为：$(CH_2O)_{106}(NH_3)_{16}H_3PO_4 + 138O_2 = 106CO_2 + 16HNO_3 + H_3PO_4 + 122H_2O$。因此，局地富营养化能够引起 DO 含量的降低和 pH 的下降。先前研究者在长江口和墨西哥湾[8]、渤海[9]等海域均观测到这种现象。

对南黄海海域的研究发现[48]，过去几十年来无机氮浓度和氮磷比呈现出持续增加的态势，营养盐结构亦发生了趋势性改变。近来研究指出，黄海浮游植物叶绿素含量总体呈上升趋势[78]，发生在黄海的浮游植物“水华”强度也在增强[79]。这与该海域氮营养盐浓度的持续升高[48]相对应。由此表明，南黄海海域的富营养化程度在加剧，并由此引发了浮游植物生物量的升高。对南黄海中部海域富营养化沉积记录的研究也显示了这一点[80]。显然，南黄海富营养化加剧下藻类有机质的现场生产和沉降通量将会增加，而藻类有机质的耗氧矿化作用则会引起 DO 含量和 pH 的降低。此情况在水体层化显著的夏季底层更为突出，这是因为层化能够有效地限制表、底层水的交换，使得下层氧气的消耗无法得到补充，而有机物矿化产生的酸性 CO_2 气体也无法逸出。分析结果表明，夏季南黄海 36°N 断面底层年平均 DO 饱和度呈线性降低趋势，而 AOU 持续升高（图 12）；底层年平均 DO 含量随氮营养盐浓度的升高而降低，AOU 随氮营养盐浓度的升高而升高（图 13a~d）。同时，相关性分析还显示，夏季南黄海 36°N 断面底层年平均 pH 与年平均 DO 含量之间呈正相关关系，且年平均 pH 值亦随氮营养盐浓度的升高而降低（图 13e，f）。可见，上述结果在一定程度上反映了南黄海富营养化对 DO 降低和 pH 下降的影响。

考虑到夏季南黄海中部大部分海域的水体均来自于冬季的残留水[36,66]，冬季逐渐降低的氧含量为夏季水体提供越来越低的 DO 本底值，同时，黄海富营养化进程导致的浮游植物生物量的增加又使得增温季节（春至秋季）底层的耗氧作用在增强，并由此引发 DO 和 pH 的降低。可以预见，如此反复循环的叠加作用导致了黄海 DO 含量和 pH 不断下降的总体趋势。

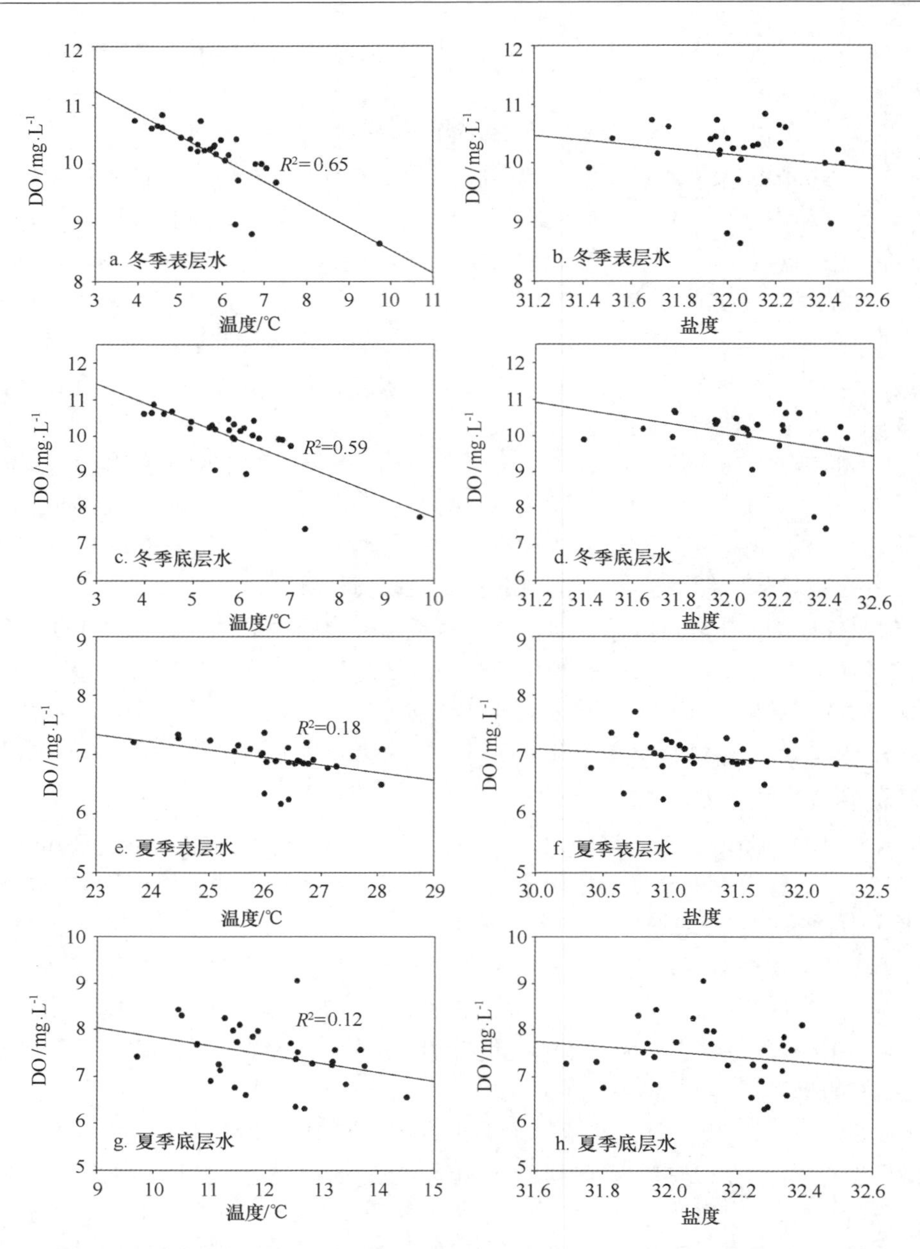

图 9 不同季节南黄海 36°N 断面年平均 DO 含量与年平均温度、盐度的关系

当然，人类活动影响下大气中 CO_2 等温室气体浓度的持续升高除导致海水温度升高和 DO 含量的相应下降外，也使得海洋吸收 CO_2 的量不断增加，海水 H^+ 浓度升高，pH 值下降[5-6]。这一过程具体可表述为：$[CO_2]+[H_2O]\Leftrightarrow[H_2CO_3]\Leftrightarrow[H^+]+[HCO_3^-]\Leftrightarrow 2[H^+]+[CO_3^{2-}]$。可以预见，在当前黄海周边地区经济快速发展、城市化进程不断加快、能源消耗不断增长和海岸带人口不断聚集的背景下，CO_2 排放和近海富营养化问题在未来一段时间内仍会不断加剧，从而进一步引起氧含量的降低和 pH 的下降。

综合来看，黄海暖流动力胁迫下温度场的改变对黄海冬季 DO 含量降低的影响是重要的，同时，局地的富营养化过程对夏季黄海底层 DO 的降低和 pH 下降也具有重要的调控作用。因此，南黄海 DO 含量的降低和 pH 的下降不仅是受气候变化的影响，也同陆源物质输入引起的富营养化密切相关，其是自然过程和人类活动协同作用的结果。

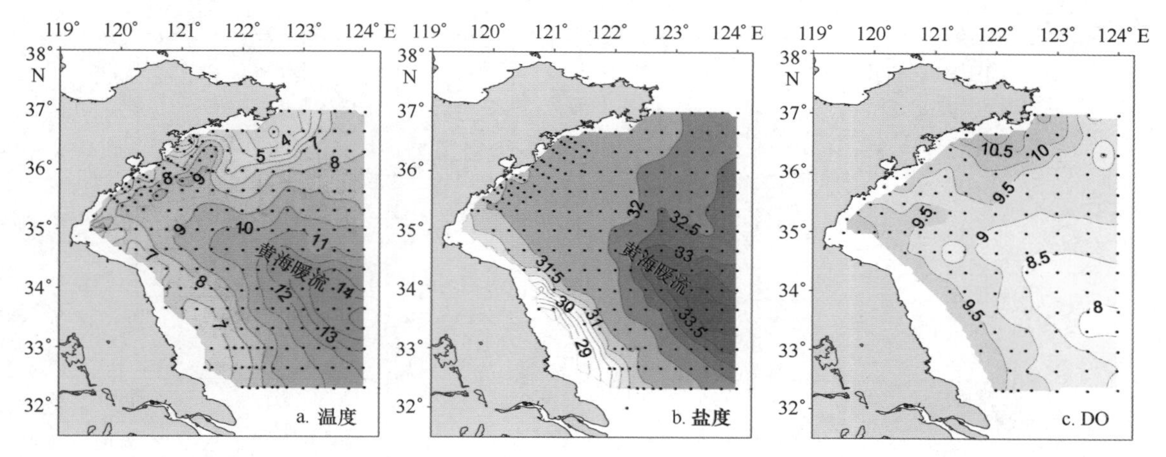

图 10　2007 年冬季南黄海 10 m 层 DO（mg/L）与温度（℃）、盐度的关系

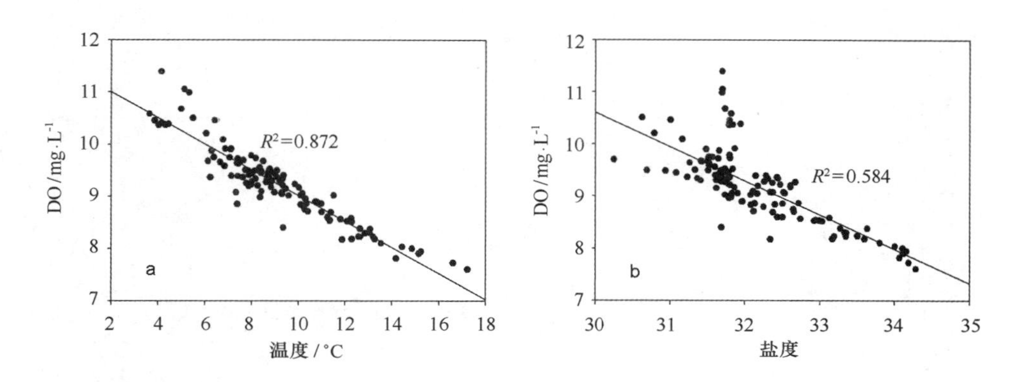

图 11　2007 年冬季南黄海 10 m 层温度（℃）、盐度和 DO（mg/L）分布以及 DO 与温、盐度的关系

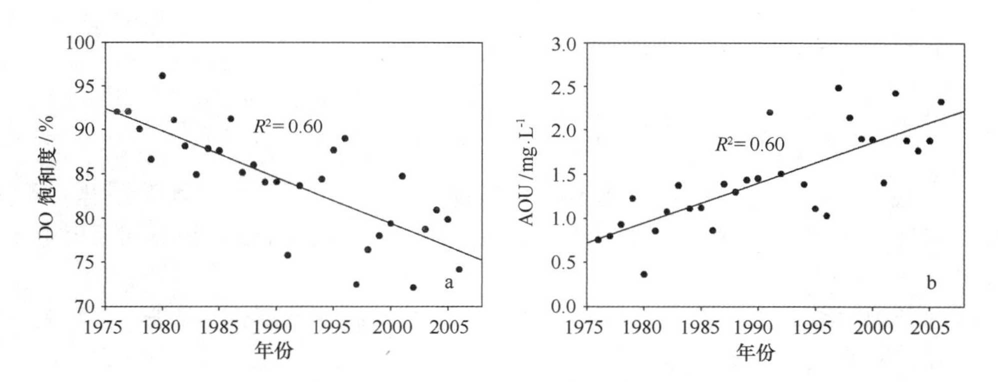

图 12　夏季南黄海 36°N 断面底层 DO 饱和度和 AOU 的长期变化

5　结论

基于南黄海典型断面温度、盐度、DO、pH 和营养盐等参数的多年连续历史资料（1976—2006），在明晰各参数气候态分布的基础上，深入分析了自然变化和人类活动影响下该海域 DO 含量和 pH 的长期演变特征，并结合温度、盐度、营养盐等的变化，探讨了物理环境背景的演变和富营养化进程对水体酸化和 DO 变化的控制机制。

（1）冬季南黄海各要素均呈垂向均匀分布，南黄海中部的低 DO 含量水体是受黄海暖流的影响所致；夏季各要素呈层化分布，形成较强的温、盐跃层，黄海冷水团海域的底层 DO 含量较低。

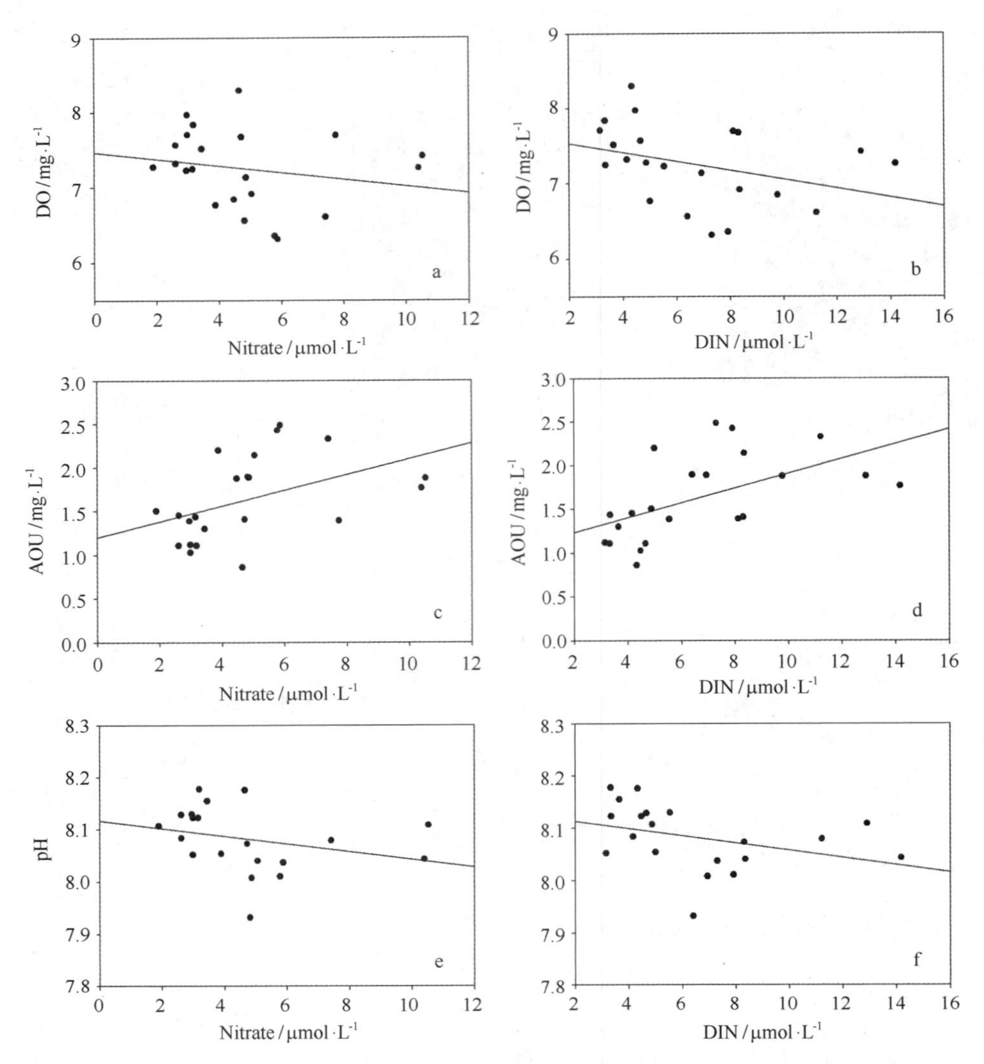

图 13　夏季南黄海 36°N 断面底层 DO、AOU 和 pH 年平均值与氮营养盐浓度之间的关系

（2）冬季表、底层及夏季底层中的 DO 总体上均呈现出一定的下降趋势，夏季底层水体中的 pH 亦呈现出下降趋势，同时，自 20 世纪 90 年代后期以后，冬、夏季表、底层 DO 在短时间尺度上还表现出一定的上升趋势。

（3）南黄海水体温度总体上存在上升趋势（尤其以冬季水温的升高较为明显），但在 2000 年以后，水体温度略有下降；南黄海表、底层盐度随时间均呈现出一定的波动变化，虽总体上具有上升趋势，但上升幅度不大，且冬季盐度上升幅度大于夏季。

（4）长期来看，黄海温、盐度（尤其是温度）的变化是 DO 含量降低的一项重要因素，冬季温度升高对 DO 含量降低的影响尤为明显，全球变化下冬季黄海暖流热输入的改变对 DO 的影响不容忽视；南黄海富营养化程度的加剧亦是该海域夏季底层 DO 含量降低的重要驱动因素。大气 CO_2浓度升高协同富营养化是导致南黄海海域水体酸化的重要原因。

南黄海 DO 和 pH 的变化系各因素长期累积形成的结果。今后应着眼于“陆架边缘海系统-外海”的整体性研究，基于定量的视角，从外来动力驱动和局地生物地球化学过程等方面深入揭示/解析人类活动和自然变化影响下黄海 DO 和 pH 长期演变过程的机制，并深入研究其对生物地球化学过程和生态过程的影响。

参考文献：

[1] Lüthi D,Floch M L,Bereiter B,et al.High-resolution carbon dioxide concentration record 650,000-800,000 years before present[J].Nature,2008,453:379-382.

[2] Solomon S,Plattner G K,Knutti R,et al.Irreversible climate change due to carbon dioxide emissions[J].Proceedings of the National Academy of Sciences of the United States of America,2009,106(6):1704-1709.

[3] Stramma L,Johnson G C,Sprintall J,et al.Expanding oxygen-minimum zones in the tropical oceans[J].Science,2008,320:655-658.

[4] Shaffer G,Olsen S M,Pedersen J O P.Long-term ocean oxygen depletion in response to carbon dioxide emissions from fossil fuels[J].Nature Geoscience,2013(2):105-109.

[5] Caldeira K,Wickett M E.Oceanography:Anthropogenic carbon and ocean pH[J].Nature,2003,425:365.

[6] Doney S C,Fabry V J,Feely R A,et al.Ocean acidification:The other CO_2 problem[J].Annual Review of Marine Science,2009(1):169-192.

[7] Zhou M J,Shen Z L,Yu R C.Responses of a coastal phytoplankton community to increased nutrient input from the Changjiang(Yangtze) River[J].Continental Shelf Research,2008,28:1483-1489.

[8] Cai W J,Hu X P,Huang W J.Acidification of subsurface coastal waters enhanced by eutrophication[J].Nat Geosci,2011(4):766-770.

[9] 翟惟东,赵化德,郑楠,等.2011 年夏季渤海西北部、北部近岸海域的底层耗氧与酸化[J].科学通报,2012,57:753-758.

[10] Zhai W D,Zang K P,Huo C,et al.Occurrence of aragonite corrosive water in the North Yellow Sea,near the Yalu River estuary,during a summer flood[J].Estuarine,Coastal and Shelf Science,2015,166:199-208.

[11] Li F,Wu Y,Hutchins D A,et al.Physiological responses of coastal and oceanic diatoms to diurnal fluctuations in seawater carbonate chemistry under two CO_2 concentrations[J].Biogeosciences,2016,13:6247-6259.

[12] 唐启升,陈镇东,余克服,等.海洋酸化及其与海洋生物及生态系统的关系[J].科学通报,2013,58(14):1307-1314.

[13] Altieri A H,Witman J D.Local extinction of a foundation species in a hypoxic estuary:Integrating individuals to ecosystem[J].Ecology,2006,87:717-730.

[14] Diaz R J,Rosenberg R.Spreading dead zones and consequences for marine ecosystems[J].Science,2008,321:926-929.

[15] Hauri C,Gruber N,Plattner G K,et al.Ocean acidification in the California current system[J].Oceanography,2009,22:60-71.

[16] Ishii M,Kosugi N,Sasano D,et al.Ocean acidification off the south coast of Japan:A result from time series observations of CO_2 parameters from 1994 to 2008[J].J.Geophys.Res.,2011,116:C06022.

[17] Mucci A,Starr M,Gilbert D,et al.Acidification of Lower St.Lawrence Estuary bottom waters[J].Atmosphere-Ocean,2011,49:206-218.

[18] Yao K M,Marcou O,Goyet C,et al.Time variability of the north-western Mediterranean Sea pH over 1995-2011[J].Marine Environmental Research,2016,116:51-60.

[19] Salisbury J,Green M,Hunt C,et al.Coastal acidification by rivers:A new threat to shellfish[J].Eos Trans.AGU,2008,89:513-514.

[20] Feely R A,Sabine C L,Hernandez-Ayon J M,et al.Evidence for upwelling of corrosive “acidified” water onto the continental shelf[J].Science,2008,320(5882):1490-1492.

[21] Sunda W G,Cai W J.Eutrophication induced CO_2-acidification of subsurface coastal waters:Interactive effects of temperature,salinity,and atmospheric pCO_2[J].Environmental Science & Technology,2012,46:10651-10659.

[22] Wallace R B,Baumann H,Grear J S,et al.Coastal ocean acidification:The other eutrophication problem[J].Estuarine,Coastal and Shelf Science,2014,148:1-13.

[23] Melzner F,Thomsen J,Koeve W,et al.Future ocean acidification will be amplified by hypoxia in coastal habitats[J].Mar Biol,2013,160:1875-1888.

[24] 蔡榕硕,陈际龙,黄荣辉.我国近海和邻近海的海洋环境对最近全球气候变化的响应[J].大气科学,2006,30(5):1019-1033.

[25] Yeh S W,Kim C H.Recent warming in the Yellow/East China Sea during winter and the associated atmospheric circulation[J].Continental Shelf Research,2010,30:1428-1434.

[26] Liu Q Y,Zhang Q.Analysis on long-term change of sea surface temperature in the China seas[J].Journal of Ocean University of China,2013,12:295-300.

[27] Oey L Y,Chang M C,Chang Y L,et al.Decadal warming of coastal China Seas and coupling with winter monsoon and currents[J].Geophysical Research Letters,2013,40:6288-6292.

[28] Wang B D.Cultural eutrophication in the Changjiang(Yangtze River) plume:History and perspective[J].Estuarine Coastal and Shelf Science,2006,69:471-477.

[29] Ning X R,Lin C L,Su J L,et al.Long-term environmental changes and the responses of the ecosystems in the Bohai Sea during 1960-1996[J].Deep-Sea Research Ⅱ,2010,57:1079-1091.

[30] 孙晓霞,孙松,赵增霞,等.胶州湾营养盐浓度与结构的长期变化[J].海洋与湖沼,2011,42(5):662-669.

[31] Chen C T A.Chemical and physical fronts in the Bohai,Yellow and East China Seas[J].Journal of Marine Systems,2009,78:394-410.

[32] Liu S M, Hong G H, Zhang J, et al. Nutrient budgets for large Chinese estuaries[J]. Biogeosciences, 2009, 6: 2245-2263.
[33] Tang Q S, Su J L, Zhang J. China GLOBEC Ⅱ: A case study of the Yellow Sea and East China Sea ecosystem dynamics[J]. Deep-Sea Research Ⅱ, 2010, 57: 993-995.
[34] Wang X H, Cho Y K, Guo X Y, et al. The status of coastal oceanography in heavily impacted Yellow and East China Sea: Past trends, progress, and possible futures[J]. Estuarine, Coastal and Shelf Science, 2015, 163: 235-243.
[35] Teague W J, Jacobs G A. Current observations on the development of the Yellow Sea Warm Current[J]. Journal of Geophysical Research, 2000, 105(C2): 3401-3411.
[36] 赫崇本,汪园祥,雷宗友,等.黄海冷水团的形成及其性质的初步探讨[J].海洋与湖沼,1959,2(1):11-15.
[37] Wei Q S, Li X S, Wang B D, et al. Seasonally chemical hydrology and ecological responses in frontal zone of the central southern Yellow Sea[J]. Journal of Sea Research, 2016, 112: 1-12.
[38] Wei Q S, Yu Z G, Wang B D, et al. Coupling of the spatial-temporal distributions of nutrients and physical conditions in the southern Yellow Sea [J]. Journal of Marine Systems, 2016, 156: 30-45.
[39] Liu X, Chiang K P, Liu S M, et al. Influence of the Yellow Sea Warm Current on phytoplankton community in the central Yellow Sea[J]. Deep-Sea Research Ⅰ, 2015, 106: 17-29.
[40] Lin C L, Ning X R, Su J L, et al. Environmental changes and responses of ecosystem of the Yellow Sea during 1976-2000[J]. Journal of Marine Systems, 2005, 55: 223-234.
[41] 江蓓洁,鲍献文,吴德星,等.北黄海冷水团温、盐多年变化特征及影响因素[J].海洋学报,2007,29(4):1-10.
[42] Wei H, Shi J, Lu Y Y, et al. Interannual and long-term hydrographic changes in the Yellow Sea during 1977-1998[J]. Deep-Sea Research Ⅱ, 2010, 57: 1025-1034.
[43] 马超,鞠霞,吴德星,等.黄、渤海断面及海洋站的盐度分布特征与变化趋势[J].海洋科学,2010,34(9):70-81.
[44] 李昂,于非,刁新源,等.北黄海冷水团温度年际变化研究[J].海洋学报,2015,37(1):30-42.
[45] 高磊,李道季.黄、东海西部营养盐浓度近几十年来的变化[J].海洋科学,2009,33(5):64-69.
[46] Fu M Z, Wang Z L, Pu X M, et al. Changes of nutrient concentrations and N:P:Si ratios and their possible impacts on the Huanghai Sea ecosystem [J]. Acta Oceanologica Sinica, 2012, 31(4): 101-112.
[47] Li H M, Zhang C S, Han X R, et al. Changes in concentrations of oxygen, dissolved nitrogen, phosphate, and silicate in the southern Yellow Sea, 1980-2012: Sources and seaward gradients[J]. Esturine, Coastal and Shelf Science, 2015, 163: 44-55.
[48] Wei Q S, Yao Q Z, Wang B D, et al. Long-term variation of nutrients in the southern Yellow Sea[J]. Continental Shelf Research, 2015, 111: 184-196.
[49] Zhang L, Xue L, Song M. Distribution of the surface partial pressure of CO_2 in the southern Yellow Sea and its controls[J]. Continental Shelf Research, 2010, 30: 293-304.
[50] Xue L, Zhang L J, Cai W J. Air-sea CO_2 fluxes in the southern Yellow Sea: an examination of the continental shelf pump hypothesis[J]. Continental Shelf Research, 2011, 31: 1904-1914.
[51] Zhai W D, Zheng N, Huo C, et al. Subsurface pH and carbonate saturation state of aragonite on the Chinese side of the North Yellow Sea: seasonal variations and controls[J]. Biogeosciences, 2014, 11: 1103-1123.
[52] Hu Y B, Liu C Y, Yang G P, et al. The response of the carbonate system to a green algal bloom during the post-bloom period in the southern Yellow Sea[J]. Continental Shelf Research, 2015, 94: 1-7.
[53] Qu B X, Song J M, Yuan H M, et al. Summer carbonate chemistry dynamics in the southern Yellow Sea and the East China Sea: Regional variations and controls[J]. Continental Shelf Research, 2015, 111: 250-261.
[54] Xu X M, Zang K P, Zhao H D, et al. Monthly CO_2 at A4HDYD station in a productive shallow marginal sea (Yellow Sea) with a seasonal thermocline: Controlling processes[J]. Journal of Marine Systems, 2016, 159, http://dx.doi.org/10.1016/j.jmarsys.2016.03.009.
[55] 王保栋,刘峰,王桂云.南黄海溶解氧的平面分布及季节变化[J].海洋学报,1999,21(4):47-53.
[56] 韦钦胜.南黄海及长江口外海域化学水文学特征、机制和生态响应研究[D].青岛:中国海洋大学,2016.
[57] Grasshoff K, Kremling K, Ehrhardt M. Methods of Seawater Analysis[M]. 3rd ed. Weinheim: Wiley-VCH, 1999.
[58] Buch K. On the determination of pH in seawater at different temperatures[J]. J. du Conseil, 1929, 4(3): 267-280.
[59] Strickland J D H, Parsons T R. A practical handbook of seawater analysis (Bull. No. 167) [M]. Ottawa, Ontario: Fish. Res. Board Canada, 1968.
[60] 国家海洋局.海洋监测规范[M].北京:海洋出版社,1991.
[61] 韦钦胜,周明,魏修华,等.冬季南黄海海水化学要素的分布特征及变化趋势[J].海洋科学进展,2010,28(3):353-363.
[62] Weiss R F. The solubility of nitrogen, oxygen and argon in water and seawater[J]. Deep-Sea Research and Oceanographic Abstracts, 1970, 17: 721-735.
[63] Lie H J, Cho H C, Lee S. Tongue-shaped frontal structure and warm water intrusion in the southern Yellow Sea in winter[J]. Journal of Geophysical Research, 2009, 114: C01003.
[64] Yu F, Zhang Z X, Diao X Y, et al. Observational evidence of the Yellow Sea Warm Current[J]. Chinese Journal of Oceanology and Limnology,

2010,28(3):677-683.

[65] Zhang S W,Wang Q Y,Lü Y,et al.Observation of the seasonal evolution of the Yellow Sea Cold Water Mass in 1996—1998[J].Continental Shelf Research,2008,28:442-457.

[66] 韦钦胜,于志刚,葛人峰,等.黄海西部沿岸冷水在夏季南黄海西部底层冷水形成和季节演变过程中作用的化学水文学分析[J].海洋与湖沼,2013,44(4):890-905.

[67] 王保栋,王桂云,郑昌洙,等.南黄海溶解氧的垂直分布特性[J].海洋学报,1999,21(5):72-77.

[68] 韦钦胜,葛人峰,王保栋,等.南黄海冷水域西部溶解氧垂直分布最大值现象的成因分析[J].海洋学报,2009,31(4):69-77.

[69] 韦钦胜,傅明珠,李艳,等.南黄海冷水团海域溶解氧和叶绿素最大值及营养盐累积的季节演变[J].海洋学报,2013,35(4):142-154.

[70] Wu L X,Cai W J,Zhang L P,et al.Enhanced warming over the global subtropical western boundary currents[J].Nature Climate Change 2,2012, http://dx.doi.org/10.1038/nclimate1353.

[71] Hu D X,Wu L X,Cai W J,et al.Pacific western boundary currents and their roles in climate[J].Nature,2015,522:299-308.

[72] Wang J,Oey L Y.Seasonal exchanges of the Kuroshio and Shelf Waters and their impacts on the shelf currents of the East China Sea[J].Journal of Physical Oceanography,2016,46:1615-1632.

[73] Wei H,Yuan C,Lu Y,et al.Forcing mechanisms of heat content variations in the Yellow Sea[J].Journal of Geophysical Research:Oceans,2013, 118:4504-4513.

[74] Yan X H,Boyer T,Trenberth K,et al.The global warming hiatus:Slowdown or redistribution? [J] Earth's Future,2016,4:472-482.

[75] Anderson D M,Glibert P M,Burkholder J M.Harmful algal blooms and eutrophication:nutrient sources,composition,and consequences[J].Estuaries and Coasts,2002,25:704-726.

[76] 俞志明,沈志良.长江口水域富营养化[M].北京:科学出版社,2011.

[77] Redfield A C,Ketchum B H,Richards F A.The influence of organisms on the composition of seawater[M]// Hill M N,eds.The Sea.New York: John Wiley,1963.

[78] Yamaguchi H,Kim H C,Son Y B,et al.Seasonal and summer interannual variations of SeaWiFS chlorophyll a in the Yellow Sea and East China Sea[J].Progress in Oceanography,2012,105:22-29.

[79] He X,Bai Y,Pan D,et al.Satellite views of the seasonal and interannual variability of phytoplankton blooms in the eastern China seas over the past 14 yr(1998-2011)[J].Biogeosciences,2013,10:4721-4739.

[80] Zhu Z Y,Wu Y,Zhang J,et al.Reconstruction of anthropogenic eutrophication in the region off the Changjiang Estuary and central Yellow Sea: From decades to centuries[J].Continental Shelf Research,2014,72:152-162.

不同光源和水流条件下 ATS 对氮磷固定效率的影响

郁琨[1]，穆怀利[1]，柴源[1]，张晓明[1]，赵守发[1]

（1. 天津海昌极地海洋公园，天津 300450）

摘要：部分海洋馆使用人工海水养殖海洋生物，海洋馆维生系统维护费用、海水配置费用、能源费用开支巨大，换水的成本也极为高昂，若不经常换水则水体内硝酸盐和磷酸盐长期处于过高状态，引发水体富营养化问题，近年研究发现 ATS（潮间带藻类培养过滤系统）是可以应用于海洋馆一个经济、节约、节能的可持续发展方法。本研究对 ATS 是否适用于海洋馆海水生态系统及合适的光照、水流条件对 ATS 对氮磷固定效率的影响进行探讨，得出如下结论：（1）适宜的温度及连续的高光照强度有助于氮磷等营养物质的去除，红光影响大于白光，主次影响顺序光照强度大于光照周期。光照强度最大的明显优于其他组别。（2）300 L/s 为最适水流速度，水流速度为 400 L/s 时 TP、TN 和 NH_3-N 的去除率与 300 L/s 基本持平。水流强度的增加并没有对 TP、TN 和 NH_3-N 等 3 项指标去除率有极大的促进作用。ATS 系统多种藻类的生长能去除硝酸盐、磷酸盐，适合于海洋馆去除氮磷，氮磷处理效率相对较高，而且投资少，维护管理简单，控制手段简单，易于控制。

关键词：ATS；光源；水流；氮磷固定效率

1 引言

天津极地海洋世界为内陆馆，使用人工海水养殖海洋生物，海洋馆维生系统维护费用、海水配置费用、能源费用开支巨大，所以大量换水的成本极为高昂，无法频繁的使用换水的方式保证养殖水体的理化指标，导致水体内硝酸盐和磷酸盐长期处于过高状态，引发海水富营养化问题。

由于海洋馆展池容积比较小，海洋生物密度高，动物的食物残渣、粪便积聚使得养殖水体中有害的 NH_3-N、NO_2^--N、NO_3^--N、PO_4^{3-}-P、悬浮物和有机污染物等浓度增高，养殖水环境更容易恶化，导致养殖生物病害频繁发生、甚至死亡。死亡的生物体残骸被异养细菌分解、利用，导致溶解氧的消耗量增大，展池处于缺氧状态，进而引起更多的动物大量死亡。厌氧条件下，沉积物表层的厌氧硫酸盐还原产生 H_2S，扩散至池水表层的 H_2S 被氧化成胶体硫颗粒，消耗大量溶解氧，形成大面积的缺氧水体，往往导致大量耗氧生物窒息死亡。形成了一个有害的正反馈。若不进行换水或其他手段降低水中氮磷含量，则展池中的海洋生物将逐渐死亡[1]。

潮间带藻类过滤法（Algalturfscmbber）简称 ATS，是 1993 年由 smithsonian 海水系统实验室的 walterA-dev 博士提出的应用于海水观赏水族缸养殖的一种水处理方法，ATS 实质上就是用植物去吸收水中营养来降低水体内硝酸盐和磷酸盐浓度。大量研究已经肯定了藻类对污水中氮、磷等营养物去除的作用和效果[2]。藻类对氮和磷的去除存在直接作用和间接作用 2 个过程。直接作用是藻类对氮和磷的同化吸收；间接作用是指藻类大量繁殖致使塘内 pH 升高，从而促使氨氮以气态形式挥发以及磷酸盐与钙、镁等离子形成沉淀。藻类同化吸收的氮和磷可通过后续除藻将其从水中彻底去除[3]。

Govindan 在研究一种来源于生活污水、农业和纺织废水组成的混合污水中培养驯化的几种藻类时，发

作者简介：郁琨（1985—），男，天津市人，主要研究方向为水族馆鱼类养殖。E-mail：470244645@ qq. com

现除了氮、磷被大量去除[4]。藻类生长好，氮、磷营养物的去除率也高，而藻类生长受许多因素的影响，如光强、温度、氮、磷浓度及平衡、有机负荷大小和 pH 值等，其中有些甚至会成为藻类生长的限制因子。Peeters 和 Eilers[5]、Martin[6] 和 Grobbelaar[7] 曾分别建立了光照、温度与藻类生长及生物量的相关数学模型。许多研究报道了藻类去除氮和磷的过程和机理，Matusiak[8] 发现藻类优先利用污水中的 NH_3-N 和其他还原态的氮。

ATS 培养的低等藻类具有极强营养盐固定能力，只需定期清理 ATS 产生的藻类，就能去除掉 ATS 固定的氮磷等营养盐。近年我国北方鲆鲽鱼类和南方石斑鱼类等海水鱼工厂化循环水养殖不断发展，2013 年浙江省海洋水产养殖研究所洞头基地进行了 ATS 系统在海水工厂化循环水养殖中的应用试验，得出 ATS 系统可以在几天内建立健康的负载量极大的水族水处理系统，ATS 系统非常便宜，而且易于维护，尤其适用于大型水族缸，水族缸年换水量可降至 10%以下[2]。潮间带底栖藻类是海藻的重要生态类群之一，光照、水流条件等生态因子和人为干扰对潮间带底栖藻类的分布、生长、繁殖等方面有重要影响，反过来潮间带藻类的变化可反映环境状况[9]，光照是藻生长的重要因子，在温度一定时，光合作用速率随光强度的增加而增加，在达到饱和光强度后，如果光强度再提高，将产生光抑制现象，光合作用速率反而下降。对光照、水流条件对 ATS 对氮磷固定效率的影响对海洋馆 ATS 系统使用有指导意义。

综上，我们可以通过采用 ATS 降低海水中氮磷含量，减少海洋馆的运营成本，但是 ATS 是否适用于海洋馆海水生态系统仍未有相关研究，本文将对 ATS 是否适用于海洋馆海水生态系统及合适的光照、水流条件对 ATS 对氮磷固定效率的影响进行探讨。

2 材料与实验方法

2.1 材料

天津海昌极地海洋世界的 ATS 系统（图 1）由缸体、给排水系统、双层无结网和照明系统组成。缸体长 130 cm，宽 30 cm，高 100 cm，无结网长 125 cm，高 90 cm，照明系统采用飞利浦 16 W 的红色和白色灯（图 1）。

图 1 天津海昌极地海洋世界的 ATS 系统

藻种：蛋白核小球藻（*Chlorellapy renoidose*）、斜生栅藻（*Scenedes musobliquus*）、水华鱼腥藻

(*Anabaen aflos-aquae*)、细长聚球藻（*Synechococ cuselongatus*）和微囊藻（*Microcystis*）。6-7 月生长速度最快，平均日增重达 10%左右，即每 8 d 左右可增加 1 倍。

展池每星期约添加新鲜海水 5%，试验 5 个月共加水量为总水体的 101%左右，换水量极低，不到普通水泥池鱼类养殖 2 d 的换水量，基本做到了节水型的全封闭循环水生态养殖模式。水处理环节包括：第一步为沙缸、过滤棉和活性炭物理过滤，去除了大部分颗粒状的粪便和残饲；水处理第二步为珊瑚沙过滤，附有大量的硝化细菌日夜分解处理养殖池中鱼类的代谢和排泄废物，转化分解为硝酸盐氮。水处理系统还包括蛋白分离器或气浮机去除水体内的有机物质，最后用 ATS 系统去除水体中的最后产物硝酸盐氮等，达到了较好的过滤效果。

循环养殖系统中光照很强，ATS 藻板上很容易生长附着大量的低等藻类，每隔 7~10 d 需刮除藻板上生长的藻。ATS 系统和沙缸、过滤棉、活性炭、生物球、珊瑚沙、蛋白分离器等共同作用保持了整个循环养殖系统的生态平衡。

2.2 方法

（1）给每组每个 ATS 系统设定不同的光照条件，两组灯光，分为红光和白光，照明强度依次为 8、6、5、4、3、2、1 只灯管。

（2）每组调整出水量从大到小依次为 400 L/s、300 L/s、200 L/s。

（3）培养 1 周后收集 ATS 培养出藻类，烘干后进行称重，并对海水进行理化分析，测定取样和检测 TP、TN 和 NH_3-N 等 3 项指标，对藻细胞主要元素含量及其成分分析（图 2）。

图 2 ATS 藻种的培养和收集

3 结果与讨论

3.1 结果

（1）实验表明，适宜的温度及连续的高光照强度有助于氮磷等营养物质的去除，红光影响大于白光，主次影响顺序光照强度大于光照周期（图 3）。光照强度最大的明显优于其他组别，第 6 天光照最大的 TP 去除率高于最低 34.5%，第 6 天光照最大的 TN 去除率高于最低 51.5%，第 6 天光照最大的 TP 去除率高于最低 60.2%。但是，光照强度对去除率的提升随着光强的增加而减小，也就是说当光照强度达到一定数值，去除率将不会上升。

（2）如图 4，300 L/s 为最适水流速度，水流速度为 400 L/s 时 TP、TN 和 NH_3-N 的去除率与 300 L/s 基本持平。水流强度的增加并没有对 TP、TN 和 NH_3-N 等 3 项指标去除率有极大的促进作用。

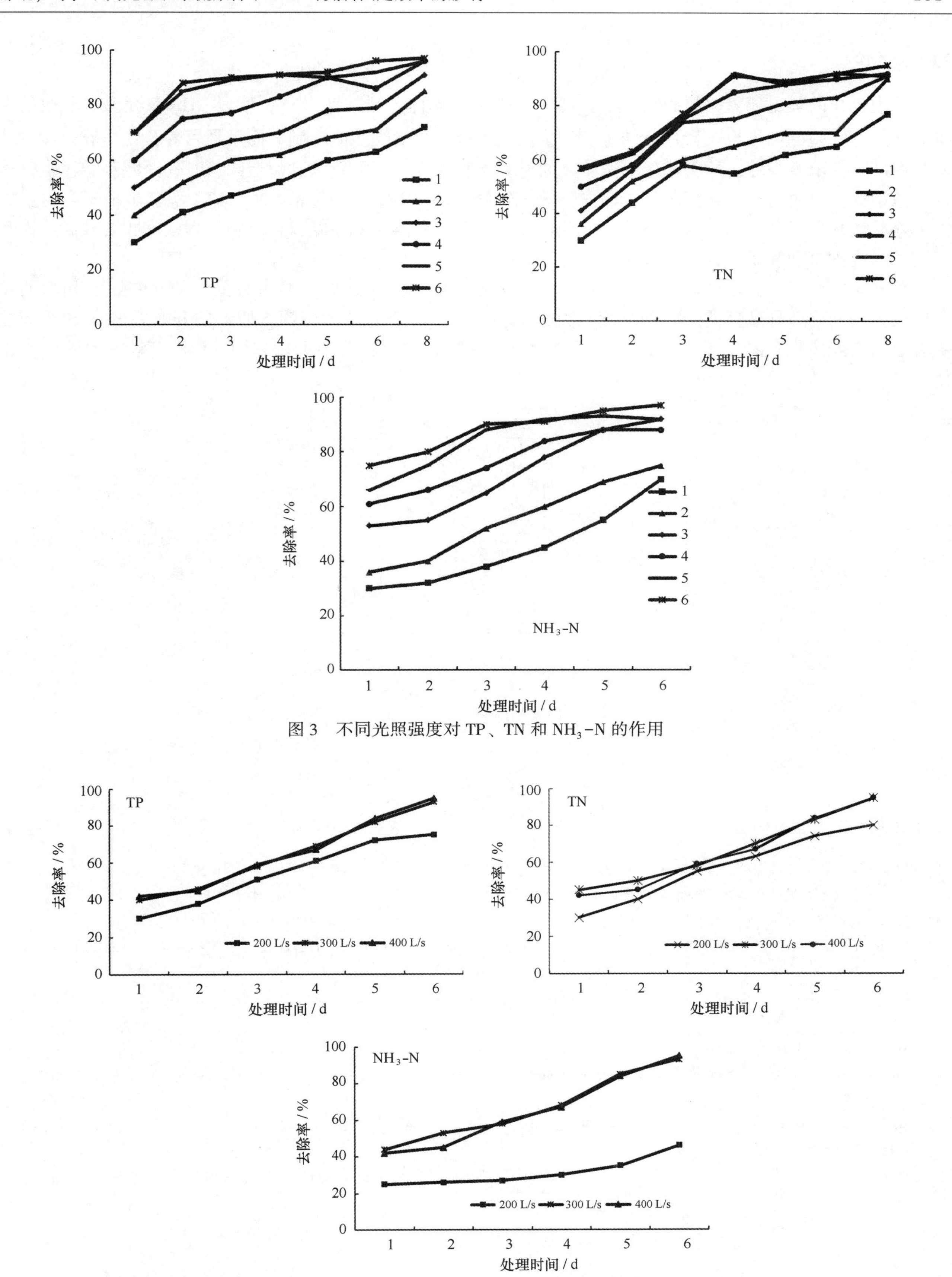

图 3 不同光照强度对 TP、TN 和 NH_3-N 的作用

图 4 不同水流条件对 TP、TN 和 NH_3-N 的作用

3.2 讨论

藻类生长的最主要氮源是 NH_3-N，一般认为藻类倾向优先利用 NH_3-N，所以 NH_3-N 是藻类吸收的直接形式，本实验的结果也支持这一结论。浮游藻类生长主要受光照的限制，而不是营养盐；培养介质中磷酸盐和硝酸盐浓度与浮游藻类比生长速率之间有一个临界点，当氮磷浓度超过阈值时，浮游藻类比生长速率会减小，藻类对富营养化湖水氮磷的去除效果较好，2 d 内的去除速率最大。ATS 系统多种藻类的生长能去除硝酸盐、磷酸盐、硅甚至是碳氢化合物等，适合于海洋馆去除氮磷，氮磷处理效率相对较高，而且投资省，维护管理简单，控制手段简单，易于控制。

另外实验中发现，玻璃表面生长的藻量远远大于无结网上生长的，约占总藻量的 92%，且箱型的结构以及无结网构造导致藻类的清理难度较大，不易于维护，作者认为如图 5 所示的开放式的 ATS 系统能更有效的培养藻类且易于维护，但开放式的 ATS 的缺点是所用场地面积较大，不利于紧凑型的海洋馆使用。

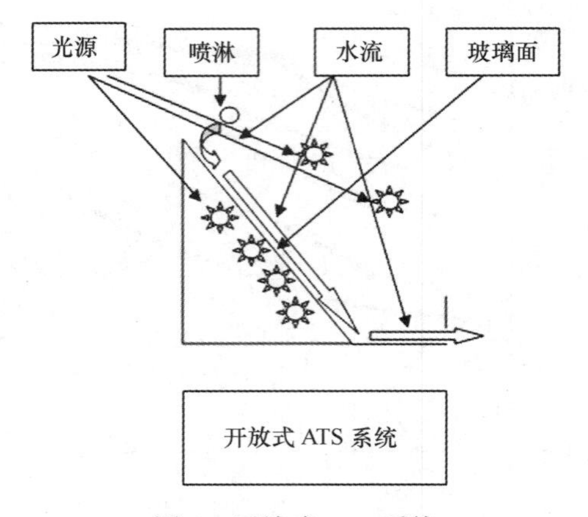

图 5 开放式 ATS 系统

参考文献：

[1] 唐丽.钢渣-龙须菜系统对富营养化海水中硝酸盐、磷酸盐去除的实验研究[D].青岛：中国海洋大学，2010.

[2] 单乐州，邵鑫斌，吴洪喜.ATS 在海水工厂化循环水生态养殖中的应用[J].水产养殖，2014，35(9)：4-6.

[3] 何少林，黄翔峰，乔丽，等.高效藻类塘氮磷去除机理的研究进展[J].环境工程学报，2006，7(8)：6-11.

[4] Gowen R J，Rosenthal R，Makinen T，et al.Environmental Impact of Aquacultureactivities[M].London：EAS European Aquaculture Society Special Publication，1989.

[5] Peeters J C H，Eilers P.The relationship between light intensity and photosynthesis.A simple mathematical model[J].Hydrobiol Bull，1978，12：134-139.

[6] Martin N J.Wat Sci Technol，1989，21：1657.

[7] Grobbelaar J U，Soeder C J，Stengel E.Modeling algal productivity in large outdoor cultures and waste treatment system[J].Biomass，1990，21：297-314.

[8] Matusiak K，Przytocka-Jusiak M，Leszcznska-Gerula K，et al.Stntensive algal cultures. Ⅱ.Removal of nitrogen from wastewater[J].Acta Microbiol. Pol.，1976，25(4)：361-374.

[9] 蔡丽萍，金敬林，吴盈子，等.舟山马鞍列岛海洋特别保护区岩相潮间带底栖藻类初步调查与研究[J].海洋开发与管理，2014，31(4)：89-94.

西太平洋板内海山成因研究进展

唐立梅[1]，陈灵[1]，初凤友[1]，董彦辉[1]

(1. 国家海洋局第二海洋研究所 国家海洋局海底科学重点实验室，浙江 杭州 310012)

摘要：板内海山的岩浆来源于深部地幔的部分熔融，为地球深处地球化学元素的迁移和不均一性提供了独特视角。西太平洋是全球海山分布最密集的区域，它们的成因一直广受关注。传统的观点认为海山链都是深部的固定地幔柱成因的，但这一观点越来越受到质疑。在西太平洋，很多海山链的年龄分布是无序的，表现出短寿命和不连续的火山作用，需要建立新的板内岩浆活动的成因模型（如岩石圈拉张模型）来解释。并以海山的年龄、空间分布和它们的 Sr-Nd-Pb 同位素特征为基础，来讨论海山链的形成及迁移。板内海山的成因争议依然很大，未来需要更多、更系统地对海山空间分布和它们的地球化学特征进行分析，才能获得对当今太平洋板块的地球动力学及其地质历史的完整了解。

关键词：海山；热点；板内；岩浆活动；西太平洋

1 引言

海山的定义已被学者们讨论了多次[1-6]，早期 Menard[1]认为它的最小高度应该不小于 1 000 m，同样 White[4]也认为正式定义是指位于海底的相对高差超过 1 000 m 的火山锥，但事实上有很多已经命名的海山都小于 1 000 m，因此目前很多文献把 100 m 作为海山高度的下限[7-8]。目前广义的海山定义为海底具有独立地形特征的不小于 100 m 的火山锥[6]。

海山按所处的构造位置不同可以分为板内海山、俯冲带岛弧型海山以及洋中脊海山。板内海山指发育于稳定的洋壳内部的海山[9]，在太平洋洋盆发育最广泛，主体一般为洋岛玄武岩（OIB）。板内海山是研究地球深部的窗口，有利于揭示深部地幔性质和阐明深部地质过程。首先，板内海山的岩浆来源于深部地幔的部分熔融，它们为地球深处化学元素迁移和地幔不均一性的研究提供了独特视角，也为板块内部的地幔部分熔融和火山作用的研究提供了重要载体；其次，板内海山链是记录板块绝对运动的绝佳证据，为研究板块运动、热点运动、整个地球的运动以及地幔对流之间的关系提供了极好的机会[10]；此外，通过研究板内海山生长所导致的下覆大洋地壳的挠曲程度，可以了解大洋岩石圈的温度结构和机械性质。

太平洋大约发育了 50 000 座以上高于 1 km 的海山[11]，尤其在南太平洋同位素和热异常区（SOPITA）和西太平洋海山省（WPSP），均发育了密集的海山链。西太平洋是全球海山分布最密集的区域，分布着 Japanese Seamount、Marcus Wake、Megellan、Marshall 等海山链，是全球富钴结壳发育的典型区域之一，自 20 世纪 80 年代以来，为各国所高度关注。我国学者对太平洋海山的关注集中于海山的形态[12]、海山玄武岩的岩石学特征[13]以及海山与上覆富钴结壳的关系[14-18]，而对海山的成因机制研究较少[19]。年龄排列有序的海山链一般被认为是热点成因，然而还有大量的海山链并没有明显的时间序列，其成因机制更为复杂，例如最近有学者提出板内火山作用的形成机制为软流圈剪切熔融[20]。目前板内海山的成因仍是国

基金项目：国家重点基础研究发展计划“973”项目（2015CB755905）；国家自然科学基金（41506070）；浙江省自然科学基金（QY18006002）。

作者简介：唐立梅（1981—），女，河北省保定市人，副研究员，从事海山与海沟形成演化的研究。E-mail：tanglm@ sio. org. cn

际热点问题之一。

2 板内海山成因概述

2.1 热点假说的由来

对海山链年龄和成因的研究促使了地幔柱理论的诞生。Darwin[21-22]第一次注意到洋岛常常呈链状存在。之后，Dana[23]发现这些火山链只有一端是活跃的，另一端逐渐被侵蚀、变老，他认为夏威夷群岛西部存在被淹没的岛屿，这些岛屿直到 1946 年才被 Hess[24]发现。1963 年，Wilson[25]提出了热点假说，基于太平洋、大西洋和印度洋中一些呈线性分布的海山，且这些海山的年龄是有序排列的，因此他认为这些大洋中的热点是相对静止的，当岩石圈板块漂移经过这些热点时就形成了链状海山。这些最早的对于火山链年龄排列有序的认识，由于 K-Ar 法年龄测定技术的运用而被量化[26]。1971 年，Morgan[27]正式提出了地幔柱假说，认为 Wilson 提出的热点是一种细长的柱状热物质流，起源于核幔边界并缓慢上升。1990 年，Campbell 和 Giffths[28]进行了流体力学模拟实验，成功地解决了两大模拟热柱的基本问题即热驱动和大黏度对比这，并建立了动态热柱结构模型。

此后，热点假说开始盛行，大量学者发展了热点假说，Courtillot 等[29]把热点定义为“原生”热点和“次生”热点和“三级”热点，“原生”热点据推测来源很深，可能起源于核幔边界，现今地球上有多个这样的热点，如 Hawiian、Louisvile、Iceland 等；“次生”热点形成于较浅的上地幔，可能起源于超级地幔柱顶部的次生地幔柱；而“三级”热点形成于大洋岩石圈伸展引起的裂隙。

具有 80 Ma 历史的 Hawaiian-Emperor 海山链作为热点假说存在的重要证据，以其完美的曲线被认为指示了太平洋板块的绝对运动方向，与此同时提供证据的还有 Louisville 海山链。热点假说的关键是热点是相对固定的，且有异常的高温，并且形成了年龄排列有序的海山链。热点固定论的概念一直非常成功，以至于它一直作为不容置疑的经典存在于主要的地球科学的教材中和几十年的科学文献里。

2.2 对热点假说的质疑

但是近些年来对热点假说的质疑越来越多。首先，一些经典的被认为是热点成因的地区，如 Yellowstone，其地幔异常仅局限于 200 km 以上的浅部地幔[30]；在 Iceland 则局限于 400 km 以上的上地幔[31]，并没有发现深达 2 900 km（核幔边界）的异常；且热流测量发现 Iceland 地区热流值与其他非地幔柱地区并无差别[31]。Iceland 岩浆岩的地球化学特征与 N-MORB 也并无差别[32]，而且在一些大火成岩省（LIP）也未发现科马提岩和苦橄岩等代表高温产物的岩石学证据。

其次，热点并不是固定的，而是迁移的[33-34]。Hawaiian 和 Louisville 热点都被认为是原始热点，因为它们表现出起源于深部地幔的特点[29]。由于它们都位于同一个板块，如果假设热点都是固定的话，那么它们的海山的空间和年龄分布应该匹配一致的板块运动参数[35]。由第一个原始热点 Hawaiian 所形成的 Hawaiian-Emperor 海山链在约 47 Ma 的弯曲通常被认为指示了太平洋板块当时的一个明显的运动方向的转变[35]。然而，通过 DSDP55 和 ODP145、ODP197 的调查研究显示，Hawaiian 热点在 80~50 Ma 期间向南移动了约 15°（相对于地球磁场）[33-34]。这样大规模的地幔柱运动本身便可以解释 Hawaiian-Emperor 海山链的 120°的弯曲。这为太平洋其他热点体系带来了一个基准问题，即它们的地幔柱是否也经历了一个相似的运动过程。对于第二个原始热点 Louisville，IODP330 的调查结果显示，南太平洋的 Louisville 海山链表现出不同于 Hawaiian-Emperor 海山链的行为，即它的地幔柱热点在 80~50 Ma 期间几乎是固定在南纬 48°。因此 Koopers 等[10]认为，太平洋的热点系统是相对独立的，它们的轨迹可以通过俯冲带几何形状的差异来控制。此外，地球化学数据表明，与 Hawaiian 火山岩相比，Louisville 海山不具有拉斑玄武岩为主的火山岩建造，且稀土元素显示 Louisville 的地幔源区性质相对均一[10]。这些观察都证明 Louisville 与 Hawaiian-Emperor 海山链的不同，尤其后者喷发了大量的拉斑玄武岩，且地幔源区组分的同位素值具有很大的变化范围[10]。两个原始热点之间的差异表明两者并不能匹配一致的板块运动参数，这种差异最可能由热点的相对运动造成。因此，近些年来，学者们已经越来越明确地认识到热点固定论不能应用于所有的线状板内海山，在用于部分特殊的洋岛和海山链的时候应该进行修正。例如在南太平洋，海山链都很短，岩浆量比夏威夷少，且不连续，它们的年龄也经常是无序的，表明热点之间存在相对运动[36]。Koppers 等认为太平洋热点在过去 100 Ma 具有平均 10~60 mm/a 的运动，其中部分热点运动是独立的，剩下的热点之间存在系统的运动，热点之间的相对运动的方向平行于板块运动方向[35]。这些现象要求对经典的热点概念进行修正，甚至需要定义新的板内岩浆活动类型。

3 板内岩浆活动的成因模型

虽然对热点概念有诸多质疑，但是它还是成功解释了大量板内岩浆活动。因此科学家们首先倾向于对热点模型进行修正，以区别于传统意义上的热点模型。大部分的板内岩浆活动都可以用一个广义的热点模型来解释，但是几种不同的热点要加以区分。在过去的研究中，基于地球物理和地球化学资料区分出了两种不同的热点，即强的 Hawaiian 型热点和弱的 Marquesian 型热点[37]。它们之间的区别由 Courtillot 等[29]定义为“原生”热点和“次生”热点。

在第一种“原生”Hawaiian 型热点模型中，着重于地幔柱穿透岩石圈产生 Hawaiian 型热点并持续保持很长时间（比如 80 Ma），同时产生大量的岩浆活动和年龄分布有序的海山链。因此，它们的拉斑玄武岩类熔岩主要来自于地幔柱的部分熔融，表现出同位素富集的特征[29]。这些原生热点据推测来源很深，可能起源于在核幔边界[29]。在第二种“次生”Marquesian 型热点模型中，地幔柱柱头沿上覆岩石圈底部流动扩散，产生弱的 Marquesian 型热点[38]。在这些 Marquesian 型热点中，岩浆主要来源于岩石圈而不是深部地幔的部分熔融，富集的同位素特征被淡化[39]。这些次生的热点形成于较浅的上地幔，可能起源于超级地幔柱顶部的次生地幔柱，具有短寿命和岩浆量明显减小的特征[29,40]。

迄今为止，最多的 Marquesian 型热点存在于南太平洋同位素和热异常区（South Pacific Isotopic and Thermal Anomaly，简称 SOPITA），也称为超级地幔域（SOPITA 的概念将在第 4 部分详细介绍）。在 SOPITA 区，空间上分布密集的海山链和雁行脊也都具有复杂的年龄，表明年龄分布无序的岩浆活动是在与板块运动倾斜的方向上进行的[41]，它们的海山链很短（40~10 Ma），完全缺少 Hawaiian 型所具有的典型的拉斑玄武岩。SOPITA 的大部分热点可能都属于 Marquesian 型热点，它们的海山链常具有复杂和非线性的年龄分布，多个热点的相互作用在板内海山的成因机制中起了很重要的作用[42]。

除了对传统的热点模型进行修正外，新的板内海山成因模型也被提出。例如受拉张应力形成的岩石圈裂隙或者年轻岩石圈因不均匀热收缩而发生弯曲也可以解释在低重力值区产生的洋脊，比如 Pukapuka 脊[43]。这些裂隙和弯曲机制不需要热点或者深部地幔柱的存在[32]，它们也可以解释一些形成年龄间隔超过 10 Ma 年的海山链[36]或者那些年龄分布杂乱的海山链。这些海山链的形成与地幔柱无关，而是岩石圈断裂和应力释放导致浅部地幔物质发生减压熔融的结果[44]。断裂处富水的变质地幔的存在也会降低地幔固相线，进一步促进地幔熔融[45]。“岩石圈断裂”模型与地幔柱模型的最主要的区别在于不需要地幔柱提供热源，并且其熔融区域可以位于软流圈最上部的岩石圈—软流圈转换带。最近的研究还表明，软流圈剪切流的存在能使地幔发生部分熔融，形成板内火山作用，称为“软流圈剪切熔融”模型[20]。此外，非热点成因的，形成周期短的，不符合空间上年龄递变特点的海山链还可能由浮力减压熔融机制导致，如东太平洋残留脊处的 Davidson Seamount lavas[46]；或者由拆离大陆岩石圈和破裂板块的再循环导致，如印度洋东岸的 Christmas Island Seamount Province[47]；后者被认为其是年轻洋盆形成海山重要的机制。

虽然至今已经提出了很多解释板内岩浆作用的模型，但是地幔柱理论在过去几十年里占据了主导地位，这主要是由于其在解释板内岩浆作用、地球动力学和板块绝对运动方面获得的成功[36]。相比之下，“岩石圈断裂”和“软流圈剪切熔融”等模型[44]对于板内火山形成的具体位置是比较模糊的，它们对于海山年龄的有序排列很难解释，因此，也不能简单的用来解释板内海山的成因[36]。对于西太平洋的海山成因来说，以其 140 Ma 以来的海山的空间分布和它们的地球化学特征为基础，以事实的地质资料来评价它们是支持热点模型还是岩石圈拉张模型，或者两者兼而有之，才是比较科学的方法。

4 南太平洋同位素和热异常区（SOPITA）

由于板块运动，板内海山的原始起源地并不是位于现今所处的位置。在讨论西太平洋海山成因之前，需要对太平洋最显著的一个超级地幔域进行简单的介绍。此地幔域位于南太平洋法属波利尼西亚（French Polynesian）地区，具有同位素和热两方面的异常，因此称为南太平洋同位素和热异常区（SOPITA）。该区域具有全球大洋中最密集的热点分布（11 个热点）（图 1），在过去的 30 Ma 年中产生了大量的海山和洋岛。这些板内火山位于具有相对薄和热的大洋岩石圈的南太平洋超级地幔域内[48]。这个超级地幔域的异常与大地水准面负异常一致，这一异常要求存在大尺度的上地幔对流[40]。大多数研究此“超级地幔柱”的地震层析图像认为它从核幔边界开始一直到岩石圈底部[49]。

SOPITA 的火山岩也因为起源于深部地幔而表现出异常的同位素组成特征[50]。Hart[51] 在把 SOPITA 区的同位素与全球范围内板内火山的正常同位素源区作比较时第一个注意到此异常。Staudigel 等[50] 随后注意到 SOPITA 异常与 DUPAL 异常是不同的，DUPAL 异常区（图 1）具有高的 $^{87}Sr/^{86}Sr$ 比值和高 Pb 同位素比值，偏离北半球平均值。而 SOPITA 洋岛玄武岩的同位素组成覆盖了多个地幔端元（HIMU-EM1-EM2），并且大部分地幔组分与地壳成分俯冲进地幔有关，暗示南太平洋地幔异常富集俯冲组分[52]。其中 HIMU 代表老的和再循环的洋壳，其特征是高的 $^{206}Pb/^{204}Pb$ 值。EM1-EM2 代表携带小部分远洋或者大陆沉积物的洋壳俯冲组分[50,52]。也许地幔本身并不富集这些组分，但是俯冲组分可能把富集组分有效地提供给这个区域的板内火山岩，因为它们部分富集再循环地挥发，可以增加热传递，促进地幔对流和部分熔融[50]。因此，南太平洋同位素和热同时异常这种情况应该由俯冲组分的异常元素丰度引起。

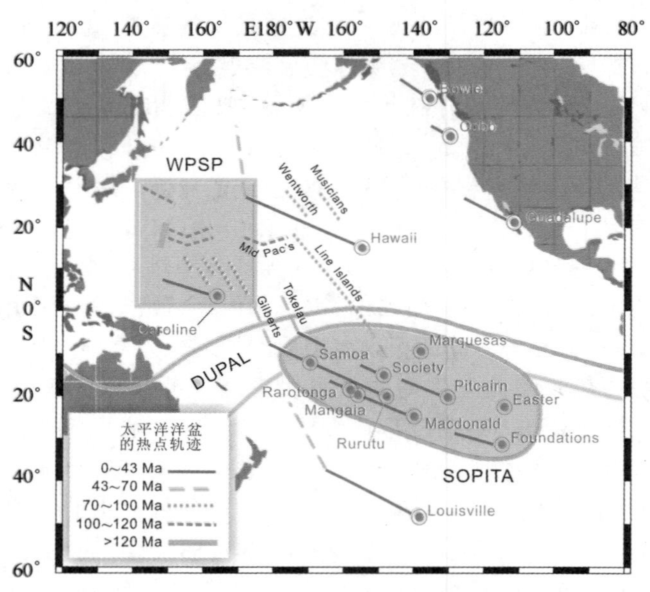

图 1 西太平洋海山省（WPSP）[36]、南太平洋同位素和热异常区（SOPITA）[50]
以及 DUPAL 同位素地幔异常区[50]的位置（红色点代表现今仍在活动的热点）

SOPITA 热点显示出独特的保存时间长的同位素特征[50]，提供了在地质年代尺度上结合源区地化特征和海山年龄来描绘地幔熔融异常的可能性。SOPITA 保存了 140 Ma 以来太平洋板内火山岩浆活动持续作用产生海山的链状记录，由于板块运动，它的白垩纪记录保存在拥有大范围海山和平顶海山的西太平洋海山省，这为西太平洋海山的成因提供了重要的地质和地球化学依据。

5 西太平洋海山的成因

西太平洋海山省（West Pacific Seamount Province，简称 WPSP）包括西太平洋海盆内从中太平洋海山群一直延伸至马里亚纳海沟的海山区域（图 1）。WPSP 包括西太平洋年龄大于 70 Ma 的所有海山。它拥有无数大大小小的海山链和海底高原，主要可以划分为 9 个不同的海山链（图 2）。这些海山链按所在的区域、年龄和走向分为几组（图 2）。第 1 组位于 WPSP 的南部，包括 Magellan，Ujlan，Anewetak，Ralik 和 Ratak 海山链，它们呈北西走向，年龄为 100~70 Ma（图2，绿色线）。第 2 组和第 3 组位于 WPSP 的北部，包括东西走向的 Northern Wake，Southern Wake 和 Japanese 海山链，年龄为 120~100 Ma（图 2，橙色线），还有北北东走向的 Typhoon 海山群，年龄大于 120 Ma（图 2，蓝色线）。这些海山链的年龄大多都是无序分布的，构成了全球海山分布最密集的区域[36]。

WPSP 所处的水深特别浅，板块为很薄的塑性板块，且比用热损失模型计算的正常沉降慢[40]。这些现象最好的解释是 WPSP 岩石圈在 70 Ma 前重新活动[53]。其中 Wake 海山、Marshall 海山、中太平洋海山和 Line 海山密集的板内岩浆活动都与形成 Darwin 海隆的热点的重新活动有关。这个古老的超级地幔柱导致岩石圈隆起 200~700 m，造成海山的出露和剥蚀，在白垩纪形成许多的碳酸盐礁[36]。

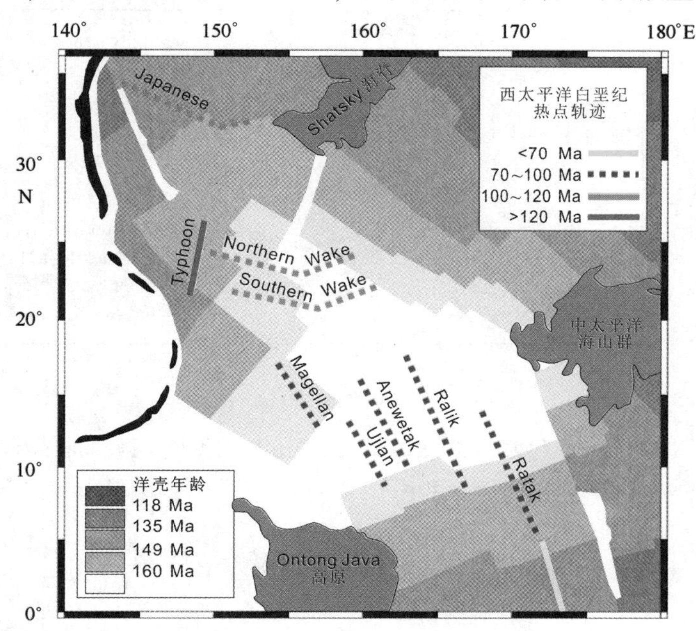

图 2 WPSP 区海山链的位置简图及相应海山链的$^{40}Ar/^{39}Ar$年龄（据 Koppers 等[36]修改）

由于西太平洋海山省（WPSP）位于太平洋板块最老的部分，因此可以为 SOPITA 提供板内岩浆活动的最古老的记录。这些记录在岩石地球化学上表现的尤为明显。在 WPSP 玄武岩的 Nd-Sr 和 Sr-Pb 同位素相关图（图 3，图 4）中，WPSP 和 SOPITA 的同位素多样性和地幔端元的类型很相似（图 3），如 WPSP 玄武岩源区表现出向 HIMU 和 EMII 地幔端元聚集的趋势，并且可能混合了 EMI 端元组分[36]。

WPSP 的每个单独的海山链体现出独特的相对集中的地幔源区组成，与整个 WPSP 地区的地幔源区强烈不均一性相左（图 4）。同时各个海山链还表现出与 SOPITA 区不同的热点成分相对应的趋势。如图 4 所示，Megellan 海山链具有 WPSP 海山中最低的$^{206}Pb/^{204}Pb$和$^{143}Nd/^{144}Nd$比值，属于 EMI 型地幔，同位素组分与分布和 SOPITA 区的 Rarotonga 热点最相似；Ujlan 海山链的同位素组分具有高$^{87}Sr/^{86}Sr$和低$^{143}Nd/^{144}Nd$的特征，属于 EMII 型地幔，其源区特征与现今的 Samoa 热点最相近；Anewetak 海山链的同位素范围在 EMII-HIMU 的混合线之间，与现今 SOPITA 区的 Macdonald 热点最相近；Ralik 海山链的同位素范围与 Rurutu 热点具有亲和性；Ratak 海山链的同位素特征与 Rurutu 和 Mangaia 热点相似；Southern Wake 海山链的$^{206}Pb/^{204}Pb$比值大于 20.6，具有 HIMU 地幔的特征，与现今的 Rurutu 热点和白垩纪的 Ratak 海山链可以对比；Northern Wake 海山链的$^{206}Pb/^{204}Pb$比值为 19.1~20.6，$^{87}Sr/^{86}Sr$比值低于 0.703 5，一些孤立的海山如 MIT 海山也具有类似的同位素范围，它们的同位素特征与现今 SOPITA 区的 Marquesas 热点相近。这些

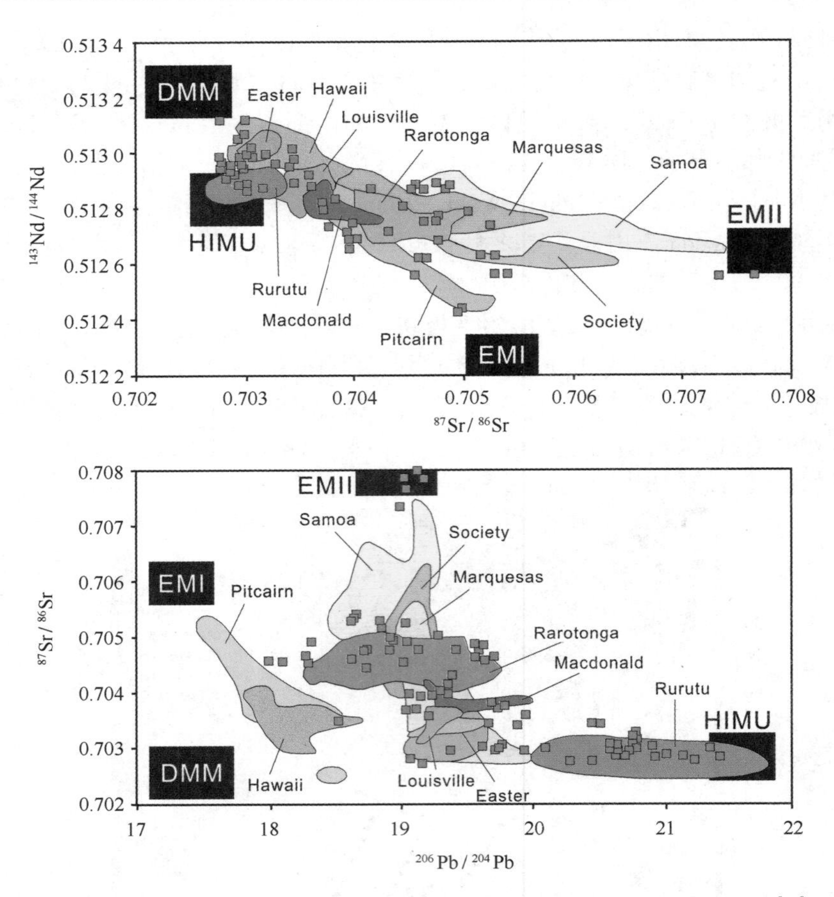

图 3 新生代与中生代太平洋洋岛玄武岩的同位素相关图（据 Koppers 等[36]）

DMM，HIMU，EMI 和 EMII 的地幔端元组分据 Zindlerand Hart[52]，SOPITA 参考值以颜色充填表示，WPSP 玄武岩以桃红色方块表示

同位素之间的相关性表明 WPSP 玄武岩和 SOPITA 玄武岩都源自于南太平洋同一个区域的不均一性地幔的熔融[36]。

同位素特征的对比，结合海山链年龄和板块重建的结果显示，WPSP 大于 100 Ma 的海山所对应的热点（即海山的起始位置）应该分布于现今的 Macdonald-Rurutu-Society 的东侧一带，而 110~70 Ma 的海山的起始位置分布于西侧（图 5），这两类海山几乎涵盖了 WPSP 所有的海山。然而板块重建表明，在 SOPITA 区现今活动的 11 个热点中，只能确定两三个热点是长期存在的，且在 WPSP 具有相对应的白垩纪海山链，分别为 Southern Wake 海山链和 Magellan 海山链。其中 Southern Wake 海山链最有可能起源于 Cook-Austral 岛附近的 Mangaia 热点与 Rurutu 热点之间，而 Magellan 海山链起源于 Rarotonga 热点[36]。结合它们的同位素特征的相似性，Koppers 等[36]认为 WPSP 的海山链与现今 SOPITA 区的 Mangaia，Rurutu 和 Rarotonga 热点最相近，这些热点可能存在了 120 Ma，因而可以在 WPSP 找到相对应的海山链。此外，它们的 HIMU，EMI 和 EMII 型的源区特征也持续了很长的地质历史时间，与热点的长期持续性相对应。

SOPITA 其他的热点都呈现出不连续的岩浆活动，比如，Typhoon 和 Japanese 热点在早白垩纪就停止了，而现今活动的 Samoan、Society、Pitcairn 和 Marquesas 热点在 WPSP 并没有相对应的长时间存在的海山链。大多数现今活动的热点可能只活动了 20~30 Ma，导致了很多海山链的年龄差只有 10~40 Ma [35]且并未进入 WPSP 区域（图 1）。WPSP 除了 Southern Wake 和 Magellan 两个海山链外，其他海山链在 SOPITA 都没有对应的现今活动的热点，并且具有杂乱的年龄序列和间歇的火山活动等特征，因此无法用固定的、长寿命的深源地幔柱解释，其形成而可能由运动的、短寿命的小型次生地幔柱或者岩石圈拉张诱发的浅部地幔熔融导致。小型次生地幔柱可能发源于 SOPITA 超级地幔柱的分支[29]，而岩石圈拉张断裂

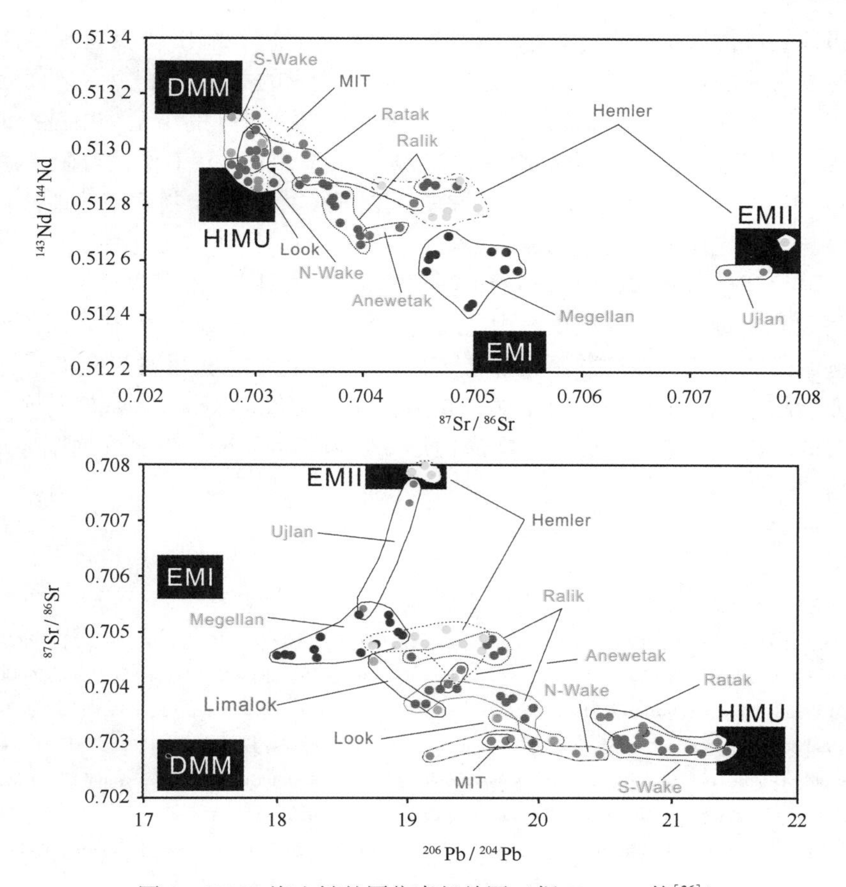

图 4　WPSP 海山链的同位素相关图（据 Koppers 等[36]）

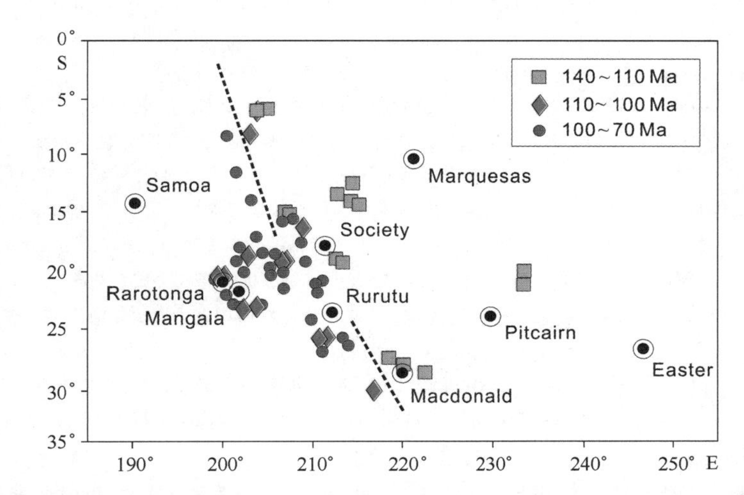

图 5　根据板块运动模型重建的 WPSP 不同年龄海山的起始位置（据 Koppers 等[36]）
黑点代表现今的 SOPITA 的热点位置

可由板块内部应力分布不均一导致[54]。对于 WPSP 海山链成因的解释，需要结合这两种不同的模型，以同时解决海山岩浆作用的深部动力机制和浅部岩浆的运移机制。

6　总结与展望

板内火山作用的成因机制，一直是地质学家研究和讨论的热点之一。由于缺乏明确检测地幔柱存在的地球物理方法，地幔柱假说仍然是一个有待检验和讨论的猜想[55-56]。海山物质起源于深源地幔柱物质还是浅部地幔不均一性富集体的熔融异常是目前板内海山源区争论的关键问题[56-57]。而岩石圈拉张模型更有利于解决海山形成过程中的物质迁移通道问题，并可为年龄无序排列的小型海山链的成因提供可能的解释[55]。至今，地幔柱理论仍然是解释海山成因的主流观点，主要的研究工作仍着眼于解决上地幔被动上涌的岩浆活动和从核-幔边界主动上升的地幔柱上涌之间的根本差异、绘制不同的地幔柱和地幔对流模型以及调和固定地幔柱与非固定地幔柱之间的矛盾[9]。

西太平洋大量年龄无序排序的海山要求小型地幔柱模型和岩石圈拉张模型同时作用，这增加了海山成因解释的复杂性。因此需要对西太平洋板内海山进行更清晰更系统的勘查，尤其是对于一些以往忽略的排列杂乱的小型海山链的研究，它们往往并不是热点成因[58]，藉此才能获得对当今太平洋板块的地球动力学及其地质历史的完整的了解。最后，西太平洋是我国实施由浅海向深海发展战略的必经之地，存在大量与结壳资源密切相关的海山，未来应加强对西太海山形成与演化的研究，以更好地服务于我国的深海科学战略和国家资源战略。

参考文献：

[1] Menard H W.Marine Geology of the Pacific[C].McGraw-Hill,New York,1964:271.

[2] Wessel P,Lyons S.Distribution of large Pacific seamounts from Geosat/ERS-1[J].J.Geophys.Res.,1997,102(22):459-475.

[3] Schmidt R,Schmincke H U.Seamounts and island building[C]// Encyclopedia of Volcanoes.San Diego,Academic Press,CA,2000.

[4] White S M.SOLAR SYSTEM:Jupiter,Saturn and Their Moons[C]// Seamount.University of South Carolina,Columbia,SC,USA,2005.

[5] International Hydrographic Organization. Standardization of Undersea Feature Names: Guidelines Proposal Form Terminology[M]. 4th ed. International Hydrographic Organization and International Oceanographic Commission,International Hydrographic Bureau,Monaco,2008:32.

[6] Wessel P,Sandwell D T,Kim S S.The global seamount census[J].Oceanography,2010,23(1):24-33.

[7] Smith D K,Cann J R.The role of seamount volcanism in crustal construction at the mid-Atlantic ridge[J].Journal of Geophysical Research,1992,97(B2):1645-1658.

[8] Chadwick W W DA,Butterfield R W,Embley V,et al.Spotlight 1:Axial Seamount[J].Oceanography,2010,23(1):38-39.

[9] Koppers A A,Watts A B.Intraplate seamounts as a window into deep earth processes[J].Oceanography,2010,23(1):42-57.

[10] Koppers A A.IODP Expedition 330:Drilling the Louisville Seamount Trail in the SW Pacific[R].Scientific Drilling,2013,15:11-22.

[11] Hillier J K.Pacific seamount volcanism in space and time[J].Geophys.J.Int.2007,168:877-889.

[12] 章伟艳,张富元,胡光道,等.中西太平洋海山形态类型与钴结壳资源分布关系[J].海洋学报,2008,30(6):76-84.

[13] 初凤友,陈建林,马维林,等.中太平洋海山玄武岩的岩石学特征与年代[J].海洋地质与第四纪地质,2005,25(4):55-59.

[14] 陈建林,马维林,武光海,等.中太平洋海山富钴结壳与基岩关系的研究[J].海洋学报,2004,26(4):71-79.

[15] 孙晓明,薛婷,何高文,等.西太平洋海底海山富钴结壳惰性气体同位素组成及其来源[J].岩石学报,2006,22(9):2331-2340.

[16] 赵海玲,范忠孝,王成,等.西太平洋海山玄武岩的岩石学特征及与上覆富钴结壳的关系[J].现代地质,2007,21(2):352-360.

[17] 石学法,任向文,刘季花.太平洋海山成矿系统与成矿作用过程[J].地学前缘,2009,16(6):055-065.

[18] 赵俐红,齐君,杨慧良.火山岩浆活动与富钴结壳成矿间的关系——以中太平洋海山群和麦哲伦海山链所在的中西太平洋区为例[J].海洋地质动态,2010,26(2):1-7.

[19] 赵俐红,高金耀,金翔龙,等.中太平洋海山群漂移史及其来源[J].海洋地质与第四纪地质,2005,25(3):35-42.

[20] Conrad C P,Bianco T A,Smith E I,et al.Patterns of intraplate volcanism controlled by asthenospheric shear[J].Nature Geoscience,2011,4(5):317-321.

[21] Darwin C.On certain areas of elevation and subsidence in the Pacific and Indian Oceans,as deduced from the study of coral formations[J].Proc.Geol.Soc.London,1837,2(51):552-554.

[22] Darwin C.The Structure and Distribution of Coral Reefs[M].New York,Appleton,1842:344.

[23] Dana J D.United States Exploring Expedition During the Years 1838,1839,1840,1841,1842 Under the Command of Charles Wilkes,USN:Geology[M].Nabu Press,1849.

[24] Hess H H.Drowned ancient islands of the Pacific basin[J].American Journal of Science,1946,244(11):772-791.

[25] Wilson J T.A possible origin of the Hawaiian Islands[J].Canadian Journal of Physics,1963,41(6):863-870.

[26] McDougall I.Volcanic island chains and sea floor spreading[J].Nature,1971,231:141-144.

[27] Morgan W J.Convection plumes in the lower mantle[J].Nature,1971,230(5288):42-43.

[28] Campbell I H,Griffiths R W.Implications of mantle plume structure for the evolution of flood basalts[J].Earth and Planetary Science Letters,

1990,99:79-93.

[29] Courtillot V,Davaille A,Besse J,et al.Three distinct types of hotspots in the Earth's mantle[J].Earth and Planetary Science Letters,2003,205(3):295-308.

[30] Christiansen R L,Foulger G R,Evans J R.Upper mantle origin of the Yellowstone hot spot[J].Bulletin of the Geological Society of America,2002,114:1245-1256.

[31] Foulger G R.Plumes,or plate tectonic processes? [J].Astroonmic Geophysics,2002,43:619-623.

[32] Foulger G R.The "plate" model for the genesis of melting anomalies[J].Geological Society of America Special Papers,2007,430:1-28.

[33] Tarduno J A.On the motion of Hawaii and other mantle plumes[J].Chemical Geology,2007,241(3):234-247.

[34] Tarduno J,Bunge H P,Sleep N,et al.The bent Hawaiian-Emperor hotspot track:Inheriting the mantle wind[J].Science,2009,324(5923):50-53.

[35] Koppers A A,Morgan J P,Morgan J W et al.Testing the fixed hotspot hypothesis using $^{40}Ar/^{39}Ar$ age progressions along seamount trails[J].Earth and Planetary Science Letters,2001,185(3):237-252.

[36] Koppers A A,Staudigel H,Pringle M S,et al.Short-lived and discontinuous intraplate volcanism in the South Pacific:Hot spots or extensional volcanism? [J].Geochemistry,Geophysics,Geosystems,2003,4(10):1-49.

[37] Haase K M.The relationship between the age of the lithosphere and the composition of oceanic magmas:constraints on partial melting,mantle sources and the thermal structure of the plates[J].Earth and Planetary Science Letters,1996,144(1):75-92.

[38] Woodhead J D.Temporal geochemical evolution in oceanic intra-plate volcanics:a case study from the Marquesas(French Polynesia) and comparison with other hotspots[J].Contributions to Mineralogy and Petrology,1992,111(4):458-467.

[39] Janney P E,Castillo P R.Isotope geochemistry of the Darwin Rise seamounts and the nature of longterm mantle dynamics beneath the south central Pacific[J].Journal of Geophysical Research:Solid Earth(1978-2012),1999,104(B5):10571-10589.

[40] McNutt M K.Monterey Bay Aquarium Research Institute Moss Landing,California[J].Reviews of Geophysics,1998,36:211-244.

[41] McNutt M K,Caress D W,Reynolds J,et al.Failure of plume theory to explain midplate volcanism in the southern Austral islands[J].Nature,1997,389(6650):479-482.

[42] Davis A S,Gray L B,Clague D A,et al.The Line Islands revisited:New $^{40}Ar/^{39}Ar$ geochronologic evidence for episodes of volcanism due to lithospheric extension[J].Geochemistry,Geophysics,Geosystems,2002,3(3):1-28.

[43] Gans K D,Wilson D S,Macdonald K C.Pacific Plate gravity lineaments:Diffuse extension or thermal contraction? [J].Geochemistry,Geophysics,Geosystems,2003,4(9).

[44] Anderson D L.New Theory of the Earth[M].Cambridge:Cambridge University Press,2007.

[45] Bonatti E.Not so hot "hotspots" in the oceanic mantle[J].Science,1990,250:107-111.

[46] Castillo P R,Clague D A,Davis A S,et al.Petrogenesis of Davidson Seamount lavas and its implications for fossil spreading center and intraplate magmatism in the eastern Pacific[J].Geochemistry,Geophysics,Geosystems,2010,11(2),doi:10.1029/2009GC002992.

[47] Hoernle K,Hauff F,Werner R,et al.Origin of Indian Ocean Seamount Province by shallow recycling of continental lithosphere[J].Nature Geoscience,2011,4(12):883-887.

[48] McNutt M K,Sichoix L,Bonneville A.Modal depths from shipboard bathymetry:there is a South Pacific Superswell[J].Geophysical Research Letters,1996,23(23):3397-3400.

[49] Gu Y J,Dziewonski A M,Su W,et al.Models of the mantle shear velocity and discontinuities in the pattern of lateral heterogeneities[J].Journal of Geophysical Research:Solid Earth(1978-2012),2001,106(B6):11169-11199.

[50] Staudigel H,Park K H,Pringle M,et al.The longevity of the South Pacific isotopic and thermal anomaly[J].Earth and Planetary Science Letters,1991,102(1):24-44.

[51] Hart S R.A large scale isotope anomaly in the Southern Hemisphere mantle[J].Nature,1984,309:753-757.

[52] Zindler A,Hart S.Chemical geodynamics[J].Annual Review of Earth and Planetary Sciences,1986,14:493-571.

[53] Nagihara S,Lister C R B,Sclater J G.Reheating of old oceanic lithosphere:Deductions from observations[J].Earth and Planetary Science Letters,1996,139(1):91-104.

[54] Favela J,Anderson D L.Extensional tectonics and global volcanism[J].Problems in Geophysics for the New Millennium,2000,1:463-498.

[55] Campbell I H,Davies G F.Do mantle plume exist? [J].Episodes,2006(29):162-168.

[56] 牛耀龄.全球构造与地球动力学-岩石学与地球化学方法应用实例[M].北京:科学出版社,2013:1-307.

[57] Foulger G R.Plates,plumes,and paradigms[J].Geological Society of America,2005,388:31-54.

[58] Hirano N,Koppers A A P,Takahashi A,et al.Seamounts,knolls and petit-spot monogenetic volcanoes on the subducting Pacific Plate[J].Basin Research,2008,20(4):543-553.

基于无人机遥感技术的黄河口湿地生态红线区环境现状研究

徐栋[1]，杨敏[1]，严晋[1]，于骁[1]

（1. 国家海洋局 北海海洋技术保障中心，山东 青岛 266033）

摘要：黄河口湿地位于黄河三角洲范围内，近年在其自然保护区的基础上划定了生态红线区，需要利用多种技术手段对其进行精确监管。无人机遥感技术具有独特的优势，可以快速高效地获取局部高清影像图。本文利用无人机对黄河口湿地生态红线区进行重点航拍，对所得遥感影像进行配准拼接和特征提取，并与往年所得影像比对分析，掌握红线区内自然和人为要素逐年变化情况，为黄河口湿地之后的生态修复提供参考。无人机遥感未来可以作为海洋保护区尤其是生态红线区内生态环境动态化监管的有效手段。

关键词：无人机遥感；生态红线区；黄河口湿地

1 引言

海洋生态红线不同于陆地生态红线，其保护是动态的过程，需要根据已知海洋生态系的背景生态信息划定生态红线区域，根据生态红线全区域生态环境指标的监测结果，评估保护成效、发现问题，并及时调整管理手段、保护措施和管理保护的范围[1]。

黄河口湿地生态系统位于黄河三角洲范围之内，该三角洲主要是指 1855 年以来黄河铜瓦厢决口改道夺大清河入海后形成的三角洲，是由黄河携带大量泥沙填充渤海淤积而成的，面积不断增加，是我国乃至世界最具代表性和典型性的河口湿地[2]。黄河口湿地的生态红线是在其自然保护区的基础上划定的，生态红线禁止区与该自然保护区的核心区和缓冲区在规划上保持一致，在禁止区中不得建设任何生产设施，除进行必要的调查、科研活动外，禁止进行其他活动；生态红线限制区为该自然保护区的其他区域，在不影响保护前提下，可适度进行旅游开发，需符合黄河河口综合治理规划和黄河入海流路规划，满足黄河沉沙的需求，保障河口行洪安全。

黄河口湿地范围广大，区内的生态环境非常脆弱，极易受到破坏。并且该地区油气资源丰富，黄河口周围的滩涂及近海是石油开采的主要地区，从而导致湿地保护与石油开发的矛盾日益突出。因此，加快视频监控、卫星遥感监测、无人机航拍航测等先进监管手段的应用，动态精确掌握红线区内自然和人为要素的变化，提高保护区制度化和规范化管理水平，具有十分重要的意义[3]。本文主要采用无人机遥感技术，对黄河口湿地南部的黄河现行入海口处生态红线区环境保护现状进行研究（图 1）。

2 无人机技术优势

对于小面积范围和大比例尺监测而言，常规的航摄系统受成本高、性价比差和飞机转场条件严格等多种因素的限制而无法满足遥感影像快速更新的需求。

基金项目：海洋公益性行业科研专项——海洋高光谱仪和机载激光测量系统产品化关键技术研究及应用示范（201505031）。

作者简介：徐栋（1987—），男，山东省青岛市人，工程师，主要从事遥感与地理信息、海洋环境保护等方面研究。E-mail：435100432@qq. com

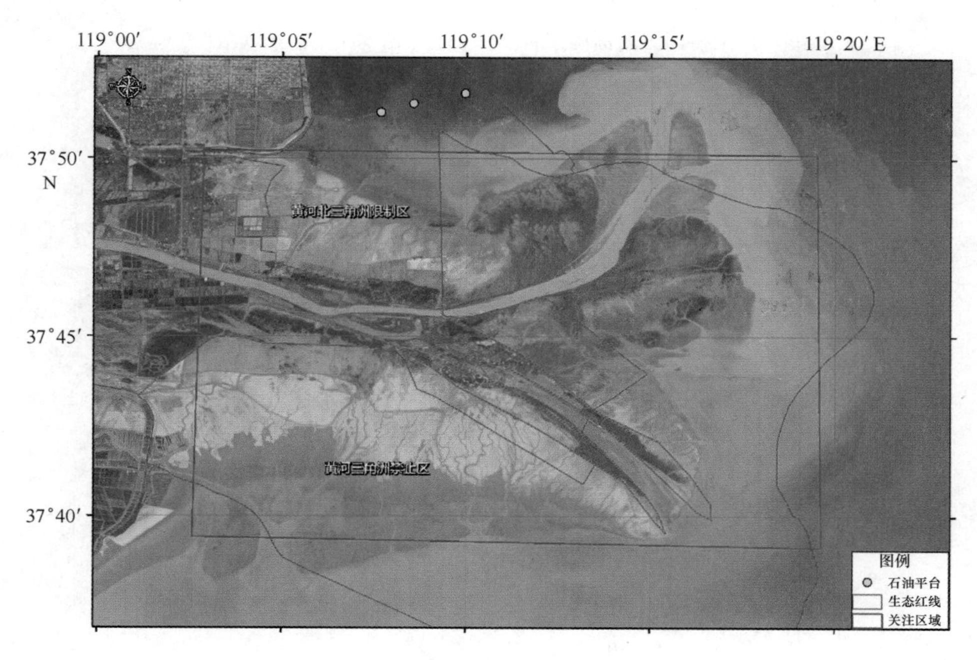

图 1 区域生态红线示意图

而无人机技术具有以下优点：①高机动性、高分辨率、低成本、隐蔽性好、操作灵活；②起降方便，可根据任务随时起飞，并可执行有人飞机不宜执行的任务，所获取的影像资料时效性强；③生命力强，即使在较恶劣的气象条件下，也能非常有效地进入危险地区上空进行长时间实时监视与侦察，以获取各种信息[4]。

随着无人机及其辅助设备的发展，低空遥感迅速成为广泛关注的热点。近年来，无人机常应用于侦察、监视、通信中继、电子对抗、测绘、航拍、遥感和灾害预警等项目中[5]。

在黄河口湿地生态红线区内，受地形复杂，人员难以实地踏勘等条件所限，常规调查手段不能满足高精度、高频次的监测需求，而无人机技术则可以发挥其优势，完成快速高效的影像采集，实现对生态红线区的科学动态化管控。

3 黄河口湿地无人机遥感飞行

本文采用的无人机遥感基础数据，是 2016 年 8 月 17 日—9 月 3 日期间，于黄河口湿地局部区域内飞行调查所得（图 2）。研究区域选划在河道岸线等自然要素变化明显、湿地滩涂等自然资源需要迫切保护、油气开采等经济开发活动密集、容易对生态环境造成重大影响的生态红线禁止区和限制区，位于黄河三角洲南部的黄河现行入海口。重点关注黄河入海口河道淤积和岸线侵蚀情况，以及区域内油气开发与环境保护范围的严重交织情况。

飞行采用 ZW-3B 固定翼无人机（图 3），飞行累计 11 个架次，飞行高度 400 m，航拍面积共计 355 km^2，航线总长度 2 420 km，航拍照片 27 774 张，分辨率 5 cm；结合多旋翼无人机 ZW-2D 六旋翼，飞行架次累计 33 个，飞行高度 120 m，获取了局部高清视频影像约 50 min，影像分辨率 7 cm。

4 无人机遥感图像拼接与资料解译

4.1 图像拼接

无人机遥感图像相幅小，数量多，通过将一组相互间有重叠区域的序列图像进行拼接合成，我们可以获取一幅大范围、宽视野、无重叠的图片影像，为后续关键信息的提取提供基础资料，这是无人机图像处

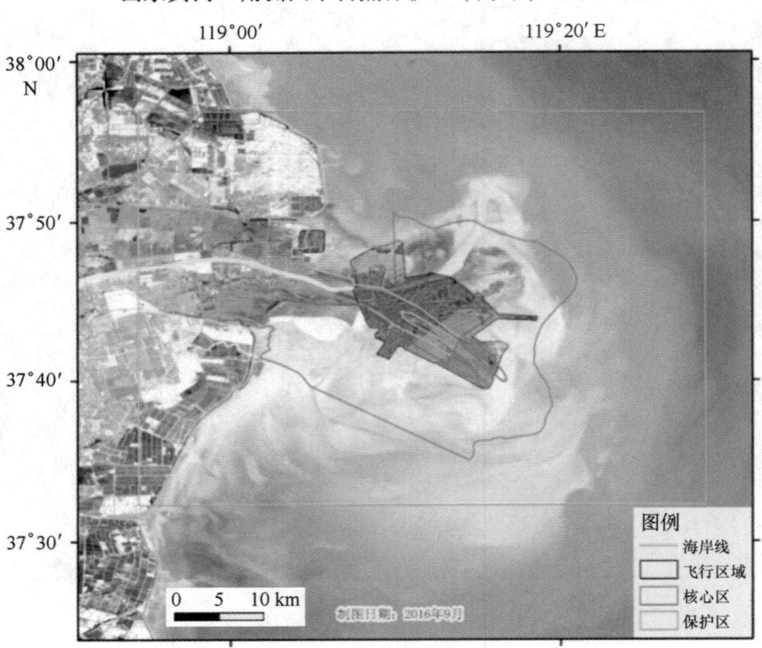

图 2 飞行区域图

图 3 无人机飞行现场（左：六旋翼，右：固定翼）

理中的首要环节。

本次图像处理基于特征提取分析的图像拼接方法，具有较高的精度。结合基于坐标信息的图像拼接，去除特征提取拼接的累积误差影响，从而使拼接图像具有地理信息，后期可通过与 GIS 软件的叠加来实现空间定位（图 4）。

图像拼接步骤如下：

经过了高分辨率遥感数据正射影像（Digital Orthophoto Map，DOM）制作过程中的原始数据处理、正射纠正、配准、融合、镶嵌和裁切等几个关键环节，所得黄河三角洲南部自然保护区正射影像图如图 5 所示。

4.2 资料解译

由于本文重点关注黄河口岸线变化情况和生态红线区域内的石油开采活动，本次遥感影像解译通过计算机自动分类和人工解译 2 种方法结合展开。

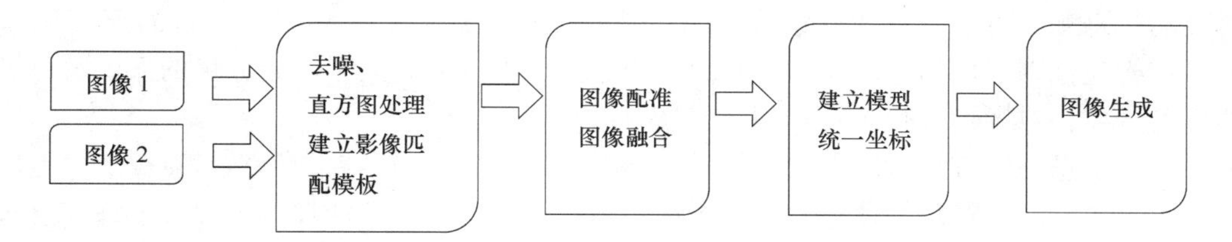

图 4 图像拼接的基本流程

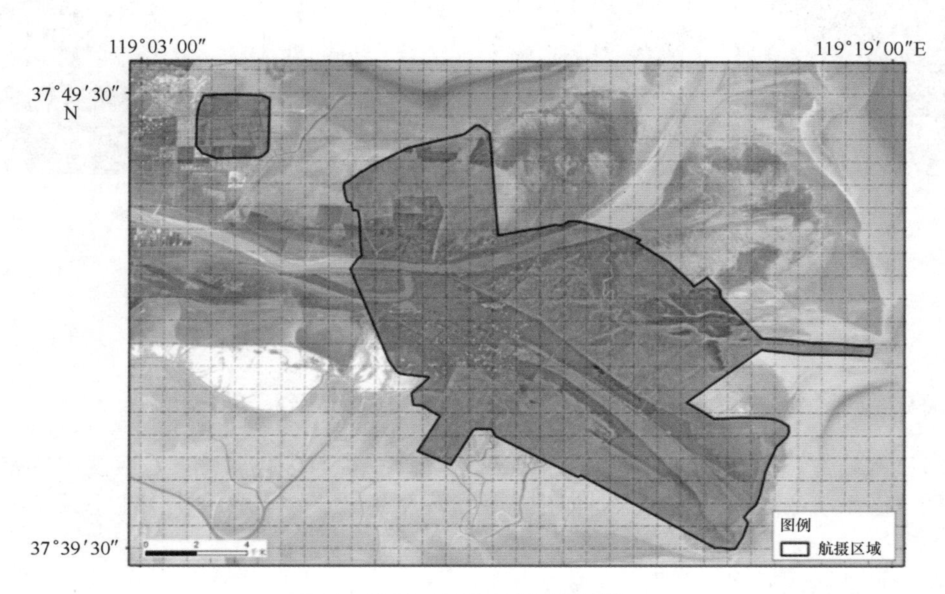

图 5 黄河三角洲南部正射影像图

为了便于与历史资料结合进行综合解译，本文收集了 2010 年以及 2014 年该区域的卫星遥感图（图 6）。通过对上述历史遥感影像以及本次拼接的影像进行计算机分类自动提取，在一定尺度下充分利用高分辨率遥感影像的光谱和纹理特征，提取出同质对象，再根据遥感影像分类要求，提取本文关注的对象特征，并进行数据叠加分析。

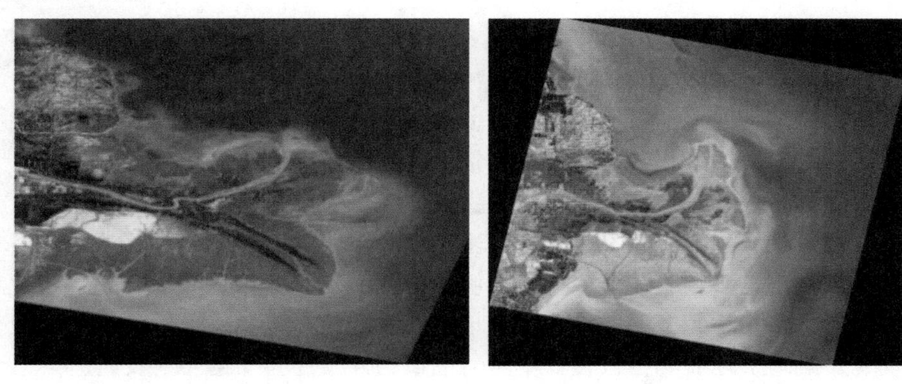

图 6 2010 年 5 月、2014 年 10 月黄河口湿地南部遥感图像

四至经纬度：左图 W119°00′23. 7907″N，37°58′26. 2059″，E 119°23′34. 2415″，S37°33′59. 2678″，

四至经纬度：右图 W118°53 ′8. 7346″，N38°04 ′21. 6964″，E119°34 ′51. 1524″，S37°31′14. 3608″

在计算机分类的过程中，采用面向对象的信息分类，获取光谱特征、形状特征和纹理特征等基本特征。其中形状特征是识别地物性质重要而明显的标志，包括长度、面积、长宽、规则度等；光谱特征是遥

感影像最直接的信息源，也是纹理和形状特征的基础[6]。本次对多个遥感影像进行河道变化和水域的基本特征提取，在构建规则提取信息的同时，在高分辨遥感影像上还采集了一定数量的人工解译样本，进行面向对象的监督分类，对影像进行识别和判读（图 7）[7]。

本文通过上述信息提取方法对所得无人机低空遥感影像进行区域内人类活动影响提取。考虑到该区域主要以石油开采为主，所以信息提取主要针对岸线、道路以及房屋建筑的样本。并对上述信息进行提取结果的检查，采用程序自动检查、人机交互检查及人工对照检查组合的方法。

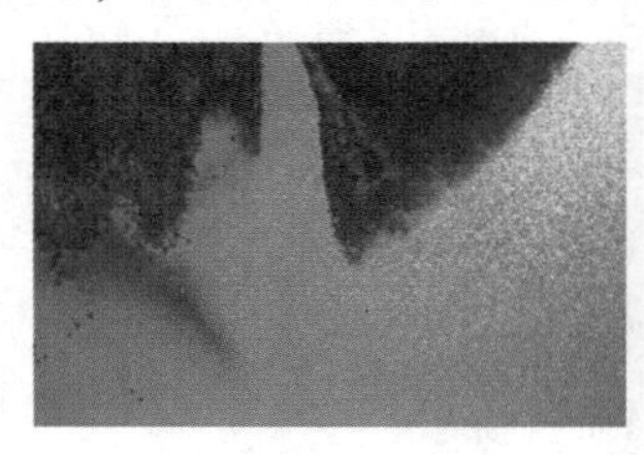
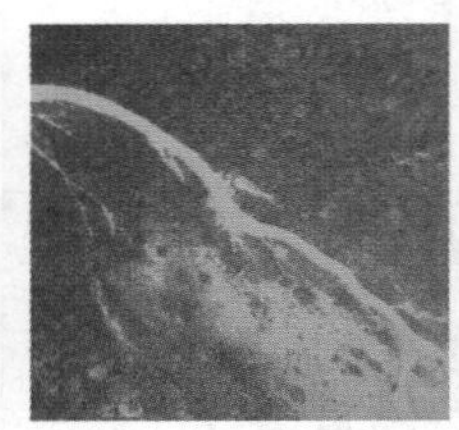
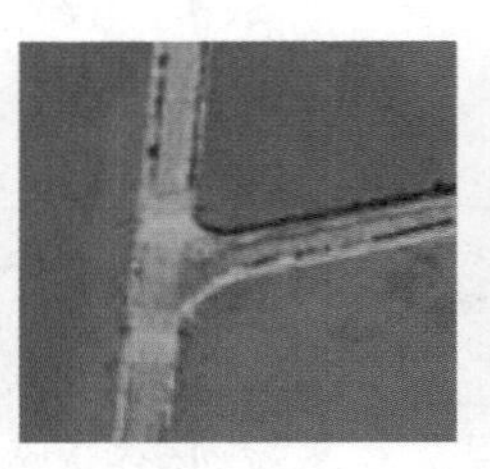

图 7　样本采集（粉砂淤泥质岸线、河道、道路、风电）

5　结果分析

5.1　入海口海岸线变化

就整个黄河口湿地生态系统而言，其抗干扰能力较弱，系统对外界变化的适应能力较差，人类不合理的开发，会降低生态系统的自我恢复能力，使生态系统发生退化，因此呈现出了生态系统的脆弱性和不稳定性。

黄河入海口为粉砂淤泥质海岸，综合分析如下：

从 2010 年到 2016 年，河口门陆地面积侵蚀明显，2010 年水域最大宽度为 200 余米，2014 年水域最大宽度为 100 余米，2016 年水域宽度没有明显变化。

入海口门前岸线也逐年蚀退，同时相比于 2010 年，2014 年入海口向陆地提前 600 m 左右，到 2016 年入海口又向陆地提前 300 m 左右，此外，2016 年入海口河床还向西南方向平移（图 8）。

5.2　生态红线内的人类开发活动

在本次飞行调查的区域中，通过对人类开发活动（石油平台）要素的提取，发现在生态红线区内有多处石油开采活动，与该区域的环境保护要求存在冲突，不利于维持海洋生态环境和生物多样性。

此次通过无人机遥感图像对黄河口湿地南部区域内石油开采活动频繁区域进行油井位置和数量的识别，识别出黄河口湿地生态红线禁止区内石油开发情况，如图 9、图 10 所示。

密集石油开发活动的污染物排放造成对环境的直接影响，主要是指采出水、钻井污水、洗井水、矿区雨水、大气污染物、固体废弃物等[8]；其他还有车辆、机械和人类活动对野生动植物的影响，油田设施、围湖和围海等对保护区面积的占用影响[9]；间接影响主要是指油田开发活动对湿地水文地质条件的影响，及油田带动其他资源开发和当地经济的发展等对湿地生态功能的影响[10]。

由于土体移动、影响地形地貌和植被覆盖率等，油田的开发还会加剧当地及周边生态环境的恶化，使水土流失更加严重。

6　总结与展望

本文通过对获得影像资料的拼接处理和信息提取，初步掌握了生态红线区黄河入海口岸滩侵蚀的变化情况和红线禁止区及限制区内石油开采情况。

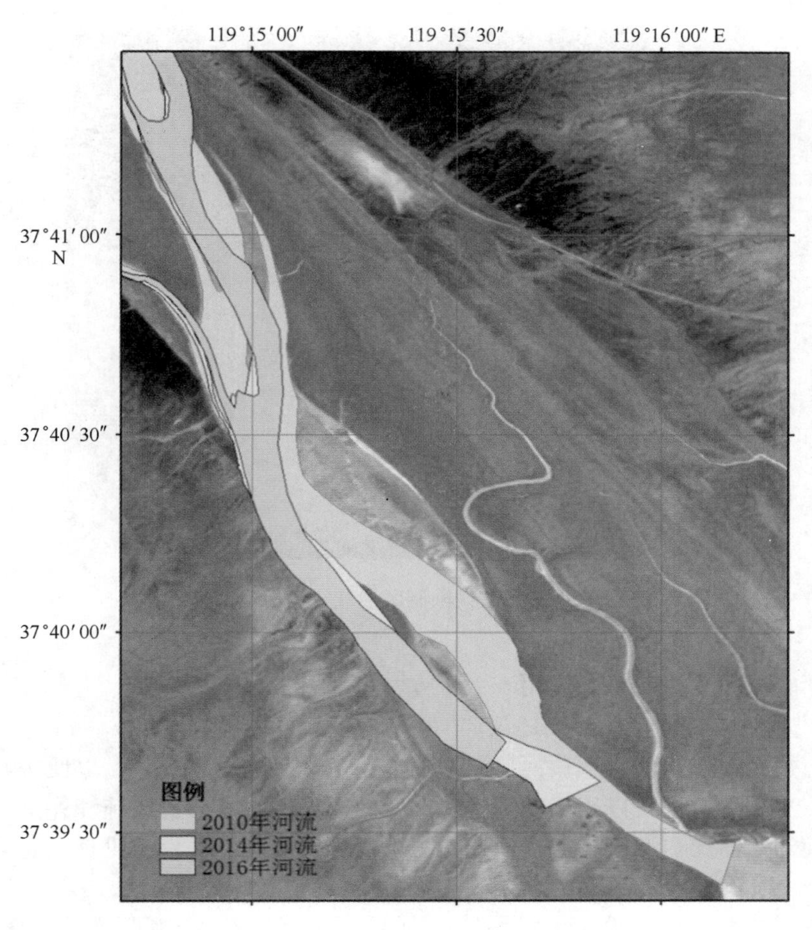

图 8　黄河入海口无人机遥感与历史遥感资料比对

图 9　在自然保护区的核心区发现油井

图 10　生态红线限制区油气开发活动密集

此次试点飞行所得成果也可在未来应用于 2 个方面：

（1）为生态红线区域环境的修复提供建议。

通过无人机飞行成果可以全面掌握黄河口湿地内的开发现状、生态现状，以便协调油气开发与生态红线的关系；无人机低空遥感资料可以用于制定生态红线内的区域生态修复措施和评价方法，并可以检验生态修复的效果，为黄河入海口流路的管理、岸线防护、黄河口湿地的开发提供理论支撑和科学依据。

（2）为未来的三位一体生态红线体系提供基础数据。

建立生态保护红线体系是目前我国环境保护工作的重要内容，生态空间、资源消耗及环境质量保护构成了该体系的立体框架，最终将实现三位一体的目标。

无人机生态红线区业务化飞行可以为未来构建三位一体的生态红线体系提供基础资料，对生态红线体系的实际状态做出高效的评估，从而更好地发挥其保护生态底线的作用。

参考文献：

[1]　曾江宁，陈全震，黄伟，等.中国海洋生态保护制度的转型发展——从海洋保护区走向海洋生态红线区[J].生态学报，2016(1)：1-10.

[2]　张晓龙，李培英，刘月良，等.黄河三角洲湿地研究进展[J].海洋科学，2007(7)：81-85.

[3]　肖艳芳，张杰，马毅，等.基于“资源三号”卫星的黄河口湿地景观格局及其空间尺度效应分析[J].海洋科学，2015(2)：35-42.

[4]　龙威林.无人机的发展与应用[J].产业与科技论坛，2014(8)：68-69.

[5]　宋超.基于无人机航拍及遥感图像的地面目标定位[D].沈阳：东北大学，2012.

[6]　徐秋辉.无控制点的无人机遥感影像几何校正与拼接方法研究[D].南京：南京大学，2013.

[7]　张成涛.无人机航拍图像拼接技术研究[D].北京：北京理工大学，2015.

[8]　周晓东.石油天然气开发对生态环境的破坏与治理[C].中国土地学会.面向 21 世纪的矿区土地复垦与生态重建——北京国际土地复垦学术研讨会论文集.中国土地学会，2000：6.

[9]　刘娟.胜利油田开发中的生态环境保护研究[D].青岛：中国石油大学，2007.

[10]　刘一平，郭绍辉，王嘉麟.油田开发对湿地的影响及合理利用湿地问题[J].油气田环境保护，2004(4)：16-18，57.

南海珊瑚骨骼中^{228}Th/^{228}Ra不平衡及其年代学应用初探

林武辉[1,2]，余克服[1,2*]，王英辉[1,2]，覃祯俊[1,2]

（1. 广西南海珊瑚礁研究重点实验室，广西 南宁 530004；2. 广西大学 海洋学院，广西 南宁 530004）

摘要：^{228}Th/^{228}Ra 不平衡法被应用于海水、沉积物、生物体中的年代学研究，但是至今未见珊瑚骨骼中^{228}Th/^{228}Ra 不平衡法的报道。本研究首次同时测量中国近岸（广东大亚湾和广西涠洲岛）和南海大洋（中沙群岛的黄岩岛）的 3 种造礁珊瑚（滨珊瑚、杯形珊瑚、鹿角珊瑚）骨骼中的^{228}Th 和^{228}Ra 活度，二者平均活度为（4.53±2.91）Bq/kg 和（9.76±10.94）Bq/kg，^{228}Th 相对^{228}Ra 存在一定的亏损。本研究利用^{228}Th/^{228}Ra 不平衡法计算珊瑚骨骼的平均年龄，获得珊瑚骨骼的年龄范围为 1.01～3.83 a。在 0～20 a 的时间尺度上，^{228}Th/^{228}Ra 不平衡法在珊瑚骨骼年代学研究具有分析方法简单、快速、廉价等优势，也是中长时间尺度（百年～千年～几十万年）的^{210}Pb/^{226}Ra、^{14}C 和^{230}Th/^{238}U 珊瑚骨骼定年法的重要补充。

关键词：造礁珊瑚；^{228}Th/^{228}Ra 不平衡；年代学；南海

1 引言

天然和人工同位素（^{234}Th、^{210}Pb、^{137}Cs 等）示踪法在海洋过程研究中具有广泛的应用[1-4]。^{228}Th/^{228}Ra 作为重要的天然同位素对之一，其不平衡存在于海水[5-6]、沉积物[7]、海底烟囱[8]、甲壳动物外壳[9-11]、双壳类[12]、植物叶子[13]、人类骨骼[14]，并被应用于年代学的相关研究。但是，至今未见珊瑚骨骼中的^{228}Th/^{228}Ra 不平衡的报道。

本研究首次报道中国近岸和南海 3 种造礁珊瑚（滨珊瑚、杯形珊瑚、鹿角珊瑚）骨骼中的^{228}Th 和^{228}Ra活度，发现珊瑚骨骼中存在^{228}Th/^{228}Ra 不平衡，由此计算珊瑚骨骼的平均年龄，探索^{228}Th/^{228}Ra 不平衡法在珊瑚年代学中的应用。

2 材料与方法

2.1 样品采集和前处理

本研究分别于 2015 年的 5 月、8 月、10 月采集了广东大亚湾、广西涠洲岛、南海中沙群岛的黄岩岛 3 处活的造礁珊瑚（滨珊瑚、杯形珊瑚、鹿角珊瑚），具体站位空间分布如图 1。水下采集活的造礁珊瑚带回船上实验室后，立即用去离子水冲洗珊瑚虫，得到造礁珊瑚骨骼，放于冰箱冷冻保存，带回实验室。

珊瑚骨骼带回陆地实验室后，用 10%的双氧水浸泡、超声，然后在用去离子水洗净，放于 100℃的烘

基金项目：国家重大科学研究计划项目（2013CB956102），国家自然科学基金项目（91428203）；广西“珊瑚礁资源与环境”八桂学者项目（2014BGXZGX03）。

作者简介：林武辉（1987—），男，福建省泉州市人，博士，主要研究海洋过程的同位素示踪、海洋放射性监测与评价。E-mail：linwuhui8@163.com

***通信作者：**余克服（1969—），男，教授，主要研究珊瑚礁地质与气候变化。E-mail：kefuyu@scsio.ac.cn

箱中烘干。珊瑚骨骼进一步研磨、过筛（80~100 目）、装盒，放置 30 d 以上，以便进一步用高纯锗 γ 谱仪测量。

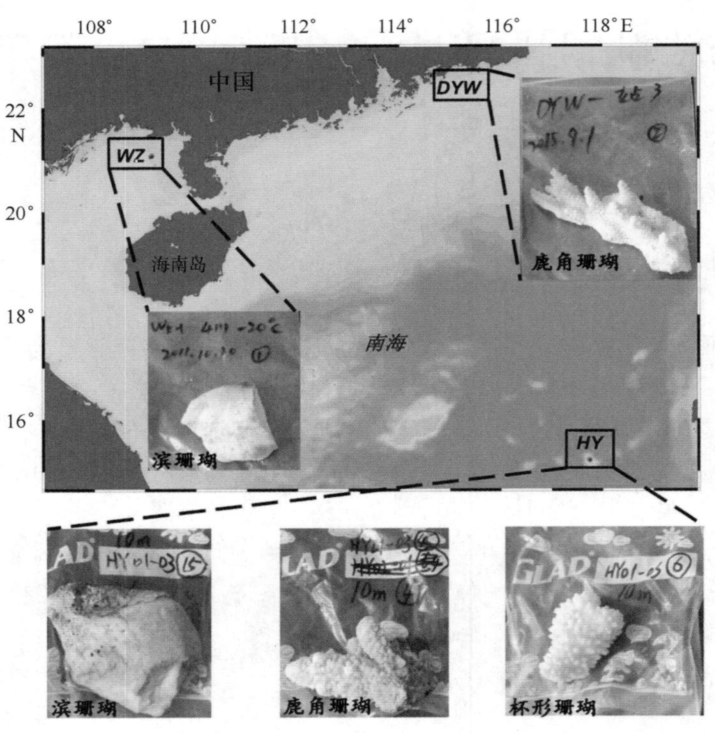

图 1 大亚湾（DYW）、涠洲岛（WZ）、黄岩岛（HY）的造礁珊瑚采集站位图

2.2 仪器测量

所有样品采用高纯锗 γ 谱仪（Canberra Be6530）进行测量，相对探测效率为 63.4%，在 1 332 keV 的能量分辨率为 1.57 keV。铅室型号为 777A，质量为 1 633 kg，从外到内的屏蔽材料为低碳不锈钢（9.5 mm）+低本底铅（15 cm）+老铅（2.5 cm，^{210}Pb 活度小于 25 Bq/kg）+低本底锡（1 mm）+高纯铜（1.6 mm）。数据处理采用 Genie 2000 软件。沉积物标准来自国际原子能机构的爱尔兰海沉积物标准（IAEA385）和中国计量科学研究院（GBW08304a），沉积物标准中的核素包含：^{238}U、^{232}Th、^{228}Ra、^{226}Ra、^{137}Cs、^{40}K。

^{228}Th 和 ^{228}Ra 分别采用其子体 ^{208}Tl（583.9 keV）和 ^{228}Ac（911.1 keV）的 γ 全能峰进行计算。仪器测量时刻的核素活度 A 和不确定度 δA 的计算公式如下：

$$A = \frac{(n_T - n_0)}{\varepsilon m}, \tag{1}$$

$$\delta A = A \times \sqrt{\frac{(n_T + n_0)}{T\,(n_T - n_0)^2}}, \tag{2}$$

式中，n_T 和 n_0 分别代表核素对应的 γ 全能峰处的样品和仪器净本底计数率；ε 和 m 代表相对探测效率和样品质量；T 代表仪器的测量时间。

2.3 数据计算

珊瑚骨骼中 ^{232}Th 含量很低，活度大约为 1×10^{-3} Bq/kg[15]，远小于 ^{228}Th 和 ^{228}Ra 的活度（1~10 Bq/kg）。因此本研究在讨论 $^{228}Th/^{228}Ra$ 不平衡过程中，忽略母体 ^{232}Th 的贡献，$^{228}Th/^{228}Ra$ 的衰变链如下：

$$^{228}Ra \xrightarrow{T_{1/2}\,=\,5.75\ a} {}^{228}Ac \xrightarrow{T_{1/2}\,=\,6.15\ h} {}^{228}Th \xrightarrow{T_{1/2}\,=\,1.91\ a} {}^{224}Ra$$

仪器测量时刻的核素活度和不确定度必须经过生长/衰变校正到采样时刻的核素活度和不确定度，具体校正公式如下：

$$A^0_{^{228}Ra} = A_{^{228}Ra} \times e^{\lambda_{^{228}Ra} \times t}, \tag{3}$$

$$\delta A^0_{^{228}Ra} = e^{\lambda_{^{228}Ra} \times t} \times \delta A_{^{228}Ra}, \tag{4}$$

$$A^0_{^{228}Th} = A_{^{228}Th} \times e^{\lambda_{^{228}Th} \times t} - \frac{\lambda_{^{228}Th} \times A^0_{^{228}Ra}}{\lambda_{^{228}Th} - \lambda_{^{228}Ra}} \times [e^{(\lambda_{^{228}Th} - \lambda_{^{228}Ra}) \times t} - 1], \tag{5}$$

$$\delta A^0_{^{228}Th} = \sqrt{(e^{\lambda_{^{228}Th} \times t} \times \delta A_{^{228}Th})^2 + \left\{\frac{\lambda_{^{228}Th} \times [e^{(\lambda_{^{228}Th} - \lambda_{^{228}Ra}) \times t} - 1]}{\lambda_{^{228}Th} - \lambda_{^{228}Ra}} \times \delta A^0_{^{228}Ra}\right\}^2}, \tag{6}$$

式中，t代表采样时刻到仪器测量时刻的时间间隔；A^0和δA^0代表采样时刻的核素活度和不确定度；A和δA代表测量时刻的核素活度和不确定度；λ代表衰变常数。

3 结果与讨论

3.1 珊瑚骨骼中的^{228}Th和^{228}Ra

本研究获得的3种不同珊瑚种属（滨珊瑚、杯形珊瑚、鹿角珊瑚）骨骼中的^{228}Th和^{228}Ra（表1）。不同海区的不同珊瑚种属的珊瑚骨骼中核素活度存在一定差异，^{228}Th和^{228}Ra的平均活度为（4.53±2.91）Bq/kg和（9.76±10.94）Bq/kg，^{228}Th相对^{228}Ra存在一定的亏损，$^{228}Th/^{228}Ra$活度比值平均为0.46，特别是大亚湾和涠洲岛的近岸造礁珊瑚中$^{228}Th/^{228}Ra$不平衡极为显著。

表1 珊瑚骨骼中的^{228}Th和^{228}Ra活度以及$^{228}Th/^{228}Ra$活度比值

海区	珊瑚种属	^{228}Th活度/Bq·kg^{-1}	^{228}Ra活度/Bq·kg^{-1}	$^{228}Th/^{228}Ra$
黄岩岛	滨珊瑚	4.72±0.85	5.22±0.76	0.90
	杯形珊瑚	2.56±0.55	3.20±0.50	0.80
	鹿角珊瑚	2.28±0.54	2.98±0.55	0.77
大亚湾	鹿角珊瑚	3.64±0.80	8.47±1.22	0.43
涠洲岛	滨珊瑚	9.44±1.73	28.95±3.20	0.33

3.2 珊瑚骨骼中核素活度与生长速率

黄岩岛同一地点的不同珊瑚种属的骨骼中^{228}Th和^{228}Ra活度存在一定差异，其中滨珊瑚的核素活度高于杯形珊瑚和鹿角珊瑚的^{228}Ra活度，而杯形珊瑚和鹿角珊瑚骨骼中的^{228}Ra活度并无显著差别。其他研究表明块状珊瑚骨骼中的重金属高于枝状珊瑚骨骼[16]，而本研究表明块状珊瑚骨骼中的^{228}Ra活度高于枝状珊瑚骨骼。这种现象可能与珊瑚骨骼生长速率有关，滨珊瑚属于块状珊瑚，杯形珊瑚和鹿角珊瑚属于枝状珊瑚，块状珊瑚的生长速率普遍低于枝状珊瑚[17]。珊瑚骨骼生长速率越高，碳酸钙含量对重金属浓度和核素的活度可能产生一定的稀释作用，从而导致重金属和核素的含量降低。

3.3 近岸与大洋珊瑚骨骼中核素活度对比

黄岩岛和大亚湾的鹿角珊瑚对比表明同种珊瑚骨骼中^{228}Ra浓度存在大洋低于近岸的特征，同时黄岩岛和涠洲岛的滨珊瑚中^{228}Ra活度也存在这一特征。海洋中的许多物质来源于陆地向海洋的输运，往往存在近岸海水的物质浓度高于大洋海水的现象。海洋中的^{228}Ra主要来源于河流输入、地下水输入、沉积物向水体的扩散，同时^{228}Ra的半衰期只有5.75 a，因此近岸海水^{228}Ra活度高于大洋海水[18]。珊瑚生长的同时，吸收海水中的^{228}Ra 进入骨骼中，进一步导致近岸的珊瑚骨骼中^{228}Ra 活度高于大洋的珊瑚骨骼中^{228}Ra 活度。

开阔大洋具有较为稳定的水文环境，南海开阔大洋的海水中^{228}Ra 活度大约为 2.5 Bq/m^3[19]，结合黄岩岛珊瑚骨骼中^{228}Ra 的活度，可以计算南海造礁珊瑚对海水^{228}Ra 的生物富集因子大约为 1 000 L/kg，与^{238}U 和 Ca 的生物富集因子接近[20]。因此，珊瑚骨骼中的^{228}Ra 可以指示周围海水中^{228}Ra。

^{228}Th 的活度与^{228}Ra 有所不同，^{228}Th 活度主要取决于珊瑚的年龄和母体^{228}Ra 本身的活度。珊瑚年龄越长，由^{228}Ra 衰变而成的^{228}Th 的含量越高；^{228}Ra 含量越高，^{228}Th 的生成速率也越高。因此，高母体^{228}Ra 活度和长的珊瑚年龄同时导致珊瑚骨骼中的^{228}Th 含量增高。

3.4 珊瑚骨骼中^{228}Th/^{228}Ra 不平衡及应用

造礁珊瑚生长过程中，从海水吸收 Ra，而几乎不吸收 Th[15]。假设起始时刻的造礁珊瑚骨骼中不存在^{228}Th，本研究测得的^{228}Th 都来自于^{228}Ra 的衰变，则根据公式（7）可以计算珊瑚骨骼的平均年龄（表2）。根据公式（7）获得的函数图像（图 2）可知，骨骼中的^{228}Th/^{228}Ra 比值越小，珊瑚骨骼年龄越小，反之骨骼年龄越大。^{228}Th 和^{228}Ra 达到平衡大概需要 20 a 左右，因此^{228}Th/^{228}Ra 不平衡法在 0~20 a 时间尺度上，具有潜在的年代学应用价值，^{228}Th/^{228}Ra 分析方法远比^{14}C 和^{230}Th/^{238}U 法简单、快速、廉价。

$$t = \frac{\ln\left(1 - \frac{A_{228_{\mathrm{Th}}}}{A_{228_{\mathrm{Ra}}}} \times \frac{\lambda_{228_{\mathrm{Th}}} - \lambda_{228_{\mathrm{Ra}}}}{\lambda_{228_{\mathrm{Th}}}}\right)}{\lambda_{228_{Ra}} - \lambda_{228_{\mathrm{Th}}}}. \tag{7}$$

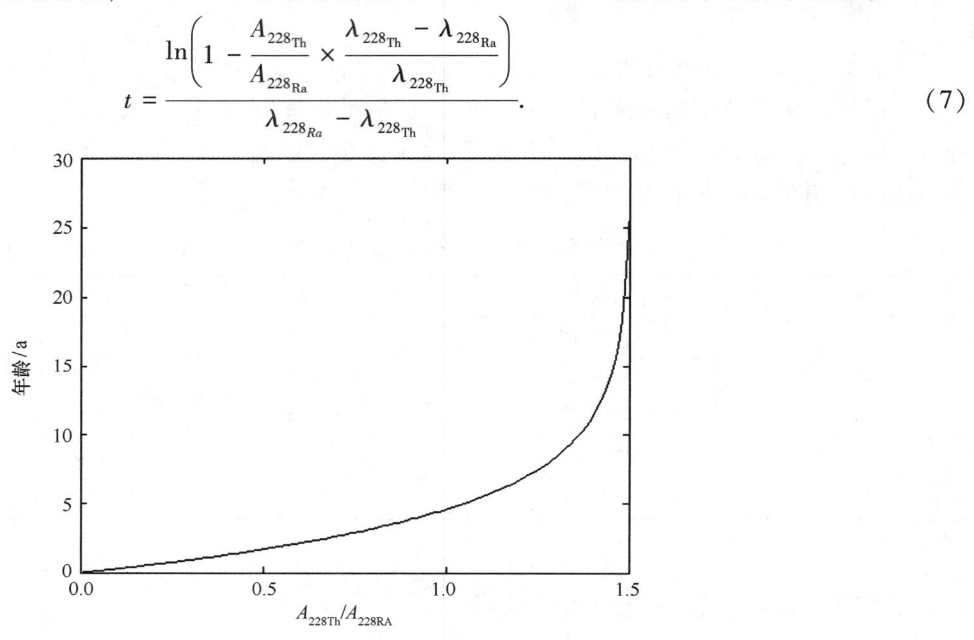

图 2 ^{228}Th/^{228}Ra 活度比值和珊瑚骨骼平均年龄关系

然而，珊瑚骨骼都会从海水中获得一定量的^{228}Th，骨骼中存在一定量的起始^{228}Th 活度，需要扣除。因此，基于无起始^{228}Th 的假设而获得珊瑚骨骼的平均年龄将偏大。根据珊瑚礁骨骼中^{232}Th 的活度数据[15]，计算珊瑚骨骼对于^{232}Th 的生物富集因子大约为 1 000 L/kg。近岸海域的海水中^{228}Th 的活度大约为 0.1 Bq/m^{3}左右[5]，如果采用^{232}Th 的生物富集因子，计算获得珊瑚骨骼中^{228}Th 的初始活度大约为 0.1 Bq/kg 左右，而本研究珊瑚骨骼^{228}Th 的平均活度大约为 4.53 Bq/kg，骨骼中^{228}Th 的初始活度（0.1 Bq/kg）也小于样品测量^{228}Th 活度的不确定度（0.5~0.8 Bq/kg），因此可以忽略^{228}Th 的初始活度的贡献。

^{228}Th/^{228}Ra 不平衡法提供了一种短时间尺度内（0~20 a）珊瑚骨骼定年的新方法，具有独特的优势（分析方法简单、快速、廉价），特别是对于不存在明显年轮的珊瑚定年，本方法也是珊瑚骨骼的^{210}Pb/^{226}Ra、^{14}C 和^{230}Th/^{238}U 定年法的重要补充。

表 2　不同海区和种属的珊瑚骨骼的平均年龄

海区	珊瑚种属	$^{228}Th/^{228}Ra$	年龄 /a
黄岩岛	滨珊瑚	0.90	3.83
	杯形珊瑚	0.80	3.15
	鹿角珊瑚	0.77	2.96
大亚湾	鹿角珊瑚	0.43	1.40
涠洲岛	滨珊瑚	0.33	1.01

4　结论

本研究首次同时测量中国近岸和南海大洋的 3 种造礁珊瑚（滨珊瑚、杯形珊瑚、鹿角珊瑚）中^{228}Th和^{228}Ra的活度，二者平均值为（4.53±2.91）Bq/kg 和（9.76±10.94）Bq/kg，^{228}Th相对^{228}Ra存在一定的亏损。同时发现块状珊瑚中^{228}Ra活度高于枝状珊瑚，珊瑚骨骼生长速率越高可能导致骨骼中^{228}Ra活度降低。相对于开阔大洋，近岸的珊瑚骨骼具有更高的核素活度，该现象与近岸^{228}Ra来源和较短^{228}Ra半衰期有关，同时计算获得造礁珊瑚对^{228}Ra的生物富集因子为 1 000 L/kg，与^{238}U和 Ca 接近。最后，利用$^{228}Th/^{228}Ra$不平衡法计算珊瑚骨骼的平均年龄。

在 0~20 a 时间尺度上，$^{228}Th/^{228}Ra$不平衡法具有独特的优势（分析方法简单、快速、廉价），特别是对于不存在明显年轮的珊瑚定年，同时本方法也是中长时间尺度（百年~千年~几十万年）的$^{210}Pb/^{226}Ra$、^{14}C和$^{230}Th/^{238}U$定年法的重要补充。$^{228}Th/^{228}Ra$不平衡法获得的珊瑚骨骼平均年龄，今后还可能进一步应用于珊瑚钙化率方面的研究。

致谢：感谢广西大学海洋学院南海珊瑚礁考察团队在样品采集方面的帮助，感谢国家海洋局第三海洋研究所于涛研究员、何建华博士、邓芳芳助理研究员在仪器平台方面的协助和支持。

参考文献：

[1] Lin W, Chen L, Yu W, et al. Radioactive source-term of the Fukushima Nuclear Accident[J]. Science China: Earth Sciences, 2016, 59(1): 214-222.

[2] Lin W, Chen L, Zeng S, et al. Residual β activity of particulate ^{234}Th as a novel proxy for tracking sediment resuspension in the ocean[J]. Scientific Reports, 2016, 6: 27069.

[3] 林武辉，陈立奇，余雯，等. 白令海和楚科奇海陆架区的生源物质埋藏通量研究[J]. 极地研究，2016，28(2)：194-202.

[4] Lin W, Ma H, Chen L, et al. Decay/ingrowth uncertainty correction of $^{210}Po/^{210}Pb$ in seawater[J]. Journal of Environmental Radioactivity, 2014, 137: 22-30.

[5] Rutgers van der L M, Cai P, Stimac I, et al. Shelf-basin exchange times of Arctic surface waters estimated from $^{228}Th/^{228}Ra$ disequilibrium[J]. Journal of Geophysical Research: Oceans, 2012, 117(C3): C03024.

[6] Maiti K, Charette M A, Buesseler K O, et al. Determination of particulate and dissolved ^{228}Th in seawater using a delayed coincidence counter[J]. Marine Chemistry, 2015, 177: 196-202.

[7] Chen H Y, Huh C A. $^{232}Th-^{228}Ra-^{228}Th$ disequilibrium in East China Sea sediments[J]. Journal of Environmental Radioactivity, 1999, 42(1): 93-100.

[8] Reyes A O, Moore W S, Stakes D S. $^{228}Th/^{228}Ra$ ages of a barite-rich chimney from the Endeavour Segment of the Juan de Fuca Ridge[J]. Earth and Planetary Science Letters, 1995, 131(1): 99-113.

[9] Bennett J T, Turekian K K. Radiometric ages of Brachyuran crabs from the Galapagos Spreading-Center hydrothermal ventfield[J]. Limnology & Oceanography, 1984, 29(5): 1088-1091.

[10] Foll D L, Brichet E, Reyss J L, et al. Age Determination of the Spider Crab Maja squinado and the European Lobster Homarus gammarus by $^{228}Th/^{228}Ra$ Chronology: Possible Extension to Other Crustaceans[J]. Canadian Journal of Fisheries and Aquatic Sciences, 1989, 46(4): 720-724.

[11] Reyss J L, Schmidt S, Latrouite D, et al. Age determination of crustacean carapaces using $^{228}Th/^{228}Ra$ measurements by ultra low level gamma spec-

troscopy[J].Applied Radiation and Isotopes,1996,47(9):1049-1053.

[12] Turekian K K,Cochran J K,Kharkar D P,et al.Slow growth rate of a deep-sea clam determined by ^{228}Ra chronology[J].Proceedings of the National Academy of Sciences of the United States of America,1975,72(7):2829-2832.

[13] Chao J H,Niu H,Chiu C Y,et al.A potential dating technique using ^{228}Th/^{228}Ra ratio for tracing the chronosequence of elemental concentrations in plants[J].Applied Radiation and Isotopes,2007,65(6):641-648.

[14] Zinka B,Kandlbinder R,Schupfner R,et al.The activity ratio of ^{228}Th to ^{228}Ra in bone tissue of recently deceased humans:a new dating method in forensic examinations[J].Anthropologischer Anzeiger,2012,69(2):147-157.

[15] Cobb K M,Charles C D,Cheng H,et al.U/Th-dating living and young fossil corals from the central tropical Pacific[J].Earth and Planetary Science Letters,2003,210(1):91-103.

[16] Al-Rousan S,Al-Shloul R,Al-Horani F,et al.Heavy metals signature of human activities recorded in coral skeletons along the Jordanian coast of the Gulf of Aqaba,Red Sea[J].Environmental Earth Sciences,2012,67(7):2003-2013.

[17] Pratchett M S,Anderson K D,Hoogenboom M O,et al.Spatial,temporal and taxonomic variation in coral growth—implications for the structure and function of coral reef ecosystems[J].Oceanography and Marine Biology:an Annual Review,2015,53:215-295.

[18] Kwon E Y,Kim G,Primeau F,et al.Global estimate of submarine groundwater discharge based on an observationally constrained radium isotope model[J].Geophysical Research Letters,2014,41(23):8438-8444.

[19] Nozaki Y,Yamamoto Y.Radium-228 based nitrate fluxes in the eastern Indian Ocean and the South China Sea and a silicon - induced "alkalinity pump" hypothesis[J].Global Biogeochemical Cycles,2001,15(3):555-567.

[20] Saha N,Webb G E,Zhao J X.Coral skeletal geochemistry as a monitor of inshore water quality[J].Science of the Total Environment,2016,566:652-684.

基于 BP 神经网络的中西太平洋鲣鱼围网渔场预报

陈洋洋[1]，陈新军[1,2,3,4*]，郭立新[1]，方舟[1,2,3,4]，汪金涛[1,2,3,4]

（1. 上海海洋大学 海洋科学学院，上海 201306；2. 农业部大洋渔业开发重点实验室，上海 201306；3. 国家远洋渔业工程技术研究中心，上海 201306；4. 农业部大洋渔业资源环境科学观测实验站，上海 201306）

摘要：中西太平洋是鲣鱼围网的重要作业海域，准确预报该海域的中心渔场有利于提高捕捞效率。本文根据 1998—2013 年中西太平洋鲣鱼围网生产统计数据以及海洋环境数据，采用 BP 人工神经网络模型，分别以初值化后的单位捕捞努力量渔获量（CPUE，catch per unit of effort）和捕捞努力量（fishing effort）作为中心渔场的表征因子，并作为 BP 模型的输出因子，以时间、空间、海洋环境（包括海表温度 SST，海面高度 SSH，Niño3.4 区海表温度距平值，叶绿素浓度 Chl *a*）等作为输入因子，构建 22 个 BP 神经网络模型，以最小拟合残差作为判断标准，比较渔场预报模型优劣。研究结果认为，以捕捞努力量为输出因子的模型的最小拟合残差均小于以 CPUE 为输出因子的模型，表明捕捞努力量更适合作为表征中心渔场的因子。同时，拟合残差的平均值随着输入因子的增加而减小，说明本研究所选的时间、空间、海洋环境因子等对鲣鱼中心渔场预报均极为重要。其中，以月份、经度、纬度、SST、SSH、Niño3.4 区 SSTA、Chl *a* 为输入因子，以初值化后的捕捞努力量为输出因子，结构为 7-5-1 的 BP 神经网络模型预报精度最高，影响因子的重要性从高到低依次是经度、Chl *a*、SST、纬度、Niño3.4 区 SSTA、SSH、月份。

关键词：中西太平洋；鲣鱼；中心渔场；神经网络

1 引言

鲣鱼（*Katsuwonus pelamis*）广泛分布于太平洋、大西洋、印度洋的热带、亚热带以及亚寒带海域中，在世界金枪鱼渔业中占有极其重要的地位[1]。中西太平洋海域是世界金枪鱼围网的主要作业渔场，主捕鲣鱼，并兼捕黄鳍金枪鱼和大眼金枪鱼等种类[2]。我国于 2000 年开始在该海域进行金枪鱼围网作业，到 2006 年已发展到拥有围网船只 8 艘、年产量约 5 万 t 的规模[2]。因此，中西太平洋海域已经成为我国金枪鱼渔业的重要作业海域[3]。鲣鱼渔场分布与海洋环境关系密切。黄易德[4]、黄逸宜[5]、Fonteneau[6]等对鲣鱼渔场与海表温度关系进行了研究；Lehodey 等[7]、郭爱和陈新军[8]探讨了中西太平洋鲣鱼渔场空间分布与厄尔尼诺-南方涛动（El Niño-Southern Oscillation，简写 ENSO）的关系。唐浩等[9]利用 GAM 模型研究环境因子对中西太平洋鲣鱼渔场的影响。但上述研究并没有建立高精度的渔场预报模型。

近些年来，许多学者对于中心渔场预报的模型及预报方法进行了大量的研究，通常分为基于单一环境因子[7-8,10]和基于多环境因子的渔场预报[9,11]，方法大多套用统计学模型，如线性模型[12-13]和指数回归[14]等；以及智能模型，如专家系统和模糊推理等[15-16]。但是这些渔场预报模型仅仅只是对某一种响应变量进行分析，如捕捞努力量（effort）或单位捕捞努力量渔获量（CPUE），并没有将其进行比较；所采用的模型往往也是线性的关系。人工神经网络法（artificial neutral network，ANN）具有很好的自主学习能

基金项目：上海市科技创新计划（15DZ1202200）；海洋局公益性行业专项（20155014）。

作者简介：陈洋洋（1991—），女，江苏省连云港市人，硕士研究生，专业方向为渔业资。E-mail：601812855@ qq. com

* **通信作者：**陈新军，男，教授。E-mail：xjchen@ shou. edu. cn

力和很强的泛化和容错能力[17]，已在海洋渔业领域取得较好的应用效果。为此，本研究根据 1998-2013 年中西太平洋鲣鱼围网生产数据以及海洋环境数据，以捕捞努力量和 CPUE 作为渔场预报指标，利用人工神经网络模型来建立不同的中心渔场预报模型，并对结果进行比较，以期为中西太平洋鲣鱼围网渔业科学生产提供依据。

2 数据与方法

2.1 数据来源

中西太平洋海域金枪鱼围网生产统计资料来自南太平洋渔业论坛（http：//www. spc. gov）。数据包括日本、韩国、中国、澳大利亚、美国、西班牙和南太平洋岛国等国家和地区，统计内容包括年、月、经度、纬度、投网次数以及渔获量。时间为 1998—2013 年。空间分辨率以经纬度 5°×5° 为统计单位。海表面温度（SST）来自 http：//poet. jpl. nasa. gov/；海表面高度（SSH）来自 http：//iridl. ldeo. columbia. edu/docfind/databrief/cat-ocean. html 网站，数据空间分辨率为 0. 5°×0. 5°。ENSO 指数（厄尔尼诺-南方涛动）采用 Niño3. 4 区海表温度距平值（SSTA）来表示，时间单位为月，数据来源于 http：//www. cpc. ncep. noaa. gov.

2.2 数据预处理

2.2.1 CPUE 计算

单位捕捞努力量渔获量（CPUE，t/net）可以作为表征鲣鱼资源密度的指标[10-12]。本文定义 5°×5° 为一个渔区，计算每个渔区的 CPUE，计算公式为：

$$\text{CPUE} = \frac{Catch_{ymij}}{Effort_{ymij}}, \tag{1}$$

式中，CPUE 为单位捕捞努力量渔获量，单位为 t/net；$Catch_{ymij}$ 为一个渔区的渔获量；$Effort_{ymij}$ 为一个渔区的捕捞努力量（即一个渔区内累计的作业总网次）；y 为年；m 为月；i 为经度；j 为纬度。

2.2.2 数据初值化

CPUE 初值化就是将实际 CPUE 值转化为 0~1 之间的值，计算方法是：在计算出的所有实际 CPUE 中选择其最大值，再将每个 CPUE 值除以选取出的最大值，即可得到初值化后的 CPUES。当 CPUES 为 1 时，则表征该海域为最适中心渔场；当 CPUES 为 0，则该海域为非中心渔场。捕捞努力量（作业网次）初值化计算方法与 CPUE 相同。

2.2.3 样本组成

按照时间、空间和海洋环境数据组成进行匹配组成样本集。输入变量为时间（月），空间数据（经度，纬度），海洋环境数据包括海表温度（SST）、海面高度（SSH）、Niño3. 4 区海表温度距平值（Niño3. 4）、叶绿素浓度（Chl a），输出变量分别为经过初值化后的 CPUE 和捕捞努力量，以此作为中心渔场的指标。

2.3 研究方法

本文采用 DPS 数据处理系统（data processing system）中的 BP 神经网络算法，其网络结构由输入层、隐含层和输出层组成。本研究中输入层因子由时间因子，空间因子，海洋环境因子（包括海表温度 SST，海面高度 SSH，Niño3. 4 区海表温度距平值，叶绿素浓度 Chl a）等组成，隐含层为 1 层，隐含层结点数一般设为输入层结点数的 75%[18]，输出层为 1 个结点，分别为初值化后的 CPUE 和捕捞努力量。将这两类计算结果进行比较，选取最适合渔场预报的模型。以模型处理结果中的拟合残差作为判断最优模型的标准，拟合残差越小，模型的效果也就最合适，渔场预报也就越准确。确立研究方案如下：

方案1：输入层因子为月份、经度、纬度、SST，神经网络结构为4-2-1和4-3-1，输出因子分别为初值化后的CPUE、捕捞努力量。

方案2：输入因子为月份、经度、纬度、SST、SSH，神经网络结构为5-3-1和5-4-1，输出因子分别为初值化后的CPUE、捕捞努力量。

方案3：输入因子为月份、经度、纬度、SST、SSH、Niño3.4，神经网络结构为6-3-1、6-4-1和6-5-1，输出因子分别为初值化后的CPUE、捕捞努力量。

方案4：输入因子为月份、经度、纬度、SST、SSH、Niño3.4、Chl *a*，神经网络结构为7-3-1、7-4-1、7-5-1和7-6-1，输出因子分别为初值化后的CPUE、捕捞努力量。

3 结果

3.1 输出因子为初值化后的CPUE

3.1.1 方案1模拟结果

由图1a可知，结构为4-2-1的BP神经网络在拟合次数达到12次前，拟合残差的值在随着拟合次数增加急剧减小，在拟合次数约为33次时，拟合残差达到最小为0.010 554；由图1b可知，结构为4-3-1的BP神经网络在拟合次数约72次时，拟合残差达到最小为0.010 646，之后随着拟合次数的增加，在拟合次数达到101次时拟合残差反而增大。

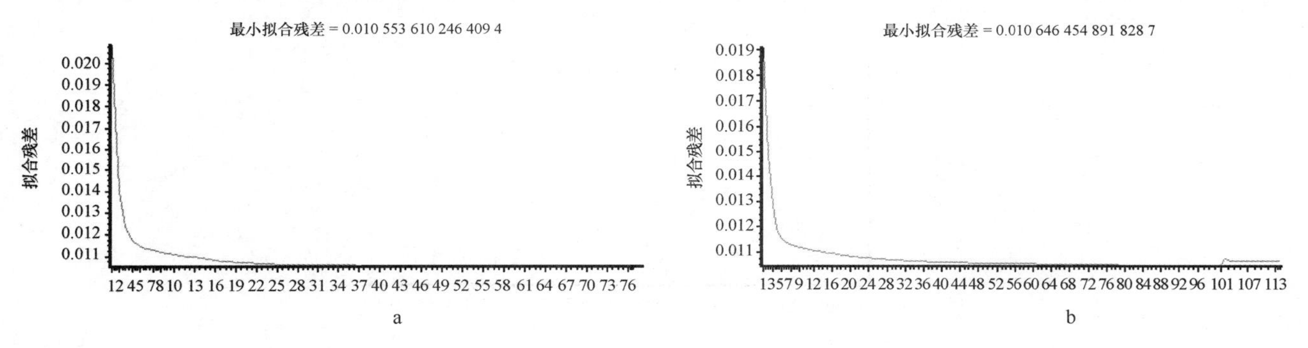

图1 4-2-1模型（a）和4-3-1模型（b）模拟结果

3.1.2 方案2模拟结果

由图2a可知，结构为5-3-1的BP神经网络拟合次数在33次时，其拟合残差最小为0.010 582；由图2b可知，结构为5-4-1的BP神经网络在拟合次数约为5次时，拟合残差出现一次急剧减小，随后处于一段平稳期，在拟合次数约为199次时，拟合残差达到最小为0.010 259 。

3.1.3 方案3模拟结果

本方案中，3个模型的拟合残差的变化趋势基本一致，均为先急剧减小后趋于平缓。结构为6-3-1的BP神经网络的模拟结果如图3a所示，拟合次数约为84次时，其拟合残差最小，为0.010 270；结构为6-4-1的BP神经网络的模拟结果如图3b所示，拟合次数约为780次时，其拟合残差到达最小为0.009 132；结构为6-5-1的BP神经网络的模拟结果如图3c所示，拟合次数约为733次时，拟合残差最小，为0.009 315。

3.1.4 方案4模拟结果

结构为7-3-1的BP神经网络的模拟结果如图4a所示，拟合次数约为430次时，其拟合残差最小，为0.009 887；结构为7-4-1的BP神经网络的模拟结果如图4b所示，拟合次数约为24次之前，其拟合残差急剧减小，随后有些许的上升后继续下降，在拟合次数约为733次时，其拟合残差到达最小为

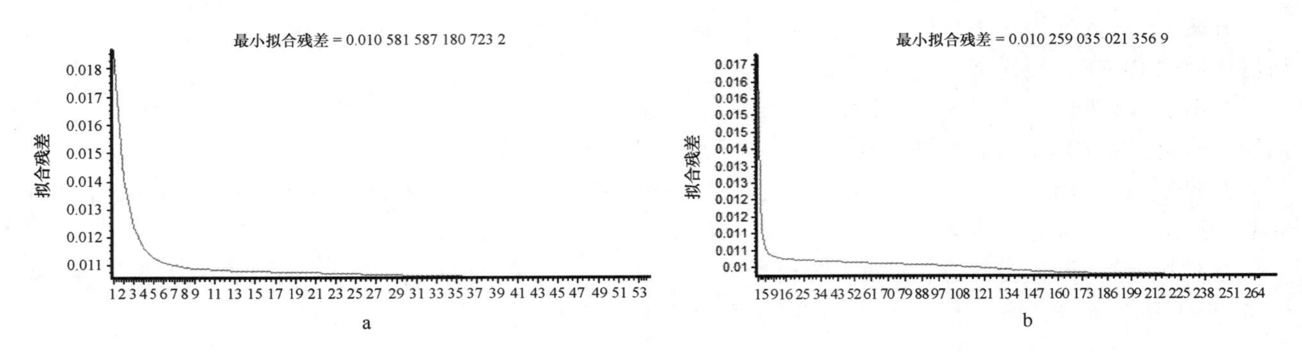

图 2　5-3-1 模型（a）和 5-4-1 模型（b）模拟结果

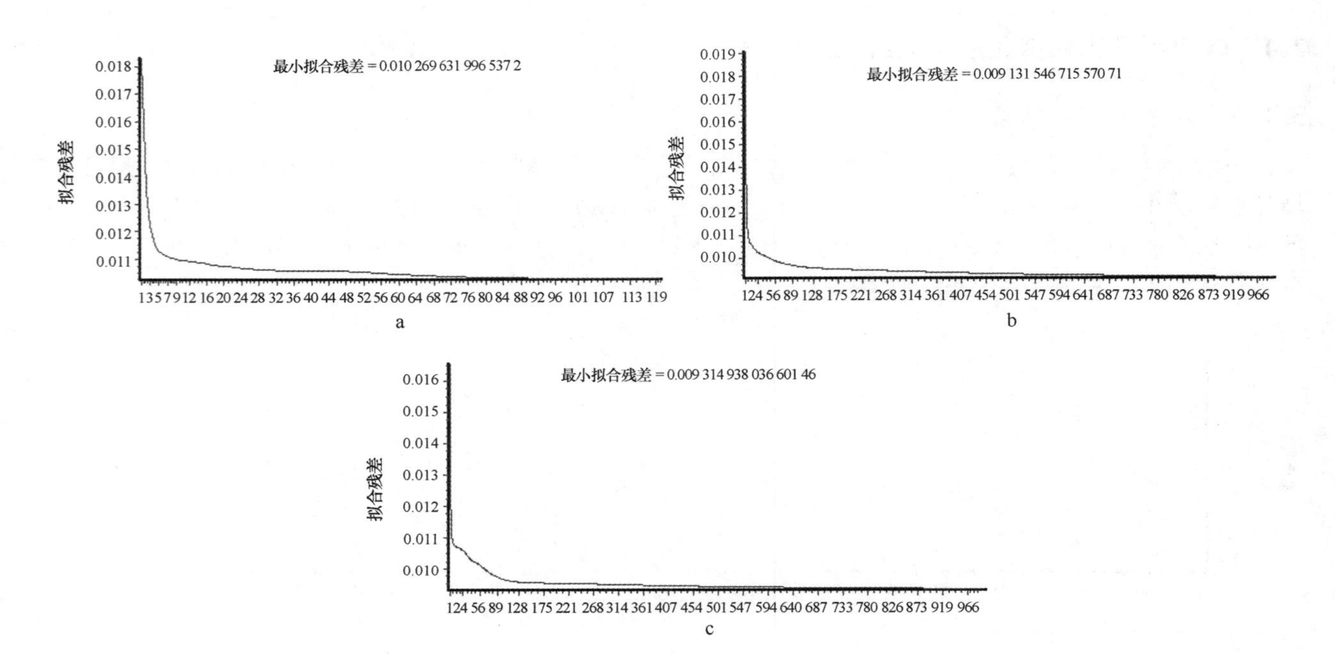

图 3　6-3-1 模型（a）、6-4-1 模型（b）和 6-5-1（c）模型模拟结果

0. 009 282；结构为 7-5-1 的 BP 神经网络的模拟结果如图 4c 所示，拟合次数约为 826 次时，拟合残差最小，为 0. 008 980；结构为 7-6-1 的 BP 神经网络的模拟结果如图 4d 所示，拟合次数约为 417 次时，拟合残差最小，为 0. 008 272。

3. 2　输出因子为初值化后的捕捞努力量

3. 2. 1　方案 1 模拟结果

由图 5a 可知，结构为 4-2-1 的 BP 神经网络在拟合次数达到 6 次前，拟合残差的值在随着拟合次数增加急剧减小，随后缓慢下降，在拟合次数约为 246 次时，拟合残差达到最小为 0. 005 846；由图 5b 可知，结构为 4-3-1 的 BP 神经网络在拟合次数约 427 次时，拟合残差达到最小为 0. 005 665。

3. 2. 2　方案 2 模拟结果

由图 6a 可知，结构为 5-3-1 的 BP 神经网络拟合次数在 524 次时，其拟合残差最小为 0. 005 794；由图 6b 可知，结构为 5-4-1 的 BP 神经网络在拟合次数约为 725 次前拟合残差快速减小，在拟合次数约为 806 次时，拟合残差达到最小为 0. 003 581。

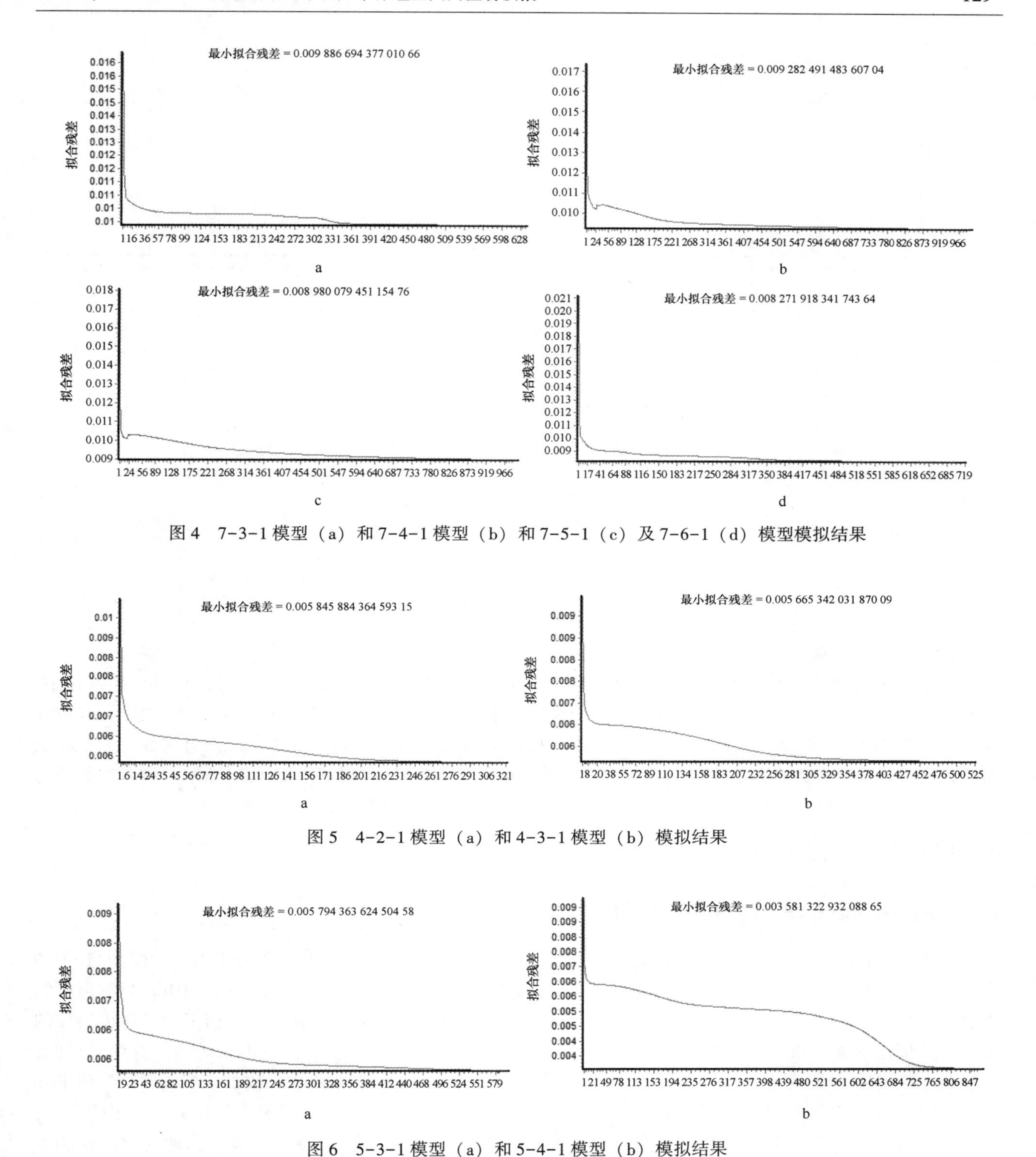

图4 7-3-1模型（a）和7-4-1模型（b）和7-5-1（c）及7-6-1（d）模型模拟结果

图5 4-2-1模型（a）和4-3-1模型（b）模拟结果

图6 5-3-1模型（a）和5-4-1模型（b）模拟结果

3.2.3 方案3模拟结果

结构为6-3-1的BP神经网络的模拟结果如图7a所示，拟合次数约为873次时，其拟合残差最小，为0.004 881；结构为6-4-1的BP神经网络的模拟结果如图7b所示，拟合次数约为919次时，其拟合残差到达最小为0.003 520；结构为6-5-1的BP神经网络的模拟结果如图7c所示，拟合次数约为815次

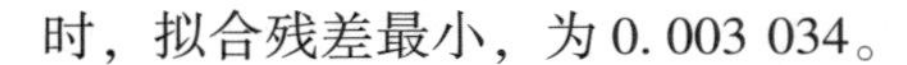

时，拟合残差最小，为 0.003 034。

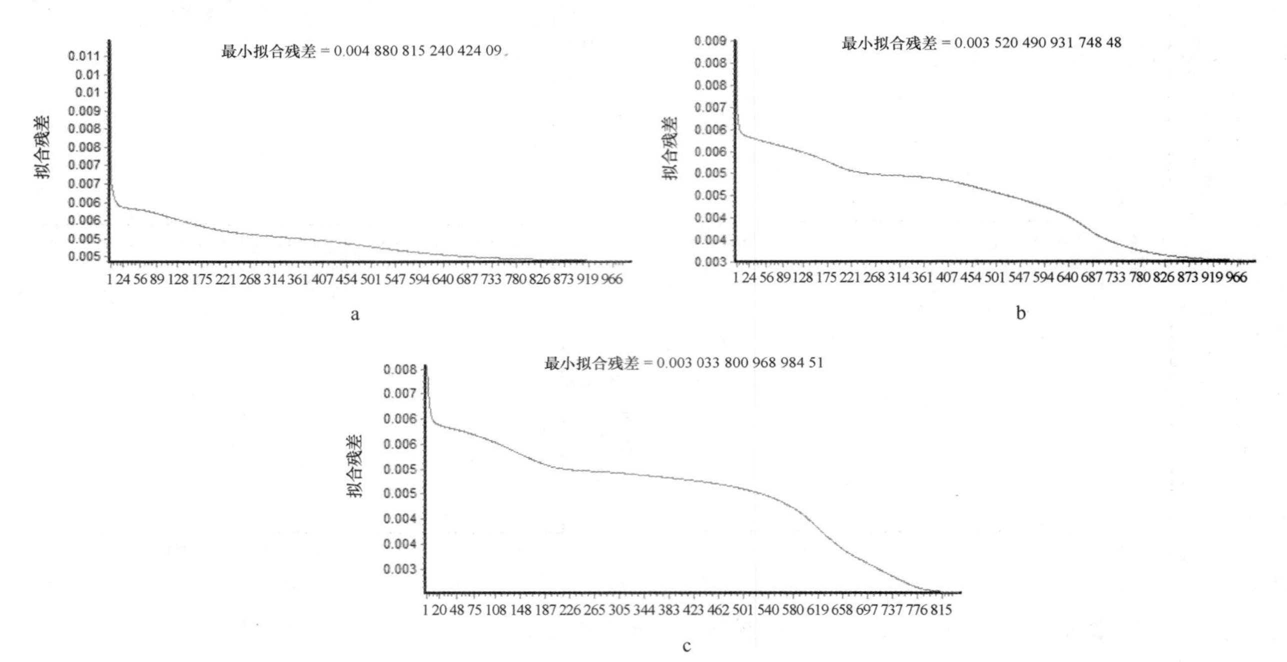

图 7 6-3-1 模型（a）、6-4-1 模型（b）及 6-5-1（c）模型模拟结果

3.2.4 方案 4 模拟结果

结构为 7-3-1 的 BP 神经网络的模拟结果如图 8a 所示，拟合次数约为 919 次时，其拟合残差最小，为 0.004 737；结构为 7-4-1 的 BP 神经网络的模拟结果如图 8b 所示，在拟合次数约为 958 次时，其拟合残差到达最小为 0.003 275；结构为 7-5-1 的 BP 神经网络的模拟结果如图 8c 所示，拟合次数约为 948 次时，拟合残差最小，为 0.002 942；结构为 7-6-1 的 BP 神经网络的模拟结果如图 8d 所示，拟合次数约为 771 次时，拟合残差最小，为 0.003 429。4 种结构的拟合残差变化趋势均为快速减小。

4 讨论与分析

4.1 不同输入因子与不同输出因子的比较

本研究根据 4 种输入因子的组合方案，构建了 11 种以初值化后的 CPUE 作为输出因子的模型与 11 种以初值化后的捕捞努力量作为输出因子的模型。22 种模型拟合的输出结果如表 1，以 CPUES 为输出层的拟合残差值范围为 0.008 272～0.010 646，平均值为 0.009 743 455；以初值化后的捕捞努力量为输出层的拟合残差值范围为 0.002 943～0.005 846，平均值为 0.004 245 818。比较不同输出因子的拟合结果可知，捕捞努力量更适合作为表征渔场中心的因子，这与很多学者的研究结果是一致的。Chen 等[18] 和 Fian 等[19] 对西北太平洋柔鱼栖息地模型的研究中均发现在预测栖息地指数时，捕捞努力量比 CPUE 更为重要，同时也发现基于 CPUE 的栖息地指数模型会过度预测最适宜栖息地，而对每月最适栖息地变化的预测不足。因此认为，基于捕捞努力量的栖息地指数模型在定义最适栖息地时会更加有效。

分析发现，拟合残差的平均值随着输入因子的增加而减小（表 1），而且对于不同输出因子的方案具有同样的规律，这说明本研究所选的时间、空间、海洋环境因子等对鲣鱼渔场分布都是极为重要的。

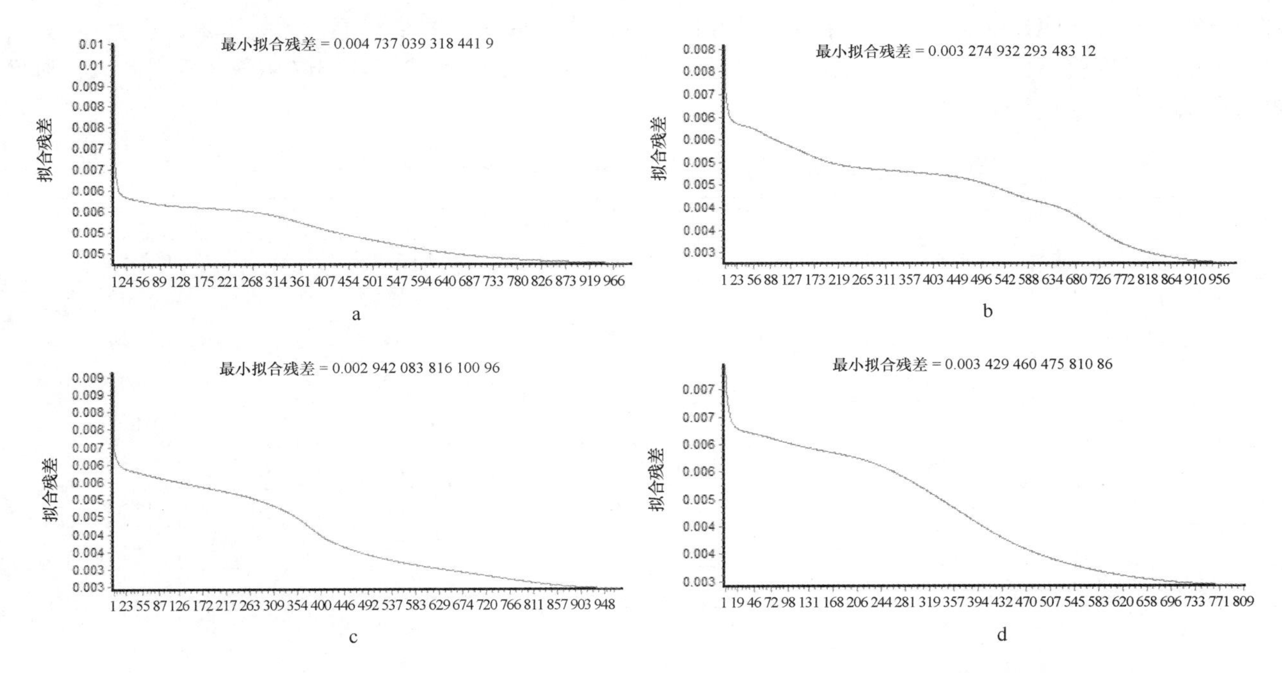

图 8　7-3-1 模型（a）、7-4-1 模型（b）、7-5-1（c）及 7-6-1（d）模型模拟结果

表 1　不同输入因子及不同输出因子所得的不同拟合残差

方案	输入因子	模型	拟合残差（输出 cpues）	均值	拟合残差（输出 efforts）	均值
方案一	月、经度、纬度、SST	4-2-1	0. 010 554	0. 0106	0. 005 846	0. 005 756
		4-3-1	0. 010 646		0. 005 665	
方案二	月、经度、纬度、SST、SSH	5-3-1	0. 010 582	0. 010 421	0. 005 794	0. 004 688
		5-4-1	0. 010 259		0. 003 581	
方案三	月、经度、纬度、SST、SSH、Niño3. 4a	6-3-1	0. 010 27	0. 009 572	0. 004 881	0. 003 812
		6-4-1	0. 009 132		0. 003 52	
		6-5-1	0. 009 315		0. 003 034	
方案四	月、经度、纬度、SST、SSH、Niño3. 4a、CHL	7-3-1	0. 009 886	0. 009105	0. 004 737	0. 003 596
		7-4-1	0. 009 282		0. 003 275	
		7-5-1	0. 008 98		0. 002 942	
		7-6-1	0. 008 272		0. 003 429	
	均值		0. 009 743 455		0. 004 245 818	

4. 2　最优模型的选择与解释

从拟合结果的比较中得知，捕捞努力量更适合作为输出因子来预报鲣鱼渔场，但是以初值化后的捕捞努力量作为输出因子的模型有 11 个，通过比较各个模型的拟合残差，并采用拟合残差较小的模型作为预报模型的原则[20-21]，选定拟合残差最小的，输入因子为月份、经度、纬度、SST、SSH、Niño3. 4、Chl *a*，输出因子为初值化后的捕捞努力量，结构为 7-5-1 的 BP 神经网络模型作为最优模型，拟合残差值为 0. 002 942。该模型的第 1 隐含层各结点的权重矩阵和输出层各结点的权重矩阵如表 2 所示。

从表 2 可得，第 1 隐含层各节点的权重矩阵中各数据大小、正负均不相同，无明显线性关系。且第一部分与第二部分无明显的定性关系。在 BP 神经网络模型中，取权重的绝对值，无关正负，权重值越大，对模型的贡献率就越大[32]。如输入层变量经度的权重绝对值为 28.917 3、19.617 9 等，权重越大，对模型拟合结果的贡献也越大。

表 2 最适模型第 1 隐含层各个结点和输出层各个结点的权重矩阵

第 1 隐含层各个结点的权重矩阵				
−0.503 4	−0.355 3	−1.225 7	−0.189 4	0.086 9
−1.151 1	−2.570 7	−4.806 4	28.917 3	−19.617 9
−5.281 0	−1.364 3	6.610 5	−5.473 4	−2.424 4
−1.012 1	1.209 8	−5.374 7	2.375 7	2.440 3
−0.822 6	−0.519 9	−1.429 0	−1.336 3	−0.156 4
0.760 3	−0.588 4	0.574 1	−1.449 5	−0.464 1
5.452 0	1.815 7	−6.350 0	−6.307 7	1.085 9
输出层各个结点的权重矩阵				
−4.551 9				
5.129 5				
−2.350 7				
−3.065 2				
−4.930 0				

注：第一部分为 7 行 5 列的第 1 隐含层各节点的权重矩阵，7 行表示 BP 神经网络结构中输入因子为 7 个，包含月份、经度、纬度、SST、SSH、Niño3.4a 以及 Chl *a*。5 列则表示神经网络结构中隐含层的结点数为 5。第二部分为输出层各个结点的权重矩阵。

4.3 输入因子权重比较

从表 2 可以直观的看出隐含层各因子的权重，权重最大的因子即为经度（表 2），其次所占权重较大的因子为 Chl *a*，再其次为纬度与 SST（表 2）。经度对于中西太平洋鲣鱼渔场分布的影响占有非常重要的地位，中西太平洋鲣鱼渔场经向分布范围广，从 120°E~160°W，横跨 80 个经度，且不同年份和月份的渔场重心分布均有很大差异[2]。陈新军和郑波[2]研究发现，在 1990、1991、1995 和 1996 年，鲣鱼产量主要分布在 140°~160°E 的西部海域；1998、1999 和 2001 年鲣鱼产量主要分布在 150°~180°E 的海域，较 1990、1991、1995 和 1996 年鲣鱼产量主要分布区偏东 10~20 个经度。1992、1993、1994、1997 和 2000 年鲣鱼产量主要分布在 140°~ 180°E 的广阔海域，与本研究结果相似。

鱼类活动在很大程度上受到温度的影响[22]。海表温度直接或间接地影响鱼场的分布，洄游的路线等[23-26]。本研究发现，温度对权重值的影响较大而且各个节点的权重差距较小，并未出现特别大或特别小的权重值。杨胜龙等[27]，郭爱和陈新军[28]，叶泰豪[11]，Fonteneau 等[6]的研究都发现，鲣鱼最适海表温的范围为 29.5~30℃。Lehodey 等[7]发现，鲣鱼作业渔场会随着暖池边缘 29℃ 等温线在经向上发生偏移。这些研究都表明温度是影响鱼类行为和渔场分布的关键性环境因子之一。也有部分学者研究发现，ENSO 现象对于中西太平洋鲣鱼渔场分布也有很大的影响，但是本文利用 Niño3.4 区的海表温距平值（SSTA）来作为表征 ENSO 现象，并作为输入因子加入到预报模型中。从最优模型的隐含层结点矩阵来看，尽管该因子所占的权重很小，但是这并不代表 ENSO 现象对于鲣鱼渔场分布的影响度小。受厄尔尼诺或拉尼娜现象的影响，这些异常年份的海水温度异常升高或降低，因此鱼类的产卵、洄游路线、渔场分布等鱼类行为也会随环境的改变而变化。但是往往这种影响与改变都会存在一定的滞后性，如 Lu 等[29]研究表明，ENSO 事件对长鳍金枪鱼产量的影响具有滞后性。郭爱和陈新军[30]认为厄尔尼诺与渔场资源丰度关系密切，ENSO 年份内 CPUE 比正常年份偏高，CPUE 的变化相对 ENSO 指数有明显的 1~2 个月滞后期。

Li[31]研究发现 ENSO 现象对于中西太平洋鲣鱼 CPUE 的影响有 10 个月的延迟。本研究在预报模型中没有考虑到各种环境因子对于鲣鱼渔场分布的滞后性影响，这也可能是造成了最优模型中 Niño3. 4 区海表温距平值权重较小的原因。

以捕捞努力量为预报因子的 7-5-1 最优预报模型结构的解释，以及各环境因子在模型中影响程度的结论与其他学者的研究结果基本上是一致的，这说明 BP 神经网络预报模型在对鲣鱼渔场的预报中是可行的。当然，在后续的研究过程中还需要进一步提高模型预报的精度，如采用更好的预报模型、考虑更多的影响因子等，以更准确的对渔场进行预报。

5 结论

本研究根据 1998—2013 年中西太平洋鲣鱼围网生产统计数据以及海洋环境数据，根据不同输入输出因子的组合，构建了 22 个 BP 神经网络模型，并以最小拟合残差作为判断标准，比较渔场预报模型的优劣。研究结果认为，以捕捞努力量为输出因子的模型的最小拟合残差均小于以 CPUE 为输出因子的模型，表明捕捞努力量更适合作为表征中心渔场的因子。同时，拟合残差的平均值随着输入因子的增加而减少，说明本研究所选的时间、空间、海洋环境因子等对鲣鱼中心渔场预报均极为重要。其中，以月份、经度、纬度、SST、SSH、Niño3. 4a、Chl *a* 为输入因子，以初值化后的捕捞努力量为输出因子，结构为 7-5-1 的 BP 神经网络模型预报精度为最高，影响因子的重要性从高到低依次是经度、Chl *a*、SST、纬度、Niño3. 4a、SSH、月份。

参考文献：

[1] Collette B B, Nauen C E.FAO Species Catalogue Vol 2 Scombrids of the World—an annotated and illustrated catalogue of tunas, mackerels, bonitos, and related species known to data[R].FAO Fisheries Synopsis, 1983, 125(2):83-86.

[2] 陈新军,郑波.中西太平洋金枪鱼围网渔业鲣鱼资源量的时空分布[J].海洋学研究,2007,25(2):13-22.

[4] 黄易德.中西太平洋鲣鱼时空分析[D].台北:国立台湾海洋大学,1989:67.

[5] 黄逸宜.中西太平洋鲣鲔围网渔业渔获分布及其与水温之关系[D].台北:国立台湾海洋大学,1995:78.

[6] Fonteneau A.A comparative overview of skipjack fisheries and stocks worldwide[R].SCTB16 Working Paper, 2003:2-3.

[7] Lehodey P M, Bertibanac J, Hampton A, et al.E1 Nino Southern Oscillation and tuna in the western Pacific[J].Nature, 1997, 389:715-718.

[8] 郭爱,陈新军.ENSO 与中西太平洋金枪鱼围网资源丰度及其渔场变动的关系[J].海洋渔业,2005,27(4):338-342.

[9] 唐浩,许柳雄,陈新军,等.基于 GAM 模型研究时空及环境因子对中西太平洋鲣鱼渔场的影响[J].海洋环境科学,2013(04):518-522.

[10] 方舟,陈新军,李建华,等.阿根廷专属经济区内鱿钓渔场分布及其与表温关系[J].上海海洋大学学报,2013,22(1):134-140.

[11] 叶泰豪,冯波,颜云榕,等.中西太平洋鲣渔场与温盐垂直结构关系的研究[J].海洋湖沼通报,2012(1):49-55.

[12] 王为祥,朱德山.黄海鲐鱼渔业生物学研究:Ⅱ.黄、渤海鲐鱼行动分布与环境关系的研究[J].海洋水产研究,1984(6):59-76.

[13] 韦晟,周彬彬.黄渤海蓝点马鲛短期渔情预报的研究[J].海洋学报,1988,10(2):216-221.

[14] 陈新军,刘必林,田思泉,等.利用基于表温因子的栖息地模型预测西北太平洋柔鱼(*Ommastrephes bartramii*)渔场[J].海洋与湖沼,2009,40(6):707-713.

[15] 樊伟,崔雪森,沈新强.渔场渔情分析预报的研究及其进展[J].水产学报,2005,29(5):706-710.

[16] 易倩,陈新军.基于信息增益法选取柔鱼中心渔场的关键水温因子[J].上海海洋大学学报,2012,21(3):425-430.

[17] Hagan M T, Demuth H B, Bealem H.Neural Network Design[M].Boston London:Pws, Pub, 1996.

[18] Chen X J, Tian S Q, Liu B L, et al.Modeling a habitat suitability index for the eastern fall cohort of *Ommastrephes bartramii* in the central North Pacific Ocean[J].Chinese Journal of Oceanology and Limnology, 2011, 29(3):493-504.

[19] Tian S Q, Chen X J, Chen Y, et al.Evaluating habitat suitability indices derived from CPUE and fishing effort data for *Ommatrephes bratramii* in the northwestern Pacific Ocean[J].Fisheries Research, 2009, 95:181-188.

[20] 徐洁,陈新军,杨铭霞.基于神经网络的北太平洋柔鱼渔场预报[J].上海海洋大报,2013,22(3):432-438.

[21] 杨建刚.人工神经网络实用教程[M].杭州:浙江大学出版社,2001:1-250.

[22] 陈新军.渔业资源与渔场学[M].北京:海洋出版社,2004.

[23] Sundermeyer M A, Rothschild B J, Robinson A R.Assessment of environment correlates with the distribution of fish stocks using a spatially explicit model[J].Ecological Modelling, 2006, 197:116-132.

[24] 龙华.温度对鱼类生存的影响[J].中山大学学报,2005,44(6):254-257.
[25] Wang N,Xu X,Patrick K.Effect of temperature and feeding frequency on growth performance,feed efficiency and body composition of pikeperch juveniles(*Sander lucioperca*)[J].Aquaculture,2009,289:70-73.
[26] 苏艳莉.环境温度对鱼类的影响及预防研究[J].农技服务,2015,32(7):191-192.
[27] 杨胜龙,周甦芳,周为峰,等.基于 Argo 数据的中西太平洋鲣渔获量与水温、表层盐度关系的初步研究[J].大连水产学院学报,2010,25(1):34-40.
[28] 郭爱,陈新军.利用水温垂直结构研究中西太平洋鲣鱼栖息地指数[J].海洋渔业,2009(01):1-9.
[29] Lu H J,Lee K T,Liao C H.On the relations between El Nino/Southern Oscillation and South Pacific albacore[J].Fisheries Research,1998,39:1-7.
[30] 郭爱,陈新军.ENSO 与中西太平洋金枪鱼围网资源丰度及其渔场变动的关系[J].海洋渔业,2005,27(4):338-342.
[31] Li Z W.ENSO impact on the purse-seine fishery of skipjack tuna in the western central pacific ocean[D].National University of Taiwan,2005.
[32] 毛江美,陈新军,余景.基于神经网络的南太平洋长鳍金枪鱼渔场预报[J].海洋学报,2016,38(10):34-43.

渤海典型鱼类体内重金属分布状况研究

王海荣[1]，李超[1]，丁龙[1]，刘超[1]，吴建平[1*]

（1. 国家海洋局 北海海洋工程勘察研究院，山东 青岛 266000）

摘要：鱼类是人类蛋白质的重要来源，是环境重金属元素进入人体的重要环节之一。为了了解重金属元素在鱼类各组织器官内的积累情况，本文选取渤海典型经济鱼类安康鱼和鲈鱼，运用原子吸收光谱仪分析了鱼头、鱼骨、鱼肉、鱼皮、鱼肝脏等部位的重金属（铜、铅、锌、镉、铬）的含量，并依据《无公害水产品安全要求》对鱼肉中的重金属风险进行了评估。结果发现安康鱼中，Cu的含量依鱼骨、鱼肝脏、鱼肉和鱼头顺序递减；Zn和Cr的含量依鱼骨、鱼头、鱼肝脏和鱼肉顺序递减；Cd的含量依鱼肝脏、鱼骨、鱼头和鱼肉顺序递减；Pb的含量依鱼肝脏、鱼头、鱼肉和鱼骨顺序递减。鲈鱼中，Cr的含量依鱼骨、鱼肉、鱼皮和鱼头顺序递减；Cd的含量依鱼骨、鱼皮、鱼头和鱼肉顺序递减；Pb的含量依鱼骨、鱼头、鱼肉和鱼皮顺序递减；Zn的含量依鱼头、鱼皮、鱼骨和鱼肉顺序递减；Cu在鲈鱼鱼皮中含量最高，其他部位均未检出Cu元素。这表明同一种鱼类不同组织器官对各种重金属积累能力明显不同。日常人类食用的鱼肉中各项重金属含量均低于《无公害水产品安全要求》中规定水平。

关键词：安康鱼；鲈鱼；重金属；原子吸收光谱仪

1 引言

海洋生物对特定污染物质有富集作用，文献［1］认为海洋生物对污染物质的浓缩系数普遍可以达到$10^4 \sim 10^5$，利用海洋生物可以监测目前化学监测无法鉴别的痕量却剧毒的污染物质。目前海洋生物监测常用的指示生物有浮游生物、甲壳类动物、节肢动物、双壳类软体动物及鱼类[2]。海洋鱼类属于游泳动物，迁移及活动能力较强，一般很难具体指示特定海域的污染，但是能很好地反映较广海域的总体环境质量状况[3]。海洋经济鱼类是人们餐桌上的主要海产品，而鱼类处于海洋食物链的高层，理论上会蓄积更多的重金属等污染物质，因此对鱼类的质量状况进行监测关系到民生问题。

重金属污染研究逐渐成为食品安全问题中重要的一环[3]。鱼类重金属风险研究日益受到世人关注[4-5]。本研究选取渤海典型经济鱼类安康鱼和鲈鱼，研究重金属元素在其不同器官组织的质量分数水平、积蓄和分布特征，单因子污染指数法对所研究的鱼类污染现状进行评价，以期为海洋环境监测管理和海洋生物污染监测以及水产品安全提供依据。

2 材料方法

2.1 实验材料

2015年春季于渤海湾采集，利用渔船拖网进行样品捕捞，捕获后对样品进行筛选，选取大小适中的

基金项目：国家海洋局北海分局海洋科技项目（2015B17）。

作者简介：王海荣（1980—），女，山东省青岛市人，硕士，主要从事海洋环境污染研究。E-mail：631111303@ qq. com

***通信作者**：吴建平（1969—），女，山东省青岛市人，教授级高工，主要从事海洋环境污染研究。E-mail：2693713164@ qq. com

安康鱼和鲈鱼，利用便携式保险箱对样品进行冷藏保存处理，迅速带回实验室进行分析。根据海洋监测规范 GB 17378.6—2007，用塑料刀取新鲜鱼样的肌肉组织，冷冻干燥后用玛瑙研钵研碎后过 80 目尼龙筛，供痕量元素分析用。

2.2 实验试剂

HNO_3，H_2O_2：优级纯；水：超纯水；标准溶液：国家有色金属及电子材料分析测试中心提供的国家标准样品，标准值：1 000 μg/mL，标准使用液采用 1%的硝酸溶液稀释到所需的浓度。

2.3 实验仪器

球磨机，ST60 全自动消解仪，PinAAcle 900T 原子吸收光谱仪。

2.4 实验方法

2.4.1 样品处理

实验室内，首先将实验鱼类样品用清水清洗，随后用剪刀对安康鱼和鲈鱼进行解剖，按鱼头、鱼骨、鱼肉、鱼皮、鱼肝脏进行分类称重，并对其进行烘干，最后用球磨机将其研磨成粉状，再使用 800 目筛子过筛，样品待用。

2.4.2 样品消解

准确称取 0.1 g 干样，于 50 mL 消解管中，加入一定量的超纯水润湿，放置于全自动消解仪上，设置全自动消解仪缓慢加入 2 mL 硝酸，0.5 mL 过氧化氢，调节温度到 160~180℃，加热 20 min，补加 1 mL 过氧化氢，继续加热并蒸发至约剩 1 mL。再加 1 mL 硝酸，1.5 mL 过氧化氢，盖上表面皿，加热蒸至约 0.5 mL，此时，样品会完全消解为透明状，全量转入 10 mL 比色管中，加水至标线，混匀，同时制备标准空白。

2.4.3 样品测定

运用 PinAAcle900T 原子吸收光谱仪进行样品分析其中铜、铅、铬、镉采用无火焰原子吸收光谱法，锌采用火焰原子吸收光谱法。

3 结果与讨论

安康鱼和鲈鱼的不同组织部位重金属元素分析结果见表 1。

表 1 不同部位重金属平均含量（μg/g，湿质量）

		Cr	Cu	Cd	Pb	Zn
安康鱼	鱼肉	1.63	1.18	0.013	0.292	10.10
	鱼骨	39.21	2.33	0.293	0.132	86.58
	鱼头	2.32	–	0.132	0.773	75.29
	鱼肝脏	1.88	1.82	1.183	0.898	30.20
鲈鱼	鱼肉	1.95	–	0.066	0.409	12.85
	鱼骨	3.12	–	0.570	1.462	39.60
	鱼头	1.54	–	0.274	0.656	85.92
	鱼皮	1.93	19.83	0.300	0.405	73.39

注：每个组织部位进行 6 个平行样分析。

由图 1 可以看出，安康鱼中，Cu 的含量依鱼骨、鱼肝脏、鱼肉和鱼头顺序递减；Zn 和 Cr 的含量依

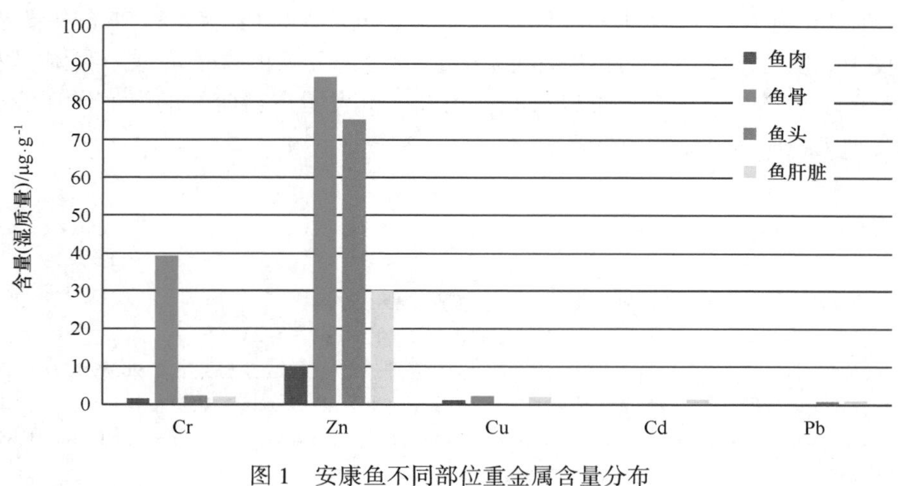

图 1　安康鱼不同部位重金属含量分布

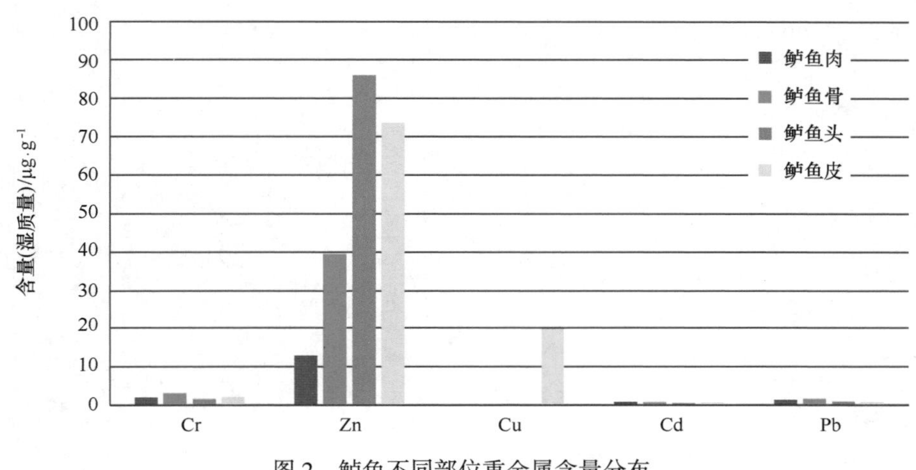

图 2　鲈鱼不同部位重金属含量分布

鱼骨、鱼头、鱼肝脏和鱼肉顺序递减；Cd 的含量依鱼肝脏、鱼骨、鱼头和鱼肉顺序递减；Pb 的含量依鱼肝脏、鱼头、鱼肉和鱼骨顺序递减。

由图 2 可以看出，鲈鱼中，Cr 的含量依鱼骨、鱼肉、鱼皮和鱼头顺序递减；Cd 的含量依鱼骨、鱼皮、鱼头和鱼肉顺序递减；Pb 的含量依鱼骨、鱼头、鱼肉和鱼皮顺序递减；Zn 的含量依鱼头、鱼皮、鱼骨和鱼肉顺序递减；Cu 在鲈鱼皮中含量最高，其他部位均未检出 Cu 元素。

与我国《农产品安全质量无公害水产品安全要求》（GB 18406. 4−2001）[6]标准（表 2）相比，鲈鱼和安康鱼鱼肉的重金属含量低于安全要求，其中 Zn 未作安全要求，且含量较高，因 Zn 为人类必需的微量元素之一[7]，所以不会影响食品安全，可放心食用。

表 2　鱼类重金属含量评价标准

	Cr	Cu	Cd	Pb	Zn
无公害水产品安全要求	2	50	0. 1	0. 5	−

注："−" 表示未作要求。

4　结论

结果显示重金属元素在经济鱼类各组织器官中分布不均匀。安康鱼中，Cu、Zn、Cr 和 Cd 主要在鱼骨和鱼肝脏中积累；而Pb则主要在鱼肝脏中积累；鲈鱼中鲈鱼骨则是Cr、Cd和Pb的主要积累场所；Cu则主要集中在鲈鱼皮中。但是作为主食的鱼肉部分，这些重金属元素的含量均低于我国《农产品安全质量无公害水产品安全要求》的相应标准，可以放心食用。这也表明在当前的渤海海洋环境下，渤海的海洋产业特别是渔业受到重金属污染影响极低。

参考文献：

[1] 尚晓迪,何志强.重金属在鱼体内积累作用的研究进展[J].河北渔业,2009(5):44-45.

[2] 方展强,杨丽华.重金属在鲫幼鱼组织中的积累与分布[J].水利渔业,2004,24(6):23-26.

[3] 陈红红,毋福海,黄丽玫,等.广州市场食用鱼中5种重金属含量分析及评价[J].中国卫生检验杂志,2008,12(18):2736-2737.

[4] 张春岭,卓丽玲.枣庄市中区鲫鱼重金属含量及其安全评价[J].山东畜牧兽医,2010,31(9):10-11.

[5] Kuroshima R.Cadmium accumulation in the mummichog,Fun dulusHeteroclitus,adapted to various salinities[J].Bull Environ Contam Toxi-col,1992,49(5):680-685.

[6] 中华人民共和国国家质量监督检验检疫总局.GB 18406.4-2001.农产品安全质量无公害水产品安全要求[S].北京:中国标准出版社,2001.

[7] 高淑英,邹栋梁.湄洲湾生物体内重金属含量及其评价[J].海洋环境科学,1994,13(1):39-45.

秋季我国近海不同海域短蛸角质颚形态学研究

方舟[1,2,3,4]，金岳[2]，胡飞飞[2]，马迪[2]，陈新军[2,3,4*]

（1. 同济大学 海洋与地球科学学院，上海 200092；2. 上海海洋大学 海洋科学学院，上海 201306；3. 大洋渔业资源可持续开发省部共建教育部重点实验室，上海 201306；4. 国家远洋渔业工程技术研究中心，上海 201306）

摘要： 短蛸 *Amphioctopus fangsiao* 广泛分布于我国沿海海域，目前是我国主要的头足类捕捞对象之一。根据 2015 年 10—11 月在黄海、东海和南海北部渔业生产期间采集的 393 尾短蛸样本，通过标准化方法对不同海域样本的 10 项角质颚形态值进行了差异性分析，同时建立判别函数以区分不同群体。结果表明，东海和黄海样本个体大小较为类似，南海个体明显较小；在将角质颚形态值标准化之后，南海海域个体的角质颚形态相对比其他两个海域也更小，方差分析显示，3 个海域短蛸角质颚形态存在显著差异，其中除了下翼长外，东海与黄海个体的角质颚形态值均不存在差异（P>0.01），而南海与其他两个海域的角质颚形态值均存在显著差异（P<0.01）。主成分分析结果认为，第一主成分因子均为下颚形态值，第二、第三主成分均为上颚形态值；通过逐步判别分析，选取了 6 项角质颚形态值建立判别函数，判别正确率在 80% 以上；回归树分析结果认为，短蛸的下颚形态值（下头盖长和下翼长）更能够快速地辨别不同海域的短蛸。本研究结果也证实角质颚形态是判别蛸类种群的有效材料。

关键词： 短蛸；近海；角质颚；形态；判别分析

1　引言

短蛸（*Amphioctopus fangsiao*，常称为 Octopus ocellatus）是我国沿海重要的经济性头足类，广泛分布于我国近岸各个海域[1]。2000 年后，随着我国对近海捕捞强度的增大，近海的短蛸资源也得到了广发开发，短蛸在蛸类的产量中也占有相当大的比重[2]。由于其分布的广泛性和较大的资源量，了解短蛸的种群结构组成是可持续利用该资源的基础。目前传统的种群划分的方法为形态法，主要基于个体的体型特征（如胴长体质量等）来进行估算[3-4]。由于头足类多为软体，其胴体和腕部在捕捞过程中极易受到人为影响，使得整体形态发生拉伸或破损[5-6]，同时，在不同的环境条件下，即使同一种群也会在体型上有着较大的差异，这会对种群划分的结果造成极大的影响[7-8]。随着分子生物学的发展，该方法以其相对准确和对遗传信息的解读，逐渐应用在头足类的种群遗传差异研究中。但是该方法的研究样本相对较少，个体的随机性结果较大，同时处理过程相对较复杂，成本较高，因此在使用时也相对谨慎[9-11]。而头足类的硬组织以其稳定的形态和富含生态信息，得到了许多研究者的关注[12-13]。角质颚作为头足类重要的摄食器官，有着较为独特的形态，常常被用于年龄鉴定、摄食生态评估、资源量估算等研究中[14-16]，同时也是种类和种群的鉴定和划分的良好材料之一[17-19]。因此本研究根据我国拖网船 2015 年 10—11 月在黄海、东海和南海北部近海进行渔业生产期间采集的短蛸样本，提取出角质颚，分析比较不同海域短蛸角质颚的形态差异，同时以角质颚形态参数值建立判别函数，希望为短蛸资源的开发利用和后续的资源管理提供相关的

基金项目： 国家自然基金面上项目（NSFC41476129）；上海海洋大学博士启动基金（A2-0203-17-100314）。

作者简介： 方舟（1988—），男，浙江省杭州市人，博士后，主要研究方向头足类渔业生物学。E-mail：zfang@shou.edu.cn

* **通信作者：** 陈新军，男，教授。E-mail：xjchen@shou.edu.cn

依据。

2 材料与方法

2.1 采集时间和范围

样本主要在黄海海域（胶州湾）、东海海域（舟山东极岛）和南海北部大陆架海域（珠江口和汕尾）的拖网船中获取，采集时间为 2015 年 10—11 月。最终共捕获个体 393 尾（黄海海域 135 尾，东海海域 117 尾，南海海域 141 尾）。在船上将捕获的样品冷冻，然后运回实验室进行后续分析。

2.2 基础生物学测量

样本运回实验室解冻后，对短蛸进行生物学测定，包括胴长（mantel length，ML）、体质量（BW）、性别、性腺成熟度等。测量胴长用皮尺进行，测定精确至 1 mm，测定质量用电子天平进行，精确至 0.1 g。根据 Lipinski 和 Underhill[20] 将性成熟度划分 I、II、III、IV、V 五期，同时选择性成熟个体（III 期以上）。最后用镊子从口球中得到完整角质颚样本 467 对。对取出的角质颚进行编号并存放于盛有 75%乙醇溶液的 50 mL 离心管中，以便清除包裹角质颚表面的有机物质。

2.3 角质颚外形测量

用清水再次清洗角质颚，并用吸水纸吸去表明的水分，然后利用数显游标卡尺进行测量。首先沿水平和垂直两个方向进行校准，然后对角质颚的上头盖长（upper hood length，UHL）、上脊突长（upper crest length，UCL）、上喙长（upper rostrum length，URL）、上侧壁长（upper lateral wall length，ULWL）、上翼长（upper wing length，UWL）、下头盖长（lower hood length，LHL）、下脊突长（lower crest length，LCL）、下喙长（lower rostrum length，LRL）、下侧壁长（lower lateral wall length，LLWL）、下翼长（lower wing length，LWL）10 项形态参数进行测量（图 1），测量结果精确至 0.01 mm。

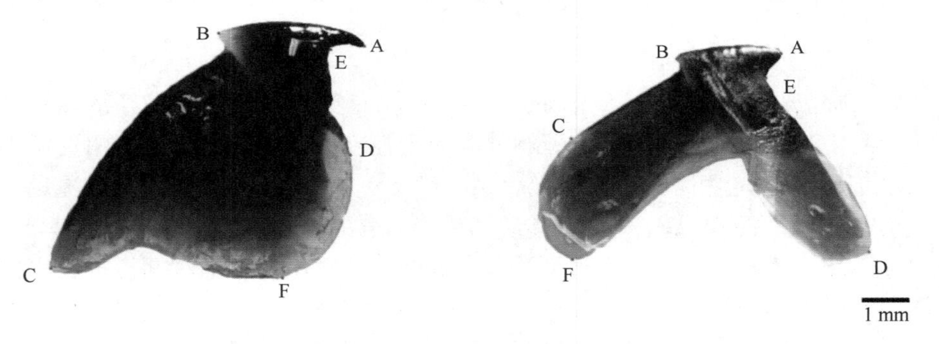

图 1 短蛸角质颚外部形态测量示意图（左图为上颚，右图为下颚）

AB 为头盖长，AC 为脊突长，AE 为喙长，ED 为翼长，AF 为侧壁长

2.4 数据处理方法

（1）采用频度分析法分析渔获物胴长及体质量组成，组间距分别为 10 mm 和 40 g。

（2）为校正样品规格差异（个体大小）对形态参数值的影响，对角质颚测量的原始数据进行标准化转换，具体公式如下[21]：

$$Y_i^* = Y_i \left[\frac{CL_0}{CL_i}\right]^b, \tag{1}$$

式中，Y_i^* 为第 i 个个体标准化后角质颚形态参数，Y_i是第 i 个个体的角质颚参数值，CL_i是第 i 个个体的脊突长值，CL_0为所有样本脊突长的算术平均数。b 值可以通过以下公式获得：

$$\ln(Y) = \ln(a) + b\ln(CL) + \varepsilon \qquad \varepsilon \sim N(0, \sigma^2), \tag{2}$$

式中，Y 为角质颚形态参数 a 和 b 均为估算参数，σ^2是正态分布随机误差 ε 的方差。最终上下角质颚的形态值主要由上脊突长和下脊突长来进行标准化。所得的标准化后的参数均在其右下角标注“s”表示（如 UHLs，URLs，ULWL，UWLs，LHLs，LRLs，LLWLs 和 LWLs），以便进行后续各项分析。

（3）采用主成分分析法，对不同海域个体角质颚的形态参数进行分析。将已经标准化处理后的数据计算其样本矩阵的相关系数矩阵，求出特征方程 $|R-\lambda I|=0$ 的 p 个非负的特征值 $\lambda_1>\lambda_2>\cdots>\lambda p\geq 0$，为起到筛选因子的作用，选取前 m（$m<p$）个主分量 Z_1，Z_2，…，Z_m为第 1、2、…、m 个主分量，当这 m 个主分量的方差和占全部总方差的 60%以上，基本上保留了原来绝大部分因子的信息，即选取 Z_1，Z_2，…，Z_m作为主要因子[22]。

（4）对数据进行方差齐性检验（Levene's 法），不满足齐性方差的数据进行反正弦或者平方根处理[23]。运用方差分析（ANOVA）对不同海域短蛸个体的角质颚各项参数值进行差异性检验。对于存在极显著性差异（$P<0.01$）的，采用 Tukey-HSD 法进一步进行组间多重比较[24]，以便分析不同海域短蛸角质颚之间的具体差异。

（5）利用逐步判别分析法，结合上述主成分分析和方差分析的结果，选取合适的角质颚形态参数对不同海域的短蛸个体建立判别函数，同时计算判别正确率。利用回归树分析法，对选择的角质颚形态参数进行定量分析[25]。

所有统计分析采用 SPSS statistics 17.0 软件进行。

3 结果

3.1 渔获物胴长及体质量组成

统计表明，黄海海域个体胴长、体质量范围分别为 36~90 mm、23~276 g，对应的优势胴长和体质量为 50~70 mm、80~160 g，占总数的 88.77%、82.65%；东海海域胴长、体质量范围分别为 30~80 mm、24~406 g，对应的优势胴长和体质量为 60~80 mm、80~160 g，占总数的 91.11%、85.92%，南海北部大陆坡海域个体胴长、体质量范围分别为 29~67 mm、10~105 g，对应的优势胴长、体质量为 40~50 mm、40~80 g，占总数的 88.27%、75.17%。黄海海域个体较大，东海次之，南海个体最小（图 2）。

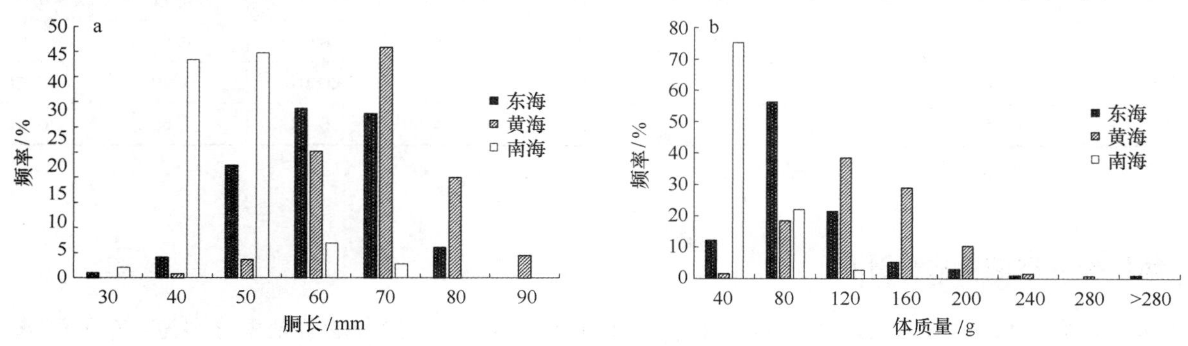

图 2 不同海域短蛸胴长（a）与体质量（b）大小组成分布图

3.2 不同海域的角质颚形态值差异

标准化后的角质颚形态值见表 1。由表 1 中可知，通过标准化后，南海海域的短蛸角质颚形态参数明显相对较小，下颚的各项形态值差异均较大（表 1）。而黄海海域与东海海域的角质颚参数则较为相似。

表 1　不同海域短蛸角质颚形态值

参数	东海		黄海		南海	
	极值	平均值标准差	极值	平均值标准差	极值	平均值标准差
UHL_s	2. 93~3. 85	3. 44	2. 56~3. 79	3. 27	2. 26~3. 18	2. 59
URL_s	0. 75~1. 51	0. 99	0. 71~1. 32	1. 05	0. 45~1. 06	0. 70
$ULWL_s$	5. 51~7. 02	6. 35	5. 19~6. 96	6. 14	4. 79~5. 59	5. 16
UWL_s	1. 59~2. 94	2. 29	1. 79~3. 24	2. 36	1. 34~2. 54	1. 86
LHL_s	2. 27~3. 60	2. 82	2. 22~3. 56	2. 84	0. 97~2. 04	1. 37
LRL_s	0. 87~1. 57	1. 18	0. 89~1. 69	1. 24	0. 44~0. 95	0. 60
$LLWL_s$	6. 72~8. 44	7. 61	6. 90~9. 46	8. 05	3. 61~5. 15	4. 22
LWL_s	3. 29~5. 75	4. 70	3. 91~6. 63	5. 27	1. 37~3. 47	2. 64

将 3 个不同海域个体的角质颚形态值进行方差分析（ANOVA），结果表明，3 个海域个体各项角质颚形态参数变化均存在显著差异（$P<0.01$）。利用多重比较分析（Tukey HSD）进一步分析发现，除了下翼长（LWL_s）以外，东海海域和黄海海域个体在其他各项参数值中不存在差异（$P>0.01$）。而分布于东海和南海，以及黄海与南海的个体，在角质颚的各项参数值中均存在显著差异（表 2）。

表 2　不同海域短蛸角质颚形态值方差分析

参数	整体比较		Tukey-HSD					
			东海-黄海		东海-南海		黄海-南海	
	F	*P*	*SE*	*P*	*SE*	*P*	*SE*	*P*
UHL_s	736. 44	<0. 01	0. 17	0. 195	-3. 20	<0. 01	-3. 37	<0. 01
URL_s	374. 80	<0. 01	-0. 06	0. 008	0. 30	<0. 01	0. 36	<0. 01
$ULWL_s$	835. 23	<0. 01	0. 22	0. 123	1. 23	<0. 01	1. 00	<0. 01
UWL_s	150. 26	<0. 01	-0. 07	0. 360	0. 44	<0. 01	0. 51	<0. 01
LHL_s	1 877. 16	<0. 01	-0. 008	0. 996	-0. 72	<0. 01	-0. 71	<0. 01
LRL_s	1 022. 95	<0. 01	-0. 05	0. 131	0. 58	<0. 01	0. 63	<0. 01
$LLWL_s$	4 025. 88	<0. 01	-0. 39	0. 093	3. 40	<0. 01	3. 79	<0. 01
LWL_s	1 524. 50	<0. 01	-0. 53	<0. 01	2. 06	<0. 01	2. 60	<0. 01

注：*F* 为 *F* 值，*SE* 为标准误，*P* 为显著性参数。

3.3　角质颚形态值主成分分析

将标准化后的角质颚参数进行主成分分析，结果认为，前 3 个主成分的贡献率分别为：东海海域个体为 61. 85%，黄海海域为 65. 53%，南海海域为 76. 92%。从表 3 可知，东海海域角质颚形态值的第一主成分与 LWL_s 有着较大的正相关关系，第二、三主成分分别与 UHL_s、URL_s 有较大的正相关，载荷系数均在 0. 49~0. 66 之间。黄海海域角质颚形态值的第一主成分与 LWL_s 有着较大的正相关关系，第二、三主成分分别与 URL_s、$ULWL_s$ 有较大的正相关，载荷系数均在 0. 58~0. 63 之间。南海海域角质颚形态值的第一主成分与 LRL_s 有着较大的正相关关系，第二、三主成分分别与 UHL_s、UWL_s 有较大的正相关，载荷系数均在 0. 46~0. 69 之间（表 3）。

表 3　两个柔鱼群体角质颚形态参数的主成分分析

参数	东海			黄海			南海		
	因子 1	因子 2	因子 3	因子 1	因子 2	因子 3	因子 1	因子 2	因子 3
UHL_s	0.159	0.492*	0.549	0.030	0.470	−0.537	0.26	0.494*	−0.409
URL_s	−0.158 5	−0.079	0.655*	−0.015	0.584*	−0.173	0.226	−0.294	−0.464
$ULWL_s$	0.051	0.631	−0.122	0.034	0.254	0.621*	0.331	0.471	−0.032
UWL_s	0.082 7	0.459	−0.448	0.037	0.470	0.471	0.014	0.216	0.689*
LHL_s	0.507 9	0.157	0.185	0.492	0.100	−0.244	0.391	0.389	0.032
LRL_s	0.396 5	0.016	0.095	0.411	0.227	0.093	0.468*	−0.351	−0.033
$LLWL_s$	0.492 9	−0.260	−0.070	0.488	−0.296	0.069	0.459	−0.329	0.143
LWL_s	0.531*	−0.224	−0.071	0.589*	−0.050	0.038	0.435	−0.132	0.342
特征值	2.25	1.52	1.18	2.53	1.42	1.29	3.34	1.51	1.29
贡献率/%	28.12	18.97	14.76	31.66	17.79	16.08	41.77	18.93	16.21

注：* 为各主成分中负载绝对值最高的指标。

3.4　判别分析

考虑上述方差分析和主成分分析结果，并以 10 项角质颚形态指标为自变量，用逐步判别分析（Wilks'Lambda 法）选取合适的因子，同时建立判别函数。结果表明，LLWL、UHL、ULWL、LHL、LWL 和 UWL 进入的判别函数的分析，Wilks 值范围为 0.021～0.046，总值为 0.166，判别得分如图 3，判别函数如下：

黄海海域：

$$Y=83.933\times UHL+54.548\times LHL+7.836\times UWL+86.748\times ULWL+2.949\times LWL+48.725\times LLWL-649.605, \quad (3)$$

东海海域：

$$Y=79.521\times UHL+60.659\times LHL+9.699\times UWL+83.318\times ULWL+5.538\times LWL+49.869\times LLWL-645.858, \quad (4)$$

南海海域：

$$Y=62.302\times UHL+36.704\times LHL+7.288\times UWL+71.196\times ULWL+3.870\times LWL+25.248\times LLWL-343.128. \quad (5)$$

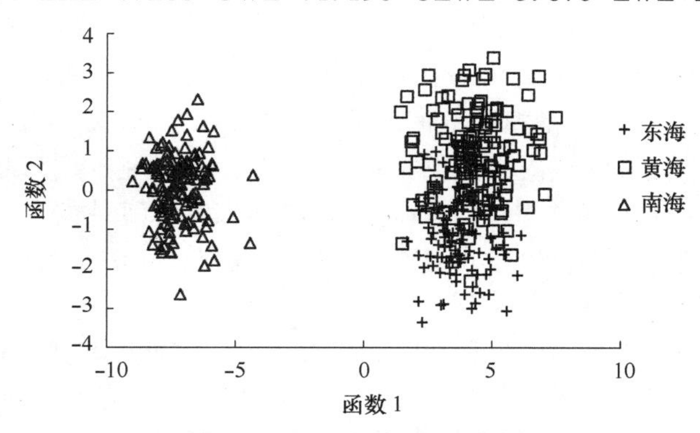

图 3　不同海域短蛸角质颚判别得分

将不同海域短蛸样本相应的形态指标带入上述判别函数中，则该样本归入所得 Y 值较大函数所对应的群体。其中，东海群体原始总判别的正确率为 84.60%，交叉验证正确率为 84.6%；黄海群体原始总判别的正确率为 80.7%，交叉验证正确率为 80.0%；南海群体原始总判别的正确率为 100.0%，交叉验证正确率为 100.0%（表 4）。

表 4　不同海域短蛸角质颚判别函数的分类结果

	组别	预测组成员			合计
		东海	黄海	南海	
原始分析	东海	84.6	15.4	0.0	100.0
	黄海	19.3	80.7	0.0	100.0
	南海	0.0	0.0	100.0	100.0
交叉验证	东海	84.6	15.4	0.0	100.0
	黄海	20.0	80.0	0.0	100.0
	南海	0.0	0.0	100.0	100.0

通过回归树分析法，可以发现，仅通过下颚的形态值即可区分不同海域的短蛸个体（图 4）。下头盖长（LHL_s）可以区分南海和其他海域的个体，分列正确率为 100%；而下翼长（LWL_s）则能够有效地区分黄海和东海的个体，分类正确率分别为 76%和 74%。

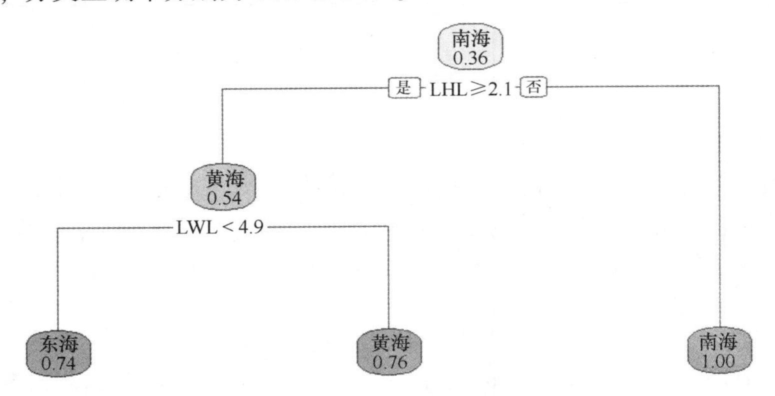

图 4　不同海域短蛸角质颚回归树分析

4　讨论与分析

此次采集的短蛸样本中，根据分析可得知，东海海域个体和黄海海域的个体较为相似，而南海海域个体则较小。黄美珍[26]在对台湾海峡及邻近海域的短蛸生物学研究发现，所采集的样品胴长范围为 24~50 mm，体质量范围为 15~76 g，这与在南海北部海域采集的样本大小较为接近，也说明较近海域生活的短蛸个体差异较小。相比前人在同一海域内采集的个体而言[27]，本研究中黄海海域个体则更大，有可能是因为本次采集的主要集中于 10—11 月，因此个体均趋向成熟。黄海海域的个体稍大于东海海域，也可能是由于两个海域个体存在一定的分化，也在外部形态上有所表现，相关学者已经利用 DNA 分子标记、线粒体基因测序等方法证实了这一结果[10-11]。

角质颚的形态差异可以反映出个体的生长情况和摄食习性。本研究将角质颚形态长度标准化后，进行方差分析，结果发现，东海和黄海个体的角质颚除了下翼长以外，其他均不存在显著差异（表 2）。从海洋环境的角度分析，黄海沿岸海域主要受亚热带气候影响，温暖湿润，同时由于黄海暖流，饵料资源丰富，有利于个体的生长[28]，而东海沿岸海域地处长江口入海口地区，含有大量丰富的营养盐，对个体的生长也颇为有利[29]。因此这也为角质颚的生长提供了良好的条件。而南海海域的角质颚均比其他两个海域的小，可能是由于饵料相对缺乏，同时种间竞争相对较为激烈所造成的[30]。

从主成分分析来看，3 个海域短蛸的角质颚形态参数的第一主成分因子均在下颚中（LWL_s和 LRL_s），而第二和第三主成分因子均在上颚中，且 4 项形态参数均有包含（表 3）。因此可以认为，短蛸角质颚生长主要在下颚的翼部，上颚的生长主要在头盖和翼部。相比其他头足类的角质颚而言，蛸类上颚的头盖较短，且喙部较钝，下颚的翼部更为宽大，短蛸常年栖息于较浅的海底底质，主要摄食甲壳类和贝类，下颚在摄食中起着更为主要的作用[31]。由于甲壳类和贝类往往有着坚硬的外壳，因此需要有较为粗钝的喙部来磨碎其外壳，而翼部的快速生长可以为短蛸在咬合时提供力量的支持，可更好地撕碎猎物，以便摄食和消化，提高捕食的效率。因此其角质颚形态结构也是短蛸适应栖息和摄食习性的表现。

逐步判别分析可知，6个形态值可以建立不同海域短蛸角质颚的判别函数，且上下颚均有形态参数入选判别方程，最终的判别正确率也均在80%以上，说明短蛸的角质颚形态可以很好地进行不同地理群体的判别分析。角质颚的形态值与个体大小有着密切的关系，因此在判别分析前需要消除个体生长对角质颚的影响。以往的研究中主要使用简单的除以胴长的方法来进行，该方法处理较为简单，但是主观臆断了角质颚与个体的生长关系是线性的，这会给最终结果造成一定的影响[32-34]。本研究基于前人研究消除异速生长的方法，以角质颚形态的标准值（脊突长）为基准，综合考虑角质颚形态参数间的系数，有效地消除了生长对角质颚形态的差异。同时回归树分析也说明，下颚在种群和种类的鉴别和划分中起着决定性的作用，这在之前许多研究中都有所证实，认为下颚是头足类种类的分类的重要材料[35-36]。下颚形态值的差异也是不同种群摄食习性差异的体现。

本研究着重分析了我国近海3个不同海域短蛸角质颚形态参数的差异，并且建立了判别函数。前人根据线粒体COI基因和16SrDNA技术对我国沿海短蛸的遗传特征进行了研究，发现在黄海、东海、南海北部海域捕获的个体均存在较为显著的差异，较弱的种群扩散力和较大的海域环境差异是造成不同海域个体遗传差异显著的原因[10-11]。头足类生活史是短生命周期的，是一种生态机会主义者（ecological opportunists）[37]，需要在短时间内摄取大量的食物以供能量需求[37]。作为摄食的重要器官，角质颚的形态变化与摄食有着密切的关系[38]。角质颚的形态在头足类不同生活阶段变化较为明显；处在不同海域所受到海洋环境的影响，角质颚的形态也会有所变化。因此后续的研究中，需要更关注角质颚形态和摄食的关系，结合相关的海洋环境因子，综合分析不同海域角质颚差异形成的主要因素。

参考文献：

[1] Jereb P, Roper C F E, Norman M D, et al. Cephalopods of the world. An annotated and illustrated catalogue of species known to date. Volume 3. Octopods and vampire squids[J]. FAO Species Catalogue for Fishery Purposes, 2014(4): 72.

[2] 董正之.中国动物志[M].北京：科学出版社，1988：206.

[3] 陈新军，刘金立，许强华.头足类种群鉴定方法研究进展[J].上海水产大学学报，2006，15(2)：228-232.

[4] Khromov D N. Distribution patterns of Sepiidae[J]. Smithsonian Contributions to Zoology, 1998, 586: 191-206.

[5] Cabanellas-Reboredo M, Alós J, Palmer M, et al. Simulating the indirect handline jigging effects on the European squid (*Loligo vulgaris*) in captivity[J]. Fish. Res, 2011, 110(3): 435-440.

[6] Kurosaka K, Yamashita H, Ogawa M, et al. Tentacle-breakage mechanism for the neon flying squid (*Ommastrephes bartramii*) during the jigging capture process. Fish. Res, 2012, 121: 9-16.

[7] Keyl F, Argüelles J, Mariátegui L, et al. A hypothesis on range expansion and spatio-temporal shifts in size-at-maturity of jumbo squid (*Dosidicus gigas*) in the Eastern Pacific Ocean[J]. CalCOFI Report, 2008, 49: 119-128.

[8] Keyl F, Argüelles J, Tafur R. Interannual variability in size structure, age, and growth of jumbo squid (*Dosidicus gigas*) assessed by modal progression analysis[J]. ICES Journal of Marine Science: Journal du Conseil, 2010: fsq167.

[9] 张龙岗，杨建敏，刘相全.短蛸AFLP分子标记分析体系的优化与建立[J].生物技术通报，2010，5：183-188.

[10] 吕振明，李焕，吴常文，等.中国沿海六个地理群体短蛸的遗传变异研究[J].海洋学报，2010，32(1)：130-138.

[11] 吕振明，李焕，吴常文，等.基于16S rDNA序列的中国沿海短蛸种群遗传结构[J].中国水产科学，2011，18(1)：29-37.

[12] Arkhipkin A I. Statolith as 'balck boxes' (life recorders) in squid[J]. Marine and Freshwater Research, 2005, 56: 573-583.

[13] Neige P, Dommergues J L. Disparity of beaks and statoliths of some coleoids a morphometric approach to depict shape differentiation[J]. Gabhandlungen der Geologischen Bundesanstalt, 2002, 57(1): 393-399.

[14] Fang Z, Li J H, Katherine T, et al. Age, growth and population structure of neon flying squid (*Ommastrephes bartramii*) in the North Pacific Ocean based on beak microstructure[J]. Fishery Bulletin, 2016, 114: 34-44.

[15] Fang Z, Katherine T, Jin Y, et al. Preliminary analysis of beak stable isotope ($\delta^{13}C$ and $\delta^{15}N$) stock variation of neon flying squid, *Ommastrephes*

bartramii, in North Pacific Ocean[J].Fisheries Research, 2016, 177:153-163.

[16] Jackson G D.The use of beaks as tools for biomass estimation in the deepwater squid *Moroteuthis ingens*(Cephalopoda:Onychoteuthidae) in New Zealand waters[J].Polar Biology, 1995, 15(1):9-14.

[17] Smale M J, Clarke M R, Klages, N T W, et al.Octopod beak identification-resolution at a regional level(Cephalopoda, Octopoda: southern Africa)[J].South African Journal of Marine Science, 1993, 13(1):269-293.

[18] Ogden R S, Allcock A L, Wats P C, et al.The role of beak shape in octopodid taxonomy[J].South African Journal of Marine Science, 1998, 20(1):29-36.

[19] Xavier J, Cherel Y.Cephalopod beak guide for the Southern Ocean[M].British Antarctic Survey, 2009:126.

[20] Lipinski M R, Underhill L G.Sexual maturation in squid: quantum or continuum[J].South Africa Journal of Marine Science, 1995, 15:207-223.

[21] Lleonart J, Salat J, Torres G J.Removing allometric effects of body size in morphological analysis[J].Journal of Theoretical Biology, 2000, 205(1):85-93.

[22] 唐启义,冯明光.DPS数据处理系统-实验设计、统计分析及模型优化[M].北京.科学出版社.2006:635-642.

[23] 管于华.统计学[M].北京:高等教育出版 2005:178-182.

[24] 杜荣骞.生物统计学[M].2版.北京:高等教育出版社,2003:70-81.

[25] Hansen M, Dubayah R, DeFries R.Classification trees: an alternative to traditional land cover classifiers[J].International Journal of Remote Sensing, 1996, 17(5), 1075-1081.

[26] 黄美珍.台湾海峡及邻近海域4种头足类的食性和营养级研究[J].台湾海峡,2004,23(3):331-340.

[27] Wang W, Dong G, Yang J, et al.The development process and seasonal changes of the gonad in Octopus ocellatus, Gray off the coast of Qingdao, Northeast China[J].Fisheries Science, 2015, 81(2):309-319.

[28] 刘瑞玉.胶州湾生态学和生物资源[M].北京:科学出版社,1992:2-3.

[29] 沈新强,晁敏,全为民,等.长江河口生态系现状及修复研究[J].中国水产科学,2006,13(4):624-629.

[30] 张伟,孙健,聂红涛,等.珠江口及毗邻海域营养盐变化特征及浮游植物变化研究[J].生态学报,2015,35(12):4034-4044.

[31] 方舟,陈新军,陆化杰,等.头足类角质颚研究进展Ⅰ.形态、结构与生长[J].海洋渔业,2014,36(1):78-89.

[32] Fang Z, Liu B L, Li J H, et al.Stock identification of neon flying squid(*Ommastrephes bartramii*) in North Pacific Ocean on the basis of beak and statolith morphology[J].Scientia Marina, 2014, 78(2):239-248.

[33] Liu B L, Fang Z, Chen X J, et al.Spatial variations in beaks size to identify *Dosidicus gigas* geographic population in the Eastern Pacific Ocean[J].Fisheries Research, 2015, 164:185-192.

[34] Chen X J, Lu H J, Liu B L, et al.Species identification of *Ommastrephes bartramii*, *Dosidicus gigas*, *Sthenoteuthis oualaniensis* and *Illex argentinus* (Ommastrephidae) using beak morphological variables[J].Scientia Marina, 2012, 76(3):473-481.

[35] Clarke M R.A Handbook for the Identification of Cephalopod Beaks[M].Oxford: Clarendon Press, 1986:273.

[36] Martínez P, Sanjuan A, Guerra A.Identification of *Illex coindetii*, *I.illecebrosus* and *I.argentinus*(Cephalopoda: Ommastrephidae) throughout the Atlantic Ocean, by body and beak characters[J].Mar.Biol, 2002, 141:131-143.

[37] Rodhouse P G, Nigmatullin C M.Role as consumers.[J]Philosophical Transactions of the Royal Society of London, 1996, 351:1003-1022.

[38] Franco-Santos R M, Iglesias J, Domingues P M, et al.Early beak development in *Argonauta Nodosa*, and *Octopus Vulgaris*, (Cephalopoda: Incirrata) paralarvae suggests adaptation to different feeding mechanisms[J].Hydrobiologia, 2014, 725(1):69-83.

南极磷虾油中磷脂的富集工艺优化研究

张晓慧[1]，王践云[2]，尹佳[1]，李文强[1]，潘浩波[1,2*]

（1. 深圳先进技术研究院，广东 深圳 518052；2. 深圳市中科海世御生物科技有限公司，广东 深圳 518101）

摘要：以南极磷虾油为原料，其磷脂含量 58.81%，EPA 15.1%，DHA 8.97%。采用低温丙酮-水沉降脱油法富集南极磷虾油磷脂，通过单因素和正交实验研究了料液比、丙酮含水量、脱油时间对富集的影响。优化的工艺参数为：料液比 1∶5（质量体积比），水含量 2%（体积比），脱油时间 30 min。经检测，该磷脂产品纯度为 86.52%，EPA 28.1%，DHA 16.5%。此富集南极磷虾油磷脂的方法为南极磷虾油磷脂产品开发和高纯 EPA/DHA 南极磷虾油的制备提供了一定的理论支持和技术参考。

关键词：南极磷虾油；磷脂；丙酮；Ω-3 多不饱和脂肪酸

1 引言

磷脂是人体及多种动植物组织细胞膜磷脂质的重要组成部分[1]，具有维护人体大脑的发育和健康、增强记忆力，预防心血管疾病和肝脏疾病等的医疗保健功效。在医疗保健领域，磷脂主要用于制备食品营养剂、药物脂质体、药物辅剂、磷脂血管骨架材料、注射用磷脂营养剂等[2-3]。同时，磷脂是一种具有乳化、渗透、湿润和抗氧化功能的天然乳化剂，在皮革工业、纺织、印染、造纸、石油开采和油漆制备等工业领域具有广泛的应用[4-6]。目前市场上较为常见的磷脂产品为大豆磷脂和蛋黄磷脂，多数产品纯度较低，其医疗保健效果较差，多用于工业领域。

南极磷虾来源于南大洋，不仅是南大洋最大的单种生物资源，同时也是世界上生物量最大的可捕海洋生物资源之一[7-8]。南极磷虾富含蛋白质和脂类营养物质[9-10]。从南极磷虾中提取出的磷虾油富含不饱和脂肪酸、磷脂、虾青素等功能性活性物质，其中磷脂约占 40%[11]。以南极磷虾油为原料，通过富集磷脂，可制备出一种富含 Ω-3 多不饱和脂肪酸（EPA/DHA）和虾青素等的高活性磷脂产品[12-14]。本文以南极磷虾油为原料，采用传统的丙酮脱油法进行磷脂富集，制备出一种新型南极磷虾磷脂产品。通过单因素和正交实验，研究了丙酮含水量、料液比、沉降温度、沉降时间等对富集的影响，并对富集条件进行了优化。

本文以 EPA/DHA 为评价指标，检验南极磷虾磷脂产品的品质。

2 材料与方法

2.1 仪器与材料

南极磷虾油：实验室前期自制（磷脂含量 58.81%，EPA 15.1%，DHA 8.97%）。

试剂：丙酮，分析纯。

基金项目：深圳市战略新兴产业发展专项资金现代农业生物产业推广扶持计划项目（SWCYL20150327010008）。

作者简介：张晓慧（1989—），女，河南省安阳市人，主要研究方向为海洋生物制品。E-mail：xh. zhang1siat. ac. cn

* **通信作者：**潘浩波，主要研究方向为生物医用材料。E-mail：hb. pan@ siat. ac. cn

2.2 仪器与设备

BSA224S-CW 精密天平：赛多利斯科学仪器（北京）有限公司；DF-101S 集热式恒温加热磁力搅拌器：巩义市予华仪器有限责任公司；IKA RV 10 旋转蒸发仪：艾卡（广州）仪器设备有限公司；DZF-6032 真空干燥箱：上海一恒科学仪器有限公司；2XZ-4 型旋片式真空泵：临海市永昊真空设备有限公司。

2.3 实验方法

2.3.1 南极磷虾油磷脂的富集工艺流程

南极磷虾油→丙酮 40℃溶解脱油→低温沉降→弃去上层油脂→下层沉降物真空干燥→南极磷虾磷脂

2.3.2 南极磷虾磷脂富集单因素实验

以南极磷虾油为原料，固定富集条件：沉降温度 4℃，丙酮含水量 2%，料液比 1∶3（g/mL），沉降时间 30 min。取其他因素不变，改变单一因素，以磷脂得率和磷脂纯度为指标，分别探讨沉降温度（40℃、常温、4℃冰浴、-30℃）、丙酮含水量（0、1%、2%、3%、4%、5%）、料液比（1∶1、1∶2、1∶3、1∶5、1∶7 g/mL）、沉降时间（10、20、30、40、50 min）4 个因素对磷脂得率和磷脂纯度的影响。

磷脂得率（%）= 南极磷虾磷脂磷脂质量（g）/南极磷虾油质量（g）×100%. (1)

2.3.3 正交实验

以丙酮含水量、料液比、沉降时间为因素，设计 3 因素 3 水平的 $L_9(3^4)$ 正交试验（表 1），以确定磷脂富集的最佳工艺参数。

表 1 正交试验因素水平表

水平	因素		
	A 含水量/%	B 料液比/g·mL^{-1}	C 沉降时间/min
1	1	1∶3	20
2	2	1∶4	30
3	3	1∶5	40

2.3.4 南极磷虾磷脂脂肪酸和磷脂纯度的测定

南极磷虾油脂肪酸测定参见《GBT 17376-2008 动植物油脂脂肪酸甲酯制备》、《GBT 17377-2008 动植物油脂脂肪酸甲酯的气相色谱分析》和《GB 28404-2012 食品安全国家标准 保健食品中α-亚麻酸、二十五碳烯酸、二十二碳五烯酸和二十二碳六烯酸的测定》；南极磷虾油磷脂纯度测定采用钼蓝比色法，具体参见《GBT 5537-2008 粮油检验 磷脂含量的测定》。

3 实验结果及讨论

3.1 南极磷虾磷脂富集单因素实验

3.1.1 沉降温度的影响

由图 1 可知，磷脂在 4℃冰浴和-30℃下沉降 30 min，磷脂得率较高，此时制备的南极磷虾磷脂产品的纯度分别为 75.37%和 74.28%。在常温下，沉降后制备的磷脂产品纯度较高，为 79.26%，但磷脂得率较低，为 65.5%。磷脂较易在低温下凝结成颗粒，易与甘油三酯型脂肪酸成分分离，故低温沉降下磷脂得率较高。但低温下，磷脂易吸附糖类、蛋白质等的杂质，导致纯度较低，故常温沉降制得的磷脂纯度较高。综合考虑生产成本及效率，选用4℃冰浴为较优沉降温度。

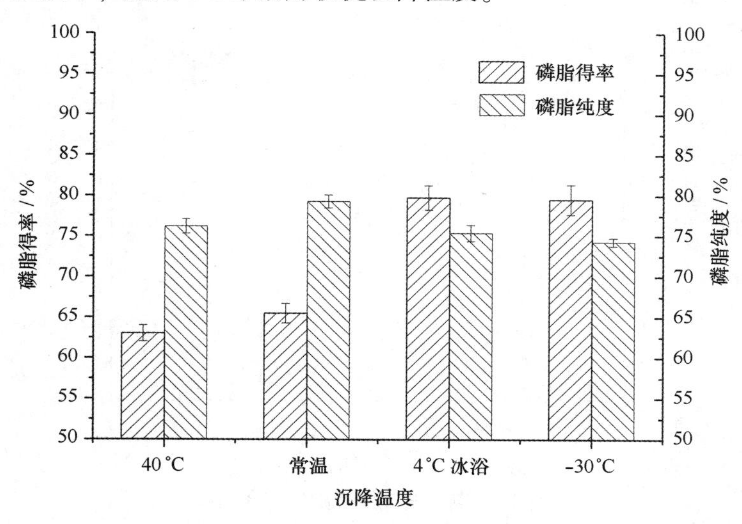

图1　沉降温度对磷脂富集的影响

3.1.2　丙酮含水量的影响

磷脂具有磷酸根与氨基醇亲水基团和碳氢键疏水基团，在油脂中时具有明显的亲水胶体性。由图2可知，在丙酮溶剂中加入一定的水，磷脂得率呈现升高的趋势。在含水量4%时，磷脂的得率较高，为81.76%。磷脂纯度随着加水量的升高，呈先增高后降低的趋势。因磷脂的亲水胶体性，丙酮溶剂中少量的水利于磷脂沉降，糖类等亲水性杂质的溶出，但过量水导致磷脂成团较大，中性油脂成分较难完全脱出，导致磷脂纯度较低。综合考虑磷脂得率和磷脂纯度，选取2%为较优含水量，此时磷脂得率为79.75%，磷脂纯度为75.37%。

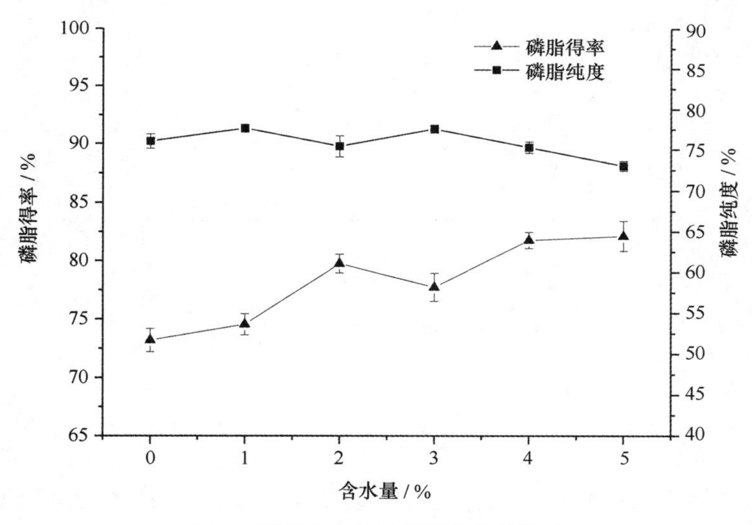

图2　丙酮含水量对磷脂富集的影响

3.1.3　料液比的影响

由图3可知，随着料液比的升高，磷脂得率逐渐下降，磷脂纯度逐渐升高。根据溶剂传质的原理，随着料液比的升高，浓度梯度增大，扩散速度增加，从而有效去除油脂。但磷脂并非完全不溶于丙酮，溶剂量过高导致部分磷脂的损失，则磷脂的得率则下降。综合磷脂得率和磷脂纯度两个因素的考量，选取1：

3（g/mL）为较优富集条件。

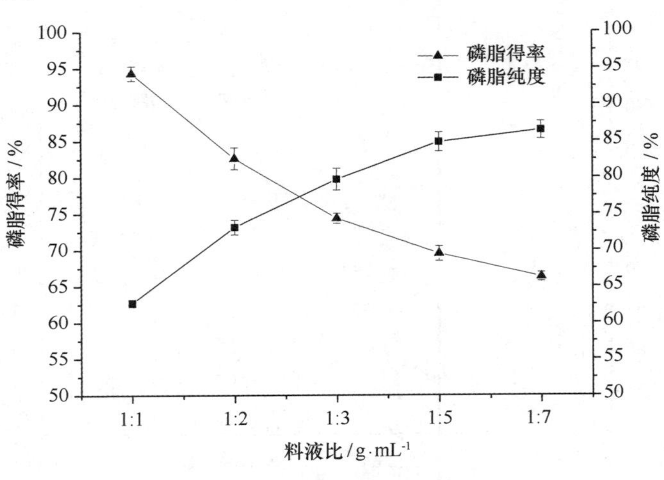

图 3 料液比对磷脂富集的影响

3.1.4 沉降时间的影响

由图 4 可知，随着时间的延长，磷脂得率升高，于 30 min 后趋于平缓。但磷脂纯度在 30 min 后有变小的趋势。故选取 30 min 为较优沉降时间。

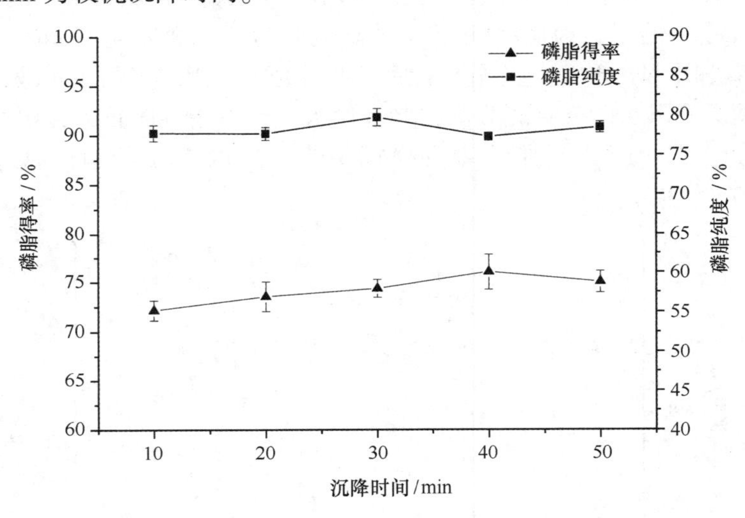

图 4 沉降时间对磷脂富集的影响

3.2 正交实验结果

根据单因素实验对磷脂富集的初步探索，进行正交实验。选用 4℃ 冰浴为沉降温度，着重探讨丙酮含水量、料液比、沉降时间对富集效果的影响，设计 3 因素 3 水平的 $L_9(3^4)$ 正交试验。实验设计及结果见表 2~4。

由表 2 正交分析的极差结果和表 3 方差分析表可知，影响磷脂得率的各因素主次关系为 B>A>C，即料液比 > 含水量 > 沉降时间。由表 3 可知，料液比对磷脂得率的影响显著，最佳条件为 $A_3B_1C_3$。由表 2 正交分析的极差结果和表 4 方差分析表可知，影响磷脂纯度的各因素主次关系为 B>A>C，即料液比 > 含水量 > 沉降时间。由表 4 可知，料液比对磷脂纯度的影响高度显著，含水量对磷脂纯度的影响显著，最佳条件为 $A_2B_3C_1$。本研究在保证产品得率的前提下，优先考虑磷脂纯度指标，料液比选择 B_3 即 1 : 5（g/

mL），含水量选择 A_2 即 2%。考虑沉降时间对磷脂纯度影响不大，选择 C_2 即 30 min。因此，综合考虑最优组合为 $A_2B_3C_2$，即最佳实验条件为：含水量 2%，料液比 1∶5 g/mL，沉降时间 30 min。在上述条件进行验证试验，磷脂得率为 69.07%，磷脂纯度为 86.52%。经测定，该南极磷虾磷脂产品 EPA 28.1%，DHA 16.5%，丙酮残留量符合食品安全国家标准。

表 2　南极磷虾磷脂富集工艺 $L_9(3^4)$ 正交试验设计及结果

试验号		因素 A	因素 B	因素 C	磷脂得率/%	磷脂纯度/%
1		1	1	1	73.55	77.66
2		1	2	2	72.77	79.21
3		1	3	3	71.03	84.25
4		2	1	2	74.36	78.63
5		2	2	3	73.65	84.22
6		2	3	1	71.59	87.45
7		3	1	3	75.02	79.61
8		3	2	1	72.91	82.19
9		3	3	2	71.78	85.30
得率	K_1	72.450	74.310	72.683	最佳条件	$A_3B_1C_3$
	K_2	73.200	73.110	72.970		
	K_3	73.237	71.467	73.233		
	R	0.787	2.843	0.550		
纯度	K_1	80.373	78.633	82.433	最佳条件	$A_2B_3C_1$
	K_2	83.433	81.873	81.047		
	K_3	82.367	85.667	82.693		
	R	3.060	7.034	1.646		

表 3　磷脂得率方差分析表

因素	偏差平方和	自由度	均方	F 值	F 临界值	显著性
A	1.183	2	0.592	5.945	$F_{0.05}(2, 2)=19$	
B	12.225	2	6.113	61.432	$F_{0.01}(2, 2)=99$	*
C	0.454	2	0.227	2.281		
误差	0.20					

注：* 为 F 值 $>F_{0.05}(2, 2)$。

表 4　磷脂纯度方差分析表

因素	偏差平方和	自由度	均方	F 值	F 临界值	显著性
A	14.475	2	7.238	19.378	$F_{0.05}(2, 2)=19$	*
B	74.355	2	37.178	99.538	$F_{0.01}(2, 2)=99$	* *
C	4.702	2	2.351	6.295		
误差	0.75					

注：* 为 F 值 $>F_{0.05}(2, 2)$；* * 为 F 值 $>F_{0.01}(2, 2)=99$。

4 结论与讨论

本文以南极磷虾油为原料，采用传统的丙酮脱油法进行南极磷虾磷脂的富集，制备出新型的高纯度南极磷虾磷脂。通过单因素试验和正交试验确定了较优的富集条件，以 2% 含水量的丙酮为溶剂，料液比 1∶5，于 4℃冰浴下沉降 30 min。在此工艺条件下，磷脂得率为 69.07%，磷脂纯度为 86.52%。经测定，该南极磷虾磷脂产品 EPA 28.1%，DHA 16.5%，丙酮残留量符合食品安全国家标准。

致谢：本文在成文过程中，深圳市战略新兴产业发展专项资金现代农业生物产业推广扶持计划项目和深圳市海洋生物医用材料重点实验室提供了帮助和支持。作者在此表示衷心感谢。

参考文献：

[1] 曹栋，裘爱泳，王兴国.磷脂结构、性质、功能及研究现状[J].粮食与油脂，2004(5)：3-6.

[2] 殷涌光，陈玉江，刘瑜，等.磷脂功能性质及其生产应用的研究进展[J].食品与机械，2009，3：11.

[3] 赵峰.天然磷脂脂质体作为肿瘤热化疗靶向药物载体的研究[D].广州：中国人民解放军第一军医大学，2000.

[4] Szubaj B F.Lecithin production and Utilizanti[J].JACOS，1983(2)：60.

[5] Brain R.Texturized protein products[J].J Am Oil Chem Soc，1976，53(6)：325-326.

[6] 穆筱梅，钟振声，夏志伟，等.高纯大豆磷脂的精制工艺研究[J].广东化工，2002(3)：17-18.

[7] Nicol S，Foster J.Recent vends in the fishery for Antarctic krill[J].Aquatic Living Resources，2003，16：42-45.

[8] Atkinson A，Siegel V，Pakhomov E A，et al.A re-appraisal of the total biomass and annual production of Antarctic krill[J].Deep-Sea Research Part Ⅰ Oceanographic Research Papers，2009，56(5)：727-740.

[9] 聂玉晨，张波，赵宪勇.南极磷虾(*Euphausia superba*)脂肪与蛋白含量的季节变化[J].渔业科学进展，2016，37(3)：1-8.

[10] 阴法文，周大勇.南极磷虾油中磷脂的储藏稳定性及氟的赋存形态研究[D].大连：大连工业大学，2015.

[11] 赵鑫鹏.南极磷虾油中磷脂的分离纯化及磷脂复合物的制备[D].青岛：青岛大学，2016.

[12] Yoshitomi B，Yamaguchi H.Chemical composition of dried eyeballs from Euphausia superba and Euphausia pacifica[J].Fisheries Science，2007，73(5)：1186-1194.

[13] Winther B，Hoem N，Berge K，et al.Elucidation of Phosphatidylcholine Composition in Krill Oil Extracted from Euphausia superba[J].Lipids，2011，46(1)：25-36.

[14] 施佳慧，吕桂善，徐同成，等.磷虾油的脂肪酸成分及其降血脂功能研究[J].营养学报，2008，30(1)：115-116.

厦门主要海湾红树林湿地的时空演变特征

张彩云[1,2,3,4]，林锐[1,2,3,4]，罗汉宏[4]，洪华生[4]

（1. 厦门大学 滨海湿地生态系统教育部重点实验室，福建 厦门 361102；2. 厦门大学 福建省海陆界面生态环境重点实验室，福建 厦门 361102；3. 厦门大学 海洋与地球学院，福建 厦门 361102；4. 厦门大学 近海海洋环境科学国家重点实验室，福建 厦门 361102）

摘要：结合历史资料、2006 年 SPOT5 和 2012 年资源三号（ZY-3）高分辨率遥感影像以及 2016—2017 年的无人机遥感监测，本研究以厦门海沧湾、集美及下潭尾湾 3 个区域为重点区域，分析了 20 世纪 60 年代以来厦门主要海湾红树林面积的时空变化特征。结果表明，海沧湾的红树林面积在 2000 年之前大幅度减少；2000 年以后海沧湾、集美及下潭尾湾这 3 个区域红树林面积的变化存在一定的空间差异，海沧湾和集美区域主要呈现出先增加后减少的变化特征，而下潭尾区域的红树林则呈现出先减少后增加的变化特征。分析表明人类活动是导致厦门湾红树林面积急剧下降的主要影响因子，尤其是围填海活动、养殖等社会经济活动的影响；而人工引种红树林是其面积增加的主要因素。

关键词：红树林；时空变化；遥感；无人机；厦门湾

1 引言

红树林生态系统是国际上生物多样性保护和湿地生态保护的重要对象。红树林湿地是热带、亚热带潮间带十分重要的湿地类型[1]。红树林具有非常重要的生态、社会与经济价值，尤其是在防风减浪、固岸护堤、维持生物多样性、净化水质、美化生态环境、发展旅游与科学研究等方面功能显著[2-3]。但是近几十年来，因承受着巨大的人口增长、经济发展和环境变化等压力，红树林面积剧减，红树林湿地资源退化现象在世界各地普遍存在[4-6]。红树林湿地破坏这一世界性难题，已引起各个国家的高度重视。尤其在中国，因大规模经济开发活动导致 20 世纪 70 年代以来各地红树林湿地的丧失或退化[2,7]，而如今各地又纷纷开展红树林生态修复工程，以保护和修复原有的湿地资源。因此全面调查并监测红树林湿地的资源变迁以及时空演变特征，不仅是研究、保护和管理红树林的基础[8-9]，同时也是红树林修复工程后评价的重要组成部分。卫星遥感手段因具有覆盖面积广，时效性高，节省成本等优势，正日益成为红树林调查的重要手段[1,9-11]。而无人机因其机动、快速、经济、安全，获取信息精度高等优势，在这几年的应用也日渐广泛，在红树林监测方面多有报道[12]。

福建省是中国红树林分布的主要省份，厦门地区的红树林与邻近的九龙江口红树林构成了福建省红树林的分布中心，分布的树种主要秋茄（*Kandelia candel*）、白骨壤（*Avicennia marina*）、桐花树（*Aegiceras corniculatum*）、鼠勒（*Acanthusilicifolius*）等。厦门湾（图 1）海岸线曲折、漫长，沿海滩涂面积广阔，又位于九龙江出海口，有淡水补充，亚热带气候等条件非常适宜红树林的生长[13]。历史上厦门曾经有大面积红树林的分布，但近年来随着沿海经济开发活动的增强，红树林的面积、种类多样性、群落结构都受到严重影响而迅速衰减或退化。而后虽然在多个区域开展人工种植，但至今仍未能恢复到 20 世纪 50—60 年

基金项目：厦门南方海洋中心项目“厦门及其毗邻海域海洋经济发展及海洋生态文明建设信息服务平台”二期（15PZB009NF05）。

作者简介：张彩云（1972—），女，福建省厦门市人，副教授，主要研究领域为海洋遥感应用。E-mail：cyzhang@ xmu.edu.cn

代的水平。此外，种植的人工红树林受种种因素影响，部分区域会出现明显的退化或破坏。因此利用遥感手段对厦门湾红树林动态变化开展定期监测非常有必要。

本研究拟结合历史资料、卫星遥感和无人机遥感监测手段，以目前厦门红树林分布较为集中的 3 个区域即海沧湾、集美及下潭尾为重点研究区域（图 1），分析并探讨近 40 年来这 3 个区域红树林资源的时空演变特征及其驱动因素，研究结果可望为红树林湿地的管理和保护提供重要的决策依据。

图 1　厦门湾示意图

红树林遥感监测区域如 A，B，C 矩形框所示；其中 A 为海沧湾、B 为集美，C 为下潭尾湾

2　数据与方法

2.1　数据源

2005 年之前研究区红树林的历史面积主要来自文献上的报道[13-15]。2005 年以后的红树林面积分别是利用 2006 年 12 月 25 日的 SPOT 图像和 2012 年 10 月 22 日 ZY-3 影像进行提取而得。影像的基本信息如表 1 所示，它们的潮位基本位于低潮位，且潮时相近。

表 1　卫星遥感影像的基础信息

卫星	传感器	空间分辨率/m	成像时间	时刻	厦门站潮位/m	使用范围	云覆盖量	质量
SPOT5	HRG	2.5	2006-12-25	10：30	-1.71	厦门市	无云	优
ZY-3	CCD	2.1	2012-10-22	10：55	-1.91	厦门市	无云	优

同时，为了更好地分析红树林人工种植的效果，本研究还利用大疆的 Inspire 1 多旋翼无人机航摄设备，于 2016 年 1 月 19 日与 2017 年 1 月 16 日低潮时对下潭尾湾红树林湿地进行外业拍摄。设置航拍高度为 100 m，采集了多达 400 张的图像，其地面空间分辨率为 0.04 m。无人机影像的基本信息如表 2 所示。

表 2 无人机航摄影像的基础信息

拍摄日期	拍摄时间	空间分辨率/m	厦门站最低潮位/m	最低潮时	天气状况
2016-01-19	13：10-14：00	0.04	-1.34	13：46	无云
2017-01-16	08：20-09：20	0.04	-2.69	08：45	无云

2.2 数据处理方法

本研究用以提取红树林信息的 SPOT 及 ZY-3 影像空间分辨率分别为 2.5 m 和 2.1 m，在进行红树林信息提取之前需进行坐标定义与投影转换、正射校正、影像配准与融合、影像增强、影像镶嵌与裁剪等预处理[16]。这些预处理流程均在 ENVI 软件下完成。SPOT 及 ZY-3 影像的空间分辨率高，图像的几何信息、结构信息明显。本文充分利用这些特征，采用面向对象法进行红树林信息的提取。由于面向对象法在生成影像对象时，分割尺度会直接影响其多边形的数量、大小以及信息提取的精度[17-18]，通过实验验证，发现选用（30，80）的分割参数的面向对象法提取厦门市海岸带地物覆盖类型具有较高精度[19]。我们在利用面向对象法进行图像分类判别时，同时也结合了高分辨率全色和多光谱数据的空间、纹理和光谱信息，表述红树林光谱特征的归一化植被指数 NDVI 等特征信息，通过寻找图像所反映的目标地物的空间形状和组合方式进行图像分割和合并，最终实现对厦门海岸带重点地区的红树林信息的提取。

利用野外调查数据以及更高分辨率的影像，通过目视解译各个分类的地表真实感兴趣区，对 ZY-3 等中、高分辨率影像的分类结果进行了精度评价。统计结果表明 ZY-3 的总体分类精度为 98.66%，Kappa 系数为 0.9832，表示分类结果与地表真实区基本一致，可见遥感影像分类结果还是较为准确的。

无人机航拍的影像则通过 Agisoft PhotoSscan 软件进行了拼接处理，根据多视图三维重建技术，自动计算出影像的位置、姿态等信息，自动定向和生成密集点云数据。然后利用带有坐标信息的点云数据快速重构出地物的线、面、体、空间等数据，并根据采集的照片赋予纹理，最后输出生成正射影像。

3 结果与讨论

3.1 厦门湾红树林的时空变动特征

厦门湾在历史上曾分布有大面积的红树林[13-14]。在 1960 年前后，厦门约有 320 hm^2 的天然红树林，自然分布在海沧、青礁、嵩屿、东屿、石塘、马銮、东渡、胡里以及高殿等地[13]。此后，厦门天然红树林面积急速下降，到了 1979 年仅为 106.7 hm^2。2000 年，厦门红树林面积仅有 32.6 hm^2[20]，和 1960 年相比，90%以上的天然红树林已消失。到了 2005 年 4 月，厦门市现有的红树林面积（天然林加上人工造林）也只有 43.4 hm^2[13]，主要分布在海沧湾、集美等地。近年来红树林在厦门湾主要成零星分布，不同区域的红树林面积均大幅降低，有些区域的红树林甚至消失殆尽，严重影响了厦门海湾的生态系统。

为了恢复厦门海湾河口的红树林生态，厦门正在大力种植红树林，主要集中在海沧、集美以及下潭尾 3 个海域，这些生态修复工程明显改善了这些海域的生态环境。因此这里我们基于 2006 年 SPOT5 和 2012 年 ZY-3 高分辨率遥感资料，重点选择西海域南部海域、集美及下潭尾湾 3 个区域（如图 1），通过面向对象分类法提取出这两年红树林的面积，如图 2 和表 3 所示。

从表 3 可以看出，海沧湾的红树林自 20 世纪 80 年代以来至今已大量消失，其面积从 1979 年的 73.3 hm^2大幅度降为 2000 年的 6 hm^2，而后面积一直保持在 2~3 hm^2 左右。集美及其周边海域的红树林则呈现逐年减少的趋势（表 3，图 2b）。下潭尾湾的红树林主要是人工种植，2004 年在山亭村附近滩涂大约种了 7.3 hm^2 红树林，而后面积有所减小。2011 年，厦门市在下潭尾湾启动了以红树林为主题的生态湿地公园建设，种植红树林约 20 hm^2。从 2012 年遥感影像看（图 2c），该区域红树林面积大幅度增加，比 2006 年多了 21.26 hm^2（表 3）。

表 3　3 个研究区域红树林面积（hm）的变化

年份	海沧湾	集美	下潭尾湾
1960	80*	-	-
1979	73.3*	-	-
1996	20#	-	-
2000	6#	7.3*	-
2004	-	13.8*	6.7*
2006	2.7	5.76	2.87
2012	2.26	1.93	24.13

注：（1）带*数据引自林鹏等[13]，带#数据引自林清贤等[15]，其余数据为本研究提取。（2）海沧湾红树林主要分布在海沧湾东屿周边海域，因此该区域引用的数据主要是海沧东屿红树林的面积。

表 4　3 个研究区域红树林面积的年变化率（hm^2/a）

年份	海沧湾	集美	下潭尾湾
1960—1979	-0.35	-	-
1979—1996	-3.14	-	-
1996—2000	-3.50	-	-
2000-2004	-	1.63	-
2004—2006	-0.55（2000—2006）	-4.2	-1.92
2006—2012	-0.07	-0.64	3.54

3.2　驱动因子分析

3.2.1　影响厦门湾红树林面积变化的自然影响因素

20 世纪以来，厦门湾的红树林急剧减少；而后虽然在多个区域开展人工种植，面积有所增加，但至今仍未能恢复到原先的水平。影响厦门红树林面积变化原因无非是自然和人为活动的影响。其中海平面上升、自然老化、病虫害、互花米草外来物种的入侵威胁等自然因素均可对红树林面积的变化产生影响。海平面上升对于红树林的影响是近年来大家所关注的主要自然因素[21]。根据袁方超等[22]的研究，福建沿海 1993—2012 年间的相对海平面上升速率为 3~4 mm/a，而我国红树林潮滩沉积速率约为 4.1~57 mm/a[23]。海平面上升对红树林的影响主要取决于海平面上升速率和红树林潮滩沉积速率的对比关系[24]。当海平面上升速率小于红树林潮滩沉积速率时，海平面上升不会对红树林产生显著的直接影响。由于目前海平面上升速率仍小于红树林潮滩的沉积速率，因此海平面上升对红树林的影响应该还不太显著。但近年来，海平面上升速度有所增加，在红树林监测与管理过程中仍需加以注意。

从表 3 和表 4 可以看出，海沧湾、集美区红树林面积在 1980 年以后变化幅度较大，应与人为活动的干扰有很大的关系。

3.2.2　人为影响因素

（1）厦门湾红树林面积减小的人为影响因素

20 世纪 80 年代以来，由于经济发展需要，厦门大力开发海岸带，兴建港口、码头、海堤等工程，影响着近岸滩涂面积的变化，也影响到海岸边红树林的生长区域。如海沧东屿红树林，因受到 1997 年的围海造陆、2001 年海沧滨海大道建设的影响，红树林严重受损，面积急剧较小[25]；同样地，集美红树林也是因为围填海工程以及东海域滨海大道建设的需要而被填埋破坏，而剩余的红树林又因受到污水排放的影响而遭受大面积的衰退。因海岸工程的建设导致红树林受到不同程度的破坏，应是使红树林大面积减小的

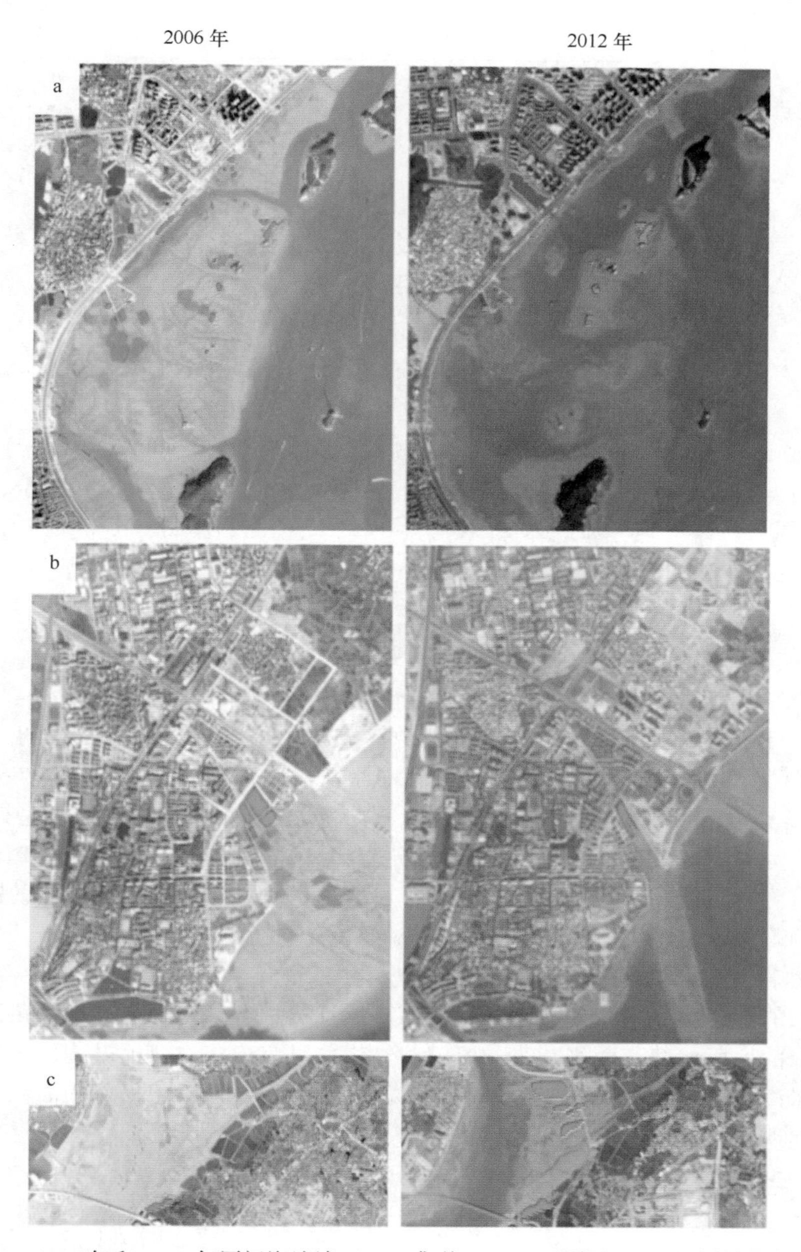

图 2　2006 年和 2012 年厦门海沧湾（a）、集美（b）、下潭尾（c）红树林分布图

图上红色表示提取的红树林

主要人为因素。

我们进一步利用 Landsat 影像提取了 1983 年和 2014 年海岸线的变化（图 3），可以看出，近 30 年来厦门海岸线基本上都是向海移动，其中海沧湾及集美区海岸线因围海造陆等经济活动的影响，2014 年海岸线比 1983 年明显向海。统计表明受海岸工程建设的影响，海沧东屿的沿岸面积变化速度逐渐加快，其中 1990—2001 年间面积增加了 190.739 hm^2，2001—2014 增长了 535.142 hm^2，这些增加的面积多是通过围海造地得来的，而生长在海岸边上的红树林因围填海需要被大量砍伐破坏。从表 3 和表 4 可以看到，自 1980 年以来海沧湾红树林面积年变化率在-3.14 hm^2/a 至-3.5 hm^2/a 之间。同样地，集美区的沿岸面积变化也受到海岸工程建设等经济活动的影响，1983—2014 年间增加了 224.106 hm^2。这些经济活动导致人工种植的红树林被大量破坏，2004—2012 年间减少了 12 hm^2，其中 2004—2006 年间红树林面积较小的年变化率高达-4.2 hm^2/a，因海岸工程改造导致该区域红树林面积大幅度较小。

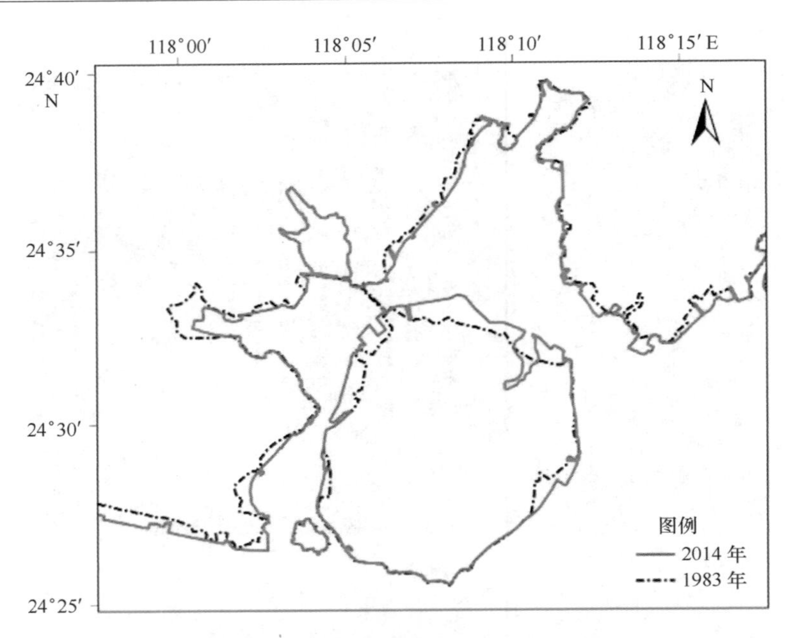

图 3 1983—2014 年厦门湾海岸线变化情况

除了围填海，对红树林湿地滩涂的围垦养殖也是导致厦门湾红树林面积减小的另一个主要因素。在 20 世纪 60 年代，厦门曾在同安丙洲湾建立海滨红树林场，后来因管理不善加上受虫害影响，损失较大[8]。1970 年因围垦养殖需要，撤销了红树林林场，对大部分滩涂进行围垦，于是该区域红树林在因滩涂养殖业需要而逐渐围滩中被毁损。进入 90 年代，同安湾红树林只零星分布在鳄鱼屿附近，其他地方已基本消失。此外，海沧湾红树林面积变小的另一个重要原因也是受到滩涂养殖发展的影响，不少红树林区变成了养殖地。林巧莺等人的研究表明，1993—2003 年间厦门湾红树林大约有 30.24%被转换成养殖场，有 33.24%和 20.67%转变成非湿地和滩涂。

此外，海上交通的高速发展、海上活动导致的污染、红树林湿地资源的过度开采以及航道清淤等人为因素也会改变红树林的生境，使其面积减小。厦门湾红树林区多位于农村地带或城乡结合部，以前由于经济较为落后，这里居民有时也会采伐红树林作为薪柴，还有的将红树林木材作为渔网支架等，这些活动也导致了红树林面积的退化。

可见，人为活动是厦门红树林面积变化的主要影响因子，与九龙江口红树林面积变化的驱动因子非常类似[24]，其中尤以港湾围海造田、围滩（塘）养殖、填滩造陆以及码头与道路建设等社会经济活动的影响最为显著。

（2）厦门湾红树林面积增加的人为影响因素

进入 90 年代，福建省各地开始重视红树林的保护，并大力引种红树林[20]。这应该是 2000 年后厦门湾红树林面积有所增加的主要原因。根据厦门市海洋环境质量公报提供的资料，2004—2005 年翔安区分别人工引种红树林 6.67 hm^2 和 8 hm^2，2007—2008 年在集美龙舟池外侧及集美大桥北侧种植了 4.669 hm^2 和 2.001 hm^2，2011 年 4 月启动厦门下潭尾滨海湿地生态公园红树林种植工程，至 2012 年完成了 18.989 hm^2。我们分别于 2016 年 1 月 19 日和 2017 年 1 月 16 日利用无人机拍摄了下潭尾部分红树林种植区的遥感影像，如图 4 所示。可以看出历经 5~6 年，该区域红树林长势良好，且 2017 年无论是红树林覆盖面积和覆盖度都明显高于 2016 年。

不过种植的人工红树林受种种因素影响，部分区域会出现明显的退化。如，厦门曾于 1998 年 5 月在大嶝岛及西柯滩涂上共造林 26 hm，但随着时间的推移，最后所剩无几[20]。2007—2008 年在集美区种植的红树林因种种因素影响，在 2012 年遥感影像基本上已没有（图 2）。日益发展的经济活动引发向海扩张用地的强烈需求，导致了个别地区的红树林受到严重破坏。因此利用遥感手段对厦门湾红树林动态变化开展定期监测，尤其是对红树林恢复工程的效果进行监测与评估非常有必要，可望为红树林湿地的管理和保护提供重要的决策依据。

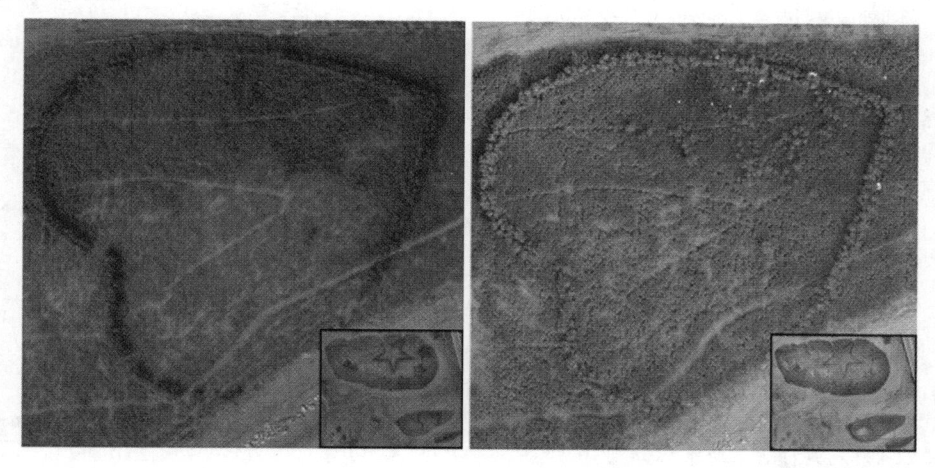

图4 2016年（左）与2017年（右）厦门下潭尾红树林部分区域无人机航摄图

4 小结

结合历史资料、2006年SPOT和2012年ZY-3等高分辨率遥感资料以及无人机遥感监测，本研究以厦门海沧湾、集美及下潭尾湾3个区域为重点，分析了20世纪60年代以来红树林面积的时空变化特征，并初步探讨主要的影响因子。结果表明，1980—2000年间海沧湾红树林面积大幅度减少；2000年以后3个区域红树林面积的变化存在一定的空间差异，海沧湾和集美区域主要是呈现出先增加后减少的变化特征，而下潭尾区域的红树林则呈现出先减少后增加的变化特征。其中人类活动是导致厦门湾红树林面积变化的主要影响因子，尤其是港湾围海造田、围滩（塘）养殖、填滩造陆以及码头与道路建设等社会经济活动的影响，这些活动主要是导致红树林面积减少，而人工引种红树林是其面积增加的主要因素。

致谢：福建省测绘地理信息局提供SPOT遥感数据，中国资源卫星应用中心提供资源三号遥感数据，在此一并致谢。

参考文献：

[1] Dahdouh-Guebas F. The use of remote sensing and GIS in the sustainable management of tropical coastal ecosystems[J]. Environment, Development and Sustainability, 2002, 4:93-112.

[2] Kathiresan K, Bingham B L. Biology of mangroves and mangrove ecosystems[J]. Advances in Marine Biology, Academic Press, 2001, 40:81-251.

[3] Wang M, Zhang J, Tu Z, et al. Maintenance of estuarine water quality by mangroves occurs during flood periods: A case study of a subtropical mangrove wetland[J]. Marine Pollution Bulletin, 2010, 60:2154-2160.

[4] Reddi E U B, Raman A V, Satyanarayana B, et al. Degradation of mangrove ecosystem due to hinterland farm practices: A case for Coringa, East Coast of India[J]. Journal of Nanjing Forestry University: Natural Sciences Edition, 2003, 27(2):1-6.

[5] Chen B, Yu W, Liu W, et al. An assessment on restoration of typical marine ecosystems in China-Achievements and lessons[J]. Ocean and Coastal Management, 2012, 57:53-61.

[6] Krauss K W, McKee K L, Lovelock C E, et al. How mangrove forests adjust to rising sea level[J]. New Phytologist, 2014, 202:19-34.

[7] 彭逸生，周炎武，陈桂珠. 红树林湿地恢复研究进展[J]. 生态学报，2008，28(2)：786-792.

[8] 林益明，林鹏. 福建红树林资源的现状和保护[J]. 生态经济，1999，3：16-19.

[9] Manson F J, Loneragan N R, Phinn S R. Spatial and temporal variation in distribution of mangroves in Moreton Bay, sub-tropical Australia: a comparison of pattern metrics and change detection analyses based on aerial photographs[J]. Estuarine, Coastal and Shelf Science, 2003, 56:1-14.

[10] Bird M, Chua S, Fifield L K, et al. Evolution of the Sungei Buloh-Kranji mangrove coast, Singapore[J]. Applied Geography, 2004, 24:181-198.

[11] Li M S, Mao L J, Shen W J, et al. Change and fragmentation trends of zhanjiang mangrove forests in southern china using multi-temporal landsat

imagery(1977-2010)[J]. Estuarine, Coastal and Shelf Science, 2013, 130: 111-120.

[12] 冯家莉,刘凯,朱远辉,等. 无人机遥感在红树林资源调查中的应用[J]. 热带地理,2015,35(1):35-42.

[13] 林鹏,张宜辉,杨志伟. 厦门海岸红树林的保护与生态保护[J]. 厦门大学学报:自然科学版,2005,44(增刊):1-6.

[14] 卢昌义. 厦门地区红树林的生态回复和永续利用[C]//周济. 可持续发展理论与实践. 厦门:厦门大学出版社,1999:361-397.

[15] 林清贤,陈小麟,林鹏. 厦门东屿红树林湿地鸟类资源及其分布[J]. 厦门大学学报:自然科学版,2005,44(增刊):37-42.

[16] 邓书斌. 遥感图像处理方法[M]. 北京:科学出版社,2012.

[17] 章毓晋. 图像分割[M]. 北京:北京科学出版社,2001.

[18] 章仲楚. 面向对象的杭州西溪湿地遥感方法研究[D]. 浙江:浙江大学,2007.

[19] 林锐,张彩云,黄路. 基于资源三号卫星的厦门海岸带信息提取方法及其应用初探[C]//第 19 届中国遥感大会论文集. 北京:中国宇航出版社,2014:1770-1777.

[20] 王文卿,赵萌莉,邓传远,等. 福建沿岸地区红树林的种类与分布[J]. 台湾海峡,2000,19(4):534-540.

[21] Ellison J C. Mangrove and retreat with rising sea level, Bermuda[J]. Esturine, Coastal and Shelf Science, 1993, 37(1): 75-88.

[22] 袁方超,张文舟,杨金湘,等. 福建近海海平面变化研究[J]. 应用海洋学学报,2016,35(1):20-32.

[23] 谭晓林,张乔民. 红树林潮滩沉积速率及海平面上升对我国红树林的影响[J]. 海洋通报,1997,16(4):20-35.

[24] 闫静,张彩云,骆炎民,等. 福建九龙江口红树林变化的遥感监测[J]. 厦门大学学报:自然科学版,2012,51(3):426-433.

[25] 林清贤,陈小麟,林鹏. 厦门东屿红树林区环境变迁对鸟类的影响[J]. 厦门大学学报:自然科学版,2007,46(1):104-108.

长茎葡萄蕨藻（*Caulerpa lentillifera*）多糖的提取及单糖组分分析

高萍[1]，王欣[2]，曲凌云[1*]

（1. 国家海洋局第一海洋研究所，山东 青岛 266061；2. 青岛海葡萄有机绿藻研发养殖有限公司，山东 青岛 266102）

摘要：为改进长茎葡萄蕨藻（*Caulerpa lentillifera*）多糖的提取工艺及单糖组分的分析，分别采用冷水提取（CG）和热水提取（HG）的方法获得多糖。将其复溶于水，离心冻干得到 CG-S 和 HG-S。分别用硫酸-苯酚法、硫酸-咔唑法、BCA 法及硫酸钡比浊法测定总糖、糖醛酸、蛋白及硫酸根含量。采用 PMP 柱前衍生法测定单糖组分。结果显示，长茎葡萄蕨藻采用冷水提取和热水提取的总糖含量分别为（40.77±1.50)%和（53.63±2.86)%；糖醛酸含量分别为（5.09±0.30)%、(5.01±0.09)%；蛋白含量分别为（17.52±0.32)%、(7.87±0.57)%；硫酸根含量分别为（19.78±1.12)%和（13.44±0.44)%。单糖组分分析表明对于 CG-S，主要含有半乳糖（Gal）43.40%，甘露糖（Man）37.08%，木糖（Xyl）14.43%；对于 HG-S 的单糖组分，Gal 约占 44.87%，Man 占 32.63%，Xyl 占 12.34%。

关键词：长茎葡萄蕨藻；冷水提取；热水提取；单糖组分

1 引言

长茎葡萄蕨藻（*Caulerpa lentillifera*）又称“海葡萄”，隶属绿藻门（Chlorophyta）、蕨藻科（Caulerpaceae）、蕨藻属（*Caulerpa*）[1]。长茎葡萄蕨藻原产于东南亚的菲律宾、马来西亚、印度尼西亚以及日本冲绳等雨量充沛的地区[2]。其味道鲜美，营养价值高[3]。研究发现[4]，长茎葡萄蕨藻富含维生素、矿物质元素、不饱和脂肪酸、氨基酸以及海藻多糖，并且具有一定的保健功效，含有大量的 DHA，能够降低血液胆固醇。另外的研究表明其干藻粉制品可用于吸附废水中的重金属离子[5]和碱性染料[6]。近年来，我国山东、福建、海南等地逐渐地兴起长茎葡萄蕨藻的养殖[7]，其中青岛的长茎葡萄蕨藻养殖已实现规模化。

多糖是海藻中的重要组成部分，由于其具有广泛的生物活性而引起广泛的关注。绿藻门类海藻多糖一般具有抗肿瘤、抗氧化、抗凝血活性、抗病毒、清除自由基、增强免疫力等活性[8-9]。研究表明，产地不同，长茎葡萄蕨藻的糖类含量略有不同。Matanjun 等[10]分析了长茎葡萄蕨藻的营养组成，发现糖类含量为 38.66%；而 Pattama 等[3]的研究发现其糖类含量高达 59.27%，且一般为 1，4-α-和 1，3-β-D-葡聚糖。Maeda 等[11]从长茎葡萄蕨藻中纯化得到硫化多糖，发现硫化多糖具有显著的免疫刺激活性。通过水解、酸化等分离得到了长茎葡萄蕨藻寡糖，此寡糖能够诱导 乳腺癌 MCF-7 细胞的凋亡[12]。此外，研究表明，长茎葡萄蕨藻的甲醇提取物具有较强的抗氧化活性[13]。以上研究结果表明长茎葡萄蕨藻的多糖含量极为丰富，具有较好的生物活性，可用于保健品和食品添加剂的开发。然而，基于目前国内对长茎葡萄蕨藻养殖技术及产量的限制，对其多糖提取及分析的研究报道较少。因此，本试验以青岛产长茎葡萄蕨藻

基金项目：鳌山科技创新计划项目（2015ASKJ02-03）。

作者简介：高萍（1985—），女，山东省临沂市人，博士，主要从事海洋生物方向的研究。E-mail：gp1221@fio.org.cn

＊**通信作者：**曲凌云（1975—），博士，研究员，研究方向为海洋生物学方向。E-mail：qly@fio.org.cn

为研究对象，对其组织中的多糖含量进行研究，为长茎葡萄蕨藻的进一步开发利用提供理论依据。

2 材料与方法

2.1 试验材料

长茎葡萄蕨藻采于青岛海葡萄有机绿藻研发养殖有限公司。

试验试剂：Dextran 分子量标准品（4 600 Da，7 100 Da，10 000 Da，21 400 Da，41 100 Da，84 400 Da，133 800 Da，2 000 000 Da），购自中国药品生物制品鉴定所；各种单糖标准品（葡萄糖 Glc，甘露糖 Man，阿拉伯糖 Ara，半乳糖 Gal，岩藻糖 Fuc，鼠李糖 Rha，葡萄糖醛酸 GlcA，半乳糖醛酸 GalA，氨基葡萄糖 GlcN，氨基半乳糖 GalN）购于美国 Sigma 公司；1-苯基-3-甲基-5-吡唑啉酮（PMP，99%）购于美国 Sigma 公司；BCA 试剂盒，购于碧云天生物技术有限公司，其他试剂为国产分析纯。

试验设备：TSK-Gel GMPWxL 色谱柱（7.5×300 mm），购自日本 TOSOH 公司；Thermo C18 色谱柱（250 mm×4.6 mm），购自美国 Thermo 公司；EMaxPlus 型酶标仪，购自美谷分子仪器（上海）有限公司；DionexUltiMate 3000 液相色谱仪，购自美国 Thermo 公司。

2.2 实验方法

2.2.1 长茎葡萄蕨藻多糖提取

2.2.1.1 脱脂

将长茎葡萄蕨藻在烘箱中干燥，粉碎。称取藻粉 35 g 于反应瓶中，加入 80%的乙醇溶液，于 80℃搅拌加热回流 3 h，脱脂液纱绢过滤后离心，收集上清液，旋转蒸发至干，加入少量乙醇溶解，拌于硅胶粉中，晾干保存。藻渣于 45℃烘箱中干燥 48 h，称重。

2.2.1.2 冷水提取

脱脂后的藻渣放于 3 口反应瓶中，加入适量蒸馏水，于室温搅拌 3 h，冷水提取液纱绢过滤后离心，收集上清液，旋转蒸发浓缩后，采用 80%乙醇沉淀，4 500 r/min 离心 15 min 后，弃去上清，沉淀加入少量蒸馏水复溶后冷冻干燥，即得冷水提取多糖 CG。

2.2.1.3 热水提取

冷水提取后的藻渣放于反应瓶中，加入适量蒸馏水，于 100℃搅拌 3 h，热水提取液纱绢过滤后离心，收集上清液，旋转蒸发浓缩后，采用 80%乙醇沉淀，离心弃上清，沉淀加入少量蒸馏水复溶后冷冻干燥，即得热水提取多糖 HG。

2.2.1.4 CG 和 HG 后处理

将获得的 CG 和 HG 样品溶于水中，样品浓度为 5 mg/mL，离心弃沉淀，上清浓缩后冻干，分别命名为 CG-S 和 HG-S。

2.2.2 CG-S 和 HG-S 理化性质测定

CG-S 和 HG-S 总糖含量测定采用硫酸-苯酚法[14]；采用硫酸-咔唑法[15]测定糖醛酸含量；BCA 试剂盒法测定 CG-S 和 HG-S 蛋白含量；采用硫酸钡比浊法[16]测定硫酸根含量，称取适量 CG-S 和 HG-S 于安瓿瓶中，采用三氟乙酸于 115℃降解，降解结束后取适量降解液稀释至适宜浓度进行测定。

2.2.3 CG-S 和 HG-S 的相对分子质量测定

采用凝胶排阻法对 CG-S 和 HG-S 进行相对分子质量测定。

色谱条件：色谱柱：TSK-Gel $GMPW_{xL}$ 色谱柱（7.5×300 mm）；流动相：0.1 mol/L Na_2SO_4；柱温：35℃；流速：0.5 mL/min；检测器：示差检测器。

标准曲线的绘制：各葡聚糖系列标准品（180 Da，2 500 Da，4 600，7 100，10 000 Da，21 400 Da，41 100 Da，84 400 Da，133 800 Da，2 000 000 Da）依次进行色谱分析，记录保留时间（RT），以标准葡

聚糖分子量的对数（lgMw）对色谱保留时间作图，得到标准曲线用于计算样品相对分子量。

2.2.4 CG-S 和 HG-S 的单糖组分分析

采用 PMP 柱前衍生法测定 CG-S 和 HG-S 的单糖组成[17]。

称取适量 CG-S 和 HG-S，用 2 mol/L 三氟乙酸（TFA）完全水解。取降解液 100 L，在碱性条件下与 PMP 进行衍生反应，经氯仿萃取处理后，柱前衍生高效液相色谱分析。标准品无需进行降解，直接进行衍生即可，衍生方法与样品相同。

色谱条件[18]：色谱柱：ThermoC18 色谱柱（250 mm×4.6 mm）；流动相：磷酸盐缓冲液（0.1 mol/L）/CH_3CN（V/V）= 83/17；流速：0.8 mL/min；柱温 30℃；检测器：DAD（254 nm）。

3 实验结果及讨论

3.1 长茎葡萄蕨藻多糖的提取

取长茎葡萄蕨藻粉 35 g 分散于 80%的乙醇溶液中，于 80℃搅拌加热回流，除去藻体中的色素、糖苷等脂溶性成分，脱脂处理共 3 次，将 3 次脱脂液浓缩后拌于硅胶粉中保存备用（图 1a）。脱脂后藻渣烘干后称重，计算脱脂率为 48.7%。

冷水提取 3 次，提取液合并后浓缩醇沉，所得沉淀为冷水提多糖 CG（图 1b），冻干后称重，得率为 2.42%。

热水提取 3 次，提取液合并后浓缩醇沉，所得沉淀为热水提多糖 HG（图 1c），冻干后称重，得率为 1.76%。

图 1 所得长茎葡萄蕨藻各组分性状

a：脱脂液硅胶粉，b：冷水提多糖，c：热水提多糖

将获得的 CG 和 HG 样品溶于水中，离心取上清，上清浓缩后冻干，分别命名为 CG-S 和 HG-S。CG-S 和 HG-S 质量得率都约为 0.89%。

3.2 CG-S 和 HG-S 的理化性质测定

3.2.1 CG-S 和 HG-S 的总糖含量测定

采用硫酸-苯酚法对 CG-S 和 HG-S 的总糖含量进行检测，以 Man：Gal：Xyl = 1：1：1 为标准品。其总糖含量检测的标准曲线如图 2 所示。计算得到 CG-S 和 HG-S 的总糖含量分别为（40.77±1.50）%和（53.63±2.86）%。而 Matanjun 等[10]测定的长茎葡萄蕨藻的糖类含量为 38.66%，Pattama 等[3]的研究发现其糖类含量高达 59.27%，可见地域不同，处理方式不同，测定的长茎葡萄蕨藻的含糖量略有不同。

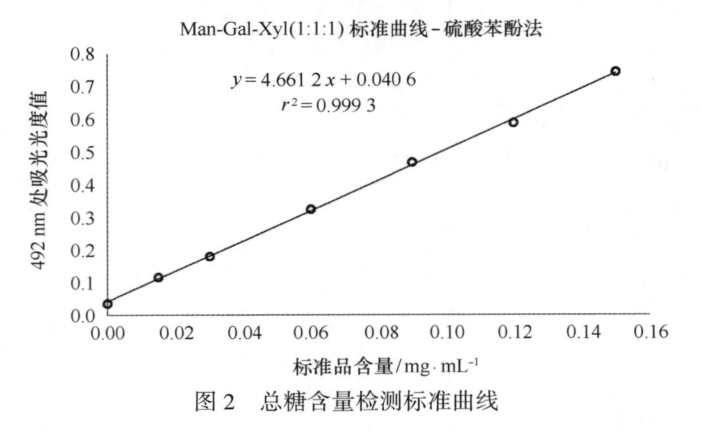

图 2 总糖含量检测标准曲线

3.2.2 CG-S 和 HG-S 的糖醛酸含量测定

采用硫酸-咔唑法对 HG-S 和 CG-S 样品的糖醛酸含量进行测定，其标准曲线如图 3 所示。计算可得 HG-S 和 CG-S 的糖醛酸含量分别为（5.09±0.30）%和（5.01±0.09）%。

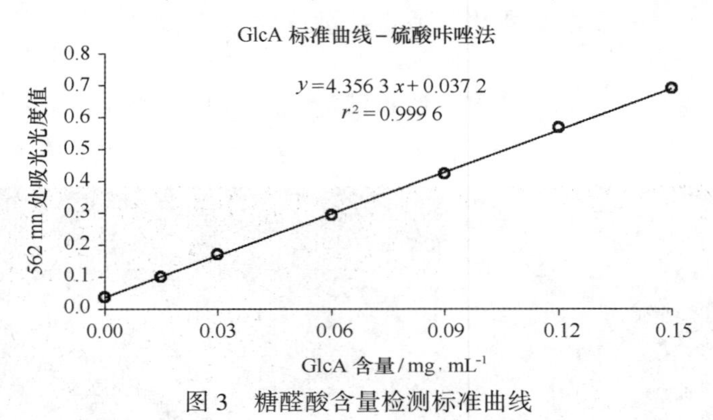

图 3 糖醛酸含量检测标准曲线

3.2.3 CG-S 和 HG-S 的蛋白含量测定

采用 BCA 法检测 CG-S 和 HG-S 的蛋白含量，标准曲线如图 4 所示。可得 HG-S 的蛋白含量为（17.52±0.32）%，CG-S 蛋白含量稍低，为（7.87±0.57）%。

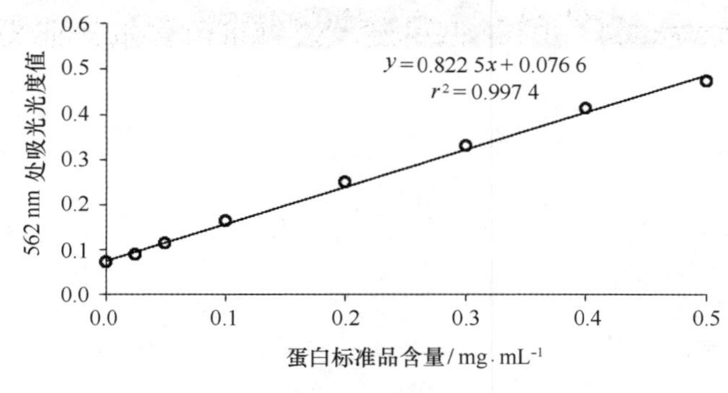

图 4 蛋白含量检测标准曲线

3.2.4 CG-S 和 HG-S 的硫酸根含量测定

采用氯化钡-明胶比浊法检测硫酸根含量，标准曲线如图 5 所示。计算可得 CG-S 和 HG-S 的硫酸根含量分别为（19.78±1.12)%和（13.44±0.44)%。

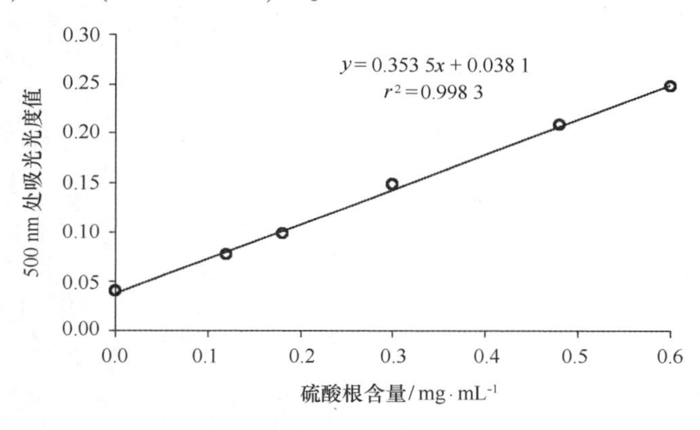

图5 硫酸根含量检测标准曲线

3.3 CG-S和HG-S的相对分子质量测定

HG-S和CG-S进行相对分子质量的测定采用凝胶排阻法，各葡聚糖系列标准品（2 500 Da，4 600 Da，7 100 Da，10 000 Da，21 400 Da，41 100 Da，84 400 Da，133 800 Da，2 000 000 Da）依次进行色谱分析，以标准葡聚糖分子量的对数（lgMw）对色谱保留时间（*RT*）作图（图6），得到标准曲线 $y=-0.491x+12.708$（$r^2=0.9929$）。

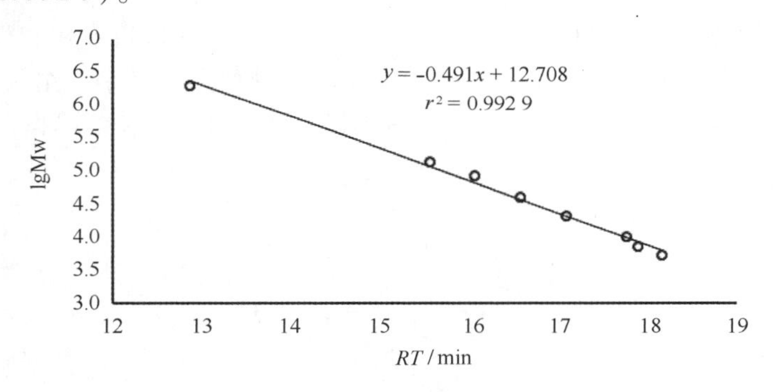

图6 分子量测定标准曲线

HG-S和CG-S的分子量测定HPLC图如图7所示。从图中可以看出，HG-S和CG-S的分子量测定HPLC图类似，都是在13 min左右有一个较大的色谱峰，在17 min左右有一个较小的色谱峰，在19.7 min处有一个较大的系统盐峰。带入各样品的保留时间计算，可得HG-S和CG-S的相对分子量如表1所示。

在不同的时间，经热水处理和冷水处理获得了多糖的相对分子质量如表1所示。

表1 CG-S和HG-S的相对分子质量测定

组别	保留时间/min	分子量/kD
HG-S	13.212	1 663.06
	17.245	17.41
CG-S	12.747	2 813.35
	17.143	19.53

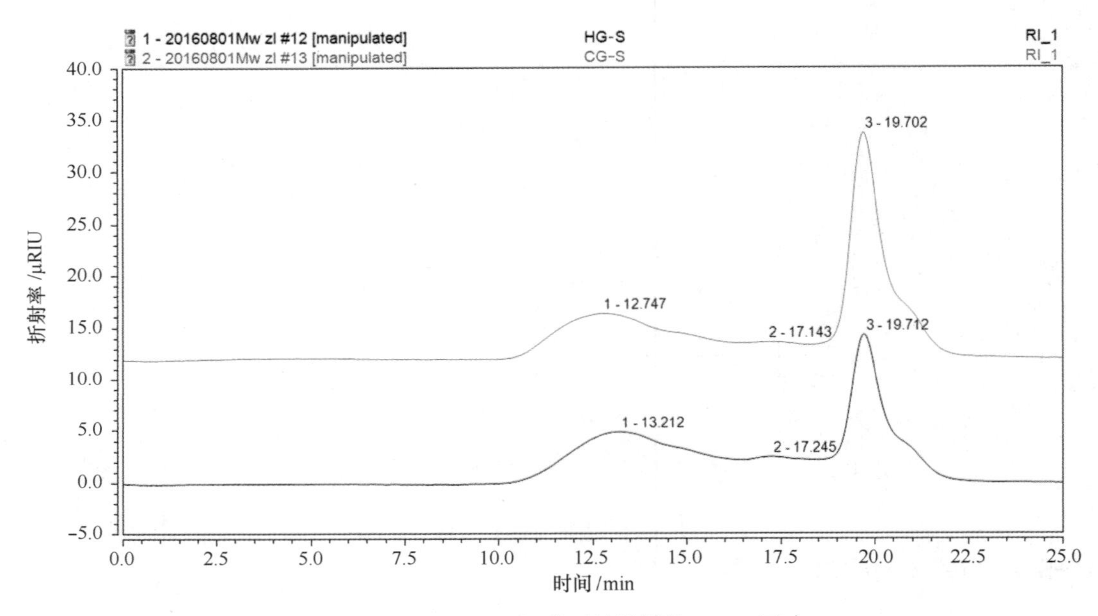

图 7 HG-S 和 CS-S 分子量检测的 HPLC 图

3.4 CG-S 和 HG-S 的单糖组成分析

对 CG-S 和 HG-S 的降解液进行 TLC 分析，如图 8 所示。从图中可以看出，CG-S 和 HG-S 均被完全降解，原点处没有显色。CG-S 和 HG-S 中含有 3 个明显的单糖斑点，其中一个与甘露糖（Man）的 Rf 值接近，另外两个分别在 Man 的上方和下方，且为非鼠李糖（Rha）和氨基葡萄糖（GlcN）的单糖。

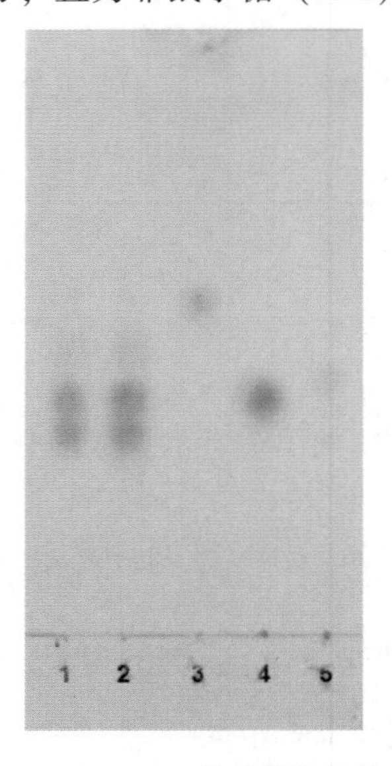

图 8 CG-S 和 HG-S 的单糖降解液 TLC 图

1. HG-S；2. CG-S；3. Rha；4. Man；5. GlcN

HG-S 和 CG-S 的单糖组成分析 HPLC 图如图 9 所示，从图中可以看出，11 种单糖标准品分离效果较好。计算两个样品的单糖残基摩尔百分比如表 2 所示。从中可以看出，对于 CG-S，主要含有半乳糖（Gal）43.40%，甘露糖（Man）37.08%，木糖（Xyl）14.43%；对于 HG-S 的单糖组分，Gal 约占 44.87%，Man 占 32.63%，Xyl 占 12.34%，由此可见，CG-S 和 HG-S 的单糖组成相似。

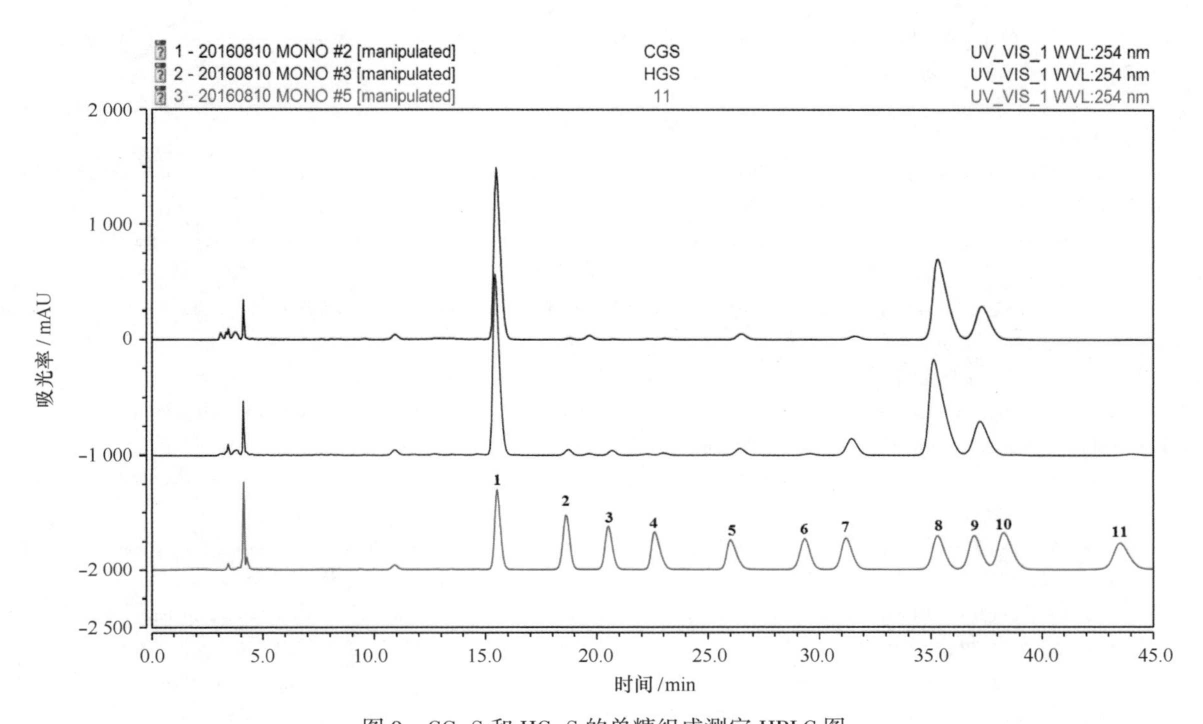

图 9　CG-S 和 HG-S 的单糖组成测定 HPLC 图

1. Man；2. GlcN；3. Rha；4. GlcA；5. GalA；6. GalN；7. Glc；8. Gal；9. Xyl；10. Ara；11. Fuc

CG-S and HG-S 的单糖残基摩尔百分比如表 2 所示。

表 2　CG-S 和 HG-S 单糖组成摩尔百分比

	Man	GalA	Glc	Gal	Xyl
CG-S	37. 08%	3. 45%	1. 64%	43. 40%	14. 43%
HG-S	32. 63%	3. 27%	6. 89%	44. 87%	12. 34%

4　结论

长茎葡萄蕨藻通过冷水提取和热水提取分别得到多糖 CG 和 HG，经复溶得到多糖 CG-S 和 HG-S，对 CG-S 和 HG-S 进行了理化性质测定（总糖含量测定、糖醛酸含量测定、蛋白含量测定和硫酸根含量测定）、相对分子质量测定和单糖组成分析。结果表明，CG-S 和 HG-S 是一类主要由 Man、Gal 和 Xyl 构成的硫酸多糖，含有一定量的蛋白以及少量糖醛酸。CG-S 和 HG-S 的基本信息如表 3 所示。

表 3　CG-S 和 HG-S 的基本信息

	Mw/（kD）	总糖含量 /%	糖醛酸含量 /%	硫酸根含量 /%	蛋白含量 /%	单糖组成/%				
						Man	GalA	Glc	Gal	Xyl
CG-S	2813. 3；19. 5	40. 77±1. 50	5. 01±0. 09	19. 78±1. 12	7. 87±0. 57	37. 08	3. 45	1. 64	43. 40	14. 43
HG-S	1663. 1；17. 4	53. 63±2. 86	5. 09±0. 30	13. 44±0. 44	17. 52±0. 32	32. 63	3. 27	6. 89	44. 87	12. 34

参考文献：

[1]　王小兵，罗蕊琪，黄渤海葡萄蕨藻多糖 ASE 提取工艺研究[J].广东农业科学，2013(16)：104-106.

[2] Pimol P, Khanidtha M, Prasert P. Influence of particle size and salinity on adsorption of basic dyes by agricultural waste: dried Seagrape (*Caulerpa lentillifera*) [J]. Journal of Environmental Sciences, 2008, 20(6): 760-768.

[3] Pattama R, Anong C. Nutritional evaluation of tropical green seaweeds *Caulerpa lentillifera* and *Ulva reticulata* [J]. Kasetsart Journal: Natural Sciences, 2006, 40(6): 75-83.

[4] Matanjun P, Mohamed S, Mustapha N M, et al. Nutrient content of tropical edible seaweeds, *Eucheuma cottonii*, *Caulerpa lentillifera* and *Sargassum polycystum* [J]. Journal of Applied Phycology, 2009, 21(1): 75-80.

[5] Pavasant P, Apiratikul R, Sungkhum V, et al. Biosorption of Cu^{2+}, Cd^{2+}, Pb^{2+}, and Zn^{2+} using dried marine green macroalga *Caulerpa lentillifera* [J]. Bioresource Technology, 2006, 97(18): 2321-2329.

[6] Marungrueng K, Pavasant P. Removal of basic dye (Astrazon Blue FGRL) using macroalga *Caulerpa lentillifera* [J]. Journal of Environmental Management, 2006, 78(3): 268-274.

[7] 姜芳燕,宋文明,杨宁,等.海南长茎葡萄蕨藻的营养成分分析及评价[J].食品工业科技,2014,35(24):356-359.

[8] Ji H, Shao H, Zhang C, et al. Separation of the polysaccharides in *Caulerpa racemosa* and their chemical composition and antitumor activity [J]. Journal of Applied Polymer Science, 2008, 110(3): 1435-1440.

[9] Ghosh P, Adhikari U, Ghosal PK, et al. In vitro anti-herpetic activity of sulfated polysaccharide fractions from *Caulerpa racemosa* [J]. Phytochemistry, 2004, 65(23): 3151-3157.

[10] Matanjun P, Mohamed S, Mustapha N M, et al. Antioxidant activities and phenolics content of eight species of seaweeds from north Borneo [J]. Journal of Applied Phycology, 2008, 20(4): 367.

[11] Maeda R, Ida T, Ihara H, et al. Immunostimulatory activity of polysaccharides isolated from *Caulerpa lentillifera* on macrophage cells [J]. Biosci Biotechnol Biochem, 2012, 76(3): 501-505.

[12] Maeda R, Ida T, Ihara H, et al. Induction of apoptosis in MCF-7 cells by β-1,3-xylooligosaccharides prepared from *Caulerpa lentillifera* [J]. Bioscience, Biotechnology, and Biochemistry, 2012, 76(5): 1032-1034.

[13] Nguyen V T, Ueng J P, Tsai G J. Proximate composition, total phenolic content, and antioxidant activity of seagrape (*Caulerpa lentillifera*) [J]. Journal of Food Science, 2011, 76(7): 750-758.

[14] DuBois M, Gilles K A, Hamilton J K, et al. Colorimetric method for determination of sugars and related substances [J]. Analytical Chemistry, 1956, 28(3): 350-356.

[15] Bitter T, Muir H M. A modified uronic acid carbazole reaction [J]. Analytical Biochemistry, 1962, 4(4): 330-334.

[16] Terho T T, Hartiala K. Method for determination of the sulfate content of glycosaminoglycans [J]. Analytical Biochemistry, 1971, 41(2): 471-476.

[17] Honda S, Akao E, Suzuki S, et al. High-performance liquid chromatography of reducing carbohydrates as strongly ultraviolet-absorbing and electrochemically sensitive 1-phenyl-3-methyl5-pyrazolone derivatives [J]. Analytical Biochemistry, 1989, 180(2): 351-357.

[18] 付海宁,赵峡,于广利,等.盐藻多糖单糖组成分析的四种色谱方法比较[J].中国海洋药物,2008,27(4):30-34.

3种常见海藻对营养盐吸收的初步研究及海藻的应用

陈志伟[1]

（1. 天津海昌极地海洋公园，天津 300450）

摘要：试验选取海水珊瑚缸常见的鹿角藻（*Codium* sp.）、红葡萄藻（*Botryocladia* sp.）和硬毛藻（*Chaetomorpha* sp.）3种藻类进行饲养。1周时间在相同试验条件下对水中NO_3^--N和PO_4^{3-}-P水质指标进行测定。整个试验期间，鹿角藻缸内水中NO_3^--N含量由42.55 mg/L降到28.43 mg/L，PO_4^{3-}-P含量由0.83 mg/L降到0.68 mg/L，红葡萄藻缸内水中NO_3^--N含量由42.55 mg/L降到32.56 mg/L，PO_4^{3-}-P含量由0.83 mg/L降到0.57 mg/L，硬毛藻缸内水中NO_3^--N含量由42.55 mg/L降到27.66 mg /L，PO_4^{3-}-P含量由0.83 mg/L降到0.63 mg/L。结果表明藻类系统能够对珊瑚饲养用水水质起到一定的净化效果，其中红葡萄藻降低PO_4^{3-}-P的效果最好；硬毛藻降低NO_3^--N的效果最好。海藻对珊瑚的饲养水质有较大的帮助。本试验旨在为藻类在海洋馆珊瑚饲养净化水质的应用及降低成本提供基础理论依据，同时为科学提高海藻和珊瑚鱼类的观赏价值提供可行性。

关键词：鹿角藻；红葡萄藻；硬毛藻；营养盐

1 引言

近年来我国旅游行业发展迅猛，海洋馆项目的不断扩大，伴随着即是各种中小型鱼类和珊瑚的饲养。在海洋馆鱼类饲养过程中，常见因营养盐尤其是氮盐累积导致水质恶化。硝酸盐和磷酸盐浓度太高虽不会产生即时毒性，但会严重影响水质，特别是对珊瑚的饲养有较大的危害作用。长期较高的营养盐会致使鱼类食欲下降、体质消瘦、体色丧失、疾病频发甚至死亡，珊瑚容易造成脱藻、脱骨、溃烂、萎缩死亡。因此，养殖过程中，水质的日常维护显得尤为重要。采用天然海水可以大量换水降低营养盐，而随着海洋馆逐步向内陆地区发展，人工海盐的使用必会堆积大量的营养盐，由于成本的控制必然不能采取大量换水的方法去除营养盐。因此为了进一步提高水体水质处理效率，克服传统生物过滤方式脱氮的不足，同时又可以提高珊瑚状态和成活率，减少换水、节约用水，降低海洋馆运营成本，选用大规模养殖海洋藻类来降低水中的营养盐的研究颇为重要。

地球上几乎所有的环境中都能见到藻类。在海洋中生活着多种藻类，形成丰富的资源，其中有众多大型海藻和海洋微藻。海洋微藻是一种低等植物，这种植物没有真正的根、莲、叶的分化[1]。鹿角藻（*Codium* sp.）属钙藻门，绿藻属，适宜生长在中等强度光照和中等水流、盐度1.020~1.025、pH 8.1~8.4的水体中。它的根会附着在沙子里或活石中形成丛状。从很浅到50 m或更深的海洋水域中都可生长，能长到8~20 cm。红葡萄藻（*Botryocladia* sp.）属蜈蚣藻科，产自于印度洋。其有许多分枝，长出像葡萄一样的叶子，故得名红葡萄藻。适宜生长在中到强的光照，对水质要求十分严格。盐度或者光照的细微变化直接可能影响到叶子的生长。硬毛藻（*Chaetomorpha* sp.）属刚毛藻科，每个细胞都首尾相连地生长，形成了长绳状的外表、丝状丛生，生长很快。适宜生长在中到强的光照，强水流的环境下。

水体营养盐的主要物质是氮、磷。藻类不仅能够快速吸收水体和沉积物中的营养盐，同时对湖泊生态

作者简介：陈志伟（1988—），男，天津市蓟县人，主要研究方向为珊瑚及珊瑚鱼类的饲养。E-mail：604418004@qq. com

系统的物理、化学及生物学特性亦有重要影响[2]。世界上许多国家都在大力发展海藻栽培业，并且已经有很多实用性的研究：如用海藻来治理人工养殖海产品而产生的废水，减少人工因素对海洋生态环境的破坏；海藻大规模直接与水产动物混养增加附属产品[3]。有研究表明其分泌的一些物质还够抑制水中有害菌的繁殖，对鱼病的防治也有一定的辅助效果[4]。但是，海藻在观赏行业的应用及我国海洋馆维生系统设计中对海藻缸设计及研究尚为缺乏。目前，天津海昌极地海洋公园内珊瑚缸全部增加了海藻过滤系统，对水质控制起到了较大的作用。

本试验在特定条件下利用自然生长的海藻去除鱼类及珊瑚饲养过程中产生的氮、磷营养盐，定期对水质理化指标进行监测，确定鹿角藻、红葡萄藻和硬毛藻对珊瑚养殖用水的净化效果，旨在为藻类在海洋馆珊瑚饲养净化水质的应用及降低成本提供基础理论依据，同时为科学提高海藻和珊瑚鱼类的观赏价值提供可行性。

2 试验材料和方法

2.1 试验材料

试验对象来自天津海昌极地海洋公园珊瑚展区海藻槽内的鹿角藻（*Codium* sp.）、红葡萄藻（*Botryocladia* sp.）和硬毛藻（*Chaetomorpha* sp.）。

2.2 试验方法

采用 3 个相同饲养条件的暂养缸，将温度、盐度、光照强度等其他因素调成一致。试验初始用水取自珊瑚展区 T7-9 展缸 NO_3^--N 40 mg/L，PO_4^{3-}-P 1.0 mg/L，称取相同质量（1.5 kg）的 3 种海藻分别进行暂养。每天补充 ro 反渗透膜过滤的淡水和 ro 反渗透膜过滤的淡水配成的海水确保不会增加营养盐，并保持盐度温度的稳定。

2.3 水样采集及测定分析方法

暂养缸内设置 2 个取水点，每天下午 3 点取水样一次测定数据。按照海洋调查规范第 4 部分：海水化学要素调查（GB/T 12763.4-2007）相关方法测定养殖水体中 NO_3^--N 和 PO_4^{3-}-P 的含量：NO_3^--N 测定采用锌镉还原法；PO_4^{3-}-P 测定采用抗坏血酸还原磷钼蓝法。

3 结果与分析

用盐度计、温度计、便携式 pH 仪、溶解氧分析仪分别测定暂养缸盐度、温度、pH 、溶解氧等基本养殖信息，试验结果如表 1 所示。

表 1 3 种常见海藻对营养盐吸收的影响

海藻	基本信息				营养盐			
	温度/℃	盐度	pH	溶剂溶氧/mg · L^{-1}	NO_3^--N/mg · L^{-1}		PO_4^{3-}-P/mg · L^{-1}	
					初始值	42.55	初始值	0.83
鹿角藻	24.4±0.20	32±0.20	8.02±0.10	7.66±0.04	28.43±0.20		0.68±0.01	
红葡萄藻					32.56±0.30		0.57±0.03	
硬毛藻					27.66±0.20		0.63±0.02	

3.1 3 种海藻对 NO_3^--N 的影响

如图 1 所示，海藻养殖期间每天所测暂养池里水样 NO_3^--N 的含量基本呈现下降的趋势，说明海藻对

NO_3^--N 有很好的吸收效果。硬毛藻吸收 NO_3^--N 的效果比鹿角藻和红葡萄藻效率好。

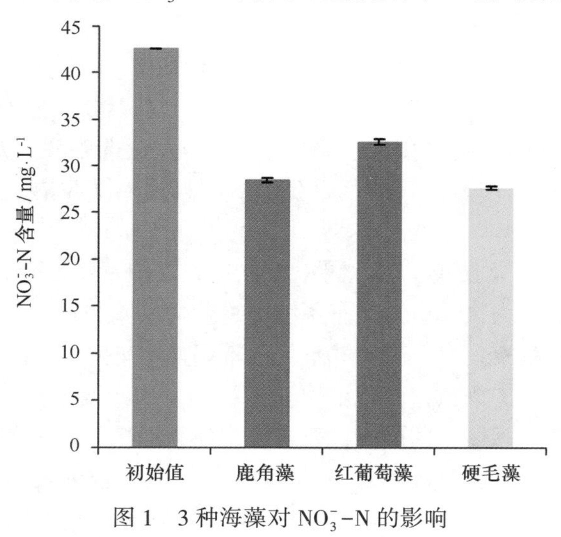

图 1　3 种海藻对 NO_3^--N 的影响

3.2　3 种海藻对 PO_4^{3-}-P 的影响

如图 2 所示，海藻养殖期间每天所测暂养池里水样 PO_4^{3-}-P 的含量基本呈现下降的趋势，说明海藻对 PO_4^{3-}-P 有很好的吸收效果。红葡萄藻吸收 PO_4^{3-}-P 的效果要比鹿角藻和硬毛藻效率要好。

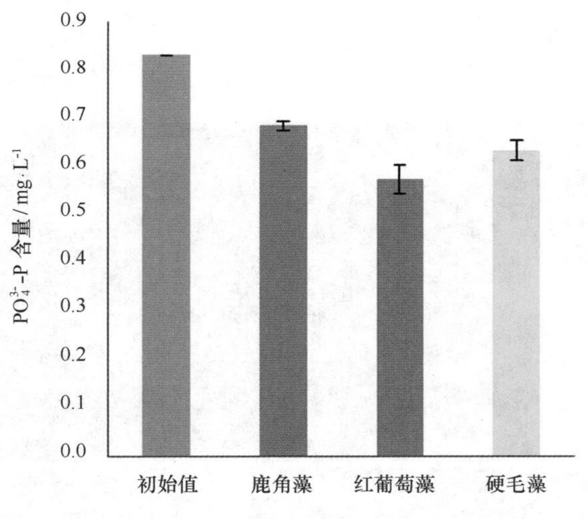

图 2　3 种海藻对 PO_4^{3-}-P 的影响

本试验硬毛藻吸收 NO_3^--N 的效果比鹿角藻和红葡萄藻效率好；红葡萄藻吸收 PO_4^{3-}-P 的效果比鹿角藻和硬毛藻效率好。藻类能够吸收营养盐的同时也要从最基本的角度筛选出相对适宜的藻类。红色系生长缓慢但对磷酸盐的吸收效率高，绿色系生长速率快对硝酸盐的吸收效率高。一般为了更好地控制氮磷比，避免失衡，大多数采取的是混合饲养的方式来控制营养盐。

4　讨论

珊瑚鱼缸氮、磷堆积是影响珊瑚状态和鱼类健康的主要因素之一，采取生物去除营养盐的处理方法是珊瑚饲养水质调节的方向之一。海藻能把环境中的氮、磷作为营养盐吸收以满足自身生长需要，早在 20 世纪 80 年代就有海藻在饥饿状态下对营养盐的高速率吸收的报道[5]。近年来的研究进一步证实了藻处理系统的潜力，特别是其对海水中营养物质氮和磷的去除效果。将藻类引入到海洋馆内既能降低蛋白分离器等水处理设备的负荷，还能丰富展区的展示品种和效果。海藻在海洋生态系统中起着非常重要的作用，其高效吸收与稳定生长特点使之成为构建这种“生态屏障”的基础。通过降低悬浮物和吸收营养物质达到净化水质的目的，同时也改善了水的透明度；为许多种类的动物提供了重要的栖息地、育苗场所和庇护场所；为许多生物提供了重要的食物来源（以碎屑形式）；海藻发达的根系成簇地扎在活石或沙床上，起着固定底质的作用；同时海藻还可以作为良好的可收获天然饵料投入饲养中，通过近几年的饲养发现倒吊类对葡萄藻就特别的喜爱。

由于大型海藻在生长过程中可吸收氮、磷，同化成自身需要的营养成分。当氮、磷营养盐浓度较高时，大型海藻具有储存大量营养盐的能力，是海洋生态系统中重要的氮库和磷库[6]。所以我们在饲养过程中要注意海藻的及时收割和生长状态的观察。有了藻类并不代表不用换水来降低营养盐。当藻类负荷不了营养盐的时候，随之的一些低等藻类就会生产繁衍，而且很快大面积暴发来跟高等藻类竞争“食物”，这样高等藻类将会大量死亡和萎缩，最后影响美观展示的同时，系统也会面临崩溃，如长满红泥的鹿角藻。

Neori 等[7]进行了海藻和鱼类混养试验，结果发现在藻与鱼共养的水体中，通过控制海藻的生物量，在可有效降低营养盐质量浓度的同时，还提高了水体的溶解氧含量，避免鱼类缺氧死亡事件的发生。珊瑚缸内虽然溶解氧不是很容易出问题的水质因素，但是增加海藻过滤，可以通过藻类调节 pH 值的稳定。夜间珊瑚缸关灯后，随着生物的新陈代谢溶解的二氧化碳含量必然会多，伴随着 pH 值自然降低。海藻也是藻类的一种，生长自然也是靠光合作用，通过消耗二氧化碳来稳定了 pH 值，减少了整体珊瑚缸 pH 值的波动。

根据海藻的生理作用，进而发掘其在海洋馆珊瑚鱼缸养殖中的有利作用，进而更好地提高鱼缸的观赏价值是以后的研究方向。例如取代白菜供给食藻生物、减少鱼类长时间人工饲养褪色问题、大型海藻展示缸、海藻分泌物提取治疗疾病等。

附：天津海昌极地海洋公园珊瑚后场内海藻过滤系统槽（图 3）。

图 3 海藻过滤系统槽

参考文献：

[1] 林秋奇，王朝晖，杞桑，等.水网藻（*Hydrodictyon reticulatum*）治理水体富营养化的可行性研究[J].生态学报，2001，2：514-520.
[2] 岳维忠，黄小平，黄良民，等.大型藻类净化养殖水体的初步研究[J].海洋环境科学，2004，22：13-16.
[3] 孙晓燕.不同培养条件下三峡库区几种常见硅藻、绿藻和蓝藻的氮磷营养研究[D].重庆：西南大学，2012：1-30.
[4] Troell M，Halling C，Neori A，et al.Iniegrated mariculture：asking the right questions[J].Aquaeulture，2003，226：69-90.
[5] 马沛明，况琪军，刘国祥，等.底栖藻类对氮磷去除效果研究[J].武汉植物学研究，2005，23（5）：465-469.
[6] 刘健康.生态学文集[M].北京：化学工业出版社，2007.
[7] Neori A，Krom M D，Ellner S P，et al.Seaweed biofilters as regulators of water quality in integratedfish-seaweed culture units[J].Aquaculture，1996，141：183.

利用海藻建立水族箱生态系统的研究

曾小[1]，王森[2]，刘辉[3]，黄丹美[3]，孙立奎[3]，贾建民[3]

（1. 成都海昌极地海洋公园，四川 成都 610213）

摘要：本文将海水生态系统应用于水族箱，研究其中浮游生物、藻类、鱼类等通过生态系统的建立，对于鱼类饲养的作用，对比单一饲养鱼类水族箱与建立生态系统水族箱之间的水质变化与鱼类状况，水质检测结果表明，建立生态系统后的水族箱各项非益指标明显低于单一缸体，并能长期处在稳定值内，比之单一缸体，生物状况更加稳定。

关键词：生态系统；海藻；水族箱

1 引言

目前大部分水族箱系统都需要人工精心维护，一套稳定的水族箱生态系统，可以省去很多维护时间和费用成本，建立一个稳定、科学的生态系统非常有必要[1]。水族箱生态系统属于半封闭人工生态系统，其系统由生物群落和环境条件两部分组成，其中生物群落包括生产者（藻类和水草）、消费者（观赏鱼类）、分解者（细菌和某些原生动物）[2]。

自然生态系统中，影响藻类生长的因素包括生物因素和非生物因素，如光照、温度、盐度、pH等[3]。水族箱中，影响藻类生长的除了以上因子外，人为因素也是一个重要因素[4]，在人工建立生态系统的过程中，人工海水中所缺乏的营养元素及微量元素等，需要以定期添加的方式来补足，并在尽可能模拟自然生态系统的同时，在局部，给予如光照、水流等适度优化。

2 材料与方法

水族箱采用 1 cm 厚钢化玻璃，缸体规格见表 1。

表 1　缸体数据表

缸体	长/cm	宽/cm	高/cm
展缸	150	60	80
重力沙滤缸	120	40	30

展缸与重力沙滤缸体间用 PVC 管道连接，通过重力泵完成水的循环，在长 150 cm 缸内安装造浪泵产生水流，人工海水使用珊瑚礁盐（25 kg/750 L，30‰）。

本实验为对比实验，通过检测前后水质数据，对比差异做出判定，水质检测为每周 1 次，数据从 2014 年 9 月 26 日至 2015 年 5 月 23 日，检测指标包括盐度、pH、总氨以及亚硝酸盐浓度等[1]。

作者简介：曾小（1987—），男，四川省成都市人。E-mail：280001156@ qq. com

3　系统配置

3.1　过滤系统

本次实验过滤系统为：展缸里的水以溢流方式进入过滤槽，经生化、重力过滤后（滤材为珊瑚砂、滤棉等）进入蛋白分离器，再由重力泵将一部分水分流至冷暖机，另一部分水到后场水草培育缸后再到冷暖机，最后回到展缸（图1）。

图1　重力过滤槽

3.2　温控系统

水草生长适宜水温为22~24℃，为此，每个缸体采用功率为1HP的HC-1000BH型冷暖机，温度设置区间为23~24℃，±0.5℃。

3.3　照明系统

不同种类的水草对光照的需求量不一样，对光波和光谱区段需求也有所不同，但所有的水草生长都需要达到“光补偿点”[5]的最低要求，因金卤灯高光效，且穿透性强，适合用于水体深的水族箱[3]，本次水草缸照明采用70 W金卤灯，珊瑚、海葵及鱼类饲养采用75 W荧光灯与蓝光灯。

4　饲养情况

4.1　普通饲养模式（图2）

最常见的单一缸体饲养模式，即在水族箱内饲养单一品种，通过测定其水质数据，与建立生态系统的水族箱做对比，其缸内的pH、总氨、亚硝盐等有无变化。设定3个单一缸饲养生物，科普1号缸为鹿角藻（*Pelvetia siliguosa*）缸；科普2号为羽毛藻（*Caulerpa* sp.）缸、配养地毯海葵（*Stichodactyla mertensii*）、羽毛星（*Himerometra* sp.）等，并与双带小丑（*Amphiprion clarkii*）、红小丑（*Amphiprion frenatus*）同缸饲养；科普3号缸为珊瑚缸，饲养钮扣珊瑚（*Palythoa* sp.）、手指珊瑚（*Porites Compressa*）、香菇珊瑚（*Discosoma* sp.）等珊瑚品种，配以黄尾蓝魔（*Chrysiptera parasema*）、蓝倒吊（*Paracanthurus hepatus*）等（普通饲养模式下的展示效果，如图3、图4、图5）。

4.1.1　海藻缸

科普1号、2号缸中主要饲养鹿角藻和羽毛藻，海藻不仅具有较强的观赏性，还有天然滤材的作用，不仅如此，海藻还可以作为某些鱼类的饵料。建立海藻缸的目的，一是拟丰富展示品种、提高展缸的观赏性，二是拟通过系统并联形成一个微生态平衡系统，保证水质长期稳定、生物健康、提高成活率。

图 2　单一缸体水的循环

图 3　普通饲养模式下的科普 1 号缸鹿角藻状态

图 4　普通饲养模式下的科普 2 号缸生物状态

图 5　普通饲养模式下的科普 3 号缸生物状态

4.1.2　鱼类与珊瑚海葵

在科普 2 号与科普 3 号两个生物缸中用海水浸泡过的珊瑚石摆放造景，为其建立良好的饲养环境并补充钙质，科普 2 号缸饲养小丑和海葵（*Sea anemone*），少量羽毛星（*Himerometra* sp.）与千手佛（*Cerianthus membranaceus*）；科普 3 号缸主要为珊瑚，有少量海苹果（*Pseudocolochirus* sp.）与黄尾蓝魔（*Chrysiptera parasema*），饲养期间保持每周检测 1 次水质，定期换水并清洗滤材，观察生物生长情况并做出记录。

4.2 建立生态系统饲养

从图6中可看出：在原来3个展缸系统的基础上在后场建立一个水草培育缸（图7），在循环管道上分流并与科普1、2、3号缸管道并联，使展缸在自身重力循环的基础上增加了在较大容积培育缸中的水流交换，加大了水的交换面积和提高水质净化能力，最后回到3个展缸，同时在后场主要培育羽毛藻和红葡萄藻（*Botryocladia* sp.）。

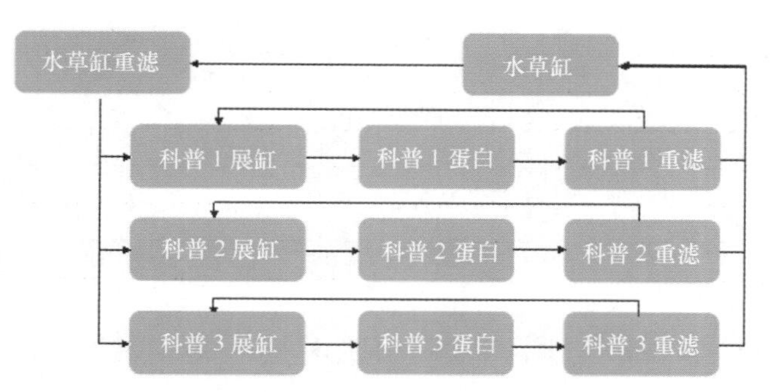

图6 水族箱生态系统水流的循环

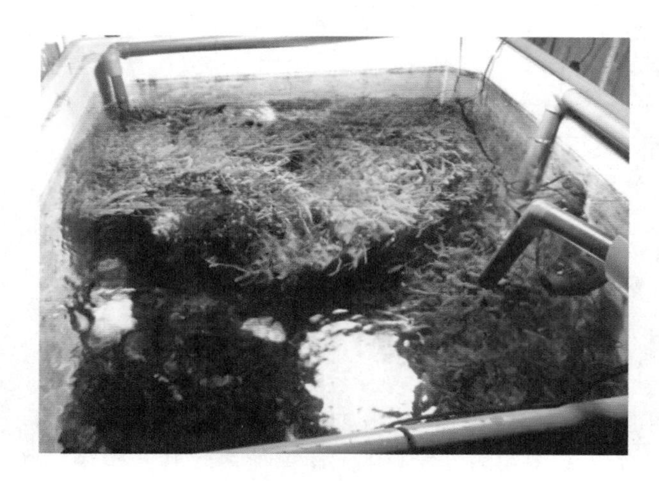

图7 后场水草培育缸

图8 科普1、2、3号缸与后场水草培育缸并联的系统

建立后场水草培育缸并与其他缸连接的目的，是为了与之前每个缸独立饲养做出对比，通过对水质检测数据的分析，判定通过海草建立水体循环系统对水质的改良作用，所用水草品种见表2。

表2 海藻品种比例搭配

品种	分类	使用比例/%	生长效果
鹿角藻 *Pelvetia siliguosa*	褐藻门	45	快
羽毛藻 *Caulerpa* sp.	绿藻门	35	中
红葡萄藻 *Botryocladia* sp.	红藻门	20	中

后场水草培育缸于2015年1月建成，与科普1号、2号、3号缸共建生态循环平衡系统。

4.3　实验结果与数据分析

水质检测数据如图 9 所示，其中 2014 年所测数据为 3 个缸体各自单独循环时的水质数据。2015 年 1 月开始至 2015 年 5 月所测数据，为 3 个缸加入水草缸共同循环后所测得数据，所测的参考指标主要为盐度、pH、总氨含量与亚硝酸浓度。

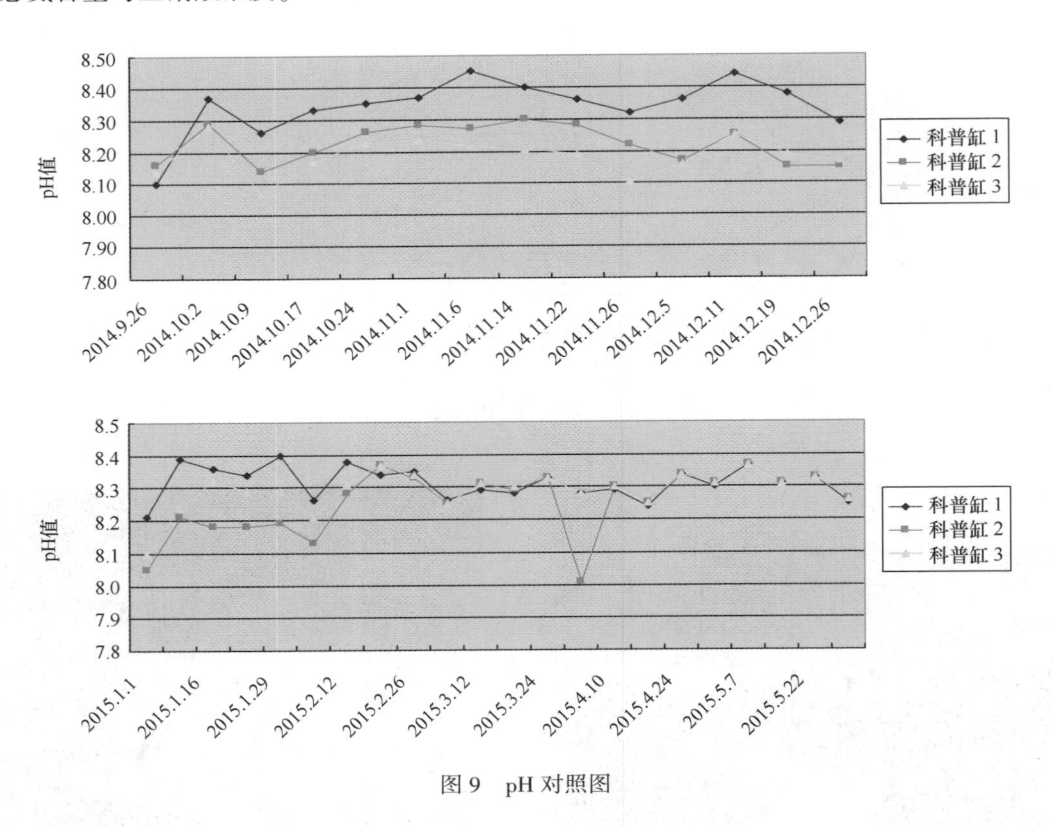

图 9　pH 对照图

从图 9 可以看出，2014 年，除第一个月建缸初期的不稳定外，科普 1 号缸 pH 主要在 8.3~8.5 区间内，科普 2、3 号缸主要在 8.1~8.3 区间内，从 2015 年 2 月中旬后 3 个展缸 pH 保持一致并基本稳定在 8.3 左右。

从图 10、图 11 可以看出最初饲养时水体的总氨含量特别高，最高时达 0.4 mg/L，是标准值的 20 倍，饲养一段时间后，特别是科普 1 号缸总氨明显下降。由于藻类能很好的将氨氮转化为自身的养料，水体中氨氮含量下降。2014 年亚硝酸盐的含量很高，一度达到 0.07 mg/L，远远超标；硝酸盐含量 50~60 mg/L，经历 2 个月后下降，但不够稳定；在 2015 年总氨有一次超标而亚硝酸盐无超标现象（总氨低于 0.05 mg/L，亚硝酸盐低于 0.02 mg/L）；硝酸盐含量较低，维持在 12.5~25 mg/L。海藻将水体中的总氨亚硝酸盐和硝酸盐有效利用后，也有助于自身生长与水质的改善。

在光照、水流、温度、盐度保持相对恒定的情况下，根据所测的水质数据与生物生长状况和稳定状态，判定优化后的生态系统所起到的巨大作用[7]，达到了我们预期的工作目的，丰富了展示品种、提高了展示效果，建立了一个持续、稳定的微生态平衡系统，降低了人工维护成本、生物健康生长（优化、建立生态系统饲养后的生物状态，如图 12、图 13、图 14）。

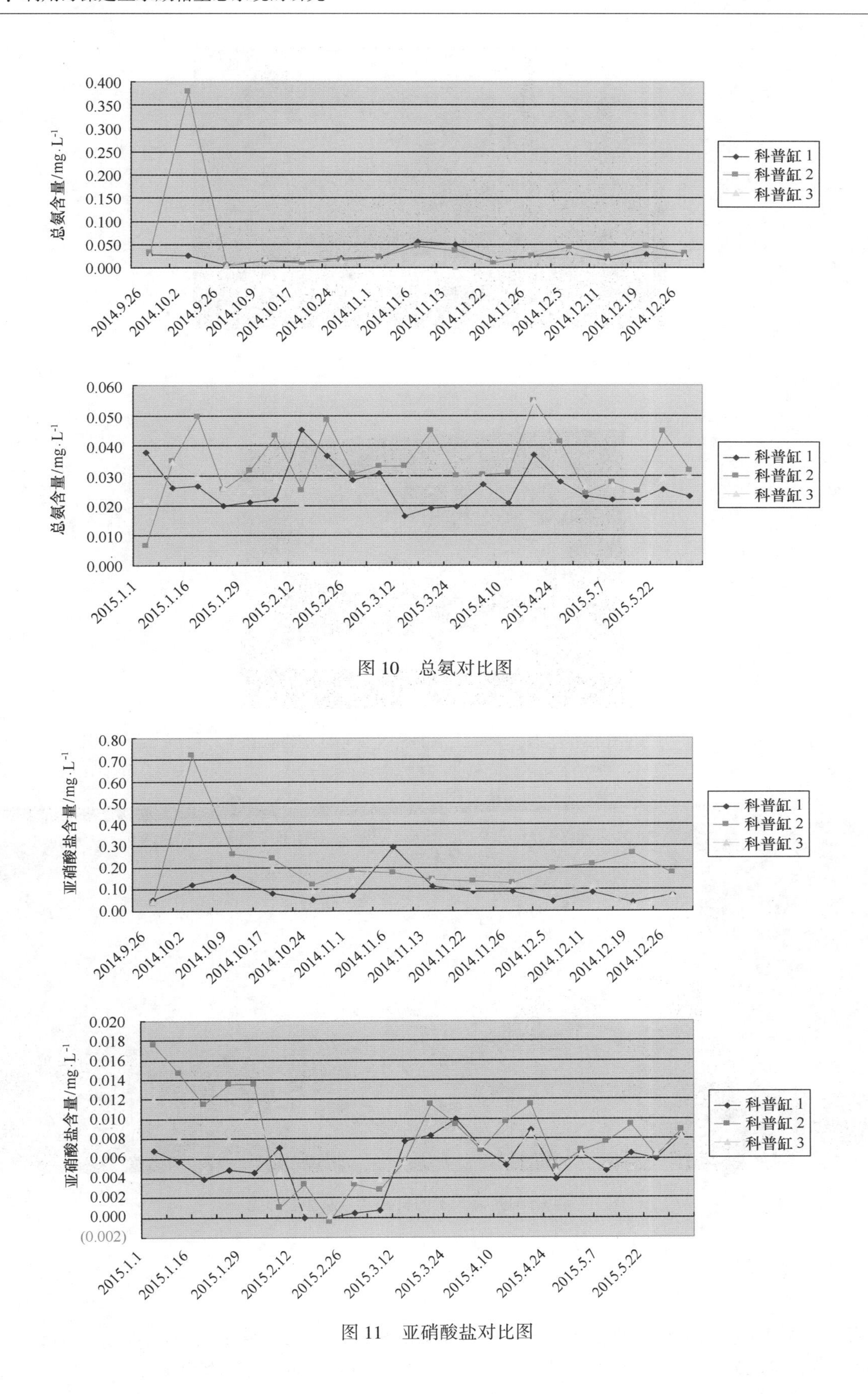

图 10　总氨对比图

图 11　亚硝酸盐对比图

图 12 生态饲养模式下的科普 1 号缸鹿角藻状态

图 13 生态饲养模式下的科普 2 号缸生物状态

图 14 生态饲养模式下的科普 3 号缸生物状态

5 讨论

本实验运用物理、化学及生物过滤方法，效果较好，展缸与重力沙滤缸的分层结构，不仅减少占地面积，减低成本，也起到了很好的充氧效果，各个展缸之间既可独立成单个系统循环，亦可相互连接，成为一个整体[7]；整个系统采用的恒温冷暖机在控制温度上杜绝了水温对生物的影响，采用灯光控制模拟天然光照，不仅给海藻光合作用提供足够光谱宽度，还增加了观赏性[8]；整个系统具有极强的操作性，对于海藻方面的实验相对有利。

5.1 海藻饲养

建缸初期科普 1 号缸与水草缸初期都有硅藻大量附着的情况，在人工除藻一到两周后水缸中出现食藻螺，之后海藻得以健康生长，但大部分光照被鹿角藻利用，鹿角藻长势良好，羽毛藻与葡萄藻长势不佳，之后重点关注羽毛藻和葡萄藻，对其积极分离饲养，抑制鹿角藻，使之加速生长。由于海藻所需钙镁含量较高，在开始饲养时便添加钙试剂，最先钙含量添加为 5 mL，实际测得钙含量为 360 mg/L，2015 年 4 月增加钙含量为 6 mL，实际测得钙含量为 400~440 mg/L；红葡萄球藻需要铁元素才能很好的生长，对红葡萄球藻添加 3 g $FeSO_4$ 配比同等量的柠檬酸钠，2015 年 2 月之前红葡萄球藻总数较少，生长较慢，所测得 Fe^{2+} 含量为 0.1 mg/L，2 月中旬进行单独饲养红葡萄球藻数量较多，3 g $FeSO_4$ 已无法满足红葡萄球藻的生长，将 $FeSO_4$ 含量增加至 4 g，眼观红葡萄球藻长势良好，颜色鲜艳，5 月复测 Fe^{2+} 含量为 0.1 mg/L，达到饲养要求。

5.2 系统稳定性

实验构建的生态系统，配置大量的海藻，达到整个系统的 50%。海藻从水体中吸收氮磷等物质，减少动物排泄及饵料残渣产生的营养负荷，并通过光合作用释放氧气，为系统提供溶解氧，此外，生长过多的海藻还可以作为鱼类的饵料。系统建立中后期，水质明显改善，4 个展缸充分体现了物种的多样性，珊瑚石中自行出现的虾蟹不仅可以摄食残饵，还可以疏松底层珊瑚砂；珊瑚石上的微生物繁殖对水体系统稳定有一定的生物过滤作用；养在科普 2 号缸的小丑鱼于 2015 年 4 月底配对产卵，小丑鱼的产卵孵化进一步证明了系统的稳定性，已达到生物生长繁殖的需求。

海水水族箱生态系统的建立，从其设计构建到系统稳定，在初期需要精心维护，补充缺失环节的不利因素，当微生物达到足以维持整个系统时，系统才会逐步稳定，减少人力资源，本实验建立海水生态系统主要以观赏性生物为主，为家庭水族箱，水生物展示提供一定的参考。

参考文献：

[1] 宋芝蔓，林逸涛，张翠桔，等.室内观赏鱼池净化生态系统的构建[J].安徽农业科学，2015，43(5)：117-121.
[2] Tom Whilt.海藻饲养随笔谈[J].水族世界，2010，3：102-120.
[3] 李鲜鲜，何文辉，董占营，等.模拟海洋生态系统-海水水族箱的建立及运行效果[G].中国环境科学学会学术年会论文集，2013：6065-6071.
[4] 图立红，李春林.海水水族箱系统微生物生态平衡的初步研究[J].首都师范大学学报：自然科学版，1996，17(1)：78-84.
[5] 郑伟，石洪华，王宗灵，等.海水养殖区生态系统健康评价指标体系与研究[J].海洋开发与管理，2012，11：76-79.
[6] FISH 娃娃.水草水族箱器材浅谈[J].水族世界，2005，4：31-35.
[7] 李鲜鲜，何文辉，彭自然，等.海水水族箱生态系统的构建及运行稳定性[J].上海海洋大学学报，2014，9：758-764.
[8] 郭志泰.观赏水草的培植及造景技术[J].水产科技情报，2007，34(1)：33-35.

东印度洋可培养细菌的分离鉴定及多样性分析

尹康宇[1,2]，鲁小曼[1,3]，杜光迅[1,2]，曲凌云[1,2*]

（1. 国家海洋局第一海洋研究所，山东 青岛 266061；2. 国家海洋局海洋生态环境科学与工程重点实验室，山东 青岛 266061；3. 浙江海洋大学 海洋科学与技术学院 国家海洋设施养殖工程技术研究中心，浙江 舟山 316022）

摘要：利用 2216E 培养基对东印度洋海水中可培养细菌进行分离纯化，并利用 16S rRNA 基因对获得的可培养细菌进行分子鉴定和多样性分析。根据菌落形态特征，从东印度洋 10 个站点 6 个水层的海水样品中分离获得 307 株细菌，基于 16S rRNA 基因的分析结果显示，获得的细菌分属于 4 个类群：变形菌门（Proteobacteria）、厚壁菌门（Firmicutes）、放线菌门（Actinobacteria）、拟杆菌门（Bacteroidetes），代表 22 个属 34 个种。其中 *Alteromonas* 为优势菌属，占 26.38%，其次是 *Vibrio* 属和 *Halomonas* 属，各占 15.64%和 12.70%。研究结果表明，不同水层可培养细菌的群落结构有所不同。由此可见，不同的生境成就了生境中独特的微生物类群。

关键词：东印度洋；可培养细菌；多样性；分子鉴定

1 引言

海洋微生物提供了地球上近一半的初级生产力[1]，浮游细菌作为海洋生态系统的主要成员之一，参与和推动了碳、氮、磷等各种生源要素的循环。对浮游细菌结构和功能的理解对于阐明其群落与其生境的相互关系，揭示群落结构与功能的联系等具有重要意义[2]。随着分子生物学方法的发展，基于 16S rRNA 基因分析的 PCR-DGGE 分析，高通量测序技术等被越来越多地用于海洋浮游细菌的研究，使我们对浮游细菌多样性、系统发育和分布范围有了全新的认识[3-4]。但活菌的纯培养技术在验证微生物功能，发掘产酶菌株资源等方面仍有不可替代的作用[5-6]。

印度洋是世界第三大洋，受亚欧大陆阻隔，具有独特的季风气候，其内部洋流包括有西南或东北季风漂流、东印度沿岸流以及南赤道逆流或潜流等。Jagadeesan 等[7]对印度东南岸的曼纳湾及保克海峡的研究表明环流会对中型浮游动物的群落结构产生影响，薛冰等在赤道印度洋发现环流也对浮游植物群落结构产生影响[8]。浮游细菌作为上层海水中生物的主要成员，其群落结构和生态功能也将随洋流呈现其独有的特点。孙佳发现印度洋水体细菌平均丰度达到 20.29×10^7 cells/L，且细菌生物量随深度增加而减少，生物量最高出现在表层以下的真光层[9]，其具体群落结构有待进一步研究。但目前对印度洋细菌群落结构，尤其可培养细菌的研究，主要是针对一些具有特定功能细菌及沉积物中细菌多样性的研究[10-12]，关于印度洋浅层水物种丰富度及数量分布的报道较少。

本实验对东印度洋不同水深的海水样品进行可培养微生物的分离纯化，利用 16S rRNA 对获得的菌株进行多样性的初步分析，并对细菌的种类组成和数量分布进行了分析，为进一步了解印度洋可培养细菌的多样性提供帮助，也对进一步研究东印度洋中浮游细菌的生态功能具有一定的意义。

基金项目：青岛海洋科学与技术国家实验室鳌山科技创新计划项目（2016ASKJ14）。

作者简介：尹康宇（1996—），女，山东省临沂市人。E-mail：yinkangyu0801@126.com，2421895322@qq.com

＊**通信作者：**曲凌云，主要研究方向为海洋微生物。E-mail：qly@fio.org.cn

2 材料与方法

2.1 菌株分离纯化

实验菌种来自东印度洋 10 个站点 6 个水层（0 m，30 m，75 m，100 m，150 m，300 m）的海水样品。采集水样后立即采用梯度稀释法将海水样品稀释到合适浓度，取 100 μL 样品涂布于 2216E 平板上，将平板置于适宜温度下培养 3~7 d，根据菌落形态特征，挑取不同单菌落连续纯化两次，用棉棒将纯培养物保藏至含有 30%（体积比）甘油的 2216E 液体培养基中，于-80℃保存。纯化好的菌株带回实验室进行鉴定分析。

2.2 培养基

（1）2216E 固体培养基：海水 1 L；胰蛋白胨 10 g；酵母提取物 5 g；琼脂 20 g，121℃，15 min 灭菌。

（2）2216E 液体培养基：海水 1 L；胰蛋白胨 10 g；酵母提取物 5 g，121℃，15 min 灭菌。

2.3 16S rRNA 基因扩增及序列分析

模板的获取：采用细菌 DNA 提取试剂盒（OMEGA D3350-01）进行菌株 DNA 的提取。PCR 扩增所用引物为 16S rRNA 基因通用引物：27F（5′-AGAGTTTGATCCTGGCTCAG-3′）和 1492R（5′-GGTTACCT-TGTTACGACTT-3′）。反应体系为 60 μL：10 μmol/L 的引物 27F 和 1492R 各 3 μL，DNA 模板 3 μL，2× Taq mix 30 μL，无菌水补足至 60 μL。反应条件为：95℃ 5 min，94℃ 45 s，55℃ 45 s，72℃ 90 s，34 个循环，72℃ 10 min。所得 PCR 产物送至上海生工公司测序。

将所测的菌种的 16S rRNA 基因扩增序列通过 EzBio Cloud 数据库进行比对。一般认为，16S rRNA 序列同源性大于 98%，可以认为属于同一个种：同源性小于 98%，可以认为属于不同的种；小于 95%可以认为属于不同的属[13]。将获得的 16S rRNA 基因序列提交到 GenBank 进行序列号的注册。

2.4 系统进化分析

将菌株经 16S rRNA 基因扩增得到了的序列，通过 EzBio Cloud 数据库进行比对，选取相似度最高的基因序列，通过 MAGA6.0[14] 软件采用邻位相接法[15]（Neighbour-joining）建立系统发育树，进行菌株的聚类及系统发育分析。

3 结果与分析

3.1 样品菌株的分离纯化及鉴定

采用 2216E 培养基从东印度洋海水样品中获得细菌菌株 319 株，其中 307 株获得有效 16S rRNA 基因序列。将获得的菌株的 16S rRNA 基因序列通过 EzBio Cloud 数据库进行比对，发现所获得的细菌的 16S rRNA 基因序列与模式菌株的序列相似度很高，这些细菌分属于 4 个门的 22 个属 34 个种（表 1）。

表 1 34 种细菌的 16S rRNA 基因序列 EzBio cloud 比对结果

菌株号	相似物种	菌株数	最高相似度/%	序列登录号
InS-073-1	*Alteromonas macleodii* ATCC 27126（T）	60	99.93	MF070531
InS-290	*Vibrio neocaledonicus* NC470（T）	48	99.93	KY964235
InS-247	*Halomonas axialensis* Althf1（T）	30	100	MF070527
InS-133	*Alteromonas gracilis* 9a2（T）	20	99.71	KY964257

续表

菌株号	相似物种	菌株数	最高相似度/%	序列登录号
InS-264	*Ruegeria mobilis* NBRC 101030（T）	17	100	MF070517
InS-116-1	*Pseudoalteromonas shioyasakiensis* SE3（T）	15	99. 93	MF070521
InS-146	*Marinobacter hydrocarbonoclasticus* ATCC 49840（T）	14	99. 96	KY964248
InS-045	*Pseudomonas aestusnigri* VGXO14（T）	11	99. 93	MF070520
InS-219	*Sulfitobacter dubius* KMM 3554（T）	10	99. 55	KY964265
InS-251	*Halomonas aquamarina* DSM 30161（T）	9	99. 93	MF070528
InS-300-1	*Erythrobacter flavus* SW-46（T）	8	100	MF070529
InS-029	*Sulfitobacter faviae* S5-53（T）	7	99. 55	KY964266
InS-018	*Myroides pelagicus* SM1（T）	7	100	KY964246
InS-107	*Providencia vermicola* OP1（T）	6	99. 82	KY964242
InS-030-1	*Oceanobacillus iheyensis* HTE831（T）	6	100	MF070524
InS-079-1	*Erythrobacter citreus* RE35F/1（T）	5	100	MF070530
InS-292	*Psychrobacter celer* SW-238（T）	4	99. 63	MF070519
InS-168-1	*Oceanobacillus kimchii* X50（T）	4	100	MF070523
InS-005	*Morganella morganii subsp. sibonii* DSM 14850（T）	4	100	MF070526
InS-274	*Providencia rettgeri* DSM 4542（T）	3	99. 33	KY964269
InS-032-1	*Nautella italica* CECT 7645（T）	3	100	MF070525
InS-169-1	*Aerococcus urinaeequi* IFO 12173	3	100	MF070533
InS-105-1	*Ruegeria mobilis* DSM 23403（T）	2	100	MF070518
InS-282-1	*Staphylococcus epidermidis* ATCC 14990（T）	1	99. 52	MF070515
InS-021-1	*Staphylococcus cohnii subsp. urealyticus* ATCC 49330（T）	1	100	MF070516
InS-104	*Klebsiella singaporensis* LX3（T）	1	99. 21	KY964268
InS-314-1	*Aestuariibacter aggregatus* WH169（T）	1	99. 4	MF070532
InS-295	*Bacillus velezensis* CR-502（T）	1	99. 5	KY964255
InS-235	*Alteromonas marina* SW-47（T）	1	99. 1	KY964256
InS-171	*Marinobacter vinifirmus* FB1（T）	1	99. 1	KY964247
InS-077	*Marinobacter flavimaris* SW-145（T）	1	99. 38	KY964249
InS-100	*Kocuria assamensis* S9-65（T）	1	99. 72	KY964250
InS-103-1	*Pseudoalteromonas ruthenica* KMM 300（T）	1	99. 49	MF070522
InS-001	*Proteus penneri* NCTC 12737（T）	1	99. 12	KY964243

3.2 样品菌株的种群分布

根据分离的菌株得到的鉴定结果，对属种的数量进行了统计，图1表示各属的细菌数量比例分布，交替单胞菌属（*Alteromonas*）数量最多，81株，占26.38%；其次是弧菌属（*Vibrio*），48株，占15.64%；盐单细胞菌属（*Halomonas*），39株，占12.70%；鲁杰氏菌属（*Ruegeria*）、亚硫酸盐杆菌属（*Sulfitobacter*）、*Pseudoalteromonas*、海杆菌属（*Marinobacter*）、赤杆菌属（*Erythrobacter*）、假单细胞菌属（*Pseudomonas*）、海洋芽胞杆菌属（*Oceanobacillus*）、普罗维登菌属（*Providencia*）各有19、17、16、16、13、11、10、9株；类香味菌属（*Myroides*）、摩根氏菌属（*Morganella*）、冷杆菌属（*Psychrobacter*）、*Nautella*、气球菌属（*Aerococcus*）、葡萄球菌属（*Staphylococcus*）各有7、4、4、3、3、2株；变形杆菌属

(*Proteus*)、考克氏菌属（*Kocuria*)、克雷伯氏菌属（*Klebsiella*)、芽孢杆菌属（*Bacillus*)、*Aestuariibacter* 各有 1 株。图 2 表示各属的细菌种类数量比例，*Alteromonas* 和 *Marinobacter* 各有 3 种；*Halomonas*、*Ruegeria*、*Sulfitobacter*、*Pseudoalteromonas*、*Oceanobacillus*、*Staphylococcus*、*Erythrobacter*、*Providencia* 各有 2 种；剩下的菌属各有 1 种。

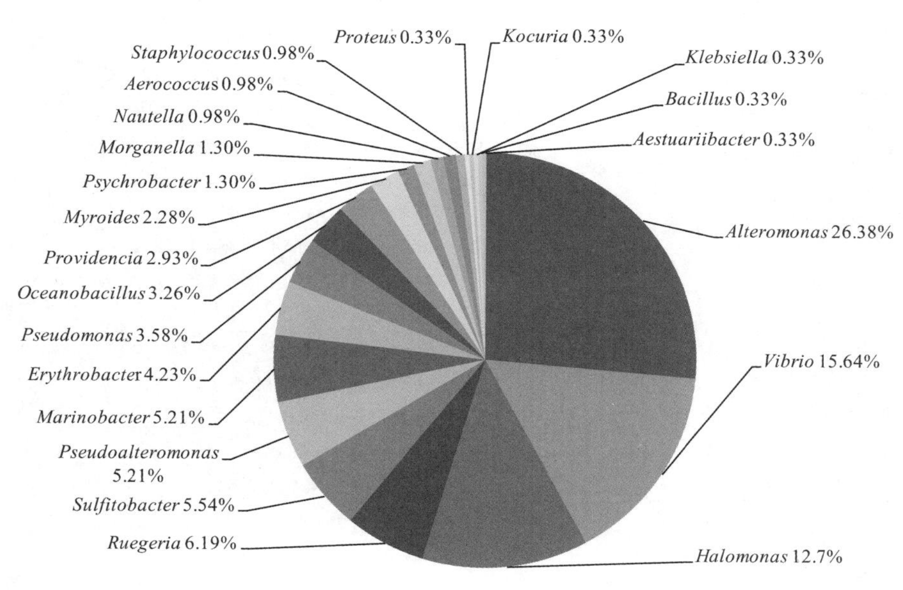

图 1 各属细菌数量比例图

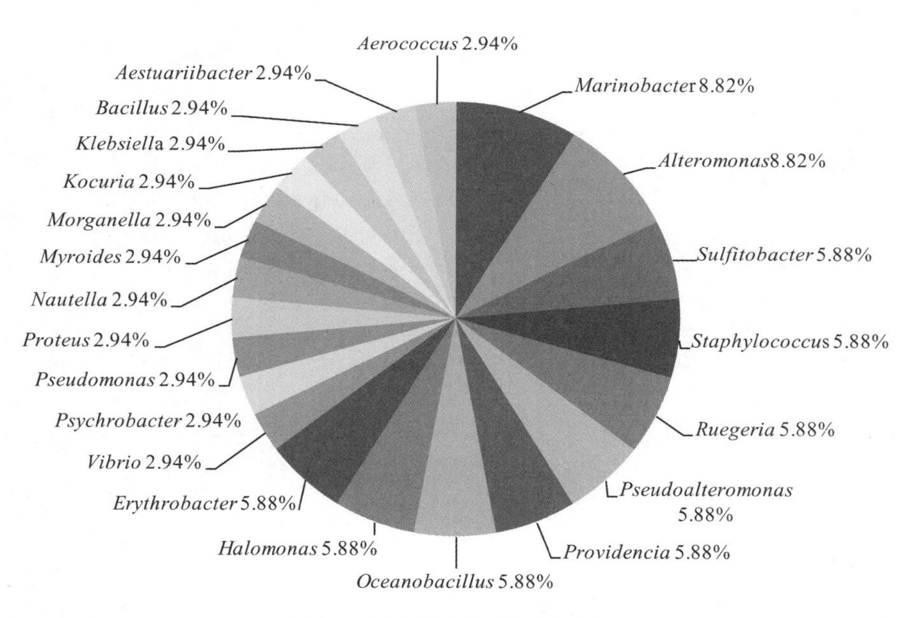

图 2 各属细菌种类数量比例图

3.3 样品菌株的 16S rRNA 系统发育分析

根据获得的菌株 16S rRNA 基因序列比对结果，对 34 种不同的细菌构建系统发育树（图 3）。系统进化分析显示 34 种细菌聚类于变形菌门（Proteobacteria）、厚壁菌门（Firmicutes）、放线菌门（Actinobacteria）、拟杆菌门（Bacteroidetes）。

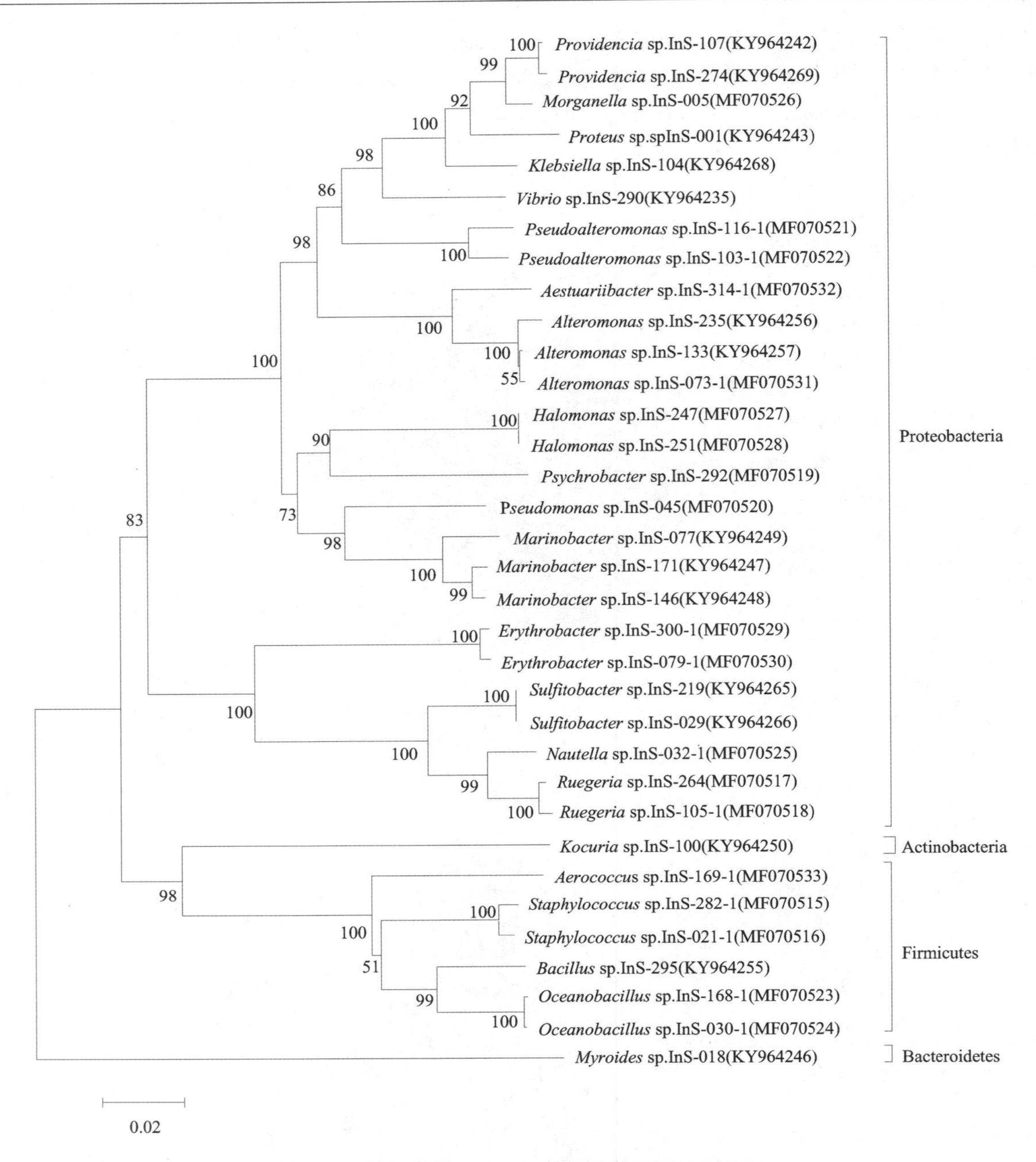

图 3　34 种细菌的 16S rRNA 基因序列系统发育分析

3.3.1　变形菌门（Proteobacteria）

该类群中共发现 16 个属，26 个种，占所有菌株数量的 92.17%，均分布在 α-Proteobacteria 和 γ-Proteobacteria 两个亚纲，比例分别为 16.94%和 75.23%。在多种海洋环境微生物多样性研究中变形菌门均为优势类群[16]，本研究海域海水中可培养细菌的优势类群也为变形菌门细菌。

α-Proteobacteria 很少在海洋沉积环境中发现[17-18]，以 α-Proteobacteria 类群中的赤杆菌属（*Erythrobacter*）为例，赤杆菌属是兼性异养细菌，能够进行光合作用，是海洋环境中的生产者[19]。目前，主要从浅层海水分离获得赤杆菌并发现其新物种。本研究在印度洋上层水也分离获得了 2 种赤杆菌。

γ-Proteobacteria 是浅层水域中的优势类群，该类群中包括一些具有特殊性能的细菌。一般在大洋中发现的可培养菌株优势属为 γ-Proteobacteria 中的 *Alteromonas* 和 *Pseudomonas* 属[20]。在本研究中，*Pseudo-*

monas 数量反而少于 *Vibrio* 和 *Halomonas*，其原因应进一步探究。另外在不同站位不同水深中，共发现 48 株 *Vibrio*，*Vibrio* 属细菌具有较多的实现基因转移的遗传因子，能够附着在营养源上或者在营养源之间移动[21]，一般广泛分布于河口、海湾、近岸海域的海水和海洋动物体内，在该海域发现数量较多的 *Vibrio*，可能与该地区海水中的营养物质组成有关。

3.3.2 厚壁菌门（Firmicutes）、放线菌门（Actinobacteria）和拟杆菌门（Bacteroidetes）

厚壁菌门类群中共发现 4 个属，6 个种，占所有菌株数量的 5.22%。厚壁菌门细菌细胞壁含肽聚糖量高，细胞壁厚 10~50 nm，革兰氏染色反应阳性，可以抵抗极端环境。在大洋沉积物样品中，厚壁菌门细菌占可培养细菌比列较高，但在海水尤其上层海水，其所占比例比较低[20,22]。

放线菌门类群只发现一株考克氏菌属（*Kocuria*）。放线菌在海水和陆地上都存在，因此还不能确定海洋放线菌最初来自海洋还是陆地，只有 *Dietzia maris* 和 *Rhodocous marinonascens* 被确定来自于海洋[23]。放线菌与人类的生产和生活密切相关，约 70%的抗生素抗生素是各种放线菌所产生，放线菌营养方式为腐生可以分解许多有机物[24]。据报道，至 2013 年，放线菌共有 Actinobacteria 等 5 个亚纲，14 个目及 43 个科[25]。加强对海洋来源放线菌的分离筛选有助于发现新的抗生素来源。

拟杆菌门类群只发现 7 株黄杆菌纲（Flavobacteriia）的类香味菌属（*Myroides*）细菌，该属细菌主要存在于浅层水域环境中，在南冰洋表层海水中发现有 72%的细菌属于该类群[26]。目前对于拟杆菌们的深入研究较少，对于该类群的研究方法有待进一步改进和完善。

3.4 不同深度的细菌多样性分析

根据水层特点，本研究将采样深度分为 3 类：A，0~30 m 为混合层；B，75~100 m 为次表层水中叶绿素最大值水层；C，150~300 m 为表层水中的深水层，该区域光照极低。这 3 类水层分离得到的菌株数分别为 70、63、174，属的种类数目依次为 22、18、26，种的数量依次为 26、23、38。图 4 显示了 3 个深度区域样品中 4 个细菌类群所占的比例，明显可以看出比例最大类群的是 Proteobacteria，它在 3 个区域深度所占的比例分别是 91.43%、93.65%、91.38%，其中 α-Proteobacteria 和 γ-Proteobacteria 所占比例依次是 17.14%、14.29%、17.82%和 74.29%、79.37%、73.56%。在 0~30 m 深度区域内 *Vibrio* 是优势菌属，在 150~300 m 深度区域内 *Alteromonas* 是优势菌属。Firmicutes、Bacteroidetes 和 Actinobacteria 类群在各个深度区域内所占比例均不超过 10%，但 Firmicutes 在在 150~300 m 深度区域内分布明显高于 100 m 以浅的水域，而 Bacteroidetes 在 100 m 以浅的水域分布要高于 150~300 m 深度区域。

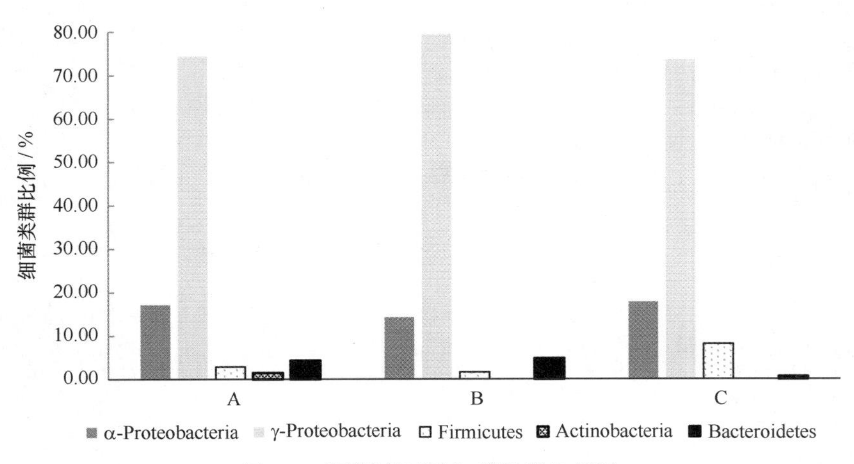

图 4 不同深度区域细菌类群比例图

A：0~30 m；B：75~100 m；C：150~300 m

4 结论

近年来分子生物学技术的发展及其在微生物多样性调查中的应用不断拓宽了人们对海洋中微生物群落和结构的认识，但纯培养仍然是对微生物生理特性和生态功能进行深入分析的基础之一，因此菌株的分离纯化一直受到微生物学家的高度重视。在微生物培养过程中，许多种类的微生物由于数量占优势或生长速度较快等原因，在培养初期大量生长，使数量较少、生长速度较慢的物种较难被发现。本研究采用常规培养基和涂布培养方式从东印度洋的 10 个站位不同水深采取海水样品，最终得到了 307 株细菌的基因序列。做为常规调查方式，这种方式虽然部分保证了不同实验室间实验数据的可比性，但在工作量有限的情况下，不利于发现新物种的存在。本研究未发现新物种的存在，可能就与此有关。研究表明[27]，在基于 16 S rRNA 基因序列的分析上，海洋细菌的培养方法在逐步改进。近年以来，通过稀释培养法、高通量培养法使海洋细菌的可培养比例不断升高，因此，在今后的研究中应加以借鉴使用。

在本研究中，同多数自然海水样品相似，细菌群落结构中的优势菌为变形菌门细菌，而一些主要存在于浅层水域环境中的细菌比如黄杆菌纲细菌也在本研究的目标海域存在。另外不同水层由于温度、营养物质等环境条件的不同，会显著影响分布于其中的微生物。本研究中 *Vibrio*、*Alteromonas*、Firmicutes 和 Bacteroidetes 的分布特点反映了生态环境对微生物分布的影响，反过来，也暗示不同微生物对环境的适应。

参考文献：

[1] Azam F, Worden A Z.Microbes, molecules, and marine Ecosystems[J].Science, 2004, 303(5664): 1622-1624.

[2] 车玉伶，王慧，胡洪营，等.微生物群落结构和多样性解析技术研究进展[J].生态环境学报，2005，14(1)：127-133.

[3] 白洁，刘小沙，侯瑞，等.南海南部海域浮游细菌群落特征及影响因素研究[J].中国环境科学，2014，34(11)：2950-2957.

[4] Yung P Y, Burke C, Lewis M, et al.Novel Antibacterial Proteins from the Microbial Communities Associated with the Sponge Cymbastela concentrica and the Green Alga Ulva australis[J].Applied & Environmental Microbiology, 2011, 77(4): 1512-1515.

[5] 林梦丹，王国增，叶秀云，等.产 α-淀粉酶海洋微生物的筛选及酶学性质研究[J].中国食品学报，2017，17(2)：77-84.

[6] Dipasquale L, Romano I, Picariello G, et al.Characterization of a native cellulase activity from an anaerobic thermophilic hydrogen-producing bacterium *Thermosipho* sp.strain 3[J].Annals of Microbiology, 2014, 64(4): 1493-1503.

[7] Jagadeesan L, Jyothibabu R, Anjusha A, et al.Ocean currents structuring the mesozooplankton in the Gulf of Mannar and the Palk Bay, southeast coast of India[J].Progress in Oceanography, 2013, 110(3): 27-48.

[8] 薛冰，孙军，丁昌玲，等.2014 年春季季风间期东印度洋赤道及其邻近海域硅藻群落[J].海洋学报，2016，38(2)：112-120.

[9] 孙佳.大西洋、太平洋和印度洋微生物数量、生物量、多样性及其生态特征[D].厦门：国家海洋局第三海洋研究所，2008.

[10] 袁军.印度洋深海多环芳烃降解菌的多样性分析及降解菌新种的分类鉴定与降解机理初步研究[D].厦门：厦门大学，2008.

[11] 谢尚微，杨俊毅，张东声，等.西南印度洋真光层海水中固氮细菌多样性[J].海洋学研究，2015，33(3)：54-61.

[12] 彭亚林.印度洋深海热液区盐单胞菌和地衣芽胞杆菌的筛选、鉴定及生理生化特性研究[D].青岛：中国海洋大学，2008.

[13] Yarza P, Richter M, Peplies J, et al.The All-Species Living Tree project: a 16S rRNA-based phylogenetic tree of all sequenced type strains[J]. Systematic & Applied Microbiology, 2008, 31(4): 241.

[14] Tamura K, Stecher G, Peterson D, et al. MEGA6: Molecular Evolutionary Genetics Analysis version 6.0[J]. Systematic Biology, 2013, 30(12): 2725.

[15] Saitou N, Nei M.The neighbor-joining method: a new method for reconstructing phylogenetic trees[J].Molecular Biology & Evolution, 1987, 4(4): 406.

[16] 孙风芹，汪保江，李光玉，等.南海南沙海域沉积物中可培养微生物及其多样性分析[J].微生物学报，2008，48(12)：1578-1587.

[17] Gray J P, Herwig R P.Phylogenetic analysis of the bacterial communities in marine sediments[J].Applied & Environmental Microbiology, 1996, 62(62): 4049-4059.

[18] Cifuentes A, Benlloch J A.Prokaryotic diversity in Zostera noltii-colonized marine sediments[J].Applied & Environmental Microbiology, 2000, 66(4): 1715-1719.

[19] Koblízek M, Béjà O, Bidigare R R, et al.Isolation and characterization of Erythrobacter sp.strains from the upper ocean[J].Archives of Microbiology, 2003, 180(5): 327-338.

[20] 李昭，乔延路，范晓阳，等.南太平洋环流区底层水可培养细菌多样性研究[J].中国海洋大学学报自然科学版，2014，44(6)：52-59.

[21] 张偲，张长生，田新朋，等.中国海洋微生物多样性研究[J].中国科学院院刊，2010，25(6)：651-658.

[22] 尹琦.南太平洋环流区表层海水微生物群落结构研究[D].青岛:中国海洋大学,2012.
[23] 陈秀兰,张玉忠,高培基.深海微生物研究进展[J].海洋科学,2004,28(1):61-66.
[24] Amann R I,Ludwig W,Schleifer K H.Phylogenetic identification and in situ detection of individual microbial cells without cultivation[J].Microbiological Reviews,1995,59(1):143-169.
[25] 贾文文.南大西洋深海放线菌的分离与多样性分析[D].哈尔滨:哈尔滨工业大学,2013.
[26] Fo G,Bm F,R A.Bacterioplankton compositions of lakes and oceans:a first comparison based on fluorescence in situ hybridization[J].Applied & Environmental Microbiology,1999,65(8):3721-3726.
[27] 张秀明,张晓华.海洋微生物培养新技术的研究进展[J].海洋科学,2009,33(6):99-104.

海洋工程勘察系列平台研究及应用

胡建平[1]，李孝杰[1]

（1. 中交第三航务工程勘察设计院有限公司，上海 200032）

摘要：为解决海洋岩土工程勘探存在着高风险、高投入、低质量、低效益这一难题，提升中国企业国际竞争力之需要，开展了海洋勘探平台系列创新设计及工程应用。本文介绍具有模块设计、现场集成、安全性高、循环使用、运行及维护成本低的海上勘探系列平台研究成果，整套平台系列革新了近海工程“动”和“静”勘察平台现有技术，适用于滩地、潮间带、近海水域岩土工程勘探取样与各类原位测试，且质量达到国际标准。这对我国水运行业突破欧美核心装备技术垄断，分享海外建设市场具有现实意义。

关键词：岩土勘探；海洋工程；勘探平台；原位测试；取芯取样

1 引言

海洋工程采芯取样或原位试验需依托水上勘察平台实施。船载式平台受风、浪、潮、涌海况环境影响，钻机基于摇荡和升沉运动的平台难以采集原状软黏性土；自升式平台脱离水面，勘探装备能够采集原状样本、获取各类原位试验参数，但存在着平台制造技术含量高、运行成本高、产出效益低这一不足。如何降低工程建设成本，确保勘察质量，满足海洋工程基础分析需求，解决低质量的船载式平台与高成本的自升式平台这一世界性难题，长期困扰着我国水运建设行业。

1.1 国内现状

1.1.1 自升式勘察平台

自升式平台有桩腿、桩靴、升降控制设备等组成，平台主体沿桩腿垂直升降，通常无自航能力，需采用船舶助推或拖航移动。勘探作业前，平台整体拖航到达钻孔位置，升降机构控制桩腿移动，将桩腿降至海床面，桩靴逐渐插入土层中，使平台主体沿桩腿上升到一定高度，避开浪、潮、涌对勘探平台的影响。勘探完成后，将平台主体下降至海面，利用浮力或冲桩喷射系统将桩腿从海底拔出，然后转场至另一孔位，继续下一个作业。自升式平台，皆为多腿式，四腿式居多，驱动方式有齿轮齿条式或液压顶升式，齿轮齿条式装置的齿条沿桩腿分布，而与齿条相啮合的齿轮安装在齿轮架上，由电机或液压驱动，液压顶升驱动系统[1-2]有销子、销孔和油缸组成。2011 年，中交第四航务工程勘察设计院有限公司承接喀麦隆克里比深水港工程，采用自主研发的“理想”系列自升式勘探平台，展现了我国自升式平台装备制造的技术水平（图 1）。由于国内开发的产品成熟的不多，制造成本高昂，关键部件及制造工艺等核心技术为国外厂商拥有，这些不利因素影响了自升式平台在我国的发展[3]。

1.1.2 船载式平台

船载式平台通常采用机动船或驳船为载体搭建，按其推进能力，分为自航或非自航式，其中自航式居多；平台分布按船型设计有船中、端部、舷侧和双体式。通常用当地普通船舶进行改装，排水量从数十吨

作者简介：胡建平（1956—），男，上海市人，教授级高级工程师，主要从事海洋工程勘察新技术研究，E-mail：hu_jp2004@163. com

图 1 “理想 3 号”液压平台

至数千吨不等，它具有自身固有的航行标准和自航能力，因而能以较快的速度投入使用。船载式平台发展至今，具有勘探综合成本远低于自升式平台，因而成为我国海洋工程勘察的首选。但它的弱点也很明显，主要是稳定性弱，表现在平台上钻机设备随船舶上下沉浮运动，尽管许多科研人员通过对波浪和船的运动预测以及算法控制技术，对平台上勘探设备摇摆和升沉进行补偿，使之保持相对“静止”或使摇摆和升沉运动大幅度降低，仍然无法取得高质量的原状结构土。这些不利因素阻碍或降低了我国企业跨出国门承揽业务的能力与国际竞争力[4]。

1.2 国外现状

欧美等国针对海洋工程勘探，通常采用量身定制的船载式升降平台或自升式固定平台，前者有德国“METEOR”、美国“JOIDES Resolution”为代表，后者有荷兰 GustoMSC 设计“NG9000C”系列，主要用于海洋科考、海上风电及勘探取样。由于核心技术封锁、运行的高投入、维护的高成本等因素，无法满足我国工程勘察地域广泛，与运输便利、成本低廉的目标相悖，因而限制了它们在我国的应用[5]。2012 年，中交第三航务工程勘察设计院有限公司作为工程勘察监理实施古巴 Cienfugos 海域工程勘探，领略了发达国家自升式平台技术的先进性（图 2）。

图 2 西班牙“SUELO Ⅱ”勘探平台

2 技术创新

针对海洋工程勘察平台技术发展趋势，分析国内外现有自升式和船载式二类勘探平台技术的优劣。为突破船载式平台取样土的原始易扰动，自升式平台成本昂贵的技术瓶颈，加快我国海洋勘察质量与国际标准接轨，参与海外市场竞争，本文详细介绍中交第三航务工程勘察设计院有限公司发的用于海洋岩土工程勘察的平台系列产品最新成果及工程应用，该成果荣获 2016 年度中国港口技术发明一等奖。

2.1 海上移动勘探平台

船载移动平台勘探由于风、浪、潮、涌的影响，基于上下浮动、左右摇摆的平台上难以获取原始结构软黏土，且作业时间易受海况限制。欧美等国海洋勘探设备及技术上已相当成熟，拥有众多专利技术，许多成果实现了商品化，如业内著名的加拿大（ISE），荷兰（AP vd Berg）和辉固（FUGRO N. V.）等，仰仗着海洋勘察专利群战略，形成了一套解决方案，又参照 ASTM 或 EN 标准，从而能确保勘探质量，故被国际工程界认可，形成事实上的国际标准。同时利用技术优势，垄断并占据了海外主要建设市场，并触及了我国部分重大工程，给国家安全带来了潜在的隐患。为突破这一不利局面，实现国家“一带一路”倡议，创新一种独具匠心的海上移动勘探平台系统[6]，它的新颖性与原创性表现在以下几个方面。

2.1.1 平台模块标准化设计

平台模块采用标准设计、拼装式组装，适宜集装箱尺寸布局和运输。优选单艘自航式工程船舶，船舶首艉各配 1~3 组锚机，每组配置 2~4 个锚；甲板上设与首艉平行的型钢，支架横跨于型钢之上，且伸出舷体一侧，形成悬臂侧勘探区。由于采用模块化设计，整个平台模块拼装过程在 1~2 d 内即可完成，从而快速形成一个自航转场、低成本的船载式海上移动勘探平台，如图 3 所示。

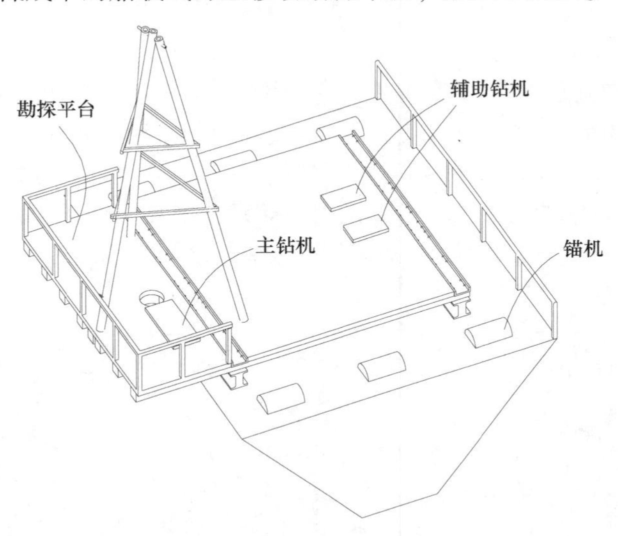

图 3 三钻机示意图

2.1.2 三钻机钻进操作法

打破常规单钻机钻进法，提出一种三钻机混合钻进法。处于悬臂侧上的主动力钻机（A）仅承担水下岩土钻进，平台另侧双台辅助多级变速卷扬钻机（B、C）则负责轮流上下提引，各尽所能，可实现不间断提、卸钻杆，从而大幅度缩短海上钻探时间，如图 4 所示。

2.1.3 泥浆循环装置设计

循环系统装置由套管接头、旁通管道、双层滤网、泥浆泵与泥浆池等构成。泥浆流经高压导管、钻杆、钻头到孔底，并和孔底散状土颗粒溶合，在孔壁四周形成一层泥饼。在泥浆泵持续送浆下，孔底的砂

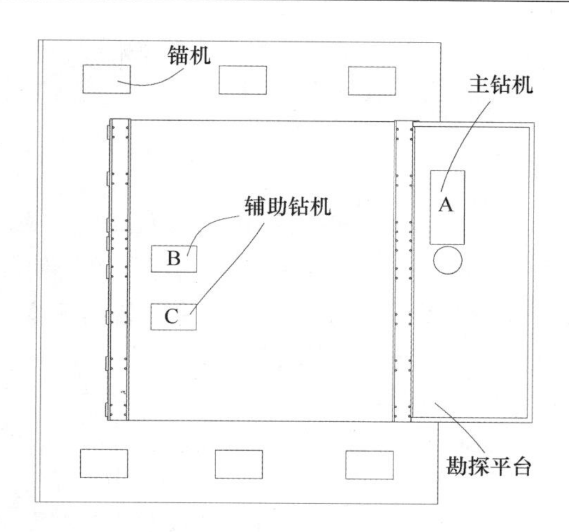

图 4　三钻机分布俯视图

或土颗粒等通过钻杆外侧沿孔壁和套管内侧上溢，浆液被带至作业平台并流回浆池经双层过滤后得以再循环使用，回收率可达95%以上，如图5所示。泥浆循环再利用，既节约了社会资源，又保护了当地水域生态、自然环境。

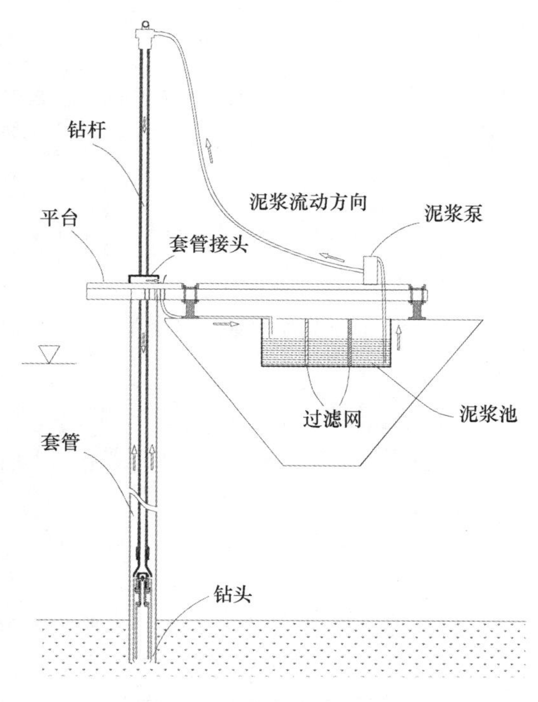

图 5　泥浆循环示意图

2.1.4　海水泥浆双流程设计

海上勘探作业时，对砂粒、松散岩、风化岩等土层需采用泥浆护壁，若采用淡水泥浆能达到最佳效果，但受制于平台空间、运输成本等影响，使得勘探成本居高不下。开发一套经济实用的海水泥浆装置，使流出该装置的天然海水满足配浆用水标准，既可节约大量淡水资源，又可降低勘探成本。

（1）一级处理流程

一级处理系统采用防腐壳体内含若干活性炭、纳滤膜过滤器构成，海水入口通过管道与增压泵接通，增压泵对流入的天然海水进行增压。反渗透装置的进口通过管道与一级处理系统的出口接通，并在两者之间设有高压泵，经过预处理的水被高压泵压入有若干 RO 组件构成反渗透装置，构成一级海水处理流程（图 6 下）。通过本发明的预处理、反渗透一级流程装置过滤后的初纯水，达到海上勘探高性能泥浆液标准[7-8]。

（2）二级处理流程

为满足海上勘探人员长时间作业饮水需求，设计一套超纯水装置，即二级处理流程。该处理装置包括超纯水储罐和 EDI 分离装置二部分，其中 EDI 分离装置中设有离子交换膜，用于去除一级流程中残留的 Na^+、Cl^-离子，形成超纯水。EDI 分离装置的进口与反渗透装置的初纯水出口接通，同时在两者之间设置电磁阀开关，根据初纯水的需求进行开或关，实现水流控制（图 6 上）。

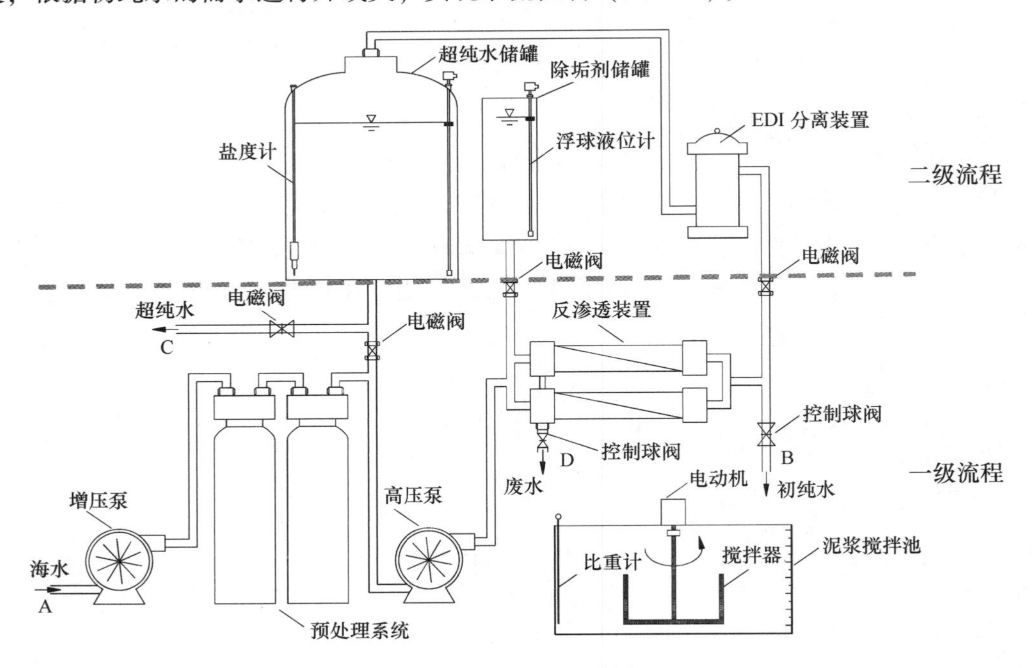

图 6　海水造浆装置总体设计图

海上移动勘探平台系统集成了多项关键技术，使近海“动”平台勘探抵御恶劣气候影响的能力大幅提高，从而把目前我国海上船载勘探作业限于 5 级海况标准提高到 6~7 级，并使有效作业时间大幅延长，生产效率得到显著提高。

2.2 自升式勘探平台

自升式勘探平台主要有由作业平台和升降装置两部分组成，升降装置将桩腿降至到海床，整个作业平台升至海平面以上，然后平台上进行勘探作业，作业完成之后，收起桩腿，平台降至海面上，通过拖航或自航进行转场。自升式“静”作业平台非常适宜海洋岩土工程勘探，具有良好的稳定性和转场的便利性，不但能够取得原始土样，而且能使基于陆域成熟的静力触探、旁压试验、扁铲侧胀等原位试验可顺利延伸至海域。但自升式存在着高投入、高维护成本的缺陷，因而限制了它们的应用，文献［9］和［10］均有描述。针对这些问题，创新一种适宜近海钻探与原位试验多功能勘察平台（图 7），它的新颖性和创造性表现在以下几个方面。

2.2.1 荷载动态控制设计

海洋地质条件比较复杂，某些区域海床起伏，局部存在着上硬（砂土）、下软（黏土）的“蛋壳”地层特征，若自升式平台桩靴基于该“壳”层上，则存在着穿刺风险。平台箱体内设计一组传感器与控制线路，通过软件控制电磁阀开关对箱体内注水或排水，实现平台荷载动态实时控制。平台上升脱离海面

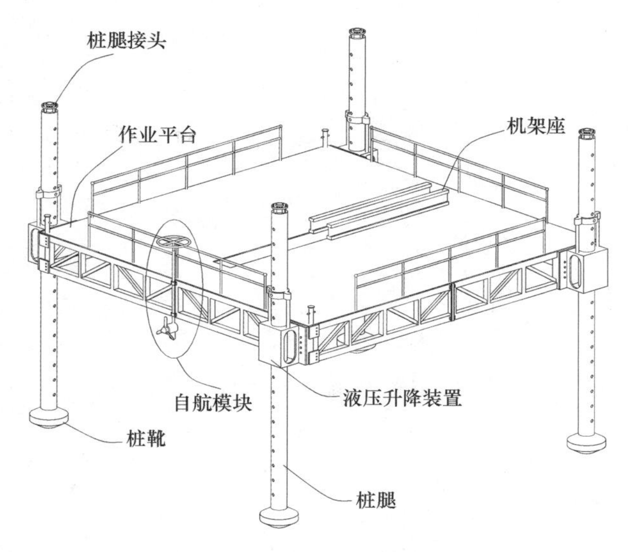

图 7 升降式液压勘探平台

后，箱体内开始注水增荷，加速桩靴插入持力层土固结，缩短平台稳定时间；作业人员上平台前，箱体内排水减荷，平衡作业荷载。荷载的动态控制，即可加速平台基础的稳定，又可消除穿刺所带来的安全隐患。

2.2.2 移动式自航模块

发明由浆毂、叶片、舵叶、驱动等构件集成的自航模块。平台舷侧焊接的抱箍器、螺栓固定外管，穿设于外管的内管上端连接方向舵，下端与舵叶连接，通过电机与调速开关，以全回转方式控制方向舵，完成终孔后的自航转场。独特设计的自航模块，体现了拆卸简便、安装便捷、制造经济，从而弥补了国际上同类产品无法自航转场的不足。

2.2.3 桩靴环喷冲桩系统

海洋岩土工程勘探需解决频繁转场（一个钻孔完成后转到另外一个位置）。转场之前需要进行拔桩作业，拔桩过程因地质条件复杂程度、埋置深度、土体特性等原因，及平台的浮力不足，无法提供将桩靴从土中拔出足够大的上拔力，且费时费力。如何有效降低拔桩阻力已成为海洋工程界一个亟需解决的技术难题。创新一种靴内设有若干冲桩支管连接的水力分配器，冲桩分上中下三路支管，分别与靴顶、靴侧、靴底三面喷水口相连（图 8）。拔桩腿时，高压泵通过水力分配器将水分别压入冲桩支管，将桩靴上部及四周淤积土冲开，其中底部喷冲使得靴土之间形成润滑层，有效减低靴底部吸附力。环喷冲桩设计，可降低桩腿提升过程中拔桩阻力 50%以上，大幅提升升降式平台的转场效率。

2.2.4 制造工艺

桩腿与桩靴是自升式平台重要的结构部件，建造时应对桩腿与桩靴结构图纸及公差要求进行全面消化和理解，按照 CCS《海上移动平台入级与建造规范》认可的结构焊接工艺进行焊接以保证桩腿建造的尺寸公差和焊接质量。所有焊缝及持力点均要求进行 100%UT 和 100%MT 探伤，并满足 CCS 规范。建造过程中，应配置规范认可的激光测量仪进行尺寸控制和监测，以保证桩腿合拢后尺寸满足合同图纸要求。

自升式平台典型操作流程可概括为：拖航→钻孔位置→降桩腿→升平台→预压载→升降调整→勘探作业→降平台→拔桩与冲桩→提桩与固桩，这一流程周而复始，直至整片区域勘察作业任务完成。自升式平台创新设计所具有的模块设计、现场组装、自航转场，一次集成即可完成潮间带—近海水域勘探作业，体现了安全性高、建造及维护成本低、运输便利和循环使用的环保理念，且为海洋岩土基础设计提供了符合质量标准的土体物理及力学参数。

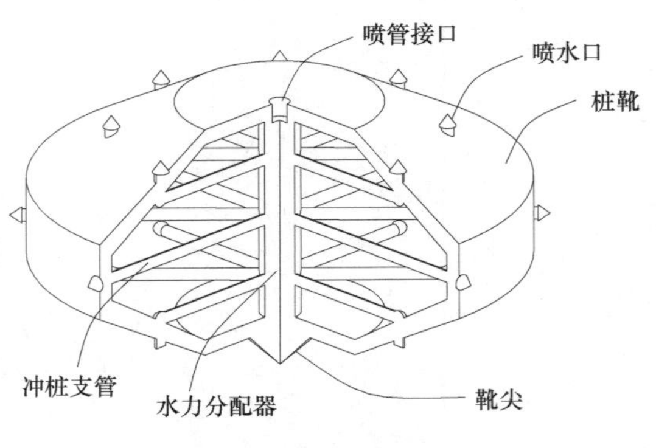

图8 环喷冲桩结构图

2.3 船载嵌入式双平台

为解决船载勘探平台取样质量低，自升式勘探平台成本高这对矛盾。我公司课题人员前瞻性的开发了未来一代基于船载移动式“动-静”双作业勘探平台[3]，它的原创性体现在：

依托船载式勘探“动”平台，独创一种用于原位测试的桁架组合式“静”平台，形成“动-静”双作业平台模式，从而使陆域成熟的勘察技术依托本发明而延伸至海域（图9所示）。

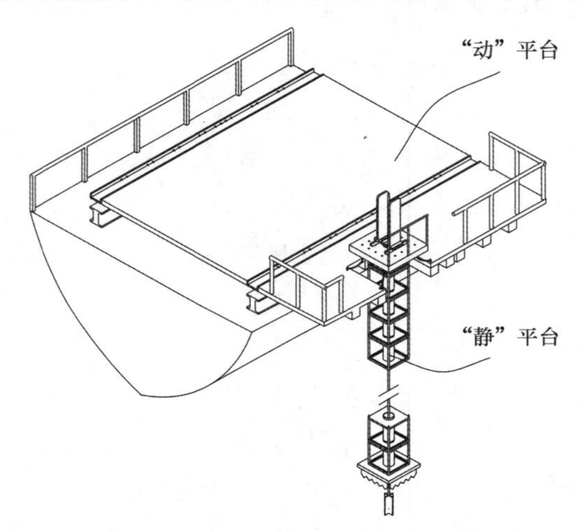

图9 船载式双平台设计示意图

2.3.1 海上“静”平台设计

平台的“静”是确保海上静力触探、十字板等岩土体原位试验的基石。在“静”平台上，按需安装对应的原位测试装置，四周围上栏杆，确保作业人员的安全。“静”平台下方设计一套扶正装置，包括锚桩、软绳、滑轮环、滑轮和滑轮轴，4个滑轮轴分别垂直固定在平台底部，相应地，锚桩也按4个方向固定在船载“动”平台上，软绳的一端设有快速钩，快速钩挂接在滑轮环上，软绳的另一端分别缠绕在所述锚桩上，实施“动-静”双平台软连接（图10）。当“静”态平台发生倾斜时，可通过收放软绳来调整位置，使之处于垂直状态，整个“静”平台处于安全及受控状态，确保原位测试质量符合GB、ASTM等标准。海上“静”平台的创新设计，填补了现有船载式“动”平台无法开展原位测试的空白。

2.3.2 组合式桁架模块

桩式模块由横梁、竖梁、上架板和下架板焊接成长方体框架镂空结构，模块上焊接有便于吊装的吊耳，通过若干模块间螺栓固定形成单桩腿模式，根据海况水深，调整加长桩腿长度，并将“静”平台上

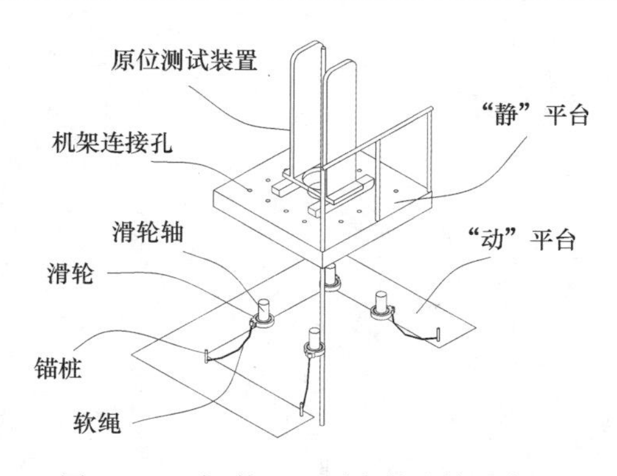

图 10 "动-静"双平台软连接示意图

载荷传递到海床泥面。模块内焊有一个导管段，通过凹槽内密封环，使相邻的导管段密封连接，形成一根长导管，从而避免穿设在导管内的钻杆受激流冲击而弯曲，影响测试数据的准确性。桁架模块镂空设计具有抵御强流速能力，承载力高，环保节约，成本低廉，安装简便，便于运输等特点。

2.3.3 齿式桩靴设计

桩靴入土过浅易造成"静"平台水平滑动，贯入过深易造成海床表层土体原始结构扰动，以至上部土体数据失真。桩靴结构有承压板、加重模块和齿条组成；加重模块为深孔提供反力载荷；齿条为剪切试验提供抗扭力（图 11）。齿式结构创新，既控制了"静"平台入土深度，又增加了平台抗滑能力，为海上勘探作业提供一个能够承受竖向荷载、水平风浪引起的扭力荷载及钻进反力等复杂载荷的可靠基础。

双平台原创设计弥补了船载"动"平台无法实施"静"状态原位测试的空白[11]，它的创新体现在：（1）稳，"静"桁架平台安全性高；（2）快，拆卸便利，转场快，效率高；（3）省，双平台"动-静"设计，既能勘探取样，又能原位测试，体现出极强的低成本竞争优势。

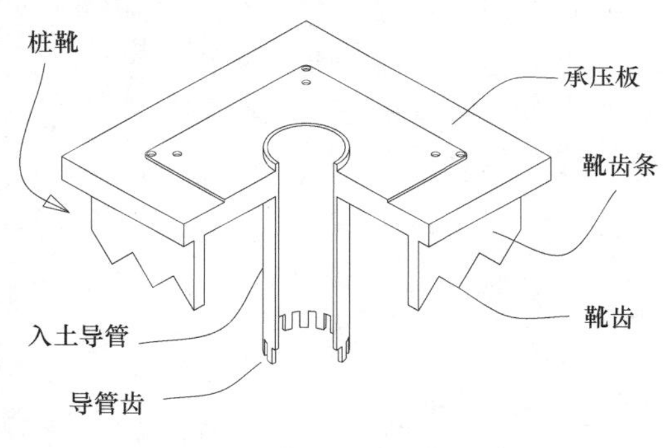

图 11 "静"平台桩靴结构

2.4 吸力桶式勘探平台

目前，国际上开始研发一种基于海床式勘察技术，如：A. P. Van den berg B. V. （ROSON-40 CPT）、Williamson & Associates（BMS）最具代表性，采用设备卧伏海床上钻进方式，适应于平缓海床。针对海床起伏、海流冲刷会使勘探设备基座存在倾斜这一风险，轻者造成勘探路径偏移，所采集的地层数据失真；重者造成钻杆扭曲或折断；更为甚者将使平台倾覆导致安全事故，为此提出一种解决方案，它的新颖性、创造性表现在（图 12）以下几个方面。

2.4.1 吸力桶基础结构

开发一种桶式桁架基础海洋岩土勘察"静"平台，有吸力基座、导管、作业平台组成，包括 3 个吸力桶和一个固定框。固定框呈正三角形，3 个顶点分别与所述 3 个吸力桶的顶部固定连接；每个吸力桶的

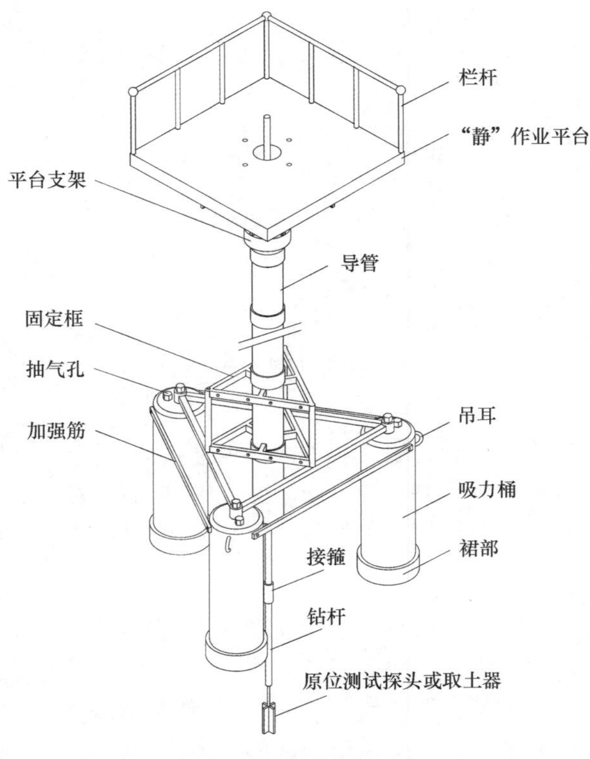

图 12　吸力桶基础平台

顶部还设有排水抽气孔；桁架模块呈正三棱柱形，位于固定框的上方，桁架模块的 3 条棱分别与固定框的 3 条边的中点固定连接；导管，多根导管通过接箍串接而成，从吸力基座的中心竖直向上延伸；作业平台，固定在平台支架上，作业平台上设有钻杆入口。吸力桶的底部开口处设有反滤层与裙部，裙部内径大于吸力桶的内径，反滤层固定在裙部内。平台支架包括下托板、上托板、从下托板呈放射状向上延伸的多根弧形托架以及连接在上、下托板之间的导管分段，如图 13 所示。

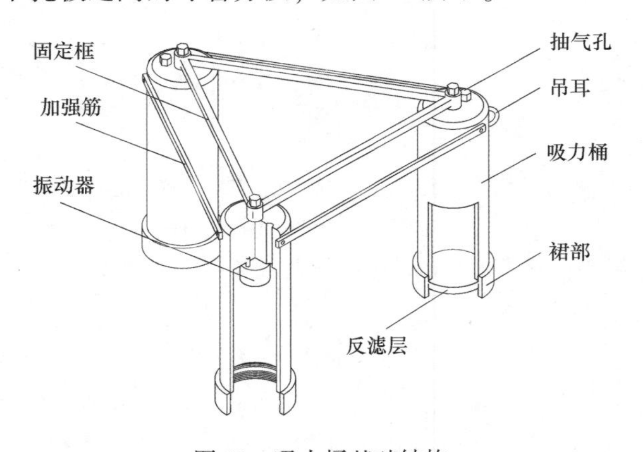

图 13　吸力桶基础结构

2.4.2　负压贯入吸力法

利用自重将三角分布吸力桶基座沉入海床，桶内形成密闭空腔，抽吸系统分别对桶内进行抽气形成负压贯入，使基座克服土体阻力，被不断地嵌入至指定深度。创建的基座负压贯入吸力法，确保平台基座的嵌入和稳定性。

（1）吸力桶的负压贯入，平台态势均处于可控状态，确保在复杂起伏海（河）床上平台的垂直度；

（2）利用船载勘察起重设备，实现船载平台与吸力桶基础平台资源共享，大幅降低海上勘探综合成本；

（3）采用一种三角形分布的桶式桁架基础，由此创建的吸力桶平台具有运输便利、安装简便、低成本、可重复使用及安全性高的特点，从而使陆域各类勘察项目依托该平台而延伸至近海水域；

（4）利用吸力桶长径比（L/D）的调整，可实现桶式基础贯入深度控制，提高复合荷载作用下平台基础的稳定性，从而大幅降低风、浪、涌等复杂海况对海上勘探作业所构成的安全风险；

（5）吸力桶底部的反滤层设计，提高了吸力桶基础在软黏土-砂类土海床负压下贯入的质量；吸力桶内的振动器设计，提升了对整个平台基础的起拔能力。

3 工程实例

勘探平台系列研究及应用关键技术主要针对近海（水）域作业环境，以实现海上勘察高安全、高效率、低成本及保障工程质量为目标[12-13]，其主要关键技术及性能已在境内：上海港外高桥港区工程、上海国际航运中心工程（图 14）、外高桥园区国际物流中心工程、上海液化天然气（LNG）接收站及输气工程、福州湄州湾罗屿和石门奥工程、华能太仓电厂工程、广西北部湾钦州码头工程、长江南京以下 12.5 米航道整治工程、宝钢湛江基地工程、厦门新机场工程、辽宁盘锦和营口工程、漳州古雷半岛港区工程等；境外：澳门澳氹第四跨海大桥工程（图 15）、印度尼西亚巴淡岛电厂工程、柬埔寨西港电厂工程、越南台塑河静钢厂地基处理、文莱 PMB 大桥工程、刚果（布）黑角港区工程、刚果（金）马塔迪国际港工程、吉布提多哈雷港多用途码头、圣多美集装箱码头工程、马来西亚槟城二桥等得到了应用，并为世界留下了一批精品工程，如：洋山深水港（国家百项经典工程）等，经济效益显著。

图 14 上海国际航运中心洋山深水港勘探

图 15 澳氹第四跨海大桥勘探（在建）

4 结论

集多项知识产权关键技术的勘探平台系统成果为解决海上勘探成本高、质量低等行业难题提供了有益参考，并将气候影响海洋勘察因素大为降低，填补了我国这一领域的空白。

（1）采用勘探平台模块化设计，拼装式组装；首创三钻机混合钻进法；独特设计的泥浆循环系统等；弥补了现有船载移动式平台取土原始结构易扰动的缺陷，突破了我国现有规范（不大于 5 级海况）的限制，使“动”平台海上有效勘探作业时间延长 30%以上。

（2）创新设计降低穿刺风险的预压载系统；独特的自航式转场模块；发明的桩靴环喷冲桩系统，构成集模块化、多功能、易运输的自升式液压升降平台；发明的吸力桶长径比调整法，实现了桶基贯入控制；反滤层设计，提高了桶基在软黏土-砂类土海床负压贯入质量；形成了一套海上“静”平台勘探解决方案。

（3）发明的“动-静”双平台勘察作业模式，实现了一船多用、资源共享、成本最低、效益最大；解决了“动”平台难以实施海上原位测试而“静”平台高成本的行业难题，依托本创新使陆域成熟的勘探技术延伸至水域。

拥有完全自主知识产权，具有中国特色海洋岩土工程勘探平台系统成果，成为我国首个兼顾深水区-滩地区-潮间带的勘探系统，其中“三钻机混合钻进法”等均属国内首创，所形成的一套“动”、“静”及“动-静”式先进的三代勘探平台系列产品，应用前景十分广阔。

参考文献：

[1] 孙东昌，潘斌.海洋自升式移动平台设计与研究[M].上海：上海交通大学出版社，2008.
[2] 汪张棠，赵建亭.我国自升式钻井平台的发展与前景[J].中国海洋平台，2008，23(4)：8-13.
[3] 胡建平，赵磊.船载桁架式勘探双平台设计[J].水运工程，2014(6)：46-49.
[4] 胡建平.近海工程船载式勘探平台系统创新与应用[J].中国港湾建设，2014(1)：1-5.
[5] 钮建定，胡建平.自航式水上移动平台关键技术[J].中国港湾建设，2012(6)：19-21.
[6] 钮建定，成利民，胡建平，等.单侧悬臂式水上勘探平台系统：中国，ZL200910194680.4[P].2012-05-30.
[7] 钮建定，胡建平，王照明.海上勘探海水造浆装置设计[J].探矿工程（岩土钻掘工程），2014，41(8)：9-12.
[8] 胡建平，董教社，冯蓓蕾.聚合物海水泥浆的研制[J].探矿工程（岩土钻掘工程），2012，39(12)：29-31.
[9] 陈牡丹.自升式风电安装平台升降装置的控制[J].海洋工程装备与技术，2014(6)：156-159.
[10] 徐杰，杨秀礼.自升式施工平台的多功能应用综述[J].中国港湾建设，2015(12)：53-56.
[11] 胡建平，钮建定，程泽坤，等.船载桁架组合式原位测试平台：中国，ZL201320517534.2[P].2013-08-22.
[12] 林鸣.港珠澳大桥岛隧工程精细化勘察组织与实施[J].水运工程，2013(7)：1-8.
[13] 胡建平，冯蓓蕾.洋山深水港区工程海上勘探关键技术实施[J].海洋工程，2012，30(3)：164-169.

竖板横摇浮筒式波浪能发电装置的结构设计及试验研究

崔天宇[1,2,3]，赵江滨[1,2,3*]，周建林[1,2,3]，朱风绅[1,2,3]

（1. 武汉理工大学 能源与动力工程学院，湖北 武汉 430063；2. 国家水运安全工程技术研究中心 可靠性工程研究所，湖北 武汉 430063；3. 船舶动力工程技术交通行业重点实验室，湖北 武汉 430063）

摘要：波浪能作为海洋能源中分布最广泛的清洁可再生资源，使其高效、稳定的被利用已成为如今海洋能利用研究的热点之一。为了合理有效地开发和利用海洋中的波浪能，设计了一种基于竖直阻尼板以漂浮浮筒为获能装置的波浪能发电装置，利用其在波浪中的横摇达到发电的目的。该装置由两个相连的圆柱浮筒和与水下竖直阻尼板相连的工作舱组成，通过其在波浪中的相对转动将波浪能转换为液压能从而进行发电。详细阐述了该发电装置的结构要求以及工作原理，并通过制作的简易模型进行实验，验证了其发电的可行性。

关键词：波浪能发电；横摇浮筒；竖直阻尼板；结构设计；模型实验

1 引言

如今海洋能在越来越多的国家被视为一种重要且有前途的资源。与其他类型的例如太阳能、风能等可再生能源相比，波浪能是一种非常集中的可再生海洋能，且其能源密度远远超过其他任何可再生能源，具有巨大的开发潜力[1]。波浪能作为一种清洁、无污染的可再生能源，分布广阔、能量巨大。据估算，全世界波浪能的理论值约为 10^9 kW 量级[2]，是现在世界发电量的数百倍，有着广阔的商用前景，且利用波浪能进行发电是解决能源短缺问题的有效途径之一，因而也是各国海洋能研究开发的重点。

目前研究的波浪能利用技术大都源于以下的一种基本原理：利用物体在波浪作用下的升沉和摇摆运动，将波浪能转换为机械能；利用波浪的爬升将波浪能转化成水的势能等。绝大多数波浪能转换系统由三级能量转换机构组成。其中一级能量转换机构（波能俘获装置）将波浪能转换成某个载体的机械能；二级能量转换机构将一级能量转换所得到的能量转换成旋转机械（如水力透平、空气透平、液压马达、齿轮增速机构等）的机械能；三级能量转换通过发电机将旋转机械的机械能转换成电能[3]。有些采用某种特殊发电机的波浪能转换系统，可以实现波能俘获装置对发电机的直接驱动，这些系统没有二级转换环节。

波浪能是未来海洋能利用发展的主要方向，但其具有的随机性和多向往复性使设计者难以设计出合理的能量俘获系统和动力摄取系统。因此进一步提高波浪能发电装置的发电效率及适应能力是波浪能发电技术发展的关键[4]。

2 波浪能发电技术研究现状及发展趋势

波浪能的开发利用已经有 100 多年的历史，近 20 年来波能发电技术也经过了飞速的发展和革新。目

基金项目：工信部高技术船舶科研项目——浮式保障平台工程（二期）工信部联装［2016］22 号；国家自然科学基金（51579197）。

作者简介：崔天宇（1991—），男，河南省新乡市人，硕士，从事波浪能发电技术的研究。E-mail：tyu_cui@163.com

＊**通信作者**：赵江滨（1976—），男，山东省青岛市人，副教授，主要研究方向为波浪能航行器、远程检测技术。E-mail：zhaojiangbin@whut.edu.cn

前。世界各国的很多公司和研究机构已成功的完成了波能发电装置实际海况实验并投入使用，如英国公Aquamarine Power公司2005年研制的牡蛎（Oyster）[5]、苏格兰Ocean Power Delivery公司研制的海蛇海洋波浪能发电装置（Pelamis）[6]、中国科学院广州能源研究所2012年投放并完成验收的10 kW波浪能发电装置“鹰式一号”[7]等等。

最近几年，针对波浪能开发的高效转化、稳定性以及降低成本等问题，波能发电技术的研究更趋近于广泛性和实际性。如Flocard和Finnigan[8]研究通过一种惯性调节的方法提高点吸收装置的波能捕获效率，通过允许装置的一些隔室充水和排水来实现装置的固有频率调节，并进行了实验验证；Simon等[9]通过理论分析和实验验证的方法研究了静水位和波高对波能发电系统的影响，得出改变静止水位会和波高影响其功率吸收的结论并描述了此效应的理论表达式，最后通过实验验证其推论；刁向红和吴必军[10]对波浪能装置中水平阻尼板进行了二维模拟和实验研究，验证了阻尼板受到的阻力较大，其阻力对发电效率有着重要影响；杨琨等[11]设计了一种基于Wei-Fogh效应的波浪能发电装置，利用Wei-Fogh效应进而产生瞬间高升力可以有效提高装置的一次能量转换效率。

波浪能发电装置中，很大一部分能量的采集利用海浪的上下垂荡，包括点吸收式、振荡水柱式等。而波浪作用于浮体时，使浮体摇荡的能量也是巨大的，包括鸭式和筏式的波浪能发电形式等。因此，对这部分能量的收集和利用便显得非常有必要。本文提出了一种基于竖直阻尼板的双浮筒结构装置，利用其横摇达到收集波能并转换为电能的波浪能发电装置，对其结构进行设计和分析，并通过简易模型在实验水池进行测试，验证其发电可行性，为优化装置结构提供了基础。

3 设计原理及结构分析

该装置的结构示意图如图1所示。

装置包括两个圆形浮筒、竖直阻尼板、横向浮箱、工作舱等组成。2个由横向浮筒相连接的圆形浮筒在波浪作用下的横摇运动，使其与由水下的竖直阻尼板相连接的工作舱产生相对转动，通过工作舱内的转向机构和动力输出机构将收集的波浪能最终转换为电能，达到发电的目的（图2）。

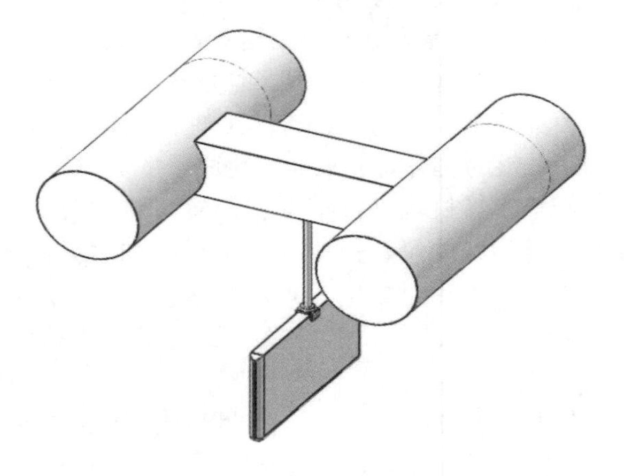

图1 装置结构示意图

波浪能装置的工作舱安装于整个装置的中间横向浮箱内，通过滚动轴承置于与装置相对固定的横向轴上，使其二者可产生相对转动。工作舱内包括换向齿轮箱、液压泵、蓄能器、液压马达、油箱、各类阀件、油管等等，如图3所示。横向轴随着浮筒的横摇产生正、反双向转动，轴上换向齿轮箱中的2个锥形齿轮随之转动从而同时带动下部的水平锥形齿轮转动。水平锥齿轮的同向旋转运动带动安置于其下部的液压泵转动进而产生液压能。

换向齿轮箱（图4）安装在横向轴上，由2个滚动轴承与内部的锥形齿轮固定，输入轴与2个输入锥齿轮之间通过2个单向轴承相连。输入轴往不同方向转动时，分别带动2个锥齿轮转动，使2个锥齿轮交

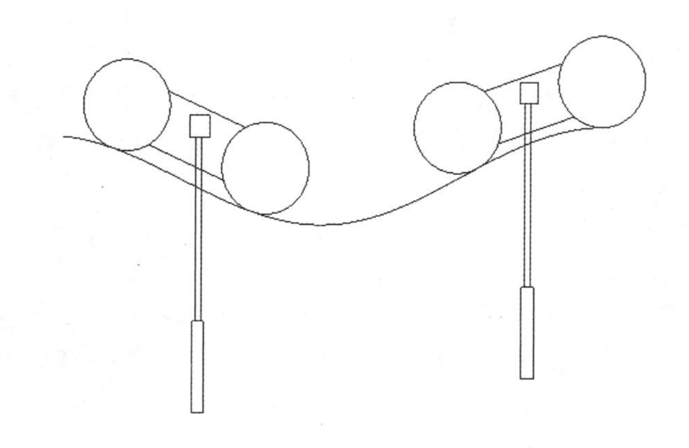

图 2　装置发电原理图

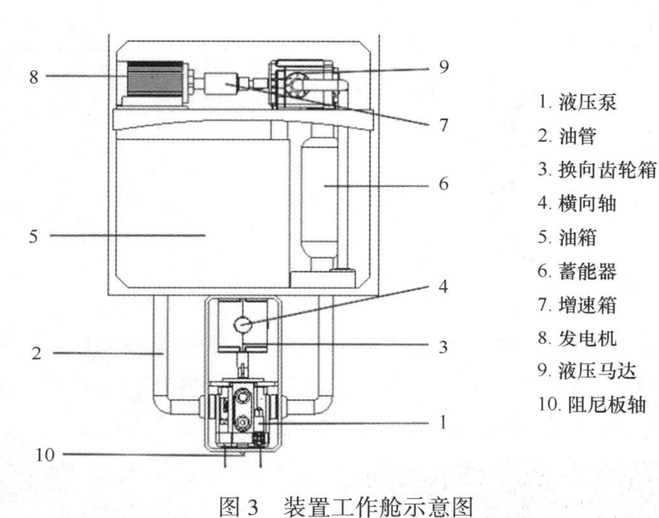

图 3　装置工作舱示意图

替作为主动齿轮带动输出齿轮转动。当左侧输入齿轮带动输出齿轮转动时，右侧输入齿轮由输出齿轮带动，在单向轴承的作用下自由转动。因此，换向机构可将正、反双向旋转变为单一方向的旋转运动，从而带动液压泵输出为可储存的稳定液压能用以发电系统的能量供应。

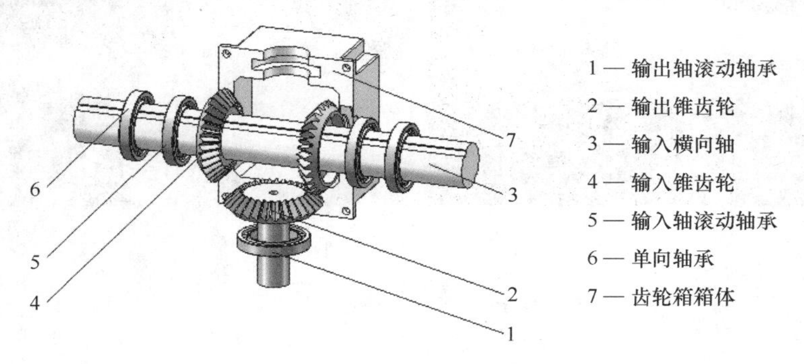

图 4　换向齿轮箱分解示意图

整个工作舱的下部连接着一根向下的轴，轴的下端固定在浸没于水下的竖直阻尼板上，随着浮筒的横摇运动，水下的竖直阻尼板由于受到水的阻力阻碍工作舱的转动。从而达到浮箱上的轴与工作舱相对转动的目的。

4 装置实验验证

在结构设计的基础上，为验证整个装置发电的可行性，按照设计要求制作了一个简化模型并在实验水池中进行实验。

简化模型整体由浮筒和角钢框架构成，尺寸如图 5 所示。2 个半径 100 mm 的浮筒通过长 800 mm、宽 800 mm、高 200 mm 的角钢架固定，横向轴通过立式轴承固定在角钢架上并与竖直阻尼板相连接，阻尼板长 1 000 mm、宽 300 mm 置于水下。横向轴通过联轴器与 1：30 的增速箱连接，增速箱再与一个 100 W 的永磁直驱发电机相连，并通过电缆线连接至岸边的测量回路用于实验数据测量。测量回路由 10 个 2 W 白炽灯、电阻、稳压模块以及万用表组成。

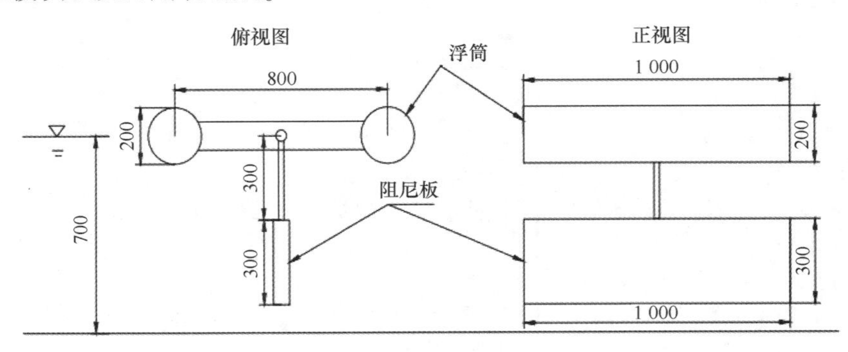

图 5 简化模型尺寸图（单位：mm）

实验过程如图 6 所示，在由造波机产生波高 $H = 0.2$ m、周期 $T = 2$ s 的波浪中进行，利用回路中万用表测量装置发电过程电压、电流等数据。万用表显示在装置于波浪中发电过程中电压保持在 $V=5$ V 左右，电流 $I=0.4$ A 左右，因此装置的输出功率可以保持在 $P=2$ W 左右，从而验证了其发电可行性。

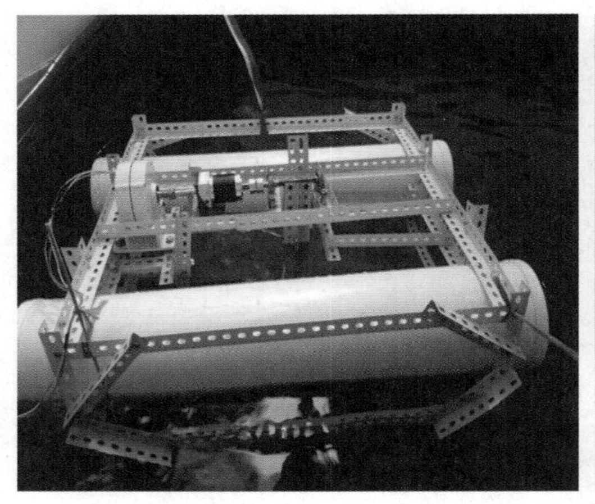
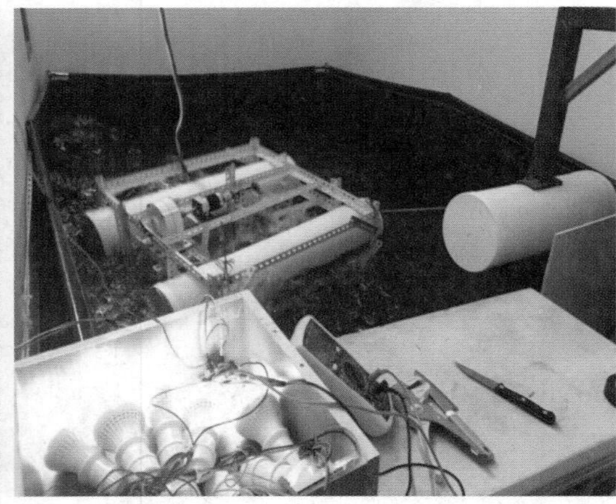

图 6 装置模型实验示意图

5 结语

在海洋能源研究进展快速的背景下，本文设计一种新型的竖板横摇浮筒式波浪能发电装置，在结构设计的基础上，进行了简易模型实验，验证了其发电的可行性并可保持 2 W 的发电量。同时，作为一种新的漂浮式波浪能发电形式，模型实验的结果也为下一步的研究工作提供了方向：后期在装置液压系统的选型优化和竖直阻尼板对装置的影响及优化等方面应该开展更加深入的研究工作。

参考文献：

[1] Orazov B, Oreilly O M.Savas on the dynamics of a novel ocean wave energy converter[J].Journal of Sound and Vibration, 2010(329):5058-5069.

[2] 马克·科拉正格.海洋经济——海洋资源与海洋开发[M].高健,陈林生,等,译.上海:上海财经大学出版社有限公司,2011:68.

[3] 沈力生,张育宾.海洋波浪能发电技术的发展与应用[J].能源研究与管理,2010,(4):55-57.

[4] 肖惠民,于波,蔡维由.世界海洋波浪能发电技术的发展现状与前景[J].水电与新能源,2011(1):67-69.

[5] Henry A, Doherty K, Cameron, et al. Advances in the Design of the Oyster Wave Energy Converter[C].Marine and Offshore Renewable Energy Conf, London, UK, 2010.

[6] Ross H.Design, simulation, and testing of a novel hydraulic power take-off system for the Pelamis wave energy converter[J].Renewable Energy, 2006(31):271-283.

[7] 盛松伟,张亚群,王坤林,等."鹰式一号"波浪能发电装置研究[J].船舶工程,2015,37(9):104-108.

[8] Flocard F, Finnigan T D.Increasing power capture of a wave energy device by inertia adjustment[J].Applied Ocean Research, 2012(34):126-134.

[9] Simon T, Rafael W, Mats L.Wave Power Absorption as a Function of Water Level and Wave Height: Theory and Experiment[J].IEEE Journal of Oceanic Engineering, 2010, 35(3):558-564.

[10] 刁向红,吴必军.波浪能发电中水平阻尼板的实验和二维数值模拟[C].中国可再生能源学会海洋能专业委员会第三届学术讨论会论文集,2010.

[11] 杨琨,旷权,陈新,等.基于 Weis-Fogh 效应的顶杆-翼板型波浪能发电装置设计[J].船海工程,2015,44(4):66-70.

摆翼式波浪能发电水下航行器研究

赵江滨[1,2,3]，周建林[1,2,3]，朱风绅[1,2,3]，周克记[1,2,3]

（1. 武汉理工大学 能源与动力工程学院，湖北 武汉 430063；2. 国家水运安全技术研究中心 可靠性工程研究所，湖北 武汉 430063；3. 船舶动力工程技术交通行业重点实验室，湖北 武汉 430063）

摘要： 能源供应是水下自主航行器 AUV 长期自主运行的重要制约因素，波浪能发电是解决这一问题的可行手段。通常的方法采用基础激励，受制于质量元件的质量限制、振幅限制，以及较低的波浪频率，发电能力微弱。本文提出一种方案，采用外力直接驱动质量元件的方式，大幅度的提高馈入作用力，进而大幅度的提高振动发电能力，并研究了适应航行器外形的摆翼模式。利用机械振动理论进行了分析计算，结果显示，外力驱动模式能够大幅度地提高发电能力，显示了应用于水下航行器的广阔前景。

关键词： 水下航行器；波浪能发电；摆翼发电；振动发电

1 引言

在科学研究和资源开发相关的海洋活动中，水下航行器发挥着重要作用。能源供应方面，许多航行器携带一定容量的电池，需要定期更换。例如，金枪鱼 AUV Bluefin-9 的电池容量为 1.5 kWh，Bluefin-12D 的为 7.5 kWh，可以分别支持半天或者 1 天左右的运行时间。为了实现长期的海上自主运行，许多研究机构和科研人员开展研究，收集环境能量。这其中比较有影响力的是波浪能滑翔机（Wave Glider），在波浪作用下，水面浮体带动水下翼板运动，翼板产生升力，驱动滑翔机前进；水面浮体安装太阳能电池板发电，提供给仪器、控制和通讯系统[1-4]。

海洋波浪能量密度高，分布范围广泛，持续时间长，是一种优良的可再生能源。近年来，国内外研究了多种波浪能发电装置，如海蛇（Pelamis），以及各种点吸式发电装置[5-7]。这些装置需要锚链固定，不适合海洋航行器。在航行器等海洋运动体的波浪能利用领域，一些技术方法只用于产生机械推进力，而不用于发电，如波浪能滑翔机，日本的“美人鱼 2 号”（Suntory Mermaid Ⅱ）波浪动力船[8]，以及船舶上加装的振荡水翼[9]；在航行器波浪能发电领域，毛昭勇提出一种惯性飞轮发电装置[10]，Vyacheslav Vladimirovich Slesarenko 调研了可行的波浪能发电方法，包括浮子式发电装置[11]。

波浪运动具有周期性，波浪能发电在一定程度上就是振动发电。受制于航行器的尺寸限制，加上海洋波浪频率较低，传统的惯性驱动发电方法，产生的电力非常微弱。本文提出一种外力直接驱动的发电方法，通过摆动水翼捕获波浪能，将水面/近水面的波浪作用力直接传动至振动发电系统，大幅度提高了施加于发电系统的作用力，将发电能力提高一个量级。

2 波浪能发电原理

本文利用机械振动的分析方法，将阻尼耗散功率作为发电功率，计算各种振动发电方法的发电功率。

基金项目： 国家自然科学基金（51579197）；工信部联装［2016］22 号。

作者简介： 赵江滨（1976—），男，山东省青岛市人，副教授，主要从事波浪能航行器、远程监测技术。E-mail：zhaojiangbin@whut.edu.cn

2.1 传统惯性驱动的振动发电原理

适用于 AUV 等水下航行器的波浪能发电装置需置于壳体之内，通常的惯性驱动的振动发电装置原理如图 1 所示。振动发电系统的箱体框架与 AUV 壳体固定连接，海洋波浪驱动 AUV 做受迫振动，带动质量元件 m 受迫振动，相当于基座激励的受迫振动。

在系统中安装直线发电机，包括永磁体和感应线圈，在质量元件 m 的运动过程中，在线圈中感应出电流，产生电力。永磁体和感应线圈组成的发电系统可视为振动阻尼，利用阻尼耗散功率计算发电能力。

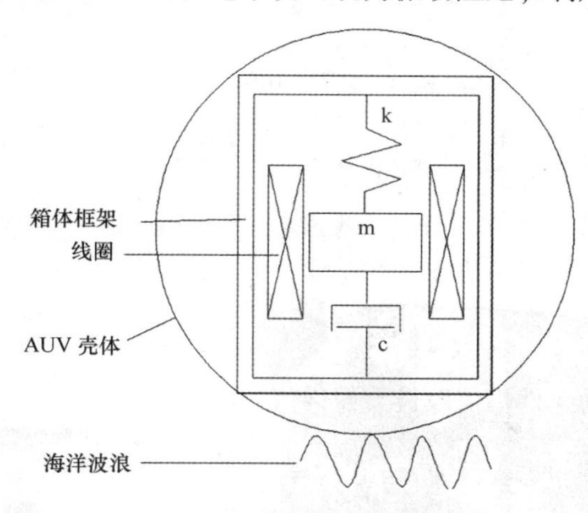

图 1　惯性驱动的振动发电装置

假设海洋波浪为单一规则波，驱动 AUV 壳体做简谐垂向振动。为计算振动发电能力，定义参数如下：

y：AUV 和箱体框架的位置，惯性坐标系；

z：质量元件 m 的位置，相对于箱体框架；

Y：AUV/箱体框架的振幅，惯性坐标系；

Z：质量元件 m 的振幅，相对于箱体框架；

Z_m：Z 的最大允许值；

m：质量元件 m 的质量；

M：AUV 的质量，含 m；

c：阻尼系数；

k：弹簧刚度；

T：海洋波浪周期；

ω：海洋波浪频率；

ω_n：振动系统固有频率；

p：瞬时功率；

P_{av}：平均功率。

质量元件 m 的运动方程如下：

$$m\ddot{z} + c\dot{z} + kz = -m\ddot{y}, \tag{1}$$

方程（1）表示惯性驱动的受迫振动，是受迫振动的一种特殊情况，一般受迫振动的运动方程为：

$$m\ddot{z} + c\dot{z} + kz = F\cos(wt). \tag{2}$$

假设在海洋波浪激励下 AUV 壳体的运动方程为：

$$y = Y\cos(\omega t). \tag{3}$$

假设质量元件 m 的运动方程为：

$$z = Z\cos(\omega t - \varphi). \tag{4}$$

当方程（2）运用于方程（1）时，$F = mYw^2$。

方程（2）的解为：

$$Z = \frac{F}{\sqrt{(k - mw^2)2 + (cw)^2}} \leqslant \frac{F}{cw}, \tag{5}$$

$$\varphi = \tan^{-1}\left(\frac{cw}{k - mw^2}\right). \tag{6}$$

对于振动发电系统，收集到的能量为振动系统的耗散能量，可建模为阻尼元件的能量消耗，其瞬时功率 p 和平均功率 P_{av} 计算如下：

$$p = c\dot{z}\dot{z} = cZ^2\omega^2\sin^2(\omega t - \varphi), \tag{7}$$

$$P_{av} = \frac{1}{T}\int_0^T p\mathrm{d}t = \frac{1}{2}cZ^2\omega^2 \leqslant \frac{1}{2}\frac{F^2}{c} \leqslant \frac{1}{2}FwZ_m. \tag{8}$$

选取合适的弹簧刚度，使质量元件 m 处于共振状态：$k = mw^2$。

此时，公式（8），即平均发电功率取最大值。

$$P_{av} = \frac{1}{2}\frac{F^2}{c} \leqslant \frac{1}{2}Fw\,Z_m. \tag{9}$$

选取合适的阻尼，使得振动元件幅值取最大允许值，此时，

$$c = \frac{F}{wZ_m} = \frac{Y\sqrt{km}}{Z_m}. \tag{10}$$

阻尼比：

$$\zeta = \frac{c}{2\sqrt{km}} = \frac{Y}{2\,Z_m}, \tag{11}$$

$$\max(P_{av}) = \frac{1}{2}cZ^2\omega^2 = \frac{1}{2}YZ_m\omega^2\sqrt{km} = \frac{1}{2}mY\omega^3 Z_m. \tag{12}$$

阻尼元件耗散的能量实际上是由外力提供的，共振时，相位角 $\varphi = \frac{\pi}{2}$，外力与质量元件的运动速度时刻同相，外力总是做正功，振动发电功率取得最大值。

为了便于分析计算以及方案比较，选取表 1 所示的计算参数：

表 1　计算参数

参数	取值	备注
Y	1 m	航行器/箱体框架的振幅
Z_m	0.1 m	质量元件振幅，给定值
m	10 kg	质量元件质量
M	100 kg	航行器质量
ω	2 rad/s	海洋波浪频率（规则波）
c	200 N·s/m	最大功率时的阻尼
P_{av}	4 W	最大平均功率

计算可得，最大平均功率：$P_{av} = 4$ W。

产生的电力非常微弱，不足以作为 AUV 等水下航行器的推进动力。

2.2　外力直驱的振动发电技术方案

惯性驱动的振动发电系统能力微弱，其根源在于运动方程式（1）的右项，含有质量元件项，是一种

“自产自销”的模式。要增大等式右项，必须增大质量元件，而这受到 AUV 的容积、载重量等方面的限制。

可通过外力直驱的方式增大等式右项。将施加于壳体框架的力，通过旁路引导，全部直接作用于发电质量元件 m2，如图 2 b 所示的 f。此种情形相当于基座固定，外力直接激励的受迫振动，能够摆脱惯性发电“自产自销”的困境，实现“它产我销”，大幅度的增大外力馈入，大幅度的提高发电能力。

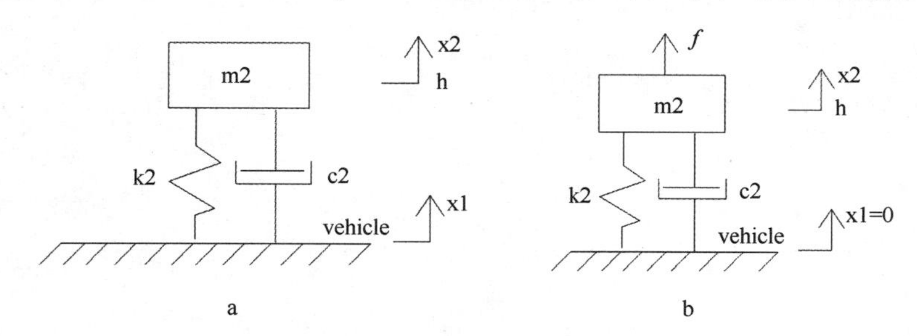

图 2 振动发电原理

a. 惯性驱动，b. 外力直驱

惯性发电系统的原理模型如图 2a 所示，AUV 运动方程：$x_1 = Y\cos(\omega t)$。

施加于 AUV 的作用力为：

$$f = M\ddot{y} + m_2\ddot{z} = -\omega^2(MY\cos(\omega t) + m_2Z\cos(\omega t - \varphi)) = -\omega^2\sqrt{(MY)^2 + (m_2Z)^2}\cos(\omega t - \theta). \quad (13)$$

在 $MY \gg m_2Z$ 的情况下，

$$f \approx M\ddot{y} = -MY\omega^2\cos(\omega t). \quad (14)$$

假设将作用力 f 全部施加于振动发电质量元件，保持 AUV 固定，如图 2 b 所示。代入公式（2）右项，其最大发电能力为：

$$\max(P_{av}) = \frac{1}{2}MY\omega^3Z_m. \quad (15)$$

发电能力大幅增大，是原来的 M/m 倍，按表 1 的参数计算，提高至 10 倍，40 W。

2.3 摆翼式波浪能发电技术方案

结合水下航行器的形状特征，可以在壳体两侧加装水翼，在波浪作用下摆动，将高强度的波浪作用力直接传递到振动发电系统。图 3a 中，两侧摆翼 Wing1 和 Wing2 为波浪力接受装置，在波浪驱动下，绕转轴转动，进而带动传动杆，驱动质量元件运动。摆翼以及相连的转轴和传动杆，可以看成杠杆结构，杠杆比为 n_l。航行器对称设置两套摆翼，考虑到两侧摆翼运动的不同步，内部设置两套独立的振动发电系统。直线运动的振动质量元件仅为理论计算之用，实际系统可全部采用转动元件。

航行器外形如图 3b 所示，可活动于海洋表面或近水面，以捕获波浪能。航行器处于浮力中性的状态，不需要水翼产生升力，只需要最大化的捕获波浪能，以及减小航行阻力。在航行器浮于水面时，其在海浪中的姿态如图 3c 所示，波浪施加于航行器的作用力大都分布于水翼，导致水翼摆动。

波浪通过两套翼板形结构，驱动航行器垂向振动（垂荡）。忽略航行器本体姿态（横摇、纵摇）的变化。不考虑附加质量，施加于整个航行器的净作用力（垂向）为：

$$F_v = M\ddot{y}. \quad (16)$$

假设两翼均分净作用力 F_v，每翼受力为：

$$F_w = \frac{1}{2}F_v = \frac{1}{2}M\ddot{y}. \quad (17)$$

忽略翼板结构的质量，通过杠杠增力，杠杆比 n_l，作用在振动质量元件上的作用力：

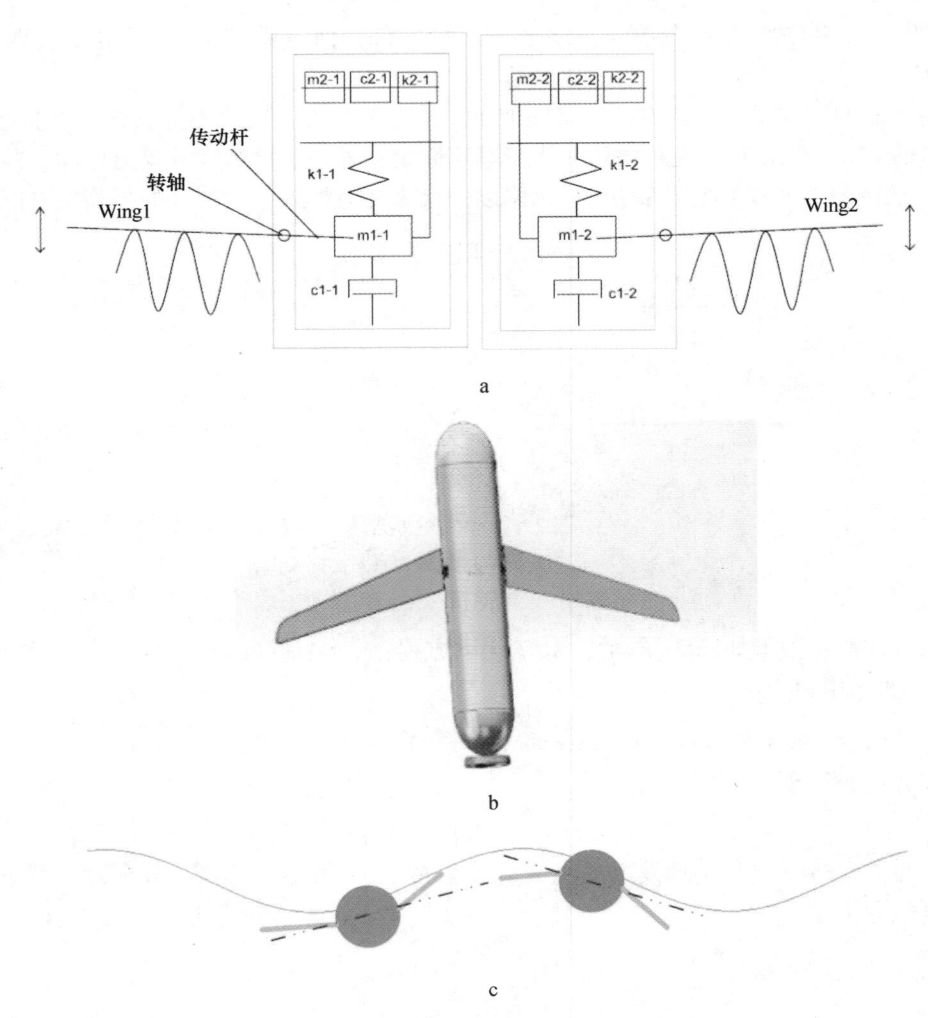

图 3 摆翼式波浪能发电技术方案

a. 发电装置原理，b. 航行器外形，c. 在波浪中的运动姿态

$$F_m = n_l F_w = \frac{1}{2} n_l M \ddot{y}. \tag{18}$$

则两套系统的总发电能力为：

$$P_{av} = \frac{1}{2} n_l MYZ\omega^3. \tag{19}$$

受制于航行器的形状，公式 16 中的 $Z \leqslant Z_m$，发电功率相对于公式（15）的倍数为：$n_l Z/ Z_m$，因为摆翼长度可调，n_l 可调，容易做到 $n_l Z \geqslant Z_m$，因而容易获得不小于公式（15）的发电功率。

上述各技术方案的发电能力和技术特点如表 2 所示。

表 2 技术方案比较

方案	平均功率/W	特点
2.1 惯性驱动	4	惯性驱动
2.2 外力直驱	40	直接驱动
2.3 摆翼式	≥40	$n_l Z/ Z_m \geqslant 1$

3 水下航行器运行模式

由于波浪能集中于海水表面，需要补充电力时，水下航行器必须上浮至水面或近水面，捕获波浪能发电，除此之外，还可以与岸基中心通讯，以及通过 GPS 系统修正定位误差。充电完成后可在三维水体中任意下潜、航行和作业，其过程如图 4 所示。

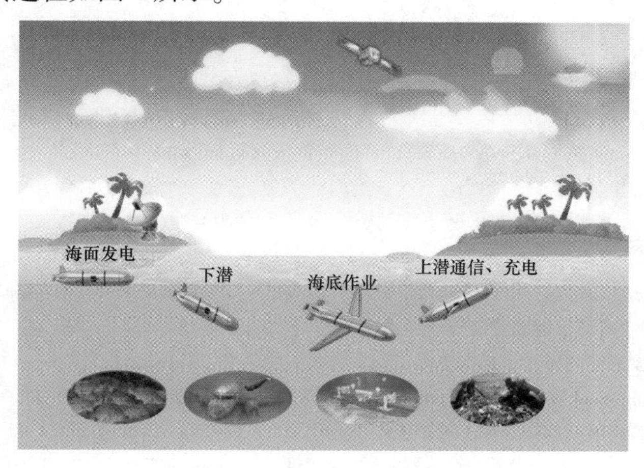

图 4　航行器工作过程示意图

4 实验研究

为了便于研究波浪能发电，我们研制了一套无水实验台架，能够模拟波浪的交变作用力，便于研究 PTO 及后续的电力变换存储等环节，并开发了实验测控软件，如图 5 所示。由于波浪频率极低，需要设置增速箱以与发电机匹配。在航行器自重（含配重）55 kg 左右，外接电阻 6 Ω 时，观察到最大电压 6 V 左右，意味着平均功率 3 W 左右。

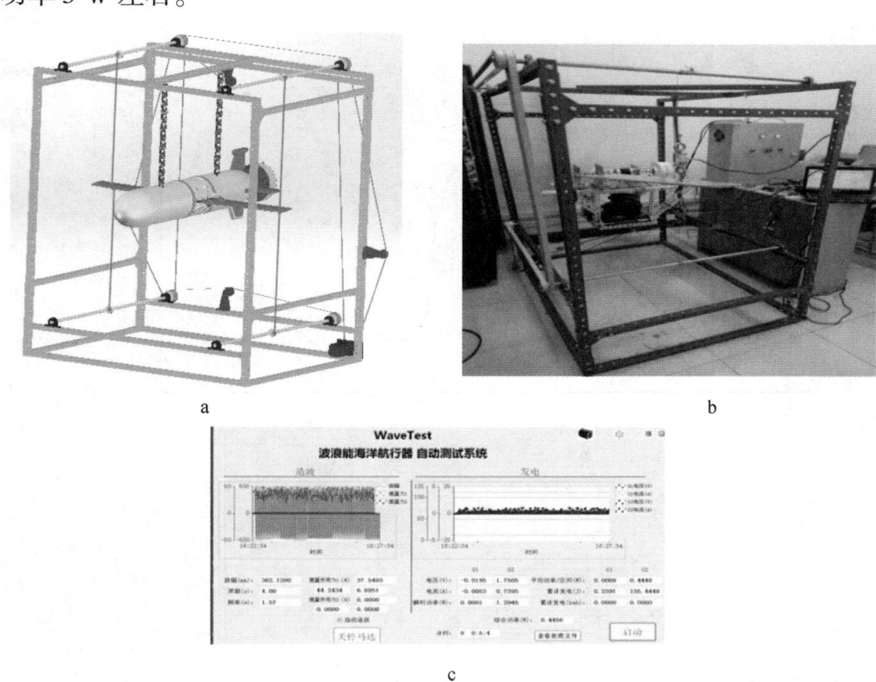

图 5　波浪能发电无水实验台架

a. 实验台架设计，b. 无水实验过程，c. 实验测控软件

5 结论与展望

本文研究了适用于水下航行器的波浪能发电技术，分别研究了传统的惯性驱动模式，外力直驱模式，以及适应航行器外形的摆翼式发电模式。运用机械振动理论，进行了理论计算和分析，结果显示，外力直驱模式能够大幅度的提高发电能力，显示了应用于水下航行器的潜力。

参考文献：

[1] 孙秀军.混合驱动水下滑翔器动力学建模及运动控制研究[D].天津：天津大学，2011.

[2] 贾立娟.波浪动力滑翔机双体结构工作机理与动力学行为研究[D].天津：国家海洋技术中心，2014.

[3] 李小涛，王理，吴小涛，等.波浪滑翔器原理和总体设计[J].四川兵工学报，2013，34(12)：128-131.

[4] 田宝强，俞建成，张艾群，等.波浪驱动无人水面机器人运动效率分析[J].机器人，2014，36(1)：43-48，68.

[5] Manases T R.Dynamics and hudrodynamics for floating wave enercy converters[D].Lisbon，Portugal，Instituto Superior Técnico，2010.

[6] 盛松伟，游亚戈，张亚群，等.漂浮式波浪能装置能量转换系统研究[J].机械工程学报，2012，48(24)：141-146.

[7] 宋保维，丁文俊，毛昭勇.基于波浪能的海洋浮标发电系统[J].机械工程学报，2012，48(12)：139-143.

[8] Liu Jingyang，Li Yinghui，Yi Hong，et al.The modeling and analysis of wave powering surface vehicle[J].OCEANS，2011，9：1-6.

[9] 封培元，马宁，顾解忡.振荡水翼波能回收在船舶节能推进中的应用[J].上海交通大学学报，2013，47(6)：923-927.

[10] 毛昭勇，宋保维，郑珂.基于海洋能的无人水下航行器能源发电装置设计[J].测控技术，2012，31(6)：127-129，133.

[11] Vyacheslav V S，Valeriy V K.Energy sources for autonomous unmanned underwater vehicles[G].Proceedings of the Twenty-second(2012) International Offshore and Polar Engineering Conference，2012：538-542.

基于丝束电极技术的沉积物覆盖下管线钢的局部腐蚀研究

曾靖波[1]，贺丽敏[2]，蔡伊扬[1]，黄一[2*]

（1. 中海石油深海开发有限公司，广东 深圳 116024；2. 大连理工大学，辽宁 大连 116024）

摘要：为了研究部分沉积物覆盖时碳钢锈层的萌发与发展，使用1/4表面积覆盖沉积物的丝束电极模拟完整钢板，扫描100个单根电极的电偶电流和电位，并通过使用超景深显微镜测量单根电极的腐蚀深度，确定沉积物存在时碳钢的局部腐蚀发展过程。结果表明氧气环境中，沉积物覆盖下的电极始终为阳极；裸露区锈层从靠近沉积物区域开始萌发，并不断向远离沉积物的裸露区域扩散，前5天扩散速率较快，但扩散到一定程度会趋于稳定；远离沉积物区始终为阴极，被保护，基本没有腐蚀发生；随着实验的进行，电极的耦合电位不断下降并趋于稳定；随着阳极区的不断扩大，阳极电流不断减小并趋于稳定；在沉积物存在时，碳钢腐蚀深度最大的区域在靠近沉积物的裸露区。

关键词：丝束电极；沉积物腐蚀；局部腐蚀

1 引言

管道中沉积物腐蚀问题非常严重[1-3]。管道中流速较低时，管道中的沉积物（二氧化硅、碳酸钙、铁的氧化物等）会在管道底部堆积，造成管道沉积物腐蚀[4-5]。国内外很多学者研究确定沉积物覆盖区主要发生局部腐蚀[6-8]，但是关于沉积物存在时碳钢锈层的萌发与发展还需要进一步的研究。本文主要使用丝束电极（WBE）研究氧气环境中沉积物存在时碳钢锈层的萌发与发展。

2 实验条件与方法

2.1 电极材料

本文实验所选用的电极材料为API X65钢，其主要成分含量（湿质量百分含量）为C 0.26%，Si 0.40%，Mn 1.45%，P 0.03%，S 0.3%，Ni 0.5%，Cu 0.5%，Cr 0.5%，Mo 0.15%，其余成分为Fe。如图1a所示，电极为5×20阵列电极，每个电极的直径为1.5 mm，中心间距为2 mm，使用环氧进行密封。实验前，使用400#、600#和800#砂纸逐级打磨，然后使用无水乙醇清洗表面，去除表面油污及杂质，备用。

2.2 实验环境

本实验使用3.5% NaCl水溶液，配置溶液所用为工业级分析纯NaCl和去离子水。在实验过程中，使用氧气泵持续泵入氧气，试验温度保持在（23±2）℃。实验所用的沉积物为海砂，主要成分为二氧化硅，

基金项目：“十三五”国家科技重大专项子任务（2016ZX05057006）。

作者简介：曾靖波（1987—），女，湖南省益阳市人，硕士，研究方向为材料加工、海洋工程腐蚀防护。E-mail：zengjb@cnooc.com.cn

*通信作者：黄一（1964—），博士，教授，主要研究方向为船舶与海洋工程腐蚀防护。E-mail：huangyi@dlut.edu.cn

如图 1b 所示。

2.3 实验方法

本实验使用的研究方法为丝束电极测量。其测量原理图如图 1c 所示，左端 5×5 根丝束电极覆盖厚度约 20 mm 的海砂，其余电极均裸露。以饱和甘汞电极（SCE）作为参比电极，使用丝束电极测试仪（CST520）进行电位、电流扫描。测试仪内部为 10×10 阵列的自动切换开关，由微控机控制其通断。电位扫描为测量单根电极相对于 SCE 的电位；电流扫描是通过零阻电流计（ZRA）测量任一单电极与其余 99 根的电偶电流。为保证丝束电极的 100 个小电极始终处于偶接状态，每隔 1 h 扫描一次电流，除浸泡初始 12 h 扫描电位后，每隔 24 h 测量一次电位云图。实验周期为 32 d，每天使用数码相机对其拍照，记录其腐蚀过程。实验结束之后，去除表面的沉积物以及锈层，并使用无水乙醇对其进行清洗，使用 KEYENCE VHX-600 测量丝束电极的腐蚀深度。

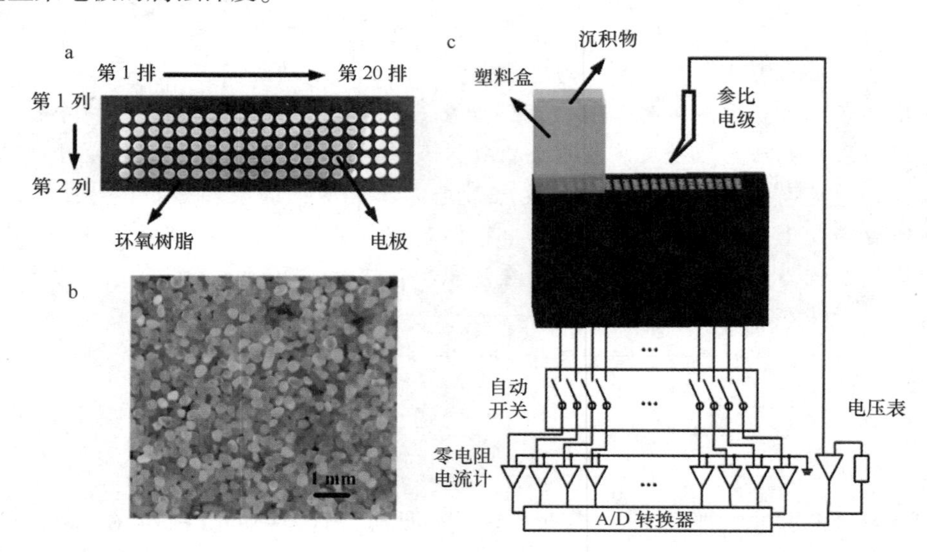

图 1 a. 丝束电极的测试电路原理图；b. 海砂的形貌图；c. 丝束电极的电极排列图

3 结果与讨论

3.1 碳钢的腐蚀过程

氧气环境下沉积物存在时碳钢的腐蚀过程如图 2 所示。图中可以看到电极刚浸泡到溶液中时，电极表面很光亮。浸泡 3 h 之后试片表面紧邻沉积物的区域出现绿色锈层，其成分可能为 $FeCl_2$或者 $FeSO_4$的水合物[9]。接下来锈层不断向远离沉积物的方向扩散，并逐渐转变为红色锈层，可能为 Fe_2O_3或者 α-FeOOH，β-FeOOH 和 γ-FeOOH[10-11]。电极浸泡 5 d 之后，可以看到裸露碳钢区已经约有一半电极被红色锈层覆盖，而接下来的 17 d，锈层的发展很慢。由图 2e 和图 2f 可以看出，实验进行 22 d 后直到实验结束，锈层基本稳定，不再继续发展。这说明锈层在实验前期发展加快，后发展速率逐渐减慢，并在实验进行 22 d 之后基本稳定，裸露碳钢区被保护，始终没有发生腐蚀。

3.2 丝束电极的电流与电位云图

使用丝束电极测量仪器 CorrTest 520 扫描丝束电极每根电极的电偶电流与电位，得到的电流云图和电位云图如图 3 所示。图中可以看出，电极刚浸泡在溶液中时，仅沉积物区电位较低，电流为正，是阳极，裸露区电位较高，电流为负，是阴极。随后，阳极迅速向裸露区扩展，12 h 之后阳极区已经扩展到了第

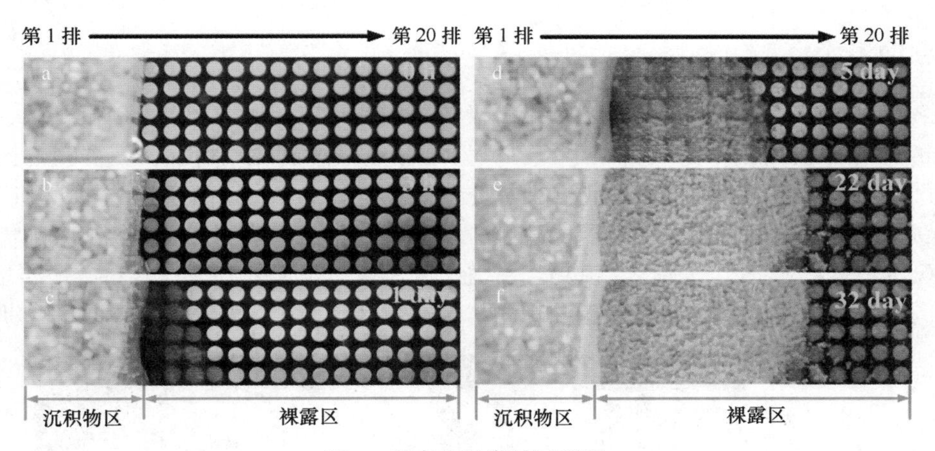

图 2 丝束电极腐蚀过程图

a. 0 h；b. 3 h；c. 1 h；d. 5 h；e. 22 h；f. 32 h

10 排，在浸泡 22 d 之后，电极阴阳极区基本稳定。此现象与图 2 相机拍摄的腐蚀过程相吻合。从图 3 中也可看出，随着电极在溶液中浸泡时间的延长，电极的电位逐渐降低，趋于稳定；而随着锈层的扩展，阳极区面积增大，电极的电流也在逐渐减小。有意思的是，随着锈层的扩展，可以发现，最大阳极电流区并不在沉积物覆盖区，而在靠近沉积物的裸露区。此现象与 Tan[12] 和 Xu[13] 在实验中发现的现象较为吻合。说明氧气环境中，沉积物存在时，碳钢的腐蚀最危险区域可能为靠近沉积物的裸露区。从图中还可以看到沉积物覆盖区电极始终处于阳极，与文献［7-8，12］中的现象一致，证明了沉积物区与裸露区因形成氧浓差电池所致沉积物区为阳极。

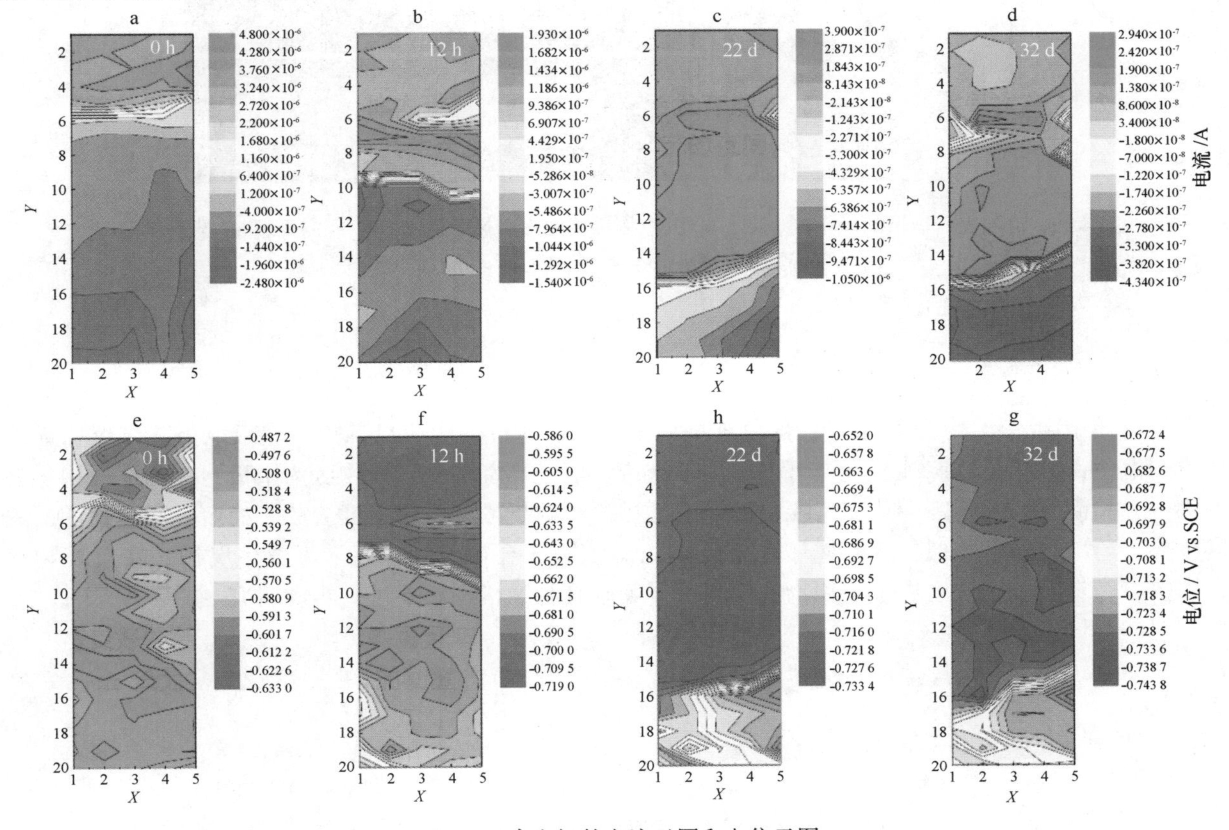

图 3 丝束电极的电流云图和电位云图

a、b、c、d 分别为 0 h，12 h，22 d，32 d 电流云图；e、f、g、h 分别为 0 h，12 h，22 d，32 d 电位云图

3.3 碳钢的腐蚀深度

实验结束之后，对电极表面进行清理，拍摄电极的腐蚀深度，其结果如图 4 所示。从图中可以看出，靠近沉积物区的第 6 排电极，作为裸露区电极，其腐蚀深度可达到 40.9 μm，而沉积物区腐蚀深度仅为 13.8 μm。说明氧气环境中，沉积物区的腐蚀深度较靠近沉积物的裸露区浅。而在远离沉积物的裸露区，第 13 排腐蚀深度为 29.6 μm，腐蚀深度较靠近沉积物区电极腐蚀深度小。而始终作为阴极的电极几乎没有被腐蚀，被保护得良好。此现象与图 3 电极的电流云图测试结果较为吻合。本实验说明了，在沉积物存在时，碳钢腐蚀最严重区域不在沉积物下，而在靠近沉积物的裸露区，呈现出明显的局部腐蚀。

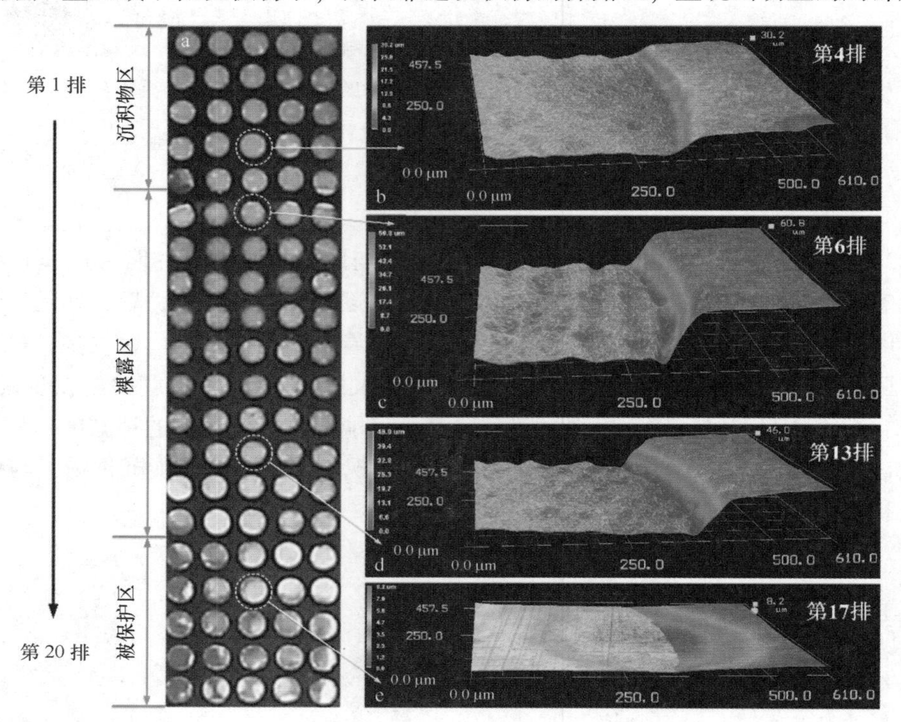

图 4 a. 清除表面锈层的丝束电极图；b. 沉积物覆盖区第 4 排景深图；c. 裸露区第 13 排景深图；d. 裸露区第 6 排景深图；e. 无腐蚀区第 17 排景深图

4 结论

在氧气环境中，将 5×20 丝束电极部分被沉积物覆盖，通过使用相机拍摄，丝束电极测试仪扫描的电偶电流和电位，并测量其腐蚀深度，可得出如下结论：氧气环境中，沉积物区为阳极；裸露区锈层从靠近沉积物区开始萌发，并不断向远离沉积物的裸露区扩散，但扩散到一定程度会趋于稳定；实验初期，锈层扩展较快，后扩展速率降低，逐渐趋于稳定；远离沉积物区会被保护，几乎不发生腐蚀；在沉积物存在时，碳钢腐蚀最严重区域在靠近沉积物的裸露区。关于其腐蚀机理需要进一步的研究。

参考文献：

[1] 高秋英，张江江，杨祖国，等.20#碳钢管道内沉积物对腐蚀行为的影响[J].科技导报，2014，32(24)：35-39.

[2] 张江江，刘冀宁，高秋英，等.湿相 CO_2 环境管道内沉积物及对腐蚀影响的定量化研究[J].科技导报，2014，32(32)：67-71.

[3] 杜海燕，路民旭，吴荫顺，等.脂肪酰胺类缓蚀剂对 X65 钢抗 CO_2 腐蚀的机理研究[J].金属学报，2006，42(5)：533-536.

[4] 徐云泽，黄一，盈亮，等.X65 管线钢在沉积物下腐蚀与缓蚀剂作用效果[J].材料工程，2016，44(10)：100-108.

[5] 徐云泽，黄一，盈亮，等.管线钢在沉积物下的腐蚀行为及有机膦缓蚀剂的作用效果[J].金属学报，2016，52(3)：320-330.

[6] 喻能.碳钢油气输送管道沉积物下腐蚀机理的研究[D].武汉:华中科技大学,2014.
[7] Zhang G A,Yu N,Yang L Y,et al.Galvanic corrosion behavior of deposit-covered and uncovered carbon steel[J].Corros.Sci,2014,86:202-212.
[8] Xu Y Z,Zhu Y S,Liu L,et al.The study of the localized corrosion caused by mineral deposit using novel designed multi-electrode sensor system [J].Mater.Corros,2017,68(6):632-644.
[9] 邹妍.海水中锈层覆盖碳钢的腐蚀电化学行为研究[D].青岛:中国海洋大学,2010.
[10] 邹妍,郑莹莹,王艳华,等.低碳钢在海水中的阴极电化学行为[J].金属学报,2010,46(1):123-128.
[11] Zou Y,Wang J,Bai Q,et al.Potential distribution characteristics of mild steel in seawater[J].Corros.Sci,2012,57:202-208.
[12] Tan Y,Fwu Y,Bhardwaj K.Electrochemical evaluation of under-deposit corrosion and its inhibition using the wire beam electrode method[J].Corros.Sci,2011,53(4):1254-1261.
[13] Xu Y Z,Yang L J,He L M,et al.The monitoring of galvanic corrosion behaviour caused by mineral deposit in pipeline working conditions using ring form electronic resistance sensor system[J].Corros.Eng.Sci.Techn,2016,51(8):606-620.

浅析海岛航空遥感监测技术的发展

蒋旭惠[1]，韩磊[2]，董梁[1]

（1. 中国海监北海航空支队，山东 青岛 266061；2. 青岛市勘察测绘研究院，山东 青岛 266033）

摘要：近年来随着我国对海岛资源开发利用的加剧，很多海岛的自然性状发生了巨大变化，海岛的保护与管理工作也显得愈加重要。《中国人民共和国海岛保护法》的颁布实施，为海岛保护与管理工作提供了法律依据。必须保持对重点海岛的高频率监视监测，以实现对海岛的有力保护与管理。航空遥感调查是海岛保护的重要手段，能够提供高精度、高分辨率的航空影像，为海岛的开发利用、管理和保护提供准确、可靠、现势性强的数据支持。本文结合工作实际，总结了自20世纪80年代起至今我国的海岛航空遥感监测技术的发展。

关键词：海岛监视监测；数字正射影像；信息提取；倾斜摄影测量

1 引言

对海岛的监视监测的内容主要包括：监视是否有填海、围海和填海连岛等改变海岸线的行为；破坏生态系统的行为（地貌、生物等）；排放污染行为；海岛及周边海域新建建筑物或设施的行为；海岛名称标志损坏或移动的行为。若有这几种违法行为，则对违法部分进行监测，获得量化的数据进行上报。

航空遥感由于机动性强，分辨率高，搭载的传感器多样，成为对海岛进行全方位立体监视监测的重要手段。航空遥感技术的发展日新月异，海岛航空遥感监测技术也随之不断发展变化。总的说来，海岛监测成果经历了从定性到定性定量再到精细化定性定量的发展，经历了从二维成果到三维成果再到真三维成果的变迁。

2 二维成果阶段

最初的海岛航空监视主要采用人工目视手段，采用的设备主要有手持摄像机、录像机和同步 GPS 设备。飞机在海岛上方四周飞行，对海岛的现状进行监视，对于发现的违法建筑或者违法用海，违法开发活动通过 GPS 获得大概位置信息，并且通过手持照相机进行取证，侧方照片信息为二维成果，如图 1、图 2 所示。由于这种方式机动性强，能在最短的时间获得海岛现状，为决策者提供决策依据，成为海岛监测的首要航空遥感手段。但是由于其精度低，不能获得量化的数据，成果不能用于海洋的精细化科学管理与研究中。

3 三维成果阶段

随着遥感传感器的发展与广泛应用，海岛的航空监测方式也发生了很大的变化。各种工作波段和品牌的传感器被用于海岛的航空遥感监测。近年来，主要采用的设备有：美国 Leica 公司的机载激光测距测高系统（Lidar），芬兰的高光谱传感器 AISA EAGLE，以及我国自主研发的合成孔径雷达（SAR）。三者的海岛监测成果均为正射影像图。这里主要以应用较多的机载 Lidar 系统和 SAR 为例进行说明。

基金项目：海洋公益性课题“海上船只星-机-岛立体监视监测技术系统”（201505002）。

作者简介：蒋旭惠（1983—），女，山东省栖霞市人，硕士，主要从事海洋航空遥感技术的研究。E-mail：jiangxuhui@bhfj. gov. cn

图1 海豹岛侧方照片

图2 外遮岛侧方照片

3.1 机载 LiDAR 系统

LiDAR，即 Light Detection and Ranging，也叫机载激光雷达，是一种安装在飞机上的机载激光探测和测距系统，是一种通过发射激光脉冲，准确的测量激光脉冲从发射到被反射回的传播时间，结合激光器的高度，激光扫描角度，从 GPS 得到的激光器的位置和从 IMU（惯性测量单元）得到的激光发射方向，就可以准确地计算出每一个地面光斑的坐标 X，Y，Z，从而获得高精度的三维数据的技术。

在用机载 LiDAR 进行海岛的航空遥感监测时，采用激光点云生成的数字高程模型（DEM）和数字影像生成监测区域的数字正射影像（DOM），具体流程如图 3，该成果为可见光波段的数字正射影像，如图 4。这种数字正射影像更符合视觉经验，从而可以根据该成果进行海岛关心信息的提取与相关研究工作，如图 5。由于此处的 DEM 是数字地面模型，剔除了地面建筑和植被的数据，只能实现垂直方向的正射，而非全方位的。所以这里的成果还不能说是真三维的，通常称之为 2.5 维的。

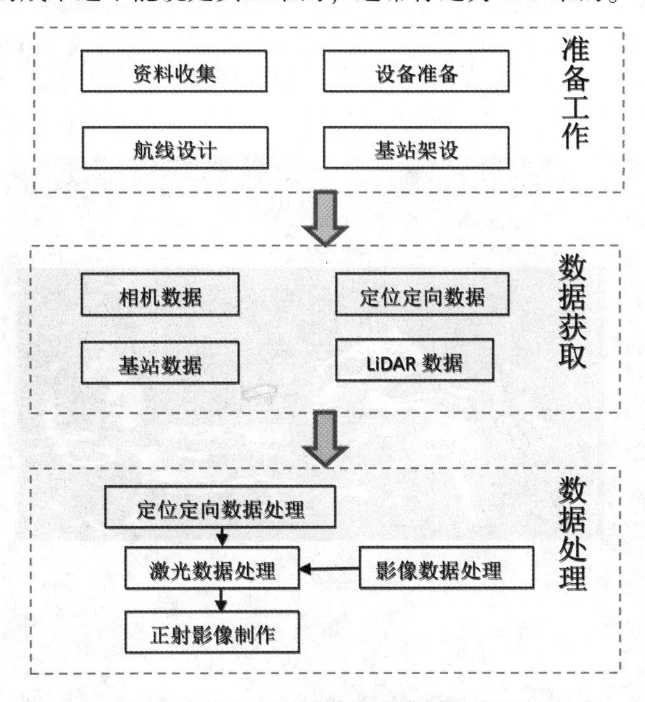

图3 海岛航空遥感正射影像图生成流程

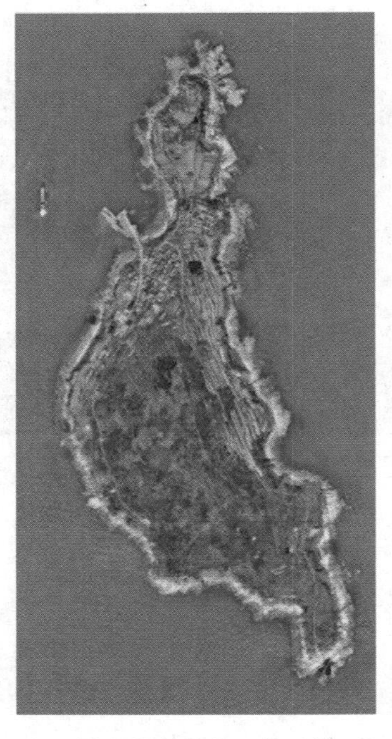

图 4　大管岛数字正射影像图

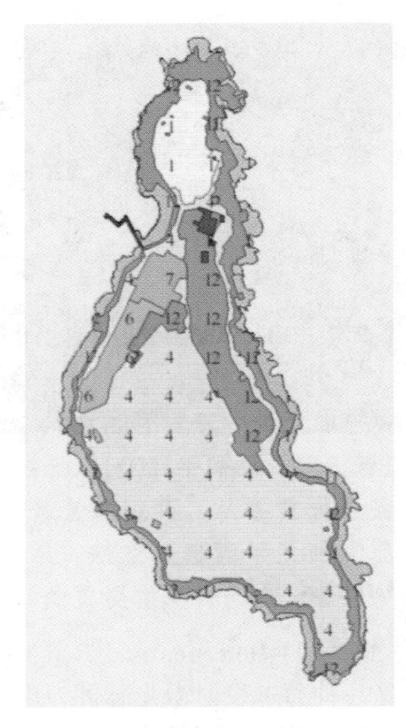

图 5　大管岛土地利用分类信息专题图

3.2　机载 SAR

Synthetic Aperture Radar（SAR）是一种主动式高分辨率的微波传感器，它向地表发射电磁波并通过对回波信号距离向的脉冲压缩技术和方位向的合成孔径技术获取二维图像。并且，SAR 具有全天候、全天时、不受大气传播和气候影响、穿透力强等工作特点，机载 SAR 更具有机动、灵活的优势。因此，用机载 SAR 进行海岛的航空监视监测对于提高我国目前的海岛航空监测能力具有重要意义。机载 SAR 图像也存在一定的不足，比如成果是灰度图像，不够直观。如图 6 所示，为西中岛的 SAR 影像。完全能满足发现违法工程等违法用海现象，也能满足海面溢油、绿潮、海冰等应急监测任务的需求。

图 6　西中岛 SAR 影像

4 真三维成果阶段

全景真三维测量事实上是基于倾斜摄影测量技术实现的，它改变了传统的摄影测量只能从垂直方向进行摄影，成果为垂直方向的正射影像的现状。全景真三维海岛监测是通过在同一飞行平台上搭载5台航摄相机，同时从垂直、倾斜等不同多角度采集该海岛的全部地形、地物的空间信息和表面纹理数据，利用专业数据处理平台进行加工处理，并按照一定比例尺，将海岛全部场景以原有的形态、色彩和纹理真实、准确地还原在计算机中，并以三维空间的形式呈现出来。简单地说，就是在计算机中准确地还原现实世界。目前该技术在城市三维建模中得到了充分的应用[1-2]。

此处以机载AMC5100倾斜摄影仪（图7）为数据获取设备，对大管岛进行了全景真三维监测，对获取的姿态数据和5组影像数据在3c软件平台进行数据处理，生成大管岛全景真三维数据成果，如图8所示。成果真实地还原了海岛上的树木、草丛、房屋、石头等生态；该三维成果可以多角度、多尺度查看，无遮挡现象，有利于对目标的细节监测；可实现精细化的长度、面积、体积等的量测，也可进行坡度、等高线等分析；在灾害应急中，还可以为现场监测队伍设定登岛路线，提供精细的基础数据。

图7 AMC5100倾斜摄影仪

在某些海岛上有复杂建筑的区域，由于五镜头相机能获取的像片不能做到360°无死角，以及模型点云密度不够高，所以局部构造复杂的部位会有纹理拉花，不真实的情况出现。具体数据处理过程中，可以结合采用机载LiDAR获取的激光点云数据，得到该建筑的高精度的数字表面模型（DSM），将二者数据进行结合，最终处理得到的数据会更加真实。

无人机倾斜摄影测量是近年来摄影测量学科中的新兴技术，也是研究热点。倾斜摄影测量技术以大范围、高精度、高清晰的方式全面感知复杂场景，通过高效的数据采集设备及专业的数据处理流程生成的数据成果直观反映地物的外观、位置、高度等属性，为真实效果和测绘级精度提供保证[3-4]。

5 结语

海岛的航空遥感监视监测技术的发展也反映了遥感技术的发展方向。综合以上几个海岛航空遥感监视监测阶段，通过比较分析，总结各自的优缺点如下：

（1）二维成果侧方照片飞行效率高，但无法定量监测；

（2）数字正射影像数据清晰直观，可量测，但受天气影响较大，监测效率低；

（3）机载SAR图像数据范围大，不受天气影响，效率高，可量测，但图像不够清晰直观；

（4）全景真三维数据直观、真实，可量测，但数据获取与处理周期较长，监测效率有待提高。

各类监视方法与数据优缺点明显，在监视监测任务繁多的情况下，海岛航空监视监测还需要根据海岛的属性、分重点、按等级分层次监视监测，以更好地为海岛保护提供数据支持。

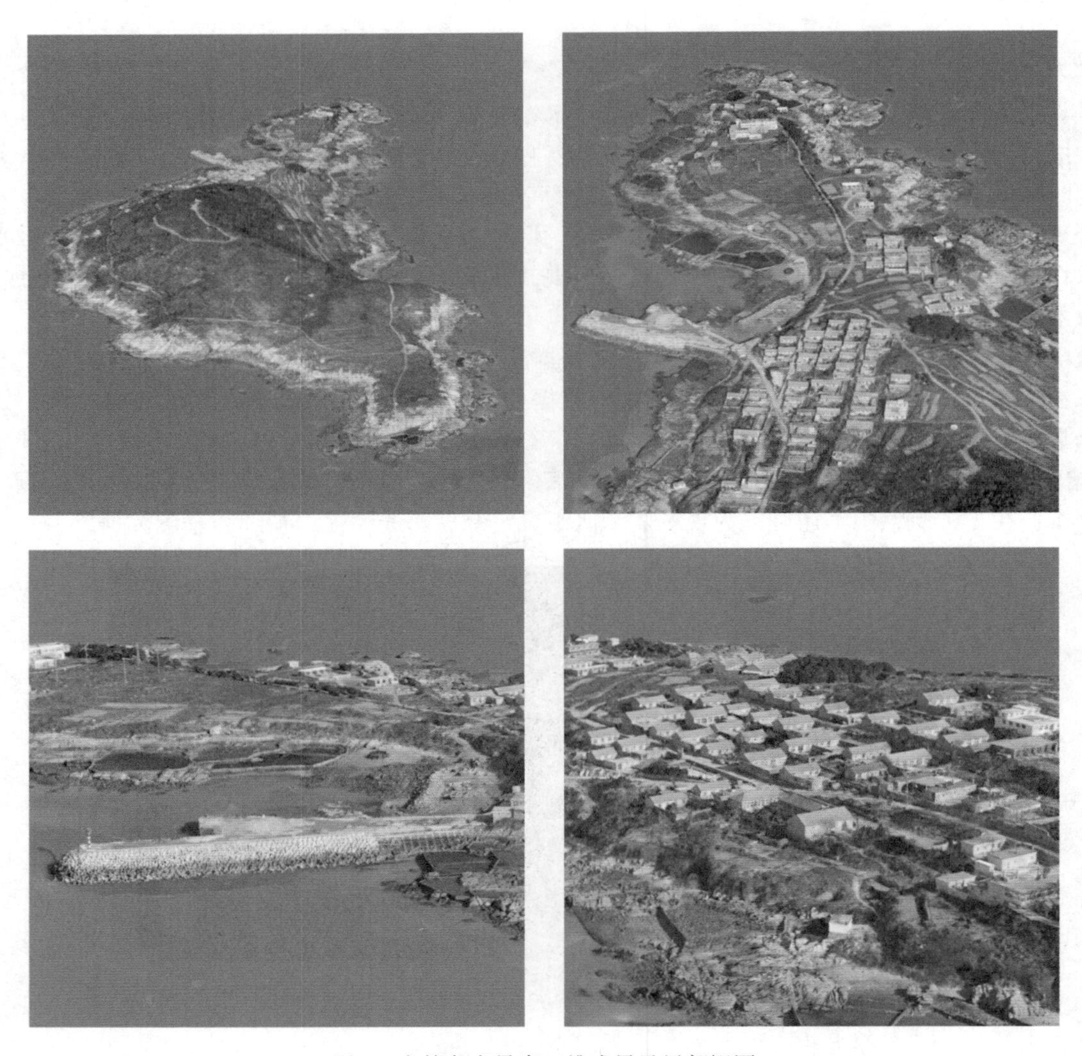

图8 大管岛全景真三维成果及局部视图

参考文献：

[1] 张平，刘怡，蒋红兵.基于倾斜摄影测量技术的“数字资阳”三维建模及精度评定[J].测绘，2014，37(3)：115-118.
[2] 江明明.基于倾斜摄影测量技术的三维数字城市建模[J].测绘与空间地理信息，2017，40(3)：189-190.
[3] 刘洋.无人机倾斜摄影测量影像处理与三维建模的研究[D].上海：华东理工大学，2016.
[4] 杨国东，王民水.倾斜摄影测量技术应用及展望[J].测绘与空间地理信息，2016，39(1)：18.

赤潮航空遥感监测技术浅析

周凯[1]，刘秋萍[2]

（1. 国家海洋局北海分局，山东 青岛 266000；2. 青岛市崂山区卫生计生综合监督执法局，山东 青岛 266000）

摘要：赤潮是一种世界性的公害，30多个国家和地区赤潮发生都很频繁。近十年来，我国沿海赤潮频发，且发生的频率和规模有逐年加大的趋势，赤潮灾害已成为影响海洋健康发展的严重生态问题，造成巨大经济损失。航空遥感具有速度快、覆盖面大、分辨率高等特点，成为赤潮监测的重要手段。利用航空遥感技术测定赤潮的时空分布，聚集特点及严重程度的表观特征，获取赤潮光谱特征，识别赤潮生物种类，掌握赤潮水体的扩展、漂移等动态变化情况，能为赤潮防控提供科学依据。

关键词：赤潮；监测；遥感；技术

1 引言

赤潮是在特定的环境条件下，海水中某些浮游植物、原生动物或细菌爆发性增殖或高度聚集而引起水体变色的一种有害的海洋生态现象。根据引发赤潮的生物种类和数量的不同，赤潮暴发海域海水呈现红色、黄色、绿色、褐色等不同颜色。赤潮是一种复杂的生态异常现象，发生机理尚没有定论，普遍认为赤潮是近岸海水受到有机物污染所致。含大量营养物质的生活污水、工业废水（主要是食品、造纸和印染工业废水）和农业废水流入海洋后，再加上海区的其他理化因素有利于生物的生长和繁殖时，赤潮生物便会急剧繁殖起来，形成赤潮。赤潮的危害性极大。首先，赤潮破坏了海洋的正常生态结构，从而威胁海洋生物的生存。其次，有些赤潮生物会分泌出黏液，粘在鱼、虾、贝等生物的鳃上，妨碍呼吸，导致窒息死亡。含有毒素的赤潮生物被海洋生物摄食后能引起中毒死亡。人类食用含有毒素的海产品，也会造成类似的后果。再次是大量赤潮生物死亡后，在尸骸的分解过程中要大量消耗海水中的溶解氧，造成缺氧环境，引起虾、贝类的大量死亡。

我国的赤潮航空遥感监测调查始于20世纪80年代末，经历了从简单监视到复杂监测、由目视监测到传感器监测、由单一要素到海洋环境多要素、从定性识别监测到定量（赤潮种类）监测的发展过程，其中可见光、高光谱等技术手段已成熟的应用于实际的调查业务[1]，见表1。

表1　赤潮航空遥感技术简表

遥感技术	波长范围	主要产品
可见光	380~760 nm	赤潮颜色、赤潮致灾生物初判、赤潮水体特征、赤潮分布特征、赤潮密集度估算、赤潮外缘线、赤潮面积、赤潮漂移趋势
高光谱	400~860 nm 级光谱分辨率	赤潮光谱、赤潮发生准确识别、赤潮生物优势种识别、赤潮外缘线、赤潮密集度、测区赤潮面积
红外	8~14 μm	赤潮水团亮温分布

作者简介：周凯（1978—），男，山东省青岛市人，硕士研究生，主要从事海洋航空遥感研究。E-mail：zhoukai@bhfj.gov.cn

2 赤潮航空可见光遥测技术

在航空遥测赤潮中，利用可见光遥测赤潮是机载传感器遥测赤潮的重要手段之一，可以完成对赤潮外观细节表观描述。依据赤潮发生时形成表面特征、物理特征，并结合易发生赤潮海区的分布特征，通过合理的飞行方式，利用目视解译法实现机载可见光设备赤潮监测。

2.1 赤潮颜色及生物种类研判

一般情况下，未发生赤潮的海域海水颜色正常且较为均匀，当赤潮发生时，海水的颜色有明显的改变，并且因引发赤潮的生物种类不同，海水产生不同的颜色，如：中缢虫、夜光虫形成的赤潮颜色呈红色或砖红色；甲藻、鞭毛藻形成的赤潮呈绿色；短裸甲藻形成的赤潮呈黄色；金球藻和某些硅藻形成的赤潮呈褐色[2]，图1~6。

图1 呈红色絮状的赤潮

图2 呈褐色条带状的赤潮

图3 呈黄色片状的赤潮

图4 呈红色条带状的赤潮

图5 呈绿色片状的赤潮

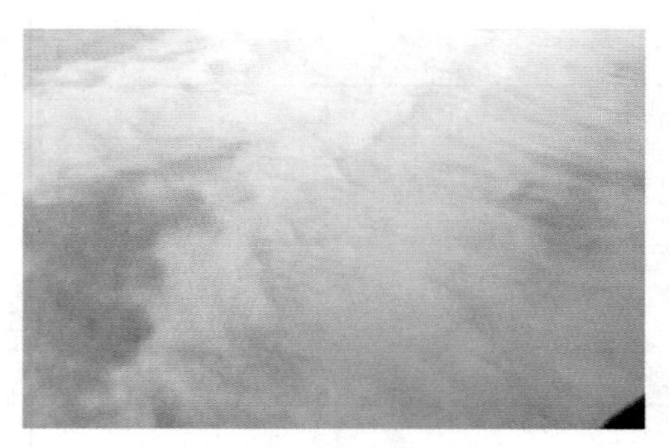

图6 呈褐色片状的赤潮

2.2 赤潮海域海水透明度

当赤潮发生时，由于海水的颜色发生变化、海藻的密度暴增，使海水的透明度明显降低且呈现海水混浊现象。

2.3 局部细节特征

为保证对异常海域的细节特征，如：颜色、形状、海水透明度的观察，视海上能见度状况，飞机飞行高度选择 100~200 m，跨越异常海域边缘的上方飞行。

2.4 大范围分布特征

为保证对异常海域的分布特征，如：块状、条带状的不规则形状迹，颜色的不均匀分布进行观察，视海上能见度状况，飞机飞行高度选择 300~600 m，穿越异常海域的飞行。

2.5 赤潮区边缘定位和面积测量

监测飞机在赤潮海域正上方飞行，飞行高度约 200~1 000 m，航速 200 km/h。对赤潮边缘线进行地理定位数据采点，基于 GIS 平台，提取赤潮外缘线定位数据，制作赤潮监测解译图等相关产品（图 7），计算分析赤潮发生的区域、面积、中心位置和分布等，监测赤潮发展变化情况。

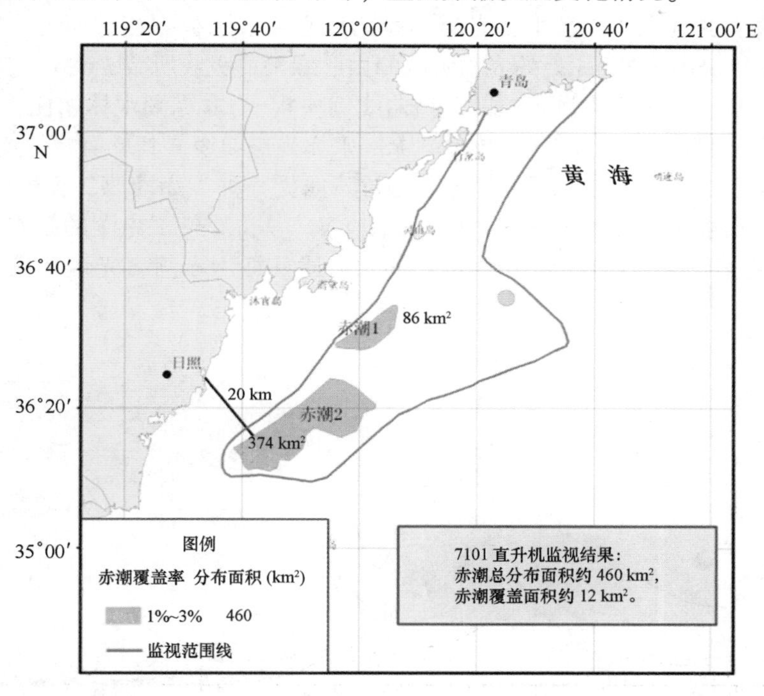

图 7 航空监测赤潮分布图（2012 年 5 月 29 日日照海域）

2.6 赤潮水体漂移、扩散动态分析

对赤潮发生海域进行连续飞行跟踪监测，通过多次监测数据的比对分析，确定相邻监测日期内赤潮的海域位置及面积变化，实现对赤潮水体漂移、扩散进行动态监测。

3 赤潮高光谱航空遥感技术

高光谱航空遥感是遥感技术的前沿，具有高光谱分辨率、高信噪比的特点，适用于海洋表面微弱混合信号的探测，它不仅可以对赤潮进行定性研究，由于其波谱分辨率达到纳米级，因而能够实现赤潮光谱信息的定量化研究，在赤潮生物种识别方面优势明显。

赤潮航空高光谱遥感的目的是利用机载高光谱成像仪数据快速精确地获取赤潮的分布、面积、分类等信息，为赤潮灾害监视监测提供科学决策依据。发现赤潮，制定相应的飞行计划，实施机载高光谱数据采集，利用仪器检校的参数对数据进行辐射校正、几何校正等预处理[3]。在充分掌握赤潮水体和正常海水光谱特征的前提之上，基于赤潮生物光谱响应敏感波段的选择结果，建立合理的赤潮发生检测模型，对高光谱图像进行非监督分类，实现了基于高光谱的赤潮监测。

3.1 参考光谱数据获取

利用地物光谱仪，采用海面观测方法测量赤潮光谱；收集历史数据，调研与赤潮研究相关的国家级科研项目，通过数据共享等渠道，收集已知优势种的赤潮光谱数据；实验条件下获取的赤潮光谱曲线。

3.2 赤潮光谱特征分析

基于实验获取的赤潮光谱曲线和同步生物数据，参照赤潮标准地物光谱曲线或野外实测赤潮波谱曲线，应用光谱包络分析、光谱微分、吸收指数等技术，提取典型赤潮光谱特征，为检测算法提供用于计算的光谱子集[4]。

赤潮发生时，浮游生物的过度繁殖或高度聚集导致水体光学信号的改变，比较赤潮暴发海区周围海水光谱的吸收峰和反射峰，遴选出了赤潮生物光谱响应的敏感波段。根据相关研究，在赤潮水体光谱曲线中，位于440~460 nm 和 650~670 nm 处的光谱吸收峰由叶绿素的吸收所致，685~710 nm 处的反射峰是赤潮水体的特征反射峰（红色中缢虫赤潮水体的光谱曲线例外），与非赤潮水体相比，不同优势种类赤潮水体在该波段范围内均有一强反射峰。不同优势种类赤潮水体光谱曲线，其反射峰位置亦有差别，红色中缢虫赤潮的第二反射峰位于 726~732 nm，其光谱位置与其他优势种类赤潮第二反射峰的距离大于 21 nm；丹麦细柱藻赤潮的第二反射峰位于 686~694 nm（见图 8）；中肋骨条藻赤潮的第二反射峰位于 691~693 nm；海洋褐胞藻赤潮的第二反射峰位于 703~705 nm。上述特征为赤潮高光谱遥感发现检测提供了光谱条件。

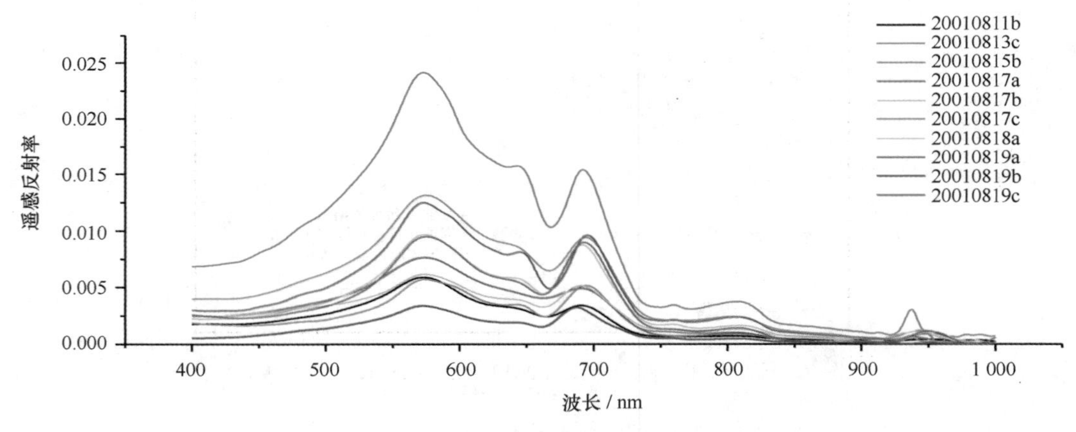

图 8 丹麦细柱藻赤潮水体遥感反射率曲线

3.3 赤潮发生判别

利用成像光谱仪获得的光谱数据得到赤潮生物光谱曲线，使用最优化方法数值计算确定出光谱曲线的极值点，将这些极值点与参考赤潮光谱子集比对，判别赤潮。

正常水体的叶绿素荧光峰位于 685 nm，浮游植物赤潮水体的叶绿素荧光峰的中心位置大于 685 nm，在 685~710 nm 范围内。在此范围内，成像光谱仪优于 5 nm 的光谱分辨率，具有检测荧光峰的能力，建立基于图像像元光谱的荧光峰位置和归一化梯度差的赤潮发生检测模型。首先，给定松弛量 $\varepsilon > 0$；然后，寻找像元相对反射率光谱在 680~735 nm 范围内的极大值点和 620~680 nm 范围内的极小值点，如果极大值点不存在，则判断像元属性为正常水体；否则继续判断极大值点与 685 的大小关系，如果极大值点小于或等于 685，则判断像元属性为正常水体；否则计算归一化梯度差 NGD，如果 $NGD < -\varepsilon$，则判断像元属性为正常水体，如果 $NGD > \varepsilon$，则判断像元属性为赤潮水体；如果 $abs(NGD) \leqslant \varepsilon$，则判断像元属性为赤潮和正常水体间的过渡水体。归一化梯度差 NGD 表达式：

$$NGD = \frac{DN_{max} - DN_{min}}{band_{max} - band_{min}}, \tag{1}$$

式中，$band_{max}$ 和 $band_{min}$ 分别为极大值点和极小值点对应的波长位置，DN_{max} 和 DN_{min} 分别为极大值点和极小值点对应的 DN 值。模型的上述过程依次作用于高光谱图像中的每一个像元，即可完成图像覆盖空间的赤潮发生检测。

2003 年 7 月 7 日，中国海监飞机获取的青岛附近海域的赤潮高光谱图像数据，对其进行反射率转换和数据存储方式变换后，生成以 BIP 格式存放的高光谱反射率数据[5]。模型的输出结果以图像的形式给出，并应用伪彩色分割表达（图 9）。

图 9 高光谱图像赤潮水体识别

3.4 赤潮生物优势种识别分类

不同生物优势种的赤潮水体除叶绿素 a 浓度不同外，其附属色素在不同的光谱波段上具有细微的区别，表现在光谱曲线上，即吸收峰位置、反射峰位置、谱峰宽度和吸收深度不同，因此，可利用具有纳米级光谱分辨率的航空高光谱数据进行赤潮生物优势种类识别，常用的识别方法有光谱角度分析法（SAM）、光谱相似度匹配法（SCM）和支持向量机法（SVM）等。

比较和综合研究各类赤潮生物种光谱识别方法，光谱角度分析法（SAM）是目前精度高而适应性广的识别方法。光谱角度分析法（SAM）通过计算一个高光谱图像像元光谱与参考光谱之间的“角度”来确定两者之间的相似性。在应用光谱角度分析法进行光谱匹配识别之前，需要进行高光谱图像像元光谱和地物波谱数据处理工作，包括光谱重采样和光谱曲线低通平滑等。

在光谱角度分析法中，通过下式来确定高光谱图像像元光谱 $T = (t_1, t_2, \cdots, t_n)$ 与参考光谱 $R = (r_1, r_2, \cdots, r_n)$ 的相似性：

$$\alpha = \cos^{-1}\left[\frac{\sum_{i=1}^{n} t_i r_i}{\left(\sum_{i=1}^{n} t_i^{\ 2}\right)\frac{1}{2}\left(\sum_{i=1}^{n} r_i^{\ 2}\right)\frac{1}{2}}\right], \tag{2}$$

式中，n 为波段数。光谱角度分析法计算的两个向量之间的角度不受向量本身长度的影响，因此两个光谱之间相似度量并不受增益因素的影响。环境噪声的作用反映在同一方向直线的不同位置上，利用这一点，光谱角度分析法可以减弱环境噪声对辐射量的贡献。

2001年8月25日在鲅鱼圈港暴发赤潮，海监飞机获取了高光谱数据，此次赤潮呈红色条带状分布，通过光谱角度分析法分析，确定生物优势种为红色中缢虫，海面同步采样验证正确，见表2、图10。

表2 高光谱监测赤潮生物优势种类识别列表

调查科目	明细
高光谱数据获取时间	2001年8月25日
高光谱数据获取地点	鲅鱼圈港港池
高光谱赤潮生物优势种识别方法	光谱角度分析法SAM
高光谱识别赤潮生物优势种	红色中缢虫
海面采样赤潮生物优势种类型	红色中缢虫
赤潮颜色、形状	红色条带状

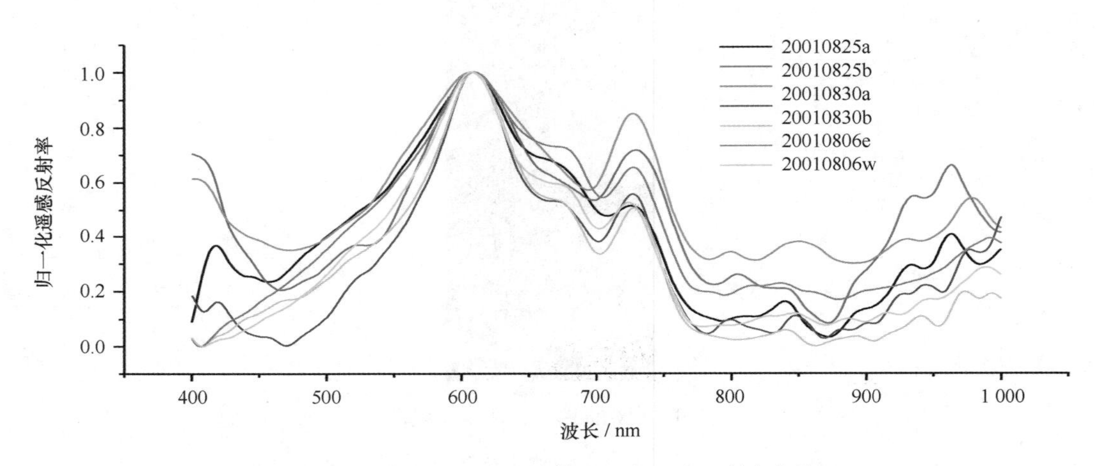

图10 红色中缢虫赤潮水体归一化遥感反射率曲线

4 结语

随着海洋经济的发展，赤潮等生态灾害频繁发生，严重破坏海洋环境，影响人类的生存发展。利用机载可见光、高光谱等技术，能有效的遥感调查赤潮，为防控赤潮提供依据，在海洋监测调查方面应用广阔。

参考文献：

[1] 陈述彭，童庆禧，郭华东.遥感信息机理研究[M].北京：科学出版社，1998.

[2] 黄韦艮，毛显谋.渤海赤潮灾害监测与评估研究文集[G].北京：海洋出版社，2000.

[3] 宁书年，吕松棠，杨小勤，等.遥感图像处理与应用[M].北京：地震出版社，1995.

[4] 张宗贵，王润生.基于谱学的成像光谱遥感技术发展与应用[J].国土资源遥感，2000，3：16-27.

[5] 党安荣，王晓栋，陈晓峰，等.遥感图像处理方法[M].北京：清华大学出版社，2003.

绿潮航空遥感监测技术浅析

周凯[1]，刘秋萍[2]

（1. 国家海洋局北海分局，山东 青岛 266000；2. 青岛市崂山区卫生计生综合监督执法局，山东 青岛 266000）

摘要：绿潮已成为世界范围内的近海、海湾和河口等海域一个普遍的现象。绿潮严重影响海域景观和旅游观光，干扰水上运动项目的顺利进行；大量繁殖的大型绿藻能遮蔽阳光并消耗海水中的氧气，对海洋养殖业及渔业具有较大的破坏作用；当海流将大量绿潮藻类卷到海岸时，绿潮藻体腐败产生有害气体，破坏近岸生态系统。航空遥感是绿潮监测的主要技术手段，能够及时发现绿潮并预警，其监测数据能为绿潮防控和调查提供必要的支持。

关键词：绿潮；监测；遥感；技术

1 引言

大型海洋绿藻过量增殖的现象，被称为“绿潮”。发生绿潮的生物主要是浒苔和石莼。浒苔藻体呈鲜绿色或淡绿色，管状，膜质，由单层细胞组成之中空管状体，藻体长可达1~2 m。浒苔为底栖生物，主要生长在沿海高中潮带岩礁上，自然分布于俄罗斯远东海岸、日本群岛、马来群岛、美洲太平洋和大西洋沿岸、欧洲沿岸。中国的南、北方各海区均有分布，属东海海域优势种。石莼，也称海白菜、青苔菜，主要分布于中国浙江至海南岛，以及黄海、渤海沿岸，是一种常见的海藻。人类向海洋中排放大量含氮和磷的污染物而造成的海水富营养化，是绿潮爆发的重要原因。海藻在铁量增加、阳光照射和其他所有条件同时出现的情况下，便会疯狂生长繁殖，进而形成绿潮。从1980年开始，美洲的美国、加拿大，欧洲的丹麦、荷兰、法国、意大利，亚洲的日本、韩国和菲律宾等国家，均发生过绿潮灾害，法国沿岸海域的情况尤为严重，受绿潮危害的滨海城市达103个。2007年夏季，黄海中、南部海域首次发现由浒苔大量增殖引发的绿潮，呈稀疏带状分布，过程持续约2个月，自此每年在相同海域相同时间段发生规模不等的绿潮[1]。

2008年5月30日，中国海监B-3843飞机在黄海巡航时，在距奥运会帆船比赛地青岛东南约150 km，发现大面积绿潮，成为最早发现绿潮并预警的监测平台，此后航空遥感提供的绿潮监测数据成果为防控绿潮灾害发挥了重要作用。常年的绿潮监测实践，航空遥感正逐步建立以可见光、合成孔径雷达、高光谱等多种技术设备集成使用的监测体系（表1），成为目前绿潮监测的主要手段之一[2]。

表1 绿潮航空遥感调查技术简表

遥感技术	波长范围	主要产品
可见光	380~760 nm	绿潮颜色、绿潮致灾生物初判、绿潮分布特征、绿潮覆盖率估算、绿潮外缘线、绿潮面积、绿潮漂移趋势
高光谱	400~860 nm	绿潮光谱、绿潮生物种识别、绿潮分布、绿潮覆盖率、测区绿潮面积
红外	8~14 μm	绿潮覆盖率、绿潮外缘线
合成孔径雷达	1 mm~30 cm	绿潮分布、绿潮覆盖率、绿潮外缘线、绿潮面积、绿潮漂移趋势

作者简介：周凯（1978—），男，山东省青岛市人，硕士研究生，主要从事海洋航空遥感研究。E-mail：zhoukai@bhfj. gov. cn

2 绿潮航空可见光监测技术

基于机载可见光设备的绿潮监视监测，是绿潮监测的常规手段，可以完成对绿潮细节表观描述。依据绿潮发生时形成表面特征、物理特征，并结合易发生绿潮海区的分布特征，通过合理的飞行方式，沿绿潮分布外缘线飞行，结合绿潮分布区域的覆盖飞行法，利用目视解译法实现机载可见光设备绿潮监测。

2.1 绿潮航片增强处理

绿潮航片（图 1）的增强处理目的是将原来不清晰的图像变得清晰或强调某些感兴趣的特征，抑制不感兴趣的特征，使之改善图像质量，丰富信息量，加强图像判读和识别效果，使影像色彩丰富、色调均匀、反差适中。方法主要有：对比度增强、反差拉伸、饱和度调整等[3]。

图 1 绿潮航片

2.2 绿潮航片定位

根据机载地理定位信息，以时间轴为参照，结合典型地物特征及周边分布，建立航片定位信息，完成几何纠正。

2.3 绿潮信息提取

分别对航片中绿潮和海水的红、绿、蓝波段的进行分析，根据绿潮和正常海水在可见光范围的比对信息，在绿光波段范围内绿潮反射率比正常海水大，而在蓝光波段范围内绿潮反射率比正常海水小的特征，利用绿波段与蓝波段的比值运算以区分绿潮区域和非绿潮区域（正常海水），见图 2。

2.4 绿潮统计与与图件制作

对影像图进行滤波处理，消除耀斑对浒苔信息提取的影响，完成浒苔分布面积、实际覆盖面积、浒苔覆盖度等信息的统计，并生成相关绿潮图件（图 3）。

2.5 绿潮漂移、扩散动态研究

对绿潮发生海域进行连续飞行跟踪监视监测，通过多次监测数据的比对分析，确定一段监测日期内绿潮的区域位置及面积变化，以对绿潮漂移、扩散进行动态监测，为绿潮的预报、影响范围预报提供可靠的依据。

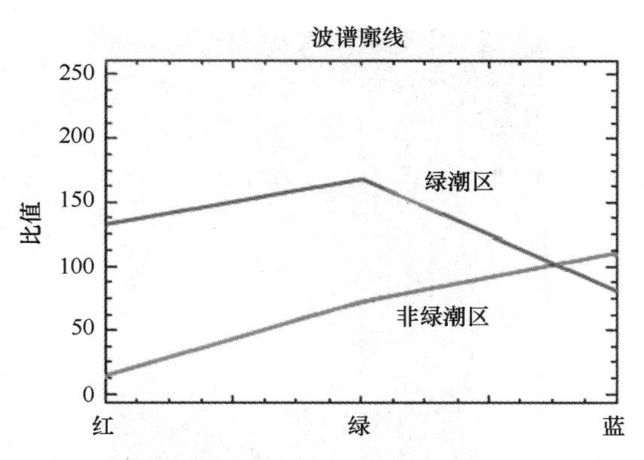

图 2　可见光影像绿潮区和非绿潮区绿蓝波段比值

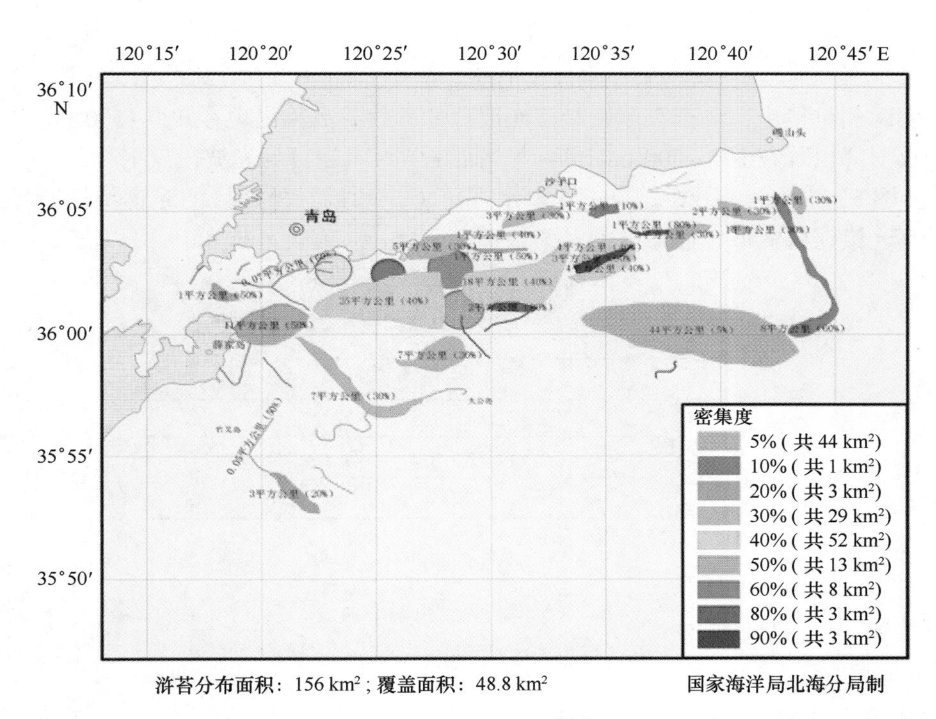

图 3　航空监测绿潮分布图（2008 年 7 月 2 日下午）

3　绿潮高光谱航空遥感技术

机载高光谱数据具有图谱合一的特点（图 4），既有较高的光谱分辨率，又有较高的图像分辨率，适合分布范围较大的绿潮定量化监测，在绿潮的面积、外缘线、覆盖率以及扩散漂移等参数的确定中发挥重要作用。高光谱绿潮监测是基于自然海水表面和覆盖海水表面的绿潮致灾大型藻类光谱特征的差异展开的，而高光谱纳米级的光谱分辨率能够区分识别以上差异。

3.1　绿潮光谱特征分析

绿潮具有与陆地绿色植被类似且显著区别于海水的光谱特征，以浒苔为例，其含有丰富的叶绿素，当浒苔覆盖海面时，由于叶绿素对太阳光的反射、吸收和散射作用，海水表面光谱将发生显著变化，使得海水光谱曲线在可见光的蓝光波段和红光波段产生吸收谷，在近红外波段出现类似于植被光谱曲线的高反射峰[4]。

图 4 绿潮高光谱图谱立方体

光谱信息的实际测量得出，浒苔在蓝光和红光波段的吸收谷具体出现在 400~500 nm 和 670 nm 附近，在近红外波段的反射峰出现在 675~800 nm 范围内。而正常海水在可见光波段反射率很小，在近红外波段反射率几乎为 0（图 5）。因此利用浒苔与正常海水在可见光和近红外波段的光谱特性差异建立浒苔遥感监测模型，这是高光谱遥感提取水面浒苔信息的基础。

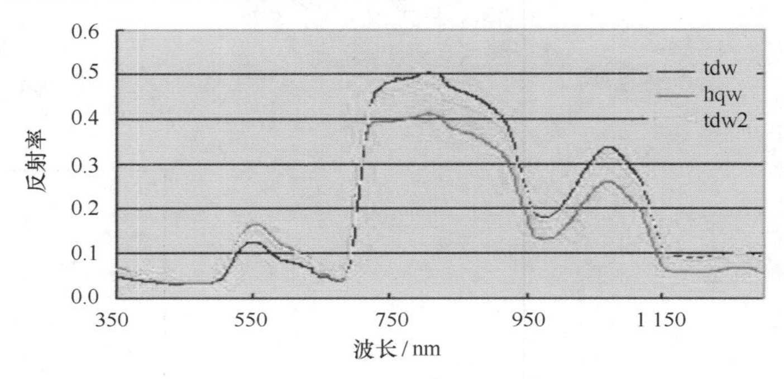

图 5 3 组浒苔光谱反射率曲线

3.2 绿潮分类与信息提取

从预分类的图像区域中选定绿潮、海水样区，建立分类标准，按照同样的标准对整个影像进行识别和分类（图 6）。常用的分类方法包括：平行六面体、最小距离、马氏距离、最大似然、波谱角（SAM）以及二进制。

由于绿潮与海水在光谱特征的显著区别，运用 ISODATA 算法，迭代自组织数据分析技术，基于最小光谱距离方程产生聚类，生成初始类别作为“种子”，依据某个判别规则进行自动迭代聚类，在两次迭代的之间对上一次迭代的聚类结果进行统计分析，根据统计参数对已有类别进行取消、分裂、合并处理，并继续进行下一次迭代，直至超过最大迭代次数或者满足分类参数（阈值），按照像元的光谱特性完成对绿潮目标的分析统计。分类后提取得到的绿藻光谱信息与实测光谱相比较，进一步验证分类结果的正确性，剔除干扰点。

4 绿潮合成孔径雷达航空遥感技术

微波遥感具有全天时、全天候监测的优点，目前常作为光学遥感监测绿潮的辅助手段，并以主动雷达遥感数据应用为主。机载合成孔径雷达（SAR）是目前常用的主动式高分辨率的微波传感器，它向地表发

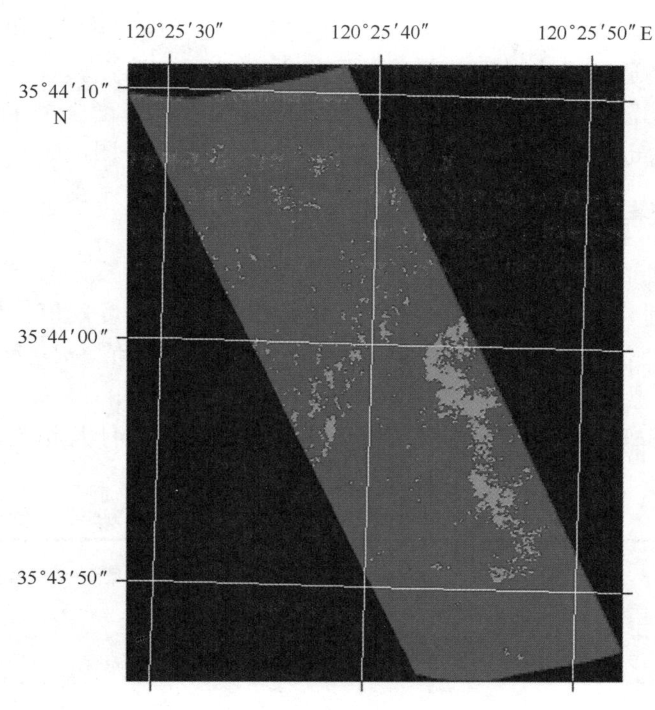

图 6　高光谱数据解译绿潮分布图

射电磁波并通过对回波信号距离向的脉冲压缩技术和方位向的合成孔径技术获取二维图像。在绿潮监测方面，机载合成孔径雷达能够多波段、多极化、多视向、多俯角地对海洋和陆地进行高分辨率的主动成像观测，具有穿透云、雨、雾等大气遮挡实施遥感探测的能力，不仅能够实时、高效地对绿潮进行监测，而且在空域紧张、气象条件不佳时，机载 SAR 仍可以发挥其优势，正常获取适用的监测数据。

4.1　绿潮 SAR 图像解析

在合成孔径雷达图像上，由于表面粗糙度不同，浒苔、水体、船只和陆地回波信号所得到的灰度值或后向散射系数差异明显。由于浒苔等大型海藻生物的存在，绿潮在海面上分散、堆积或悬浮，导致海洋表面粗糙度增加。合成孔径雷达发射的电磁波在绿潮海面发生反射、透射、折射和吸收，使后向散射强度发生了变化，其相对于平滑海面的后向散射系数增加，在 SAR 图像上与其他地物差别显著（图 7）。

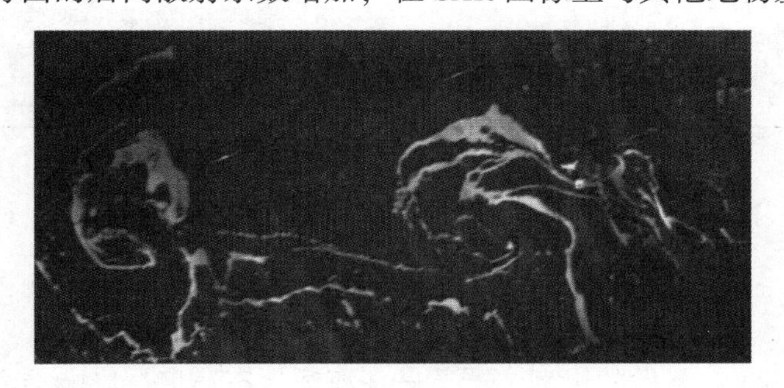

图 7　绿潮机载 SAR 监测图像（2015 年 7 月 5 日千里岩附近）

4.2　SAR 图像相干斑滤除

基于机载 SAR 图像的特点，进行绿潮目标检测前，应首先对 SAR 图像做相干斑滤波，一方面可以滤除相干斑噪声，另一方面对图像进行平滑，有助于目标分割后的连通性。常用的滤波算法有均值滤波、中值滤波、自适应滤波等，由于均值滤波、中值滤波在滤除相干斑噪声的同时，也降低了图像的分辨率，因此降低图像分辨率微小的自适应滤波较适宜于 SAR 图像去除相干斑噪声[5]。

自适应滤波分为 Lee 滤波器、增强型 Lee 滤波器、Frost 滤波器、增强型 Frost 滤波器、Gamma 滤波器、Kuan 滤波器、Local Sigma 滤波器、比特误差滤波器等，针对 SAR 图像的实际，可灵活选用。

4.3 绿潮 SAR 数据分类与信息提取

基于绿潮在 SAR 图像上的特征，分析浒苔所在的灰度或后向散射系数的有效范围，基于此通过图像的阈值分割法可以实现绿潮分类与信息提取。通过设定 SAR 图像的灰度阈值，将正常海水与浒苔覆盖海水区分开，其表达形式为 $R_{min}<R_g<R_{max}$，其中 R_g 是浒苔 SAR 图像灰度值，R_{min} 和 R_{max} 是浒苔的最小和最大灰度值。

通过对整个绿潮监测 SAR 图像的阈值分割，实现绿潮的分类、统计及相关信息提取，制作绿潮成果图件（图 8）。

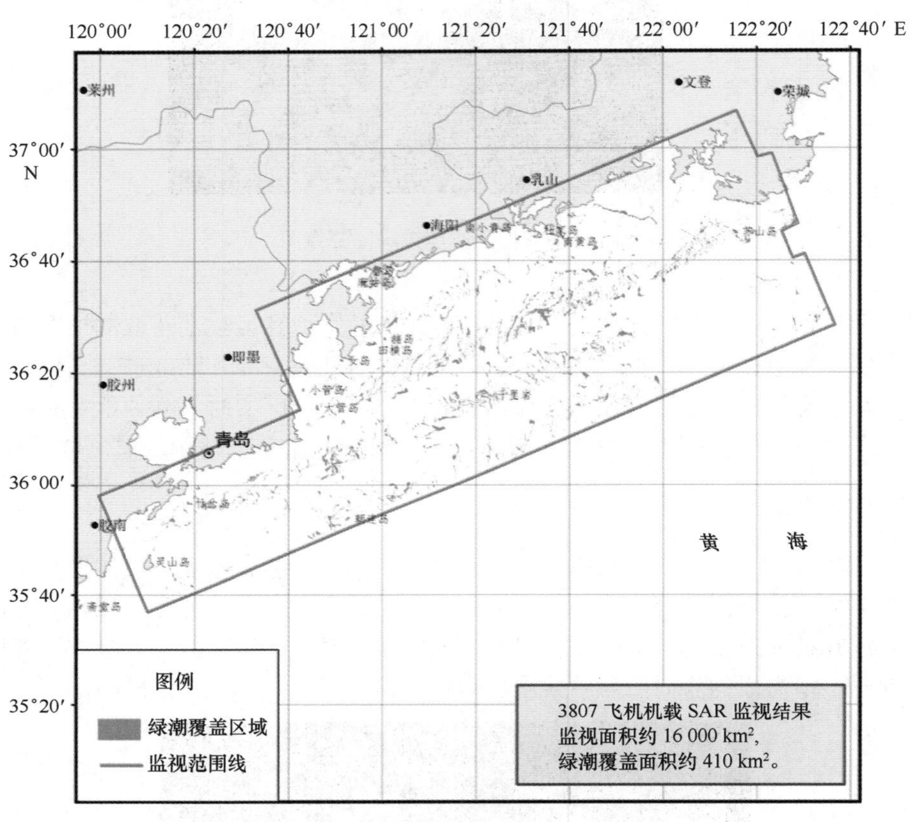

图 8 绿潮分布示意图（2015 年 7 月 5 日）

5 结语

每年夏季黄海中、南部海域暴发的绿潮，严重破坏海洋生态环境，影响沿海城市发展。航空遥感具有时效性强、精度高、覆盖面广的特点，利用机载可见光、高光谱、雷达等技术，能有效的遥感调查绿潮灾害，为防控绿潮灾害提供依据，在类似的生态灾害监测调查方面应用愈加广阔。

参考文献：

[1] 唐启升，张晓雯，叶乃好，等.绿潮研究现状与问题[J].中国科学基金，2010，1：5-9.

[2] 陈述彭,童庆禧,郭华东.遥感信息机理研究[M].北京:科学出版社,1998.
[3] 宁书年,吕松棠,杨小勤,等.遥感图像处理与应用[M].北京:地震出版社,1995.
[4] 张宗贵,王润生.基于谱学的成像光谱遥感技术发展与应用[J].国土资源遥感,2000,3:16-27.
[5] 党安荣,王晓栋,陈晓峰,等.遥感图像处理方法[M].北京:清华大学出版社,2003.

溢油航空遥感技术浅析

周凯[1]，刘秋萍[2]

（1. 国家海洋局北海分局，山东 青岛 266000；2. 青岛市崂山区卫生计生综合监督执法局，山东 青岛 266000）

摘要： 海洋溢油是海洋污染中影响范围最广，危害时间最长，对生态环境破坏最大的一种生态灾害。我国重大海上溢油事故时有发生，如 2010 年大连新港溢油、2011 年蓬莱 19-3 油田溢油、2013 年黄岛输油管线爆炸溢油等，对事发海域生态造成不可估量的破坏。从各重大溢油事故的处置可以看出，溢油监测调查技术需满足应急反应的信息要求。航空遥感能够及时发现溢油事故，确定污染范围和估算油量，对事故进行跟踪评估，为溢油处置提供支持，成为普遍使用的溢油监测技术手段。

关键词： 溢油；监测；遥感；技术

1 引言

航空遥感监测溢油的技术方法多种多样，采用的机载传感器类型各有不同，从电磁波范围来分，航空遥感溢油调查技术可分为紫外、可见光、红外、雷达、微波、激光以及高光谱等，其中可见光、高光谱、红外、紫外、雷达等技术手段已成熟的应用于实际的监测业务[1]（表 1）。

表 1 溢油航空遥感技术简表

遥感技术	波长范围	主要产品
可见光	380~760 nm	溢油颜色、溢油油种初判、溢油分布特征、溢油密度估算、溢油外缘线、溢油面积、油膜厚度估算、溢油量估算、溢油漂移趋势
高光谱	400~860 nm	溢油光谱、溢油油种识别、溢油密度、溢油分布、溢油外缘线、溢油面积
红外	8~14 μm	油膜亮温、溢油分布、溢油密度分割（厚度分类）
紫外	300~380 nm	溢油分布、溢油密度分割（厚度分类）
雷达	1 mm~30 cm	溢油分布、溢油密度、溢油外缘线、溢油面积、溢油漂移趋势
微波辐射计	8 mm、1. 35 cm、3 cm	油膜厚度
激光	300~355 nm	溢油油种识别、溢油分类

2 溢油航空可见光监测技术

可见光技术是最普便的航空遥感监测溢油的方法，机载可见光设备和 GPS 定位仪组合使用可以为溢油处置提供直观的应用成果。

2.1 可见光溢油监测技术分析

在可见光波段上，海面油膜要比洁净海面的反射率大，存在亮度差异，应用航空可见光波段（0.4~

作者简介： 周凯（1978—），男，山东省青岛市人，硕士研究生，主要从事海洋航空遥感研究。E-mail：zhoukai@ bhfj. gov. cn

0.7 μm）的传感器，能很好地辨析这种差别，获取溢油影像时，使用彩色胶片拍摄效果尤佳。

在可见光波段，油膜最大反射率均出现在 0.50~0.58 μm 波谱内，在可见光航片中，油膜表面颜色呈现从银灰色至深褐或黑色分布。溢油分布由溢油源开始，呈连续条带状，油膜浮于水面，在风力和海流的双重作用下，呈较明显的锯齿状（图 1）。

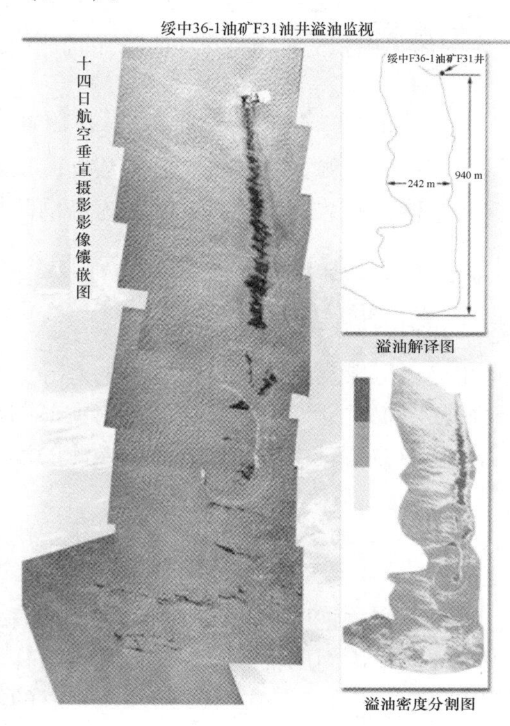

图 1 溢油可见光航空监测产品

2.2 油膜厚度估算

目前国际上通用的根据海面油膜色彩变化确定油膜厚度，经过多年的实践所总结出的公认有效方法，在欧共体国家内被广泛采用，并作为《马坡公约》执行的附属条约，以《波恩协议》的法律形式在其签约国内得到执行①。因此，可参照此种方法确定油膜厚度（表 2）。

表 2 油膜色彩与厚度关系表

等级	色彩表现	油膜厚度/μm
1	灰色	0.1
2	彩虹色	0.3
3	蓝色	1.0
4	蓝/棕色	5.0
5	棕/黑色	15~25
6	黑棕/黑色	>100

① 见 OIL POLLUTION AT SEA，BONN AGREMENT，1993

2.3 油量（体积）的估算

溢油量计算表达式为：

$$V = \sum S_i \times H_i \times \rho, \tag{1}$$

式中，V 为溢油总量，S_i为色彩对应的油膜面积，H_i为色彩对应的油膜厚度，ρ 为溢出原油密度。

2.4 溢油漂移、扩散动态研究

对溢油发生海域进行连续飞行跟踪监视监测，通过多次监测数据的比对分析，确定一段监测日期内溢油的区域位置及面积变化，以对溢油漂移、扩散进行动态监测，为溢油防控提供可靠的依据。

3 溢油红外紫外航空监测技术

红外、紫外遥感是目前航空遥感调查海面溢油的两种主要技术手段，由于红外与紫外工作方式相似，常被组合成使用。油膜和海水之间在热辐射以及光谱反射等方面的差异，导致遥感影像中油膜覆盖区与正常海水在亮度、纹理和颜色等方面存在一定差异。紫外对油的反射在薄的油膜或油层上反射最强，并且比周围的水反射更强，它能产生一个水和油的高对比的图像。红外探测的溢油比紫外探测的更厚，能穿透一些雾和小雨，并可在晚间工作。

3.1 红外遥感溢油技术分析

溢油在海水上形成一层油膜，吸收阳光并把所吸收的一部分太阳能（基本在8～14 μm区域）作为热能释放。红外成像后厚的油膜呈现热效应，中间的油膜呈现冷效应，可探测到的最薄油膜的厚度是在20～50 μm。红外遥感技术探测溢油使用的波长多在红外区8～14 μm，机载的红外监测设备在飞机飞行的垂直方向进行扫描，可以得到非常清晰的海面油污图像，不受气候及光线条件的影响，白天、黑夜都能可靠工作，即使在薄雾天气也能监测。

工作在热红外波段的机载红外扫描仪，以接收和记录目标的红外辐射能量为主，包括少量目标反射周围环境的热辐射和大气路径辐射能量，后两部分在特定的条件下可以忽略不计或用某种数学-物理模式加以校正。在某一温度下，物体热辐射能力的相对大小用光谱辐射率（或简称辐射率）ε 来描述。在海洋遥感的情况下，由于海水的辐射率很接近于1，可以把海水视为黑体，如测得目标（如油膜）与背景海水的辐射温度差（δT）及海水实际温度（T），即可计算出目标物质的辐射率（忽略环境辐射影响）[2]。若进一步考虑，如果不把海水视为黑体，则式为：

$$\varepsilon = \varepsilon_\omega \left(1 + \frac{c\delta T}{\lambda T^2}\right), \tag{2}$$

式中，ε_ω 为海水的辐射率，在8～14 μm谱段内其值为0.993，λ 为波长，T 为实际的热力与温度，$c=1.44\times10^{-2}$mK。可以看出，即使实际温度相同，在热红外图像中，油膜比海水冷。对厚度小于1 mm的薄油膜，比辐射率随厚度而增加。因此在航空红外扫描仪获取的红外图像上，油膜比周围海水“冷”，灰度比周围海水大，呈黑灰色。

3.2 紫外遥感溢油技术分析

紫外遥感调查溢油是基于海水表面和油膜对太阳辐射中紫外光谱区的反射特征不同以及在这种辐射的作用下激发荧光的特征，油膜在紫外光谱区的反射强度和油膜厚度有关，薄油膜对紫外光的反射率比海水高1.2～1.8倍，呈亮白色[3]。海面上的油膜反射、辐射较强，产生一定的荧光特性，受到臭氧层和大气溶胶的影响，使得紫外遥感主要在0.3～0.4 μm波长内进行，其传感器从空中可探测海面的垂直高度大致为200 m以内，紫外扫描仪或相机属于被动传感器，被垂直固定在飞机腹部，在飞机飞过油膜上空时，能连续获取油膜区域的图像。

使用0.28~0.38 μm波段的紫外扫描仪，作用波段位于油膜荧光处，油膜较海面有着更高的反射率，在紫外成像图中油膜呈淡色调，厚度为0.1 μm以上的薄油膜均有显示，因此，机载紫外扫描仪可作为航空遥感监测海面油污染（尤其是薄油膜）的重要手段，但传感器的使用仅适于白昼。

3.3 红外紫外集成遥感监测溢油

结合紫外遥感技术与红外遥感技术可以提供一个比使用单一技术更为有效的溢油探测手段，特别是实时并列显示各自结果时，能突出较厚的油膜部分，将紫外和红外图像重叠可以被用来产生一个溢油膜相对厚度的图像，达到有效监测溢油，对厚度做出大致分类的目的（图2）。

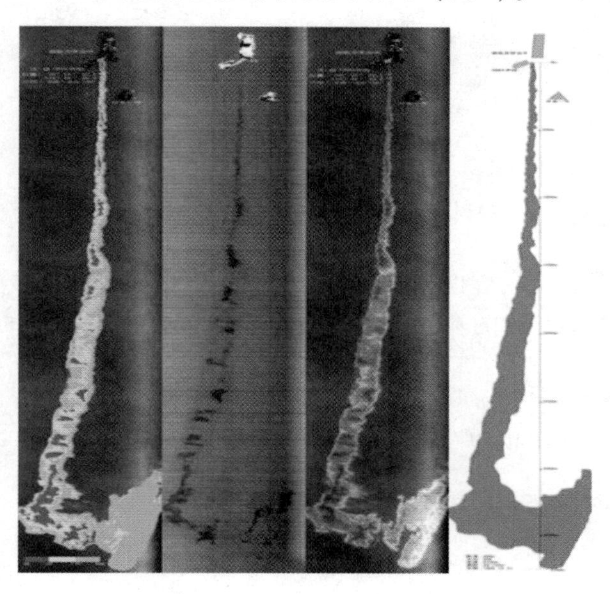

图2 溢油航空红外紫外调查成果图
从左至右：密度分割图、红外图像、紫外图像、分布解译图

4 溢油高光谱航空监测

机载成像光谱仪可收集上百个非常窄的光谱波段信息，在成像的同时还可以获取目标丰富的光谱信息，有着高光谱和高空间分辨率，能获得图像每一像元的有效连续反射光谱，具备确定目标细节的潜力，成为独特的不可替代的溢油监测的重要数据源，适用于对溢油有关信息的提取。

4.1 溢油光谱特征分析

由于高光谱数据具有纳米级的光谱分辨率，因此各类油种的光谱特征分析对于高光谱监测溢油尤为重要。

海洋溢油油品的主要类型是柴油、润滑油和原油。柴油的反射率远高于海水；润滑油在蓝绿光波段反射率高于海水，在红光673 nm和近红外波段则低于海水；原油在可见光波段低于海水而在近红外波（849 nm）则高于海水。海水的吸收在725 nm处至近红外方向，其在736 nm和774 nm处也有2个吸收峰，吸收强度较弱，而在近红外波段928 nm、1 036 nm处的吸收较强。3种油品与海水的差异在不同波段位置是不同的，柴油与海水反差的最大值在399 nm和426 nm处，次峰值在930 nm处；润滑油与海水反差的最大值在407 nm和429 nm处，并逐渐向红光方向降低；原油和海水反差与上述二类油品不同，最大值在近红外方向上，在933 nm、1 073 nm处各有一峰值，原油与海水反差在蓝绿光波段最低，向两侧增高，在紫外和红外方向均有出现油水差峰值的可能（图3）。

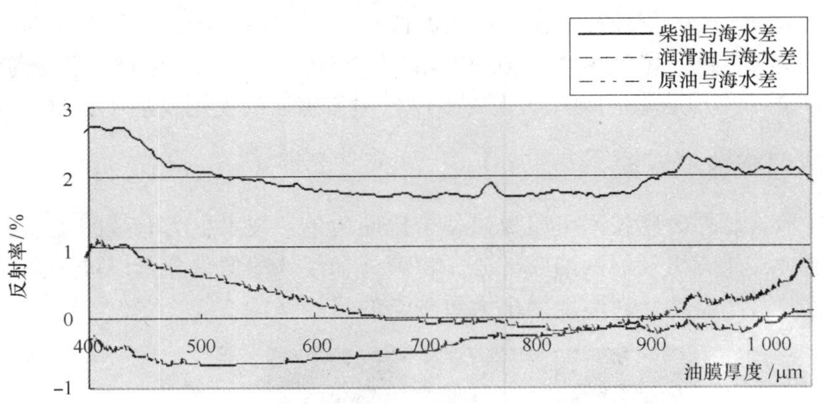

图3 油水差值反射率曲线

4.2 溢油高光谱数据油种鉴别

基于自然界中任何地物都具有其自身的光谱曲线特征的原理，对高光谱数据可以通过波谱分析分类方法进行溢油信息识别。在建立波谱库的基础上，根据不同油种的光谱特征，可用基于光谱角匹配（SAM）等方法对油种进行识别。

SAM把光谱看作多维矢量，计算两光谱向量的广义夹角，夹角越小，光谱越相似，按照给定的阀值将未知光谱进行分类[4]。在 N 维空间上，未知像元光谱矢量与参考光谱矢量之间的光谱角 α 数学表达式为：

$$\alpha = \arccos \frac{\sum XY}{\sqrt{\sum (X)^2 \sum (Y)^2}}, \tag{3}$$

式中，X 为影像像元光谱曲线矢量，Y 为参考光谱曲线矢量。通过高光谱图像像元光谱和各油种波谱数据比对，从而达到区分出油种的目的（图4）。

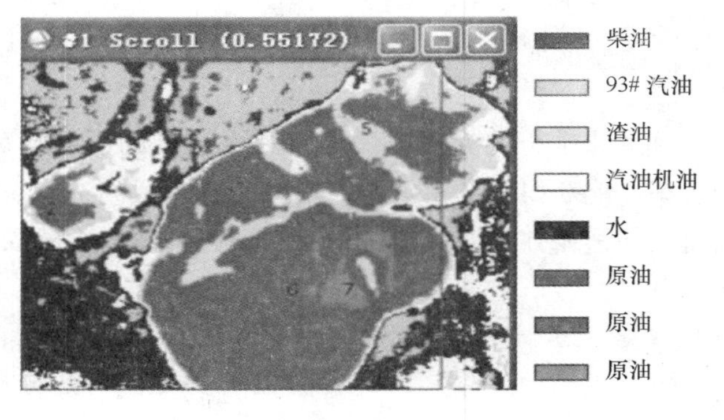

图4 光谱分析法油种识别图

根据高光谱相关性高、信息量大的数据特点，可基于统计特征基础上的多维正交线性变换，采用主成份分析法（PCA）降维，较多的变量转化成彼此相互独立的变量，合成溢油高光谱彩色图像，所得的高光谱溢油彩色图像信息含量增强、噪声隔离，不同厚度溢油表观、船舶轨迹等信息量更大，细节更清晰，研判效果更好。

5 溢油雷达航空监测技术

雷达属微波传感器，具有穿透云、雨、雾等大气遮挡实施遥感探测的能力，不受天气影响，能够多波段、多极化、多视向、多俯角地对海洋和陆地进行高分辨率的主动成像观测，可实现对溢油的全天候全天时监测。由于机载雷达具有较大多数光学传感器更宽的测绘带宽，因此可利用机载雷达进行高效的溢油航空遥感调查。

雷达是唯一的可以大面积搜索探测海面溢油的遥感器，用来探测溢油的雷达主要是合成孔径雷达（SAR）和机载侧视雷达（SLAR）。机载侧视雷达由于空间分辨率的局限性，目前合成孔径雷达（SAR）成为主流的溢油监测雷达遥感器。

5.1 溢油 SAR 图像解析

根据雷达成像的原理，SAR 是通过自身发射电磁波与海面微尺度波共振相互作用成像，由于水体和油膜对微波的吸收比电磁波要小得多，对雷达探测海面油膜非常有利，海面溢油由于具有较高的表面张力，溢油覆盖的海面比较光滑，有效地衰减了海面的微尺度波，受油膜覆盖的海面对雷达脉冲波的后向散射系数明显比周围无油膜覆盖的海面小得多，故在雷达图像上，油膜呈暗色调[5]。海洋上的毛细波反射雷达，海上的溢油则破坏毛细波，因此油膜被雷达探测为“黑块”。由于对较短的 Bragg 波的阻尼作用增强，用 X 和 C 波段的 SAR 检测溢油效率较高。

5.2 SAR 图像分类解译识别

边缘检测后的图像，确定溢油边界，针对不同海域、不同图像特点，可采用图像分割把目标物从图像中分离出来，将溢油与正常海水进行分离，进而计算溢油面积及密集度。溢油信息提取和油水分离处理后，根据图像信息计算统计溢油区域面积，并合成溢油分布示意图（图 5）。

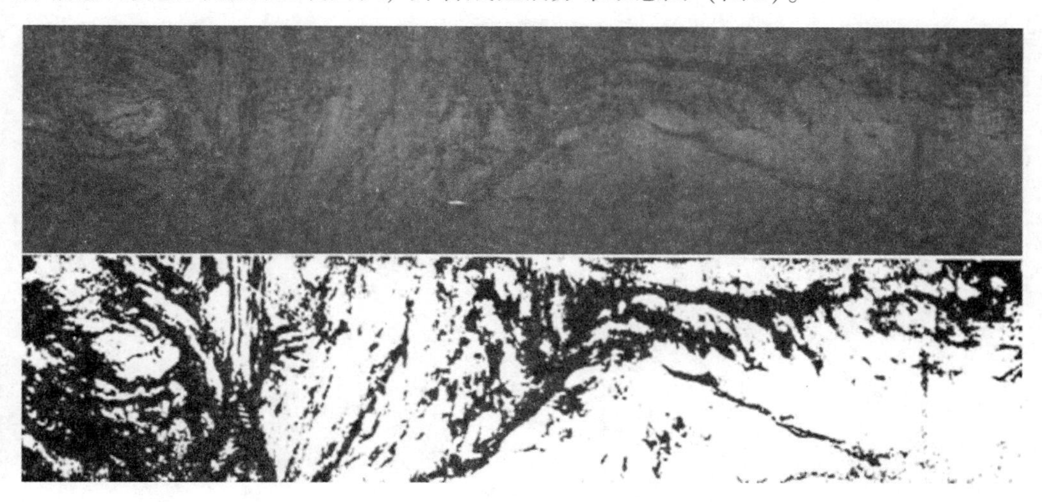

图 5　溢油机载 SAR 数据处理前后图像

6 结语

随着海洋经济的发展，溢油等海洋污染频繁发生，严重破坏海洋生态环境，影响人类的生存发展。航空遥感具有时效性强、精度高、覆盖面广的特点，利用机载可见光、红外、紫外、高光谱、雷达等技术，能有效的遥感调查溢油污染，为防控海洋溢油污染提供依据，在海洋污染监测调查方面应用愈加宽广。

参考文献：

[1] 赵冬至,张存智,徐恒振.海洋溢油灾害应急响应技术研究[M].北京:海洋出版社,2006.

[2] 陈述彭,童庆禧,郭华东.遥感信息机理研究[M].北京:科学出版社,1998.

[3] 宁书年,吕松棠,杨小勤,等.遥感图像处理与应用[M].北京:地震出版社,1995.

[4] 张宗贵,王润生.基于谱学的成像光谱遥感技术发展与应用[J].国土资源遥感,2000,3:16-27.

[5] 党安荣,王晓栋,陈晓峰,等.遥感图像处理方法[M].北京:清华大学出版社,2003.

我国海洋科学数据网络共享现状

徐超[1]，李莎[1]

（1. 中国科学院南海海洋研究所，广东 广州 510301）

摘要： 本文重点关注中国海洋信息网、国家科技基础条件平台、中国科学院科学数据库等具备数据资源长期积累和共享服务的建设项目，筛选38个运行较为健康的公益性海洋科学数据共享平台网站展开共享资源调查，简要整编出海洋科学数据资源开放共享目录，分析网站建设、资源整合、共享服务等三方面，以便理清我国海洋科学数据网络共享现状，并提出海洋科学数据共享保障措施。

关键词： 海洋科学数据；数据共享网站；资源目录

1 引言

科学数据是人类在认识自然，发展科技的活动中产生和积累的数据，是人类长期科学活动的知识积累，是一种重要的基础资源和战略资源[1]。我国基础科学数据共享已经经历了30年的建设和发展历程，简要介绍如下。

“中国科学院科学数据库”于20世纪80年代开始建设，现在已经发展成为目前国内学科覆盖面最大、设施先进、管理规范、内容丰富的综合性科学数据库系统[2]。数据内容涉及高能物理、光学、声学、化学、材料、天文、空间、地质、地理、环境、大气、海洋、生物、生命科学、能源、信息科学等领域[3]。其中海洋科学数据库和南海海洋科学数据库的建设从“十五”期间至今也超过15个年头。1984年我国加入国际科技数据委员会CODATA，由中国科学院牵头组织国内有关部委成立了CODATA中国全国委员会，组织与CODATA成员国相关学科组的学术交流、数据交换以及数据共享服务[4]。

1988年我国加入世界数据中心并定名为WDC-D（世界数据中心中国中心），目前共有海洋、气象、地震、地质、地球物理、空间、天文、冰川冻土、可再生资源与环境等9个学科中心[5]。国家海洋局国家海洋信息中心承担WDC-D海洋学中心建设，于1996年发布国家海洋基础信息网络服务系统。WDC-D海洋学中心是继美国WDC-A、俄罗斯WDC-B海洋学中心之后的第三个世界数据中心海洋学中心，其拥有长期稳定的国内海洋基础资料来源[6]。

“九五”和“十五”期间，在国家高技术研究发展计划（863计划）海洋技术领域计划的支持下，我国分别在上海和台湾海峡及毗邻海域建立了两个区域性海洋环境立体监测示范系统[7]。初步建成由岸站、浮标、潜标、海床基、地波雷达及卫星遥感组成的区域性海洋环境实时立体监测网，以及数据集成处理服务系统。

1999年，科技部在科技基础性工作专项中陆续启动了一批数据资源建设项目。“十二五”期间，海洋科学考察与调查，加强黄海、渤海、东海、南海等重点海域及近邻大洋的地质与资源环境科学考察，开展关键断面的长期观测、海岸带资源环境调查、海洋生物资源调查等工作[8]。个别专项建立了相应的数据共享网站，如南海海洋断面科学考察数据管理与共享信息系统。

作者简介： 徐超（1984—），男，山东省新泰市人，主要研究方向为海洋信息服务。E-mail：xc@scsio.ac.cn

2001 年，科技部主持完成了《实施科学数据共享工程，增强国家科技创新能力》的调研报告，对我国科学数据共享存在的主要问题和可能解决的办法等一系列问题进行了详细的调查研究，同年底气象科学数据共享试点启动，在国家层面上，翻开了我国科学数据共享的新一页。科学数据管理与共享工作在一些行业或部门已经被纳入议事日程，相继成立了专门的信息中心，汇集、整理和管理本部门采集的各类数据，如水利、海洋、林业、材料环境、农业、交通等部门的数据共享都已经对外提供服务[9]。2009 年，国家科技基础条件平台门户网站——中国科技资源共享网在京正式开通，由国家海洋局承担建设的三大海洋资源共享平台——海洋科学数据共享平台、极地标本资源共享平台、海洋微生物菌种资源共享平台被纳入其中运行。2013 年，科技部发展计划司、财政部教科文司、国家科技基础条件平台中心编发了《国家科技基础条件平台科技资源开放共享目录》，主要包括了中国科技资源共享网和通过认定的 23 家国家科技平台简介和资源目录[10]。

2003 年为了加强国家自然科学基金海洋科学项目资料的管理，实现基金资助项目资料的统一（归口）管理和无偿共享使用，充分发挥国家基金投入的社会效益和经济效益，国家自然科学基金委委托国家海洋局第一海洋研究所筹建青岛海洋科学资料共享服务中心，其目的是开展自然科学基金海洋科学资料共享服务的工作，建立其相应的各类海洋科学基金项目资料的收集、整编和共享服务体系，使之真正服务于社会[11]。

2006 年国家海洋信息中心完成海岸带海岛基础数据库系统，对 20 世纪实施的全国海岸带与海涂资源综合调查、全国海岛资源综合调查形成的档案进行数字化和集成统一管理[12]。2007 年国家海洋信息中心负责的 908 专项“数字海洋”信息基础框架构建项目，是迄今我国涉及学科最全、国家投入最多、采用开发技术手段最为先进的国家级海洋数据共享工程。“数字海洋”信息基础平台在体系结构上由国家级和省市级系统构成，各级系统统一设计，标准统一、接口规范和功能的基本一致，并与现有业务系统有机结合；在展示方式上采用基于地球球体模型，通过多媒体、动态可视化和虚拟仿真等多种手段，生动展示海洋资源、海洋环境、海洋文化等多方面的信息[11]。

2 海洋科学数据共享平台及其资源开放共享

我国境内的海洋科学数据共享网站的建设运维均依靠政府项目资助，网站本身具有公益性质，整合的可共享的数据资源包括中国管辖海域在内的全球范围的各学科领域的海洋科学数据。这些海洋科学数据共享网站一般以全国重要涉海部门的信息中心或数据中心为基础，建立数据共享平台，整合各自数据资源，公开共享数据目录，向海洋科技界和政府部门等提供免费信息服务。

然而，随着时间推移和资助状况变化，并非全部海洋科学数据共享网站存活，通过网络调研的方法，共筛选出 38 个运行较为健康的海洋科学数据共享网站（数据库或数据共享平台），这些共享网站的建设运维与监督管理主要由国家海洋局（15 个网站）、国家自然科学基金委（2 个网站）、国家科技基础条件平台（6 个网站）、中国科学院科学数据库（8 个网站）以及高校和地方科技主管部门等（7 个网站）进行，文章重点关注网站共享服务数据内容，初步整理出各网站共享资源目录，供广大用户参考（表 1）。

3 海洋科学数据共享现状分析

3.1 平台建设

目前我国的海洋科学数据共享平台建设主要是政府行为，仍未形成“共建共享”的平台建设和共享服务机制。

表1　我国海洋科学数据共享网站及其开放共享目录

平台名称	网址	运维机构	海洋数据资源开放共享目录
中国海洋信息网	http://www.coi.gov.cn/	国家海洋信息中心	海洋基础数据包括南森站数据、CTD 数据、BT 数据、表层海流数据等水文数据，叶绿素数据、浮游植物数据、浮游动物数据等海洋生物数据，气象数据、水位数据等 Near-Goos 气象数据，温盐、气象各月统计数据、浪、气象各向各级风速频率数据等海洋环境监测站数据，以及海面气象数据、海洋化学数据、地球物理数据、ARGO 浮标数据、GTSPP 数据、modis 数据、中巴资源卫星元数据等；海洋产品数据包括海洋环境基本场产品，海洋环境统计分析产品，海洋要素数据同化产品，浑浊度、海冰、海水表面温度等海洋环境遥感产品，海面气象资料，浮标轨迹图、瀑布图、T-S 图等 ARGO 资料产品；世界海洋渔业资源数据包括世界国家渔业产量数据和世界海洋渔业资源数据库
CMOC China	http://www.cmoc-china.cn/web/guest/home	National Marine Data and Information Service (NMDIS)	The Coastal Station Data(1999 年 5 月-2016 年 8 月) Station Temperature and Salinity Data(1996 年 1 月-2016 年 8 月) Monthly mean sea level data(2010 年 1 月-2016 年 8 月) Station Wave and Wind Data(1996 年 1 月-2016 年 8 月)
ODINWESTPAC	http://www.odinwestpac.org.cn/odinwestpac_home.aspx	NMDIS	Operationally Updated Data: Buoy Data(Korea)-Quasi-Real Time Coastal Station Data(China)-Quasi-Real Time Hourly Sea Level Data(Japan)-Delayed mode Monthly Mean Sea Level Data(China)-Delayed mode Temperature and Salinity Data(China)-Delayed mode Wave and Wind Data(China)-Delayed mode Historical Data: Meteorological Data(Korea) Observation Data in Bases FM 13-VII SHIP(Russia) Ship Observation Data in China Sea Coastal Station Data(Russia) Satellite Remote-Sensing SST Data
China Delayed Mode Database for NEAR - GOOS (CDMDB)	http://near-goos.coi.gov.cn/	NMDIS	Operationally Updated Data: Coastal Station Data Monthly Mean Sea Level Temperature and Salinity Wave and Wind Metedata: Infomation Forecast Services: Tide Forecast(Monthly)
ASEAN Regional Forum (ARF) Oceanic Information Network	http://www.arfmar.info/index.html	NMDIS	Coastal Station Data SST Sea Level Data Coastal Station Meteorological Data Sea Surface Meteorological Data Data Analysis Products Tide Forecast

续表

平台名称	网址	运维机构	海洋数据资源开放共享目录
中国可持续发展信息网海洋分中心	http://sdinfo. coi. gov. cn/index0. html	国家海洋信息中心	海洋资源数据库12个子库,综合经济和产业数据库10个子库,海洋法规与情报数据库6个子库共69项法规,海洋环境数据库5个子库,海洋图件34件,海洋空间数据库6个子库,以及中国近海资源图集、中国近海赤潮生物图谱、海洋环境统计分析产品、海洋要素数据同化产品、海洋环境遥感产品、海面气象数据与产品、ARGO资料产品、太平洋水文要素等值线分布图等8类信息产品
国家海洋基础信息网络服务系统(WDC-D海洋学中心)	http://wdc-d. coi. gov. cn/	国家海洋信息中心	海洋台站元数据、海流元数据、南森站元数据、海洋生物元数据、海洋环境质量元数据、海洋资源元数据、海洋经济元数据等元数据信息;海洋环境监测站资料库、海洋温盐资料、表层海流资料、ARGO浮标数据、海面气象观测资料、南森站资料、海洋生物资料、海洋浮标资料、海洋地质地球物理资料、海洋气象观测资料、全球电信系统等海洋基础资料;中国近海资源图集、中国近海赤潮生物图谱、海洋环境统计分析产品、海洋要素数据同化产品、海洋环境遥感产品、海面气象数据与产品、太平洋海域温盐等值线分布图、海洋环境对全球影响评价、中国海洋环境质量公报(年报)、中国海洋经济统计公报(年报)、海域使用管理公报(年报)、中国海洋卫星应用报告(年报)、中国海洋灾害公报(年报)、中国海平面公报(年报)、海洋执法监察公报(年报)、全国海洋倾废管理月报(月报)、El Niño监测和预测(双月报)等海洋信息产品;、每日海浪预报(上午发布)、每日海浪预报(下午发布)、海浪实况分析图(日报)、三维海温、海流预报(日报)、海水温度旬预报(逢10发布)、海面水温实况分析图(旬报)、我国主要港口潮汐预报(月报)等预报服务产品;以及1:100万海洋基础地理信息、1:400万海洋基础地理信息、海洋经济空间数据库、海洋资源空间数据库、海洋生态空间数据库、海洋环境空间数据库、海洋灾害空间数据库等WebGIS数据
中国数字海洋公众版	www. iocean. net. cn	国家海洋信息中心	中国数字海洋公众版通过大量详实的海洋数据和国际先进的技术表现形式描绘海洋,对海洋资源、海洋环境、海洋文化等多方面的信息进行了生动展示。其内容丰富、形式新颖、操作简单、效果直观,是宣传海洋文化的窗口、传播海洋知识的阵地和提供海洋信息服务的重要门户
国家海洋环境预报台	http://www. nmefc. gov. cn/index. aspx	国家海洋环境预报中心	海浪、海温、海冰、台风风暴潮和温带风暴潮的实时预报信息,海浪产品、海温产品、海流产品、海洋气候监测与预测、海水盐度产品、海冰产品、风暴潮产品、海啸产品、近海海洋环境预报、台风等预报产品,和西北太平洋海浪实况分析、西北太平洋海温实况分析、热带太平洋温度盐度再分析、中国近海海浪实况分析速报、中国近海风暴潮实况分析速报、渤海及黄海北部海冰实况速报等分析产品
全球业务化海洋学预报系统	http://www. nmefc. gov. cn/cgofs/index. aspx#	国家海洋环境预报中心	全球、印度洋、西北太平洋、中国海等不同范围海区的海浪、海流、海温、盐度、风场等要素最长120 h的数值预报数据
全国海洋渔业环境保障服务产品WEBGIS发布平台	http://202. 108. 199. 12/forecasting/index. html	国家海洋环境预报中心	全国53个渔场时效24 h的渔场海浪预报产品、渔场海面风预报产品、台风路径产品,主要实现了以上3种产品在线浏览及查询服务

续表

平台名称	网址	运维机构	海洋数据资源开放共享目录
海洋卫星产品库	http://www.nsoas.org.cn/portal/product/productInfo.jsp	国家卫星海洋应用中心	海洋一号A(HY-1A)卫星数据、海洋一号B(HY-1B)卫星数据和海洋二号(HY-2)卫星数据,数据提供方式采用FTP下载、光盘刻录和硬盘拷贝等方式。直接在线共享数据包括HY-2A的微波散射计-海面风场产品、雷达高度计-海面高度产品、雷达高度计-有效波高产品、扫描微波辐射计-海面温度产品、扫描微波辐射计-大气水汽含量产品,HY-1B的COCTS原始图像、CZI原始图像、以及MODIS每日产品
中国海洋环境监测网信息产品	http://www.chmem.cn/gjgb/index.htm	国家海洋环境监测中心	海洋环境公报的国家公报和海区公报、海洋环境信息、海水浴场环境质量、度假区环境质量、赤潮通报、海水水质状况等
国家海岛监视监测系统	无	国家海洋信息中心	海岛服务平台、海岛管理平台、海岛数据平台、标准和质量管理体系、网络和安全体系。海岛服务平台基于海岛数据平台和管理平台,面向社会公众、海洋主管部门和海监执法队伍提供监视监测产品与服务
中国Argo实时资料中心网	http://www.argo.org.cn	卫星海洋环境动力学国家重点实验室	承担中国Argo浮标的布放、实时资料的接收和处理、资料质量控制技术/方法的研究与开发,以及快速向项目承担单位和相关部门提供Argo资料。自2002年以来,中国Argo计划已经累计布放了346个Argo浮标,目前有184个浮标仍在海上正常工作
科学基金共享服务网	http://npd.nsfc.gov.cn/	国家自然科学基金委员会	增加国家自然科学基金资助工作的透明度,促进基础研究学术信息资源的共享和利用,截止目前,公布了1986-2016年资助的项目相关信息,以及2003-2015年结题的项目相关信息和成果信息。支持海洋科学相关资助项目检索、结题项目检索和成果检索
国家自然科学基金青岛海洋科学资料共享服务中心	http://www.nsfcodc.cn/	国家海洋局第一海洋研究所	自2010年起至2014年底,共享航次计划共执行了40个航次,调查范围覆盖渤海、黄海、长江口、东海、台湾海峡、南海、西北太平洋、东印度洋海域,调查断面数达600余条,定点观测站位达4 000余站,取得了大量宝贵的第一手现场调查资料与样品,调查资料涵盖物理海洋、海洋光学、海洋化学、海洋生物、海洋地质等多学科研究领域。截至2015年3月,资料服务中心收到共享航次调查数据累计约800 GB
国家生态系统观测研究网络	http://www.cnern.org/index.action	国家生态系统观测研究网络	广东大亚湾海洋生态系统国家野外科学观测研究站、海南三亚海洋生态系统国家野外科学观测研究站、山东胶州湾海洋生态系统国家野外科学观测研究站的生态系统要素联网长期监测数据,主要包括海湾水文数据、气象要素监测数据、海湾生物数据
国家微生物资源平台—中国海洋微生物菌种保藏管理中心	http://www.mccc.org.cn	国家海洋局第三海洋研究所	库藏海洋微生物16 000多株,其中细菌518个属1 973个种;酵母38个属,128个种;真菌90个属,170个种。有较多的嗜盐菌、嗜冷菌、活性物质产生菌、重金属抗性菌、污染物降解菌、模式弧菌、光合细菌、海洋放线菌、海洋酵母以及海洋丝状真菌等
国家标本资源共享平台—极地标本资源共享平台	http://birds.chinare.org.cn/index/	中国极地研究中心	五类标本库:极地生物标本库,极地雪冰样品库,极地岩矿标本库,南极陨石样品库,极地沉积物样品库。向国内外科研人员提供极地标本资源信息查询和网上申请服务,向极地各资源机构提供标本信息的发布和管理技术服务

续表

平台名称	网址	运维机构	海洋数据资源开放共享目录
国家地球系统科学数据共享平台—极地科学数据中心	http://www.chinare.org.cn	中国极地研究中心	19971201-20080401 中山站、Dome A 雪积累率数据 2008-2011年北冰洋、白令海、楚科奇海、普利兹湾营养盐数据 20100726-20100828 极地考察走航期间船侧侧翻冰冰厚数据 20050401-20051231 中山站纳拉湾面观测数据 2004-2008年南大洋、环南极叶绿素 a 数据 2004-2010年南极走航气象观测数据 1985年至今南极长城站常规气象观测数据集 195-1990年北冰洋海冰图集 2004-2005年南极中山站气象卫星遥感数据
国家地球系统科学数据共享平台—南海及其邻近海区科学数据中心	http://ocean.data.ac.cn	中国科学院南海海洋研究所	1985年以来南沙群岛及其邻近海区综合考察CTD数据 2004年以来南海北部海洋观测开放航次考察CTD温盐、ADCP海流、AWS气象数据 2006年以来西南沙深海海洋环境观测研究站的实时观测数据及潜标观测数据 2009年至2012年南海海洋断面科学考察CTD温盐、ADCP海流、AWS气象数据 2010年以来东印度洋海域综合考察CTD温盐、ADCP海流、AWS气象数据 2010年至今海洋环境数值试验平台预报数据和产品
中国气象数据网	http://cdc.cma.gov.cn	国家气象信息中心（中国气象局气象数据中心）	共享海洋气象资料包括5个数据集： 全球船舶站观测报资料定时值数据集：1980—2005年全球气温、风、露点温度、气压、变压、变温、降水、能见度、天气现象、云量、云状、船的航向、船的航速、海表温度、海浪、风浪、涌浪、积冰、海冰密集度、冰情、冰缘方位等要素定时值数据 东亚船舶站天气报资料定时值数据集：1980-2007年全球气温、风、露点温度、气压、变压、变温、降水、能见度、天气现象、云量、云状、船的航向、船的航速、海表温度、海浪、风浪、涌浪、积冰、海冰密集度、冰情、冰缘方位等要素定时值数据 全球海平面气温资料数据集：英国HADLEY中心制作的全球1871-1999年海平面气温覆盖率数据 全球海冰资料数据集：英国HADLEY中心制作的全球1871-1999年海冰覆盖率数据 全球海平面气压资料数据集：英国HADLEY中心制作的全球1871-1994年海平面气压数据
海岸带环境与资源专业数据库	http://www.coastal.csdb.cn	中国科学院烟台海岸带研究所	海岸带环境遥感数据：海岸带植被指数数据，海岸带特征变化数据，海岸带叶绿素浓度数据，海岸带初级生产力数据，海岸带地物光谱数据，海岸带河口湖泊变化数据，海岸带城市变化数据 海岸带资源数据：黄河三角洲鸟类数据，海岸带楸树分布村居，海岸带楸树图集，海岸带楸树分布数据，黄河三角洲鸟类图集 海岸带地理与经济数据：海岸带地理矢量数据，中国县市编码表，中国沿海行政区划统计，山东区域经济统计数据 海岸带观测监测数据：莱州湾海岸线数据，莱州湾水深数据，莱州湾地理数据集，渤海多参数环境监测数据，牟平雷达风浪场观测数据

续表

平台名称	网址	运维机构	海洋数据资源开放共享目录
海岸带环境遥感专业数据库	http://www.czers.csdb.cn/	中国科学院烟台海岸带研究所	建设7个子库：1. 海岸带基础地理数据库：主要基础要素包括行政区划（县、乡镇行政区及界线）、地形（等高线、等高点）、交通网络（公路、铁路）、水系（河流、湖泊、沟渠、水库等）和居民地（包括地名）等；2. 海岸带遥感本底数据库：包括海岸带区域的原始遥感数据以及在此基础上合成的区域本底数据库；3. 海岸带水色遥感数据库：叶绿素、悬浮泥沙、污染物、黄色物质等遥感反演数据；4. 海岸带海岸带变化数据库：按年度、季度存储海岸带区域空间变化数据，主要包括岸线变迁（海岸侵蚀与增长），土地利用及土地覆盖变化、城市区域变化等数据；5. 海岸带植被指数数据库：抽取 MODIS、NOAA、SPOT 等遥感植被指数数据产品中关于海岸带部分不同时间尺度的数据；植被指数所需的遥感波段数据；6. 海岸带河口变化数据库：按季度收集河口面积、改道、水深等数据；7. 海岸带地物光谱数据库：整合利用野外光谱仪采集的海岸带陆地各种典型地物的光谱数据，包括近海水体光谱数据
海洋科学数据库	http://159.226.158.8	中国科学院海洋研究所	共享数据资源重点：覆盖中国近海和西北太平洋典型海域和断面的多学科、长时间序列数据资料 共享数据：包括水文（温、盐、深、声、波、浪、流等），地质（地形、地貌、重磁等），化学（营养盐等），生物（物种、标本信息等），卫星遥感数据
中国科学院海洋研究所科研数据整合与共享应用示范	http://msdc.qdio.ac.cn/	中国科学院海洋研究所	数据资源主要包括海洋先导专项、近海观测研究网络黄东海站、海洋开放共享调查航次的原始数据和分析处理数据，以及海洋所已有的海洋科学研究数据。包括海洋专项数据库，中国近海观测研究网络数据库，开放航次数据库，国际共享资料数据库，国内历史资料数据库，基础信息库，中国近海遥感数据库共7个子库120个数据集
南海海洋科学数据库	http://www.ocdb.csdb.cn	中国科学院南海海洋研究所	收集、处理、服务、共享的数据资源包括从现场海洋观测所取得的物理、化学、生物、地质和地球物理等学科的测量数据，以及卫星遥感、海洋遥感、海洋模型模拟和同化数据等及其各种类型数据产品。数据总量超过6 TB
南海海洋研究所科研数据整合与共享应用示范	http://www.scsio.csdb.cn	中国科学院南海海洋研究所	整合南海物理海洋数据库、南海海洋地质数据库、南海海洋生物数据库、南海海洋生态数据库、南海海洋化学数据库、南海海洋遥感数据库、西沙深海观测数据库、南海信息产品数据库、南海航次报告数据库、海洋科技报告数据库等个10数据库，共整合99个数据集系列，包括333个数据集实体，数据总量超过4 TB，其中在线服务1.6 TB，离线服务2.4 TB
海南岛鲸类搁浅记录专业数据库	http://www.cetacean.csdb.cn/	中国科学院三亚深海科学与工程研究所（筹）	建有鲸类搁浅数据库、鲸类分类数据库、中国鲸类物种信息数据库等3个子库，分别给出海南岛及其周边海域的鲸类搁浅信息，鲸类动物较权威的中文名称和分类系统，中国历史上有文献记载的所有鲸类动物的物种名称和分类地位等信息，是我国第一个鲸类搁浅记录公共平台，免费共享数据
大气科学专业数据库	http://www.atmosphere.csdb.cn/	中国科学院大气物理研究所	共享31个海洋资料数据集

续表

平台名称	网址	运维机构	海洋数据资源开放共享目录
973 计划资源环境领域项目数据汇交服务网	http://www.973geodata.cn/index.jsp	科技部 973 计划资源环境领域项目数据汇交中心	1999-2012 年立项的涉海项目 19 项，共享元数据 69 条，共享数据集 69 个
南海海洋断面科学考察数据管理与共享系统	www.ocdb.csdb.cn/page/siscs.vpage	中国科学院南海海洋研究所	系统整理南海海洋断面物理海洋、海洋气象、海洋地质、海洋生态等基础数据和分析研究成果信息，包括 CTD 温盐观测数据集与图集、ADCP 海流观测数据集与图集、AWS 气象观测数据集与图集、初级生产力数据集与图集、浮游植物数据集与图集、海水化学数据集与图集、天然地震记录数据集与图集、珊瑚礁分析数据集、珊瑚礁及礁栖生物图集、沉积物粒度数据集与图集、沉积物元素与同位素数据集与图集、沉积物元素与同位素图集、黏土矿物数据集与图集，共形成 11 个数据集，11 个图集，及南海海洋断面考察海洋科学数据报告 1 份，总数据量 1 290 MB，为用户提供完全开放的共享
地球科学数据信息导航系统	http://www.resip.ac.cn/esdp/SPT—Home.php	中国科学院资源环境科学信息中心	共享海洋科学资源条目 697 条
中国海洋生物数据库	http://site1.zjou.edu.cn/fish/ocean.asp	浙江海洋学院	中国海洋鱼类数据库记述中国海洋鱼类 3 005 种，收集鱼类图片 5 088 张，每种生物包括：分类地位、中文名、学名、英文名、别名及物种描述等 中国海洋贝类数据库收集贝类 37 种，图片 74 张，每种生物包括：学名、中文名、中文俗名、英文俗名、别名分类地位、物种分布、生活习性等
南海水产种质资源数据库	http://scsagr.scsfri.ac.cn/	中国水产科学研究院南海水产研究所	收集、整理和保存南海区重要水产种质资源，包括活体资源 62 条记录，标本资源 769 条记录，基因资源 73 条记录，微藻资源 30 条记录
区域海洋地质数据库	无	青岛海洋地质研究所	收录我国近 40 年来海洋地质调查与研究重要成果资料，包括海洋区域地质调查、海洋油气资源调查、海洋固体矿产资源调查、海岸带环境地质调查四方面，提供数据服务、元数据服务、地图服务、标准服务、档案服务、成果图定制、三维虚拟场景展示等
中国科技情报网	http://www.chinainfo.gov.cn/Default.html	中国科学技术信息研究所	海洋主题类情报信息 104 条目，其中：研究报告 50 条，科技简报 4 条，研究课题 2 条目，环球科技 38 条目，论文专著 10 条目

虽然网站建设的覆盖范围较广，但建设单位以国家海洋局的单位和中国科学院的涉海研究所为主，调查的 38 个网站中由国家海洋局单位建设运维 15 个，由中国科学院研究所建设运维 8 个，共占调查网站的 60%。海洋数据共享活动是通过政府投资、项目驱动的形式进行，然而对于海洋数据共享的重要性认识不足，主动汇交共享数据的研究单位和项目还比较少，最常见的还是项目组和科学家“各自为战”的局面。

平台建设和数据共享的技术标准与国外主流平台兼容性差，数据交换和汇交存在障碍；平台功能与用户群体需求不匹配，造成一些亟需的基础海洋科学数据依然不能直接通过网络方便获取。

3.2 资源整合

目前我国没有形成海洋科学数据的科学分类体系和资源整合目录。

海洋科学数据涉及到不同来源、类型、格式、学科，平台建设众多，数据资源分散，导航和索引五花八门，海洋数据资源的有效管理欠缺，用户很难快速地获取到数据资源。

长期以来各单位海洋数据资源的管理和存储并不规范，短时间内对汇交的数据进行规范化整合很困难，以未经质量控制的原始数据和不完整的元数据居多，真正有价值、高质量的可能直接被用户使用的数据和信息产品不多，况且，若缺少数据和信息产品相应的数据说明文档，用户很难去使用这些数据和信息产品。

3.3 共享服务

目前我国并没有真正形成面向全社会的海洋科学数据共享。

首先，国家层面完善的共享机制并未形成。虽然，行业和部门已经出台有关数据共享的政策和条例，鼓励和推动行业或部门数据的共享，然而，这些政策和条例都有这样或那样的限制，很多数据库只能限于部门和行业内部使用。

其次，数据共享服务效果不明显。没有为国家科技计划和重大科技活动提供足够的基础数据支撑，没有为应对自然灾害和突发事件提供实时观测数据服务和及时的技术支撑，不足为保障国家安全提供全面有效的数据支撑。

4 海洋科学数据共享保障措施

4.1 建立全国海洋科学数据开放共享机制

研究制定海洋科学数据开放共享办法，推动科学数据的汇交和共享，提升我国海洋科学数据开放共享水平。

在“建设海洋强国”和“建设 21 世纪海洋丝绸之路”的思想指导下，进行统筹布局和宏观调控，做好顶层设计，出台政策法规，打破条块分割，统一技术标准，规划长期路线，增加资金投入，提升共享意识，持续推进我国海洋科学数据共享发展。

建立集中与分布的国家海洋科学数据共享平台网站群，形成国家海洋科学数据分级分类共享服务体系，减少重复建设，提高运维水平。

4.2 整合离散的海量的海洋科学数据资源

理顺我国海洋科学数据共享资源的脉络，首先把相关部门和行业长期持续积累的数据资源、我国在近海和邻近深海大洋的海洋观测系统的实时数据以及国家科技计划涉海项目的数据进行整理、汇交和建库。其次抢救必备濒临丢失的重要科学数据，重要历史资料尽快数字化。最后继续提高与国际科学组织的信息交换能力，推动面向各类创新主体的共享服务。

建立科学、稳定的分类体系，对分散的海洋科学数据进行合理的分级、分类管理，是有效整合各地、各类海洋数据资源，方便用户快速获取所需数据资源的基础。

4.3 提升海洋数据共享安全保障机制和水平

“没有网络安全就没有国家安全”，海洋信息安全是国家网络安全的重要组成部分，是海洋科学数据共享的重要前提。在海洋科学数据共享平台建设时要坚持海洋信息安全建设的同步规划，强调海洋信息安全保障工作的重要性和长期性，完善安全保障机制，提升海洋科学数据共享的安全水平，在保证海洋科学数据共享平台的软硬件设施连续可靠地正常运行与不间断服务的同时，加强信息安全基础设施的建设，完善信息安全管理架构，建立信息安全标准规范，实现海洋信息安全保障与海洋科学数据共享的协调发展。

4.4 强化海洋数据管理与共享人才队伍建设

“没有信息化就没有现代化”,在信息化发展的大背景下,海洋信息化事关国家创新的核心竞争力。数据共享平台建设运维单位研究制定适应海洋科学数据管理与应用工作特点的人才政策,加大对学科交叉人才的培养、引进和支持力度。相关部门应积极组织开展海洋科学数据管理与共享专业技能系列培训,为海洋科学数据共享事业提供人才保障和智力支撑。

参考文献:

[1] 桂文庄.迎接科学数据库发展的新阶段——中国科学院科学数据库发展20年的回顾与思考[J].中国科学院院刊,2007(1):83-85,87.

[2] 桂文庄.科学数据库和科学研究信息化——关于中国科学院科学数据库历史经验的若干思考[J].科研信息化技术与应用,2012(2):3-9.

[3] 中国科学院科学数据库资源整合与持续发展研究报告(摘要)[J].科研信息化技术与应用,2009,(1):1-5.

[4] CODATA 中国全国委员会,http://www.codata.cn/zgwyh/201609/t20160906_4523013.html

[5] 世界数据中心简介[EB/OL].http://www.data.ac.cn/wdc/wdc/shiyan/jieshao.htm

[6] WDC-D 海洋学中心概[EB/OL].http://wdc-d.coi.gov.cn/zxjj/wdc-d.html

[7] 罗续业,周智海,曹东,等.海洋环境立体监测系统的设计方法[J].海洋通报,2006(4):69-77.

[8] 国家科技基础性工作专项.“十二五”专项规划(公示稿).中华人民共和国科学技术部,2012年3月.

[9] 诸云强,孙九林,廖顺宝,等.地球系统科学数据共享研究与实践[J].地球信息科学学报,2010(1):1-8.

[10] 科技部发展计划司,财政部教科文司,国家科技基础条件平台中心.国家科技基础条件平台科技资源开放共享目录[M].北京:科学技术文献出版社,2013.

[11] 宋转玲,刘海行,李新放,等.国内外海洋科学数据共享平台建设现状[J].科技资讯,2013(36):20-23.

[12] 海岸带海岛基础数据库系统建设完成并通过验收和鉴定[J].海洋开发与管理,2008,25(5):6.

海洋数据共享的问题和对策

徐承德[1]

（1. 国家海洋局第一海洋研究所，山东 青岛 266061）

摘要：真实、全面、准确的海洋数据是制定海洋领域国家战略、计划和方案，开展各项实际工作的基础。本文概要论述了我国海洋数据资源现状和海洋数据共享存在的主要问题，提出了加强海洋数据共享的建议和对策，以实现海洋数据资源科学管理和深入共享，保障“建设海洋强国”战略目标的实现。

关键词：海洋数据；数据资源现状；数据共享；对策

1 引言

中共十八大报告首次明确提出“建设海洋强国”，海洋已上升至前所未有的战略高度。海洋资源开发、发展海洋经济、海洋生态保护、维护海洋权益都需要大量的海洋基础数据支持。目前，我国在海洋数据的使用以及共享服务方面仍存在着一些机制、体系以及技术方面的问题，在一定程度上制约了我国海洋科技、海洋经济和海洋各领域的快速可持续发展，更是难以满足当前我国“海洋强国”战略目标建设实施的需求[1]。本文从我国海洋数据资源的现状出发，分析海洋数据共享中存在的问题和原因，提出推进海洋数据共享的建议和对策，旨在为海洋数据的共享服务提供参考，保障“建设海洋强国”战略目标的实现。

2 我国海洋数据资源现状

海洋数据的管理、应用与共享已成为衡量一个国家海洋科技水平和海洋管理能力的重要标志。我国充分认识到海洋数据的基础性地位和在推进各项工作中的重要影响，为海洋数据的获取投入了大量的资金，并着力推动海洋数据共享服务。

几十年来，我国曾多次组织全国性的海洋专项调查，结合国家科技攻关项目、重大工程项目及专题调查，积累了大量的海洋资料和数据。目前国内海洋调查活动涉及多部门多行业，包括国家海洋局、海洋地质调查局、科技部、中国科学院、教育部、交通部门和渔业部门等下达任务、拨付经费，执行单位根据各自需要确定调查时间、测线及调查要素等。因为缺少沟通协调机制，也没有国家的海洋调查规划作为指导，各个海洋调查专项之间缺少衔接，重要海区的海洋基础性资料仍处于空白状态，部分专项设计的调查内容与其他专项出现简单重复，调查效率不高，造成了目前普遍存在的信息孤岛和重复建设现象。以黄河口为例，7 年间，不包含近岸海洋工程类调查和地方性调查，国家不同部门共开展调查 20 余次，重复调查现象较为严重[2]。

我国的海洋部门、水利部门、气象部门、交通部门等设立的沿海测站也积累了数十年的长期连续观测资料。然而由于缺乏统一的管理和规划，沿海测站都是由各个部门分别主导建设的，这些部门在建设测站时只是根据本部门需要，对与其他部门实现数据共享与协作考虑不足。再加上各个部门对测站数据资源的垄断，使数据资源共享需求与实际共享情况相差极大，不仅造成极大浪费，也成为阻碍测站数据资源应用

作者简介：徐承德（1953—），山东省淄博市人，主要研究方向为海洋测绘。E-mail：xcd@ fio. org. cn

的瓶颈。近年来，国家海洋局着力开展全球海洋立体观测网建设工作，通过这项重大工程的实施，使我国在全球范围内的海洋立体观测能力得到了有效提升。“全球海洋立体观测网”作为海洋领域重大工程已纳入《国民经济和社会发展第十三个五年规划纲要》。“全球海洋立体观测网”集合海洋空间、环境、生态、资源等各类数据，整合先进的海洋观测技术及手段，实现高密度、多要素、全天候、全自动的全球海洋立体观测。该观测网整体建成后，通过获取海量海洋观测数据，将全面提升我国海洋管辖海域、大洋和极地重点关注区域的业务化观（监）测能力和运行保障能力。

2015 年 2 月，国家海洋局、国家发改委、教育部、科技部、财政部、中国科学院、国家基金委七部门联合发布了《关于加强海洋调查工作的指导意见》，《关于加强海洋调查工作的指导意见》就海洋调查规划和法规建设、海洋调查活动规范、海洋调查资料管理和共享应用、海洋调查保障能力建设、组织实施等提出了明确要求[3]。由于条块分割，《关于加强海洋调查工作的指导意见》难以实行。承担调查任务有国家课题，还有横向课题，因为经费来源不一，资料汇交强制不了。内部之间难以流通，部门之间、单位之间的沟通和交流更加困难。比如：我国的海岸带研究机构已经积累了海量的科学数据，但由于缺乏完善的数据共享的技术标准，无法汇交形成可共享的数据资源，造成了资源浪费[4]。作为国家海洋局系统海洋调查数据的归口部门，国家海洋信息中心这些年一直在推动建立海洋调查资料共享制度，规定调查结束后的资料提交时限，不少单位没按时汇交[2]。

随着我国海洋专项调查、各种海洋科研项目和“全球海洋立体观测网”建设的不断深入，海洋数据资源将呈现指数式增长。解决海洋领域数据资源共享问题，提高海洋数据资源利用率，提供高效便捷的数据共享服务，实现各部门、各单位之间的协同与合作，建立海洋数据资源共享运行机制已成为实施“建设海洋强国”战略的迫切要求。

3 海洋数据共享存在的问题和原因

在国家的重视和大力支持下，开展海洋数据共享的政策环境和基础条件相比以往都有了很大的改善，但是由于缺乏统一规划与制度保障，数据资源不能有效整合、不能充分共享的问题依然存在，主要表现在以下几个方面。

3.1 海洋数据管理分散

我国海洋数据资源仍缺乏综合性的国家级管理部门，海洋数据资源分散于各部门、各系统，海洋数据的使用服务统一协调性差，跨部门、系统使用难以调用，使得国内海洋数据共享和国际交换均存在着一定的困难，国家急需的对海洋开发、海洋综合管理等起支撑作用的有效信息由于多部门管理也未被充分提取使用。大多数现有的海洋数据库系统仍处于原始的离散状态，系统的性能和功能难以满足海洋数据共享服务的需求。许多海洋科研人员不了解已有分散在各部门的数据共享平台的运行情况，不知从何查询相关历史数据，也存在实地调查、系统开发重复现象。我国海洋调查经费主要是各部门专项经费，尚未列入国家财政固定科目，数据库建设受项目驱动，一次性投入与长期维护运行相脱节。各部门由于缺乏稳定的资金保障，海洋调查无法实现常态化，不能满足海洋开发和环境保护对数据的持续需求。

3.2 海洋数据规范标准不一致

尽管我国已制定了一些海洋数据相关的标准规范，但相当一部分标准不一致，且数据获取、存储、管理和交换不规范。统一的海洋数据规范与标准体系尚未建立，使得海洋数据兼容性弱、可比性差、可利用率低，完整性和权威性也难以得到保证，海洋数据用户面对的数据集和数据格式较为混乱。有的数据资料即使得到，由于数据格式、标准的不一致，转换困难且难以使用。各部门数据管理模式、标准不一，各建各的系统，一些项目支持下建设的专题数据库系统遍地开花，但专题系统独立性强，通用性差。

3.3 海洋数据共享机制不完善

目前，我国政府部门和行业间的海洋数据共享管理与协调机制还没有建立，国家海洋数据管理体系还未形成，协调各部门的海洋数据管理与交换工作还不完善，有效的海洋数据汇集与共享流通渠道还没有打通。涉海行业部门对海洋数据共享必需的快速查询、检索、传输、下载等服务能力以及数据在线处理与更新能力不足，针对无偿/有偿、公开/涉密、在线/离线、浏览/下载等相结合的共享网络访问控制、信息灾难恢复等一些技术和手段还需进一步统一和提高[10]。有不少一线海洋调查人员也表示，提交数据积极性不高，一个重要原因是，信息共享机制没有建立起来，数据汇总到有关部门后，仿佛进入“黑洞”，要拿出来很难[2]。

3.4 海洋数据共享意识欠缺

数据共享意识的欠缺，竞争项目的需要，加上地方和部门保护主义盛行，导致我国海洋数据共享日益困难。谈起数据共享，大家都控诉他人不共享，但往往又希望在拿到别人的数据时，自己的数据不被拿走，“大家有一种普遍心态，数据捂在自己口袋里是最安全的，而且不定什么时候就能成为竞争项目的重要砝码”。提供资料的人认为把自己辛苦调查得来的资料无偿提供给别人感觉“划不来”，使用资料的人处于种种考虑著书、写论文、出成果只管“拿来”，不标明资料来源。要么“不给”，要么“用了不提”，造成海洋信息资料共享的恶性循环[2]。此外，“共享”与“保密”之间的冲突造成海洋信息管理、积累和应用至今仍处于十分落后的状态[1]。

4 实现海洋数据深入共享的建议和对策

海洋数据是一种重要的战略性资源，是支持海洋领域长期可持续创新发展、建设海洋强国的重要信息保障，将海洋数据科学管理和共享上升和融合到国家战略中去，只有从建立健全政策法规、成立组织机构保障、完善标准规范和提高共享意识等各方面着力，才能系统安排、统筹规划，实现海洋数据高效深入共享。为此，提出以下建议和对策。

4.1 建立健全海洋数据共享政策法规体系

近 30 年来，从国际组织到沿海发达国家先后通过国家的政策引导和投入，加强对海洋科学数据的收集、管理和服务工作[5]。国内外海洋资料管理制度和现状表明，必须由国家层面立法，建立海洋资料管理制度，才能实现海洋数据资源的科学管理和信息共享，使海洋资料的汇交与服务有法可依，形成良好的资料汇交、管理和服务长效运行机制[6-7]。

我国应有专门针对海洋数据信息的法律规范或规章来改善目前海洋数据信息获取和使用的混乱局面。建议国家人大对海洋信息数据共享方面的立法，切实做到有法可依，实施海洋信息数据的科学管理。在充分考虑国家、涉海部门和沿海地方现有的关于海洋数据的相关法律法规、规定的基础上，在不违背国家有关保密规定的前提下，开展海洋数据共享政策法规和立法理论的研究，从国家层面制定海洋数据共享管理办法/条例并推广实施。

修订《海洋工作中国家秘密及其密级具体范围的规定》。国家海洋局和国家保密局（1996 年）联合下发的《海洋工作中国家秘密及其密级具体范围的规定》已使用多年，然而随着海洋调查资料内容增加，类型不断更新，该规定已无法满足海洋资料管理工作的需求，给实际资料管理工作造成很大困难，影响到资料的使用和安全。《海洋工作中国家秘密及其密级具体范围的规定》国家海洋局已组织进行修订，建议尽快颁布，对统一标准提供依据。

4.2 成立海洋数据共享协调委员会

在立法的基础上，建议尽快成立国家级海洋数据共享协调委员会，审议、制定我国海洋数据资料管理与共享规划，对我国海洋数据管理和共享工作进行宏观调控、指导和监督。由海洋数据共享协调委员会推进建立国家和地方涉海部门之间的海洋调查资料共建共享机制，明确共建共享的内容、方式和责任，统筹协调海洋数据采集分工、持续更新和共享服务等工作，保障海洋数据资料汇集渠道畅通。建立国家级的强制性机制，在国家层面上规范科学数据共享行为，是数据共享最关键的一步，“这项工作必须纳入政府工作中”[8]。

4.3 完善海洋数据标准规范体系

针对多学科特点和不同来源的海洋数据，从数据收集、数据整理、数据质量检查等方面出发，完善海洋数据标准规范体系。由于海洋数据获取途径多样，获取手段、精度和内容存在差异，必须基于按统一标准规范进行质量控制，以保证各部门、各行业间数据处理与应用的无缝衔接。对于汇交的各种海洋数据和资料，海洋数据主管部门要进行分类、建立统一标准，建立完善海洋资料整合处理标准规范，按照面向应用服务的数据组织模式，改造现有档案式管理模式的数据，建立以要素为索引的整合数据和信息产品[9]。对公益性、有偿性、保密性的海洋数据和资料要明确界定。

4.4 建立海洋数据资源共享服务平台

利用先进的共享平台建设技术，把分散在各地区各部门的多个海洋数据共享平台整合统一，建立国家级海洋数据资源共享服务平台，充分发挥资源的作用与效能，增强部门协作，避免重复建设，浪费资金。按照国家七部委联合发布的《关于加强海洋调查工作的指导意见》建立健全资料共享与服务保障机制，搭建海洋调查资料和调查数据产品的共享服务平台，加快推进“数字海洋”建设，实现多样化、系列化和专题化的海洋信息产品服务。美国NOAA一直探索如何高效管理和提高海洋数据的利用程度[10]，其经验可为我国建立海洋数据共享服务平台建设提供借鉴和参考。

国家海洋信息中心的主要任务是组织协调全国海洋信息工作，负责各类海洋信息的搜集、处理、储存和服务，建设各类海洋数据库，提供统一的各类海洋信息产品和信息服务。因此，建议以国家海洋信息中心为基础建立国家级海洋数据资源共享服务平台。

4.5 培养海洋数据共享意识

加大海洋数据共享教育宣传力度，培养部门、行业和个人的数据共享意识，并让数据共享各方实际得到数据共享的益处。首先要认识到海洋数据是国家的资源，目前各部门行业获取的海洋数据都是建立在国家大量投入的基础上，无论单位或个人都要按照规定、标准和格式汇交相关资料和数据。其次，对数据共享要有双向流动的概念，任何单位或个人履行了把所掌握的全部或部分数据贡献出来作为社会发展之用的义务，就有权利获得其他人提供的数据或信息，只有在数据双向流动的情况下才能最大限度地满足数据共享各方的利益。对于数据获取方而言，要使用海洋调查资料和数据，需遵照相关的文件规定，按照程序提出申请，将用途填写清楚，经过技术审查、资料主管部门审批后，可以获得资料拷贝件。对于数据提供方，对目前没有获取的或者暂时不能提供的数据也要给用户做出充分说明。

5 结语

总之，整合我国分散的海洋数据资源，实现海洋数据的高效深入共享，需要国家、各部门和全社会的联合推动和长期努力。需要海洋主管部门建立健全政策法规、标准规范体系，成立高层协调机构，建立国家级服务平台等方面开展系统性的工作。同时，海洋数据共享需要人们转变观念，以合作共赢的态度看待海洋数据共享。通过实现海洋数据的高效深入共享，用大数据的理念，为海洋各行业行动部署提供真实、全面、准确和高度融合的实时信息，才能真正彰显和发挥海洋数据潜在价值，保障“建设海洋强国”战略目标的早日实现。

参考文献：

[1] 常虹，于华明，鲍献文，等.我国海洋数据信息共享现状及立法建议[J].海洋开发与管理，2008，25(1)：134-138.

[2] 陈瑜.如何唤醒沉睡的海洋调查资料？科技日报网站，http://digitalpaper.stdaily.com/http_www.kjrb.com/kjrb/html/2015-06/14/content_306442.htm？div=-1,2015-6-14.
[3] 黄如花,王斌,周志峰.促进我国科学数据共享的对策[J].图书馆,2014(3):7-13.
[4] 刘林,吴桑云,王文海,等.海岸线科学数据共享标准研究[J].海洋测绘,2008(1):1-3.
[5] 宋转玲,刘海行,李新放,等.国内外海洋科学数据共享平台建设现状[J].科技资讯,2013(36):20-23.
[6] 马云.国家海洋局等七部门联合出台海洋调查工作指导意见——推动海洋调查资料与成果共享.国家海洋局网站,http://www.soa.gov.cn/xw/hyyw_90/201503/t20150310_36266.html,2015-3-10.
[7] 刘志杰,殷汝广,相文玺,等.海洋资料管理制度研究[J].海洋信息技术,2010(1):5-7.
[8] 杨锦坤,董明媚,武双全,等.推进我国海洋数据深入共享服务的总体考虑[J].海洋开发与管理,2015,32(3):68-72.
[9] 耿姗姗,刘振民,梁建峰,等.基于数字海洋框架的海洋资料整合与共享服务管理模式浅析[J].海洋开发与管理,2015,32(2):33-36
[10] 樊妙,章任群,金继业.美国海洋测绘数据的共享和管理及对我国的启示[J].海洋通报,2013,32(3):246-250.

馆养伪虎鲸自然分娩及仔鲸的护理

卢凤琴[1]，牟恺[1]，李昕[1*]，阎宝成[1]

（1. 青岛海昌极地海洋公园，山东 青岛 266071）

摘要：在馆养条件下，完成伪虎鲸自然分娩及仔鲸的护理工作。通过采血检测判断伪虎鲸妊娠状态，改善伪虎鲸分娩、哺育的饲养环境，加强对母体产前行为、分娩和首次哺乳行为观察，加强对仔鲸吃奶采食、哺乳、呼吸排泄、游动、社会行为观察。经过我馆技术团队的悉心照料，新生仔鲸成活，目前伪虎鲸母子健康状况良好。实现了我国首次馆养伪虎鲸的自然繁殖，积累了大量宝贵数据，为今后保育伪虎鲸物种工作提供参考。

关键词：伪虎鲸；繁殖；仔鲸护理

1 引言

伪虎鲸（*Pseudorca crassidens*）属海豚科（Delphinidae）伪虎鲸属（*Pseudorca*），是该属下唯一的物种，分布于除北冰洋外的世界各大海洋，常见于我国渤、黄、东、南海和台湾海域[1-3]。其成年雄性体长可达5.5 m，体质量1 500~2 000 kg；雌性体长可达5 m，体质量1 200~1 500 kg，寿命约50年。妊娠期约15~16个月，哺乳期约12~18个月，2~3年繁殖一胎[1-3]。

我馆于2012年1月自日本引进的4头伪虎鲸，其中伪虎鲸F3引进时体质量近900 kg，采集血液样本，孕酮结果为19.35 ng/mL，确定其妊娠[4]。因此，将该动物饲养于我馆鲸豚暂养池[5]（池面椭圆长径19.5 m，短径13 m，水深5.5 m），加强观察与护理。

2 产前行为、分娩及首次哺乳

2.1 产前的行为及改变

由于怀孕，伪虎鲸F3警惕性较高，不配合行为训练，所以我们无法掌握生产时间，只能通过观察食欲、生殖裂及乳裂的变化情况对动物生产状态进行判断。5月27日潜水员初次发现伪虎鲸F3乳房隆起，乳裂前方凹陷，6月5日开始伪虎鲸F3的食欲逐渐下降。

2.2 分娩

6月30日上午伪虎鲸F3不再进食，中午13点30分左右出现产前表现，情绪紧张，游速加快，13点40分不停地发出嘶嘶叫声，偶尔扭动身体，宫缩行为显著，13点50分F3生殖裂处露出仔鲸小尾鳍的一角，后逐渐娩出仔鲸的尾叶、尾柄直至背鳍，15点09分仔鲸全身顺利娩出，通体黑色，形似鱼雷，体长约1.6 m（图1）。

作者简介：卢凤琴（1965—），山东省青岛市人，主要从事海洋哺浮动物饲养和训练工作。E-mail：654671075@qq.com

* **通信作者**：李昕。E-mail：13708951557@163.com

2.3 伴游及胎衣排出

母鲸与仔鲸相伴游，保持相同呼吸与游动频率（呼吸约 12~20 次/5 min，游泳约 15~20 圈/5 min），伪虎鲸 F3 于分娩当日的 18 点 50 分及 19 点 20 分两次排出了胎衣。

2.4 首次哺乳

仔鲸于当晚 23 点开始在 F3 乳房处游动，寻找乳头，之后的 2 h 内共出现了 12 次相关行为，但并未成功，之后逐渐平静，直至次日凌晨 5 点发现仔鲸开始靠近母鲸 F3 的左侧乳房，母鲸 F3 游速放慢，同样情况连续出现 9 次，我们判定这是母子的第一次成功哺乳（图 2）。

图 1 仔鲸娩出后与母亲 F3 伴游

图 2 F3 给仔鲸哺乳

3 仔鲸的护理及成长

3.1 仔鲸的护理

早在 2012 年发现 F3 妊娠的情况后，我们就开始积极做准备，因分娩的不可预期性[6]，我们做了一系列安全及防护措施：首先，将整个暂养池的周边和溢流口处全部增加防护网，由于该水池无臭氧系统，我们通过滴加次氯酸钠溶液，控制余氯值的范围在 0.03~0.05 mg/L 之间，保证水质、水温和气温等各项指标。安排潜水员每天清理池底，检查和排除池底和池壁的安全隐患。对池水每天定时换水，换水温差控制在 0.5℃以内。每天环境消毒 8 次。24 h 观察记录伪虎鲸 F3 的呼吸、活动、排便、采食等情况。

3.2 仔鲸的成长

伪虎鲸出生时，体长约 1.6 m，躯体两侧各有横断向褶皱，背鳍不能直立。1 周后，与刚出生相比，身体圆润一些，皮肤有亮度，身上的褶皱明显变浅，到半个月时，出现表皮脱落的现象，新皮肤更光滑更亮，眼睛也能微微睁开。20 d 时学会下潜，并能发出轻微的叫声，腹围显著增大。23 d 时第一次跃出水面。到 1 个月时，躯体表面褶皱已完全消失，体长增长近 20 cm。40 d 左右学会在岸边停留。2 个月时学会含咬母鲸吐出的鱼肉。3 个月时体长已接近 2 m，可以独立快速游动，下潜及上浮。近 4 个月时，我们发现仔鲸上颚开始长牙，到 6 个月时已长满 18 颗，之后很快下颚也开始长出并于 8 个月时长全 18 颗。仔鲸在 6 个月时已能够吞咽母鲸给的鱼肉，7、8 个月时已能熟练的进食饵料。在第 7 个月时我们观察到其雄性生殖器外露一次，断定其为雄性。9 个月时开始给仔鲸添加维生素，目前仔鲸体长已接近 3 m，日采食饵料 5.5 kg，行为状态健康良好。

3.3 仔鲸的吃奶及采食行为

3.3.1 吃奶

我们对仔鲸 8 个月内共计 34 周的吃奶情况进行了统计，数据显示，仔鲸除第一周所需吃奶次数较多及时间较长，之后便次数逐渐减少、时间减短，趋向于平稳；在摄入方面，初期所需时间及次数基本持平，之后在 10~13 周有一次小幅下降，我们推测是在此区间内仔鲸逐渐学会了采食饵料，这与我们的观察记录也是相吻合的。之后至目前吃奶的次数及时长呈缓慢下降趋势，与饵料鱼的采食情况呈负相关性，见图 3~7。(注：图中各横轴单位为仔鲸出生后自然生活周，纵轴中总区间数、总次数、平均次数单位为次，总时长、平均时长单位为秒)。

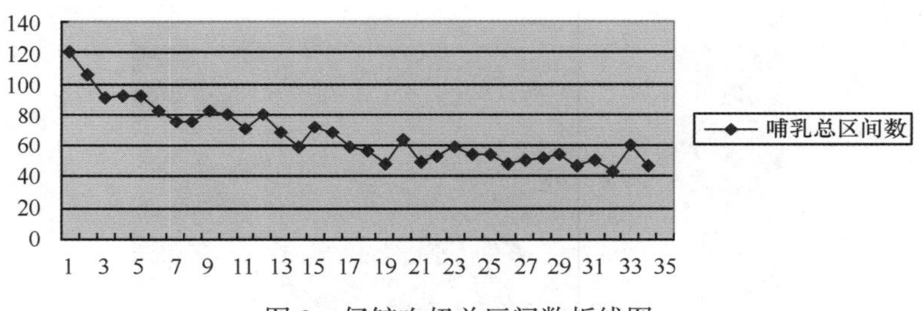

图 3 仔鲸吃奶总区间数折线图

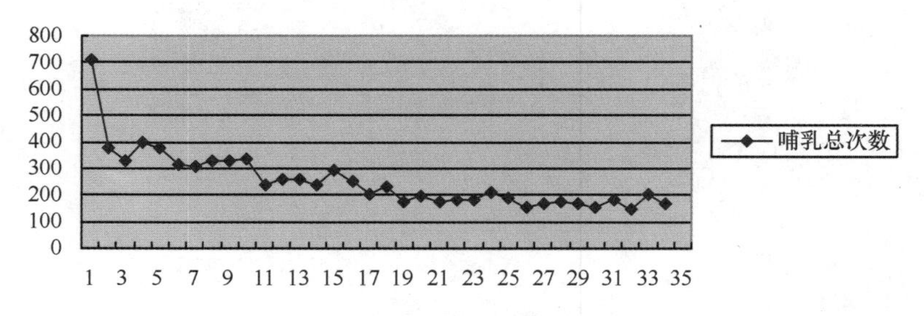

图 4 仔鲸吃奶总次数折线图

3.3.2 采食

早在仔鲸出生第 2 个月时，母鲸 F3 即有将饵料鱼咬碎吐给仔鲸的行为，此时仔鲸尚无反应，仅在几次相关行为中出现了吐出舌头舔母鲸的行为，在满 2 个月后，仔鲸开始含咬母鲸吐给的鱼肉，该行为每天都有 3~4 次，进入第 3 个月后，越来越表现出对饵料鱼肉的兴趣，常在喂食时与母亲一起停留在岸边，

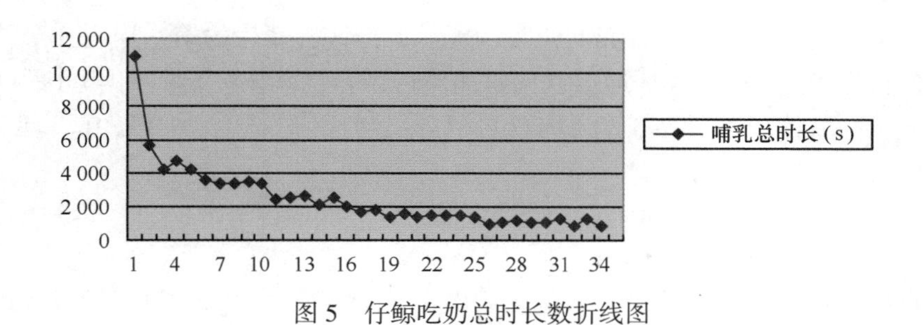

图 5　仔鲸吃奶总时长数折线图

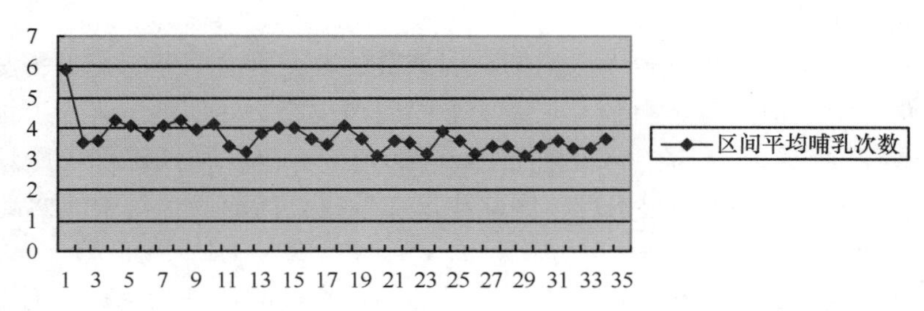

图 6　仔鲸吃奶区间平均吃奶次数折线图

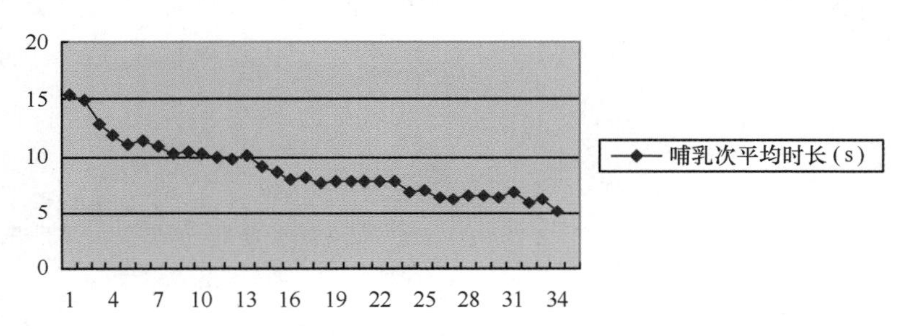

图 7　仔鲸哺乳次平均时长折线图

并抢夺饵料鱼肉，直至第 6 个月，我们可以在岸边稳定的给予仔鲸饵料鱼喂食。我们统计了仔鲸在进入 2013 年后上半年的每月总摄入饵料量及日均采食量（表 1）。截至笔者投稿日，仔鲸的日食量已达到 5.5 kg。

表 1　伪虎鲸仔鲸 2013 年上半年每月总摄入饵料量及日均采食量（kg）

	1 月	2 月	3 月	4 月	5 月	6 月
月总摄入量	26.1	34.5	57.3	70.5	62.9	85.8
日均摄入量	0.84	1.23	1.85	2.35	2.03	2.86

3.4　仔鲸的呼吸及排泄行为

仔鲸在开始的几天，母鲸与仔鲸是寸步不离的，所以仔鲸的呼吸几乎与母鲸是同步的，约在 12~20 次/5 min 之间，2 周之后仔鲸可以逐渐离开母鲸游泳，可以独立完成换气，至目前呼吸数与成年伪虎鲸无异。仔鲸在新生 1 周时被观察到第一次的排便情况，淡黄色，雾状，量很少，散的很快，杂质少，有透明感。随着开始进食饵料，以及饵料量的不断增加，仔鲸便状态与成年鲸逐渐相似，仅量较少。

3.5　仔鲸的游动及社会行为

仔鲸在出生后除上浮呼吸外，多数游在母鲸 F3 的身下或是内侧顺时针游动，游动时基本在水深 1~2

m 之间，新生个体出生后便被动接受了馆养的 4 头伪虎鲸的群体，新生的第一周内其余的个体即常常参与到母鲸与仔鲸伴游的行列中，2 周后，仔鲸可以偶尔离开母亲自己玩耍一会。到 40 d 的时候我们观察到了更多的仔鲸与其他成员的肢体接触，至 3 个月时已可以独立与任何一只个体伴游在一起，6 个月时即可以常常模仿成年伪虎鲸的行为了。

4 结论

以海豚为例比较伪虎鲸的繁殖生长过程，伪虎鲸出生时个体较大，成长过程较海豚迅速，牙齿在 6 个月左右已全部发育完全，比海豚提前许多[7-9]。除此之外小伪虎鲸在第 2 个月便开始对鱼肉有兴趣，也较海豚提前一些，其他无明显差距[7-9]。

伪虎鲸生长过程中，环境对其影响较大，周围环境细微的改变则会引起它们的警觉[10]。

伪虎鲸的好奇心强，对水池的破坏力较大，需要加固周围设施，并使池壁光滑，池边缘无尖锐物，否则容易碰伤它们。现暂养池水深 5.5 m，椭圆直径 19.5 m×13 m，母鲸和仔鲸都曾撞到过池壁，水面以上高度为 2.5 m，小伪虎鲸跳跃时曾碰撞过头部，因此建议在其成长的前 8 个月中池面高度至少为 4 m 以保证其安全健康，并尽可能的加大水池空间。

驯养员的观察在整个繁殖饲养过程中极其重要，虽然不能直接的帮助伪虎鲸，但他们对于安全隐患的排查和对保证母鲸采食和小鲸吃奶起到十分重要作用。

在整个护理过程中我们都全力对伪虎鲸进行 24 h 看护，但是母鲸 F3 仍会每隔 2 个月左右出现不采食的情况，更多的动物行为现象有待进一步研究。

参考文献：

[1] Ferreira I M, Toshio K, Helene M, et al. False killer whales (Pseudorca crassidens) from Japan and South Africa: Differences in growth and reproduction[J]. Marine Mammal Science, 2014, 30(1): 64-84.

[2] 孙建运.我国南海发现的伪虎鲸[J].广西科学院学报,1989(2):7-14.

[3] 周开亚,钱伟娟,李悦民.中国沿海的伪虎鲸[J].南京师大学报:自然科学版,1983(1):37-43.

[4] Dover S, McBain J, Little K. Serum alkaline phosphatase as an indicator of nutritional status in cetaceans[J]. Aquatic Animal Medicine, 1993, 20(1): 24-44.

[5] Clark S T, Odell D K. Nursing behavior in captive false killer whales (*Pseudorca crassidens*)[J]. Aquatic Mammals, 1999, 25(3): 183-191.

[6] Wildt D E. Reproductive research in conservation biology: Priorities and avenues for support[J]. Zoo Wildl, 1989, 17(3): 391-395.

[7] Zaeschmar J R, Visser I N, Fertl D, et al. Occurrence of false killer whales (*Pseudorca crassidens*) and their association with common bottlenose dolphins (*Tursiops truncatus*) off northeastern New Zealand[J]. Marine Mammal Science, 2014, 30(2): 594-608.

[8] Shirai K, Sakai T. Haematological findings in captive dolphins and whales[J]. Australian Veterinary Journal, 1997, 75(7): 512-514.

[9] Platto S, Wang Ding, Wang Kexiong, et al. Variation in the emission rate of sounds in a captive group of false killer whales *Pseudorca crassidens* during feedings: possible food anticipatory vocal activity? [J] Chinese Journal of Oceanology and Limnology, 2016, 34(6): 1218-1237.

[10] Baird R W, Mahaffy S D, Gorgone A M, et al. False killer whales and fisheries interactions in Hawaiian waters: Evidence for sex bias and variation among populations and social groups[J]. Marine Mammal Science, 2015, 31(2): 579-590.

人工饲养白鳍鲨的繁殖浅析

韩绍荣[1]，林乐宏[1]

(1. 烟台海昌鲸鲨海洋公园，山东 烟台 264003)

摘要：2013 年 2 月至 2015 年 6 月期间，烟台海昌鲸鲨海洋公园 4#鲨鱼池内的白鳍鲨共生产 94 尾幼白鳍鲨。通过日常的观察和记录，对白鳍鲨生产和幼白鳍鲨生长状况进行统计分析，结果显示白鳍鲨的胚胎发育期为 4~5 个月，每年可繁殖两次，一次产 1~5 尾幼白鳍鲨，平均体长为 (59.02±4.38) cm。为获得优良的幼白鳍鲨，提高成活率，可以降低雌性白鳍鲨的生产频率。在生产期，保持水温缓慢变化，让其自然生产，提高幼鲨的成活率，避免快速变温，刺激早产。为今后白鳍鲨的优良繁育和提高幼白鳍鲨的成活率积累了经验。

关键词：白鳍鲨；生产；成活率

1 引言

白鳍鲨，又名三齿鲨，属于板鳃亚纲，真鲨目，白眼鲛科。在背鳍顶端与尾鳍处常有白色斑点，成群地栖息在热带水域的珊瑚礁的洞穴和缝隙中，通过张开和闭合吻部推动水流通过鳃孔进行呼吸。白天休息，夜晚活动。肉食性，生长缓慢，每年长 2~4 cm，最长可达 210 cm。寿命约 25 年，5 龄后进入成熟期。

白鳍鲨的繁殖为有性繁殖，体内受精，卵胎生，胚胎发育期 4~5 个月。雌鲨每次产 1~5 只小鲨，体长 50~70 cm。人工饲养环境下，其生产多发生在相对安宁的夜间。

2 白鳍鲨饲养环境

2.1 亲体饲养环境

2011 年 9 月烟台海昌鲸鲨海洋公园开业起，4#鲨鱼池存养了 21 尾白鳍鲨（2008 年生），其中雌性 14 尾，雄性 7 尾。4#鲨鱼池饲养水体容积为 80 m^3，水深 2.5 m（图 1）。

2.2 幼白鳍鲨饲养环境

幼白鳍鲨饲养池为隔离池（图 2~6），水体容积为 45 m^3，水深 1.5 m。

2.3 幼鲨出生、转移、饲养

状态良好的新生幼鲨，当天即可开口，我馆使用的开口饵料有鲐鱼、鲭鱼、鱿鱼、鲅鱼等，以 1 cm 宽、3~5 cm 长为宜。2 天不开口的幼鲨，需要人工灌食，持续 1 周。

作者简介：韩绍荣（1979—），男，山东省莱阳市人，主要从事鲨鱼人工饲养与繁育工作。E-mail：593341906@ qq. com

图 1　亲体所在的 4#鲨鱼池

图 2　幼白鳍鲨饲养池

图 3　临近生产的白鳍鲨

图 4　新生的幼白鳍鲨

图 5　新生及体弱的幼白鳍鲨隔离饲养

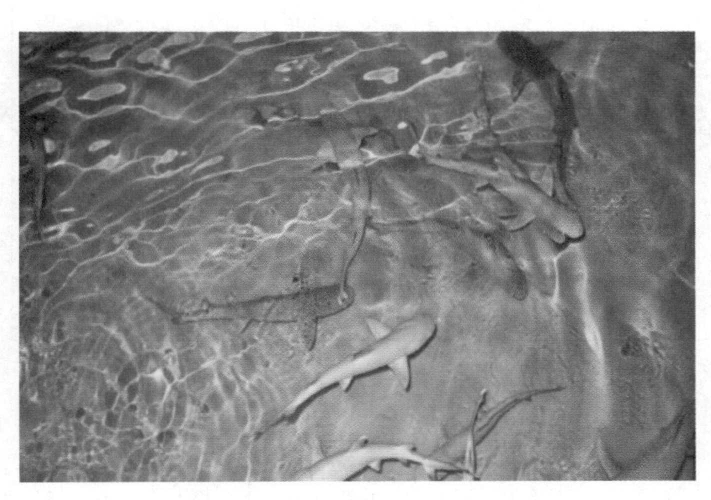

图 6　饲养池中的幼鲨

3 白鳍鲨生产数据的统计与分析

3.1 幼鲨繁殖数量明细（表1）

白鳍鲨的胚胎发育期为4~5个月，每年可繁殖2次，故以半年为1个生产周期。

表1 白鳍鲨生产数量的变化（单位：尾）

时间	2013年	2014年	2015年1—6月
1—6月	16	35	28
7—12月	11	4	
合计	27	39	28

3.2 每年各月份生产数量明细（表2）

表2 白鳍鲨每年生产幼鲨的数量（单位：尾）

月份	1	2	3	4	5	6	7	8	9	10	11	12
2013年	0	2	2	8	4	0	0	0	1	0	4	6
2014年	6	4	9	8	4	4	0	1	3	0	0	0
2015年	0	5	2	4	17	0						

3.3 水温变化对白鳍鲨繁殖的影响

3.3.1 生产时水温明细（表3）

表3 生产时水温明细（单位:℃）

月份	1	2	3	4	5	6	7	8	9	10	11	12
2013年	23.5	23.8	24.9	25.6 27.5	28.4	29.0	29.0	29.0	29.0	28.5	28.5	25.5 24.0 23.8
2014年	24.2	24.0	24.5 25.6 26.4 26.8	25.6 26.8	29.0	29.4	29.2	28.4	29.1	28.0	27.0	24.0
2015年	24.5	24.0	24.0	24.5	26.0 25.5 27.5	28.5						

注：单元格内含多个数值的为当月多次生产的不同温度。

3.3.2 饲养水体水温的变化

为了了解水温变化对白鳍鲨的胚胎发育及生产的影响，我们把以上30个月的生产尾数与月均水温联系起来（表4）。

表 4　白鳍鲨生产高峰与水温（℃）变化的趋势图

时间/月	1	2	3	4	5	6	7	8	9	10	11	12
生产尾数	0	2	2	8	4	0	0	0	1	0	4	6
月均水温	23.5	23.8	24.9	26.0	28.4	29.0	29.0	29.0	29.0	28.5	28.5	24.7
时间/月	13	14	15	16	17	18	19	20	21	22	23	24
生产尾数	6	4	9	8	4	4	0	1	3	0	0	0
月均水温	24.2	24.0	25.8	26.2	29.0	29.4	29.2	28.4	29.1	28.0	27.0	24.0
时间/月	25	26	27	28	29	30						
生产尾数	0	5	2	4	17	0						
月均水温	24.5	24.0	24.0	24.5	26.3	28.5						

结合日常观察记录，分析如下：

（1）人工饲养环境下，水温维持在 23.5～29.5℃，白鳍鲨的交配行为大多发生在 24.5℃以上的高温期夜间，交配期适当的控制温度有利于其成功交配。

（2）每年 2—5 月为生产高峰期，与水温变化速度最快阶段保持一致，生产期大量换水，调节水温变化，会刺激其提前生产。

2015 年 5 月 21 日白天换水使水温由 27.6℃降低到 27.0℃，夜间水温自然升温过程中，陆续生产 7 尾幼白鳍鲨，其中 2 尾冲水急救。5 月 22 日，上午换水降温刺激后，下午又有 2 尾幼白鳍鲨出生。转移至幼鲨饲养池，后期陆续死亡 5 尾。

新生的幼鲨腹面有一系带孔，如图 7 圈中所示。正常生产的幼鲨系带孔闭合、缝隙小，此次降温刺激生产的幼鲨系带孔带血迹，未完全闭合。

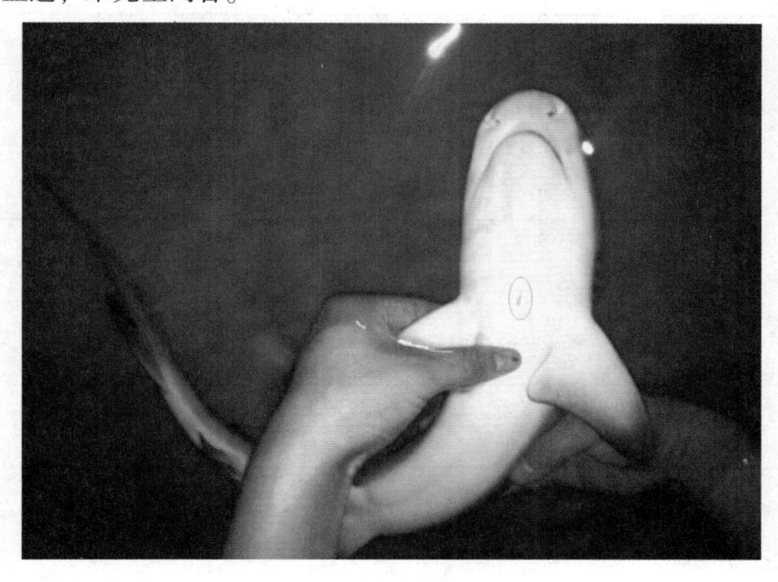

图 7　早产的幼白鳍鲨系带孔未完全闭合

此次换水刺激生产的幼鲨体长数据与 2015 年同期其他幼鲨的体长数值比较见表 5。

2015 年幼鲨平均体长相差不大，考虑测量误差的存在，可以判断此次提前出生的幼鲨身体已经长成，但出生后状态差，死亡率高，推断其出生时，内部器官未完全发育好。

表5 体长比较

体长/cm	50	55	60	65	70	总数	总值/cm	平均值/cm
2005年5月21—22日	0尾	1尾	5尾	3尾	0尾	9尾	550	61.1
2005年1月1日—5月20日	1尾	2尾	5尾	8尾	3尾	19尾	1 190	62.6
2005年2015年1—6月	1尾	3尾	10尾	11尾	3尾	28尾	1 740	62.1

综上，在生产期，保持温度缓慢变化，让其自然生产，有利于幼鲨的成活，要避免快速变温刺激其提前生产。

（3）生产高峰之后2个月内，可观察到雌性开始陆续怀仔，胚胎期发育基本处于25~29℃的水温。

4 幼白鳍鲨生长状况统计

4.1 2013—2015年幼鲨平均体长对比分析（表6）

表6 幼鲨的平均体长

体长/cm	50	55	60	65	70	总数	总值/cm	平均值/cm
2013年1—6月	2尾	2尾	6尾	4尾	2尾	16尾	970	60.6
2013年7—12月	2尾	3尾	4尾	2尾	0尾	11尾	635	57.7
2014年1—6月	0尾	1尾	15尾	13尾	6尾	35尾	2 220	63.4
2014年7—12月	3尾	1尾	0尾	0尾	0尾	4尾	205	51.3
2015年1—6月	1尾	3尾	10尾	11尾	3尾	28尾	1 740	62.1

4.2 2013—2015年繁殖及死亡数量对比（表7、图8）

表7 白鳍鲨繁殖及死亡数量对比

半年期	繁殖数量	死亡数量	死亡率
2013年1—6月	17	5	29%
2013年7—12月	10	2	20%
2014年1—6月	35	8	23%
2014年7—12月	4	2	50%
2015年1—6月	28	12	43%

4.3 幼白鳍鲨的状态分析

1）白鳍鲨生产数量整体呈现逐年递增的趋势，体长也逐年增加，这与母体2013年刚进入成熟期，身体逐年增长，繁育机能逐年增强相关。但2014年7月起，幼鲨平均体长较上年同期减小，数量也降低，分析是成体的休养时间不足，供应幼鲨的营养不足或不均衡。

2）上半年的平均体长明显大于下半年的，原因分析：

（1）胚胎发育时间的比较

我们以2014年的2次生产高峰为例，以3—4月生产高峰的生产周期定义为A期，以9月二次高峰的定义为B期，比较如表8。

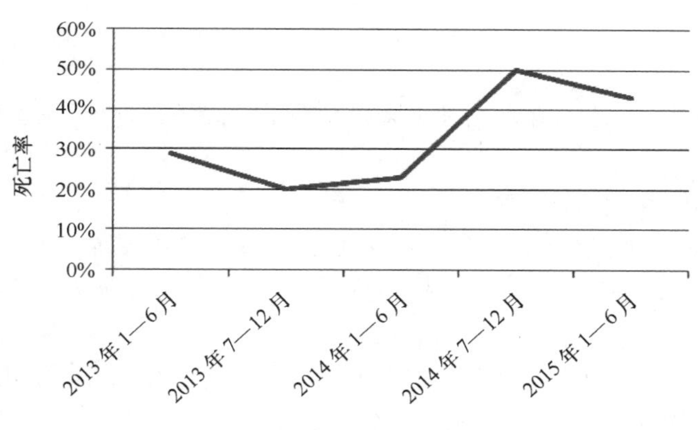

图8　幼鲨的死亡率

表8　2014年两次生产高峰比较

2014年的生产		主要交配期	胚胎发育期	生产期
A期	具体月份	2013年10月	2013年11月—2014年3月	2014年3—4月
	水温/℃	28.0~29.0	28.5→23.5→27.0	24.5~26.8
B期	具体月份	2014年5月	2014年6—9月	2014年9月
	水温/℃	28.0~29.0	28.5~29.5	28.5~29.5

A期与B期交配期的温度基本一致，在28.0℃左右，但B期胚胎发育期间的水温高，加快了胚胎的成熟，基本4个月多一点，就开始生产了。A期胚胎发育期间的水温的变化正好相反，呈下降趋势，要经历近5个月的胚胎发育才生产，故幼鲨的体质较强，体长较长。

（2）年生产次数的分析

2013年11月—2014年6月，共生产14次，可以确认每尾雌性都生产一次。推断2014年下半年生产的母体，都是当年的第2次生产，生产间隔时间短，是造成下半年新生幼鲨体长较小的重要原因（表9）。

表9　生产次数统计

时间	生产次数	合计
2013年1—6月	5	11
2013年7—12月	6	
2014年1—6月	10	14
2014年7—12月	4	
2015年1—6月	11	11

3）2014年7月—2015年6月死亡率偏高，原因分析如下。

（1）成体的体质变化

2014年起，成体白鳍鲨的摄食状态明显减弱，从最大日投喂量20 kg，逐渐降低到目前的8 kg，摄食品种也由原来的鲐鱼、鲭鱼、鱿鱼、多春鱼等，减少为目前主要摄食鲐鱼，对其他品种的饵料兴趣都不大。分析其进入成熟期后，过于频繁的生产，对其身体造成了很大的负荷，引起营养的不足和不均衡，也直接影响了幼体的成活率。

（2）提前出生的幼鲨，死亡率高

（3）幼鲨日常管理的变化

2015年初，饲养池有限，幼鲨数量多，个体难以辨识，不能照顾周全，造成成活率低。

5 结果与讨论

为获得优良的幼白鳍鲨，提高成活率，可以降低雌性白鳍鲨的生产频率，保障休养时间，提出如下建议。

（1）控制雌性白鳍鲨每年只生产一次

2 月初，雌鲨进入生产期前，将雄鲨转移出 4#鲨鱼池，或者与雌鲨隔离开。防止雌鲨生产后，未经休养，立即被追尾交配。9 月初，将雄鲨放回原处。这样可以保障每年白鳍鲨只有 1 个交配期，每尾只生产 1 次。

白鳍鲨交配时水温基本处于 24. 5℃以上，水温低于 22. 0℃时，极少活动和摄食。通过控水温在 23. 0 ~24. 0℃的方法，来阻止其交配行为，并不能 100%的成功，需要长时间的观察验证。同时，控制成本过高，维生维护频繁，故不采用降温阻止交配这一方法。

（2）降低水温，延长胚胎发育的时间

在不考虑成本控制的情况下，在 6—9 月胚胎发育的高温期，可以把水温维持在 25. 0 ~ 26. 0℃，理论上可以延长胚胎的发育时间，保障幼鲨出生前发育完全，体质健壮，提高幼鲨的成活率。

（3）临近生产期不能有水温的急剧变化，避免幼鲨的提前出生

对北极熊（*Ursus maritimus*）人工育幼的研究

史红霞[1]，乜英奎[1]，孙世佳[1]

（1. 大连老虎滩海洋公园有限公司，大连 辽宁 116013）

摘要：2008 年 3 月 9 日大连老虎滩极地馆北极熊首次成功产子。因雌性北极熊为初产，母性不强出现遗弃幼崽的现象。最终在确定母熊无力哺育幼崽的情况下，采取全人工育幼的方式哺育幼仔，并取得了首次成功。为了有效提高北极熊幼崽的成活率，我馆在首次人工育幼成活的基础上，总结育幼经验改善育幼环境。雌性北极熊分别于 2011 年 1 月 7 日和 10 月 14 日再次产子两胎，在再次确认雌性北极熊不能对幼崽进行哺育的情况下，最终采取全人工育幼的方式确保了两胎幼崽的成活。

通过 3 胎共 4 只北极熊幼崽全人工育幼工作的开展，我们收集并整理了北极熊幼崽的人工育幼、生长发育、常见疾病防治等方面的一系列资料；达到了扩增北极熊数量，研究北极熊生长发育特点和生活习性，跟踪疾病治愈效果的目的；为日后更好提高北极熊幼仔人工育幼的成活率起到了良好的铺垫作用。

关键词：北极熊；人工育幼；疾病防治

1 引言

北极熊（*Ursus maritimus*），是世界上最大的陆地食肉动物，又名白熊。外观上通常为白色，体型巨大，生性凶猛。是一种能在恶劣的环境下生存的动物，其活动范围主要在北冰洋附近有浮冰的海域。由于猎杀、环境污染、全球气温升高，北极熊生存环境遭到一定程度的破坏，在未来很可能存在灭绝的风险。

随着各地旅游业的发展和馆养北极熊数量的增加，为人们提供了接触和认知北极熊的平台。人工饲养条件下北极熊的饲养和繁育，对北极熊物种的研究和数量的扩增具有积极意义。我馆自 2001 年引进北极熊后开始探索北极熊饲养模式的研究。2008 年至 2011 年母熊先后产子后，在缺乏北极熊育幼参考资料的情况下，我馆积极与国内熊猫繁育基地和国外北极熊饲养场馆联系，为保证幼仔的成活最终对新生幼仔均采取全人工育幼的方式饲养。在不断摸索变化育幼条件、改变饲喂方式、开展疾病的预防和治疗，成功将第一胎北极熊幼崽育幼成活。并在首次成功人工育幼北极熊幼崽的基础上，积极总结经验分析不足，又成功人工育幼成活两胎北极熊幼崽。在北极熊幼仔的全人工育幼方面取得了一定的成果。现就幼仔出生前的准备工作、育幼方法、养护细节和疾病的防治工作总结介绍如下。

2 北极熊繁育情况介绍

大连老虎滩极地馆于 2001 年由芬兰引进一对北极熊，饲养区域分别为后笼舍面积 77 m^2，前舍展厅陆地面积 73 m^2，水体体积 138 m^3。经过几年饲养环境的摸索和改善，母熊于 2008 年 3 月 9 日首次产子。因北极熊在野外生存条件下的生理特性和产子环境与馆养条件下有很大差异，我馆饲养的雌性北极熊产子后均出现拒绝哺乳遗弃幼崽的现象。

作者简介：史红霞（1983—），女，辽宁省大连市人，主要研究方向为动物遗传育种与繁殖。E-mail：182506829@qq.com

3　母熊分娩前的准备工作

北极熊属于凶猛动物，为了便于观察雌性北极熊分娩情况及时取出幼仔，在雌性北极熊生产前对后笼舍增设监控设施和隔离铁栏。在雌性北极熊妊娠后期需要调配专职饲养员进行专项饲养，以此与雌性北极熊建立良好的互信关系以便产后幼仔的取出。在分娩前雌性北极熊会出现食欲下降或者不进食的现象，此时需要在配有隔离铁栏的笼舍内对其进行隔离饲养，加强日常行为观察。

4　消毒防疫工作

新生北极熊幼崽的体质量仅有 500 g 左右，身体各项机能均未完全发育成熟，对外界环境的适应力较差，特别是在未进食母乳的情况下，机体抵抗力相对较低，易感染消化和呼吸系统的疾病。因此产前准备中需要对育幼期间进行彻底清扫和消毒；育幼箱、电暖气、氧气机、温湿度计等育幼设备需用酒精进行擦拭；育幼用的垫布和饲养员的工作服要洗涤和消毒（图 1）；与幼仔饮食有关的用具每次使用前需要蒸煮消毒（图 2）；人员每次接触幼仔时需要对手臂进行消毒并佩戴口罩和帽子。

图 1　紫外线消毒柜

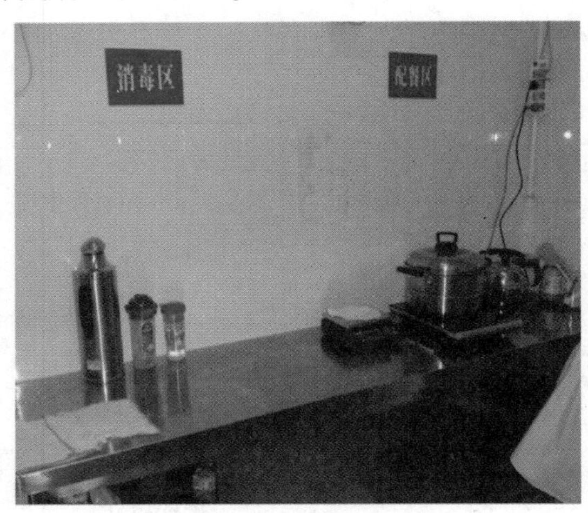

图 2　饵料加工区

5　新生幼仔的处理

即使在环境安静人员干扰较少的情况下，雌性北极熊分娩后警惕性仍较高，常会在笼舍内不停地走动，很少能对幼仔进行哺乳和护理。幼仔出生后随着在笼舍内暴露时间的延长体温会不同程度的降低（见表 1）。新生北极熊幼仔正常体温应在 36.0℃以上甚至可以超过 38.0℃，表 1 为 4 只北极熊幼仔从笼舍内取出后测量的体温情况。需要利用笼舍的隔离设施将雌性北极熊与幼仔进行隔离，尽可能在短时间内将幼仔从笼舍中取出。幼仔取出后需要对身体进行清洁处理（图 3），对脐带进行结扎和消毒，并进行保温处理（图 4）。

表 1　4 只北极熊幼仔从笼舍内取出后体温测量值

个体	2008 年 3 月	2011 年 1 月		2011 年 10 月
	淘淘	乐乐	静静	大宝
体温/℃	35	33.1	32.5	32.6

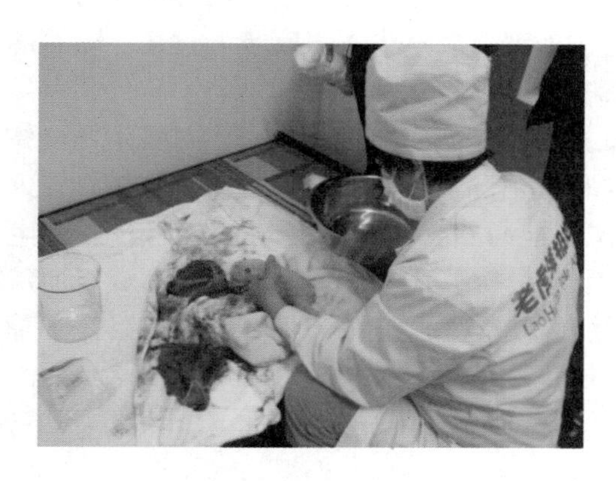

图 3　新生幼仔的处理

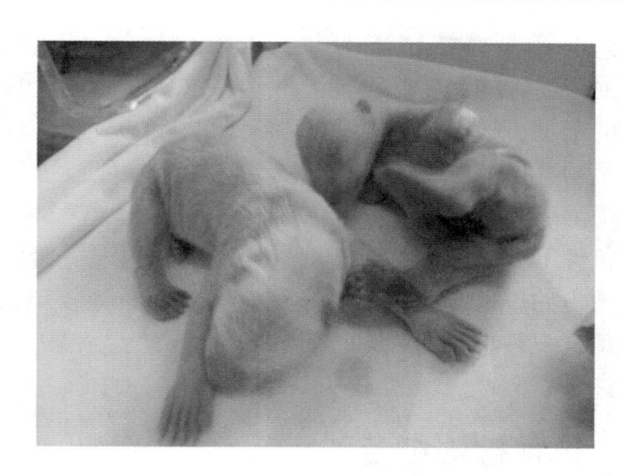

图 4　育幼箱内保温

6　育幼温湿度

北极熊幼仔使用的育幼箱为早产婴儿培养箱（图 5）。温度的变化需要根据幼仔体温变化和行为表现进行调节。初生幼仔体温调节能力差，其体温会随着环境温度的升高或降低而变化。在北极熊幼仔出生初期箱体温度维持在 30~32℃之间（图 6），之后随着北极熊幼仔需要的环境温度逐渐降低，在动物状态正常情况下每次温度的调节幅度不宜过大，一般以 0.5℃作为一个上下调节区间。幼仔行为正常，呼吸平稳，体温没有明显的波动，身体无蜷缩，叫声正常无烦躁表现，表明温度适宜。北极熊幼仔在进行人工喂奶和刺激排便时需要在育幼箱外进行，因此育幼间室温不宜与育幼箱设置温度温差过大，幼仔取出时需要注意身体保温。湿度一般控制在 40%~70%之间，幼仔在正常情况下鼻头裸露处的皮肤呈湿润状态，若皮肤较干燥无水润感，则是环境湿度过低所导致的，需要相应提高育幼室内湿度。

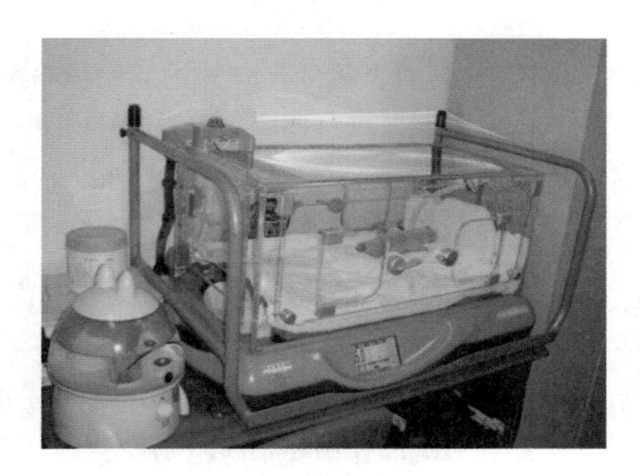

图 5　北极熊幼仔育幼箱

图 6　新生幼仔温湿度控制

7　奶粉的选择和微量元素的添加

目前国内外尚没有针对北极熊幼仔人工喂养的配方奶粉，有报导指出北极熊乳汁中平均脂肪含量为 33%左右。高于市售婴儿和宠物配方奶粉中脂肪的含量。我馆依据国外场馆使用犬用奶粉育幼北极熊的报道，参考大熊猫全人工育幼人工乳的配置方法。选用“赐美乐犬用奶粉”和“日本犬用奶粉”作为喂养北极熊幼仔所使用的配方奶粉，这两种奶粉固体物质中粗蛋白含量为 40%左右，按照 1∶2 的配置标准冲调后脂肪含量可达到 13%左右。又考虑到幼仔的消化吸收能力和可能存在乳糖不耐受问题，在幼仔出生初期首先选用“赐美乐犬用奶粉”按照奶∶水 = 1∶3 的比例，采取少量多次，奶粉和清水交替每餐间隔

1.5 h，每日投喂 16 餐的方式进食饲喂。进食后要观察幼仔的增重和排泄情况。同一款奶粉不同批次或更换另一品牌的奶粉时可能导致幼仔出现排泄异常的问题，奶粉的变更要从少到多逐步的过度。随着幼仔日龄的增加，根据体质量增长和消化吸收情况逐渐减少喂食餐次，延长夜间睡眠时间。

初乳中的各种细胞具有一定的免疫功能，还含有大量抵抗各种疾病的免疫球蛋白，对新生儿机体免疫的增强和预防新生儿感染有重要作用。北极熊幼仔在未进食母乳情况下缺乏来源于母体的抗体。在人工育幼条件下日照极少，对于促进钙质吸收的维生素 D 幼仔可能不能自给，另外有因幼仔缺乏 B 族维生素导致夭折的报道。我馆在幼仔 3~4 日龄添加匹多莫德口服液刺激幼仔增强免疫力，在 5~6 日龄添加鱼肝油和富含多种维生素和矿物质的犬用营养膏，在 9~10 日龄添加多糖铁复合胶囊，在 19~20 日龄添加葡萄糖酸钙。

8 日常护理细节

8.1 减少应激反应

刚出生的北极熊幼仔视力和听力还没有发育成熟，嗅觉是其出生后的唯一感觉器官。为了避免不同饲养员身上的味道导致幼仔产生应激反应，在育幼期间所有参与养护的饲养人员需统一使用相同品牌沐浴用品。在接触动物前需要佩戴口罩并对手臂进行清洁和消毒。另外一胎出生两只北极熊幼仔时将两只幼仔共同饲养有利于增加其对环境的适应性。

8.2 刺激排泄

新生的北极熊幼仔不具备自主排便排尿能力，需要在每餐投喂后人为刺激排泄。我们使用经 37℃左右温水浸泡后的无菌婴儿湿巾刺激幼仔肛温和生殖器周边区域，引起幼仔反射性排泄。待动物排便后再用清水擦拭肝门和尿道周围避免粪便或者尿液对尿道或脐部造成污染。

8.3 日常检测项目

幼仔出生前期体温调节能力较差，需要的环境温度也相对较高，随着个体的生长体内脂肪储备的增加，需要的环境温度也要逐渐降低。在育幼期间我们每餐动物投喂前都需要进行体温、呼吸频率和室内温湿度的测量。

8.4 呛奶的预防和处理

北极熊幼仔在刚出生初期自主进食能力较差，吮吸奶嘴的力度和频率不一致，个别个体在进食时会伴随着睡眠或者挣扎叫唤的情况。随着幼仔日龄的增加进食意识的增强，进食的时候还会出现争抢现象。因幼仔神经系统刚刚发育，一些反射还很薄弱，不能把呛入呼吸道的奶咳出，故在对幼仔喂奶和喂水的过程中易出现呛奶现象，易导致幼仔窒息或者诱发吸入性肺炎的发生。在育幼操作中要预防呛奶现象的发生及有效的处理呛奶现象。

避免呛奶现象的发生首先要选择合适的奶嘴，北极熊幼仔在刚出生的初期吮吸能力较差奶嘴不能够太硬，奶嘴孔径不能过大，根据幼仔的生长逐渐扩增孔径。我馆北极熊幼仔出生初期使用的奶嘴是可自主调节孔径的婴儿果汁奶嘴。奶水冲调后需要使奶瓶均匀受热避免奶瓶内外产生压力，以奶嘴向下奶水应成滴而不是成线流出为宜。

喂奶时机的选择也很重要，幼仔过度饥饿、叫唤或者强行喂奶均较容易发生呛奶现象。要根据幼仔各餐进食情况和进食间隔更改餐次和各餐投喂量，避免幼仔过度饥饿或饱腹现象的发生。喂奶或水之前在幼仔叫唤较厉害的时候要对幼仔进行抚摸安稳幼仔的情绪，并尝试用手指代替奶嘴让幼仔产生进食意识后再进行投喂。幼仔多次在规定的进食时间仍睡眠或者进食欲望不强烈是幼仔食量充足的标志，可以适当延长进食时间间隔较少餐次，尽量不要强行喂食以免幼仔因抵触进食而发生呛奶现象。

适宜的哺乳姿势即有利于幼仔舒适进食又可以有效避免呛奶现象的发生。幼仔刚出生时个体较小，一般可将幼仔托在手掌之上，头部向上身体与水平面倾斜成45°左右的角度进行哺乳（图7）。为了防止进食过程中吸入空气奶瓶底部要高于奶嘴。喂食结束后要保持此姿势或者将幼仔竖直搭在肩部，由下而上轻拍背部帮助其排出胃内气体后再放回育幼箱内。

幼仔出现呛奶现象要快速清理口腔和鼻孔周围的奶水避免幼仔将奶水吸入呼吸道，用力拍打幼仔的背部刺激幼仔咳出奶水，还可以捏压幼仔的前后脚掌刺激幼仔叫唤来促进呼吸。呛奶后要密切观察幼仔的呼吸情况和皮肤颜色的变化。

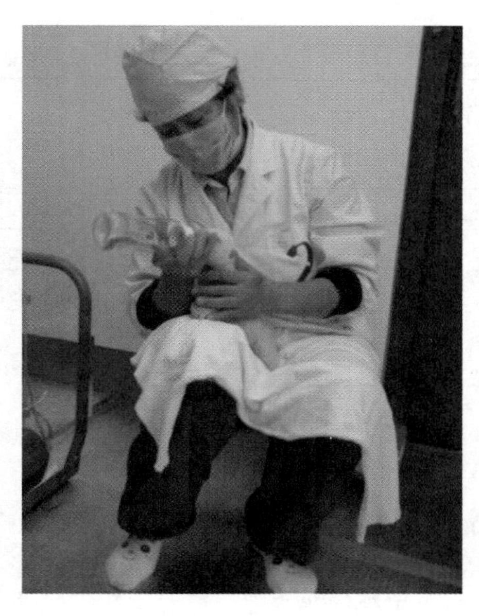

图7 幼仔进食

9 北极熊幼仔生长发育情况

4只幼仔出生时体质量在500 g左右，嗅觉较敏感不具备听力和视力、无牙齿、不能自主排便、有一定的爬行能力但四肢不能支撑身体。随着日龄的增加体质量不断增长，逐渐视力和听力完全发育、开始生长牙齿，四肢可以支撑身体站立和行走。4只北极熊幼仔详细体征变化起始时间见表2，由表2可见4只北极熊幼仔各项体征发育时间存在较大的个体间差异。此外，幼仔双眼均为先后睁开，首颗牙齿生长的位置也不统一。幼仔乐乐和静静为2011年1月生产的龙凤胎兄妹，两只幼仔具有站立行为的时间相同，在行走能力方面乐乐明显滞后于静静，主要表现为后肢力量不足，为了促进乐乐后肢发育，我们采取人为辅助行走的方式加强幼仔后肢的锻炼（表2）。

表2 北极熊幼仔详细体征变化起始时间（日龄）表

个体名字	睁眼	出牙	具有听力	站立行为	独立行走	自主排便
淘淘	34	45	47	42	88	86
乐乐	33	48	45	51	84	71
静静	41	39	46	51	65	65
大宝	31	35	46	53	73	55

不同胎次的北极熊幼仔淘淘和乐乐的初生质量相近似，静静和大宝的初生质量相近似（表3），随着日龄的增加至100日龄时4只北极熊幼仔淘淘、乐乐、静静和大宝的体质量分别达到初生重的24倍、32

倍、26 倍和 31 倍。淘淘在 100 日龄时的体质量与静静和乐乐 90 日龄的体质量相近似，与大宝 80 日龄的体质量向近似。4 只幼仔出生后前 100 日龄体质量增长曲线见图 8，由图 8 可见 4 只北极熊幼仔随着人工育幼胎次增加，相同日龄的增质量明显增加。一方面可能与雌性北极熊生产胎次的增加幼仔质量有所提高有关，另一方面是与我馆人工育幼经验的增加对幼仔进食饵料量的掌握度有关。

表 3　北极熊幼仔出生体质量

个体	2008 年 3 月	2011 年 1 月		2011 年 10 月
	淘淘	乐乐	静静	大宝
体质量/g	500	493	569	557

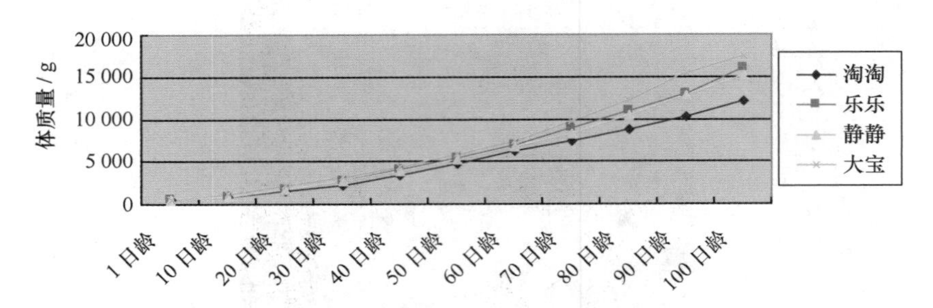

图 8　4 只北极熊幼仔前 100 日龄体质量变化曲线图

10　断奶

当北极熊幼仔生长到一定阶段后，单纯的奶水喂养已经不能满足幼仔生长发育对营养的需求量了。有报道指出北极熊幼仔适宜的换食时间要大于 3 个月。当幼仔成长至 70 日龄左右时已经具备了 20 颗牙齿，用牙齿撕咬物体的能力也较强。因不具备人工饲养北极熊幼仔的经验，避免过早换食诱发幼仔消化机能紊乱和引发食物过敏反应，我馆 2008 年人工喂养的第一只北极熊幼仔淘淘于第 116 日龄开始换食。根据对淘淘换食过程中总结的经验，并结合北极熊幼仔自身消化和体质量增长情况，我馆 2011 年 1 月和 10 月生产的北极熊幼仔的换食时间分别为 100 日龄和 89 日龄。辅食采取由少到多逐步替换奶粉的原则。首先添加的辅食是熟鱼肝，再逐步向熟鱼肉和牛肉过度。辅食的制作采取由精细到粗糙，由泥末、碎丁、丝、小块循序渐进的方法。换食初期因食物加工较细碎可以将食物和奶水混合用奶瓶进行饲喂，随着奶量的降低辅食的增加逐步转换成食钵进行喂食（图 9）。

在辅食添加的初期幼仔对食物在味觉和嗅觉方面会有一定的抵触性，需要多次尝试诱导幼仔进行自主进食。幼仔进食辅食后粪便的状态、颜色、气味和粪便内未消化食物残渣的成分都会发生一定的变化，需要结合幼仔的排便和体质量增长情况综合判断换食的进度。

11　常见的疾病问题

11.1　消化道疾病

由于新生的北极熊幼仔不是由母乳喂养，而是用犬用奶粉喂养，因此，特别是在出生前 1 周内特别容易出现肠道方面的问题。比较常见的为消化不良和肠炎。一旦出现消化道问题，如未及时治疗则会很快恶化，出现食欲减退或废绝、体温升高甚至嗜睡、不停鸣叫有腹痛等症状。有时候不需要刺激排便，在育幼箱内便可见异常粪便自行排出。要第一时间取粪便进行实验室检查，来确定是否存在肠道炎症。

11.1.1　临床表现

粪便不成形，呈水样或豆渣样（图 10、图 11）、烦躁不安有腹痛感、食欲减退。

图 9　北极熊幼仔用食钵进食

图 10　出生 1 周内正常的粪便

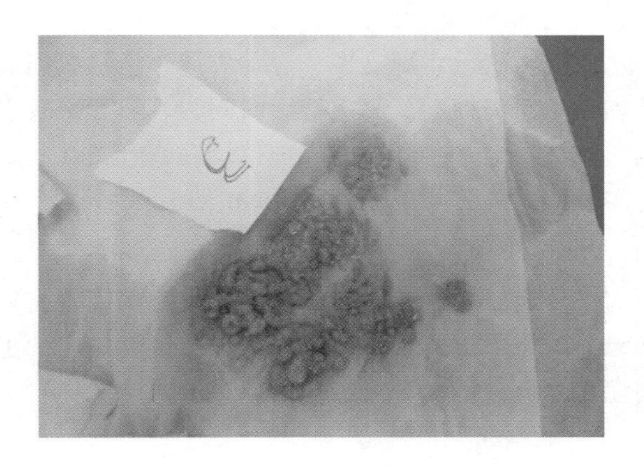

图 11　异常的粪便

11.1.2　*治疗*

（1）降低奶的浓度，奶与水 1：3 的比例（浓度为 25%）可以适当调整。最多可以降低一半的浓度，同时饲喂量也可减半。

（2）口服补液盐来改善严重腹泻时候的电解质平衡，如果是初生北极熊幼仔，每次饲喂约 10 mL 左右，用补液盐来代替水的饲喂。如果幼仔已经不能自主吸食，可以插管或者慢慢滴加通过舌头舔食。

（3）应用药物治疗，比较常用的药物有调整肠道菌群的药物如金双歧、妈咪爱、四联活菌片，止泻药思密达等。应用思密达时要注意观察粪便形状的变化，避免由于投喂剂量过大或者疗程过长而导致的便秘问题。

11.2　呼吸道疾病

出生的北极熊幼仔由于免疫力低下，很容易感染呼吸道疾病，一旦导致肺炎病死亡率很高。这就要求我们要做好预防工作，制定完善的消毒防疫制度，严禁非育幼人员进入育幼室，一旦育幼人员出现发病情况要及时隔离，在饲喂过程中要格外注意呛奶的发生，避免由于呛奶而诱发的吸入性肺炎。出生后即口服匹多莫德预防呼吸道感染的发生，初始剂量为 1 mL/次，2 次/d，随着体质量的增加逐步调整剂量，一直口服至 60 日龄。

11.2.1 临床表现

幼仔会出现精神沉郁甚至昏迷、体温升高至 39℃以上并持续高热、听诊肺部有啰音、呼吸加快、吸允无力、口腔黏膜发绀。

11.2.2 治疗

对于细菌性肺炎，抗菌治疗应作为首要治疗措施，由于无法第一时间确定致病菌，所以要选择广谱的抗生素进行治疗，一般选择第三代头孢类注射药头孢哌酮舒巴坦来治疗，一般选择肌肉注射，剂量为 100 mg 每 500 g 体质量，每 12 h 一次。如果临床上抗感染治疗 2~3 d 后无好转甚至恶化，要考虑更换药物。

对于呛奶而导致的吸入性肺炎，在治疗时候要特别注意吸氧，病情严重的要考虑插管将异物吸出，防止呼吸窘迫综合症的出现。

11.3 癫痫

癫痫是脑部某些神经元兴奋性过高，过度放电所致短暂脑功能异常的慢性疾病。我馆繁殖的 4 头北极熊幼仔均出现了不同程度的癫痫样病症。

11.3.1 临床表现

感觉障碍、意识丧失、运动失调、全身肌肉痉挛收缩、口腔流涎。北极熊癫痫样病小发作时，先是四肢和嘴角肌肉抽动，每次持续时间为几秒至几十秒，可在短时间内反复多次发作。大发作时可见共济失调，突然倒地，全身肌肉出现持续性或阵发性收缩，四肢僵直，呼吸和心率加快，牙关紧咬，口吐白沫，每次发作持续时间可达 3~30 min。

11.3.2 病因

可分为原发性和继发性。由于癫痫病因较为复杂，很难确定真正导致癫痫发作的病因。在同样的奶粉和营养配方下饲育，只有我馆的北极熊幼体出现了癫痫样发作，天津馆和蓬莱的北极熊幼仔都没有出现该病症，综合分析由于遗传因素导致的癫痫发作可能性更大一些。

11.3.3 治疗

发病时，要保持身体呈侧卧姿势，防止误吸。将干净的毛巾放入口中，防止咬伤。肌肉注射安定、苯妥因钠、苯巴比妥等抗癫痫药物，必要时可静脉推注。为预防癫痫的再次发生，可口服抗癫痫药物进行控制，我们选择口服妥泰（托吡酯）和苯妥英钠联合用药，同时注意 B 族维生素和钙的补充。

11.4 其他常见问题

11.4.1 体温升高

由于新生的北极熊幼仔自身体温调节功能很差，环境温度的改变对体温变化影响很大，因此，当幼仔体温突然升高除了感染性因素外，多数情况可能是由于环境温度过高，保暖过度导致。从我们日常对北极熊幼仔的体温监测数据来看，大多数幼仔体温变化很大，一般体温在 36~37.5℃之间，有时候体温可达到 38℃以上而无其他任何不良反应，将环境温度降低后体温也随之降低。因此，在临床上要注意判断幼仔的体温升高是病理性升高还是生理性升高，切勿滥用药。

11.4.2 便秘

随着日龄的增加，北极熊幼仔的粪便逐渐成条形，由于个体对奶粉吸收的差异，常常会出现便秘的问题。如果出现幼仔多餐刺激都未见排便且伴随不停鸣叫，要注意便秘的发生。轻微的便秘可以通过调整奶水的浓度，在喂水的同时适当添加蜂蜜来缓解。如果超过 24 h 无法排便，可考虑肛门滴加少量开塞露来促进排便，如果便秘问题一直存在，可考虑更换奶粉配方。在我们应用过的两种奶粉配方赐美乐和日本犬用奶粉后发现，日本奶粉更容易导致便秘的发生。

12 总结

大连老虎滩极地馆共育幼成活3胎4只北极熊幼仔，虽然这4只幼仔来源于同一父母并有2只幼仔是同胎生产，但是个体间在体征变化、适应性、日增体质量、行为习性、疾病治疗和预后等方面存在较大的差异性。通过对各只幼仔饲养工作的总结和各项指标的对比分析。我们在北极熊幼仔出生初期、适应外界环境后平稳生长阶段、换食阶段、育幼结束展养期等几个育幼环节的关键时间段，建立了针对于各阶段北极熊幼仔的饲养模式，并在北极熊幼仔生长发育各阶段常见疾病的预防、预判和治疗等方面积累了一定的经验；建立了在技术支持、医疗救治和饲养监护为一体的育幼团队体系；达到了扩增北极熊种群数量，研究北极熊生长发育特点和生活习性的目的；为日后开展北极熊和其他物种的繁育工作奠定了良好的基础。

从“丑小鸭”到“白天鹅”

——帝企鹅 Penna 的故事

郭惠[1]，方宇[1]，邹德泉[1]，王忠人[1]

（1. 大连老虎滩海洋公园有限公司，大连 辽宁 116013）

摘要：2011 年 8 月 9 日我馆新生一只羽毛异常的帝企鹅 Penna，出生后 4 d 遭亲企弃养，在尝试其他孵化企鹅代养未成功后，进行人工育雏，最终人工饲育成活并生长出正常羽毛。

关键词：帝企鹅；羽毛异常；人工育雏；成活

1 引言

帝企鹅是企鹅家族中个体最大的物种，身高 1 m 左右，体质量 30～40 kg。雄性的性成熟年龄在 5～6 岁，雌性在 4～5 岁。人工环境条件下，帝企鹅每年 3—4 月份求偶，5—6 月份产卵，孵化期 62～68 d，出壳时长 24～72 h，常见由雌雄交替完成孵化。雏企鹅在 3 个月左右脱换绒羽，5 个月的时候可以离开父母自由活动。

我馆于 2011 年 8 月 9 日新生的一只帝企鹅 Penna，体表无可见绒羽覆盖，和其他小帝企鹅比较，羽毛存在明显异常。出生后又遭到父母遗弃，人工育雏过程中，为了保证 Penna 的正常生长，对环境及营养补充进行了相应的调整，最终饲育成活并生长出正常的羽毛。这也是近 6 年繁殖个体中唯一一个案例。

2 亲企孵化情况

亲企 Ben（7#，♂）和 Sarah（57#，♀）为野生企鹅，年龄预估 7～8 岁。身体健康，羽毛正常，2011 年 4 月首次配对，6 月 3 日 Sarah 产卵一枚（图 1），约 2 h 后换给 Ben 孵化，孵化期间稳定，8 月 7 日发现啄壳，在掉落的蛋壳上见粘有少量黑色的绒毛（图 2），在出壳过程中可见雏企体表无可见绒毛，裸露的皮肤呈紫红色。蛋壳厚度 1.18 mm，蛋内排泄物正常，8 月 9 日完全出壳。

图 1 企鹅卵

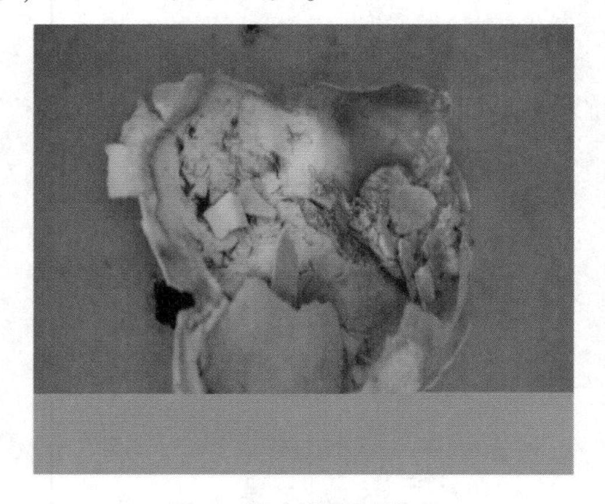

图 2 卵内粘有的绒毛

作者简介：郭惠（1988—），女，辽宁省大连市人，技术员，主要从事海洋动物的饲养与繁殖工作。E-mail：cykghg@163.com

待雏企完全出壳后亲企之间有交流，但已表现不稳定，小企鹅经常从亲企 Sarah 脚面滑落，起初亲企尝试喂食，但因小企鹅弱小、抬脖无力，一直没有成功。直至 8 月 10 日 18：50 成功进食 1 次，全天共进食 2 次，量少；11 日全日共进食 2 次，量少。亲企喂食过程中雏企鹅多次滑落到冰面上（图 3），身体有发抖，有时亲企在走动时也将雏企鹅丢落在两脚之间或身后。图 4 为正常企鹅 Hope 照片。

图 3　Penna 掉落在冰面

图 4　Hope（正常企鹅）

8 月 12 日人为换给 Ben 喂食，Ben 起初，频繁抬孵化囊与雏企鹅交流，但一直没有喂食意识；13 日 Ben 弃雏；人为尝试寻找相近孵化期的企鹅代养，未成功，此时雏企鹅精神出现萎靡，叫声弱，综合评估后决定开始人工喂养。

3　人工喂养情况

因 Penna 自身瘦弱，出生后仅进食少量亲企反食的食物，不仅面临着营养缺乏的问题，还有一个最主要的因素就是体表没有可见羽毛，极地动物没有羽毛的保护很难生存下去，是天生无羽还是羽毛发育慢，日后能否长出羽毛是最关键的问题。为了解决这个问题，我们对羽毛异常的原因进行分析，总结出以下几点：

（1）孵化的环境因素影响：比如温度湿度过高、过低等；

（2）营养缺乏包括 B 族维生素和微量元素；

（3）遗传因素，因父母代为野生引进，实际养护中未表现出羽毛缺失或换羽异常，暂且不作为主要因素；

（4）甲状腺机能出现状况。

3.1　制定人工喂养计划

在分析原因之后，制定了详细的人工喂养计划。首先，为其创造适宜的环境，室温在（29±0.5）℃，育雏箱内温度（36±0.5）℃，湿度 50%，箱体上方设有灯光热源，根据 Penna 的精神状态（身体蜷缩、翅膀舒展等）来调整灯光的开启或高度从而调节温度。同时补充丰富的营养药，包括 Mazuri、复合 VB、钙尔奇 D3，提高免疫力的匹多莫德以及促消化的乳酸菌、维仙优等。

刚取出时称重（图 5），228 g，与正常企鹅相比较轻（图 6），外观身体发紫，脑袋耷拉，体表有多处外伤，触摸身体冰凉，没有精神，少有叫声，欲人工喂食，没有食欲，扒嘴，张不开。用碘伏清理身上的划伤，育雏箱内休息 3 小时后重新尝试饲喂，有好转，同时补喂葡萄糖注射液补充能量，睡眠时间长（图 7）。

因为这只企鹅天生弱小，消化机能不及健康企鹅，所以我们让它摄取较多的水分，减轻胃肠负担，先选择脂肪含量低水分高的多春鱼制成鱼泥，同时添加钙磷含量丰富的磷虾（图 8），及时的观察粪便并镜下检测。每日总喂食量约占前日体质量的 10%（水不计算在内）。每 3 h 投喂一次，投喂选择在企鹅睡醒的时候，不要干扰它的休息，如果到了指定的喂食时间小企鹅还在熟睡中，可以适当延时投喂。

每日早上空腹称重，计算日增重比例是否合适，一般日增重需大于 6%，才认为前一日的摄食量基本满足需求，如果低于这个数值，需要适当调整饵料量或者调整种类，增加脂肪含量高一些的鲱鱼鱼泥。

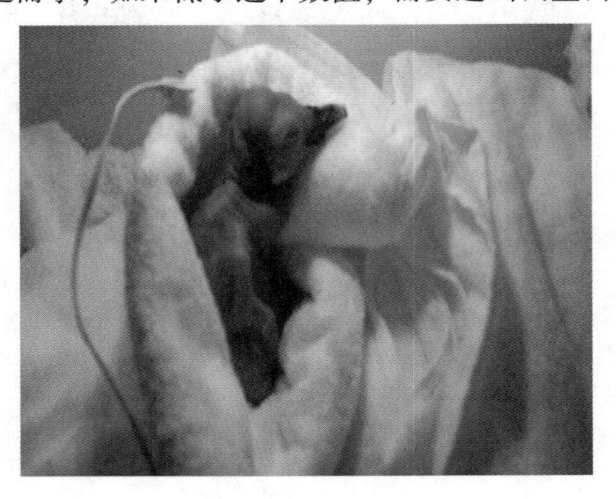

图 5　刚取出的 Penna

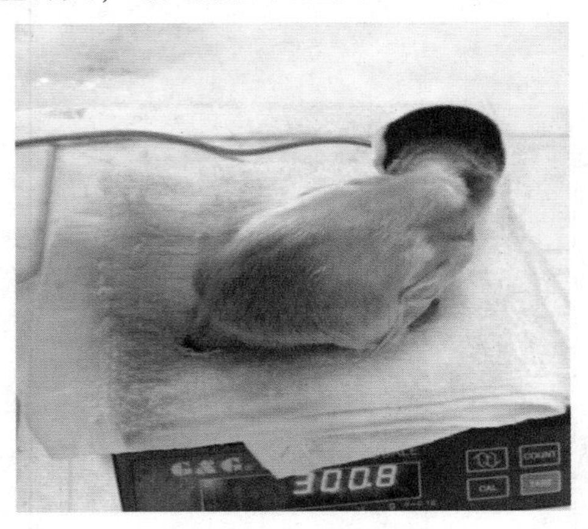

图 6　Hope（正常同期企鹅）

图 7　人工喂养箱

图 8　食物原料

起初 6%的日增重并没有达到，但是对粪便的定期检测保证了它的消化一直是良好的，待其逐渐有了饥饿求食行为，才逐渐增加食量并增加鲱鱼，这时候开始根据《企鹅饲养手册》中提到的 10%原则，即每餐喂量不超过体质量的 10%。因为这只无羽企鹅体型偏瘦，所以在实际操作中，我们结合日增重比率确定每日食量，结果是大于 10%的。

3.2　增加对体表皮肤的护理

此外，增加对体表皮肤的护理，每日喂食后用温湿纱布擦拭嘴角和身体，沿头部向背部、腹部按摩，保证毛囊的清洁卫生，促进消化的同时促进血液循环；尝试使用频谱治疗仪每次照射 10～15 min，促进新陈代谢，进而调节机体免疫能力。

大概 2 周左右时，Penna 与正常企鹅（图 9）相比羽毛偏少，但头部已依稀可见少量羽根（图 10），背部下方较密集一些，证明所提供的环境条件及营养补充是正确的。2 周开始，体质量也呈现快速增长，育雏箱温度在（30±1）℃。

图 9　Hope（正常同期企鹅）

图 10　长出少量羽根的 Penna

3.3　丰富的环境

环境的丰富，一直是海洋馆所强调的，因为动物长期生活在一固定的环境里，会出现很多异癖，情况好一些的是在舍内来回踱步，严重的有啄咬自己的指甲或者同伴的羽毛等，而且，这只无羽小企鹅同种群是分开饲养的，所以准备一些形象逼真的毛绒玩具（北极熊、企鹅等）放在它的身边，以期减少孤独感。

3.4　回归群体计划

随着雏企鹅绒毛的逐渐增多和长长，外界的温度对它来说较高，有时会见到张口呼吸的情况，而接下来就是考虑如果成功生长出羽毛回归群体（笼舍温度-3℃）的工作，我们做了大胆的尝试，在通体绒毛密集但羽毛偏短的时候（4 周）每天将它放回亲企种群环境适应几分钟（图 11，图 12），时间逐渐加长，随着羽毛的不断增长与繁密，抵御严寒能力增加，在环境中呆的时间更长。在这期间，我们发现，亲企 57#与雏企鹅之间还会有交流，但是不会进行喂食。

在 40 多天的时候，周身羽毛生长的和健康企鹅基本一致。此时完全转入群体中生活，刚开始表现出不合群状态，反而是见到饲养员会“咯咯咯”叫，进食时不主动，需要饲养人员专门投喂，在经过专业的训练人员调整近 1 个月，群体活动趋于正常，之后的行为和其他企鹅没有区别。并且脱换绒羽来的换羽都进行的很正常（图 13，图 14）。

图 11　初步尝试回归群体的 Penna

图 12　Hope（正常同期企鹅）

图 13　脱换绒羽的 Penna

图 14　Hope（正常同期企鹅）

图 15 为 Penna 与正常同龄企鹅的体质量曲线图。

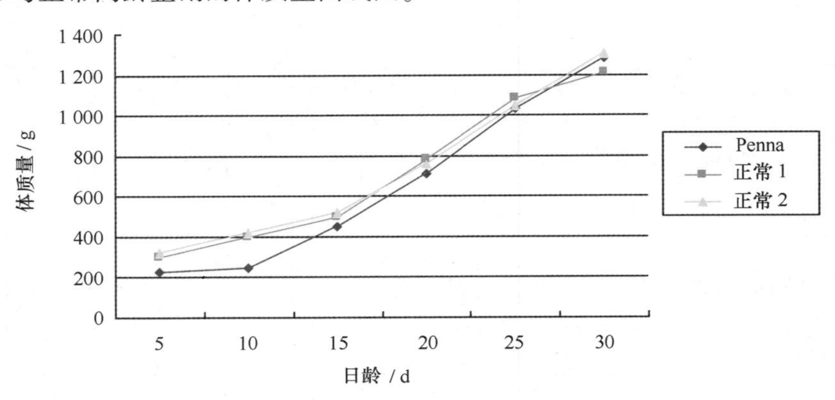

图 15　Penna 与正常企鹅的体质量曲线图

4　结论

在 8 月 15 日，即人工喂养的第 2 天，发现其食欲一般，只进食完一半量，且呼吸深，后背裸露皮肤有干燥起皮现象，排便白色与深褐色夹杂，较好，考虑因前期亲企多次的丢雏、弃雏，身体受冷导致抵抗力下降，加上营养不良，可能导致呼吸道感染，所以预防性添加伊曲康唑（10 mg/kg，sid）和提高免疫力的匹多莫德，同时，每日频谱治疗仪照射前将身体表面润湿并擦净，防止过于干燥堵塞毛囊。

关于人工喂养的时间选择，对近几年的雏企鹅观察认为，卵黄可维持 2~3 d 营养，如果遇有雏企鹅一直没有成功进食的情况，要根据出壳时间的长短、雏企鹅的精神状态、亲企鹅的喂食意识等及时进行人工育雏，一般建议在 3 d 内进行。

Penna 经过人工环境和营养的改良后，羽毛生长正常，并且正常换羽。由于 Penna 羽毛稀少，在生长出正常羽毛前，所需的环境温度要高于正常同期企鹅 1℃左右，同时提供充足的多种维生素等营养物质，提高机体抵抗力。对于天生弱雏或发育不良的小雏可考虑直接进行人工饲养，通过提供适宜环境和营养，保证其正常生长发育。

红小丑苗种繁育技术研究

周庆杰[1]，林乐宏[1]

（1. 烟台海昌鲸鲨海洋公园，山东 烟台 264003）

摘要：采用实验生物学的方法，参照大菱鲆等海水养殖鱼类的现代化苗种繁育技术，对红小丑（*Amphiprion frenatus*）人工繁育技术进行了研究，掌握了一套可行的亲鱼饲养、受精卵孵化、仔鱼培育等操作规程，积累了红小丑鱼生物学资料和仔稚幼鱼培育技术经验，为大规模开展红小丑苗种生产提供科学依据。研究结果表明，红小丑每次产卵500~1 000粒，为黏性卵，成片集中附着在靠近海葵的坚硬物体或者陶土花盆表面，亲鱼有护卵行为。受精卵呈长椭圆形，长径为（2.6±0.2）mm，短径为（0.9±0.1）mm，经过10~11 d孵出仔鱼。初孵仔鱼平均体长（3.84±0.21）mm，对不饱和脂肪酸的依赖非常高，最好的饲喂方式是立即投喂经小球藻（*Chlorella* sp.）强化的褶皱臂尾轮虫（*Brachionus plicatilis*），密度在10个/mL左右，并保持到第6天。从第5天开始投喂初孵卤虫无节幼体。第6天进入稚鱼阶段，平均体长为（6.32±0.32）mm。到第18天，鱼苗已转入幼鱼阶段，平均体长为（14.83±1.62）mm。幼鱼期投喂卤虫无节幼体和少量鲱鱼鱼籽。20 d后，饵料从卤虫无节幼体逐渐过渡到卤虫、鱼虾肉糜和微颗粒饲料的多样化的饵料体系。

关键词：红小丑；人工繁殖；苗种培育

1 引言

红小丑（*Amphiprion frenatus*）又名番茄小丑，在分类上属于雀鲷科（Pomacentridae）、双锯鱼属（*Amphiprion*），分布于印度洋和太平洋珊瑚礁海域。其生命力强且易于饲养，因而成为水族爱好者普遍饲养的水中宠物。水族市场的迅速扩大和越来越多的国家为了保护海洋生态系统而禁止捕捞或输入野生鱼类，促使海洋观赏鱼的人工繁殖成为一个新兴的研究领域和产业。目前能实现全人工繁殖的海水观赏鱼种类很少。相比于其他海水观赏鱼，关于小丑鱼的胚胎发育和人工繁殖的研究还相对较多。国外学者已经对双带小丑鱼（*A. clarkii*）卵径和数量的季节性变化以及卵径与能量之间的关系，公子小丑（A. ocellaris）胚胎和仔鱼的发育；银边小丑（*A. perideraion*）的繁殖习性和人工培养，双带小丑的人工繁殖，黑边公子小丑（*A. percula*）的人工繁殖，另一种双带小丑（*A. sebae*）的产卵和仔鱼培育技术等进行了报道。本研究的目的在于通过对红小丑繁殖现象、胚胎及胚后发育的形态描述，不断优化红小丑在人工饲养条件下亲鱼繁殖和仔稚幼鱼培养的条件，逐步建立起比较完善的人工繁育技术规程，为进一步的生产性人工繁育提供理论依据。本实验于2016年3月-2016年10月在烟台海昌鲸鲨馆进行。

2 材料与方法

2.1 亲鱼来源与培育

本实验的亲鱼于2015年2月购于海南省经销商，共购回8尾，体长为68~137 mm，配成2组，分别

作者简介：周庆杰（1988—），男，山东省烟台市人，主要从事海水观赏鱼及水母的繁育工作。E-mail：shuichanzhou@163.com

养在2个140 cm ×120 cm ×86 cm的玻璃水箱中。饲养水箱具有封闭式循环过滤系统，每星期换水20%。饲养期间水温为（26±1）℃，pH为8.0~8.1，盐度为30~32，氨氮量低于0.1 mg/L，溶解氧高于5.8 mg/L。在水箱上方30 cm处用30 W日光灯管照明，每天光照14 h，黑暗10 h。每天投喂虾肉、鱿鱼肉和适量鲭鱼鱼籽，分别于9：00和15：00各投喂1次。

2.2 胚胎发育

种鱼产卵产精后在原池中受精孵化，水质条件与上述相同。待产卵结束立即对受精卵取样。产卵的当天每0.5 h取样1次，第2天每3 h取样1次，第3、第4天每天早晚各取样1次，第5天开始每天取样1次。在解剖镜下对样品进行观察、测量、记录各阶段的形态特征，并进行显微拍照。每次观察5个受精卵，重复2次。

2.3 仔鱼的收集

为保持培育缸中的水质条件与产卵缸中的完全一致，本研究将培育缸（40 cm ×25 cm ×25 cm）放在产卵缸内采用套缸的形式进行仔鱼收集。在受精卵发育至第10天，将附着有受精卵的花盆转至培育缸，安装水管调整水流使受精卵随水流摇摆。关闭照明灯2 h后，仔鱼全部孵出，进入仔鱼培育阶段。

2.4 仔、稚鱼的培养

仔鱼培养期间的水温为（26±1）℃，pH为8.0~8.2，盐度为30~32，氨氮量低于0.1 mg/L，溶解氧高于5.8 mg/ L。加小球藻（*Chlorella* sp.）50 000个/mL做成“绿水”。培育缸的四周要用深色塑料板遮光。每天吸底并换水25%。日投喂2次，分别在9：00和15：00。从孵化后的第1天到第6天喂经小球藻强化的褶皱臂尾轮虫（*Brachionusp licatilis*）。轮虫的密度保持在10个/mL左右。从第5天到第30天喂经小球藻强化的卤虫（*Artemia* sp.）幼体，卤虫幼体的密度控制在5个/mL左右。

2.5 饵料生物的培养

饵料生物包括轮虫和卤虫无节幼体。轮虫的平均体长为（239±36）μm，培育在2个100 L的玻璃钢圆桶中，其中一个每天2次投喂小球藻（5×10^4个/mL），另一个每天2次投喂面包酵母（5×10^6个/mL）。轮虫在培养期间每天换水30%。卤虫卵的孵化水温27℃、盐度32，孵化24 h后收集。对于需要进行营养强化的卤虫幼体，收集后再在同样的水质条件下饲养6 h，同时投喂高浓度的小球藻（2×10^5个/mL）。

3 结果与讨论

3.1 种鱼的培养

本实验中，一个种鱼缸中用珊瑚石搭成岩礁状，放入1个花盆，并养1个长须海葵。另一个种鱼缸中只放有1个花盆。这两个缸中的种鱼都顺利产卵，说明尽管小丑鱼有与海葵共生的习性，但是海葵并不是它们产卵的必需条件。在水质条件优良的前提下，鱼类的繁殖节律主要由水温和光照周期决定，本实验中采用了夏季 的水温和光周期：（26±1）℃和14 h光照+10 h黑暗，结果表明这一条件对促进种鱼的性腺发育和产卵是有效的。饵料的种类和投饵量是性腺发育的物质基础，并决定卵子的质量。从实验结果来看，虾肉、鱿鱼肉和鲭鱼鱼籽的组合能满足种鱼在繁殖期间对饵料的要求，亲鱼特别喜食鲭鱼鱼籽。

3.2 产卵习性和产卵量

两组亲鱼一组在9月12日、9月24日产卵，另一组在10月6日、10月1日、10月14日和10月25日产卵。其中一组种鱼产在紧靠海葵的池壁上，另一对则产在一个花盆的内壁上。产卵的当天，种鱼用嘴巴清理产卵场。产卵在上午进行，雌鱼抖动身体将少量卵产在清理好的卵床上，雄鱼立即过去产精，然后雌鱼再产卵，雄鱼再产精，如此重复交替进行，约 1 h 后产卵结束，雌鱼游开，雄鱼则守护在卵块边，频频用胸鳍扇动受精卵。亲鱼的护卵行为直至卵孵化为止，其间大部分时间是由雄鱼看护，雌鱼则偶尔有看护行为，孵化期为 10 d。

据报道，小丑鱼总是在 9：00—14：00 产卵，而产卵的高峰时间是 9：00—11：00。本实验中的产卵时间也是这样。但是，如果把每天的光照时间提前，设定在 4：00—6：00 时，亲鱼的产卵时间也提前到了 7：00—9：00，这说明产卵时间和“日出”时间有关，产卵总是发生在“日出”后的 2~4 h。

小丑鱼卵是黏性卵，每个卵都紧紧地附着在卵床上。黏性卵使得亲鱼很容易看护它们，但是附着对卵的发育而言并不是必须的。本实验中，一些卵在产下不久便被铲下移到 1 000 mL 的烧杯中孵化，部分受精卵能顺利孵出仔鱼。这一发现为以后在大规模的生产性人工繁殖中创建一种人工孵化的新技术提供了依据。由于受精卵附在池壁上和在花盆的内壁，无法直接计数，另外，通过观察，受精卵在孵化的过程中几乎没有死卵出现，因此以初孵仔鱼的量来推断产卵量为每次 500~1 100 粒。在本实验中，红小丑的产卵间隔是 11~15 d。

其他已有报道的小丑鱼的产卵间隔是 6~45 d。本研究中小丑鱼的正常产卵间隔应该是在 11~15 d 左右，红小丑受精卵的孵化时间是 10~11 d，所以它的产卵间隔是不会少于 10 d 的。当某条小丑鱼的产卵间隔大于 18 d 时，一定是培养条件或者饵料出了问题，或者是鱼龄老化了。产卵的另一个特征是只要饲养环境没有变化，同一对鱼的数次产卵总在同一地方。这说明红小丑的巢穴是相对固定的。

3.3 受精卵的发育

受精卵呈长椭圆形，长径为（2.6±0.2）mm，短径为（0.9±0.1）mm，黏性卵，在长轴的一端，也是卵的动物极一端，有纤维状的附着丝，附着在卵床上。卵膜无色透明，薄而富有弹性，表面光洁，无裂纹。卵黄呈橘红色。有许多小油球无规则地散布在卵黄中。整个卵外观呈粉红色。在 26℃ 的水温条件下，红小丑受精卵的胚胎发育长达 10 d 左右。鱼卵在受精后约 0.5 h 形成胚盘。红小丑受精卵的分裂方式为盘状卵裂。受精后约 1.5 h 进行第一次卵裂进入 2 细胞期（图 1a）。受精后约 2 h 8 min 进入 4 细胞期，以后经过 8 细胞期、16 细胞期、64 细胞期和多细胞期（图 1b），于受精后约 7.5 h 进入囊胚期，至受精后约 14 h 进入囊胚晚期（图 1c）。受精后约 14~16 h 胚胎开始进入原肠胚期（图 1d）。以后经过原肠作用和神经胚期，约于受精后 26 h 形成胚胎雏形，此时胚胎处于卵黄的一侧，绕卵黄 1/2，头部位于动物极一端，头部的两侧出现视泡（图 1f）。受精后约 28 h 在胚胎的中部出现 5 个肌节，至受精后约 48 h 增加到 18 肌节（图 1g），此时头部向植物极移到卵黄的中部，视杯形成，具有不透明的眼珠。头部出现黑色素细胞。奇鳍褶形成，背、尾、臀、腹鳍褶连成一片，在尾部尤其明显。出现心脏，位于中脑和卵黄囊之间。此时的心脏还只是简单的一层膜，心跳 110 次/min。胚胎不时有扭动。此时在卵黄上出现许多色素，使卵黄看起来极像一个草莓。受精后约 60 h，即第 3 天的晚上，头部已经移到植物极。胚胎的卵黄稍为减少，在头部出现放射状的色素细胞。心跳 110 次/min。此时的胚胎比卵的长径略长，因此尾部略有弯曲（图 1h）。受精后第 4 天，心跳增加到 140 次/min。体长增加到绕卵黄 3/4 周。能清晰地看到血液流动。心壁增厚，呈肉红色。眼睛有显著的发育，出现黑色素，但是还较淡。此时体节也已大致形成，并且出现听囊，胸部的两则出现胸鳍芽。胚胎的身子在卵膜内频繁扭动。整个卵的外观由原来的粉红色成深棕色（图 1i）。以后，胚胎的循环系统、消化系统、神经系统和眼睛得到进一步的发育。到受精后第 9 天，各组织、器官已基本建成。心跳增加到 210 次/min。头很大，在显微镜下能清晰地看到下颌和鳃盖频繁的张开和闭合。消化道已基本完善。卵黄变得很小，而身体显得很粗壮。眼睛闪闪发亮（图 1m）。

大部分已有报道的小丑鱼的胚胎发育时间是 7 d 左右。但在本实验中受精卵的胚胎发育时间是 10 d 左右，区别非常明显。不同的实验中所采用温度、盐度和光周期的不同也许是造成了胚胎发育时间不同的原因。小丑鱼的胚胎在长光照的条件下发育要慢一些。一天中光照时间越长，胚胎发育的时间可能也越长。另外，红小丑的受精卵（2.62 mm ×0.96 mm）明显比公子小丑（1.8 mm ×0.8 mm）、银边小丑（1.93 mm ×0.8 mm）和双带小丑（2.14 mm ×0.9 mm）的大。较大的受精卵具有更多的能量以维持较长时间的胚胎发育。这也许是红小丑的胚胎发育时间较长的另一原因。

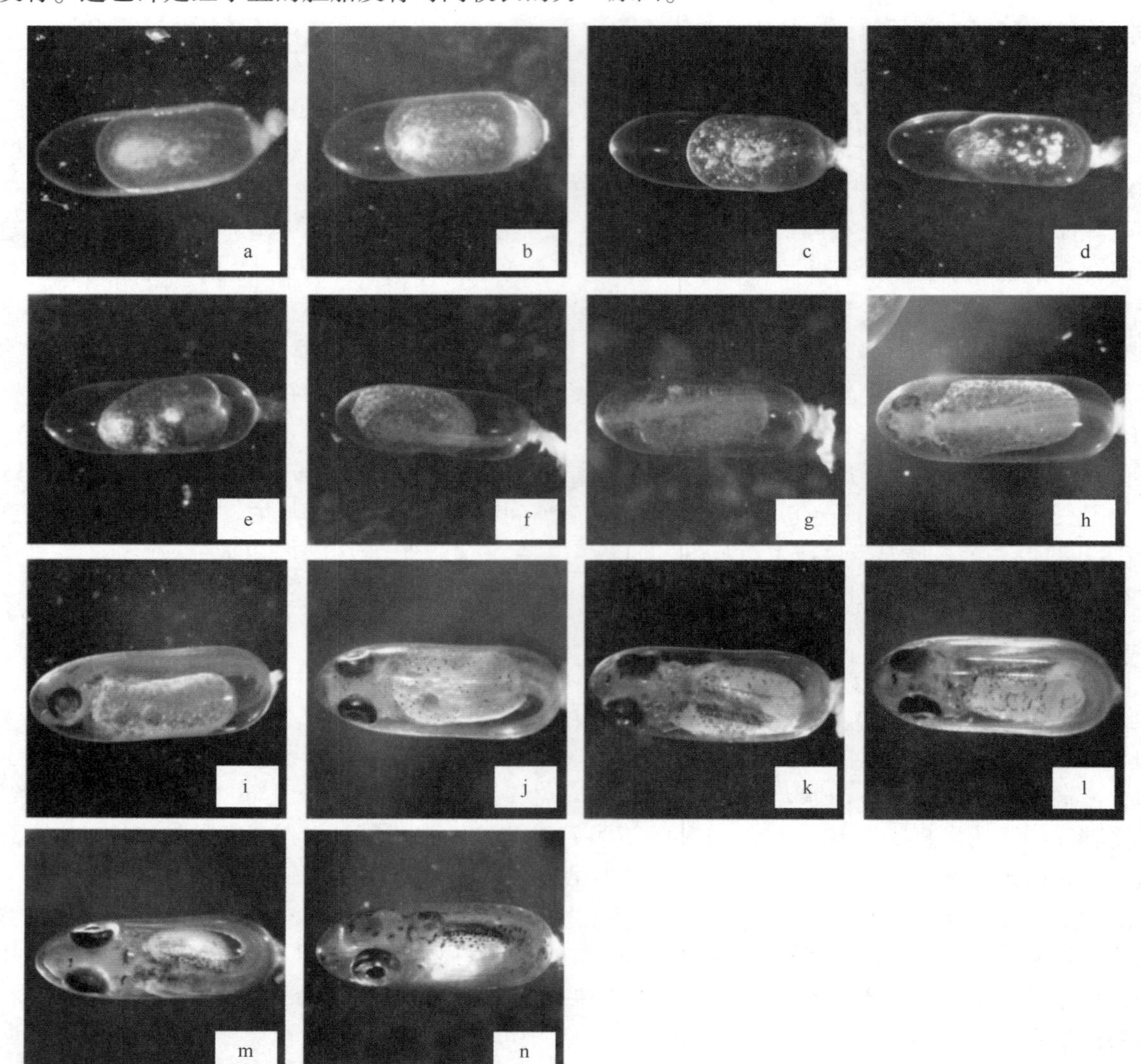

图 1　红小丑鱼胚胎发育

a. 细胞期；b. 多细胞期；c. 囊胚期；d. 原肠期；e. 胚体形成期；f. 视囊形成期；g. 肌节增加；h. 听囊形成期；i. 孵化第 5 天；j. 孵化第 6 天；k. 孵化第 7 天；l. 孵化第 8 天；m. 孵化第 9 天；n. 孵化第 10 天出膜前期

3.4 孵化

受精卵的发育无论是白天还是晚上都连续进行，但是孵化需在黑暗中进行。受精卵的孵化是在日落后开始的，在试验室中，关灯 1~2 h 后仔鱼陆续孵出。本实验中所有受精卵都是 1 次孵出，没有出现其他报道的分批孵化出仔鱼的现象。

3.5 仔鱼和稚鱼的发育

初孵仔鱼（图 2a）平均体长为（3.84±0.21）mm，具有极强的趋光性，能够快速游动寻找食物。初孵仔鱼体内的卵黄基本上已被吸收，所以饵料的适时适量供应成为仔鱼成活的关键因素。第 5 天，仔鱼已经全部转入稚鱼阶段（图 2c）。平均体长为（6.32±0.32）mm 。各鳍的鳍条基本形成。至第 10 天（图 2f），平均体长已达（12.96±0.75）mm，全身乌黑，腹部泛蓝光，从头顶到眼后出现一条白色条纹。从第 10 天到第 15 天鱼体逐渐变为橘红色。到第 15 天（图 2d），鱼苗已转入幼鱼阶段，平均体长为（14.83 ±1.62）mm 。整个鱼体呈现鲜亮的橘红色，除了眼睛后面的第 1 条白色条纹，在背鳍中间出现第 2 条白色条纹，延伸到背部中央或直达腹部，这一条纹会随着幼鱼的生长而逐渐消失。

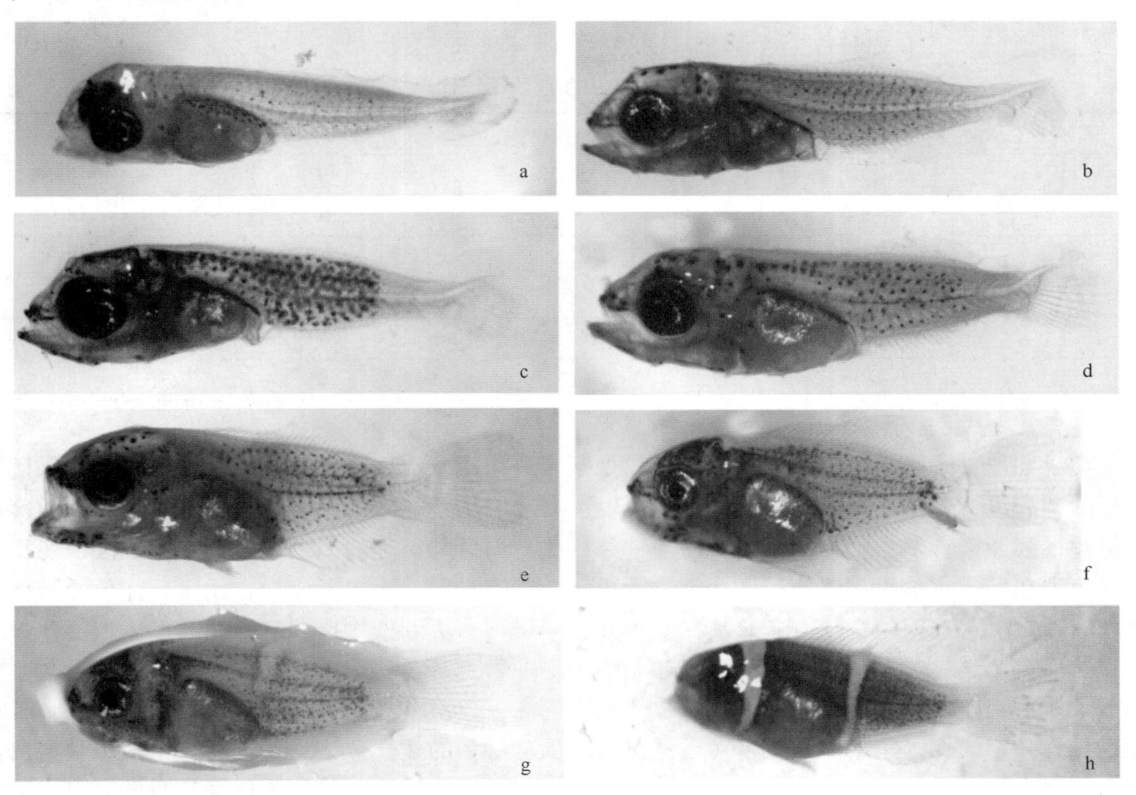

图 2　小丑鱼的仔稚鱼形态

a. 初孵仔鱼；b. 3 日龄；c. 5 日龄；d. 8 日龄；e. 10 日龄；f. 12 日龄；g. 15 日龄；h. 17 日龄

3.6　微藻的作用

本研究参照大菱鲆等海水养殖鱼类的现代化苗种繁育技术，小丑鱼苗成活率有了很大提高（表 1）。苗种培育期间微藻的巧妙运用为红小丑苗种培育技术研究的成功奠定了坚实基础。早在 1970 年，Jones 就证实了小球藻（*Chlorella* spp.）能提高鱼苗的存活率、生长率和品质，之后绿水养殖模式被广泛地应用于各种海水鱼类的苗种培育过程。但使用的微藻种类较少，主要包括小球藻、扁藻（*Tetraselmis* spp.）、微绿球藻（*Nannochloropsis* spp.）、球等鞭金藻（*Isochrysis galbana*）等。在海水鱼类苗种繁育过程中，也存在多种微藻混合使用的现象，如球等鞭金藻和扁藻在大菱鲆育苗过程中得到了广泛应用，而在银鲳（*Pampus argenteus*）苗种培养过程中则经常联合使用小球藻、等鞭金藻和微绿球藻。微藻能够通过调节水体中光线的吸收和散射方式，增大食饵的背景反差，从而对仔鱼初次摄食行为的建立具有关键作用。另外，微藻本身所含的营养成分或分泌的微量营养元素，如游离氨基酸类、核酸类、糖类等，不仅可作为仔鱼摄食的高效诱导物，而且能刺激特定消化酶的分泌及活性增强。最近研究发现，某些微藻分泌的活性物质不仅能够发挥抗菌活性、调节有益菌群的生长、抑制机会病原菌在养殖水体中的暴发，而且在维持养殖水体和活饵料以及仔鱼肠道的微生态系统平衡方面发挥着重要的益生作用。

微藻的营养作用方面，大量实验表明，鱼类在仔鱼阶段能够依靠鳃部主动滤食微藻，并作为食物进行消化吸收，例如，初孵化的大菱鲆仔鱼就能够对球等鞭金藻（*Isochrysis galbana*）主动吸收。通过放射标记研究发现，大西洋庸鲽对扁藻（*Tetraselmis* sp.）的摄食存在规律性变化，尤其是在开口前，即摄食浮游动物（轮虫及卤虫）前达到峰值，可滤食占仔鱼生物量1.3%~4.7%的微藻，并同化1%~5%的生物量。虽然对微藻的摄食量及同化率远低于对浮游动物等较大型饵料，而且不同鱼类对于藻类的摄食量和同化率也存在差异，但鱼类早期发育阶段主动滤食微藻的行为对于仔鱼的生长和发育，尤其是消化系统的完善，都具有非常重要的营养作用。

表1 小丑鱼成活率统计

组别	产卵日期	产卵量	幼鱼数量	成活率
一组	9月12日	527	97	18.1%
一组	9月24日	558	105	18.9%
一组	10月6日	531	95	17.9%
二组	10月1日	496	85	17.1%
二组	10月14日	532	90	16.9%
二组	10月25日	503	95	18.9%

在鱼类早期发育阶段，大部分器官和组织尚处于未分化或未成熟阶段，因此，更重要的是保证其生长发育过程的顺利进行，这除了需要合适的外界环境，自身的摄食能力起到了最为关键的作用。微藻对鱼类仔稚鱼摄食行为及摄食率的影响，不仅与微藻种类相关，而且与苗种的差别及早期发育阶段密切相关。由于大部分鱼类在仔稚鱼阶段主要依赖于视觉进行摄食，没有光照就不能形成视觉反应。仔鱼的摄食强度与光强度之间通常呈S型相关：随着光照从完全黑暗逐渐增强，直到抵达摄食临界光强度后，摄食强度才开始增加，然后在达到一定光强后，摄食强度不再增加。而微藻能够影响育苗水体中光线的吸收和散射方式，调节水体透明度，增大食饵的背景反差，从而可提高仔鱼摄食能力。除视觉刺激外，化学刺激对鱼类的摄食也具有一定的促进作用，尤其是对于仔鱼初次摄食行为的建立至关重要，而且化学刺激与视觉刺激间存在协同效应。化学刺激物的本质就是饵料本身含有的促摄食成分，包括游离氨基酸类、甜菜碱、核苷酸类、糖类等。研究表明，微藻本身富含多种促摄食物质，这些物质不仅可提高仔鱼对活饵料的摄食率，而且对于仔鱼食性转换，尤其是对微囊饲料的摄食转化都具有很好的促进作用。微藻含有的其他活性成分，如聚酰胺、精胺和氨基酸等，也可通过不同的方式调节仔鱼的消化生理，如促进仔鱼消化酶分泌量的增加，并可提高消化酶的活性。其中，聚酰胺通过刺激缩胆素（cholecystokinin，CCK）的产生来调节胰腺消化酶的释放，而精胺可提高肠上皮膜酶（氨基肽酶及碱性磷酸酶）的活性，进而促进仔鱼肠道上皮的成熟。如上所述，微藻能够从视觉、嗅觉以及消化生理等多方面来调节仔鱼的摄食行为，从而有助于仔鱼顺利通过内外营养转换、后期活饵料的转换或配合饵料的转换。

4 结语

本试验结果说明，全人工培育小丑鱼亲鱼替代野生小丑鱼亲鱼是可行的，而且所培育亲鱼对海葵和珊瑚的依赖性减弱，更有利于其产卵，人工培育苗种成活率更高。这就为小丑鱼产业化生产指明一个方向，即在生产中不必依赖于野生亲鱼的捕捞，从而进一步保护了野生小丑鱼种群。

“十三五”海洋能发展战略研究

麻常雷[1]

（1. 国家海洋技术中心，天津 300112）

摘要： 在国家相关部门的大力支持下，我国海洋能开发利用在近年来取得了较快发展，潮流能、波浪能等代表性技术已接近国际先进水平，为海洋能稳定发电奠定了坚实的科技和工程基础。为培育我国的新兴海洋能产业，必须找准“十三五”时期的发展定位，确定科学的发展目标，针对当前存在的差距，合理设置海洋能技术研究重点任务，推动我国海洋能发电实现规模化应用。

关键词： 海洋能；工程；战略定位；发展目标；产业化

1 引言

国际社会普遍认为，海洋能具有开发潜力大、可持续利用、绿色清洁等优势，但其能量密度不高、分布不均匀、利用难度较大[1]。我国海洋能资源总量较为丰富，分布较广，种类齐全，但各类型资源不均，多个类型资源的品质不高[2]。“建设海洋强国”、“节约、清洁、安全”的国家能源战略、“21 世纪海上丝绸之路”等一系列国家战略为我国海洋能快速发展营造了有利的宏观环境。近年来，在财政部、科技部、国家自然基金委、国家海洋局、国家能源局等相关部门的大力支持下，尤其是在财政部与国家海洋局联合设立的海洋可再生能源专项资金的积极推动下，我国海洋能技术取得了较快发展，为今后规模化应用奠定了坚实的科技和工程基础。沿海地区经济社会发展为海洋能发展提供了稳定而广泛的市场需求，有望拉动我国海洋能开发利用的蓬勃发展。在积极稳健的行业政策呵护下，海洋能发电装备制造及运行维护有望早日成长为对经济社会长远发展具有重大引领带动作用的战略性新兴产业。

2 国际海洋能技术现状及发展趋势

联合国政府间气候变化专门委员会（IPCC）的一项研究（2011 年 5 月）表明，全球海洋能资源理论上每年可发电 2 000 万亿千瓦时，约为 2008 年全球电力供应量的 100 多倍。近年来，英、美等海洋能强国持续加大对海洋能研发应用的投入力度[3]，在国际社会的持续支持和不断努力下，国际海洋能技术得到了长足发展[4]：世界最大的潮汐电站装机达 254 兆瓦；建成数个兆瓦级潮流能发电阵列，探索了潮流能发电场建设；多个波浪能发电技术完成多年示范运行；温差能发电及综合利用稳步开展；盐差能技术进展略显缓慢[5]。

2.1 潮汐能技术

传统拦坝式潮汐能技术最早实现商业化运行，法国朗斯电站（240 兆瓦）已运行 50 多年。2011 年，韩国在始华湖建设拦坝式潮汐电站（254 兆瓦），通过引入外部海水，较好地解决了始华湖水体富营养化严重的状况，年均发电量接近 5 亿千瓦时。英国、荷兰等国研究机构还开展了开放式潮汐能开发利用技术

基金项目： 海洋可再生能源专项资金项目“海洋能综合支撑服务平台建设”（GHME2017ZC01）。

作者简介： 麻常雷（1980—），男，山东省龙口市人，主要研究方向为海洋监测技术及海洋能技术战略研究。E-mail：notcmachanglei@163. com

研究，提出了潮汐潟湖（Tidal Lagoon）、动态潮汐能（DTP）等具有环境友好特点的新型潮汐能技术，英国塞汶河口潮汐潟湖电站建设申请于2016年获得政府批准。

出于拦坝式建筑对当地海洋生态环境影响的考虑，国际上在传统拦坝式潮汐电站建设审批上较为审慎，环境友好型的潮汐能利用技术成为潮汐能研究热点。

2.2　潮流能技术

国际潮流能技术基本成熟，单台机组最大功率已超过1兆瓦，已基本进入试商业化运行阶段。国际最大的潮流能发电场项目-——MeyGen项目（总装机398兆瓦）的一期工程，于2017年2月实现4台机组（共6兆瓦）的并网发电[6]。2016年12月，加拿大FORCE试验场布放了单机2兆瓦的Open-Center机组，并实现并网发电。

目前来看，水平轴式潮流能技术的成熟度更高，兆瓦级机组阵列式应用已在全球多个海域开展，为适合在浅水区安装以降低建造成本和海试风险，百千瓦级潮流能技术也正成为重要的研究方向。

2.3　波浪能技术

国际波浪能发电技术在近几年也取得了较快发展，基本进入了实海况示范试验阶段。波浪能发电技术类型较多，主要包括振荡水柱式、振荡浮子式和越浪式等，但基本还未具备商业化运行条件。如美国OPT公司的PowerBuoy发电装置、英国绿色能源公司的Oyster发电装置等代表性技术，仍处于示范运行阶段。

波浪能发电装置的转换效率、稳定性、生存性等仍存在较大改进空间，阵列化应用会更好地降低开发成本和风险。

2.4　温差能技术

温差能技术除用于发电外，在海水制淡、空调制冷、海洋水产养殖以及制氢等方面也有着广泛的应用前景。美国、法国、日本、韩国等国积极开展了温差能发电技术及综合利用技术研究。2013年，日本在冲绳建成50千瓦岸基式温差能综合利用示范电站[7]，美国和法国正在积极推进10兆瓦温差能项目[8]。热带岛屿国家正成为温差能发电应用的潜在市场。

3　国际海洋能产业现状

国际海洋能产业已经初现雏形，近几年，西门子、阿尔斯通、通用电气、三菱重工、现代重工等一批国际知名公司通过并购、投资等多种方式开始进军海洋能产业。用于海洋能技术试验和测试的海上试验场极大促进了国际海洋能技术的成熟。海洋能发电装置装机成本已呈现快速下降的趋势，加快了国际海洋能技术产业化的步伐。

3.1　海洋能海上试验场

海上试验场作为海洋能技术测试检验的服务平台，在海洋能产业链中具有重要作用，经过海上试验场严格的实海况测试与检验，是海洋能发电装置定型及产品化的必经之路。发达海洋能国家在海上试验场建设与运行等方面处于领先地位，极大促进了国际海洋能技术的成熟与发展，同时也为企业进入海洋能产业领域开展技术定型、设备制造、发电场建设等提供了重要的参考。目前国际上已有20多个海洋能海上试验场进入业务化运行阶段。

3.2　海洋能产业机构

根据爱尔兰科克大学的统计，国际上从事海上风能、潮流能、潮汐能、波浪能产业相关的机构达2 500多个。其中，英国海洋能产业从业机构最多，在1 100多个海洋能从业机构中，其中近90%为海洋工程、专业材料、仪器设备、海上运输等海洋能产业链相关机构。一批国际知名公司通过并购、投资等多种方式开始进军海洋能产业，之前主要由中小企业和科研机构从事海洋能装置研发及示范的状况有所改观。由于这些大型原始设备制造商（OEM）和电力部门具有足够的能力和资源进行大型海洋能项目开发，因此必将极大推动海洋能商业化进程。

3.3 海洋能发电成本

随着海洋能技术的日渐成熟，尤其是大型原始设备制造商进入海洋能产业领域，引进规模化生产和工程经济学理念，海洋能发电成本已开始呈现快速下降的趋势，成本构成也出现较大变化，海洋能技术产业化步伐持续加快。

2015 年 5 月，OES 发布的海洋能技术成本分析研究报告显示，当前国际波浪能、潮流能、温差能发电装置的建造成本（CAPEX）中值分别为 11 000 美元/千瓦、9 850 美元/千瓦、35 000 美元/千瓦；2020 年以后，将分别下降到 5 900 美元/千瓦、4 450 美元/千瓦、10 000 美元/千瓦。

4 我国海洋能发展现状

随着国家对海洋能开发利用工作的重视，中央财政通过专项和科技计划等加大了对海洋能的财政支持力度。为了推进我国海洋可再生能源的开发利用，2010 年 5 月 18 日，财政部和国家海洋局联合设立了海洋可再生能源专项资金，重点支持海岛独立电力系统示范，海洋能并网电力系统示范，海洋能关键技术产业化示范，海洋能综合开发利用技术研究与试验，海洋能开发利用标准及支撑服务体系建设等五类项目。截止到 2016 年 12 月，专项资金实际投入近 10 亿元。有效推动了我国海洋能整体水平，代表性技术实现了长期实海况发电的突破，示范工程经验不断积累，从业队伍规模快速扩大，为"十三五"时期实现海洋能稳定发电奠定了坚实的科技基础，积累了丰富的工程经验。

4.1 潮流能和波浪能技术取得重要突破

近年来，50 多项自主研发的海洋能技术开展了实海况试验及示范运行，部分技术达到了国际先进水平，我国成为世界上为数不多的掌握规模化海洋能开发利用技术的国家之一。2016 年 8 月，由舟山联合动能新能源开发有限公司研发的 LHD 模块化大型海洋潮流能发电机组的首个发电机组模块（1 兆瓦）实现并网发电。浙江大学研制的漂浮式潮流能机组在岱山海域开展了长期海试，累计发电超过 3 万度。中国科学院广州能源研究所研发的 100 千瓦鹰式波浪能发电装置在大万山海域开展了近两年示范运行，累计发电量超过 3 万度[9]。

4.2 持续积累了示范工程经验

目前，我国在建海洋能示范工程总装机规模超过 10 000 千瓦。江厦潮汐能示范电站（4 100 千瓦）建成 30 多年来稳定运行，积累了较为丰富的潮汐电站运行数据和运行管理经验，经过几次技术升级改造，在机组工况复杂程度、机组效率等方面达到世界先进水平。在浙江健跳港、福建八尺门等地完成了数个万千瓦级潮汐能电站预可研，并开展了新型潮汐能发电技术研究。

5 存在的问题

当前，海洋、能源、先进制造、海岛旅游等多产业融合形成的海洋能产业新业态对海洋能技术发展提出更高要求，尤其是要满足海岛及深远海开发等用电需求，抢占国际竞争战略制高点，我国海洋能开发利用还面临着一系列挑战。

5.1 基础研究相对薄弱

在海洋能资源调查方面，现有调查数据尚无法满足海洋能资源区划与选划以及海洋能电站选址等工程要求，海洋能资源精细化评估技术和方法等研究不够，难以适应电站低成本规模化建设的需要。在海洋能发电理论研究方面，跨学科、多领域交叉的应用基础研究开展较少，高效能量俘获与转换机理、俘获系统环境适应性及响应控制、装置结构腐蚀及疲劳作用机理等基础研究亟需加强。

5.2 示范应用规模较小

潮流能、波浪能、温差能等发电装置还存在可靠性和稳定性较差等问题，距离产品化应用尚有差距。此外，我国海洋能装置示范应用规模远远小于国际上的兆瓦级水平，海洋能发电成本高制约了示范规模的提升。

5.3 公共服务平台建设滞后

海洋能发电装置的海上布放和运行维护具有投资大、工程复杂、风险高等特点，海洋能示范应用还面临着用海用地难、审批手续繁琐等问题，亟需建设海洋能海上公共测试场与示范区，为海洋能发电装置提供标准统一的检测与认证服务。国内海洋能公共服务平台规划和设计开展得较早，但由于落实用海用地等多方面原因，至今尚未建成。

6 “十三五”海洋能发展目标

国际海洋能技术尚未进入规模化应用阶段[10]，为赶超国际先进水平，应围绕海岛及深远海开发用电需求，加快提升海洋能技术自主创新能力，完善发展布局，扩大利用规模，为海洋能产业新业态培育及其发展奠定坚实基础。

提高基础研究水平与公共服务能力。持续创新海洋能发电理论、模型试验、数值模拟、资源详查及评估方法、阵列化应用等方面的基础研究；开展海洋能发电装置现场测试、运行维护、并网等公共测试技术基础研究。到2020年，建成国家级海洋能海上综合试验场和专业试验场，并实现业务化运行。

持续提升技术成熟度。继续提高海洋能发电装置的可靠性、稳定性及可维护性，掌握兆瓦级潮流能机组设计及制造能力，提高百千瓦级波浪能装置可靠性以及生存性[11]，开展50千瓦级温差能利用关键技术研究。到2020年，潮流能及波浪能等代表性发电技术的技术成熟度达到全比例样机示范运行阶段，温差能发电技术的技术成熟度达到中试样机海试阶段。

强化示范效果、推进海岛海洋能应用。依托现有示范工程，稳步推进潮流能及波浪能发电装置的海岛应用示范。到2020年，实现海洋能海岛独立电站及并网发电示范工程的稳定可靠运行。

7 保障措施及建议

7.1 营造海洋能产业化发展政策环境

作为战略性新兴产业，海洋能装备制造及运行维护对经济社会发展具有重大带动作用，然而近期海洋能还不具市场竞争力，亟需营造与海洋能产业化发展相适应的政策环境，加强顶层规划设计，研究制定我国海洋能中长期发展战略目标及路线图，抓紧出台国家海洋能发展专项规划，研究制定符合我国国情的海洋能电价补贴、绿色信贷等产业激励政策，稳定行业预期，依靠海洋能市场发展前景拉动我国海洋能技术的持续进步。

7.2 逐步建立多元化投入的资金体系

在当前技术突破与示范应用的关键期，应当坚持国家财政投入为主、社会多元化投入为辅的原则，继续实施并发挥海洋能专项资金在推进技术创新、提升公共服务能力、加强示范应用等方面的带动作用。积极发挥社会资金的重要作用，拓宽海洋能企业融资渠道，形成社会多元投入支持海洋能发展的良好局面。

7.3 深化海洋能国际合作

拓展和深化海洋能国际合作，进一步提升我国在海洋能国际组织中的影响力和发言权；鼓励企业与英国、美国等发达国家建立海洋能合作研发中心，开展联合技术攻关。围绕国家"一带一路"倡议的实施，推动与"一带一路"沿线国的海洋能务实合作，联合组建海洋能基础设施合作网，启动海洋能人才联合培训计划，为我国海洋能技术、装备和服务走向国际市场奠定坚实基础。

参考文献：

[1] 夏登文,康健.海洋能开发利用词典[M].北京:海洋出版社,2014.

[2] 罗续业,夏登文.海洋可再生能源开发利用战略研究报告[M].北京:海洋出版社,2014.

[3] Carbon T.Technology Innovation Needs Assessment Marine Energy:Summary Report[R].2012.

[4] European Commission.Blue Energy:Action Needed to Deliver on the Potential of Ocean Energy in European seas and oceans by 2020 and beyond [R].2014.

[5] REN21.Renewables 2014 Global Status Report[DB/OL],REN21,http://www.ren21.net/REN21Activities/ GlobalStatusReport.aspx.2014.

[6] Jeffrey.European Arrays and Array Research[C]//The 6th Annual Global Renewable Energy Conference,2013.

[7] Brochard.DCNS Roadmap on OTEC[C]//The International OTEC Symposium,2013.

[8] Upshaw.Thermodynamic and Economic Feasibility Analysis of a 20 MW Ocean Thermal Energy Conversion(OTEC) Power Plant[R].2012.

[9] 国家海洋技术中心.中国海洋能技术进展 2015[M].北京:海洋出版社,2015.

[10] IRENA.Ocean Energy Technology Readiness,Patents,Deployment Status and Outlook[R].2014.

[11] IPCC.Special Report Renewable Energy Sources[R].2011.

建议加强海洋观测仪器设备应用与管理

高艳波[1]，任炜[1]，王祎[1]，石建军[1]

（1. 国家海洋技术中心，天津 300112）

摘要：本文在总结了美国先进的海洋观测仪器设备的应用和管理特点的基础上，分析了我国业务化海洋观测仪器设备在应用与管理、数据通讯、数据质量控制等方面存在的主要问题，最后提出了我国业务化海洋观测仪器设备发展的建议。

关键词：海洋观测；仪器设备；建议

1 引言

我国是陆海兼备的国家，海洋“是我们宝贵的蓝色国土”，已成为经济社会可持续发展的重要战略空间。我国东临太平洋，西接印度洋，大陆海岸线长度约 1.8 万千米，管辖海域面积约 300 万平方千米，海洋贸易和海洋产业为社会经济发展做出了重大贡献。党的十八大提出“海洋强国战略”，习总书记进一步强调加快推进“21 世纪海上丝绸之路”建设，海洋对我国未来发展乃至民族复兴的重要意义日益凸显，海洋事业的新常态对海洋观测提出了新的更高要求。业务化海洋观测系统是实现海洋观测最重要和最基本手段。

海上交通运输、海洋渔业、海洋工程建设、海滨海岛旅游等海洋产业提质增效发展离不开业务化的海洋观测系统；获取争议海区的海洋资源和环境信息，提升对海上非法侵权活动的早期预警能力等离不开业务化的海洋观测系统；“21 世纪海上丝绸之路”的航行保障离不开海洋观测系统；风暴潮、台风、赤潮、绿潮、巨浪、海啸、海冰等海洋灾害的及时、有效预报离不开业务化的海洋观测系统，海洋污染防治和海洋生态文明建设更离不开海洋观测系统。而海洋观测仪器设备是确保海洋观测系统有效运行的基础和关键环节。

2 美国海洋观测仪器设备先进特点

美国的业务化海洋观测体系体现了海洋国家业务化海洋观测系统发展的最高水平，其海洋观测仪器设备的应用和管理也最具有代表性。美国海洋大气与管理局对观测仪器设备的应用和管理有以下特点：（1）海洋观测仪器设备技术成熟，商品化水平高，技术性能指标先进，主要依靠国内的仪器设备建设业务化海洋观测网；（2）建立了入网观测仪器设备的评价和准入制度，美国国家海洋局负责对海洋观测仪器设备的检测、试验和评价，择优选用市场上的海洋观测仪器设备；（3）建立了入网观测仪器设备应用档案，随时记录在用观测仪器设备的运行状态，使在用仪器设备处于受控状态，并有一个权威性的档案记录；（4）持续的对在用观测仪器设备进行跟踪管理和质量控制，定期对各种类型在用仪器设备（如浮标）的故障率进行统计，并在网上发布统计结果；（5）用新技术不断改进观测站点的数据采集、处理、通讯装置，努力提高数据采集、处理及通讯能力；（6）观测系统的管理层、仪器设备的使用者、观测数据的使用者、仪器设备生产商之间，有很好的互动和沟通，加速了观测仪器设备的进步；（7）由于海洋环境的特殊性，室内检测不能完全反应观测仪器设备的适用性，为此，相关业务机构经常开展海洋观测仪器设备

作者简介：高艳波（1965—），男，辽宁省庄河市人。E-mail：hypopoding@163.com

的现场比测试验研究，例如，波浪观测仪器的比测试验、海流观测仪器的比测试验等。

3 我国海洋观测仪器发展存在的问题

目前，我国业务化海洋观测仪器设备在应用与管理、数据通讯、数据质量控制等方面存在的主要问题有：（1）国产海洋观测仪器设备技术水平低，可靠性差，关键传感器或部件依赖进口，因而制约了观测系统的业务化运行和观测数据的质量；（2）对拟选用的仪器设备没有准入制度和相关标准；（3）对观测仪器设备没有严格和持续的评价制度、评价机构、评价方法、评价标准和测试基地；（4）对在用的观测仪器设备没有严格、权威、可追踪的登记制度和档案记录；（5）没有建立在位观测仪器设备的质量控制和管理制度；（6）没有对业务化海洋观测仪器设备进行持续的、业务化的应用研究和跟踪研究；（7）仪器设备制造者、观测系统管理者、观测数据使用者、观测数据存储者之间严重脱节，没有交流和互动；（8）相关机构条块分割，互不通气，相关信息不能交流和共享，没有支持评价和改进的业务化海洋观测仪器设备生产和应用技术平台；（9）对业务化海洋观测相关仪器设备研制、生产及应用缺乏顶层发展规划等，难以推动沿岸区海洋观测系统的发展和观测仪器设备的进步。正是由于这些问题的存在，使业务化海洋观测仪器设备的研制、生产、应用、管理处于不协调的亚健康状态，从而制约了业务化海洋观测的数据获取能力和数据质量，甚至在恶劣海况下不能获得灾害环境预警报必须的基础数据。

4 几点发展建议

总之，与美国等先进海洋国家相比，我国观测仪器设备的产业化水平、观测仪器设备的应用和管理，都存在较大的差距，需要认真研究，提出规划，加速发展。我们提出以下建议：

围绕《国民经济和社会发展第十三个五年规划纲要》中提出的“海洋重大工程——全球海洋立体观测网”建设这个中心，从提高业务化海洋观测数据获取能力和数据质量出发，立足现在、着眼发展、有限目标、重点突破，对业务化海洋观测仪器设备从应用层面进行规划和安排，明确重点任务，按计划组织实施。

（1）业务化海洋观测仪器设备的调研和评估

以国内现有的海洋观测仪器设备为主，适当选用国外的先进观测仪器设备，组织专业技术力量（厂家、用户、数据使用者），对主要海洋观测仪器设备从应用层面进行全方位的调研、测试和评估，包括仪器设备的性能、先进性、适用性、可靠性、利用率、缺陷和问题，提出权威性的调研和评估报告，改进提高仪器设备的应用水平。

（2）观测仪器设备的改进、完善和提高

立足国内的海洋观测仪器设备，在充分调查研究和评估的基础上，对海洋台站水文气象自动观测系统、岸基动力环境观测雷达、锚系资料浮标、水下潜标系统、海床基系统、断面调查观测和志愿船观测等的仪器设备存在技术缺陷或可靠性差、商品化水平低的仪器设备，组织力量，进行攻关，对国产海洋仪器设备进行改进、完善和提高。

（3）建立入网观测仪器设备的运行监控体系

建立或健全观测仪器设备的入网、应用、质量跟踪和管理制度，使在用仪器设备都处于受控状态，确保观测数据的真实性、可靠性和可溯源性。

（4）海洋观测仪器设备的海上和现场比测试验

要对同类、不同种的观测仪器设备，或同种、不同型号的观测仪器设备进行海上和现场比测试验，择优选用适用的仪器设备，支持观测网的建设。

（5）建立海洋观测仪器设备评价制度、标准和方法

研究并制订业务化海洋观测仪器设备评价制度、评价标准和评价方法，设立入网观测门限，跟踪研究和评估入网观测仪器设备，有效保障观测仪器设备的业务化运行。

南海岛礁生态建设的研究概述

韩玉康[1]，赵艳玲[1]，郑崇伟[2]

（1. 解放军 31010 部队，北京 100081；2. 海军大连舰艇学院，辽宁 大连 116000）

摘要： 岛（岛礁）是海洋环境的一个重要组成部分，具有很高的资源、生态、经济以及军事价值。南海海域广阔、岛礁丰富，保护岛礁生态系统，发展岛礁经济，开发岛礁资源、能源，实施岛礁全面生态建设，对维护我国国家海洋权益具有重大意义。本文从旅游景区与海洋公园的建设、海水养殖与发展海洋经济、海洋能源开发、港口与航道建设、岛礁绿化与基础设施建设及岛礁科学研究等方面，对南海岛礁的特点和现状进行概述，并就各个方面的建设、开发提出对策和分析，以期对南海岛礁的生态建设提供有益的参考。

关键词： 南海；岛礁；生态建设

1 引言

岛（岛礁）是海洋环境的一个重要组成部分，也是一个非常特殊的区域[1]，既具有很重要的生态、资源、经济和军事价值，又是世界各国关注的敏感问题。海岛被描述为走向海洋的"桥头堡"和通向内陆的"岛桥"[2]，在保护岛礁生态环境的基础上，通过实施保护、合理开发、科学研究等措施，实施岛礁的全面建设，对维护国家海洋权益具有重大意义。

南海诸岛，由东沙群岛、西沙群岛、中沙群岛、南沙群岛四大群岛组成，总面积 365 万 km^2[3]，共计岛礁 1 641 个。南海岛礁自古以来就是我国领土不可分割的一部分，在我国国家战略中具有重要的地理、政治和军事价值。海南处于"一带一路 "的海上丝绸之路经济带上，是海上丝绸之路上的重要部分，地缘优势明显，"一带一路 "社会经济发展倡议的提出[4]，为我们保护、建设和发展南海岛礁，提供了重要机遇，但也面临问题和挑战。

本文对南海岛礁建设的几个重点方面的现状和特点进行概述，并就各个方面的建设、开发提出对策和分析，以期对南海岛礁的生态建设提供有益的参考。

2 研究概述

2.1 旅游景区与海洋公园

2.1.1 旅游资源特点

（1）自然旅游资源

南海是我国唯一的热带海洋，南海岛礁远离大陆，四季气候宜人，环境优美，空气质量佳，且空气中富含负氧离子，益于健康。南海岛礁所特有的热带海岛阳光、海水、沙滩，适宜旅游。

南海海洋生物品种多，观赏价值高，具有丰富的典型热带海岛资源，生长着 60 多种海鸟和 200 多种热带植物，1 000 多种藻类、2 000 多种热带鱼类以及多种珍稀热带海洋生物[5]。珊瑚礁资源丰富，其规模、种类不亚于澳大利亚大堡礁[6]，被称为中国的"天然珊瑚宝库"[7]。并且南海岛礁溶洞、海蚀崖数量

作者简介： 韩玉康（1990—），男，山东省莱州市人，硕士。主要从事物理海洋学，海洋数值模拟等研究。E-mail：yukang_ han@ 163. com

众多[4]，风景奇特。

（2）人文旅游资源

南海的文物古迹和沉船遗址是我们了解古代社会经济和海洋文化发展的重要依据。西沙和南沙的多个岛屿上的古庙遗址和出土的大量汉、唐及明清时代的瓷器等文物是我国人民开发南沙岛礁的历史见证，海上丝绸之路沉船遗址出水的大量文物显示出古代海上繁华的贸易经商往来，为我们了解古代社会经济发展提供了宝贵依据。

永兴岛上主要有收复西沙群岛纪念碑、南海诸岛工程纪念碑、将军林、军港雄姿、海洋博物馆、日军旧炮楼、兄弟公庙遗址和热带植物园等，华光礁1号的"南宋沉船遗址"出水文物上万件，南沙太平岛上有土地公庙、观音堂、南沙群岛界碑、"太平文化公园"牌楼和位于岛东南侧日本人兴建的旧栈桥头等[4]。这些历史文物和文化遗址，既具有重要的考古科研价值，又是南海旅游的宝贵资源。

2.1.2 旅游资源的建设开发

充分利用南海岛礁稀缺的热带岛礁资源和独特的文化遗址、文化资源，适度开发岛礁旅游，建造旅游景区，开发建设具有较强竞争力的南海群岛特色鲜明的热带海洋公园生态旅游区，并使之成为海南国际旅游岛的著名品，对于南海岛礁建设具有最直接的意义。

（1）以岛礁为基本单元，以海洋生态系统保护为基本前提[6]，完善开发模式和管理运行体制，建设热带海洋公园；

（2）建立热带珊瑚礁自然保护区，加强管理，保护珊瑚礁生态系统，研发珊瑚礁修复技术，形成具有南海特色的珊瑚礁海洋旅游区；

（3）保护环境，整治污染，寓开发于生态保护中，统筹兼顾，实现人与海洋和谐发展；

（4）完善海岛基础设施和旅游保障措施建设，改善海上交通，建立旅游专线，实现南海岛礁旅游的方便、快捷；

（5）借鉴国外知名岛礁建设经验，例如美国夏威夷群岛、马尔代夫，印度尼西亚巴厘岛，新加坡，泰国普吉岛等[5]，开发海洋旅游特色产品，打造我国南海岛礁旅游的知名品牌。

2.2 海水养殖与海洋经济

2.2.1 海水生物、化学资源

南海生物资源丰富，有世界1/3的海洋物种，可以提供10%的世界捕捞量[8]。渔场主要有西沙渔场、中沙渔场（共21万 km^2）和南沙渔场（71万 km^2）[9]，据专家评估潜在的渔获量约有700万吨[10]，且资源种类十分丰富，鱼虾贝蟹3 000多种[11]，且盛产鲣、金枪鱼、鲨鱼、旗鱼等大洋性鱼类[12]。热带海藻类资源也极其丰富，经济价值较高的有石花菜、紫菜、马尾藻、麒麟菜等[11]。

南海海底矿产资源丰富，深海盆地蕴藏有锰、铁、铜、钴等多种金属，存在富含锰结核和钴结核的热液矿床，以及沉积的大量磷矿[13]，并且铀和氘资源丰富，总铀能相当于一个25万 kW 电站150亿年的发电量[14]。海水无机盐种类丰富，利用海水化工技术，从海水中提炼硝酸钠、碳酸氢铵、碳酸铵等液态氮肥，比传统的生产成本降低60%，既生产氮肥，又具有节能减排的优势[15]。

南沙群岛海域溶解氧丰富，含量6.22～6.79 mg/L，氧饱和度为101%～108%，溶氧和氧饱和度都达到Ⅰ类海水水质标准，是电解海水提取氢、氧资源的理想海区[16]。

2.2.2 发展海水养殖与海洋经济

南海渔业资源丰富，是我国传统远洋捕捞渔场，有计划地的开发南海渔业资源，发展海洋化工产业，对发展海洋经济、促进海南绿色崛起意义十分重大。

（1）发展现代化渔业，建立市场—捕捞—增养殖—加工—运销一条龙的产业化经营模式，发展高端产品，创建南海特色水产品品牌[5]。

（2）采用生态增殖高新技术，开拓渔业生态增殖新产业，建设渔业种质资源保护基地，大力补充建

设渔业种质资源保护基地，恢复渔业资源[5]。

（3）科学规划和兴建渔民生产生活设施，促进渔民转产转业优化产业结构。

（4）继续实施南海休渔期，根据南海诸岛的不同特点，设立不同海域、不同时期的休渔活动，改善南海渔业生态、恢复和保护渔业资源[3]。

（5）发展新型海洋化工产业，研发海洋化学新技术，充分开发利用海水化学资源。

2.3 海洋能源

2.3.1 能源种类和特点

南海大陆架面积广阔，约 188 万 km^2，具有丰富的海底能源，石油、天然气和可燃冰储量巨大[17]。有研究估计，南海油气资源储量的最大值为 2 130 亿桶，达到沙特阿拉伯的原油储量的 80%[18]。海南省对南海油气储量做过估计：南海油气储量约为 707.8 亿 t，其中石油 291.9 亿 t，天然气 580 000 亿 m^3[19]；美国能源信息管理局估计：南海石油储量约为 110 亿 桶，天然气储量 53 800 亿 m^3[20]。也有研究对三沙市的油气储量进行探索：三沙市海域分布着大小不等的新生代含油盆地[21]，油气资源当量（油气资源量综合的石油、天然气换算中，1 000 m^3 天然气折合 1 t 石油当量）为 581×10^8 t[22]。

可燃冰是天然气水合物的俗称，是近 20 年来在海洋和冻土带发现的新型洁净能源，可以作为传统能源的替代品。南海可燃冰储量丰富，主要分布在 500~2 000 m 水深的海区，分布面积超过 105 km^2[23]，初步估计资源量 8.45×10^{13} m^3[21,24]。自发现以来，南海可燃冰就引起了人们的广泛关注，很多海洋学者和能源专家对其进行了大量研究[25-29]，作为储量丰富的新能源，可燃冰必将在未来南海岛礁建设甚至世界能源中发挥举足轻重的地位。

也有研究结果表明，南海岛礁具有丰富的太阳能、风能[30-31]和海洋能[32-33]等绿色能源，尤其太阳能、风能等丰富，适宜开发[5]。因地制宜，推动海上风电、热带岛屿潮汐发电、波浪能等可再生能源海岛绿色能源建设，符合南海岛礁的实际情况，前景长远。

2.3.2 能源开发

海洋能源开发是 21 世纪重大的战略任务，南海丰富的资源必将成为我国可持续发展的重要支撑，加强南海能源研究与开发，迫在眉睫。

（1）增进南海地质、矿产研究，加快推进深水油气勘探进程，为大规模的油气发现与开发建设建立后勤服务基地。

（2）加强南海可燃冰研究，对其储量、分布、特点进行进一步研究，学习、借鉴国外先进的可燃冰勘探、开采技术，建立规模化开采平台。

（3）加强新型绿色能源建设，建立绿色能源利用一体化项目，进行综合开发利用。利用热带海岛太阳能和风能资源丰富的优势，通过太阳能、风能发电项目，推进海岛多种绿色能源发展、建设。

（4）广泛开展国际性生态、技术和经济的合作和交流，多方借鉴国际经验，突破勘探、开采中的技术瓶颈。

2.4 港口与航道

2.4.1 海上交通特点

（1）重要性

一方面，南海位于西北太平洋与印度洋之间，是西北太平洋通向印度洋的国际航道要冲，是扼守马六甲海峡、吕宋海峡的关键地带[34]，年通过南海的货物占世界货物贸易总量的 1/3，液化天然气占世界贸易总量的 2/3。而南沙海区是南海战略通道的交通枢纽和航运最繁忙海区。

另一方面，三沙以群岛为基础设市，各类生产、生活资源相对匮乏且自给能力差，物资多需要从外地运补，严重依赖海上交通运输。港口和海上交通运输网络决定着整个系统的通达性[35]。

自我国提出“21 世纪海上丝绸之路”倡议以来，拥有多条海上战略通道的三沙海域更成为海上丝绸之路建设的重点[35]，我国从中东进口石油的 85%、对外贸易总额的 40%都经过南海，其海上交通地位更加重要。

（2）必要性

南海主要航线附近的礁、滩多，暗沙亦较多，且缺乏准确的水文、地理资料记录，并且航路附近通航障碍物多，这些都需要通过设置航行安全保障设施，对船舶进行导航指示[36]。

另一方面，南海受热带气旋和强对流天气影响较多[37]，加强港口建设，为海上船只提供躲避恶劣天气、灾害性风浪的影响，是当前值得关注的一个重要问题。

2.4.2 港口与航道建设

在南海重要航道建设灯塔、通信站等通信导航基础设施，为渔船作业和海上商贸船舶提供良好的通讯和导航服务，为南海渔船和国际航线通航提供通信导航服务[35]。

建设船只停泊港口和中转补给保障基地，包括油料和生活必需品等，为过往船舶提供停泊、避风以及生活物品、油料补给等保障服务。

学习、借鉴加拿大在北极西北航道实施的“船舶交通服务区制度”，在一些无人岛礁附近海域尝试建立船舶交通服务区，为过往船舶提供一定的航运服务，同时行使岛屿及附近海域管辖权[38]，既可以为过往的我国船只、国际商贸船只提供服务，又有利于彰示我国主权，维护海洋权益。

2.5 岛礁绿化与基础设施

2.5.1 岛礁绿化与基础设施的现状和需求

（1）岛礁绿化

南海岛礁绿化，不仅能防风固岛，保护和改善岛礁脆弱的生态环境，还能缓解蔬菜供应困难，提高驻岛居民生活质量[15]。但是，南海岛屿缺乏淡水，植物浇灌不便，很多岛礁又被裸岩和碎石覆盖，很难将其作为绿化的基托，缺乏绿化所需的淡水河土壤基托等条件[15]。

（2）基础设施

南海岛礁远离大陆，居于远海，交通不便，岛上缺乏淡水、食物和日常用品，生存环境比较恶劣[4]，保障条件有限，基础设施相对落后。要加快南海岛礁的开发与建设，改善南海诸岛生存环境，不断完善生产、生活设施，是当前要想方设法解决的事情[3]。

在南海诸岛推进岛礁绿化，加强岛礁基础设施建设，使纯军事占领的岛礁成为军事力量保护的有序建设的岛礁生活、生产经济区，支持鼓励新一代流动性岛民在岛生产、生活。那么这些岛礁就可以依据《联合国海洋法公约》，获得 200 海里专属经济区或 350 海里的大陆架的法理权限[15]。

2.5.2 绿化与基础设施建设

（1）岛礁绿化

南海岛礁气候特点是日照时间长、辐射强、终年高温、雨量充沛、风大[39]。岛礁绿化引种的植物必须与南海岛礁的气候特点相适应，保证其能存活和良好生长。很多研究和实践都对此进行过探索，得到了很多有益的结论，论证了几十种绿化植物在南海岛礁种植的可行性，为南海岛礁绿化的植物引种提供了很好的建议和借鉴[40-42]。

南海岛礁绿化中，土壤改良也是一个重点问题。南海岛礁土质差，土壤中的营养元素，例如有机肥、腐殖质，微量元素等都较少。可以针对不同岛礁的实际情况，或从大陆补运优质土壤，建设人工土壤基拖，或通过施用有机肥，如腐殖土、泥炭土、椰糠等达到改良土壤的目的[40]。

（2）加强基础设施和保障条件建设

水、电是岛上活动最基本的生活资源。除从海南岛运输淡水以外，可发展海水淡化技术，建设电渗析海水淡化站，淡化海水；修建蓄水池，存储雨水，利用南海丰富的降水量来帮助解决饮水困难[3]。另一方面，在安装小型风力发电设备和太阳能发电设备的基础上，大力开发波浪能、潮汐能等新能源，实现日常生活、工作必需的电力供应。

加强岛礁建筑修建，修建渔民住宅，对岛上已有的简易、老旧住宅进行整修加固，配备、改善生活、生产设施；修建渔港和渔船避风设施，为渔民捕鱼和海上船只航行提供方便与基本服务[3]。

开设岛礁医院，完善岛礁医疗条件，满足住岛居民和官兵基本看病需求，加强对南海岛礁相关疾病研究[43]，发展有南海特色的医疗体系和制度。

开展南海及岛礁的海洋环境预报，特别是恶劣天气的预报警报。一方面为住岛居民和官兵提供天气预报服务，另一方面，也可为海上作业渔船和航行船只提供恶劣天气预报保障，躲避灾害性天气。

2.6 科学研究

南海具有丰富的海岛和海洋物种资源，建设海洋生物标本馆、基因库和海洋科研中心，开展岛礁物种登记，对南海物种进行记录、研究和保护，具有重要的科研价值与生态多样性保护的意义。

另一方面，建设岛礁生态监测站、岛礁海洋测点及岛礁海洋环境监测站等资源环境监测设施，开展岛礁地质安全评估等科研活动。并且，南海还具有丰富的沉船遗址和水下文物，做好南海岛礁考古及水下考古工作的研究，对古代航海文化的研究十分重要。

3 展望

现代的海岛与岛礁不再只是单纯追求眼前经济效益的聚宝盆，而是许多行业相互交叉渗透，既有整体，又有局部，最终走向合理化、科学化、规范化以及国家行使主权的基地。必须把岛礁海洋保护区建设与国家经济、环境保护与治理、国家主权与安全联系起来，相互促进。

保护好现有岛礁资源及其生态系统，逐步搞好基础设施和各项工程建设，开展爱岛保护动植物的实效活动；开展科研、监测，完成生物多样性保护工程建设，完成多种经营设施工程；完善科研手段，开展海岛学术交流，促进全面发展[1]。南海岛礁，南海上的璀璨明珠，必将在国家发展蓝图上发挥举足轻重的作用。

参考文献：

[1] 徐承德,冯守珍.岛礁类型划分及可持续发展探讨[J].海岸工程,2008,27(3):47-52.

[2] 林河山.海岛生态旅游资源可持续利用策略研究[D].厦门:国家海洋局第三海洋研究所,2008.

[3] 龙湘群.南海诸岛的开发与建设构想[J].南海瞭望,2012,22(4):20-24.

[4] 李永文,陈爱梅,袁正荣.三沙市旅游资源开发的条件分析与战略选择[J].商丘师范学院学报,2016,32(3):66-71.

[5] 张本.关于建设“西沙群岛生态经济区”的建议[G]//当代海南论坛文集,2010:57-64.

[6] 秦诗立,张旭亮.南海建设国家海洋公园初步研究[J].海洋开发与管理,2013:1-5.

[7] 张耀光,刘锴,刘桂春,等.中国海南省三沙市行政建制特点与海洋资源开发[J].地理科学,2014,34(8):971-978.

[8] The Diplomat.China and the South China Sea Resource Grab[EB/OL].http://thediplomat.com/ 2015/ 02/china-and-the-south-china-sea-resource-grab/,2015-05-11.

[9] 周永灿.南海渔业资源及其可持续开发利用[G].北京:北京论坛-文明的和谐与共同繁荣,2014.

[10] 陈韶阳.南沙群岛价值分类评价和开发策略研究[D].青岛:中国海洋大学,2011.

[11] 赵雪,裴志胜.南海特色资源调查报告[J].科技视界,2016,8:284-285.

[12] 赵焕庭,吴天霁.西沙、南沙和中沙群岛进一步开发的设想[J].热带地理,2008,28(4):369-375.

[13] 任禾.深海锰结核[N].中国经济和信息化,2013.

[14] 郑崇伟,李崇银.中国南海岛礁建设——重点岛礁的风候、波候特征分析[J].中国海洋大学学报,2015,45(9):1-6.

[15] 毛福平,翁联喜,韩雨.发展良性和持续性南海岛礁经济和岛礁绿化——南海维权新思维、新模式[J].China Academic Journal Electronic Publishing House.A-vailable at http:// www.cnki.net.

[16] 海南史志网.自然再生能源[EB/OL].A-vailable at http://www.hnszw.org.cn/ data/news/2009/06/43652/,2015-05-11.

[17] 郑崇伟,黎鑫,陈璇.经略 21 世纪海上丝路:海洋资源、相关国家开发状况[J].海洋开发与管理,2016,33(3):3-8.

[18] American Security Project.Resources in the South China Sea[EB/OL].[2015-05-11].http://www.americansecuri-typroject.org/resources-in-the-south-china-sea/Posted By Xander Vagg on Dec 04,2012.
[19] LI Guoqiang.China Sea Oil and Gas Resources[EB/OL].[2015-05-11].htp://www.cis.org.cn/english/2015-05/11/ content_7894391.htm.
[20] Nsider Secrets.Why Oil and Gas in the South China Sea Won't Be Developed[EB/OL].[2015-05-11].htp://oil-price.com/Energy/Energy-General/Why-Oil-and-Gas-in-the-South-China-Sea-Wont-Be-Developed.html.
[21] 张耀光.中国海洋政治地理[M].北京:科学出版社,2004.
[22] 国土资源部油气资源战略研究中心.新一轮全国油气资源评价[M].北京:中国大地出版社,2009.
[23] 杨木壮,黄永祥,姚伯初,等.南海天然气水合物资源潜力及其能源战略意义[J].海洋科学与海洋技术,2004:105-106.
[24] 马在田.海洋天然气水合物的地震识别方法研究[J].海洋地质与第四纪地质,2002,22(1):75-80.
[25] 王淑红,燕文,宋海斌.南海天然气水合物储库变化及其环境影响和记录[J].中国地球物理,2006:349.
[26] 祝有海,陈邦彦,吴必豪.天然气水合物未来的能源骄子——兼论我国南海的成矿条件与找矿前景[J].石油科技论坛,2000(5):12-20.
[27] 魏伟,张金华,魏兴华,等.我国南海天然气水合物资源潜力分析[J].地球物理学进展,2012,27(6):2645-2655.
[28] 祝有海,张光学,卢振权,等.南海天然气水合物成矿条件与找矿前景[J].石油学报,2001,22(5):6-10.
[29] 于兴河,张志杰,苏新,等.中国南海天然气水合物沉积成藏条件初探及其分布[J].地学前缘,2004,11(1):311-315.
[30] 蒋洁.南海岛礁风能资源及风力发电评价[D].南京:南京大学,2016.
[31] 许武,蒙文川,李娟,等.南海诸岛礁风能资源评估及其风机选型[J].电力建设,2015,36(5):112-118.
[32] 郑崇伟,李崇银.中国南海岛礁建设:风力发电、海浪发电[J].中国海洋大学学报,2015,45(9):7-14.
[33] 宗芳伊.近 20 年南海波浪及波浪能分布、变化研究[D].青岛:中国海洋大学,2014.
[34] 陈韶阳.南沙群岛价值分类评价和开发策略研究[D].青岛:中国海洋大学,2011.
[35] 王涌,郑崇伟,郑亚波,等.中国南海岛礁建设对三沙通航环境的影响分析研究[J].海洋开发与管理,2017,34(1):47-51.
[36] 刘志强.我国始终追求维护南海船舶航行安全[N].人民日报,2016-7-11(06).
[37] 孙超,刘永学,李满春,等.近 35 年来热带风暴对我国南海岛礁的影响分析[J].国土资源遥感,2014,26(3):135-140.
[38] 郑雷.论我国建构南海船舶交通服务区制度的必要性与可行性[J].法学评论,2017,35(2):126-136.
[39] 海南省海洋厅,海南省海岛资源综合调查领导小组办公室.海南省海岛资源综合调查研究报告[M].1996:519-576.
[40] 刘东明,陈红锋,王发国,等.我国南沙群岛岛礁引种植物调查[J].热带亚热带植物学报,2015,23(2):167-175.
[41] 吴德邻,邢福武,叶华谷,等.南海岛屿种子植物区系地理的研究[J].热带亚热带植物学报,1996,4(1):1-22.
[42] 童毅,简曙光,陈权,等.中国西沙群岛植物多样性[J].生物多样性,2013,21(3):364-374.
[43] 樊龙中,许辉,何俐勇,等.南海官兵所驻岛礁甲、乙、丙和戊型肝炎病毒调查研究[J].海军医学杂志,2012,33(4):266-269.

我国海洋生态文化国际合作战略分析

徐文玉[1]

（1. 中国海洋大学 海洋文化研究所，山东 青岛 266100）

摘要：海洋生态文化是海洋生态文明构建和“蓝色国土”战略实施的重要支撑，然而在全球化浪潮汹涌充斥的今天，一国海洋生态安全难能“独善其身”，中国海洋生态文化的发展需要共创全球海洋生态发展环境，而国际合作势在必行。21世纪的中国要成为海洋大国、海洋强国，就必须走向深海，确立中国海洋生态文化发展国际合作的战略目标与对策选择，加强中国海洋生态文化发展理念的国际话语权和软实力建设，努力实现中国海洋和谐社会与世界海洋和平秩序的协调推进，强化海洋的绿色发展和海洋生态安全，共建共享“和平美好海洋世界”。

关键词：海洋生态文化；国际合作；海洋强国；话语权；软实力

1 引言

海洋是生命的摇篮，是资源的宝库，也是人类赖以生存的“第二疆土”和“蓝色粮仓”。海洋生态文化的发展，至关人类海洋终极关怀与国家海洋战略使命。中国海洋生态文化是人与自然和谐的文化，是生态文明范式下的敬畏海洋、顺应自然、海陆一体、和谐共生的文化，是引导人类转变经济发展方式和生产生活方式，与海洋协同发展的文化，是建设海洋生态文明的重要支撑。

建设海洋强国，需要海洋生态文明理念的构建和“蓝色国土”治理战略、治理能力的提升，而海洋生态文化是其重要的基础支撑。在全球化浪潮汹涌充斥的今天，一国海洋生态安全难能“独善其身”，中国得以“兼容并蓄”的缔造了海洋文明延续的奇迹，就在于藉由海内的民族融合以及同海外的交流互鉴与合作，因此需要我们从全球性合作的战略眼光角度出发，从更大范围和更宽视野上来谋划中国海洋生态文化的发展，确立中国海洋生态文化发展国际合作的战略目标和对策，加强我国海洋生态发展理念的国际话语权和软实力，通过国际合作来构建海洋生态文化发展共同体，加强各相关国家对海洋“共同关爱、共同保护、共同享有”的责任、义务与权力，以“不分”从根本上实现“不争”，从而引领、规范、促进世界海洋和平、和谐新秩序的诞生。

2 中国海洋生态文化发展国际合作的背景

2.1 海洋生态文化发展国际合作的必然要求

海洋文化不是阏于一域一处的文化，它具有“天然”的跨海跨域性和开放性。在长期的历史上，中华民族不仅在中国本土通过南北沿海和渤海、黄海、东海、南海海洋一起构建着中国海洋文化的多元结构内涵，还通过跨海政治构建、海外经济贸易、海路人员往来和海内外相互移民，与海外世界建构起了以中国文化为主体的环中国海多元文化“共同体”。另一方面，中国海洋文化具有“天然”的对外吸引力，这

基金项目：国家社科基金重大项目“中国海洋文化理论体系研究”（12&ZD113）；青岛海洋科学与技术国家实验室鳌山科技创新计划项目“中国海洋生态文化研究”（2016ASKJ03）。

作者简介：徐文玉（1988—），女，山东省潍坊市人，主要从事海洋文化产业分析评价与政府管理研究。E-mail：wenyu6956918@126.com

是由中国海洋文化丰富多样的内涵与形态、重义轻利的人性化价值取向所决定的。对海外世界具有天然的吸引力和吸附力，是中国海洋生态文化发展走向世界的外在需要。而且，世界各国对海洋生态文化发展也有着共同要求，在全球范围内陆续建立了很多的区域性国际合作。

2.2 海洋生态文化发展国际合作的基础和缺陷

由于国际社会对海洋生态发展的国际合作需求日益凸显，国际合作日渐频繁，国际上一些合作组织、合作机构也日渐增多，合作机制逐渐形成。目前海洋生态文化发展的国际合作机制主要有国际法规、合作组织、国际关系、国际对话平台、民间外交、海洋生态经济合作等多种形式。海洋生态文化发展的国际合作有助于协调海洋资源利用方面上的矛盾，实现与相关国家的互利共赢，拓展国家经济发展的空间，推进资源开发的多元平衡，解决全球性的海洋问题，建立安全高效的生态能源资源体系。但也存在了一系列诸如海洋权益争端、开发与管理领导协调机制不完善、缺乏互信等缺陷，海洋生态文化发展国际合作现有机制的既有基础和既有缺陷，为国际合作的进一步发展提供了可能性空间。

3 中国海洋生态文化发展国际合作的战略目标

3.1 战略目标设定的原则

（1）目标要有前瞻性。我国海洋生态文化的发展仍处在大有作为的重要战略机遇期，面临诸多矛盾相互叠加的严峻挑战，要充分估计风险性和复杂性，深入把握各种困难与阻碍，体现并服务于国家整体海洋发展战略的发展道路和方向。

（2）目标要放眼全球，体现美好的愿景。紧紧抓住海洋生态文化发展全局和长远的重要问题，使之既成为我国的目标，又能够推进成为区域的、全球的目标。目标的设定要做到战略导向与美好愿景的辩证统一。

（3）目标可实现性和可操作性强。目标要着眼于协调国家之间海洋生态文化资源的多元平衡开发利用，谋求共同的利益，以易于联合各沿海国形成国际上的合作合力，且目标的制定要切实结合我国和当今世界海洋生态文化发展国际合作的现状和机遇，制定的目标从原则、方法、标准上要具体可观察、可测量，最终可实现。

（4）目标要具阶段性。国际合作的开展要以问题为导向，按照先易后难、先大后小分步走的原则，分段制定短期、中期和长期目标，科学协调区域目标和整体目标，合理规划目标的实现路径。

3.2 战略总目标

我国海洋生态文化发展国际合作的战略总目标是：建立全球海洋和平生态新秩序，推进海洋和平、和谐、可持续发展。即通过国际合作，在全球形成海洋生态文化关注、开发、利用以及保护的良好氛围，建立和平发展的新秩序，与时俱进，赋予海洋生态文化鲜活的时代特征和人文气息，共同促进海洋和谐、可持续发展[1]。其基本内涵应包含以下几个方面：

（1）和平、和谐的海洋。既要用我国和平共处的海洋文化精神影响世界，同时也要尊重不同地域、不同国家的海洋生态文化传统，选择符合各合作方共同利益的发展道路与模式。

（2）可持续的海洋。在海洋生态文化开发利用的国际合作中，重视保护和改善海洋生态文化环境，减少海洋生态污染，做到资源与环境同步协调、可持续发展。

（3）充满人文风情的海洋。重视“人本”理念，将海洋生态文化国际合作带来的发展成果与民同享，丰富民众的海洋物质生活和精神文化生活。

战略总目标的制定源自于中国一直是国际海洋新秩序的倡导者和践行者，在海洋开发和利用上，开创了“自由往来，平等互利”区域海洋秩序的先河。中国海洋生态文化发展国际合作立足于谋求共同的利益，但更着眼于和平、和谐、可持续地发展海洋经济，长久地实现和平生态新秩序。总目标的设定，既可以为我国海洋生态文化国际合作指明方向，又昭示着国际海洋秩序和价值理念的不断进步，有助于各国从中获取发展海洋生态文化的动力，同时又科学地指引着国家的海洋行为，促进了在全球范围内建立一套能够有效保障各国合理正当的海洋权益和人类的共同利益的海洋新秩序。

3.3 区域战略目标

我国海洋生态文化发展国际合作的区域目标是：建立环中国海文化共同体。即重构和建设一个由拥有数千年中华汉文化主导的，追求“和谐万邦”、“天下大同”、“四海一家”伦理秩序的海洋文明和谐世界[2]。其中，“汉文化圈”——中国与环中国海周边国家、民族在悠久的历史上形成的以中国为主体汉文化共同体——是环中国海文化共同体的文化内涵。

建设环中国海文化共同体是国家“海洋强国”战略和建设“21 世纪海上丝绸之路”战略的应有内涵和目标指向。西方主导的竞争模式带来的是日益恶化的环境资源问题、日益扩大的贫富差距和此起彼伏的争端斗争，这种西方式的物质、权力等野蛮文化理念与“和”、“义”、“礼”、“文明”、“和谐万邦”的可持续发展理念背道而驰，而蕴含东方文明的汉文化是“共有”、“共享”、“不争”的和谐、和平、美好、生态、仁善理念，是人类实现和平、和谐的最根本、最关键途径，因此，以“汉文化圈”为主导建立环中国海文化共同体才是区域国际合作的长治久安之道。

环中国海文化共同体的建立，不仅有助于我国实现跨海生态文化交流合作，建设海洋强国，还将极大地促进东亚沿海国家的海洋经济以及东南亚海洋和谐世界的实现，进而推进全球海洋和谐世界的实现，即真正的“四海一家”、“天下大同”，使全世界人民共同受益。

3.4 全人类最终目标

我国海洋生态文化发展国际合作的全人类最终目标是：建立海洋和平、和谐美丽世界。即以坚定中国特色的海洋生态文化的发展道路为基础，以和平、和谐的发展观念为核心，通过开展国际合作，对内致力于海洋生态文化的发展和海洋生态文明的建设，对外致力于社会海洋和谐与世界海洋和平，从实现东亚海洋和谐世界的区域目标到最终实现全人类“和谐万邦”、“天下大同”的共同理想。

中国作为领先世界的海洋大国、强国长达数千年历史，以其构建的和谐、和平的“天下”理念和秩序，维持、维护了长达数千年的中原王朝统辖天下、海外世界屏藩朝贡的海洋和谐、和平历史，这足以证明和平、和谐发展模式的合理性和顽强生命力，因为它的价值内涵和目标指向是全世界内可持续的和平、和谐、繁荣、发展，是最合乎人类文明和正义道义的。

对我国来说，“海洋强国”建设和“21 世纪海上丝绸之路”建设这些国家战略有助于繁荣、发展我国的海洋生态文化，但不应该仅仅作为国家经济发展的物化目标或参与海洋生态文化国际合作的短期目标，其最终目标指向应该是全人类的福祉，应该是先从区域到全球的社会海洋和谐、世界海洋和平，进而实现“四海一家”、“天下大同”的和谐美丽世界。这才是无论中国人民还是全世界所有爱好和平的人民都强烈期待并完全可以实现的共同之梦。

4 中国海洋生态文化发展国际合作对策选择

4.1 充分利用好现有国际合作平台

国际合作平台活跃在海洋生态文化发展国际合作的各个领域，为国家间的合作搭建了一座桥梁，促进了海洋生态文化环境与资源开发保护的迅速进展和规模的日益扩大，极大促进了海洋生态文化发展国际合作的推进，因此需要我国充分利用好现有的国际合作平台。目前，全球可利用的国际合作平台主要有联合国及其下设的联合国大会、联合国安全理事会、国际海事组织、世界海关组织等。除以上平台组织外，我国还加入了世界贸易组织、世界经济组织、湿地国际、世界未来能源峰会、亚太经济合作组织、博鳌亚洲论坛等多个国际组织和亚太地区和第三世界组织。这些平台协调了国家间海洋资源利用方面上的矛盾，推动了全球性海洋生态问题的解决，帮助多个国家建立起安全高效的海洋生态能源资源体系，实现了与相关国家的互利共赢，在促进和加强海洋生态文化发展国际合作方面的贡献和作用是巨大的。我国要积极利用各种合作平台，开展海洋生态文化发展的国际交流合作，合理利用国外要素资源和巨大市场，引进资金技术，拓展海洋生态资源有序开发和海洋生态文化创新能力，提高海洋生态文化的国际竞争力[3]。

4.2 创新国际合作机制

第一，搭建并利用好国际合作新平台。国际合作平台是国家间进行海洋生态文化发展合作的载体和渠道，也是实现海洋强国的一种软实力手段，我国要积极搭建区域性乃至全球性国际合作平台，平台的搭建要以我国的利益和海洋权益为出发点，在国际合作中争取发展资源和发展空间，在加大海洋生态文化发展与开发力度与步伐的同时，使海洋权益观、和谐海洋观全民化、普及化。第二，加强政府间的对话，共同营造稳定和良好的合作环境，努力消除合作发展中的体制和机制障碍。第三，加强教育与学术合作，通过教育与学术合作，建设技术实训项目和特色专业，实现产、学、研一体化，共同培养服务海洋生态文化的高技能型、实用型、复合型的高素质国际化人才。第四，加强民间交流合作。搭建多渠道多形式合作交流方式，通过让人民参与合作交流来巩固合作基础，让合作的成果不断惠及合作各方，从而得到更广泛更坚定的支持和拥护。

4.3 发挥相关民间国际组织的力量

民间国际组织是民间交往的重要力量，也是维护世界和平与发展、推动文化多样性的重要力量，它从侧面在法律、制度和资金等方面给予了海洋生态文化国际合作极大的支持。我国参与的世界绿色和平组织、世界海洋和平大会等组织在推动我国海洋生态文化发展的国际合作上起到了重要的桥梁作用。因此，需要我们在重视政府间合作的同时，充分发挥民间国际组织的力量，形成全方位、多方式、多层次、多渠道的交流与合作的格局。一方面，要突出民主的主体地位，发挥民间国际组织在海洋生态文化国际合作中的积极作用，整合社会更广范围和领域的资源，在加强政府与民间组织互动的基础上为民间国际组织提供更为健全的保障机制，放权于民，调动民众参与的积极性。另一方面，合理配置民间国际组织资源，最大限度地凝聚全世界的社会力量，通过民间国际组织平台，平等、自由地讨论研究有关的海洋生态文化问题、协调各国的海洋生态文化保护立场，为政府组织通过减少和控制海洋生态文化资源破坏与环境污染的行动计划而做出有力推动。

4.4 发挥国际相关学者及其学术机构团体的“智库”作用

一方面，智库是决策者政策理念的主要来源，学者和学术机构团体的专门知识和政策理念在国家的政策制定中扮演着重要的角色。诸如当代生态马克思主义、生态社会主义、生态经济学派、环境伦理学等学术研究成果，最终落实到了海洋生态文化发展的政策和战略的制定中去，为海洋生态文化的发展战略和发展理念起到了极大的促进和指导作用，因此需要国际相关学者及其学术机构团体对海洋生态文化的内涵与价值、海洋生态问题的根源实质等伦理问题进行更为深入的研究与阐释。另一方面，发挥文艺作品和传播媒体的作用，增强海洋生态文化的话语表达和文本表达，例如影片《寂静的春天》、《海洋》等，让人们在影片中直接感受与认知当前的海洋生态文化问题与建设路径，增强人们的海洋生态保护意识，并转化成保护海洋生态文化的实际行动。

4.5 主导建立国际海洋生态评估评价制度

我国要积极主动构建一套符合各国利益与和谐海洋观的、科学的、可操作性强的海洋生态文化发展评估评价指标体系，并使之成为国际标准，统一各合作国的社会利益、经济利益、环境利益于一体来确定评价内容，通过国际合作平台组织对各国或各合作区域的海洋生态进行权威检测、评价以及评估公报发布，并根据评价结果进行及时反馈与监督改进，保证海洋生态文化发展的科学发展和可持续发展。同时，建立与评价结果相挂钩的公平准确、奖罚分明的激励制度，通过实行国际表彰、奖励与警告、惩罚等方法健全、完善考核标准。

5 中国海洋生态文化发展理念的国际话语权和软实力建设

5.1 中国要有自己的话语，没有话语就谈不上话语权

国际话语的内容是主权国家社会生活方方面面的反映，更是其综合国力和国际地位所决定的观点和立场。中国要有海洋生态文化发展理念的国际话语权，首先要有自己的话语，才能谈得上话语权的建设。一个国家在国际海洋问题上话语权的支撑来自于经济实力、军事实力等硬实力和一国文化理念、理论、制度等软实力。因此，中国要有自己的话语，一方面要制定科学的发展战略，建设“海洋强国”，发展海洋生态文化产业，健壮海上力量，增强海洋硬实力。另一方面，要用中国的海洋生态文化发展观念以及和谐、和平、文明的文化理念来影响世界并逐步主导世界，提高我国的话语地位，从而增强我国在国际海洋生态文化问题上“中国话语”的影响力。

5.2 中国要自信，没有自信，有了话语也不会有话语权

提升中国国际话语权的自信，关键在于提升自身话语内容质量，丰富话语传播主体，并积极拓展话语传播的手段。以不断进行话语内容的创新、海洋生态自然科学与人文科学相融合的方式提升话语的吸引力，以对海洋生态文化资源的发掘整理、提炼和对海洋生态文化遗产的保护等方式来增强话语的感召力；明确国际话语传播主体身份，即自信有实力成为“国际海洋主要治理者”，培育多元的国际海洋话语传播主体，加强政府对海洋生态文化社会组织的支持与协调。同时，全力参与国际海洋话语平台的构建，提升已有平台的参与质量，积极倡导建设和维护新平台，通过多种话语平台将自身持有的观念进行传播，在最大程度上获取国际社会成员的正确认同，从而获取并拥有建构国际性海洋规则的能力[4]。

5.3 重视顶层设计，制定正确的海洋战略

海洋生态文化软实力的提高关键点是重视顶层设计和制定正确的海洋战略。一方面，中国要加快繁荣海洋生态文化发展，增强海洋生态文化软实力，就需要站在全国的高度进行科学、合理规划，因此需要成立海洋生态文化发展领导小组，进行必要的顶层设计和高度领导，明确海洋生态文化的发展目标、发展方针、发展方法、发展理念，并领导与协同政府和社会力量共同建设海洋强国。另一方面，要制定和实施正确的海洋战略，建立明确的战略方针和战略原则，围绕着确定和实现战略目标来谋划海洋战略，将战略总目标和区域目标具体化，层层设计、科学规划，最终在目标的指引下完成战略任务，实现海洋生态文化的可持续发展，推动我国海洋生态文明建设，并最终建立和平、和谐、美好的海洋世界。

5.4 秉承海洋生态文化发展的道义性原则与和谐理念

政治合法性与道义性是软实力的基础内含原则。“如果一个国家能够使它的权力在别人眼中是合法的，它的愿望就较少会遇到抵抗。”海洋生态文化软实力存在的重要前提之一是其所倡导的价值理念符合人类社会发展的内在要求和规律，并有利于增进社会福利和国家行为主体之间在海洋领域的共同利益，促成良好国内、国际海洋治理秩序的形成。中华民族是爱好和平的民族，中华文化是追求和谐的文化，中国海洋生态文化软实力的力量与核心价值是它高度契合中华文化价值理念所强调的道义性与和谐理念[5]。因此，中国政府要坚持中国特色海洋生态文化发展道路，秉承道义性原则与和谐理念，就会得到越来越多的国家和人民的认可与效仿，中国的海洋生态文化软实力就会大幅提高。

6 结语

中国海洋生态文化以其人与自然和谐的本质，及其相融性、包容性和共享性特征，契合中国走向海

洋，实施“海洋强国”战略的大趋势，是中国海洋强国的内生动力，也是共建和平海洋世界的共同需要。志合者，不以山海为远，21 世纪的中国海洋生态文化发展必须走向全球，通过广泛深入的国际合作凝聚起更广泛的共识，激荡起更丰富的智慧，制定既具中国特色又有全球性特征的宏远战略目标和战略对策，强化中国海洋生态文化发展理念的国际话语权和软实力，才能以更长远更宽广的视野努力实现“和平美好海洋世界”的宏伟愿景。

参考文献：

[1] 姜延迪.国际海洋秩序与中国海洋战略研究[D].吉林：吉林大学，2008.
[2] 曲金良.环中国海文化共同体重建[J].人民论坛：学术前沿，2014(12)：54-55.
[3] 范晓莉.海洋环境保护的法律制度与国际合作[D].北京：中国政法大学，2003.
[4] 曲金良.中国海洋文化发展报告(2014 卷)[M].北京：社会科学文献出版社，2015：113-122.
[5] 吴宾，王琪.中国海洋软实力的历史变迁与当代反思[C].曲金良，“2015 中国海洋文化理论前沿：历史认知与当代发展”学术研讨会论文，2015.

关于海洋渔业管理相关问题的探讨

王志明[1]

（1. 江苏省海洋渔业指挥部，江苏 南通 220006）

摘要：从我国海洋渔业的发展历程来看，法律法规对于渔业生产和渔业管理始终具有重要的导向作用。随着法治中国建设理念的不断深化，海洋渔业管理也不断趋于法治化、规范化，但在实际管理中，仍有许多问题是现有法律法规难以妥善解决的。本文在对海洋渔业相关法律法规研究的基础上，结合一线执法实践经验，就海洋休渔期设置、海洋执法的法律适用、"两法衔接"中的一些突出问题，进行了认真分析，并提出了可行性建议，以期助益海洋渔业管理法治化水平的提升，推动我国海洋渔业事业的发展。

关键词：渔业；法治；执法

1 引言

我国是世界性渔业大国，海洋渔业在国民经济中占有重要地位。近年来，我国海洋渔业在创造巨大财富的同时，也面临着捕捞强度过大、水域污染严重、资源持续衰退等现实问题，为此，我国海洋渔业行政管理部门采取了一系列措施以求有效化解，但由于法律法规不够完善、装备实力有限、执法力量不足、队伍素质不高等诸多因素，海洋渔业管理领域仍有许多难点未能化解。笔者选择了近年来海洋渔业管理的3个主要热点问题，即海洋休渔期设置、加强渔业执法和推动"两法衔接"，开展多角度分析，力求明确关键节点、提出可行方案。

2 关于海洋休渔期的设置问题

我国自1995年开始，在东海和黄、渤海实行全面伏季休渔制度，休渔期基本为每年6月1日至9月1日，海洋伏季休渔制度至今已实施20多年。该制度作为养护海洋生物资源、建设海洋生态文明、促进海洋渔业可持续发展的重要举措，在满足沿海捕捞渔民生计需要和实现渔区社会稳定等方面确实起到了一定的作用。但是，近海渔业资源持续衰退的趋势并未因之获得根本扭转。导致渔业资源衰退的原因是多方面的，如捕捞强度增大，海洋环境污染等。笔者认为，海洋休渔期设置的不够科学合理，也是一个重要原因。

海洋休渔的目的是为渔业资源创造一个安静的繁殖、栖息环境，让鱼类通过繁殖增加种群数量，从而达到资源增殖的目的。因此，海洋休渔期应当选择在渔业资源的繁殖期。下面审视一下东海、黄渤海主要经济鱼类的繁殖期。

（1）小黄鱼：在每年的4月上旬至5月上旬，鱼群由外海洄游至近海渔场产卵，产卵量在7万粒至15万粒；

（2）大黄鱼：平时栖息较深海区，4月至6月向近海洄游产卵，产卵后分散在沿岸索饵，一生能多次重复产卵，生殖期中一般排卵2次至3次，一次产卵量在20万粒至50万粒；

（3）带鱼：产卵期很长，以4月至6月为主，其次是9月至11月，一次产卵量在2.5万粒至3.5

作者简介：王志明（1964—），男，江苏省扬州市人。E-mail：930907672@qq.com

万粒；

（4）墨鱼：在春、夏季繁殖，产卵量 100 粒至 300 粒；

（5）蓝点马鲛：产卵期在 5 月至 6 月，分批产卵，一次产卵量在 28 万粒至 120 万粒；

（6）鲳鱼：产卵期 5 月至 6 月，怀卵量 11.7 至 21.8 万粒；

（7）绿鳍马面鲀：产卵期在春末，产卵量一般为 6 万粒至 10 万粒；

（8）棘头梅童鱼：3 月至 6 月在近岸浅水区产卵，产卵量一般为 3 500 粒至 22 200 粒。

由此可见，东海和黄、渤海主要经济鱼类的繁殖期集中在每年 4 月至 6 月，而 2016 年之前的东海和黄、渤海休渔期是每年 6 月 1 日至 9 月 1 日，这 3 个月已是主要经济鱼类的生长期，而不是主要经济鱼类的繁殖期，此时休渔只是让小鱼长成中鱼、中鱼长成大鱼，并不能增加鱼类的种群数量。也就是说，这个伏季休渔期规定只能解决让鱼长大的问题，而不能解决让鱼增多的问题，这正是这些年伏季休渔期规定效果不明显的主要原因。

2017 年，农业部在广泛调研的基础上，决定将东海和黄、渤海休渔期提前到 5 月 1 日，目的是加强主要经济鱼类繁殖期的保护。笔者认为，现有的调整还不够到位，海洋休渔期应当与主要经济鱼类的繁殖期相统一，东海和黄、渤海休渔期宜安排在每年 4 月至 6 月，改伏季休渔为春季休渔，以保证主要经济鱼类的繁殖，从而加强对繁殖期主要经济鱼类亲体和幼鱼的保护，使海洋休渔期制度发挥事半功倍的效果。

3 关于海洋渔业执法的法律适用问题

3.1 海洋休渔期捕捞性质的认定

在海洋休渔期，对查获的捕捞渔船如何定性处理？对于持有捕捞许可证的，按违反禁渔期规定处理，在这一点上，大家的认识是一致的；但对于未依法取得捕捞许可证在海洋休渔期捕捞如何处理，大家的认识还不一致，执法实践中多数是按未依法取得捕捞许可证擅自捕捞的规定处理。理由是如按照渔业法第三十八条违反禁渔期的规定处理，只可处五万元以下的罚款，而按照渔业法第四十一条未依法取得捕捞许可证擅自捕捞的规定处理，可并处十万元以下的罚款。也就是说，按从重处理原则，按未取得捕捞许可证的要比按违反禁渔期规定的处理重，所以按未依法取得捕捞许可证的处理。

笔者认为，按照行政法“特别法优于一般法、特别规定优于一般规定”的适用原则，渔业法已经对违反禁渔期作出了明确的规定，而海洋休渔期作为禁渔期的一种，理应按照“特别规定优于一般规定”的适用原则，对在海洋休渔期查获的捕捞渔船，适用违反禁渔期规定来处理。而适用未依法取得捕捞许可证擅自捕捞的规定处理，是有一个前提的，那就是依法取得捕捞许可证捕捞是合法的。很显然，在海洋休渔期即使依法取得捕捞许可证捕捞，仍是违法的。所以，对于未依法取得捕捞许可证在海洋休渔期捕捞的，应当按违反禁渔期规定处理，而不能按未依法取得捕捞许可证擅自捕捞处理。

3.2 海上收购船违法性质的认定

海上收购船作为捕捞辅助船，应当持有捕捞辅助船许可证，才能从事海上渔获物运销工作。对于海上收购船未依法持有捕捞辅助船许可证收购，或在海洋休渔期收购，如何定性处理？大家的认识不太一致。有人认为，对于海上收购船收购，法律未作出明确规定，可以不予处理；也有人认为，对于海上收购船收购应当处理，但如何处理意见又不太统一。

笔者认为，农业部《渔业捕捞许可管理规定》第四十三条已明确规定，渔业捕捞活动是捕捞或准备捕捞水生生物资源的行为，以及为这种行为提供支持和服务的各种活动。捕捞辅助船是渔获物运销船、冷藏加工船、渔用物资和燃料补给船等为渔业捕捞生产提供服务的渔业船舶。也就是说，海上收购船作为捕捞辅助船，对捕捞或准备捕捞水生生物资源的行为提供支持和服务的活动也是一种捕捞行为。因此，海上收购船在海洋休渔期收购的，不管是否持有捕捞辅助船许可证，均应按违反禁渔期规定处理；海上收购船在海洋非休渔期收购的，如未持有捕捞辅助船许可证，应按未依法取得捕捞许可证擅自捕捞的规定处理；

海上收购船使用禁用渔具渔法捕捞的，应按违反禁用渔具渔法规定处理；海上收购船在国家级和省级水产种质资源保护区的特别保护期进入保护区捕捞的，应按违反禁渔期规定处理。

至于海上收购船持有捕捞辅助船许可证，在非海洋休渔期使用合法渔具渔法捕捞如何处理，这个问题比较复杂。这既不能认定为未依法取得捕捞许可证擅自捕捞行为，也不能认定为违反捕捞许可证关于作业类型、场所、时限、渔具数量和捕捞限额规定的捕捞行为。由于渔业法对此未作出规定，相关配套法规、规章也未作出具体规定，对于这个立法漏洞，我们只能期待法律法规的进一步完善。笔者认为，在目前情况下，只能按照“法无明文规定不处罚”的原则不能作出行政处罚。

3.3 渔船作为被处罚对象是否适格

在海洋渔业行政处罚实践中，不少渔政机构将渔船作为违法行为的主体和被处罚对象，即将船名船号列在当事人一栏。其主要根据是，农业部在 1997 年《关于渔业系统贯彻<中华人民共和国行政处罚法>实施意见的通知》中，要求“对渔船实施处罚时，按照《行政处罚法》第三十三条中的‘法人’或‘其他组织’实施处罚，并在行政处罚决定书中载明船名船号、船籍港、船长姓名、地址等基本情况。”

行政处罚法第三条将行政处罚的被处罚对象规定为公民、法人或者其他组织，换句话说，只有是公民、法人或者其他组织，才能是行政处罚适格的被处罚对象。渔船是适格的被处罚对象吗？

首先，渔船是公民吗？渔船肯定不是公民，这个毋庸置疑。

其次，渔船是法人吗？法人是在法律上人格化了的、依法具有民事权利能力和民事行为能力并独立享有民事权利、承担民事义务的社会组织，必须满足依法成立，有必要的财产和经费，有自己的名称、组织机构和场所，满足法律规定的其他条件等要件，很显然，渔船不具备这些要件，渔船不是法人。

再次，渔船是其他组织吗？其他组织是指合法成立、有一定的组织机构和财产，但又不具备法人资格的组织。司法实践中，其他组织主要有依法登记领取营业执照的私营独资企业、合伙组织，依法登记领取营业执照的合伙型联营企业，依法登记领取我国营业执照的中外合作经营企业、外资企业，经民政部门核准登记领取社会团体登记证的社会团体，法人依法设立并领取营业执照的分支机构，中国人民银行、各专业银行设在各地的分支机构，中国人民保险公司设在各地的分支机构，经核准登记领取营业执照的乡镇、街道、村办企业，符合规定条件的其他组织。很显然，渔船不符合上述的各种情况，渔船也不是其他组织。

另外，渔业法第三十八条等条款规定了渔业行政处罚可以没收渔船，也就是说，渔船是财产、是物，是法律关系的客体，不是法律关系的主体。从这一点上说，渔船也不能成为违法行为的主体和被处罚对象。

综上所述，渔船不能成为违法行为的主体，不是适格的被处罚对象。在当前全面依法治国、全面依法行政的大背景下，如果再将渔船作为渔业行政处罚的被处罚对象，那就是错案；如果案件进入行政复议、行政诉讼程序，就会败诉。

那么，在海洋渔业行政处罚实践中，如何确定违法行为的主体和被处罚对象呢？笔者认为，船长作为违法行为的主体和被处罚对象更具可操作性。因为船长是自然人，属于公民，符合行政处罚法第三条关于被处罚对象的规定；船长是海上违法行为的现场执行人、指挥人，海上违法行为的实施就是船长意志的体现，违法行为的后果应当由船长承担；船上其他船员受制于船长，其他船员的行为是船长意志的延伸，也可以认为是船长意志的体现；船长处在现场，容易查明身份、证据收集，处罚船长更有教育、警示、惩罚作用。

3.4 关于海洋渔业行政处罚自由裁量权问题

行政自由裁量权是现代行政法的核心内容之一，但什么是行政自由裁量权，目前还没有的统一定义。一般来说，行政自由裁量权是相对于行政羁束权而言的，是指行政主体在法律规定的范围内，享有的一定的选择权。即行政主体可以自由地根据自己的判断，在法律规定的范围内选择作为或不作为以及如何作为的权力。

根据《中华人民共和国渔业法》的规定，在海洋渔业行政处罚过程中，执法机构和执法人员享有较大的自由裁量权。由于不少渔业行政执法机构没有制定自由裁量权指导标准，这就直接导致同一类型海洋渔业行政处罚案件，不同的渔业行政执法机构之间，处罚的轻重差异较大；同一渔业行政执法机构的不同执法人员，处罚的轻重差异也较大。渔业行政执法机构和执法人员随意自由裁量的现象大量存在。

为规范海洋渔业行政处罚自由裁量权，一是建议省级渔业行政主管部门制定行使行政处罚自由裁量权的具体实施办法和指导标准。即通过制定行使行政处罚自由裁量权的具体实施办法和指导标准，对行政处罚涉及的自由裁量权的行使条件、行政处罚的种类和幅度进一步细化，处理好法律条文的“弹性”和执法的“可操作性”的关系，以此来压缩执法人员自由裁量的空间。特别是根据本地实际对“情节严重”、“情节特别严重”、“造成严重后果的”等在操作层面上作出具体规定，从而使行使行政处罚自由裁量权有章可寻。

二是落实行政执法责任制和监督机制。通过健全完善行政执法责任制、违法责任追究制和评议考核制，明确渔政执法人员在不适当行使自由裁量权时应当承担的相应法律责任。同时进一步完善渔业行政执法监督体系，设立举报箱、公布举报电话等让社会参与监督，还可以让新闻媒体参与监督、让行政相对人直接参与对渔业行政执法自由裁量权的正确行使的监督，如建立行政相对人评议投诉制度和行风监督员制度等。

三是加强渔业行政执法队伍建设，提高执法水平。渔业行政执法自由裁量权的正确行使对渔业行政执法人员的素质提出了新的更高的要求。渔业行政执法人员综合素质的高低，是影响行政自由裁量权正确行使的重要因素。因此，应当全面提高渔业行政执法人员的思想道德、文化水平、业务素质、思维能力、工作责任等，使渔业行政执法人员在其行使行政自由裁量权时能自觉服从法律，服从事实。

4 关于“两法衔接”问题

“两法衔接”是“行政执法与刑事司法衔接工作机制”的简称，主要是指行政执法机关在依法查处行政违法行为过程中，发现违法行为涉嫌犯罪的，依法向公安机关、检察机关等司法机关移送案件的一种工作衔接机制。为此，国务院于 2001 年 7 月 4 日公布了《行政执法机关移送涉嫌犯罪案件的规定》（国务院令第 310 号），中共中央办公厅、国务院办公厅于 2011 年 2 月公布了《关于加强行政执法与刑事司法衔接工作的意见》（中办发〔2011〕8 号），以进一步规范“两法衔接”工作，着力解决有案不移、有案难移、以罚代刑的现象。

在海洋渔业行政执法中落实“两法衔接”，首先要认定的是行政违法行为是否涉嫌犯罪，这时解决是否移送的问题；其次要认定的是如何确定案件的管辖，这是解决向谁移送的问题。下面就以非法捕捞水产品罪为例，谈谈如何在海洋渔业行政执法中落实“两法衔接”。

非法捕捞水产品罪是指违反保护水产资源法规，在禁渔区、禁渔期或者使用禁用的工具、方法捕捞水产品，情节严重的行为。如何认定“情节严重”，是确定非法捕捞水产品的行政违法行为是否涉嫌犯罪的关键。

关于如何确定行政违法行为是否涉嫌犯罪问题，2008 年最高人民检察院、公安部在《关于公安机关管辖的刑事案件立案追诉标准的规定（一）》（公通字［2008］36 号）的第六十三条中曾经作出规定。2016 年《最高人民法院关于审理发生在我国管辖海域相关案件若干问题的规定（二）》（法释〔2016〕17 号）的第四条再次作出新的规定。即违反保护水产资源法规，在海洋水域，在禁渔区、禁渔期或者使用禁用的工具、方法捕捞水产品，具有下列情形之一的，应当认定为刑法第三百四十条规定的“情节严重”：（一）非法捕捞水产品一万公斤以上或者价值十万元以上的；（二）非法捕捞有重要经济价值的水生动物苗种、怀卵亲体二千公斤以上或者价值二万元以上的；（三）在水产种质资源保护区内捕捞水产品二千公斤以上或者价值二万元以上的；（四）在禁渔区内使用禁用的工具或者方法捕捞的；（五）在禁渔期内使用禁用的工具或者方法捕捞的；（六）在公海使用禁用渔具从事捕捞作业，造成严重影响的；（七）

其他情节严重的情形。也就是说，海上渔业行政违法行为具备了上述情形之一的，就可认定为“情节严重”，该行为就可认定为涉嫌非法捕捞水产品罪。

关于如何确定案件的管辖问题，根据《公安机关海上执法工作规定》（中华人民共和国公安部令第 94 号）第四条“对发生在我国内水、领海、毗连区、专属经济区和大陆架违反公安行政管理法律、法规、规章的违法行为或者涉嫌犯罪的行为，由公安边防海警根据我国相关法律、法规、规章，行使管辖权”和第七条“公安边防海警……对海上发生且属于公安机关管辖的刑事案件进行侦查”的规定，此类案件应当由公安边防海警管辖。

根据第十二条“……海上发生的刑事案件，由犯罪行为发生海域海警支队管辖”的规定，此类案件应当由犯罪行为发生海域的公安边防海警支队管辖。

根据第十六条“公安边防海警在办理刑事案件中，需要提请批准逮捕或者移送审查起诉的，应当向所在地人民检察院提请或者移送”的规定，海警支队在刑事侦查结束后，应向海警支队所在地人民检察院移送审查起诉，再由人民检察院向人民法院提起公诉。

2015 年 7 月 16 日公安部《关于海上执法职责分工和协作配合的通知》中，对公安边防部队与中国海警的管辖区域予以了明确。海（岛屿）岸线以内区域由公安边防部队管辖，海（岛屿）岸线以外海域由中国海警管辖。公安边防部队负责对港岙口、码头、滩涂、台轮停泊点等区域发生的治安案件进行调查处理，对上述区域发生的属于公安边防管辖的刑事案件进行侦办；中国海警负责对海上发生的治安案件进行调查处理，对海上发生的刑事案件进行侦办。

做好“两法衔接”工作，首先要建立联席会议制度。通过联席会议，建立协作机制。渔业行政执法机构要加强与刑事司法机关的协作，特别是与公安边防海警的协作，使渔业行政执法机构收集的证据尽可能符合刑事诉讼的要求，以方便公安边防海警侦破案件。其次要加强信息共享。渔业行政执法机构与刑事司法机关要逐步实现单位之间的网络互联、数据互通、信息共享。通过建立信息通报制度、备案审查制度，确保信息畅通。三是要加强引导监督。检察机关应把监督渔业行政执法机构规范合法地移送涉嫌犯罪案件作为立案监督新的突破点，不断推动“两法衔接”工作的深入开展。

5 结论

我国是一个海洋渔业资源大国，海洋渔业的总产量常年居世界的首位，但在海洋渔业管理还存在伏季休渔设置不合理、海洋执法中部分法律适用不规范、“两法衔接”难推行等问题，这些都是我国当前海洋渔业资源管理制度优化的方向。建议东海和黄、渤海休渔期要与主要经济鱼类繁殖期相统一；要加强海洋渔业执法的法律适用的研究，真正做到依法行政；“两法衔接”涉及渔政机构和公检法部门的配合，工作要求高、难度大，渔政机构要进一步提高业务能力，完善工作机制。我们应从速完善海洋渔业法律法规，健全各项管理体制，强化管理人员队伍建设，创新渔业管理手段，充分调动起各方资源“打非治违”，确保海洋渔业生产秩序和谐，渔业发展动力持续稳定。

产业链协同对水产品质量安全追溯体系运行的影响

——基于全国 209 家水产企业的实证分析

胡求光[1,2]，朱安心[1]

（1. 宁波大学 商学院，浙江 宁波 315211；2. 宁波大学 浙江省海洋文化与经济研究中心，浙江 宁波 315211）

摘要：通过文献的梳理，提出产业链协同是影响水产品质量安全追溯体系运行的内在动因的假说，并基于全国 209 家水产企业的问卷调查数据，运用结构方程模型检验产业链协同与可追溯体系之间的内在结构与传导机理关系。研究结果表明：在现阶段的中国水产业，产业链协同对追溯体系运行存在显著正向影响作用，并在产业链组织结构、产业链组织关系和产业链组织治理 3 个维度上不同程度的间接影响着可追溯体系的运行，鉴于此提出优化产业链组织结构、创新产业链组织关系和产业链治理，推动追溯体系与产业链协同发展。

关键词：产业链协同；可追溯体系；结构方程模型

1 引言

自 20 世纪 80 年代以来，包括水产品在内的国际食品贸易不断扩大，与此同时，疯牛病、二恶英等恶性食源性疾病事件不断爆发，质量安全问题成为全球关注的焦点，用以保障质量安全的追溯体系也开始倍受关注。全球贸易自由化减少了水产品关税壁垒，来自于进口市场对其质量和安全方面的要求①代替关税成为了发展中国家小规模渔业出口面临的主要问题②。与一般的农产品相比，水产品更容易出现质量安全问题[1]，追溯体系的实施也尤为重要。欧盟、美国、日本、澳大利亚和加拿大等国家都先后都对水产品提出了强制性的可追溯要求[2]。

作为全球最重要的水产品生产国、消费国和贸易国，中国的水产品产值和出口额连续 20 多年居世界首位，水产品出口多年位居农产品之首③。水产品行业的快速发展及生活水平和质量的提升，使得人们对水产品的消费需求已经从过去追求单一的消费数量，升级为对包括实物价值、品牌声誉、质量安全可追溯在内的顾客价值的追求。为适应需求的变化，确保质量安全，2006 年山东建立了全国首家水产品质量安全追溯体系试点企业，此后在浙江、广东、山东、上海等地分批次开展水产品质量安全追溯体系的试点实施，2010 年农业部通过全国范围内的水产品企业养殖、加工、批发、零售一体化追溯试点，建立了“水产品质量安全追溯网”，目前水产品质量安全追溯体系已经在全国范围内建立并实施，但水产品质量安全问题仍然常见于报端。为何我国的追溯体系没能像许多发达国家那样真正起到对水产品质量安全的保障作用？对这一问题的回答将有助于明确我国未来水产品质量安全追溯体系的改革路径以及渔业产业政策的调整方向。本文通过构建“产业链协同——追溯体系”研究框架，利用全国 2016 年 209 家渔业企业的调查数据，运用结构方程模型分析法，探索产业链协同与追溯体系之间的传导机理及其内在结构，寻求追溯体

基金项目：国家自然科学基金面上项目——基于产业链协同的水产品追溯体系运行机理及政策调适研究（07CGYJ009YBQ）。

作者简介：胡求光（1968—），女，浙江省东阳市人，宁波大学商学院教授、博士生导师，东海研究院副院长，主要研究方向委海洋生态，渔业经济。E-mail：huqiuguang@ nbu. edu. cn

① 全球 70%以上的海产品贸易以欧盟、美国和日本为目的地，这些市场是重要的规则参考点。

② 世界渔业与水产品养殖状况，2014，联合国粮食及农业组织，2014，罗马。

③ 农业部渔业渔政管理局《全国水产品对外贸易形势分析报告汇编 2015》与《中国水产品进出口贸易统计年鉴 2015》。

系无法有效保障水产品质量安全问题的破解策略，为保障水产品质量安全的追溯体系的有效实施提供产业链协同的内生路径。

本文的结构安排如下：第二部分为文献梳理、基本假说与研究方法，说明问题与假说提出的依据和方法的选取；第三部分是数据和变量说明，包括量表的设计、指标的选取、数据的统计和量表的信效度检验等；第四部分为实证分析和结果解读，实证检验了产业链协同与水产品追溯体系的关系，并解读结果；第五部分为结论与启示。

2 文献综述、理论假设及研究方法

2.1 文献综述

针对我国实施的追溯体系无法从根本上保障包括水产品在内的食品的质量安全这一问题，学者们分别从农户行为、消费者偏好与支付意愿、实践问题、激励作用、政府监管、实施收益成本等多个方面进行了探讨[1,3-6]，且在操作层面对水产品追溯体系运行的出口应用、实施路径、信息管理、可追溯平台建设、防伪装置等诸多问题展开了深入研究[7-9]。

随着对可追溯体系运行机制了解的深入，对质量安全及其追溯体系影响因素的研究逐步从监管、认知意愿、购买意愿等外生性因素转为对产业组织等内生性因素的探讨。诸多学者认为安全的水产品不是监管出来，而是生产出来的[10]。解决水产品质量安全问题，必须立足于生产的源头，强化水产品的生产组织化问题，为建立质量监管体系奠定产业组织基础[11]。诸多研究揭示了包括水产品在内的农产品质量安全水平与其产业组织模式有着十分紧密的联系[1,6]，保障水产品质量安全需要追溯体系所依托的产业组织模式协同演进[12]，小规模、分散化的家庭组织不仅在现代农业发展和市场竞争中面临挑战，而且其机会主义行为容易造成追溯信息失真[13-14]和追溯体系实施上的逆向选择问题[15]，在相当程度上加剧了质量安全监管难度[16]，因此需要立足于改变水产品产业组织方式进行产业内部的自我调整[1]，加强对产业链源头的有效控制[17]，并鉴于此提出建立可追溯机制是优化我国水产品供应链的有效方法[18]，认为借助追溯体系准一体化契约分工形成的产业链稳定机制将有助于将质量安全管理责任分配到整个供应链的各个环节[19]，从而保障质量安全。通过产业链更为紧密的纵向一体化方式、产业链不同环节各行为主体之间的协同以及产业链纵向契约协作机制对质量安全产生影响[20]，解决追溯体系实施中信息不对称问题[21]。但目前我国农渔业小规模分散化经营以及组织化程度低的产业现状与承载质量安全的追溯体系所要求的产业链一体化运作的矛盾制约了追溯系统的有效实施[22]，相对松散及临时性的水产品上下游供应链关系导致了追溯体系的强制效力无法在产业链成员企业之间有效传递，无法产生足够激励来刺激生产者主动实施追溯体系来保障水产品质量安全[23]。

上述研究表明，水产品追溯体系有效运行不但受政府监管、消费者约束等外生因素的影响，更受产业链特征及其协同等内生性机制影响；水产品追溯体系的研究需要突破以往的外生研究框架，从产业链内部寻找有效实施的基本依据和支持路径。

2.2 研究假设

2.2.1 产业链协同

产业链协同通过纵向一体化、模块网络联结、社会资本网络等产业组织成员的关联，形成了水产品产业链组织内部一体化、上下游网络化的产业链组织创新，减少了产业链上个别企业实施追溯体系的“搭便车”等机会主义行为；其次通过产业链组织协同方式创新，形成激励相容的产业链治理，对水产品产业链追溯体系的利益相关者形成包括声誉投资、物质资本投资等专用性资产投资与收益相对称的激励和约束机制；第三，产业链协同通过自组织演进机制，将水产品追溯体系的完备性、流畅性与一致性，借助水产品生产、流通和消费的全产业链成员对追溯体系运行投入专用性资产这一载体，与产业链成员建构共生、协同的组织关系。据此，产业链协同机制可包括四个层次：一是单一产业链内部上下游之间的纵向协同。即企业通过产权渗透或者管理渗透集成产业链内的上下游各个环节资源；二是多链之间的协同效应，即企业在全产业链网络内共享有形或者无形的资源，利用潜在的范围经济获得经营多种产品和服务，降低经营成本；三是环向协同效应。在全产业链形成的纵向和横向交叉的网络内，各个交叉的节点通过复杂的技术经济联系往往又会形成不同的“环”，不同产业链中不同环节之间可以实现环向协同效应；四是综合协同效应。全产业链运行模式还能在企业文化、服务、品牌、信息系统、物流运作、风险管理、财务资源等方面取得整体性的综合协同效应[24]。据此，提出如下假设。

H1：产业链协同影响水产品质量安全追溯体系的运行。

2.2.2 产业链组织结构

产业链组织结构主要通过行业集中度、行业壁垒和产品差异3个方面影响追溯体系的实施绩效。第一，提升行业集中度有助于提高企业规模，企业相对规模越大，受其他企业“搭便车”行为的不良影响越小，越有动力实施追溯体系以改善产品质量，维持较高产品价格[25-26]；第二，行业壁垒影响追溯体系的实施。一方面，合理的进入壁垒可以将无效企业阻挡在行业门槛之外、降低水产企业生产成本，从而提高企业的预期收益，改善追溯体系实施绩效；另一方面，适当的退出壁垒可以借助资产专用性防止部分企业在追溯体系实施过程中出现机会主义行为，激励、督促企业有效实施追溯体系[27]；第三，产品差异化是企业获得核心竞争优势的主要途径之一。与一般产品相比，水产品具有较强的易腐性，产品的特征要求全产业链具备高效的冷链物流。因此，企业出于预期收益的考虑，为充分保证产品质量，在追溯体系的实施过程中具有较高的自主性。基于上述分析，提出如下假设。

H2：产业链组织结构影响可追溯体系的运行。

2.2.3 产业链组织关系

产业链组织关系是指产业链上各主体之间通过市场交易式、策略联盟式、合资经营形式、转包加工式、虚拟合作式等不同组织形式和联接机制组合在一起形成的具有渔业特定产业形态和独特功能的经营方式[28]。其主体包括水产品生产者、加工商、销售商以及流通运输经营者等，组织方式包括同类主体之间的横向组合、上下游主体之间的纵向联合以及混合形式的“横纵联合”，主要依靠利益联结机制、激励策略、触发策略以及资产专用性等途径改善经营者实施追溯体系的态度认知、经济动力与资源能力，从而最终提高追溯体系实施绩效[29]。基于此，提出如下假设。

H3：产业链组织关系影响可追溯体系的运行。

2.2.4 产业链组织治理

产业链组织治理模式包括市场型、模块型、关系型、领导型和层级制等不同形态，模式不同，内涵不同，企业实施可追溯体系的原因和动力各异[30]。首先，市场型治理模式以企业间契约为核心，契约中的奖励和惩罚机制不但可以保证契约条款的强制执行，而且能够降低交易双方在行为和结果方面的机会主义行为，提高履约绩效，从而正向促进追溯体系的实施绩效[31]；其次，模块型、关系型和领导型同属于网络治理模式，可通过共同愿景、信任承诺、利益分享、交流沟通和文化协同等途径，共同影响企业实施追溯体系的风险预期、成本预期和收益预期，从而最终改善追溯体系的实施绩效[32]；最后，层级型产业组织治理作为企业内治理方式可通过管理控制提高追溯体系实施绩效。樊玉然及Boon等研究认为，内部治理可以有效控制全产业链追溯的整个过程，减少信息不对称导致的机会主义行为，提高追溯体系实施绩效[33]。据此，提出如下假设。

H4：产业链组织治理对可追溯体系运行有影响。

2.2.5 水产品追溯体系

根据欧盟（EU）、国际标准化组织（ISO）及农产品标准委员会（Codex）对追溯体系地定义，认为追溯体系一般应该具有追踪和溯源两个基本功能。追踪是指沿着产业链条从产地到零售阶段的自上而下追溯即提供下游信息，用于查找产生质量安全问题的原因和位置；而溯源是指通过记录沿着整个产业链条从零售阶段到产地的自下而上的向上游追踪产品来源，即提供上游信息，用来召回或撤销产品。包括针对产业链组织内部各环节间的联系的内部追溯和针对产业链内同上游和下游间联系的外部追溯。根据大量相关文献和国际组织机构的内涵，本研究提出“追溯体系”变量用“追踪功能（下游追溯）”、“溯源功能（上游追溯）”、“内部追溯”和“外部追溯”4 个题项来衡量。

2.3 研究方法

由于产业链协同与追溯体系存在无法直接观测的变量，各变量之间可能存在交叉关联关系，而结构方程模型具有可以允许自变量存在误差，同时处理一个模型中的测量关系与因素之间的结构关系，并允许更具弹性的模型设定等多方面优点。因此，本文主要采用结构方程模型来研究产业链协同与可追溯体系之间的关系，并提出如图 1 所示的研究假设模型。

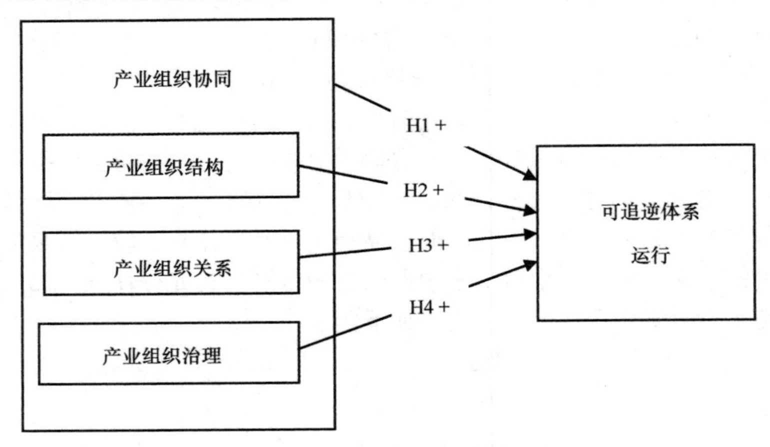

图 1　研究假设模型图

结构方程模型（structural equation modeling，简称 SEM）包括测量方程（measurement equation）和结构方程（structural equation）两个部分，测量方程描述潜变量与指标之间的关系，结构方程描述潜变量之间的关系。结构方程模型一般由 3 个矩阵方程式所表示：

$$x = \Lambda_x \xi + \delta, \tag{1}$$

$$y = \Lambda_y \eta + \varepsilon, \tag{2}$$

$$\eta = B\eta + \Gamma\xi + \zeta, \tag{3}$$

式中，x 表示外生观测变量向量，ξ 为外生潜在变量向量，Λ_x 为外生观测变量在外生潜在变量上的因子负荷矩阵，δ 为外生观测变量的残差项向量；y 表示内生观测变量向量，η 为内生潜在变量向量，Λ_y 为内生观测向量在内生潜在变量上的因子负荷矩阵，ε 为内生观测向量的残差项向量；B 和 Γ 均表示路径系数，B 表示内生潜在变量之间的关系，Γ 表示外生潜在变量对内生潜在变量的影响，ζ 为结构方程的误差项。

在本研究中，测量模型反应产业链协同、追溯体系与其各自测量指标变量之间的测量关系；结构模型反应产业链协同与追溯体系之间的结构关系。

3　量表设计与数据说明

3.1 量表设计

合理的问卷设计是保证数据信度和效度的重要前提，本文通过对国内外相关文献的梳理及产业组织理论的运用，以产业链协同对可追溯体系运行影响的研究假说模型为中心，结合实际情况，针对模型中各测量指标设计题项；本文在考虑这些影响因素的同时，结合水产品追溯体系实施的实际状况，结合已经完成的教育部项目对水产品追溯体系的政府监管、消费者认知以及行业协会制约因素的问卷调查量表设计经验，借鉴以往相关文献中对于产业链内涵和指标的诠释，自行设计了量表。该量表于 2014 年自然科学基金项目获批以后开始设计并于同年 12 月开展试调查，并于 2015 年自科基金项目开题专家论证会上征求意见，并在浙江象山和山东荣成两个渔业大市进行了小样本测试，在此基础上加以修改完善，先后开展了实地问卷调查，电话和邮件调查以及网络微信调查。调查表主要由以下内容组成：①被调查企业基本信息，包括企业位置、主营业务、主打产品、注册资本、总资产、组织形式、企业人数、年销售收入、产品出口占比、产业链环节、企业认证等级、企业实施可追溯体系的时间等内容；②追溯体系特征指标：上游企业的溯源能力、下游企业的追踪能力、外部追溯能力和内部追溯能力 4 个方面；③产业链协同特征指标包括产业链组织结构、产业链组织关系以及产业链内部治理方式 3 个特征指标，其中，产业链组织结构指标包括市场集中度、市场势力、产品差异化、行业壁垒、技术差异；产业链组织关系指标包括利益联结、激励策略、触发策略、资产专用性、广告行为；产业链内部治理方式指标包括利益分享、信任承诺、交流沟通、文化协同、管理控制。所有指标均采用李克特（Likert）五级量表，根据被调查者的同意程度计分："完全不同意=1，……，完全同意=5"，具体观测指标变量含义及其统计特征如表 1 所示。

表 1　观测变量描述性统计分析结果

观测变量	观测指标	均值	标准差	观测变量	观测指标	均值	标准差
Y1	上游追溯	3.73	1.05	XB2	激励策略	3.76	1.11
Y2	下游追溯	3.89	1.02	XB3	触发策略	3.71	1.18
Y3	内部追溯	3.80	0.99	XB4	资产专用性	3.81	1.12
Y4	外部追溯	3.94	0.91	XB5	广告行为	3.70	1.11
XA1	市场集中度	3.82	1.00	XC1	文化协同	3.97	0.82
XA2	市场势力	3.60	0.97	XC2	管理控制	3.84	0.85
XA3	行业壁垒	4.00	0.85	XC3	信任承诺	4.00	0.80
XA4	产品差异化	3.73	0.96	XC4	利益分享	3.95	0.89
XA5	技术差异	3.83	0.94	XC5	交流沟通	3.86	0.90
XB1	利益联结	3.89	1.08				

3.2　数据说明

本文的数据主要来源于 2016 年对沿海 11 个省市水产品企业进行的问卷调查。共发放问卷 240 份，实际回收 223 份，剔除数据大量缺失的无效问卷，剩余有效问卷 209 份，有效回收率 87.1%。

在 209 个样本企业中，区域分布以浙江和山东的略多，分别占样本总数的 14.4%和 13.3%，其他几个沿海省份分布比较均衡，在 7.2%~9.1%之间，这与浙江和山东作为两个渔业大省的实际是相符的；企业职工人数在 100 人以下的占样本总数的 65.6%；企业年销售收入在 1 000 万元以下的占样本总数的 56.9%；企业实施可追溯体系在 2 年以下的占样本总数的 71.8%，实施追溯体系时间基本都不长，这与我国水产品领域存在较多的家庭作坊式的小规模企业居多，难以规范化地有效实施追溯体系有关。总体来看，本文样本结构基本合理。

3.3　信度与效度检验

为保证研究结果的可信性和有效性，首先需要对研究量表进行信度与效度检验。本文采用 Cronbach α 系数来检验量表的信度，一般认为 Cronbach α 系数可以小于 0.7，但应大于 0.6，当问项数量小于 6 个时，内部一致性系数若大于 0.6，表明量表是有效的。效度检验一般分为内容效度与建构效度检验。内容效度的目的是检验所使用的测量题项能否确切反应索要衡量的概念范围，其判断方法通常是由相关领域的专家对问卷题项进行判断来确定。本文调研问卷的潜变量和指标题项的设计是基于文献梳理、理论研究、专家意见、预测结果等综合考虑的结果，具有一定的内容效度。然后本文按照 KMO（KaiserMeyer-Olykin）测度与巴特莱球体检验（Bartlett Test of Sohericity）判断量表是否适合做因子分析，一般适合做因子分析就说明量表具有建构效度。判断标准为：当 KMO>0.9 时，十分合适；0.8<KMO<0.9，很合适；0.7<KMO<0.8，一般合适；0.6<KMO<0.7，勉强合适；KMO 低于 0.6 时则不适合。同时巴特莱球体检验统计值应显著异于 0。累计解释方差是潜变量能解释其指标变异量的比值，其数值越大，表示观察变量越能有效反应其共同因子的潜在特质，一般应在 50%以上。本文运用 SPSS22.0 软件对观察变量进行信度与效度检验，将题项-总体相关系数（CITC）、Cronbach α 系数、KMO 值、Bartlett 统计值和累计解释方差整理如表 2 所示。

表 2 信度与效度检验结果

潜变量	观察变量	CITC	Cronbach α 系数	KMO 值	Bartlett 统计值	累计解释方差/%
可追溯体系	Y1	0.622	0.762	0.749	212.904 (0.000)	58.029
	Y2	0.583				
	Y3	0.727				
	Y4	0.413				
产业组织结构	XA1	0.757	0.752	0.759	186.631 (0.000)	57.478
	XA2	0.816				
	XA3	0.796				
	XA4	0.799				
	XA5	0.813				
产业组织关系	XB1	0.547	0.948	0.930	1131.535 (0.000)	79.282
	XB2	0.639				
	XB3	0.616				
	XB4	0.497				
	XB5	0.684				
产业组织治理	XC1	0.745	0.829	0.724	232.224	74.629
	XC2	0.744				
	XC3	0.750				
	XC4	0.820				
	XC5	0.773				

从表 2 可知，题项-总体相关系数均超过 0.35，各量表变量 Cronbach α 系数分别为 0.762、0.948、0.752 和 0.829，均大于 0.7，表明各量表的题项之间具有良好的信度。各量表的 KMO 值均大于 0.6，Bartlett 统计值均显著异于 0，说明各量表均适合做因子分析。在此基础上采用探索性因子分析方法检验各题项变量是否满足结构效度的要求，选用主成分分析的因子提取方法和直交转轴的最大方差法，提取特征值大于 1 的公共因子共 4 个，与研究假设相一致，同时，各题项变量的因子载荷都大于 0.4，各量表累积解释方差的比例均不低于 50%，说明量表具有较好的建构效度。

综上所述，研究量表具有良好的信度与效度，为后续的模型估计分析奠定了基础。

4　实证检验和结果解读

4.1　产业链协同测量模型说明

诸多学者的研究认为，在一阶分析中发现原先的一阶因素构念间有中高度的关联程度，且一阶验证性因素分析模型与样本数据可以适配的前提下，用高阶因素去表达低阶因素时，必然会出现卡方值增大、自由度增加的问题，但只要卡方值没有达到显著水平，而且低阶因子在高阶因子上的负荷也高，就可认为该高阶因子足以反映各一阶因子的关系，可考虑根据理论研究需要选用该高阶因子。

根据前文的理论分析，发现产业链协同测量模型涉及产业组织关系、产业组织结构和产业组织治理3个维度，共15个测量指标。按照图2对产业链协同一阶测量模型进行模型估计分析，结果如表3所示。

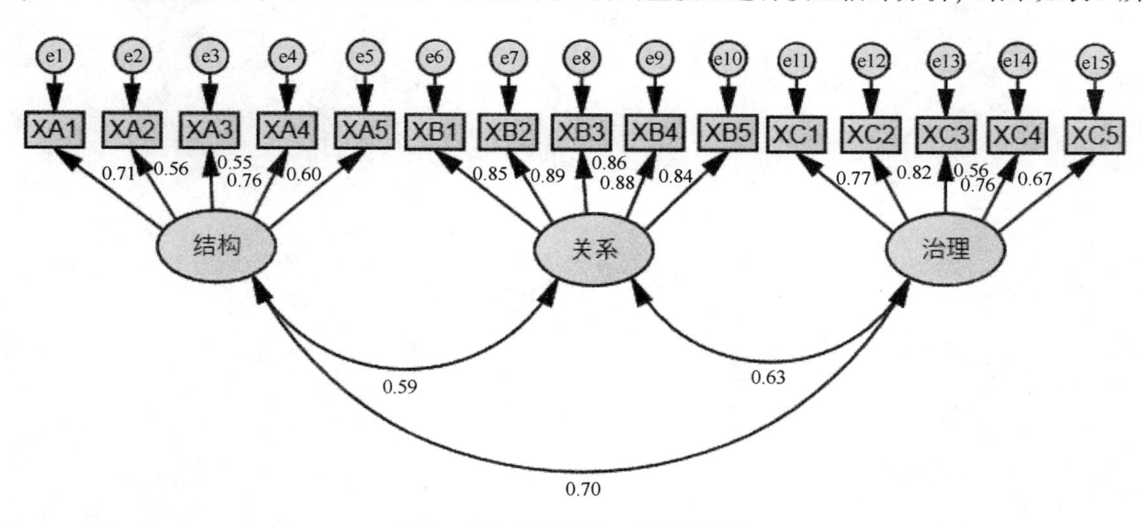

图2　产业组织协同一阶测量模型

表3　产业链协同一阶测量模型适配度评估指标检验结果

适配度评估指标	指标结果	适配标准或临界值	说明
卡方自由度比值	1.697	<3	理想
GFI	0.916	>0.9	理想
AGFI	0.885	>0.9	可接受
NFI	0.919	>0.9	理想
IFI	0.965	>0.9	理想
TLI	0.957	>0.9	理想
CFI	0.965	>0.9	理想
PCFI	0.799	>0.5	理想
PNFI	0.761	>0.5	理想
RMR	0.051	<0.08	理想
RMSEA	0.058	<0.08	理想

由表3结果可知，产业链组织结构、产业链组织关系和产业链组织治理3个维度之间的相关系数分别为0.59、0.63和0.70，都在0.5以上，呈现出中高度相关，并且，模型适配度指标卡方自由度比值为

1.697，小于 3，GFI 为 0.916、NFI 为 0.919、IFI 为 0.965、TLI 为 0.957、CFI 为 0.965，均大于 0.9，RMR 为 0.051，RMSEA 为 0.058，均小于 0.08，说明产业组织协同一阶验证性因素分析模型与样本数据适配很好。因此，本文根据需要，在产业链组织结构、产业链组织关系和产业链组织治理之上构建“产业组织协同”这一更高一阶的因素构念，形成如图 3 所示的产业链协同二阶测量模型，以此直接验证产业链协同对可追溯体系的影响。

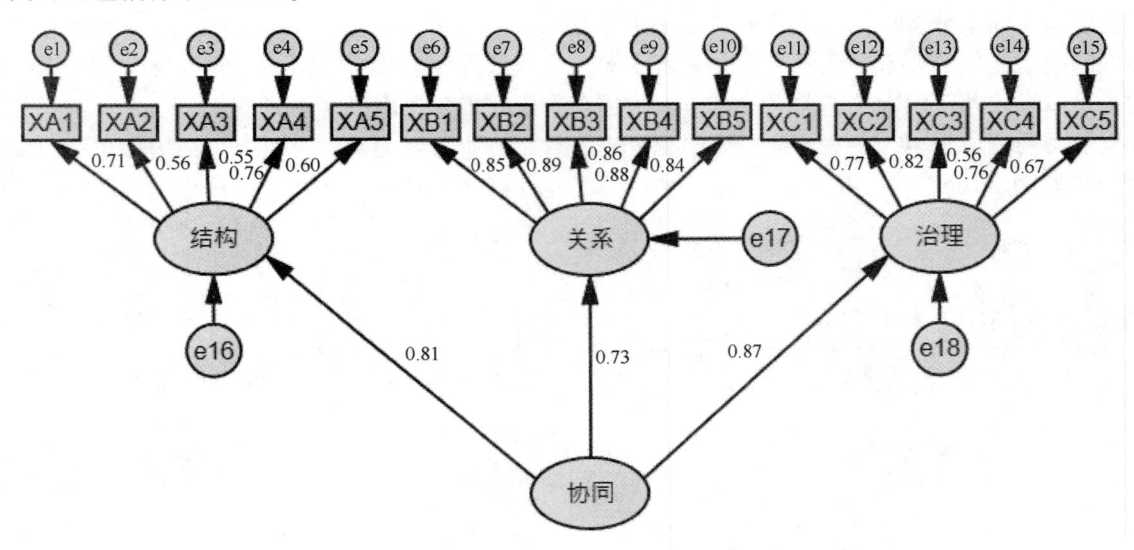

图 3 产业组织协同二阶测量模型

4.2 “违反估计”检验

在估计模型整体适配度前，需要先进行“违反估计”检验，以核查参数估计的合理性（荣泰生，2009）。“违反估计”一般有以下几种常见情况：（1）出现了负的误差方差；（2）协方差间的标准化估计值的相关系数大于 1；（3）协方差矩阵或相关矩阵不是正定矩阵；（4）标准化系数超过或非常接近 1（通常可接受的最高门坎值为 0.95）；（5）出现非常大的标准误，或标准误为极端小的数值，如标准误接近 0，造成相关参数的检验估计无法被定义。

本文在对图 1 假说模型进行估计发现中误差方差均大于 0，未出现负的误差方差，协方差间的标准化估计值的相关系数均小于 1，协方差矩阵是正定矩阵，未出现极端大或极端小的标准误，且标准化系数估计值均未大于 0.95，说明模型未出现“违反估计”的现象，能够进行模型整体适配度的估计。

4.3 模型整体适配度检验

通过上述初始检验后，本文利用 SPSS22.0 对收集的原始数据进行处理，运用 AMOS21.0 对模型进行估计，并根据修正指数 MI 对模型进行渐进性修正，最终形成了如图 4 所示的较优模型。从相关适配度评估的结果来看，模型卡方统计值为 281.383，自由度为 148，卡方/自由度为 1.901，小于 3，表明模型整体适配度良好。但是，由于卡方统计值和卡方自由度比值受样本大小的影响较大，因此，在进行模型整体适配度检验时，还需参考其他相关适配度评估指标进行综合判断。适配度评估指标结果如表 4 所示，表中近似误差均方根 RMSEA 为 0.066，绝对拟合优度指数 GFI 为 0.878，调整拟合优度指数 AGFI 为 0.844，相对拟合指数 CFI 为 0.938，非基准拟合指数 NFI 为 0.878，增量拟合指数 IFI 为 0.938，这些指标均达到了可接受的范围，说明本研究提出的假设模型整体与实际调查数据适配情况良好，即模型具有较好的外在质量。

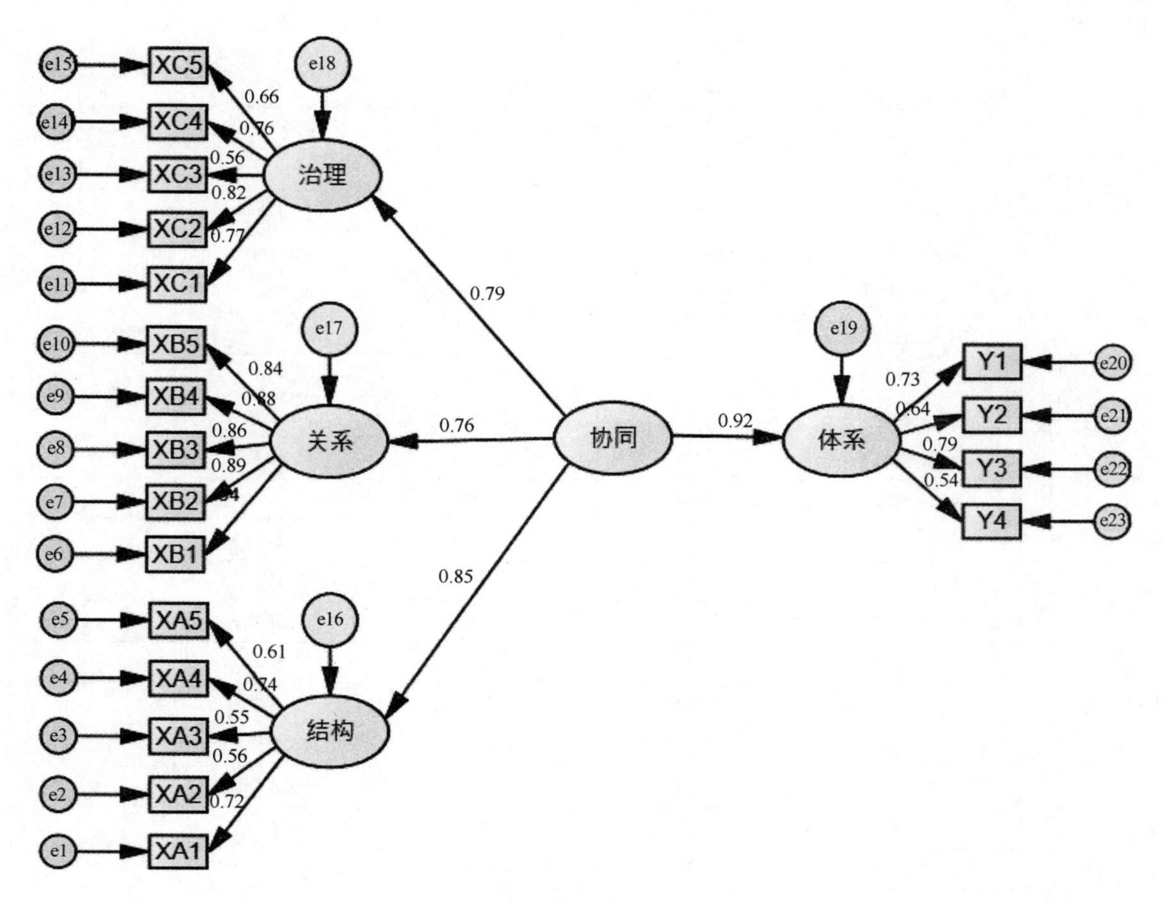

图 4　全模型结构图

表 4　整体模型适配度评估指标检验结果

适配度评估指标	指标结果	适配标准或临界值	说明
卡方自由度比值	1. 901	<3	理想
GFI	0. 878	>0. 9	可接受
AGFI	0. 844	>0. 9	可接受
NFI	0. 878	>0. 9	可接受
IFI	0. 938	>0. 9	理想
TLI	0. 928	>0. 9	理想
CFI	0. 938	>0. 9	理想
PCFI	0. 812	>0. 5	理想
PNFI	0. 760	>0. 5	理想
RMR	0. 057	<0. 08	理想
RMSEA	0. 066	<0. 08	理想

4. 4　假设检验结果及分析

通过整体拟合指标检验后，可对模型进行进入路径分析。在 AMOS21. 0 中，借助系统默认的极大似然估计（maximum likelihood，ML）法，模型估计后得到如表 5 所示的各路径参数估计值、标准化参数估计值、临界比以及 P 值。

表 5 路径分析结果输出

	路径	参数估计值	标准化参数估计值	临界比（t 值）	结论
结构方程	追溯体系←协同	0.700	0.916	10.172	接受
	结构←协同	0.618	0.855	9.475	接受
	关系←协同	0.691	0.759	10.344	接受
	治理←协同	0.494	0.787	9.599	接受
测量方程	Y1←追溯体系	1.000	0.727		
	Y2←追溯体系	0.851	0.636	8.416	
	Y3←追溯体系	1.025	0.794	10.298	
	Y4←追溯体系	0.640	0.541	7.182	
	XA1←结构	1.000	0.720		
	XA2←结构	0.747	0.557	7.246	
	XA3←结构	0.647	0.552	7.179	
	XA4←结构	0.983	0.738	9.388	
	XA5←结构	0.787	0.607	7.866	
	XB1←关系	1.000	0.845	16.887	
	XB2←关系	1.078	0.889	16.823	
	XB3←关系	1.114	0.860	15.879	
	XB4←关系	1.081	0.883	16.618	
	XB5←关系	1.027	0.841	15.314	
	XC1←治理	1.000	0.770		
	XC2←治理	1.102	0.815	11.727	
	XC3←治理	0.715	0.564	7.898	
	XC4←治理	1.085	0.763	10.957	
	XC5←治理	0.949	0.665	9.427	

注：（1）参数估计值为 1.000 的路径表示它们作为结构方程模型参数估计的基准，系统进行估计时把其作为显著路径，来估计其他路径是否显著。（2）临界比相当于 t 检验值，表示参数估计值与估计值标准误差的比值，如果此比值的绝对值大于 1.96，则参数估计值达到 0.05 显著性水平，临界比值绝对值大于 2.58，则参数估计值达到 0.01 显著性水平。（3）表中数据均在 $P<0.001$。

4.4.1 产业链协同对追溯体系有显著影响

由表 5 可知，产业组织协同在 0.001 的显著性水平上正向影响追溯体系，路径系数为 0.916，与假设 H1 的预期相一致。这说明，产业链协同在产业链组织结构、产业链组织关系及产业链组织治理 3 个维度上的综合作用能够显著促进追溯体系的实施绩效。即产业链协同可以作为政府干预的替代方案，有效提高追溯体系的实施绩效及水产品质量安全水平。

4.4.2 产业链组织结构对追溯体系有显著的正向影响

表 5 显示，产业链组织结构对可追溯体系的影响在 0.001 的显著性水平下通过了检验，路径系数为 0.855，且方向为正，假设 H2 得到验证。这一结果同余建宇、莫家颖等[20]关于市场结构有助于提高食品安全的结论相一致。改革开放以来，我国市场经济发展的步伐不断加快，但与发达国家市场相比仍不够成熟。在此背景下，虽然无法通过“优质优价”的市场机制激励企业实施追溯体系，提高产品质量，但当前企业间普遍存在的“触发策略”反而可以通过其制约机制促进企业间相互协作、抑制“搭便车”行为，从而避免行业陷入整体低质量的囚徒困境，维持水产行业追溯体系运行的高绩效。换言之，当前阶段规模

较大的优势企业肩负着实施追溯体系的重任，其相对规模越大，受到其他企业搭便车的不良影响越小，因此越有动力坚持实施追溯体系以维持较高的产品价格。综上，产业链组织结构对追溯体系实施绩效的提升具有促进作用。

4.4.3 产业链组织关系对追溯体系有显著的正向影响

产业链组织关系对追溯体系的影响在 0.001 的显著性水平上通过了检验，且路径系数为 0.759，研究假说 H3 得到验证。鉴于纵向一体化是目前保障我国水产品质量安全的主要产业组织关系这一现状，该结果的产生存在合理性。产业链纵向关系实质是买供企业间的委托代理关系。根据委托代理理论可知，产业链纵向关系中的委托代理关系有助于企业间形成显性或隐性契约，约束企业实施追溯体系中的机会主义行为。根据买供间理论可知，纵向关系中的买供关系可通过知识治理和价值治理创造价值的同时解决价值分配问题，从而激励企业实施追溯体系。

4.4.4 产业链组织治理显著正向影响追溯体系实施绩效

产业链组织治理对追溯体系实施绩效的影响在 0.001 的显著性水平上通过检验提高，路径系数为 0.787，假说 H4 得以验证。当前，中国水产品供给正处于从分散化的小农生产方式向规模化、集约化、标准化的供应链产业化加速转变阶段，产业组织治理也正从松散的市场现货交易向紧密的纵向一体化交易演变。据资产专用性理论可知，在产业组织治理从市场治理向一体化治理发展的过程中，产业链上各企业的资产专用性也在不断提升。随着资产专用性提高，一方面企业的风险规避系数较之前大幅提升，企业违背契约的机会成本也随之增长，由此产生的约束机制降低了企业实施追溯体系中的机会主义行为。另一方面资产专用性会使企业间维持长期稳定的契约关系，有助于降低企业间交易成本，由此带来的激励机制促使企业自主实施追溯体系。

5 结论与启示

本文依据全国 209 家水产企业的调查数据，应用结构方程模型对产业组织协同影响水产品质量安全可追溯体系的内在机理进行了实证检验。得出如下结论：①产业组织协同对追溯体系有显著的正向促进作用。产业组织协同可以通过产业组织结构、产业组织关系和产业组织治理 3 个维度实现产业链内部成员的自我约束和激励，提升追溯体系实施绩效；②产业组织结构显著促进追溯体系的实施绩效。就当前阶段而言，产业组织结构主要通过规模优势影响追溯体系；③产业组织关系对追溯体系有显著正向作用。④产业组织治理正向作用于追溯体系。根据资产专用性理论可知，随着资产专用性的不断提高，追溯体系实施绩效也不断得到改善。据此可得到以下启示：

第一，优化产业组织结构。解决产业规模化问题就是解决当前水产企业生产散、小、多的问题，是提升追溯体系实施绩效的关键所在。具体举措包括整合区域内产业联盟数量，提升产业联盟的运行效率和质量、以大型水产企业为核心，通过兼并重组和参股等手段有效整合产业链资源、建立一体化的水产养殖、加工、销售和服务体系，实现水产行业生产加工的规模化和产业化。

第二，实现产业组织关系协同。产业组织关系的协同发展需要环节协同、要素协同及利益机制协同 3 个维度共同发力。首先，实现环节协同需要政府鼓励上游生产企业寻求技术突破和产量增加、扶持中游加工企业提升自身品牌效应、督促下游销售企业加大对可追溯产品的宣传力度，扩大市场需求；其次，要素协同要求政府加大对企业技术投入的增加，促进产业链与技术协同发展、定期和不定期的对水产品消费市场进行调查，把握消费者对产品的口味偏好和满意程度，实现市场和信息的协同；最后，通过多种产业组织模式实现利益协同。如鼓励产业内“公司+养殖户”、“龙头企业+养殖户+拍卖市场”和“养殖户+合作联社+加工企业”等多种模式的存在，充分发挥各产业组织模式的契约约束和利益协同功能。

第三，推动产业组织治理创新。产业组织治理的创新目标在于通过降低机会主义行为和提高资产专用性打造激励相容治理机制。对此，一方面应鼓励中小企业通过产品差异化战略及建立横向合作机制增强自身谈判力，以降低大企业的机会主义收益；另一方面，引导产业组织治理由资产专用性较低的市场型向资产专用性较高的层级型转变，提高企业在追溯体系实施中违背契约的风险成本，从而维持长期稳定的契约关系。

参考文献：

[1] 郑建明.渔业产业化组织与养殖水产品质量安全管理分析[J].中国渔业经济,2012(5):47-50.

[2] Frederiksen M,Qsterberg C,Silberg S,et al.Info-fisk.development and validation of an Internet based traceability system in a Danish domestic fresh fish chain[J].Journal of Aquatic Food Product Technology,2002,11(2):13-34.

[3] 陈丽华,张卫国,田逸飘.农户参与农产品质量安全可追溯体系的行为决策研究——基于重庆市214个蔬菜种植农户的调查数据[J].农村经济,2016(10):106-113.

[4] 吴林海,卜凡,朱淀.消费者对含有不同质量安全信息可追溯猪肉的消费偏好分析[J].中国农村经济,2012(10):13-23,48.

[5] 周洁红,李凯.农产品可追溯体系建设中农户生产档案记录行为的实证分析[J].中国农村经济,2013(5):58-67.

[6] 王常伟,顾海英.基于委托代理理论的食品安全激励机制分析[J].软科学,2013(8):65-68,74.

[7] 宇通.我国将建立健全水产品流通追溯体系[N].中国渔业报,2013-06-17:005.

[8] 王秋梅,高天一,刘俊荣.可追溯水产品信息管理系统的实现[J].渔业现代化,2008(5):56-58.

[9] 颜波,石平,黄广文.基于RFID和EPC物联网的水产品供应链可追溯平台开发[J].农业工程学报,2013(15):172-183.

[10] 陈君石.没有诚信就不可能有安全食品[N].中国食品安全报,2012-06-14:A02.

[11] 温铁军.维稳大局与"三农"新解[J].中国合作经济,2012(3):29-32.

[12] 胡求光,黄祖辉,童兰.农产品出口企业实施追溯体系的激励与监管机制研究[J].农业经济问题,2012(4):71-77.

[13] 赵荣,乔娟.农户参与蔬菜追溯体系行为、认知和利益变化分析——基于对寿光市可追溯蔬菜种植户的实地调研[J].中国农业大学学报,2011(3):169-177.

[14] 王慧敏,乔娟.农户参与食品质量安全追溯体系的行为与效益分析——以北京市蔬菜种植农户为例[J].农业经济问题,2011(2):45-51,111.

[15] 郑江谋,曾文慧.我国水产品质量安全问题与生产方式转型[J].广东农业科学,2011(18):132-134.

[16] 王二朋,周应恒.城市消费者对认证蔬菜的信任及其影响因素分析[J].农业技术经济,2011(10):69-77.

[17] 李中东,孙焕.基于DEMATEL的不同类型技术对农产品质量安全影响效应的实证分析——来自山东、浙江、江苏、河南和陕西五省农户的调查[J].中国农村经济,2011(3):26-34,58.

[18] 刘华楠,李靖.基于可追溯机制的我国水产品供应链的优化[J].山西农业科学,2010(1):95-97.

[19] 纪玉俊.海洋渔业产业化中的产业链稳定机制研究[J].中国渔业经济,2011(1):48-55.

[20] Fearne A.The evolution of partnerships in the meat supply chain:insights from the British beef industry[J].Supply Chain Management,1998,3(4):214-231.

[21] Buhr B L.Traceability and information technology in the meat supply chain:implications for firmorganization and market structure[J].Journal of Food Distribution Research,2003,34(3):13-26.

[22] 胡定寰,Fred G,Thomas R.试论"超市+农产品加工企业+农户"新模式[J].农业经济问题,2006(1):36-39,79.

[23] 方金.基于产业组织理论的水产品质量安全管理模式构建[J].山东经济,2008(3):49-55.

[24] 许益亮,靳明,李明焱.农产品全产业链运行模式研究[J].财经论丛,2013(1):88-94.

[25] Pouliot S,Sumner D A.Traceability,Liability,and Incentives for Food Safety and Quality[J].American Journal of Agricultural Economics,2008,90(1):15-27.

[26] 余建宇,莫家颖,龚强.提升行业集中度能否提高食品安全？[J].世界经济文汇,2015(5):59-75.

[27] 李平英.产业组织结构与农产品质量管理研究[D].泰安:山东农业大学,2010.

[28] 钟真,孔祥智.产业组织模式对农产品质量安全的影响:来自奶业的例证[J].管理世界,2012(1):79-92.

[29] 高小玲.产业组织模式与食品质量安全——基于水产品的多案例解读[J].软科学,2014(11):45-49.

[30] Gereffi G,Humphrey J,Sturgeon T.The Governance of Global Value Chains[J].Review of International Political Economy,2005,12(1):78-104.

[31] 黄梦思,孙剑.复合治理"挤出效应"对农产品营销渠道绩效的影响——以"农业龙头企业+农户"模式为例[J].中国农村经济,2016(4):17-30,54.

[32] 宋胜洲,葛伟.我国有色金属产业进入退出的影响因素——基于面板数据模型的实证分析[J].北方工业大学学报,2012(4):1-5.

[33] Golan E,Krissoff B,Calvin L,et al.Traceability in the U.S.food supply:economic theory and industry studies[R].Agricultural Economic Report,200.

舟山国际水产城鱼市场的问题与对策分析

蔡璐[1]，马丽卿[1*]

（1. 浙江海洋大学 经济与管理学院，浙江 舟山 316022）

摘要：舟山国际水产城在“一带一路”背景下有着一个良好的前景，但现阶段仍存在着在卫生、销售渠道等方面的问题。通过严控捕捞、改善卫生条件、加强海洋保护教育、结合多种销售方式、成立渔民协会和打造鱼市场品牌等措施，可以使得舟山国际水产城走上更健康有序的发展道路。

关键字：鱼市场；海洋经济；渔民协会

1 引言

随着经济的发展，人们对各种食物的需求量不断扩大，人们不再满足于温饱之需，反而转向高质量、高营养的食品。水产品作为富含大量蛋白质、维生素和无机盐的食品，收到越来越多消费者的青睐，并且水产品价格的下探使海鲜成为各个消费阶层的居民都可以普遍接受的食品[1]。

鲜活水产品市场作为不同于农产品的特殊消费市场，具有灵活性、时间性、广泛性的特点。灵活性体现在渔民捕捞上来的水产品可以通过各种渠道消费到居民的餐桌上，比如即时打捞上来的水产品可以接着卖给消费者，有些可以生吃的海鲜更是能让消费者一饱口福。如果想长时间品尝一种海鲜的美味，可以将它晒干或者冷冻，或者商家会把此类海鲜进行深加工。灵活性体现在捕捞上来的海鲜如果不及时卖出去或者保存的方式不恰当，就会在较短时间内发生变质，导致无法实用。广泛性体现在大海作为一个天然的宝藏，对于每个出海捕捞的渔民来说，谁都无法保证打捞上来的将会是什么水产品，可能会满载而归，可能会收获不佳，并且每一个时期打捞上来的水产品又各不相同。面对复杂的水产品市场和居民更多的消费需求，市场该如何合理的经营是一个有研究价值的课题。

在研究过程中，走访了舟山最大的水产品交易市场—沈家门国际水产城，对从水产品交易的各个环节：捕捞、上岸、挑选、分类、产品销售、拍卖等进行了考察，从中发现问题，从而提出相应的解决措施。

2 舟山国际水产城简介

2.1 舟山水产品特产

舟山位于我国的舟山群岛，是中国东南部的“海上明珠”，更有“中国渔都”的美誉。经研究发现，全国每 10 条鱼中，就有 1 条来自舟山周围海域，可见舟山鱼货产量之大和对外的名声之响。特产大黄鱼、小黄鱼、墨鱼、带鱼、大闸蟹吸引全国沿海省市数十万的渔民前来舟山宝地“捕金捞银”。加上舟山特殊的地理位置，拥有长江暖流、长江冲淡水、黄海冷水等水质条件，温度、盐度适中，饵料丰富，适合带鱼

作者简介：蔡璐（1993—），女，山东省莱芜市人，浙江海洋大学 2016 级硕士研究生。E-mail：294874401@ qq. com

***通信作者：**马丽卿（1962—），女，上海市人，教授，浙江海洋大学经济与管理学院副院长，主要从事海洋旅游开发与规划、海洋经济研究。E-mail：mlq@ zjou. edu. cn

的生长繁殖，使舟山带鱼世界闻名。但是在舟山鱼市场交易量迅速增长的同时，舟山周围海域中各种鱼类数量在下降，这使得舟山鱼市场的发展面临着可持续的难题，如何在发展好鱼市场和保护海洋生物资源中寻求到平衡点，从传统粗放的捕捞方式转变为适度捕捞变得尤为重要。

2.2 国际水产城的特色

现在的舟山沈家门已经打造完成全国首家以水产品贸易为基础的4A级景区，更是集水产品交易、商贸旅游、休闲体验于一体的复合型城市综合体，融合了传统与现代、现实与虚拟的美感，构筑了“互联网+水产市场+商贸旅游”的新型产业链，成为展示沈家门渔港风情和舟山海洋文化的“鱼市胜地”，以及“活力普陀”和“全景普陀”的舟山新地[2]。

2016年1月29日，沈家门迎来新的发展，“渔港小镇”被列为浙江省第二批特色小镇创建名单，这为水产城的进一步发展提供了良好的契机。

3 舟山国际水产城存在的问题

3.1 鲜活水产品经营地的卫生条件

调研期间，恰逢大闸蟹收获的季节，随着渔船隆隆的轰鸣声，装载肥硕的大闸蟹的船只即将靠岸。港口停着几十艘大型的渔船，当渔船靠岸时，港口负责接应的渔民开始忙碌，渔船将肥硕的大闸蟹倾倒在前来接货的渔民的小推车中，由他们负责把大闸蟹运到挑拣区开始下一步的挑拣工作，他们大部分在挑拣区将大闸蟹倒在地面上，供专门人员挑拣，挑拣人员将大闸蟹按照肥瘦、大小、公母进行分类。然而现阶段的水产城的卫生情况还不尽如人意，在海边的水产品交易区有大量死去的螃蟹、鱼类随意地丢在路面上，腐烂味非常强烈；停靠渔船的岸边一些未被清理的垃圾、烟蒂等随处可见，岸边的道路有很多坑洼处，因为经常装卸形成了积水，消费者从这里经过时需要小心翼翼[3]。水产区地卫生状况也不尽如人意，比如不少摊贩雇佣工人对自己捕捞的螃蟹进行挑选和分类，工人按照质量将大大小小的螃蟹挑选出来，将不新鲜的螃蟹随意丢弃在一旁，有时螃蟹从框中爬出到肮脏的地面，工人并不将其进行清洗，直接抓回来放回框内。除了这些忙碌中的摊位，空闲的摊位上摆放着各种杂物和空框等等，周围的地面有很多的死螃蟹、污水，空框子上粘着很多断掉的螃蟹腿。这种状况使得整个水产城鲜活水产区显得杂乱无章。工作人员只能穿简易的雨鞋进行工作。但是即使这种工作条件，来往运输大闸蟹等水产品的大型装卸车仍是络绎不绝。

3.2 鲜活水产品的销售渠道

来往的船只，大部分是当地渔民的，很少见外来的船只，舟山渔民自然而然有了近水楼台先得月的地理优势，尽管舟山水产品市场名声响彻全国，但大多是靠媒体的宣传，水产城内部市场信息的公布却少之又少。当地消费者或者游客慕名前来时，若没有当地人的介绍，很难买到自己想要的水产品，价值水产城零售的水产品较少，主要供给给的是批发商和酒店、饭店，渔民青睐的是“大客户”，有次在水产城见到的大货车络绎不绝，这一做法阻碍了水产城的市场扩大。

4 需要改进的措施

4.1 严格监控水产品的捕捞

舟山作为中国重要的海军基地，海军不仅要保卫国家，同时对鱼市场的监管也尤为重要。海上状况复杂，需要对每一艘出海捕鱼的渔船进行监控，监控渔船的捕捞范围、捕捞品种以及船员的活动，以防渔船违规捕捞珍惜物种。在渔船上安装雷达定位系统，对渔船出港和进港做好适时的监控，何时出港、何时进港，及时做好登记，避免海上违法交易的产生以及偷渡现象的发生，出现海上问题时可以及时出海援助，并且对船上工作人员进行备案登记。

面对市场需求量越来越大，舟山的特色水产品捕捞量逐年递减的状况，政府部门要严格监控水产品的捕捞量，再多的资源不加节制的开采终有用尽之日，严格监控尤为重要，休渔期禁止任何船只出海捕鱼，全面打好“幼鱼保护攻坚战”加大偷捕处罚力度[4]。

4.2 卫生条件的改善

舟山国际水产城与许多舟山人的一天息息相关，一日三餐的水产食材可能都会从水产城购买。强调食材的新鲜和健康应是舟山水产城要传达给消费者的形象，形象一旦在消费者心目中确立，那么与那些卫生条件相对较差的农贸市场中的水产区相比，水产城的口碑就会更好，就有更强的吸引力。

针对这种卫生状况，水产城管理者应该制定卫生标准，确立清晰的水产品装卸、挑选流程，导入一套类似 HACCP 食品安全管制的系统管理工人、杂物、水产品、船舶。减少水产品受到污染的可能，增强食品安全性，提高水产品卫生品质，只有这样才能够让消费者放心，提升他们购买的信心和意愿[5]。在水产品交易区的醒目位置摆放卫生管理条例，也要增加禁烟警语，管理人员对抽烟、乱扔垃圾的现象进行监督，同时对水产城的卖家进行卫生教育宣传。

4.3 加大海洋保护宣传力度

渔船出海需要备案登记、归来需要检查审核，那么民众的海钓是不是就是自由无约束的呢？

2017 年 3 月 1 日，舟山市获得地方立法权后制定的第一部地方实体法《舟山市国家级海洋特别保护区管理条例》开始实施。《条例》规定：海钓经营组织应依法申请海钓证，从事海钓活动的个人需申请海钓证。政府有关部门要加大《条例》宣传力度，严控机动车进岛数量，民众切不可抱有侥幸心理，希望更多市民和外来游客保护海洋资源。

4.4 多种销售方式结合

现在舟山国际鱼市场拥有鲜活水产品鱼市场交易区、珍贵鱼类拍卖区和速冻鱼市场贩卖区。但是各种销售方式独立存在，不能形成一条完整的销售贸易链。打造销售贸易链，将一对一营销、展示营销、体验式营销等多种营销方式的结合，通过灵活的交易方式可以实现营销效果的最大化，同时也满足了游客、个人、酒店等各种消费群体的需求。当然，在结合各种营销方式的同时也要打造特色的营销方式，作为一个 4A 级景区的舟山国际水产城，笔者认为展示营销、体验式营销、拍卖等交易方式可以被打造为其特色。让游客亲自参与捕捞过程，经历海上生活，体验渔民的作业方式，将销售与旅游结合，增加销售过程的趣味性。

4.5 成立民间渔民自发协会

鱼类资源的可持续性是鱼市场良好发展的基础保障，鱼类资源的不断减少是由于渔民的过度捕捞，而渔民过度捕捞很大程度上是因为鱼市场的恶性竞争，这种恶性竞争又进一步促使渔民以牺牲海洋生物资源的代价来获取利益。面对这种情形，政府可以鼓励推动舟山国际水产城的业者成立渔民协会，渔民协会既是渔民间相互帮助和监督的平台，也是政府与渔民沟通的桥梁。通过渔民协会平衡渔民之间的利益，省去渔民和消费者之间的销售环节，既增加了利润空间，又可以促进鱼市场的和谐有序发展[6]。

4.6 打造鱼市场品牌，整合舟山鱼市场资源

舟山国际水产城现在是商贩分散销售，渔民相互间因为经济利益的冲突可能形成恶性竞争，“价格战”、过度捕捞情况的发生最终会导致渔民整体利益的下降，也损害舟山国际水产城的口碑[7]。如果将水产城的鱼市场整体作为一个品牌推出，可以联合渔民的利益，从源头上遏制恶性竞争的形成。品牌的推广需要全体渔民的维护，这使得渔民间相互监督，一个商贩出现欺诈顾客、过度捕捞情况影响的是全体的商

家，那么成立的渔民协会可以阻止该商贩的不合理行为。同时，品牌影响力的提升，可以吸引更多的顾客，从而使得渔民整体的利益都得到了提升。

参考文献：

[1] 齐鸿林.AD公司食品添加剂公司市场营销策略研究[D].武汉:华中科技大学,2006.
[2] 戴宁歆.复合型城市休闲旅游综合体的产生和特征探究[J].商,2013(32):68-68.
[3] 原泉.生产加工环节中食品质量安全的产业组织研究——以浙江舟山养殖水产品为例[D].杭州:浙江大学,2003.
[4] 李明爽.于康震在全国渔业转方式调结构工作现场会强调:优化布局、提质增效、节水减排、养护资源 加快推动渔业转型升级[J].中国水产,2016(9):2.
[5] 陈靓.水产品贸易中食品安全管制的作用机制及效应分析[D].青岛:中国海洋大学,2008.
[6] 操建华.积极培育渔民协会增强渔民市场主体地位[J].农业经济问题,2002(5):56-57.
[7] 刘洁.企业核心竞争力管理与战略研究——舟山国际水产城核心竞争力研究[D].上海:上海海洋大学,2003.

中国海洋战略：内涵、目标、诉求与举措

成志杰[1]，冯妮[1]，邓春楠[1]，师桂杰[1]，马蕊[1]

（1. 上海交通大学 中国海洋装备工程科技发展战略研究院，上海 200240）

摘要：在梳理海权战略、海洋发展战略和海洋强国战略等概念内涵的基础上，可以明确海洋战略是指指导国家海洋事业发展的总体方略，包括近期的海洋战略和远期的海洋战略。中国海洋战略主要包括三大目标：维护海洋权益、发展海洋经济和保护海洋生态环境；中国海洋战略的三大诉求是：完成国家统一和解决岛礁争端、开发海洋资源、掌控海上战略通道；实现中国海洋战略的综合举措主要包括：优先发展海洋科技、坚持陆海统筹和布局全球海洋战略。其中，布局全球海洋战略主要体现为“近海维权、深海开发、远洋护卫”，以及“利益分布全球化，力量布局地区化”。

关键词：中国海洋战略；内涵；目标；诉求；举措

1 引言

“21 世纪是海洋世纪”，中国对“这一国际社会公认的结论”[1]的认识越来越深刻。2003 年，中国首次提出逐步“建设成为海洋强国” 的战略目标[2]；2011 年，国家“十二五”规划纲要要求“制定和实施海洋发展战略”[3]；2012 年，党的十八大报告提出，“提高海洋资源开发能力，发展海洋经济，保护海洋生态环境，坚决维护国家海洋权益，建设海洋强国”[4]；2016 年，国家“十三五”规划纲要要求“加强海洋战略顶层设计”[5]。

可以说，进入 21 世纪以后，中国以建设海洋强国作为战略目标，强调发展海洋经济、保护海洋环境和维护海洋权益，中国的海洋意识进入新的阶段。这是中国作为一个国家整体全方位转向海洋，是中华民族历史上的第一次[6]。与曾经的海洋强国一样，在当前的国际形势下并结合自身的实际，中国的海洋思维需要有全局和长远的战略眼光，不仅仅包含强调控制海洋的海权战略，而且包含强调海洋经济发展的海洋发展战略和海洋强国战略。因此，中国的海洋战略内涵丰富，并基于中国的陆海复合型地缘环境延伸出中国海洋战略的目标、诉求和综合举措。

2 中国海洋战略的内涵

海洋战略（maritime strategy），最简单的理解是指与海洋有关的战略，其中战略在早期是指战争的谋略，在现代则是指竞争的谋略，是在竞争中胜出的谋略，具有全局性和长远性的特点[7]。与海洋有关的战略不仅包括海洋战略，而且包括海权战略、海洋发展战略和海洋强国战略等。通过梳理与海洋有关的战略，将有利于明晰中国海洋战略的内涵。

2.1 与海洋有关的战略

自近代以来，与海洋有关的战略突出体现为海权战略、海洋发展战略、海洋强国战略和海洋战略等。从属性来说，这些与海洋有关的战略越来越回归到强调海洋的自然属性，而不仅仅是近代大国强调的海洋

作者简介：成志杰（1981—），男，山东省寿光市人，博士，主要从事中国海洋战略研究。E-mail：chengzhijie1981@ sjtu. edu. cn

的政治属性，即不再仅仅强调对海洋的控制并进而崛起成为大国、强国，而且还包括对海洋的开发和利用甚至是保护。

近代以来，海洋日益受到重视，不仅仅是因为通过海洋可以“兴渔盐之利，行舟楫之便”，而且是因为“谁控制了海洋，谁就控制了世界”[8]，“所有帝国的兴衰，决定性的因素在于是否控制了海洋。”[9]可以说，海洋成为近、现代演绎世界霸权更替的舞台[10]。因此，对一些大国来说，控制海洋是第一位的，典型体现是马汉提出的海权论（sea power）。马汉认为，“海洋最先声夺人和最显而易见的特点是一条重要的通道”，“如同一片广阔的公有区域”，通过它，“人们可以到达世界各地”；借鉴 1660—1783 年主要海战的经验，马汉的推断是：“海权是一个决定性的因素”，而且海权有助于一个民族在海上或靠海洋而崛起[11]。对此，马汉提出通过发展海上军事力量控制世界上重要的航海要道、岛屿和港口，以保证美国取得战场上的优势。因此，马汉海权论最重要、最核心的部分是海上军事力量[12]，最终目的是制海（command of the sea）[13]。同时，他强调：对海权及影响各国海权的主要因素、主要海战的讨论和研究都是战略性的，需要从战略高度认识海权的重要性。综上，马汉的海权论侧重于通过军事力量控制海洋，但海权的形成离不开战略对资源的整合，能力才是海权最具价值的因素，它最终决定海权的形成。这就是以能力为核心的海权[12]。总之，海权战略是强调通过能力建设来维护海洋权益的战略，这符合中国目前的实际。在当前的国际背景下，海权并不单单指按照《联合国海洋法公约》占有部分海洋，包括控制、利用和管理这部分海洋的权力和权利，而且还包括实施以上权力和权利的能力，核心是政府的能力，特别是政治、经济、军事和科技能力等，其中政治能力对内为管理能力，对外为外交能力，经济能力主要体现为经济实力，军事能力主要是指海上力量体系，科技能力主要是指创新能力。但仅有海权是不够的[14]。

相对来说，海权战略偏重于军事战略，是通过发展海上军事力量维护国家海洋权益的战略，这与第二次世界大战后特别是冷战后注重通过经济发展来获得竞争优势的大环境不相吻合。因此，需要新的与海洋有关的战略，这主要体现为海洋发展战略。相对于海权战略，海洋发展战略是一个含糊的概念，只是海洋战略的一部分[15]。在国内，有学者最早在 20 世纪 80 年代初期提出过海洋发展战略的通用概念[16]。在国际上，美国海洋发展战略起步最早[17]。《中国海洋发展报告（2010）》中提出，“海洋发展战略是对海洋事业各领域发展全局的谋划和决策，包括海洋经济发展战略、海洋资源和生态环境保护战略、海洋科技发展战略、海洋公益性事业发展战略等多个专门领域”。但是，从实际来看，中国目前还没有成熟、完善、系统的国家海洋发展战略[16]。上海社科院金永明研究员认为，中国海洋发展战略是通过发展海洋经济的路径来实现的，其基本内涵包括定位、目标、内容和保障措施等[18]。2015 年，中国海洋大学徐祥民教授在其出版的《中国海洋发展战略研究》一书中提到，他曾经把海洋发展战略看作是产业倾向的战略[19]。从广义来说，产业，即各行各业，是经济的具体体现。因此，在一定程度上，徐教授也把海洋发展战略看作是发展海洋经济的战略。由此可以看出，海洋发展战略是一个与海权战略相对应的概念，注重发展海洋经济。对一个国家来说，海洋发展战略主要是偏重发展海洋经济[20]，重视海洋开发、控制和综合管理的能力。因此，海洋发展战略仍然是一个侧重能力建设的战略。

2017 年 2 月，国家主席习近平强调，中国要成为一个强国，各方面都要强[21]。这其中就包括海洋强国[22]。2012 年 11 月，党的十八大明确提出了建设海洋强国的战略目标，国家和社会对海洋的重视程度得到空前的提高。其实在 1997 年就有学者提出过海洋强国的概念。在中国的语境中，强国主要是针对中国各领域大而不强、大而不优的问题提出的战略目标；其中，“海洋强国是国家海洋战略的总体目标”[23]，主要表现为海洋经济发达、海洋科技先进、海洋生态健康、海洋军事强大、海洋安全稳定和海洋管控有力等多方面的内容。如同其他的强国战略，中国的海洋强国战略主要是为了解决海洋领域“大而不强”的问题。但中国海洋大学的徐祥民教授认为，海洋强国战略是一个弊大于利的口号，因为海洋强国的实质是海洋霸权国家[19]。根据世界各国的普遍定义，“海洋强国是指在开发海洋、利用海洋、保护海洋、管控海洋方面拥有强大综合实力的国家”[24]。有学者对此表示赞同，认为海洋强国“既是指凭借国家强大的综合实力来发展海上综合力量，又是指通过走向海洋、利用海洋来实现国家富强，两者互为因果。”[25]也有学者提出，中国海洋强国的目标是成为一个世界性的海洋强国[26]。根据多次公开的官方资料，中国建设海洋强国的内容主要体现为四个“转变”，即“要提高海洋资源开发能力，着力推动海洋经济向质量效益型转变”，“要保护海洋生态环境，着力推动海洋开发方式向循环利用型转变”，“要发展海洋科学技术，着力推动海洋科技向创新引领型转变”，“要维护国家海洋权益，着力推动海洋维权向统筹兼顾型转变”，确切地说就是“依海富国、以海强国[27]，主要是指发展海洋经济和海洋科技、维护海洋权益、保护海洋生态环境和建立新的海洋发展模式。相对来说，中国语境下的海洋强国战略、人海和谐、合作共赢内涵包含了海权战略和海洋发展战略，是一个更加全面的战略。

2.2 中国海洋战略的内涵

通过以上梳理与海洋有关的战略，可以发现人类越来越重视海洋的原始属性，即重视开发海洋本身所具有的资源。但近代以来，海洋因其相对于陆地的开放属性，成为重要的“蓝色大动脉”，海上运输成为世界的主要运输方式。同时，海洋也为部分大国所用，承载着它们争夺和维护霸权的使命。但是，“海洋领域的斗争将超出以往控制海上交通线和战略要地以及通过海洋制约陆地的性质，发展到以海洋空间和资源为中心的海洋本身的争夺，成为关系到民族生存和发展的战略性争夺”[28]。因此，世界各国在海洋上的竞争实质上是对海洋资源的争夺和安全空间的控制[29]。这样，对海洋的关注已经由海权战略发展到海洋战略，并不单单追求制海权。

海洋强国战略与海洋发展战略一样，都是强调通过海洋发展经济实现国家的强大。因此，海洋发展战略和海洋强国战略都是强调目标的战略，这符合我国处于发展中国家的定位，但不符合我国现阶段的实际。目前在海洋方向，中国最紧迫的任务是维护好海洋权益。

在一定程度上，如果中国提海权战略或海洋强国战略会引起其他国家特别是西方国家的歧义，造成误判，不利于中国海洋事业的开展。这一定程度上源于东西方文化和思维的差异。基辛格对此有过精彩的论述：“中国式先发制人一旦遭遇西方的威慑可能会产生恶性循环：中国自认为是防御性的举动可能会被西方世界视为侵略性的，而西方的威慑行为则可能被中国解读为对它的包围。”[30]因此，综合发展海洋经济与维护海洋权益，综合海权战略、海洋发展战略以及海洋强国战略，应该称海洋战略更合适。

“无论是维护国家安全，还是发展经济，经略海洋都已经在战略上形成了刚性需求。党的十八大提出了‘建设海洋强国’的战略目标，把经略海洋作为推进中华民族伟大复兴事业的重要组成部分与途径之一。”[26]因此，我们需要中国自己的海洋战略，而且“我们需要国家战略层面的海洋战略”[19]。

一个国家的海洋战略主要是指有关海洋的总体规划，是“涉及政治、经济、法律、社会、军事等各领域的综合战略体系”[31]；是“国家用于筹划和指导海洋安全、海洋开发利用、海洋管理和海洋生态环境保护的总体方略”；是国家用于筹划和指导海洋开发、利用、管理、安全、保护、捍卫的全局性战略；是涉及海洋经济、海洋政治、海洋外交、海洋军事、海洋权益、海洋技术诸方面方针、政策的综合性战略；是正确处理陆地与海洋发展关系，迎接海洋新时代宏伟目标的指导性战略[36]。根据战略的真实涵义，也有学者认为，海洋战略不仅仅是有关海洋的总体规划，而且是处理海洋事务的策略、方法和艺术。“海洋战略是国家领导人、政府首脑、涉海部门领导人处理海洋事务的策略、方法和艺术，包括海洋权问题、海洋开发与保护问题、海洋科技问题的国家目标、行动方案、实现上述目标的方案和手段等。”[32]我们可以看出，无论什么样的海洋战略，其核心都在于利用海洋[33]。而且，海洋战略需要在国家大战略的框架下予以筹划，海洋战略只是服务于国家大战略的子战略，“海洋战略的成败取决于国家总体战略的成败”[34]。

据此，可以认为，海洋战略是指指导国家海洋事业发展的总体方略，中国的海洋战略是指指导中国海洋事业发展的总体方略。根据不同时期的任务，中国近期的海洋战略主要体现为海权战略、海洋发展战略和海洋强国战略，中国远期的海洋战略主要是通过海洋成为真正的世界强国。

理解中国的海洋战略需要首先明白中国在海洋方向的最大现实，即没有做到有效维护国家的海洋权益。同时，“中国的海洋战略，应是一种具有强烈全球意识的战略。”[10]“只有胸怀全球，布局世界战略，才能成为世界大国。”[35]但是，中国本质上是一个地区性强国，是一个具有全球视野的地区性强国。这符合米尔斯海默所说的，“不存在所谓的世界性大国，所有强国包括美国这样的超级大国都是地区性强国”[36]的论断。这样在海洋方向，需要中国作为秩序的缔造者来实现自己的海洋利益[37]。

总之，中国海洋战略的实质是走向海洋[19]，但其内涵不再是通过武力争夺海洋霸权的海权战略，不是只注重经济发展的海洋发展战略，也不是偏重战略目标的海洋强国战略。中国的海洋战略有着丰富的内涵，涉及海洋事务的方方面面。从国家战略设计来看，中国当前海洋战略的核心问题是面向海洋，前提是转变观念，改变重陆轻海的思维，提高国民海洋意识；中国将来海洋战略的核心目标是利用海洋，前提是认知海洋，大力发展海洋科技，提高开发海洋的能力。同时，在新的时期，中国的海洋战略要更加明确其主要目标和核心诉求。

3 中国海洋战略的三大目标

根据中国海洋战略的内涵，它的要义是指导中国海洋事业的开展，这就需要明确其主要目标。但海洋事务内容繁多，对目前的中国来说，海洋战略的目标主要包括维护海洋权益、发展海洋经济和保护海洋生态环境，这些可以说是中国海洋战略的核心内容。

3.1 维护海洋权益是首要任务

“一般认为，海洋权益是指国家在海洋事务中享有的权利和可获得的利益的总称。”海洋权利主要是指沿海国根据《联合国海洋法公约》享有的权利，而海洋利益主要是指沿海国在依法行使《联合国海洋法公约》赋予的权利时所获得的或所维护的各种利益。由此可以看出，《联合国海洋法公约》对产生海洋权益观的影响，改变了以往以控制海洋为目的的海权论的影响。

根据《联合国海洋法公约》，一个国家的海洋权益主要包括国家的领海主权，专属经济区和大陆架的主权权利以及海洋科学研究、海上人工构造物的建造和使用、海洋环境保护和保全方面的管辖权，行使公海航行、捕鱼和科研等自由的权利，分享国际海底区域人类共同继承财产利益等。据此，中国的海洋权益主要包括：维护领海主权，专属经济区和大陆架主权权利和管辖权，海岛主权和岛屿周围海域海洋权益，分享公海和国际海底开发利用之利，海洋战略通道安全。但是，中国的海洋权益面临错综复杂的形势，涉及海岛主权、海域划界、油气资源争端、渔业资源争端、海洋科学研究争议等[16]。对此，国家海洋局原局长刘赐贵曾表示，维护国家海洋权益是我国的核心使命[30]。根据目前在海洋方面的形势，维护海洋权益更是我国的首要任务。

无论何种类型的海洋战略，都应以国家的独立、统一和领土完整为前提。这既是中国未完成的国家事业，也是我国在海洋方向面临的核心问题。“中国的核心利益包括：国家主权，国家安全，领土完整，国家统一，中国宪法确立的国家政治制度和社会大局稳定，经济社会可持续发展的基本保障。”[38]据此，有人认为，中国的岛礁主权以及与之相关的海洋划界、资源勘探开发、海洋科学研究属于国家核心利益在海洋领域的表现[39]。根据近代以来确立的主权原则，中国海洋权益的核心内容是国家统一和领土完整，即包括台湾问题和岛礁主权以及与之相关的海洋划界，在以上主权确立的前提下，可以进行相关的资源勘探开发和海洋科学研究等。同时，伴随着中国国家利益和战略空间的扩展，掌握一些海上战略要道和支撑点也在相应的谋划之中。其中，“台湾能否按照中国自己的意愿最终回归大陆也是中国能否真正成为海洋强国的标志。”[40]因为台湾不仅事关国家的统一，而且是中国在短时期内唯一能够掌握的直接出海口。

与他国存在的海洋争端主要在近海方向。解决中国近海的海洋争端，核心是处理好与有争议的国家的主权问题。对此，有学者提出可以“共同主权”[41]，这实际上是20世纪80年代提出的“主权属我、搁置争议、共同开发”政策的延续，一定程度上契合了中国强调通过合作解决近海海洋争端的设计，但前提是不能否认中国的国家主权。

3.2 发展海洋经济是中心任务

改革开放以来，中国通过以经济建设为中心发展国家综合实力从而获得巨大的进步，这是重要的战略实践。这些成就的取得主要是通过对陆地资源的开发和利用来实现的。但是对陆地资源的大肆掠夺和由此造成的环境污染对人类的生存环境形成巨大的压力，在这一背景下海洋日益成为各国未来实现可持续发展的重要载体。在《联合国海洋公约》通过并生效以后，国际社会更是掀起争夺海洋权益的高潮。海洋成为人类未来发展的重要寄托。

秉承我国长期坚持的以经济建设为中心的发展战略，海洋事业的发展仍然需要坚持以经济建设为中心，推动海洋经济的发展。海洋经济是中国海洋强国的基石[12]，也是中国海洋战略的重要支撑。在实践中，海洋经济主要体现为对海洋资源的开发和利用。根据经济学理论，产业是经济的具体体现，海洋产业是海洋经济的具体体现。从构成来看，海洋产业主要包括滨海旅游业、海洋交通运输业、海洋渔业、海洋工程建筑业、海洋船舶工业、海洋化工业、海洋油气业、海洋生物医药业等。2015 年，以上产业前四项的增加值超过主要海洋产业增加值的九成[42]。根据国家海洋局的统计，自 2011—2015 年，中国海洋 GDP 占国内 GDP 的一直维持在 9%多[43]，成为一个地位和作用较为稳定的经济发展部门。

对于未来海洋经济的地位，国家的要求是使海洋经济成为新的增长点，海洋产业成为国民经济的支柱产业[27]。对此，陈明义认为，我国海洋产业占 GDP 的比重应达到 30%左右[44]。与目前一直维持在 GDP9%多的水平相比，这说明我国的海洋经济还有很大的发展空间。而且，海洋资源是保障中国经济未来发展的重要来源之一；中国已经是典型的外向型经济，主要通过航运来进行国际经济和贸易活动，这些都需要我国重视海洋经济的发展。

3.3 保护海洋生态环境是第一原则

基于陆地开发的经验，人类对海洋的开发首先应该重视海洋生态环境的保护。与陆地相对封闭的环境相比，海洋具有开放的特性。海洋的整体性、流动性与海洋管理的分散性、局部性之间的矛盾是海洋治理的根本症结，海洋综合管理和生态系统方法是解决此问题的根本之道[45]。据此，国际社会日益接受了基于生态系统的海洋综合管理（marine ecosystem-based integrated management）理念，其内涵主要是指，在充分了解和尊重海洋生态系统结构与功能的基础上对海洋的各种活动和行为进行总体统筹式的、全面式的管理活动，以保护海洋健康和维持其生态系统服务功能[46]。确切地说，基于生态系统的海洋综合管理是用生态系统方法进行管理，不是用行政边界划定管理范围，而是从生态系统的角度确定管理边界[47]。

海洋综合管理的概念最早于 20 世纪 30 年代由美国提出[48]。1972 年，美国颁布《海岸带管理法》，标志着海岸带综合管理正式成为国家层次的管理实践[49]，这是世界上第一部海洋综合管理法[45]。20 世纪 80 年代，海洋综合管理开始在海洋管理中占据核心地位，成为世界各国共同追求的海洋管理价值理念[48]。1992 年，联合国环境与发展大会（United Nations Conference on Environment and Development, UNCED）借鉴陆地“基于生态系统的管理”（ecosystem-based management）[50]，在通过的《21 世纪议程》中提出加强海洋综合管理，重视生态系统保护[51]。2004 年，美国小布什政府将基于生态系统的海洋管理确定为美国海洋管理的基本方法[52]。2008 年，欧盟委员会通过了《海洋战略框架指令》（Marine Strategy Framework Directive），该指令借鉴了美国的海洋综合管理经验，贯彻了生态系统方法[45]。2009 年，奥巴马政府正式宣布建立以保护生态系统为核心的海洋管理体制。

中国在逐步提高海洋重要性的同时，非常重视海洋生态环境的保护工作。截至目前，海洋生态环境保护立法是中国海洋法律制度中最为完备的专门制度。[30]而且，中国日益重视对海洋进行综合管理。2016 年发布的《国民经济和社会发展第十三个五年规划纲要》提出，“深入实施以海洋生态系统为基础的综合管理”[53]。但是，总体上，中国还没有建立基于生态系统的海洋管理体系[54]，对此需要深入宣传海洋生态环境保护的重要性，打破体制机制性障碍，真正贯彻实施海洋生态环境保护，使之成为进行海洋开发的重要遵循。

4 中国海洋战略的三大诉求

相对于中国海洋战略的目标，其诉求更加具体，主要包括完成国家统一和解决岛礁争端、开发海洋资源、掌控海上战略通道等。一定程度上，它们是中国开发和利用海洋的核心诉求，是中国实现国家海洋利益的主要路径。有学者曾提出，中国海洋战略有“三大需求”：主权需求、发展需求和责任需求[55]。这与本文提出的“三大诉求”有重合之处，主要体现在维护主权和经济发展两方面。至于责任需求，本文提出如果三大诉求得以实现，中国国际责任将顺理成章，这是基于中国自身海洋需求基础上的自然延伸。

4.1 完成国家统一和解决岛礁争端

维护国家主权和领土完整是中国最根本的核心利益。在海洋方向，中国维护国家主权和领土完整的主要体现是完成国家统一和收归岛礁主权以及与之相关的海洋划界。相对来说，维护国家主权和领土完整属于中国以制海权为主的海洋战略，主要集中在中国近海方向。强调制海权，控制属于我国合法利益范围内的海洋区域，这是我国作为海洋强国题中应有之义。

完成国家统一是中国海洋战略的核心内容之一，这主要指的是统一台湾。我们需要明白，台湾问题不仅是涉及国家统一的问题，而且是涉及到中国海洋战略的问题，最直接的是出海口问题。对中国而言，台湾是防护大陆沿海的天然屏障，是保护海洋交通线的理想支点，是中国海军突破岛链封锁，向太平洋和印度洋延伸的一把钥匙，战略位置极为重要[40]。台湾是中国集攻防于一体的战略要地，是中国通往各大洲海上运输线的战略中枢。因此，“台湾问题是中国海洋战略的核心任务”[55]。对中国的竞争者来说，依据目前中国的海洋形势，台湾问题可以说是中国海洋问题的死穴。这些都说明台湾是中国海洋战略的命脉所在，需要我国采取措施稳步实现国家的统一。

解决岛礁争端是中国海洋战略的重要内容之一。根据《联合国海洋法公约》，以领海基点作为计算领海、毗连区和专属经济区的起始点。其中，海岛是划分一国内水、领海和专属经济区等管辖海域的重要标志。也就是说，通过一个岛屿或者岩礁就可以确定一大片管辖海域。这样就突出了岛礁对于维护一国海洋权益的意义。目前，我国面临的岛礁争端自北而南主要包括苏岩礁、钓鱼岛、黄岩岛及南沙群岛争端等。这些岛礁争端主要是中国与一些海洋邻国的争端，特别是南沙群岛争端，是涉及到六国七方①的问题，加上域外大国的介入，形势复杂，需要进行统筹考虑和谋划。近些年，中国主要突出谋求解决钓鱼岛和南海问题。通过多年的努力，一定程度上使钓鱼岛成为国际社会公认的存在主权争议的地区。为解决南海问题，2002年，中国与东盟各国签署《南海各方行为宣言》；2013年，“南海行为准则”磋商正式启动，预计今年上半年完成框架草案；2014年，中国提出“双规思路”②。从目前形势来看，南海形势总体稳定，中国有意稳步推进南海沿岸国合作[56]。

4.2 开发海洋资源

在陆地资源濒临枯竭的情况下，国际社会把海洋作为重要的资源来源地进行重点开发。可以说，开发海洋资源是陆地需要在海洋的延伸。中国海洋战略的实质是利用海洋，核心要义是发展海洋经济，其中的重点是进行海洋资源开发；有关的海洋产业也是以开发和利用海洋资源作为重要的依托。因此，开发海洋资源是发展海洋经济的重要载体之一，是中国海洋战略的重要内容之一。

海洋资源丰富，依据不同的标准具有不同的分类。以人类的开发和使用作为标准，并基于资源的属性，海洋资源主要分为海洋矿产资源、海洋生物资源、海洋能源、海洋空间资源以及海水资源等。海洋矿产资源主要包括海洋油气资源、天然气水合物③、海底矿藏、滨海矿砂和国际海底区域的矿产资源④等，基于传统的能源需求，人类着重开发海洋中的油气资源，海洋蕴藏了超过全球70%的油气资源；海洋生物资源包括海洋动物、海洋植物、海洋微生物和海洋真菌等，人类的开发和利用活动主要体现为海洋渔业

---

① 包括中国、菲律宾、马来西亚、文莱、印尼和越南以及台湾地区。

② 即有关争议由直接当事国通过友好协商谈判寻求和平解决，而南海的和平稳定则由中国与东盟国家共同维护，两者相辅相成、相互促进，有效管控和妥善处理具体争议。

③ 即可燃冰。

④ 目前具有潜在商业开采价值的金属矿产资源主要有多金属结核、富钴结壳和多金属硫化物。

资源和海洋生物医药等；海洋能源多并且是可再生能源，包括潮汐能、潮流能、波浪能、温差能、盐差能和海上风能等；海洋空间资源包括海岸线、海湾、滨海湿地、海域、海岛等资源，是人类活动由陆地向海洋进行延伸的重要载体；海水资源主要体现为对海水的开发利用，主要体现为人类的海水淡化利用。

中国拥有丰富的海洋资源。海洋油气资源沉积盆地约 70 万 km^2，海洋石油资源量估计为 246 亿吨左右，天然气资源量估计为 16 万亿立方米，还有大量的天然气水合物资源，远景资源量相当于 744 亿吨油当量。中国管辖海域内有海洋渔场 280 万 km^2，20 米以内浅海面积 2.4 亿亩，海水可养殖面积 260 万公顷；已经养殖的面积 71 万公顷。浅海滩涂可养殖面积 242 万公顷，已经养殖的面积 55 万公顷。中国近海海洋能源总蕴藏量约为 15.80 亿千瓦，总技术可开发装机容量为 6.47 亿千瓦。[57]中国已经在 2001 年获得东北太平洋 7.5 万 km^2 的多金属结核合同区，在 2011 年获得西南印度洋 1 万 km^2 的多金属硫化物合同区，在 2014 年获得东北太平洋 3 000 平方千米的富钴结壳合同区，使我国成为世界上第一个在国际海底区域拥有“三种资源、三块矿区”的国家[58]。截至 2015 年年底，中国海水日淡化能力已达 100 万吨，海水利用技术已成为缓解沿海工业和大生活用水压力的主要途径。

经过多年的努力，中国的海洋资源开发利用已经取得一定的成果。中国管辖海域油气资源勘探开发和海外油气资源开发取得突破，海水利用规模扩大，远洋渔业健康稳步发展，海水养殖业产业化水平提高，海上风电开发提速。但是，与一些海洋资源利用强国相比，我国还存在资源利用质量、效益、效率不高的问题，海洋资源开发核心技术与先进国家差距较大，关键技术受制于人。对此，中国需要通过海洋科技发展来实现海洋资源开发利用能力的提升，实现海洋经济的可持续发展。

4.3　掌控海上战略通道

海洋是世界经济运行的“蓝色大动脉”。海运至今仍然是人类最便捷、经济和无可替代的交通运输方式[30]，是国际贸易中最主要的运输方式。全世界 90%的贸易是通过海运完成的。我国国际贸易的开展也主要以海运为主，中国经济的对外依存度已高达 60%，对外贸易运输量的 90%通过海上运输完成[59]。因此，保障海上通道安全在中国战略全局中具有突出的重要位置[30]。其中，尤其要把握对中国经济发展和国家安全具有重要战略意义的海上通道。基于现实的需要，同时考虑未来的战略需求，保障中国的战略安全空间，中国需要重点掌控一些海上战略通道。

对中国来说，海上通道主要包括两方面的内容：一是围绕中国周边的出海口，二是远离中国周边的具有重要意义的海上交通要道。海上通道首要的是掌握可以自由出入的出海口。以中国的海疆状况，最有利的出海口是在台湾。“中国东部海域属于太平洋的边缘海，呈大半径的弧状环绕着中国大陆，除台湾外，其他海域均不能直接面向太平洋。”[45]如果实现统一，台湾将是保障中国面向太平洋的海上运输和交流通畅的捷径。但是因为现在台湾问题的存在，我国需要采取其他措施弥补缺乏出海口的问题。受到海洋地理环境的限制，中国海军进入大洋的出海口主要有 9 条，但真正能够经常利用的仅为 3 至 4 条①，且与美日印等国舰艇进出大洋的航线相互重叠，监视与被监视、跟踪甚至恶意挑衅的情况随时都可能发生。

同时，中国的对外贸易和能源供应严重依赖海上通道。目前中国是当今贸易第一大国，进出口商品、原材料、能源都需要海运，因此海上交通线已经成为中国的生命线，维持海上交通线的通畅已经成中国一项重要的使命。2012 年，中国成为全球最大的能源消费国，原油进口量达 2.7 亿吨，对外依存度突破 60%，其中从中东进口原油量占总进口量的 45%。随着中国能源需求量的不断增长，从中东横跨印度洋途经马六甲海峡的海上航线，事实上已成为中国经济发展的主要动脉。而且，中国周边海域是世界主要海运运输航线。南海是当今世界最繁忙的航运通道之一，全世界超过 50%的海运要经过此地[60]。我国对外贸易和能源供应的开展需要经过一些重要的海域，因此需要重点关注这些海域的通航利益和安全；为此，根据发展“21 世纪海上丝绸之路”的设计，中国积极进行布局和安排，先后完成或开建了瓜达尔港、科伦坡港、皎漂港等的港口建设，作为中国保障海上利益的重要支点；其他还开展了亚丁湾护航和吉布提基地

① 主要通过大隅海峡、宫古海峡和马六甲海峡 3 条海上战略通道。

的建设等。

5 构建实现中国海洋战略的综合举措

明确了中国海洋战略的内涵、目标和诉求，更需要明确实现中国海洋战略的手段。实现中国海洋战略的手段是多种多样的，需要根据中国海洋形势的实际和战略需求进行综合设计，提供一个系统的思路。这些思路设计的核心理念是运用和平的方式进行海洋战略，不再用“英国式战争方式”来谋求海洋权益。

5.1 优先发展海洋科技

科技的重要性不言而喻，海洋事业发展同样需要借助科技的力量来实现。“建设海洋强国，科技必须先行”[61]，“科技创新是推动海洋事业发展的根本动力”[62]，“海洋科技是决定海洋战略的关键，是海洋强国建设的重要支撑。”[63]可以说，海洋科技是确保海洋事业可持续发展的关键。海洋活动的开展离不开海洋科技，维护海洋权益需要海洋科技的支撑，发展海洋经济依赖海洋科技的进步，保护海洋生态环境需要海洋科技来解决[64]。

在历史上，美国是唯一通过和平手段实现与守成国霸权转移的国家。虽然在其崛起过程中，主要借助战争方式实现经济发展和打压对手，但其国内通过科技创新实现经济跨越式发展的经验值得借鉴。海洋科技同样是美国海洋事业发展的支撑，“领先的海洋科技与教育是美国海洋发展的动力之源”[65]。

海洋科技是海洋科学和海洋技术的总称，其中，海洋科学是指研究海洋中各种自然现象和过程及其变化规律的科学，海洋技术是指海洋开发活动中积累起来的经验、技巧和使用的装备设备等[66]。基于实际需要，海洋科技主要体现为开发利用海洋的高新技术，是具有一定科技含量，通过科技创新和进步促进开发利用海洋的重要手段。随着全球科技的发展，海洋科技向着大科学、高技术的方向发展，呈现出绿色化、集成化、智能化和深远化的发展趋势[67]。

开发和利用海洋首先要做到了解海洋。为此，20世纪80年代以来，国际社会相继推出了一系列大型海洋研究和观测计划，如地球系统的协同观测与预报体系（COPES），国际海洋生物普查计划（CoML），全球海洋观测系统（GOOS），欧洲海底观测网计划（ESONET）等[68]。中国同样加大了对海洋的研究和观测，但还没有实现向创新引领的转变。2016年，青岛海洋科学与技术国家实验室推出“透明海洋”工程，通过建设覆盖“两洋一海”（西太平洋-南海-印度洋）的海洋观测系统，建立海洋环境、资源与气候变化的预报和预测系统[69]。

“经略海洋，装备先行”，海洋装备是实施海洋战略的重要载体，包括海洋军事装备、海洋科考与开发装备、海洋运输装备等。我国维护海洋权益的能力目前还处在初级阶段，因此迫切需要通过发展海洋科技实现跨越发展，尤其是打造强大的海军，使之成为中国维护海洋权益的坚强后盾。我国目前拥有700多艘水面舰只和潜艇[70]，初步具备维护近海权益的能力。海洋科考与开发装备主要体现为“三龙”① 和“深水舰队”。“三龙”深海探测技术装备已全面进入业务化应用阶段[71]；我国组建了一支拥有20多艘船规模的“深水舰队”，主要包括钻井平台、物探船、起重船等[45]。近些年，我国的海洋运输装备获得较快的发展。截至2015年，我国拥有海运船队运力规模达1.6亿载重吨，居世界第三位[72]。

5.2 坚持陆海统筹

根据我国的地理环境，我国是一个典型的陆海复合型国家，更确切地说，是居于海洋边缘地带的陆海复合型国家。因此，需要我国坚持陆海统筹战略。“陆海统筹是对陆地和海洋的统一筹划，是运用系统学方法统筹规划陆地和海洋的开发布局，促进海陆一体化协调发展的战略途径。陆海统筹战略是国家陆地战略与海洋战略的整合与对接。”[73]在当前的背景下，陆海统筹主要是指“基于地缘战略视角处理好陆地发展与海洋开发利用的关系”[74]，统筹考虑陆地和海洋，实现中国经济的可持续发展。“具体而言，陆海统

① 即“蛟龙”号、“海龙”号、“潜龙”号。

筹是指从陆海兼备的国情出发，在进一步优化提升陆域国土开发的基础上，以提升海洋在国家发展全局中的战略地位为前提，以充分发挥海洋在资源环境保障、经济发展和国家安全维护中的作用为着力点，通过海陆资源开发、产业布局、交通通道建设、生态环境保护等领域的统筹协调，促进海陆两大系统的优势互补、良性互动和协调发展，增强国家对海洋的管控和利用能力，建设海洋强国，构建大陆文明与海洋文明相容并济的可持续发展格局。”[75]

陆海统筹不仅是中国领土（包括陆地和海洋）范围内的陆海统筹，而且是“国内外、东西方”的陆海统筹。“一带一路”倡议不仅是意味着陆权的回归，而且要改变中国在海洋方向的弱势地位，成为海洋强国。因此，“一带一路”倡议是陆海统筹的战略，是中国陆海统筹的完美体现。“一带一路”倡议作为陆海统筹的战略，有利于实现“陆海内外联动、东西双向开放”的全面开放格局[76]。但“战略集中是任何国家生存和取胜的前提”[77]。因此，陆海统筹需要一个核心目标，这就是发展经济，这也是“一带一路”倡议的核心主旨所在。而且，从人类现有的条件和手段来说，对陆地的了解和掌控要超过对海洋的了解和掌控。因此，陆地相对于海洋来说是战略优先，但这不是忽略海洋，而是通过陆地的发展弥补对海洋了解和掌控的不足。

5.3 布局全球海洋战略

中国的海洋战略是面向全球的海洋战略，需要有全球眼光和视野。根据中国的能力和海洋形势发展，中国的全球海洋战略主要体现为两点：“近海维权、深海开发、远洋护卫”和“利益分布全球化，力量布局地区化”。

5.3.1 “近海维权、深海开发、远洋护卫”

改革开放后很长一段时期内，我国的海洋维权指导方针是“主权属我、搁置争议、共同开发”。从范围上来说，这一方针主要偏重近海，是解决我国近海海洋争端的主要思路。但是，深海和远洋并没有作为重要的考虑对象。

随着海外利益的扩张和能力的拓展，中国的战略空间将不局限在近海。根据实际需要，中国同样需要走向深海和远洋，以满足中国对能源、资源的需求和维护海外利益。因此，在“近海维权”的基础上，还需要有“深海开发、远洋护卫”，即“近海维权、深海开发、远洋护卫”。这既可以看作是近期中国海洋战略的核心指导思想，也可以看作是中国在近海、深海和远洋 3 个方向的主要任务。

近海维权主要是指维护主权和海洋权益，符合《联合国海洋法公约》的规定，是中国享有的历史性权利和主权权利的统一。刘华清曾指出，中国近海空间范围主要包括“黄海、东海、南海、南沙群岛和台湾，冲绳岛链内外海域以及太平洋北部海域”[78]。中国军方对近海的定义则包括“渤海、黄海、东海、南海以及台湾以东的部分海域”[79]。作为海陆兼备的大国，中国的海洋利益超出了主权范围，逐渐从近海扩展向深海和远洋。深海开发主要是指对深海能源、资源的开发，以满足中国可持续发展的需要。深海包括半深海和深海，半深海是指海洋 200~2 000 m 的区域，深海是指海洋 2 000 m 以下的广大区域。“从中长期来看，全球油气开发由陆上到海上、由浅水到深水的趋势不可逆转”[80]。在中国周边海域，近海和深海有交叉，中国管控的约 300 万 km^2 的海域中，有很多区域既可以划为近海区域，也可以划为深海区域，其中的典型是南海。远洋护卫主要是指维护我国的海外利益。“中国已经成为依赖海洋通道的外向型经济大国”[40]。而且，近些年每年都有超过 1 亿人次的国内人员走向海外，这需要我国有足够的能力维护这些海外利益。远洋主要是指公海区域，是远离大陆的区域。对中国来说，远洋重点指向西太平洋和印度洋，构筑中国的“两洋强势”[12]。

5.3.2 “利益分布全球化，力量布局地区化”

“近海维权、深海开发、远洋护卫”重点是指中国在不同海洋方向的主要任务，但没有明确中国的全球海洋战略布局。与近代海洋大国主动走向海洋不同，中国的海洋布局更多是一个顺其自然的过程，旨在维护我国的海外利益，并拓展中国的战略空间。这主要体现为中国的利益需求，即中国的利益分布已经全球化。维护利益最有效的手段是军事力量，中国需要构建的是以海军为核心的海上力量，通过在海洋的布局有效维护我国的全球利益。因此，我们需要提出“利益分布全球化，力量布局地区化”的全球海洋战略布局。其中，利益分布是一个自然而然的过程，力量分布是主动设计的结果。

海外利益作为中国主权的延伸，主要体现为中国公民和法人在中国主权管辖范围以外的利益。2015年，中国内地公民出境达到 1.2 亿人次，出境旅游目的国和地区达到 150 多个，在海外的各类劳务人员超过 100 万，海外留学人员达到近 200 万[81]，在海外的企业超过 2 万多家。而且随着“一带一路”倡议的推进，相信会有更多的中国企业和个人走出国门，走向国际。这不可避免地导致中国海外利益的全球化。

与利益分布全球化相比，力量布局强调重点，不可能做到面面俱到。为了维护以上海外利益，中国需要掌控一些战略要点，如岛屿、海峡等，甚至是建立海外军事基地。中国目前在海洋方向最大的实际是出海口问题，只有拥有自己的出海口才能真正成为一个海洋国家。同时，要认识到“争夺海洋的力量将由单纯的武装力量发展到政治外交力量、经济开发能力和海洋科技力量与军事力量相结合的综合海上力量。”[30]海洋如同陆地一样，是一个立体的概念，因此军事力量不应仅限于海军，包括空军、战略导弹部队等，还包括外交力量等。这意味着，中国的海洋战略要由防御型发展到进取型，突出远洋护卫的重要性。远洋护卫需要有可靠的出海口和补给基地，对中国来说，最有利的就是台湾。因此，“台湾涉及中国远洋海军的安全及发展问题”[40]，是中国进出大洋的支点。

在此基础上，中国的海洋战略布局可以突破自然和人为的设计，成为真正的全球性海洋战略。对此，俄罗斯相关媒体评价道，中国海军的整体实力已经非常强大，目前“中国海军已完成控制第一岛链的阶段目标”，“2020 年前将积极完成在第二岛链地区的军事存在和行动，到 2050 年时建立可在世界大洋任何地点执行任务的远洋海军。”[70]进入 21 世纪以后，中国海军作为流动的国土足迹已经遍布全球，创造多个“首次”。

6 结语

通过总结近代以来大国崛起的经验，可以认为：“海洋问题历来是国家的大战略问题”[82]。“只有海洋才能造就真正的世界强国”[83]。随着人类向太空、地球深处甚至是虚拟世界的拓展，海洋的战略意义虽然有所弱化，但是作为人类发展可以依赖的并具有一定可控性的空间区域，海洋的重要性同样不容忽视。但中国目前没有明确的海洋战略，提出建设海洋强国也只是作为一个阶段性目标来实现。

在当前的全球海洋形势和中国的阶段性目标下，中国近期的海洋战略是以发展经济为目标、以科学技术为支撑、以军事力量为保障、以外交和法律为手段，主要做到近海维权，并在深海开发和远洋护卫方面进行布局和实施。对中国来说，当前最紧迫的任务是通过发展海上力量有效维护我国的海洋权益。这说明，中国目前处于海权战略阶段，需要重点发展以海军为核心的海上力量。可以说，发展海权是中国海洋战略必经的阶段。

伴随着中国实力的强大和国家间实力的此消彼长，中国布局全球性的海洋战略是必然之举，这需要在实现海洋发展战略和海洋强国战略的基础上统筹规划我国的海洋战略，其中“利益分布全球化，力量布局地区化”是重要的指导思想。

参考文献：

[1] 迎接海洋世纪——王曙光局长在全国海洋厅局长会议上的讲话[J].海洋开发与管理,2000(4):8.
[2] 全国海洋经济发展规划纲要[N].中国海洋报,2004-02-06.
[3] 授权发布:中华人民共和国国民经济和社会发展第十二个五年规划纲要[EB/OL].http://news.xinhuanet.com/politics/2011-03/16/c_121193916.htm,2016-12-10.
[4] 胡锦涛.坚定不移沿着中国特色社会主义道路前进:为全面建成小康社会而奋斗[N].人民日报,2012-11-18.
[5] 十三五规划纲要(全文)[EB/OL].http://sh.xinhuanet.com/2016-03/18/c_135200400_9.htm,2017-03-12.
[6] 胡波.2049 年的中国海上权力:海洋强国崛起之路[M].北京:中国发展出版社,2015.

[7] 宋德星.战略与外交(第一辑)[M].北京:时事出版社,2012.
[8] 冯承柏,李元良.马汉的海上实力论[J].历史研究,1978(2):72-83.
[9] [美]内森·米勒著,卢如春译.美国海军史[M].北京:海洋出版社,1985.
[10] 李明春,吉国.海洋强国梦[M].北京:海洋出版社,2014.
[11] [美]艾尔弗雷德·塞耶·马汉著,李少彦,等译.海权对历史的影响(1660-1783年)[M].北京:海洋出版社,2013.
[12] 石家铸.海权与中国[M].上海:上海三联书店,2008.
[13] 刘新华.中国发展海权战略研究[M].北京:人民出版社,2015.
[14] James G,John H.Mahan is Not Enough:The Proceedings of a Conference on the Works os Sir Julian Corbett and Admiral Sir Herbert Richmond [M].Naval War College Press,1993.
[15] 国家海洋局海洋发展战略研究所课题组.中国海洋发展报告(2010)[M].北京:海洋出版社,2010.
[16] 徐志良,张海峰.论中国海洋发展战略的地理边界问题[J].太平洋学报,2002(4):90.
[17] 钭晓东.美国海洋发展战略起步最早领先全球[N].中国海洋报,2011-09-09(4).
[18] 金永明.中国制定海洋发展战略的几点思考[J].国际观察,2012(4):12-13.
[19] 徐祥民.中国海洋发展战略研究[M].北京:经济科学出版社,2015.
[20] 李双建.主要沿海国家的海洋战略研究[M].北京:海洋出版社,2014.
[21] 习近平:中国要变成一个强国,各方面都要强[EB/OL].http://politics.people.com.cn/n1/2017/0225/c1001-29107382.html,2017-03-12.
[22] 王诗成.龙,将从海上腾飞--21世纪海洋战略构想[M].青岛:青岛海洋大学出版社,1997.
[23] 刘洋,杨荫凯.国外海洋发展战略及其启示[J].宏观经济管理,2013(3):79.
[24] 十八大代表:勿忘300万平方公里蓝色国土[EB/OL].http://news.xinhuanet.com/18cpcnc/2012-11/10/c_123938493.htm,2017-01-10.
[25] 王芳.中国海洋强国的理论与实践[J].中国工程科学,2016(2):57.
[26] 杨毅.总序[M]//李双建,于保华.美国海洋战略研究.北京:时事出版社,2016.
[27] 进一步关心海洋认识海洋经略海洋:推动海洋强国建设不断取得新成就[N].人民日报,2013-08-01(1).
[28] 国家海洋局海洋发展战略研究所课题组.中国海洋发展报告(2011)[M].北京:海洋出版社,2011.
[29] 刘启达,权焦杨.军民融合协同创新高峰论坛在深开讲[N].深圳特区报,2016-07-29(A14).
[30] [美]亨利·基辛格著,胡利平,等译.论中国[M].北京:中信出版社,2012.
[31] 刘中民.世界海洋政治与中国海洋发展战略[M].北京:时事出版社,2009.
[32] 杨金森.中国海洋战略研究文集[M].北京:海洋出版社,2006.
[33] 国家海洋局海洋发展战略研究所课题组.中国海洋发展报告(2014)[M].北京:海洋出版社,2014.
[34] 陈拯.海洋战略演进的日本经验[J].上海交通大学学报(哲学社会科学版),2015(3):32-33.
[35] 张启雄."航线共同体"整合概念的中国海洋发展战略——海权发展与中外历史经验[J].南洋问题研究,2011(4):12.
[36] [美]约翰·米尔斯海默著,王义桅,唐小松,译.大国政治的悲剧[M].上海:上海人民出版社,2003.
[37] 薛力.南海应对十三条[EB/OL].http://pit.ifeng.com/a/20161015/50105018_0.shtml,2017-05-04.
[38] 《中国的和平发展》白皮书(全文)[EB/OL].http://news.xinhuanet.com/politics/2011-09/06/c_121982103.htm,2016-12-16.
[39] 国家海洋局海洋发展战略研究所课题组.中国海洋发展报告(2015)[M].北京:海洋出版社,2015.
[40] 胡波.中国海洋强国的三大权力目标[J].太平洋学报,2014(3):79.
[41] 唐世平.南海对策或可基于"主权搁置、共同开发"提出"共同主权"[EB/OL].http://pit.ifeng.com/a/20161110/50235801_0.shtml,2017-05-04.
[42] 国家海洋局.2015年中国海洋经济统计公报[Z].2016.
[43] 国家发展和改革委员会,国家海洋局.中国海洋经济发展报告2016[Z].2016.
[44] 陈明义.海洋战略研究[M].北京:海洋出版社,2014.
[45] 巩固.欧美海洋综合管理立法经验及其启示[J].郑州大学学报(哲学社会科学版),2015(3):40.
[46] 刘慧,苏纪兰.基于生态系统的海洋管理理论与实践[J].地球科学进展,2014(2):276.
[47] 李景光,阎季惠.主要国家和地区海洋战略与政策[M].北京:海洋出版社,2015.
[48] 宁凌.海洋综合管理[M].北京:中国农业出版社,2014.
[49] 宁凌.海洋综合管理与政策[M].北京:科学出版社,2009.
[50] Grumbine R E.What is Ecosystem Management? [J].Conservation Biology,1994,8(1):27-38.
[51] 二十一世纪议程[EB/OL].http://www.un.org/chinese/events/wssd/agenda21.htm,2016-12-11.
[52] 丘君,赵景柱,邓红兵,等.基于生态系统的海洋管理:原则、实践和建议[J].海洋环境科学,2008(1):76.
[53] 中华人民共和国国民经济和社会发展第十三个五年规划纲要[EB/OL].http://news.xinhuanet.com/politics/2016lh/2016-03/17/c_1118366322_11.htm,2017-05-04.
[54] 孟伟庆,胡蓓蓓,刘百桥,等.基于生态系统的海洋管理:概念、原则、框架与实践途径[J].地球科学进展,2016(5):462.

[55] 王历荣.中国和平发展的国家海洋战略研究[M].北京:人民出版社,2014.
[56] 稳步推进南海沿岸国合作--在博鳌亚洲论坛 2017 年年会南海分论坛上的演讲[EB/OL].http://www.fmprc.gov.cn/web/wjb_673085/zygy_673101/liuzhenmin_673143/xgxw_673145/t1448859.shtml,2017-04-08.
[57] 海洋局 908 通过验收:近海海洋调查成果展示[EB/OL].http://www.china.com.cn/node_7000058/content_27206536.htm,2017-04-09.
[58] 协会简介[EB/OL].http://www.comra.org/2013-09/23/content_6322477.htm,2017-04-09.
[59] 海洋经济等于全球经济—专访国家海洋局局长刘赐贵[EB/OL].http://zjnews.zjol.com.cn/05zjnews/system/2011/03/25/017390106.shtml,2017-04-09.
[60] The South China Sea[EB/OL]. http://www.eia.doe.gov/emeu/cabs/South_China_Sea/Shipping.html,2017-04-09.
[61] "中国海洋工程与科技发展战略研究"项目综合组.海洋工程技术强国战略[J].中国工程科学,2016(2):1.
[62] 李双建,于保华,魏婷.美国海洋管理战略及对我国的借鉴[J].国土资源情报,2012(8):24.
[63] 范厚明.国外海洋强国建设经验与中国面临的问题分析[M].北京:中国社会科学出版社,2014.
[64] 朱坚真,等.中国海洋经济发展重大问题研究[M].北京:海洋出版社,2015.
[65] 冯梁.世界主要大国海洋经略:经验教训与历史启示[M].南京:南京大学出版社,2015.
[66] 韩立民,刘晓.试论海洋科技进步对海洋开发的推动作用[J].海洋开发与管理,2008(2):57.
[67] "中国海洋工程与科技发展战略研究"项目综合组.世界海洋工程与科技的发展趋势与启示[J].中国工程科学,2016(2):127.
[68] 中国科学院海洋领域战略研究组.中国至 2050 年海洋科技发展路线图[M].北京:科学出版社,2009.
[69] 海洋国家实验室确立"透明海洋"等三大战略方向[EB/OL].http://news.xinhuanet.com/ttgg/2016-03/18/c_1118378303.htm,2017-04-09.
[70] 丁玎,等.俄媒:中国海军有 700 多艘舰艇 已控制第一岛链[EB/OL].http://mil.huanqiu.com/observation/2017-01/9997944.html,2017-01-23.
[71] "三龙"探海刷新"中国深度"[EB/OL].http://scitech.people.com.cn/n1/2017/0227/c1007-29110040.html,2017-04-09.
[72] 赵文君.中国拥有海运船队运力规模 1.6 亿载重吨 位居世界第三[EB/OL].http://www.dzwww.com/xinwen/guoneixinwen/201607/t20160711_14603141.htm,2017-04-09.
[73] 国家海洋局海洋发展战略研究所课题组.中国海洋发展报告(2012)[M].北京:海洋出版社,2012.
[74] 刘明.陆海统筹与中国特色海洋强国之路[D].北京:中共中央党校,2014.
[75] 曹忠祥,高国力,等.我国陆海统筹发展研究[M].北京:经济科学出版社,2015.
[76] 坚持共商共建共享推进"一带一路"建设 打造陆海内外联动、东西双向开放新格局[N].人民日报,2015-01-16(1).
[77] 吴征宇.海权与陆海复合型强国[J].世界经济与政治,2012(2):39.
[78] 刘华清.刘华清回忆录[M].北京:解放军出版社,2004.
[79] 中国人民解放军军语[M].北京:军事科学出版社,1997.
[80] 国家制造强国建设战略咨询委员会.中国制造 2025 蓝皮书(2016)[M].北京:电子工业出版社,2016.
[81] 外交部部长王毅答记者问(实录)[EB/OL].http://lianghui.huanqiu.com/2016/roll/2016-03/8671405.html,2017-04-22.
[82] 杨金森.海洋强国兴衰史略(第二版)[M].北京:海洋出版社,2014.
[83] [英]杰弗里·帕克.二十世纪的西方地理政治思想[M].李亦鸣,等译.北京:解放军出版社,1992.

论边缘海权

丁启学[1]

（1. 青岛海事法院，山东 青岛 266061）

摘要：按照地缘政治学，中国属于欧亚大陆的东部边缘地带，既有广袤的陆地，又拥有漫长的海岸线，属于陆海复合型国家。黄海、东海和南海又属于边缘海性质，具有重要的国际战略价值。在中国走向海洋强国的进程中，边缘海权的作用极其重要。纵观历史，英、美、日等国家都是从边缘海权起步，最终走向世界海权强国之路的。本文首提“边缘海权”，建议我国应加强边缘海权建设、发展海权力量，以期为贯彻习主席“陆海统筹、以海富国、以海强国”精神，实现“海洋强国”战略，起到一点点参考作用。

关键词：地缘政治学；边缘海；边缘海权

1 引言

1942 年当中国共产党与国民党联手抗击日寇，中国远征军在缅甸浴血维护英美利益的时候，在美国《世界政治中的美国战略：美国与权力平衡》一书横空出世，号称“围堵政策教父”的尼古拉斯·斯皮克曼在书中公然宣称要遏制中国，提醒“战争的结束不是权力斗争的结束”，中国将成为大陆强权，到时美国要不得不与日本联手维持亚洲权力平衡。即，从那个时候起，美国已经把中国看成是其在亚洲乃至亚太地区的潜在“敌人”。再进一步讲，无论中国内战中哪个政党最终胜出，美国霸权主义者内心也不会将其视作在亚洲的真正盟友，照样会当成东亚强权对手来对待。更何况是红色中国？一言以蔽之：中美之间，尽管有一定时间的蜜月期，更多时候则是貌合神离，美国对中国始终保持高压态势。究其原因，既是冷战时期所形成的意识形态之争，更是美国遏制和阻止中国和平发展、实现中华民族复兴之路，维护美国在亚洲、太平洋地区的霸权地位的既定国策所致。

再溯其缘由，1890 年马汉的海权论在美国近现代扩张史上起到了关键作用。其“海上力量决定国家力量，谁能有效控制海洋，谁就能成为世界强国”的论断，被之后的历代美国统治阶层奉为圣经。其“海权”理论带给美国的不仅是一项海军战略，更是一项追求世界霸权的基本国策。诚然，强大的海权确实牢固确立和成就了美国的海上霸主地位，将太平洋、北大西洋、印度洋一度变成了“自家内湖”，但其更多的是给全世界热爱和平的濒海国家的安全带来了严重威胁和隐隐不安。在美国海权主义者眼里，其应一枝独秀，“顺我者昌，逆我者亡”。英国已经被美国压制成二流海权国家，其他国家的海权也就可想而知了。“魔剑高悬之下”，作为太平洋西岸濒海且缺少海洋战略腹地的中国，则就更有必要研究中国海权和海权力量建设，特别是中国边缘海权和边缘海权力量建设对中华民族生存与发展的重要意义了。

2 海权对中国崛起之路的重要意义

2.1 所谓海权，一般认为是指一个国家对海洋（包括边缘海）所拥有及享有的控制权和利用权，是国家主权按照内国法和国际法对海洋所延伸的权力和权利。当范围涉及军事、政治、领海等主权意义上的领域，即为权力；当范围涉及经济交流、合作开发等非主权性质的和平利用领域，即为权利。海洋对濒海

作者简介：丁启学（1972—），男，山东省济宁市人，青岛海事法院副处级审判员，四级高级法官。E-mail：dingqixue@126.com

国家的生存与发展具有重要的、决定性的意义，而要拥有真正意义上的海权，就必须发展强大的海权力量（海军、海洋执法队伍、海事司法队伍、海洋开发建设队伍等）。借用“海权之父”托马斯·马汉的一句话：“海权即凭借海洋或者通过海洋能够使一个民族成为伟大民族的一切东西”。

2.2　按照马汉的观点，影响一个国家海上实力的主要因素包括地理位置、自然地理形态、国家领土大小范围、人口数量、民众特征、政府性质及政策等六大要素。在这六大要素中，前三项属于地缘要素，它对于一个国家的战略形势是至关重要的。即，一个国家部分濒海或全部濒海（岛国或群岛国家）以及所处海域位置等地缘要素是海权形成的自然及客观基础，是海权和海上力量能够发挥作用、形成战斗力的主要因素。濒海国家不能掌控海权，没有一支有战斗力的海权力量，就会遭到海上霸权国家的欺凌，进而丧失国家主权和民族独立、自由，根本谈不上对海洋的和平开发与利用权利。故，濒海国家对海权建设不能不下大气力研究在实践中如何掌握、控制，不能不建设和拥有一支强大的海权力量。

2.3　中国作为濒海国家，拥有18 000千米的大陆海岸线，从北往南，港口众多，诸如秦皇岛、天津、大连、丹东、烟台、威海、连云港、上海、宁波舟山、厦门、泉州、广州、湛江、北海、三亚、三沙，等等。据知，全国人口的70%，GDP的80%，大中城市的80%，科技企业的90%，全部都集中在中国东部海岸300千米以内。可以说，海权对中国而言，举足轻重，丧失海权即失去国家命脉。1840年鸦片战争以后的屈辱历史足以证明了上述观点：英法舰队肆意长驱直入，甲午海战北洋水师全军覆没，侵华战争日本海军直插中国心脏上海如入“无人之境”等。至今，作为临近大陆的边缘海，黄海、东海几乎没有拱卫屏障，两个核心屏障——台湾、钓鱼岛，至少目前中央政府没有实际控制。也就是说，海权强国的航母可以闯到中国12海里领海边缘来示威、挑衅。冷战时期圈划的“第一岛链”对中国而言，既像是“锁链”，束缚着东方巨人的手脚，又像是“东洋刀”，刺向东南沿海软肋，令我们寝食难安。没有一支强大的海权力量，中国的核心经济区就会随时受到袭扰，更何谈中国的和平崛起？要须知，和平崛起的背后必然靠一支强大的海权力量支撑。

那么中国要建设一支怎样的海权力量呢？笔者认为，从1949年到2049年新中国成立100周年，可以分为3个时期：从1949—1979年的前30年，为建设一支捍卫中国独立与生存的海权力量期。第一代领导集体非常重视中国海权力量的建设，在新中国积贫积弱、百废待兴的情况下，投巨资打造海权力量，先后收复了海南岛和沿海诸岛，保障了沿海经济建设和人民的生命安全。尤其是1974年的西沙海战，以弱胜强，打出了中国海权力量的威风，粉碎了敌人侵占西沙群岛、分裂中国的阴谋，这才有了今天全面开发建设三沙的序幕。从改革开放的1979年至今，为建设一支全面保障中国经济发展的海权力量期，即，中国的海权力量不再仅为捍卫中国主权独立和生存而战，还为全面保障改革开放经济建设而服务，这其中既包括1988年的南沙海战，再次挫败了某国的狼子野心，使中国海权力量在南沙初步站稳了脚跟，维护了三沙地域的安全；也包括一次次的海洋执法护航巡航，昭示和体现了中国对3个边缘海海域的管控，对中国的和平经济建设切实起到了保驾护航和“如虎添翼”的作用。展望未来30年，中国的海权力量建设（2019—2049，即到建国100周年），有信心在“完成祖国统一、维护南海九段线内岛礁主权及历史性海洋权益、保障以南海为中心的海上运输通道等”等中国核心海洋利益上“做足一百”，为党中央和全国人民交上一份满意的答卷。唯有此，中国方称得上是一个追求和平与发展、敢担当的“海洋强国”、海洋大国。届时中国不但是一个能够“攻守兼备”的陆权国家，也是一个能维护大国利益的海权国家。

3　地缘政治学及边缘地带论对中国的战略影响

3.1　综合各种观点，笔者认为，地缘政治学是政治地理学中的一种理论，其主要根据各种地理要素和不同政治形态的国家在世界不同地域的分布，分析和预测不同政治形态国家的政治行为和政治走向，研判和制定相应的战略对策等。地缘政治学把地理因素看成影响乃至决定一个国家政治行为的基本因素或第一要素。近代历史上地缘政治学产生的3种影响深远的理论：美国学者马汉的海权论（上文已述不再赘论）、英国学者麦金德的陆权论、美国学者斯皮克曼的边缘地带论，对此都持相同或几乎一致的观点。

英国学者麦金德的“陆权论”将欧亚大陆中心地带称为“世界岛”的“心脏地带”，并且把欧、亚、非三大陆统称为“世界岛”。“心脏地带论”认为：“东欧是世界岛的心脏地带，谁控制了心脏地带就等于谁控制了世界岛，谁控制了世界岛就等于谁控制了世界”。基于此，我们就不难理解以美国为首的资本主义强国为何千方百计地遏制前苏联生存与发展了。也基于此，我们能得出俄罗斯与美国之矛盾是不可调和的结论。为了美国国家利益或者掌控霸权国家的寡头利益，俄罗斯必须被遏制甚至被再次分裂，这一方面普京看得清楚。在危机面前，中俄全方位合作博弈的战略利益高于了因领土问题所带来的历史猜忌。1996年两国结成战略协作伙伴关系，2002年达成及签订睦邻友好合作条约。两个相邻大国在共同的利益面前放下历史包袱组团迎战某霸权国家，对双方而言，两个陆权强势国家，“背靠背”地捍卫己方利益，是一种最佳地缘政治策略。这为中国经济西进、“丝绸之路经济带”建设等带来了安全保障和机遇。

美国地缘政治学家斯皮克曼基于麦金德的心脏地带概念，提出了“边缘地带论”。他认为，两次世界大战都是发生在欧亚边缘地带，而且边缘地带在经济上、人口上都超越东欧心脏地带。因此，控制边缘地带是控制欧亚大陆的关键，而控制欧亚大陆又是控制世界的关键。即，“谁控制了欧亚边缘地带，谁就控制了欧亚大陆，谁控制了欧亚大陆，谁就获得了与美国对抗（争霸世界）的资格”。故，斯皮克曼认为美国最大的风险就是让任何国家控制了边缘地带，欧洲、亚洲中东与远东的边缘地带将是战后战略意义最高的地区，而美国必须确保这些区域之中不会出现强权。所以从这个意义上，欧洲大陆边缘的德国、法国必须被遏制，但事与愿违的是：德国、法国（戴高乐政府）看透了美国的如意算盘，不愿做其傀儡，于20世纪60年代发起成立了欧共体（欧盟前身），抱团对抗美国。故，美国成立北约企图掌控欧洲以及在欧洲边缘地带的所谓的“遏制战术”并没有取得实质性效果，实在差强人意。即使现在，与美国也是“貌合神离”。

另一方面，在美国地缘政治家眼里，处于亚洲边缘地带的中国、日本、印度必须被遏制。美国利用日本、台湾遏制中国大陆，其实是“一石三鸟”，让中、日两败俱伤，让中华民族大一统遥遥无期。现实中，日本则以中国威胁论借机发展自己的实力（不是暗中，已经是公然），美国难免会“尾大不掉”，搬起石头砸了自己的脚，更不排除哪一天再出现第二次“珍珠港”。印度作为南亚次大陆边缘地带的强国，历史上由于尼赫鲁等人的巧妙运作，成为美国和俄罗斯“印度洋势力平衡”中的一枚棋子，争相拉拢反而取得了“渔翁得利”的结果。但是，美国绝不会让印度一枝独秀、做大做强，所以启用缅甸（新上台的昂山素季政权素来亲美）、拉拢巴基斯坦（与印度系宿敌，拉拢其顺便还能挑拨一下中巴盟友关系）两枚棋子予以牵制。故，印度今后将处于巴基斯坦和新兴的、欲崛起于印度洋战略的缅甸的两面夹击之中，故，其“印度洋霸王”的迷梦很难做成，“画虎不成反类犬”。

3.2　关于中国在地缘政治格局中的位置，按照斯皮克曼的理论，中国正好处于欧亚边缘地带的东部边缘陆地广袤，且拥有黄海、东海、南海3个边缘海，战略地位、地理位置非常重要。无论是按照海权论还是陆权论观点，都是霸权主义的必争之地。加之中国与日本、俄罗斯、印度等强国相伴，颇有四虎相争的味道。中国悲观主义者因此认为：中国的地缘位置是“四战之地”，除了上述三虎外，就连南面的东盟也处处掣肘中国。环顾四周邻国，没有一个真正的朋友，前途堪忧。但一些务实主义者（包括笔者）则认为：

（1）中俄关系处于历史最好阶段，要比当年的苏联“陈兵百万”的边防危机形势安全一百倍。且，双方利益互补，中国提供“高铁”等帮助俄罗斯发展陆权，弥补其不足；俄罗斯则大力开拓北极航线，帮助中国摆脱“马六甲困局”等。

（2）关于中印关系。因“麦克马洪线”等争端长期存在，导致两国间旧怨未了。但因印度要建立南亚地区霸权，其就绝不希望中国掺和进来，其骨子里不希望与中国为敌再添新仇。至于美国和印度表面关系交好，无非是美国想借印度遏制中国，印度想借美国抬高自己的身价，在未来的两国边界谈判中抢个先手。其既遏制不了中国，一段时期内也不会对中国造成实质性威胁。且中印是世界上两大人口最多的国家，又同为“金砖五国”成员等，具备沟通与合作的基础。

（3）关于中日关系。既要看到两国是一衣带水的近邻，历史关系扯不断剪不乱，在普通日本民众心中，对中国并不反感，也未感到中国对他们有所谓的威胁，更何况中日民间友好的历史源远流长；但同时又要看到双方在现实利益中有着直接的冲突，如钓鱼岛、春晓油气田等东海纠葛，更有中日南海博弈。美国似乎是真心把日本作为亚太地区的支柱盟友来制约中国，但日本内心却未必把美国当成大哥以“投桃报李”，原子弹怨魂犹在，其心不甘，梦里也想做东亚霸主。

（4）关于中国与东盟的关系。中国是东盟的第一大贸易伙伴，且友好历史源远流长。说到底，存在的“不和谐音符”主要是南海问题：南海问题，从表象上看是中华人民共和国与越南、菲律宾、马来西亚、文莱等南海“声索国”之间的争端，但其实质上，则是中国与美国、日本，印度甚至还有新加坡、澳大利亚等国之间的战略博弈，是主权国家与霸权主义之间的角力。因此，南海问题要从大处着眼，从细微入手，战略、战术一起用，推进“南海行为准则”早日出台，对“非南海当事国”实行有计划、可掌控的“隔离”，等等。

3.3 综上，中国的地缘政治局面可用16个字来概括：群雄争霸、敌友混杂、乱中破局、和平崛起。对周边国家采取和平共处、和而不同、和气生财的政治、外交及经济手段等是目前中国地缘政治环境下的基本要求和利益出发点。

4 关于陆权与海权发展的辩证统一

4.1 边缘地带的特征是处于大陆“心脏地带”陆权与海洋强国海权的边缘。因夹在海、陆强权之间，边缘地带国家首先要考虑的是主权独立与国家自卫，因而是根本性的自身安全问题，而非追求海洋霸权。这就存在一个两难问题：是优先发展陆权，还是优先发展海权，亦或同时发展陆权与海权？生存或毁灭，确系一个千年难题，经典教科书没有现成答案。要正确回答这个问题，首先要找出上述三大理论对边缘地带国家的不能完全适用之处：

（1）马汉的海权论中的海洋强国，是建立在一个国家地理位置先天优越或得天独厚的基础上的。比如其写道“在首先，可以指出的是，如果一个国家处于这样一个位置上，即既用不着被迫在陆地上奋起自卫，也不会被引诱通过陆地进行领土扩张，那么，由于其面向大海的目的之单一性，与一个其四周边界皆为大陆的民族相比，它就具备了一种优势。这一点，作为一个海洋强国，英国就拥有对于法国与荷兰的巨大优势”。更如：“除了有利于进攻之外，如果上苍这样设置一个国家，它能够轻而易举地进入公海本身，而与此同时，它控制着世界航运的一条咽喉要道，那么，十分明显，其地理位置的战略价值就十分之高。这再度并且在很大程度上正是英国所处的位置，荷兰、瑞典、俄罗斯、丹麦的商贸，以及那些溯流而上直入德国腹地的交易，都不得不穿越近在家门口的英吉利海峡”。笔者认为，这样的国家，至今也不会超过十个，排在前五名的是：美国、英国、日本、澳大利亚、印度。俄罗斯（北冰洋航道重要地位日显）、中国、印尼、韩国、巴西也可以在十名以内。历史上的西班牙、法国、荷兰、德国、俄罗斯帝国都曾是海洋强国，都曾大力发展海权力量，但都因海权强国“邻居”的围堵、绞杀而沦落为二流海权国家：英、法（西）特拉法加海战，日，俄对马海战，英，德日德兰海战等就是很好的例证。故，马汉的海权观点即使对濒海国家也不是都能照搬适用。

（2）麦金德的陆权论，其前提必须要建立在一个国家地理位置处于欧亚非大陆（世界岛）的“心脏地带”，这一点对边缘地带国家而言，直接就被一票否决了。也就是说，边缘地带国家因不具备世界大陆的中枢位置，即使建立强大的陆权也无法或很难控制去“心脏地带”，采用战争等暴力手段去征服心脏地带历史上成功的先例几乎没有：德国希特勒进攻苏联遭到惨败、拿破仑皇帝兵败俄罗斯、普法战争法国惨败皇帝被俘即是明证。这样看来，优先或单独发展陆权的观点似乎也不能成立。

（3）斯皮克曼的边缘地带论。同麦金德的看法相反，斯皮克曼认为世界上最具权力潜质的场所是欧亚大陆的边缘地区，这不仅因为世界上的人口和资源主要集中在这里，且由于“东半球的权力冲突向来同心脏地带和边缘地区的关系有关，与边缘地区内的权力分布有关，与海上势力对大陆沿岸的压迫有关，最后，与西半球参与这种压迫有关。”其认为控制边缘地带是控制欧亚大陆的关键，而控制欧亚大陆又是控制世界的关键。这其实是两个真假命题：要么是边缘地带国家自己牢牢控制住了边缘地带，从而大国崛起；要么是边缘地带国家被心脏地带的陆权国家征服，或者被海权强国的邻居征服，亦或是被两者联合征服。这两个命题不能同时为真，要么打败征服者，或陆海统筹、锐意进取、自强不息，自己成为边缘地带强国；要么被陆权强国或海权强国征服。这真是个考验边缘地带国家领导人政治智慧的问题。悲观主义者认为：地理位置不好，先天已有定数，只能“夹缝里求生存”。务实主义者则认为：生于忧患、死于安乐。地理位置不好，哪怕是四战之地，也绝不是决定国家兴亡的唯一因素。“国虽大好战必亡；天下虽安忘战必危”。

（4）故，作为欧亚大陆的边缘地带国家应当陆权、海权综合统筹，方能立于不败之地。即，先搞清主要威胁来自于陆上还是海上，然后根据国家财力情况统筹确定优先发展陆权力量还是海权力量。既做到两者兼顾，又考虑主次矛盾；既要攻守兼备，又要知己知彼；既要和平发展大国崛起，又要立足于“平战结合”、牢记“忘战必危”。

4.2 在分析了以上 3 个理论后，笔者认为：中国作为边缘地带国家，为了国家自卫，防患于未然，应当陆权、海权统筹，在特定历史条件下具体问题、具体分析。仅举以下 3 个例证。

（1）宋元之役，南宋忽视陆权而灭亡。南宋是当时世界上最富裕的王朝，海运及海上丝绸之路高度发达，政府所得商业税收已经远超过了农业赋税，这在中国古代历史属于仅有的一次。为保护正常的海运及海上安全通道，政府把人力物力财力倾斜到了海权事业上，导致陆权力量特别是陆军的战斗力远远不如蒙古军队的战斗力，最终“国破山河碎”。南宋统治者最大的失误是：没有认清北方元军是其最大的军事威胁，空有巨额财富不优先发展陆权，最后人财两空。

（2）中日甲午战争，忽视海权而丧权辱国。满清帝国为发展了一点点海权而沾沾自喜，面对海权强邻毫无忧患意识、不思进取，甚至挪用海军经费去修颐和园；而日本天皇每天只吃一顿饭“勒紧裤腰带”举全国之力发展海权力量，最终一战而成亚洲、太平洋海上霸主，从 1895 年至 1945 年整整欺负了中华民族 50 年，至今钓鱼岛问题还“悬而未决”。

（3）新中国居安思危，陆权、海权并重，保障了 60 余年的和平格局。陆军在朝鲜打败了武装到牙齿的联合国军。海权力量虽然弱小起步晚，但在和台湾国民党海军较量时，几乎未尝败绩。更为所赞的是：1974 年的西沙海战和 1988 年的南沙海战，打出了新中国海军的威风，迅速扭转了南海棋局开局不利的局面，为若干年后几代党和国家领导人下好南海这局“大棋”奠定了坚实的基础。

“前事不忘，后事之师”，21 世纪要实现中华民族伟大复兴的中国梦，必须走向海洋、经略海洋、维护海权。建设海洋强国，从陆权国家逐步向陆权、海权兼备国家迈进，这是党中央、习总书记在新世纪作出的一个重大战略决策，具有跨时代的伟大意义，也是全体中国人民的行动指南。近年来，国家先后成立三沙市经略三沙群岛、划定东海防空识别区、越过第一岛链到西太平洋进行常态化军演，特别是“海上丝绸之路经济带”建设等国家战略的良好有序运行，都充分表明了中国正大步走向“海洋强国”之路的决心和意志。

5 一个新观点：边缘海权论

5.1 边缘海，又称“陆缘海”，是位于大陆和大洋的边缘的海洋（海湾）。其特点是一侧以大陆为界，另一侧以半岛、岛屿或岛弧与各大洋分隔。位于亚非欧三洲之间的地中海，理论上属于“陆间海”，因其战略地位突出，本文按照广义上的边缘海进行探讨。世界上的边缘海按其主轴方向，又可分为纵边缘海和横边缘海，如白令海、日本海为纵边缘海，如北海等为横边缘海。因边缘海直接连接大陆，某种意义上相当于大陆的“安全气囊”和缓冲区，其战略价值不可限量。在长期国际政治、军事、经济等博弈中，按其历史和现实影响因素，世界上具有重要战略价值的 11 个边缘海有：

（1）地中海（欧洲），连接亚非欧三洲，世界文明的发祥地，古罗马帝国、神圣罗马帝国、阿拉伯帝国、奥斯曼土耳其帝国、法兰西帝国的海权历史上，无不都刻上了它的名字。现实中，其海权战略价值世界第一的地位仍无可替代。美国提出的 16 个战略“咽喉水道”中，在该海区的是直布罗陀海峡和苏伊士运河。

（2）南海（亚洲），掌控太平洋与印度洋海权咽喉，世界上海运量最大的水道，“黄金”地理位置无可替代，又被称为亚洲的“地中海”，支撑起中国经济发展的“命门”。美国提出的16个战略“咽喉水道”中，在该海区或与该海区有关联的是马六甲海峡、望加锡海峡和巽他海峡。

（3）加勒比海（美洲），其一侧为美洲大陆，一侧以大、小安的列斯群岛与大西洋分开，控制其便足以掌控美洲及中大西洋海权，也被称为美洲的“地中海”。美国提出的16个战略“咽喉水道”中，在该海区的是佛罗里达海峡和巴拿马运河。

（4）北海（欧洲），掌握其便可控制欧洲及北大西洋海权，历史上的海权强国---英国、法国、荷兰、德国，甚至西班牙、瑞典等，都曾为争夺北海打得“你死我活”。美国提出的16个战略“咽喉水道”中，在该海区或与该海区有关联的是斯卡格拉克海峡和格陵兰-冰岛-英国海峡。

（5）白令海（亚洲-北美洲），掌控和覆盖北冰洋及北太平洋海权，对未来的北极航道具有关键战略意义，也是美俄争锋的焦点水域之一。美国提出的16个战略“咽喉水道”中，在该海区的是白令海峡和阿拉斯加湾。

（6）阿拉伯海（亚洲），掌控北印度洋海权，是波斯湾输出石油的生命线通道，附近有印度、巴基斯坦、伊朗等地区大国。美国提出的16个战略“咽喉水道”中，在该海区的是霍尔木兹海峡、曼德海峡和波斯湾。

（7）黄海-东海（亚洲），掌控部分东北亚海权，是中国核心经济带的软腹和缓冲区，附近有亚洲的“巴尔干”朝鲜半岛，加之中、日、韩等强国间的地缘博弈，海权错综复杂。美国提出的16个战略“咽喉水道”中，在该海区的是朝鲜海峡。

（8）日本海（亚洲），掌控部分东北亚海权，战略地位虽不如黄海、东海，但却封堵住了俄国太平洋出海通道，是俄罗斯远东崛起战略的“软肋”，对中国现实及未来的“北极航道”战略也有不小的影响。

（9）珊瑚海（大洋洲），世界第一大边缘海，掌控大洋洲及部分南太平洋海权。其边缘海权的战略价值日益突出，是历史上日本南下战略的天然封堵水道，也是澳大利亚称雄中、南太平洋海权的天然屏障。

（10）波罗的海（欧洲），掌控北、中、东欧海权，是俄国、德国等国家的生命线。美国提出的16个战略“咽喉水道”中，在该海区的是卡特加特海峡。

（11）安达曼海（亚洲），掌控东印度洋海权，是中国、日本等亚洲国家走向印度洋海权战略的咽喉水域，印度失之，则其印度洋霸权不保。

从上面可以看出，11个最有重要战略价值的边缘海，有9个在欧亚大陆边缘，这其中又有6个在亚洲。对比美国提出的全球必须要控制的16个咽喉水道，本文所提的边缘海已经完全涵盖，并提出了独特的视角：美国控制的是“点”，类似于“城市”；我们应立足于“面”，是基础的“农村”。在与海洋霸权斗争中，我们也要走“农村包围城市”的道路。

5.2　至于边缘海权，笔者认为，则应定义为：它是一个濒临边缘海的国家敢于控制和利用相应的边缘海，大力发展边缘海权力量，实现国家富强、海洋强国的权力和权利。

正因为世界上主要边缘海的重要地位，受上述“海权论”、“陆权论”、“边缘地带论”3位地缘政治学者和先驱者的启发，笔者首次提出：一个国家，特别是处于大陆边缘地带的国家，其欲成为世界海洋强国，则必须对世界上的主要边缘海区域进行掌控。即，“边缘海权论”。

5.3　历史上及现实中的英国、日本、美国等国都是首先通过对边缘海的有效掌控，拥有“边缘海权”，然后是“中心海权”、世界海权，最终才确立了其海洋霸主地位的。关于边缘海权对世界海权的历史及现实影响，本文简要举4个例子来证明和支持笔者的观点：

（1）关于近代第一个海权霸主英国，正是通过控制边缘海权而称霸世界的：其通过17—18世纪与荷兰的英荷战争战争，打败了“海上马车夫”荷兰，从而控制北海，开始了其西欧边缘霸主的征程；通过特拉法加海战打败西班牙、法国联合舰队而控制了英吉利海峡、比斯开湾，从而确立了在欧洲海上霸主的地位。继而其海权力量走向世界成为“日不落”帝国，这里面还有个1814年英美战争中，在英国皇家海军的掩护下，英军攻占了美国首都华盛顿，一把火将总统官邸烧成了“白宫”的典故。即，欲掌控世界海权，必先掌控边缘海权；欲掌控边缘海权，必先大力发展边缘海权力量。

（2）“历史往往有惊人的相似之处”。又如，日本在19—20世纪东亚（包括东北亚）海权的称霸历史也是如出一辙，通过中、日甲午海战打败中国，控制了边缘海黄海、东海，致使中华民族至少50年一蹶不振，从晚清到民国海权力量一直处于被动挨打的地步。通过对马海战，打败了俄国舰队，割占了库页岛、千岛群岛，卡住具有战略意义的边缘海日本海，将俄罗斯的太平洋舰队锁在了大彼得湾及海参崴，舰队出不了日本海，导致了俄罗斯200余年追求海上霸权的梦想彻底破灭。以至于到前苏联时期其也算不上世界一流海权国家，其综合海权力量连江河日下的英国都不如。当今，日本控制着中国海权力量走向太平洋的几个重要通道：津清海峡、宗谷海峡、大隅海峡等。钓鱼岛及附近海域截住中国战略核潜艇力量直出太平洋的捷径，其最近成立了最大的边防舰队——钓鱼岛守备舰队，更印证了笔者的担心绝非“杞人忧天”。中国海权力量藐视“第一、二岛链”封锁，成为世界级海权力量还没有真正到来，可谓“任重而道远”。

（3）没有赢得边缘海权，导致其在第一、二次世界大战中战败的德国的例子，则是更加刻骨铭心。德国作为一个中欧国家，虽然海岸线不长，但一边濒临北海，一边濒临波罗的海，发展海军还是较为有利的。但第一次世界大战中的1916年日德兰海战，经过一场血战后杰利科海军上将指挥的英国皇家海军舰队成功地将德国海军封锁在了德国港口，使得后者在战争后期坐以待毙，德国海军既出不了波罗的海，更不敢到北海主动出击英国舰队或掩护本国商船进口急需的战略物资，从而取得了一战两个海权力量最强者对决的最终胜利。失去了家门口边缘海的制海权，也就失去了德国海军存在的价值，更导致德国在一战中战略物质等匮乏，加快了其战败投降的速度。第二次世界大战，希特勒第三帝国的海权力量，剑走偏锋，不去主动争夺家门口边缘海的控制权，而是靠U型潜艇搞所谓的狼群战术，妄图以击沉和消耗敌方的船舶和商船来作为取胜的条件。最终导致其不但失去了北海和波罗的海的制海权，而且在南线“北非战场”上由于失去了海军的掩护，不掌握西地中海的制海权，无法及时运送给养，“沙漠之狐”隆美尔元帅也仰天长叹，1943年拱手将北非让给了蒙哥马利将军。假设当年第三帝国的策略是拼尽全力争夺北海的制海权，彻底打垮或封锁住英国的边缘海出海口，那么结果就会将单选题变成了多选题，结局会相当的扑朔迷离。历史不能假设，再一次印证了和平崛起的重要性。

（4）关于第二代海上强权美国。马汉海权论对美国海军战略的影响深远，从美国南北战争完成统一、第二次工业革命后，美国开始扩建舰队、建海上基地，成为长达百年的海权霸主。虽然其国土两侧的太平洋、大西洋浩瀚无垠缺少直接的边缘海，但其也是走的先边缘地带（美洲地区）称霸再世界称霸的路子：通过和西班牙的美西战争，夺取了古巴岛和波多黎各岛，从而控制了墨西哥湾和北加勒比海；再通过开凿巴拿马运河，牢牢掌控了南加勒比海，并将英国和法国等国的海权势力挤出了世界上最大的边缘海之一的加勒比海地区。之后又通过巴拿马运河运输自己的海权力量，在1898年在菲律宾又和西班牙打了一仗，霸占了菲律宾和关岛，吞并了夏威夷群岛，将自己海权势力触及到了日本的家门口，成为亚太地区海权强国。作为新兴海洋霸主的日本，“卧榻之旁，岂容他人鼾睡”，从这个意义上日本悍然发动珍珠港战役偷袭美国海军是必然的，否则“皇军”岂能安睡？

5.4　再进一步讲，2009年美国正式提出的“重返亚太”政策也是对边缘海权理论的实践和诠释。20世纪40年代美国就组成了太平洋舰队，太平洋舰队辖区范围包括整个太平洋、印度洋海域，约9 400万平方英里。其司令部设在夏威夷的珍珠港，下辖有美海军第三、七舰队，拥有“小鹰”号、“卡尔文森”号等5艘航母。我们耳熟能详的第七舰队司令部驻日本横须贺，海军基地有关岛的阿普拉和印度洋迪戈加西亚岛等。第七舰队一般保持航空母舰2艘，其他大、中型水面战斗舰艇20余艘，潜艇若干艘，其他舰艇15~20艘，共40余艘，规模不可小觑。从上面简介我们可以得出初步结论：美国是亚太地区，特别是东北亚边缘地带国家的一个强劲的、带有威慑性的对手。

关于东亚及亚太海权，联想到地缘政治学家麦金德曾说：“谁统治了东北亚，谁就掌握了西太平洋，谁就掌握了亚洲的命运”，日本军事历史学者司马辽太郎也说过的“谁控制了黄海，谁就主导了在东北亚大陆说话的话语权。”结合上述4个正反例证，笔者观点将更进一步明确为：谁控制了亚太边缘海，谁就控制了亚太边缘地带；谁控制了亚太边缘地带，谁就主导了亚太边缘地带的话语权；谁主导了亚太边缘地带的话语权，谁就主导了亚太地区乃至整个世界的话语权。这正是美国费尽心机重返亚太、搞所谓“亚太再平衡”策略的真实原因。

同理，中国要想成为海洋强国，就更需发展边缘海权力量。失去南海、东海、黄海等边缘海的掌控，没有强大的边缘海权力量支撑，中国就将彻彻底底的成了一个二流陆权国家，三流海权国家。诚如英国海上战略研究权威学者杰弗里·蒂尔所说：“教训显而易见，不仅对中国，对任何国家都是一样：一个国家如果忽视开发其海洋的能力，就无法掌握自己的命运，任人宰割。不仅保卫海外利益的能力会削弱，它甚至无法捍卫自己的领土”，这绝非危言耸听。

5.5 关于3个边缘海的重要地位，笔者有个沉重的比喻：

（1）目前应牢牢掌控南海局势，失去南海的制海权，占80%以上的石油等运输通道将会被截断，中国将会被“腰斩”，虽不会马上死亡，但基本上自废武功，成为“高位截瘫”的废人。

（2）失去东海及附近地区的制海权，中国将会被“切腹”，因为它直接面对中国最富庶的上海、江浙地区，上述地区的动荡和失去了和平发展空间，其对中国经济发展的毁灭性是不言而喻的。

（3）失去黄海制海权，中国将会被“幽禁”，因为它直接卡住北京、天津等政治、经济中心，丧失的不仅仅是“话语权”，还会让东北、华北等地失去了对外贸易通道等。

5.6 即，中国的未来在海洋；管控、经略海洋，首先应掌握黄海、东海、南海三大边缘海的制海权。没有强大的边缘海权保障，一切都是“镜中花、水中月”。

6 中国与边缘海权强国

6.1 从上面我们完全可以得出以下结论：中国不发展强大的海权力量，就不足以拥有和掌控中国的边缘海权。而不拥有和掌控边缘海权，就不足以在东北亚边缘地带站稳脚跟，走向海洋以求和平发展，更谈不上会成为海洋强国。那么中国是否具有成为边缘海权强国的条件？

6.2 笔者认为，判断一个边缘地带国家是否可以成为边缘海权强国，其需要的条件应表现为：

其必须是直接濒临边缘海的国家。这个国家最理想的位置是处于一个区域中心（如，中国为东北亚中心，印度为南亚次大陆中心，），并靠近主要的贸易通道上，有良好的港口和海军基地。从这个意义上，中国拥有（当然是部分拥有）在亚太地区具有重大战略价值的3个边缘海，这在世界上也是很少的。应当说：作为边缘海国家，中国发展边缘海权的优势得天独厚，并非悲观主义者所认为的“先天不足”。当然，印度次大陆两侧同时濒临阿拉伯海与孟加拉湾（安达曼海），其区位优势也是不言而喻的。

该国家综合实力必须足够强大。中国现在已成为世界第二大经济实体，又系联合国常任理事国，政治经济优势明显。军事力量经过新中国成立60多年的厚积薄发，已经取得了长足的发展，2015年中国海军综合实力排名世界第四。维护中国海洋战略与利益的海权力量（海军、海洋执法队伍、海事司法队伍、海洋开发建设队伍等）更是蓄势待发、憋足了一口气。

政府有对海权建设作长期发展的坚定决心。新中国成立以来，毛泽东、邓小平、江泽民、胡锦涛、习近平等五代中央领导集体对海权力量建设都提出了明确而具体的要求。特别是习近平总书记提出的海洋强国战略，“陆海统筹、以海富国、以海强国”的具体管控海洋、经略海洋的策略，不但切实可行，而且是今后一段时期引领中国海权力量建设的指针和航标。

必须有海权建设之内在需求和民众参与。海权国家不仅应有相当数量的从事航海事业人口，其中直接参加海权力量建设的人数还应占一定的比例。历史上英国即为典型例证，其不仅是航海国家，而且也是造船和贸易国家，拥有发展海权的必要人力与技术资源。目前的中国，是世界第一大对外贸易国家（特别是进口依赖）、航运国家、造船国家（造船总吨位世界第一）、钢铁产量国家，也是与航运相关的从业人口最多的国家。这“五个第一”的态势决定了中国不走海洋强国之路是没有未来的。

必须有强大的陆权力量和空天力量予以保障支持。没有陆权作为护盾，海权基地容易遭受攻击，后勤物质也得不到保障，海权力量容易成为“一叶孤舟”。且按照意大利学者杜黑“空权论”的观点，飞机用于战争后将成为全民的、总体的、不分前方和后方、不分战斗人员和非战斗人员的战争；空军是一支进攻性力量，集中使用摧毁敌人物质和精神的抵抗，即可迅速赢得战争胜利。即，没有空中力量的掩护和配合，海权力量也是独木难支。中国陆军及陆权力量的强大毋庸置疑，空军力量在东亚也是一流的，特别是战略火箭军的成立，都为中国边缘海权力量的壮大与发展，提供了坚实而有力的保障。

控制边缘海权的目的是为了和平崛起。战争和侵略能够带来暂时的利益，但不能带来持久的和平和发展。中国作为边缘地带海权国家，改革开放走向海洋，这是历史发展的必由之路。如果连边缘海权都掌控不了，正常的海运贸易及通道安全等都保障不了，何谈对外开放，走市场经济之路？须知：有海必防，有海必用，管控海洋、经略海洋，保障海洋核心利益，坚定不移地走深化改革开放、对外和平发展道路，是中国海权力量建设，特别是边缘海权力量建设的基本底线。

综上，我们可以得出中国已具备了成为边缘海权强国的全部条件。

6.3　中国如何成为边缘海权强国

中央层面。新中国成立后，从第一代领导集体开始，都非常重视海洋开发利用以及海权力量建设。特别是2013年习近平总书记的海洋强国战略，为中华民族走向海洋、走向深蓝、走向未来带来了深远而有重大历史意义的影响。“军令如山倒”，党中央坚定不移的海洋强国战略与决心，是引导我们发展边缘海权的第一要素和形成顽强意志的源泉。

军事等海权力量建设层面。“没有强大的军事实力，就没有和平发展的空间”。笔者建议：应优先发展制海权，特别是海军的边缘制海权。新时期，中国海权力量的神圣使命是：保护中国海洋国土主权，创造和维护中国在领海、毗连区、专属经济区、大陆架以及远洋地区从事海上和其他类型活动的安全条件，为其他军种在3个边缘海方向的行动创造良好条件，保护至关重要的海上交通线，保证中国民用船只（包括挂中国方便旗的外国船只）和设施的海上安全。

海洋综合执法层面。笔者建议：尽快整合公安部、农业部、国土资源部、交通运输部、国家环保总局、国家安监总局、海关总署、国家海洋局、海关缉私局等部局中的涉海职能，成立由副总理兼任主任的国家海洋安全委员会。在该委员会下面以中国海警局为基础，成立统一的中华人民共和国海洋综合执法局（正部级），受中央政府直接领导。该局可以自行颁布部门规章，享有独立行政执法权。对包括但不限于走私、海盗、盗采珍贵海洋动植物资源、越过九段线非法捕捞等违法、犯罪行为行使统一的海洋综合执法权（包括行政执法和刑事侦查权等）。再加上中国海军，变“九龙治海”为“二龙戏珠”。建立好海洋综合执法与海军的日常联系机制，平常由海洋综合执法局冲在前面，进行例行性巡航、海洋综合执法等，符合相应国际惯例；只有在不可掌控或可能失控时，再召唤海军进行护航、护卫等等。

海洋立法层面。发展海洋强国，立法应当先行，这就是讲政治的具体体现。当前，针对南海等争端，中国立法机关应尽快制定出台《中华人民共和国海洋基本法》和《中华人民共和国海上综合执法法》以及《中华人民共和国海洋法院法》等。笔者建议：上述立法至少要涵盖涉及领海、毗连区、专属经济区等水域和底土的海洋开发、海洋管理、海洋环境保护、海权力量建设、历史性水域与历史性权利、九段线的法律地位、海上综合执法部门的权利和义务、综合执法救济渠道、海洋法院的地位、作用及受案范围等问题，做到尽可能的对海洋问题全覆盖，做到海洋开发建设与海洋综合执法管理、海洋司法保障等方面“有法可依、有法必依”。

海洋司法层面。海洋司法保障是一种生产力，在海上丝绸之路经济带建设、海洋强国建设等战略中起着不可或缺的作用。笔者建议：整合和充分发挥、利用海事法院在海洋建设中有效司法保障作用，成立中华人民共和国海事高级法院，和军事法院一样单独序列。需要时，可以考虑先成立中华人民共和国海事高级法院南海分院，统一审理涉南海，尤其是涉三沙海域的海商事、行政、刑事等涉及国家海权维护、三沙海域生态保护、渔权维护、海上边贸纠纷等，服务党中央的海洋强国战略。海事高级法院的人、财、物统归中政委、财政部和最高人民法院，即“一竿子插到底”，进行中央垂直管理，从体制层面为海洋战略提供保障，等等。

海洋开发建设层面。对于海洋开发建设涉及到的经济、贸易、科技、交通运输、航海、航空、环境保护、卫生、文化交流等方面的问题，只要是不涉及主权归属问题，在坚持“主权属我、搁置争议、共同开发”的大原则下，笔者建议要更加全面的进行对外沟通、交流，“人是一切社会关系的总和”，国家间也需要沟通、交流，惟有此，才可打破“中国威胁论”、“中国是无赖国家”等诽谤，让“谣言止于智者”。即，中国在海洋开发建设层面越开放、越透明、越与周边国家合作，对中国所谓的“第一岛链、第二岛链”封锁就会越来越变得没有意义。如，中国-东盟自由贸易区的成功经验和成熟运作就是很好的例证。展望未来，随着如中、日、韩自由贸易区等自贸区的相继设立与发展，相信和周边国家的关系也会越来越好。

7 结论

综上，回顾历史和现实，“边缘海权”对于世界海洋强国的发展历程具有重要影响，中国也不会例外。中国“海洋强国”的战略实施与最终的成功，离不开“边缘海权”力量的建设。“边缘海权”力量的建设，不仅仅是海军自身力量的建设，它还涵盖了立法、军事、外交、司法、行政执法、海洋开发利用等各方面，需要党中央统一的指挥、调度，也有赖于中央和地方各有关单位和人员的全方位的贯彻与执行。展望“光荣与梦想”，我们尤其要强调每一位建设者所应具有的“责任与担当”意识，毕竟“海权”一词中既包括权力与权利，也应包括责任与义务。

最后，借用李敖先生的一句话，作为结语与大家共勉：“我们可以回避很多，但唯独不能回避责任；我们可以淡化很多，但唯独不能淡化责任；我们可以忘却很多，但唯独不能忘却责任”。

参考文献：

[1] 熊显华编译 . 大国海权[M]. 南昌:江西人民出版社,2011.

[2] 林爽喆译 . 边缘地带论[M]. 北京:石油工业出版社,2014.

[3] 欧阳瑾译 . 陆权论[M]. 北京:石油工业出版社,2014.

中国海洋经济发展的总体趋势分析

文艳[1]，倪国江[1]

（1. 中国海洋大学 海洋发展研究院，山东 青岛 266003）

摘要：从全球看，海洋关系到沿海国家前途和民族命运，沿海各国将赋予海洋开发更有力的政策支持，推动海洋科学技术的加快创新和产业化应用，以科技手段驱动海洋资源开发利用种类和数量不断拓展，为海洋经济提供更为广泛的物质资料，保证海洋经济的长远可持续发展。从中国看，作为一个实力日益增强的海洋大国，将紧随国际海洋开发和海洋经济发展大势，以海洋科技创新应用和务实政策引领海洋经济更好更快发展。在未来的中国国民经济整体构成中，海洋经济贡献度将继续保持提升态势，成为更加重要的且潜力巨大的战略经济领域。

关键词：中国；海洋经济；发展趋势

1 引言

海洋经济发展受制于多种因素，包括海洋资源开发潜力、海洋科技创新应用发展潜力、海洋开发与海洋经济发展政策支持力度以及海洋产业发展潜力等。这些因素不仅作为个体对海洋经济发展施加影响，而且更多的是相互交织在一起，共同决定着海洋经济的发展走势。因此，对中国海洋经济未来发展趋势进行研判，要建立在对海洋经济发展影响因素演化态势分析的基础上。

2 海洋资源开发潜力

中国是一个海岸线漫长、海域空间辽阔的海洋大国，海洋资源储量丰富，可持续开发潜力巨大。中国海洋资源的可持续开发能力，在海洋空间资源、海洋矿产资源、海水资源、海洋可再生能源、滨海旅游资源以及国际海域资源等领域得到广泛体现。受当前海洋科技发展水平、政策、市场需求等因素的影响，很多资源还远远未有充分开发利用，蕴含着巨大潜力。

海岛是重要的海洋空间资源，中国海岛数量众多，依托海岛发展旅游度假、养殖和休闲渔业，发展前景广阔。近几年国家出台了一系列政策，推动海岛空间资源开发，取得了一定成效，但已开发海岛的数量仍然较少，且开发层次较低。随着科技的进步和政策支持力度的加大，海岛的潜在利用价值将得到进一步开发，海岛在推动产业发展和丰富民众生活内涵上将发挥更重要的载体作用。

目前中国对海洋矿产资源的开发利用，还仅限于近海区域的油气和砂矿资源。东海和南海油气资源储量极为丰富，但由于海洋权益争端的影响，规模化开发利用还需假以时日。南海和国际海域还蕴藏着丰富的天然气水合物（可燃冰）和多金属结核等战略矿产资源，开发前景非常可观。随着科技的发展和环境影响难题的破解，这些资源的开发利用将逐步变为现实，从而为经济发展和社会进步带来难以估量的贡献。

海水资源取之不竭，用之不尽，开发利用潜力无穷。目前中国对海水资源的开发规模，无论海水淡化，还是直接利用以及海水化学元素提取，都还只是沧海一粟，产业发展规模较小，产业贡献度低。随着技术能力的提升、政策力度的加大及市场需求的扩大，海水资源利用必将呈几何级数增长。

作者简介：文艳（1968—），女，山东省济南市人，讲师，主要从事海洋发展研究。E-mail：hyfyjy@ ouc. edu. cn

开发利用海洋可再生能源，是完善电力来源体系和提升电力供应能力的重要途径。目前中国对滨海风能开发力度较大，海上风能开发也有一定进展，但还有很大空间有待开发。潮汐能开发历史较早，具备一定的产业基础和经验积累，在能源藏量上仍有巨大的开发潜力。波浪能、温差能、盐差能和海流能等开发利用的技术装备还处于研发和试验阶段，但发展前景良好，预计在未来 10 年内将形成较成熟的技术装备体系，推动海洋新能源实现产业化、规模化开发利用。

中国不断增长的旅游需求，推动了滨海旅游资源的开发，促进了滨海旅游业的快速发展。在政府或企业的主导下，由蜿蜒曲折的海岸线、高质量的沙滩、奇形怪状的滨海礁石构成的秀美滨海景观陆续得到开发，托起了一个个景色大同小异的滨海旅游景区或景点，如星星般点缀在中国漫长的海岸线上。总体看，目前中国滨海旅游资源开发已较为充分，但仍具有一定持续开发潜力。此外，中国滨海旅游景区建设同质化严重，特色不足，游玩内容较少，度假功能偏弱。因此，滨海旅游资源的进一步开发，除了继续挖掘潜力外，将在深度上下功夫，通过丰富历史文化内涵，完善娱乐项目，优化基础设施，以提升休闲度假功能。

中国海洋资源开发利用结构不平衡问题非常突出，一方面表现为大量资源，如海洋空间资源、海洋矿产资源、海水资源、海洋可再生能源、滨海旅游资源以及国际海域资源等，远未得到充分开发利用，潜力巨大；另一方面表现为有些资源过度开发利用，如海洋渔业资源和滨海养殖空间等。因过度开发和环境污染，中国近海渔业资源已深陷灭绝危机之中。滨海空间因养殖开发规模过大，引发海域生态环境恶化、养殖病害威胁加大等严重问题。

总体而言，随着中国海洋科技发展水平的不断提高、国家政策扶持力度的加大以及市场需求的扩大，海洋空间资源、海洋矿产资源、海水资源、海洋可再生能源、滨海旅游资源以及国际海域资源等的开发利用，将得到全面发展。当前的伏季休渔、“零增长”等政策实施效果已严重弱化，若无更严厉的管控措施，海洋渔业资源将会继续保持颓势，近海捕捞业的衰败将难以避免。近海养殖空间因污染、病害等问题将逐步萎缩，空间集中集约化、规模大型多层次化、方式生态绿色化是近海养殖的必然发展趋势。

3 海洋科技创新应用发展潜力

海洋科技作为海洋资源开发和海洋经济发展的根本手段，其创新应用发展态势对海洋经济未来演变趋势具有决定性影响。制约海洋科技创新应用的因素很多，主要包括人才、资金、平台、政策、研发基础等。政策是决定海洋科技创新应用发展态势的首要因素，直接对影响海洋科技创新应用的相关要素产生作用。通过优化政策建设，将会促进人才汇聚，扩大资金投入规模，形成完善的创新和成果转化平台，最终提高海洋科技研发实力，提升对海洋经济发展的支撑力。

中国高度重视海洋科技的创新发展和产业化应用。新中国成立以来，国家和沿海省市出台了一系列的海洋科技政策，为海洋科技加快创新及实现产业化提供了有力支持。中国海洋经济的长期快速发展，得益于海洋科技创新的支持，但归根结底是得益于国家和地方的扶持政策。进入 21 世纪后，随着海洋开发战略地位的确立以及海洋经济重要性的日益凸显，国家和地方进一步加大了对海洋科技创新与应用的政策支持力度。从国家到沿海省市乃至沿海区县，都制定实施了一系列海洋科技创新与成果产业化战略规划，并在人才引进和培养、资金投入、产学研结合、创新与成果转化平台建设、合作交流、产业化基地等方面出台了配套扶持措施，对加快海洋科技创新应用发挥了显著的推动作用，促使中国海洋科技在各个领域都实现了快速发展，对海洋开发和海洋经济发展形成了有力支撑。“十三五”伊始，国家和沿海地方出台了一系列新的海洋科技发展规划，实施新的海洋科技创新与成果转化促进政策，加上已形成的良好海洋科技研发基础，将推进中国海洋科技的更好更快发展和更有效的应用。

目前，中国海洋科技总体实力虽然不及发达国家，但在政策的倾力支持下，差距正在逐步缩小。预计到 2020 年，中国将跻身世界海洋科技先进国家行列，基本形成与国民经济和社会发展相适应的海洋科技研究体系及创新人才队伍，基本形成覆盖中国海、邻近海域及全球重要区域的环境服务保障能力，在海洋生物基因资源利用、人工养殖、渔业养护、生物资源精细加工、海水资源综合利用、海洋可再生能源开发技术装备、深海油气勘采技术装备等方面实现突破和创新，海洋科技对海洋经济发展的贡献率将超过70%。预计到2050年，将建成近海动力环境生态一体化监测系统、全球海洋监测体系和数值预报系统，实现海洋渔业农牧化和海水资源的综合高效利用，海洋生物工业绿色精制和基因利用技术高度融合，形成规模化深海资源开发装备体系，将全面赶上国际领先水平，并在某些领域形成特色和优势。

4 海洋开发与海洋经济发展政策支持力度

从20世纪80年代至今，面对海洋开发热潮在全球蓬勃兴起的大好机遇，中国加快实施海洋开发和海洋经济发展战略行动，出台了一系列沿海开放开发和以海洋经济发展为主题的战略规划和配套政策措施，推动海洋领域的全面发展。

以2006年国务院批复天津滨海新区建设为起点，中国沿海区域新一轮开放开发战略布局迅速展开，并相继进入国家战略层面。推动海洋开发和发展海洋经济是沿海区域战略规划的重要内容，各地区根据资源禀赋、产业基础、人才与科技支撑能力、发展潜力等因素，对本区域海岸和海洋开发进行了战略定位和目标任务安排。到2014年，中国以省市域和国家级新区为单元的沿海开放开发战略布局基本形成，为21世纪以沿海区域为战略支点推进海岸和海洋开发、建设“海洋强国”构建了完善的基地体系。

2011至2013年，山东半岛蓝色经济区、浙江海洋经济发展示范区、广东海洋经济综合实验区、福建省海峡蓝色经济试验区以及天津海洋经济科学发展示范区相继被确立为全国海洋经济发展试点地区，浙江舟山群岛新区成为以海洋经济为特色的国家级新区，标志着中国基本确立了海洋经济发展试验示范区建设的空间布局。

随着沿海区域发展战略规划的实施，国家和地方陆续推出了相应配套政策措施，内容涉及体制机制、人才队伍、科技创新、投融资、土地管理、区域协作、对外开放等多个方面，由此形成了支撑沿海区域战略实施的组织和制度框架。

在对沿海区域进行战略空间布局的同时，中国还出台了一系列涉及海洋科技创新、海洋经济发展、重点海洋产业发展的专门战略规划，明确了一定时期的发展目标和任务。围绕海洋科技创新、海洋经济发展以及海洋生态文明建设，还制定实施了扶持企业发展、优化投融资结构、加强知识产权保护、鼓励创新创业、加大财税支持力度等方面的政策措施。

“一带一路”、“海洋强国”、“创新驱动”、“生态文明”以及“中国制造2025”等国家新倡议和战略的实施，为中国海洋开发和海洋经济发展提供了更为广阔的空间。“一带一路”倡议要求中国海洋领域全面“走出去”，在全球海洋空间开展创新合作与海洋资源的整合利用；“海洋强国”战略明确了中国海洋开发和海洋经济发展的根本目标和发展方向；“创新驱动”战略将海洋科技确定为中国海洋发展的核心支撑要素；“生态文明”战略指出了中国海洋开发和海洋经济发展的“底线”，即发展海洋事业要以保护好海洋生态环境为前提；“中国制造2025”战略对海洋产业提质增效升级提出了目标要求，追求质量和效益将是海洋产业转变发展方式、实现转型升级的根本着眼点。

“十三五”时期，是中国提出的到2020年全面实现“小康社会”建设目标的关键5年。建成“小康社会”，离不开海洋事业的发展。2015年10月29日，中国共产党第十八届中央委员会第五次全体会议通过《中共中央关于制定国民经济和社会发展第十三个五年规划的建议》，提出了“创新、协调、绿色、开放、共享”的发展理念，并强调指出要“坚持陆海统筹，壮大海洋经济，科学开发海洋资源，保护海洋生态环境，维护我国海洋权益，建设海洋强国。”根据该《建议》，随后出台了《国民经济和社会发展第十三个五年规划》《全国海洋经济发展“十三五”规划》《全国科技兴海规划纲要（2015~2020年）》以及相关重点产业“十三五”发展规划，各沿海省市也出台了地方“十三五”海洋开发与海洋经济发展相关规划。为配合“十三五”海洋领域各项战略规划的实施，国家和沿海地方还将出台实施新的保障政策措施。可以预见到，在“十三五”时期全面建成“小康社会”的目标背景下，中国海洋开发和海洋经济发展面临着优越的政策环境。

5 海洋产业发展潜力

从多年来各海洋产业产值变化状态看，保持较稳定的增长是中国海洋经济发展的基本特征，由此保证了中国海洋经济规模的持续扩张。

但由于海洋科技创新滞后于海洋经济发展，长期以来的中国海洋经济增长是建立在高消耗、高污染、低效益基础上的。这种粗放增长方式使得海洋资源和生态环境付出了惨重代价，导致海洋渔业资源衰退甚至枯竭，海洋环境污染严重，海洋灾害发生频率加大，给海洋资源、海洋经济和海洋生态环境全面可持续发展带来严重威胁。严重依赖于资源投入的海洋经济粗放增长方式是不可持续的，长期的经济增长成果无法弥补海洋生态环境损失，最终结果将是得不偿失。转变发展方式，优化海洋产业结构，是促进中国海洋经济可持续发展的必然要求。

目前，中国已深刻认识到资源环境问题对经济社会发展构成制约的沉重现实，提出了“创新驱动”和“生态文明建设”等战略应对举措，明确指出要通过发挥科技创新的支撑和引领作用，驱动产业转变发展方式，实现提质增效升级，构建经济与生态环境协同推进发展格局。2013 年 7 月，习近平总书记在主持中共中央政治局第 8 次集体学习时，针对海洋领域特别提出，要“着力推动海洋经济向质量效益型转变、着力推动海洋开发方式向循环利用型转变、着力推动海洋科技向创新引领型转变、着力推动海洋维权向统筹兼顾型转变”。

可以预见到，随着新的发展理念的贯彻落实，中国海洋资源和环境问题将会引起更加广泛的重视，并采取更加有力的政策措施，依靠发展环境友好型科学技术，破解海洋经济发展的资源环境约束，不断激发海洋产业发展活力，深度挖掘海洋产业发展潜力，推动以海洋渔业、海洋交通运输业、滨海旅游业为代表的传统海洋产业实现规模、质量和效益同步增长，以海洋油气业、海洋生物制品与医药业、海洋可再生能源业、海水利用业、船舶与海工装备业等为代表的战略性海洋新兴产业不断发展壮大，最终促使海洋经济与海洋生态环境协调健康发展，奠定“海洋强国”建设的产业基石。

海洋经济学的学科交叉和学术传播

赵琴琴[1]，任国征[1*]

（1. 中共中央党校 北京 100091）

摘要：海洋经济学是海洋经济活动发展到一定阶段的理论表现。海洋经济学研究的基本内容体现在与相关学科的视域交叉：海洋捕捞农牧经济、海洋运输经济、海洋工业经济、海洋技术经济、海洋经济管理、海洋生态经济、海洋经济发展战略等。如何做到有效而合理地开发利用海洋资源，促进海洋经济的发展，这将在较大程度上取决于海洋经济学的研究。

关键词：海洋经济学；学术传播；学科交叉

1　引言

21 世纪，人类进入了大规模开发利用海洋的时期。海洋在国家经济发展格局和对外开放中的作用更加重要，在维护国家主权、安全、发展利益中的地位更加突出，在国家生态文明建设中的角色更加显著，在国际政治、经济、军事、科技竞争中的战略地位也明显上升。

海洋经济学是海洋经济活动发展到一定阶段的理论表现。海洋经济学，一方面是理论经济学在海洋经济领域里的推广和应用，另一方面又是海洋基础科学在海洋经济过程中的理论升华。与理论经济学相比，海洋经济学属于应用经济学或部门经济学的范畴；就海洋科学领域来说，海洋经济学又属于海洋科学的组成部分或一个分支；就海洋经济学本身而言，它属于介乎理论经济学与海洋自然科学之间的交叉性学科。

如果说从传统的海洋经济活动到现代海洋经济活动的转变是一场深刻的产业革命的话，那么将海洋经济活动作为一门科学来研究则是这种革命性变化的理论反映。以新的科技革命为背景的现代海洋经济活动，在活动范围上打破了传统的半面结构，开拓了立体的三维大空间，海洋产业结构日趋复杂化，生产过程日益工业化，技术手段和生产资料的水平不断提高，劳动对象的范围不断扩大，劳动产品的内容不断丰富。

2　海洋经济学的文献梳理

自 20 世纪 60 年代末期起人们开始重新调整传统的海洋价值观。随着这一认识的转变，在当代社会科学的范围内出现了一个崭新的领域——海洋事务（marine affairs），就是历史学、法学、政治学、经济学以及其他社会科学在海洋、海床和海岸带方面的应用。其中，海洋经济学是指经济科学在海洋、海床及海岸带经济开发方面应用的专门学问。海洋经济学的简单文献回顾梳理，具体可从学科基础、分析工具和技术方法 3 个层面说明。

2.1　学科基础

学科基础奠定了海洋经济学可能涉及的学科领域，实际上提供了该学科具体研究对象的特殊载体与基本语境，如海洋经济学明显会涉及海洋科学与经济科学，分析海洋经济关系必须以海洋科学为基本的考察

作者简介：赵琴琴（1987—），女，湖北省云梦县人，中共中央党校政治经济学部，从事宏观经济研究。E-mail：412530191@ qq. com

＊**通信作者：**任国征（1975—），男，河南省虞城县人，青年学者，自由撰稿人。E-mail：rgzh2009@ 163. com

范围，且从经济视角研讨其内在的行为特征和利益关系。国内学者普遍认识到海洋经济学具有综合性和交叉性。杨国桢探讨了海洋经济的经济学、历史学与社会学概念，指出了海洋经济学的人文特性[1]。陈可文认为，海洋经济学是在多学科融合的基础上发展起来的，其中包括海洋科学、地理学、管理学、生物学、技术学、工程学等[2]。多学科基础间的融合，实质在于基于何种视角的融合，不同视角引发不同的考察重点。海洋经济学主要从经济角度探讨各类海洋主导的学科中内含的人际行为与经济活动。对于特定的客体（如海洋生物）科学家关注的是该客体的自然规律（如生物学规律，而经济学家关注的则是与人类社会紧密联系的特定经济规律（如生物资源利用的经济特征与可持续发展策略）。

2.2 学科工具

学科分析工具表明海洋经济学在考察基本的或具体的现实问题时所采取的分析视角，如在探讨海洋产品价格波动时必须要结合具体的市场结构从供求角度入手，探讨海洋经济主体决策行为必须从理性偏好入手。目前国内学者已经运用成本收益、供给需求、博弈论等工具分析决策问题。孔建国由边际收益与边际成本相等导出海洋石油开发减灾收益最大化的条件，讨论了海洋石油风险分散机制[3]。陈伟从成本-收益角度分析了政府在海洋环境领域出现权力寻租的成因与治理问题[4]。乔俊果从边际成本与收益角度探讨了海洋资源过度利用问题，提出了治理该类外部性的一般思路[5]。王琪由制度供求讨论了海洋环境政策这一公共物品的供给特点，不过对该类公共物品定价机制及动态特征尚缺乏进一步说明[6]。孙峰和孙军采用的博弈论模型或许为学界今后更多运用博弈论分析海洋市场以及海洋国际区域的关联决策行为提供有益的启发[7]。可见，国内学界已经运用当代西方主流经济学的分析工具研讨我国海洋经济领域的公共政策并取得了 一些有益的假说结论。或许囿于相关的统计数据，后续的计量分析多数尚未展开，这使得多数假说尚缺乏严密的经验基础。

2.3 学科方法

学科方法旨在将具体海洋经济问题数学化模型化并得出优化解或者可行解。在技术方法层面，动态仿真、数学规划、投入产出、统计计量等方法广为运用。李慎典以霞浦县为例子，构建了一个动态开放的海陆一体化经济系统，模拟测试了不同综合性发展方案的效果[8]。张德贤等构造了多个数学规划模型，以说明海陆一体化开发、海洋可持续发展模式选择，其建模思想与技巧在一定程度上借鉴了当代西方主流宏观经济学的前沿技术，具有较高的普适性和理论性[9]。郑奕和周应祺运用峰值法和数据包络分析推断我国海洋渔业捕捞能力的过剩与最佳规模，认为峰值法适用于纵向推断、数据包络分析适用于横向比较[10]。徐志斌和牛福增[11]、孙斌和徐志斌[12]揭示了线性规划法和投入产出法在区域经济规划、产业结构优化中的应用价值。基于实践的需要，目前学界较为重视数量分析方法在海洋经济具体问题研究中的应用，海洋经济学研究在技术层面融入了一些经济管理领域普遍采用的数量分析方法。

总之，目前我国海洋经济学基础理论研究已经触及国际主流经济学分析工具和技术方法，若干典型现实问题（如公共政策、外部效应与产权制度等）也已初步具备了特定的分析框架。从动态的角度看，随着典型的海洋经济论题不断增多，海洋经济学的分析框架有可能更加完善，更多地借鉴国际经济学界的分析工具与方法。

3 海洋经济学的学科交叉

海洋经济活动包括许多具体的部门和不同的侧面，各种不同的具体海洋经济活动的相互联系以及总体海洋经济活动的诸多重大方面反映到海洋经济理论中去，便构成了海洋经济学的内容体系和基本理论框架。这些内容既包括具体的微观方面的海洋经济问题，又包括综合性的宏观方面的海洋经济问题，基本上反映了现代海洋经济的总体面貌。概括而言，海洋经济学研究的基本内容体现在与相关学科的视域交叉：海洋捕捞农牧经济、海洋运输经济、海洋工业经济、海洋技术经济、海洋经济管理、海洋生态经济、海洋经济发展战略等。下面分别加以简要说明。

3.1 海洋学与工业经济学的交集：海洋工业经济学

海洋工业经济学主要包栝如下基本内容：一是对不同侧面的海洋矿物资源、化学资源，能源进行工业开发的经济可行性，通过对技术、劳动投入与经济效果的对比研究，论证各种投资方案的优劣。二是对海洋矿物资源、化学资源、能源进行工业开发的合理方式和合理规模。三是海洋工业生产过程内部生产力合理组织，包括各生产要素的合理配置和有效结合以及各生产环节的密切协调等。四是提高海洋工业劳动生产率的途径，提高劳动力素质和生产技术水平的措施和步骤。

海洋工业经济包括海洋石油和天然气开发、海底采矿、海水利用、海洋能利用等，这些都是建立在现代海洋科学技术基础上的新兴产业。海洋石油和天然气的开采从20世纪初就开始出现，60年代以来，海洋石油工业和天然气开采进入飞跃发展阶段，进行海上石油和天然气勘探和开采的国家越来越多，规模越来越大。海水资源的开发利用，包括海水直接利用、海水淡化和海水化学元素提取几个方面，其中直接利用海水提取食盐，属于传统的经济活动，海水淡化和从海水中提取溴、镁、铀、钾等是新兴的开发领域。目前，海水淡化装置发展很快，从海水中提取溴、镁已进入工业生产阶段。海洋能利用主要包括潮汐、波浪、海流、海水温差和盐度差等多种能源的利用。现在，潮汐发电技术较成熟，经济效益较好，海水温差发电、盐度差发电、波浪发电和海流发电尚处于实验、工程研究阶段。

3.2 海洋学与管理学的交集：海洋经济管理学

海洋经济管理学主要包括如下内容：一是在宏观方面，研究影响海洋生产力合理布局的条件和因素、实现海洋生产力合理布局的途径以及实现海洋产业协调、综合发展的方式。二是在微观方面，探讨海洋生产过程内部各生产要素的最佳结合方式、协调各生产要素和各生产环节的原则和方法，以及有效地进行计划管理、生产管理、技术管理、劳动管理、设备管理、成本管理等等的途径和措施。三是研究实现海洋经济管理体制高效化、管理方法科学化、管理手段现代化和管理人才专业化的途径和措施。可见，海洋经济管理学包括宏观经济管理和微观经济管理两大方面。海洋经济管理是为了在生产活动中有效地合理地使用人力、物力、财力，以最小的劳动消耗取得最大的经济效益。

宏观经济管理主要表现为对总体海洋经济的合理规划和布局以及对各种不同产业的协调和指导；微观经济管理主要表现为对生产各要素的合理配置和协调以及对生产各环节的监督和指挥。总体海洋经济过程是由许多不同行业的相互联系和彼此交错所构成的综合体，在海洋经济活动中，不同行业之间是相互制约、相互影响的，彼此的依赖性和联系性很强。在一个海洋产业内部，生产过程和技术过程也十分复杂，要求各生产要素和各技术环节高度密切配合。如何使各种海洋生产活动在总体海洋经济活动中做到统筹兼顾、合理布局、协调发展，亦即对海洋经济活动进行有效的管理，提高海洋开发的综合经济效益，这是海洋经济学研究的重要内容。70年代以来，随着新兴海洋产业的日益发展，一整套管理理论和方法已经在一些海洋产业中建立起来，管理在海洋经济发展中的地位越来越显著。

3.3 海洋学与工学的交集：海洋技术经济学

海洋技术经济学的研究包括如下几个方面：一是从经济效益的角度对不同技术方案在满足需要、消耗费用、格价指标和时间因素等方面进行研究，选择和确定最佳的技术方案。二是探讨技术方案如何在海洋经济过程中以最少的劳动时间、最低的劳动消耗获得最大的经济效果，或以相同的劳动消耗获得最大的社会使用价值。三是研究海洋技术经济的计算方法，包括技术方案经济比较的计算方法，投资、劳动力占有量和成本消耗的计算方法等。四是探讨海洋技术方案的各种经济指标体系。

海洋生产力在很大程度上可以归结为海洋技术生产力，因而，海洋技术经济的研究非常重要。研究海洋技术经济主要是探讨海洋经济过程中各种技术措施和技术方案的经济效果，对各种技术方案和技术措施进行分析、比较、论证和选用。现代海洋开发是以当代科学技术在海洋领域的普及和应用为前提的。标志当代科学技术最新成就的空间遥感技术、电子计算机技术、现代声学技术、深潜技术、自控技术和机器人等迅速进入海洋开发领域，一系列海洋产业均采用了最先进的技术和装备。海洋科学技术已经成为与原子能科学技术和空间科学技术并列的当代三大尖端科学技术之一。海洋科学技术是一个涉及许多门类的综合性科学技术领域，与海洋经济活动直接相关的技术内容主要包括：海洋石油和天然气开发技术、海洋生物资源开发利用技术、海水淡化技术、海水化学资源开发技术、海洋能源利用技术、海洋空间利用技术等。在这些技术过程中又包括一些具体的技术内容，如在海洋油、气开发技术中又包括平台技术与工程、钻井和水下完井技术、油、气输送技术等，在海洋生物资源开发技术中又包括渔船技术、捕捞技术、海水增养殖技术等。

3.4 海洋学与交通学的交集：海洋运输经济学

海洋运输经济学主要包括如下基本内容：一是海洋运输业的发展方向和发展速度，对各种可供选择的投资方案进行论证和评价，分析其经济效果，研究海洋运输不同种类的合理配置以及不同运输方式的有效利用和综合发展。二是劳动时间的节约和劳动力的合理分配以及降低运输成本的途径。三是实现海洋运输工具和技术设备现代化以及实现海洋运输业务和经营管理现代化的途径和方法。

海洋运输业是一个投资周期长、技术装备水平较高的生产部门。海洋运输分为沿海运输、近海运输和远洋运输3种。海上运输有许多优势，如天然的航道、载运量不受限制、运输成本低等。19世纪以前，海上运输主要与贸易结合在一起，20世纪以来，由于航海和造船技术的发展，海洋运输业的规模越来越大，逐步成为独立的经济部门。第二次世界大战以后，海上货运量迅速增加，据统计，目前海上货运量已达到40多亿吨，比30年代末增长了9倍。不仅如此，现代海洋开发又丰富了海洋运输业的内容，许多国家已在海底铺设管道，用于输送石油、石油制品和天然气等。海洋运输业在发展海洋经济、世界贸易和国际交往中起着极为重要的作用。

3.5 海洋学与农学的交集：海洋捕捞农牧经济学

它研究的基本内容包括：一是开发海洋渔业资源的合理方式，通过对个别农牧场的定性和定量研究，科学地确定海洋农牧场的合理规模，研究生产过程中的技术因素与社会因素如何合理地结合。二是实现海洋渔业经济良性循环的途径和措施，研究使海洋渔业技术经济系统、生物系统和环境系统如何有机统一起来，形成一个生态经济系统。三是海洋农牧化，通过人工放流苗种的方法增殖海洋生物资源，以提高渔获量；在人工控制下进行海产生物的栽培和养殖。可见，无论是捕捞渔业还是养殖渔业，都是以海洋生物为劳动对象，以水域和各种物质技术手段为生产资料的海洋生产活动。海洋渔业经济的研究是为了使单位面积水体里的一定劳动、技术和资金的投入，取得最大的经济效果，提高海洋水域的生产力。

海洋捕捞渔业是古老的传统海洋产业之一。在传统的海洋经济活动中，渔业生产力是有限的。20世纪中期以来，由于采用了现代化的各种探测技术，捕捞范围迅速扩大，由近海向远洋进军，海洋捕捞渔业获得了很大发展。从50年代到70年代，世界海洋总渔获量增长了3.5倍，70年代以来，世界各国的传统渔业资源大部分捕捞过度，有的甚至处于枯竭状态，海洋渔获量在6 000多万吨上下徘徊。在这种情况下，海水增养殖业技术开始发展，“海洋农牧场”开始出现，海洋渔业生产趋向农牧化。目前，“海洋农场”和“海洋牧场”发展很快，它在海洋渔业中所占的比重越来越大。有关专家认为，在正常条件下，海洋每年可向人类提供两亿吨鱼类，如果充分利用海洋进行农牧业生产，海洋提供食品的能力将大大超过陆地农牧业的生产力。

3.6 海洋学与生态学的交集：海洋生态经济学

研究海洋生态经济，主要是探讨海洋经济系统与海洋生态系统的相互制约关系，具体包括如下基本方面：一是提高海洋劳动生产率与保护海洋自然环境的相互关系，开发利用海洋资源与维护海洋生态平衡的相互关系。二是实现海洋经济效益与生态效益相互统一、同步提高的途径和措施。三是保护海洋自然环境与生态平衡的措施和方法。四是维护海洋经济活动的整体利益和长远利益，就必须把海洋开发和海洋环境保护结合起来，注重海洋生态经济的研究。

海洋生产活动是自然过程与社会经济过程的统一。人们通过一定的劳动投入作用于海洋自然的时候，不仅会生产出一定的符合社会需要的产品即带来一定的经济效益，而且还会对海洋自然生态系统造成一定的影响从而形成一定的生态效益。海洋自然环境是一个运动着的相对平衡的生态系统，如果由于海洋污染或海洋资源的开发方式不合理，从而导致海洋生态系统的破坏，那么就会降低海洋经济的整体效益，甚至还有可能带来负效益。目前，由于海洋石油开发所造成的环境污染，以及陆地工业废水和农业化学药品等通过不同渠道注入海洋所造成的海水污染，已经对海洋自然生态环境产生了极大的威胁。

4 海洋经济学的学术传播

在今后一个较长的时期内，如何做到有效而合理地开发利用海洋资源，促进海洋经济的发展，这将在较大程度上取决于海洋经济学的研究。积极开发海洋资源，大力开展海洋经济学的研究，对于我们国家有着特殊的重要意义。我国既是陆地大国，也是海洋大国，拥有广泛的海洋战略利益。经过多年发展，我国海洋事业总体上进入了历史上最好的发展时期。这些成就为我们建设海洋强国打下了坚实基础。我们要着眼于中国特色社会主义事业发展全局，统筹国内国际两个大局，坚持陆海统筹，坚持走依海富国、以海强国、人海和谐、合作共赢的发展道路，通过和平、发展、合作、共赢方式，扎实推进海洋强国建设。

4.1 学术传播的必要性

海域资源配置的最终目标是实现海域资源合理开发和可持续利用，这一目标与我国《海域使用管理法》所确立的基本目标是一致的，而充分认识和理解海洋经济学的理论指导价值是实现这个目标的重要基础。在海域管理实践中，尤其是在海域资源配置中，我们必须充分认识海洋经济学各学科理论的指导价值。海域资源配置要考虑区位特色优势，构建清晰性、排他性、可转让性的海域产权体制，坚持海域产权分离机制，妥善处理好资源、环境和人口的关系，保持海洋生态平衡，让海域资源开发利用走上健康、可持续发展的道路。

随着海洋科学技术的不断发展，以及海洋经济活动的继续广泛而深入的展开，海洋经济学的内容体系将日益充实和丰富，人们对海洋经济学基本内容的研究和认识也将更加具体和确定。现代海洋经济的战略地位决定了海洋经济学的战略意义。现代海洋经济活动是在陆地资源日趋枯竭和短缺的情况下迅速兴起和大规模展开的。海洋作为资源丰富且尚未得到充分开发的庞大领域，将有可能为人类社会生活提供极大的资源保证。自60年代以来世界各沿海国家都对海洋开发倾注了极大的热情和力量。目前，许多 国家都把发展海洋事业列为国家的重点项目，并培养了一批海洋科技人才，建立了一些包括海洋经济研究在内的综合性科研机构。海洋工程作为新的技术革命的重要内容正在极大地影响着人类社会生活。海洋开发将为人类提供大量的工业原料和能源，海洋将成为人类最大的食品库，海洋经济将在人类经济生活中占居主导地位。

4.2 学术传播的重要性

人类以大海及其资源为劳动对象，通过一定形式的劳动支出来获取产品和效益的经济活动，我们统称为海洋经济活动。在人类历史上，海洋经济与陆州经济一样都是人类赖以生存的基本的生产活动。大约在第一次社会大分工以前的原始狩猎活动中就开始了海洋鱼贝的捕食，这从现今考古的许多发现可以得到证明。但是，由于大陆环境比海洋环境更适合于人类的生存活动，在海洋和陆地这两个空间范围内，生产力的发展水平相差很远。至今，现代陆州经济活动已进入到电子化时代，而海洋经济活动则落后很多。

开展海洋经济学研究，促进海洋经济的发展，对于我国的现代化建设和未来经济的发展有着十分重要的战略意义。首先，发展海洋经济对于振兴我国沿海地区经济有着特殊的重要性。沿海地区经济的发展一直都与海洋密切相关。其次，海洋经济的发展对于发展我国的对外贸易，加强同世界各国的经济联系，进一步贯彻对外开放的方针具有重要意义。再次，从长远看，加快海洋经济的发展必将对我国不远将来的社会经济生活产生巨大的影响，同时也将关系到我国在世界上的经济地位。世界经济发展趋势表明，太平洋地区有可能取代大西洋地区而成为世界经济技术活动中心，这对于我国的经济发展和海洋开发既是一个挑战，又是一个机会。我国的海洋经济发展能否迎头赶上，将在很大程度上影响到我国在未来太平洋经济中的经济地位。

4.3 学术传播的操作性

研究和制定海洋经济发展战略，对于海洋这个在较大程度上关系到人类经济生活前途和未来的特殊经济领域来说，具有特别重要的意义。海洋经济发展战略是指人们在一定时期，基于对海洋经济发展的各种因素和条件的分析和估计，从关系经济发展全局的各个方面出发，考虑和制定海洋经济发展所要达到的目标、所要解决的重点、所要经过的步骤以及为实现上述要求所采取的力量部署和重大的政策措施。它涉及海洋经济发展中带有全局性、长远性和根本性的问题。

我们应充分认识到海洋开发的战略地位和深远意义，抓住时机，制定正确的海洋开发战略，采取相应的对策，大力发展海洋工程技术，加快海洋开发的步伐。第二次世界大战以后，由于政治、军事、科学技术，尤其经济发展的需求等多方面因素的相互影响，以现代科学技术与现代社会文明为背景的现代海洋经济活动逐渐兴起，其中某些活动，如海底沽气开采，已发展成为高度商品化，影响极火的产业部门，这一日渐扩大的发展趋势及所带来军事与政治冲突等一系列的影响，引起了人们的关注。许多有识之士由海底石油工业的发展而受到启迪，意识到在现代社会，海洋不仅是军事、交通的媒介，在政治均势与经济资源方面也有极大的潜在价值。

2013年7月30日，中共中央政治局就建设海洋强国研究进行第八次集体学习。中共中央总书记习近平在主持学习时强调，建设海洋强国是中国特色社会主义事业的重要组成部分。要加强海洋产业规划和指导，优化海洋产业结构，提高海洋经济增长质量，培育壮大海洋战略性新兴产业，提高海洋产业对经济增长的贡献率，努力使海洋产业成为国民经济的支柱产业。

参考文献：

[1] 杨国桢.论海洋人文社会科学的概念磨合[J].厦门大学学报：哲学社会科学版，2000(1)：95-100.
[2] 陈可文.中国海洋经济学[M].北京：海洋出版社，2003.
[3] 孔建国.海洋石油分散风险成本和效益的经济学分析[J].自然灾害学报，2001(11)：117-122.
[4] 陈伟.从寻租理论看海洋环境[J].海洋管理，2003(3)：55-58.
[5] 乔俊果.海洋资源过度利用的经济学分析及其对策探讨[J].渔业经济研究，2006(2)：6-10.
[6] 王琪.海洋环境政策有效供给分析[J].中国海洋大学学报：社会科学版，2003(5)：58-62.
[7] 孙峰，孙军.国家争夺海洋资源的利益博弈[J].财经理论与实践，2002(2)：122-123.
[8] 李慎典.海陆经济系统的动态仿真研究[J].农业系统科学与综合研究，1997(4)：263-267.
[9] 张德贤，陈中慧，戴桂林，等.海洋可持续发展理论研究[M].青岛：青岛海洋大学出版社，2000.
[10] Zheng Yi, Zhou Yingqi. Study on the measures of the marin fishing capacity of Chinese Fleets and discussion on the measuring methds[J]. Journal of Shanghai Fisheries University, 2003(12): 623-630.
[11] 徐志斌，牛增幅.海洋经济学教程[M].北京：经济科学出版社，2003.
[12] 孙斌，徐志斌.海洋经济学[M].济南：山东教育出版社，2004.

供给侧结构性改革视角下海洋经济创新发展路径研究

——基于台州的实证分析

牟盛辰[1]

(1. 台州市海洋与渔业局，浙江 台州 318001)

摘要： 激活海洋生产要素、拓展蓝色经济空间是深化供给侧结构性改革的重要方向。台州是海洋资源大市、海洋经济大市，以海洋经济供给侧结构性改革为主线，全面提升海洋综合开发能力，是台州实现新常态下赶超跨越、新起点上再创优势的创新路径。目前，台州海洋经济发展仍存在结构之弊、统筹之失、政策之限等问题。文章在综合分析台州资源禀赋、产业生态、区位势能的基础上，提出从优化海洋经济空间格局、构建现代海洋产业体系、完善涉海基础支撑系统、构筑蓝色生态保护屏障、强化涉海政策保障体系等处发力，促进海洋开发由“浅蓝”迈向“深蓝”，实现海洋经济裂变发展、跨越发展的对策建议。

关键词： 供给侧结构性改革；海洋经济；创新发展；台州

1 宏观政策视阈下供给侧结构性改革的蓝色经济向度

供给侧管理理论源于供给学派（Supply-Side Economics），聚焦供给侧效率与供给创造需求机制，在一定程度上具有“斯密主义”的烙印。从历史脉络来看，“需求”“供给”两大学派曾有多次交锋，并呈显“萨伊定律—凯恩斯主义—供给学派—凯恩斯主义复辟—供给管理”的理论演变轨迹。“供给自动创造需求”的萨伊定律是供给学派的初始表达形式；新供给学派强调，供给创造需求并非无条件的，如“新供给创造新需求”。关于供给侧效率，供给侧管理理论认为，生产力发展的长期动力源自生产率水平的提高，技术创新是提高生产率的关键途径，激励市场主体能够促进技术创新。从政策实践来看，里根经济学（Reaganomics）与撒切尔改革皆为典型的供给侧管理政策。在20世纪80年代美英经济面临严重“滞涨”的背景下，两国均采取供给侧管理政策，政策切入点虽有不同，但其实质都在于提高要素供给效率。

经济发展进入新常态以来，我国经济面临生产力维度的物质产品供给结构失衡与生产关系维度的制度供给结构失衡的双重困境。囿于传统比较优势和增长动力源渐趋衰减，供给侧中有效供给不足与产能过剩并存的结构性矛盾更加凸显，“供需错位”已经成为制约经济健康发展的重大障碍。有鉴于此，中央作出推进供给侧结构性改革的战略部署。供给侧结构性改革基于中国改革开放实践，是以新常态理论为核心的中国特色社会主义政治经济学的理论综合集成创新，兼蓄制度经济学理论、供应学派、新增长理论等理论因素，有机融合本土视角与国际视角，超越“以需求管理处理需求问题”和“以供给管理处理供给问题”的传统治理逻辑，系统强化结构性视角、制度性视角和增长模式转换视角，从提高供给质量和效率出发，以增量改革促存量调整，着力破除供给端的体制机制障碍，矫正要素配置扭曲，优化产权结构、产业结构、流通结构及消费结构等，提高全要素生产率，加速形成以创新为主支撑的经济体系，努力实现供给与需求均衡，促进经济社会平衡健康发展。

我国是海洋大国，海洋在拓展发展空间、优化产业结构、提供资源保障、补齐生态短板等领域发挥着重要作用。党的十八大明确提出要“提高海洋资源开发能力，发展海洋经济，保护海洋生态环境，坚决

作者简介： 牟盛辰（1988—），男，浙江省台州市人，中级经济师，台州市海洋与渔业局综合处。E-mail：547216958@ qq. com

维护国家海洋权益，建设海洋强国”。激活海洋生产要素、拓展蓝色经济空间，既是适应和引领经济发展新常态的必然选择，也是推进供给侧结构性改革的重要方向。浙江省十三五规划将“海洋经济区”与“四大都市区、生态功能区”并列为支撑区域协调发展的三大战略支点之一，提出统筹海洋经济发展示范区和舟山群岛新区建设，联动推进湾区经济发展和湾区保护开发的战略构想。台州作为海洋经济大市，如何把握拓展蓝色经济空间的历史契机，将海洋作为深化供给侧结构性改革的重要领域和关键环节，全面提升海洋综合开发能力，是台州实现新常态下赶超跨越、新起点上再创优势的创新路径。

2 台州海洋经济创新发展的战略意义与现实基础

2.1 战略意义

2.1.1 对接国家宏观战略的必然选择

综观区域发展格局，“一带一路”倡议及长江经济带等国家战略深入实施，宁波都市圈跻身长三角五大都市圈，并被定位为长江经济带龙头龙眼和“一带一路”的支点。作为“一带一路”和长江经济带两大部署的交汇区、宁波都市圈的重要成员，台州拥有谋求更高层次发展的历史性机遇。随着舟山群岛新区、舟山江海联运服务中心、浙江自由贸易区等政策布局邻域，为台州海洋经济承接“溢出效应”、共享政策红利提供了重要的时间窗口。深入推进台州海洋经济创新发展，能够充分发挥海洋资源和民营经济优势，有利于台州以更优产业组合、更高城市能级、更强政策支撑融入长三角、对接海西区。

2.1.2 培育区域新增长极的重要支撑

台州是浙江唯一坐拥三门湾、台州湾、乐清湾三大海湾的城市，沿海产业带陆域面积达 2 910km^2，海洋是台州发展最大优势、最大空间、最大潜力之所在。推动海洋经济发展是经济新常态下台州加速产业转型升级、培育新兴发展动能、破解资源要素制约的现实诉求。随着能源建材港航物流基地、临港装备制造基地和海洋清洁能源基地入选省海洋经济“822”行动计划特色产业基地，湾区产业集聚区的载体功能和集聚集群效应初显，海洋经济成为台州赶超发展、裂变发展的重要动力。以台州湾循环经济产业集聚区为主依托，完善港口集疏运体系，进一步优化海洋经济空间，谋划建设专业性国际性临港产业集聚区，推动海洋科技发展，着力培育海洋经济新业态，有利于陆海经济良性互动、新旧动能接续转换、空间利用一体统筹，将成为长三角南翼特色产业集聚区、浙江海洋经济发展带重要片区和台州转型发展核心引领区，为台州赶超发展、裂变发展厚植新动能、开拓新空间。

2.1.3 增创改革开放优势的突破方向

台州民营经济发达，是我国股份合作制经济的发源地之一，在推进山海协作、新型城市化等方面走在全国前列，为我国改革先行区、创新引领区。滨海区域处于驱动台州发展的关键“生态位”，2016 年沿海 6 县（市、区）GDP、地方财政收入等重要指标占全市比重分别高达的 80%、79.5%。立足向海开放、拥湾发展，用好用活海洋资源，系统推进理念创新、制度创新、技术创新及管理创新，将为改革开放提供更多的台州经验、台州样板。以湾区经济发展试验区为切入点，探索湾区开发体制、临港产业集群、开放门户建设、对外交流合作等重点领域，进一步在改革创新中激发活力、释放潜能，塑强陆海双向开放高地，能够有效拓展台州创新发展的资源空间、产业空间和制度空间，为台州再创发展新优势、再扛改革新旗帜提供坚实有力的“蓝色”支撑。

2.2 现实基础

2.2.1 资源禀赋位

台州是海洋资源大市，拥有领海和内水面积约 6 910km^2，相当于陆域面积的 73.4%，“港、渔、岛、涂、能、景”六大优势资源得天独厚，其中大陆岸线长度、滩涂面积、海湾资源及海岛数量均列浙江第 2

位。全市大陆岸线740千米，可建万吨级以上港口的岸线91千米，头门港、大麦屿港、海门港、健跳港等港口条件优良，拥有椒江、坎门、温岭等3个国家级中心渔港。台州海洋渔业资源丰富，披山、大陈、猫头三大渔场南北相连，“两湾一岛”（三门湾、乐清湾、大陈岛）为全省最佳的海水养殖场所，耕海牧渔条件极为优越。全市岛屿数量众多、滩涂资源广袤，单片面积5万亩以上的滩涂有蛇蟠涂、北洋涂、金清涂、东海涂等6处，总面积约68.61万亩，占全省的20%。台州海洋能资源富集，可开发潮汐能理论容量104.81万千瓦，年可发电26.81亿度。滨海及海岛区域汇聚“山、海、岛、城、文”等优质景观，自然风光神秀、人文景观荟萃，独具东海魅力风情。独特的海洋资源禀赋和优质的海洋资源组合为台州海洋经济发展提供了坚实的物质基础。

2.2.2 产业生态位

台州是海洋经济大市，2015年全市实现海洋经济总产出1 476.73亿元，占国民经济比重由2010年的12.2%上升到13.5%，海洋经济增加值达480.67亿元，同比增长8.5%，高于同期GDP增速近2个百分点，海洋经济综合实力稳步提升。海洋三次产业结构由2010年的22.4：44.9：32.7调整为2015年的6.5：44.2：49.3，产业结构进一步优化。现代海洋产业体系不断完善，海洋捕捞持续健康发展，海水养殖规模稳居全省首位，临港装备、电力能源、生物医药及涉海工程建筑业等发展态势良好。海洋渔业、海洋化工、海洋工程建筑、海洋交通运输、海洋旅游、水产加工、海洋生物医药等七大主导产业约占台州海洋主要产业增加值（302.93亿元）的80.6%，海洋经济集聚效应开始显现。加之，小微企业金融服务改革创新试验区、民间投资综合创新改革试点等国家级试点落户台州，为台州激发海洋经济新动能、增创海洋经济新优势提供了有力的政策支撑。

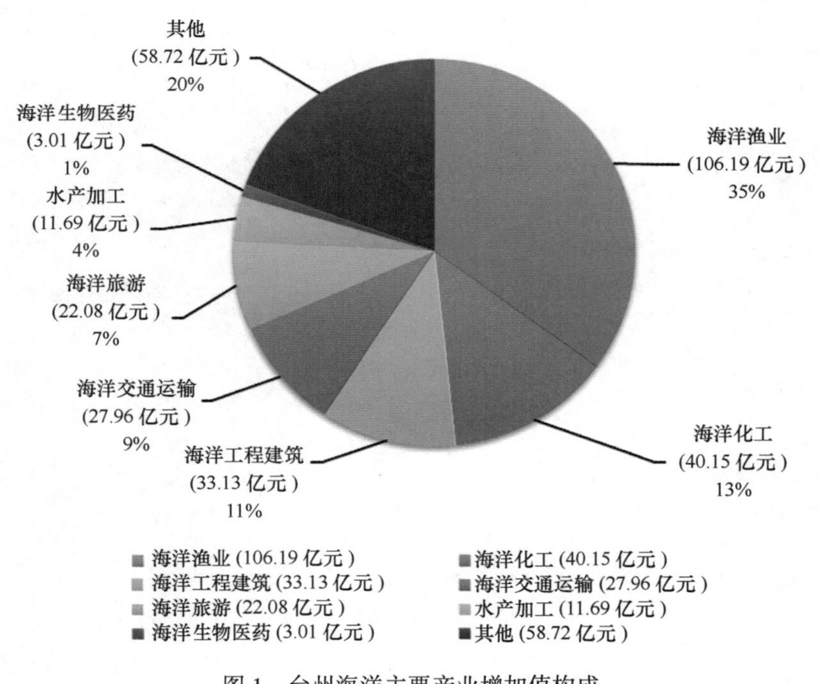

图1 台州海洋主要产业增加值构成

2.2.3 区位势能位

从陆域来看，台州处于长三角城市群与海峡西岸经济区的联结纽带，是全国“两横三纵”城市化战略格局中沿海通道纵轴的重要组成。随着杭绍台铁路、金台铁路、沿海高速、路桥新机场等重大交通基础设施建设的纵深推进，台州与周边城市的联系更加紧密，通达杭甬温都市区1小时、长三角重要城市3小时交通圈正在加速形成，台州的交通区位条件持续改善。从海域看，台州位于我国大陆海岸经济带与长江黄金水道的“T”型交汇区域，毗邻台湾海峡，邻近太平洋、印度洋、大西洋三大国际航线交汇点，是参与国际经济竞合的前沿阵地，东海油气开发的后方基地。中国（浙江）自由贸易试验区、舟山江海联运服务中心等国家战略相继落地，宁波—舟山港口一体化深入推进，台州成为义甬舟开放大通道的南翼节点。

3 海洋经济创新发展的试点经验与国际镜鉴

自 2010 年 4 月以来，山东、浙江、广东、福建和天津先后被确定为全国海洋经济发展试点地区。综观世界海洋经济发展潮流，鹿特丹、旧金山、温哥华等著名海湾型城市在推进海洋经济发展方面亦有可资参照的成功实践。借鉴国内海洋经济发展试点地区和海洋经济发达城市的先进经验，希冀为台州海洋经济创新发展提供有益参考。

3.1 全国海洋经济发展试点地区经验

表 2 全国海洋经济发展试点地区的主要成效

	海洋产业发展	海洋科技创新	海洋生态文明
山东半岛蓝色经济区	海洋经济总量持续攀升，海洋产业转型升级不断提速。深化生态高效品牌渔业建设，重点推动海洋生物、装备制造、水产精深加工等海洋优势产业集群发展，2014 年主营收入超 10 亿的海洋产业集群达 85 个。港航物流、滨海旅游稳健增长，现代海洋产业体系渐趋完备。青岛、烟台入选首批国家海洋经济创新发展示范城市。	实施蓝色产业领军人才支持计划，中国海洋人才市场（山东）成立运营，我国首个蓝色经济引智试验区在日照设立，拥有海洋领域“两院”院士 22 人。青岛、威海、烟台入选首批国家海洋高技术产业试点城市。沿海 7 市省级以上海洋科技平台 236 个（国家级 46 个）；全省海洋领域国家工程技术研究中心 6 家。	全省海洋保护区总面积约 80 万公顷，共有国家级海洋公园 9 处，国家级海洋保护区 30 个，数量与面积均名列全国前列。威海、日照、长岛等 3 市县入选首批国家级海洋生态文明建设示范区，建立潍坊、昌邑等 10 个省级海洋生态文明示范区。符合国家一类、二类水质标准的海域面积约占山东毗邻海域面积的 92%。
广东海洋经济综合开发试验区	现代海洋产业体系不断完善，南海资源保护开发能力稳步提升。全面推进大亚湾、茂名世界级石化基地，龙穴岛世界级船舶制造基地建设。海洋经济区域合作不断加强，广州南沙、深圳前海、珠海横琴等地海洋服务业政策纳入 CEPA 补充协议。湛江入选首批国家海洋经济创新发展示范城市。	全省海洋生物医药、海洋防灾减灾、海洋环境等海洋领域的省部级以上重点实验室 25 个，中山大学联合在粤涉海科研机构成立海洋高新技术协同创新联盟。广州、湛江被确定为国家海洋高技术产业基地，广州南沙新区入选国家科技兴海产业示范基地。	健全海洋自然保护区网络，建立国家级海洋自然保护区 5 个，国家级海洋公园 3 个，保护区数量与面积均位列全国首位，湛江、汕尾等地港湾整治修复效果显著。陆源入海污染防控力度持续加大，2014 年全省近岸海域功能区水质达标率达 94%。
福建海峡蓝色经济试验区	加快高端临海产业、海洋新兴产业、现代海洋渔业等集聚发展，推进厦门东南国际航运中心、闽台（福州）蓝色经济产业园等重大项目建设，海峡蓝色产业带初具雏形。海丝文化、妈祖文化、船政文化等影响力倍升，海洋文创产业蓬勃发展。福州、厦门入选首批国家海洋经济创新发展示范城市。	创新科技兴海模式，建立海洋博士创新创业协会等引智平台，搭建与厦门大学、国家海洋局第三海洋研究所等的产学研协同创新平台，着力引导创新要素向企业集聚，推进海洋科技公共服务平台建设。	组织实施强制性清洁生产方案，陆源污染物排放有效削减。厦门、东山、晋江入选首批国家级海洋生态文明示范区，全省国家级海洋公园 6 个、海洋特别保护区 27 个。积极推进泉港等临港循环经济示范园区建设。海洋、海岛、海岸生态保护不断加强。
天津海洋经济科学发展示范区	依托滨海新区海岸带地区，加快塘沽海洋高新区、南港工业区、天津港等海洋产业集聚区建设，重点推进中俄炼化一体化、渤海油田等重点项目建设，推动形成蓝色产业发展带。天津滨海新区入选首批国家海洋经济创新发展示范城市。	实施科技兴海战略，积极争取财政专项支持，构建海洋高端装备、海水淡化及综合利用、海洋工程、海洋生物医药等五大科技创新体系，海洋科研能力有效提升。注重人才引进，将海洋经济人才需求纳入《高层次人才引进计划》。	实施《天津市海洋环境保护规划》，加强“滨海旅游区海岸修复生态保护项目”等海域海岸带环境整治修复项目，有效遏制了海洋生态系统退化趋势。严格海洋环境影响审批，引导项目建设单位自主采取海洋生态损失补偿措施。

注：根据山东、广东、福建、天津等四省市海洋经济发展报告综合形成。

3.2　海洋经济创新发展的国际镜鉴

因弗内斯、哈尔斯塔、吕勒奥等城市依托天然海洋资源，一方面大力发展海洋渔业、滨海旅游等优势产业，另一方面注重海洋生态环境保护，为台州提供了资源接续利用、海洋生态屏护的启示。鹿特丹、大阪等港口型门户城市充分发挥比较优势，采取“以港兴城”的发展模式，但是同时也在重化工业发展路径等方面给台州海洋经济发展以警示。旧金山、温哥华等现代都市型海湾城市陆海经济协调、开发保护兼顾的发展方式则应当成为借鉴参考的成功范例。

表3　世界海洋经济创新发展的主要模式

	主要特点	典型海湾城市	主导产业
生态友好型	偏远城市，海洋生态环境优美	英国因弗内斯 挪威哈尔斯塔 意大利塔兰托 瑞典吕勒奥	海洋捕捞、海水养殖滨海旅游、自然保护等
重化工业型	地处经济中心，海洋生态环境污染严重	日本大阪 韩国迎日湾 荷兰鹿特丹	临港装备制造、石油化工、家用电器等
现代都市型	地处经济中心，注重生态保护，海洋环境无较大污染	美国旧金山 加拿大温哥华 澳大利亚悉尼	港航物流、滨海旅游 高等教育、电子信息 文化传媒、国际贸易等

4　台州海洋经济发展面临的主要问题

4.1　结构之弊：新兴与传统动能接续不力

台州海洋经济仍以资源型传统产业为主，新兴产业的基础薄弱、发展缓慢，新旧动能转换相对滞后。在产业增速维度，传统海洋产业稳健成长，而新兴高端海洋产业发展迟滞，海洋生物医药、海洋高端装备制造等新兴产业发展速度偏慢、总量规模较小。比如，海洋渔业为台州七大海洋主导产业之首，2015年台州海洋渔业增加值占全市主要海洋产业增加值的35%，比2011年提高了近10个百分点；而海洋生物医药增加值占比仅为0.9%，增长极为有限。在产业能级维度，囿于传统发展路径依赖、海洋科技创新能力不足等的叠加影响，致使台州与宁波、舟山、温州的海洋产业能级差距愈加明显，2011年台州海洋生产总值为宁波的34.6%、舟山的65.6%和温州的73.4%，而到2015年，台州海洋生产总值仅为宁波的1/3、舟山的63%和温州61%，杭州、嘉兴与台州海洋经济总量的差距亦进一步缩小。在产业支撑维度，区域海洋创新体系尚不健全，海洋创新链、海洋资本链与海洋产业链耦合不足，台州海洋产业原创技术、共性技术、关键技术支撑乏力的问题更为凸显，严重制约海洋高新技术产业发展。

4.2　统筹之失：开发与保护矛盾渐趋凸显

资源过度开发与深度开发不足的现象同时存在，海洋资源环境承载空间渐趋饱和，海洋开发秩序亟待规范。从环境端来看，由于资源利用方式粗放、产业布局不尽合理、滨海开发强度较大、陆海联动治污不力等原因，台州近岸海域海域海洋污染严重。受无机盐和活性磷酸盐等指标超标的影响，全市近岸海域海水富营养化现象严重，尤其是冬季，91%的海域处于富营养化状态。赤潮发生频率、波及范围和持续时间亦不断增长。滩涂湿地调节气候、储水分洪、抵御风暴潮等生态功能减弱，海洋防灾减灾能力下降。从资源端来看，受台州市围涂造地、港口建设、倾废排污、陆海经济活动等的影响，部分海域地形地貌、潮流动力条件等变化明显，导致港湾淤积、海岸侵蚀现象频现，自然岸线保有率接近极限，海洋经济鱼、虾、蟹和贝类产卵场、育肥场及越冬场逐渐减少，海域生物多样性急剧下降。如椒江口滩涂养殖区及邻近海域底栖生物的数量和密度与 1998 年相比分别下降了 29.7%和 69.8%。从制度端来看，海洋监测与海洋管理机制尚不健全，海洋、海事、海警、边防等涉海部门职能交叉、多头执法等“越位、缺位、错位”问题并存，严重制约了海洋生态保护与海洋开发管理的统筹力度和建设效能。

4.3 政策之限：供给与需求衔接匹配失序

海洋政策有效供给相对滞后，应对海洋经济发展需求变化的适应性和灵活性仍然不足，缓解海洋政策供需矛盾的协调、保障和评价机制亟待建立。在规划性政策层面，涉海专项规划与国民经济和社会发展规划、城市总体规划、土地利用规划等整体性规划的衔接度有待提升。由于《浙江省海洋经济发展示范区规划台州市实施方案》《台州市海洋功能区划》《台州港总体规划》等系列涉海规划的目标导向、功能定位、建设时序等相异，以致规划差异图斑难以消除，海洋经济空间布局有待进一步优化。此外，涉海规划刚性执行、规划协同实施、规划系统监督等方面仍有欠缺，“多规合一”领控海洋经济发展的水平亟待提升。在保障性政策层面，陆海统筹、河海兼顾、区域联动的海洋综合管理顶层设计缺乏，财税、金融、土地、科技促进海洋经济转型升级的系统性政策支撑体系尚未健全，难以形成要素高效配置、资源集约利用的海洋开发格局。在约束性政策层面，海洋生态补偿和损害赔偿机制、海洋环保产业政策、海洋环境污染责任追究制度等“硬约束”缺乏，海洋生态保护的主体、职责、权限及标准并不明确，海洋生态文明制度体系亟待加强。

5 供给侧结构性改革视角下台州海洋经济发展的创新进路

坚持顶层设计与实践探索有机融合，以海洋经济供给侧结构性改革为主线，以湾区经济发展试验区为依托，深度参与“一带一路”、长江经济带、浙江海洋强省建设，紧扣台州“山海水城、和合圣地、制造之都”的战略新坐标，深化“主攻沿海”发展战略，把握好破除政策藩篱与优化政策供给的辩证关系，系统优化海洋经济发展格局，全面推动海洋产业转型升级，促进海洋开发由“浅蓝”迈向“深蓝”，实现海洋经济裂变发展、跨越发展。

5.1 立足陆海统筹、江海联动，处理好优存量与拓增量的关系，着力优化海洋经济空间格局

综合资源禀赋、区位特征与现实基础，统筹台州海陆开发空间，优化“向陆”与“向海”两翼发展时序，构建横向协同、纵向联动的蓝色经济产业带，开拓依陆向海、出海向洋的海洋经济新格局。一是高标谋划海洋经济发展蓝图。秉承“创新、协调、绿色、开放、共享”五大发展理念，按照南北协同、功能清晰、集约节约的要求，突出“拥湾发展”导向，以湾区经济发展试验区为引领，统筹海洋经济空间性规划管控体系，探索建立重大规划编制协作机制、规划技术标准会商制度及规划基础信息共享系统，有机衔接国土利用规划、城市总体规划，协调港口、岸线、海域开发与城市、产业、陆域发展，统筹跨区域海洋产业空间布局、基础设施建设与生态环境保护，统一规划、合理布局海洋产业、临港工业园区、腹地工业园区，优化海域主导功能区、兼容利用区、功能拓展区，进一步完善台州“一港三湾诸岛”海洋经济发展格局，努力实现海洋空间资源高效利用和土地集约使用。二是高效统筹海洋资源开发时序。以湾区型海洋经济发展为切入点，进一步明晰三门湾、台州湾、乐清湾——“生态湾、产业湾、开放湾”的差异化发展路径，统筹推进湾、港、海、岛等海洋资源综合开发与保护。强化三门湾与象山、宁海等区域合作，主攻生态友好型产业，凸显新能源发展特色，打造台州都市区与宁波都市区融合发展的联结纽带；以台州湾循环经济产业集聚区、头门港新区、温岭东部新城等为核心，集聚台州湾海洋经济高端要素，推动“港、产、城、人”融合发展；深化乐清湾环湾四县（市、区）的联动协作，全力推进乐清湾大桥、大麦屿港区等重大基础设施建设，做精两岸经贸口岸功能，构建横向错位竞合、纵向有序协作的海洋资源开发格局。深化“一岛一品”特色开发，以大陈岛、蛇蟠岛、披山岛等重要海岛为核心，分类开发、因岛施

策，加速完善陆岛基础设施，有序推进综合利用岛、港口物流岛、现代渔业岛、滨海旅游岛、海洋生态岛开发建设。三是高质打造海洋产业示范平台。立足台州八大海洋经济主导产业，打造临港装备制造基地、能源建材物流基地、海洋清洁能源产业基地、海洋生物医药基地、现代海洋渔业基地、滨海休闲旅游基地等一批规模优势明显、产业集中度高的特色产业基地，充分发挥海洋产业示范平台的引领、辐射、带动作用，将海洋经济更深融入台州现代产业布局，积极拓展台州海洋经济战略腹地，打造湾区海洋经济成长轴。以头门港经济区、海门港经济区、大麦屿港经济区等为节点打造现代港口经济区；以海水养殖区、水产加工物流集聚区、休闲渔业区为主体提升现代渔业集聚区；以大陈岛、大鹿岛、蛇蟠岛与滨海特色小镇等为核心培育海洋旅游经济区；以现代医药高新区、循环经济集聚区、海洋清洁能源集聚区、临港装备制造产业园为依托构建海洋新兴产业集聚区。

5.2 聚焦扶优汰劣、高进低退，处理好新动能与旧动能的关系，着力构建现代海洋产业体系

坚持兴海、强市与富民的有机统一，以海洋经济供给侧结构性改革为主线，加快推进海洋制造业高端化、服务业优质化、海洋渔业现代化，力促海洋战略性新兴产业引育与传统产业转型升级协同并进，促进海洋三次产业在更广领域、更高层次、更深向度融合发展。一是大力发展海洋战略性新兴产业。深化产业链、创新链和政策链的耦合对接，重点培育海洋生物医药、海洋新能源、海水利用等战略性新兴产业。依托台州现代医药高新技术产业园区，深入推进海洋生物医药龙头企业与中小企业协作攻关，提升海洋生物医药科研能力，着力推进甲壳素、壳聚糖、新型海洋生物酶等的研发及产业化，加快海洋保健食品、海珍品良种育苗等开发研制，打造上下游协调、互促共进的海洋生物医药产业链。积极发展海洋新能源产业，塑精东海塘大型风电基地和台州湾海上风电场，深入推进三门核电站建设，有序开展“渔光互补”光伏电站，三门湾健跳港、浦坝港等潮汐能电站建设，实施波浪能、温差能、海流能、微藻能等海洋可再生能源示范项目，打造全国重要的海洋新能源产业基地。全面推动海水淡化及综合利用，提高海水淡化装备的设计研发、装备制造、工程建设能力，重点推进海水淡化及浓海水综合利用示范工程，提升以“风电水一体化”为核心的海水淡化装备产业化水平，推动饮用淡化水向灌溉淡化水、工业淡化水、医用淡化水延伸，纵深推广海水淡化设备在沿海地区、海岛的应用，着力满足海洋经济发展及沿海居民用水需求。二是改造提升传统海洋优势产业。充分发挥台州传统海洋产业的基础优势、先行优势，加速产业结构调整，攀升价值链高端环节，推动海洋渔业、临港重工、船舶制造等传统海洋产业优势倍增、提质升级。优化现代海洋渔业产业体系，调整海洋渔业捕捞结构，严控近海捕捞总量与强度，积极稳妥发展远洋渔业，重点培育渔业龙头企业、渔民合作社、家庭渔场等新型经营主体，以“两湾一岛”为核心，育优大黄鱼、青蟹、蛏等优势海水养殖产业带，深入推进海洋牧场系统化建设，提升水产品精深加工水平，加速水产品冷链物流一体化建设，完善“良种繁育—生态养殖—精深加工—贸易物流”产业链条，做精东海“蓝色粮仓”。依托台州湾循环经济产业集聚区，提升发展汽车产业、再生金属等临港优势工业，积极发展港口机械、航道疏浚、海洋环保等海工装备制造业，提升海工装备总装集成能力。整合提质海洋船舶工业，以温岭、临海、椒江等民营船舶制造重镇为核心，着力引进高端整船项目，鼓励发展远洋渔船、集装箱船、游轮游艇、液化气船等新型船舶及科学考察、海上执法等公务船舶，力促船舶领军企业专业化、规模化发展，提高船舶设计和关键设备研发能力，加速船舶配套产业集聚发展。三是积极培育现代海洋服务业。优化资源配置，引导优质要素、创新要素向海洋服务业领域集聚，优先发展海洋旅游业、海洋交通运输、海洋文化产业等现代海洋服务业。聚焦台州山海特色，深入挖掘海洋旅游内涵，统筹湾岛、串联景点，大力推动玉环国家级海洋公园、一江山岛全国红色旅游经典景区、漩门湾国家湿地公园等景区提质升级，依托三门亭旁、桃渚古城、章安古郡、海门老街、天台国清等优质旅游景点，延伸辐射纵深陆域和近岸海域，打造红色海洋之旅、人文海洋之旅、休闲海洋之旅等三大海洋旅游精品线路，联动开发台州游艇小镇、两岸风情小镇、海风渔火小镇等滨海特色小镇，构建“山、海、水、城、湾、岛”互融互动的海洋旅游新格局。大力发展海洋交通运输，探索创设“台州港管理委员会”，深化台州江海港口岸线资源的统筹管理与“一港六区”的联合协作，进一步优化近远洋航线与运力结构，强化大麦屿港与基隆港的港航合作，

扩大对台客货运直航，提升台州海运核心竞争力，深度对接宁波港口经济圈、舟山江海联运服务中心，打造义甬舟开放大通道的南翼节点。深入实施文化精品战略，积极培育海洋文化创意、动漫游戏、数字出版等新兴海洋文化产业，打造一批凸显台州特色、体现时代风韵的海洋文化精品，深入推进黄琅影视基地等特色海洋文化产业园建设。

5.3　坚持市县一体、政企偕进，处理好强硬件与优软件的关系，着力完善涉海基础支撑系统

按照规划统筹、适度超前、安全便捷的总体原则，完善涉海基础设施，进一步提升涉海公共服务能力和科技创新能力，着力为海洋经济发展提供坚强保障。一是全力推进涉海基础设施建设。紧扣海洋经济发展需求，重点加强港航物流、水利设施等基础设施建设，构建功能配套、高效安全的涉海基础设施体系。全力提升港口综合能级，加快以头门港区为核心的台州组合港建设，完善航道、锚地、防波堤等基础设施，健全港口集疏运体系，大力发展多式联运，推动椒（灵）江、金清水系高等级内河航道修复振兴，促进综合交通网络与江海港口有机衔接，全面推进港产城联动开发。重点研究椒（灵）江流域大型水利枢纽建设，加快温黄平原、大田平原、天台盆地等城市防洪排涝工程建设，深入实施湾区“强塘”工程，促进江库联通、水系联网、湾塘联控。二是全速完善涉海公共服务体系。以大数据为支撑，构建集云计算、云数据和云服务于一体的“海洋云”，建设涉海行业共享网、公众服务网和岸海接入网，打造数字化、专业化、立体化的涉海公共服务网络。聚焦海洋经济、资源开发、海洋环保、海洋安全等关键领域，加快海洋信息体系建设，提供海上通信、海上定位、海洋资料及情报管理等服务，提高海洋工程环评、海域使用论证、海洋工程勘查、海洋气象灾害风险评估等综合服务水平，提升海域治安管理能力，健全海上治安打防管控体系，形成智能搜集、智能调控、智能决策、智能服务的“智慧海洋”发展体系。三是全面提升涉海科技创新实力。立足自主创新与集成创新，依托浙大台州研究院、中科院台州研究中心、台州学院等科研机构，加强涉海工程科学、材料科学、能源科学等重点基础科学研究，吸引涉海科研院所在台设立研发机构。聚焦台州海洋经济八大主导产业，鼓励龙头企业加强研发中心、技术中心、重点实验室建设，推广涉海创客空间、创新工厂等新型孵化模式，优化“政产学研金”协同创新体系，构建海洋优势产业创新联盟，集中力量突破关键技术和共性技术，提升海洋经济核心竞争力。探索建立海洋类创新研发引导基金（债券基金），引导信贷资金、风险投资资金、股权投资基金更多投向海洋重点产业，建立海洋科技成果转化机制，打通基础研究、应用开发与产业化之间通道。健全“引、育、用、留”的海洋人才政策体系，引进一批海洋经济高层次人才、核心团队，健全海洋经济专家库，加大本土海洋专业人才培养力度，打造海洋科技人才特区。

5.4　紧扣标本兼治、跨域联控，处理好打基础与谋长远的关系，着力构筑蓝色生态保护屏障

坚持生态优先、人海和谐，以海洋生态文明建设为引领，强化海陆污染同防同治，统筹海域、海岛和海岸带生态系统建设，为拓展蓝色经济空间提供资源接续、安全屏护，进一步提高海洋经济可持续发展能力。一是健全海洋环境监测网络。聚焦环境敏感区和脆弱区，优化趋势性监测站点布局，重点加强对海陆交界处、陆源排污口、港湾潮间带、重点养殖区等环境监测，健全实时、动态、立体海洋环境监测体系。针对湾区再生金属、核电站等重点区域，探索构建海洋环境基础信息与预警服务平台，建立海洋资源环境承载力预警机制，深化风险源排查、综合性评估，提升海洋突发事件应急管理能力。二是加强海洋环境综合防治。实施陆源排污总量控制计划，建立陆源污染物排海许可制度，探索“污染者付费”制度，进一步推动陆域结构减排、工程减排及管理减排。健全陆海联动治理机制，加大乐清湾、椒江口、围垦区等重点区域的污染防治力度，深化海水养殖、海洋船舶污染防治，加强海洋倾废管理，探索建立涉海部门间数据共享、定期通报和联勤执法制度，构建“海域-流域-控制区”三级污染防控体系，深入推进陆海污染同防同治。三是深化海洋生态保护修复。严格落实海洋生态红线制度，加强对海洋特别保护区（海洋公园）、海洋生态红线区等海洋生态功能区的转移支付力度，全力保护与修复河口、海湾、岸线、海岛等重要海洋生态系统，提高海洋生态承载力和海洋资源接续性。坚持自然恢复与人工修复相协调，实施蓝色海

湾整治行动，以改善海湾环境质量为核心，联动推进环境整治、景观修复与生物保护，努力恢复海湾生态功能；实施黄金岸线修复行动，深化侵蚀性岸线修复整治，探索顺岸式围填岸线占用补偿机制，稳定自然岸线保有率；实施生态海岛创建行动，以大陈岛、蛇蟠岛、披山岛等重点海岛整治修复为抓手，营建生态岛礁、修复受损岛体，着力提升海岛综合开发价值。

5.5 依托要素融聚、制度创新，处理好供给侧与需求侧的关系，着力强化涉海政策保障体系

围绕制约海洋经济发展的重点领域和关键环节推动体制机制创新，着力优化制度供给，切实加强政府在产业发展、财税金融等方面的政策引导。一是提高财税保障力。优化财政资金引导机制，集成运用财政补贴、税费减免、风险补偿等措施，创设台州海洋经济发展专项资金和海洋产业投资基金，加强对海洋经济财政专项支持。研究制定台州海洋经济优先发展产业目录，重点支持海洋工程装备、海洋生物药物、高端船舶制造、深海养殖、远洋渔业等优势特色海洋产业发展，探索构建海洋生态补偿机制和产业转换补偿机制，加大对涉海基础设施、生态保护、防灾减灾等公益性项目的扶持力度。贯彻落实符合国家导向的税收优惠政策，以国家海洋经济创新发展示范城市创建为引领，积极争取中央和省级财税政策支持，组织海洋经济相关项目申报国家中央预算内投资计划，努力提高台州上缴的海域使用金、无居民海岛使用金的转移支付比例。二是提质金融支撑力。依托小微金融服务改革创新试点，着力引导金融资源向海洋经济集聚，健全“蓝色经济”金融服务支撑体系，打造海洋经济金融服务创新示范区。鼓励地方金融机构在有效防范风险的基础上，深化小微金融创新，健全台州涉海中小企业信贷评价体系，探索开展船舶融资、涉海专利融资、海域使用权抵（质）押融资等海洋金融服务，创设海洋科技银行等涉海专营金融机构，推动政策性银行加大台州涉海信贷投放力度，优先满足海洋先进制造业、战略性新兴产业、现代海洋服务业等的资金需求。规范发展区域性海洋产业股权交易市场，扩大债权融资；支持符合条件的涉海企业发行公司债、短期融资券和中期票据等债务融资工具，鼓励和支持优质涉海企业在境内外上市融资，提高直接融资比例。创新涉海投融资机制，充分发挥地方国有平台公司的资源优势和融资潜能，推广 PPP 模式，构建海洋经济 PPP 项目库，引导央企国企、民营资本参与港口码头、跨海大桥、滨海路网等重点项目建设，形成资源集成、优势互补、风险共担的多元融资机制。积极开发服务于海洋经济发展的金融保险产品。三是提效空间供给力。坚持规划领控、全域统筹，将海洋经济重点项目所涉土地、岸线与海域纳入土地利用总规、城市总体规划和海域使用规划，科学控制建设规模和开发强度。探索市域“指标单列、重点倾斜”的要素配置机制改革，深化围填海总量控制与指标差别化管理制度，力争省留规划指标和核减基本农田指标支持，优先保障海洋经济重点项目、涉海基础设施等用海需求，严控过剩产能的用海（用地）供给。健全海域使用权招拍挂制度，改革经营性项目用海审批制度，深化区域性建设用海项目统一论证机制，探索推广重大涉海项目“绿色通道”“一站式”审批、网络审批等方式，进一步完善海域使用管理“直通车”政策，提高用海管理与用地管理的衔接效率，提升涉海项目建设效率。健全用海项目考核评价机制，切实强化海域使用的事中、事后监管。

参考文献：

[1] 贾康，苏京春.探析“供给侧”经济学派所经历的两轮“否定之否定”——对“供给侧”学派的评价、学理启示及立足于中国的研讨展望[J].财政研究，2014(8)：2-16.

[2] 徐宏潇.双重结构失衡困境与破解路径探索：供给侧结构性改革的政治经济学分析探析[J].经济问题探索，2016(6)：171.

[3] 朱坚真.中国海洋经济发展重大问题研究[M].北京：海洋出版社，2015：13.

[4] 程刚.浙江海洋经济核心区发展战略研究[M].北京：经济科学出版社，2015：6.

[5] 国家发展和改革委员会，国家海洋局.中国海洋经济发展报告 2015[M].北京：海洋出版社，2015：3.

[6] 周世锋，秦诗立.海洋开发战略研究[M].杭州：浙江大学出版社，2011：168.

[7] 朱坚真.海洋经济学[M].北京：高等教育出版社，2016.

[8] 王书明.海洋、城市与生态文明建设研究[M].北京：人民出版社，2014.

[9] 韩增林,张耀光.世界海洋经济地理[M].北京:科学出版社,2017.
[10] 郑贵斌.海洋经济集成战略[M].北京:人民出版社,2008.
[11] 唐庆宁,宋晓村.江苏海洋经济发展研究[M].北京:科学出版社,2014.
[12] 谢子远.中国海洋科技与海洋经济的协同发展:理论与实证[M].杭州:浙江大学出版社,2014.
[13] 马仁锋,李加林.浙江海洋经济转型发展研究——迈向国家海洋经济示范区之路[M].北京:经济科学出版社,2014.
[14] 章勇敏,毕晓刚.海洋经济及其投融资策略[M].北京:中国金融出版社,2015.
[15] 英志明.国家海洋经济战略与宁波发展路径研究[M].杭州:浙江大学出版社,2012.
[16] 阳立军.浙江舟山群岛新区海洋经济与蓝色金融发展研究[M].北京:海洋出版社,2015.

海洋渔业与海洋强国战略

陈晔[1]

（1. 上海海洋大学 经济管理学院 海洋文化研究中心，上海 201306）

摘要：海洋蕴含着丰富的自然资源，进入21世纪后，在国际政治、经济、军事、外交舞台上，海洋的地位更加凸显。进入新世纪的中国在海洋方面有着更大的发展需要，党的十八大提出海洋强国战略。从渔业的角度看，大力发展海洋渔业是我国从海洋大国变成海洋强国的前提和基础，是“渔权即海权”思想的最好实践，是实现海洋强国战略的重要途径之一，是柔性国家战略，是普及海洋意识的有效手段。

关键词：海洋渔业；海洋强国战略；柔性国家战略

1 引言

在国际政治、经济、军事、外交舞台上，海洋的地位更加凸显。进入21世纪的中国在海洋方面有着更大的发展需要。党的十八大报告明确指出：“提高海洋资源开发能力，发展海洋经济，保护海洋生态环境，坚决维护国家海洋权益，建设海洋强国。”这是我党准确把握时代特征和世界潮流，深刻总结世界主要海洋国家和我国海洋事业发展历程，统筹谋划党和国家工作全局而作出的战略抉择，充分体现党的理论创新和实践创新，具有重大的现实意义和深远的历史意义。

中国处于亚太地区中央，位于欧亚大陆通向太平洋的枢纽，具备面向海洋、控制海权的便利位置，与那些陆权或海权过于单一的国家有着不同地理条件。既不像当年俄国和德国那样为寻找出海口而苦斗，也不像英国和日本那样只能遥望大陆但缺乏陆权的有力支撑。中国从大陆和海洋两面发展中所获得的地缘潜力难以估量。陆地与海洋像两只大手，将共同托起实现中华民族伟大复兴的希望[1]。

俄罗斯有句名言，“忘记过去，失去一只眼睛；沉溺于过去，失去双眼”[2]。英日等海洋国家在今天世界上的尴尬处境，欧洲海洋文明的衰落，郑和下西洋未竟之事业，对中国走向海洋都是很好的警示[3]。中国是一个拥有300多万平方千米海域、1.8万千米大陆海岸线的海洋大国，建设海洋强国、维护海洋权益是发展之要、民生之需，也是中国海洋权益维护和拓展的题中之意[4]。与历史上的中国相比，当今的中国更加需要和依赖海洋[5]。21世纪是海洋的世纪，海洋事关国家安全和长远发展，在推进现代化的历程中，中国需要不断调整自己的海洋战略，加快建设海洋强国的步伐。

2 我国海洋渔业发展

渔业，又称水产业，是指人们利用水域中生物机制的物质转化功能，通过捕捞、增养殖和加工，以取得水产品的社会产业部门。在我国，广义的渔业还包括渔船修造、渔具和渔用仪器设备的设计制造、渔港建筑和规划、渔需物资供应，以及水产品的培育、保鲜加工、贮藏、运销等产业[6]。按作业水域，渔业可分为海洋渔业（marine fishery）和内陆渔业（inland fishery）。海洋渔业又分为沿岸渔业（coastal

基金项目：上海海洋大学海洋科学研究院开放课题基金（A1-0203-00-300107）。

作者简介：陈晔（1983—），男，浙江省镇海市人，上海海洋大学经济管理学院讲师，博士，主要研究方向为海洋经济及文化。E-mail：francischen0702@126.com

fishery)、近海渔业（inshore fishery)、外海渔业（off shore fishery）和远洋渔业（deep sea fishery)。远洋渔业又分过洋渔业（distant water fishery）和公海渔业（high seas fishery），公海渔业亦称为大洋渔业(oceanic fishery)[7]。

按我国的习惯和行政管理的结构，海洋渔业具体分为海洋养殖业、海洋捕捞业和海产品加工业。海洋养殖业是指利用海域、滩涂、港湾、围塘等区域进行饲养和繁殖海产经济动植物的生产活动，除了受投放的养殖物资影响以外，主要受海域及滩涂的养殖容量、自然气候条件、养殖海域及滩涂水体环境、养殖技术水平等因素的影响；海洋捕捞业可以视为依托海洋水域空间，运用一定的物质技术装备，通过捕捞海洋鱼类、其他海洋动物以及海藻类等水生植物获得海产品的社会生产部门，主要受海洋自然渔业资源、海域生态环境、自然气候条件、捕捞设施装备、渔业法规制度等因素的影响；海产品加工业主要是指以海水及滩涂养殖业和海洋捕捞业有效产出（包括海洋鱼类、虾类、贝类、蟹类和藻类海产品）为主要原料，通过简单或精深加工生产具有较高经济附加值海产品的社会生产部门，具有资本技术密集、综合效益潜力大、对冷链物流具有较强的依赖性等特征[8]。

在海洋渔业中，最值得关注的是远洋渔业。远洋捕捞，泛指远离本国海域，驶往他国管辖海域或驶往大洋的公海海域从事的捕捞生产。前者称“过洋性远洋捕捞”，后者称“大洋性远洋捕捞”或“公海捕捞”。一般都使用机械化、自动化程度高，助渔、导航设备完善，续航能力较高，具有冷冻或加工能力的捕捞船，或使用由设备齐全的大型加工母船和若干艘捕捞船组成的捕鱼船队，从事拖网、围网、延绳钓等捕捞作业。捕捞对象主要为鳕、鲱、鱿鱼和金枪鱼类等[9]。远洋渔业生产活动跨越国界进行，是一种全球化的产业活动，也是一项集产业经济、政治利益和食物供应于一体的战略性产业。

1985年3月10日，由中国水产总公司13艘渔船组成的第一支远洋船队，从福建马尾港启航赴西非，揭开中国发展远洋渔业的序幕。1989年3月，在国务院颁布的国家产业政策中，把远洋渔业列为重点扶持发展的产业。经过30余年的发展，我国远洋渔业从无到有、从小到大，综合实力和国际竞争能力明显提升，参与国际渔业资源开发的能力不断增强[10]。2012年，获得农业部远洋渔业企业资格的企业共120家，经批准作业渔船1 830艘，比2011年增长12%。总产量、总产值分别为122.3万吨、132.2亿元，分别比2011年增长6.6%、4.9%。我国远洋渔业作业海域已遍布38个国家的专属经济区和太平洋、大西洋、印度洋公海及南极海域。外派船员4.3万人，运回国内自捕海产品71.7万吨。捕捞对象从传统底层鱼类资源拓展到鲣鱼、竹荚鱼等十多个重要远洋渔业种类，成功开发东南海太平洋竹荚鱼、东南太平洋鱿鱼、印度洋鸢乌贼等公海渔场。在整个远洋渔业中，大洋性渔业的比重增长到50%以上[11]。

表1 我国历年海洋渔业增加值（单位：亿元）

年份	增加值	年份	增加值
2001	966.0	2008	2 228.6
2002	1 091.2	2009	2 440.8
2003	1 145.0	2010	2 851.6
2004	1 271.2	2011	3 202.9
2005	1 507.6	2012	3 560.5
2006	1 672.0	2013	3 872.3
2007	1 906.0		

资料来源：《中国海洋统计年鉴》[12]。

3 海洋强国战略

人类对海洋战略地位及其价值的认识，是一个不断深化的过程。15世纪以前，海洋有渔盐之利和舟楫之便；15世纪至20世纪初期，海洋成为世界交通的重要通道；第一次世界大战后至《联合国海洋法公约》（United Nations Convention on the Law of the Sea）（以下称《公约》）生效，海洋是各国争夺利益的战场和角斗场，成为人类生存和国家安全的重要空间；《公约》生效后，特别是1992年的世界环境与发展大会以来，海洋成为人类生命支持系统的重要组成部分，可持续发展的重要宝贵财富。21世纪是人类全面开发保护海洋的新世纪，海洋的战略地位更加凸显[13]。

2000年，《人民日报》发表杜碧兰的文章《确立海洋强国战略》，该文写到：21世纪将是人类开发利用海洋的世纪，也是中华民族富强振兴的世纪。一个现代强国往往都是海洋强国。……为了中华民族的振兴，建议将海洋强国战略列入21世纪我国的国家发展战略……建议深化海洋调查研究，发展海洋高技术，持续快速发展海洋经济，有效维护国家海洋权益，保障海上安全，保护海洋生态环境等[14]。2003年5月，中国政府第一次明确提出海洋经济的概念，做出开发海洋经济的战略部署。在《中华人民共和国国民经济和社会发展第十一个五年规划纲要》（2006年）中提出我国应“促进海洋经济发展”的要求[15]。2008年，《国家海洋事业发展规划纲要》出台。在2009年的《政府工作报告》中又强调“合理开发利用海洋资源”的重要性[15]。2011年，海洋经济作为产业体系中一个单独的组成部分，首次写入国家“十二五”规划纲要[16]。以此为基础形成的《中华人民共和国国民经济和社会发展第十二个五年（2011—2015年）规划纲要》（2012年）第十四章“推进海洋经济发展”指出，我国要坚持陆海统筹，制定和实施海洋发展战略，提高海洋开发、控制、综合管理能力。这些无疑为我国推进海洋事业发展，特别是建设海洋强国提供重要的政治保障。可见，建设海洋强国是我国结合当前国际国内形势发展特别是海洋问题发展态势提出的，是一项具有政治属性的重要任务是国家层面的重大战略[15]。

党的十八大报告明确指出：“提高海洋资源开发能力，发展海洋经济，保护海洋生态环境，坚决维护国家海洋权益，建设海洋强国。”这是我党准确把握时代特征和世界潮流，深刻总结世界主要海洋国家和我国海洋事业发展历程，统筹谋划党和国家工作全局而作出的战略抉择，充分体现了党的理论创新和实践创新，具有重大的现实意义和深远的历史意义。海洋强国的战略目标，是党中央在我国全面建成小康社会决定性阶段作出的重大决定，是中国特色社会主义道路的重要组成部分，是一条以海富国、以海强国、人海和谐、合作发展道路，需要海洋工作者以及全社会付出长期不懈的艰苦努力[17]。

按照刘楠的观点，从海洋法公约的角度，我国家拥有的海洋权益主要有以下几点：（1）建立12海里领海制度，拥有对该海域及其上空的主权；（2）建立200海里专属经济区制度，享有该区域内勘探开发养护管理自然资源和从事经济性开发的权利，以及对于人工岛屿设施和结构的建造和使用海洋科学研究和海洋环境保护的管辖权；（3）建立大陆架制度，享有对从领海基线量起最远达350海里的大陆架及其自然资源的主权权利；（4）他国领海内的无害通过权，以及用于国际航行海峡中的过境通行权、群岛水域中的无害通过权和群岛海道通过权；（5）公海中的航行、飞越，铺设海底电缆和管道，建造人工岛屿和设施，捕鱼和科学研究自由，以及对悬挂本国国旗船舶的专属管辖权；（6）参与国际海底区域的管理和自然资源的勘探和开发的权利；（7）其他权利，如军舰和政府公用船舶在各海域的管辖豁免权，建立毗连区，对于海关财政移民卫生安全等事项的管制权，在他国专属经济区内通过与沿海国协议安排的捕鱼权，特别是在南极北极海域，包括航运资源等在内的广泛权益[18]。

4 海洋渔业助力海洋强国战略

海洋渔业是我国最重要的海洋产业之一，为国民提供大量的海产品，吸纳数百万的就业人口，在国际水产贸易市场举足轻重[19]。大力发展海洋渔业是使我国从海洋大国变成海洋强国的前提和基础，是“渔权即海权”思想的最好实践，是实现海洋强国战略的重要途径，是柔性国家战略，是普及海洋意识的有效手段。

4.1 “渔权即海权”

渔权并不是一个局限于严格意义上的法律概念，而是一个泛指的概念。在内海和领海，渔权指国家对海洋生物资源的专属管辖权；在专属经济区和大陆架，渔权指国家对海洋生物资源以勘探、开发、养护和管理为目的的主权权利；在公海海域，渔权指国家享有的、由其国民在公海捕鱼的权利，包括国家对悬挂其旗帜的渔船的管辖权。渔权也包括国家依据国际法在他国水域的入渔权和传统捕鱼权。海权一般是指国家享有的海洋权益，既包括沿海国在其管辖海域范围内的主权、主权权利、管制权、管辖权和利益等，也包括在公海、国际海底区域等国家管辖范围外享有的海洋权利和利益[20]。

1982 年《公约》签订以来，特别是 1994 年《公约》生效以来，世界各国都把海洋生物资源看成一种战略资源，对其的竞争日趋激烈，使得有关海洋生物资源养护与合理利用的规则和措施成为国际海洋法发展最快、最为活跃的组成部分。实际上，纵观国际海洋法的发展，不难发现有关海洋渔业的国际法原则、规则、制度的演变和发展过程与国际海洋法的历史形成和发展紧密关联。工业革命给渔业带来更有效的现代捕鱼设备和工具，使对于渔业资源使用权和渔场使用权的争夺变得明朗化。最初只是周边海域的渔权之争，如 17 世纪初英格兰与荷兰之间的鲱鱼渔业之争，之后是公海的渔权之争，如 19 世纪英国和法国在英吉利海峡渔业上的冲突。不管是国家周边海域的渔权之争，还是公海海域的渔权之争，或是国际海洋法上众多的案例涉及的渔权之争，我们不难发现，从古至今世界各国都将海洋渔业权益作为海洋权益中一项不可分割的重要权益，千方百计采取各种措施维护国家周边海域或公海的渔业权益。渔权是海权的一项重要内容，渔权是海权争夺的焦点与热点[20]。

早在 100 多年前，清末状元、中国近代实业家、政治家、教育家张謇就曾提出“渔权即海权”的重要思想。他在甲午战争初期撰写的《治兵私议》中提出“治海军”的建议，除主张建设实力强大的海军外，还提出以海军舰船时时“游弋东西洋”的方式御敌于海，同时“保护中国商旅，熟习各国海道”，并“得沙线、礁石于洋图之外”。近代化的“海权”思想已跃然纸上。张謇则在 1904 年以后积极提倡“自行我领海主权”，“定渔界以伸海权”的制海权策略。他认为：“海权界以领海界为限，领海界以向来渔业所至为限”，“海权、渔界相为表里，海权在国，渔界在民。不明渔界不足定海权，不伸海权不足保渔界”，“渔业盛则渔界益明，渔民附则海权益固。”故此，“国则视渔业为关系海权最大之事，其领海界限由三海里渐至十海里。”[21]张謇对准备创建江浙渔业公司的同仁说：“渔业和航政的范围到哪里，就是国家的领海主权在那里。假如只有海面没有渔业航政，试问主权从哪里表现出来，等于空谈。我国政府和人民都极应该注意，一致挽回已失的权利和发展沿海的渔行业。”[22]张謇还抓住参加米兰万国渔业博览会的机遇宣示海界、维护海权。张謇奉命筹办 1906 年米兰万国渔业博览会，他仔细考察各国兴办渔业赛会历史，发现自 1862 年英国举办渔业赛会以来各国竞相扩张，“不数十年，由三海里渔界拓充至二千五百余海里。德、法、美、俄、义、奥继之，渔业遂与国家领海主权有至密之关系”。张謇提请清政府注意米兰渔业赛会所暗含的领海主权问题，主张利用此次赛会绘制海图，表明渔界和领海主权。清商部接受建议，责人绘制《江海渔界全图》。《江海渔界全图》不仅标有经纬线，还有中、英文注释。1906 年 4 月上旬，在上海设展览馆陈列 3 日，每天接待数千人参观，后装船运往意大利参展，该活动让世界了解中国渔界和领海主权[23]。

我国渔政部门的巡航等活动以及渔业资源调查，正体现“渔权即海权”的思想。2012 年，我国渔政部门共组织 72 艘渔政船执行专属经济区渔政巡航 279 航次（超计划完成 46.8%）、3 958 d（超计划完成 36.5%）、航行 28 188.1 h、航行 283 349.56 海里；观察记录国外船舶 1 324 艘次；登临检查外国渔船 119 艘；查处外籍渔船 10 艘、没收 5 艘。对协定水域巡航监管、涉韩朝敏感水域巡航监管、钓鱼岛海域巡航、西沙海域巡航监管、黄岩岛海域巡航监管、美济礁海域、南沙海域伴航护渔、交界海域护渔行动[24]。2013 年 3 月，中国水产科学研究院南海水产研究所“南锋”号渔业科学调查船抵达南沙海域，开始执行“南海渔业资源调查与评估”专项调查 2013 年第 1 航次调查任务。此举标志着我国启动对南沙渔业资源的新一轮调查。“南海渔业资源调查与评估”专项的实施将为维护南沙海洋渔业权益提供全面、科学、权威的数据和资料[25]。

4.2 发展海洋强国战略的重要途径

1906 年 12 月 2 日，孙中山在东京《民报》创刊周年庆祝大会的演说中，就积极倡导发展海洋实业，争取中国海洋权益，造福中华民族的思想[26]。发展海洋经济是建设海洋强国的重要途径，我国的海洋经济产值在国内生产总值中的比重日益提高。进入21世纪以来我国海洋经济总量持续增长（表2）。海洋经济是一个可以大有作为的产业，也是推进海洋强国战略发展的重要领域[15]。

表2 我国历年海洋生产总值

年份	海洋生产总值/亿元	占国内生产总值比重/%	增长速度/%
2001	9 518.4	8.68	
2002	11 270.5	9.37	19.8
2003	11 952.3	8.80	4.2
2004	14 662.0	9.17	16.9
2005	17 655.6	9.55	16.3
2006	21 592.4	9.98	18.0
2007	25 618.7	9.64	14.8
2008	29 718.0	9.46	9.9
2009	32 161.9	9.31	8.8
2010	39 619.2	9.69	15.3
2011	45 580.4	9.42	10.0
2012	50 172.9	9.39	8.1
2013	54 718.3	9.31	7.8
2014	60 699.1	9.54	7.9

资料来源：《中国海洋统计年鉴》（2015）[27]。

在海洋产业中，海洋渔业是目前开放利用最早、全面、最重要的产业之一（表3）。海洋渔业长期以来在海洋经济乃至国民经济中占据重要地位，是海洋资源开发利用的主要形式之一[8]。大力发展海洋渔业是使我国从海洋大国变成海洋强国的前提和基础，加快推进现代渔业的开发是目前我国海洋渔业发展的主攻方向[28]。

表3 2014年全国主要海洋产业增加值

主要海洋产业	增加值/亿元	比例/%
海洋渔业	4 126.6	2.1
海洋油气业	1 530.4	-5.0
海洋矿业	59.6	11.2
海洋盐业	68.3	8.8
海洋船舶工业	1 395.5	15.5
海洋化工业	920.0	15.4
海洋生物医药业	258.1	7.3
海洋工程建筑业	1 735.0	7.5
海洋电力业	107.7	17.6
海水利用业	12.7	3.7
海洋交通运输业	5 336.9	9.6
滨海旅游业	9 752.8	11.1
合计	25 303.4	8.1

资料来源：《中国海洋统计年鉴》[27]。

4.3 柔性国家战略

发展海洋渔业是建设海洋强国过程中，一种柔中寓刚、以柔克刚的柔性方法。海洋渔业能够扮演柔性国家战略的角色，发挥独特的作用。不仅中国，世界各大强国莫不如此。在我国边境海域大力发展海洋渔业，建立海上渔业生产基地，保卫海域领土，有利于遏制他国侵占行为，突出我国海上存在，有利于在海洋边界争端交涉行动中争取主动。另一方面，发展远洋渔业是实施我国海洋“走出去”战略的重要途径，是我国海上实力的重要体现，有利于拓展渔业发展空间、争取公海渔业资源配额，有利于维护国家海洋权益、增强我国在相关国际领域的地位和影响力[8]。远洋渔业的兴衰体现国家政治和经济实力，远洋渔业越发达，获取海洋资源份额就越多，国际发展空间越大，在国际事务中就更有话语权[29]。再者，我国涉及海洋管理部门有多家[5]，其中渔政部门进行管理有效、直接。另外，渔民从小在海边长大，祖祖辈辈在同一海域捕鱼，对海洋怀有着特殊的感情和切身利益，他们对于海洋权益的保护有着更大的热情。总之，在领土主权和海洋管辖权争议区域，渔业因其特有的灵活性、广布性、群众性，对维护国家海洋权益具有重要作用，应该放到所涉及的国际关系大局中考虑[20]。

4.4 提升广大群众的海洋意识

海洋意识是指一个国家及其国民对海洋的历史、现实，特别是未来发展中的地位、作用和价值系统的理性认识。它是人们对海洋的地位与价值的重要性的心理倾向和基本认知。海洋意识是制定海洋政策和海洋战略的前提，海洋政策、海洋战略又是海洋经济发展的保障[1]。通过消费海产品，可以提升群众的海洋意识。由于中国海监船、渔政船巡航给渔民以信心和保障，赴钓鱼岛周边海域捕鱼的渔船增多，获得丰收的浙江渔民挑选最优质的钓鱼岛深海鱼，以最快的速度运往上海，2013年1月26日，来自我国钓鱼岛附近海域的鲜鱼运抵上海光大会展中心，8 000斤新鲜马面鱼、马鲛鱼、青砧鱼、红鲠鱼被众多顾客抢购一空，现场的上海市民直呼“新鲜!”[30]。通过消费海产品，广大群众直接感受到海洋资源的价值，有效地提升他们的海洋意识。

表4 我国历年海产品消费总量（单位：吨）

年份	海水养殖量	海洋捕捞量	远洋捕捞量
2008	13 403 236	11 496 270	1 083 309
2009	14 052 220	11 786 109	977 226
2010	14 823 008	12 035 946	1 116 358
2011	15 513 292	12 419 386	1 147 809
2012	16 438 105	12 671 891	1 223 441
2013	17 392 453	12 643 822	1 351 978
2014	18 126 481	12 808 371	2 027 318
2015	18 756 277	13 147 811	2 192 000

资料来源：由历年《中国渔业统计年鉴》数据统计而得。

5 结论

中国海洋资源丰富，管辖海域面积约300万平方千米，大陆海岸线长1.8万千米，有着成千上万个堪称海上明珠的海岛，丰富的油气、矿产、生物等资源。中国既是陆地大国，也是海洋大国，在海洋上拥有广泛的战略和经济利益[31]。进入21世纪的中国在海洋方面有着更大的发展需要。

发展海洋经济是建设海洋强国的重要途径，我国的海洋经济产值在国内生产总值中的比重日益提高。海洋渔业长期以来在海洋经济乃至国民经济中占据重要地位，是海洋资源开发利用的主要形式之一，加上其特有的灵活性、广布性、群众性，对维护国家海洋权益具有重要作用。大力发展海洋渔业是我国从海洋大国变成海洋强国的前提和基础，加快推进现代渔业的开发将成为目前我国海洋渔业发展的主攻方向。

参考文献：

[1] 李亚虹，张英涛.树立海洋意识强化海洋报道[J].中国广播电视学刊，2013(1)：92-94.
[2] 王芳.走中国特色的海洋强国之路[N].中国海洋报，2013-3-18.
[3] 王义桅.中国海洋强国梦不走西方老路[N].人民日报(海外版)，2013-1-17.
[4] 孟彦，周勇.海洋强国等于海洋霸权？[N].人民日报(海外版)，2012-11-13.
[5] Dean Cheng.Sea Power and the Chinese State：China's Maritime Ambitions[J].Backgrounder，2011，July 11：1-12.
[6] 周应祺.渔业导论[M].北京：中国农业出版社，2010：2.
[7] 周应祺.渔业导论[M].北京：中国农业出版社，2010：3.
[8] 姜秉国.海洋农业助力海洋强国建设[J].中国农村科技，2013(11)：34-37.
[9] 夏征农，陈至立.辞海[M].6版.上海辞书出版社，2011：5540.
[10] 方堃.中国海洋战略性新兴产业培育机制研究[D].青岛：中国海洋大学，2013：86.
[11] 国家海洋局海洋发展战略研究所课题组.中国海洋发展报告(2014)[M].北京：海洋出版社，2014：123.
[12] 国家海洋局海洋发展战略研究所课题组.中国海洋统计年鉴(2014)[M].北京：海洋出版社，2014：50.
[13] 国家海洋局海洋发展战略研究所课题组.中国海洋发展报告(2014)[M].北京：海洋出版社，2015：319.
[14] 杜碧兰.确立海洋强国战略[N].人民日报，2000-3-11.
[15] 金永明.中国建设海洋强国的路径及保障制度[J].毛泽东邓小平理论研究，2013(2)：81-85.
[16] 李靖宇，曹桂艳.海洋强国的构建路径[N].辽宁日报，2013-4-9.
[17] 刘赐贵.建设中国特色海洋强国[N].光明日报，2012-11-26.
[18] 聂永有.当前海洋争端的形势分析与对策思考"洋强国战略构建高端圆桌会议"综述[J].上海大学学报(社会科学版)，2013(6)：12-20.
[19] 国家海洋局海洋发展战略研究所课题组.中国海洋发展报告(2014)[M].北京：海洋出版社，2015：117.
[20] 黄硕琳.渔权即是海权[J].中国法学，2012(6)：68-77.
[21] 都樾，王卫平.张謇与中国渔业近代化[J].中国农史，2009(4)：11-22.
[22] 韩兴勇，于洋.张謇与近代海洋渔业[J].太平洋学报，2008(7)：84-88.
[23] 宁波.校史钩沉：张謇"渔权即海权"思想概述[EB/OL].http://www.shou.edu.cn/news/news_detail.asp？ID=15461.2012-11-05.
[24] 农业部渔业局.中国渔业年鉴(2013)[M].北京：中国农业出版社，2013：27-28.
[25] 加强南海渔业研究助力海洋强国建设[J].中国渔业经济，2013(2).
[26] 宁波，韩兴勇.渔权即海权：张謇渔业思想的核心[J].中国海洋社会学研究，2014(1)：3-10.
[27] 国家海洋局海洋发展战略研究所课题组.中国海洋统计年鉴(2015)[M].北京：海洋出版社，2016：47.
[28] 做强海洋渔业[J].农村工作通讯，2013(12)：11.
[29] 向清华.不同空间尺度的远洋渔业生产网络研究[M].北京：经济科学出版社，2014：4.
[30] 8000斤"钓鱼岛鲜鱼"被上海市民抢购一空.http://news.xinhuanet.com/photo/2013-01/28/c_124287982_2.htm，2013-1-28.
[31] 余建斌.从海洋大国昂首迈向海洋强国[N].人民日报，2014-6-11.

海洋教育：概念、特征与发展路径

季托[1]，武波[1]

（1. 中国海洋大学 基础教学中心，山东 青岛 266100）

摘要：海洋教育是海洋强国战略的软实力之一。目前，海洋科学领域和教育界对海洋教育研究处于初级阶段，不足以承载海洋科学的快速发展。尽管海洋教育没能在高等教育和基础教育中拥有较高地位，但是已经有不同领域学者关注海洋教育研究，相关概念的辨析和讨论声音不断加强，海洋教育外在的时代要求和内在的系统性、交叉性和发展性的核心特征凸显。依此，提出海洋教育的发展基本路径：构建海洋教育理论体系、培养公众的海洋教育观、提升海洋科学教育的核心地位、建立海洋科普教育体系、形成海洋科学教育和海洋科普教育协同发展的局面。

关键词：海洋教育；海洋科学；海洋教育观；协同发展

1 困惑与思考

1.1 海洋发展的今天需要海洋教育

1.1.1 海洋科学发展需要海洋教育的支撑

海洋是开放的、多样的系统，包括各种时空尺度、不同层次的物质存在及其运动形态，这一属性决定着海洋科学涵盖了自然科学、社会科学和人文学科及多学科交叉研究而成为一个复杂科学体系。近几十年，现代海洋科学的研究重点，除研究海洋中的各种自然现象、过程、性质和变化规律之外，主要集中在与人类关系密切的资源和环境问题方面[1]，海洋科学研究领域扩大、交叉性、合作性增强，涉及研究问题相对增多，如海洋自然科学与社会科学如何协同合作、面对不同的对象如何传播海洋知识、如何应对技术变革对海洋科学研究的影响以及相关投入和产出的评价指标等等。这些问题需要由特定学术领域的人员研究海洋交叉科学的机理、生长和发展等内容，从而总结出规律，为海洋科学研究人员提供支持。另外，海洋人才培养离不开海洋教育。海洋研究全球化趋势需要培养具有国际视野、系统的海洋专业知识和创新能力强的复合型海洋人才，能够建立可主持完成国际大型海洋调查和研究项目的海洋科学家大群体和技术大团队，形成海洋人才宏观协同和微观合作的良好局面。

海洋科技知识的传播需要海洋教育为载体，海洋人才培养需要海洋教育来实现。目前海洋教育的研究与发展不足以满足海洋科学快速发展的要求，因此，需要将海洋知识传播、人才培养、海洋交叉学科的协同发展以及相关教育资源的投入、产出、评价等内容形成一个系统的、规范的研究领域，以多维度对海洋科学发展形成有力支撑。

1.1.2 生态海洋需要树立正确的海洋教育观

如何实现在开发海洋同时，贯穿生态海洋、可持续发展海洋的理念呢？需要树立正确的海洋教育观。国内外海洋经济快速发展的同时，伴随着资源衰退、灾害频发、海域水质和生物环境质量大幅下降，甚至某些生态类型及其生态系统的破坏是不可逆转的。这些问题的发生、存在，预示着发展的不可持续性，必

基金项目：中央高校基本科研业务费专项成果（201415004）；中国海洋学会项目（中小学与涉海高校合作开展海洋科普教育的策略研究）。

作者简介：季托（1975—），女，黑龙江省双鸭山市人，从事海洋教育和系统科学应用研究。E-mail：jituo@ ouc. edu. cn

须引起人类在开发利用海洋时高度重视[2]。海洋自身是一个生态系统，人们在开发海洋同时，维护生态环境，充分利用其生态体系为人类服务，这是最理想的状态。但是如何将生态海洋、可持续发展海洋、系统海洋的理念传递给海洋开发者和利用者？除了进行海洋科学规划和管理之外，更重要的还应当将包括着海洋和谐共生（“和”）、包容万物（“容”）、生生不息（“生”）的海洋精神理念通过教育渗透和传达给他们。先改变人的思想和观念，才能真正保护海洋生态环境，实现海洋产业的循环开发，走上可持续发展海洋的道路。

1.1.3 提高全民海洋素养需要海洋教育的普及

海洋意识是国家海洋软实力的重要基础。2016年国民海洋意识发展指数（MAI）研究报告显示我国国民的海洋意识平均得分为60.02，表明国民对海洋的关注、了解和实践程度相对较弱，国民海洋意识还有很大的提升空间[3]。海洋知识的普及对象包括幼儿园、中小学校、高职院校等学生以及部分公众。目前，国内部分学校和社区通过竞赛、短期讲座、参观实践、组织社团等活动形式开展海洋教育，但远远没有达到普及知识的程度，学生及公民海洋知识结构缺乏系统性和持续性。另外，学校教师（部分涉海高校教师除外）海洋教育能力承载度不足，缺乏海洋教育政策的审视能力、海洋领域的知识技能、实施海洋教育兴趣度、海洋教育活动设计能力和资源获取力以及海洋教育的目标认知力、跨领域主题教学能力、课程设计能力等。再有，面向公众的持续性、系统性的海洋教育培训基本没有①。

如何提高全民海洋素养，需要系统的海洋知识体系、先进的教育方法以及规范的评价指标等，这些期待海洋教育工作者完成。

1.2 海洋教育的研究归属

海洋教育是教育学研究领域吗？是海洋科学的研究领域吗？还是海洋文化的研究领域？

海洋教育不是一个新词，传统意义上即使没有明确说明，人们也知道是指与海洋相关的专业教育活动。近年，随着发展海洋强国战略、培养公众海洋意识的提出，海洋教育不仅仅表示海洋科学或海洋专业的教育，还包括针对中小学生和公众的海洋知识普及性教育，海洋教育的概念和研究领域变得模糊。尤其是大陆地区前期关于海洋科普教育的参考资料多来自台湾地区，而台湾很多研究资料使用“海洋教育”一词替代了海洋科普教育，甚至一些学者提出使用海洋教育专指海洋科普教育。这种不明确的写法可能会产生误解或误导，人为地缩小了海洋教育的研究范围和功能属性，持续下去可能会弱化海洋科学教育在海洋教育中的地位。海洋教育是典型的交叉科学，属于教育学研究领域，也属于海洋科学研究领域，只是现在被教育界边缘化。因此，学术界有必要界定海洋教育，探究海洋教育内涵，梳理海洋科学教育、海洋科普教育及二者关系，逐步建立海洋教育理论体系，充分发挥海洋教育在海洋强国战略中软实力的作用。

2 海洋教育概念的演变

2.1 海洋教育概念的探索

国外相关研究未明确提出“海洋教育”定义。英语表达中，“海洋教育”一词有“aquatic education”、“sea education”、“ocean education”、“maritime education”、“marine education”等等。“aquatic education”泛指和水有关的教育，“maritime education”指涉海的专业人才教育，“sea education”、“ocean education”所指的海洋教育相对更宽泛些。美国的海洋教育概念没有明确海洋科学教育和海洋科普教育，只是通过受众对象来进行区分。欧盟海洋政策报告中的海洋教育概念中涵盖了海洋科学教育和海洋科普教育，指的是旨在唤醒人们对于海洋遗产的重视、正视海洋在生活上的重要性以及海洋发挥无限的潜力，提供人们生活福利与经济的机会。日本的海洋教育概念政治目的较强，强调国家主权，将海洋知识等纳入各科目教学范

① 引自季托《青岛市中小学海洋教育课程实施现状调查研究报告（2016年）》。

围，使日本青少年能够系统性学习相关知识[4]。而且其海洋教育研究体系完整，分别从政策、立法、学校教育、社会教育等方面推行，不仅传播海洋知识，更强调在社会活动中融入对海洋环境思考。

中国对于海洋教育定义的探索有着明显的时代特征，大致经历了两个主要阶段。

第一个阶段是零星探索阶段。1946 年，我国开始海洋科学教育，涉及学科范围比较广，至今已形成一定的规模。此阶段对海洋教育的概念并没有明确界定，主要采取间接论述方式，多数是在海洋和教育之间加入一个限定语，如海洋环境教育、海洋物理教育、海洋生物教育等。海洋科普教育指的是针对中小学生和公众的科学普及性质的教育。这个阶段研究没有明确海洋教育的内涵，但已经开始有意识区分海洋专业教育和针对大众的海洋普通教育，此阶段的积累成为后续海洋教育研究的基础和铺垫。

2000 年以后是孕育发展阶段。研究者针对海洋教育概念、定义、内涵进行了多领域多角度探讨。有海洋学者借助教育学对教育的定义，认为海洋教育指的是为增进人对海洋的认识、使人掌握与海洋相关的技能进而影响人的思想品德的一切活动[5]。也出现了从人海关系视角出发，定义广义海洋教育和狭义海洋教育的观点：前者指所有与海洋相关的活动；后者专指学校参与的与海洋相关的培养海洋素养的教育活动[6]。台湾有学者以海洋教育的重要性和必要性为着眼点，强调在中小学中教导海洋教育相关内容刻不容缓，海洋教育唯有向下扎根，从小建立爱海、亲海、知海的价值观[7]。

2.2　海洋教育概念的多元化发展

在经历了对海洋教育概念的孕育探索研究之后，目前围绕海洋教育概念的研究步入多元化发展时期。

研究议题多元化：海洋教育研究内容从政策研究、海洋教育生态承载能力到海洋普及教育的整合方式、教学理念、个案比较研究以及海洋教育发展现状调查，对于师资培养和教材建设的研究也逐渐加强，内容更细致深入、研究方向更广泛。

研究方法多元化：最初海洋教育的研究方法多采用问卷调查、访谈、文本分析、文献整理、比较研究、理论探索等，大部分研究采用量化方法，逐步从实证研究向理论研究倾斜，有学者将生态理论应用于海洋高等教育的研究[8]，但是暂时还没有深入和系统的理论研究。

研究群体组成的多元化：研究人员从最初为数不多的师范院校及涉海高职院校教师逐步扩展，涉及法政人文学者、经济管理界学者、涉海团体人士、海洋自然学科研究人员等。部分非涉海高校开始注重海洋教育的研究，成果体现于博硕论文以及教师、学生发表的相关文章。另外，如《中国高等教育》、《教育研究》、《航海教育研究》、《教学研究》、《中国渔业经济》及部分涉海高校学报等学术期刊增加了海洋教育方向的内容。

2.3　海洋教育概念的综合与提升

随着海洋开发和利用的领域扩大，海洋教育概念将逐步从教育领域、从海洋强国软实力中凸显出来，升级为海洋教育观的过程。海洋教育概念不仅是海洋知识和技能的传播、人才培养，与此同时还向公众传递海洋生生不息、包容万物以及和谐共生的精神理念，是认识海洋、利用海洋的系统观和生态观的培养和形成过程。

由此，海洋教育是一门教育学科，其特殊性在于它又是一个众多学科交叉的研究领域，横跨自然、社会、人文三大知识部类，包括海洋科学教育和针对中小学生、公众的海洋普及教育以及二者关系研究。

3　海洋教育的特征

随着海洋强国战略提出，海洋教育开始受到众多领域学者关注，研究内容已从海洋教育概念辨析转向政策研究、战略发展、教学目标等相对宏观议题，理论生长点已经开始萌芽，并逐步趋同构建海洋教育理论体系。当前形势下，海洋教育已经有比较明晰的内部的核心特征，对外也彰显出强烈的时代要求。

3.1 外在的时代要求

3.1.1 海洋人才协同发展

海洋研究全球化趋势需要具有国际视野、系统的海洋专业知识和创新能力强的复合型海洋人才的协同和合作。近十年，随着国家对海洋科学领域的科研投入大幅增加，我国海洋人才明显壮大、质量显著提高，能够参与国际大型计划，开展国际合作。但是，海洋人才队伍仍不足以自成系统，高层次科学家大群体和技术大团队尚未形成，科研活动缺少宏观协同和微观合作，还欠缺独立主导完成全球大型海洋调查和研究项目能力。另外，海洋探索对科学技术具有较强的依赖性。目前技术发展迅速，信息技术尤为突出，不仅为海洋研究带来新突破，也改变着人与人之间的交流方式，为科研活动的协同合作带来了新的方式。因此，海洋教育是全方位的人才培养，除了提供系统的知识性、技术性学习外，还应增加协同合作、国际交流等方面的培养，形成系统的、可持续发展的教育体系。

3.1.2 海洋可持续发展

“生态海洋、和谐海洋”是人与海洋共同存在于地球上，相处过程中表现出来的一种融洽、调和、协同的趋势和动态的过程，体现在人对海洋的影响与海洋对人的制约。人从海洋中获取所需的资源和信息，同时利用人类的智慧给予海洋保护和治理，人在与海洋和谐共生中具有了如何形成人海有机整体的能力。海洋教育正是这种能力的执行者，在海洋教育活动中体现海洋系统和谐性，充分发挥海洋生态永续功能。由于海洋研究涉及学科众多，也有很多非海洋专业的人员会从事海洋研究开发工作。因此，应当通过加强青少年的海洋科学普及教育，在普通高校增设海洋教育通识课程等，加强对更广泛的公众传达正确的海洋发展观[9]。

3.1.3 海洋国际事务复杂性

海洋问题复杂而敏感，且彼此关联，海洋治理涉及全球治理，需要综合考虑和应对。事实证明，一个国家也是无法应对和处置海洋事务和海洋研究的。海洋科技国际合作呈现持续拓展态势，我国科学家参与的一系列重大国际海洋科技合作项目，有利于扩展海洋研究视野、支持我国科学家在国际海洋科学组织中担任重要职务，有选择、有侧重、有步骤地介入区域性和全球性国际海洋重大科学计划，在有传统优势的学科领域创造性提出区域及全球性海洋科技合作新主题，努力形成以我国为主的海洋科技合作新态势，增强我国在国际海洋事务中的影响力。另外，海洋传播研究的复杂性，争端语境下如何报道海洋事务，国际合作过程中相关语言的培养、相关国际海洋法律的掌握、海洋交叉学科的研究以及如何加强海洋学科学生的国际交流，这些除了要有宏观战略规划，还应从微观上形成一套系统的教育体系和教学方法，适时需要专业学者加入到这个领域来、加强并扩展海洋教育研究领域。

海洋强国战略的人才需求，技术需求，国际合作需求，可持续发展需求，要求海洋教育适时拓宽领域、发展成一门具有系统性、开放性、交叉性的学科。

3.2 内部的核心特征

3.2.1 海洋教育的系统性

从研究内容上看，海洋教育既包括海洋科学（含学科间的交叉）教育研究，也包括海洋科普教育的知识体系、理论指标的构建研究，还包括公众海洋精神、海洋意识等培养的研究，是一个多层次、多角度教育体系。是由海洋科学教育和海洋科普教育共同组成的一个整体，海洋科学教育为海洋科普教育提供教育素材，海洋科普教育的系统化实施可以推动海洋科学教育的发展，既可以增强海洋知识的理解力，又能够培养人们广阔的思维模式。从研究方法上看，海洋教育除了使用教育学、心理学的研究方法，也应运用自然科学的研究方法，而且更多的使用多种方法融合、系统整合。

3.2.2 海洋教育的交叉性

海洋教育是通过不同学科间的理论和方法相互渗透，实现海洋知识的整合，其过程完成各海洋相关学科的相互作用，在遵循科学规律的基础上，形成海洋多学科之间交叉的理论体系，成长为开发海洋、利用海洋的辅助学科群[10]。海洋教育是典型的交叉学科，海洋科学教育内部涉及多门学科的交叉，海洋科学教育与科普教育的交叉，海洋科学与教育科学的交叉，涵盖社会科学、自然科学、人文学科三大部类的交叉研究。海洋科学之间的交叉除了海洋学科的内部交叉、学科间的近距离交叉，还包括学科间的远距离交叉。也就是说，海洋科学教育既涉及物理、化学、生物、地质等自然科学的内部交叉研究，也包括它们与经济、管理、法律等社会科学的外部交叉研究，以及它们在海洋文化之间的体现等。除了具有一般科学知识普及教育的特点外，海洋科普教育涉及的知识内容更加综合、广泛，教育活动的方式多样化，教学研究交叉性更加明显。

3.2.3　海洋教育的发展性

学科间的交叉能够产生新的动力，使海洋教育表现出强大的生命力，其特点体现在其发展性上。海洋精神的“生”、“和”、“容”是海洋教育观的三个表现维度，海洋教育系统生命力指数（“生”）高可以保持和谐发展（“和”），“和”可提升海洋教育“容”的能力，容纳能力增强，可以提供更多信息，增强海洋教育系统的生命力。海洋科学正处于快速发展期，特点表现为科学与技术的协同发展、海洋观测趋于全球化、观测与模式融合发展、学科的交叉与融合[11]。海洋教育无论从教育观层面上还是从实践过程中都表现出系统的生长和发展特性。

4　海洋教育发展的基本路径

4.1　构建海洋教育理论体系，形成海洋教育学科

一般认为学科独立的三大标志是：明确的研究对象、完整的理论体系、专门的研究方法。当前，大理论或者宏观理论的发展在很多学术领域的研究中都面临一些困境，中层理论和微观理论成为理论创新的生长点。海洋教育符合了这个研究趋势，基本没有大理论的研究触碰，近两年学术研究已涉及相关的微观理论，理论生长点开始萌芽。

首先，界定研究对象及理论前提。研究对象是海洋教育研究活动的核心因素，海洋教育是如何通过教育认识海洋、利用海洋、开发海洋、保护海洋以及研究海洋过程中产生的教育活动等。需要教育学者、海洋专家及各领域研究者从不同视角、不同维度进行探讨和碰撞，逐渐明确海洋教育的研究对象。另外，根据海洋教育具有的特征，相关研究会涉及系统科学理论、生态理论、教育理论、交叉学科理论等理论，从而界定海洋教育理论前提。

其次，划分海洋教育研究内容。从研究视角上，有宏观方面的研究、中观层面研究和微观领域的研究。其中，宏观研究可以涉及海洋教育政策、海洋教育发展战略、相关各种指标体系、海洋教育质量监测、海洋教育治理、海洋教育投入策略及产出比等研究；中观层面的多维度选择，如海洋科学教育如何进行？海洋科学的各类教育如何？海洋各学科之间的交叉、融合研究，以及海洋科普教育如何进行？采取哪种形式进行中小学海洋教育，是独立课程还是课程整合，构建怎样的海洋科普教育知识体系及相关教师的培训，如何利用信息技术和社会教育进行公众海洋教育；微观领域研究包括海洋教师素养对学生学习的影响、学生群体意识的影响、行为影响等等 、海洋科学学习的特点和人行为方式关系等等。

再有，形成海洋教育研究方法。海洋教育学属于教育学的一个分支学科，海洋教育学与教育学是隶属的关系，可以采用教育学研究方法，海洋教育学有着教育学不具有的特点，研究方法根据海洋教育特征和研究内容进行选取，随着学科发展，逐步形成海洋教育研究方法。

4.2　培养公众的海洋教育观

海洋教育观的核心在于海洋精神的传递，表现在“和”（和谐共生）、“容”（包容万物）、“生”（生生不息）及其相互作用关系。“和”是海洋教育可持续发展的基础，“容”为海洋教育提供信息、“生”是海洋教育的核心，是其生长的动力。卢梭提出教育即生长，是人的一种自然生长过程，而海洋具有

“生”的本质，二者以“生”为契合点，形成了海洋教育内涵的核心。海洋教育贯通自然科学、社会科学、人文学科领域，是一个将这些领域知识交叉融合的研究过程，正需要具有海洋“容”的能力，才能使不同学科、不同专业之间的知识借助海洋教育找到共享的领域，使它们更好地为人类服务，促使海洋教育蓬勃发展。

4.3 提升海洋科学教育的核心地位

海洋科学教育处于海洋教育中的核心地位，努力提高海洋科学教育的核心竞争力，从学科建设、学术梯队、资金投入、人才培养、科学研究和管理体制等方面展开，以海洋学科建设为基础，建立国家性的海洋科学教育学术梯队，甚至延展为国际性的学术梯队，完善海洋科学教育人才培养制度，提高人才培养的适应性和针对性。

海洋教育需要受到教育界和海洋科学领域的双重重视，提高海洋教育在基础教育和高等教育中地位，整合和优化海洋教育资源，全面规划海洋科学教育，促进中国海洋教育事业的均衡发展和整体优化。

4.4 建立海洋科普知识体系

近年，提升全民海洋意识的任务势在必行，让海洋意识成为一种社会意识，需要加强海洋科普教育。采取进学校、进课堂、进社区等多种形式开展海洋科普教育，亦可利用互联网、智能终端、虚拟现实等各种现代信息技术手段。无论采用哪种方式和方法进行海洋知识普及时，均需要系统的知识体系，否则会产生重复建设的问题，不仅浪费资源，而且丧失其有效性。针对幼儿园、小学、中学、大学以及公众设计不同的知识体系，相互之间形成递进式、发展式的层次关系。学者在此基础上研究海洋科普方式的创新、整合完善海洋科普基地、协调中国科普研究所、地方科协、各高校科协、各学会等关系，真正实现公众参与海洋科学研究。

4.5 形成海洋科学教育和科普教育协同发展的局面

海洋科学教育和海洋科普教育的概念尚不明确，但是在各自领域均有发展，只是二者融合和交叉性较少。海洋科学教育是以某个学科领域或探究主题为中心从事的教育活动，不一定是全面的、系统的海洋知识的教育，而海洋这个领域研究具有明显的学科交叉和区域集成的特征，对于海洋专业人士不仅掌握本专业的知识结构，更加需要多维度、跨领域的综合知识，了解其他相关学科的知识和技能是完全必要的，参加面向公众的海洋科普知识学习。海洋科学教育和海洋科普教育应该结合在一起的，相互促进共同发展，二者均属海洋教育范畴，海洋科学教育是海洋科普教育的源泉，海洋科普教育推动海洋科学教育发展，处理好二者之间的关系，对于推动海洋教育发展事半功倍。

5 结论与展望

海洋教育没有成为一个学科，没有成为一个研究领域是教育界的缺失，是海洋发展的憾事。老一辈海洋工作者都很重视海洋教育，不只是海洋科学教育，更关注青少年海洋科普教育。海洋教育将成为包括海洋专业教育和海洋知识普及教育在内的一个相对较新的学术领域，不只是传统海洋科学知识传播的简单延伸，需要转换视角，从广度和深度上加强系统性研究，方法上需要更加微观和具体，侧重解决实际问题。

参考文献：

[1] 冯士筰,李凤岐,顾育翘.海洋科学发展对教育改革的要求[J].中国地质教育,2001(2):9-14.

[2] 鹿守本,宋增华.当代海洋管理理念革新发展及影响[J].太平洋学报,2011,19(10):1-10.

[3] 中国海洋报.我国首次发布国民海洋意识发展指数[EB/OL].http://www.soa.gov.cn/bmzz/jgbmzz2/bgs/201611/t20161107_53689.html,2016-11-7.

[4] 中国青年报.日本充实中小学校“海洋教育”分析称内有深意[EB/OL].http://www.chinanews.com/gj/2014/08-14/6490854.shtml,2014-

08-14.
[5] 冯士筰.海洋科学类专业人才培养模式的改革与实践研究[M].青岛:中国海洋大学出版社,2004:3-10.
[6] 马勇.何谓海洋教育——人海关系视角的确认[J].中国海洋大学学报(社会科学版),2012(6):35-39.
[7] 吴靖国.当前台湾海洋教育的关键问题[J].台湾教育评论月刊,2012(1):68-69.
[8] 何培英.高等海洋教育生态及其承载力研究[D].青岛:中国海洋大学,2010.
[9] 国家自然科学基金委员会.未来 10 年中国学科发展战略.海洋科学[M].北京:科学出版社,2012:1.
[10] 郑晓瑛.交叉学科的重要性及其发展[J].北京大学学报(哲学社会科学版),2007,44(3):141-147.
[11] 中国科学院.中国学科发展战略——海洋科学[M].北京:科学出版社,2016.

新形势下的海洋旅游人才教育改革初探

马丽卿[1]，陈思佳[1]

（1. 浙江海洋大学 经济与管理学院，浙江 舟山 316022）

摘要： 随着《“十三五”全国旅游业发展规划》的出台，我国的旅游行业发展跨入新的阶段，作为十三五部署下重点任务之一的海洋旅游业也面临着新任务、新挑战。新形势下海洋旅游业未来的跨界融合、个性化定制需求趋势更加明显，移动互联网技术的运用、旅游电商的快速兴起和发展推动着海洋旅游业的转型升级，所以对于海洋旅游业人才的需求也发生着变化。本文在分析海洋旅游业发展趋势的基础上对行业人才需求以及人才教育改革提出建议。

关键词： 海洋旅游；旅游人才；教育改革

1 引言

2016年12月26日《“十三五”全国旅游业发展规划》正式出台，基本明确了未来五年的旅游业发展方向和旅游发展思路。全面贯彻“十三五”精神，要实施创新驱动发展战略，充分调动广大教学和科研人员的积极性。旅游业已经成为国民经济新亮点，它的持续发光需要充足的人才保障和支持。和所有的行业一样，人才培养起到了旅游业持续发展的重要智力支撑作用，而如今旅游业创新发展模式、提高发展质量的发展趋势对于从业人员的要求与高素质人才的缺乏形成的供需失衡已经越来越严重。在全域旅游的新形势和旅游业供给侧改革的新要求下，夯实强有力的人才支撑，才能够满足旅游业发展的新需要，继续保持旅游行业投资和消费两端的兴旺也要求更快更多的创新，这更需要加强旅游人才的教育培养。我国现阶段的旅游教学模式存在着一些弊端，高校和相关教育工作者要继续深化旅游教学改革，以学生核心素养为着力点提高人才培养质量，以提高旅游教育内涵建设水平为关键点进一步加强师资队伍建设，做实人才培养模式的创新，以满足旅游业的人才需求为出发点，逐步转变教育观念，优化教学方法，丰富教学成果，推进旅游专业整体教育质量的提高。

2 海洋旅游业的发展趋势

互联网技术的广泛应用，跨界融合的新一轮升级和游客需求的变化，海洋旅游业拥有着更加广阔的发展空间但也同时面临着新的课题，海洋旅游业的发展速度如此之快，各大高校和旅游职业院校的旅游人才培养应根据海洋旅游业未来的发展趋势而超前地培养人才，如此才能够满足行业发展地需求。笔者认为，未来的海洋旅游业地发展趋势有以下四点趋势。

2.1 强调专业规划和创新设计

海洋不是一种特色的旅游资源，世界各地都拥有这种资源，因此地区要发展好海洋旅游业，特别需要强调其旅游规划设计的高端性、专业性。在进行地区海洋旅游规划设计时，必须要重视海洋旅游发展的可持续性，也要与地区旅游发展战略契合，在建设过程中要打破简单粗放的海洋旅游规划和设计模式[1]。

作者简介： 马丽卿（1962—），女，上海市人，教授，浙江海洋大学经济与管理学院副院长，主要从事海洋旅游开发与规划、海洋经济研究。E-mail：mlq@ zjou. edu. cn

现代的海洋旅游规划力求能整合地区综合资源，开拓客源市场，不断创新旅游产品，以休闲度假为中心，集聚相关产业，规划联动的布局，这样才能提升服务水平。景区的景观设计，交通的便利，先进的基础设施，优美的的自然环境和当地传统文化的融合，都是更加全面的、细化的专业规划的体现。

2.2 旅游活动项目增多，游客体验提高

海边嬉水是最常见的海洋旅游活动，但将来中国的海洋旅游将不仅仅是洗海澡、吃海鲜、吹海风、玩沙子，随着人们生活水平的提高，单纯的海景观光已经远远满足不了游客的需求，要丰富海洋旅游活动项目，将海洋资源的开发做深，保持经济效益的稳步提升。

在丰富海洋旅游活动项目的同时，要不断提高升级游客的体验和满意度，把传统的海上和海下活动项目做专业。比如，把传统的海上休闲垂钓做成专业的海上出海垂钓；将帆船游、邮轮游艇旅游延伸成远海旅游项目。除了将海洋旅游活动本身做专业，也要丰富海洋旅游活动的内涵，把海洋文化和岛屿旅游文化有机结合，将普通的一般性的观光游升级为能让游客真正体验海边人民生活的深度海岛度假，让游客在行程中真正的亲近海洋、了解海洋。

2.3 “互联网+旅游”，移动端优势明显

“互联网+旅游”已经成为现代旅游发展的必然趋势，随着现代信息技术的发展，大数据时代下旅游信息海量增长，旅客通过互联网能够了解到更加全面详细的出游信息，作为旅游企业和旅行社发布信息、进行宣传的载体，越来越多的网上交易平台和移动端软件应用应运而生，“互联网+旅游”也已经成了现代旅游营销推广的主要方式。这种将旅游和现代科技有机结合的方式进一步将旅游产业及其关联产业的经营方式从粗放型变得集约化、规模化、专业化，大步提升了旅游业的整体服务质量和工作效率，促进了现代旅游产业的整体转型升级[2]。在当今移动互联网时代下，人们通过传感网、物联网和泛在网可以随时随地获取自己需要的各类信息，“互联网+旅游”使一场“说走就走的”旅行成为了现实，游客的出行选择和旅途过程不再由旅行社主导安排，“定制游”、“自由行”等“互联网+旅游”的衍生旅游产品的出现使旅途更加个性化，让游客的选择更加多样。信息不够透明、灵活性差、服务质量参差不齐的传统旅行社已经很难满足现代旅游业的发展，相比于新兴的在线旅游运营商，传统旅行社的竞争劣势业被放大，运营成本的大幅增长然而宣传投放情况越来越不理想。顺应互联网时代发展大潮流，抓住移动端在线发展的利好趋势，海洋旅游业也应该不断探索在互联网新形势下的服务新模式，运用先进智能的移动端应用软件，为消费者提供方便快捷及时的旅游信息。让游客通过一部智能手机，就能够轻轻松松地通过旅游网站进行路线查看、签合同、付款等内容，真正做到足不出户报名旅游，踏出家门享受旅游。

2.4 全域旅游观念，带动城区发展

在全域旅游的视角下，要革新传统旅游产业观念，不仅要增加景点景区的吸引力，更重视以沿海周边城市、海岛主要业态根据地带动整个城市地旅游竞争力，以大旅游产业旅游观念为指导，建设全面的旅游产业链。构建海洋旅游的新格局，要摆脱传统的思维框架，单纯的以海景风光为中心的海洋旅游规划已经很难再有发展空间，旅客数量的增加和海洋、海岛旅游资源地有限性就是海洋“景点时代”落伍的现实原因之一，当景区的游客数量达到了饱和程度，那么必然要求着景区规划的升级。全域旅游是将以海洋为中心的整个城市进行规划布局的，它将沿海城市的都市板块和海洋景区板块有机整合，将海洋旅游地空间从景点扩散到了整个城区，结合城市自身的交通区位、自然生态、人文景观等方面，重新定义一个城市的旅游总体定位，通过科学有序的开发和建设，提升了城市海洋旅游业地接待能力和水平。全域旅游也全面提升了旅游和其他产业的协同发展和跨界融合，以大景区旅游商品、旅游路线等开发带动其他产业行业水平的发展，而产业水平实力的提升业也助推了旅游行业的发展，这样就形成了城市经济社会发展的良好循环。伴随着全域旅游发展的新步伐，整个城市的基础设施建设业得到了加强，从城区的整体设计落实到每一条街道。

3 新形势下旅游行业人才的新要求

3.1 职业素养高、行业认同感强的人才

旅游业具有非常明显的季节性，它的旺季和淡季之间的落差使之很难像其他的行业一样稳定，对于有意向从事旅游业的应届毕业生而言，这样一种无法提供全年稳定收入的工作是需要仔细斟酌、慎重考虑的。旅游业大部分依靠本地的自然文化条件生存和发展，对于外地的毕业生，在没有住房保证的情况下从事一份经济来源无法稳定的工作更是相当有风险的。旅游业是一个门槛较低但需要不断更新知识、慢慢积累经验的行业，大学毕业生工作的前几年是他们厚积薄发的最重要的也最困难的阶段，从走出校门到适应岗位上的工作需要付出很多的精力和时间，特别是对于要从底层干起的毕业生而言，工作时间长而报酬相对较低，往往会使他们认为自己的收获和付出不成正比，所以旅游企业用人单位招聘员工，特别需要其有责任感和吃苦耐劳的精神，也只有具有较高职业素养和较强职业道德意识的人才才是旅游企业真正可以培养的员工。

3.2 外语能力突出、涉外能力强的人才

随着我国经济的快速发展，人民收入水平的提高，近几年来出境旅游的人数剧增，我国对外开程度日益加深，境外游客来华旅游成为旅游业收入重要来源，旅游行业的全球化，旅游产品的国际化成为旅游业发展的必然趋势，因此我国急需大量的具有较强外语能力，懂得国际礼仪，具有全球意识的涉外旅游人才[3]。充足的涉外旅游人才资源是我国旅游业提高服务水平，加快发展速度，扩大产业规模的重要保障，要全面提高我国旅游人才的英语水平，也要培养更多的精通日语、韩语、泰语等小语种的人才。尤其是涉外旅游企业，更需要具有高素质的具有企业经营管理与服务能力的技术性人才，能够胜任在高级旅游饭店，国际导游、外联经理等工作。

3.3 综合素质高的应用型人才

旅游业是一种综合性产业，涉及到文化、地产、休闲、商业等各行各业，由于各层次消费群体的需求都越来越多样，这推动着旅游业的个性化定制化的趋势发展，也促进旅游业与其他产业程度更深、规模更大的跨界融合，相应的旅游企业对于旅游人才特别是旅游管理人才更需要注重其综合素质的全面发展，在社交能力、管理能力、决策能力和语言、技能等要求更高。新形势下旅游业的高端人才不仅要专业素质过硬、也要有相当的人文素质、科学素质、心理素质等。为了适应行业发展的趋势，满足旅游业快速前进的需求，作为培养旅游人才摇篮的高校和职业院校要超前地改革人才培养方案，更注重培养学生的综合素质。

4 对新形势下旅游人才教育改革的几点建议

4.1 专业对接产业链，增强人才行业适切性

近年来，我国的应届大学毕业生数量屡创新高，但是旅游行业却存在着人才供求的失衡，这一方面是由于当今应届毕业生的期望就业以IT、金融、贸易等高收入行业为主，而旅游业缺乏的是大量的服务型、客服人员，应届毕业生的就业期望低；另一方面，许多旅行社、旅游企业人才缺失的岗位却招不够甚至招不到专业对口、素质较高的员工，这就造成了旅游行业人才资源上供求之间的失衡。所以在旅游人才教育上要改革观念、创新思维，改变学校人才培养和行业人才需要之间的落差[4]。尤其是地方大学要注重与当地的产业行业对接，使教育向社会需要看齐，使学校培养的人才能够更有用武之地，更好地为当地服务[5]。随着海洋旅游行业的兴起和发展，与其他产业的跨界与融合越来越深，未来旅游专业学生在工作岗位上将面对更多的机遇和挑战，海洋旅游专业人才的培养也要尽可能牵线企业和学校，使产业和教育实

现呼应，实现行业需求和大学专业设置的同步。教育和产业的脱节直接导致学生适应社会变化的能力差，“十三五”规划下海洋旅游业将出现更多的新岗位，但同时进行着知识和技能的更新，要解决现在旅游人才“择业难”、旅游企业“用工荒”并存的现状，就要往增强人才行业适切性的方向去努力。

4.2 注重人才综合素质培养，促进学生全面发展

旅游变得普及，但是旅游行业在这个创新、转型的时代却变得不好做，新兴的移动互联网、线上旅游对传统旅游的冲击，大众旅游观念的改变和旅行方式的丰富都是其重要原因，如今灵活度高、经济实惠的自由行成为了人们旅行的优先选择，另外，旅游行业从业门槛低，在专业知识、专业技能要求较低的岗位上往往出现员工素质不高的现象。旅游业员工的跳槽、辞职情况变多，旅游旺季时游客数量的增多，景区为了提高接待能力，招聘更多的员工，而到了旅游淡季，游客数量的骤减，这些员工又没有了工作机会，很多的导游因为接不到单而被迫跳槽。

4.3 加深企校合作，增强人才岗位实践能力

旅游专业的毕业生都期望去旅行社或旅游企业工作，而现在许多的企业都抱怨现在的毕业生理论知识强，但实际操作能力较差，这与高校偏重培养学生课堂知识，而忽略学生实际工作经验有着密不可分地原因[6]。毕业生在踏出校门和适应社会之间要经历很长一段缓冲期，他们在工作岗位上面临着许多学校无法解惑的难题，所以必须要深化学校和企业之间的合作，提前让学生体验工作，使其能够把课堂上学习的理论知识能够联系实际，学以致用。让学生在掌握扎实的理论知识的同时，也能够锻炼自己的专业技能，未来在面对工作选择时能够更主动。如果学校教授的知识和企业的实际需求无法相呼应，那学生将无法适应行业的发展需要。培养海洋旅游专业的学生，学校就应该在教学中更多地请具有海洋实践工作的老师进行实讲，加强多技能课程的投入力度，也要与酒店、企业等合作，让学生能够提前实习，接触到各类的工作岗位，既能够体会到海洋旅游行业的责任和艰苦，也能够体会到从事海洋旅游工作的价值。

4.4 适应行业发展趋势，改革人才培养模式

现在很多的高校的人才培养模式与这个经济社会快速发展的、产业转型的时代不匹配，存在着不合理的情况，针对旅游专业来说，最突出的不合理的情况就是培养理论型的人才较多，而应用型，技术性人才不足，这与现在旅游行业的产业结构不契合，于是就会造成旅游专业应届毕业生很难找到合适工作和旅游企业很难找到对口人才的后果。创新人才培养模式这是高校旅游专业共同面临的一个全新课题，要优化结构，提升教学质量，以满足国家经济社会对旅游人才的需求，满足旅游企业对教育多元的需求[7]。专业教育向应用型转型，以课程教学平台，专业实践平台，综合实训平台为基础，以培养学生创新意识和能力，实践能力为切入口，满足社会需要为目的构建新型人才培养模式[8]。促进邮轮专业、导游专业、餐饮专业、旅行社管理专业、酒店专业等的学科融合，搭建理论环境，夯实实训基础，培养学生职业技能，尝试角色岗位，最终能够让学生从事心仪的工作。

5 结束语

像所有行业一样，海洋旅游业的持续发展需要足够的人才资源做保障，转型升级中的海洋旅游业更加高端化、专业化，比以往任何时候更需要创新。面对现在整个旅游行业共有的人才供求失衡的困难，作为海洋旅游人才培养主力的高校和职业院校海洋旅游专业，对于学生的培养要更加注重行业适切性，通过校企合作，给学生提供更多的实习机会，增强学生上岗的实践能力。要改革现有的人才培养方案，在提高学生旅游专业素养的同时，注重学生综合素质的提高和全方位的发展。

参考文献：

[1] 杨敏.日照市海洋旅游竞争力研究[D].青岛：中国海洋大学，2009.

[2] 杨娇.旅游产业与文化创意产业融合发展的研究[D].杭州:浙江工商大学,2008.
[3] 张英.充分利用非公有制经济推进湘鄂西民族地区旅游业发展[J].西南民族大学学报人文社科版,2006(26):11-15.
[4] 王金台.高职高专网络营销专业人才培养模式的创新[J].今日科苑.2010(2):215-215.
[5] 唐治元,蒋凤英."互联网+"背景下旅游管理专业应用型人才能力培养研究[J].旅游纵览月刊,2016(10):27.
[6] 周波.旅游管理专业就业因素分析及对策[J].中国大学生就业,2005(22):58-59.
[7] 邓丽.浅谈新形式下我国旅游人才需求与培养[J].新一代月刊,2014.
[8] 宋巧娜.基于综合实训平台的物流管理实践教学研究[J].物流科技,2013(36):17-19.

“一带一路”背景下南海海洋科普工作

李云哲[1]，蒲凌海[1]，周沛翔[1]，孙涛[1*]

（1. 海南大学 热带农林学院，海南 海口 570228）

摘要：南海海域拥有得天独厚的地理优势和自然资源，日益成为发展海洋经济的重要地区和前哨站。在国家推进“一带一路”建设和习近平总书记关于“要进一步关心海洋、认识海洋、经略海洋”和提高全民海洋意识的重要指示感召下，继续深化提升南海海洋科普工作水平，推动海洋文化传播，维护南海海域海洋主权意识，促进可持续开发利用海洋资源具有十分重要的战略意义。

关键词：“一带一路”；海洋科普；南海地区

1　引言

海洋科普是推进“一带一路”建设的重要组成部分，是海洋事业发展的重要内容，做好海洋科普工作是促进国家海洋事业可持续发展的基础保障，对提升全民科学素质，培养海洋权益意识具有举足轻重的意义。当前，我国海洋事业迎来了难得的历史发展机遇期，建设海洋强国需要不断增强全民族的海洋意识，营造全社会都来关注与爱护海洋，保护和珍惜海洋资源的良好氛围，积极倡导公民自觉成为宣传海洋意识、传播海洋知识的中坚力量，并用自己的行为去影响和带动更多的人参与其中。

2　我国公民海洋科学素养现状

2015年第九次中国公民科学素质抽样调查①显示，我国具备科学素质的人口占总人口的6.20%，比2010年的比例上升了近90%，但与美国2001年已经达到的17%相去甚远[1]。

《2016年国民海洋意识发展指数（MAI）研究报告》②显示，全国各省（区、市）海洋意识发展指数平均得分为60.02，刚刚达到及格水平，我国国民的海洋科学知识比较缺乏，认知比较模糊，对本国海洋资源的了解状况堪忧。总体来看，我国多数省份国民海洋意识发展指数得分偏低，国民海洋意识提升工作意义重大[2]。

3　“一带一路”倡议对南海海洋科普工作的历史契机

南海，位于中国大陆的南方，是太平洋西部海域，中国三大边缘海之一，九段线内海域为中国领海，领海总面积约210万平方千米，拥有丰富的海洋油气矿产资源、滨海和海岛旅游资源、海洋能资源、港口航运资源、热带亚热带生物资源，是中国最重要的海岛和珊瑚礁、红树林、海草床等热带生态系统分布区，北部沿岸海域是传统经济鱼类的重要产卵场和索饵场。

基金项目：2015年海南省科学普及专项项目（KXPJ20150028）；海南省教育科学规划一般课题（QJY1251510）；海南省哲学社会科学规划课题（HNSK（QN）16-42）。

作者简介：李云哲（1997—），男，河南省三门峡市人，海南大学环境科学专业。E-mail：1272429523@ qq. com

＊**通信作者：**孙涛（1983—），助理研究员，主要从事海洋科普公益研究。E-mail：taotaopeach15@ qq. com

①　中国科协，2015。

②北京大学海洋研究院，2016。

2013年下半年，习近平总书记在出访中亚和东南亚国家期间先后提出共建"丝绸之路经济带"和"21世纪海上丝绸之路"的重大倡议，得到国际社会的高度关注。2015年3月，中国政府发布《推动共建丝绸之路经济带和21世纪海上丝绸之路的愿景与行动》，提出"一带一路"建设是开放的、包容的，欢迎世界各国和国际、地区组织积极参与，得到了国际社会的广泛认同与积极响应。

2017年5月14号，举世瞩目的"一带一路"高峰论坛在北京举行。来自30个国家的领导人和联合国、世界银行、国际货币基金组织负责人出席了"一带一路"圆桌峰会。对此，深刻认识"一带一路"倡议对我国南海地区生态文明建设、社会经济发展、海洋知识科普有着不可忽视的重大意义，为我国建设成为海洋强国提供了发展的契机。

在国家建设"21世纪海上丝绸之路"的步伐之下，海南省拥有国家规划的15个港口建设中的海口，三亚2个港口。拥有足够的地理优势和发展机遇。海南省政府也多次表态要加大国际旅游岛开发开放力度。因此，海洋旅游业的发展也会成为海南省重点扶持的项目之一。2017年5月召开的海南省第七次党代会报告中明确的提出，发展海洋经济是海南省拓展发展空间、培育新的经济增长极的战略选择，也是为维护国家南海权益而肩负的一份神圣责任[3]。

4 "一带一路"倡议背景下海南省在海洋科普工作方面的优势

4.1 地理优势

海南岛作为中国唯一的热带岛屿省份，在"21世纪海上丝绸之路"中，是走出中国国门的最后一站，是连接中国与东南亚国家的重要纽带。同时，海南省对于南海海域拥有绝对的管辖权，而对于南海海域的建设也有着不可推卸的责任。海南省通过海上丝绸之路，抓住外部机遇，将有利的资源投入到南海海域的建设上，对于南海海洋科普工作的良性发展，有着至关重要的意义。

4.2 政策优势

2010年，国务院发布《国务院关于推进海南国际旅游岛建设发展的若干意见》，这标志着海南岛的建设进入新的篇章。"一带一路"国际合作高峰论坛的召开，使得世界目光重新聚焦在海南省及其南海地区。趁此之际，国家投入大量资金和人力，以游客为主要消费人群，把旅游业打造成为海南省的支柱产业。海上丝绸之路的建立，更是使海南港口及南海部分岛礁得以充分利用，南海海域迎来发展的新潮。由此可见，在新政策的支持下，海南岛及南海海域吸引世界各地的游客，开发潜在资源，有助于展开系统的海洋科普工作，对推动海南岛以及南海海域的深层次建设有着积极的作用。

4.3 文化优势

南海海域自古以来就是中国的领海。中国汉代时期就曾称其为涨海，南北朝时期称其为沸海。元代史料中，将今天的南沙群岛命名为千里长沙，并将其划入海南岛的管辖范围。明代时期，郑和下西洋曾途经西沙和南沙，并留下了南海海域航海图。由此可见，南海海域有着悠久的历史，深厚的文化底蕴。文化必将成为海洋科普工作中的重点内容。

《更路簿》（图1），又名《南海更路经》《西南沙更簿》等，是我国海南渔民在西沙、南沙等南海海域的航海手册，内容包括航海路线、观天知识、气象和水文知识以及航海线路图等，为渔民自编自用，因其中地名多用当地方言记载，且各版本内容有差异，难以解读，被外界称为"南海天书"[4]。

《更路簿》最迟形成于明代，不仅是海南渔民在南海海域及诸岛礁生产、生活实践经验的总结，更是三沙主权自古以来就属于中国的历史证据，对我国航海史研究、海南地理历史研究以及南海问题研究等都有重要学术价值。

4.4 科技资源优势

海南省是世界知名热带海洋研究基地。南海研究领域拥有中国南海研究院、中国科学院南海海洋研究

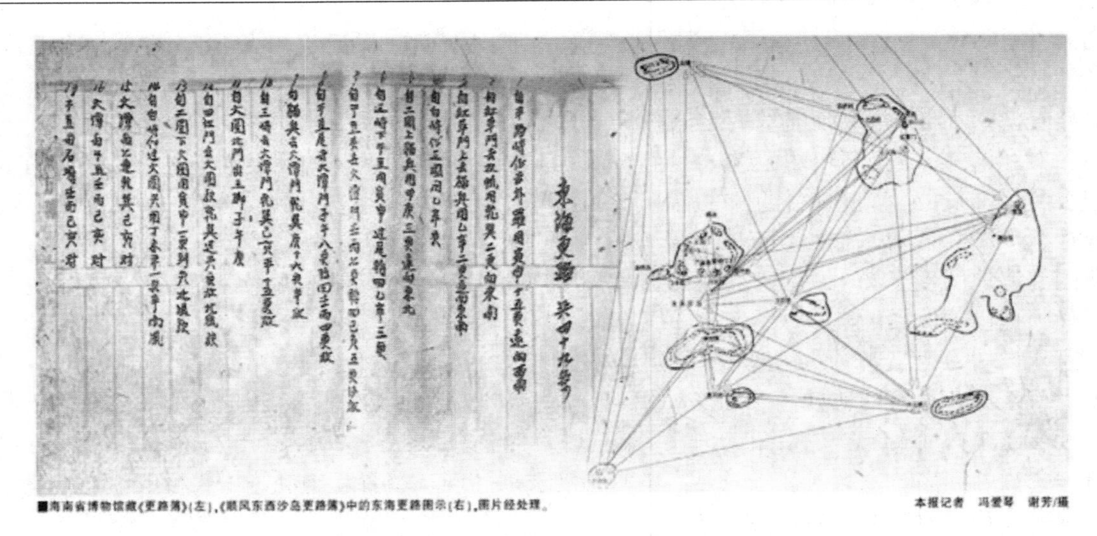

图 1 《顺风东西沙岛更路簿 》

所、海南大学等研究教育机构，针对南海海域热带海洋生态文明的保护，有着相对完整的科学研究体系，科技交流合作富有成效，柔性引进了诸多候鸟型学者，举办大型海洋高峰论坛，促进了科技成果落地转化。

5 “一带一路”倡议政策背景下的南海海洋科普工作内容及未来展望

习近平总书记提出“一带一路”倡议，为南海海域的深层次建设提供宝贵机会。这恰是相关海洋科普工作开展的黄金时期。如何进一步宣传南海悠久历史，提高游客和青少年人群的海洋权利和海洋保护意识，成为海洋科普工作的重要目标。

5.1 海洋保护

海洋保护科普工作突出宣传环境保护理念，重点保护海洋环境，适度开发海洋资源，维持南海海域的生态平衡；注重国际交流与合作，紧密关注国际相关海洋环保领域行业的实时变化，及时对科普工作内容和方向进行调整，合理利用热带海洋资源。树立并宣传海洋保护的观念成为海洋保护科普工作的目标。科普对象主要针对青少年人群和旅游游客。海洋保护科普工作的内容包括介绍相关海域生态现状，展示该海域中特色生物，提出相关海域的污染问题，以及针对污染问题采取的科学治理方法。因此，在“一带一路”的背景下，中国与邻近友好国家保持密切协作，组建形成热带海洋的学术研究交流圈，对南海海域进行更深化的合作研究，及时在各大媒体上公布研究动向和成果；借鉴“呀诺达”热带公园的成功经验，让游客能身临其中，亲身体会自然变化；借助“一带一路”经济平台，重点建设热带海洋海底公园，合作打造小型观光潜水艇深海海域游览科普项目；建设热带海洋海底博物馆和热带海洋生物展览馆等科学知识宣传点；积极与各个国家合作拍摄热带海洋宣传片，针对青少年人群制作相关动漫影集；联合各级教育机构，举办国际“保护热带海洋”征文评比、跨国组织学生实地考察等教学活动。综上所述，科普工作旨在展示热带海洋生物多样性，生态文明多样性，引起广大青少年对自然科学的兴趣，提升国民海洋意识和科学素养。

5.2 海洋旅游

21 世纪是东西方经济文化交流发展的重要时期，培养正确的历史观念，树立正确的海权意识成为海洋科普旅游的工作目标。在“一带一路”倡议助力下，鼓励创新开放的科普理念与实践，需要旅游业的大力支撑。因此，结合海上丝绸之路的历史，将其嵌合到旅游业的建设工作中，制定并完善具有历史意义的旅游路线。借此商业手段，适度开发建设南海海域部分岛礁，利用特色文化带动客流。除此之外，《更路簿》中详细记载了南海海域中岛礁大小和位置，相关部门和企业可根据书中记录顺序，有选择地进行旅游景点的建设，打造完整产业链。政府部门联合各大企业举办“南海海域历史知识竞答”等竞赛活动，引起更广泛的人群关注并重视海南岛及南海海域的历史文化。此类活动带动相关旅游产业链的发展，有助于国人乃至世界人民了解南海海域，正视历史，向世界宣示中国对领海的正当使用权利。

海洋旅游科普工作应紧抓全民教育，注重做好广大青少年和游客的思想工作，适时进行抽样调查，引导国民树立正确历史观，培养民族海洋意识。海洋科普工作的展开需要政府相关部门的监管与监督，制定相关的法律法规，保障各级机构和人民群众的合法权益，倡导文明旅游，和谐旅游。

5.3 未来展望

“一带一路”倡议是世界经济格局多元化的必然产物，也是我国培养民族海洋意识、建设海洋强国、科普海洋知识的大好时机。尤其对于我国南海地区来说，作为中国“一带一路”倡议的门户，对于当地的社会经济发展起到了极其积极的作用，同时海洋科普工作的施行对于我国海洋旅游业的兴起、海洋生态文明建设也有着密不可分的联系。在以“一带一路”的大背景为桥梁和纽带下配合我国南海地区特有的历史文化背景，凝聚全民族的力量积极推动全球化进程，以此达到社会经济发展、历史文化传承、生态文明建设三管齐下的局面，助于实现中华民族伟大复兴，提升我国海洋国际地位，为全球经济格局建设，可持续发展战略贡献出新的力量。

参考文献：

[1] 李群,陈雄,马宗文,等.中国公民科学素质调查研究报告[R].中国公民科学素质调查课题组,2016.
[2] 北京大学海洋研究院.2016年国民海洋意识发展指数(MAI)研究报告[R].2016.
[3] 刘赐贵.凝心聚力 奋力拼搏:加快建设经济繁荣社会文明生态宜居人民幸福的美好新海南[R].在中国共产党海南省第七次代表大会上的报告.海南,2017.
[4] 冯爱琴.揭秘“南海天书”——海南更路簿[N].中国社会科学在线,http://www.csstoday.net/Item/78156.aspx,2013-5-24.

海上丝绸之路海外史料中的山东海商研究

袁晓春[1]

（1. 山东省蓬莱阁景区管理处，山东 蓬莱 265600）

摘要： 朝鲜李朝《备边司誊录》是海上丝绸之路史上一部重要的域外汉文献，记载了40艘中国海船遭遇风暴漂流至朝鲜半岛的航海史料，其中11艘清朝山东海洋贸易船等史料未见于国内记载。本文拟对11艘清朝山东海船的乘员结构、贸易货物、单船资本、乘客运费、商船运费、海船船具等进行探析，从而发现山东海船的船主绝大部分居住在陆地，不下海随船贸易。海船中乘员40~50人的大船占50%，20人以下的中小型船占50%，输往南方的货物有柞蚕茧、粮食（黄豆、玉米、高粱）、中草药、烟草、咸鱼、生猪等，运回的货物为棉花、棉布、桐油等。单船携带资金：铜钱14~1 270吊、白银100~14 000两之间。乘客运费100~1 600文铜钱，雇船运费134吊铜钱。本文所引用的海外史料均为国内首次发表。

关键词： 朝鲜《备边司誊录》；山东；贸易；商人

1 引言

海上丝绸之路是法国学者让·菲利奥（Jean Filliozat）在国际学术界第一次提出的名称，是指古代中国通过海洋与海外各国进行政府往来、商贸交易、文化交流等海上航路。中国开辟的古代海上丝绸之路受到海外学者的高度评价，日本著名航海史学者松浦章指出："在东亚世界里，有着一片广阔的海域，这些名为渤海、黄海、东海、台湾海峡的广阔海域，将东亚各国悬隔开来。在古代，这些国家之间主要依靠船舶相互往来。船舶是海洋地域和国家间接触以及交流不可或缺一个重要因素。从14世纪到20世纪初叶这段漫长的历史时期里，从事于远洋航行的船舶主要是中国的帆船。在当时的东亚海域世界里，中国的造船和航海技术最为先进，其海洋政策也相对宽松，这使得中国帆船掌握了东亚世界的制海权，主导了当时的海上交通事业。"东亚海上丝绸之路的海洋文化交流源远流长，至少滥觞于5 000多年前的新石器时期，源于中国大陆山东半岛的"石硼文化（支石墓）"，越海传播于朝鲜半岛、日本群岛。韩国、日本的"石硼文化"史前遗迹有的已被联合国教科文组织公布为世界文化遗产。东亚众多的同类史迹越来越多地表明，东亚的海上丝绸之路为人类历史上最早兴起的海洋贸易与人文交流航线之一，推动了东亚各国的文明进步与发展。

中国与韩国通过海洋交流密切，史料记载丰富，韩国的朝鲜李朝《备边司誊录》即为其中之一。《备边司誊录》时间起自朝鲜李朝光海君八年（1616年），下至高宗二十九年（1892年），其中缺载54年记录，现存273册。备边司最初是朝鲜李朝作为临时机构处理女真与日本对朝鲜王朝的侵扰问题，后为朝鲜王朝国政诸般事务的最高决议机构，议处事项相当广泛，一般界定范围为朝鲜内政、中朝关系及朝日关系。明宗十年，备边司划为常设机构，人员从正一品的都提调到从正六品的郎厅人员，主要誊写的是郎厅人员。备边司主要记录会议，接收下面上报的文书、传达上面的指令、国王对事情的处理意见。备边司人员熟悉汉语并以汉语记叙，从而留下罕见的域外汉文文献资料。《备边司誊录》中记载有国内史料未见的

作者简介： 袁晓春（1963—），男，山东省临沭县人，副研究员，中国船史研究会副会长，研究方向中外关系史、中国造船史及海洋文物等。E-mai：plgyxc@163. com

40 艘中国海船遭遇风暴漂流到朝鲜半岛的航海史料，其记录的细节是国内史料中的盲点，这为我们研究海洋贸易与文化交流提供另外的观察视角。

《备边司誊录》中记载的 11 艘山东海船分别是：清朝康熙四十五年（1706 年）莱阳船、乾隆三十九年（1774 年）福山县曲亮工船、乾隆五十一年（1786 年）荣成县张元周船、乾隆五十六年（1791 年）福山县安永和船、乾隆五十九年（1794 年）登州府（注：山东省蓬莱市）蒋顺利船、嘉庆十三年（1808 年）蓬莱县张成顺船、道光九年（1829 年）文登县王箕云船、道光十九年（1839 年）黄县刘增三船、咸丰二年（1852 年）登州府朱守宾船、咸丰八年（1858 年）荣成县刘青云船、咸丰九年（1859 年）黄县赵立果船。目前，古代山东的海洋贸易史料难称丰富，像《备边司誊录》这样详细记载 11 艘山东海洋贸易船船主、船长、舵工、副舵工、管账、水手、商人、乘客的姓名、年纪、籍贯、贸易货物以及携带银两铜钱等具体海洋贸易资料实属罕见。他山之石，可以攻玉。朝鲜李朝《备边司誊录》记载的清朝山东海洋贸易与航海史料，可以填补山东古代海上丝绸之路相关史料的空白，具有较高的学术研究价值，应引起国内学术界的重视与研究。

2 山东海船乘员结构

清朝山东海船的乘员人数。朝鲜李朝《备边司誊录》记载有山东 11 艘海洋贸易漂流船，其具体船载人数：清朝康熙四十一年（1706 年）莱阳船 13 人、乾隆三十九年（1774 年）福山县曲亮工船 25 人、乾隆五十一年（1786 年）荣成县张元周船 4 人、乾隆五十六年（1791 年）福山县安永和船 21 人、乾隆五十九年（1794 年）登州府蒋顺利船 51 人、嘉庆十三年（1808 年）蓬莱县张成顺船 40 人、道光九年（1829 年）文登县王箕云船 2 人、道光十九年（1839 年）黄县刘增三船 11 人、咸丰二年（1852 年）登州府朱守宾船 5 人、咸丰八年（1858 年）荣成县刘青云船 10 人、咸丰九年（1859 年）黄县赵立果船 12 人。虽说 11 艘山东海船不一定代表全部的海船，以此为案例可以看出其中大船载人在 40~51 人，其他船载人多在 20 人以下，据此分析，清朝期间山东从事海洋贸易的海船大型船只载员人数，与福建清朝道光年间海船“金全滕”号可载 100 多人的大型福船相比，其海船规模有一定的差距。

山东海船的船员年龄。山东海船可分官船、民间私船两类。第一类官船如刘增三官船、张成顺官船，船员年龄分别主要集中在 40~55 岁、25~35 岁，所占比例各半，显示出官船比较注意选择 40 岁以上富有经验的船员，个别船员的年龄甚至达到了 60 多岁。第二类民间私船如蒋顺利私船、曲亮工私船、莱阳船等，民间私船船员年龄范围相对扩大，在 20~70 岁之间，表现出民间私船船员年龄选择在 20~70 岁各个年龄段，但年龄段多集中在 20~40 岁，呈现出相对年轻化的情况。详见表 1、表 2。

表 1 清朝道光十九年（1839 年）黄县刘增三官船[1]

姓名	身份	年龄	籍贯
徐天禄	舵手（代船主）	52	登州府黄县人
由永成	水手	43	登州府黄县人
张永成	水手	59	登州府黄县人
姜志祖	水手	28	登州府黄县人
由士国	水手	54	登州府黄县人
王付玉	水手	46	登州府黄县人
刘永齐	水手	40	登州府黄县人
张培五	水手	39	登州府黄县人
马其清	水手	44	登州府黄县人
马其源	水手	26	登州府黄县人
肖日红	水手	36	登州府黄县人

表2　清朝康熙四十五年（1706年）莱阳民间私船[2]

姓名	身份	年龄	籍贯
车琯	管账	39	山东省登州府莱阳县
崔凌云	管买卖	52	山东省登州府文登县
韩永甫	扶舵	55	山东省登州府莱阳县人、苏州府城里住
陈五	水手长	37	江南省松江府华亭县人
袁六官	小水手	27	江南省松江府上海县人
王三	小水手	24	浙江省绍兴府山阴县人
王五	小水手	26	山东省莱州府即墨县人
刘及成	小水手	35	山东省登州府莱阳县人
程元	小水手	27	山东省登州府莱阳县人
宋宗德	客商	55	山东省登州府莱阳县人
梁已美	客商	24	山东省登州府莱阳县人
蒋彦盛	客商	42	山东省登州府莱阳县人

山东海船雇佣南方船员。清朝康熙四十五年（1706年）莱阳民间私船出现了雇佣南方船员，该船水手长陈五是江南省松江府华亭县人，水手袁六官是松江府上海县人，水手王三是绍兴府山阴县人。究其原因，可能是山东莱阳县人船长韩永甫从事南北方海洋贸易，常年居住在苏州城内，与南方的船员熟悉而就近招聘，所以出现了山东海船却雇佣南方水手的情况。

据《备边司誊录》记载山东海船的船主绝大部分居住在陆地，不下海随船贸易。官船的船员年龄有一半在40岁以上，而大部分海船是民间私船，其船员年龄多在20~40岁之间，呈现出年轻化的趋势，与广东广船的船员年龄相似。如广船许必济船，船长许必济年龄为34岁，其他船员多在20~40岁之间，只有一位船员较为年长，年龄为45岁。山东海船、广东广船船员的年龄似乎较年轻，与福建福船船员有一定差异。在《备边司誊录》中记载明朝万历四十五年（1617年）福建林成商船漂流到朝鲜时，林成商船上船员41人，船主林成未随商船出行，船长薛万春年龄55岁，其他船员年龄多在20~50岁之间，50~60岁的船员为个别现象。其中年龄最大的林太70岁，年龄最小的船员萧晋刚14岁。从全国沿海各地海船船员年龄来看，福船船员年龄跨度最大，不像山东海船、广东广船的船员普遍比较年轻。

3　山东海船乘员中未有知识分子参与

朝鲜官方与民间百姓推崇并善于学习中华文化，朝鲜也是中国周边国家中文明程度较高的国家。朝鲜备边司的官员，一直关注来自中国的海洋贸易漂流船上是否有秀才、举人等知识阶层的船员或乘客，像《备边司誊录》正祖十八年甲寅条（注：蒋顺利船）就有逐一查询：

问：今年你们地方年事何如。

答：诸处都好，只有登州不好。

问：乘客中，有秀才举人否。

答：没有[3]。

备边司官员在多年的问询中，终于碰到船载乘客登州府福山县的秀才于华国，因此在《备边司誊录》正祖十五年辛亥条（注：安永和船）对此着墨较多：

问：你们四个客，因何事同船，而女人是何人，头戴顶子者，又是何人。

答：于华国，本是秀才，丁亥年生员，得了顶子，而数奇不做官，因家兄光国，在奉天省旅顺口水师营，开设买卖，故戊申往依家兄，仍往舍内，营中诸官员，请为门馆先生，教授其子弟，今欲回见家眷，将所得束金，买了谷物，以为过活之资，不幸遭风到此[4]。

于华国是《备边司誊录》所载40艘清朝中国海船乘客中唯一搭船探亲并被记录下姓名的秀才，他的兄长于光国在辽宁旅顺水师营经商，他投奔兄长，在旅顺常年开设私塾，教授水师营官员的子弟，在回福山县探亲旅程中遭风漂流到朝鲜。

朝鲜官方不仅关注随船而来的秀才于华国，对于华国携带的各种书籍也相当重视，在《备边司誊录》正祖十五年十二月戊午条（注：安永和船）详载：

罗经解定	四卷	英华集	一卷
入泮勾	一卷	金函玉册	一卷
嫁娶书	一卷	十二月花甲全窖	一卷
鼓吹风雅	一卷	精选修造吉曰	一卷
会试元魁卷	一卷	澄怀阐课稿	第一册一卷
泮勾英今学必读	一卷	圣谕文修	一卷
衍释万言教化天下	一卷[5]		

可见，朝鲜官方对船载中国书籍不厌其烦，——记录书名、卷数，显示出对中华文化的重视程度。

《备边司誊录》记载了40艘中国海洋贸易船，在山东、江苏、浙江、福建、广东等海洋贸易船的船长、船员等航海人员中，尚未发现有秀才、举人等知识分子的加入，船上识字的人是极少数。不论是商贸，还是航海等领域，如果缺少知识分子的参与，其行业经验积累传承、理论总结形成以及未来的发展必定会受到影响。

4 山东海船贸易货物

《备边司誊录》记载清朝山东海船的贸易货物主要输往两个方向：一是向南方地区输出柞蚕茧（柞蚕是北方地区把蚕种放养在野外的柞树上，又称野蚕。柞蚕丝略粗，其蚕丝质量不及家养的桑蚕丝。）、粮食（黄豆、玉米、高粱）、烟草、中草药（紫草、杏仁、防风、白蜡）、咸鱼、生猪，并运回棉花、棉布、桐油等。二是向东北地区贩运棉布、棉花，并购回玉米、高粱等粮食。

前往南方贸易的山东海船主要有莱阳船、赵立果船，它们各具特色：

莱阳船为民间私船，作为驶往南方的贸易海船，船上分工明确，按照其重要职能分为职掌财务的车琯、职掌买卖的崔凌云、职掌驾驶的韩永甫、职掌水手杂务的陈五等，像这样明确分工的情况在山东海船中并不多见。船载货物见《备边司誊录》肃宗三十二年丙戌条：

问：你们将何样物件，贸来何样耶。

答：俺们持黄豆、紫草、杏仁、防风、白蜡、猪等物，往苏州贸来青蓝、各色布、瓷器、棉花物耳。

……

问：你们大船所载物种，多少几许耶。

答：黄豆二百四十担，白蜡二百四十斤，红花二百四十斤，紫草三百九十八包，防风一包，杏仁一小包，猪十二口耳[6]。

可见该船的主要货物是黄豆、中草药，也可说明产自北方的紫草、白蜡、红花、防风、杏仁等中草药颇受南方市场的欢迎。

赵立果船同为民间私船，船上2名客商王相眉、张绍德，船主赵立果随船贸易，船上分工明确，正舵工曲会先，副舵工胡玉令年已70，如此高龄却驾船显然是借助其丰富的航海经验。还有指示方向的向导张凤高，专司烧香的香童王乃福、厨师曲成林，其贩运货物在《备边司誊录》哲宗十一年庚申条记载：

问：你们，何年月日，因何事，往何处，何以到此。

答：去年九月初二日，由荣成俚岛口，装盐鱼，到海上（注：上海）县发卖，候风留住，十月初七日，往江北营船港，装棉花一百八十二包，桐油二篓，初八日发船回家，猝遇西北大风，二十三日漂到贵国。

……

问：你们带来棉花、桐油，换银拿去么。

答：拿去[7]。

该船是将北方出产加工腌制好的咸鱼，贩往南方。返程时采购棉花、桐油，带回北方销售。

去往东北贸易货物的山东海船主要有朱守宾船、安永和船、张成顺船。

朱守宾船是登州府的私船，专门贩卖腌制的咸鱼，销往辽宁金州。据《备边司誊录》哲宗三年壬子条记载：

问：你们因何事，何月何日，开船往何处，何日遭风，漂到我境么。

答：俺等以卖鱼为业，本年九月初六日，开船往关东老口滩，装鱼发卖于各处，十一月初六日，将向关东金洲（注：州）地，忽遭大风，同月十一日，漂到贵境。

问：鱼价为几何。

答：二百四十二吊[8]。

朱守宾船卖鱼销售收入为铜钱242吊。

张成顺船属于官船，是一艘大型货船，船上商人较多，其装载货物见《备边司誊录》纯祖九年己巳条：

问：船中所载者，何物耶。

答：雇与宁海州商人，装茧包高粮包米。

问：此外更有何物。

答：银与钱及杂粮包衣服包等物。

问：银与钱及茧包高粮包米等物，是何人之物耶。

答：王兰若、邹琏玉、杨魁明、王琳庵茧包一百四十二包，高粮六十包，包米四十石，孔化亭菊包六十一包，董悦候茧包五十七包，谭志远茧包五十八包，王喜安茧包四十七包，李梦龙茧包二十一包，而漂荡之际，几书失去，银钱则无失。

问：茧包何物。

答：是蚕虫在山食柞叶，至秋成茧，则人採而卖之。

问：高粮包米何谷。

答：高种杯也，包米玉林也。

问：高粮、包米、茧包，以何物贸来。

答：以银子买来于奉天府地方。

问：茧一斤价为几许，高粮包米一石，价为几两。

答：熟茧一斤价银四钱，生茧一斤价银五分，高粮一石价银四两，包米一石价银三两五钱[9]。

该船的牟平商人，从沈阳地区采购柞蚕茧、高粱、玉米，采购各种货物价格均记录明白，甚至连1斤熟茧价值4钱银子，生茧1斤价值5分银子等，其具体的生、熟柞蚕茧的价格差异，均记载详尽。

5 山东海船的资金

《备边司誊录》中清朝山东海船单船资本是多少？与广东、福建海洋贸易发达地区相比有何不同？

山东海船中大型海船单船携带资本较多的有曲亮工船、张成顺船、安永和船、刘青云船，中小型海船携带资本较多的有安永和船、刘青云船等。

先从山东海船曲亮工船着手分析，曲亮工船是福山县的大型私船，该船装载黑布480匹、白布26匹运往沈阳销售，除贩卖布匹外，该船还携带了大量铜钱用于购买粮食，在《备边司誊录》英祖五十年甲午条记述道：

问：你们既要买米往奉天府，将甚么货物换买耶。

答：小酌将钱一千二百七十吊零，白布二十六匹，黑布四百八十匹换也[10]。

该船装运用于购物的铜钱1 270吊，1吊为1 000文铜钱，共装运铜钱127万文，加上506匹黑布、白布，该船的整船资本约 14 000 两，是山东海船中单船资本最高的商船。

张成顺船是载有 40 人的大型官船，船上有 10 名商人，从山东牟平出发，过海前往沈阳采购柞蚕茧、高粱、玉米等货物，在《备边司誊录》纯祖九年己巳条记有：

问：钱几两银几两而果是何人之物耶。

答：奉天钱，以八十二文，为一两，山东钱，以十钱为一两，以奉天钱计之，则为一千八百八十四两二钱三分，银则二百十三两二钱，而都是各人带来者[11]。

10 名商人携带铜钱折银 1 884 两，白银 213 两，共计白银近 2 100 两。

安永和船是私船，船号为福第 11 号。船上 21 人，有福山县 4 位粮商，船载谷子、棉花、柞蚕茧、烟草，自山东福山县发往辽宁金州府，据《备边司誊录》正祖十五年辛亥条记载：

问：带去者何物件，变卖者何物件。

答：杂粮及凉花、山茧、烟草等物，以卜重难运，从愿换卖，其余随身要紧东西，尽数带回，此皆贵国恩典，感激不尽。

问：你们变卖之价，共为几许。

答：价银总为六百四十七两零[12]。

安永和船上 4 位粮商的货物资本为白银 647 两。

刘青云船上 10 人，从山东荣成县装载青豆到沈阳贩卖，货物资本为白银 535 两，详见《备边司誊录》哲宗九年戊午条：

问：带来的钱有么。

答：五百三十五两八钱八分有[13]。

在中小型山东海船中，有的船携带资本不多，例如刘增三船、王箕云船：

刘增三船的船主并未上船，以 52 岁的船长徐天禄代替，船上 11 人，从山东黄县出发，见《备边司誊录》宪宗六年庚子条：

问：你们既要装粮，则有甚银货带来么。

答：带得银子一百两，铜钱一百一十吊，是船主刘增三的东西，船破时都落下水里，尽失无余[14]。

该船带有白银 100 两、铜钱 110 吊，去辽宁买粮，不幸遭遇风漂到朝鲜。

王箕云船船籍是山东文登县，据《备边司誊录》纯祖三十年庚寅条记述：

问：何月日因何事往何地方，何月日漂到我境。

答：我们带钱十四吊六百零，贸棉布凉（注：棉）花次，去年十月十七日自文东县，乘船往南城，当日到中洋，风浪大作，折帆竿缺锭枝[15]。

该船仅携带铜钱 14 吊 600 文，计划去南城购买棉布、棉花，属于山东小型海船单船资本最少的一类海船。

山东海船单船资本最多为 14 000 两，根据朝鲜李朝的《备边司誊录》记载，广东商人 60 岁的李光、50 岁的罗五搭伙贩卖，他们不顾年龄已长，远赴辽宁营口港、山东烟台港经商贸易。船载主要货物为棉花，货值白银 3 230 两。此外以福建的明朝林成商船、清朝黄宗礼商船为例，福建商船单船货物资本在白银 2 000 两至 1 万两之间。与其相比，山东海船最高单船资本与广东、福建的最高单船资本不相上下，但是山东海船中有的中小型海船，单船资本并不多。

6 山东海船的乘客、商船运费

清朝山东海船的乘客、商船运费怎样呢？以《备边司誊录》11 艘山东海船中 2 艘大型海船蒋顺利船乘客价格、张成顺船雇船价格为例，略做考察：

《备边司誊录》记载山东的海船贸易中，出现了以运输乘客为主收取运费的海运营利方式，如乾隆五十九年（1794 年）登州府（注：山东省蓬莱市）蒋顺利船即是一例。蒋顺利为登州府的船主，他没有随船贸易，其船编号黄字 19 号。当时登州府遇到天灾，粮食歉收。因当地粮食供应出现问题，许多登州府与原籍沈阳的百姓，乘船前往沈阳以躲避灾年。《备边司誊录》正祖十八年甲寅条记述道：

问：那乘客们，是借乘是雇船。

答：都收雇钱。

问：一人船雇钱多少。

答：船雇钱也不一样，或收大钱一百，或收小钱一百。

问：大钱一百为几何，小钱一百为几何。

答：大钱一百个为一百，小钱以十六个为一百。

问：乘客船雇钱共计为何。

答：以大钱记账为十吊，以小钱记账为四十三吊。

问：船雇钱现在带来否。

答：带来[16]。

蒋顺利船共承运51人，其中船员7人，乘客44人，包括4位妇女、3位儿童。该船从山东蓬莱发往辽宁旅顺一带，最近的海上距离170多千米。因遇到灾荒年，该船向乘客收取的运费为：有的乘客收取大钱一百，有的乘客收取小钱一百，44名乘客运费是10吊大钱。计划用此次运费和向亲戚借钱在沈阳地区购买粮食，再将粮食贩运回山东登州。蒋顺利船留下的清朝北方灾荒年山东乘客前往东北避灾的最低运费价格，具有一定的史料参考价值。

清朝山东商船雇佣整船运费怎样呢？张成顺船为官票大型商船，船载40人，其中商人10名、船员26名、乘客4人。该船从辽宁沈阳购买了柞蚕茧、高粱、玉米等货物，渡过黄海回到山东半岛北部牟平（宁海州）。那么10名牟平商人雇佣这艘大船的运费是多少呢？详见《备边司誊录》纯祖九年己巳条：

问：你船载来商客空人，各捧雇钱几许，

答：众商则有货物，故雇价大制钱一百三十四千四百八十个，空人则无货物，故水力价大制钱一千个或一千三百二十个或一千六百四十个。

问：大制钱，数几何。

答：一千文，谓之大制也[17]。

该船从山东半岛的牟平发往辽宁，4名乘客运费为每位大钱1 000文至1 640文铜钱。那么雇佣一艘26名船员的大型商船的10名商人，此程的运费是多少呢。然而让人没有想到的是，装货来回运费竟然高达134吊480文铜钱。究竟什么原因导致了清期山东前往辽宁的商船乘客与货运的运价差别会如此之大，颇值得仔细研究。

7 山东海船的船具

《备边司誊录》中记载了荣成县张元周海船、福山县安永和船2艘船上载有船具情况。

张元周海船是1艘小船，海船的船籍地为荣成县南40里民屋石村，船主张元周与冯才孝、张元瑞、李凤同4人留在船上忽遇海上风暴，与下船吃饭未及返船的5人漂散。

在《备边司誊录》正祖十年丙午条记载：

问：你们船中物件，无遗失么。

答：后桅、布蓬、两橹、铁锚、木舵五件，漂洋时失了。

问：你们在两岛中及登陆后，带来物件，或有给人之事么。

答：没有[18]。

张元周船虽是小船，船上安有前桅、后桅，遭遇风暴后，后桅与船帆、两只大橹、一件铁锚、一个木舵等均损毁，海船漂到朝鲜黑山岛，得到了一位戴大帽子朝鲜人的帮助，给了张元周等人10斗米、3块木材，对船舵进行了必要的维修。从上述文献可以看出张元周海船属北方海域使用的沙船，船设双桅双橹，可以有风使帆，无风用橹，也可以帆橹同时使用。

此外，在《备边司誊录》正祖十年丙午条还载有：

问：你们有甚么物件带来的么。

答：俺们带来木桶、空柜、火炭，及破伤船只，在灵岩已尽烧火，今此带来物件随身衣服外，只有钱二十两二钱九分[19]。

木桶是船上必用的物品，木炭用来烧火做饭，冬日取暖。空柜带上船，可装粮食等东西。有意思的，张元周船留下了空柜等家具上船的记录。

福山县安永和私船是一艘大型帆船，船员18人，船主安永和不随船贸易。安永和船在《正宗大王实录》卷三十三、正祖十五年十二月戊午条记有：

船长十五把，广四把，皆用铁钉。第二间撑铁鼎二座，第三间别加涂灰，造水仓盛水。前帆竹十一把，今番逢风漂流时，腰折。中帆竹九把，后帆竹五把，皆用白木帆。板屋中有书帙赞里，而舟什棚索，汲水小船一只，皆如我国船制样。硫索、龙层索、倒入索、旨索等属，或黑或白，问是何物，曰棕树皮也。

……

又问：船上器械，能无亏损。

答云：头桅损坏，大锚去之一顶，小锚去二顶，三顶锚的丁缆俱以去了。所载粮舍去数多，二棚俱破，别无损伤。祈长首将器用周济，过了新年，我等乘船回家去矣[20]。

该船上安装3桅白帆，前桅白帆用11根撑条，中桅白帆用9根撑条，后桅白帆用5根撑条。船设水仓，来解决乘员的饮水。另外，船上携带小舢板船，以方便近岸取水。安永和船的前桅被风暴摧毁，舱面2个舱棚被风吹破，船上配备3把铁锚，分别是主锚、两把备用小铁锚。

8 结论

海上丝绸之路的海外史料弥足珍贵，从《备边司誊录》记载来看，清朝山东海船的船主绝大部分居住在陆地，不下海随船贸易。海船中大船占50%，乘员人数40~50人，中小型海船占50%，乘员在20人以下。海船船员呈现年轻化趋势，有的海船雇佣南方船员。海船航海人员中未有秀才、举人等知识分子参与，贸易货物往南方输出柞蚕茧、粮食（黄豆、玉米、高粱）、中草药（紫草、杏仁、防风、白蜡）、烟草、咸鱼、生猪等，运回棉花、棉布、桐油等。海船携带资本在铜钱14~1 270吊、白银100~14 0000两之间。海船从山东半岛北部过海前往辽东半岛，灾荒年乘客价格在100文，常年乘客价格1 000文至1 600文铜钱，整船雇船价格134吊铜钱。山东海船为3桅或2桅船，船上配备3把铁锚，分别是主锚、两把备用小铁锚。

本文引用的海外史料为国内首次发表，朝鲜李朝《备边司誊录》记载的明清史料属于珍贵的域外汉文文献，从不同角度记录明清时期中国的政治、经济、文化、军事等方方面面，值得引起国内学术界的关注。

附：《备边司誊录》第五十七册　肃宗三十二年丙戌（注：康熙四十五年，1706年）

丙戌四月十三日[21]

济州漂到人问情别单

问：你们居在何地、而姓甚名谁耶。

答曰：俺们十三人姓名。

　　管账车琯年三十九岁、山东省登州府莱阳县人。

　　管买卖柴米崔凌云、年五十二岁、山东省登州府文登县人。

问：你们在本土时，有何身役，而以何事为业耶。

答：俺们素无身役，只以农商为业耳。

问：你们因何事往何地，缘何漂到我国。

答：俺们以买卖事，往苏州地方，洋中遇风，漂到贵国耳。

美国人拍摄的清朝山东海船

问：你们几月几日开船，几月几日漂到我国耶。

答：俺们今正月初二日开船，于山东莱阳县，初四日大洋中，猝遇恶风，失舵折樯，几乎沉没，仓惶中远见山色，疑有人家，俺等十三人，持牌标急下，汲水小船，欲为救护大船之际，又遭东北风，俺等十一日，漂到贵国，其余二十一人，在大船，不知去处耳。

问：你们离发山东莱阳县时，作伴向苏州者，几船耶。

答：俺们莱阳县开船时，无作伴船矣。

问：你们将何样物件，贸来何样耶。

答：俺们持黄豆、紫草、杏仁、防风、白蜡、、猪等物，往苏州贸来青蓝、各色布、瓷器、棉花物耳。

问：曾前上国，海禁极严云矣。不知何年，弛禁行商耶。

答：古海禁之令矣，今则有旨弛禁，任意行商，而弛禁年月，未能得知矣。

问：标帖成给之官，是何样官司，纳税何司，而以何物纳税耶。

答：标帖则莱阳知县成给，而纳税则随其所持物种之多寡，以银子计纳于本县耳。

问：莱阳之于苏州，相距几许耶。

答：旱路则两千一百里，水路则不能得定里数，而遭顺风，则四天三夜，可能以得达矣。

问：你们只行商于苏州而已，别无往来他国之事耶。

答：别无他国行商之事，而只于浙江、福建、江西、湖广、潘阳等处行商耳。

问：你们年年行商，而往来海洋之际，必有可闻奇异之迹，可得闻耶。

答：海中往来之路，别无奇异可闻之迹耳。

问：你们藏载货物海路来往之时，其无海贼掠夺阻搪之患耶。

答：无记入。

问：山东近处，有三山岛，而颇称奇异云，可得闻耶。

答：果有三山岛，而自登州府晴明日，则可能望见，而自莱阳县、贝水路颇远，三山列立间通海水，往来商船耳。

问：既有三山岛，则其民几何，往来船只，常常止泊耶。

答：此岛，小而险恶，且无可耕地之地，故原来无居民船只，往来之时，若遇风则时时止泊，而多恶石，且狭隘，故仅容三四只耳。

问：此外，又有他岛，而民人入居者耶。

答：登州府西北间四十里许，有庙岛、芙蓉岛、长山岛皆有居民，而长山岛最大，居民几至千余户，登州府及莱阳县主管耳。

问：此岛孤立海中，无水贼依险过发之患耶。

答：海防至严，故元无此患而曾闻五六年前，广东省、有水贼云云之说矣。今则太平无事耳。

问：你们虽业农商，既为民丁，则似不无身役，可得详闻耶。

答：俺们则非军丁，故一年每口，纳丁徭银子一钱六分，而农者纳田税，商者纳商税，此外无他身役耳。

问：山东地方，农事何如。

答：近来农事，连丰大收耳。

问：你们十三人中，曾有往来皇都者几人，而程途几里耶。

答：俺们十三人中，一人曾有往来皇都者，而途里则一千四百四十里耳。

问：山东所属州县，共几何耶。

答：山东一省有登州、莱州、青州、兖州、东昌、济南六府，而其所属州县，则未能详知耳。

问：登州府有几个官人耶。

答：文官则有太府、二府、三府、学官，武官则有总兵、副将、参将、守备、千总、把总等官耳。

问：所谓文官则所管何事，武官则所管何事耶。

答：所谓太府管知县、生员、学生，二府管监察耳目，三府管匪类、赌博，总兵则管山东一省军兵，而衙门则在于登州耳。

问：总兵所掠城池周遭及所管兵曹几何，而水军耶。陆军耶。

答：城池周遭，自东门至西门七里许，南北亦如之，兵数不知几许，而都总水路之军耳。

问：既有军兵，则有时训练之事耶。

答：陆军则一朔内九次操练，水军则一年四季月操练耳。

问：操练时，所用器械，可以指耶。

答：陆军所用器械弓箭、刀枪、火炮，而水军操练时曾无目击，未知器械之何如耳。

问：贵省尚文耶，尚武耶。

答：文武俱尚，而俺们，以商农为业之人，试取之规，未能详知耳。

问：你们大船所载物种，多少几许耶。

答：黄豆二百四十担，白蜡二百四十斤，红花二百四十斤，紫草三百九十八包，防风一包，杏仁一小包，猪十二口耳。

参考文献：

[1] 备边司誊录[M].(宪宗六年庚子条).大韩民国史编纂委员会誊写影印本.1959—1960,(23):175-176.

[2] 备边司誊录[M].(肃宗三十二年丙戌条).大韩民国史编纂委员会誊写影印本.1959—1960,538-540.

[3] 备边司誊录[M].(正祖十八年甲寅条).大韩民国史编纂委员会誊写影印本.1959—1960,(18):291-295.

[4] 备边司誊录[M].(正祖十五年十二月辛亥条).大韩民国史编纂委员会誊写影印本.1959—1960,(17):914-918.

[5] 备边司誊录[M].(正祖十五年十二月辛亥条).大韩民国史编纂委员会誊写影印本.1959—1960,(17):914-918.

[6] 备边司誊录[M].(肃宗三十二年丙戌条).大韩民国史编纂委员会誊写影印本.1959—1960,(5):538-540.

[7] 备边司誊录[M].(哲宗十一年庚申条).大韩民国史编纂委员会誊写影印本.1959—1960,(25):489-490.

[8] 备边司誊录[M].(哲宗三年壬子条).大韩民国史编纂委员会誊写影印本.1959—1960,(24):505-506.

[9] 备边司誊录[M].(纯祖九年己巳条).大韩民国史编纂委员会誊写影印本.1959—1960,(20):15-19.

[10] 备边司誊录[M].(英祖五十年甲午条).大韩民国史编纂委员会誊写影印本.1959—1960,(15):270-272.

[11] 备边司誊录[M].(纯祖九年己巳条).大韩民国史编纂委员会誊写影印本.1959—1960,(20):15-19.

[12] 备边司誊录[M].(正祖十五年辛亥条).大韩民国史编纂委员会誊写影印本.1959—1960,(17):914-918.

[13] 备边司誊录[M].(哲宗九年戊午条).大韩民国史编纂委员会誊写影印本.1959—1960,(25):312-313.

[14] 备边司誊录[M].(宪宗六年庚子条).大韩民国史编纂委员会誊写影印本.1959—1960,(23):175-176.

[15] 备边司誊录.(纯祖三十年庚寅条).大韩民国史编纂委员会誊写影印本.1959—1960,(22):103-104.
[16] 备边司誊录[M].(正祖十八年甲寅条).大韩民国史编纂委员会誊写影印本.1959—1960,(18):291-295.
[17] 备边司誊录[M].(纯祖九年己巳条).大韩民国史编纂委员会誊写影印本.1959—1960,(20):15-19.
[18] 备边司誊录[M].(正祖十年丙午条).大韩民国史编纂委员会誊写影印本.1959—1960,(16):645-650.
[19] 备边司誊录[M].(正祖十年丙午条).大韩民国史编纂委员会誊写影印本,1959—1960,(16):645-650.
[20] 正宗大王实录[M].(卷三十三).正祖十五年十二月辛亥条.大韩民国史编纂委员会誊写影印本.1959—1960,(17):914-918.
[21] 备边司誊录[M].(肃宗三十二年丙戌条).大韩民国史编纂委员会誊写影印本.1959—1960,(5):538-540.

唐朝东北亚丝绸之路远东段遗迹探寻

窦博[1]

（1. 中国海洋大学 法政学院，山东 青岛 266003）

摘要： 兴隆洼文化、红山文化的发现，证实了古代中国内蒙、东北是传说中的蚕神的故乡。红山文化发现了玉蚕，至今在辽河流域仍拥有独一无二的野蚕，证明了燕辽文化区也是丝绸文化发源地之一。满族祖先肃慎开辟了世界上第一条从远东通往中原的丝绸之路，接下来这个民族在唐朝以靺鞨的称谓在东北、远东地区开辟了若干条海陆丝绸之路，在这片大地上留下了众多丝绸之路遗迹。

关键词： 东北亚；丝绸之路；远东；遗迹

1 引言

大唐王朝对东北进行了有效的管理，渤海既是一个粟末靺鞨民族为主体的地方政权，又是唐朝的一个地方行政机构——忽汗州都督府。唐朝渤海被誉为“海东盛国”，有6条海陆丝绸之路，其中远东段海陆丝绸之路到达牡丹江流域、乌苏里江流域、黑龙江流域、库页岛、鄂霍次克海、千岛群岛。沿着东北亚丝绸之路远东段遗迹探寻，意义巨大，东北亚丝绸之路向东可与北极航线对接，向西可与中蒙俄经济走廊、草原丝绸之路对接。不仅可为东北亚海上丝绸之路申遗做准备，更为东北乃至远东积极融入中国“一带一路”建议找到切入点。

2 中国北方丝绸之神的故乡与红山文明

《史记·五帝本纪》“皇帝居轩辕之丘，而娶于西陵之女，是为嫘祖《世本》直作“累祖”意即丝绸之神，后人则直呼蚕神嫘祖娘娘”内蒙古东部地区从古至今有许多地名冠以“锡林”二字，“锡林”即“西陵”，故古代西陵氏当在今内蒙古东部地区。接受封建王朝正统祭祀的蚕神是皇帝的元妃嫘祖，嫘祖被认为是古代中国的先蚕，即蚕桑主神，即呼伦贝尔大草原。历史悠久的兴隆洼文化、红山文化都属于农业文明。西辽河流域，西起西拉穆伦河、老哈河、南到大凌河流域、牛河梁，“燕山南北、长城地带为重心的北方古文化在我国古代文明史上的特殊地位和作用”促使中国重新审视“中国文明起源一元论”的观点，发展了中国文明起源“多元论”的观点。“红山文明是与西亚、埃及、玛雅、印加文明一样的神权政治为特征的原生形态的早期国家，我国史前具有金字塔性质的巨型建筑。辽西红山文化遗址是可与埃及金字塔、印度河莫亨觉达罗古文明相比的世界性发现。”尤其在红山文化发现了玉蚕，至今在辽河流域仍拥有独一无二的野蚕，北方文化区是燕辽文化区，也是丝绸文化发源地之一，丝绸文化也是多元一统；红山文化出土了具有农业文明典型标志的龙形玉器。将中国桑蚕、丝绸传到周边少数民族地区（或今已独立为国家）的第一个人是商末周初的箕子。《后汉书．东夷传》云：“昔武王封箕子于朝鲜，箕子教以礼仪、田蚕……”这是有文献记载的将中国桑蚕、丝绸传到东北亚邻国的第一条史料，也是传往今天国外的第一次记载。吉林市郊区出土的原始麻布，为我们提供了实物。螺丝技术是我们祖先的一个创造性的发

基金项目： 科技部基础资源调查专项“中蒙俄国际经济走廊多学科联合考察”之“中蒙俄地缘战略格局与合作模式研究”。

作者简介： 窦博（1964—）女，吉林省长春市人，博士，教授，主要从事俄罗斯及其国际问题研究。E-mail：suofeiyadou@163.com

明，载上古时期我国是唯一掌握这种技术的国家，汉代以后又传到国外。

中国丝绸从内容上讲，是以汉族为主体的民族观念形态在丝绸上的集中表现，它是中华文明的先导，通过丝绸与周边甚至更远的地方联系，开辟的道路被称作丝绸之路，丝绸之路上最具代表的商品是丝绸、瓷器、茶叶，因此繁衍出瓷器之路、茶叶之路等等。通过丝绸之路中国中原文明向全世界传播，尤其是我国东北辽河流域、松花江流域、黑龙江流域、乌苏里江流域、牡丹江流域、图们江流域、鸭绿江流域、绥芬河流域不仅向中原学习先进的文化、政治、经济制度，还将自己的文化与中原文明紧紧融合，最后为融入到中华文明做出了巨大贡献。红山文化、呼伦贝尔大草原、中原文明通过丝绸之路紧紧的联系在了一起，因此，中国北方存在北方丝绸之路、远东丝绸之路、朝鲜半岛丝绸之路、日本丝绸之路，这些丝路连接在一起形成了东北亚丝绸之路。

3 肃慎开辟了世界上第一条丝绸之路

从公元前 21 世纪开始，中原地区已进入奴隶制发达的夏、商、周三代。而中国东北大多数部族尚处在氏族社会末期和青铜时代早期。随之在氏族部落联盟基础上形成的部族国家，在中国东北已经出现。中国东北发展的历史上，出现了少数民族政权：扶余国、高句丽国、契丹国、辽国、渤海国，以及中原政权元、明、清。靺鞨族是生活在中国东北及东北亚地区的一个古老民族，为融入中华民族大家庭做出了巨大贡献：七至八世纪靺鞨族建立了渤海国，发展成女真时建立了金国，发展成满族时建立了清朝。早在夏商时代就已存在，隋唐时称靺鞨的民族，西汉时称肃慎、东汉时称挹娄、魏晋时并用肃慎和挹娄、南北朝时称勿吉，它是女真族-满族的祖先。

《竹书纪年》：“帝舜有虞氏二十五年，息慎氏来朝，贡弓矢”根据最新年代学和天文学研究成果推算，虞舜二十五年即公元前 2249 年，算起来，至 2017 年这条丝绸之路已存在 4266 年了。

《史记・五帝本纪》说 虞帝“南抚交趾，……北戎、发、息慎”。郑玄注：“息慎，或谓之肃慎，东北夷”。先秦史记《尚书》说：“武王既伐东夷，肃慎来贺”《左转》《国语》记载：武王克商，北土肃慎氏“来贡楛砮”。从公元前 11 世纪商末周初开始，已屡通中原，开辟了最早通往中原的海陆丝绸之路。这种肃慎氏特有的“石砮”，已发现于东北松花江中、下游及牡丹江流域。直至《后汉书》还记载：“（周）康王之时，肃慎复至”。《左转》鲁昭公九年 ：“肃慎、燕、亳，吾北土也”说明周王朝承认肃慎和燕、亳一样是属其管辖的北方领土。“肃慎分布在今长白山以北，松花江中上游，牡丹江流域和黑龙江中下游的广大地区，牡丹江流域有可能是肃慎活动的中心”春秋战国以前，肃慎居住的中心应在长白山北麓，牡丹江上游。于牡丹江上游地区镜泊湖畔发现的相当于 3 000 年前古“肃慎”时期的“莺歌岭文化”进一步证明了这一点。南北朝时即公元 427 年高句丽将都城从丸都（今吉林吉安）迁到平壤，勿吉的势力迅速伸展到现在的挥发河一带，并于公元 493 年灭掉了东北大古国扶余，占据了今松花江、伊通河流域松辽平原的中心。

隋唐时靺鞨疆域分布在今黑龙江中下游，东至日本海，南到长白山两侧，西至松花江与嫩江汇流地带，以黑龙江、松花江、牡丹江流域为 3 个中心。据《随书》卷 81《靺鞨传》记载，靺鞨分为粟末、伯咄、安车骨、拂涅、室部、黑水、白山七部。

4 渤海国——唐朝忽汗州都督府

公元 668 年唐灭掉高句丽后，在其故地粟末靺鞨大祚荣于 698 年自立为震国王，唐睿宗于公元 713 年派崔忻以摄鸿胪卿的身份，敕持节宣劳靺鞨使的名义，到旧国（敦化敖东城），册拜大祚荣为大将军、渤海郡王，并以大祚荣统辖的地区为忽汗州，加授忽汗州都督，从此，去靺鞨之号，专称渤海。第二年崔忻回国时，途径辽东半岛时，在今旅顺黄金山下凿井两口留作纪念，并刻石题记，原文为：“敕持节宣劳靺鞨使鸿胪卿崔忻，井两口，永为记验，开元二年五月十八日。”它证明了大唐与渤海国的关系：渤海从此正式隶属唐王朝版图，成为唐朝的一个地方行政机构——忽汗州都督府，大祚荣成为渤海郡王，忽汗州都督府都督，既是地方民族政权的最高统治者，同时又是唐王朝的地方官吏。

渤海建国后，“南与新罗，以泥河为界，西南以鸭绿江泊汋口及长岭府之南境，与唐分界，东际海，西界契丹，东北至界黑水靺鞨，西北至室韦”地方五千里，置有五京十五府六十二州一百二十余县……“遂为海东盛国”。

5 渤海国的海陆丝绸之路

大唐渤海国的海运主要以今天的日本海（鲸海）、鄂霍茨克海（北海）、黄渤海为主，主要港口有毛口崴（现为克拉斯基诺），它是渤海国通往日本的主要港口，也是通过鞑靼海峡到库页岛和日本列岛的港口。

渤海时期交通十分发达，以各个时期的京城为中心，开辟了通往唐朝以及邻族、邻国的五条交通道，即“龙源东南濒海，日本道也。南海，新罗道也。鸭绿，朝贡道也。长岭，营州道也。扶余，契丹道也”。黑水靺鞨道，共 6 条海陆丝绸之路。

靺鞨部由原来的七部逐渐融合为两大部，即粟靺部与黑水部。黑水靺鞨是唐代东北少数民族中，距离中原最远的。“其地南距渤海，北东际于海，西抵室韦，南北二千里，东西千里”；开元十年唐玄宗拜其酋长为勃利州刺史，开元十四年（726 年），唐置黑水都督府。8 世纪 70 年代后，黑水部即为渤海役属。

史书记载，自安东都护府“千五百里至渤海王城，城临忽汗海……其北经德理镇，至南黑水靺鞨千里”黑水役属于渤海，在渤海建国后期，黑水朝唐，每经渤海之境，初时，有事必告知，故渤海朝唐之使，亦常与之偕行。可见，两者之间确有一条丝绸之路。渤海东部的安远、安边、定理府占有现在乌苏里江以东及广大的滨海地区，直至日本海，所以说“东际海”。大唐与渤海都通过这条丝路与黑水靺鞨联系，通过牡丹江顺流而下。

5.1 渤海通黑水的丝绸之路

在这条丝路上，有下列丝路遗迹：南城子古城位于牡丹江中游右侧支流勒勒河一级台阶上，三面墙外尚可看出城壕遗迹。城墙大部分为夯土堆筑。现存西墙、南墙西半部、北墙西部较为完整，高约 2 米。墙基宽 8~10 米，最宽处可达 12 米，南北各有一门，城墙外侧有护城壕遗迹。它是牡丹江两岸发现最大的渤海古城，与上京城一样都位于牡丹江右岸。牡丹江边墙的东端起自牡丹江左岸江西村西沟北山主峰，然后向西北延伸，顺着张广才岭东部余脉由低渐高的自然地势，穿山越谷，经过新丰南岭、蛤蟆塘砬子、馒头砬子、岱王砬子、二人石南岭，最后消失在海拔 740 米高的西北砬子北坡，长约百里……墙体厚度一般为 5~7 米，边墙可分为土墙段和石墙段两种。调查者认为，牡丹江右岸的重镇渤州城（南城子古城）与牡丹江左岸绵延百里的小长城（牡丹江边墙）防线一起，形成了隔江呼应的配置形式，两者之间的缺口，肯定是渤海黑水道必经之处。这条丝路，过了牡丹江边墙就进入了牡丹江下游海林、林口、依兰，有 4 条发源于张广才岭的头道河子、二道河子、三道河子、四道河子河口处，在这四条河河口及牡丹江沿江的其他地区，分布着多处渤海遗址、墓葬，还有一座古城。二道河子北边细鳞河河口遗址出土了“开元通宝”钱币。三道河子河口附近的渤海遗迹最丰富，除墓葬之外，还有渡口、河口、振兴三个遗址和兴农古城，说明这里是黑水道上的重要一站。兴农古城墙外侧有壕沟遗址，也出土了“开元通宝”钱币。过兴农古

城到海林市北界的牡丹江右岸又有木兰集东渤海遗址。进林口县在四道河子河口发现烟筒砬子遗址，依兰县土城子乡和太平乡也发现渤海遗迹。太平乡距牡丹江口仅有 20 千米了，至此，渤海黑水道即将走完牡丹江沿线，进入松花江沿线，也就快接近黑水道了。“开元通宝”钱币的发现再一次证明了中原王朝与东北地方政权存在的这条丝绸之路。

5.2 渤海通黑水至库页岛至勘察加半岛的海上丝绸之路

《新唐书·靺鞨传》载，黑水西北有思慕部，往北走 10 天到郡利部，再往东北走 10 天到窟设部，再往东南走 10 天就到莫曳皆部即莫曳靺鞨了，终点在流鬼国。靺鞨人开辟了一条库页岛与勘察加半岛的鄂霍次克海上丝绸之路，海船从库页岛中南部东岸出发，航向东南，先顺西北风与东南海流驶达千岛群岛南

端，继而再在强大的东北流驱动下，吃偏顺风沿千岛群岛逐岛而上，最后抵达勘察加半岛半岛南端登陆。从航程距离估计，这一条弧形的沿岸逐岛航线为 918 海里。说明库页岛的靺鞨族人在唐朝已掌握了鄂霍次克海的逆时针方向的海流规律，开辟了这一条从西北走向东南再转东北的大弧形航线。

6 渤海国海陆丝绸之路遗迹探寻

丝绸之路最早由德国地理学家李希托芬于 1887 年提出，如今在中国“一带一路”倡议下，丝绸之路的内涵、概念变得愈加丰富：它不仅是丝绸贸易路线、商贾线路（丝绸、陶瓷、香料是输出的三大商品），更是文明对话的线路，文明对话包括政治、经济、文化、宗教的交流。海上丝绸之路遗存包括港口、防御工事、仓储点、补给站、海关、桥梁、医院、信息处、生产场所、贸易大宗商品的产地、驿站、灯塔等等。

6.1 渤海国港口码头

盐州海港——毛口崴，渤海国多次从毛口崴启航去往日本。俄国将此地称作克拉斯基诺。俄国人认为其遗址克拉斯基诺城址位于埃克斯佩季齐亚湾楚卡诺夫卡河河口的克拉斯基诺村附近。这里分布着一个渤海人的造船中心。苏联于 20 世纪 80—90 年代对克拉斯基诺古城堡进行了挖掘，“在西北部一块不大的地段发现了佛教寺院的残迹和制瓦作坊。总体说来，发掘的结果还不能推翻该古城堡址是行政管理中心和海港的观点。”俄国人认为克拉斯基诺城址是“渤海的盐州治所遗迹”，同时它是实现渤海与日本交往的海港。

6.2 防御工事

渤海上京龙泉府位于今天黑龙江省宁安市渤海镇，该城具有防御工事；渤海中京显得府位于吉林省和龙市西古城，该城具有防御工事的性质；渤海东京龙源府位于吉林省珲春市八连城，该城具有防御工事的性质；渤海南京城位于今天朝鲜青海土城，该城具有防御工事的性质，渤海的都城都是仿照唐朝都城西安建造的并且都具备防御功能。

南乌苏里斯克城址，有的认为是率宾府，该城具有防御工事的性质。克拉斯基诺古城堡城门前的防御结构体系与渤海上京相似，城墙的防御系统有外凸的军事塔楼。在今天远东滨海区，在科克萨罗夫卡 1 号城址有一个塔楼；在科克萨罗夫卡 2 号城址有两个塔楼；尼古拉耶夫斯科城址、丘古耶夫斯科城址、马里亚诺夫斯克城址的防御体系中有 12~14 个塔楼，这些塔楼的间距大致相等，一般为 60~80 米，有的为 40 米……其中尼古拉耶夫斯科城址有壕沟、远东滨海山地城堡有五个，便于监视观察，具有军事性质。

6.3 桥梁

牡丹江流域发现了三座中世纪桥梁。

6.4 碑刻遗存

敦化六鼎山贞惠公主墓志铭，贞孝公主墓葬中出土的墓志铭。和龙县龙头山发现了保存完好的贞孝公主墓志碑，都是用汉字书写，出土的壁画的人物体态、服饰与中原唐墓无别，这两个墓志碑完整真实的体现了渤海与唐文化的融合。

6.5 生产场所

远东滨海新戈尔杰耶夫斯科耶村落址发现了居民专门从事青铜铸造业，科尔萨科夫斯科耶 1 号村落址、康斯坦丁诺夫斯科耶 1 号村落址、乌杰斯纳也村落址的居民从事陶器制作。

6.6 窑址

距上京遗址 15 千米的杏山砖瓦窑址，克拉斯基诺城址西北部城区发现了制瓦窑，远东滨海区科尔萨斯科耶村落址发现了3座陶窑遗迹，在科尔萨科沃村发现了3处陶窑遗址，获得了9—10世纪渤海人经济活动方面罕见的材料。克拉斯基诺城址，发现了滨海地区目前唯一的一座中世纪时窑址。在克罗乌诺夫卡河谷地渤海寺庙址、克拉斯基城址、尼古拉耶夫斯科2号城址的发掘过程中，出土了唐三彩。尼古拉耶夫斯科2号城址、马里亚诺夫斯科城址、新戈尔杰耶夫斯克克拉斯基城址出土了褐瓷。公元7世纪后期到8世纪中期是唐三彩发展的鼎盛时期，中国唐朝生产三彩并输往世界各地，远东滨海出土的唐三彩再一次证实了中原通往渤海-滨海丝绸之路的存在。

6.7 冶铁窑

紧邻克拉斯基诺城址左边是尼古拉耶夫斯克2号城址，发现了冶炼作坊遗迹：冶铁窑和锻铁炉。克拉斯基诺城不仅是行政中心、港口，还是手工业中心。

6.8 冶铁手工业中心

尼古拉耶夫斯克2号城址，新戈尔杰耶夫斯科耶村落址发现的锻铁炉、熔化炉以及与它们工艺过程有关的练渣坑等遗迹……铁州城以产铁而闻名，此时的城址是发达的冶铁手工业中心。

6.9 贸易大宗商品的产地

渤海国时期，现在的兴凯湖-乌苏里平原录属于率宾府，这里作为最著名的养马业中心而闻名于世。该地区出土了骨质的饰件、铁质的马勒环、马肚带扣环。

7 驿站

在今天的中国东北与朝鲜陆续发现了24块石建筑址：敦化城郊24块石建筑，位于敦化市区东南高地，北邻牡丹江，北列8块，中列7块（缺东数第四块），南列8块，东西方向排列；宫地24块石建筑址，位于敦化宫地东400米，西南2.5千米处为石湖古城，西列7（缺南数第一块），中列8，东列7（缺南数第六块），南北方向排列；海青房24块石建筑址，位于敦化海青房屯东南1千米处，二道沟口高地，北列、中列、南列各八块，东西方向排列；腰甸子24块石建筑址，位于敦化腰甸子东北角，北靠山麓，南邻牡丹江，北列8，中列7（缺东数第五块）南列7（缺东属第六块），东西方向排列；房身沟24块石建筑址，位于镜泊湖南端东侧松已沟口附近，宁安市防身沟屯北0.25千米处，南北方向排列；湾沟24块石建筑址，位于镜泊湖南端东侧松已沟深处山谷北岸，宁安市湾沟屯东南北2.5千米，北列8、中列9、南列9，东西（东偏南）排列；兴隆24块石建筑址位于汪清县百草沟镇兴隆村内，西列8、中列8、东列8，南北方向排列；石建24块石建筑址，位于图们市月晴乡石建七队村南，北距乡所在地13华里，遗址面积大致为东西8米，南北20米。石块现存6块，原位1块，移往他处5块；马牌24块石建筑址，位于图们市月晴乡马牌三队东侧，北列2，中列4，南列3，东西方向排列；另外两处位于朝鲜：东兴里24块石建筑址，位于朝鲜咸镜北道金策市东兴里西南400米，北列5，中列4，南列3，东西方向排列；会文理24块石建筑址位于朝鲜咸镜北道渔郎郡会文理西北约300米，西列8，中列8，东列8。迄今学术界将24块石建筑址定位渤海时期，或初建于渤海、有的辽金时沿用，主要依据还是因为这种建筑址与渤海的交通有着密切的联系。上述发现的12处有10处位于渤海的重要交通线上……所以学术界的看法逐渐趋向一致，认为24块石建筑址与交通有关，属于驿站性质的建筑，也有向导的作用。

8 灯塔

17世纪60—70年代，《宁古塔山水记》，记载了“石灯塔”。

9 渤海国寺庙遗址

渤海上京龙泉府附近（黑龙江省宁安市渤海镇）发现并确认的渤海佛教寺庙址有9处，其中渤海上京城内一号佛寺址。渤海中京西古城附近（今吉林省和龙、安图、龙井、汪清等地）已发现和确认的寺庙址有14处：高产寺庙址、军民桥寺庙址、龙海寺庙址、东南沟寺庙址、神仙洞寺庙址、大东沟寺庙址、傅家沟寺庙址、舞鹤寺庙址、碱厂寺庙址、东清寺庙址、仲坪寺庙址、骆驼山寺庙址、新田寺庙址、红云寺庙址等。渤海东京龙源府（吉林省珲春一带）已发现和确认的寺庙址有7处：八连城东南寺庙址、马滴达寺庙址、新生寺庙址、三家子良种场寺庙址、五一寺庙址、大荒沟寺庙址、杨木林子寺庙址等。

敦化红石乡发现庙屯寺1处寺庙址。远东滨海寺庙址有3处位于乌苏里斯克：马蹄山寺庙址、杏山寺庙址、鲍里索夫寺。乌苏里斯克是率宾府的辖区，第四座寺庙址发现于哈桑地区的克拉斯基诺城址中，克拉斯基诺即中国的毛口崴。朝鲜北部发掘了2处寺庙址。

渤海上京城内一号佛寺址（今渤海镇西面400米处），正殿已发掘，建筑规模巨大。渤海上京城内二号佛寺址（今称南大庙），遗存石灯幢，堪称精品。上京城内朱雀大街东侧第一列第二坊内的佛寺保留较完整。渤海上京城遗址出土了很多佛像，有金佛、鎏金铜佛、铜佛、铁佛、石佛、陶佛等。1975年和1997年在上京龙泉府遗址先后出土的舍利函，为典型的渤海佛教遗存。庙屯寺庙址腰甸子建筑址 帽儿山建筑遗址位于敦化市江源镇帽山村，20世纪70年代尚有尼姑在此传教。调查者发现，遗址中心有两处低矮土丘，四周散落有大量残瓦，可能为建筑台基遗迹。

蛟河七道河子遗址，地处蛟河七道河与冰葫芦河交汇处，北岸二级台地上，为渤海国寺庙址。东清寺庙址遗址位于吉林省安图县，永庆乡东清村，为渤海建筑。安图县岛兴遗址遗址，位于吉林省安图县明月镇岛兴村，为渤海、金代两个时期建筑。神仙洞寺庙遗址位于吉林省安图县明月镇福寿村，为渤海建筑。太安遗址位于吉林省汪清县鸡冠乡太安村，为渤海建筑。长仁遗址位于和龙市头道镇长仁村，处在孟山沟口二级台阶上，北距孟山沟河100米，东约500米为长仁河，为渤海建筑。东南沟寺庙址位于和龙市八家子镇，为渤海始建，辽金沿用的寺庙址。马滴达寺庙址位于珲春河中游马滴达盆地边缘山脚下，北依马滴达山，东南约330米即为珲春河，1972年吉林省博物馆在马滴达山下发现了本遗址，并进行了小规模的试掘，发掘者认为该遗址与马滴达渤海塔有关。良种场寺庙址位于珲春市三家子乡立新村，东距珲春河约300米，西距图们江约260米，为渤海建筑。新生寺庙址位于八连城南5里，三家子乡，新生二队附近，为渤海建筑。杨木林子寺庙址位于珲春市杨泡乡杨木林子村，珲春河下游三角形冲积平原的东边，西北一里处为萨其城。五一寺庙址位于珲春市马川子乡五一村，处在北距珲春河300米的冲击平原上，二普时于遗址内曾发现佛像、柱础石等遗物。八连城东南寺庙址位于珲春市三家子满族乡三家子村，西北距八连城约600米，处在珲春河冲击平原上。

朝鲜咸镜南北道发现和发掘寺庙址二处：改心寺位于咸镜北道明川郡宝心里的改心台，据说寺庙建于宣王大仁秀九年（公元826年），由五栋建筑组成，并出土过有文字记载的材料。梧梅里寺庙址位于咸镜南道新浦市梧梅里，离青海渤海土城约10千米，出土了建筑构件、火坑、陶瓷器、鎏金铜佛等。

渤海国寺庙址揭示了佛教从印度由陆上丝绸之路传入中原，再由中原陆路丝绸之路到登州，再由登州走海上丝绸之路或陆上丝绸之路传入渤海都城。渤海境内的寺庙址、塔址、鎏金铜佛等佛饰件是东北境内海上丝绸之路申遗的重要直接遗迹。

10 渤海境内佛塔

珲春马滴达塔遗址位于珲春马滴达乡，砖有两种，民国十年，塔顶铜幢坠入河内，至今未捕捞，这是最直接的遗迹，应该捕捞。和龙贞孝公主墓塔遗址塔已倒塌，仅存废墟，但可见下塔基墙、金刚圈、上塔基墙、塔身、塔刹构成。长白灵光塔，坐落在吉林省长白朝鲜族自治县的灵光塔，是唯一保存完整的渤海佛塔。它处于唐代渤海国西京鸭绿府丰州所管辖的区域内。清理着认为，长白灵光塔、和龙贞孝公主墓塔、珲春马滴达塔都属于砖造密檐仿楼阁式塔。

唐朝时我国东北从松花江流域、黑龙江流域、乌苏里江流域、牡丹江流域、图们江流域至库页岛、千岛群岛、环北海（鄂霍次克海）的海上丝绸之路，唐朝的丝绸、瓷器、茶叶等从中原源源不断的输往 上述地区，唐朝的政治、经济、文化、艺术、佛教也传到我国上述地区，这为靺鞨族乃至后来的女真、满族融入到中华民族打下了坚实的基础，探寻古丝绸之路上的遗迹，挖掘沿线的文明，积极将我国东北、大东北亚丝绸之路纳入到中国“一带一路”倡议发展中，将东北亚海上丝绸之路申遗，具有重大现实意义。

参考文献：

[1] 王承礼.中国东北的渤海国与东北亚[M].长春:吉林文史出版社,2000.
[2] 金毓黻.《东北通史》[M].社会科学战线杂志社翻印本.长春:社会科学战线杂志社,1980.
[3] 孙光怡.中国古代航航史[M].北京:海洋出版社,1989.
[4] 沙弗库诺夫,等著,宋玉彬译.渤海国及其俄罗斯远东部落[M].长春:东北师范大学出版社,1997.
[5] 沙弗库诺夫.渤海国及其滨海地区遗存[M].列宁格勒:科学出版社,1968.
[6] 博尔金.滨海地区的渤海古城堡遗址[M].王德厚译.东北亚考古资料译文集.渤海专号.哈尔滨:北方文物杂志社,2007.
[7] 魏存成.渤海考古[M].长春:吉林大学出版社,1994.

"21世纪海上丝绸之路"视角下的我国邮轮母港现状分析与发展研究

姜锐[1]，姜华[2]，彭鹏[1]，盛方清[1]

（1. 江苏海事职业技术学院，江苏 南京 211170；2. 南京旅游职业学院，江苏 南京 211100）

摘要： 推进21世纪海上丝绸之路的发展对国际邮轮旅游的发展有深远影响。邮轮母港是邮轮旅客规模大、服务功能完备和城市邮轮相关产业集聚度高的始发港，是邮轮公司的运营基地。本文基于邮轮产业新常态的影响，分析我国邮轮母港建设的现状与不足之处，并从邮轮母港规划布局、经济规制、社会规制等方面进行思考与研究，借鉴国内外先进经验就我国邮轮母港的核心圈、试验区、沿海布局及法规、环境、运营、保障等提出发展的重要举措。

关键词： 海上丝绸之路；港口；邮轮；母港；现状；发展

1 引言

我国"一带一路"的倡议是时代发展的新要求，是和平发展理念的新体现，是推动沿线各国合作发展的新构想，同样也是旅游业发展的新视角和新重点。丝绸之路是世界精华旅游资源的汇集之路，汇集了80%的世界文化遗产，丝绸之路是世界最具活力和潜力的黄金旅游之路，涉及60多个国家，44亿人口。据国家旅游局预计，"十三五"时期，中国将为"一带一路"沿线国家输送1.5亿人次中国游客、2 000亿美元中国游客旅游消费。同时我们还将吸引沿线国家8 500万人次游客来华旅游，拉动旅游消费约1 100亿美元。国家旅游局把2015、2016两年连续确定为"丝绸之路旅游年"，从一个侧面表明这一主题的重要性和丰富内涵。

旅游具有天然的开放性、渗透力和融合力，可以有效拉动经济发展、带动投资消费、促进扶贫脱贫、增进国家和地区间的友谊，更是开展丝绸之路国际合作的优势产业和先行产业。经国务院授权，国家发展改革委、外交部、商务部联合发布《推动共建丝绸之路经济带和21世纪海上丝绸之路的愿景与行动》，提出加强旅游合作，扩大旅游规模，联合打造具有丝绸之路特色的国际精品旅游线路和旅游产品，提高沿线各国游客签证便利化水平，推动21世纪海上丝绸之路邮轮旅游合作，加大海南国际旅游岛开发开放力度等重大举措。

我国具备发展邮轮旅游的经济基础，产业链带动效应显著，特别是邮轮母港，其经济收益是停靠港的10~14倍，是港口城市新的经济增长极，是衡量一个沿海国家或地区港口和旅游竞争力的重要标志。在21世纪海上丝绸之路倡议引导下，我国邮轮母港的发展方兴未艾，前景广阔。

基金项目： 国家旅游局2014旅游业青年专家培养计划课题（TYEPT201456）；江苏海事职业技术学院"一带一路"应用型海事人才研究院重大专项委托课题——"一带一路"战略视角下我国邮轮母港的规划与发展研究；江苏高校品牌专业建设工程资助项目"南京旅游职业学院酒店管理专业"（PPZY2015A098）。

作者简介： 姜锐（1978—），男，江苏省南京市人，副教授，主要从事邮轮经济、邮轮旅游方向研究。E-mail：1339344140@ qq. com

2 我国邮轮母港的现状分析

2.1 我国近年来邮轮母港建设与发展

近年来，邮轮产业催生了我国邮轮母港建设热潮（表 1）。与一般始发港不同的是，邮轮母港是邮轮旅客规模更大、服务功能较为完备和城市邮轮相关产业集聚度较高的始发港，是邮轮公司的运营基地。除基本始发港功能外，还兼具邮轮维修保养、邮轮公司运营管理等功能。

表 1 2020 年前中国大陆主要邮轮母港情况

港口	邮轮泊位	设计年接待能力
1 天津	大型邮轮泊位 2 个	50 万人次
2 青岛	大中型邮轮泊位 3 个	150 万人次
3 上海	大中型邮轮泊位 3~4 个	200 万人次以上
4 厦门	大中型邮轮泊位 2~4 个	150 万人次
5 深圳	大型邮轮泊位 2~3 个	大于 50 万人次
6 三亚	大型邮轮泊位 3~4 个	100~150 万人次
合计	大中型邮轮泊位 15~20 个	2020 年前全部建设完成总体年接待能力合计 700 万人次以上

中国交通运输协会邮轮游艇分会的数据显示，2015 年中国有 10 个港口接待过邮轮（图 1），邮轮旅客出入境 248 万人次，同比增长 44%；乘坐母港邮轮出入境的中国游客 222 万人次，同比增长 50%。2015 年，上海口岸出入境（港）国际邮轮 688 艘次，同比增长 26.9%，成为全球第八大邮轮母港。而作为北方最大的邮轮母港，天津国际邮轮母港在 2015 年实现接待国际邮轮 96 艘次，进出港旅客 42.7 万人次，分别同比大幅增长 75%和 92%。

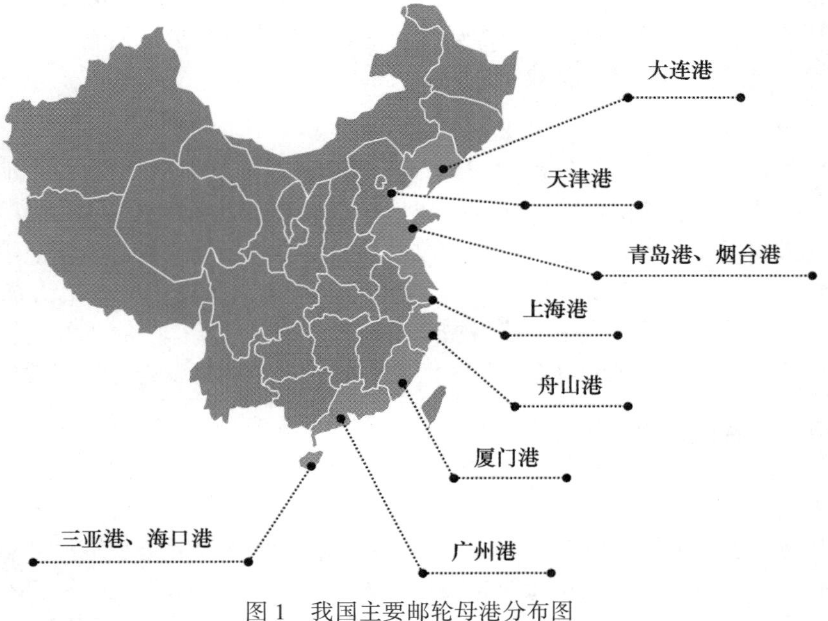

图 1 我国主要邮轮母港分布图

2015 年，青岛港集团、华润置地、招商地产三方宣布，共同出资设立青岛邮轮母港开发建设有限公司，预计总投资超过1 000亿元。而厦门邮轮母港项目也获批投资上百亿元，二期泊位改建工程完成后，部分岸线水工结构设计满足 22.5 万吨级世界最大邮轮靠泊。

招商系是目前国内最大的港口建设运营商。招商蛇口提供的数据显示，目前招商系公司以独资、参股或联合开发的形式介入了天津、青岛、上海、厦门、深圳邮轮母港的开发运营，其中天津、青岛、上海、厦门邮轮母港 2015 年接待邮轮旅客达 228.3 万人次，占中国全年邮轮旅客接待总量的 90%。目前，蛇口邮轮母港正在推动与嘉年华、香港云顶、港中旅等的邮轮全产业链的合作，招商局也在天津、厦门等地搭建邮轮母港网络化布局。

两大央企中国交通建设集团有限公司、中国港中旅集团公司已与三亚市政府三方签署邮轮产业合作协议，以三亚凤凰岛邮轮母港为核心，共同打造中国邮轮的民族品牌。中国交建、中国港中旅将在年内成立邮轮产业合资平台型公司，年内完成相关航线首航，结束全球无一艘豪华邮轮悬挂中国国旗的历史，翻开邮轮产业发展的新篇章。

2.2 我国邮轮母港建设经济规制上的不足

2.2.1 产业政策的不成熟

近年来，尽管我国邮轮旅游增长迅速，但起步较晚，总体规模较小，消费市场年轻，在全球邮轮旅游市场上竞争力不强，我国邮轮母港整体发展亟待突破。20 世纪 90 年代，我国个别沿海港口零星接待小型邮轮停靠。21 世纪以来，抵访邮轮陆续增加，已经吸引嘉年华、皇家加勒比、云顶等国际邮轮公司进驻与拓展。但毕竟占世界市场份额小，对邮轮（旅游）组织、接待与管理、保障的经验不足。为此，急需进一步认识国际邮轮发展规律，明确邮轮母港的发展定位，统筹规划沿海邮轮旅游港的空间布局，制定促进邮轮母港发展的政策措施，同时，也需要在产业发展中关注和重视安全、环保等规制，着眼邮轮母港的持续、快速和健康发展。

2.2.2 国际化运营的不足

我国有关部门和部分地方政府纷纷将打造邮轮母港作为转变经济增长方式、发展现代服务业和建设旅游强国（省市）的重要一环。但对邮轮母港这一新领域发展规律认知还不够深，对国际通行惯例了解不够多，对国情下应有的发展定位还不够清晰，攀比多，一味谋求高标准、大规模，开发运作缺乏理性治衡。为此，提出规划统筹、强化经济规制等发展建议，有助于国家和地方政府在工作中未雨绸缪、找准对策，为沿海城市邮轮母港建设和发展提供政策支持。

2.2.3 “价格战”的挑战

在港口建设运营领域，数据显示，目前我国内地已建成并投入运营的国际邮轮母港除上海吴淞港以外，其他全部处于亏损状态。各地港口基本建设完成后，在后续的运营上还需要规范，如与航空、高铁、公路网络的接驳，让人可以便利地到达港口，地方政府部门如旅游局如何将邮轮产品纳入当地的旅游产品推介，以及对停靠邮轮收费优惠等。此外，2016 年邮轮的价格走向是整个行业最为忧心的痛点；如邮轮产品陷入价格战，包船方被迫以低于成本的价格抛售，加上多种分销生态并存的复杂性，导致业界对于我国邮轮市场价格预期不乐观，也会影响到今后较长时期内邮轮母港的运营与可持续发展。

2.3 我国邮轮母港建设社会规制上的不足

2.3.1 邮轮大型化促使码头升级

邮轮大型化趋势将显著影响港口码头的利润率。一方面，船舶大型化迫使港口必须升级泊位、装卸设备等一系列基础设施，实现与大型船舶相匹配的装卸效率，减少船舶在港时间。港口不得不增加投资，安装更大、更自动化的设备，同时部署更先进的 IT 系统；另一方面，港口作业高峰期和低谷期的不均衡性是港口运营的痛点之一，船舶大型化导致挂靠港减少、进出量大幅变化，加剧了作业高峰期和低谷期的落差，港口运营商需要让码头更加智能以整合各种资源，确保效率和效益。

2.3.2 同质化竞争影响港口长期发展

目前，我国大型邮轮母港运营能力已达到较高水平，但是港口服务越来越同质化。邻近港口的腹地重叠、货类趋同，差异化竞争优势未能凸显。大部分港口发展依赖于腹地，腹地范围、旅游规模、邮轮渗透率直接影响港口的兴旺，但目前多数港口还缺乏与腹地旅游产业的紧密协作，缺少顶层的运输网络规划以及强有力的行动计划。

2.3.3 环保呼声要求注重环境保护

据统计，2013年中国港口靠泊的船舶共排放二氧化硫58.8万吨，约占全国当年排放总量的8.4%；港口船舶氮氧化物排放量27.8万吨，约占全国当年排放总量的11.3%。MARPOL公约提出了硫氧化物、氮氧化物在全球和一些特定区域（ECA地区）的排放强制性规范，明确全球船舶用油硫含量从2012年的3.5%减至2020年的0.5%。顺应环保潮流，港口运营商越来越重视港口的环境影响，新能源使用、废气排放监管政策发挥的作用越来越大。

2.3.4 安全重要性促使加强安全管控

港口作为重要的集疏运节点，大安全事故的波及面大，影响深远。港口安全已不再是单个企业的事情，直接关系到当地城市运营，重大港口甚至关系到国家安全。邮轮母港的建设、运营、服务与管理需要全面提高风险防范意识，建立安全管控体系，确保各方的安全利益。

3 我国邮轮母港发展的规划布局

为推进21世纪海上丝绸之路的发展，我国邮轮产业要请进来，更要走出去，我国邮轮母港发展理念也须深化创新：从单纯港口开发走向产业链系统规划、从政府主导走向市场主导、从行政治理走向公众参与、从他者化走向主体性、从以物为本走向以人为本、从竞争纷争走向区域合作、从短期利益走向长远可持续发展、从经济追求走向经济社会环境等综合效应。

邮轮母港范围包括邮轮码头及其周边配套区域，是邮轮的始发港、邮轮公司的总部基地和邮轮游客的集散地，母港的功能要素一般包括基础功能、核心功能和延伸功能等部分。借鉴国际经验，依据我国市场环境、区域条件分析，提出中国邮轮母港的规划布局，需要综合考虑开放发展、投资、规划、金融、航线、通关、人才、社会文化、专门立法等多方面因素。

3.1 五大核心圈

我国邮轮母港的建设，从北到南，基本布局已经成型，大致可划分为5个核心圈：一是以上海为龙头的长三角圈。上海邮轮旅游的游客与航次，占大陆市场50%，位列全球第8；二是以天津为核心的环渤海圈，邮轮旅游的游客与航次占全国大陆市场20%；第三是以香港、广州与深圳为核心的华南沿海圈，第四是以厦门为中心的海峡两岸，第五是以三亚为中心的南海圈。

这5个核心圈相比较，上海圈是龙头，而南海圈也可以看成是华南沿海圈中的一个二级区域，目前邮轮旅游量不大，加上南海国际局势存在一定风险，所以游客总量还不会太大。不过，三亚所能辐射的南海区，长远来看占据战略要津，可辟航线丰富，区域内海景风光旖旎，市场需求展示出巨大的潜力。

3.2 四大实验区

中国相继设立上海、天津、深圳、青岛4个邮轮旅游发展实验区，旨在希望它们利用各自的资源及区位优势，推进完善邮轮产业政策体系、促进母港建设管理能力、提升邮轮产业服务质量、培育本土邮轮服务力量、扩大邮轮经济产业水平，在重点领域加强研究，探索实验，并与其他邮轮旅游城市积极配合，为我国邮轮旅游持续、快速、健康发展不断积累经验，充分发挥示范功能和引领作用。

3.2.1 上海邮轮旅游发展实验区

“上海中国邮轮旅游发展实验区”2012 年在宝山吴淞口国际邮轮港揭牌，是中国首个邮轮旅游发展实验区（图 2）。它促进了上海市的航运物流体系建设、旅游人才培养、邮轮研发等“旅游产业链”各环节的良性互动；另外，上海市作为港口城市，在发展邮轮旅游的过程中，通过邮轮企业和邮轮乘客购买产品、服务，推进上海市服务业的发展。发展邮轮旅游，既是上海市国际航运中心建设的重要组成部分，也是上海市世界旅游城市建设的重要内涵，还是上海市促进现代服务业发展的重要载体。

图 2　上海吴淞口国际邮轮港

3.2.2 天津邮轮旅游发展实验区

2013 年，国家旅游局批复同意在天津滨海新区设立中国邮轮旅游发展实验区，这标志着天津国际邮轮旅游纳入了国家发展战略，邮轮产业进入了一个创新发展、引领发展、融合发展的新阶段（图 3）。中国邮轮旅游发展实验区落户滨海新区，对于加快发展邮轮产业、做大做强邮轮经济具有重要意义。预计 2016 年天津港邮轮母港航线接待量将首次突破 100 艘次大关，彰显出天津邮轮经济发展的强劲动能。天津在中国北方邮轮产业发展格局中的核心作用将日益凸显。

图 3　天津国际邮轮港

3.2.3 深圳邮轮旅游发展实验区

2016年，国家旅游局同意在深圳南山蛇口工业区太子湾设立"中国邮轮旅游发展实验区"，实验区占地面积9.4平方千米（图4）。该实验区的确立，有助于深圳在邮轮产业发展中享受政策红利，促进"前港—中区—后城"的空间发展模式快速落地，以邮轮母港建设为核心，全力打造集旅游运营、餐饮购物、免税贸易、酒店文娱、港口地产、金融服务等于一体的邮轮产业链。配合邮轮母港建设，招商蛇口也引入众多邮轮公司，与云顶香港签署合作协议，与意大利邮轮品牌银海邮轮合作，并与美国嘉年华集团签署了合作备忘录，双方将共同打造中国本土邮轮品牌。

图4 深圳蛇口国际邮轮港

3.2.4 青岛邮轮旅游发展实验区

2016年经中国国家旅游局批准，青岛正式挂牌成立"中国邮轮旅游发展实验区"（图5）。青岛将构建高效、务实的邮轮经济推进协调机制和邮轮产业信息平台，形成科学、合理的邮轮产业布局，发挥邮轮城带动经济发展、增强区域功能、提升城市形象的作用。青岛计划培育一批专业化的邮轮业务人才与企业，完善邮轮经济服务体系与配套开发项目，积极开发设计一批有吸引力的邮轮旅游产品与线路，强化区域市场培育，积极组织国内外营销推广，在推动邮轮产业全面快速发展等方面发挥改革创新示范作用。作为中国北方的重要港口城市和知名旅游城市，青岛具有发展邮轮经济的天然优势。

3.3 邮轮港口布局

借鉴国际邮轮运输发展经验，结合我国邮轮运输市场发展特点和趋势，将我国邮轮港口划分为访问港、始发港和邮轮母港3种类型。

3.3.1 邮轮访问港

邮轮访问港是以挂靠航线为主的邮轮港口。应具备邮轮停泊、旅客和船员上下船等基本功能。访问港一般分布在旅游资源丰富的城市或岛屿。

3.3.2 邮轮始发港

邮轮始发港是以始发航线为主，兼顾挂靠航线的邮轮港口。除访问港基本功能外，始发港应具备邮轮补给、垃圾污水处理，旅客通关、行李托送，旅游服务、船员服务等功能。始发港多分布在腹地人口稠密、经济发展水平较高、旅游资源丰富、交通便捷的港口城市。

3.3.3 邮轮母港

邮轮母港是邮轮旅客规模更大、服务功能较为完备和城市邮轮相关产业集聚度较高的始发港，是邮轮公司的运营基地，除具备始发港基本功能外，还应具备邮轮维修保养、邮轮公司运营管理等功能。邮轮母

图 5　青岛国际邮轮港

港是市场发展到一定阶段的产物，通常由邮轮公司根据市场需求、城市依托条件和企业经营战略来确定。邮轮母港中需确定一个作为国家的邮轮总部母港来发展。

3.3.4　具体布局

2030 年前，全国沿海形成以邮轮总部港为引领、邮轮母港为支撑、始发港为依托、访问港为补充的港口布局，构建能力充分、功能健全、服务优质、安全便捷的邮轮港口体系，打造一批适合我国居民旅游消费特点、国际知名的精品邮轮航线，成为全球三大邮轮运输市场之一，邮轮旅客吞吐量位居世界前列。

——辽宁沿海，重点发展大连港，服务东北地区，开辟东北亚航线。

——津冀沿海，以天津港为始发港，服务华北及其他地区，积极拓展东北亚等始发航线和国际挂靠航线，提升综合服务水平，吸引邮轮要素集聚。

——山东沿海，以青岛港和烟台港为始发港，服务山东省，开辟东北亚航线。

——长江三角洲，以上海港为始发港，服务长江三角洲及其他地区，大力拓展东北亚、台湾海峡等始发航线和国际挂靠航线，开辟环球航线，逐步构建完善的航线网络体系，健全邮轮服务功能，提升综合服务水平和邮轮要素集聚程度。相应发展宁波-舟山港。

——东南沿海，以厦门港为始发港，服务海峡西岸经济区及其他地区，加快发展台湾海峡航线，拓展东北亚始发航线和国际挂靠航线，提升综合服务水平，吸引邮轮要素集聚。

——珠江三角洲，近期重点发展深圳港，服务珠江三角洲地区，开辟南海诸岛、东南亚等航线。相应发展广州港。

——西南沿海，以三亚港为始发港，服务西南及其他地区，拓展东南亚始发航线及国际挂靠航线，加快开辟南海诸岛航线，扩大市场辐射范围，提升综合服务水平。相应发展海口港和北海港，拓展东南亚等始发航线。

4　我国邮轮母港的发展之策

4.1　邮轮母港发展的经济规制

我国邮轮母港发展的经济规制需要考虑产业准入、金融扶持、邮轮航线、通关管理、邮轮运营、人才创新、法制保障等方面，分析现行主要政策规定与国际惯例的接轨与运作情况。

2016 年，日本国土交通省在港湾局产业港湾课设立“邮轮振兴室”，专门负责邮轮的招商和改善停靠港口的接待环境，以实现其2020年赴日邮轮观光游客达到500万人的目标。2015年停靠日本的邮轮次数同比增加50%，达965次。而另一方面，以西日本为首的一些港口出现了停靠预约难的问题。因此，本次推出的服务旨在帮助邮轮公司通过相应的港湾管理部门顺利找到停靠港湾。日本国土交通省启动针对邮轮公司的"邮轮靠岸地对接服务"，实现邮轮靠岸"零谢绝"。具体来说，"邮轮振兴室"将发挥一站式窗口的服务作用，解答邮轮公司的咨询问题，从全日本116个自治体参加的全日本邮轮观光促进会议提供的信息中介绍可接待停靠的港湾信息。当邮轮公司未能成功预约到目的港湾时，还可向其介绍其他可停靠的港湾。为实现邮轮停泊"零谢绝"的同时，日本还将致力于打造国际邮轮观光基地，开发濑户内海和西南诸岛等新地的邮轮观光路线，开通运营豪华邮轮，建立新的邮轮观光经济发展模式，争取在全日本范围内设立停泊港口。

目前，我国政府结合邮轮旅游市场的发展形势，在供给侧改革、简政放权，促进旅游业发展等方面态度明确，邮轮旅游有望迎来政策红利释放窗口期，政府支持力度不断加大。

4.1.1 持续改善邮轮母港的服务环境

加快我国邮轮母港的良性布局和发展，加快落实我国邮轮母港建设的发展规划。地方政府应当结合本地的发展实际，制定更加清晰的发展目标和支持措施，完善港口及周边的服务设施，改进交通运输服务网络，强化对腹地的辐射功能。比如青岛提出投入1 000亿元打造国际邮轮中心，无疑对青岛邮轮母港的定位和发展提供了强有力的支持。

通过邮轮母港的建设拓展港口的服务功能，使得一些港口从传统的物流中心向旅游中心拓展，城市从区域性城市向国际化都市提升，这需要地方政府营造更加良好的服务环境。比如提供更加便利的通关服务、旅游签证服务等。大力支持中国品牌的邮轮企业和港口企业发展。鼓励邮轮母港和邮轮企业良性互动，形成更加紧密的合作伙伴关系，不断提升品牌的国际影响力。为我国邮轮企业提供信贷、税收、金融等方面的支持，积极打造具有鲜明中国文化特色的高端邮轮服务企业，形成中国品牌。

4.1.2 加强邮轮母港的建设和立法工作

港口作为不可再生资源，不仅应该得到合理的规划和利用，而且应该在一个有序、开放的环境中发展。因此，加强港口发展的规划建设和立法工作显得尤为重要。首先要进行港口结构调整。针对我国沿海港口码头数量众多的特点，根据腹地经济和所处区域位置，通过国家宏观调控，采取大、中、小港口相结合的建设方式，适度发展深水港，码头能力适度超前建设，尽量避免在同一区域建设多个深水港。通过港口结构调整，促进中国港口资源的优化配置。其次，加强港口建设和管理的立法工作。由于有关港口法规体系建设的相对滞后，同时各行业的法规之间缺少相互协调，存在诸多矛盾，为适应市场经济条件下港口规划、建设和经营管理的需要，建议健全港口法规体系，依法对港口实行管理，保证港口事业的健康发展。再次，港口建设应鼓励采用新工艺、新技术以降低对生态系统的破坏。当今世界，和谐发展已成为一种必然的趋势。我们在制定发展战略和项目决策时，应本着合理使用、节约和保护资源，提高资源利用率的原则，注重生态建设，遏制生态恶化，结合《港口法》《海洋环境保护法》的实施，加大环保治理力度，制定切实可行的实施方案，最大程度上维护生态平衡和环境的和谐。

4.1.3 建立良好市场环境，实施港口资源整合

当前，港口行业已经认识到以往港口粗放式的发展模式不可持续，如何通过资源整合实现现有港口资源的优化利用是亟待解决的问题。近年来，我国及各地省、市政府将推进港口资源整合及一体化发展作为推进港口行业转型升级的重要内容加以推动。浙江省港口资源一体化加快发展，组建宁波舟山港集团，并计划推进全省沿海港口资源整合。江苏省也作为试点地区，分步推进地市级港口资源整合。

首先，政府部门要切实发挥监管职能，建立良好的港口市场环境，保证企业的合法权益，建立健康有序的市场环境，这是资源整合发挥作用能够真正实现一体化运作的前提。其次，港口资源整合涉及到岸线、土地、地方利益、政府政绩等各方面。因此要有必要的体制机制保障，理顺各地政府在港口管理方面的关系。第三，既要照顾到地方发展港口、发展区域经济的诉求，合理保护其发展港口的积极性，更要统

筹区域港口发展大局，保证区域内港口行业适度的市场竞争，避免垄断。

目前中国已建成运营的邮轮港口中，只有位于上海宝山的吴淞港实现了盈利。这种盈利不仅得益于中国蓬勃发展的邮轮旅游市场，更关键的是对邮轮衍生产业的不断挖掘。真正意义上的邮轮母港要能够为邮轮经济发展提供全程、综合的服务及其配套。因此，吴淞港围绕邮轮不断完善各种服务和商业的配套。船工劳务输出已成为吴淞港新开辟的重要业务之一。此外，吴淞口国际邮轮港公司还建立旅行社、开辟了广告业务和其他港务商业服务。发达的产业集群为上海邮轮经济的发展提供了丰富的产业配套。

再如厦门市正式与香港签订“亚洲邮轮专案”合作协议。亚洲邮轮专案将对停靠香港、台湾、菲律宾、海南省和厦门市各港口的国际邮轮实施联合奖励的激励措施，具体办法是对国际邮轮停靠该专案成员港口在12 h以上每航次奖励1.5万美元，停靠港口在12 h以内的给予每航次7 500美元。各参与港口根据邮轮在同一航线中逗留所有参与港口的时间按比例分别拨付奖励，每个港口最高奖励50万美元，奖励金额主要用于邮轮公司的项目营销和产品开发。厦门邮轮产业支持政策的扶持对象包括邮轮公司、邮轮经营人、租船包船企业及旅行社。邮轮公司在厦门注册、在厦门设立区域总部都有奖励，根据邮轮航次、出游旅客人数也有相应的补贴。如因恶劣天气导致邮轮延误、缩减航程、取消航班，也可以通过保险给予补助。作为东南沿海重要的邮轮母港城市，厦门已经多年探索与东盟国家共建“一程多站”式的国际邮轮旅游线路产品，已成为中国与东盟共同发展邮轮经济的先行者。厦门相关部门将进一步整合邮轮产业相关扶持政策，撬动社会力量共同发展邮轮产业；简化通关流程提升服务水平，营造更加便利的通关环境；加大邮轮母港片区市政配套、生活配套和旅游配套设施，将厦门建成中国东南沿海最有活力的区域性邮轮母港和海峡邮轮经济圈的核心港。

4.2 邮轮母港发展的社会规制

我国邮轮母港发展的社会规制要分析邮轮母港发展的全球社会性趋势和我国社会环境，借鉴国际规制经验，考虑在环境保护、安全保障、权益维护、海权维护、口岸服务等方面的优化完善，保障我国邮轮母港健康和可持续发展。

4.2.1 立法建制，协调发展

基于新华社和波罗的海交易所联合编制的新华·波罗的海国际航运中心发展指数，2016年全球排名前十位的国际航运中心分别是新加坡、伦敦、香港、汉堡、鹿特丹、上海、纽约、迪拜、东京和雅典。上海目前稳居第六。上海国际航运中心要建设形成“一中心、三基地、五集聚”的格局。“一中心”，即成为上海国际航运中心的航运服务中心；“三基地”，即成为上海国际航运中心的航运服务企业总部基地、船员服务基地和航运创新产业发展基地；“五集聚”：集聚高端航运服务产业、集聚航运信息资源、集聚三游产业要素，集聚航运金融功能要素，集聚航运文化资源。从发展现状与趋势来看，上海邮轮母港无疑是我国邮轮总部港的优先选择。

上海已通过《上海市推进国际航运中心建设条例（草案）》，推进上海国际海运枢纽和航运枢纽建设，建成水运、空运等各类航运资源高度集聚、航运服务功能健全、航运市场环境优良、现代物流服务高效，具有全球航运资源配置能力，与国家战略和经济发展相适应的国际航运中心。条例规定：“市人民政府及其发展改革、交通、旅游、商务等行政管理部门应当争取国家有关部门支持，加快在邮轮旅游发展实验区复制推广中国（上海）自由贸易试验区的改革试点经验和相关政策措施”。条例规定：“市人民政府及其有关部门应当加大航运文化培育力度，促进形成航运文化服务设施齐全、产品丰富、特色显著，市民航运知识普遍提高的航运文化环境。”

4.2.2 规范经营，化解纠纷

针对邮轮市场的纠纷事件而推出的《上海市邮轮旅游经营规范》已正式在上海发布并实施，《规范》从邮轮旅游的定义、经营资质、保险、船票销售、邮轮合同、邮轮航程变更、设施及服务标准、特殊告知义务、纠纷解决等多方面对邮轮旅游进行行业规范。这一规范主要适用于邮轮公司、旅行社、国际船舶代理企业、邮轮码头等经营主体在上海市行政区域内从事以上海港为母港的邮轮相关旅游经营的行为，规范上海市邮轮旅游经营、维护邮轮旅游市场秩序，同时也能够保障旅游者和邮轮公司、旅行社、国际船舶代理企业、邮轮码头的合法权益。

近两年，中国邮轮市场发展风生水起，国际邮轮公司频频加码布局、国内旅游企业包船拓展市场。然而，邮轮旅游行业中发生多起邮轮纠纷案件，甚至出现游客霸船事件。一系列的纠纷将邮轮旅游推上风口浪尖，也将国内邮轮旅游市场中出现的种种弊端曝光，由此，邮轮旅游市场的法制规范、经营规范等成为邮轮业关注的热点。行业规范的实施能够在游客遇到问题之际帮助其解决问题，使其投诉有门；同时，行业规范的出台也在一定程度上说明行业发展越来越成熟，游客出游也会感到更为放心。这一规范对邮轮这一"舶来品"制定了"中国思维"的法规，填补中国邮轮市场的法制空白。

上海市作为中国邮轮旅游行业发展的前沿城市，在邮轮市场的行业规范中一直发展较早，还出台了《上海市邮轮旅游合同示范文本（2015 版）》，是中国邮轮市场发布的首份邮轮合同，对旅行社和旅游者的权利与义务、赔偿方案等做出较为详细的说明。

4. 2. 3 统筹管理，接轨国际

以江苏为例，从 1984 年江苏连云港、南通成为首批对外开放的沿海港口城市，到 2004 年原交通部明确将长江以下港口按照沿海港口进行管理，至今，苏州港列居世界第五大港口，江苏国际海港区已经发展成为中国乃至世界瞩目的港口群。12. 5 m 深水航道已通至南京，江苏国际海港区"向海"发展的硬件水平再次提升。江苏将借鉴宁波舟山港整合为一体化港口的成功经验，建设江苏沿江沿海国际海港区一体化的港口集团，根据地理区位，对产业、货种、股权、经营、资本进行优化和转型升级，变分为合，为国际海港区建设发展壮大产业支撑，建设南京、苏州、连云港等邮轮码头，推动国际海港区由大变强，增强世界级竞争力。建设江苏"江海一体化"的国际海港区，需进一步明确海船在长江南京以下航行时适用海上法规、国际海事公约和针对海域的强制性标准，适用我国海上交通与贸易法律，尽快出台针对长三角"江海一体化"的海事法律体系。

再如 2015 年，广西与海上丝绸之路沿线国家进行密切联系，开展了广泛合作。从国家层面上来说，组建了泛北部湾中国-东盟旅游合作、泛北部湾地区的旅游合作等，在中国-东盟博览会平台上，搭建了中国-东盟博览会旅游展平台，在泛北部湾论坛基础上又举办泛北部湾旅游论坛。同时每年在桂林举办世界旅游趋势发展论坛，这是广西区政府和世界旅游组织、亚太旅游协会共同搭建的交流平台。此外，广西还参与了大湄公河区域旅游合作。广西于 2015 年开通了第一条中国到东盟国家的邮轮航线，经过越南，到达马来西亚等国家，很受欢迎。海上丝绸之路正在成为以海上跨国邮轮度假旅游为主体，融合游览观光、商务会展、康体养生、文化体验、修学科考、休闲地产等功能于一体的复合型国际旅游精品。广西与东盟的海上旅游成为中国-东盟区域合作的重要内容，成为广西旅游产业转型升级与创新发展的新引擎，成为国际区域旅游合作的典范。

5 结论

我国沿海各地依托国家"一带一路"倡议，特别是 21 世纪海上丝绸之路的布局，紧抓世界邮轮产业快速东移的契机，须加快完善各邮轮港口城市建设，不断推进和丰富邮轮产业链延伸发展。中国的邮轮产业虽起步晚，但发展迅速，市场规模快速增长。随着经济转型升级，邮轮市场的潜力也将被不断释放。我国邮轮母港是"一带一路"倡议的重要支撑点和辐射点，须进一步加快国际化步伐，充分发挥各自优势，加强社会与经济规制，包括母港建设运营、旅游目的地开发、邮轮修造、物资供应、旅游开发等相关领域，并通过和具有国际竞争力的公司深度合作，共同打造高端邮轮产业生态圈。

邮轮旅游是促进国家和区域间"人通"的最佳途径。因此，"一带一路"应大力推动邮轮旅游的先行先试，"旅游搭台、邮轮唱戏"，发挥旅游先行示范、先通促进的独特产业作用。以我国沿海邮轮母港为支撑点，以互联互通的邮轮航线为辐射，"21 世界海上丝绸之路"旅游将开辟世界旅游新格局，形成一条全新的、全方位合作的邮轮旅游黄金路，有利于建立横跨亚非欧的旅游共同体和命运共同体。新的机遇赋

予中国邮轮母港在“一带一路”中新的担当，既要抢抓机遇，加快发展，更须科学统筹，接轨国际。

参考文献：

[1] 汪泓等.邮轮绿皮书：中国邮轮产业发展报告(2015)[M].北京：社会科学文献出版社,2015.

[2] 汪泓等.邮轮绿皮书：中国邮轮产业发展报告(2016)[M].北京：社会科学文献出版社,2016.

[3] 赵磊.“一带一路”年度报告(2016)[M].北京：商务印书馆,2016.

[4] 赵磊.“一带一路”年度报告(2017)[M].北京：商务印书馆,2017.

[5] 刘小培.我国沿海邮轮母港选址问题研究[D].大连：大连海事大学,2010.

[6] 曾启鸿,缪明聪,袁书琪.国际邮轮母港建设评价指标体系研究[J].吉林师范大学学报：自然科学版,2012,11(4):65-68.

[7] 叶欣梁,黄燕玲,丁培毅.中国邮轮母港旅游服务接待质量与标准体系探析——以上海吴淞口国际邮轮港为例[J].北京第二外国语学院学报,2014,36(11):29-36.

[8] 蔡二兵,史健勇.基于因子分析法的国内四大邮轮母港竞争力比较[J].上海工程技术大学学报,2014,28(2):187-192.

[9] 陈继红,徐祥铭,陈怡婧.上海邮轮母港建设的主要问题及其对策[J].世界海运,2012,202:6-9.

[10] 彭鑫.全国邮轮母港发展形势分析及展望[J].综合运输,2014(4):9-12.

[11] 周晶晶,王晓.基于DEA模型的我国邮轮母港的综合评价[J].水运工程,2012(4):71-74.

[12] 金嘉晨.邮轮母港产业链发展对城市经济的作用[J].港口经济,2013(4):25-27.

[13] 程爵浩,吴霞.上海邮轮母港发展存在的问题和发展建议[J].交通与港航,2014(4):58-61.

[14] 李涛涛,叶欣梁,蔡二兵.新加坡邮轮母港的运营之道[J].中国港口,2016(2):21-23.

基于因子聚类分析的我国游艇旅游制度优先改善目标研究

姚云浩[1]，栾维新[2]，王依欣[3]

（1. 大连海事大学 公共管理与人文学院，辽宁 大连 116026；2. 大连海事大学 交通运输管理学院，辽宁 大连 116026；3. 浙江海洋大学 游艇规划设计研究所，浙江 舟山 316000）

摘要：作为一种新兴旅游方式，游艇旅游正逐渐进入国人视线，但游艇领域所需的制度环境建设还很不健全，相关研究也较为零散缺乏深度。文章通过文献研究及专家咨询法确立了游艇旅游制度优先改善的目标集，并运用相关调研数据进行了因子聚类分析。研究发现：我国游艇旅游制度环境堪忧，制度优先改善目标可提取为游艇旅游企业及行业制度、游艇事前和事中管理制度、配套服务制度等6个公因子，聚类分析则将样本细分为制度依赖型、独立发展型、功利需求型、微观和宏观制度需求型5类目标族群，并以族群中各公因子的影响程度给出游艇旅游制度优先改进的政策建议，以期为游艇旅游发展提供决策参考和依据。

关键词：游艇旅游；制度困境；优先目标；因子分析；聚类分析

1 引言

近年来，我国从国家层面大力扶持游艇旅游发展，如《关于促进消费带动转型升级的行动方案》（发改综合〔2016〕832号），《关于进一步促进旅游投资和消费的若干意见》（国办发〔2015〕62号），《国务院关于促进旅游业改革发展的若干意见》（国办发〔2014〕31号）等文件中都明确提出支持游艇旅游发展。在实践中，我国许多有良好港湾条件的沿海省市，以及部分内陆沿江（湖）城市也都积极发展游艇旅游业，并制定了相关政策和发展规划，如山东省出台了本省的游艇产业发展规划，广东省积极推进港珠澳游艇自由行制度，珠海市将游艇业定为特色产业，杭州市积极打造全国游艇产业聚集地等。

自2006年以来，国家各部委，特别是交通运输部及国家海事局新出台的游艇法律法规陆续颁布，但总体上仍带有明显过渡性倾向，尤其在船舶登记、检验、签证管理、活动水域、动态监管等方面仍有修改的空间；同时，我国海洋文化不浓，公民海洋意识缺乏，将游艇旅游简单归为奢侈活动等，都阻碍着游艇成为中产阶层能体验、参与和享受的水上休闲运动和大众户外度假方式[1-2]。例如，从人均拥有游艇的比例来看，游艇发达国家平均每171人拥有一艘游艇，而我国现拥有各类游艇仅为16 000艘左右，平均近9万人一艘，而按要求在海事部门登记的“合法”游艇才4 000艘，与我国经济发展阶段和富裕人口数量等都不相匹配[3]。

鉴于我国游艇旅游业刚刚起步，实践中的各类正式和非正式制度正极大地阻碍着游艇旅游业发展，而学术界对此缺乏深入系统的研究，探究游艇旅游制度优先改进目标，对于协调当前各部门利益和行动方向，实现产业健康发展具有重要意义。因此，本文研究目的在于探讨当前我国游艇旅游到底存在哪些具体制度障碍，应该如何对相应的制度改善目标进行优先排序和分类，游艇旅游各类经济活动主体对制度改善

基金项目：中国博士后科学基金面上资助项目（2016M601292）；中央高校基本科研业务费专项资金资助（3132016098）；大连海事大学“十三五”重点科研项目创新团队项目（3132016365）。

作者简介：姚云浩（1988—），女，四川省广元市人，博士后，讲师，从事海洋旅游管理研究。E-mail：yunhaoyao@126.com

需求又是否存在差异？文章在实地调研和专家咨询基础上设计了 24 个制度改善目标选项，获取相关问卷数据进行因子聚类分析，以期为游艇旅游制度优先改善策略的选择提供依据。

2　文献回顾

游艇旅游（yacht tourism/yachting）是以游艇为载体进行的海上旅游度假活动，游艇爱好者自己或聘请专业游艇驾驶员掌控船舶航行方向，相关活动不仅包括帆船运动、游艇巡航、赛艇、皮划艇、滑水和风帆活动，还包括冲浪、垂钓、游泳、休闲潜水、海岛探险等亲水活动[4-5]。游艇旅游消费内容主要有游艇购买或租赁、俱乐部活动、出海游玩、停泊管理费和装备器材消费等日常开支等[6]，往往以游艇俱乐部（会）等专业海游公司的运营管理为中心，产业节点包括传统游艇业的销售和消费服务、支持和辅助等中下游产业门类（表 1），其产业链长，附加值高，有利于推动船舶制造业与服务业融合发展，对地区发展具有明显带动作用[7]。

表 1　游艇产业链构成

产业链	旅游产业链构成		经济功能
上游产业	设计	研发：游艇设计、游艇技术研究	技术
	制造	制造工业：原材料工业、游艇制造工业、游艇装配工业	生产
	配套	配套工业：专业发动机、发电机、专业仪器仪表、导航设备、螺旋桨、帆具、涂料、安全设备、卫生洁具、电器设备、控制装置等游艇附件	配套
中游/核心产业	销售	游艇销售服务：总代理、游艇销售公司、游艇展销、游艇杂志、游艇网站、二手游艇经营等	流通
	消费服务	游艇消费服务：吃住行游购娱、游艇俱乐部、游艇驾驶、水上运动培训、游艇代管、保养维修、游艇租赁、游艇器材等	核心业务
下游产业	支持	基础服务：码头、仓储、游艇转运、安全服务、报关服务、航道服务、信息服务、人才服务、水域资源、金融保险、产业政策	支持服务
	辅助	辅助产业：水上运动装备、体育用品器材	互补产品

注：在程爵浩[1]基础上部分改动。

游艇旅游在西方发达国家是一种较为普及的休闲度假方式，人们购买游艇大多处于兴趣或爱好，而非商务或炫耀，水上娱乐消费意识较高，这种长期的海洋亲水性文化给游艇旅游业发展带来巨大优势。而我国则被一些俱乐部或媒体宣传成为一种富人的特权，缺乏亲民的文化氛围，政府高额的奢侈品税、有限的航行水域范围，企业单一的旅游产品与服务、高昂的停泊费用等也严重影响了消费者的积极性[2-3]。同时市场发育不够成熟导致游艇旅游产业链的延伸更为困难，上下产业链上空白较多，产业的经济规模小，例如，在游艇设计与制造业领域，总体上还是一种消耗资源、环境和劳动力为主的初级发展模式，游艇配套辅助设备则严重依赖进口，游艇保险、维修、保养的保障体系还很不完善[8]，难以满足游艇爱好者低成本玩艇的需求。

国内学者普遍认为，我国游艇旅游相关的制度体系还很不成熟，特别是海事管理领域，如游艇登记、检验、现场监督、口岸管理、通航管理和游艇操作人员考试发证等方面还存在不足[9]，前置性公共服务缺失，第三部门未发挥好引导行业自律作用，以及社会海洋文化意识淡薄等[2,10]都是阻碍游艇旅游发展的重要正式和非正式制度因素。针对这些问题，应健全游艇海事监管模式和公共服务体系[11]，增强水上基础设施投资与建设，实现游艇行业协会作用，从国家政策、媒体引导、企业示范等多维层面推动游艇旅游发展[12-13]。前人研究为本文奠定了理论基础，但游艇旅游相关制度改革措施间关联性不强，在人财物等资源有限的情况下，究竟先进行哪方面的改革还未可知；研究方法上也集中在定性分析上，运用定量方式进行游艇旅游制度评价和选择的文献还未系统出现。因此，本文运用文献研究及专家咨询等方法，确立游艇旅游制度的优先目标集，并采用因子聚类分析法对专家问卷样本数据进行分析，最终准确描述游艇旅游制度改进的关键点和优先改进领域。

3 数据采集及样本分析

3.1 样本选择及数据来源

本研究数据来源于实地调查，课题组于2015年12月至2016年10月间通过多地实地调研与访谈，以及参与全国游艇行业年会（珠海）、大连游艇展会等多种途径对不同类型游艇旅游企业及相关政府机构负责人进行深度访谈和问卷调查，在小样本预调查调整后进行大样本问卷调查，共发放问卷150份，收回131份，经整理剔除不合格问卷后，有效问卷为116份，有效率为88.5%。在116份样本中，属于游艇销售和消费服务业的为34.5%，上游游艇设计制造业的28.4%、游艇基础支持和辅助业（含相关政府管理部门、高校和科研院所等）占到37.1%。样本覆盖了游艇旅游较为发达的东北、华北、华东和华南地区，较为符合我国游艇旅游发展初创期企业及相关组织数量不多、地理分散等阶段性情况。

调研问卷主要包括两方面内容：一是被调查专家所在组织的背景资料，如单位名称、成立时间、主要经营业务等，以及对游艇旅游制度优先目标改进的认知情况，二是针对当前制度优先改善目标进行直接赋分，分值范围为1至10分，分值越高表示越重要，即该制度亟待修正和完善。调查问卷主要由游艇旅游相关机构的专家填写，一方面保证问卷调研的匿名性，另一方面在问卷题项设计上保证清晰无歧义语句，并通过Harman单因素检验，发现通过主成分分析，未出现单一的能解释大部分变异的因子，即研究中不存在同源误差情况。

3.2 有效样本对游艇旅游制度优先目标改进的认知

问卷对现行游艇旅游制度运行情况进行了调查，被调查者在“现行游艇旅游制度存在问题严重程度”中认为很严重和比较严重的共占到59.48%；在“现行游艇旅游制度是否有必要进行改革和创新”中认为非常有和比较有必要的比例高达77.59%，可见，游艇旅游制度运行情况堪忧，大部分人都认为当前游艇旅游制度存在较为严重的问题，很有必要进行改革和创新。

在游艇旅游制度优先改善目标方面，基于预调研反馈意见和信度分析结果，最终筛选出24个游艇旅游制度优先改进目标的观测值。通过对有效问卷整理后发现，被调查对象对游艇旅游制度优先排序的基本统计情况如表2所示。

表2 游艇旅游制度优先改善目标观测值

优先目标	均值	标准差	序位
降低游艇消费税	8.56	1.75	1
优化周边配套服务系统	8.34	1.85	2
增加公共码头泊位	8.28	2.32	3
加强游艇相关产业政策制定	8.12	1.94	4
保障游艇业制度长效可持续	8.03	1.69	5
激活游艇金融保险	7.99	1.77	6
优化游艇业正式制度设置	7.94	2.28	7
增强游艇相关人才开发和培养	7.84	1.83	8
普及社会海洋（亲水）文化	7.80	2.03	9
完善游艇业制度实施过程	7.72	1.83	10
增强消费者游艇消费理念	7.65	1.97	11
提高游艇进出口岸管理	7.63	2.14	12

续表

优先目标	均值	标准差	序位
放宽航行水域管理	7.59	2.12	13
完善游艇行业规则和规范	7.57	1.79	14
提高游艇航行条件监管	7.55	2.04	15
完善游艇检验	7.53	1.99	16
提高海上搜救应急服务与安全	7.41	1.99	17
完善游艇旅游企业经营管理	7.28	1.99	18
增强游艇旅游企业文化	7.22	2.27	19
加强游艇行业协会管理	7.08	1.77	20
完善游艇驾驶员培训、考试和发证	7.06	2.02	21
完善游艇登记	7.03	2.05	22
改善地区商业惯例和氛围	6.92	2.13	23
发挥其他中介机构的作用（如旅行社）	6.88	2.17	24

3.3 数据分析方法

本研究数据分析方法包括：①通过因子分析确定游艇旅游制度优先改善目标的主要维度，用公因子去描述众多制度目标因素间的联系；②应用 K-Means Q 型聚类分析方法确定游艇旅游制度优先改善的族群，将研究对象分为相对同质的群组；③匹配公因子维度与游艇旅游制度优先改善的族群，对优先改善目标因子对聚类结果的影响程度开展简化排序。

4 实证分析

4.1 因子分析

本研究通过 SPSS20.0 软件对游艇旅游制度优先改善目标的 24 个题项进行因子分析。首先，对数据进行 KMO 和 Bartlett 检验，判断其是否适合因子分析。检验结果：KMO 值为 0.731，大于 0.6，达到了因子分析的可行性标准；Bartlett 球体检验的近似卡方值为 1 965，自由度为 276（足够大），Sig. =0.000，表明各指标之间具有较高的相关性，可以开展因子分析。

对数据进行相关系数矩阵的因子载荷估计，得到其特征根和方差贡献率。在社会科学领域中，所萃取的共同因子累计解释变异量在 50%以上，则说明因子分析结果可接受。分析结果显示，在限定特征值大于 1 的前提下，经过旋转后提取的 6 个公因子可累积解释 73.92%的变异量，高于所设定的 50%的标准，各公因子的贡献率分别为 15.679%、13.735%、13.557、11.086%、10.562%、9.307%。旋转后的因子载荷矩阵表将各个变量分为 6 类（表 3），按照各变量之间的内在相关性给各公因子命名。

表 3 旋转后的因子载荷矩阵表

观测变量	公因子					
	1	2	3	4	5	6
增强游艇旅游企业文化	0.828	0.143	−0.084	−0.002	0.059	0.031
优化游艇企业经营管理制度	0.796	−0.001	0.084	0.175	0.085	0.138
改善地区商业惯例和氛围	0.758	0.189	−0.136	−0.157	−0.015	0.381
完善游艇行业规则和规范	0.689	0.014	0.443	−0.089	0.055	0.116

续表

观测变量	公因子					
	1	2	3	4	5	6
加强游艇行业协会管理	0. 651	-0. 020	-0. 088	0. 226	0. 134	0. 195
发挥其他中介机构的作用（如旅行社）	0. 548	-0. 239	0. 150	0. 338	0. 337	-0. 046
放宽航行水域管理	0. 001	0. 811	0. 069	0. 120	0. 093	0. 326
提高游艇进出口岸管理	-0. 102	0. 796	0. 270	-0. 037	0. 055	0. 322
提高游艇航行条件监管	0. 086	0. 785	0. 160	0. 188	0. 223	-0. 160
提高海上搜救应急服务与安全	0. 248	0. 740	0. 007	0. 272	0. 255	0. 054
完善游艇业政府制度实施过程	0. 135	0. 098	0. 880	0. 183	0. 041	-0. 132
优化游艇业政府制度设置	0. 005	0. 040	0. 848	0. 097	-0. 019	0. 125
加强游艇相关产业政策制定	-0. 093	0. 132	0. 785	0. 306	0. 177	0. 219
保障游艇业政府制度长效可持续	-0. 007	0. 226	0. 671	0. 180	0. 198	0. 119
优化周边配套服务系统	0. 099	0. 206	0. 246	0. 796	0. 098	0. 047
增加公共码头泊位	0. 069	0. 492	0. 295	0. 671	-0. 160	-0. 076
降低游艇消费税	-0. 044	0. 299	0. 268	0. 641	-0. 268	0. 246
激活游艇金融保险	0. 338	-0. 081	0. 139	0. 604	0. 083	0. 443
完善游艇检验	0. 040	0. 109	0. 144	-0. 042	0. 900	0. 028
完善游艇登记	0. 077	0. 128	0. 116	0. 014	0. 875	0. 063
完善游艇驾驶员培训、考试和发证	0. 368	0. 351	-0. 002	-0. 011	0. 682	-0. 038
增强消费者游艇消费理念	0. 394	0. 284	0. 044	0. 043	-0. 121	0. 705
普及社会海洋（亲水）文化	0. 361	0. 186	0. 135	0. 087	0. 080	0. 690
增强游艇相关人才开发和培养	0. 074	0. 005	0. 197	0. 516	0. 118	0. 662

因子 1 综合了增强游艇旅游企业文化、优化游艇企业经营管理制度、完善游艇行业规则和规范等 6 个题项。可见，因子 1 反应的是相关企业内部的管理与文化制度，以及行业层面的规范管理等问题，可将其命名为游艇企业及行业制度因子。

因子 2 综合了放宽航行水域管理，提高游艇进出口岸、航行条件、海上搜救等 4 个题项。测量是当游艇旅游消费时，相关主管机关（如口岸部门、海事局）需要对游艇的航行水域、航行时间、速度、安全要求等进行规定和管理。因此，可将其命名为游艇事中管理制度因子，指的是在游艇旅游进行过程中的政府管理活动。

因子 3 综合了优化游艇业政府制度设置与实施，加强产业政策制定，并保持制度长效可持续 4 个题项。测量的是游艇旅游宏观正式制度，它超越了企业和行业层面的制度，由中央或地方政府设计，对企业和行业等各层次的制度都具有宏观约束力，可将其命名为政府宏观管理制度因子。

因子 4 综合了优化周边配套服务系统、增加公共码头泊位、降低游艇消费税、激活游艇金融保险 4 个题项。测量是游艇旅游公共配套与基础服务的问题，当前游艇消费税过高、融资困难、保险没有普及等限制了游艇旅游的大众化普及，而优化游艇港周边公共配套服务，增加公共码头泊位，则能够满足日益增长的中低端游艇停泊、维修、养护、加油、加水等基本功能，有益于国民水上休闲旅游的发展。可将其命名为游艇配套服务制度因子。

因子 5 综合了完善游艇检验、登记，以及驾驶员培训、考试和发证 3 个题项。测量的是游艇旅游消费之前的船舶及驾驶员管理活动，由于游艇旅游刚刚兴起，相关海事行政部门对游艇进行登记、检验时，往往仍参照客船的标准进行，未对自用与营运游艇驾照分类差别对待，导致游艇旅游事前管理的混乱。因此，可将其命名为游艇事前管理制度因子。

因子 6 综合了增强消费者游艇消费理念、普及社会海洋（亲水）文化、增强游艇相关人才开发和培养 3 个题项。测量的是游艇旅游的外部人才供给、海洋文化和消费理念要素，它们是游艇旅游发展的重要支撑。可将其命名为游艇旅游外部支持制度因子。

4.2 聚类分析

在对游艇旅游制度优先目标的因子分析的基础上，选择 Q 型聚类分析，对游艇旅游制度优先改善目标用 K-Means Cluster 进行快速聚类。经过多次测试，将游艇旅游制度优先改善目标聚为 5 类比较理想，聚类方法为“仅分类”，得到 5 个聚类对于 6 个因子的重视程度，汇总结果如表 4 所示。游艇旅游的制度改善需求可细分为 5 个目标族群。

表 4 聚类/因子影响程度表

制度因子	第 1 类	第 2 类	第 3 类	第 4 类	第 5 类	F 值
政府宏观制度	0.17	-1.034	0.587	-0.184	0.798	9.148**
游艇事前管理	0.032	-0.429	1.58	-0.151	-0.115	5.411**
游艇事中管理	0.234	-0.581	-1.726	0.636	-0.873	16.199**
配套服务制度	0.174	-1.209	-0.66	0.066	1.352	18.430**
外部支持制度	0.499	-0.28	0.665	-0.785	-1.579	25.484**
企业及行业制度	-0.209	-0.044	0.802	0.631	-0.462	4.784**
人数/人	63	17	6	21	9	
比例/%	54.31	14.66	5.17	18.10	7.76	
命名	制度依赖型	独立发展型	功利需求型	微观制度需求型	宏观制度需求型	

注：** 表示 $P<0.01$。

结果显示：①制度依赖型（54.31%）。大部分组织认为除企业自身及行业制度外，我国游艇旅游制度体系整体设计不足，有必要将制度作为一个相互联系的有机整体进行系统性改革，为游艇旅游发展营造健康的经营环境与氛围。相关组织主要属于中游的游艇销售和消费服务行业，它们往往对游艇旅游整体制度体系了解较为全面。同时部分企业为国有企业或与政府关系较紧密，对制度的依赖也会较大。②独立发展型（14.66%）。这类组织对各项具体制度完善并不抱有太大关注，认为组织更应关注市场变化和顾客需求。进一步看，这些专家所属组织主要集中在游艇设计制造业，以及多元化经营的销售和消费服务业，和部分独立运营的基础支持和辅助业，强调在现有制度环境下，应努力对接和拓展市场实现自主独立发展。③功利需求型（5.17%）。这类组织认为当前制度优先改革目标应放在具体的事前游艇检验、登记、培训制度，或企业管理与文化，以及行业规范与氛围等方面，正是这些具体制度在直接影响当前游艇爱好者的体育休闲体验，影响潜在购买者对游艇消费的期望，组织需要根据自身发展需求，寻求相应制度改革。④微观制度需求型（18.10%）。这类组织认为当前制度优先改革目标应放在企业及行业制度方面，强调当前只有不断完善企业经营管理、推动配套基础服务建设、疏通游艇融资及租赁通道等才能加快游艇旅游市场发育。⑤宏观制度需求型（7.76%）。这类组织经营状况良好，强调完善顶层游艇旅游制度的设置、实施，制定产业政策并确保这些制度的长效可持续，而非朝令夕改。

5 研究结论与建议

制度作为游艇旅游业发展的内生因素，决定了产业发展的方式、速度与效率，新兴的游艇旅游发展需要制度供给与需求的统一，需要一系列制度创新以促进各种资源集聚，从而在新一轮经济发展中抢占产业发展制高点。本研究结论如下：①当前我国游艇旅游制度运行情况堪忧，相关制度迫切需要改革和创新。

制度优先改善目标观测值前5位分别是：降低游艇消费税、优化周边配套服务系统、增加公共码头泊位、加强产业政策制定和激活游艇金融保险。②通过识别游艇旅游制度困境的内在维度，政府宏观管理制度、企业及行业制度、事前和事中管理制度、支持和配套服务制度6个公因子共同决定了游艇旅游制度优先改善目标73.92%的内容，而企业及行业制度因子影响最大。③制度依赖是当前我国大部分游艇旅游相关组织的发展特征之一，这一方面体现了新兴产业的制度建设对组织发展影响重大，另一方面也说明，作为制度供给的主体，政府应根据产业链上不同组织的发展困境有针对性地进行制度创新。本文提出以下对策建议：

（1）政策制定者应重点从降低游艇消费税、建设公共游艇码头、提高游艇旅游配套服务活动等方面着手，推动游艇旅游的大众化。应统一规划休闲旅游岸线、逐步建设公共游艇码头，并结合城市环境治理提升城市休闲功能，结合旅游地产提高码头岸线资源利用，结合渔港业态转型来实现游艇旅游升级；通过降低游艇交易及消费税率，疏通游艇融资及租赁通道，降低游艇旅游消费成本，进一步推动二手艇交易市场发展，加快市场发育；积极开发适合游艇企业特性和现实需要的保险产品，同时建议所有游艇必须强制性购买必要的保险险种。

（2）政策制定者必须加强游艇旅游的宏观制度设计，完善具体的行政管理细节。当前我国水上大交通管理体制主要是按海事、渔业、边防、军队、体育的系统性来进行管理职能的条块分割，存在监管的“重叠”或“真空”，各部门应根据游艇旅游产业发展需要，制定多方共赢的公共政策，建起多主体共同参与、共同协调、共同促进的游艇旅游制度建设格局。同时，完善游艇登记与检验、水域及航道管理、安全管监管、游艇驾驶培训管理等诸多具体事前、事中行政环节，例如，在在游艇检验登记环节，应从商船类的检验体系中彻底分离，重新定义游艇内涵的外延范围，恢复游艇“休闲娱乐与运动”的基本属性，合理分类，区别对待，解决目前各地大量存在的游艇“黑户”问题；在游艇航行监管环节，需重新明确监管范围，调整与删除一些超出职权范围的管理内容，同时放宽航行条件，建立船长责任边界制度；关于游艇岸线水域的开放管理，可扩大活动水域范围，建立专用水域，增设游艇水陆保税区，简化“一关三检”程序等。

（3）政策制定者可以赋予行业社团部分管理职责，鼓励游艇旅游企业经营模式创新。一方面，可通过授权，让行业协会承接游艇企业诚信等级评估、游艇产品质量认证、游艇驾驶员考评体系、行业创投基金设立、游艇码头和俱乐部服务等级评定等第三方机构的管理活动，发挥行业协会职能，提升其生存发展能力。另一方面，鼓励企业创新面向大众的游艇旅游经营模式，如推出“合伙购艇、分时度假”，创新融资租赁模式，针对青少年开展航海夏令营活动，组织游艇滨水生活体验等；同时提高对游艇旅游企业的政策扶持力度，建立旅游信息的中介平台，扩充企业的融资渠道，为旅游企业提供外出考察学习、集体展销活动、培训等机会，激励企业家的创新灵感。

（4）政策制定者需注意对产业链上各环节需求针对性进行制度供给。具体来说：上游游艇设计制造业对制度需求主要集中在宏观政策方面，可以通过政策导向，扶植国产品牌做大做强，放宽产品持证要求，将新材料游艇列入国家船舶更新替代性计划等；中游游艇销售和消费服务业对各层面的制度需求都较大，特别是企业及行业制度、事前和事中管理制度等，可以通过加强协会建设、优化行政管理环节、提高游艇管理效率等来满足游艇销售和消费服务业发展；针对游艇基础支持和辅助业，则应采取提高公共配套建设，开发和培养游艇相关人才，疏通游艇融资及租赁通道等措施，为游艇旅游发展创造良好条件。

最后，游艇旅游作为一种新型旅游产业，不同区域、不同产业链环节和组织目标的企业及相关机构，其制度困境存在一定的普遍性和特殊性，本研究试图通过大规模问卷调查得到一些普遍性规律，但在实地调研过程中也发现很多机构面临的制度困境具有情景性和特殊性，因此，未来可结合相关案例分析对我国游艇旅游制度问题做进一步探讨。

参考文献：

[1] 程爵浩.我国游艇经济发展的多维解析[J].船舶工业技术经济信息,2005(7):92-98.

[2] 邢鹤龄.游艇旅游发展模式研究[D].济南:山东大学,2012.
[3] 中国交通运输协会邮轮游艇分会,上海虹口区人民政府.2014 中国游艇产业报告[R].2015.
[4] Lukovi T.Tourism and nautical tourism[M]//Nautical tourism.Boston,MA:CABI,2013.
[5] Josip M,Damir K,Ivan K.Critical Factors of the Maritime yachting tourism experience:An impact-asymmetry analysis of principal components[J].Journal of Travel & Tourism Marketing,2015(32):S30-S41.
[6] 文涵,田良.香港游艇旅游产业链的发展及对海南的启示[J].旅游论坛,2013,6(1):60-66.
[7] Alcover A,Alemany M,Jacob M,et al.The economic impact of yacht charter tourism on the Balearics Economy[J].Tourism Economics.2011,17(3):625-638.
[8] 杨培举.游艇产业需走科技创新之路[J].中国船检,2008(8):30-32.
[9] 姚云浩,栾维新,王依欣.基于 AHP-熵值法的游艇旅游制度评价研究[J].旅游论坛,2017,10(2):1-10.
[10] 秦智慧,张杨.海南省游艇业的法律规制研究[J].公民与法:法学版,2015(5):17-20.
[11] 张磊.浙江游艇产业现状与管理研究[D].杭州:浙江工业大学,2012.
[12] 赵昶.游艇市场推广模式研究[D].大连:大连海事大学,2013.
[13] 姚云浩,栾维新.我国游艇旅游制度困境与对策分析[J].大连海事大学学报:社科版,2017,16(1):12-17.

自然生长是推动旅游发展的有效途径

岑博雄[1]

（1. 北海市旅游发展委员会，广西 北海 536000）

摘要： 针对国内旅游发展中逐渐突显出来的种种问题，在多年研究和思考的基础上，本文提出了自然生长的旅游发展途径，并对自然生长的背景、内涵、主张和意义进行了简要的阐述，旨在技术上探索出一些破解旅游发展难题的实战之道。

关键词： 自然生长；有效途径；精致自然；城市；乡村；旅游区

1 引言

一直在思考，应该用一种什么样的途径或思路、战略、方法来更好地发展旅游城市和旅游区？世界上那些著名的旅游城市或者发达的旅游目的地，她们都不是随随便便就成功的，她们成长的路径和经验虽然各有不同，但是否存在共同的秘诀？值得研究和探讨。

2 自然生长的提出

中国旅游产业伴随着中国经济的高速发展，已经取得了举世瞩目的成果，逐步走入了世界旅游强国之列。但旅游发展中种种的问题也逐渐突显出来，尤其值得注意的是城市病、旅游区城市化、乡村城市化、乡村发展自由化等等，严重影响了中国旅游产业的发展，已经引起了上下的关注。围绕如何破解此类难题，许多业内人士及学者都在探索和实践，从 20 世纪 90 年代初期开始引进学习国外著名旅游目的地发展模式[1]，到新世纪系统总结生态旅游的发展模式[2]，许多地方都在积极的探索和实践[3]，取得了不少卓有成效的成果，但如何更好地发展旅游城市和旅游区的问题还没能很好的解决，一些问题还比较突出。在 2016 年 26 日召开的全国全域旅游创建工作现场会上，李金早局长提出了他的一些忧虑：简单模仿、千城千村千景一面、粗暴复制，低劣伪造、短期行为、大拆大建等等[4]。面对中国经济的重要转型时期和中国旅游的大众旅游及全域旅游时代，在中央提出供给侧结构性改革的战略之下，笔者认为，除了在政治上与中央保持一致，贯彻执行中央的路线、方针、政策外，在技术上探索出一些具体有效的实战之道，是非常必要的。自然生长的研究正是在这样的背景下提出来的。

其实大自然是一位最好的老师，历史是一本最好的教科书。这里研究的自然，包括自然景观、自然环境，如湖海山川、草原沙漠，还有自然灾害，如海啸、地震、泥石流等等，也包括历史文化、文明遗存，如名胜古迹、人文传承、古老乡村、自然村落、传统民居等等；旅游发展研究的对象包括城市、乡村、旅游区、旅游目的地、旅游资源和旅游产品等等，当然还有旅游者、旅游市场、旅游环境、旅游开发、旅游经营和旅游管理等等。前者为旅游发展的客体或产物，后者是旅游发展的主体。

在研究中发现，人们喜欢的自然风景，那些名山大川、湖泊海岸，是大自然鬼斧神功的作品；人们喜欢的自然食品，野生食材、天然鱼类、土鸡土鸭、野菜野果等，也是大自然的产物；当然也有好的人工作品，就是那些名胜古迹、文化遗存、有机食品、天然环境下种养的动植物等等；人们追求的生活方式是一

作者简介： 岑博雄（1958—），男，广东省恩平市人，副教授，调研员，主要从事资源经济教学与研究，规划、项目、旅游管理与研究工作。E-mail：cbx2465@ 163. com

觉睡到自然醒；人们向往的发展思路是顺其自然、水到渠成；这些都是自然生长的成果。其实，不管是城市、乡村，还是旅游区都一样，人们都是觉得自然的美，自然的好，而且是越自然越好，这就是自然生长的魅力，所以要好好地去研究。

3 自然生长的内涵

自然生长是指那些自由、天然、客观、和谐生长或发展的事物，她包含且不限于如下几层意思：

3.1 自由生长

事物的主观生长是自由的、自发的；不同于人为生长、明显受限制的生长、被迫的生长和一个模子的生长。

3.2 天然发展

事物的生长环境是天然的、营造的环境是天然的，不同于人为的环境、人为干预的环境。

3.3 按客观规律发展

事物按照客观规律生长或发展，正如习总书记提出的：遵循经济规律的科学发展，遵循自然规律的可持续发展和遵循社会规律的包容性发展。

3.4 符合自然法则生长

事物是自然而然地生长或发展起来的，是和谐发展和生态文明的发展。

对于城市、乡村、旅游区而言，自然生长她是一种发展途径和发展模式，同时她也是一种发展思路和发展方式，形成了一套建设理念、指导思想、技术路线和规划原理，从本质上说她可以成为经济发展的一门技术，将会发展成为系统的发展理论和学术流派。

4 自然生长的主张

作为一种发展途径，自然生长是有着自己的个性和主张的。

4.1 自然生长需要的是精致的自然、自然的精华和自然的精品

纯粹的自然环境不一定适合大多数人类的生存，更不适合大多数旅游者，所以需要对自然环境进行一些探测、评估、试验和整理，甚至要进行一些调整、改造、建设和修复，以适应大多数人类生存和旅游者观光、休闲、度假，这里把这种自然环境称为精致的自然。

这里一般会选择自然环境中的精华部分，打造成为大多数人类生存、居住、生产、生活、观光、休闲、度假旅游的产品和环境，这就是自然天择的结果。

这里更需要选择、营造、打造自然的精品，为我所用。一些精品是天然形成的，如黄山、庐山、桂林山水、美国黄石公园、越南下龙湾岩溶地貌等自然景观遗迹；一些是人类文明发展形成的文化遗产，如长城、故宫、兵马俑、法国巴黎圣母院等；一些还是自然文化双遗产，如泰山、峨眉山、青城山等。

4.2 这里反对和遏制的是人为生长、过度生长和病态生长

由于种种利益的驱动，现代社会人为生长、过度生长和病态生长的现象日趋严重，造成了大城市病、病态城市、旅游区城市化、乡村城市化、乡村发展自由化和生态破坏、环境污染、雾霾严重等等问题，这是与自然生长的理念相背离的。

4.3 这里规划的发展应该是符合自然、结合实际、尊重历史、适应生态文明的科学的、可持续的、包容性的发展

这些年伴随着经济的高速发展，一些城市和乡村呈爆发式发展，大拆大建，盲目扩张，相应的旅游发展也是大起大落，这都与一些不够科学、不切实际的规划不无关系，这方面的教训是惨痛的。

5 自然生长的意义

经过多年国际国内旅游产业发展成果的对比研究表明，在国际国内旅游产业发展的实践中可以发现，那些著名的旅游城市或者发达的旅游目的地，有一个共同点，就是利用自然又尊重自然、利用历史又尊重历史，充分体现了自然生长的魅力。自然生长是旅游发展方面的正能量，是推动旅游发展的有效途径，具有十分重要的意义。

5.1 自然生长起来的旅游景观是最美的

国内利用自然发展起来的著名旅游区太多了，如泰山、黄山、张家界、西湖、漓江、九寨沟、长城、故宫、兵马俑，近年发展起来的丽江、凤凰、阆中、婺源、乌镇、朱家角等古城古镇；宁夏的沙坡头、沙湖、西部影城和贺兰山岩画遗址等景区，都是自然生长方面的典范；国外在这方面更加在意，如美国以黄石公园为代表的国家公园，澳大利亚的蓝山、大堡礁和企鹅岛，还有墨西哥的坎昆及玛雅遗址等等，在它们发展成长的过程和成果中，都可以发现到自然生长的贡献和轨迹，充分展现了自然生态和历史文明的美丽。

5.2 自然生长是旅游业实现生态文明、有机融合及可持续发展的有效途径

城市、乡村和旅游区的定位和主体功能是不同的，它们发展的方向、目标、结构、产业、产品也是不同、不一样的，因此不能用同一种规则、思路来发展它们，更不能用同一种模式和风貌来建设它们；但城市、乡村和旅游区又是密切联系、紧密共存、相互渗透、互补融合和相互转化的，只能通过各自的主体功能区别开来。然而如果能够按照各自的客观发展规律自然生长而发展起来的城市、乡村和旅游区才是非常具备魅力和特色的，历史和现实的发展如此，中外成功的发展也是如此，近代欧洲发达国家的城市发展在这方面做出了榜样，现代的新加坡也有许多可圈可点的地方，我国的杭州、苏州和广州、深圳在这方面做出了很好的表率，我国西部的云南、四川、广西、山西、陕西和宁夏等省区在这方面也有很好的探索，所以说，城市和乡村旅游发展的魅力源于自然生长。

6 结语

自然生长是客观存在的，不是谁的发明，要说她的作者应该是大自然，是历史。在她面前，大家都是小学生，应该心存敬畏，好好学习。但现在一些规划的成果往往与之相距甚远，一些建设的项目有时走得更过，甚至是违反自然、不合实际、割断历史、破坏自然环境、不适应生态文明发展的，造成了城市病、景区过度开发、传统村落消失等等问题，值得反思。希望自然生长的提出和研究能在破解旅游发展难题中发挥作用。

参考文献：

[1] 爱德华·因斯克普，马克·科伦伯格.旅游度假区的综合开发模式——世界六个旅游度假区开发实例研究[M].国家旅游局人教司组织翻译.北京：中国旅游出版社，1993.

[2] 杨桂华，钟林生，明庆忠.生态旅游[M].高等教育出版社，施普林格出版社，2000.

[3] 岑博雄.北海涠洲岛生态旅游开发的基本思路[J].旅游学刊，2003，18(2)：69-72.

[4] 薛枫.国家旅游局局长李金早：发展全域旅游的七个忧虑[EB/OL].新华网，2016-05-27.

“一带一路”背景下的舟山群岛旅游发展研究

蔡璐[1]，马丽卿[1*]

（1. 浙江海洋大学 经济与管理学院，浙江 舟山 316022）

摘要：2013年，习近平总书记提出“一带一路”的倡议。舟山早在秦朝徐福东渡日本之时便已是海上丝绸之路重要驿站，这个500年前的世贸中心无疑是舟山在海上丝绸之路历史上涂下的最为浓墨重彩的一页。本文在分析现阶段舟山群岛旅游业发展的状况之后，总结得出舟山群岛可充分利用显著的政策优势、地理区位优势来充分利用海洋资源发展海洋旅游业，同时提出了切实可行的具体措施。

关键词：一带一路；海洋旅游；舟山群岛

1 舟山群岛海洋旅游发展的新契机

1.1 国家政策给予的优惠条件

现阶段，中国经济发展良好，各项活动正在平稳有效地进行，人民生活水平也在向全面小康的总体目标迈进。2013年9月7日，国家主席习近平在哈萨克斯坦纳扎尔巴耶夫大学做演讲时，首次提出共同建设“丝绸之路经济带”；同年9月和10月，习主席在出访中亚和东南亚国家期间，先后提出共建“丝绸之路经济带”和“21世纪海上丝绸之路”（简称“一带一路”）的重大倡议，得到国际社会的高度关注。十三五规划中更加明确提出推进“一带一路”建设。“一带一路”指的是“丝绸之路经济带”和“21世纪海上丝绸之路”的简称。由此可看，现阶段，国家高度关注海上经济建设，海洋经济会是未来很长时间内高速发展的经济主体，由此伴随的海洋旅游作为最有潜力的朝阳产业将会迎来本行业的春天。

2011年6月30日，浙江舟山群岛新区获国务院批复成立，2013年年初，国务院正式批复了《浙江舟山群岛新区发展规划》，舟山新区以海洋经济为主题，担负着为实现我国区域发展的总体战略和海洋强国战略服务的重要任务，舟山作为海洋经济的先行者，将会带动整个长江三角洲经济的发展。

中国是海洋大国，但并不是海洋强国[1]。舟山自古以来海上贸易比较繁荣，历史上曾同度兴起成为外贸的重要商埠和海上“丝绸之路”的重要通道；后期，经历了“海禁”政策，经历过血与火的锤炼和洗礼之后，舟山更像新生的婴儿一样倍加珍惜和平时期的祥和与安宁，同时有着强烈茁壮成长的愿望和决心[2]。舟山作为十五个开放港口之一，要想在海洋方面加大建设，可以抓住并且好好利用这个关键时期，壮大海洋经济，使我国国际地位迈上新的台阶。在此背景下，舟山的旅游业将迎来前所未有的发展契机，可依此建立国际生态休闲岛、海洋海上花园城。

1.2 “一带一路”中的舟山群岛区位

舟山是一个静谧的城市，这里空气里夹杂着咸咸的海风，走在大街小巷里，你会被这里的安静和随和

作者简介：蔡璐（1993—），女，山东省莱芜市人，浙江海洋大学2016级硕士研究生。E-mail：294874401@qq.com

* **通信作者**：马丽卿（1962—），女，上海市人，教授，浙江海洋大学经济与管理学院副院长，主要从事海洋旅游开发与规划、海洋经济研究。E-mail：mlq@zjou.edu.cn

所感动。若把整个长江三角洲比喻成一把弓箭，那舟山群岛所处的地理位置恰好是弓箭的箭头，内藏着无限的动力随时将要迸发出去，目的是世界各地。

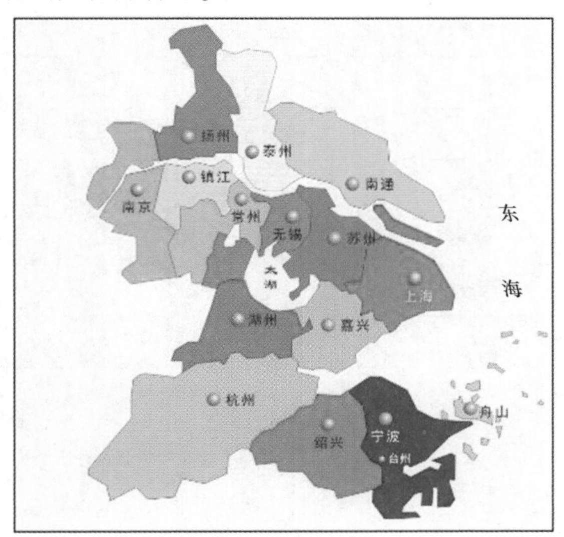

图 1　中国长三角各城市区域位置图

舟山群岛地理位置更为优越，是我国第一大群岛，位于我国东南沿海，是中国大陆海岸线的中心，是著名的长江、钱塘江和甬江的出海口，由星罗棋布的 1 390 个岛屿组成，本岛面积 502 km^2，仅次于中国台湾岛、海南岛、崇明岛，是我国第四大岛。舟山市背靠中国经济最发达的地区——长江三角洲，向北与上海、向南与宁波等大中城市隔海相望，在以上海和宁波两个"长兄"为榜样的学习下，舟山群岛各项发展正在一步步增强；东接公海，面向浩瀚的太平洋，是古今以来中国对外开放的主要海上门户和中外船舶南来北往的必经之地。舟山群岛的港口岸线非常特殊，全市拥有海岸线 2 444 千米，陆地面积和人口数量在全国的总占有量都很少，但战略性资源深水岸线却占全国的近五分之一，是 140 多万舟山居民坐拥的真实财富[3]。舟山群岛气候条件宜人，整个群岛季风显著，冬暖夏凉，温和湿润，光照充足，最可贵的是空气自然净化能力超强，可谓是"天然氧吧"，吸引了大批前来观光旅游和短期度假的人群。

2　舟山群岛海洋旅游发展现状

2.1　舟山群岛海洋旅游发展概况

海洋旅游业与海洋石油、海洋工程并列为海洋经济的三大新兴产业，海洋旅游作为海洋产业中的重要一支，越来越受到世界各国的重视[4]。随着人民生活水平的不断提高和生活方式的改善，越来越多的人们更加重视健康的旅游方式，他们厌倦了都市的喧嚣与嘈杂，追求更多的是空气的清新和环境的优雅，舟山群岛做到了这一点，舟山的风景名胜吸引全世界各地的人们前来观赏，国家级风景区有普陀山、嵊泗列岛、朱家尖；省级风景区有岱山岛、桃花岛等等，可以说舟山群岛美丽著名的风景名胜数不胜数，每年前往舟山群岛旅游的游客更是络绎不绝。

图 2 可以从侧面反映出 2008 年以来，前往舟山按到旅游的人数越来越多，其中，2010 年舟山旅游增长率高达 29. 9%，原因是因为上海世博会的举行，大力推动了舟山群岛旅游的发展，由此可见，长江三角洲某个地区城市经济的发展，将会带动辐射周边其他城市的发展。2016 年 G20 峰会在杭州召开，又为舟山群岛旅游注入新鲜的血液。即使在 2010 年之后，舟山群岛旅游业的增长速度有所下降，舟山群岛旅游总收入还是在持续稳定的增加。现阶段，舟山群岛作为海上丝绸之路的起点之一，又加之舟山群岛新区的成立，对舟山来说又将是崭新的发展起点。在不断发展的同时，更加应该注意，必须深入思考为何在

图 2　2008—2014 年舟山群岛旅游总收入及其增长速度

2010 年之后舟山群岛旅游总收入增长速度呈现下降的趋势。

2.2　舟山群岛海洋旅游发展中的问题

2.2.1　海洋旅游管理方面吃“夹生饭”

现阶段，我国海洋管理还没有明确的定义，可以说，我国目前在海洋管理方面还处于初级阶段，加之海洋本身具有特殊性，海洋管理方面更加要因地制宜[5]。在海岛旅游开发方面，舟山群岛凭借得天独厚的地理条件走在全国的前列，然而目前，为了经济的发展，舟山群岛部分岛屿人为化取代了天然化，海岛的开发数量虽不在少数，但是在开发形势上过于雷同，游客来到舟山旅游更多的是想要欣赏群岛的原始生态文化而不是经过人工改造的人为文化，不是提倡完全的不能人为改造，若人为改造的太多，舟山群岛则将会失去它原有的特色，对于慕名而来的游客来说，浓厚的商业氛围严重影响了他们对原生态的文化体验，极大地削弱了他们故地重游的意愿，当一代忠诚的游客逐渐老去，新一代忠诚的客户还没有培养起来的时候，舟山群岛旅游会很难持续发展下去的。目前，舟山群岛将要迎来的是越来越多的来自世界各地的游客，新时期的中国需要将自己最为完美的一面展示给全世界，需要建立明确的海洋管理体制。这种人为的改造更加从侧面反映了现阶段我国旅游业的发展经营模式，针对此种现象，人们更多的应该是反思自己的行为

2.2.2　海洋资源利用不合理

俗话说的好：靠山吃山，靠水吃水。这是自古以来我们祖先的生存方式。众所周知，舟山群岛四面环海，渔业资源非常丰富，随着我国首个以海洋经济为主题的国家新区的获批，舟山群岛更以新区的姿态再一次走在了国家海洋战略的前沿[6]，伴随着丰富的渔业资源新兴起的旅游方式——海钓被越来越多的游客所青睐，以海钓为核心将会带动集渔业、休闲游钓、旅游观光等一系列的海洋生态旅游的发展。海钓在欧美发达国家更是已有百年的历史，海钓者追求的是与礁石作伴，与海浪共舞。随着“一带一路”经济的发展，海外游客的数量会越来越多，他们更加欣赏的是富有舟山特色的海钓方式以及舟山本土的鱼种。然而，经济的快速发展，加之渔业资源的丰富，越来越多的舟山人从事海洋捕捞活动，再多的资源若不加以节制的利用，终究是有用竭的那一天，当游客来到舟山群岛想要体验一把海钓的快乐时，带给他们的不是收获的喜悦，而是无获的悲哀，渔业资源需要公众共同参与，尤其是需要有效的保护。

舟山气候冬暖夏凉，温和湿润，光照充足，在白天，游客可以尽情欣赏观光的乐趣，到了夜晚，特别

是盛夏时节，在海边游玩的人们更是络绎不绝，他们娱乐的热情不会随着时间的推移而减少，他们尽情的吹着海风，欣赏海水涨潮后的美景，然而在夜间，真正的海边休闲方式却是少之又少，海洋在任何时间都是美丽无比的，并不因时间的流逝而消失了色彩，海洋夜间旅游更何尝不可以作为一种新的旅游发展方式来吸引更多的游客呢？

2.2.3 海洋旅游发展模式单一

现阶段，舟山群岛海洋旅游仅仅局限于风景区的观赏、各个景点的游览，这些旅游模式在前几年确实受到了广大游客的欢迎。随着越来越多的地区海洋旅游的趋同化，传统的海洋旅游方式已经满足不了广大游客想探索海洋真正奥秘的要求。舟山自古以来就是海上贸易的重要港口，独一无二的历史特色是其他海洋旅游不可与之相媲美的，一方水土养育一方人，独特的地域特色又是舟山群岛的魅力所在，深邃的佛教文化和独特的渔村特色应该被作为优秀的海洋旅游资源加大宣传，而不是作为海洋旅游的附属品夹带而过，舟山群岛作为“海上丝绸之路”的一个重要驿站，有着悠久的历史积淀，文化气息浓厚，能够充分的向世界展示中国古老的传统海洋文化，应该让更多的海外游客了解中国古老的海洋文化史，争取让中国的海洋文化认舟山群岛为起点，走向全世界。

3 “一带一路”下的舟山群岛旅游发展策略

3.1 形成政府主导、企业协助的新型管理模式

舟山群岛海洋管理方面需要加强，在保护原有的海洋生态方面存在着困难，并且任务非常艰巨，舟山市政府应该加强在海洋管理方面的主导作用，“一带一路”政策下舟山群岛旅游业的发展将会进入全盛时期，为此要严格控制无名海岛的开发，并且出台强有力的管理条例来加强对海洋旅游的的管理。企业切不可一味地追求经济效益而破坏了海岛原有的风俗民情，不顾生态的保护盲目开发海岛旅游资源。公众在舟山群岛旅游的时候要做到文明旅游，保护大自然给予我们的馈赠。建立政府主导、企业协助的新型旅游管理模式是以保护舟山群岛、发展海洋旅游为基点出发的切实有效的政策，新时期“一带一路”建设不仅是要共享经济，更重要的是共享我们赖以生存的环境。

3.2 创新海洋旅游产品

发展动态和静态相结合的海洋旅游产品，多方面、全方位的的创新海洋旅游产品，使海洋旅游适合不同的人群，可以发展佛教文化体验游、港城观光旅游、海岛休闲度假游、海洋邮轮旅游、海上邮轮游等多种方式。目前，舟山国际水产城正在全方位打造国家4A级旅游景区，充分利用有限的土地资源创新旅游方式，临海的港口捕捞海鲜，争取打造海上“十里渔港”，购货商可以第一时间将捕捞上来的海鲜运往市场，保证到消费者手里还是鲜美的活体。捕捞装车过程全方位透明开放，旅游者可以通过玻璃长廊适时观看捕捞、装车的全部过程，还可以参与水产拍卖活动，每年的开捕时节都会吸引大批游客争相购买。地面上的各幢写字楼幢幢相通，露天的天台极力打造美丽的“空中花园”，是盛夏时节避暑的好地方。海洋所带给人们的旅游资源是无限的，等待着人们合理的开发。

3.3 提高舟山群岛社区居民的参与度

地道的舟山话是外地很多人所听不懂的，祖祖辈辈居住在舟山的人们特别是海岛的老渔民们不会说普通话，这就为前往舟山群岛旅游的人们带来了困难，推广普通话，为舟山群岛旅游发展尤为重要。在“一带一路”政策推动下，舟山群岛将要迎来的是世界各地的客人，推广普通话可以拉近舟山群岛居民与游客的距离。同时要对社区居民进行海洋旅游从业知识和技能、规划参与能力和监督能力的培训，为社区参与海洋旅游发展提供组织保障，从而发挥其示范效应和带动作用。

舟山群岛像是在东海海面上升起的一颗明珠，在“一带一路”建设中熠熠生辉，它带领着中国的各项海洋事业不断前进，它所承担的任务是让更多的人们了解舟山，让世界的人们了解中国，愿美丽富饶的

舟山群岛稳重前进。

参考文献：

[1] 叶竹盛,傅岷成.中国不是“海洋大国”[J].南风窗,2013(11):48-50.
[2] 马丽卿.希望在海洋[M].杭州:浙江工商大学出版社,2012:180-197.
[3] 何伟.努力推进舟山港口物流发展——舟山港口物流项目推介[J].浙江经济,2005(4):18-18.
[4] 张月芳,袁国宏.海南省海洋旅游发展现状与对策[J].商场现代化,2007(2S):344-345.
[5] 高俊国,刘大海,Gao Junguo,等.海岛环境管理的特殊性及其对策[J].海洋环境科学,2007,26(4):397-400.
[6] 张腾豪.舟山海洋经济发展及路径选择研究[D].舟山:浙江海洋学院,2013.

海洋旅游市场营销策略研究

——以海南省为例

李智[1]，马丽卿[1*]

（1. 浙江海洋大学 经济与管理学院，浙江 舟山 316022）

摘要：近年来，海洋旅游业发展迅速，海南省作为中国唯一的热带海岛省份，拥有丰富的海洋旅游资源和海洋文化资源，海洋旅游市场发展快速，但仍存在某些问题：海洋旅游产品单一，竞争力不强；宣传力度不够；海洋旅游市场发展不均衡等。本文对海南海洋旅游市场营销现行的4PS策略进行研究，通过文献研究法、数据分析法对海南海洋旅游市场存在的问题进行了分析研究，并联系实际提出相应的应对策略，希望促进海南海洋旅游市场的发展与改革。

关键词：海南旅游；旅游市场；4PS 策略

1 海洋旅游业

海洋旅游的界定是多种多样的，没有统一的标准。李隆华认为“海洋旅游业是游客以海洋为旅游目的地，并且将海洋作为地球上行走的最大延伸来满足自身的休闲旅游欲望”[1]。董玉明认为“海洋旅游是一种以一定的社会经济条件为基础，将海洋作为依托，通过海洋度假、海洋娱乐、海洋游览等方式满足人们日益增长的物质和精神需求”海洋旅游产业可界定为人们利用海洋空间或以海洋资源为对象的社会生产、交换分配和消费的经济活动，以及为各类旅游消费活动生产和提供产品的各种企业集合[2]。近些年来，因为海洋旅游业在全国的兴起，海洋旅游产业正成为海洋经济的新的增长点。

2 海南旅游市场发展现状

海南自建省起，旅游业就有了显著的发展。1997 海南接待游客就达到了 790 万人次，旅游收入过亿，旅游人口已经超越居住人口，据数据统计，次年海南接待游客上升为 816. 55 万人次，1999 年持续增长为 929. 07 万人次。2000 年，海南接待游客达到 1 007. 57 万人次，首次突破千万；2008 年，海南旅游接待人次突破 2 000 万，达到 2 060 人次。“十二五”以来，海南旅游业发展进入快车道，接待过夜人数千万级增长时间迅速缩短，海南旅游接待过夜人数 2010 年增长 14. 8%，2011 年增长 16%，并且突破 3 000 万人次，达到 3 001. 34 万人次，2012 年增长 10. 6%。到 2016 年 12 月，海南省接待旅游过夜总人数突破 1 647 万人次。另外，单是接待的国外旅游人数从 2010 年起保持连续 6 年的增长。

作者简介：李智（1992—），男，江苏省扬州市人，浙江海洋大学 2016 级硕士研究生。E-mail：869870649@ qq. com

* **通信作者**：马丽卿（1962—），女，上海市人，教授，浙江海洋大学经济与管理学院副院长，主要从事海洋旅游开发与规划、海洋经济研究。E-mail：mlq@ zjou. edu. cn

3 海南省海洋旅游市场营销现状及存在问题

3.1 海南海洋旅游市场营销现行的4PS策略

3.1.1 海南省海洋旅游产品策略

海南在加快旅游产业升级速度的同时，并没有忘记开发新型旅游产品，不断挖掘旅游潜力，丰富旅游产品的种类和文化内涵，以滨海度假为主，发展观光度假旅游、专项旅游为辅发展海南旅游市场。分析市场需求，从实际出发，开发、发展特色景区以及旅游项目，有重点的发展旅游产品、设计旅游路线，充分契合海南旅游资源，打造具有海南特色的旅游品牌，增强海南旅游市场的核心竞争力[3]。

（1）海洋旅游产品策略

海洋旅游产品。充分利用既有海洋资源，不断丰富海上娱乐度假目，例如海上探险、潜水、冲浪、环岛观光等。

海洋民族风情文化旅游产品。宣传具有海洋特色的少数民族文化，在少数民族节事时期开展特色活动，打造民族文化、历史文化等本土产品。

自助海洋旅游产品。针对游客对自助游需求上升的情况，提供房车等自驾游产品，开发自驾旅游路线。

（2）旅游路线策略

不同的消费者有不同的消费需求，来海南游玩的游客可能因经济收入、文化程度以及需求的不同，选择不同的旅游路线。因此，需要满足不同需求层次的游客，海南旅游市场必须制定相应的旅游路线，以满足游客的物质和精神需要。同时，旅游路线应该设计到衣食住行，合理舒适。

针对休闲度假型游客，选择沙滩度假、海洋博物馆、海底世界等景点，围绕此类型景点设计旅游路线。

针对情侣以及中老年游客，可设计一条风景优美浪漫，同时可以品尝到诸多海鲜美食的旅游路线。

3.1.2 海南海洋旅游市场价格策略

旅游产品价值是对旅游产品的价格的体现，是旅游产品的内在价值和消费者心理价值之和[4]。制定合理的价格策略可以挽留更多消费层次的游客，吸引二次旅游。

（1）差别定价

提供海洋旅游产品和服务要迎合游客的需求，不同的游客能接受的旅游价位也各有差异。旅游价格受旅游产品成本、供求关系、内外部竞争情况以及社会经济环境等诸多因素影响。只有适应不同游客的需求，才能获得更多好评率，通过这些游客的口口相传以吸引更多的游客。根据海南游客客源情况合理划分旅游价格。

海南市场的独特的海洋民俗文化以及特色海洋旅游公园，是其他地区难以模仿的，很多产品是竞争对手不具备的，具有垄断性，可以采取高价策略。

（2）声望定价

具有垄断性的旅游景点和产品如海南的黎族特色应采取声望定价，与其他地区的旅游产品区别开来，打造品牌势力，赢得更多客流量。

（3）渗透定价

像海上体育运动以及常见海上休闲等项目，除了海南其他地区也拥有，市场竞争力很强，实施低价渗透策略，但保证质量，完善设施与服务，以优异的服务慢慢打入市场，逼退市场竞争者。在稳定市场定位、树立名气之后，合理提升价格，获得利益。

（4）招徕定价

对于海南一些知名度不高的海岛娱乐项目来说，此时就需采取招徕定价手段。在国定节假日、旅游淡季等特殊时期日实施低价促销策略，与消费者进行心理战，利用低廉的价格吸引游客，扩大旅游产品销售量。

（5）心理定价

给旅游产品制定一个零头数结尾的非整数价格，比如79.8元比80元看起来更有吸引力，消费者心理上会觉得79.8元更便宜。日本和港台的游客以及中国内地，尾数8被认为是一个很吉利的数字，可以充分利用这一点进行定价。

3.2 海南旅游市场营销存在的问题

3.2.1 宣传力度不够，旅游产品单一，竞争压力大

缺乏政府支持、强有力的旅游企业以及有才能的广告宣传人员，在电视上很少会看到海南的宣传，新闻也很少提及，没有形成像一些国际知名旅游胜地一样主流的、长期的宣传体系。在宣传方面投入的资金相对于其他地区景点投入较少，宣传方式单一，没有创新力，没有针对性的宣传，导致国内知名度较高，而在国际方面知名度就一般了，国外客流量难以增加。

海洋旅游产品单一，海南的许多海洋旅游产品在其他地区也可以享受得到，可选择性大，分散了海南的游客量，缺乏特色和主题，缺少品牌产品，难以带动海南旅游业经济增长。

周边旅游市场竞争激烈。周边区域竞争者如韩国、马来西亚国家等海洋国家采取低价促销等营销手段以及国家优惠制度，利用游客的求廉心心理与海南争夺游客，泰国、越南等通过竞价促销的营销策略以及采用低价机票来抢夺客源，使进入到海南旅游的游客数量削减。

3.2.2 海洋旅游基础设施不够完善

交通上，对于国内游客，节假日和旅游高峰由于海南旅游景区道路建设规划不完善，旅游通道没有完全开通，极易造成交通拥堵，影响旅游质量。而对于外国游客，出国旅游主要是交通不便，海南目前建立的国际航班数量还是有限的，比如欧洲等重点客源国的航线还没有开发。另外一方面，因为工程量大，耗资大，目前的海南还未建设海底隧道，因此旅游交通受自然因素影响还是比较大的。

服务体系上，有些旅游景点服务硬件设施差，娱乐项目单一，没有当地特色，主要景点、路线中英文标识不规范。网络系统完善度不高，提供服务信息的及时性不强。

3.2.3 海洋生态环境保护意识不强

据调查，海南2011至2013年破坏生态环境的犯罪事件就达到159件，犯罪原因主要是为了牟取暴利。由于非法滥采、毁林养殖、捕捞过度等现象，海南面临着沙漠化、海岸线被腐蚀、突地荒芜化等威胁，昌化港至棋子湾一带已然成为小沙漠，白沙门与东郊椰林海岸线腐蚀严重，成为重灾区；缺乏专业的海洋旅游资源规划，致使资源浪费或资源潜力未被完全挖掘；海洋旅游资源的开发不合理导致海南的生态环境被破坏，热带植被、海洋、大气和水不同程度的受到污染；居民和游客没有接受正规的关于生态保护方面的宣传教育，环保意识普遍较低，乱扔垃圾现象时有发生，甚至在旅游设施上留下人为印记，破坏海南旅游环境，降低海南的美誉度。

4 海南旅游市场的营销对策

4.1 加强宣传力度，打造品牌产品，增强竞争力

实施以政府主导参与的营销战略，有目的、有针对性的开展宣传，面对不同需求层次的游客，海南旅游企业应制定进行多方面、多层次的宣传策略，增加宣传手段的多样性，不断创新宣传模式，打造旅游特色产品，让热点景区带动动周边景区的发展。同时，海南政府可以海南旅游企业资助在有公信力的电视台播放公益广告。

除了使用传统的宣传方法：电视、报纸、广播等，利用网络插播图片和视频广告，借助公共活动、体

育赛事以及当地民族节日邀请知名媒体和企业以及影视节目制造商来海南游玩，利用名人、企业以及口碑效应吸引游客。与主要客源国家互办旅游年活动，促进两国交好，进行文化交流的同时，增强了海南旅游的宣传力度。例如：在北京、上海等中国代表性的大城市举办大型的论坛和会展，在韩国等国家进行推广活动，可派发海南特色小礼品，提升国际知名度。

加入各大旅游网站信息系统，游客可以通过旅游网站了解海南风光以及优惠活动等，扩大宣传空间。在人流量大的各大地点设立宣传海报，放置宣传手册，打造和提升旅游品牌，展示和塑造鲜明的海南旅游形象。

引进国外先进技术和经验，加快旅游产品创新和设计，提高旅游国际化水平。加快旅游产品的更新，拓展生态旅游产品种类，增加精品旅游路线，生产有特色、高质量、高水平的旅游产品，对旅游产品和服务质量进行提升，打造品牌力量，使海南的旅游产品区别于其他地区旅游产品，居于垄断地位，游客要想欣赏到独特的海洋风光，只能选择海南，核心竞争力增强[5]。加大投入，开拓海南旅游市场，增加旅游项目开发，做好旅游品牌建设，发展具有海南特色的旅游经济，提高旅游市场经营质量和服务品质，提升竞争力。

4.2 规范旅游市场

对海南旅游进行规划，增加数据库，包括规划、旅游项目、专家等数据，让专家对旅游景点进行规划、审批等，制定地方性监督体制以及管理法规，使得海南旅游能够呈现出一体化形态。

改善旅游基础设施，提升海南旅游业的整体水平，充分发挥城市居民力量[6]。采取多种措施努力提高海南居民素质，以全民的“亲和度”营造一份良好的社会服务氛围，促进海南旅游市场快速发展，发挥支柱产业的带动作用。

训练一批高素质的管理和执法人员，对旅游市场的衣食住行进行合理监管；加强旅游诚信制度的建设，保证提高优质的产品和服务；完善旅游制度，加强对旅游市场的规范和管理，深入到地方完善法规体系，逐步壮大法制力量，依法查处旅游违法行为，对旅游市场进行规范化、制度化。

健全管理监督机制，加强对旅游市场秩序的管理，如健全旅游价格监管机制：出台相关法规，惩处待价而沽、暗箱操作、恶意收费等违反市场纪律的行为；对生态环境进行保护、监督，杜绝破坏生态行为；设立投诉平台，及时查看游客的意见并第一时间采取措施，努力让游客满意，对违法、破坏秩序的行为进行处罚，同时采取行政指导，从源头上抑制扰乱市场秩序的行为。

4.3 培养旅游行业人才

旅游相关企业对公司员工定期进行培训和检测，共同学习专业知识，提高旅游管理人员的法律素养和处理业务能力，提升员工专业素养以及道德品质，提高他们的管理能力。

联合各地区教育及政府机构，将旅游人才输送到海南，对培训人员进行专业技能培训，培养一批高素养、高水平、高能力、有国际视野的导游、营销以及管理人才，组成优秀的国际化旅游人才队伍，宣扬海南旅游文化，为游客提供更加优质的服务，推动海南旅游事业的发展。

针对当地旅游产业开设旅游管理学校或专业，培养一批有能力、高素质的管理者和旅游专业技能者。

健全旅游人才招聘制度，对旅游业人才的从业资格进行严格把关，保证旅游人才的质量；规范薪酬和社会保险制度，保障旅游人才的权利，能够使他们长期留在海南。

提供优良的待遇，实施鼓励和优惠政策，留住本地人才的同时，吸引外来人才进入海南旅游市场，为海南旅游市场的发展做贡献。

4.4 完善旅游基础设施

加快海南海底隧道、大桥等交通建设与规划，开通更多国际航线增加旅游热点地区的航班，方便国内外游客出游。例如：开发“旅游休闲绿道”以供自行车和徒步旅游者活动，晚上沿途的露营、休闲娱乐设施等，引起游客的自发活动。

建设星级酒店、旅馆，完善旅游住宿体系；加快餐饮娱乐、医疗等项目的开发，完善景点以及商场的硬件设施；建设文化品质和管理服务一流的购物中心和娱乐建设设施，加快旅游产品的更新速度，丰富产品种类，开发旅游系新产品，生产有特色、有主题的旅游产品，成为国内无法超越的高端海洋休闲度假区。

健全服务体系，加强网络信息系统的建设，做到及时准确地为游客提供有价值的信息和服务；加强网站安全管理，降低线上交易的风险；建立产品售后服务体系，树立良好企业形象，建立口碑效应，完善服务模式，提供优质服务。

4.5 增强环境保护意识

加强立法，给予管理部门更多权限，严格执行相关环境保护法，加大惩罚力度，设立监测站点对海南当地工业生产排放的污染物、居民生活污染物进行整治监督，禁止高污染项目在海南实行，保护海南的生态环境，保证物种、森林等损害得到控制；对生态旅游资源进行专业的规划，首先对海南进行全面的调查，根据海南生态环境的特性与变化规律进行规划，严格规定开发规模，防止项目重复，资源得不到充分利用。定期对规划工作进行调整，及时发现问题并进行防治；严格控制可接纳游客人数，降低海南环境压力，有些景点实施定期开放策略，给予一定的缓冲时间。

加强生态环境保护方面的宣传教育，对当地的旅游管理人员、导游进行专业知识培训，对海南当地居民定期进行环境教育，定期向居民发放宣传教材；政府加大财政投入，推广环保产品，普及环保知识。另外，在课堂上对学生进行环保教育，共同制止乱扔生活、旅游垃圾，乱折花草，破坏景点设施等破坏环境行为。还可利用报纸、电视、网络等媒体进行宣传教育，深入到单位、街头、乡村中去。

5 结束语

随着全球经济的快速发展，海南省自改革开放以来，建设各项特色旅游事业，调整旅游市场结构，使得海南旅游业快速发展。海南旅游业不断进行战略规划，完善完善旅游发展政策 ，充分发挥了旅游业对第三产业和海南经济的带动作用。但是海南旅游业还有很大的发展空间没有被开拓，潜力尚未完全被发掘，应该努力规范海南的旅游市场，同时政府应该加大对外开放力度，把握发展机会，敢于挑战，在政府的帮助下将海南建设成世界一流的旅游胜地。

参考文献：

[1] 郑凌燕.基于钻石模型的海洋旅游产业竞争力研究[J].渔业经济究,2007(6):13-18.
[2] 马丽卿.海洋旅游产业理论及实践创新[R].杭州:浙江科学技术出版社,2006.
[3] 李师,慧王仲高.海南旅游业现状及实现可持续发展的对策[R].海口:第三届两岸产业发展与经营管理学术研讨会,2003.
[4] 马进.中国入境旅游产品市场消费者行为的实证研究[D].上海:上海交通大学,2007.
[5] 王海莉.基于驱动因素视角的中国农业旅游发展模式与策略[J].湖北农业科学,2016,53(16):3939-3942.
[6] 李婷.海南旅游业国际化发展对策研究[D].沈阳:东北大学,2009.

海南省国际旅游岛建设前后旅游发展水平的对比分析

袁腾[1]，武壮[1]，孙涛[1*]

（1. 海南大学 经济与管理学院，海南 海口 570228）

摘要：2010年海南省国际旅游岛的建设开始步入正轨，海南省旅游业开始飞速发展。至今，海南省国际旅游岛的建设已过去6年，在这6年的发展中，国际旅游岛的建设对海南省旅游业发展水平起到了怎样的作用，一直是备受关注的问题，因此，有必要对海南省国际旅游岛建设后的旅游发展水平进行研究。本文首先通过因子分析建立了地区旅游发展水平的综合评价体系，得到了影响地区旅游发展水平4个主要因素分别为：旅游基础设施水平及旅游业现状、交通发达水平度、城市道路宽松程度和旅游行业效益水平。其次，根据所构建的评价体系进行了海南省旅游发展水平在国际旅游岛建设前后的对比分析。得到的结论是：海南省国际旅游岛的建设对海南省的旅游业发展水平起到了显著的作用，使得旅游发展水平的增长速度加快，这是海南省旅游基础设施水平及旅游业现状、交通运输水平和旅游行业效益水平的提高以及城市道路宽松程度的降低共同造成的结果。其中，增长速度最大是海南省旅游行业效益水平，其次是交通运输水平，最后是旅游基础设施水平及旅游业现状。

关键词：国际旅游岛建设；因子分析；旅游发展水平；对比分析

1 引言

2010年1月4日，国务院发布《国务院关于推进海南国际旅游岛建设发展的若干意见》，至此，海南国际旅游岛建设正式步入正轨。中央在海南省国际旅游岛建设的指导思想中提到，旅游业应成为海南经济结构中的龙头产业，说明海南省旅游业的发展至关重要。至今，海南省国际旅游岛的建设自建设之始已过去6年，有两个问题值得思考：海南省国际旅游岛的建设对海南省旅游业的发展是否起到了显著的成果？若有，都有哪方面的成果？因此，有必要对海南国际旅游岛建设前后的旅游发展状况进行对比研究。而两个问题的研究有利于政府部门对海南省国际旅游岛建设的工作进行评价；有利于政府部门对今后国际旅游的建设进行指导。

2 因子分析法

2.1 因子分析的基本思想

因子分析可以通过对变量相关性结构的研究，找出存在于所有样本中具有共性的因素，并以最少信息丢失将原有变量综合为少数几个新的变量，最终把原始变量表示成少数几个综合变量的线性组合，以再现原始变量与综合变量之间的相关关系。因子分析属于数据降维的统计方法，在经济分析中主要应用于两个方面：一是寻求数据基本结构。在经济统计中，因子分析可以在描述一种经济现象的众多指标中找出公共

作者简介：袁腾（1996—），男，河南省洛阳市人，海南大学经济统计专业本科生。E-mail：790951679@ qq. com

＊**通信作者**：孙涛（1983—），助理研究员，主要从事旅游业发展研究。E-mail：taotaopeach15@ qq. com

因子，这些因子有助于对复杂经济问题的解释和分析。二是数据简化，进行分类处理。根据因子分析的得分值，在因子轴所构成的空间中把样本点画出来，以达到分类的目的。本文通过因子分析，构建旅游发展水平的指标体系，通过海南省国际旅游岛建设前后的相关数据，得到各年的旅游发展水平得分，以比较国际旅游岛建设的效果。

2.2 因子模型

2.2.1 基本假设

因子分析的核心是用较少的相互独立的因子反映原有变量的绝大部分信息。其数学模型的一般表述，存在3点假设：

$X=(X_1, X_2, \cdots, X_p)'$ 是可观测的 p 个变量组成的随机向量，且有：

$$E(X)=\mu=(\mu_1, \mu_2, \cdots \mu_p)', \ D(X)=\Sigma. \tag{1}$$

$F=(F_1, F_2, \cdots, F_m)'(m<p)$ 是不可观测的随机向量，且有：

$$E(F)=0, \ D(F)=I_m, \ COV(F_i, F_j)=0. \tag{2}$$

式中，$i<m$，$j<m$，I_m 为 m 阶单位阵。

$\varepsilon=(\varepsilon_1, \varepsilon_2, \cdots, \varepsilon_p)'$ 与 F 不相关，且 $E(\varepsilon)=0$，ε 的协差阵为对角阵，即：

$$D(\varepsilon)=\begin{pmatrix} \sigma_1^2 & & & 0 \\ & \sigma_2^2 & & \\ & & \ddots & \\ 0 & & & \sigma_p^2 \end{pmatrix} \overset{\Delta}{=} D. \tag{3}$$

2.2.2 数学模型

在关于假定条件的基础上，因子模型的数学表达式为：

$$\begin{cases} X_1=a_{11}F_1+a_{12}F_2+\cdots+a_{1m}F_m+\varepsilon_1 \\ X_2=a_{21}F_1+a_{22}F_2+\cdots+a_{2m}F_m+\varepsilon_2 \\ \qquad \vdots \\ X_p=a_{p1}F_1+a_{p2}F_2+\cdots+a_{pm}F_m+\varepsilon_p \end{cases}, \tag{4}$$

可简写为：

$$X-\mu=AF+\varepsilon, \tag{5}$$

式中，F_1，F_2，$\cdots$，F_m 称为 X 的公共因子；ε_1，ε_2，$\cdots$，ε_p 分别称为 X_1，X_2，$\cdots$，X_p 特殊因子；$A=(a_{ij})_{p\times m}$ 为因子载荷矩阵，其元素 a_{ij} 表示第 i 个变量再第 j 个公共因子上的载荷。

一般为了消除量纲及数量级不同造成的影响，先将样本数据进行标准化，使得变量均值为0，标准差为1。

3 旅游发展水平评价体系的构建

3.1 指标选取及数据来源

影响旅游发展水平的因素很多，如果选择指标过多会造成指标泛滥，则与因子分析的降维思想相悖，有可能使样本数据难以达到因子分析的前提要求，且不利于实际操作；选择过少则不利全面反映旅游发展水平，使得评价体系不全面。为更好地反映旅游发展水平，又便于操作，本文通过查阅大量相关文献，借鉴了对本文旅游发展水平评价体系的构建有参考价值的一些指标，力求选择有代表性的指标，用最少的指标来反映出其实际竞争力。本文共选取了10个指标来构建旅游发展水平评价体系，各指标见表1。

本文选取31个省市自治区2015年的上述指标数据作为样本。数据来自于国家统计局、各省市统计局、国家旅游局等官方网站及各省市统计年鉴，数据真实可靠。

表1　旅游发展水平评价体系指标

变量符号	指标名称及单位
X_1	旅游收入（亿元）
X_2	旅游收入对地区生产总值占比（%）
X_3	接待游客总数（万人次）
X_4	星级饭店数（个）
X_5	公路里程数（万千米）
X_6	旅客周转量（亿人千米）
X_7	旅行社数（个）
X_8	建成区绿化覆盖率（%）
X_9	人均城市道路面积（平方米）
X_{10}	入境过夜游客数（百万人次）

3.2　因子分析的步骤

本文通过因子分析构建旅游发展水平的评价体系。因子分析的求解过程通过软件SPSS24.0实现。

3.2.1　数据适应性判定

在进行因子分析前，对数据进行适应性判定，判断样本数据是否适合进行因子分析。采用*KMO*检验和巴特利特球形检验进行检验，得到*KMO*值为0.768，认为样本数据适合进行因子分析；巴特利特球形检验的统计量概率值小于显著性$\alpha=0.05$，则拒绝原假设，认为相关系数矩阵与单位矩阵有显著性差异，样本数据适合进行因子分析。

3.2.2　公共因子提取

关于公共因子的提取，采用主成分法，提取特征根大于1的主成分作为因子模型中的公共因子，根据输出结果，提取4个主成分，这4个主成分的累积方差贡献率为85.98%，说明所提取的主成分能够解释原始变量的大部分信息。所提取的主成分对原始变量的解释程度见表2。

表2　公共因子对原始变量的解释程度

提取的主成分	初始特征根	方差贡献率/%	累积方差贡献率/%
F_1	5.083	50.827	50.827
F_2	1.239	12.387	63.214
F_3	1.177	11.774	74.988
F_4	1.099	10.987	85.975

3.2.3　因子旋转与因子命名

因子载荷矩阵$\boldsymbol{A}=(a_{ij})_{p\times m}$可通过样本相关阵的特征根和特征向量进行估计，但因子载荷矩阵不唯一，为了便于对各个主成分进行解释和命名，对原始的因子载荷矩阵进行旋转，旋转后的因子载荷矩阵中，每个变量仅在一个公共因子上有较大的载荷，而在其他公共因子上的载荷比较小。本文采用方差最大正交旋转法对原始因子载荷矩阵进行旋转，方差最大正交旋转能够因子载荷矩阵中的各因子载荷值得总方差达到最大。旋转后的因子载荷矩阵见表3。

表 3　旋转后的因子载荷矩阵

变量	主成分			
	F_1	F_2	F_3	F_4
旅行社数	0.891	0.154	0.141	-0.181
旅游收入	0.876	0.396	-0.035	0.05
星级饭店数	0.798	0.399	-0.005	-0.025
接待游客总数	0.755	0.589	-0.078	0.102
建成区绿化覆盖率	0.708	-0.26	0.381	0.34
入境过夜游客数	0.675	0.121	-0.433	-0.114
旅客周转量	0.584	0.712	0.048	-0.134
公路里程数	0.147	0.932	0.104	0.079
人均城市道路面积	0.031	0.13	0.903	-0.122
旅游收入对地区生产总值占比	-0.053	0.055	-0.097	0.965

根据旋转后的因子载荷矩阵，可以对各主成分进行命名。观察到旅行社数、星级饭店数、建成区绿化覆盖率、旅游收入、接待游客总数和入境过夜游客数在第一主成分上的载荷较大，将第一主成分命名为旅游基础设施水平及旅游业现状，其中旅行社数、星级饭店数和建成区绿化覆盖率表征基础旅游设施，旅游收入、接待游客总数和入境过夜游客表征旅游业现状；旅客周转量和公路里程数在第二主成分上的载荷较大，将第二主成分命名为交通运输水平；人均城市道路面积在第三主成分上的载荷较大，将第三主成分命名为城市道路宽松程度；旅游收入对地区生产总值占比在第四主成分上的载荷值较大，将第四主成分命名为旅游行业效益水平。

3.2.4　因子得分的计算与综合评价模型

综合评价模型是地区旅游发展水平得分关于各主成分的一次线性函数，为了得到综合评价模型，需将各个主成分表示成变量的线性组合，即计算各成分的估计值，即因子得分。本文采用回归法对因子得分进行估计。因子得分矩阵见表 4。

表 4　因子得分的系数估计矩阵

变量	主成分			
	F_1	F_2	F_3	F_4
旅游收入	0.205	0.024	-0.043	0.045
旅游收入对地区生产总值占比	-0.039	0.075	-0.04	0.843
接待游客总数	0.107	0.192	-0.077	0.094
星级饭店数	0.176	0.046	-0.019	-0.018
公路里程数	-0.214	0.598	0.081	0.093
旅客周转量	0.009	0.319	0.02	-0.103
旅行社数	0.279	-0.153	0.097	-0.155
建成区绿化覆盖率	0.324	-0.376	0.326	0.304
人均城市道路面积	-0.038	0.07	0.75	-0.066
入境过夜旅游游客	0.217	-0.108	-0.378	-0.12

根据表 4，给出各因子得分的表达式：

$$F_1 = 0.205X_1 - 0.039X_2 + 0.107X_3 + 0.176X_4 - 0.214X_5 + 0.009X_6 + 0.279X_7 + 0.324X_8 - 0.038X_9 + 0.217X_{10}, \tag{6}$$

$$F_2 = 0.024X_1 - 0.075X_2 + 0.192X_3 + 0.046X_4 + 0.598X_5 + 0.319X_6 - 0.153X_7 - 0.376X_8 + 0.07X_9 - 0.108X_{10}, \tag{7}$$

$$F_3 = - 0.043X_1 - 0.04X_2 - 0.077X_3 - 0.019X_4 + 0.081X_5 + 0.02X_6 + 0.097X_7 + 0.326X_8 + 0.75X_9 - 0.378X_{10}, \tag{8}$$

$$F_4 = 0.045X_1 - 0.843X_2 - 0.094X_3 - 0.018X_4 + 0.093X_5 - 0.103X_6 - 0.155X_7 + 0.304X_8 - 0.066X_9 - 0.12X_{10}. \tag{9}$$

对于综合评价模型，以各个主成分的贡献率占 4 个主成分的累计贡献率比重作为权重，进行加权平均，即：

$$F = \frac{0.508\,27F_1 + 0.123\,87F_2 + 0.117\,74F_3 + 0.109\,87F_4}{0.859\,75}. \tag{10}$$

整理后得到地区旅游发展水平得分的表达式：

$$F = 0.591F_1 + 0.144F_2 + 0.137F_3 + 0.128F_4. \tag{11}$$

到此，构建了包含 4 个一级指标、10 个二级指标的地区旅游发展水平的综合评价体系。

4 海南国际旅游岛建设前后的旅游发展水平对比分析

海南省国际旅游岛的建设自 2010 年 1 月开始步入正轨，此后海南省旅游业开始飞速发展，本节利用在上文中构建的地区旅游发展水平综合评价体系，给出海南省在 2010 年前后各 5 年的旅游发展水平得分，对海南省国际旅游岛建设前后的旅游发展水平进行对比分析。

4.1 不同年度旅游发展水平得分的可比性

上文的地区旅游发展水平综合评价体系，是通过 2015 年各省市自治区的相关指标数据构建的，能够反映 2015 年的 31 个省市自治区的相对旅游发展水平。不同年度下，各省市自治区的样本数据不同，所构建的地区旅游发展水平综合评价体系不同，即，不同的年度对应不同的其他地区样本数据，不同的其他地区样本数据对应不同的地区旅游发展水平综合评价体系。若建立不同年度的各种地区发展旅游水平评价体系，则可以得到同一地区不同年度的一批旅游发展水平得分，但由于各年其他地区样本数据不同，这批旅游发展水平得分不具有可比性。为了能够将海南省不同年度的旅游发展水平进行对比，必须剔除不同年度的其他地区样本数据对指评价系构建影响，所以需要控制其他地区样本数据不变，在实际操作中就是将不同年度的相关指标数据代入到相同的评价指标体系中。

不同年度的海南省相关指标数据代入到 2015 年的评价指标体系中所得到的旅游发展水平得分，表示的是，在当前（2015 年）旅游市场情况和评价准则下的不同年度旅游发展水平得分。这些不同年度旅游发展水平得分之间具有可比性。

4.2 旅游发展水平的对比分析

4.2.1 总体旅游发展水平的对比分析

（1）旅游发展水平得分对比

将海南省 2005 年至 2015 年的相关指标数据代入地区旅游发展水平评价体系中，得到 2005 年至 2015 年的海南省旅游发展水平得分，绘制成图 1。

根据图 1，2010 年以前的旅游发展水平得分，在 2008 年最高，为 284.97，在 2006 年最低，为 230.01。2005 年至 2009 年间的旅游发展水平得分，波动程度不大，数值时高时低，逐年增长的趋势不明显。2010 年及以后的旅游发展水平得分，在 2015 年最高，为 566.56，在 2010 年最低，为 355.23。2010 年至 2015 年间的旅游发展水平得分，随着时间的增长而增长，呈明显的增长趋势。可以看出，在国际旅游岛建设前，海南省旅游发展水平得分较低，且增长趋势不明显，而在国际旅游岛建设后，海南省旅游发展水平得分逐年增加，增长趋势明显，且数值较国际旅游岛建设前显著增高。

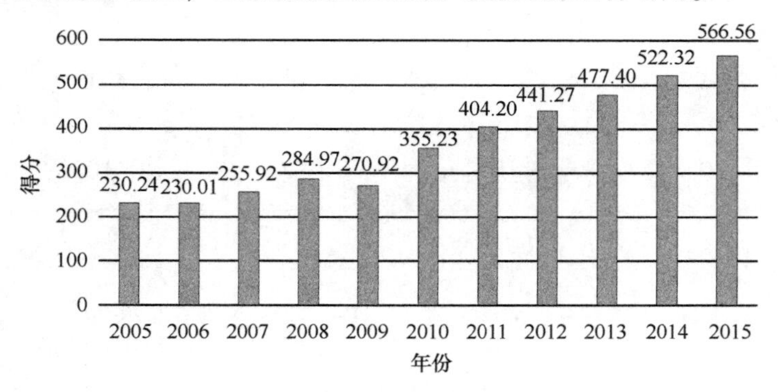

图 1　不同年份的旅游发展水平得分

（2）旅游发展水平得分的增长速度及平均增长速度

$$增长速度\ X = \frac{a_n - a_1}{a_1}, \tag{12}$$

式中，a_i 分别表示第 i 期的指标数值。

$$平均增长速度\ \bar{X} = \sqrt[n-1]{\frac{a_n}{a_1}} - 1 . \tag{13}$$

2009 年是海南省国际旅游岛建设前的最后一年，以 2009 年为基期，2015 年为报告期，根据增长速度公式，旅游发展水平的增长速度为 109.12%。

根据平均增长速度公式，海南省国际旅游岛建设前，旅游发展水平的平均增长速度为 4.15%；国际旅游岛建设后，旅游发展水平的平均增长速度为 9.78%。可以看出国际旅游岛建设后，海南省国际旅游岛建设后旅游发展水平的平均增长速度是国际旅游岛建设前的 2.357 倍。

4.2.2　旅游发展水平各主成分的对比分析

（1）旅游基础设施水平及旅游业现状的对比分析

①游基础设施水平及旅游业现状得分对比

2005 年至 2015 年的海南省旅游基础设施水平及旅游业现状得分，绘制成图 2。

根据图 2，2010 年以前的旅游基础设施水平及旅游业现状得分，在 2008 年最高，为 373.86，在 2006 年最低，为 302.95。2005 年至 2009 年间的旅游基础设施水平及旅游业现状得分，波动程度不大，数值时高时低，逐年增长的趋势不明显。2010 年及以后的旅游基础设施水平及旅游业现状得分，在 2015 年最高，为 737.57，在 2010 年最低，为 469.4。2010 年至 2015 年间的旅游基础设施水平及旅游业现状得分，随着时间的增长而增长，呈明显的增长趋势。可以看出，在国际旅游岛建设前，海南省旅游基础设施水平及旅游业现状得分较低，且增长趋势不明显，而在国际旅游岛建设后，海南省旅游发展水平得分逐年增加，增长趋势明显，且数值较国际旅游岛建设前显著增高。

可以看到，海南省不同年度的旅游基础设施水平及旅游业现状得分与海南省旅游发展水平得分的趋势情况大致相同。

②游基础设施水平及旅游业现状得分的增长速度及平均增长速度

以 2009 年为基期，2015 年为报告期，根据增长速度公式，游基础设施水平及旅游业现状得分的增长速度为 103.95%。

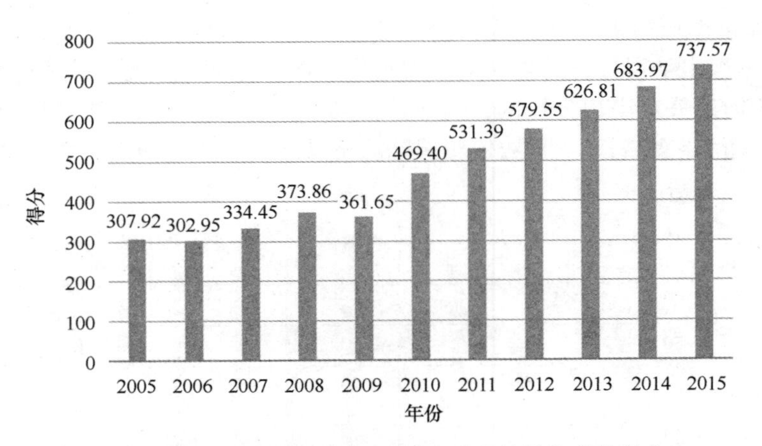

图 2　不同年份的旅游基础设施水平及旅游业现状得分

根据平均增长速度公式，海南省国际旅游岛建设前，旅游基础设施水平及旅游业现状得分的平均增长速度为 4.1%；国际旅游岛建设后，旅游基础设施水平及旅游业现状得分的平均增长速度为 9.46%。可以看出国际旅游岛建设后，海南省旅游基础设施水平及旅游业现状得分的平均增长速度是国际旅游岛建设前的 2.307 倍。

（2）交通运输水平的对比分析

①交通运输水平得分对比

2005 年至 2015 年的海南省交通运输水平得分，绘制成图 3。

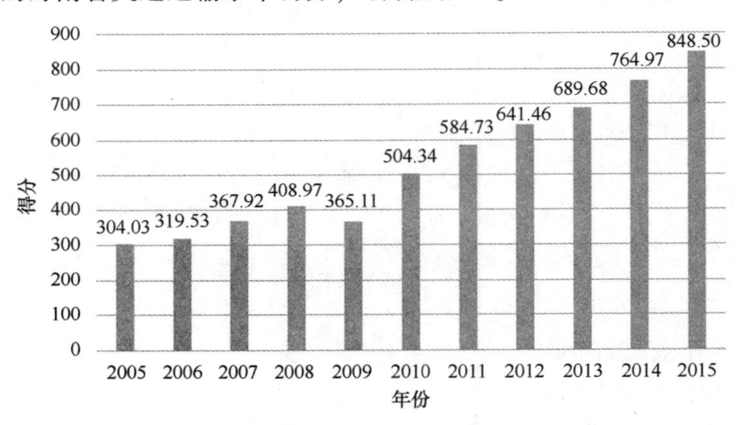

图 3　不同年份的交通运输水平得分

根据图 3，2010 年以前的交通运输水平得分，在 2008 年最高，为 408.97，在 2005 年最低，为 304.03。2005 年至 2009 年间的交通运输水平得分，波动程度不大，逐年增长的趋势较为明显，但在 2009 年突然降低。2010 年及以后的交通运输水平得分，在 2015 年最高，为 848.5，在 2010 年最低，为 504.34。2010 年至 2015 年间的交通运输水平得分，随着时间的增长而增长，呈明显的增长趋势。可以看出，在国际旅游岛建设前，海南省交通运输水平得分较低，有增长趋势，但不稳定，而在国际旅游岛建设后，海南省交通运输水平得分逐年增加，增长趋势明显，且数值较国际旅游岛建设前显著增高。

②交通运输水平得分增长速度及平均增长速度

以 2009 年为基期，2015 年为报告期，根据增长速度公式，交通运输水平得分的增长速度为 132.40%。

根据平均增长速度公式，海南省国际旅游岛建设前，交通运输水平得分的平均增长速度为 4.68%；国际旅游岛建设后，交通运输水平得分的平均增长速度为 10.96%。可以看出国际旅游岛建设后，海南省交通运输水平得分的平均增长速度是国际旅游岛建设前的2.342倍。

（3）城市道路宽松程度的对比分析

①城市道路宽松程度得分对比

2005年至2015年的海南省城市道路宽松程度得分，绘制成图4。不同年度的城市道路宽松程度得分为负值，这是由于因子旋转造成的，负值不影响成分得分的对比分析。

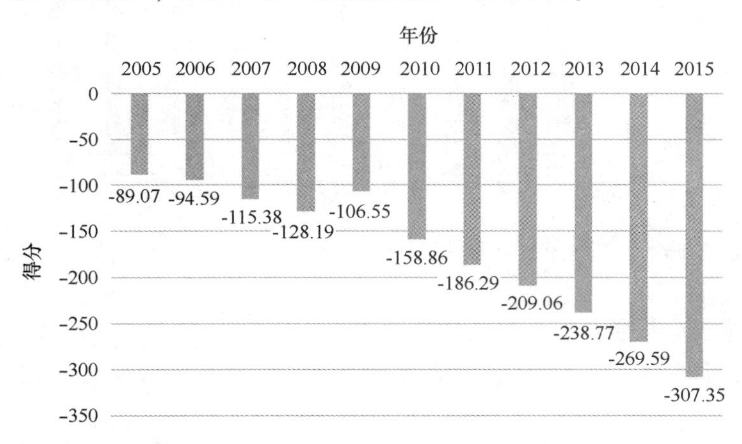

图4　不同年份的城市道路宽松程度得分

根据图4，2010年以前的城市道路宽松程度得分，在2005年最高，为-89.07，在2008年最低，为-128.19。2005年至2009年间的城市道路宽松程度得分，波动程度不大，逐年降低的趋势较为明显，但在2009年有所上升。2010年及以后的城市道路宽松程度得分，在2010年最高，为-158.86，在2015年最低，为-307.35。2010年至2015年间的城市道路宽松程度得分，随着时间的增长而降低，呈明显的降低趋势。可以看出，在国际旅游岛建设前，海南省城市道路宽松程度得分较高，有降低趋势，但不稳定，而在国际旅游岛建设后，海南省城市道路宽松程度得分逐年降低，降低趋势明显，且数值较国际旅游岛建设前显著减小。

②城市道路宽松程度增长速度

由于城市道路宽松程度的得分为负值，先取绝对值计算增长速度与平均增长速度，再根据变动方向添加正负号。

以2009年为基期，2015年为报告期，根据增长速度公式，游基础设施水平及旅游业现状得分的增长速度为-188.18%。

根据平均增长速度公式，海南省国际旅游岛建设前，城市道路宽松程度得分的平均增长速度为-4.61%；国际旅游岛建设后，城市道路宽松程度得分的平均增长速度为-14.12%。可以看出国际旅游岛建设后，海南省城市道路宽松程度得分的平均增长速度是国际旅游岛建设前的3.063倍。

（4）旅游行业效益水平的对比分析

①旅游行业效益水平得分对比

2005年至2015年的海南省旅游行业效益水平得分，绘制成图5。

根据图5，2010年以前的旅游行业效益水平得分，在2008年最高，为177.25，在2005年最低，为130.31。2005年至2009年间的旅游行业效益水平得分，波动程度不大，逐年增长的趋势较为明显，但在2009年降低。2010年及以后的旅游行业效益水平得分，在2015年最高，为395.13，在2010年最低，为210.59。2010年至2015年间的旅游行业效益水平得分，随着时间的增长而增长，呈明显的增长趋势。可以看出，在国际旅游岛建设前，海南省旅游行业效益水平得分较低，有增长趋势，但不稳定，而在国际旅游岛建设后，海南省旅游行业效益水平得分逐年增加，增长趋势明显，且数值较国际旅游岛建设前显著增高。

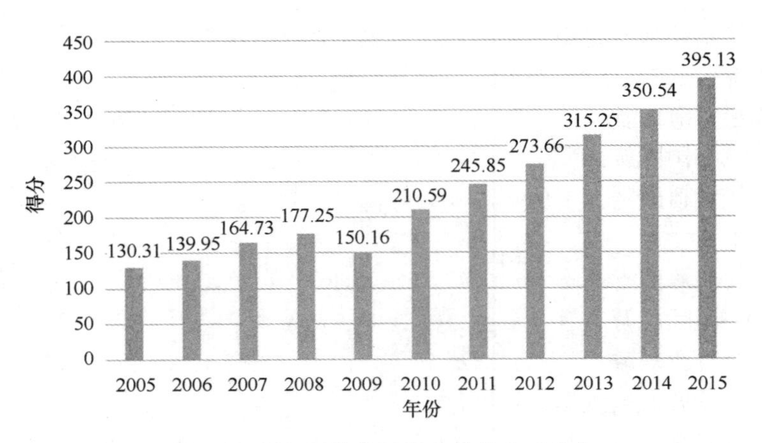

图 5　不同年份的旅游行业效益水平得分

②旅游行业效益水平得分增长速度及平均增长速度

以 2009 年为基期，2015 年为报告期，根据增长速度公式，交通运输水平得分的增长速度为 163. 14%。

根据平均增长速度公式，海南省国际旅游岛建设前，交通运输水平得分的平均增长速度为 3. 61%；国际旅游岛建设后，交通运输水平得分的平均增长速度为 13. 41%。可以看出国际旅游岛建设后，海南省交通运输水平得分的平均增长速度是国际旅游岛建设前的 3. 715 倍。

5　结论及建议

5. 1　结论

5. 1. 1　旅游发展水平在国际旅游岛建设前后的变化

在国际旅游岛建设前，海南省的旅游发展水平较低，且各年旅游发展水平的增长趋势不明显，增长速度缓慢；在国际旅游岛建设后，海南省旅游发展水平显著提高，随着国际旅游岛的持续建设，海南省各年的旅游发展水平增长趋势明显，平均增长速度约为国际旅游岛建设前的 2. 34 倍。

5. 1. 2　影响旅游发展水平的主要因素及其变化

（1）影响海南省旅游发展水平的主要因素

影响海南省旅游发展水平的主要因素有四个：一是海南省旅游基础设施水平及旅游业现状，该因素包括的指标有 6 个：旅行社数、星级饭店数、建成区绿化覆盖率、旅游收入、接待游客总数和入境过夜游客数；二是交通运输水平，该因素包括的指标有两个：旅客周转量和公路里程数；三是城市道路宽松程度，该因素包括的指标有一个，是人均城市道路面积；三是旅游行业效益水平，该因素包括的指标有一个，是旅游收入对地区生产总值占比

（2）各影响因素在国际旅游岛建设前后的变化

①旅游基础设施水平及旅游业现状

在国际旅游岛建设前，海南省旅游基础设施水平及旅游业现状较差，且各年的增长趋势不明显，增长速度缓慢；在国际旅游岛建设后，旅游基础设施水平及旅游业现状有了明显的提升，随着国际旅游岛的持续建设，海南省各年的旅游基础设施水平及旅游业现状的增长趋势明显，平均增长速度约为国际旅游岛建设前的 2. 31 倍。

②交通运输水平

在国际旅游岛建设前，海南省交通运输水平较低，各年的交通运输水平略有增长趋势，但增长速度缓慢且不稳定；在国际旅游岛建设后，交通运输水平有了明显的提升，随着国际旅游岛的持续建设，海南省

各年的交通运输水平的增长趋势明显，平均增长速度约为国际旅游岛建设前的 2. 34 倍。

③城市道路宽松程度

在国际旅游岛建设前，海南省城市道路宽松程度良好，但各年的城市道路宽松程度略有降低趋势，但降低速度缓慢且不稳定；在国际旅游岛建设后，城市道路宽松程度有了明显的下降，随着国际旅游岛的持续建设，海南省各年的城市道路宽松程度的下降趋势明显。

④旅游行业效益水平

在国际旅游岛建设前，海南省旅游行业效益水平较低，各年的旅游行业效益水平略有增长趋势，但增长速度缓慢且不稳定；在国际旅游岛建设后，旅游行业效益水平有了明显的提升，随着国际旅游岛的持续建设，海南省各年的旅游行业效益水平的增长趋势明显，平均增长速度约为国际旅游岛建设前的 3. 72 倍。

⑤各影响因素对旅游发展水平的影响

2009 年是海南省国际旅游岛建设前的最后一年，以 2009 年为基期，2015 年为报告期，旅游发展水平的增长速度为 109. 12%。这是由于海南省旅游基础设施水平及旅游业现状、交通运输水平和旅游行业效益水平的提高，和城市道路宽松程度的降低造成的。在呈增长趋势的因素中，旅游行业效益水平的增长速度最大，为 163. 14%，其次是交通运输水平的增长速度，为 132. 4%，最后是旅游基础设施水平及旅游业现状的增长速度，为 103. 95%；海南省城市道路宽松程度是呈降低趋势的因素，增长速度为-188. 18%。

总体上，说明了海南省国际旅游岛的建设对海南省的旅游业发展水平起到了显著的作用。

5. 2 建议

5. 2. 1 对海南省国际旅游岛建设的相关政策予以肯定

海南省自 2010 年国际旅游岛建设步入正轨以来，旅游发展水平取得了显著的提升，发展情况基本符合国际旅游岛建设 2015 年的发展目标，达到了建设战略要求。应对海南省国际旅游岛建设的一系列相关政策持肯定和乐观的态度，保持海南省旅游业的稳步发展。

5. 2. 2 加快海南省旅游基础设施建设

海南省旅游基础设施水平较国际旅游岛建设前的增长速度，与其他因素的增长速度相比还有一定的差距，建议政府部门在海南省旅游基础设施建设上予以高度重视。

5. 2. 3 保持海南省公共交通设施建设及旅游效益的发展速度

海南省旅游基础设施水平建设及旅游效益较国际旅游岛建设前，增长速度快，发展情况良好，建立政府部门在海南省游基础设施水平建设及旅游效益上保持高速发展情况，达到 2020 年的发展目标。

5. 2. 4 加快海南省经济结构转型，提高第三产业增值占比

从海南省目前的旅游效益方面来看，海南省旅游收入占海南省地区生产总值比重较国际旅游岛建设前显著提高，在海南省旅游业的推动下，海南省第三产业的增值占比也会提高，建议政府部门能够抓住海南省旅游业推动第三产业发展的大好机遇，大力发展第三产业的各行各业，促进海南省经济结构的转型。

参考文献：

[1] 陈晓,李悦铮.环渤海城市旅游竞争力差异及整合[J].地理与地理信息科学,2008,24(1):105-108.

[2] 汪晓春,李江风.海南国际旅游岛建设前后旅游发展质量评价研究[J].国土资源科技管理,2017(1):81-89.

[3] 李治国,郭景刚.基于因子分析的我国网络游戏产业竞争力实证研究[J].企业经济,2012(9):102-105.

[4] 王志强,汪文俊,陈传钟.基于因子分析方法的海南省旅游竞争力比较研究[J].海南师范大学学报:自然科学版,2011(2):146-150.

北海市发展全域旅游的环境与对策

镇威[1]

（1. 北海市旅游发展委员会，广西 北海 536000）

摘要：全域旅游是以旅游业为优势产业，以旅游业带动促进经济社会文化生态全面发展的一种新的区域发展理念和模式。本文论述了发展全域旅游对于北海市的重要意义，分析了北海市发展全域旅游的条件和环境，提出了北海市发展全域旅游的对策与建议。

关键词：全域旅游；环境分析；对策建议；北海

1 引言

2016 年 1 月，国家旅游局局长李金早在全国旅游工作会议上发表了《全域旅游大有可为》的署名文章，提出要转变旅游发展思路，变革旅游发展模式，推动我国旅游从"景点旅游"向"全域旅游"转变。2016 年 7 月，习近平总书记到宁夏视察时指出，"发展全域旅游，路子是对的，要坚持走下去"，将全域旅游上升到前所未有的高度；2017 年 3 月，李克强总理在全国两会上作政府工作报告时提出"要大力发展全域旅游"，"全域旅游"首次写入政府工作报告，成为了 2017 年重点工作任务之一。全域旅游是以旅游业为优势产业，以旅游业带动促进经济社会全面发展的一种新的区域发展理念和模式。在中央提出"改革、创新、绿色、和谐、共享"五大发展理念的指导下，作为全国首批全域旅游示范区创建城市，北海市如何适应经济新常态，通过创建全域旅游城市，扬长避短，发挥自身优势，不断提高滨海旅游核心竞争力，提升城市旅游的地位和作用，是当下北海旅游业所面临的一个亟待破解的全新课题。

2 发展全域旅游是北海城市发展的又一次重大机遇

全域旅游是指在一定区域内，以旅游业为优势产业，通过对区域内经济社区资源尤其是旅游资源、相关产业、生态环境、公共服务、体制机制、政策法规、文明素质等进行全方位、系统化的优化提升，实现区域资源有机整合、产业融合发展、社会共建共享，以旅游业带动和促进经济社会协调发展的一种新的区域协调发展理念和模式。简而言之，就是将一个区域整体作为功能完整的旅游目的地来建设、运作，实现景点景区内外一体化，做到人人都是旅游形象，处处都是旅游环境。它所追求的，不再停留在旅游人次的增长上，而是游客旅游质量的提升，追求的是旅游对人们生活品质提升的意义，追求的是旅游在人们新财富革命中的价值。

2.1 发展全域旅游是北海全面贯彻五大发展理念的战略载体

十八届五中全会提出创新、协调、绿色、开放、共享的五大发展理念，无论是经济方面的创新、协调，生态方面的绿色，还是社会方面的开放、共享，这五大理念都与全域旅游发展战略有密切的引领与承载关系。其一，全域旅游是创新发展的载体。旅游产品结构性失调、"有效供给不足"一直是北海市旅游产业发展的主要问题。随着人们消费水平的提升和消费方式的多元化，旅游供给端改革越来越紧迫。尤其

作者简介：镇威（1983— ），男，湖北省武汉市人，硕士，主要研究旅游经济发展战略、旅游规划与开发等。E-mail：zhenwei007@foxmail.com

是在“旅游+”治理模式和“互联网+”形势下，未来需要更多的机制创新、技术创新来驱动供给侧结构调整。全域旅游能够有效带动全产业创新，既是供给侧改革的重要领域，也是创新发展理念的重要实践领域。其二，全域旅游是协调发展的载体。全域旅游强调不同部门之间不同利益主体的协调，其中包括景区与社区的关系、居民与游客的关系、各种旅游产品服务供给关系、城乡旅游资源合理利用关系、行业协作关系、执法管理部门职能关系等。只有协调理顺、统筹兼顾各种因素，才能提升全域旅游发展的整体效能。这是全域旅游发展的前提，也是全域旅游发展的结果，前提与结果之间的不断转化就形成了一个良性的闭环。其三，全域旅游是绿色发展的载体。生态环境的建设状况是游客越来越关注的因素，也是能否实现愉悦旅游体验和满足旅游精神需求的关键点。加强生态保护、改善环境质量是发展全域旅游的应有之义，绿色发展理念不仅仅是生态文明的体现，也是经济发展方式的转变、社会发展模式的重塑、政治价值体系的进步、文化价值体系的提升，是绿色概念从生态到全域的延伸和升华。这一点正好与全域旅游发展理念相吻合。其四，全域旅游是开放发展的载体。全域旅游的发展关键在于“旅游+”的治理模式，用好了“旅游+”，就能充分发挥旅游的综合效益和融合效应。“旅游+”作为一种治理结构框架的提出，体现了旅游业正在走向更加开放的发展目标，正在构建更加开放的发展模式，正在创造着更加开放的发展平台。而全域旅游正是这些目标、模式和平台的最好载体。其五，全域旅游是共享发展的载体。共享是发展全域旅游的重要目的。全域旅游的建设发展，不但将进一步完善城市和乡村基础设施、优化生产生活环境，而且为居民就业增收提供途径，在提高旅游业当地经济贡献的同时，也将增强居民和游客的参与度和共享度。全域旅游能够调动全员参与，实现更多的人共享旅游业发展成果，让旅游成为人民的幸福指标，让旅游成为提升获得感的主要途径。所以，全域旅游符合共享的发展理念。全域旅游与五大发展理念高度契合，是全面贯彻落实五大发展理念的战略载体，是全面贯彻落实五大理念的有效抓手，是实现北海绿色崛起的有效途径。

2.2 发展全域旅游是新常态下转变北海经济发展方式的战略举措

近年来，我国经济下行压力持续加大，无论是国家还是地方 GDP 增长都普遍放缓。纵观全球，由于发达国家经济复苏势头并不明朗，世界贸易投资格局变化不定，债务风险没有完全得到解决，区域动荡给世界经济增加诸多变数。审视国内，工业产能和房地产调整远未到位，一些领域存在较大的金融风险，受历史原因造成的资源环境问题日显突出，根据国家统计局公布的 2016 年国民经济运行情况表明，广西 2016 年 GDP 增速仅为 7.3%，未来个位数增速将成为新常态。近 3 年来，北海的商品房销售、投资速度、新开工面积等一改往年高歌猛进态势，如同经济进入“新常态”一样，进入一个各方面数据都趋向平缓甚至下降的时期。随着房地产业发展从高速增长进入中低速度增长新阶段，房地产业对城市经济增长的带动作用也有所下降，加之城市土地资源日趋紧张，今后单靠房地产业难以支撑经济全面发展。近年来，随着石化、临港新材料、电子信息三大千亿元产业的迅速崛起，北海的第二产业实现了跨越式发展，然而，受工业产能过剩、劳动力成本上升、资源环境承载压力加大以及复杂的国际经济形势等因素的影响，第二产业对城市经济的带动作用存在诸多变数。当前，我国经济正在由工业主导向服务业主导加快转变，作为服务业的龙头，旅游业对于房地产、酒店、餐饮、交通等相关产业的发展具有巨大的带动作用，能够广泛吸纳劳动力、有效化解资源环境压力，其发达程度是衡量一个地区综合竞争力和现代化水平的重要标志。近年来，北海旅游产业呈现连年高位增长的良好发展态势，已成为全市经济发展的重要增长点及第三产业的龙头行业，在三大千亿元产业为城市提供的坚实基础上，旅游业有条件打造成为北海的第四大千亿元产业，成为引领城市经济转型升级的内在动力和融合剂。因此，在经济新常态下推进全域旅游城市建设是转变北海经济发展方式的战略举措。

2.3 发展全域旅游是顺应现代旅游消费需求升级趋势的战略方向

发展全域旅游是顺应人民群众生活方式变革、旅游方式变革的必然要求，同时也是提升居民文明素质、全面共享旅游发展成果的必然要求。现代人的生活方式、旅游方式都发生了深刻变革，对旅游目的地的观察视角、评价标准也发生了深刻变化。特别是以自驾游、散客、自助旅游为主要特征的现代旅游，对旅游目的地各种设施、服务、管理的要求也就发生了深刻变化。高速公路、高速铁路、航空等现代交通，现代移动互联网等信息技术的迅猛发展，加速了生活方式、旅游方式的深刻变革。当前旅游业发展正呈现规模扩张和个性消费同步提升的特征，越来越多的游客选择自助游和不委托旅行社代理的自由行，特别是在高铁旅游市场和自驾车旅游市场的快速发展时期，北海交通换乘不便捷、旅游组织方式落后等问题开始显现。北海至今没有一个大型的城市旅游集散中心，火车站、机场、码头等游客主要集散地与各景区之间的联系松散，不能满足数量庞大的散客需要。此外，北海城市公共服务体系、医疗卫生设施、游客咨询服务中心、旅游厕所、停车场、标识牌等设施均达不到现代旅游业发展的要求，已成为制约旅游业进一步发展的瓶颈。要真正提高游客的满意度，将旅游业真正建设成为让人民群众更加满意的现代服务业，就必须要改变传统的旅游业发展模式，发展全域旅游是顺应现代旅游消费需求升级趋势的战略方向。

3 北海发展全域旅游的基础条件与优势

北海市位于广西南部、北部湾东北岸，东邻粤港澳，背靠大西南，面向东南亚，辖三区一县，国土面积 3 337 平方千米，海岸线长达 668.98 千米，人口 172 万，是广西北部湾经济区的重要组成城市，先后荣获“全国优秀旅游城市”“国家历史文化名城”“国家园林城市”等称号。

北海具有发展全域旅游的生态环境优势。北海属亚热带海洋性季风气候，冬无严寒，夏无酷暑，气候宜人；空气清新，水质纯净，大气和水质均为一级标准，每立方厘米空气中的负离子含量高达 2 500 至 5 000 个，享有中国最大的天然“氧吧”美誉。曾荣获“全国 10 大空气质量最好的城市”“中国十大休闲城市”“中国最美十大海滨城市”“中国十大宜居城市”等称号，两次获中国人居环境范例奖殊荣，生态环境得天独厚，每年冬春及秋后时节，有成千上万的“候鸟”老人投入这片热土的怀抱，越冬、旅居。现实情况表明，北海具有发展全域旅游的良好生态环境。

北海具有发展全域旅游的区位与交通优势。北海市三面环海，地处水陆要冲，是西南地区走向世界的重要出海通道和门户，是沟通中国与东盟各国的“桥头堡”。北海也是中国西部唯一同时拥有深水海港、全天候机场、高速铁路和高速公路的城市，福成机场空中航线发展至 20 条、通达北京、上海、广州、深圳等 25 个城市，2016 年完成旅客吞吐量 123.4 万人次；铁路已开通北海至广州、贵阳、昆明、南宁、桂林等地的动车组客运列车，北海火车站每日开行动车达 27 对，2016 年客运到发量达 710 万人次；境内拥有“两纵一横”高速公路网（南北高速、玉铁高速、兰海高速）；北海港已与世界上 98 个国家和地区的 218 个港口有贸易往来，已开辟有北海至海口、北海至涠洲岛、北海至越南海上旅游航线。区位优越，交通便利。

北海具有发展全域旅游的资源与空间优势。北海拥有“海水、海滩、海岛、海鲜、海珍、海底珊瑚、海洋动物、海上森林、海上航线、海洋文化”十大海洋旅游资源，集“海、滩、岛、湖、山、林”于一体，滨海自然风光和以南珠文化为代表的人文景观兼备。其中，北海银滩以“滩长平、沙细白、水温净、浪柔软、无鲨鱼”的特点，被誉为“天下第一滩”；涠洲岛是中国最年轻的火山岛，2005 年被《中国国家地理》评为中国最美的十大海岛第二名，2016 年入选国家海洋局评选的中国“十大美丽海岛”。“十二五”时期，北海累计接待游客 7 902.3 万人次、旅游总收入 738.9 亿元。全市共有国家级旅游度假区 1 个、省级旅游度假区 2 个、国家 A 级景区 17 家、国家级自然保护区 1 处、国家地质公园 1 处、省级生态旅游旅游示范区 3 处、广西星级乡村旅游区 7 处。从旅游资源的空间分布来看，北海半岛东南西北均有分布，资源分布较为分散，有利于游客的疏散、分流，更好的实现以旅游为主导推动区域整体发展。

4 北海发展全域旅游面临的问题与挑战

对旅游产业发展定位不明确。北海市早在 1999 年就把旅游产业作为全市四大支柱产业之一，但多年来在发展旅游产业问题上一直摇摆不定，旅游产业作为支柱产业的地位没有真正落到实处，没有真正形成产业优势，直接影响了旅游整体形象的提升，阻碍旅游业快速持续健康发展。目前仍然停留在以传统观光旅游为主的市场开发思路上，缺乏根据市场来规划项目和配置资源。旅游产品开发项目低端化，规模小、种类单一，消费水平低，经济效益差，难以产生好的投资吸引力。

旅游资源开发深度力度不够。北海旅游资源丰富多样，但缺乏特色旅游项目，大多以单体点状开发为主，系统整合和灵活组合包装较差。虽然拥有海水、沙滩、海岛、红树林等自然资源优势，但资源开发深度不够，海上旅游项目单一，运动项目缺乏，现有景区景点散、乱、小。许多内陆游客怀着对大海的向往来到北海，结果只能在海边做短暂停留。作为北海旅游景区的王牌，银滩国家旅游度假区自2005年免费开放后，在管理、保护、发展等方面都不如人意。当前正在积极推进的旅游项目中，集群式的高端的旅游项目、大项目少，很难对北海旅游产业及其相关行业形成强有力的聚集带动效应。未能形成连片的高端景区景点群和高档休闲度假酒店群，旅游发展的巨大潜力尚未得到充分发掘。

与全域旅游发展相关的配套产业发展不完善。娱乐、购物作为旅游业的六大要素（吃、住、行、游、购、娱）之一，与旅游业的整体发展起着相互推进的作用。从旅游“吃、住、行、游、购、娱”六要素看，北海的“吃、住、行、游”四要素发展较快，“购、娱”二要素发展滞后。六要素在数量上和质量上未能协调发展，缺乏面向游客的一站式旅游购物场所和特色休闲娱乐项目。在硬环境方面，与旅游相关的城市配套设施建设十分滞后，通往景区景点的高等级公路、城市绿化美化亮化、污水处理、垃圾处理、医疗卫生、供水供电、港口码头、停车场等基础设施均达不到现代旅游业的发展要求。在软环境方面，由于缺乏与国际接轨的旅游服务标准和服务质量的有效管理制度，导致北海的旅游市场运行不规范、秩序混乱，高额回扣、强买强卖、以次充好、以假乱真、拒载甩客等侵害游客利益的违法违规现象时有发生，长期困扰着旅游业的健康发展，严重影响了游客满意度的提高和城市旅游形象的提升。

5 北海发展全域旅游的思路与对策

5.1 强化顶层设计，解决好路径问题

全域旅游是在新常态下旅游业发展的一种创新形态和模式。主要特征体现为“五全”，即：旅游景观全域优化、旅游服务全域配套、旅游治理全域覆盖、旅游产业全域联动、旅游成果全民分享。作为全国首批全域旅游示范区创建城市，北海要举全市之力打一场没有先例的硬仗。正如国家旅游局局长李金早指出，全域旅游不是全域开发、不是全域景区、不是全域同质同步发展、不是全一模式、不是全面开花。我们必须从战略全局谋划推动，整体部署，强化顶层设计，选准选好发展路径。根据北海的实际情况，经过认真调研，我认为应以点、线、面结合来全面打造全域旅游。“点”，一是景点、二是居住点。应注重景区、居民区、公共服务场所等各个点的规划建设管理，精雕细琢、用心打造，把每一栋建筑、每一个景点、每一个居住区都建设成精品、塑造成景观，成为游客留影的背景。“线”，一是完善“线”本身的“连接”功能，做到点与点之间能够顺畅通达，点点相通；二是丰富“线”旅游功能。注重交通沿线的景观建设，将连接线建设成为美丽的景观带，使人走在路上就能获得赏心悦目的体验。“面”，主要有两个方面的内容，一个是硬环境，就是基础设施逐步完善；另一个是软环境，就是人的文明素质不断提升。为了实现以上目标，必须打破区域概念，强化大旅游理念，将旅游规划理念融入经济社会发展全局，加强旅游业发展规划与经济社会发展规划、城乡建设规划、文化发展规划、土地利用规划、环境保护规划以及农业、林业、水利、海洋等规划之间的衔接、协调和融合，推进“多规合一”。把北海全域作为一个大景区统一规划，高起点、高标准地编制《北海全域旅游发展规划》、《北海全域旅游三年行动方案》。强化全城全域景观设计，优化北海城市空间和景观环境，加强对城市形态、景观视廊、公共空间、建筑高度等要素的控制和引导。着重突出重点旅游片区的功能特色，深挖“海滩、海岛、海湾”等三大核心资源，加快对北海银滩、涠洲岛、廉州湾等旅游资源富集区进行高水平的旅游定位和产品策划，增强北海旅游的核心吸引力和竞争力。

5.2 强化产业融合，解决好支撑问题

由于旅游业的特点是跨越不同产业、市场和空间，资源无限、市场无边、产业无界、创意无穷。因此

发展全域旅游要充分运用“旅游+”思维，推动旅游业与各产业、各行业的深度融合，打造出多层次、差异化的旅游产品，构建富有北海特色的旅游产品体系。根据北海实际，重点促进旅游与文化、康体疗养、工业、体育、乡村建设等的深度融合，大力发展专项旅游产品。一是推动旅游业与文化产业的深度融合。充分发挥北海作为国家历史文化名城的优势，突出海洋文化特色，丰富旅游文化内涵，加快合浦汉文化公园（国家考古遗址公园）、北海老城近代历史文化博览园、北海近代西洋建筑文化旅游线路、涠洲岛圣堂宗教文化景区、白龙珍珠城旅游区等主题景区建设，打造一批文化厚重、个性突出、风情浓郁的文化旅游景区景点；二是推动旅游业与康体疗养产业的融合。充分利用我市冬季的气候优势，挖掘康体疗养旅游特色，打造健康养老旅游品牌。促进旅游业与休闲养生、健康养老服务业互动发展，策划和开发适合老年人休闲养生养老的旅游休闲度假产品；三是推动旅游业与体育产业的深度融合。发挥北海阳光充沛、空气清新、适宜避寒养生的优势，大力发展体育冬训，打造国内知名的体育项目冬训基地；以银滩国家旅游度假区、涠洲岛旅游区为基地，积极承办马拉松、自行车等具有较高知名度的体育赛事，发展水上、沙滩运动项目，积极建设海洋牧场，培育一批休闲海钓精品项目，打造重要的国际体育赛事基地、国际潜水基地、国际海钓基地。四是推动旅游业与工业的融合。积极开发工业旅游产品和线路，推进工业遗迹游、工业科普游、产业公园游、企业文化游和工业购物游。支持各工业园区、出口加工区、高新区、海洋产业科技园等利用其标志性建筑、生产制作过程、先进管理经验等软硬件资源，开发和推广工业旅游产品，着力发展电子信息、新材料、能源化工等高科技新兴产业，催生一批绿色制造业和花园式工业园区，鼓励和支持开发文化创意产业园。五是推动旅游业与农（渔）业的深度融合。建设集现代农（渔）业观光、科普学习、农（渔）事体验、旅游休闲、购物等功能于一体的乡村旅游区。此外，还要将全域旅游与社会发展、城市建设、民生建设结合起来，更加有效地促进社会结构优化、人民素质提高、社会治理能力提升，成为促进经济发展新常态下稳增长、调结构、增就业、惠民生的新引擎。

5.3 强化配套建设，解决好品质问题

建设全域旅游城市，要把基础设施建设当做重中之重。应加快实施全市旅游集散中心工程、旅游厕所建设工程、旅游道路服务体系工程、旅游便民服务工程、旅游信息咨询工程等五大工程。一是加快实施旅游集散中心工程。建设由旅游集散中心、集散分中心、集散点组成的集散中心体系。推动北海城市旅游集散中心、北海高铁旅游集散中心、北海航空旅游集散中心、北海海上旅游集散中心、北海公路客运旅游集散中心等项目建设，集旅游咨询、交通、信息、宣传、投诉处理等功能于一体，完善旅游集散功能，解决游客“最后 1 千米”的问题；二是深化旅游厕所革命。实施厕所建设、管理、文明提升行动，重点在旅游景区、旅游集散点、道路交通沿线、旅游餐馆、娱乐购物场所、休闲步行街区等区域建设旅游厕所；三是健全旅游道路服务体系。实现北海“五纵五横”交通主干道以及涠洲岛环岛路、合浦环城绿道全线贯通，进一步完善沿线驿站、旅游码头、游客中心、停车场（站）、标志标识、景观小品等游憩休闲配套设施，整合旅游资源。推动银滩休闲度假旅游带、北岸滨海旅游带等绿道建设，形成北海独具特色的生态慢行系统。四是实施旅游便民服务工程。增设旅游公共设施、公共游览服务、旅游标识牌、无障碍旅游设施、医疗卫生等便民服务工程的建设，健全自助游、自驾游服务体系。五是推进旅游信息咨询工程。加快建立市级旅游公共信息数据中心，搭建覆盖全市的旅游信息咨询中心体系，应用一系列多元化信息传播途径，打造智慧旅游城市、智慧景区、智慧酒店和智慧旅游乡村，建设全域智慧旅游岛，提升旅游信息化水平。

5.4 强化改革创新，解决好动力问题

推进全域旅游示范区创建是一项牵一发动全身的系统工程，必须打破行政、市场壁垒，深入推进体制机制创新，不断激发旅游产业发展的活力和潜力。建议从三个方面入手，努力破解体制机制障碍：一是要加快构建全域大旅游综合协调管理体制。积极顺应旅游业从单一业态向综合业态、从行业监管向综合服务升级的客观需求，破除制约旅游发展的资源要素分属多头的管理瓶颈和体制障碍，更好地充分发挥市场配

置资源的决定性功能，加快构建从全局谋划和推进、有效整合区域资源、统筹推进全域旅游的体制和工作格局，形成各部门联动的发展机制。全面推进各县区旅游管理体制改革，成立旅游发展委，加强统筹协调、统领旅游业发展职能；强化乡镇、街道旅游管理职能，鼓励条件成熟的乡镇、街道成立旅游办，配齐配强旅游管理人员。创新旅游综合执法模式，探索“旅游发展委员会+旅游警察+旅游巡回法庭+旅游工商分局”的“1+3”全域旅游联合执法机制。逐步实现联合执法向综合执法过渡，工商、公安、物价、交通、海事等部门要加强与旅游部门合作，形成联动，快速处理旅游市场中的各种问题，为游客提供安全，便捷的服务。二是不断创新服务质量评价方法。按照旅游发展的新业态、新特点、新趋势设置评价指标，充分利用大数据，与旅游电商企业合作，探索建立适应全域旅游特点的旅游服务质量评价体系。三是创新统计监测和考核评价体系。改变现有统计方式和口径，探索建立适应全域旅游特点的旅游统计评价体系，真实反映全域旅游创建成果；将发展全域旅游作为各级政府和相关部门的重要发展目标和重要考核内容，建立推进全域旅游示范区创建工作目标责任制、协调机制和考核奖惩机制，形成明确的任务分工，形成推进全域旅游发展的合力。

5.5 强化要素集聚，解决好保障问题

推进全域旅游示范区创建，必须举全市之力、聚万众之心，集中优势资源，集聚发展要素，形成“洼地效应”，打赢这场攻坚战。首先，要落实资金保障。建议设立北海市全域旅游发展专项资金，对拓展旅游市场成效明显、示范带动效应大的旅游企业给予奖励和贷款贴息。要充分发挥市场主体作用，抓住供给侧结构性改革的机遇，改革创新投融资模式。推进旅游基础设施和公共服务的 PPP 等投融资模式改革创新。积极支持鼓励北海旅游集团公司、北海邮轮码头有限公司等有条件的旅游企业开展资本运作、上市融资，支持中小旅游企业以区域或行业为纽带实现“抱团”融资。其次，要落实土地保障。区分不同项目的用地性质和途径，实行差别化用地政策，制定针对性更强的旅游项目用地“个性化”解决方案，在符合有关规划前提下，优先保障旅游业发展用地、用海指标，加大对旅游扶贫、重点旅游项目、旅游设施用地、用海（岸线）的保障力度。要用好用足土地增减挂钩政策，实现用地空间、土地收益与镇村建设的良性互动，为建设美丽乡村、打造产业小镇增添强劲动力。要在依法自愿的基础上，鼓励农民通过转包、转让、入股、合作、租赁、互换等方式，将承包地向旅游公司、旅游合作社、旅游农场流转，实现土地资源合理利用与促进农民增收致富“双赢”。再次，要落实人才保障。要制定出台旅游人才培养引进计划，积极支持北海市大专院校，中等、高等职业技术学校开设旅游相关专业，重点加大产品开发、景区管理、旅游服务、市场营销、项目策划等方面专业人才的引进和培养力度。坚持本地院校培训与在岗培训相结合、本地培训与对外引进相结合，大力培养中高级旅游经营管理人才，推动形成“行政管理、企业经营、行业服务”三个层面相配套的旅游人才体系。

5.6 强化宣传营销，解决好市场问题

“好酒也怕巷子深”。要坚持问题导向，坚持从供给侧发力，以满足旅游消费者需求为目的，大力开展宣传营销，拓展国际国内市场。要树立全市一盘棋思想，整合区域资源，围绕全市旅游资源策划整体营销，实现市县区联动、联合推介、捆绑营销，互相推介、互引客源、抱团发展。树立开放意识，努力扩大国内市场，积极开拓境外市场。在继续巩固传统媒体宣传阵营的基础上，灵活运用网络营销、媒体营销、体验营销和航线营销等方式，通过新兴媒体技术进行全方位宣传推介，使旅游产品通过网络热销拓宽客源市场。大力发展“互联网+旅游”，将手机平台、电子商务平台和旅游部门、旅游企业的官方网站、微博、微信平台进行整合，加快打造旅游信息综合发布平台和全媒体时代立体营销系统，为游客和群众提供便捷的信息查询和在线交易服务。要大力实施政府主导、媒体跟进、企业联手的“三位一体”营销模式，形成营销合力。政府主要负责“形象营销”，通过投放品牌公益广告、举办旅游推介会、策划旅游活动等方式，提升北海旅游的知名度；媒体负责“内容营销”，加强旅游线路推广、旅游特色宣传，做北海旅游形象的宣传者和传播者；企业负责“服务营销”，把旅游产品做好，解决游客如何来、怎样游、住哪里等具

体问题，满足游客心理、情感、审美等方面的需求，切实增强北海旅游的美誉度和影响力。

参考文献：

[1] 吕俊芳.辽宁沿海经济带"全域旅游"发展研究[J].经济研究参考,2013(29):52-64.
[2] 厉新建,张凌云,崔莉.全域旅游:建设世界一流旅游目的地的理念创新——以 北京为例[J].人文地理,2013(3):130-134.
[3] 蒙欣欣.解析全域旅游发展模式[J].旅游纵览,2016(4).

The innovative ships for navigation in Arctic seas

Sergei A. Ogai[1], Michael V. Voyloshnikov[1]

(1. Maritime State University, Vladivostok 690059, Russia)

Abstract: The prospects for navigation in Arctic and freezing seas are the basis for shaping the demand for innovative shipbuilding, including the creation of new classes of ships in addition to the improvement of shipyards, plants for production of the marine engineering equipment for ships under construction, and including the development of universities and other educational and scientific centers. The international cooperation is of great importance, especially for neighboring countries, such as China and Russia, particularly in Far East of Russia and in Eastern Arctic, as well as in the areas of economic interests and Arctic territories social development for operating of marine cargo traffics and marine resources development, taking into account the extent of land and water areas in Arctic, the great industrial potential, the successful research and training activities. This cooperation takes into account the achievements of each of the partners and allows them to achieve new results without competing, that is, to develop projects and create new types of ships for operation in Arctic and freezing seas and to manufacture innovative equipment for ships are being constructed, to fulfill the required scientific research, to improve shipyards and to renew their equipment, to improve the skill level of employees in shipbuilding and in Arctic navigation and to achieve other important results. New-constructed innovative ships for Arctic seas navigation, such as the icebreakers with diesel-electric power units, the icebreakers with nuclear power plants, the multi-purpose icebreakers, the cargo ships with the appropriate ice-class, the research vessels for the Arctic seas, the floating power plants, drilling platforms for gas and oil production on the offshore in freezing seas and the other types of innovative ships are common object for uniting the efforts of specialists from different professions, the activities of enterprises of different industries and of different countries. The definite similarity is characteristic for shipbuilding industry in Russia and in some of other good industrialized countries, which for, however, the batch shipbuilding is not characteristic. The motivation for shipbuilding in these countries would be the consolidated demand of the non-standard innovative ships, that are constructed singly or in small series.

Key words: Arctic navigation; freezing seas; ice-going ship; icebreaker; multipurpose ship; shipyard; development of shipbuilding; federal program

1 The prospects of shipbuilding around the federal objectives

The prospects of the developing of shipbuilding in Russian Federation and the demand for joint participation of researchers and industrial practitioners are aimed at two economic tasks: the implementing of Federal programs of fleet replenishment and the meeting of international market demand for batch constructed merchant ships. The federal tasks of shipbuilding development are generally defined by Shipbuilding Industry Development Strategy of Rus-

About the Author: Sergei A. Ogai, professor. E-mail: ogay@msun.ru; michael.vladlen@gmail.com

sian Federation for the period up to 2020 and for the perspective[1]. The strategy predetermines two directions of industrial activity: in the construction of ships of new classes, required for the government, but not mastered sufficiently in acting shipyards, which supply the serial ships of brand-projects in accordance with the market demand, or in the creation of modern shipbuilding yards and plants capable to unite the acting shipyards to work together on the construction of ships of new types, as well as to be in the next the place of development of the mass shipbuilding aimed the market demand.

In the more detailed state the industrial directions, which are closely corresponded with the creation of innovative ships for freezing and Arctic seas, are disclosed in the federal programs[2-3], namely in the Federal program *Shipbuilding Industry Development for the period of* 2013–2030. In working out of the Federal program it is taken into account that Russian companies place overseas orders for the construction of ships worth about 1 billion US dollars annually. At the same time, the share of Russian shipbuilding yards in the output of merchant ships is usually about 6%, although the share of the shipbuilding industry in Russia could be up to 40% from the technical point of view. This circumstance determines certainly the main tasks for the Federal program.

The planned amount of funding for the activities defined by federal program will be about $19.69 billion, which of about $11.0 billion are the investments of the federal budget, including planned investments in particular areas, which are: investing in the industrial science development—about 4 billion US dollars, in fleet replenishment of merchant ships for oceans and for fresh water reservoirs—near 2.9 bln. US dollars, in the development of the industrial facilities in shipbuilding—about 0.9 bln. US dollars, in financing of any collateral federal support—about 1.6 bln. US dollars and in development of merchant marine engineering–near 1.6 bln. US dollars.

One can see certain similarity of the shipbuilding industry development in Russian Federation and in some other highly industrialized countries, which for, however, it is not characteristic the batch shipbuilding, as it is in industrial Asia–Pacific region. The example of the mentioned countries could be the shipbuilding industries in Europe and North America. The driving motive for shipbuilding in these countries, apparently, would be the consolidated demand for certain classes of innovative ships, which are not mastered serial, and are constructed singly or in small batches as well. Mentioned similarity of conditions would provide the basis for industrial cooperation between the ship yards in Russia and in these countries.

2 The federal demand of fleet replenishment in accordance with the strategy

The implementing of the Shipbuilding Industry Development Strategy is not only the developing of national shipbuilding facilities. More exact characteristic would be the financing by federal budget of construction in the country and abroad of ships of specified classes. The ships of following classes for federal needs are required for the Strategy: ice navigation LNG–tankers and oil tankers, icebreakers; container ships for Arctic navigation, offshore platforms and equipment to work on Arctic offshore, research ships assigned for Arctic navigation, the marine engineering facilities for power generation in coastal areas, including the generation from renewable sources (tides, currents, wind), floating equipment for the processing of natural gas in Arctic.

Cargo ships, intended for operation in ice conditions, are presented in the illustrations below. The ships would be characterized as multi–purpose, since the function of forcing ice is also specified in the creation of these ships, along with the purpose of transporting cargoes. Moreover, both functions, as transportation one, so as the function of seaworthiness in ice (propulsion, stability, controllability, strength, etc.) affects the characteristics determined in the design of the ship[4-13], such as cargo displacement, mass of ship empty, power of the propulsion system, etc., as well as affects the design particulars of ship.

Taking into account the possibilities of ships and marine equipment construction in shipbuilding yards both in Russian Federation and abroad in accordance with the Shipbuilding Industry Development Strategy, it is also possible to indicate the general functional directions for the development of shipping in freezing seas, including the ocean routes outside the national jurisdiction and other functions in the seas, attributing to them: the transportation of cargoes in icy waters, the mining in the deep ocean and on the offshore in freezing seas, the fulfillment of industrial fishing in the ocean, including in the freezing seas, the defense of marine resources and their legal use, etc.

Shipbuilding Industry Development Strategy specified that the Federal needs of ships for navigation in Arctic include about 90 specialized cargo ships of total deadweight about 4 mln. ton, ships for service and maintenance of about 140 units, the new icebreakers from 10 to 12 as well, etc. Besides, the corporate demand appears, for example, the demand of *Gazprom*, JSC of fleet replenishment for all regions of navigation, including Arctic region. The demand for around of twenty years are more than 350 of ships and marine technical complexes of various classes, totaling over 100 bln. US dollars, that are: 55 drilling platforms of cost of 42. 9 bln. US dollars; 58 tankers (total cost of 9. 45 bln. US dollars), 46 icebreakers (4. 04 bln. US dollars), 93 of supply ships, 39 of scientific ships, 17 of liquefied natural gas (LNG) —carriers worth up to 200 mln. US dollars for each unit and in the long run an additional 40 units of LNG-tankers.

The overview of the practice of ships constructing in recent years for Russian Federation demand is given below to formulate methodological prerequisites of the determination of design characteristics of ice-navigation ships at the shipyards in Russia and abroad.

3 LNG-tankers for frozen sea navigation, the samples of Arctic LNG-carriers for Shipbuilding Industry Development Strategy, the concepts of Arctic LNG-tankers

The samples of the ships under construction or constructed in accordance with the Shipbuilding Industry Development Strategy are performed on the pictures (Fig. 1-3): the oil carrier for Arctic *Captain Gotsky* and the LNG-tanker *Grand Aniva*.

The LNG-carriers of project *Yamal* characteristics are: the capacity of LNG is of 17 200 m^3, length 299 m, beam 50 m, RMS of Arctic class ARC 7. Ship is able to break solid ice up to 2. 1 m thick. The Wärtsilä machinery is capable of operating on liquefied natural gas (the main type of fuel to be used), heavy fuel oil (HFO) or low-viscosity marine diesel oil (MDO). Wärtsilä will supply 12-cylinder and 9-cylinder Wärtsilä 50DF dual-fuel engines. The total output of the Wärtsilä engines is 64. 35 MW per ship. Ships are being build at Daewoo Shipbuilding and Marine Engineering (DSME).

The concept of the Arctic DA class LNG-carrier of 200 m^3 capacity for Kara Sea is on the picture (Fig. 3). The DA class means the ice-class ship, which for the bow and the steam shapes are optimal for navigation in clear water and the aft and the stern shapes are to crack the ice effectively. Originally the main engine power decided of 53 MW. This power was more than of many icebreakers (that is usually between 16 and 57 MW). Now the capacity of the power plant reduces to 40 MW (two independent double fuel internal combusting engines). Ship will be able to break solid ice of thickness of up to 2. 5 m thick astern. The cost of the first ship construction comes around 300-350 mln. US dollars.

The pictures of LNG-carrier for frozen sea navigation are presented below (Fig. 3a, 3b): built 2014, GRT 113876, summer DWT 93 486 t, 299. 9 m long, 46 m beam, RMS of Ice2 (1C) class. *Sovcomflot* (SCF), JSC is customer of the construction. Ship is constructed at Hyundai. Design concept is of Aker Yards.

The concept of Arctic LNG-carrier's line of various tonnages: of 80 000 m^3, 155 000 m^3 and 215 000 m^3 of the designing bureau *Severnoe PKB*, JSC is on the picture (Fig. 4).

The sample of LNG-tanker *Grand Aniva* (sister ship of *Grand Mereya* and *Grand Elena*) constructed at *Mitsubishi Heavy Industries*, Ltd is on the picture (Fig. 5). Sip particulars are: DWT 71 200 t, cargo displacement

122 239 t, empty 36 671 t, operation velocity 19. 5 knot, crew 14 men, GRT 145000, NRT 36671, class+ 100A1 2G, engines power 24 MW, length maximal 288 m, length WL 274 m, beam 49 m, depth 26. 8 m, draught 11. 4 m, cargo holds (4 items) of total capacity 145 578 cub. m.

Fig. 1 The LIN-carriers of project Yamal
(http://martechpolar. com/)

Fig. 2 Arctic DA class of LNG-carrier
(ngas. ru/transportation-lng/texnologii-transportirovkispg-arktika. html)

a

b

Fig. 3 LNG-carrier for frozen sea navigation (http://barentsobserver. com)

Fig. 4 LNG-carrier desing of Severnoe PKB
(http://www. nt-magazine. ru/nt/ship/gazovoz)

Fig. 5 LNG-carrier Grand Aniva
(http://www. sovcomflot. ru/)

4 The new-built oil-tankers for Arctic navigation

The oil-carrier for Arctic *Captain Gotsky* constructed in accordance with Shipbuilding Industry Development

Strategy is on the pictures (Fig. 6). The particulars are: GRT 49597, DWT 72 722 t, length 257 m, beam 34 m.

Fig. 6 Arctic oil-tanker Captain gotsky
(http: //www. sovcomflot. ru/)

Fig. 7 Arctic oil-tanker Enisej
(http: //izvestia. ru/news/508231)

Arctic oil-tanker *Enisej*, 2011 is on the picture (Fig. 7). Ship particulars are: length 69 m, beam 23. 1 m. Effective power of the main engines 13 000 kW, project deadweight 15 000 t at winter draught 9. 0 m, 20 000 t at summer draught 10. 0 m. Ship is able to break solid ice up to 1. 5 m thick. GMK *Noril'skij nikel'* (shipping company), JSC is customer of the ship construction at Nordic Yards in Vismar.

5 Statistics of the icebreakers in the world

It should be noted that Russian Federation owns the largest fleet of icebreakers, as it characterized in the Tablel of fleet ownership (according to the Coast Guard of USA, http: //www. uscg. mil/hq/cg5/cg552/ice. asp).

Tab. 1

Country	Russia	Sweden	Finland	Canada	USA	Denmark	Norway	China	Argentina	Australia	Chile	Estonia	Germany	Japan	Korea Republic	South Africa	Latvia
Icebreakers Total	34	7	8	6	5	4	1	1	1	1	1	1	1	1	1	1	1
Planned construction	9			1	1		1	1					1				
Under construction	4																

6 The new-built icebreakers

The construction of ships which are of complex structure, first of all the icebreakers with a nuclear power plant is of particular importance for the development of shipbuilding and Arctic navigating. Ships of this class are characterized by number of functions. Methodologically, the many of the main functional parts of an icebreaking ship with the propulsion system of this type, that is, the number of the main subsystems of the ship (in the terms of the systemic approach), includes the functions of ice forcing and fulfilling of other operations attributed to ice forcing, as well as to the certain extent includes the functions of cargoes and supplies delivery in particularly rough ice conditions. And the nuclear power plant, developed specifically for use on the ship of definite project, which is specified in the design of the ship could be attributed in the set of it functional parts.

That is, unlike the design and construction of the usual icebreakers with diesel-electric power units, which are equipped of serially produced mechanisms and electrical equipment elements, the sequence of characteristic determining for icebreakers with nuclear power plants is somewhat different, and the development of the power plant precedes the definition of ship design characteristics, which for the power plant is to be specified. And since the power plant of this type in the design of the icebreaking ship is specified, as well as the characteristics of functional assignment of ship, the task of the power plant creation can be methodologically considered as one of the purposes of the ship constructing, along with the ship specified assignment.

The nuclear-powered double-draught icebreakers: *Arktika*, *Sibir'* and *Ural* are being under construction with the project # 22220 (LK-60Ja) one can watch on the picture (Fig. 8).

a

b

Fig. 8 The universal nuclear powered icebreaker of project # 22220 (LK-60Ya, http://sdelanounas.ru/blogs/61334/)

Ship particulars are: displacement 25 540 / 33 540 t (for double-draught); length 160 m (maximal length 173.3 m); beam 33 m (maximal beam 34 m); draught 8.55 / 10.5 m; maximal running velocity 22 knots; power of main engines: 60 MW. Ship is able to break solid ice up to 2.8 m thick.

The ships are under construction in St.-Petersburg at Baltijskij zavod-Sudostroenie, Ltd. The design is developed at the Design bureau *Ajsberg*, JSC.

The icebreakers with diesel-electric power units are also build in accordance with the Shipbuilding Industry Development Strategy. One would pay the attention to the multifunctionality of considered icebreakers. In addition to the usual functions of ice passages servicing, when laying fair waters in ice fields and conducting of rescue operations in ice, etc., the icebreaking ships constructed under the federal programs and the strategy to be suitable also for the delivery of cargoes, including aggregate unified cargoes, as well as for carrying out of cargo operations in various ways, using their onboard cargo gears or the descending with helicopter, etc.

The new-built diesel-electric powered icebreaker *Viktor Chernomyrdin* of the project # 22600 (LK-25) is on the picture (Fig. 9). The ship particulars are: displacement 22 258 t, length 146.8 m, beam 29 m, draught 9.5 m, maximal running velocity 17 knots, power of main engines 25 MW. Ship is able to break solid ice up to 2.0 m thick. Ship is under construction at *Baltijskij* zavod-Sudostroenie, Ltd. in St.-Petersburg. The design is developed at Design bureau *Petrobalt*.

The new-built diesel-electric powered icebreakers: *Vladivostok*, *Novorossijsk* and *Murmansk* of the project # LK-25 (22 600 m) are performed (Figs 10, 11). The project particulars are: displacement 14 000 t, length 119.4 m, beam 27.5 m, draught 8.5 m, maximal running velocity 17 knots. Power of main engines 17.4 MW. Ships are able to break solid ice up to 1.5 m thick. Ships are constructed at Vyborgskij sudostroitel´nyj zavod shipyard and at Arctech Helsinki Shipyard. The design # 22600M is developed at Design bureau *Baltsudoproekt*.

The new-built diesel-electric powered icebreakers: *Moscow* and *St.-Petersburg* of the project # LK-16

Fig. 9 The icebreaker of the project 22600
(www. korabli. eu)

Fig. 10 The icebreaker of the project 22600M
(www. rosmorport. ru)

a

b

Fig. 11 The new-built diesel-electric powered icebreaker of the project LK-25 (22600M)
(http: //www. rosmorport. ru/img/)

(21900) are on the picture (Fig. 12). The particulars are: displacement 14 300 t, length 114 m, beam 28 m, draught 8. 5 m, maximal running velocity 16 knots. Power of main engines 16 MW. Ships were constructed at Baltijskij zavod, JSC in St. -Petersburg. The design # 21900 is developed in the Design bureau *Baltsudoproekt*.

The new constructed diesel-electric powered icebreaker *Il'ya Muromec* of the project # 21180 is on the picture (Fig. 13). The ship particulars are: displacement 6 000 t, length 85 m, beam 19. 2 m, draught 6. 6 m, maximal running velocity 15 knots. Power of main engines 8 MW. Ship is able to break solid ice up to 1. 0 m thick.

Ship is constructed at Admiraltejskie verfi, JSC in St. -Petersburg. The design of ship is developed at KB Vympel, JSC.

Fig. 12 The icebreaker of the project # 21900
(http://sdelanounas.ru/blogs/61334/)

Fig. 13 The icebreaker of the project # 21180
(http://nevskii-bastion.ru/21180-ledokol/)

The new constructed diesel-electric powered icebreaker with asymmetrical hull shape of the project # R-70202 is on the picture (Fig. 14). The particulars are: displacement 4 350 t, length 76.4 m, beam 20.5 m, draught 6.3 m, maximal velocity is 14 knots. Power of main engines is 7.5 MW. Running velocity in solid ice up to 1.0 m thick is 3 knots. Ship has been constructed at Pribaltijskij sudostroitel´nyj zavod YAntar´ and at Arctech Helsinki Shipyard.

Fig. 14 The diesel-electric powered icebreaker with asymmetrical hull shape of the project # R-70202
(http://sdelanounas.ru/blogs/61334/)

Fig. 15 The diesel-electric powered icebreaker of the project # 130A
(http://www.oaoosk.ru/)

The project # 130A of diesel-electric powered icebreaker (look at Fig. 15). The ship particulars are: length 110 m, beam 24 m, draught 8 m, maximal running velocity 16 knots. Power of main engines 22 MW. Running velocity is 6 knots in solid ice of 1.2 m thickness. Ship is able to break solid ice up to 2.0 m thick. Contract is signed for construction at Vyborgskij sudostroitel´nyj zavod, JSC. Project was developed at *Aker Arctic Technology* (Finland).

7 Arctic navigation ships of new construction

The new-built multifunctional ice-class supply ships: *Vitus Bering* and *Aleksej Chirikov* of the project R-70201 are performed on the pictures (Fig. 16). The particulars are: displacement 10 700 t, length 99.9 m, beam 22 m, draught 7.9 m, maximal running velocity 16 knots. Power of main engines 13 MW. Ship is able to break solid ice up to 1.7 m thick. Ships are constructed at Vyborgskij sudostroitel´nyj zavod, JSC and at *Arctech Helsinki Shipyard*.

Scientific-research ice navigation ships created in accordance with the federal programs and the Shipbuilding

a

b

Fig. 16 The multipurpose ice-class ships of the project # R-70201 (*Sovcomflot*, JSC, http: //www. scf-group. com/)

Industry Development Strategy serve as examples of multi-purpose Arctic ships as well, since in addition to the functions of forcing ice the functions are assigned of delivering cargo in freezing seas, of cargo operations fulfilling, including using the helicopter, the function of helicopter basing, the adopting of scientific-research personnel. The ice-class scientific ship: *Academican Tryoshnikov* (Fig. 17) is launched at *Admiraltejskie verfi*, JSC (St. -Petersburg). The ship particulars are: length 133. 6 m, beam 23. 0 m, maximal running velocity: 16 knots, running velocity is 2 knots in solid ice of 1. 1 m thickness. The main engines Wartsila power is 2 × 6 300 kW, 1 × 4 200 kW. Propulsion motor power is 2 × 7 100 kW.

a

b

Fig. 17 Arctic scientific-research ship *Academican Tryoshnikov*
(http: //49ans. ru/polus/arctos/fedorov-treshnikov)

8 The experience of ice-class ships renovation

Arctic navigation scientific ship *Xue Long* (Fig. 18a) of Polar Research Institute of China was renovated Arctic-class multipurpose ship, constructed originally in USSR (Fig. 18b). Ship particulars are: deadweight 10 225 t, length 167 m, beam 22. 6 m, draught 9 m, main engines power 13 200 kW, maximal velocity 18 knots. After the renovation at China shipyard the class of ship is CCS B1.

Ship was constructed originally in 1993 at the Kherson shipyard. The sister-ship of the same original project as *Xue Long* is Arctic navigation ship *Vasilij Golovnin* in Russia.

9 Power generation floating plant *Akademik Lomonosov* for Arctic seas

The functional assignment of the floating power plant (Fig. 19) is: electrical generating generation, water heating, sea water desalination in Arctic seas. Floating plant is equipped with: two nuclear energy settlements 2 ×

a

b

Fig. 18 The sample of the renovation of ice-ship *Xue Long*
(http://moremhod.info/)

KLT-40C, electrical power generators 2 × 35 MW, heating power facilities 140 gCal/hour, desalination facilities of the capacity from 40 to 240 cub. m of fresh water a day. The particulars are: length 144 m, beam 30 m, displacement 21 500 t.

a

b

Fig. 19 Floating power plant *Akademik Lomonosov* for Arctic seas

The floating plant is launched in 2016 at *Baltijskij zavod*, JSC in St.-Petersburg. The completion of the construction is scheduled in 2018.

10 New drilling platforms and equipment for Arctic offshore

The characteristics and particulars of the drilling platform (Fig. 20) for Arctic offshore are: personnel 200 people, mass empty 117 th. ton, mass ballasted 506 th. ton, height general 141 m, height of the caisson 24.3 m, the width of caisson at the bottom 126 m × 126 m, the width of caisson at the deck 102 m × 102 m, the capacity of 12 items of the oil tanks (total 113 th. cub. m), maximal oil extraction is 5 mln. ton annual.

The drilling platforms locations of operation are (Fig. 21): Kara sea and Barents sea, Yamal Peninsula natural gas grounds, Shtokman offshore natural gas grounds.

11 Conclusions

(1) For determining of the prospects of shipbuilding and shipping in Arctic and freezing seas development the factors of demand is of the great importance. The federal demand is characterized by Shipbuilding Industry Development Strategy of Russian Federation for the period up to 2020 and for the perspective and by Federal program *Shipbuilding Industry Development for the Period of* 2013-2030.

(2) In the more general state the demand of shipbuilding production could be considered consisting of two components: the market demand characteristic for batch mastered merchant ships of usual classes and the Federal

demand or another local demand of one or another authorities for ships of definite classes, which are not constructed in big series usually.

(3) The Shipbuilding Industry Development Strategy and the appropriate Federal programs can serve as an incentive for the development of shipbuilding yards for certain period, and in the next two options will be open: to keep working out the construction of ships for the Federal programs, if the programs will not be completed, or to begin constructing of ships for market demand, using the created shipbuilding facilities, or to combine of two listed options.

Fig. 20 Arcti offshore gas platform

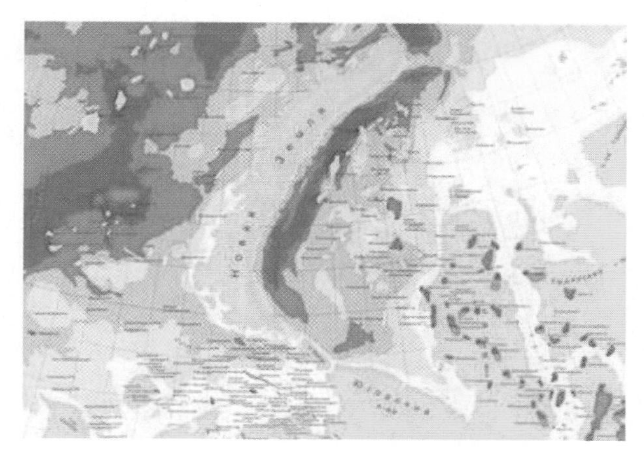

Fig. 21 The districts of Arctic gas fields

(4) For the federal needs the ships of following classes are required for the strategy: ice navigation LNG-tankers and oil tankers, icebreakers, container ships for Arctic navigation, offshore platforms and equipment to work on Arctic offshore, research ships assigned for Arctic navigation, the marine engineering facilities for power generation in coastal areas, including the generation from renewable sources (tides, currents, wind), floating equipment for the processing of natural gas in Arctic.

(5) International cooperation is of great importance for fleet replenishment, for operating of the marine cargo traffics and marine resources development, taking into account the extent of land and water areas in Arctic, the great industrial potential, the successful research and training activities, especially for neighboring countries, such as China and Russia, particularly in the Far East of Russia and in the Eastern Arctic, as well as in the areas of economic interests of the Arctic territories social development.

References:

[1] Russian Ministry of Industry and Energetic.Shipbuilding Industry Development Strategy of Russian Federation for the period up to 2020 and for the perspective[R]. 2007.

[2] Government of Russia.Shipbuilding Industry Development for the period of 2013-2030[R].2012:2514.

[3] Government of Russia.The development of Merchant Marine Engineering for the period of 2009-2016[R].2008:103.

[4] Anthony F. The Maritime Engineering Reference Book: A Guide to Ship Design, Construction and Operation [M]. Oxford: Butterworth-Heinemann, 2008.

[5] Eyres D J.Ship Construction[M].6 ed.Oxford:Butterworth-Heinemann,2007.

[6] Ionov B P.Ice Propulsion of Ships[M]// Ionov B P,Gramuzov E.M.-S.-Pb.:Publishing House Shipbuilding,2001:512.

[7] Ionov B P.The designing of the icebreakers// Ionov B P,Gramuzov E.M.,Zuyev V.A.-S.-Pb.:Publishing House Shipbuilding,2013:512 .

[8] Ogai S A,Voyloshnikov M V.Dependence of displacement on the functions in ice field of multipurpose ship[C].The 29th Asian-Pacific Technical Exchange and Advisory Meeting on Marine Structures.Russia,Vladivostok,2015:95-104.

[9] Ogai S A,Voyloshnikov M V.Determination of project characteristics of merchant ship using economic criteria,objective functions and concepts of

systematic approach[C].BIT's 4th Annual World Congress of Ocean(WCO).2015.November 6-8, China, Qingdao, 2015:76-77.

[10] Ogai S A, Voyloshnikov M V, Khromchenko E B.Determination of load and displacement in the design of multipurpose ice navigation ship[C].The 29th Asian-Pacific Technical Exchange and Advisory Meeting on Marine Structures, Vladivostok, Russia, 2015:80-86.

[11] Ogai S A, Voyloshnikov M V, Kulesh V A.Safety of ships navigation in ice and operational effectiveness/ Proceedings of the Twenty-third[C].International Offshore and Polar Engineering.Anchorage, USA, Alaska, June 30-July 5, 2013:1227-1234.

[12] Ogai S A, Voyloshnikov M V.The concept of multi-functional training vessel[R].The 27 th Asian-Pacific Technical Exchange and Advisory Meeting on Marine Structures.Keelung:National Taiwan Ocean University, 2013:387-392.

[13] Stokoe E A.Ship Construction.Reeds Marine Engineering Series[M].5 ed.Bloomsbury:A & C Black Publishers Ltd., 2003:192.

Ensuring security in the Arctic as a key to the stability of the northern sea route development

Zhuravel Yuri[1]

(1. Admiral Nevelskoy Maritime State University)

Abstract: In the modern world the territorial issues still remain unresolved, it's reflected in military-political doctrines. A clear division of the water areas between neighboring countries allows to control and responsible for territorial and environmental security.

However a rigid range of the geographical territories in economy deprives the business of creating optimal transport and logistics routes that take into account a fast cargo delivery and safety of navigation. The protection of territories, water areas and passages on them in economic zones of other countries should have a conciliation policy and accompanying international points responding promptly to changes in the event of emergency situations.

The Russian side on the issue of ocean protection and mineral resources in the Arctic proceeds from the balance of commercial, industrial, military and environmental interests. The possibility of a dialogue with China and USA in the Pacific Ocean and the eastern sector of the Arctic can balance interests of countries.

Key words: ocean resources; protection of water areas; navigation safety; Arctic

The work is presented in the thesis under the contract No. C 07/16-1118 at the St. Petersburg State University.

About the author: Zhuravel Yuri, Vice-Rector for International Activities. E-mail: zhuravel@ msun. ru

Northern expansion of transport and logistic geography for economies of the apr countries

Sokolova Ekaterina[1,2]

(1. East Arctic Research Centre; 2. Admiral Nevelskoy Maritime State University)

Abstract: The transport strategy of Russia comes from the needs of industrial and social economies now. The development of transport infrastructure in the Far East has special preferences for allow expanding the geography of transport logistics.

The Asia-Pacific market is one of the most powerful emerging markets in the world. It's a new political instrument which in cooperation with the Russian Federation is able to integrate into the regional transport and cargo flows of the countries APR and to include the territory of the Far North and the Arctic.

In foreign policy strategies the multivariate methods of economic partnership must be taken into account. A promising direction in the development of the Far East and eastern sector of the Arctic may be the direction on complex infrastructure and transport associations the representatives of Asia-Pacific countries on the territory of Russia.

Key words: Northern Sea Route; Far East; APR; sea transport; infrastructure

The work is presented in the thesis under the contract No. C 07/17-1118 at the St. Petersburg State University.

About the author: Sokolova Ekaterina, engaged in maritime international studies. E-mail: mastapes@ gmail. com